전기공사 기사·산업기사 실기
출제유형별 기출문제집

전수기·임한규·정종연 지음

BM (주)도서출판 성안당

■ **도서 A/S 안내**

성안당에서 발행하는 모든 도서는 저자와 출판사, 그리고 독자가 함께 만들어 나갑니다.

좋은 책을 펴내기 위해 많은 노력을 기울이고 있습니다. 혹시라도 내용상의 오류나 오탈자 등이 발견되면 "좋은 책은 나라의 보배"로서 우리 모두가 함께 만들어 간다는 마음으로 연락주시기 바랍니다. 수정 보완하여 더 나은 책이 되도록 최선을 다하겠습니다.

성안당은 늘 독자 여러분들의 소중한 의견을 기다리고 있습니다. 좋은 의견을 보내주시는 분께는 성안당 쇼핑몰의 포인트(3,000포인트)를 적립해 드립니다.

잘못 만들어진 책이나 부록 등이 파손된 경우에는 교환해 드립니다.

저자 문의 : jeon6363@hanmail.net(전수기)
본서 기획자 e-mail : coh@cyber.co.kr(최옥현)
홈페이지 : http://www.cyber.co.kr   전화 : 031) 950-6300

이 책을 펴내면서…

전기수험생 여러분!

합격하기도, 학습하기도 어려운 전기자격증시험 어떻게 하면 합격할 수 있을까요? 이것은 과거부터 현재까지 끊임없이 제기되고 있는 전기수험생들의 고민이며 가장 큰 바람입니다.

필자가 강단에서 30여 년 강의를 하면서 안타깝게도 전기수험생들이 열심히 준비하지만 합격하지 못한 채 중도에 포기하는 경우를 많이 보았습니다. 전기자격증시험이 너무 어려워서?, 머리가 나빠서?, 수학실력이 없어서?, 그렇지 않습니다. 그것은 전기자격증 시험대비 학습방법이 잘못되었기 때문입니다.

전기자격증 시험문제는 출제될 수 있는 문제가 모두 출제된 상태로 현재는 문제은행 방식으로 기출문제를 그대로 출제하고 있습니다.

따라서 이 책은 기출개념원리에 의한 독특한 교수법으로 시험에 강해질 수 있는 사고력을 기르고 이를 바탕으로 기출문제 해결능력을 키울 수 있도록 다음과 같이 구성하였습니다.

이 책의 특징

❶ 기출핵심개념과 기출문제를 동시에 학습
중요한 기출문제를 기출핵심이론의 하단에서 바로 학습할 수 있도록 구성하였습니다. 따라서 기출개념과 기출문제풀이가 동시에 학습이 가능하여 어떠한 형태로 문제가 출제되는지 출제감각을 익힐 수 있게 구성하였습니다.

❷ 전기자격증시험에 필요한 내용만 서술
기출문제를 토대로 방대한 양의 이론을 모두 서술하지 않고 시험에 필요 없는 부분은 과감히 삭제, 시험에 나오는 내용만 담아 수험생의 학습시간을 단축시킬 수 있도록 교재를 구성하였습니다.

이 책으로 인내심을 가지고 꾸준히 시험대비를 한다면 학습하기도, 합격하기도 어렵다는 전기자격증시험에 반드시 좋은 결실을 거둘 수 있으리라 확신합니다.

전수기 씀

기출개념과 문제를 한번에 잡는 합격 구성

기출개념
기출문제에 꼭 나오는 핵심개념을 관련 기출문제와 구성하여 한 번에 쉽게 이해

단원 빈출문제
단원별로 자주 출제되는 기출문제를 엄선하여 출제 가능성이 높은 필수 빈출문제 공략

실전 기출문제
최근 출제되었던 기출문제를 풀면서 실전시험 최종 마무리

이 책의 구성과 특징

01 기출개념

시험에 출제되는 중요한 핵심개념을 체계적으로 정리해 먼저 제시하고 그 개념과 관련된 기출문제를 동시에 학습할 수 있도록 구성하였다.

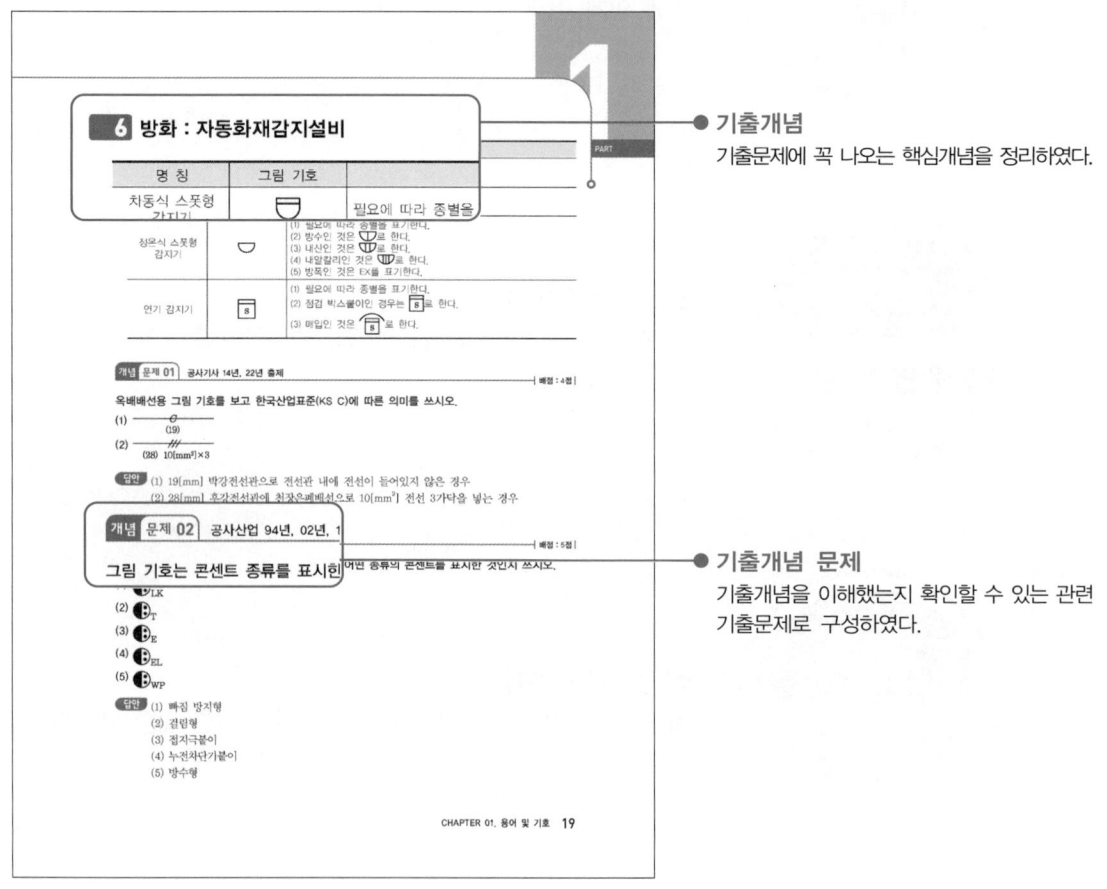

● **기출개념**
기출문제에 꼭 나오는 핵심개념을 정리하였다.

● **기출개념 문제**
기출개념을 이해했는지 확인할 수 있는 관련 기출문제로 구성하였다.

02 단원 빈출문제

자주 출제되는 기출문제를 엄선하여 단원별로 학습할 수 있도록 빈출문제로 구성하였다.

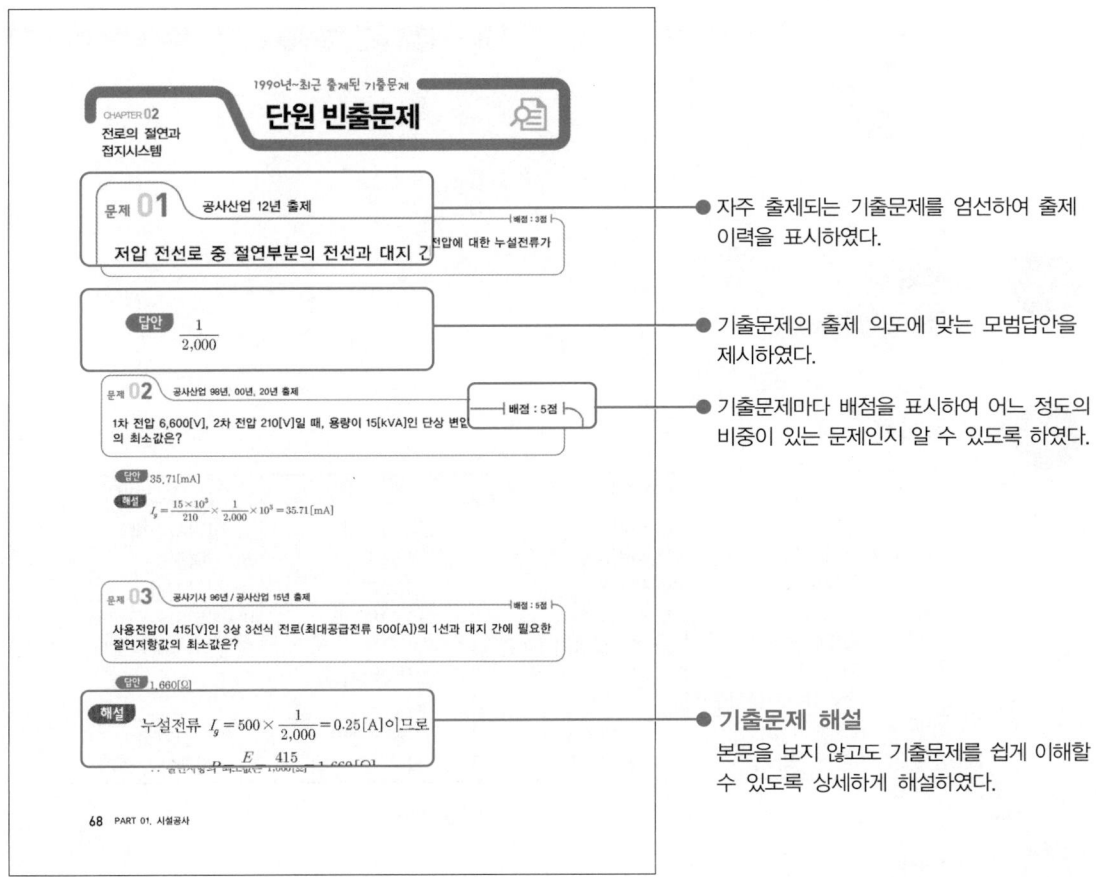

- 자주 출제되는 기출문제를 엄선하여 출제 이력을 표시하였다.
- 기출문제의 출제 의도에 맞는 모범답안을 제시하였다.
- 기출문제마다 배점을 표시하여 어느 정도의 비중이 있는 문제인지 알 수 있도록 하였다.
- 기출문제 해설
  본문을 보지 않고도 기출문제를 쉽게 이해할 수 있도록 상세하게 해설하였다.

03 최근 과년도 출제문제

실전시험에 대비할 수 있도록 최근 기출문제를 수록하여 시험에 대한 감각을 기를 수 있도록 구성하였다.

전기자격시험안내

01 시행처

한국산업인력공단

02 시험과목

구분	전기공사기사	전기공사산업기사	전기기사	전기산업기사
필기	1. 전기응용 및 공사재료 2. 전력공학 3. 전기기기 4. 회로이론 및 제어공학 5. 전기설비기술기준	1. 전기응용 2. 전력공학 3. 전기기기 4. 회로이론 5. 전기설비기술기준	1. 전기자기학 2. 전력공학 3. 전기기기 4. 회로이론 및 제어공학 5. 전기설비기술기준	1. 전기자기학 2. 전력공학 3. 전기기기 4. 회로이론 5. 전기설비기술기준
실기	전기설비 견적 및 시공	전기설비 견적 및 시공	전기설비 설계 및 관리	전기설비 설계 및 관리

03 검정방법

[기사]
- **필기** : 객관식 4지 택일형, 과목당 20문항(과목당 30분)
- **실기** : 필답형(2시간 30분)

[산업기사]
- **필기** : 객관식 4지 택일형, 과목당 20문항(과목당 30분)
- **실기** : 필답형(2시간)

04 합격기준
- **필기** : 100점을 만점으로 하여 과목당 40점 이상, 전과목 평균 60점 이상
- **실기** : 100점을 만점으로 하여 60점 이상

05 출제기준

주요항목	세부항목
1. 시공계획	(1) 설계도서 검토하기 (2) 현장조사 및 분석하기 (3) 법규 및 규정 검토하기 (4) 공정 및 안전관리 계획하기 (5) 시공자재 선정하기
2. 공사비 산정	(1) 공사내역 및 원가계산 기준 검토하기 (2) 재료비 산출하기 (3) 노무비 산출하기 (4) 경비 산출하기
3. 전기설비설치	(1) 송전설비 설치하기 (2) 배전설비 설치하기 (3) 변전설비 설치하기 (4) 부하설비 설치하기 (5) 신재생에너지 설치하기
4. 시험검사	(1) 시험 측정하기 (2) 시운전하기 (3) 사용전 검사하기

이 책의 차례

PART 01 시설공사

CHAPTER 01 용어 및 기호	2
■ 단원 빈출문제	25
CHAPTER 02 전로의 절연과 접지시스템	48
■ 단원 빈출문제	68
CHAPTER 03 가공전선로	94
■ 단원 빈출문제	108
CHAPTER 04 지중전선과 인입선 및 시험측정	168
■ 단원 빈출문제	179
CHAPTER 05 전기사용장소	209
■ 단원 빈출문제	220
CHAPTER 06 변압기와 동력설비 시공	266
■ 단원 빈출문제	276
CHAPTER 07 간선과 분기 및 수용설비	302
■ 단원 빈출문제	311
CHAPTER 08 보호설비 시공	345
■ 단원 빈출문제	359
CHAPTER 09 고장차단설비 시공	391
■ 단원 빈출문제	400
CHAPTER 10 예비전원과 신재생에너지	421
■ 단원 빈출문제	429
CHAPTER 11 조명설비	450
■ 단원 빈출문제	461
CHAPTER 12 기타 설비 및 안전관리	491
■ 단원 빈출문제	496

PART 02 수변전설비

CHAPTER 01 수변전설비의 시설	518
■ 단원 빈출문제	533
CHAPTER 02 특고압 수전설비의 시설	548
■ 단원 빈출문제	566

PART 03 시퀀스제어

CHAPTER 01 접점의 종류 및 제어용 기구	584
■ 단원 빈출문제	595
CHAPTER 02 유접점 기본 회로	597
■ 단원 빈출문제	606
CHAPTER 03 전동기 운전회로	619
■ 단원 빈출문제	631
CHAPTER 04 전동기 기동회로	635
■ 단원 빈출문제	645
CHAPTER 05 산업용 기기 시퀀스제어회로	651
CHAPTER 06 논리회로	667
■ 단원 빈출문제	688
CHAPTER 07 논리연산	720
■ 단원 빈출문제	728
CHAPTER 08 PLC(Programmable Logic Controller)	734
■ 단원 빈출문제	743
CHAPTER 09 옥내 배선회로	768
■ 단원 빈출문제	772

PART 04 적산 및 견적

	794
■ 단원 빈출문제	808

부록

■ 최근 과년도 출제문제

"할 수 있다고 믿는 사람은 그렇게 되고,
할 수 없다고 믿는 사람 역시 그렇게 된다."

- 샤를 드골 -

PART 01 시설공사

- CHAPTER 01 용어 및 기호
- CHAPTER 02 전로의 절연과 접지시스템
- CHAPTER 03 가공전선로
- CHAPTER 04 지중전선과 인입선 및 시험측정
- CHAPTER 05 전기사용장소
- CHAPTER 06 변압기와 동력설비 시공
- CHAPTER 07 간선과 분기 및 수용설비
- CHAPTER 08 보호설비 시공
- CHAPTER 09 고장차단설비 시공
- CHAPTER 10 예비전원과 신재생에너지
- CHAPTER 11 조명설비
- CHAPTER 12 기타 설비 및 안전관리

CHAPTER 01 용어 및 기호

1990년~최근 출제된 기출 이론 분석 및 유형별 문제

기출개념 01 용어해설

(1) 전기사용장소
① 전기를 사용하기 위하여 전기설비를 시설한 장소이다.
② 발전소, 변전소, 개폐소, 수전소(실) 또는 배전반 등은 포함하지 아니한다.
③ 옥외에 하나의 작업장으로 통일되어 있는 것은 하나의 전기사용장소이다.

(2) 수용장소
전기사용장소를 포함하여 전기를 사용하는 구내 전체이다.

(3) 조영물
건축물, 광고탑 등 토지에 정착하는 시설물 중 지붕 및 기둥 또는 벽을 가지는 시설물이다.

(4) 조영재
조영물을 구성하는 부분을 말한다.

(5) 건조물
사람이 거주하거나 근무하거나, 빈번히 출입하거나 또는 사람이 모이는 건축물 등이다.

(6) 우선 내
옥측의 처마 또는 이와 유사한 것의 선단에서 연직선에 대하여 45° 각도로 그은 선 내의 옥측 부분으로서, 통상의 강우 상태에서 비를 맞지 아니하는 부분이다.

(7) 점검 가능한 은폐장소
점검구가 있는 천장 안이나 벽장 또는 다락같은 장소이다.

(8) 점검할 수 없는 은폐장소
점검구가 없는 천장 안, 마루 밑, 벽 내, 콘크리트 바닥 내, 지중 등과 같은 장소이다.

(9) 사람이 쉽게 접촉될 우려가 있는 장소
옥내에서는 바닥에서 1.8[m] 이하, 옥외에서는 지표상 2[m] 이하인 장소를 말하고, 그 밖에 계단의 중간, 창 등에서 손을 뻗어서 쉽게 닿을 수 있는 범위를 말한다.

(10) **사람이 접촉될 우려가 있는 장소**

옥내에서는 바닥에서 저압인 경우는 1.8[m] 이상 2.3[m] 이하(고압인 경우는 1.8[m] 이상 2.5[m] 이하), 옥외에서는 지표면에서 2[m] 이상 2.5[m] 이하의 장소를 말하고, 그 밖에 계단의 중간, 창 등에서 손을 뻗어서 닿을 수 있는 범위를 말한다.

(11) **전선로**
① 발전소, 변전소, 개폐소 이와 유사한 장소 및 전기사용장소 상호 간의 전선 및 이를 지지하거나 보장하는 시설물을 말한다.
② 보장하는 시설물이라 함은 지중전선로에 대하여 케이블을 넣는 암거, 관, 지중관 등을 말한다.

(12) **전구선(조명용 전원코드)**

전기사용장소에 시설하는 전선 가운데에서 조영물에 고정하지 아니하고 백열전등에 이르는 것으로서 조영물에 시설하지 아니하는 코드 등을 말한다. 전기사용 기계기구 내의 전선은 포함하지 아니한다.

(13) **이동전선**

전기사용장소에 시설하는 전선 가운데서 조영재에 고정하여 시설하지 아니하는 것을 말한다. 전구선, 전기사용 기계기구 내의 전선, 케이블의 포설 등은 포함하지 아니한다.

(14) **제어회로 등**

자동제어회로, 원방조작회로, 원방감시조작의 신호회로 등 이와 유사한 전기회로이다.

(15) **신호회로**

벨, 버저, 신호등 등의 신호를 발생하는 장치에 전기를 공급하는 회로이다.

(16) **관등회로**

방전등용 안정기(네온변압기를 포함한다)와 점등관등의 점등에 필요한 부속품과 방전관을 연결하는 회로를 말한다.

(17) **대지전압**

접지식 전로에서는 전선과 대지 사이의 전압을 말하고 또 비접지식 전로에서는 전선과 그 전로 중의 임의의 다른 전선 사이의 전압을 말한다.

(18) **접촉전압**

지락이 발생된 전기기계기구의 금속제 외함 등에 인축이 닿을 때 생체에 가하여지는 전압을 말한다.

(19) **인입구**

옥외 또는 옥측에서의 전로가 가옥의 외벽을 관통하는 부분을 말한다.

(20) 인입선
가공인입선, 지중인입선 및 연접인입선의 총칭을 말한다.

(21) 가공인입선
가공전선로의 지지물에서 다른 지지물을 거치지 아니하고 수용장소의 인입선 접속점에 이르는 가공전선을 말한다.

(22) 연접인입선
하나의 수용장소의 인입선 접속점에서 분기하여 지지물을 거치지 아니하고 다른 수용장소의 인입선 접속점에 이르는 전선을 말한다.

(23) 간선
① 인입구에서 분기 과전류차단기에 이르는 배선으로서 분기회로의 분기점에서 전원측의 부분을 말한다.
② 고압 수전의 경우는 저압의 주배전반(수전실 등에 시설되고 공급 변압기에서 보아 최초의 배전반)에서부터로 한다.

(24) 분기회로
간선에서 분기하여 분기 과전류차단기를 거쳐서 부하에 이르는 사이의 배선이다.

(25) 인입구장치
① 인입구 이후의 전로에 설치하는 전원측으로부터 최초의 개폐기 및 과전류차단기를 합하여 말한다.
② 인입구장치로서는 일반적으로 배선용 차단기, 퓨즈를 붙인 나이프 스위치 또는 컷아웃 스위치가 사용된다. 이것을 단순히 인입 개폐기라 부르는 경우도 있다.
③ 분기회로 수가 적을 경우에는 인입구장치의 개폐기가 주개폐기, 분기 개폐기 또는 조작 개폐기를 겸하는 것도 있다.

(26) 주개폐기
① 간선에 설치하는 개폐기(개폐기를 겸하는 배선용 차단기를 포함한다) 중에서 인입구장치 이외의 것이다.
② 주개폐기는 인입구장치 이외의 것을 말하지만 시설장소에 따라서는 인입구장치를 겸하는 것도 있다.

(27) 분기 개폐기
① 간선과 분기회로와의 분기점에서 부하측에 설치하는 전원측으로부터 최초의 개폐기를 말한다.
② 분기 개폐기는 분기 과전류차단기와 조합하여 사용하는 것이 보통이다.
③ 분기 개폐기는 분기회로의 절연저항 측정 등의 경우에 해당 회로를 개로하기 위하여 시설되고 또 전등회로에서는 분기회로 전체를 점멸하는 데 이용되는 수도 있다. 또 전동기회로에서는 조작 개폐기를 겸할 때도 있다.

(28) 조작 개폐기
전동기, 가열장치, 전력장치 등의 기동이나 정지를 위하여 사용하는 개폐기(배선용 차단기를 포함한다)를 말한다.

(29) 점멸기
전등 등의 점멸에 사용하는 개폐기(텀블러 스위치 등)를 말한다.

(30) 수전반
특고압 또는 고압 수용가의 수전용 배전반을 말한다.

(31) 배전반
① 대리석판, 강판, 목판 등에 개폐기, 과전류차단기, 계기(전류계, 전압계, 전력계, 전력량계 등) 등을 장비한 집합체를 말한다.
② 수전용, 전동기의 제어용 등을 목적으로 하는 것은 포함되나 분전반은 포함되지 아니한다.

(32) 제어반
전동기, 가열장치, 조명 등의 제어를 목적으로 개폐기, 과전류차단기, 전자개폐기, 제어용 기구 등을 집합하여 설치한 것을 말한다.

(33) 분전반
분기 과전류차단기 및 분기 개폐기를 집합하여 설치한 것(주개폐기나 인입구장치를 설치하는 경우도 포함한다)을 말한다.

(34) 수구
소켓, 리셉터클, 콘센트 등의 총칭을 말한다.

(35) 전압측 전선
저압 전로에서 접지측 전선 이외의 전선을 말한다.

(36) 접지측 전선
저압 전로에서 기술상의 필요에 따라 접지한 중성선 또는 접지된 전선을 말한다.

(37) 중성선
다선식 전로에서 전원의 중성극에 접속된 전원을 말한다.

(38) 뱅크(BANK)
전로에 접속된 변압기 또는 콘덴서의 결선상 단위를 말한다.

(39) 전기기계기구
배선기구, 가정용 전기기계기구, 업무용 전기기계기구, 백열전등 및 방전등(관등회로의 배선은 제외한다)을 말한다.

(40) 배선기구
개폐기, 과전류차단기, 접속기 및 기타 이와 유사한 기구를 말한다.

(41) 이동 전기기계기구
탁상용 선풍기, 전기다리미, 텔레비젼, 전기세탁기, 가방전기드릴 등과 같이 손으로 운반하기 쉽고 수시로 옥내 배선에 접속하거나 또는 옥내 배선에서 분리할 수 있도록 꽂음 플러그가 달린 코드 등이 부속되어 있는 것을 말한다.

(42) 고정 전기기계기구
나사못 등으로 조영물에 붙이는 전기기계기구 또는 전기냉장고, 캐비닛형 난방기, 조리용 전기기구 등과 같이 형태 및 중량이 크고 일정한 위치에서 사용하는 성질의 전기기계기구를 말한다.

(43) 방수형
옥측의 우선외, 옥외에서 비와 이슬을 맞는 장소, 상시 또는 장시간 습기가 100[%]에 가깝고 물방울이 떨어지거나 또는 이슬이 맺혀 전기용품이 젖어 있는 장소(영안실, 지하도 등)에서 사용에 적합한 형의 것으로, 다음에 해당하는 것을 말한다.
① 적당한 외함을 구비하고 내부에 물기가 스며드는 것을 방지하는 것
② 외함 등은 구비하지 아니하였으나, 그것 자체가 습기 및 물방울에 견디고 사용상 지장이 없는 것

(44) 옥내형
습기 또는 수분이 많지 않은 보통의 옥내 장소에서 사용에 적합한 성능을 가지는 것을 말한다. 특히 옥외형이라 표기하지 아니하는 경우에는 옥내형을 말하고, 이 경우에 일반적으로 옥내형이라고는 표기하지 아니한다.

(45) 옥외형
① 바람, 비 및 눈과 직사광선을 받는 장소에서 사용하는데 적합한 성능을 가지는 것을 말한다.
② 옥외형의 것을 옥내에 사용하는 것은 지장이 없다.
③ 옥내형의 것을 옥외형의 성능을 가지는 함 속에 넣으면 옥외에서 사용할 수 있다.

(46) 애관류
전선의 조영재 관통장소 등에 사용하는 애관, 두께 1.2[mm] 이상의 합성수지관 등이다.

(47) 내화성
사용 중 닿게 될지도 모르는 불꽃, 아크 또는 고열에 의하여 연소되는 일이 없고 또한 실용상 지장을 주는 변형 또는 변질을 초래하지 아니하는 성질이다.

(48) 불연성
사용 중 닿게 될지도 모르는 불꽃, 아크 또는 고열에 의하여 연소되지 아니하는 성질이다.

(49) 난연성

불꽃, 아크 또는 고열에 의하여 착화하지 아니하거나 또는 착화하여도 잘 연소하지 아니하는 성질이다.

(50) 과전류

과부하전류 및 단락전류이다.

(51) 과부하전류

기기에 대하여는 그 정격전류, 전선에 대하여는 그 허용전류를 어느 정도 초과하여 그 계속되는 시간을 합하여 생각하였을 때 기기 또는 전선의 부하 방지상 자동 차단을 필요로 하는 전류로, 기동전류는 포함하지 아니한다.

(52) 단락전류

전로의 선간 임피던스가 적은 상태로 접속되었을 경우에 그 부분을 통하여 흐르는 큰 전류이다.

(53) 지락전류

지락에 의하여 전로의 외부로 유출되어 화재, 인축의 감전 또는 전로나 기기의 상해 등 사고를 일으킬 우려가 있는 전류이다.

(54) 누설전류

① 전로 이외를 흐르는 전류로서 전로의 절연체(전선의 피복절연체, 단자, 부싱, 스페이서 및 기타 기기의 부분으로 사용하는 절연체 등)의 내부 및 표면과 공간을 통하여 선간 또는 대지 사이를 흐르는 전류이다.
② 누설전류가 생기는 것은 절연체의 절연저항이 무한대가 아니며 전로 각부 상호 간 또는 대지 간에 정전용량이 존재하기 때문이다.

(55) 과전류차단기

① 배선차단기, 퓨즈, 기중차단기(ACB)와 같이 과부하전류 및 단락전류를 자동 차단하는 기능을 가지는 기구이다.
② 배선차단기 및 퓨즈는 일반적으로 단락전류 및 과부하전류에 대하여 보호기능을 갖는다. 단락전류 전용의 것도 있으나, 이것은 과전류차단기로는 인정하지 아니한다. 또 열동계전기가 붙은 전자개폐기는 일반적으로 과부하전류 보호전용으로서 단락전류에 대한 차단능력은 없다.
③ 전류제한기는 전력수급거래상 필요에 따라 설치하는 것으로서 과전류차단기가 아니다.

(56) 분기 과전류차단기

① 분기회로마다 시설하는 것으로서 그 분기회로의 배선을 보호하는 과전류차단기이다.
② 분기 과전류차단기로는 일반적으로 배선용 차단기 또는 퓨즈가 사용된다.

③ 열동계전기가 붙은 전자개폐기 또는 로제트 혹은 전등점멸용의 점멸기 내부에 시설하는 퓨즈는 분기 과전류차단기라고는 보지 아니한다.

(57) **지락차단장치**

전로에 지락이 생겼을 경우에 부하기기, 금속제 외함 등에 발생하는 고장전압 또는 지락전류를 검출하는 부분과 차단기 부분을 조합하여 자동적으로 전로를 차단하는 장치이다.

(58) **누전차단기**

누전차단장치를 일체로 하여 용기 속에 넣어서 제작한 것으로서 용기 밖에서 수동으로 전로의 개폐 및 자동 차단 후에 복귀가 가능한 것이다.

(59) **배선차단기**

전자 작용 또는 바이메탈의 작용에 의하여 과전류를 검출하고 자동으로 차단하는 과전류차단기로서 그 최소 동작전류(동작하고 아니하는 한계전류)가 정격전류의 100[%]와 125[%] 사이에 있고 또 외부에서 수동, 전자적 또는 전동적으로 조작할 수 있는 것이다.

(60) **정격차단용량**

과전류차단기가 어떤 정해진 조건에서 차단할 수 있는 차단용량의 한계이다.

(61) **포장 퓨즈**

가용체를 절연물 또는 금속으로 충분히 포장한 구조의 통형 퓨즈 또는 플러그 퓨즈로서 정격차단용량 이내의 전류를 용융금속 또는 아크를 방출하지 아니하고 안전하게 차단할 수 있는 것이다.

(62) **비포장 퓨즈**

포장 퓨즈 이외의 퓨즈를 말하고 방출형 퓨즈를 포함한다.

(63) **한류 퓨즈**

단락전류를 신속히 차단하며 또한 흐르는 단락전류의 값을 제한하는 성질을 가지는 퓨즈로서 이 성질에 관하여 일정한 규격에 적합한 것을 말한다.

(64) **조상설비**

무효전력을 조정하여 전송 효율을 증가시키고, 전압을 조정하여 계통의 안정도를 증진시키기 위한 전기기계기구이다.

(65) **액세스플로어(Movable Floor 또는 OA Floor)**

주로 컴퓨터실, 통신기계실, 사무실 등에서 배선, 기타의 용도를 위한 2중 구조의 바닥을 말한다.

(66) 전기기계기구의 방폭구조

가스증기위험장소에서 사용에 적합하도록 특별히 고려한 구조를 말하며, 내압 방폭구조(耐壓防爆構造), 내압 방폭구조(內壓防爆構造), 유입(油入) 방폭구조, 안전증 방폭구조, 본질(本質) 방폭구조 및 특수 방폭구조와 분진위험장소에서 사용에 적합하도록 고려한 분진 방폭방진구조로 구별한다.

(67) 스트레스 전압

지락고장 중에 접지부분 또는 기기나 장치의 외함과 기기나 장치의 다른 부분 사이에 나타나는 전압을 말한다.

(68) 임펄스 내전압

지정된 조건 하에서 절연파괴를 일으키지 않는 규정된 파형 및 극성의 임펄스전압의 최대 피크값 또는 충격내전압을 말한다.

(69) 뇌전자기 임펄스(LEMP)

서지 및 방사상 전자계를 발생시키는 저항성, 유도성 및 용량성 결합을 통한 뇌전류에 의한 모든 전자기 영향을 말한다.

(70) 서지보호장치(SPD)

과도 과전압을 제한하고 서지전류를 분류시키기 위한 장치를 말한다.

(71) 접지 전위 상승(EPR)

접지계통과 기준 대지 사이의 전위차를 말한다.

(72) 리플프리 직류

교류를 직류로 변환할 때 리플 성분의 실효값이 10[%] 이하로 포함된 직류를 말한다.

(73) 기본보호

정상운전 시 기기의 충전부에 직접 접촉함으로써 발생할 수 있는 위험으로부터 인축의 보호를 말한다.

(74) 고장보호

고장 시 기기의 노출도전부에 간접 접촉함으로써 발생할 수 있는 위험으로부터 인축을 보호하는 것을 말한다.

(75) 보호접지

고장 시 감전에 대한 보호를 목적으로 기기의 한 점 또는 여러 점을 접지하는 것을 말한다.

(76) 계통접지

전력계통에서 돌발적으로 발생하는 이상 현상에 대비하여 대지와 계통을 연결하는 것으로, 중성점을 대지에 접속하는 것을 말한다.

(77) 보호도체
감전에 대한 보호 등 안전을 위해 제공되는 도체를 말한다.

(78) 접지도체
계통, 설비 또는 기기의 한 점과 접지극 사이의 도전성 경로 또는 그 경로의 일부가 되는 도체를 말한다.

(79) 등전위본딩
등전위를 형성하기 위해 도전부 상호 간을 전기적으로 연결하는 것을 말한다.

(80) 보호등전위본딩
감전에 대한 보호 등과 같은 안전을 목적으로 하는 등전위본딩을 말한다.

(81) 등전위본딩망
구조물의 모든 도전부와 충전도체를 제외한 내부설비를 접지극에 상호 접속하는 망을 말한다.

(82) 특별저압(ELV)
인체에 위험을 초래하지 않을 정도의 저압으로 직류 120[A], 교류 50[A] 이하를 말한다. 여기서 SELV는 비접지회로에 해당되며, PELV는 접지회로에 해당된다.

(83) 전압의 구분
① 저압 : 교류는 1[kV] 이하, 직류는 1.5[kV] 이하인 것
② 고압 : 교류는 1[kV]를, 직류는 1.5[kV]를 초과하고 7[kV] 이하인 것
③ 특고압 : 7[kV]를 초과하는 것

개념 문제 01 공사기사 16년 / 공사산업 08년, 18년 출제 | 배점 : 5점 |

"분기회로"란 무엇이지 용어의 정의를 쓰시오.

답안 분기회로란 간선에서 분기하여 분기 과전류차단기를 거쳐서 부하에 이르는 사이의 배선이다.

개념 문제 02 공사산업 22년 출제 | 배점 : 6점 |

한국전기설비규정에 따른 용어의 정의 중 일부이다. 빈칸에 알맞은 내용을 쓰시오.

(①)이란 인체에 위험을 초래하지 않을 정도의 저압을 말한다.
여기서 (②)는 비접지회로에 해당되며, (③)는 접지회로에 해당된다.

답안 ① 특별저압, ② SELV, ③ PELV

해설 특별저압(ELV)이란 인체에 위험을 초래하지 않을 정도의 저압으로 직류 120[A], 교류 50[A] 이하를 말한다. 여기서 SELV는 비접지회로에 해당되며, PELV는 접지회로에 해당된다.

기출개념 02 옥내 배선의 그림 기호

1 적용 범위(KS C 0301-1990)

이 규격은 일반 옥내 배선에서 전등·전력·통신·신호·재해방지·피뢰설비 등의 배선, 기기 및 부착 위치, 부착 방법을 표시하는 도면에 사용하는 그림 기호에 대하여 규정한다.

2 배선

(1) 일반 배선(배관·덕트·금속선 홈통 등을 포함)

명칭	그림 기호	적용
천장은폐배선	————	(1) 천장은폐배선 중 천장 속의 배선을 구별하는 경우는 천장 속의 배선에 —··—··— 를 사용하여도 좋다. (2) 노출배선 중 바닥면 노출배선을 구별하는 경우는 바닥면 노출배선에 —··—··— 를 사용하여도 좋다. (3) 전선의 종류를 표시할 필요가 있는 경우는 기호를 기입한다. [보기] • 600[V] 비닐 절연전선 IV 　　　• 600[V] 2종 비닐 절연전선 HIV 　　　• 가교 폴리에틸렌 절연 비닐 시스 케이블 CV 　　　• 600[V] 비닐 절연 비닐 시스 케이블(평형) VVF 　　　• 내화 케이블 FP 　　　• 내열 전선 HP 　　　• 통신용 PVC 옥내선 TIV
바닥은폐배선	— — —	(4) 절연전선의 굵기 및 전선수는 다음과 같이 기입한다. 단위가 명백한 경우는 단위를 생략하여도 좋다. [보기] ⫽$_{1.6}$　⫽$_{2}$　⫽$_{2[mm^2]}$　⫽$_{8}$ • 숫자 표기 　　1.6×5 　　5.5×1 다만, 시방서 등에 전선의 굵기 및 심선수가 명백한 경우는 기입하지 않아도 좋다.
노출배선	- - - - - -	(5) 케이블의 굵기 및 심선수(또는 쌍수)는 다음과 같이 기입하고 필요에 따라 전압을 기입한다. [보기] • 1.6[mm] 3심인 경우　1.6-3C 　　　• 0.5[mm] 100쌍인 경우　0.5~100P 다만, 시방서 등에 케이블의 굵기 및 심선수가 명백한 경우는 기입하지 않아도 좋다. (6) 전선의 접속점은 다음에 따른다.

1990년~최근 출제된 기출 이론 분석 및 유형별 문제

명 칭	그림 기호	적 용
천장은폐배선 바닥은폐배선 노출배선	───── ─ ─ ─ ─ - - - - - -	(7) 배관은 다음과 같이 표시한다. • ─∥─ 1.6(19) 강제 전선관인 경우 • ─∥─ 1.6(VE16) 경질 비닐 전선관인 경우 • ─∥─ 1.6(F₂17) 2종 금속제 가요전선관인 경우 • ─∥─ 1.6(PF16) 합성수지제 가요관인 경우 • ─◠─ (19) 전선이 들어 있지 않은 경우 다만, 시방서 등에 명백한 경우는 기입하지 않아도 좋다. (8) 플로어덕트의 표시는 다음과 같다. [보기] ──(F7)── ──(FC6)── 정션박스를 표시하는 경우는 다음과 같다. ──⊙── (9) 금속덕트의 표시는 다음과 같다. [MD] (10) 금속선 홈통의 표시는 다음과 같다. 1종 ── MM₁ ── 2종 ── MM₂ ── (11) 라이팅덕트의 표시는 다음과 같다. □── LD ── ───□── LD ─── □는 피드인 박스를 표시한다. 필요에 따라 저압, 극수, 용량을 기입한다. [보기] □── LD 125V 2P 15A ── (12) 접지선의 표시는 다음과 같다. [보기] ── E2.0 ── (13) 접지선과 배선을 동일관 내에 넣는 경우는 다음과 같다. [보기] ─∥─ 2.0(25) ─╱─ E2.0 다만, 접지선의 표시 E가 명백한 경우는 기입하지 않아도 좋다. (14) 정원등 등에 사용하는 지중매설 배선은 다음과 같다. ─ ‧ ─ ‧ ─
풀박스 및 접속상자	⊠	(1) 재료의 종류, 치수를 표시한다. (2) 박스의 대소 및 모양에 따라 표시한다.
VVF용 조인트 박스	⊘	단자붙이임을 표시하는 경우는 t를 표시한다. ⊘t
접지단자	⏚	의료용인 것은 H를 표기한다.
접지센터	EC	의료용인 것은 H를 표기한다.
접지극	⏚	필요에 따라 재료의 종류, 크기, 필요한 접지저항치 등을 표기한다.
수전점	⋎	인입구에 이것을 적용하여도 좋다.
점검구	◯	─

(2) 버스덕트

명 칭	그림 기호	적 용
버스덕트	▬	필요에 따라 다음 사항을 표시한다. (1) 피드 버스덕트 FBD 　　플러그인 버스덕트 PBD 　　트롤리 버스덕트 TBD (2) 방수형인 경우는 WP (3) 전기방식, 정격전압, 정격전류 　　[보기] 　　　FBD3φ　3[W]　300[V]　600[A]

(3) 증설

동일 도면에서 증설·기설을 표시하는 경우 증설은 굵은 선, 기설은 가는 선 또는 점선으로 한다. 또한, 증설은 적색, 기설은 흑색 또는 청색으로 하여도 좋다.

(4) 철거 : 철거인 경우는 ×를 붙인다.
　　[보기] ×××⊗×××

3 기기

명 칭	그림 기호	적 용
전동기	Ⓜ	필요에 따라 전기방식, 전압, 용량을 표기한다. [보기] Ⓜ 3φ 200[V] 3.7[kW]
콘덴서	⊥⊤	전동기의 적요를 준용한다.
전열기	Ⓗ	전동기의 적요를 준용한다.
환기팬 (선풍기를 포함)	∞	필요에 따라 종류 및 크기를 표기한다.
룸 에어컨	RC	(1) 옥외 유닛에는 0을, 옥내 유닛에는 1을 표기한다. 　RC₀　　RC₁ (2) 필요에 따라 전동기, 전열기의 전기방식, 전압, 용량 등을 표기한다.
소형 변압기	Ⓣ	(1) 필요에 따라 용량, 2차 전압을 표기한다. (2) 필요에 따라 벨변압기는 B, 리모컨변압기는 R, 네온변압기는 N, 형광등용 안정기는 F, HID등(고효율 방전등)용 안정기는 H를 표기한다. 　Ⓣ$_B$　Ⓣ$_R$　Ⓣ$_N$　Ⓣ$_F$　Ⓣ$_H$ (3) 형광등용 안정기 및 HID등용 안정기로서 기구에 넣는 것은 표시하지 않는다.
정류장치	▶|	필요에 따라 종류, 용량, 전압 등을 표기한다.
축전지	||	필요에 따라 종류, 용량, 전압 등을 표기한다.
발전기	Ⓖ	전동기의 적요를 준용한다.

1990년~최근 출제된 기출 이론 분석 및 유형별 문제

4 전등·전력

(1) 조명기구

명 칭	그림 기호	적 용
일반용 조명 백열등 HID등	○	(1) 벽붙이는 벽 옆을 칠한다. 　● (2) 기구 종류를 표시하는 경우는 ○ 안이나 또는 표기로 글자명, 숫자 등의 문자 기호를 기입하고 도면의 비고 등에 표시한다. 　[보기] ㉯ ○₄ ① ○₁ Ⓐ ○ₐ 등 　같은 방에 기구를 여러 개 시설하는 경우는 통합하여 문자 기호와 기구수를 기입하여도 좋다. (3) (2)에 따르기 어려운 경우는 다음에 따른다. 　• 걸림 로우젯만　⊖ 　• 펜던트　　　　⊖ 　• 실링·직접 부착　ⒸⓁ 　• 샹들리에　　　ⒸⒽ 　• 매입 기구　　　ⒹⓁ ◎ 로 하여도 좋다. (4) 용량을 표시하는 경우는 와트수(W)×램프수로 표시한다. 　[보기] 100　　　200×3 (5) 옥외등은 ◎로 하여도 좋다. (6) HID등의 종류를 표시하는 경우는 용량 앞에 다음 기호를 붙인다. 　• 수은등　　　　　H 　• 메탈헬라이드등　M 　• 나트륨등　　　　N 　[보기] H400
형광등	▭○▭	(1) 그림 기호 ▭○▭ 는 ▭⊖▭로 표시하여도 좋다. (2) 벽붙이는 벽 옆을 칠한다. 　• 가로붙이인 경우　▭●▭ 　• 세로붙이인 경우　▯ (3) 기구 종류를 표시하는 경우는 ○ 안이나 또는 표기로 글자명, 숫자 등의 문자 기호를 기입하고 도면의 비고 등에 표시한다. 　[보기] ㉯ ○₄ ① ○₁ Ⓐ ○ₐ 등 　같은 방에 기구를 여러 개 시설하는 경우는 통합하여 문자 기호와 기구수를 기입하여도 좋다. 또한, 여기에 따르기 어려운 경우는 일반용 조명 백열등, HID등의 적용(3)을 준용한다. (4) 용량을 표시하는 경우는 램프의 크기(형)×램프수로 표시한다. 또 용량 앞에 F를 붙인다. 　[보기] F40　　　　F40×2 (5) 용량 외에 기구수를 표시하는 경우는 램프의 크기(형)×램프수-기구수로 표시한다. 　[보기] F40-2　　　F40×2-3 (6) 기구 내 배선의 연결 방법을 표시하는 경우는 다음과 같다. 　[보기] ▭○▭▭　　▭○▭▭▭ 　　　　　F40-2　　　F40-3

명 칭		그림 기호	적 용
형광등		⊂◯⊃	(7) 기구의 대소 및 모양에 따라 표시하여도 좋다. [보기] ⬭ ▢
비상용 조명 (건축 기준법에 따르는 것)	백열등	●	(1) 일반용 조명 백열등의 적요를 준용한다. 　다만, 기구의 종류를 표시하는 경우는 표기한다. (2) 일반용 조명 형광등에 조립하는 경우는 다음과 같다. 　⊂◯●
	형광등	■◯■	(1) 일반용 조명 백열등의 적요를 준용한다. 　다만, 기구의 종류를 표시하는 경우는 표기한다. (2) 계단에 설치하는 통로 유도등과 겸용인 것은 ■⊗■ 로 한다.
유도등 (소방법에 따르는 것)	백열등	⊗	(1) 일반용 조명 백열등의 적요를 준용한다. (2) 객석 유도등인 경우는 필요에 따라 S를 표기한다. 　⊗ S
	형광등	⊏⊗⊐	(1) 일반용 조명 백열등의 적요를 준용한다. (2) 기구의 종류를 표시하는 경우는 표기한다. 　[보기] ⊏⊗⊐ 중 (3) 통로 유도등인 경우는 필요에 따라 화살표를 기입한다. 　[보기] ←⊏⊗⊐　⊏⊗⊐→ (4) 계단에 설치하는 비상용 조명과 겸용인 것은 ■⊗■ 로 한다.

(2) 콘센트

명 칭	그림 기호	적 용
콘센트	⊙	(1) 그림 기호는 벽붙이는 표시하고 옆 벽을 칠한다. (2) 그림 기호 ⊙ 는 ⊖ 로 표시하여도 좋다. (3) 천장에 부착하는 경우는 다음과 같다. 　⊙ (4) 바닥에 부착하는 경우는 다음과 같다. 　⊙ 　▲ (5) 용량의 표시방법은 다음과 같다. 　• 15[A]는 표기하지 않는다. 　• 20[A] 이상은 암페어수를 표기한다. 　[보기] ⊙ 20[A] (6) 2구 이상인 경우는 구수를 표기한다. 　[보기] ⊙ 2 (7) 3극 이상인 것은 극수를 표기한다. 　[보기] ⊙ 3P

1990년~최근 출제된 기출 이론 분석 및 유형별 문제

명 칭	그림 기호	적 용
콘센트	◉	(8) 종류를 표시하는 경우는 다음과 같다. • 빠짐 방지형 ◉LK • 걸림형 ◉T • 접지극붙이 ◉E • 접지단자붙이 ◉ET • 누전차단기붙이 ◉EL (9) 방수형은 WP를 표기한다. ◉WP (10) 방폭형은 EX를 표기한다. ◉EX (11) 타이머붙이, 덮개붙이 등 특수한 것은 표기한다. (12) 의료용은 H를 표기한다. ◉H (13) 전원종별을 명확히 하고 싶은 경우는 그 뜻을 표기한다.
비상콘센트 (소방법에 따르는 것)	⊙⊙	—
점멸기	●	(1) 용량의 표시방법은 다음과 같다. • 10[A]는 표기하지 않는다. • 15[A] 이상은 전류치를 표기한다. [보기] ●15[A] (2) 극수의 표시방법은 다음과 같다. • 단극은 표기하지 않는다. • 2극 또는 3로, 4로는 각각 2P 또는 3, 4의 숫자를 표기한다. [보기] ●2P　●3 (3) 플라스틱은 P를 표기한다. [보기] ●P (4) 파일럿 램프를 내장하는 것은 L을 표기한다. [보기] ●L (5) 따로 놓여진 파일럿 램프는 ○로 표시한다. [보기] ○● (6) 방수형은 WP를 표기한다. [보기] ●WP (7) 방폭형은 EX를 표기한다. [보기] ●EX (8) 타이머붙이는 T를 표기한다. [보기] ●T (9) 지동형, 덮개붙이 등 특수한 것은 표기한다. (10) 옥외등 등에 사용하는 자동 점멸기는 A 및 용량을 표기한다. [보기] ●A(3A)
조광기	⬩	용량을 표시하는 경우는 표기한다. [보기] ⬩15[A]
리모컨 스위치	●R	(1) 파일럿 램프붙이는 ○을 병기한다. [보기] ○●R (2) 리모컨 스위치임이 명백한 경우는 R을 생략하여도 좋다.
셀렉터 스위치	⊗	(1) 점멸 회로수를 표기한다. [보기] ⊗9 (2) 파일럿 램프붙이는 L을 표기한다. [보기] ⊗9L

명 칭	그림 기호	적 용
리모컨 릴레이	▲	리모컨 릴레이를 집합하여 부착하는 경우는 ▲▲▲를 사용하고 릴레이수를 표기한다. [보기] ▲▲▲₁₀
개폐기	S	(1) 상자인 경우는 상자의 재질 등을 표기한다. (2) 극수, 정격전류, 퓨즈 정격전류 등을 표기한다. [보기] S 2P 30[A] f 15[A] (3) 전류계붙이는 Ⓢ를 사용하고 전류계의 정격전류를 표기한다. [보기] Ⓢ 2P 30[A] f 15[A] A 5
배선용 차단기	B	(1) 상자인 경우는 상자의 재질 등을 표기한다. (2) 극수, 프레임의 크기, 정격전류 등을 표기한다. [보기] B 3P 225 AF 150[A] (3) 모터브레이커를 표시하는 경우는 B를 사용한다. (4) B를 S MCB로서 표시하여도 좋다.
누전차단기	E	(1) 상자인 경우는 상자의 재질 등을 표기한다. (2) 과전류 소자붙이는 극수, 프레임의 크기, 정격전류, 정격감도전류 등 과전류 소자 없음은 극수, 정격전류, 정격감도전류 등을 표기한다. • 과전류 소자 있음의 보기 E 2P 30 AF 15[A] 30[mA] • 과전류 소자 없음의 보기 E 3P 15[A] 30[mA] (3) 과전류 소자 있음은 BE를 사용하여도 좋다. (4) E를 S ELB로 표시하여도 좋다.
전력량계	Ⓦ︎H	(1) 필요에 따라 전기 방식, 전압, 전류 등을 표기한다. (2) 그림 기호 Ⓦh는 ⓌH로 표시하여도 좋다.
전력량계 (상자들이 또는 후드붙이)	Wh	(1) 전력량계의 적요를 준용한다. (2) 집합계기 상자에 넣는 경우는 전력량계의 수를 표기한다. [보기] Wh₁₂
변류기(상자)	CT	필요에 따라 전류를 표기한다.
전류제한기	Ⓛ	(1) 필요에 따라 전류를 표기한다. (2) 상자인 경우는 그 뜻을 표기한다.
누전경보기	⊖G	필요에 따라 종류를 표기한다.
누전화재 경보기(소방법에 따르는 것)	⊖F	필요에 따라 급별을 표기한다.
지진감지기	㊉Q	필요에 따라 동작 특성을 표기한다. [보기] ㊉Q 100 170[cm/s²] ㊉Q 100~170 Gal

1990년~최근 출제된 기출 이론 분석 및 유형별 문제

(3) 배전반·분전반·제어반

명 칭	그림 기호	적 용
배전반, 분전반 및 제어반	▭	(1) 종류를 구별하는 경우는 다음과 같다. 　• 배전반 ⊠ 　• 분전반 ◣ 　• 제어반 ⬗ (2) 직류용은 그 뜻을 표기한다. (3) 재해방지 전원회로용 배전반 등인 경우는 2중 틀로 하고 필요에 따라 종별을 표기한다. [보기] ⊠ 1종　　◣ 2종

(4) 확성장치 및 인터폰

명 칭	그림 기호	적 용
스피커	◁	(1) 벽붙이는 벽 옆을 칠한다. 　◀ (2) 모양, 종류를 표시하는 경우는 그 뜻을 표기한다. (3) 소방용 설비 등에 사용하는 것은 필요에 따라 F를 표기한다. (4) 아웃렛만 있는 경우는 다음과 같다. 　◀

5 경보·호출·표시장치

명 칭	그림 기호	적 용
누름버튼	⏹	(1) 벽붙이는 벽 옆을 칠한다. 　⏹ (2) 2개 이상인 경우는 버튼수를 표기한다. [보기] ⏹₃ (3) 간호부 호출용은 ⏹N 또는 N 으로 한다. (4) 복귀용은 다음에 따른다. [보기] ●
손잡이 누름버튼	⊙	간호부 호출용은 ⊙N 또는 Ⓝ으로 한다.
벨	⌒	경보용, 시보용을 구별하는 경우는 다음과 같다. 경보용 A　　시보용 T
버저	◁	경보용, 시보용을 구별하는 경우는 다음과 같다. 경보용 A　　시보용 T
차임	♩	—
경보수신반	▰	—
간호부 호출용 수신반	NC	창 수를 표기한다. [보기] NC ₁₀

6 방화 : 자동화재감지설비

명 칭	그림 기호	적 용
차동식 스폿형 감지기	▽	필요에 따라 종별을 표기한다.
보상식 스폿형 감지기	▽	필요에 따라 종별을 표기한다.
정온식 스폿형 감지기	▽	(1) 필요에 따라 종별을 표기한다. (2) 방수인 것은 ▽로 한다. (3) 내산인 것은 ▽로 한다. (4) 내알칼리인 것은 ▽로 한다. (5) 방폭인 것은 EX를 표기한다.
연기감지기	S	(1) 필요에 따라 종별을 표기한다. (2) 점검 박스붙이인 경우는 S로 한다. (3) 매입인 것은 S로 한다.

개념 문제 01 공사기사 14년, 22년 출제 ┤배점 : 4점├

옥내 배선용 그림 기호를 보고 한국산업표준(KS C)에 따른 의미를 쓰시오.

(1) ─── C ───
　　　　(19)

(2) ─── /// ───
　　(28) 10[mm²]×3

답안 (1) 19[mm] 박강전선관으로 전선관 내에 전선이 들어있지 않은 경우
　　　(2) 28[mm] 후강전선관에 천장은폐배선으로 10[mm²] 전선 3가닥을 넣는 경우

개념 문제 02 공사산업 94년, 02년, 12년, 20년 출제 ┤배점 : 5점├

그림 기호는 콘센트 종류를 표시한 것이다. 각각 어떤 종류의 콘센트를 표시한 것인지 쓰시오.

(1) ⊙LK
(2) ⊙T
(3) ⊙E
(4) ⊙EL
(5) ⊙WP

답안 (1) 빠짐 방지형
　　　(2) 걸림형
　　　(3) 접지극붙이
　　　(4) 누전차단기붙이
　　　(5) 방수형

1990년~최근 출제된 기출 이론 분석 및 유형별 문제

개념 문제 03 공사기사 15년, 19년 출제 | 배점 : 6점 |

다음 그림 기호의 명칭을 쓰시오.

(1)  ☐ E

(2)  ☐ ●

(3)  ☐ TS

(4) 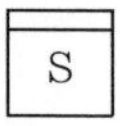 ☐ S

(5)  ◁

(6)  ↗

답안
(1) 누전차단기
(2) 누름버튼
(3) 타임 스위치
(4) 연기감지기
(5) 스피커
(6) 조광기

기출개념 03 전선 및 케이블 종류별 약호

1 정격전압 450/750[V] 이하 염화비닐 절연 케이블

(1) 배선용 비닐 절연전선

① NR : 450/750[V] 일반용 단심 비닐 절연전선
② NF : 450/750[V] 일반용 유연성 단심 비닐 절연전선
③ NFI(70) : 300/500[V] 기기 배선용 유연성 단심 비닐 절연전선(70[℃])
④ NFI(90) : 300/500[V] 기기 배선용 유연성 단심 절연전선(90[℃])
⑤ NRI(70) : 300/500[V] 기기 배선용 단심 비닐 절연전선(70[℃])
⑥ NRI(90) : 300/500[V] 기기 배선용 단심 비닐 절연전선(90[℃])

(2) 배선용 비닐 시스 케이블

LPS : 300/500[V] 연질 비닐 시스 케이블

(3) 유연성 비닐 케이블(코드)

① FTC : 300/300[V] 평형 금사 코드
② FSC : 300/300[V] 평형 비닐 코드

③ CIC : 300/300[V] 실내 장식 전등 기구용 코드
④ LPC : 300/500[V] 연질 비닐 시스 코드
⑤ OPC : 300/500[V] 범용 비닐 시스 코드
⑥ HLPC : 300/300[V] 내열성 연질 비닐 시스 코드(90[℃])
⑦ HOPC : 300/500[V] 내열성 범용 비닐 시스 코드(90[℃])

(4) 비닐 리프트 케이블
① FSL : 평형 비닐 시스 리프트 케이블
② CSL : 원형 비닐 시스 리프트 케이블

(5) 비닐 절연 비닐 시스 차폐 및 비차폐 유연성 케이블
① ORPSF : 300/500[V] 오일내성 비닐 절연 비닐 시스 차폐 유연성 케이블
② ORPUF : 300/500[V] 오일내성 비닐 절연 비닐 시스 비차폐 유연성 케이블

2 정격전압 450/750[V] 이하 고무 절연 케이블

(1) 내열 실리콘 고무 절연전선
HRS : 300/500[V] 내열 실리콘 고무 절연전선(180[℃])

(2) 고무 코드, 유연성 케이블
① BRC : 300/500[V] 편조 고무 코드
② ORSC : 300/500[V] 범용 고무 시스 코드
③ OPSC : 300/500[V] 범용 클로로프렌, 합성고무 시스 코드
④ HPSC : 450/750[V] 경질 클로로프랜, 합성고무 시스 유연성 케이블
⑤ PCSC : 300/500[V] 장식 전등 지구용 클로로프렌, 합성고무 시스 케이블(원형)
⑥ PCSCF : 300/500[V] 장식 전등 지구용 클로로프렌, 합성고무 시스 케이블(평면)

(3) 고무 리프트 케이블
① BL : 300/500[V] 편조 리프트 케이블
② RL : 300/300[V] 고무 시스 리프트 케이블
③ PL : 300/500[V] 폴리클로로프렌, 합성고무 시스 리프트 케이블

(4) 아크 용접용 케이블
① AWP : 클로로프렌, 천연합성고무 시스 용접용 케이블
② AWR : 고무 시스 용접용 케이블

(5) 내열성 에틸렌아세테이트 고무 절연전선
① HR(0.5) : 500[V] 내열성 고무 절연전선(110[℃])
② HRF(0.5) : 500[V] 내열성 유연성 고무 절연전선(110[℃])
③ HR(0.75) : 750[V] 내열성 고무 절연전선(110[℃])
④ HRF(0.75) : 750[V] 내열성 유연성 고무 절연전선(110[℃])

(6) 전기기용 고유연성 고무 코드

① RIF : 300/300[V] 유연성 고무 절연 고무 시스 코드
② RICLF : 300/300[V] 유연성 고무 절연 가교 폴리에틸렌 비닐 시스 코드
③ CLF : 300/300[V] 유연성 가교 비닐 절연 가교 비닐 시스 코드

3 정격전압 1~3[kV] 압출 성형 절연 전력 케이블

(1) 케이블(1[kV] 및 3[kV])

① VV : 0.6/1[kV] 비닐 절연 비닐 시스 케이블
② CVV : 0.6/1[kV] 비닐 절연 비닐 시스 제어 케이블
③ VCT : 0.6/1[kV] 비닐 절연 비닐 캡타이어 케이블
④ CV : 0.6/1[kV] 가교 폴리에틸렌 절연 비닐 시스 케이블
⑤ CE : 0.6/1[kV] 가교 폴리에틸렌 절연 폴리에틸렌 시스 케이블
⑥ HFCO : 0.6/1[kV] 가교 폴리에틸렌 절연 저독성 난연 폴리올레핀 시스 전력 케이블
⑦ HFCCO : 0.6/1[kV] 가교 폴리에틸렌 절연 저독성 난연 폴리올레핀 시스 제어 케이블
⑧ CCV : 0.6/1[kV] 제어용 가교 폴리에틸렌 절연 비닐 시스 케이블
⑨ CCE : 0.6/1[kV] 제어용 가교 폴리에틸렌 절연 폴리에틸렌 시스 케이블
⑩ PV : 0.6/1[kV] EP 고무 절연 비닐 시스 케이블
⑪ PN : 0.6/1[kV] EP 고무 절연 클로로프렌 시스 케이블
⑫ PNCT : 0.6/1[kV] EP 고무 절연 클로로프렌 캡타이어 케이블

(2) 케이블(6[kV] 및 30[kV])

① CV1 : 6/10[kV] 가교 폴리에틸렌 절연 비닐 시스 케이블
② CE10 : 6/10[kV] 가교 폴리에틸렌 절연 폴리에틸렌 시스 케이블
③ CVT : 6/10[kV] 트리플렉스형 가교 폴리에틸렌 절연 비닐 시스 케이블
④ CET : 6/10[kV] 트리플렉스형 가교 폴리에틸렌 시스 케이블
⑤ PDC : 6/10[kV] 고압 인하용 가교 폴리에틸렌 절연전선
⑥ PDP : 6/10[kV] 고압 인하용 가교 EP고무 절연전선

4 기타

(1) 옥외용 전선

① OC : 옥외용 가교 폴리에틸렌 절연전선
② OE : 옥외용 폴리에틸렌 절연전선
③ OW : 옥외용 비닐 절연전선
④ ACSR-OC : 옥외용 강심 알루미늄도체 가교 폴리에틸렌 절연전선
⑤ ACSR-OE : 옥외용 강심 알루미늄도체 폴리에틸렌 절연전선
⑥ Al-OC : 옥외용 알루미늄도체 가교 폴리에틸렌 절연전선

⑦ Al-OE : 옥외용 알루미늄도체 폴리에틸렌 절연전선
⑧ Al-OW : 옥외용 알루미늄도체 비닐 절연전선

(2) 인입용 전선
① DV : 인입용 비닐 절연전선
② ACSR-DV : 인입용 강심 알루미늄도체 비닐 절연전선

(3) 알루미늄선
① A-Al : 연알루미늄선
② H-Al : 경알루미늄선
③ ACSR : 강심 알루미늄 연선
④ IACSR : 강심 알루미늄 합금 연선
⑤ CA : 강복 알루미늄선

(4) 네온관용 전선
① NEV : 폴리에틸렌 절연 비닐 시스 네온전선
② NRC : 고무 절연 클로로프렌 시스 네온전선
③ NRV : 고무 절연 비닐 시스 네온전선
④ NV : 비닐 절연 네온전선

(5) 기타
① A : 연동선
② H : 경동선
③ HA : 반경동선
④ ABC-W : 특고압 수밀형 가공 케이블
⑤ CN-CV-W : 동심 중성선 수밀형 전력 케이블
⑥ FR-CNCO-W : 동심 중성선 수밀형 저독성 난연 전력 케이블
⑦ CB-EV : 콘크리트 직매용 폴리에틸렌 절연 비닐 시스 케이블(환형)
⑧ CB-EVF : 콘크리트 직매용 폴리에틸렌 절연 비닐 시스 케이블(평형)
⑨ CD-C : 가교 폴리에틸렌 절연 CD케이블
⑩ CN-CV : 동심 중성선 차수형 전력 케이블
⑪ EE : 폴리에틸렌 절연 폴리에틸렌 시스 케이블
⑫ EV : 폴리에틸렌 절연 비닐 시스 케이블
⑬ FL : 형광방전등용 비닐전선
⑭ MI : 미네랄 인슈레이션 케이블

5 전선의 식별

상(문자)	색 상
L1	갈색
L2	흑색
L3	회색
N	청색
보호도체	녹색 – 노란색

개념 문제 01 공사기사 01년, 07년, 14년 / 공사산업 01년, 14년, 17년 출제 ┤ 배점 : 3점 ├

네온관용 전선의 기호가 7.5[kV] N-RV일 경우 N, R, V는 각각 무엇을 뜻하는지 쓰시오.

답안
- N : 네온전선
- R : 고무
- V : 비닐

해설
- N-RV : 고무 절연 비닐 외장 네온전선
- N : 네온전선
- V : 비닐
- E : 폴리에틸렌
- R : 고무
- C : 클로로프렌

개념 문제 02 공사기사 11년, 14년, 15년, 18년 출제 ┤ 배점 : 5점 ├

다음 전선의 약호를 보고 그 명칭을 쓰시오.

(1) DV
(2) MI
(3) ACSR
(4) EV
(5) OC

답안
(1) 인입용 비닐 절연전선
(2) 미네랄 인슈레이션 케이블
(3) 강심 알루미늄 연선
(4) 폴리에틸렌 절연 비닐 시스 케이블
(5) 옥외용 가교 폴리에틸렌 절연전선

CHAPTER 01
용어 및 기호

1990년~최근 출제된 기출문제
단원 빈출문제

문제 01 | 공사산업 05년, 07년, 17년 출제 | 배점 : 5점 |

용어의 정의에서 방전등기구란 무엇인지 쓰시오.

답안 방전에 의한 빛을 이용하는 방전램프를 주광원으로 하는 조명기구

문제 02 | 공사산업 08년, 15년, 19년 출제 | 배점 : 5점 |

"액세스플로어(Movable Floor 또는 OA Floor)"란 무엇인지 용어 설명을 쓰시오.

답안 컴퓨터실, 통신기계실, 사무실 등에서 배선 기타의 용도를 위한 2중 구조의 바닥을 말한다.

문제 03 | 공사기사 08년, 15년 출제 | 배점 : 5점 |

계장공사에서 잡음(노이즈) 방지를 위해 접지공사를 하는 데 이것을 무엇이라 하는가?

답안 노이즈 방지용 접지

문제 04 | 공사산업 08년, 12년 출제 | 배점 : 5점 |

"노이즈 방지용 접지"란 어떤 접지인지 설명하시오.

답안 어떤 전자장치의 노이즈 발생 또는 기타 발생원인으로부터 또 다른 전자장치의 오동작, 통신 장애, 기타 다른 기기 장애를 일으키지 않도록 하기 위하여 에너지를 대지로 방출하기 위한 접지를 말한다.

문제 05 공사산업 13년 출제   배점 : 6점

다음 용어에 대하여 설명하시오.
(1) 소세력회로
(2) 한류 퓨즈
(3) 풀박스

답안 (1) 전자개폐기의 조작회로 또는 초인벨·경보벨 등에 접속하는 전로로서 최대사용전압이 60[V] 이하인 것
(2) 단락전류를 신속히 차단하며 또한 흐르는 단락전류의 값을 제한하는 성질을 가지는 퓨즈로서 이 성질에 관하여 일정한 규격에 적합한 것을 말한다.
(3) 전선의 통과를 쉽게 하기 위하여 배관의 도중에 설치하는 박스를 말하며, 대형인 것은 특별히 제작되나 소형인 것은 보통의 아웃렛 박스를 대용하기도 한다.

문제 06 공사산업 12년 출제   배점 : 10점

다음 용어 설명에 대한 명칭을 쓰시오.
(1) 소켓, 리셉터클, 콘센트 등의 총칭을 말한다.
(2) 전로에 접속된 변압기 또는 콘덴서의 결선상 단위를 말한다.
(3) 전로에 지락이 생겼을 경우에 이를 검출하여 신속하게 차단하기 위한 장치를 말한다.
(4) 마루 밑에 매입하는 배선용의 홈통으로 마루 위로 전선 인출을 목적으로 하는 것을 말한다.
(5) 벨, 버저, 신호등 등의 신호를 발생하는 장치에 전기를 공급하는 회로를 말한다.

답안 (1) 수구
(2) 뱅크
(3) 지락차단장치
(4) 플로어덕트
(5) 신호회로

문제 07 ⎯ 공사산업 12년 출제 ⎯ 배점 : 4점

사람이 접촉될 우려가 있는 장소란 저압인 경우에 옥내는 바닥에서 (①)[m] 이상 (②)[m] 이하의 장소를 말한다. (   ) 안에 알맞은 내용을 쓰시오.

답안
① 1.8
② 2.3

해설 사람이 접촉될 우려가 있는 장소란 예를 들어 저압인 경우에 옥내는 바닥에서 1.8[m] 이상 2.3[m] 이하(고압인 경우는 1.8[m] 이상 2.5[m] 이하), 옥외는 지표면에서 2[m] 이상 2.5[m] 이하의 장소를 말하고 그 밖에 계단의 중간, 창 등에서 손을 뻗쳐 닿을 수 있는 범위를 말한다.

문제 08 ⎯ 공사기사 11년 출제 ⎯ 배점 : 4점

전로의 선간이 임피던스가 적은 상태로 접촉되었을 경우에 그 부분을 통하여 흐르는 큰 전류를 무슨 전류라고 하는가?

답안 단락전류

문제 09 ⎯ 공사산업 11년, 20년 출제 ⎯ 배점 : 5점

콘덴서나 전력용 변압기의 결선상의 단위를 나타내는 용어는 무엇인가?

답안 뱅크(Bank)

문제 10 공사기사 98년, 03년, 08년, 12년 출제 | 배점 : 10점

다음 빈칸을 알맞은 용어로 채우시오.

(1) "과전류차단기"란 배선용 차단기, 퓨즈, 기중차단기와 같이 (①) 및 (②)를 자동차단하는 기능을 가진 기구를 말한다.
(2) "누전차단장치"란 전로에 지락이 생겼을 경우에 부하기기, 금속제 외함 등에 발생하는 (③) 또는 (④)를 검출하는 부분과 차단기 부분을 조합하여 자동적으로 전로를 차단하는 장치를 말한다.
(3) "배선용 차단기"란 전자작용 또는 바이메탈의 작용에 의하여 (⑤)를 검출하고 자동으로 차단하는 (⑥) 차단기로서 그 최소 동작전류가 정격전류의 100[%]와 (⑦) 사이에 있고, 외부에서 수동, 전자적 또는 전동적으로 조작할 수 있는 것을 말한다.
(4) "과전류"란 과부하전류 및 (⑧)를 말한다.
(5) "중성선"이란 (⑨) 전로에서 전원의 (⑩)에 접속된 전선을 말한다.

답안
(1) ① 과부하전류, ② 단락전류
(2) ③ 고장전압, ④ 지락전류
(3) ⑤ 과전류, ⑥ 과전류, ⑦ 125[%]
(4) ⑧ 단락전류
(5) ⑨ 다선식, ⑩ 중성극

문제 11 공사산업 98년, 08년, 13년, 16년 출제 | 배점 : 8점

그림은 옥내 배선용 콘센트 심벌(그림 기호)이다. 각 콘센트를 구분하여 명칭을 쓰시오.

(1) ●T
(2) ●H
(3) ●WP
(4) ●EX

답안
(1) 걸림형 콘센트
(2) 의료용 콘센트
(3) 방수형 콘센트
(4) 방폭형 콘센트

문제 12 공사산업 09년 출제 배점:5점

콘센트에 관련된 기호이다. 어디에 부착하는 것인가?

답안 바닥에 부착하는 경우

문제 13 공사기사 02년, 20년 출제 배점:4점

다음 콘센트의 심벌을 그리시오.

(1) 바닥에 부착하는 50[A] 콘센트
(2) 벽에 부착하는 의료용 콘센트
(3) 천장에 부착되는 접지단자붙이 콘센트
(4) 비상콘센트

답안
(1) ⊙50[A]
(2) ●H
(3) ⊙ET
(4) ⊡⊡

문제 14 공사산업 94년, 02년, 12년, 14년 출제 배점:5점

콘센트의 그림 기호를 보고 각각의 용도를 쓰시오.

(1) ●H
(2) ●LK
(3) ●ET
(4) ●EX
(5) ●WP

답안 (1) 의료용
(2) 빠짐 방지형
(3) 접지단자붙이
(4) 방폭형
(5) 방수형

문제 15 공사산업 94년, 02년, 12년 출제 | 배점 : 5점

그림은 콘센트의 종류를 표시한 옥내 배선용 그림 기호이다. 각 그림 기호는 어떤 의미를 가지고 있는지 설명하시오.

(1) ●$_{LK}$
(2) ●$_{ET}$
(3) ●$_{EL}$
(4) ●$_{E}$
(5) ●$_{T}$

답안 (1) 빠짐 방지형
(2) 접지단자붙이
(3) 누전차단기붙이
(4) 접지극붙이
(5) 걸림형

문제 16 공사산업 96년, 99년 출제 | 배점 : 5점

다음 심벌의 ●$_{WP}$ 명칭과 설치 시 바닥면상 몇 [cm] 이상으로 해야 하는가?

(1) 명칭 :
(2) 위치 :

답안 (1) 방수형 콘센트
(2) 80[cm]

문제 17 공사산업 13년 출제 | 배점 : 5점

다음은 형광등의 심벌이다. 각각에 대한 용도를 쓰시오.
(1) ⊂▷●
(2) ⊐⊗⊏
(3) ⊐◯⊏
(4) ▬⊗▬
(5) ▬◯

답안 (1) 일반용 조명 형광등에 비상용 조명등으로 백열등을 조립한 등
(2) 유도등(소방법에 따르는 것으로서 형광등을 사용)
(3) 벽붙이 형광등(가로붙이)
(4) 비상용 조명(건축기준법에 따르는 것으로서 형광등을 사용)으로 계단에 설치하는 통로유도등과 겸용인 등
(5) 비상용 조명(건축기준법에 따르는 것으로서 형광등을 사용)

문제 18 공사기사 93년, 12년, 22년 출제 | 배점 : 4점

옥내 배선용 그림 기호(KS C 0301)의 명칭을 쓰시오.

그림 기호	명 칭
☐------ LD	(①)
[MD]	(②)
----◎----	(③)
---------- (F7)	(④)

답안 ① 라이팅덕트
② 금속덕트
③ 정션박스(접속함·조인트박스)
④ 플로어덕트

1990년~최근 출제된 기출문제

문제 19 공사기사 10년, 16년 / 공사산업 96년, 13년, 20년 출제 | 배점 : 4점 |

다음 심벌은 계기용 변압 변류기(MOF)의 단선도이다. 이것을 복선도로 그리시오. (단, 전기방식은 3상 3선식이다.)

〈단선도〉　　　　　　〈복선도〉

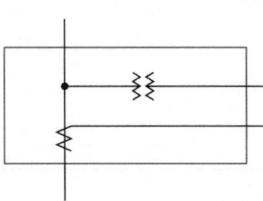 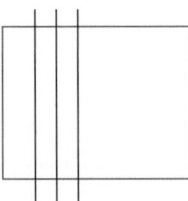

답안 복선도

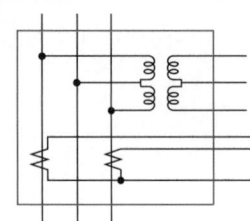

문제 20 공사산업 91년, 94년, 98년, 12년 출제 | 배점 : 8점 |

어떤 심벌의 명칭인지 정확하게 답하시오.

(1) ◨
(2) ⊠
(3) ⧖
(4)

답안
(1) 분전반
(2) 배전반
(3) 제어반
(4) 벽붙이 콘센트

문제 21 공사산업 21년 출제 | 배점 : 5점

KS C 0301에 따른 다음 기구들의 그림 기호를 그리시오.

배전반	분전반	제어반

답안

배전반	분전반	제어반
⊠	◤	▶◀

문제 22 공사기사 11년, 19년 출제 | 배점 : 6점

다음 옥내 배선의 그림 기호를 보고 각각의 명칭을 쓰시오.

(1) ⊠
(2) ◤
(3) ▶◀
(4) [E]
(5) [B]
(6) [S]

답안
(1) 배전반
(2) 분전반
(3) 제어반
(4) 누전차단기
(5) 배선용 차단기
(6) 개폐기

1990년~최근 출제된 기출문제

문제 23 공사기사 17년 출제 | 배점 : 6점

다음 전기 심벌의 명칭을 쓰시오.

(1)  ⊖G
(2)  ∞
(3) TS

답안
(1) 누전경보기
(2) 환기팬(선풍기 포함)
(3) 타임 스위치

문제 24 공사기사 15년, 18년 출제 | 배점 : 6점

일반 조명등(백열등, HID등) 옥내 배선 그림 기호를 보고 각각의 적용분야를 쓰시오.

그림 기호	적 용	그림 기호	적 용
◐		⊗	
⊖		CL	
CH		DL	

답안

그림 기호	적 용	그림 기호	적 용
◐	벽붙이	⊗	옥외등
⊖	펜던트	CL	실링·직접 부착
CH	샹들리에	DL	매입 기구

문제 25 공사기사 95년, 10년, 18년 출제 배점 : 8점

다음은 전기기기 및 전등·전력에 대한 전기배선용 심벌을 나타낸 것이다. 각각 명칭을 기입하시오.

(1)  ●↗
(2) ⊗
(3)  ◯$_G$
(4)  ▰

답안
(1) 조광기(15[A]용)
(2) 셀렉터 스위치
(3) 누전경보기
(4) 분전반

문제 26 공사기사 00년, 08년, 15년 출제 배점 : 5점

HID등 조명기구의 그림 기호에 다음과 같이 표시되어 있다. 정확한 의미를 쓰시오.

◯$_{M400}$

답안 400[W] 메탈할라이드등

문제 27 공사산업 03년, 07년 출제 배점 : 5점

다음 그림 기호의 명칭을 쓰시오.

◯$_F$ (T)

답안 형광등용 안정기

1990년~최근 출제된 기출문제

문제 28 공사기사 15년 / 공사산업 95년, 00년 출제   배점 : 5점

다음 심벌의 명칭이 무엇인지 쓰시오.

답안 벽붙이 누름버튼

문제 29 공사기사 20년 출제   배점 : 4점

다음의 그림 기호 명칭과 숫자 10이 나타내는 의미를 쓰시오.

▲▲▲₁₀

(1) 명칭 :
(2) 숫자 10이 나타내는 의미 :

답안 (1) 리모컨 릴레이
(2) 릴레이 수

문제 30 공사기사 95년, 10년, 14년 / 공사산업 14년, 22년 출제   배점 : 6점

KS C 0301에 따른 옥내 배선의 그림 기호를 보고 각각의 명칭을 쓰시오.

그림 기호					
●R	⊕	↗•	▲	S	B
명칭					
(①)	(②)	(③)	(④)	(⑤)	(⑥)

답안 ① 리모컨 스위치
② 셀렉터 스위치
③ 조광기
④ 리모컨 릴레이
⑤ 개폐기
⑥ 배선용 차단기

문제 31 공사산업 22년 출제 | 배점 : 4점

KS C 0301에 따른 옥내 배선 그림 기호의 명칭을 쓰시오.

그림 기호			
S	B	E	Wh
명 칭			
(①)	(②)	(③)	(④)

답안
① 개폐기
② 배선용 차단기
③ 누전차단기
④ 전력량계

문제 32 공사산업 11년, 22년 출제 | 배점 : 5점

다음의 옥내 배선용 그림 기호의 명칭을 쓰시오.

(1) E
(2) B
(3) TS
(4) S
(5) Wh

답안
(1) 누전차단기
(2) 배선용 차단기
(3) 타임 스위치
(4) 개폐기
(5) 전력량계(상자들이 또는 후드붙이)

문제 33 공사기사 12년 출제

경보·호출·표시장치를 나타내는 그림 기호를 보고 각각의 명칭을 쓰시오.

(1)
(2)
(3)
(4)
(5)

답안
(1) 버저
(2) 벨
(3) 누름버튼
(4) 경보수신반
(5) 표시기(반)

문제 34 공사기사 13년 출제

무선통신 보조설비에서 다음 심벌의 명칭을 쓰시오.

(1)
(2)
(3)
(4)
(5)

답안
(1) 안테나
(2) 혼합기
(3) 분배기
(4) 분기기
(5) 커넥터

문제 **35** 공사기사 16년 / 공사산업 00년, 01년 출제 ────── 배점 : 5점

지진감지기 그림 기호를 그리시오.

답안

문제 **36** 공사산업 94년, 00년, 12년 출제 ────── 배점 : 4점

그림을 보고 (1) 단상 유도 전압 조정기, (2) 3상 유도 전압 조정기의 복선도용 심벌을 그리시오.

(1) ⊗ IVR 1φ   (2) ⊗ IVR 3φ

답안 (1) 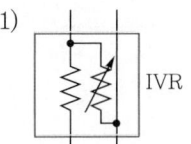   (2)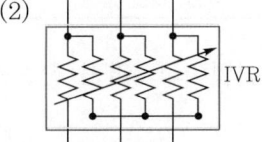

문제 **37** 공사기사 18년, 20년 출제 ────── 배점 : 4점

다음 옥내 배선의 그림 기호를 보고 배선의 명칭을 표에 쓰시오.

그림 기호	명 칭
──────────	(①)
··················	(②)
------------------	(③)
─··─··─··─	(④)

답안 ① 천장은폐배선
② 노출배선
③ 바닥은폐배선
④ 바닥면 노출배선

1990년~최근 출제된 기출문제

문제 38 공사기사 13년 / 공사산업 10년 출제 | 배점 : 5점

다음 옥내 배선의 그림 기호를 보고 그 명칭을 쓰시오.
(1) ─────────
(2) ------------
(3) ─ ─ ─ ─ ─
(4) - - - - - - - -
(5) ━━━━━━━━

답안
(1) 천장은폐배선
(2) 노출배선
(3) 지중 매설선
(4) 바닥은폐배선
(5) 바닥면 노출배선

문제 39 공사기사 05년, 07년, 12년 출제 | 배점 : 4점

그림 기호는 배관의 심벌이다. 어떤 전선관인 경우인가?

$$\overline{/\!/}$$
2.5°(VE16)

답안 경질 비닐 전선관

해설 배관의 표시
- 강제 전선관은 별도의 표기 없음
- VE : 경질 비닐 전선관
- F_2 : 2종 금속제 가요전선관
- PF : 합성수지제 가요관

문제 40 공사기사 04년, 05년, 11년 출제 | 배점 : 3점

그림 기호는 배관의 심벌이다. 어떤 전선관인 경우인가?

(1) ———//——— 2.5□(VE16)

(2) ———//——— 2.5□(PF16)

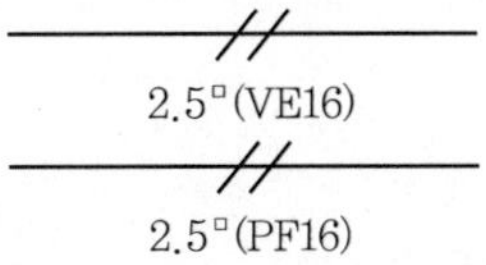

답안 (1) 경질 비닐 전선관
(2) 합성수지제 가요관

문제 41 공사기사 05년, 06년, 07년, 16년 출제 | 배점 : 6점

배선도에 그림과 같이 표현되고 있다. 그림 기호가 나타내는 배관의 종류(명칭)를 쓰시오.

(1) ———//——— 2.5□($F_2$17)

(2) ———//——— 2.5□(VE16)

(3) ———//——— 2.5□(PF16)

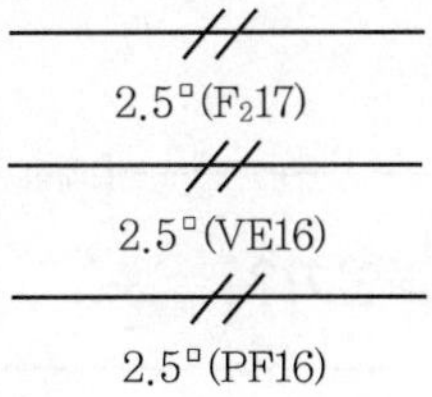

답안 (1) 2종 금속제 가요전선관
(2) 경질 비닐 전선관
(3) 합성수지제 가요관

문제 42 공사기사 14년 출제 | 배점 : 5점

다음 그림은 지지물에 대한 기호이다. 명칭을 주어진 답안지에 쓰시오.

(1) ●
(2) □
(3) ⊠
(4) →

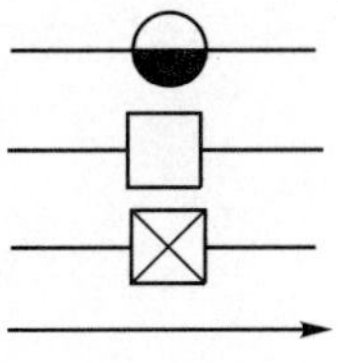

답안 (1) 철근콘크리트주
 (2) 철주
 (3) 철탑
 (4) 지선

문제 43 공사기사 00년, 04년 / 공사산업 99년 출제 | 배점 : 4점

다음 심벌의 명칭을 쓰시오.

$$\boxtimes$$

답안 철탑

문제 44 공사기사 01년, 07년 출제 | 배점 : 4점

N-RC는 네온관용 전선 기호이다. 여기에서 C는 어떤 뜻의 기호인가?

답안 클로로프렌

문제 45 공사기사 93년, 99년, 19년 출제 | 배점 : 2점

다음 약호의 전선 명칭을 쓰시오.
(1) CNCV-W
(2) CV1

답안 (1) 동심 중성선 수밀형 전력 케이블
 (2) 0.6/1[kV] 가교 폴리에틸렌 절연 비닐 시스 케이블

문제 46 공사산업 93년, 14년 출제 — 배점 : 4점

다음과 같은 케이블의 명칭을 우리말로 답하시오.
(1) CNCV-W
(2) TR CNCV-W

답안 (1) 동심 중성선 수밀형 전력 케이블
(2) 동심 중성선 트리억제형 전력 케이블

문제 47 공사기사 11년, 14년, 18년 출제 — 배점 : 5점

다음 전선의 약호를 보고 그 명칭을 쓰시오.
(1) ACSR
(2) OW
(3) FL
(4) DV
(5) MI

답안 (1) 강심 알루미늄 연선
(2) 옥외용 비닐 절연전선
(3) 형광방전등용 비닐전선
(4) 인입용 비닐 절연전선
(5) 미네랄 인슈레이션 케이블

문제 48 공사산업 14년, 15년 출제 — 배점 : 6점

다음은 전선에 대한 약호이다. 정확한 명칭을 우리말로 쓰시오.
(1) ACSR
(2) VCT
(3) MI

답안 (1) 강심 알루미늄 연선
(2) 0.6/1[kV] 비닐 절연 비닐 캡타이어 케이블
(3) 미네랄 인슈레이션 케이블

문제 49 공사기사 21년 출제
배점 : 4점

다음의 절연전선 및 케이블에 해당하는 기호를 각각 쓰시오.

종 류	기 호
인입용 비닐 절연전선 2개 꼬임	DV 2R
인입용 비닐 절연전선 2심 평행	(①)
옥외용 비닐 절연전선	(②)
0.6/1[kV] 비닐 절연 비닐 캡타이어 케이블	(③)
450/750[V] 저독성 난연 가교폴리올레핀 절연전선	(④)

답안
① DV 2F
② OW
③ 0.6/1[kV] VCT
④ 450/750[V] HFIX

문제 50 공사기사 22년 출제
배점 : 6점

다음 전선 기호에 대한 명칭을 쓰시오.

기 호	명 칭
0.6/1[kV] PN	(①)
DR 2F	(②)
450/750[V] HFIO	(③)

답안
① 0.6/1[kV] EP 고무 절연 클로로프렌 외장 케이블
② 인입용 고무 절연전선 2심 평형
③ 450/750[V] 저독성 난연 폴리올레핀 절연전선

문제 51 공사기사 20년 출제 | 배점 : 4점

강심 알루미늄 연선의 약호와 공칭단면적을 기입하여 다음 표를 완성하시오. (단, 60[mm²] 이하의 공칭단면적을 쓰시오.)

약 호	공칭단면적[mm²]		
(①)	(②)	(③)	(④)

답안
① ACSR
② 19
③ 32
④ 58

해설 ACSR 공칭단면적

19, 32, 58, 80, 95, 120, 160, 200, 240, 330, 410, 520, 610[mm²]

문제 52 공사산업 05년, 21년 출제 | 배점 : 5점

한국전기설비규정에서 정하는 전선의 식별 색상을 쓰시오.

상(문자)	색 상
L1	(①)
L2	(②)
L3	(③)
N	(④)
보호도체	(⑤)

답안
① 갈색
② 흑색
③ 회색
④ 청색
⑤ 녹색-노란색

문제 53 공사기사 13년 / 공사산업 96년, 99년, 01년, 02년, 09년, 11년, 17년, 22년 출제 | 배점 : 4점 |

3상 4선식 접속의 경우에 그림과 같이 전압선의 표시가 L1상, N상, L3상, L2상으로 표시되었다. L1, N, L3, L2의 전선의 색깔을 쓰시오.

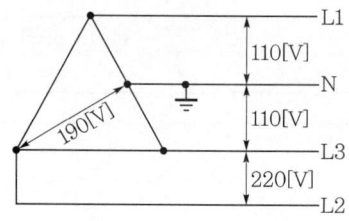

(1) L1 :
(2) N :
(3) L3 :
(4) L2 :

답안 (1) 갈색
(2) 청색
(3) 회색
(4) 흑색

문제 54 공사산업 09년, 17년 출제 | 배점 : 5점 |

건축전기설비에서 사용하는 것으로 PEN선, PEM선, PEL선 중 보호도체와 중간선의 기능을 겸한 전선을 쓰시오.

답안 PEM선

해설 용어 정의(KEC 112)
- "PEN 도체(protective earthing conductor and neutral conductor)"란 교류회로에서 중성선 겸용 보호도체를 말한다.
- "PEM 도체(protective earthing conductor and a mid-point conductor)"란 직류회로에서 중간선 겸용 보호도체를 말한다.
- "PEL 도체(protective earthing conductor and a line conductor)"란 직류회로에서 선도체 겸용 보호도체를 말한다.

문제 55   공사기사 99년, 01년, 15년 출제 | 배점 : 5점 |

옥내 배선도를 작성하는 기본 순서를 열거한 것이다. 순서를 올바르게 번호로 나열하시오.

> (1) 점멸기의 위치를 평면도에 표시한다.
> (2) 전등, 전열기. 전동기의 전압별 부하집계표로 분기회로 수를 결정한다.
> (3) 건물의 평면도 준비
> (4) 각 부분의 배선에 전선의 종류, 굵기, 전선수를 표시
> (5) 전기사용기계, 기구를 심벌을 써서 위치를 표시한다.

답안 (3) → (5) → (2) → (1) → (4)

02 CHAPTER 전로의 절연과 접지시스템

1990년~최근 출제된 기출 이론 분석 및 유형별 문제

기출개념 01 전로의 절연

1 전로의 절연 원칙

(1) 전로
대지로부터 절연한다.

(2) 절연하지 않아도 되는 경우
접지공사를 하는 경우의 접지점

(3) 절연할 수 없는 부분
① 시험용 변압기, 전력선 반송용 결합 리액터, 전기울타리용 전원장치, 엑스선발생장치, 전기부식방지용 양극, 단선식 전기철도의 귀선 등 전로의 일부를 대지로부터 절연하지 아니하고 전기를 사용하는 것이 부득이한 것
② 전기욕기·전기로·전기보일러·전해조 등 대지로부터 절연하는 것이 기술상 곤란한 것

2 전로의 절연저항 및 절연내력

(1) 누설전류
① 저압인 전로에서 정전이 어려운 경우 등 절연저항 측정이 곤란한 경우 누설전류를 1[mA] 이하로 유지한다.
② 누설전류가 최대공급전류의 $\dfrac{1}{2,000}$ 을 넘지 아니하도록 한다.

　㉠ 누설전류 $I_g \leq$ 최대공급전류(I_m)의 $\dfrac{1}{2,000}$ [A]

　㉡ 절연저항 $R \geq \dfrac{V}{I_g} \times 10^{-6} =$ [MΩ]

(2) 저압 전로의 절연성능
① 개폐기 또는 과전류차단기로 구분할 수 있는 전로마다 다음 표에서 정한 값 이상이어야 한다.
② 측정 시 영향을 주거나 손상을 받을 수 있는 SPD 또는 기타 기기 등은 측정 전에 분리시켜야 하고, 부득이하게 분리가 어려운 경우에는 시험전압을 250[V] DC로 낮추어 측정할 수 있지만 절연저항값은 1[MΩ] 이상이어야 한다.

전로의 사용전압[V]	DC시험전압[V]	절연저항[MΩ]
SELV 및 PELV	250	0.5
FELV, 500[V] 이하	500	1.0
500[V] 초과	1,000	1.0

[주] 특별저압(extra low voltage : 2차 전압이 AC 50[V], DC 120[V] 이하)으로 SELV(비접지회로 구성) 및 PELV(접지회로 구성)은 1차와 2차가 전기적으로 절연된 회로, FELV는 1차와 2차가 전기적으로 절연되지 않은 회로

(3) 절연내력

정한 시험전압을 전로와 대지 사이에 연속하여 10분간 가하여 절연내력을 시험, 케이블을 사용하는 교류 전로로서 정한 시험전압의 2배의 직류전압을 전로와 대지 사이에 연속하여 10분간 가하여 절연내력을 시험

┃ 전로의 종류 및 시험전압 ┃

전로의 종류(최대사용전압)		시험전압
7[kV] 이하		1.5배(최저 500[V])
중성선 다중 접지하는 것		0.92배
7[kV] 초과 60[kV] 이하		1.25배(최저 10,500[V])
60[kV] 초과	중성점 비접지식	1.25배
	중성점 접지식	1.1배(최저 75[kV])
	중성점 직접 접지식	0.72배
170[kV] 초과 중성점 직접 접지		0.64배

3 회전기 및 정류기의 절연내력

종류			시험전압	시험방법
회전기	발전기 전동기 조상기	7[kV] 이하	1.5배(최저 500[V])	권선과 대지 간에 연속하여 10분간
		7[kV] 초과	1.25배(최저 10,500[V])	
	회전변류기		직류측의 최대사용전압의 1배의 교류전압(최저 500[V])	
정류기	60[kV] 이하		직류측의 최대사용전압의 1배의 교류전압(최저 500[V])	충전부분과 외함 간에 연속하여 10분간
	60[kV] 초과		•교류측의 최대사용전압의 1.1배의 교류전압 •직류측의 최대사용전압의 1.1배의 직류전압	교류측 및 직류 고전압측 단자와 대지 간에 연속하여 10분간

4 연료전지 및 태양전지 모듈의 절연내력

연료전지 및 태양전지 모듈은 최대사용전압의 1.5배의 직류전압 또는 1배의 교류전압(최저 500[V])을 충전부분과 대지 사이에 연속하여 10분간

1990년~최근 출제된 기출 이론 분석 및 유형별 문제

개념 문제 01 | 공사산업 98년, 00년, 20년 출제 | 배점 : 5점 |

1차 전압 6,600[V], 2차 전압 220[V]인 단상 주상 변압기 용량이 15[kVA]이다. 이 변압기에서 공급하는 저압전선로 누설전류[mA]의 최대 한도를 구하시오. (단, 소수점 둘째 자리 이하는 버리시오.)

답안 34[mA]

해설
$$I_g = I_m \times \frac{1}{2,000}$$
$$= \frac{15 \times 10^3}{220} \times \frac{1}{2,000} \times 10^3$$
$$= 34.09[\text{mA}]$$

개념 문제 02 | 공사기사 96년 / 공사산업 15년, 20년 출제 | 배점 : 6점 |

사용전압 220[V], 최대공급전류 400[A]인 3상 3선식 전선로의 1선과 대지 간에 필요한 절연저항값의 최소값을 구하시오. (단, 누설전류는 최대공급전류의 1/2,000를 넘지 않도록 유지하여야 한다.)

답안 1,100[Ω]

해설
$$R = \frac{V}{I_g}$$
$$= \frac{220}{400 \times \frac{1}{2,000}}$$
$$= 1,100[\Omega]$$

∴ 절연저항의 최소값은 1,100[Ω]

개념 문제 03 | 공사기사 19년 출제 | 배점 : 3점 |

저압전로의 절연저항을 측정하는 데 사용되는 계측기를 쓰시오.

답안 절연저항계(Megger)

기출개념 02 접지시스템

1 접지시스템의 구성

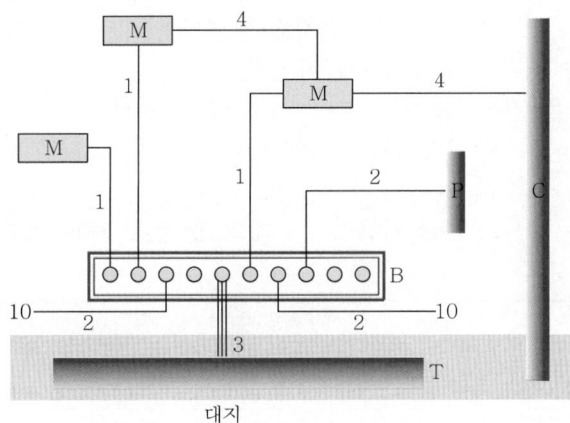

1 : 보호도체(PE)
2 : 보호등전위 본딩
3 : 접지도체
4 : 보조 보호등전위 본딩
10 : 기타 기기(예 통신기기)
B : 주접지단자
M : 전기기구의 노출 도전성 부분
C : 철골, 금속 덕트 계통의 도전성 부분
P : 수도관, 가스관 등 금속배관
T : 접지극

∥접지극, 접지도체 및 주접지단자의 구성 예∥

2 접지시스템의 구분 및 종류

(1) 계통접지(System Earthing)
전력계통에서 돌발적으로 발생하는 이상현상에 대비하여 대지와 계통을 연결하는 것으로, 중성점을 대지에 접속하는 것을 말한다.

(2) 보호접지(Protective Earthing)
고장 시 감전에 대한 보호를 목적으로 기기의 한 점 또는 여러 점을 접지하는 것을 말한다.

(3) 피뢰시스템(LPS : lightning protection system)
구조물 뇌격으로 인한 물리적 손상을 줄이기 위해 사용되는 전체 시스템을 말하며, 외부피뢰시스템과 내부피뢰시스템으로 구성된다.

3 계통접지의 방식

(1) 계통접지 구성
① 저압 전로의 보호도체 및 중성선의 접속방식에 따른 접지계통
  ㉠ TN 계통
  ㉡ TT 계통
  ㉢ IT 계통
② 계통접지에서 사용되는 문자의 정의
  ㉠ 제1문자 – 전원계통과 대지의 관계

- T(Terra) : 한 점을 대지에 직접 접속
- I(Insulation) : 모든 충전부를 대지와 절연시키거나 높은 임피던스를 통하여 한 점을 대지에 직접 접속

㉡ 제2문자 - 전기설비의 노출도전부와 대지의 관계
- T(Terra) : 노출도전부를 대지로 직접 접속, 전원계통의 접지와는 무관
- N(Neutral) : 노출도전부를 전원계통의 접지점(교류계통에서는 통상적으로 중성점, 중성점이 없을 경우는 선도체)에 직접 접속

㉢ 그 다음 문자(문자가 있을 경우) - 중성선과 보호도체의 배치
- S(Separated 분리) : 중성선 또는 접지된 선도체 외에 별도의 도체에 의해 제공되는 보호기능
- C(Combined 결합) : 중성선과 보호기능을 한 개의 도체로 겸용(PEN 도체)

③ 각 계통에서 나타내는 그림의 기호

구 분	기호 설명
	중성선(N), 중간도체(M)
	보호도체(PE : Protective Earthing)
	중성선과 보호도체 겸용(PEN)

(2) TN 계통

전원측의 한 점을 직접 접지하고 설비의 노출도전부를 보호도체로 접속시키는 방식으로 중성선 및 보호도체(PE 도체)의 배치 및 접속방식에 따라 다음과 같이 분류한다.

① TN-S 계통은 계통 전체에 대해 별도의 중성선 또는 PE 도체를 사용한다. 배전계통에서 PE 도체를 추가로 접지할 수 있다.

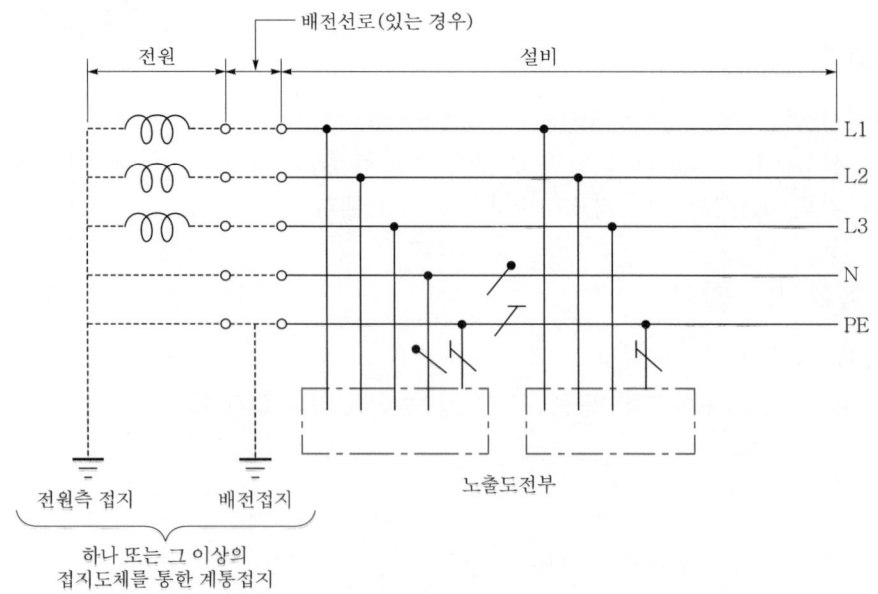

∥ 계통 내에서 별도의 중성선과 보호도체가 있는 TN-S 계통 ∥

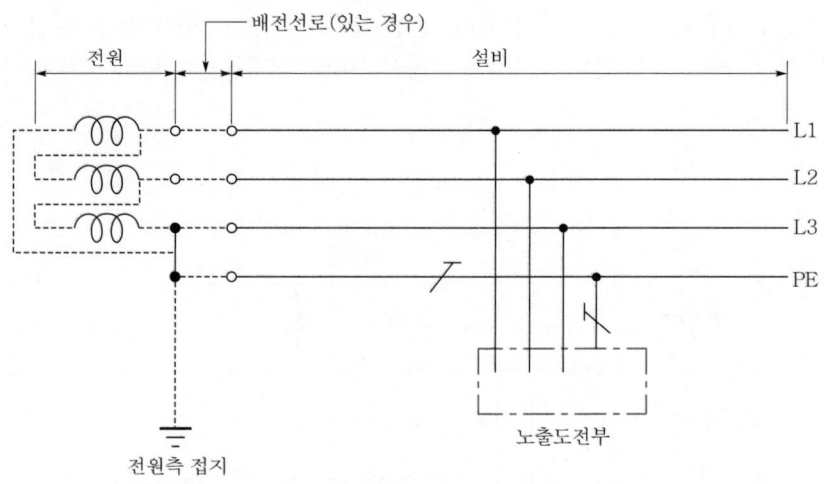

┃계통 내에서 별도의 접지된 선도체와 보호도체가 있는 TN-S 계통┃

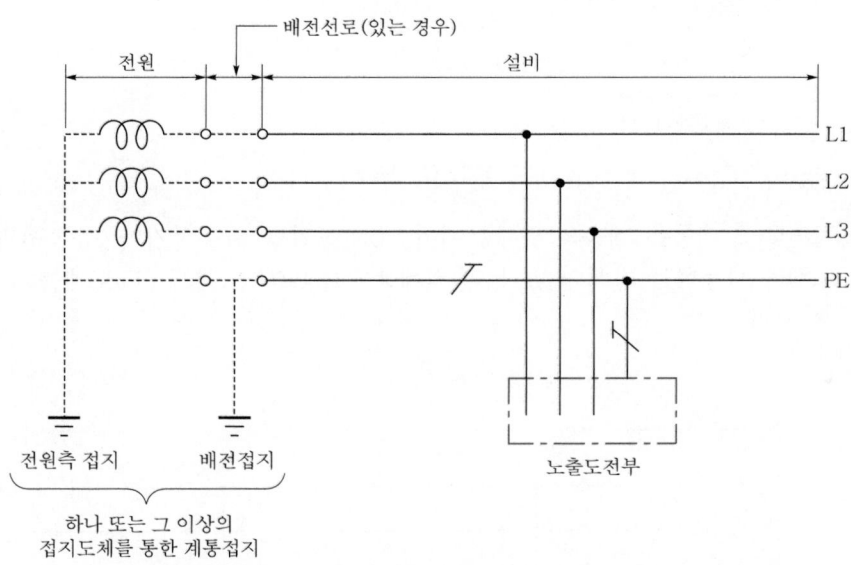

┃계통 내에서 접지된 보호도체는 있으나 중성선의 배선이 없는 TN-S 계통┃

② TN-C 계통은 그 계통 전체에 대해 중성선과 보호도체의 기능을 동일 도체로 겸용한 PEN 도체를 사용한다. 배전계통에서 PEN 도체를 추가로 접지할 수 있다.

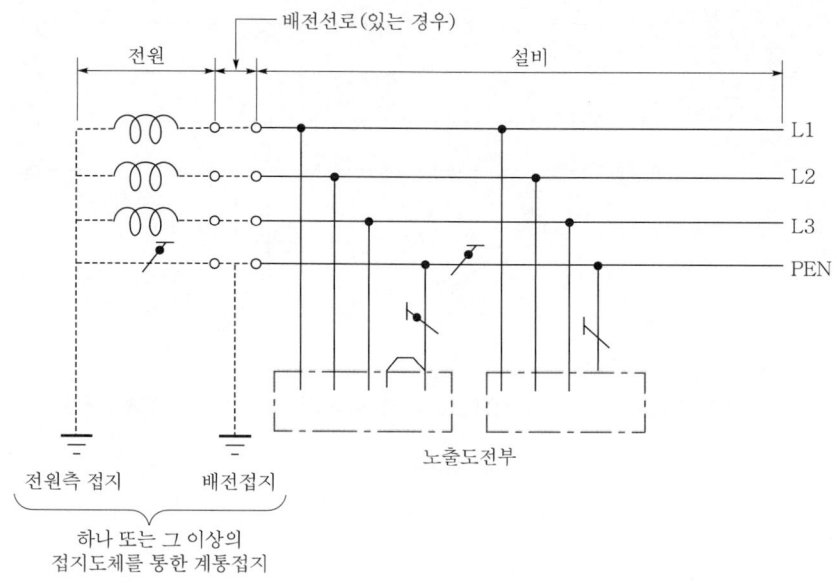

┃ TN-C 계통 ┃

③ TN-C-S 계통은 계통의 일부분에서 PEN 도체를 사용하거나, 중성선과 별도의 PE 도체를 사용하는 방식이 있다. 배전계통에서 PEN 도체와 PE 도체를 추가로 접지할 수 있다.

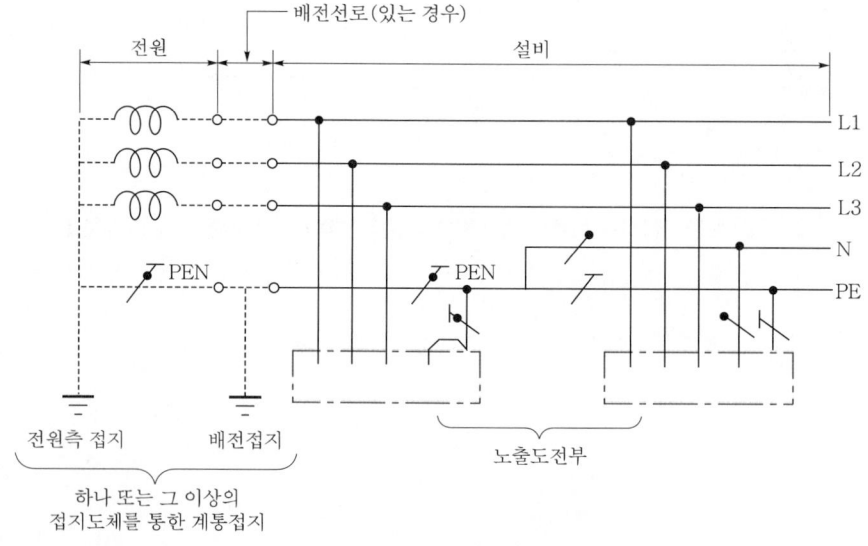

┃ 설비의 어느 곳에서 PEN이 PE와 N으로 분리된 3상 4선식 TN-C-S 계통 ┃

(3) TT 계통

전원의 한 점을 직접 접지하고 설비의 노출도전부는 전원의 접지전극과 전기적으로 독립적인 접지극에 접속시킨다. 배전계통에서 PE 도체를 추가로 접지할 수 있다.

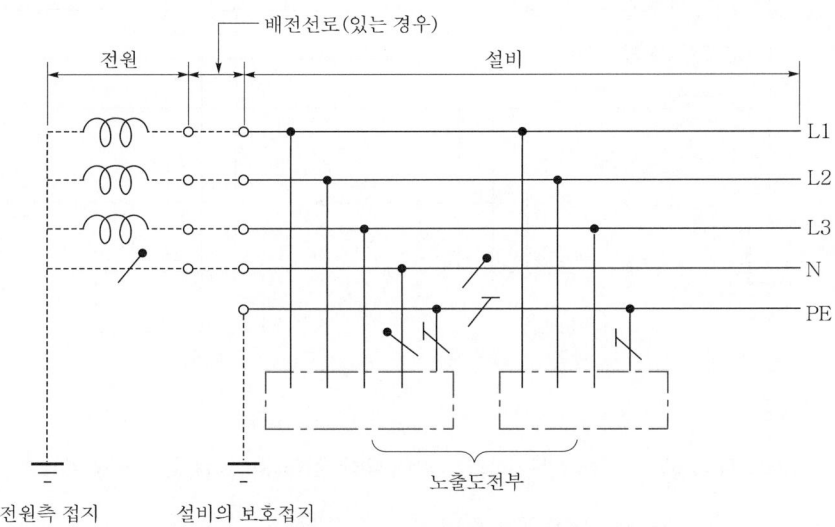

┃설비 전체에서 별도의 중성선과 보호도체가 있는 TT 계통┃

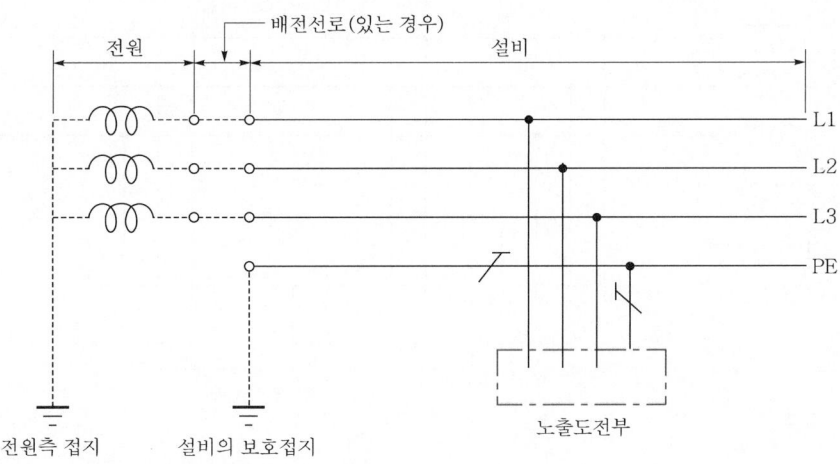

┃설비 전체에서 접지된 보호도체가 있으나 배전용 중성선이 없는 TT 계통┃

(4) IT 계통

① 충전부 전체를 대지로부터 절연시키거나, 한 점을 임피던스를 통해 대지에 접속시킨다. 전기설비의 노출도전부를 단독 또는 일괄적으로 계통의 PE 도체에 접속시킨다. 배전계통에서 추가접지가 가능하다.
② 계통은 충분히 높은 임피던스를 통하여 접지할 수 있다.

1990년~최근 출제된 기출 이론 분석 및 유형별 문제

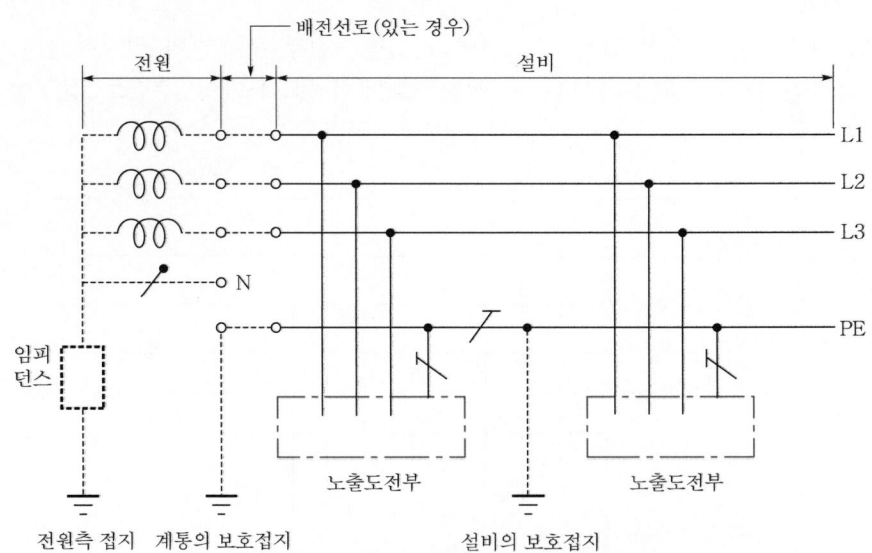

∥계통 내의 모든 노출도전부가 보호도체에 의해 접속되어 일괄 접지된 IT 계통∥

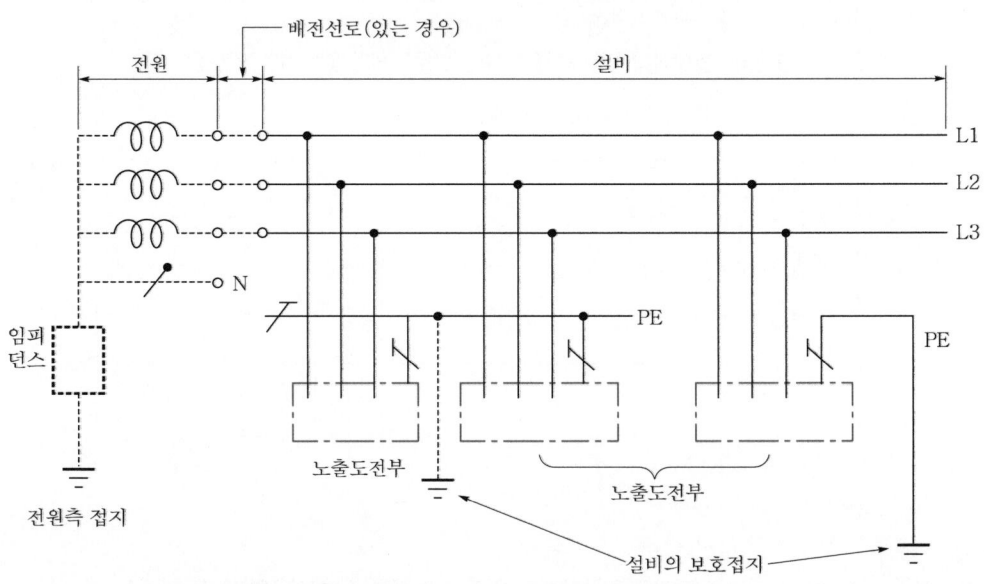

∥노출도전부가 조합으로 또는 개별로 접지된 IT 계통∥

4 접지시스템의 시설의 종류

(1) 단독접지

고압, 특고압 계통 접지극과 저압 접지계통 접지극을 독립적으로 시설하는 접지

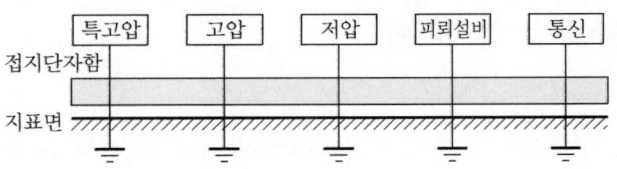

(2) 공통접지

고압, 특고압 접지계통과 저압 접지계통이 등전위가 되도록 공통으로 시설하는 접지

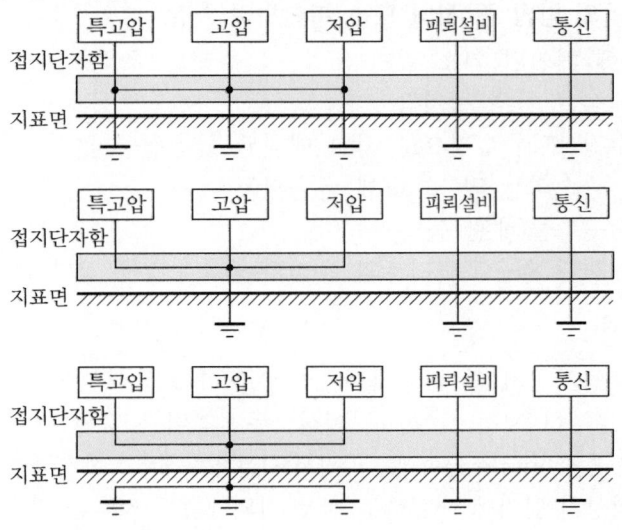

(3) 통합접지

고저압 및 특고압 접지계통과 통신설비 접지, 피뢰설비 접지 및 수도관, 철근, 철골 등과 같이 전기설비와 무관한 계통 외에도 모두 함께 접지를 하여 그들 간에 전위차가 없도록 함으로써 인체의 감전우려를 최소화하는 접지

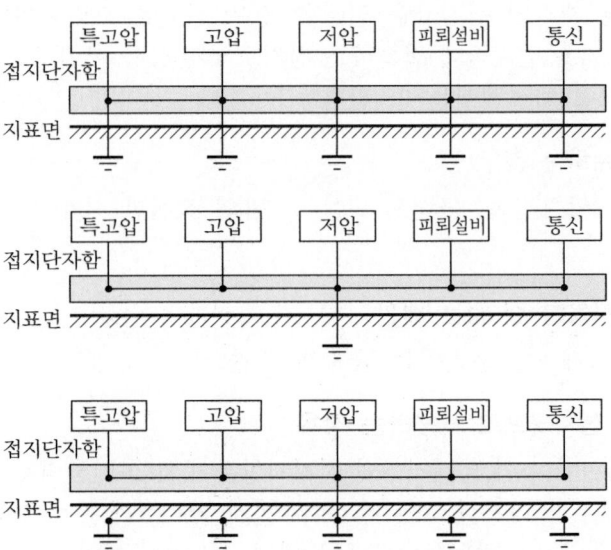

5 접지극의 시설 및 접지저항

(1) 접지극 시설
① 토양 또는 콘크리트에 매입되는 접지극의 재료 및 최소 굵기 등은 저압 전기설비에 따라야 한다.
② 피뢰시스템의 접지는 접지시스템을 우선 적용한다.

(2) 접지극은 다음의 방법 중 하나 또는 복합하여 시설
① 콘크리트에 매입된 기초 접지극
② 토양에 매설된 기초 접지극
③ 토양에 수직 또는 수평으로 직접 매설된 금속전극
④ 케이블의 금속외장 및 그 밖에 금속피복
⑤ 지중 금속구조물(배관 등)
⑥ 대지에 매설된 철근콘크리트의 용접된 금속보강재(강화 콘크리트 제외)

(3) 접지극의 매설
① 토양을 오염시키지 않아야 하며, 가능한 다습한 부분에 설치
② 지표면으로부터 지하 0.75[m] 이상, 동결깊이를 감안하여 매설
③ 접지도체를 철주 기타의 금속체를 따라서 시설하는 경우 : 접지극을 철주의 밑면으로부터 0.3[m] 이상의 깊이에 매설하는 경우 이외에는 접지극을 지중에서 그 금속체로부터 1[m] 이상 떼어 매설한다.

(4) 부식에 대한 고려
① 접지극에 부식을 일으킬 수 있는 폐기물 집하장 및 번화한 장소에 접지극 설치는 피해야 한다.
② 서로 다른 재질의 접지극을 연결할 경우 전식을 고려하여야 한다.
③ 콘크리트 기초 접지극에 접속하는 접지도체가 용융 아연도금 강제인 경우 접속부를 토양에 직접 매설해서는 안 된다.

(5) 접지극을 접속하는 경우
발열성 용접, 압착접속, 클램프 또는 그 밖의 적절한 기계적 접속장치로 접속하여야 한다.

(6) 접지극으로 사용할 수 없는 배관
가연성 액체, 가스를 운반하는 금속제 배관

(7) 수도관 등을 접지극으로 사용하는 경우
① 지중에 매설되어 있고 대지와의 전기저항값이 3[Ω] 이하의 값을 유지하고 있는 금속제 수도관로가 다음에 따르는 경우 접지극으로 사용이 가능하다.
내경 75[mm] 이상인 수도관에서 내경 75[mm] 미만인 수도관이 분기한 경우

㉠ 5[m] 이하 : 3[Ω] 이하
㉡ 5[m] 초과 : 2[Ω] 이하
② 건축물·구조물의 철골 기타의 금속제는 이를 비접지식 고압 전로에 시설하는 기계기구의 철대 또는 금속제 외함의 접지공사 또는 비접지식 고압 전로와 저압 전로를 결합하는 변압기의 저압 전로의 접지공사의 접지극은 대지와의 사이에 전기저항값 2[Ω] 이하

(8) 접지저항 결정 요소
① 접지도체와 접지전극의 자체 저항
② 접지전극의 표면과 접하는 토양 사이의 접촉저항
③ 접지전극 주위의 토양이 나타내는 저항

6 접지도체·보호도체

(1) 접지도체
① 접지도체의 선정
　㉠ 보호도체의 최소 단면적에 의한다.
　㉡ 큰 고장전류가 접지도체를 통하여 흐르지 않는 경우
　　• 구리 : 6[mm^2] 이상
　　• 철제 : 50[mm^2] 이상
　㉢ 접지도체에 피뢰시스템이 접속되는 경우
　　• 구리 : 16[mm^2] 이상
　　• 철제 : 50[mm^2] 이상
② 접지도체와 접지극의 접속
　㉠ 접속은 견고하고 전기적인 연속성이 보장되도록 접속부는 발열성 용접, 압착접속, 클램프 또는 그 밖에 적절한 기계적 접속장치에 의해야 한다.
　㉡ 클램프를 사용하는 경우, 접지극 또는 접지도체를 손상시키지 않아야 한다.
③ 접지도체를 접지극이나 접지의 다른 수단과 연결하는 것은 견고하게 접속하고, 전기적·기계적으로 적합하여야 하며, 부식에 대해 적절하게 보호되어야 한다.
　㉠ 접지극의 모든 접지도체 연결 지점
　㉡ 외부 도전성 부분의 모든 본딩도체 연결 지점
　㉢ 주개폐기에서 분리된 주접지단자
④ 접지도체는 지하 0.75[m]부터 지표상 2[m]까지 부분은 합성수지관(두께 2[mm] 미만 제외) 또는 몰드로 덮어야 한다.
⑤ 접지도체는 절연전선(옥외용 제외) 또는 케이블(통신용 케이블 제외)을 사용하여야 한다. 금속체를 따라서 시설하는 경우 이외에는 접지도체의 지표상 0.6[m]를 초과하는 부분에 대하여는 절연전선을 사용하지 않을 수 있다.
⑥ (접지도체의 선정) 이외의 접지도체의 굵기
　㉠ 특고압·고압 전기설비용 접지도체 : 단면적 6[mm^2] 이상

ⓛ 중성점 접지용 접지도체 : 단면적 16[mm²] 이상

다만, 다음의 경우에는 공칭단면적 6[mm²] 이상
- 7[kV] 이하의 전로
- 22.9[kV] 중성선 다중 접지 전로

ⓒ 이동하여 사용하는 전기기계기구의 금속제 외함 등의 접지
- 특고압·고압용 접지도체 및 중성점 접지용 접지도체
  - 캡타이어 케이블(3종 및 4종)
  - 다심 캡타이어 케이블 : 단면적 10[mm²] 이상
- 저압용 접지도체
  - 다심 코드 또는 캡타이어 케이블의 1개 도체의 단면적이 0.75[mm²] 이상
  - 연동연선은 1개 도체의 단면적이 1.5[mm²] 이상

(2) 보호도체

① 보호도체의 최소 단면적

선도체의 단면적 S ([mm²], 구리)	보호도체의 최소 단면적([mm²], 구리)	
	보호도체의 재질	
	선도체와 같은 경우	선도체와 다른 경우
$S \leq 16$	S	$\left(\dfrac{k_1}{k_2}\right) \times S$
$16 < S \leq 35$	16	$\left(\dfrac{k_1}{k_2}\right) \times 16$
$S > 35$	$\dfrac{S}{2}$	$\left(\dfrac{k_1}{k_2}\right) \times \left(\dfrac{S}{2}\right)$

보호도체의 단면적(차단시간이 5초 이하) : $S = \dfrac{\sqrt{I^2 t}}{k}$ [mm²]

여기서, I : 보호장치를 통해 흐를 수 있는 예상 고장전류 실효값[A]
t : 자동차단을 위한 보호장치의 동작시간[s]
k : 보호도체, 절연, 기타 부위의 재질 및 초기온도와 최종온도에 따라 정해지는 계수

㉠ 기계적 손상에 대해 보호가 되는 경우 : 구리 2.5[mm²], 알루미늄 16[mm²] 이상
ⓛ 기계적 손상에 대해 보호가 되지 않는 경우 : 구리 4[mm²], 알루미늄 16[mm²] 이상

② 보호도체의 종류
㉠ 보호도체
- 다심케이블의 도체
- 충전도체와 같은 트렁킹에 수납된 절연도체 또는 나도체
- 고정된 절연도체 또는 나도체
- 금속케이블 외장, 케이블 차폐, 케이블 외장, 전선묶음(편조전선), 동심도체, 금속관

    ⓒ 다음과 같은 금속부분은 보호도체 또는 보호본딩도체로 사용해서는 안 된다.
     - 금속 수도관
     - 가스·액체·분말과 같은 잠재적인 인화성 물질을 포함하는 금속관
     - 상시 기계적 응력을 받는 지지구조물 일부
     - 가요성 금속배관
     - 가요성 금속전선관
     - 지지선, 케이블트레이
   ③ 보호도체의 단면적 보강
    보호도체에 10[mA]를 초과하는 전류가 흐르는 경우 구리 10[mm^2], 알루미늄 16[mm^2] 이상

 (3) 보호도체와 계통도체 겸용
   ① 보호도체와 계통도체를 겸용하는 겸용도체(중성선과 겸용, 선도체와 겸용, 중간도체와 겸용 등)는 해당하는 계통의 기능에 대한 조건을 만족하여야 한다.
   ② 겸용도체는 고정된 전기설비에서만 사용할 수 있으며 다음에 의한다.
    ⓐ 단면적 : 구리 10[mm^2] 또는 알루미늄 16[mm^2] 이상
    ⓑ 중성선과 보호도체의 겸용도체는 전기설비의 부하측으로 시설하면 안 된다.
    ⓒ 폭발성 분위기 장소는 보호도체를 전용으로 한다.

7 전기수용가 접지

 (1) 저압수용가 인입구 접지
   ① 저압 전선로의 중성선 또는 접지측 전선에 추가로 접지공사를 할 수 있다.
    ⓐ 지중에 매설되고 대지와의 전기저항값이 3[Ω] 이하 금속제 수도관로
    ⓑ 대지 사이의 전기저항값이 3[Ω] 이하인 값을 유지하는 건물의 철골
   ② 접지도체는 공칭단면적 6[mm^2] 이상의 연동선

 (2) 주택 등 저압수용장소 접지
   ① 저압수용장소에서 계통접지가 TN-C-S 방식인 경우 보호도체
    ⓐ 보호도체의 최소 단면적 이상으로 한다.
    ⓑ 중성선 겸용 보호도체(PEN)는 고정 전기설비에만 사용할 수 있고, 그 도체의 단면적이 구리는 10[mm^2] 이상, 알루미늄은 16[mm^2] 이상
   ② 감전보호용 등전위본딩을 하여야 한다.

8 변압기 중성점 접지

 (1) 접지저항값
   ① 고압·특고압측 전로 1선 지락전류로 150을 나눈 값과 같은 저항값 이하
   ② 고압·특고압측 전로 또는 사용전압이 35[kV] 이하의 특고압 전로가 저압측 전로와 혼촉하고 저압 전로의 대지전압이 150[V]를 초과하는 경우

㉠ 1초 초과 2초 이내에 고압·특고압 전로를 자동으로 차단하는 장치를 설치할 때는 300을 나눈 값 이하

㉡ 1초 이내에 고압·특고압 전로를 자동으로 차단하는 장치를 설치할 때는 600을 나눈 값 이하

(2) 전로의 1선 지락전류

실측값, 실측이 곤란한 경우에는 선로정수 등으로 계산

(3) 고압측 전로의 1선 지락전류 계산식

① 중성점 비접지식 고압 전로

㉠ 전선에 케이블 이외의 것을 사용하는 전로 : $I_1 = 1 + \dfrac{\dfrac{V}{3}L - 100}{150}$

㉡ 케이블을 사용하는 전로 : $I_1 = 1 + \dfrac{\dfrac{V}{3}L' - 1}{2}$

㉢ 전선에 케이블 이외의 것을 사용하는 전로와 전선에 케이블을 사용하는 전로로 되어 있는 전로 : $I_1 = 1 + \dfrac{\dfrac{V}{3}L - 100}{150} + \dfrac{\dfrac{V}{3}L' - 1}{2}$

우변의 각각의 값이 마이너스로 되는 경우에는 0으로 한다.

I_1의 값은 소수점 이하는 절상한다. I_1이 2 미만으로 되는 경우에는 2로 한다.

I_1 : 일선지락전류([A]를 단위로 한다.)

V : 전로의 공칭전압을 1.1로 나눈 전압([kV]를 단위로 한다.)

L : 동일모선에 접속되는 고압 전로(전선에 케이블을 사용하는 것을 제외한다.)의 전선연장([km]를 단위로 한다.)

L' : 동일모선에 접속되는 고압 전로(전선에 케이블을 사용하는 것에 한한다.)의 선로연장([km]를 단위로 한다.)

9 공통접지 및 통합접지

(1) 공통접지시스템

① 저압 전기설비의 접지극이 고압 및 특고압 접지극의 접지저항 형성영역에 완전히 포함되어 있다면 위험전압이 발생하지 않도록 이들 접지극을 상호 접속하여야 한다.

② 저압계통에 가해지는 상용주파 과전압

고압계통에서 지락고장시간[초]	저압설비 허용상용주파 과전압[V]	비 고
> 5	U_0+250	중성선 도체가 없는 계통에서 U_0는 선간전압을 말한다.
≤ 5	U_0+1,200	

[비고] 1. 순시 상용주파 과전압에 대한 저압기기의 절연 설계기준과 관련된다.
2. 중성선이 변전소 변압기의 접지계통에 접속된 계통에서 건축물 외부에 설치한 외함이 접지되지 않은 기기의 절연에는 일시적 상용주파 과전압이 나타날 수 있다.

(2) 통합접지시스템
낙뢰에 의한 과전압 등으로부터 전기전자기기 등을 보호하기 위해 서지보호장치를 설치하여야 한다.

10 기계기구의 철대 및 외함의 접지

① 전로에 시설하는 기계기구의 철대 및 금속제 외함에는 접지공사를 한다.
② 접지공사를 하지 아니해도 되는 경우
- ㉠ 사용전압이 직류 300[V] 또는 교류 대지전압이 150[V] 이하인 기계기구를 건조한 곳에 시설하는 경우
- ㉡ 저압용의 기계기구를 건조한 목재의 마루 기타 이와 유사한 절연성 물건 위에서 취급하도록 시설하는 경우
- ㉢ 기계기구를 사람이 쉽게 접촉할 우려가 없도록 목주 기타 이와 유사한 것의 위에 시설하는 경우
- ㉣ 철대 또는 외함의 주위에 적당한 절연대를 설치하는 경우
- ㉤ 외함이 없는 계기용 변성기가 고무·합성수지 기타의 절연물로 피복한 것일 경우
- ㉥ 2중 절연구조로 되어 있는 기계기구를 시설하는 경우
- ㉦ 저압용 기계기구에 전기를 공급하는 전로의 전원측에 절연변압기(2차 전압이 300[V] 이하이며, 정격용량이 3[kVA] 이하)를 시설하고 또한 그 절연변압기의 부하측 전로를 접지하지 않은 경우
- ㉧ 물기 있는 장소 이외의 장소에 시설하는 저압용의 개별 기계기구에 인체감전보호용 누전차단기(정격감도전류가 30[mA] 이하, 동작시간이 0.03초 이하의 전류동작형에 한함)를 시설하는 경우
- ㉨ 외함을 충전하여 사용하는 기계기구에 사람이 접촉할 우려가 없도록 시설하거나 절연대를 시설하는 경우

11 접지저항 저감법 및 저감재

(1) 물리적 접지 저감 공법
① 접지극의 병렬 접속
② 접지극의 치수 확대
③ 매설지선 및 평판 접지극
④ mesh공법
⑤ 심타공법 등으로 시공
⑥ 접지봉 깊이 박기

(2) 접지 저감재료
① 저감 효과가 크고 안전할 것
② 토양을 오염시켜 생명체에 유해한 것을 사용하면 안 됨

③ 전기적으로 양도체일 것. 즉, 주위의 토양에 비해 도전도가 좋아야 함
④ 저감 효과의 지속성이 있을 것
⑤ 접지극을 부식시키지 않을 것
⑥ 공해가 없고, 공법이 용이할 것

(3) 접지저항의 측정

접지저항은 전해액 저항과 같은 성질을 가지고 있으므로, 직류로써 측정하면 성극 작용이 생겨서 오차가 발생하므로 교류전원으로 측정한다. 접지저항 측정법에는 여러 가지 방법이 있다.

① 콜라우시 브리지법

접지저항의 측정 그림과 같이 저항을 측정할 접지전극판 G_1 외에 2개의 보조접지봉 G_2, G_3를 정삼각형으로 설치하고, 이 콜라우시 브리지로 G_1-G_2, G_2-G_3, G_3-G_1 사이의 저항을 측정한다.

지금, G_1, G_2, G_3을 각각 접지전극판 및 접지봉의 접지저항이라 하고, 각 단자 사이의 측정값을 R_1, R_2, R_3이라 하면,

$$\left.\begin{array}{l} R_1 = G_1 + G_2 \\ R_2 = G_2 + G_3 \\ R_3 = G_3 + G_1 \end{array}\right\} \quad \cdots\cdots\cdots\cdots\cdots\cdots \text{ⓐ}$$

식 ⓐ에서,

$$\frac{1}{2}(R_1 + R_2 + R_3) = G_1 + G_2 + G_3$$

$$\therefore \ G_1 = \frac{1}{2}(R_1 + R_3 - R_2)[\Omega] \text{이다.}$$

이때 각 접지전극 사이의 간격을 10[m] 이상으로 설치한다.

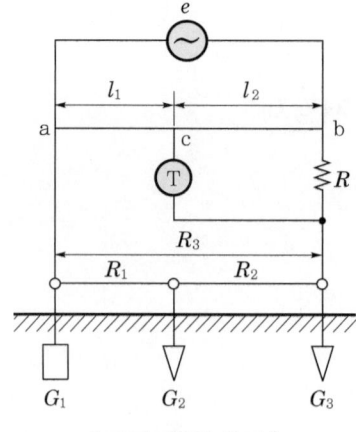

∥접지저항의 측정∥

② 접지저항계(earth tester)
아래 그림은 지멘스(Siemens) 접지저항계이다. 이것은 변류기(CT)를 사용하고, 전원으로는 1[kHz]의 버저(buzzer) 또는 핸들(handle)이 달린 자석식 발전기를 사용한다.
여기서, 슬라이드 접촉점 c를 이동하여 평형을 취하면 다음의 관계가 성립한다.
$I_1 R_1 = I_2 r$
$\therefore R_1 = \dfrac{I_2}{I_1} r \ [\Omega]$

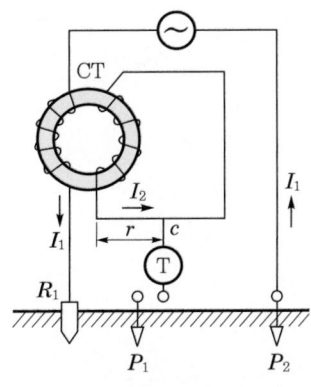

∥ 접지저항계 ∥

여기서 CT의 변류비, 즉 $I_1 : I_2 = 1 : 1$ 이면 $R_1 = r$ 로서 c점의 눈금으로 직접 접지저항 R_1의 값을 구할 수 있다. 또 $\dfrac{I_2}{I_1}$ 을 바꾸어서 10배, 100배의 측정범위를 확대할 수도 있다.

개념 문제 01 | 공사산업 21년 출제
배점 : 5점

한국전기설비규정에서 정하는 다음 표를 이용하여 보호도체의 최소 단면적을 선정하고자 한다. 빈칸에 알맞은 내용을 쓰시오.

선도체의 단면적(S)([mm^2], 구리)	보호도체의 최소 단면적([mm^2], 구리)
$S \leq 16$	(①)
$16 < S \leq 35$	(②)
$S > 35$	(③)

단, 보호도체의 재질은 선도체와 같은 경우이다.

답안 ① S, ② 16, ③ $\dfrac{S}{2}$

1990년~최근 출제된 기출 이론 분석 및 유형별 문제

개념 문제 02 | 공사산업 20년 출제
| 배점 : 6점 |

접지판 X와 보조접지극 상호 간의 저항을 측정한 값이 그림과 같다면 a지점(G_a), b지점(G_b), c지점(G_c)의 접지저항값[Ω]을 각각 계산하시오.

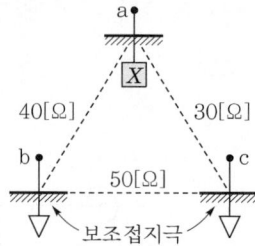

(1) G_a 지점
  - 계산과정 :
  - 답 :
(2) G_b 지점
  - 계산과정 :
  - 답 :
(3) G_c 지점
  - 계산과정 :
  - 답 :

답안
(1) • 계산과정 : 접지저항값 $R_{G_a} = \dfrac{1}{2}(40+30-50) = 10[\Omega]$
  • 답 : 10[Ω]

(2) • 계산과정 : 접지저항값 $R_{G_b} = \dfrac{1}{2}(50+40-30) = 30[\Omega]$
  • 답 : 30[Ω]

(3) • 계산과정 : 접지저항값 $R_{G_c} = \dfrac{1}{2}(30+50-40) = 20[\Omega]$
  • 답 : 20[Ω]

개념 문제 03 공사기사 12년, 18년, 20년 출제 | 배점 : 5점 |

다음 그림은 TN계통의 일부분이다. 무슨 계통인지 쓰시오. (단, 계통 일부의 중성선과 보호도체를 동일 전선으로 사용한다.)

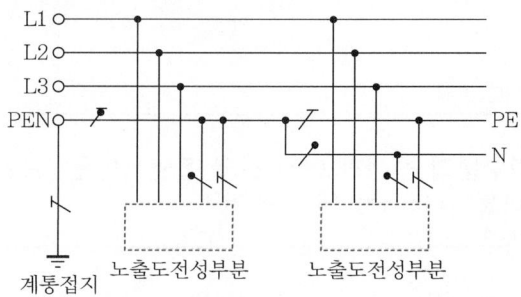

답안 TN-C-S 계통

개념 문제 04 공사기사 00년, 05년, 11년 출제 | 배점 : 5점 |

단상 2선식 200[V] 옥내 배선에서 접지저항이 90[Ω]인 금속관 안의 임의의 개소에서 전선이 절연 파괴되어 도체가 직접 금속관 내면에 접촉되었다면 대지전압은 몇 [V]가 되겠는가? (단, 이 전로에서 공급하는 변압기 저압측의 한 단자에 중성점 접지공사가 되어 있고 그 접지저항은 30[Ω]이라고 한다.)

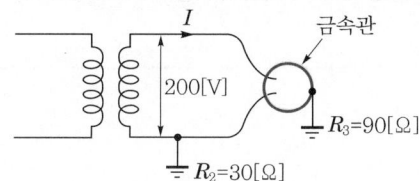

답안 150[V]

해설 $V_g = \dfrac{R_3}{R_2 + R_3} \times V = \dfrac{90}{30 + 90} \times 200 = 150\,[\text{V}]$

등가회로

CHAPTER 02
전로의 절연과 접지시스템

단원 빈출문제

문제 01   공사산업 12년 출제   배점 : 3점

저압 전선로 중 절연부분의 전선과 대지 간의 절연저항은 사용전압에 대한 누설전류가 최대공급전류의 얼마를 넘어서는 안 되는가?

답안 $\dfrac{1}{2,000}$

문제 02   공사산업 98년, 00년, 20년 출제   배점 : 5점

1차 전압 6,600[V], 2차 전압 210[V]일 때, 용량이 15[kVA]인 단상 변압기에서 누설전류의 최소값은?

답안 35.71[mA]

해설 $I_g = \dfrac{15 \times 10^3}{210} \times \dfrac{1}{2,000} \times 10^3 = 35.71\,[\text{mA}]$

문제 03   공사기사 96년 / 공사산업 15년 출제   배점 : 5점

사용전압이 415[V]인 3상 3선식 전로(최대공급전류 500[A])의 1선과 대지 간에 필요한 절연저항값의 최소값은?

답안 1,660[Ω]

해설 누설전류 $I_g = 500 \times \dfrac{1}{2,000} = 0.25\,[\text{A}]$이므로

$$R = \dfrac{E}{I_g} = \dfrac{415}{0.25} = 1,660\,[\Omega]$$

∴ 절연저항의 최소값은 1,660[Ω]

문제 04 공사기사 95년, 97년, 11년, 20년 출제 | 배점 : 5점 |

단상 2선식 가공전선로에서 두 선을 일괄한 것과 대지 간의 최소절연저항값[Ω]을 구하시오. (단, 사용전압은 220[V], 최대공급전류는 20[A]이다.)

답안 11,000[Ω]

해설 누설전류 $i = 20 \times \dfrac{1}{1,000}$
$= 0.02[\text{A}]$

절연저항 $R = \dfrac{220}{0.02}$
$= 11,000[\Omega]$

문제 05 공사산업 12년, 13년 출제 | 배점 : 4점 |

다음 표에서 전로의 사용전압의 구분에 따른 절연저항값은 몇 [MΩ] 이상이어야 하는지 그 값을 표에 써 넣으시오.

전로의 사용전압[V]	절연저항[MΩ]
SELV 및 PELV	(①)
FELV, 500[V] 이하	(②)
500[V] 초과	(③)

답안 ① 0.5
② 1
③ 1

문제 06 공사산업 21년 출제   배점 : 3점

한국전기설비규정에 따라 고압 및 특고압의 전로는 다음 표에서 정한 시험전압을 전로와 대지 사이(다심케이블은 심선 상호 간 및 심선과 대지 사이)에 연속하여 10분간 가하여 절연내력을 시험하였을 때에 이에 견디어야 한다. 다음 표의 빈칸을 채워 완성하시오. (단, 회전기, 정류기, 연료전지 및 태양전지 모듈의 전로, 변압기의 전로, 기구 등의 전로 및 직류식 전기철도용 전차선을 제외하며 기타 예외조건은 고려하지 않는다.)

전로의 종류 및 시험전압

전로의 종류	시험전압
1. 최대사용전압 7[kV] 이하인 전로	최대사용전압의 (①)배의 전압
2. 최대사용전압 7[kV] 초과 25[kV] 이하인 중성점 접지식 전로(중성선을 가지는 것으로서 그 중성선을 다중접지하는 것에 한한다.)	최대사용전압의 (②)배의 전압

답안 ① 1.5
② 0.92

문제 07 공사기사 98년, 08년, 13년 출제   배점 : 5점

다음 저항을 측정하는 데 가장 적당한 측정방법을 써 넣으시오.

(1) 변압기의 절연저항
(2) 검류계의 내부저항
(3) 전해액의 저항
(4) 굵은 나전선의 저항
(5) 접지저항 측정

답안 (1) 절연저항계(Megger)
(2) 휘트스톤 브리지
(3) 콜라우시 브리지
(4) 켈빈 더블 브리지
(5) 접지저항계

문제 08 　공사산업 02년, 19년 출제　｜배점 : 5점｜

단상 변압기 2대를 사용하여 정격전압 3,000[V]인 유도전동기의 절연내력시험을 실시하고자 한다. 결선도 및 표기사항이 틀린 곳을 바르게 고치고 그리시오. (단, 전원 전압은 100[V], T_1, T_2는 6,000[V]/100[V]의 단상 변압기이다.)

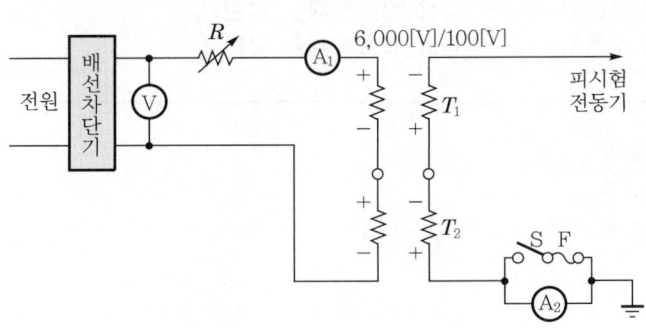

답안

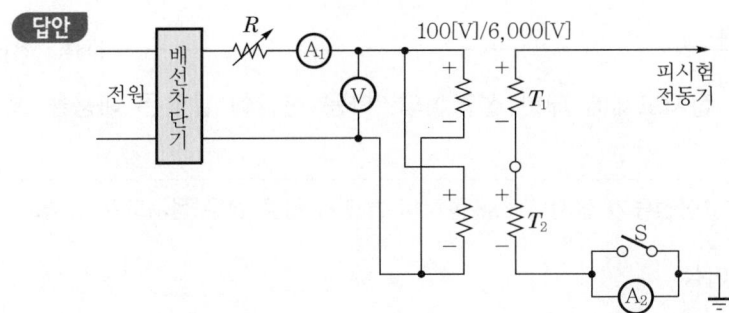

문제 09 　공사산업 08년, 14년, 16년 출제　｜배점 : 6점｜

접지(계통접지 및 보호접지) 목적에 대하여 3가지만 쓰시오.

답안
- 고장전류(지락전류, 단락전류)나 뇌격전류의 유입에 대한 기기를 보호할 목적
- 지표면의 국부적인 전위경도에서 감전사고에 대한 인체를 보호할 목적
- 계통회로전압과 보호계전기의 동작의 안정과 정전차폐효과를 유지할 목적

1990년~최근 출제된 기출문제

문제 10 공사산업 21년 출제 | 배점 : 5점

한국전기설비규정에서 정하는 용어의 정의이다. 빈칸에 알맞은 용어을 쓰시오.

- (①)란 교류회로에서 중성선 겸용 보호도체를 말한다.
- (②)란 직류회로에서 중간선 겸용 보호도체를 말한다.
- (③)란 직류회로에서 선도체 겸용 보호도체를 말한다.

답안 ① PEN 도체
② PEM 도체
③ PEL 도체

문제 11 공사산업 21년 출제 | 배점 : 5점

한국전기설비규정에 따른 접지도체에 대한 설명이다. 다음 빈칸에 알맞은 내용을 쓰시오.

1. 접지도체의 단면적은 큰 고장전류가 접지도체를 통하여 흐르지 않을 경우 접지도체의 최소 단면적은 다음과 같다.
    1) 구리는 (①)[mm^2] 이상
    2) 철제는 (②)[mm^2] 이상
2. 접지도체에 피뢰시스템이 접속되는 경우, 접지도체의 단면적은 구리 (③)[mm^2] 또는 철 50[mm^2] 이상으로 하여야 한다.

답안 ① 6, ② 50, ③ 16

문제 12 공사기사 07년, 17년 출제 | 배점 : 5점

주접지단자에 접속되는 등전위본딩선의 단면적은 다음의 재료일 때 최소 얼마 이상이어야 하는지 쓰시오.

(1) 동 : (①)[mm^2]
(2) 알루미늄 : (②)[mm^2]
(3) 철 : (③)[mm^2]

답안 ① 6, ② 16, ③ 50

문제 13 공사기사 97년, 00년, 02년, 15년, 18년, 22년 출제 | 배점 : 5점 |

수전 차단용량이 520[MVA]이고, 22.9[kV]에 설치하는 피뢰기인 경우 접지선의 굵기를 계산하고 아래 표에서 선정하시오. (단, 22[kV]급 선로에서는 계통최고전압을 25.8[kV], 고장지속시간을 1.1, 접지도체의 절연물 종류 및 주위온도에 따라 정해지는 계수 282를 적용한다.)

전선 규격[mm²]							
16	25	35	50	70	95	120	150

- 계산과정 :
- 답 :

답안
- 계산과정 : 접지선 굵기 공식

$$S = \frac{\sqrt{t}}{k} \cdot I_s$$

$$= \frac{\sqrt{1.1}}{282} \times \frac{520 \times 10^3}{\sqrt{3} \times 25.8} = 43.28 [\text{mm}^2]$$

- 답 : 50[mm²]

문제 14 공사산업 17년, 20년 출제 | 배점 : 3점 |

접지극으로 사용할 수 있는 것을 3가지만 쓰시오.

답안
- 토양에 매설된 기초 접지극
- 케이블의 금속외장 및 그 밖에 금속피복
- 지중 금속구조물(배관 등)

해설 **접지극의 시설 및 접지저항**(KEC 142.2)
접지극은 다음의 방법 중 하나 또는 복합하여 시설하여야 한다.
- 콘크리트에 매입된 기초 접지극
- 토양에 매설된 기초 접지극
- 토양에 수직 또는 수평으로 직접 매설된 금속전극(봉, 전선, 테이프, 배관, 판 등)
- 케이블의 금속외장 및 그 밖에 금속피복
- 지중 금속구조물(배관 등)
- 대지에 매설된 철근콘크리트의 용접된 금속보강재. 다만, 강화콘크리트는 제외한다.

문제 15   공사산업 92년 출제   배점 : 8점

접지공사에 사용하는 접지도체를 사람이 접촉할 우려가 있는 장소에 시설할 경우 공사방법을 4가지로 쓰시오.

답안
- 접지극은 동결깊이를 감안하여 시설하되 매설깊이는 지표면으로부터 지하 0.75[m] 이상으로 한다.
- 접지도체는 접지극에서 지표상 60[cm]까지의 부분에는 절연전선, 캡타이어 케이블, 케이블을 사용할 것
- 접지도체의 지하 75[cm]에서 지표상 2[m]까지 부분에는 합성수지관 또는 이와 동등 이상의 절연효력 및 강도가 있는 것으로 덮을 것
- 접지도체를 사람이 접촉될 우려가 있는 장소의 철주 등 금속체에 따라서 매설하는 경우에 접지극을 지지물의 밑면으로부터 30[cm] 이상 이외에는 금속체로부터 수평으로 1[m] 이상 이격할 것

문제 16   공사산업 20년 출제   배점 : 6점

사람의 접촉 우려가 있는 장소에서 철주에 절연전선을 사용하여 접지공사를 그림과 같이 노출 시공하고자 한다. 각각의 물음에 답하시오.

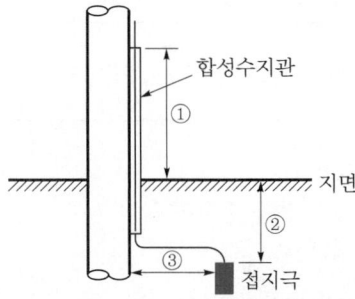

(1) 지표상 합성수지관의 최소 높이(①)는 몇 [m]인지 쓰시오.
(2) 접지극의 지하 매설깊이(②)는 몇 [m] 이상인지 쓰시오.
(3) 철주와 접지극의 이격거리(③)는 몇 [m] 이상인지 쓰시오.

답안
① 2[m]
② 0.75[m]
③ 1[m]

문제 17 공사기사 90년, 96년, 15년 / 공사산업 16년, 21년 출제 | 배점 : 5점 |

3상 3선식 중성점 비접지식 6,600[V] 가공전선로에 접속된 변압기 100[V]측 1단자에 중성점 접지공사를 할 때 접지저항값[Ω]은 얼마인지 구하시오. (단, 이 전선로는 고저압 혼촉 시 2초 이내에 자동 차단하는 장치가 없으며 고압측 1선 지락전류는 5[A]라고 한다.)

답안 중성점 접지저항 $R = \dfrac{150}{I_g} = \dfrac{150}{5} = 30[\Omega]$

∴ 30[Ω]

문제 18 공사산업 91년, 96년, 97년, 03년, 15년, 20년 출제 | 배점 : 5점 |

어떤 변전소로부터 6.6[kV], 3상 3선식 비접지 배전선이 8회선 나와 있다. 이 배전선에 접속된 주상 변압기의 접지저항값의 허용값은 얼마인가? (단, 고압측 1선 지락전류는 4[A]라고 한다.)

답안 중성점 접지저항 $R = \dfrac{150}{I_g} = \dfrac{150}{4} = 37.5[\Omega]$

∴ 37.5[Ω]

문제 19 공사기사 00년, 02년, 05년, 08년, 11년, 14년, 18년 출제 | 배점 : 5점 |

고압 가공 배전선로에 접속된 주상 변압기의 저압측에 시설된 접지공사의 저항값을 구하시오. (단, 1선 지락전류는 5[A]이고, 고압측과 저압측의 혼촉사고 발생 시 1초 이내에 자동적으로 고압전로를 차단할 수 있게 되어 있다.)

답안 변압기 중성점 접지(계통접지)

저항 $R = \dfrac{600}{5} = 120[\Omega]$

∴ 120[Ω]

문제 20   공사산업 91년, 96년, 97년, 03년, 13년 출제   배점 : 6점

3상 3선식 중성점 비접지식 6,600[V] 가공전선로가 있다. 이 전로에 접속된 주상 변압기 100[V]측 그 1단자에 중성점 접지공사를 할 때 접지저항값은 얼마 이하로 유지하여야 하는가? (단, 이 전선로는 고압 혼촉 시 2초 이내에 자동 차단하는 장치가 있으며 고압측 1선 지락전류는 5[A]라고 한다.)

답안 2초 이내 자동 차단하는 장치가 있으므로

$$R_2 = \frac{300}{I_g} = \frac{300}{5} = 60[\Omega]$$

∴ 60[Ω]

문제 21   공사기사 98년 출제   배점 : 6점

그림에서 기기의 C점에서 완전지락사고가 발생하였을 때 이 기기의 외함에 인체가 접촉하였을 경우 인체에는 몇 [mA]의 전류가 흐르는가? (단, 인체의 저항값은 3,000[Ω]이라고 한다.)

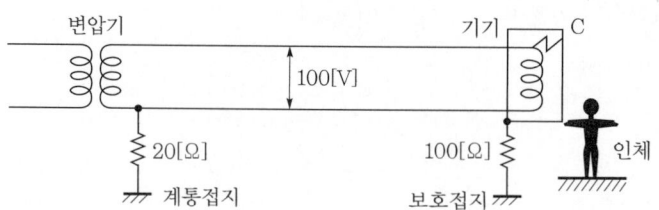

- 계산과정 :
- 답 :

답안
- 계산과정 : $I_g = \dfrac{100}{20 + \dfrac{100 \times 3,000}{100 + 3,000}} \times \dfrac{100}{100 + 3,000} \times 10^3 = 27.62[\text{mA}]$

- 답 : 27.62[mA]

해설 등가회로로 그려보면

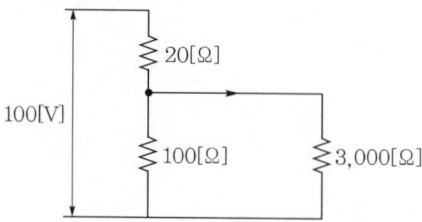

문제 22 공사산업 98년, 01년, 18년 출제 | 배점 : 5점

그림과 같은 저압기기의 지락사고 시 기기에 접촉된 사람의 인체에 흐르는 전류를 구하시오. (단, 중성점 접지저항값 $R_2 = 50[\Omega]$, 보호 접지저항값 $R_3 = 100[\Omega]$, 인체의 접지저항 및 접촉저항값 $R_m = 1,000[\Omega]$이다.)

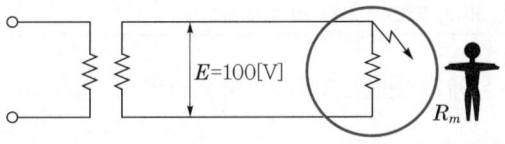

답안
$$I_m = \frac{100}{50 + \frac{100 \times 1,000}{100 + 1,000}} \times \frac{100}{100 + 1,000}$$
$$= 0.06452[A] = 64.52[mA]$$
$$\therefore 64.52[mA]$$

문제 23 공사기사 97년, 00년, 10년, 15년 출제 | 배점 : 5점

그림과 같은 회로에서 전동기가 누전된 경우 3,000[Ω]의 인체저항을 가진 사람이 전동기에 접촉할 때 인체에 흐르는 전류시간합계[mA·sec]는? (단, 30[mA], 0.1[sec]의 경우 정격 ELB를 설치하였다.)

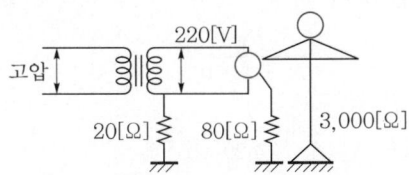

답안 5.84[mA·sec]

해설 상기의 그림을 단선도를 그리면 다음과 같다.

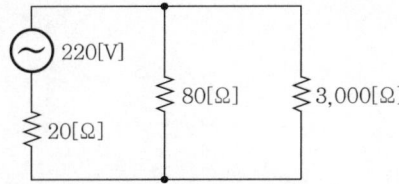

따라서, 접촉 시 지락전류 $= \dfrac{220}{20 + \dfrac{80 \times 3,000}{80 + 3,000}} = 2.25[A]$

인체에 흐르는 전류 $= 2.25 \times \dfrac{80}{80 + 3,000} = 0.05844[A] = 58.44[mA]$

주어진 조건에서 정격감도전류는 30[mA], 동작시간 0.1[sec]이므로
인체에 흐르는 전류시간합계 $= 58.44 \times 0.1 = 5.84$[mA·sec]

문제 24 공사기사 91년, 95년, 97년, 02년, 20년 출제 | 배점 : 6점 |

그림과 같은 계통의 A점에서 완전 지락이 발생하였을 경우 다음 물음에 답하시오.

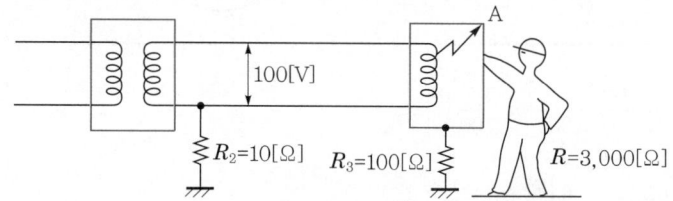

(1) 기기의 외함에 인체가 접촉하고 있지 않을 경우 이 외함의 대지전압은 몇 [V]로 되겠는가?
(2) 인체 접촉 시 인체에 흐르는 전류를 10[mA] 이하로 하고자 할 때 기기의 외함에 시공된 접지공사의 접지저항 R_3[Ω]의 최대값을 구하시오.

답안 (1) 외함의 대지전압 = 지락전류 × 접지저항 = $\dfrac{100}{100+10} \times 100 = 90.91$[V]

∴ 90.91[V]

(2) 기기의 접지저항을 R_3라 하면

$$0.01 \geq \dfrac{100}{10 + \dfrac{3{,}000 R_3}{R_3 + 3{,}000}} \times \dfrac{R_3}{R_3 + 3{,}000}$$

위 식에서 R_3을 구하면 $R_3 \leq 4.29$[Ω]

∴ $R_3 \leq 4.29$[Ω]

해설 (1) 인체에 접촉하지 않은 경우

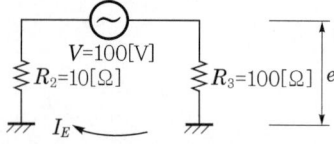

(2) 인체에 접촉하였을 경우

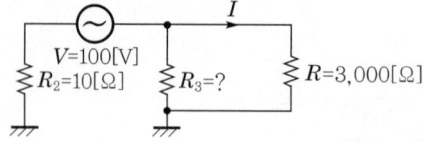

문제 25   공사산업 95년, 99년, 02년 출제 | 배점 : 10점 |

다음 그림은 저압전로에 있어서의 지락고장을 표시한 그림이다. 그림의 ⓜ(단상 110[V])의 내부와 외함 간에 누전으로 지락사고를 일으킨 경우 변압기 저압측 전로의 1선은 한국전기설비규정에 의하여 고·저압 혼촉 시의 대지전위 상승을 억제하기 위한 접지공사를 하도록 규정하고 있다. 다음 물음에 답하시오.

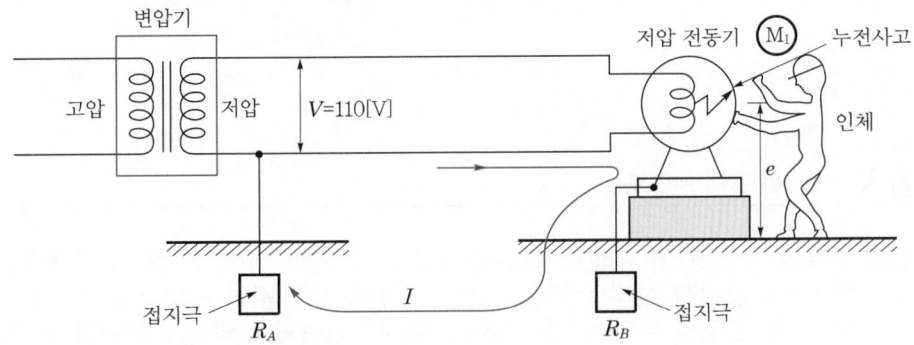

(1) 앞의 그림에 대한 등가회로를 그리면 아래와 같다. 물음에 답하시오.

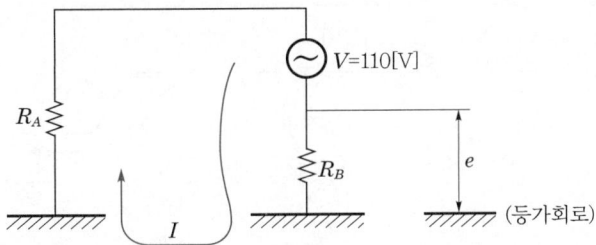

① 등가회로상의 e는 무엇을 의미하는가?
② 등가회로상의 e의 값을 표시하는 수식을 표시하시오.
③ 저압회로의 지락전류 $I = \dfrac{V}{R_A + R_B}$[A]로 표시할 수 있다. 고압측 전로의 중성점이 비접지식인 경우에 고압측 전로의 1선 지락전류가 4[A]라고 하면 변압기의 2차측(저압측)에 대한 접지저항값은 얼마인가? 또 위에서 구한 접지저항값(R_A)을 기준으로 하였을 때의 R_B의 값을 구하고 위 등가회로상의 I, 즉 저압측 전로의 1선 지락전류를 구하시오. (단, e의 값은 25[V]로 제한하도록 한다.)

(2) 접지극의 매설깊이는 얼마 이하로 하는가?
(3) 변압기 2차측 접지선은 단면적 몇 [mm²] 이상의 연동선이나 이와 동등 이상의 세기 및 굵기의 것을 사용하는가?

답안 (1) ① 접촉전압

② $e = \dfrac{R_B}{R_A + R_B} \times V$

③ $R_B = 11.03[\Omega]$, $I = 2.27[A]$

(2) 75[cm]
(3) 6[mm²]

해설 (1) ③ $R_A = \dfrac{150}{I} = \dfrac{150}{4} = 37.5[\Omega]$

$25 = \dfrac{R_B}{37.5+R_B} \times 110$

$R_B = 11.03[\Omega]$

$I = \dfrac{V}{R_A+R_B} = \dfrac{110}{37.5+11.03} = 2.27[A]$

문제 26 공사산업 95년, 96년 출제 | 배점 : 5점

단상 전압 210[V] 전동기의 전압측 리드선과 전동기 외함 사이가 완전히 지락되었다. 변압기의 저압측은 중성점 접지로 저항이 30[Ω], 전동기의 저항은 보호접지로 40[Ω]이라 하고, 변압기 및 선로의 임피던스를 무시한 경우에 접촉한 사람에게 위험을 줄 대지전압은?

- 계산과정 :
- 답 :

답안
- 계산과정 : $V_g = \dfrac{210}{30+40} \times 40 = 120[V]$
- 답 : 120[V]

해설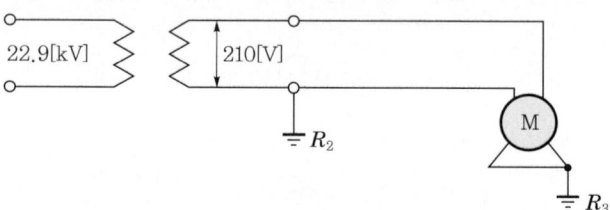

$I_g = \dfrac{V}{R_2+R_3}$

$\therefore V_g = I_g \times R_3 = \dfrac{V}{R_2+R_3} \times R_3$

문제 27 공사산업 97년 출제

배점 : 6점

그림과 같이 지락에 의한 인체 감전이 발생되었을 때 인체통과전류[A]는 대략 얼마인가?
(단, 인체저항과 발(신발)의 저항은 각각 1,000[Ω]과 500[Ω]으로 한다.)

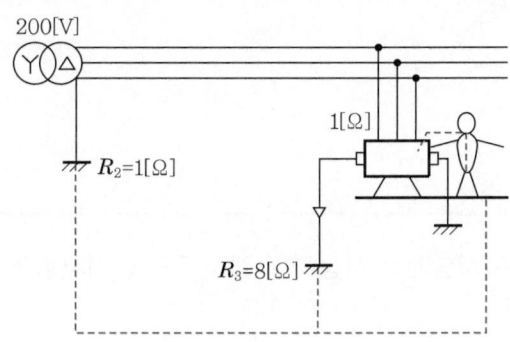

답안 인체저항과 신발의 합성저항 $R = 1{,}000 + \dfrac{500}{2} = 1{,}250[\Omega]$

인체에 흐르는 전류 $I = \dfrac{200}{1+1+\dfrac{8\times 1{,}250}{8+1{,}250}} \times \dfrac{8}{8+1{,}250} = 0.13[A]$

∴ 0.13[A]

해설

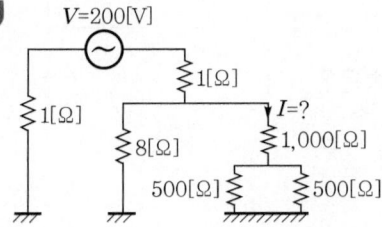

문제 28 공사산업 13년 출제

배점 : 3점

그림과 같이 전위강하법에서 접지전극 E와 전위전극 P와의 간격이 EC간 거리 X의 몇 [%]일 때 정확한 값을 얻을 수 있겠는가?

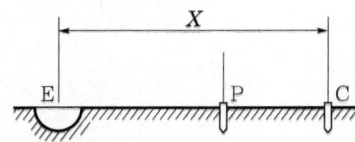

답안 61.8[%]

해설 P/C=0.618의 조건을 만족할 때 측정값이 참값과 같아지는 데, 이것은 반구모양 접지전극의 접지저항을 측정할 때 전위보조극 P를 EC간 거리의 61.8[%]에 시설하면 정확한 접지저항의 값을 얻을 수 있다.

문제 29 공사산업 13년 출제 | 배점 : 3점

다음 그림은 전자식 접지저항계를 사용하여 접지극의 접지저항을 측정하기 위한 배치도이다. 물음에 답하시오.

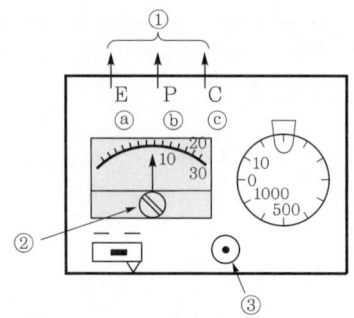
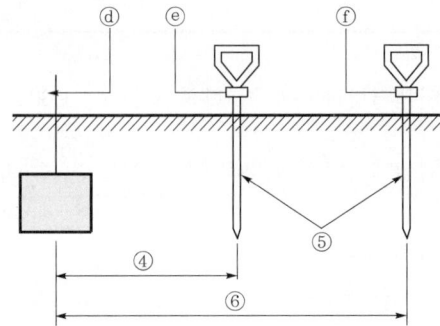

(1) 그림에서 ①의 측정단자의 각 접지극의 접속은?
(2) 그림에서 ②의 명칭은?
(3) 그림에서 ③의 명칭은?
(4) 그림에서 ④의 거리는 몇 [m] 이상인가?
(5) 그림에서 ⑤의 거리는 몇 [m] 이상인가?
(6) 그림에서 ⑥의 명칭은?

답안 (1) ⓐ → ⓓ, ⓑ → ⓔ, ⓒ → ⓕ
(2) 영점 조정 단자
(3) 누름버튼
(4) 10[m]
(5) 20[m]
(6) 보조 접지극

해설 (3) 누름버튼 또는 전원 스위치

문제 30 공사산업 13년 출제 — 배점 : 3점

Wenner의 4전극법에 대한 공식을 쓰고, 원리도를 그려 설명하시오.

답안 대지저항률 $\rho = 2\pi a R$
(단, a : 전극 간격[m], R : 접지저항[Ω])

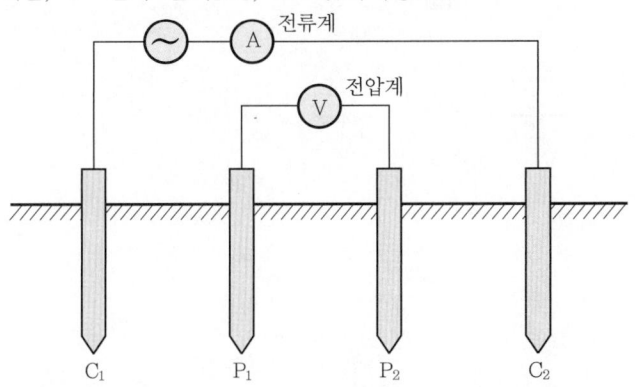

4개의 측정전극(C_1, P_1, P_2, C_2)을 지표면에 일직선 상, 일정한 간격으로 매설하고, 측정장비 내에서 저주파 전류를 C_1, C_2 전극을 통해 대지에 흘려 보낸 후 P_1, P_2 사이의 전압을 측정하여 대지저항률을 구하는 방법이다.

문제 31 공사산업 18년 출제 — 배점 : 4점

전극을 정삼각형으로 배치하고 극간 저항값에 의하여 대지저항률을 구하는 방법은 무엇인지 쓰시오.

답안 콜라우시 브리지법

문제 32 공사산업 90년, 04년, 17년 출제 — 배점 : 5점

철탑에 매설지선 설치 후 접지저항을 측정하는 측정기는?

답안 접지저항 측정기

문제 33 공사산업 16년 출제

배점 : 6점

접지판 X와 보조접지극 상호 간의 저항을 측정한 값이 그림과 같다면, G_a, G_b, G_c의 접지저항값은 각각 몇 [Ω]인지 계산하시오.

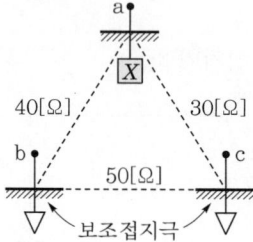

(1) G_a지점
  - 계산과정 :
  - 답 :
(2) G_b지점
  - 계산과정 :
  - 답 :
(3) G_c지점
  - 계산과정 :
  - 답 :

답안

(1) • 계산과정 : 접지저항값 $G_a = \dfrac{1}{2}(G_{ab} + G_{ca} - G_{bc})$
$= \dfrac{1}{2}(40 + 30 - 50) = 10\,[\Omega]$
  - 답 : 10[Ω]

(2) • 계산과정 : 접지저항값 $G_b = \dfrac{1}{2}(G_{bc} + G_{ab} - G_{ca})$
$= \dfrac{1}{2}(50 + 40 - 30) = 30\,[\Omega]$
  - 답 : 30[Ω]

(3) • 계산과정 : 접지저항값 $G_c = \dfrac{1}{2}(G_{ca} + G_{bc} - G_{ab})$
$= \dfrac{1}{2}(30 + 50 - 40) = 20\,[\Omega]$
  - 답 : 20[Ω]

문제 34 | 공사기사 20년 출제
배점 : 5점

아래 그림에서 A점의 접지저항값[Ω]을 구하시오. (단, 콜라우시 브리지법으로 측정한 결과, AB간 저항값은 10[Ω], BC간 저항값은 8[Ω], CA간 저항값은 6[Ω] 측정되었다.)

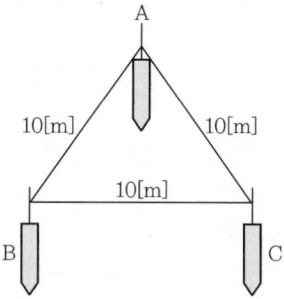

답안 4[Ω]

해설 $R_A = \dfrac{1}{2}(R_{AB} + R_{AC} - R_{BC}) = \dfrac{1}{2}(10 + 6 - 8) = 4[\Omega]$

문제 35 | 공사기사 21년 출제
배점 : 6점

다음은 한국전기설비규정에서 정하는 감전보호용 등전위본딩에 대한 설명이다. ( ) 안에 들어갈 알맞은 내용을 답란에 쓰시오.

> 가. 보호등전위본딩
> 　1) 건축물·구조물의 외부에서 내부로 들어오는 각종 금속제 배관은 다음과 같이 하여야 한다.
> 　　(가) 1개소에 집중하여 인입하고, 인입구 부근에서 서로 접속하여 등전위본딩 바에 접속하여야 한다.
> 　　(나) 대형건축물 등으로 1개소에 집중하여 인입하기 어려운 경우에는 본딩도체를 (①)개의 본딩 바에 연결한다.
> 　2) 수도관·가스관의 경우 내부로 인입된 최초의 밸브 (②)에서 등전위본딩을 하여야 한다.
> 나. 비접지 국부등전위본딩
> 　1) 절연성 바닥으로 된 비접지 장소에서 다음의 경우 국부등전위본딩을 하여야 한다.
> 　　(가) 전기설비 상호 간이 (③)[m] 이내인 경우
> 　　(나) 전기설비와 이를 지지하는 금속체 사이

답안
① 1
② 후단
③ 2.5

해설 등전위본딩 시설(KEC 143.2)
(1) 보호등전위본딩(KEC 143.2.1)
- 건축물·구조물의 외부에서 내부로 들어오는 각종 금속제 배관은 다음과 같이 하여야 한다.
  - 1개소에 집중하여 인입하고, 인입구 부근에서 서로 접속하여 등전위본딩 바에 접속하여야 한다.
  - 대형건축물 등으로 1개소에 집중하여 인입하기 어려운 경우에는 본딩도체를 1개의 본딩 바에 연결한다.
- 수도관·가스관의 경우 내부로 인입된 최초의 밸브 후단에서 등전위본딩을 하여야 한다.
- 건축물·구조물의 철근, 철골 등 금속보강재는 등전위본딩을 하여야 한다.

(2) 보조 보호등전위본딩(KEC 143.2.2)
- 보조 보호등전위본딩의 대상은 전원자동차단에 의한 감전보호방식에서 고장 시 자동차단시간이 계통별 최대차단시간을 초과하는 경우이다.
- 위의 차단시간을 초과하고 2.5[m] 이내에 설치된 고정기기의 노출도전부와 계통외 도전부는 보조 보호등전위본딩을 하여야 한다. 다만, 보조 보호등전위본딩의 유효성에 관해 의문이 생길 경우 동시에 접근 가능한 노출도전부와 계통외도전부 사이의 저항값(R)이 다음의 조건을 충족하는지 확인하여야 한다.

  교류계통 : $R \leq \dfrac{50V}{I_a}[\Omega]$

  직류계통 : $R \leq \dfrac{120V}{I_a}[\Omega]$

  I_a : 보호장치의 동작전류[A]
  (누전차단기의 경우 정격감도전류, 과전류보호장치의 경우 5초 이내 동작전류)

(3) 비접지 국부등전위본딩(KEC 143.2.3)
- 절연성 바닥으로 된 비접지 장소에서 다음의 경우 국부등전위본딩을 하여야 한다.
  - 전기설비 상호 간이 2.5[m] 이내인 경우
  - 전기설비와 이를 지지하는 금속체 사이
- 전기설비 또는 계통외도전부를 통해 대지에 접촉하지 않아야 한다.

문제 36 공사산업 99년, 01년, 15년 출제 | 배점 : 5점

그림은 콘크리트 매입배관에서 박스에 파이프를 부착하는 방법이다. 물음에 답하시오.

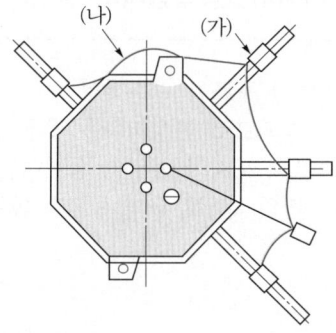

(1) 그림에 표시된 (가)의 재료 명칭은?
(2) 그림에 표시된 (나)의 전선은 무슨 선인가?

답안 (1) 접지 클램프
(2) 본딩선(본드선)

문제 37 공사기사 95년 출제 | 배점 : 5점

금속관과 접지선 사이의 접속에 사용하는 금속관 부품의 재료는?

답안 접지 클램프

문제 38 공사산업 17년 출제 | 배점 : 5점

전기설비 접지계통과 건축물의 피뢰설비 및 통신설비 등의 접지극을 공용하는 경우 어떤 접지공사를 할 수 있는지 쓰시오.

답안 통합접지

1990년~최근 출제된 기출문제

문제 39 공사기사 04년, 14년 출제 | 배점: 5점

1개소 또는 여러 개소에 시공한 공통의 접지전극에 개개의 기계, 기구를 모아서 접속하여 접지를 통합하는 것이 통합접지이다. 통합접지의 장점 3가지를 쓰시오.

답안
- 접지선이 짧아지고 접지배선 구조가 단순하여 보수점검이 쉽다.
- 각 접지전극이 병렬로 연결되므로 합성저항을 낮추기가 쉽다.
- 여러 접지전극을 연결하므로 서지의 방전이 용이하다.
- 등전위가 구성되어 장비 간의 전위차가 발생되지 않는다.

문제 40 공사산업 20년 출제 | 배점: 4점

접지의 분류에서 아래 그림과 같은 접지공사 방법의 명칭을 쓰시오.

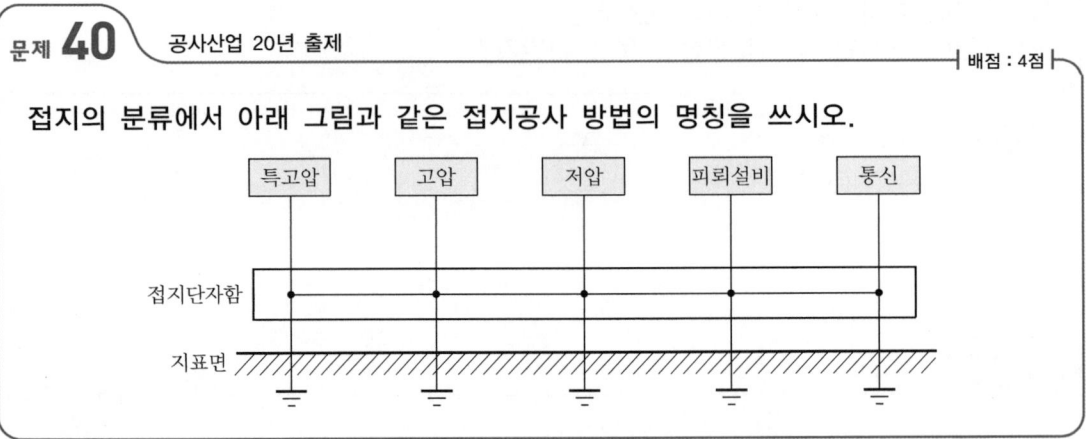

답안 통합접지

문제 41 공사산업 16년 출제 | 배점: 5점

주택 등 저압수용장소에서 TN-C-S 접지방식으로 접지공사를 하는 경우 중성선 겸용 보호도체(PEN) 단면적은 몇 [mm^2] 이상 시설하여야 하는지 쓰시오.

(1) 구리[mm^2]
(2) 알루미늄[mm^2]

답안
(1) 10[mm^2] 이상
(2) 16[mm^2] 이상

문제 42 공사기사 09년, 20년, 22년 / 공사산업 11년, 15년 출제 ⊢ 배점 : 6점 ⊢

계통접지의 종류 중 TN계통 접지방식을 중성선 및 보호도체(PE 도체)의 배치 및 접속방식에 따라 분류할 때 종류 3가지를 쓰시오.

답안 TN-S 계통, TN-C-S 계통, TN-C 계통

문제 43 공사기사 19년 출제 ⊢ 배점 : 5점 ⊢

아래 그림은 어떤 접지계통인지 쓰시오. (단, 계통의 전체에 걸쳐 중성선과 보호도체의 기능을 단일도체로 겸용하였다.)

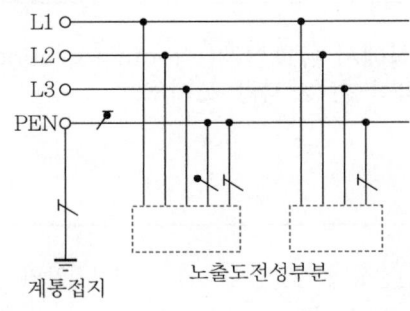

답안 TN-C 계통

문제 44 공사기사 12년, 18년, 20년 출제 ⊢ 배점 : 5점 ⊢

다음 그림은 TN 계통의 일부분이다. 무슨 계통인지 쓰시오. (단, 계통 일부의 중성선과 보호도체를 동일 전선으로 사용한다.)

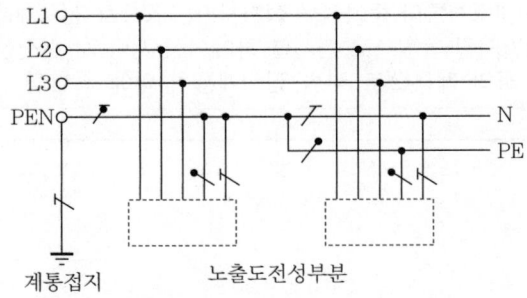

답안 TN-C-S 계통

문제 45 공사산업 94년, 13년, 16년 출제 — 배점 : 8점

송전계통의 변압기 중성점 접지방식 4가지만 쓰시오.

답안
- 비접지방식
- 직접 접지방식
- 저항 접지방식
- 소호 리액터 접지방식

문제 46 공사산업 16년 출제 — 배점 : 6점

송전계통의 중성점 접지방식에서 유효접지(effective grounding)를 설명하고, 유효접지의 가장 대표적인 접지방식 한 가지만 쓰시오.

(1) 설명 :
(2) 접지방식 :

답안
(1) 1선 지락사고 시 건전상의 전압상승이 상규 대지전압의 1.3배를 넘지 않도록 접지 임피던스를 조절해서 접지하는 것
(2) 직접 접지방식

문제 47 공사기사 14년, 20년 출제 — 배점 : 3점

다음에서 설명하는 것이 무엇인지 답하시오.

> 발전기 또는 변압기 등 전력계통의 중성점을 접지시키는 것으로 전력계통에 설치한 보호계전기로 하여금 고장점을 판별시킬 목적으로 접지를 하며, 1선 지락 시 건전상의 전압상승이 선간전압보다 낮은 75[%] 이하의 계통으로 직접 접지계통이 이에 속한다.

답안 유효 접지계

문제 48 공사기사 13년 출제 — 배점 : 6점

사용전압 15[kV] 이하인 특고압 가공전선로의 중성선에 다중접지를 하는 경우에는 다음에 의하여야 한다. 물음에 답하시오.

(1) 접지도체는 공칭단면적 몇 [mm²] 이상의 연동선이어야 하는가?
(2) 접지개소 상호 간의 거리는 몇 [m] 이하인가?
(3) 1[km]마다 중성선과 대지와의 사이에 합성 전기 저항치는 몇 [Ω] 이하이어야 하는가?

답안
(1) 6[mm²]
(2) 300[m]
(3) 30[Ω]

문제 49 공사산업 95년, 06년 출제 — 배점 : 5점

배전용 변전소에 있어서 중요 접지개소 5개소를 쓰시오.

답안
- 고압기계 기구의 외함
- 피뢰기 및 피뢰침
- 케이블의 차폐선
- CT와 PT의 2차측 전로의 1단자
- 다선식 전로의 중성선
- 옥외 철구
- MOF의 외함
- 변압기 외함
- 일반기기 및 제어반의 외함
- 변압기의 2차측 중성선 또는 1단자
- 유입차단기 및 진공차단기의 외함
- 전력수급용 계기용 변성기의 2차측

문제 50 공사산업 92년, 93년 출제 | 배점 : 10점

접지공사 시공 시 유의사항에 관한 사항이다. 옳으면 ○표, 틀리면 ×표로 주어진 답안지에 답하시오.

(1) 접지선은 반드시 450/750[V] 일반용 단심 비닐 전선을 사용할 것
(2) 접지선 부설 시 가능한 한 중간 접속은 하지 말 것
(3) 접지극은 전주에서 1.0[m] 정도 이격시켜 심타법으로 시공할 것
(4) 접지선과 접지극 리드 단자의 연결은 동슬리브 또는 이와 동등한 방법으로 시공할 것
(5) 접지극은 지하 75[cm] 이상 깊이에 시설할 것
(6) 피뢰기의 접지는 피보호기기의 접지저항값 이하가 되도록 시공하여야 하며, 특히 피뢰기 접지는 중성선과 분리하여 접지 시공하고 접지극도 피보호기기 접지극과 1.0[m] 이상 이격시켜야 한다.
(7) 접지선 부설은 반드시 CP주의 접지선 인입구 및 인출구를 통하여 시공하여야 한다.
(8) AL 중성선과 접지선의 연결은 분기 슬리브를 사용하여 과열에 의한 탈락 사고를 방지하도록 예방하여야 한다.
(9) 접지극을 병렬로 시공할 경우 접지극 간의 이격거리는 2.0[m] 정도가 적당하다.
(10) 1선 지락전류가 25[A]인 고압 전로에 접속하는 3,000/100[V] 변압기의 중성점 접지공사의 접지저항값은 10[Ω] 이하로 하여야 한다.

답안
(1) ×   (2) ○
(3) ○   (4) ○
(5) ○   (6) ×
(7) ○   (8) ○
(9) ○   (10) ×

해설
(1) 접지도체는 절연전선(옥외용 제외) 또는 케이블(통신용 케이블 제외)을 사용한다.
(6) 피뢰기 접지극은 다른 접지극과 2[m] 이상 이격한다.
(10) 접지저항 $R = \dfrac{150}{I} = \dfrac{150}{25} = 6[\Omega]$ 이하로 한다.

문제 51 공사기사 98년 출제 | 배점 : 6점

접지공사에 있어서 자갈층 또는 산간부의 암반지대 등 토양의 고유저항이 높은 지역 등에서는 규정의 저항치를 얻기 곤란한다. 이와 같은 장소에 있어서의 접지저항 저감방법 3가지를 쓰시오.

답안
- 도전율이 양호한 접지재료를 사용한다.
- 화학적 저감제(아스론, 하이드라드 석고)를 사용, 접지저항를 줄인다.
- 심타법, 메쉬접지법, 매설지선, 접지극의 병렬 접속

문제 52 · 공사기사 06년, 09년, 16년 출제 | 배점 : 6점

요구하는 접지의 목적과 접지저항값을 얻기 위해서는 대지의 구조에 따라 경제적이고 신뢰성있는 접지공법을 채택하여야 한다. 접지공법을 대별하면 봉상접지공법, 망상접지법(mesh 공법), 건축 구조체 접지공법이 있다. 이 중 봉상접지공법에 대하여 간단히 설명하시오.

답안 봉상접지공법은 건물의 부지면적이 제한된 도시지역 등 평면적인 접지공법이 곤란한 지역에서 주로 시공되고 있는데 지층의 대지저항률에 따른 심타공법과 낮게 박는 병렬접지공법이 있다.

해설 봉상접지공법은 심타공법과 병렬접지공법이 있다.
- 심타공법 : 접지봉을 지표에서 타입하는 방법으로 접지봉을 직렬 접속한다.
- 병렬접지공법 : 독립 접지봉을 여러 개 묻고 각 접지봉을 병렬로 연결하는 방법

문제 53 · 공사기사 17년 출제 | 배점 : 4점

다음 (   ) 안에 알맞은 내용을 쓰시오.

직류전기설비의 접지시설을 양(+)도체에 접지하는 경우는 (①)에 대한 보호를 하여야 하며, 음(-)도체에 접지하는 경우는 (②)를 하여야 한다.

답안 ① 감전
② 전기부식방지

03 CHAPTER 가공전선로

1990년~최근 출제된 기출 이론 분석 및 유형별 문제

기출개념 01 전선

1 가공전선의 구비조건

① 도전율, 가요성 및 기계적 강도가 클 것
② 저항률이 적고, 내구성이 있을 것
③ 중량이 적고, 가선 작업이 용이할 것
④ 가격이 저렴할 것

2 전선의 구성

(1) 단선 : 단면이 원형인 1본의 도체로 직경[mm]으로 나타낸다.

(2) 연선 : 1본의 중심선 위에 6의 층수 배수만큼 증가하는 구조이다.

① 소선의 총수 : $N = 3n(1+n) + 1$
② 연선의 바깥지름 : $D = (2n+1)d$ [mm]
③ 연선의 단면적 : $A = aN = \dfrac{\pi d^2}{4} N = \dfrac{\pi}{4} D^2$ [mm^2]

(3) 강심 알루미늄 연선(ACSR)

┃강심 알루미늄 연선과 경동연선의 비교┃

구 분	직 경	비 중	기계적 강도	도전율
경동선	1	1	1	97[%]
ACSR	1.4~1.6	0.8	1.5~2.0	61[%]

3 전선 굵기의 선정

(1) 송전계통에서 전선의 굵기 선정 시 고려사항

① 허용전류
② 전압강하
③ 기계적 강도
④ 코로나
⑤ 전력손실
⑥ 경제성

(2) 경제적인 전선의 굵기 선정 – 켈빈의 법칙

$$\text{전류밀도 } \sigma = \sqrt{\frac{WMP}{\rho N}} = \sqrt{\frac{8.89 \times 55 MP}{N}} \text{ [A/mm}^2\text{]}$$

여기서, W : 전선 중량[kg/mm$^2 \cdot$ m]
N : 전력량의 가격[원/kW/년]
M : 전선 가격[원/kg]
P : 전선비에 대한 연경비 비율
ρ : 저항률[Ω/mm$^2 \cdot$ m]

(3) 이도(dip)의 계산

① 이도 : $D = \dfrac{WS^2}{8T_0}$ [m]

② 실제의 전선 길이 : $L = S + \dfrac{8D^2}{3S}$ [m]

4 전선의 하중

(1) 수직하중(W_0)

① 전선의 자중 : W_c[kg/m]
② 빙설의 하중 : $W_i = 0.017(d+6)$[kg/m]

(2) 수평하중(W_w : 풍압하중)

① 빙설이 많은 지역 : $W_w = Pk(d+12) \times 10^{-3}$[kg/m]
② 빙설이 적은 지역 : $W_w = Pkd \times 10^{-3}$[kg/m]
  여기서, P : 전선이 받는 압력[kg/m^2]
    d : 전선의 직경[mm]
    k : 전선 표면계수

(3) 합성하중

$$W = \sqrt{W_0^2 + W_w^2} = \sqrt{(W_c + W_i)^2 + W_w^2}$$

(4) 부하계수

$$\text{부하계수} = \frac{\text{합성하중}}{\text{전선의 자중}} = \frac{\sqrt{W_0^2 + W_w^2}}{W_c}$$

5 전선의 진동과 도약

(1) 전선의 진동발생
진동 방지대책으로 댐퍼(damper), 아머로드(armour rod)를 사용한다.

(2) 전선의 도약
전선 주위의 빙설이나 물이 떨어지면서 반동 또는 사고 차단 등으로 전선이 도약하여 상하 전선 간 혼촉에 의한 단락사고 우려가 있다. 방지책으로는 오프셋(off set)을 한다.

6 지선

(1) 설치목적
불평균 수평장력을 분담하여 지지물 강도를 보강하고 전선로의 평형 유지

(2) 지선의 구성
① 지선밴드, 아연도금철선, 지선애자, 지선로드, 지선근가
② 지름 2.6[mm] 아연도금철선 3가닥 이상
③ 지선의 안전율 2.5 이상
④ 최소 인장하중 4.31[kN]

(3) 지선의 종류
① 보통(인류)지선 : 일반적으로 사용
② 수평지선 : 도로나 하천을 지나는 경우
③ 공동지선 : 지지물의 상호거리가 비교적 접근해 있을 경우
④ Y지선 : 다수의 완금이 있는 지지물 또는 장력이 큰 경우
⑤ 궁지선 : 비교적 장력이 적고 설치장소가 협소한 경우(A형, B형)
⑥ 지주 : 지선을 설치할 수 없는 경우

7 지선의 장력

(1) 지선의 장력

$$T_0 = \frac{T}{\cos\theta}\,[\text{kg}]$$

(2) 지선의 소선 수

$$n \geq \frac{kT_0}{t} = \frac{k}{t} \times \frac{T}{\cos\theta}$$

여기서, T : 전선의 불평균 수평분력[kg], θ : 지선과 지면과의 각
n : 소선의 가닥수, t : 소선 1가닥의 인장하중[kg]
k : 지선의 안전율 $\left(k = \dfrac{nt}{T_0}\right)$

8 지선의 시설

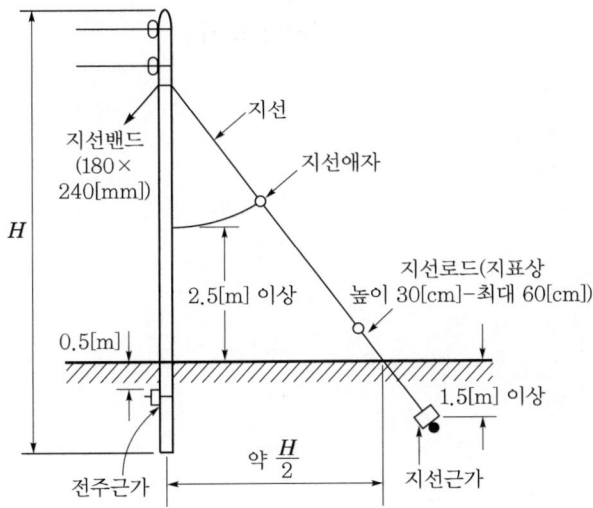

9 철탑의 각부 명칭

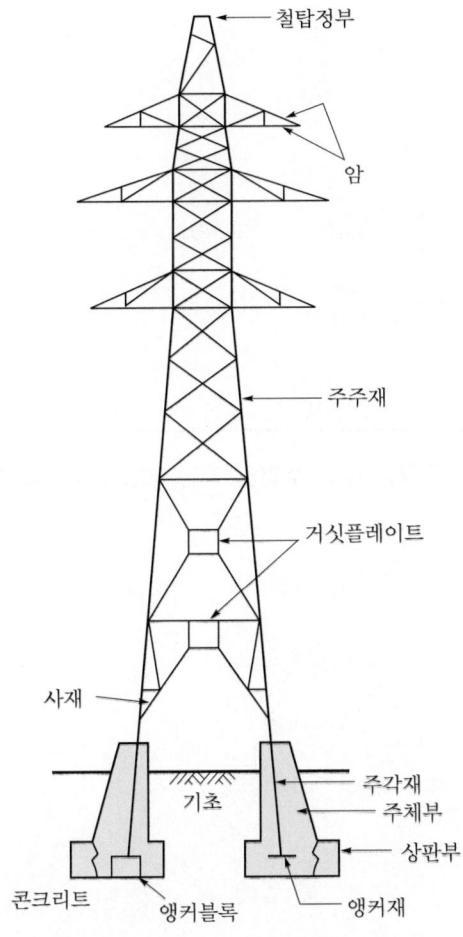

1990년~최근 출제된 기출 이론 분석 및 유형별 문제

개념 문제 01 공사산업 95년, 07년, 18년, 21년 출제
배점 : 5점

가공전선로에 사용되는 전선의 구비조건을 5가지만 쓰시오.

답안
- 도전율이 높을 것
- 기계적인 강도가 클 것
- 내구성이 있을 것
- 비중이 작을 것
- 가선작업이 용이할 것
- 가격이 저렴할 것
- 인장하중이 클 것
- 부식성이 적고 내식성이 클 것
- 전압강하가 적을 것

개념 문제 02 공사기사 09년, 15년 출제
배점 : 8점

경간이 120[m]인 가공전선로가 있다. 길이 1[m]의 무게가 0.5[kg]이고, 수평장력 200[kg]인 전선을 사용할 때 이도(Dip)와 전선의 실제길이는 각각 몇 [m]인지 계산하시오.

(1) 이도(Dip)
(2) 전선의 실제길이

답안
(1) 4.5[m]
(2) 120.45[m]

해설
(1) $D = \dfrac{WS^2}{8T} = \dfrac{0.5 \times 120^2}{8 \times 200} = 4.5[\text{m}]$

(2) $L = S + \dfrac{8D^2}{3S} = 120 + \dfrac{8 \times 4.5^2}{3 \times 120} = 120.45[\text{m}]$

개념 문제 03 공사기사 95년, 13년, 17년 출제
배점 : 5점

1[m]의 하중 0.35[kg]인 전선을 지지점에 수평인 경간 60[m]에서 가설하여 딥을 0.7[m]로 하려면 장력[kg]은?

답안 225[kg]

해설
$D = \dfrac{WS^2}{8T}$ 에서

장력 $T = \dfrac{WS^2}{8D} = \dfrac{0.35 \times 60^2}{8 \times 0.7} = 225[\text{kg}]$

개념 문제 04 | 공사기사 93년, 98년, 05년, 15년, 22년 출제 | 배점 : 5점 |

전선 지지점의 고저차가 없을 경우 경간 200[m]에서 이도가 6[m]인 송전선로가 있다. 이도를 8[m]로 증가시키고자 할 경우 증가되는 전선의 길이는 몇 [cm]인가?

답안 37[cm]

해설 이도 6[m]일 때 전선의 길이 $L_1 = 200 + \dfrac{8 \times 6^2}{3 \times 200} = 200.48[m]$

이도 8[m]일 때 전선의 길이 $L_2 = 200 + \dfrac{8 \times 8^2}{3 \times 200} = 200.85[m]$

∴ $L_2 - L_1 = 200.85 - 200.48 = 0.37[m]$

개념 문제 05 | 공사산업 96년, 98년 출제 | 배점 : 8점 |

보통지선을 그린 다음 도면을 보고 물음에 답하시오.

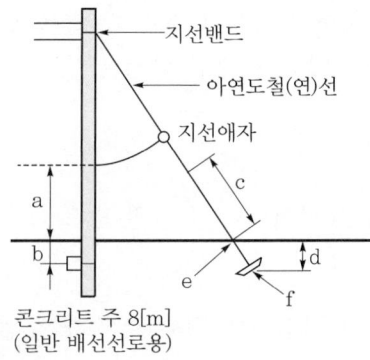

콘크리트 주 8[m]
(일반 배선선로용)

(1) 지선밴드의 규격은 몇 [mm]인가?
(2) 지선으로 쓰이는 아연도철(연)선의 종류 2가지를 쓰시오.
(3) a의 높이는 몇 [m]인가?
(4) b의 깊이는 몇 [m]인가?
(5) c의 최고한도는 몇 [cm]인가?
(6) d의 깊이는 몇 [m]인가?
(7) e의 명칭은 무엇인가?
(8) f의 규격은 몇 [mm]인가? (일반적으로 쓰이는 지선근가로서)

답안 (1) 180×240[mm]
(2) ① 0.4[mm] 아연도철선 3조 이상
② 아연도철연선 7/2.6[mm]
(3) 2.5[m]
(4) 0.5[m]
(5) 60[cm]
(6) 1.5[m]
(7) 지선로드
(8) 700[mm]

기출개념 02 시설작업 기구

1 활선 기구

(1) Grip-all clamp stick

활선 바인드 작업 시 전선의 진동방지 및 절단된 전선을 슬리브에 삽입할 때 전선이 빠지지 않도록 잡아주며, 간접 작업 시 활선 장구류(덮개)의 설치 및 제거 등 여러 용도로 사용되는 절연봉

(2) 나선형 link stick

작업장소가 좁아서 Strain link stick을 직접 손으로 안전하게 설치할 수 없을 때 사용하는 절연 장구

(3) Roller link stick

전주 교체 시 전주에 전선이 닿지 않도록 전선을 벌려 주어야 할 때 봉의 밑고리에 루프를 매어 양편으로 잡아당겨 전선 간격을 벌려주어 전주 교체 작업이 수월하도록 하는 절연 장구

(4) Wire tong

충전되어 있는 활선을 움직이거나 작업권 밖으로 밀어낼 때에 사용되는 절연봉

(5) 고무소매

방전 고무장갑과 더불어 작업자의 팔과 어깨가 충전부에 접촉되지 않도록 착용하는 절연 장구

(6) 라인호스

활선 작업자가 활선에 접촉되는 것을 방지하고자 절연고무관으로 전선을 덮어 절연하는 장구로 설치 제거가 용이하고, 내면이 나선형으로 굴곡져 있어 취부개소에서 미끄러지지 않도록 한다.

(7) 고무 블랭킷

활선 작업자에게 위험한 충전 부분을 절연하기에 편리한 고무판으로써 접거나 둘러쌓을 수 있고, 걸어 놓을 수도 있는 다목적 절연 보호 장구이다. 주로 변압기 1, 2차측 내장애자 개소, COS 등 덮개류로 절연하기 어려운 여러 가지 개소에 사용할 수 있다.

(8) 데드엔드 덮개

활선 작업 시 작업자가 현수애자 및 데드엔드클램프에 접촉되는 것을 방지한다.

(9) 애자덮개

활선 작업 시 특고압 핀애자 및 라인포스트 애자를 절연하여 작업자의 부주의로 접촉되더라도 안전사고가 발생하지 않도록 사용되는 절연 커버

2 선로작업 기구

(1) 활선용 피박기
고압 이상의 피복전선을 전기가 공급되는 활선상태에서 피복을 제거하는 공구

(2) 볼트 클리퍼
굵은 전선($25[mm^2]$ 이상) 또는 철선을 절단할 때 사용하는 공구

(3) 캐치 홀더
배전선로의 보안장치로서 주상 변압기의 저압측에 설치

(4) 프레셔 툴
전선을 솔더리스 터미널에 입력하고 접속하여 사용하는 공구

(5) 인류스트랩
저압 인류애자와 결합하여 인입선 가선공사에 사용하는 금구

(6) 근가용 U볼트
전주에 근가를 취부할 때 근가를 고정시켜주는 볼트

(7) 토크 렌치(Torque 렌치)
철탑 조립 시 볼트의 조임 정도를 측정하는 기구

(8) 데드엔드클램프
현수애자를 설치한 가공 AL 배전선의 인류 및 내장개소에 AL전선을 현수애자에 설치하기 위해 사용하는 금구류

(9) 데드엔드 스토킹 또는 브레이드 스토킹
송전선로로 연선 작업 시에 전선의 앞뒤에 설치하여 커넥터(connector)와 연결하고 전선의 손상을 방지하여 주는 공구

(10) EDB(Electrical Duct Bank)
지하 매설용 전선 집합관

(11) 이도조정금구
간선 작업 후 전선의 높이를 미세조정하는 기구

(12) 룰링스펜(Ruling Span)
기하학적 등가 경간장 또는 내장주와 내장주 사이

(13) 랙(Rack)
저압 가공전선을 수직 배열하는 데 사용된다.

(14) 블랭크 와셔(Blank Washer)
박스에 덕트를 접속치 않는 곳에 수분 및 먼지의 침입을 막기 위하여 사용되는 재료

기출개념 03 가공전선로의 애자

1 애자의 역할

철탑 등의 지지물로부터 전기적으로 절연하고 지지한다.

2 구비조건

① 이상전압에 대한 충분한 절연강도를 갖고, 전력주파 및 충격파 시험전압에 합격한 것
② 누설전류를 거의 흐르지 못하게 하고, 또한 섬락방전을 일으키지 않도록 한 것
③ 전선의 장력, 풍압, 빙설 등의 외력에 의한 하중에 견딜 수 있는 기계적 강도를 갖고, 진동, 타격 등의 충격에도 충분히 견디게 한 것
④ 자연현상, 온도, 습도, 코로나에 의한 표면변화나, 전선의 지속진동 등에 전기적, 기계적으로 열화가 적어 내구력을 크게 한 것

3 애자의 종류

가공선로용의 애자는 현수식과 하단 지지식 및 유리애자, 자기애자, 합성수지애자 등이 있다.

(1) 송전용 애자

① 핀애자
② 현수애자
   ㉠ 연결용 금구류에 따라 클레비스형(clevis type), 볼소켓형(ball and soket type)이 있다.
   ㉡ 표준형 : 250[mm]형, 1련의 연결수량

전압[kV]	22.9	66	154	345	745
수량	2~3	4~6	9~11	19~23	약 40

③ 장간애자
④ 내무애자

(2) 배전용 애자

지지애자, 인류애자, 지선애자, 내장애자, 폴리머애자

4 애자련의 효율(연능률)

각 애자의 전압분담은 철탑에서 $\frac{1}{3}$ 지점이 가장 적고, 전선에서 제일 가까운 것이 가장 크다.

애자의 연능률 $\eta = \dfrac{V_n}{nV_1} \times 100\,[\%]$

여기서, V_n : 애자련의 섬락전압[kV]
V_1 : 현수애자 1개의 섬락전압[kV]
n : 1련의 애자개수

5 애자의 바인드법

① 인류 바인드법
② 측부 바인드법
③ 두부 바인드법

6 애자의 각부 명칭

(1) 2련 내장 애자장치

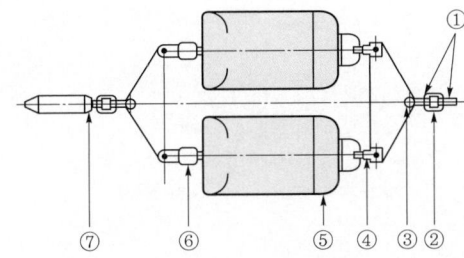

① 앵커쇄클
② 체인링크
③ 삼각요크
④ 볼크레비스
⑤ 현수애자
⑥ 소켓크레비스
⑦ 압축형 인류클램프

(2) 1련 내장 애자장치(역조형)

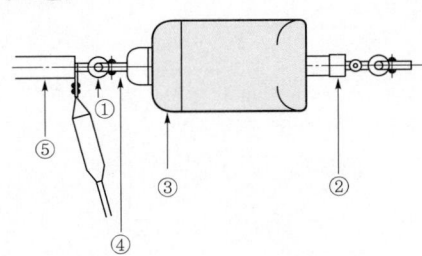

① 앵커쇄클
② 소켓아이
③ 현수애자
④ 볼크레비스
⑤ 압축형인류클램프

(3) 154[kV] 송전선로의 1련 현수애자 장치도

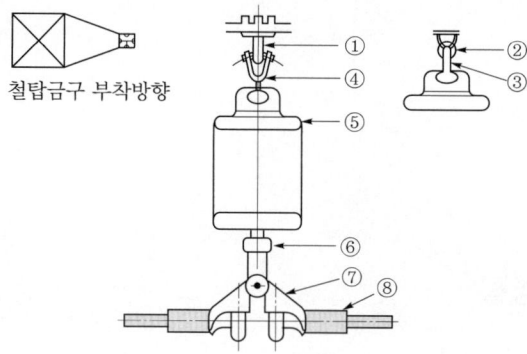

① 애자장치 U볼트
② 앵커쇄클
③ 볼아이
④ Y크레비스볼
⑤ 현수애자
⑥ 소켓아이
⑦ 현수클램프
⑧ 아머로드

(4) 밴드를 이용한 애자 설치

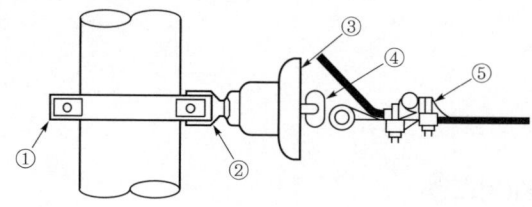

① 지선밴드
② 볼아이
③ 현수애자
④ 소켓아이
⑤ 데드엔드클램프

(5) 장간형 현수애자 ㄱ형 완철 애자

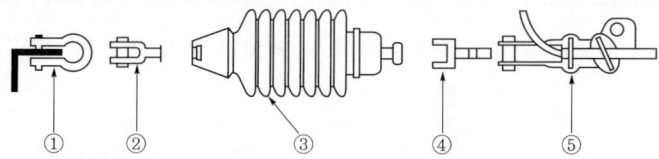

① 앵커쇄클
② 볼크레비스
③ 현수애자
④ 소켓아이
⑤ 데드엔드클램프

(6) 경완철에서 현수애자 설치

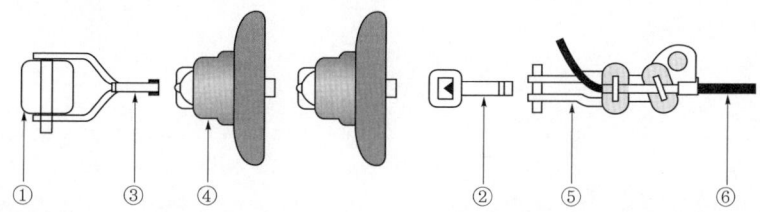

① 경완철
② 소켓아이
③ 볼쇄클
④ 현수애자
⑤ 데드엔드클램프
⑥ 전선

7 완금의 표준길이

(단위 : [mm])

가선조수	특고압	고 압		저 압
		중부하	경부하	
1조	900	–	–	–
2조	1,800	1,400	900	900
3조	2,400	1,800	1,400	1,400
4조	–	2,400	2,400	1,400
5~6조	–	2,600	2,600	

[주] 1. 1조 900은 경완철만 시공 가능
2. 개폐기나 피뢰기 등을 설치할 경우, 장경간 또는 특수 장주의 경우 및 공사상 불가피한 경우에는 길이를 증가할 수 있다.

1990년~최근 출제된 기출 이론 분석 및 유형별 문제

개념 문제 01 공사기사 01년 출제 | 배점 : 5점 |

그림은 경완철에서 현수애자를 설치하는 순서이다. 명명을 보고 번호를 기입하시오.

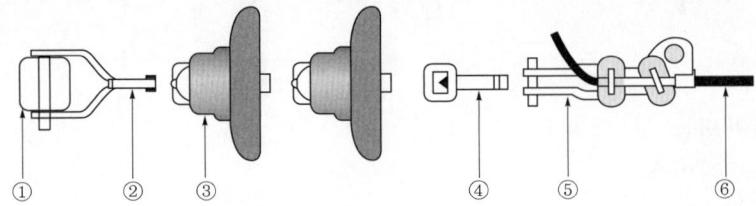

[명칭]
(1) 경완금 (2) 현수애자 (3) 소켓아이
(4) 볼쇄클 (5) 데드엔드클램프 (6) 전선

답안
① : (1)
② : (4)
③ : (2)
④ : (3)
⑤ : (5)
⑥ : (6)

개념 문제 02 공사산업 06년 출제 | 배점 : 9점 |

그림은 22.9[kV] 특고압 선로의 기본 장주도이다. 이 장주에 표시된 (1), (2), (3), (4)의 종류별 명칭을 구체적으로 쓰시오.

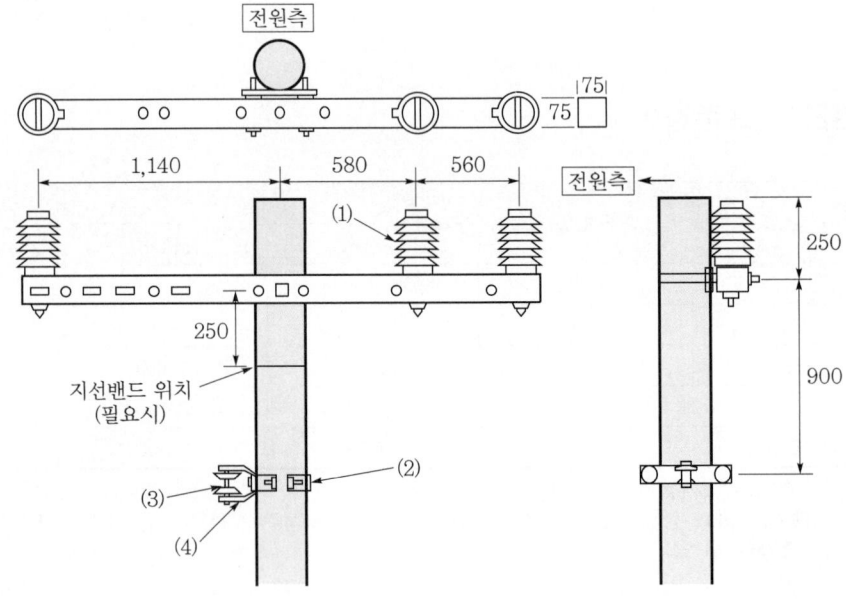

답안
(1) 라인포스트애자
(2) 랙 밴드
(3) 랙
(4) 저압인류애자

개념문제 03 공사산업 93년, 94년, 14년, 20년 출제 | 배점 : 3점 |

가공전선을 애자에 바인드하고자 할 때 바인드 방법을 3가지만 쓰시오.

답안
- 인류 바인드법
- 측부 바인드법
- 두부 바인드법

개념문제 04 공사기사 21년 / 공사산업 10년 출제 | 배점 : 3점 |

22.9[kV-Y] 3상 4선식 선로의 전선을 수평으로 배열하기 위한 완금의 표준규격(길이)을 쓰시오.

답안 2,400[mm]

해설

(단위 : [mm])

구 분	저 압	고 압	특고압
2조	900	1,400	1,800
3조 이상	1,400	1,800	2,400

CHAPTER 03 가공전선로

단원 빈출문제

1990년~최근 출제된 기출문제

문제 01 공사기사 96년 / 공사산업 95년, 07년, 16년 출제 | 배점 : 6점

가공 송전선로에 사용되는 전선으로서는 어떤 조건들을 구비하는 것이 바람직한가 아는 대로 7가지만 간략하게 쓰시오.

답안
- 도전율이 높을 것
- 기계적 강도가 클 것
- 가요성(유연성)이 클 것
- 내구성이 있을 것
- 비중이 작을 것
- 가격이 저렴할 것
- 고유저항이 작을 것

문제 02 공사기사 05년, 12년, 15년, 19년 출제 | 배점 : 4점

송전선로에 경동선보다 ACSR(강심 알루미늄 연선)을 많이 사용하는 이유 2가지를 쓰시오.

답안
- 경동선에 비해 기계적 강도가 크고 가볍다.
- 같은 저항값에 대한 전선의 바깥지름이 경동선보다 크기 때문에 코로나 발생 억제에 유효하다.

해설 경동선과 ACSR 비교

구 분	직 경	비 중	기계적 강도	%도전율
경동선	1	1	1	97[%]
ACSR	1.4~1.6	0.8	1.5~2.0	61[%]

문제 03 | 공사기사 13년 출제 | 배점 : 5점

가공 송전선로에서 사용되는 대표적인 전선 3가지를 쓰시오.

답안
- 강심 알루미늄 연선(ACSR)
- 내열 강심 알루미늄 연선(TACSR)
- 경동연선

문제 04 | 공사기사 11년 출제 | 배점 : 6점

복도체 방식을 사용하는 경우는 단도체 방식에 비하여 인덕턴스와 정전용량이 몇 [%] 증가 또는 감소하는지를 수치를 사용하여 설명하시오.

(1) 인덕턴스
(2) 정전용량

답안
(1) 20~30[%] 감소
(2) 20~30[%] 증가

문제 05 | 공사기사 12년 출제 | 배점 : 3점

고압 인하용 절연전선의 용도에 대하여 설명하시오.

답안 고압 가공선로에서 주상 변압기의 1차측에 연결하는 데 사용되는 전선

문제 06 | 공사산업 93년, 97년, 04년 출제 | 배점 : 5점

굵은 전선(25[mm^2] 이상) 또는 철선을 절단할 때 사용하는 공구는?

답안 클리퍼

CHAPTER 03. 가공전선로 109

1990년~최근 출제된 기출문제

문제 07 공사산업 05년 출제 배점 : 5점

35[mm²] 전선을 우산형 전선 접속을 하면서 소선 2가닥이 절단되었다. 어떻게 하여야 하는가?

답안 인장강도를 유지하기 위하여 접속하려던 소선을 모두 잘라내고 다시 접속한다.

문제 08 공사산업 05년 출제 배점 : 5점

전선접속 시 압축단자를 사용하여 접속하는 압축공구의 명칭은?

답안 프레셔 툴

문제 09 공사산업 01년, 05년, 08년, 16년 출제 배점 : 5점

전선의 소요량 계산에서 전선 가선 시 선로의 고저가 심할 때 산출하는 식을 쓰시오.

답안 선로길이×전선조수×1.03

해설
- 선로가 평탄할 경우 : 선로길이×전선조수×1.02
- 선로 고저차가 심할 때 : 선로길이×전선조수×1.03

문제 10 공사기사 00년, 02년, 16년 출제 배점 : 5점

가공 배전선로로 가선할 때의 전선 가선 시 실소요량은 일반적으로 선로가 평탄할 때 어떻게 산출하는가?

답안 선로길이×전선조수×1.02

문제 11　공사산업 13년 출제　｜배점 : 3점｜

6.6[kV], 3상 3선식 가공 배전선로 50[km], 2회선을 선로가 평탄한 도서지역에 가선하려고 한다. 이때 필요한 전선의 실소요량은?

답안 306[km]

해설 실소요량 $= 50 \times 3 \times 2 \times 1.02 = 306[km]$

문제 12　공사기사 16년, 20년 출제　｜배점 : 5점｜

345[kV] 옥외변전소시설에 있어서 울타리의 높이와 울타리에서 충전부분까지의 거리의 최소값[m]을 구하시오.

답안 8.28[m]

해설
- 160[kV]를 넘는 경우 : 6[m]에 160[kV]를 넘는 10[kV] 또는 그 단수마다 12[cm]를 가한 값으로 한다.
- 10[kV] 단수 $= \dfrac{345-160}{10} = 18.5$ 이므로 19단이다.
- 충전부분까지의 거리[m] $= 6 + 19 \times 0.12 = 8.28[m]$

문제 13　공사기사 13년, 21년 출제　｜배점 : 5점｜

345[kV] 송전선로를 설치하는 경우 지표상의 최소 높이[m]를 구하시오. (단, 철도를 횡단하는 경우이다.)

답안
단수 $= \dfrac{345-160}{10} = 18.5 \rightarrow 19$단

전선의 지표상 높이 $= 6.5 + 19 \times 0.12 = 8.78[m]$

∴ 8.78[m]

해설 특고압 가공전선이 철도를 횡단하는 경우 지표상 높이
- 160[kV] 이하 : 레일면상 6.5[m]
- 160[kV] 초과 : 6.5[m]에 10[kV] 단수마다 12[cm]씩 가산한다.

문제 14 공사기사 15년 출제
배점 : 5점

345[kV] 특고압 송전선을 사람이 용이하게 들어가지 않는 산지에 시설할 때 전선의 최소 높이는 지표상 얼마인가?

답안 7.28[m]

해설 특고압 가공전선 지표상 높이(산지인 경우)
- 160[kV] 이하 : 지표상 5[m]
- 160[kV] 초과 : 5[m]에 10[kV] 단수마다 12[cm]씩 가산

단수 $= \dfrac{345-160}{10} = 18.5 \rightarrow 19$단

따라서, 지표상 높이 $= 5 + 19 \times 0.12 = 7.28$[m]

문제 15 공사산업 22년 출제
배점 : 6점

다음은 한국전기설비규정에 따른 저압 가공전선의 높이에 관한 내용이다. ( ) 안에 알맞은 숫자를 쓰시오.

저압 가공전선의 높이는 다음에 따라야 한다.
(1) 도로[농로 기타 교통이 번잡하지 않은 도로 및 횡단보도교(도로・철도・궤도 등의 위를 횡단하여 시설하는 다리모양의 시설물로서 보행용으로만 사용되는 것을 말한다. 이하 같다)를 제외한다. 이하 같다]를 횡단하는 경우에는 지표상 (①)[m] 이상
(2) 철도 또는 궤도를 횡단하는 경우에는 레일면상 (②)[m] 이상
(3) 횡단보도교의 위에 시설하는 경우에는 저압 가공전선을 그 노면상 (③)[m][전선이 저압 절연전선(인입용 비닐 절연전선・450/750[V] 비닐 절연전선・450/750[V] 고무 절연전선・옥외용 비닐 절연전선을 말한다. 이하 같다)・다심형 전선 또는 케이블인 경우에는 3[m]] 이상

답안
① 6
② 6.5
③ 3.5

문제 16 공사기사 93년, 10년, 18년 / 공사산업 20년 출제
배점 : 5점

가공전선에 가해지는 하중의 종류 3가지를 쓰시오.

답안
- 전선의 자중
- 풍압하중
- 빙설하중

문제 17 공사기사 14년, 16년 출제 | 배점 : 6점

전력선 이도설계 시의 부하계수를 설명하고 합성하중, 전선자중, 피빙설 중량, 풍압하중 등을 이용하여 부하계수를 구하는 산술식을 쓰시오. (단, W_s : 합성하중, W : 전선자중, W_i : 피빙설 중량, W_w : 풍압하중이다.)

(1) 부하계수
(2) 산술식

답안 (1) 합성하중과 전선의 자중에 대한 비

(2) 부하계수 $= \dfrac{W_s}{W} = \dfrac{\sqrt{(W_i + W)^2 + W_w^2}}{W}$

문제 18 공사기사 12년, 21년 출제 | 배점 : 6점

전선 지지점 간 고도차(h_1, h_2)가 있는 경우이다. 그림과 같이 수평하중 경간 S_1 = 300[m], S_2 = 400[m]이고 수직하중 경간 중 a_1 = 250[m], a_2 = 150[m]일 때 수평하중 경간과 수직하중 경간을 구하시오.

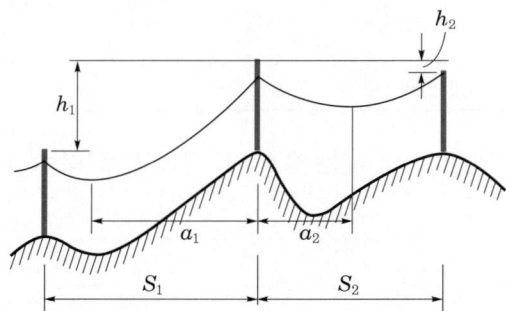

(1) 수평하중 경간
(2) 수직하중 경간

답안
(1) 수평하중 경간 $S = \dfrac{S_1 + S_2}{2} = \dfrac{300+400}{2} = 350[\text{m}]$
  ∴ 350[m]
(2) 수직하중 경간 $S = a_1 + a_2 = 250 + 150 = 400[\text{m}]$
  ∴ 400[m]

해설
(1) 수평하중 경간
  한 지지물의 중심에서 양측에 있는 지지물의 중심점 간의 거리를 합하여 이것을 평균한 거리를 말한다. 수평하중 경간은 전선의 풍압력 계산에 사용되며 다음과 같이 구한다.
(2) 수직하중 경간
  한 지지물의 중심점에서 양측경간에 가선된 전선의 최대 이도점 간의 양측거리를 말하며 전선의 무게를 계산하여 철탑의 수직하중에 적용하며 다음과 같이 구한다.

문제 19 공사산업 88년, 96년, 99년, 01년 출제 | 배점 : 5점 |

50[mm²]의 경동연선을 사용해서 높이가 같고 경간이 330[m]인 철탑에 가선하는 경우 이도는 얼마인가? (단, 이 경동연선의 인장하중은 1,430[kgf], 안전율은 2.2이고 전선 자체의 무게는 0.348[kgf/m]라고 한다.)

답안 7.29[m]

해설 $D = \dfrac{WS^2}{8T} = \dfrac{0.348 \times 330^2}{8 \times \dfrac{1{,}430}{2.2}} = 7.29[\text{m}]$

문제 20 공사산업 90년, 13년 출제 | 배점 : 4점 |

그림과 같은 전선로의 전선 길이[m]는 얼마인가? (단, 장력 T : 3,300[kg]이고, 하중 W : 1,000[kg/km]이다.)

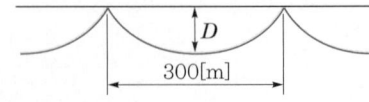

답안 300.1[m]

해설

전선의 이도 $D = \dfrac{WS^2}{8T} = \dfrac{\left(\dfrac{1,000}{1,000}\right) \times 300^2}{8 \times 3,300} = 3.41[\text{m}]$

전선의 길이 $L = S + \dfrac{8D^2}{3S} = 300 + \dfrac{8 \times 3.41^2}{3 \times 300} = 300.1[\text{m}]$

문제 21 공사산업 04년, 12년, 18년, 22년 출제 | 배점 : 5점 |

가공전선로에서 전선 지지점에 고저차가 없을 경우 330[mm²] ACSR선이 경간 500[m]에서 이도가 8.6[m]이다. 전선의 실제길이는 약 몇 [m]인지 구하시오.

답안 500.39[m]

해설 전선의 실제길이 $L = S + \dfrac{8D^2}{3S} = 500 + \dfrac{8 \times 8.6^2}{3 \times 500} = 500.39[\text{m}]$

문제 22 공사기사 93년, 99년, 05년, 10년, 20년 출제 | 배점 : 6점 |

공칭단면적 100[mm²]의 경동선을 사용한 가공전선로가 있다. 경간은 100[m]로 지지점의 높이는 동일하다. 전선 1[m]의 무게는 0.7[kg], 풍압하중이 1.1[kg/m]인 경우 전선의 안전율을 2.2로 하기 위한 전선의 길이[m]를 구하시오. (단, 전선의 인장하중은 1,100[kg]으로서 장력에 의한 전선의 신장은 무시한다.)

답안 100.28[m]

해설
이도 $D = \dfrac{WS^2}{8T} = \dfrac{\sqrt{0.7^2 + 1.1^2} \times 100^2}{8 \times \left(\dfrac{1,100}{2.2}\right)} = 3.26[\text{m}]$

∴ 전선의 길이 $L = S + \dfrac{8D^2}{3S} = 100 + \dfrac{8 \times 3.26^2}{3 \times 100} = 100.28[\text{m}]$

문제 23 공사기사 16년, 22년 / 공사산업 97년, 00년, 04년, 07년, 16년 출제 | 배점 : 6점 |

경간 200[m]인 가공 송전선로가 있다. 전선 1[m]당 무게는 2.0[kg]이고 풍압하중이 없다고 한다. 인장강도 4,000[kg]의 전선을 사용할 때 이도(D)와 전선의 실제길이(L)를 구하시오. (단, 안전율은 2.2로 한다.)

(1) 이도(D)
(2) 전선의 실제길이(L)

답안 (1) 5.5[m]
(2) 200.4[m]

해설 (1) $D = \dfrac{WS^2}{8T} = \dfrac{2.0 \times 200^2}{8 \times \dfrac{4,000}{2.2}} = 5.5[\text{m}]$

(2) $L = S + \dfrac{8D^2}{3S} = 200 + \dfrac{8 \times 5.5^2}{3 \times 200} = 200.4[\text{m}]$

문제 24 공사기사 93년, 99년, 05년, 10년, 12년, 20년 출제 | 배점 : 5점 |

지름 10[mm]의 경동선을 사용한 가공전선로가 있다. 경간은 100[m]로 지지점의 높이는 동일하다. 지금 수평풍압 110[kg/m²]인 경우에 전선의 안전율을 2.2로 하기 위하여 전선의 길이를 얼마로 하면 좋은가? (단, 전선 무게는 0.7[kg/m], 전선의 인장강도는 2,860[kg]으로서 장력에 의한 전선의 신장은 무시한다.)

답안 100.04[m]

해설 풍압하중 $W_w = Pkd \times 10^{-3}[\text{kg/m}] = 110 \times 1 \times 10 \times 10^{-3} = 1.1[\text{kg/m}]$

전선하중 $W = \sqrt{W_c^2 + W_w^2} = \sqrt{0.7^2 + 1.1^2} = 1.3$

이도 $D = \dfrac{WS^2}{8T} = \dfrac{1.3 \times 100^2}{8 \times \left(\dfrac{2,860}{2.2}\right)} = 1.25[\text{m}]$

∴ 길이 $L = S + \dfrac{8D^2}{3S} = 100 + \dfrac{8 \times 1.25^2}{3 \times 100} = 100.04[\text{m}]$

문제 25 공사기사 93년, 98년, 05년, 18년 / 공사산업 12년 출제 | 배점 : 6점

240[mm²] ACSR 전선을 200[m]의 경간에 가설하려고 하는데 이도는 계산상 8[m]였지만 가설 후의 실측결과는 6[m]이어서 2[m] 증가시키려고 한다. 이때 전선을 경간에 몇 [m]만큼 밀어 넣어야 하는가?

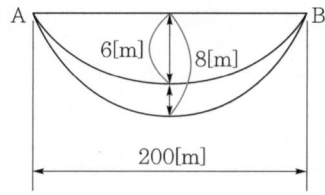

답안 0.37[m]

해설
이도 6[m]일 때 전선의 길이 $L_1 = 200 + \dfrac{8 \times 6^2}{3 \times 200} = 200.48\,[m]$

이도 8[m]일 때 전선의 길이 $L_2 = 200 + \dfrac{8 \times 8^2}{3 \times 200} = 200.85\,[m]$

∴ $L_2 - L_1 = 200.85 - 200.48 = 0.37\,[m]$

문제 26 공사산업 91년, 98년, 13년, 20년, 22년 출제 | 배점 : 5점

그림과 같이 300[mm²]의 ACSR을 300[m]의 경간에 가설하려 한다. 이 전선의 이도는 가설 후 실측을 해보니 10[m]이었다. 이도가 9[m]일 때 보다 전선이 얼마나 더 사용되었는지 구하시오.

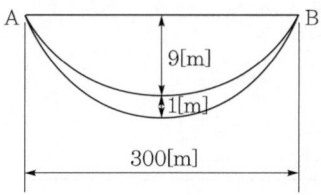

답안 0.17[m]

해설
$L_{10} - L_9 = 300 + \dfrac{8 \times 10^2}{3 \times 300} - 300 + \dfrac{8 \times 9^2}{3 \times 300} = \dfrac{8}{3 \times 300}(10^2 - 9^2) = 0.168 = 0.17\,[m]$

문제 27 공사기사 15년 / 공사산업 03년, 17년 출제 배점 : 4점

경간 200[m]인 가공전선로가 있다. 사용전선의 길이는 경간보다 몇 [m] 더 길게 하면 되는지 구하시오. (단, 사용전선의 1[m]당 무게는 2.0[kg], 인장하중은 4,000[kg]이고 전선의 안전율은 2로 하고 풍압하중은 무시한다.)

답안 0.33[m]

해설
$$D = \frac{WS^2}{8T} = \frac{2 \times 200^2}{8 \times \frac{4,000}{2}} = 5[\text{m}]$$

$$\therefore \triangle L = L - S = \frac{8D^2}{3S} = \frac{8 \times 5^2}{3 \times 200} = 0.33[\text{m}]$$

문제 28 공사산업 20년 출제 배점 : 5점

경간이 60[m]인 전주에 이도를 1[m]로 하여 가공전선을 가설하고자 한다. 무게가 1[kg/m]인 가공전선에 요구되는 수평장력[kg]을 구하시오. (단, 안전율은 1로 한다.)

답안 450[kg]

해설
$D = \dfrac{WS^2}{8T}$ 에서

$$T = \frac{WS^2}{8D} = \frac{1 \times 60^2}{8 \times 1} = 450[\text{kg}]$$

문제 29 공사기사 95년, 20년 출제 배점 : 5점

1[m]의 하중 0.35[kg]인 전선을 지지점에 수평인 경간 60[m]에서 가설하여 딥을 0.7[m]로 하려면 장력[kg]은?

답안 225[kg]

해설
$D = \dfrac{WS^2}{8T}$ 에서

$$T = \frac{WS^2}{8D} = \frac{0.35 \times 60^2}{8 \times 0.7} = 225[\text{kg}]$$

문제 30 공사기사 21년 출제
배점 : 5점

아래 그림과 같이 전선 지지점에 고저차가 없는 곳에 경간의 이도가 각각 1[m], 4[m]로 동일한 장력으로 전선이 가설되어 있다. 사고가 발생해 중앙의 지지점에서 전선이 떨어졌다면 전선의 지표상 최저 높이[m]를 구하시오.

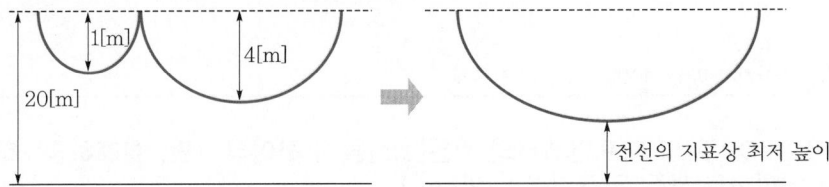

답안 14.80[m]

해설
- 1[m]의 이도와 경간을 D_1, S_1, 4[m]의 이도와 경간을 D_2, S_2라고 하면, 동일한 장력의 전선이므로 $D \propto S^2$이다.

$$\frac{S_1}{S_2} = \sqrt{\frac{D_2}{D_1}} = \sqrt{\frac{4}{1}} = 2[\text{m}]$$

$$\therefore S_2 = 2S_1$$

- 중간 지지점에서 전선이 떨어진 경우의 이도를 D_x라고 하면(전선 실제길이 불변)

$$L = \left(S_1 + \frac{8D_1^2}{3S_1}\right) + \left(S_2 + \frac{8D_2^2}{3S_2}\right) = (S_1 + S_2) + \frac{8D_x^2}{3 \cdot (S_1 + S_2)} \text{에서}$$

$$\frac{D_1^2}{S_1} + \frac{D_2^2}{S_2} = \frac{D_x^2}{S_1 + S_2} \text{이므로}$$

$$\frac{1^2}{S_1} + \frac{4^2}{2S_1} = \frac{D_x^2}{S_1 + 2S_1} \text{으로 되어}$$

$$D_x = \sqrt{27}\,[\text{m}]$$

따라서 전선의 지표상 최저 높이 H
$H = 20 - \sqrt{27} = 14.80[\text{m}]$

문제 31 공사산업 14년, 21년 출제
배점 : 4점

한국전기설비규정에서 정하는 특고압(22.9[kV]) 배전용 철근 콘크리트주의 표준깊이(지하에 묻히는 길이)는 각각 얼마 이상인지 쓰시오. (단, 설계하중이 6.8[kN] 이하이다.)

(1) 전주의 길이가 15[m] 초과 16[m] 이하인 경우
(2) 전주의 길이가 15[m] 이하인 경우

답안 (1) 2.5[m] 이상

(2) 전장×$\frac{1}{6}$[m] 이상

문제 32 공사기사 93년, 10년, 15년, 18년 출제 | 배점 : 5점

콘크리트 전주(CP주)의 지표면에서의 지름[cm]을 구하여라. (단, 설계하중 : 500[kg], 전주 규격 : 16[m], 전주 말구지름 : 19[cm])

답안 37[cm]

해설 철근 콘크리트의 지름증가율은 $\frac{1}{75}$ 이다.

지표면에서의 지름 $D = 19 + (16-2.5) \times 10^2 \times \frac{1}{75} = 37$[cm]

문제 33 공사기사 21년 출제 | 배점 : 6점

한국전기설비규정에 따라 시가지 등에 시설되는 사용전압 170[kV] 이하인 특고압 가공전선로의 경간 제한에 대한 표이다. 다음 표의 빈칸을 채워 완성하시오.

지지물의 종류	경간
A종 철주 또는 A종 철근 콘크리트주	(①)[m]
B종 철주 또는 B종 철근 콘크리트주	(②)[m]
철탑	400[m] (단주인 경우에는 300[m]) 다만, 전선이 수평으로 2 이상 있는 경우에 전선 상호 간의 간격이 4[m] 미만인 때에는 (③)[m]

답안 ① 75
② 150
③ 250

문제 34 | 공사산업 00년, 05년 출제 | 배점 : 5점

근가용 U볼트의 용도를 쓰시오.

답안 전주의 쓰러짐을 방지하기 위해 근가를 취부할 때 사용하는 금구류

문제 35 | 공사기사 00년 출제 | 배점 : 8점

근가 설치방법에 대하여 다음 물음에 답하시오.
(1) 근가는 지표면에서 몇 [cm] 정도의 깊이에 U볼트를 사용하여 설치하는가?
(2) 철근 콘크리트 전주 지지에 사용하는 콘크리트 근가는 몇 [m] 근가를 사용하는가?
(3) 근가 취부용 U볼트 규격[mm](직경×길이) 4가지를 쓰시오.
(4) 중하중용 전주를 사용하는 개소에서는 반드시 무엇을 설치하여야 하는가?

답안
(1) 50[cm]
(2) 1.2[m]
(3) 270×500, 320×550, 360×590, 400×630
(4) 근가

문제 36 | 공사기사 91년, 92년, 94년, 03년, 04년, 05년 출제 | 배점 : 14점

다음 문제를 읽고 옳으면 O표, 틀리면 ×표를 주어진 답지에 표시하시오.
(1) 콘크리트 전주의 근가 설치에서 콘크리트 전주는 지표면하 0.5[m] 이상의 깊이에 근가블록 1본을 근가용 U볼트로서 취부한다.
(2) 저압 가공전선로의 지지물은 목주인 경우에는 풍압하중의 1.3배의 하중, 기타의 경우에는 1.2배의 풍압하중에 견디는 강도를 가지는 것이어야 한다.
(3) 특고압 가공전선로의 지지물로 사용하는 B종 철주, B종 철근 콘크리트주 또는 철탑의 종류는 직선형, 각도형, 인류형, 내장형, 보강형 등이 있다.
(4) 합성수지관공사에서 관 상호 및 관과 박스와는 관을 삽입하는 깊이를 관의 외경의 1.2배 이상으로 하고 관의 지지점 간의 거리는 1.5[m] 이하로 한다.

답안
(1) O
(2) ×
(3) O
(4) O

1990년~최근 출제된 기출문제

문제 37 공사산업 01년, 15년 출제 | 배점 : 5점

가선공사에서 밧줄의 중간에 재료나 등기구 등을 묶을 경우 그림과 같은 결박법은 무엇인지 쓰시오.

①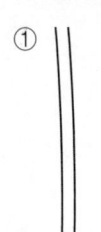
②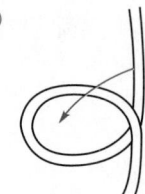
③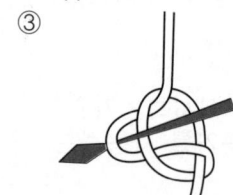
④

답안 걸이 고리법(걸고리 결박, 걸고리 묶음)

문제 38 공사산업 91년 출제 | 배점 : 4점

3φ3W, 6.6[kV]의 가공 배전선로용 완금의 길이는 몇 [mm]인가?

답안 1,800[mm]

해설 배전용 완금의 길이

(단위 : [mm])

전선조수	저 압	고 압	특고압
2	900	1,400	1,800
3	1,400	1,800	2,400

문제 39 공사산업 96년, 01년, 03년, 09년 출제
배점 : 5점

가공 배전선로에서 전선을 수평으로 배열하기 위한 크로스 완금의 길이[mm]를 표의 빈칸 ①~⑥에 쓰시오.

완금의 길이

전선조수	특고압	고 압	저 압
2	(①)	(②)	(③)
3	(④)	(⑤)	(⑥)

답안
① 1,800
② 1,400
③ 900
④ 2,400
⑤ 1,800
⑥ 1,400

문제 40 공사산업 02년, 05년, 16년, 20년 출제
배점 : 6점

다음의 설명에 맞는 배전자재의 명칭을 쓰시오.
(1) 주상 변압기를 전주에 설치하기 위해 사용하는 밴드를 쓰시오.
(2) 전주에 암타이 또는 랙크를 설치하기 위한 것으로 1방, 2방, 소형 1방, 소형 2방이 사용되는 밴드를 쓰시오.
(3) 저압선로 ACSR 사용 시 접지측 중성선 인류개소에 랙크와 클램프 연결 시 사용하는 금구를 쓰시오.

답안
(1) 행거밴드
(2) 암타이밴드
(3) 인류스트랩

1990년~최근 출제된 기출문제

문제 41 공사산업 92년, 13년, 22년 출제 | 배점 : 10점 |

가공전선로의 15[m] 전주에 기기가 설치되어 있다. 도면을 보고 다음 물음에 답하시오.

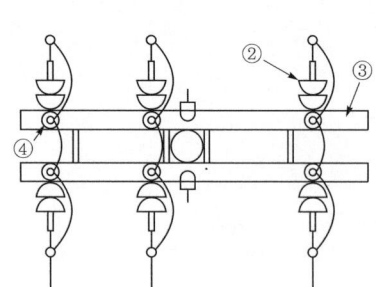
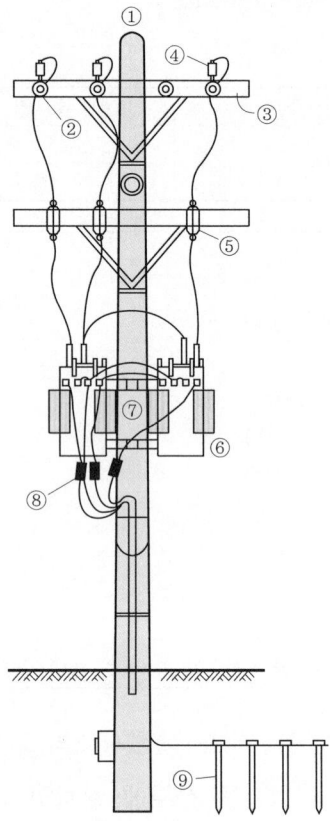

(1) 도면에 표시된 ④의 규격이 23[kV] 56-2호이다. 특고압 핀애자는 몇 개인지 쓰시오.
(2) 도면에 표시된 ⑤의 품명을 쓰시오.
(3) 도면에 표시된 ⑦의 품명을 쓰시오.
(4) 도면에 표시된 ⑧의 품명은 무엇이며, 수량은 몇 개인지 쓰시오.
(5) 도면에 표시된 ⑨의 명칭을 쓰시오.

답안
(1) 6개
(2) COS
(3) 행거밴드
(4) • 품명 : 캐치 홀더
  • 수량 : 3개
(5) 접지봉(접지극, 접지전극)

문제 42 공사기사 16년 / 공사산업 20년 출제 배점 : 5점

다음 그림은 장주를 배열에 따라 구분한 것이다. 각 장주의 명칭을 쓰시오.

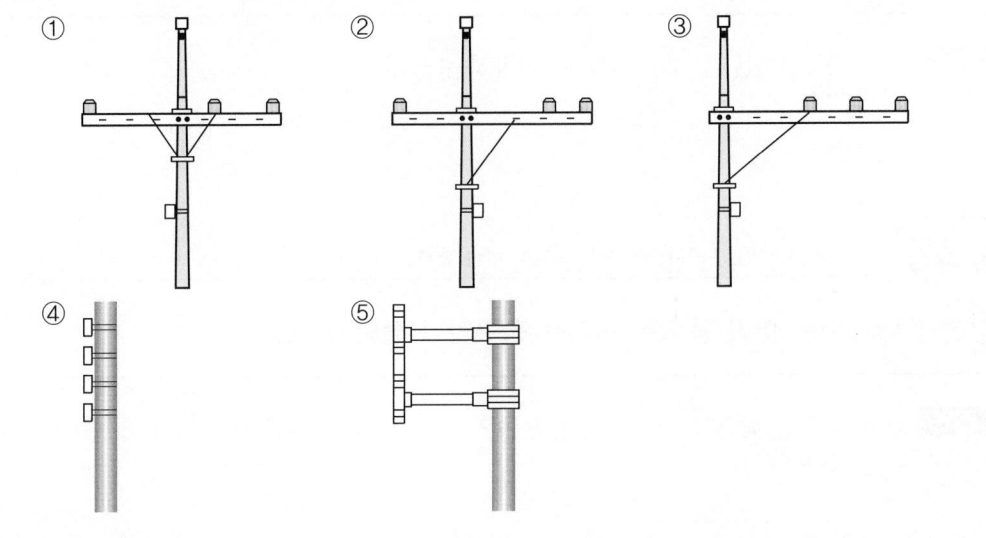

답안
① 보통장주
② 창출장주
③ 편출장주
④ 랙크장주
⑤ 편출용 D형 랙크장주

문제 43 공사기사 08년, 18년 출제 배점 : 4점

장주의 종류에서 수평배열에 해당하는 장주 3종류와 수직배열에 해당하는 장주 1종류를 쓰시오.

(1) 수평배열
(2) 수직배열

답안
(1) 보통장주, 창출장주, 편출장주
(2) 랙크장주

문제 44 공사기사 92년 출제 — 배점 : 5점

저압 가공선로에서 쓰이는 랙(rack)에 대하여 간단하게 설명하시오.

답안 저압 가공전선을 수직 배열할 때 사용하는 금구

문제 45 공사기사 00년 / 공사산업 06년, 07년, 21년 출제 — 배점 : 5점

장선기(시메라)는 어떤 용도로 쓰이는 공구인지 설명하시오.

답안 긴선 작업 후 전선의 높이를 미세 조정하는 기구로 전선 가선 시 적정 이도까지 전선을 당겨 주는 금구

문제 46 공사산업 94년 출제 — 배점 : 5점

앵글베이스(또는 U좌금)의 용도를 간단히 쓰시오.

답안 고저압 배전선로에서 핀애자를 ㄱ형 완금에 사용할 때 애자의 동요를 방지하는 금구류

문제 47 공사기사 04년, 15년, 18년, 20년 출제 — 배점 : 5점

COS 설치에서(COS 포함) 사용자재 5가지만 쓰시오.

답안
- COS
- 브라켓
- 내오손 결합애자
- COS 커버
- 퓨즈링크

[해설]

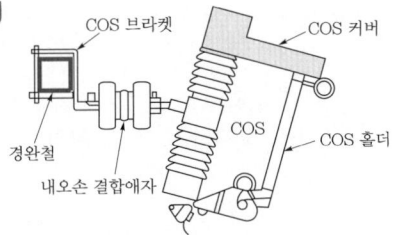

- 일반지역은 COS와 브라켓만 조립하면 되지만, 염해지역은 내오손 결합애자도 같이 조립 설치한다.
- 퓨즈링크는 COS 홀더 안에 넣어 조립한다.

문제 48 공사산업 93년, 05년 출제 | 배점 : 6점

애자는 사용전압에 따라 원칙적으로 하는 색채가 있다. 주어진 답안지의 사용전압을 보고 답안지에 색채를 표기하시오.

애자 종류	색 별
고압 및 특고압	(①)
저압(접지측 전선을 지지하는 것을 제외)	(②)
저압(접지측 전선을 지지하는 것)	(③)

[답안]
① 갈색
② 백색
③ 청색

문제 49 공사기사 22년 출제 | 배점 : 8점

다음 주어진 물음에 대하여 답하시오.

(1) 소호각의 역할 3가지를 간단하게 쓰시오.
(2) ACSR을 사용한 송전선에 댐퍼를 설치하는 이유를 쓰시오.
(3) 배전선로의 주상 변압기 저압측에 설치하는 보호장치를 쓰시오.
(4) 3상 수직 배치인 선로에서 오프셋을 주는 이유를 쓰시오.

답안 (1) • 이상전압에 의한 섬락으로부터 애자련 보호
• 애자련의 전압분포 개선
• 애자련 효율 향상
(2) 전선의 진동발생 및 진동으로 인한 전선의 단선을 방지하기 위해 설치
(3) 캐치 홀더
(4) 전선 도약에 의한 상간 단락사고 방지

문제 50 공사산업 08년 출제 | 배점 : 5점 |

철탑에 소호각(Arcing horn)이나 소호환(Arcing ring)을 설치하는 목적을 쓰시오.

답안 • 애자련의 전압분포 개선
• 섬락 시 애자가 열적으로 파괴되는 것을 방지

문제 51 공사기사 20년 출제 | 배점 : 7점 |

다음 철탑의 구조를 보고 각 부분의 명칭을 쓰시오.

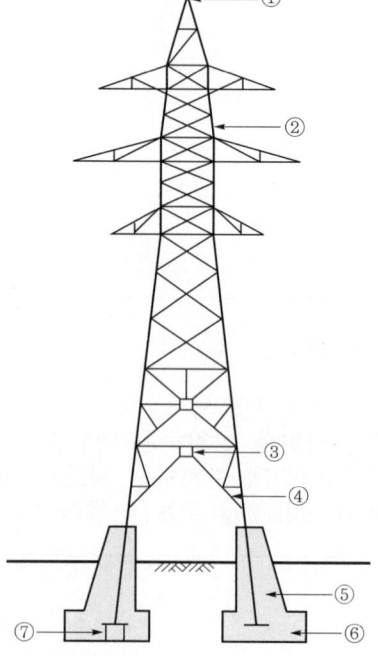

답안
① 철탑정부
② 주주재
③ 거싯 플레이트
④ 사재
⑤ 주체부
⑥ 상판부
⑦ 앵커블록

해설 철탑의 각부 명칭

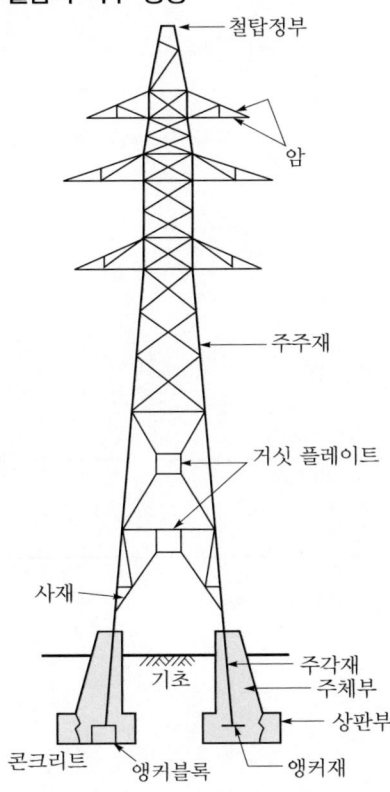

문제 52 공사기사 95년, 12년 / 공사산업 05년 출제 ┤배점 : 5점├

연선, 타설, 굴착, 각입, 긴선, 조립 등 나열된 것들은 송전선로공사에 대한 작업 내용이다. 올바른 작업순서대로 나열하시오.

① 연선, ② 타설, ③ 굴착, ④ 각입, ⑤ 긴선, ⑥ 조립

답안 ③ - ④ - ② - ⑥ - ① - ⑤

문제 53 공사기사 21년 출제
배점 : 3점

철탑 기초의 종류를 2가지만 쓰시오.

답안 직접기초, 말뚝기초

해설 **철탑의 기초**
- 직접기초(역 T형)
- 말뚝기초(파일기초)
- Pier기초
  - 심형기초
  - 정통기초
- Anchor기초
  - Rock anchor기초
  - Grillage기초

문제 54 공사기사 00년, 04년, 18년, 21년 출제
배점 : 5점

철탑 기초공사에서 각입이란?

답안 철탑의 기초제와 앵커재 및 주각재를 설치하는 공정

문제 55 공사기사 21년 출제
배점 : 6점

철탑 조립공사에 적용되고 있는 조립공법을 3가지만 쓰시오.

답안
- 조립봉 공법
- 이동식 크레인 공법
- 철탑 크레인 공법

해설 **철탑 조립공법의 종류**
- 조립봉 공법 : 철탑의 주주 1각(Single Pier)에 목재 혹은 강재 조립봉을 부착하고 부재를 들어올려 조립하는 공법으로서 비교적 소형 철탑에 적합
- 이동식 크레인 공법 : 이동 가능한 트럭 크레인, 크롤러 크레인을 사용하여 철탑을 조립하는 공법

- 철탑 크레인 공법 : 철탑 중심부에 철주를 구축하고 그 꼭대기에 360° 선회가 가능한 철탑크레인을 장착하여 철탑을 조립하는 공법
- 헬기공법 : 지상 조립한 부재를 헬기를 이용해서 조립하는 공법

문제 56 공사기사 00년 출제 | 배점 : 5점

송전선로 연선 작업 시에 전선의 앞뒤에 설치하여 커넥터(Connector)와 연결하고 전선의 손상을 방지하여 주는 공구는?

답안 브레드 클램프(Deadend Stocking)

문제 57 공사기사 92년, 98년 출제 | 배점 : 5점

345[kV] 철탑 송전선로가 있다. 룰링스펜(Ruling Span)을 간단히 설명하시오.

답안 기하학적 등가 경간장 또는 내장주와 내장주 사이

문제 58 공사기사 96년, 99년, 00년 출제 | 배점 : 5점

그림과 같은 철탑을 무슨 철탑이라 하는가?

답안 사각철탑(정방형 철탑)

1990년~최근 출제된 기출문제

문제 59 공사산업 96년, 98년, 01년, 03년, 17년 출제   배점 : 4점

그림과 같은 철탑을 무슨 철탑이라 하는가?

답안 방형 철탑

문제 60 공사산업 96년, 98년, 01년, 03년, 20년 출제   배점 : 5점

그림과 같은 철탑을 무슨 철탑이라 하는가?

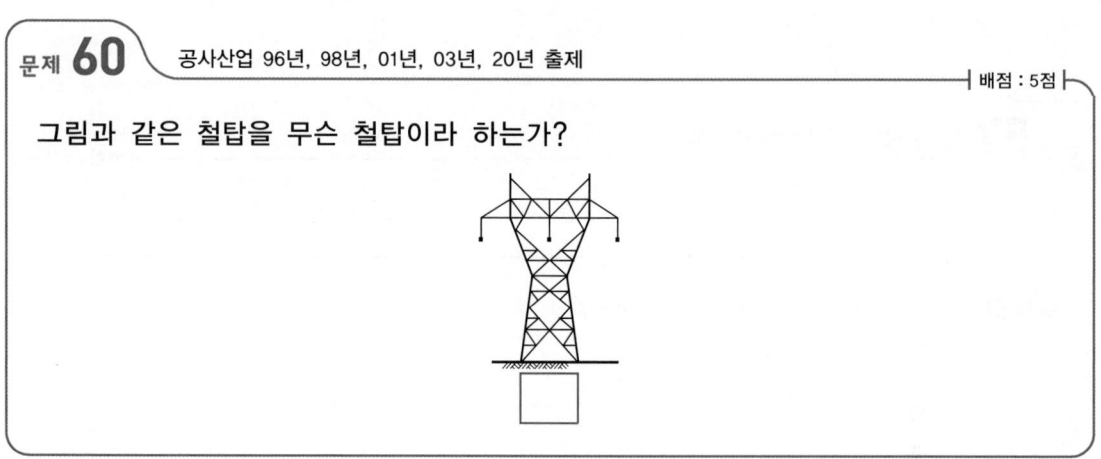

답안 우두형 철탑

문제 61 공사기사 14년, 16년, 20년, 21년 출제 | 배점 : 6점

다음 철탑의 명칭을 쓰시오.

①  ② 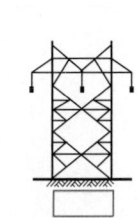 ③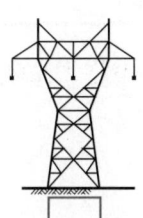

④ 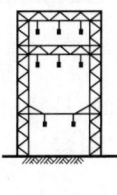 ⑤ 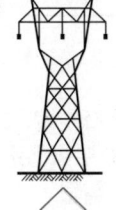 ⑥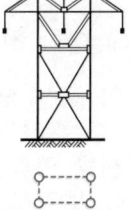

답안
① 사각철탑
② 방형 철탑
③ 우두형 철탑
④ 문형 철탑
⑤ 회전형 철탑
⑥ MC철탑

문제 62 공사기사 97년, 00년 출제 | 배점 : 4점

강도 자체의 경제성으로 현재 가장 많이 사용되는 결구로 그림과 같은 철탑 부재의 결구 방식의 명칭은?

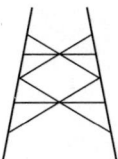

답안 Bleich 결구(브레히 결구)

1990년~최근 출제된 기출문제

문제 63 공사기사 92년, 13년, 17년, 18년 출제 | 배점 : 4점

특고압 가공전선로의 지지물로 사용하는 B종 철주, B종 철근 콘크리트주 또는 철탑의 종류를 아는대로 쓰시오.

답안 직선형, 각도형, 인류형, 내장형, 보강형

문제 64 공사기사 14년 출제 | 배점 : 4점

다음 설명에 대한 철탑의 명칭을 쓰시오.

(1) 전선로의 직선 부분(3도 이하의 수평각도를 이루는 것을 포함)에 사용하는 철탑
(2) 전선로 중 수평각도가 3도를 넘고 30도 이하인 곳에 사용하는 철탑
(3) 전가섭선을 인류하는 곳에 사용하는 철탑
(4) 전선로를 보강하기 위하여 세워지는 철탑으로, 직선철탑이 다수 연속될 경우에는 약 10기마다 1기의 비율로 설치되는 철탑

답안 (1) 직선형
(2) 각도형
(3) 인류형
(4) 내장형

문제 65 공사산업 18년 출제 | 배점 : 5점

직선형 철탑은 전선로의 직선 부분 및 수평각도 몇 도 이하의 곳에 사용하는지 쓰시오.

답안 3도

문제 66 공사기사 99년, 00년, 16년, 17년 출제 | 배점 : 5점

전가섭선을 인류하는 곳에 사용하는 철탑은 무엇인지 쓰시오.

답안 인류형 철탑

문제 67 공사기사 09년, 11년 출제 | 배점 : 4점

전선로를 보강하기 위하여 세워지는 철탑으로, 직선철탑이 다수 연속될 경우에는 약 10기마다 1기의 비율로 설치되며, 서로 인접하는 경간의 길이가 크게 달라 지나친 불평형 장력이 가해지는 경우 등에 설치되는 철탑은 무엇인지 쓰시오.

답안 내장형 철탑

문제 68 공사기사 13년 출제 | 배점 : 4점

전선로의 표준경간에 대하여 설계하는 표준 철탑의 종류 4가지를 쓰시오.

답안 정방형 철탑, 방형 철탑, 우두형 철탑, 문형 철탑, 회전형 철탑, MC철탑

문제 69 공사기사 12년 출제 | 배점 : 5점

다음 설명의 (   ) 안에 알맞은 내용을 쓰시오.

가공 송전선로 가설에 있어서 전선 매달기 순서는 상부로부터 (①), (②)의 순으로 해야 하고, 2회선 이상의 대칭배열의 경우 (③)완금에 전선을 동시에 전선 매달기 작업을 시행하며, 1회선 수평배열의 경우 (④), (⑤)의 순서로 매달기를 한다.

답안
① 가공지선
② 전선(전력선)
③ 좌우
④ 양 외선
⑤ 중성선

1990년~최근 출제된 기출문제

문제 70 공사기사 15년 출제 　배점 : 4점

다음 ( ) 안에 알맞은 내용을 쓰시오.

유리애자는 70[%] 이상의 (①)(으)로 구성되어 있고, 저온으로 용해하기 위해 (②), 내구성 향상을 위해 (③), 제작상 편리와 특성 유지를 위해 (④) 등의 성분을 적당한 비율로 배합하여 제작한다.

답안
① 규토
② Na_2O
③ CaO
④ MgO, Al_2O_3, K_2O

해설 유리애자
- 70[%] 이상의 성분이 규토(Silica SiO_2)로 구성되어 있다.
- 저온으로 용해하기 위하여 Na_2O를 사용한다.
- 내구성 향상을 위하여 CaO를 사용한다.
- 제작상의 편리와 특성 유지를 위하여 MgO, Al_2O_3, K_2O 등의 성분을 적당한 비율로 배합하여 고로에서 용융한 후 금형에 부어 제작한다.

문제 71 공사산업 14년 출제 　배점 : 4점

가공전선로에 쓰이는 애자의 명칭을 쓰시오.
(1) 애자 한 개로 전선을 지지하게 되므로 전압 계급에 따라서 자기의 크기, 층수, 절연층의 두께 등이 달라지며, 기계적 강도와 경년열화 등의 이유로 일반적으로 33[kV] 이하의 전선로에만 주로 사용되고 있는 애자는?
(2) 66[kV] 이상의 모든 선로에는 대부분 이 애자를 사용하고 있으며, 클레비스형과 볼소켓형 등이 있는 애자는?
(3) 많은 갓을 가지고 있는 원통형의 긴 애자로 경년열화가 적고 누설거리가 비교적 길어서 염분에 의한 애자오손이 적고 내무애자로서 적당한 애자는?
(4) 발·변전소나 개폐소의 모선, 단로기 기타의 기기를 지지하거나 연가용 철탑 등에서 점퍼선을 지지하기 위해서 쓰이고 있으며, 라인포스트애자가 대표적인 애자는?

답안
(1) 핀애자
(2) 현수애자
(3) 라인포스트애자
(4) 지지애자

문제 72 공사기사 97년, 09년, 11년, 16년 / 공사산업 91년, 97년, 09년, 20년 출제 | 배점 : 4점

가공전선로에 적용하는 애자의 종류 4가지만 쓰시오.

답안 핀애자, 현수애자, 라인포스트애자, 인류애자

해설
- 핀애자 : 직선 선로에 사용
- 현수애자 : 인류 및 내장개소에 사용
- 라인포스트애자 : 연가용 철탑 등에서 점퍼선 지지
- 인류애자 : 인류개소 및 배전선로의 중성선

문제 73 공사산업 22년 출제 | 배점 : 4점

특고압 배전선로의 지지물에서 내장이나 인류개소에 장력이 걸리는 전선을 고정하는 데 사용하는 폴리머제 애자로 자기제 애자류에 비해 전기적인 특성이 양호하고 신뢰성이 높아 중요 지역 및 염진해지역의 공급선로에 주로 사용되는 것을 쓰시오.

답안 폴리머 현수애자

문제 74 공사기사 12년 출제 | 배점 : 4점

전력선용 애자장치의 종류 2가지를 쓰시오.

답안
- 현수애자장치
- 내장애자장치
- 점퍼지지애자장치

1990년~최근 출제된 기출문제

문제 75) 공사기사 13년 출제 | 배점 : 4점

다음 빈칸에 알맞은 값을 채우시오.

> 현수클램프는 애자련에 수직이 되도록 취부하고 현수애자 기울기의 허용치는 애자련의 경우 기울기 각도 (①) 이하, 애자련 취부점으로부터의 연직선과 현수클램프 중심점과의 차이가 수평거리 (②) 이내가 되도록 하여야 한다.

답안 ① 2°
　　　　② 5[cm]

문제 76) 공사기사 01년, 04년 출제 | 배점 : 5점

그림과 설명을 읽고 어떤 바인드(10[mm²] 이하)법인가 답하시오.

① 바인드선을 전선 규격에 맞게 자른다.
② 애자의 홈에 전선끝을 20~30[cm] 남겨놓고 건다.

③ 바인드선을 전선에 첨가하여 일자 바인드로 1회 감는다.
④ 전선 2가닥과 b측 바인드선을 a측 바인드선으로 10회 정도 밀착하여 감는다.

⑤ 전선 끝을 벌리고 전선 1가닥과 첨가된 b측 바인드선을 a측 바인드선으로 3~4 밀착하여 감는다

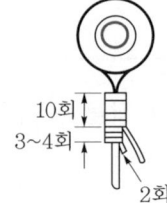
⑥ b측과 바인드선과 a측 바인드선을 2회 꼰 후 여유분을 자른다.

답안 인입 인류 바인드 시공법

문제 77 공사산업 90년 출제 — 배점 : 4점

그림에서 전선의 굵기가 몇 [mm²] 이상일 때 바인드를 2중으로 하여야 하는가?

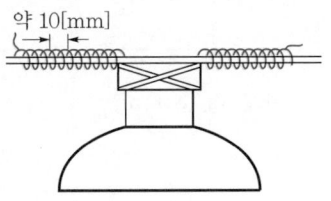

답안 100[mm²]

문제 78 공사기사 90년 출제 — 배점 : 5점

그림에서 전선을 애자 두부에 밀착시키고 바인드선을 시계방향으로 약 10[mm] 간격으로 약 몇 회 단단히 감은 후 끝을 위로 구부리는가?

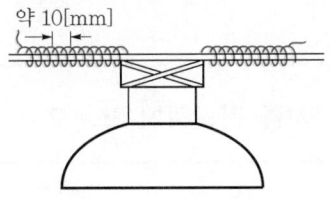

답안 8~10회

문제 79 공사기사 92년 / 공사산업 96년 출제 — 배점 : 4점

154[kV] 송전선로에 쓰이는 현수애자 일련의 개수는 대략 몇 개까지인가? (단, 청정지역을 기준으로 한다.)

답안 10~11개

해설 전압에 따른 현수애자(250[mm])의 연결개수

전압[kV]	66	154	220	345	765
수량	4~6	10~11	12~13	18~20	40~45

문제 80 공사기사 93년 출제 배점 : 6점

송전선에 뇌가 가해져서 애자에 섬락이 생길 경우 애자나 전선의 손상을 막기 위해 설치하는 것을 무엇이라 하는가?

답안 소호각(Arcing horn), 소호환(Arcing ring)

문제 81 공사산업 00년, 16년 출제 배점 : 5점

철탑에 소호각(Arcing horn)이나 소호환(Arcing ring)을 설치하는 목적을 쓰시오.

답안 애자련 보호 및 전압분포 개선

문제 82 공사기사 93년, 22년 출제 배점 : 6점

소호각의 역할은 무엇인지 3가지를 간단하게 쓰시오.

답안
- 이상전압에 의한 섬락으로부터 애자련 보호
- 애자련의 전압분포 개선
- 애자련 효율 향상

문제 83 공사기사 20년 출제 배점 : 4점

애자의 전기적 특성에서 섬락전압의 종류를 2가지만 쓰시오.

답안 건조 섬락전압, 주수 섬락전압

문제 84 공사기사 16년 출제 | 배점 : 6점

가공전선로의 애자에 대한 내용이다. ( ) 안에 알맞은 내용을 쓰시오.
(1) 애자련 개수의 결정은 (   )에 대하여 (   )를(을) 일으키지 않도록 하는 것을 기준으로 하고 있다.
(2) 애자의 상하 금구 사이에 전압을 인가하고 전압을 점점 높여가면 애자 주위의 공기를 통해서 아크가 발생되어 애자가 단락되게 되는 전압을 (   )이라 한다.
(3) 전선측에 붙여서 전선에 대한 정전용량을 늘리고, 선로의 섬락 시 애자가 열적으로 파괴되는 것을 막는데 효과가 있는 것을 (   )이라 한다.

답안 (1) 내부적인 원인에 의한 이상전압, 섬락
(2) 섬락전압
(3) 소호환 또는 소호각

문제 85 공사기사 16년 출제 | 배점 : 4점

애자와 같은 유기절연재료가 오손되면 표면에 흐르는 누설전류 때문에 미소방전이 생긴다. 그 결과 절연물 표면에는 탄화된 도전로가 형성되는 데 이것을 (①)이라 부른다. (①)이 형성된 애자를 그대로 방치하면 점차로 발전하여 섬락이 발생하게 되어 (②)를 야기시킨다.

답안 ① 트래킹
② 절연파괴로 인한 지락사고

해설 염분 등 오손에 따른 열화종류
• 트래킹(Tracking) 현상

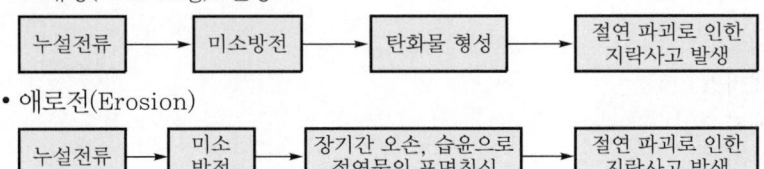

• 애로전(Erosion)

1990년~최근 출제된 기출문제

문제 86 공사기사 98년 출제 ┤배점 : 5점 ├

현수애자를 설치한 가공 AL 배전선의 인류 및 내장개소에 AL 전선을 현수애자에 설치하기 위해 사용하는 금구류의 자재명은?

답안 데드엔드클램프

문제 87 공사산업 98년 출제 ┤배점 : 5점 ├

가공 송배전선로 및 발전소의 현수애자 취부개소에 사용되는 것으로 현수애자와 클램프(내장. 서스펜스. 압축용 인류클램프) 사이를 연결하는 금구류의 자재명은?

답안 소켓아이

문제 88 공사기사 02년, 07년, 18년, 21년 / 공사산업 02년, 22년 출제 ┤배점 : 5점 ├

장간형 현수애자 설치방법이다. 그림에서 ①, ②, ③, ④, ⑤의 명칭을 답하시오.

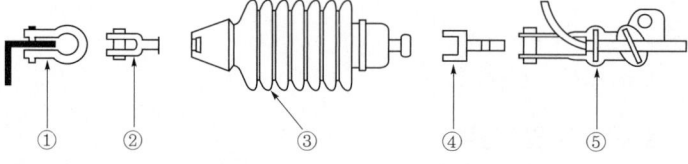

답안
① 앵커쇄클
② 볼크레비스
③ 현수애자
④ 소켓아이
⑤ 데드엔드클램프

문제 89 공사기사 01년, 10년, 16년 출제 | 배점 : 6점

아래 그림은 경완철에서 현수애자를 설치하는 순서를 나타낸 것이다. 각 부품의 명칭을 [보기]에서 찾아 그 번호를 ( ) 안에 쓰시오.

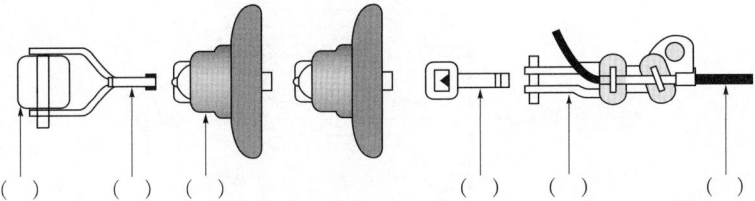

[보기]
① 경완철　　　　② 현수애자　　　　③ 소켓아이
④ 볼쇄클　　　　⑤ 데드엔드클램프　⑥ 전선

답안

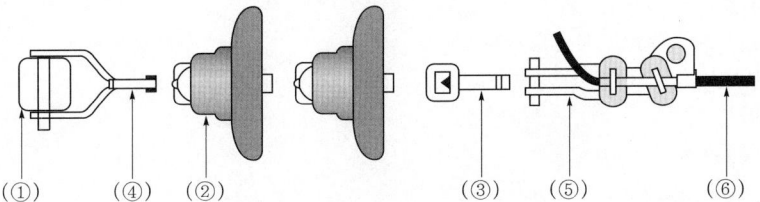
(①)　(④)　(②)　(③)　(⑤)　(⑥)

문제 90 공사산업 01년, 02년, 06년, 20년 출제 | 배점 : 4점

폴리머애자 설치에 관한 그림이다. 각 기호의 ①, ②, ③, ④의 명칭을 쓰시오.

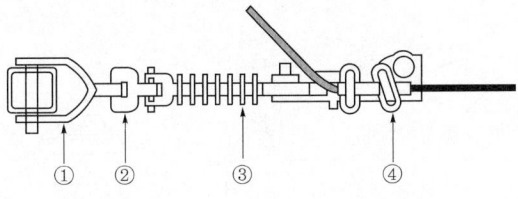

답안
① 경완금용 볼쇄클
② 소켓아이
③ 배전선로용 폴리머 현수애자
④ 인류클램프(데드엔드클램프)

문제 91 공사기사 93년, 96년, 98년, 01년, 16년, 20년 출제 | 배점: 7점

다음 그림에 표시된 ①~⑦ 명칭을 정확하게 답안지에 답하시오. (단, 그림은 2련 내장 애자장치이다.)

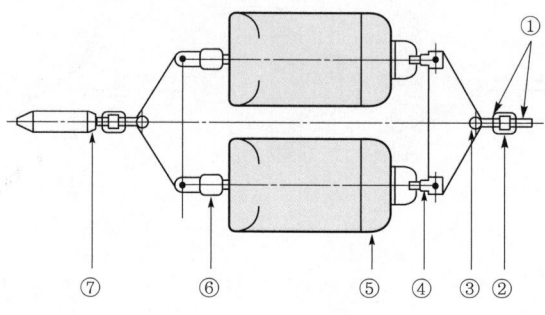

답안
① 앵커쇄클
② 체인링크
③ 삼각요크
④ 볼크레비스
⑤ 현수애자
⑥ 소켓크레비스
⑦ 압축형 인류클램프

문제 92 공사기사 96년, 98년, 07년, 20년 출제 | 배점: 8점

154[kV] 송전선로의 1련 현수애자 장치도이다. 그림에 표시된 번호를 보고 명칭을 정확히 답하시오.

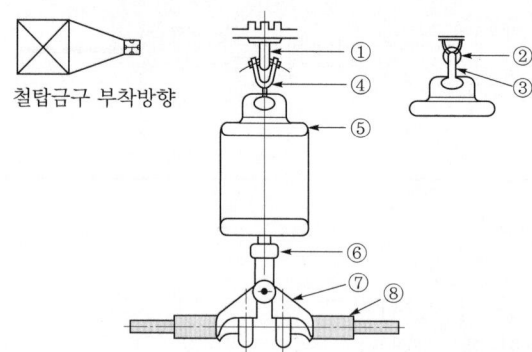

답안 ① 애자장치 U볼트
② 앵커쇄클
③ 볼아이
④ Y크레비스 볼
⑤ 현수애자
⑥ 소켓아이
⑦ 현수클램프
⑧ 아머로드

문제 93 공사기사 95년, 97년, 00년, 22년 / 공사산업 09년, 22년 출제 | 배점 : 5점

그림에서 표시된 번호의 명칭을 정확히 기입하시오. [단, 그림은 1련 내장 애자장치(역조형)이다.]

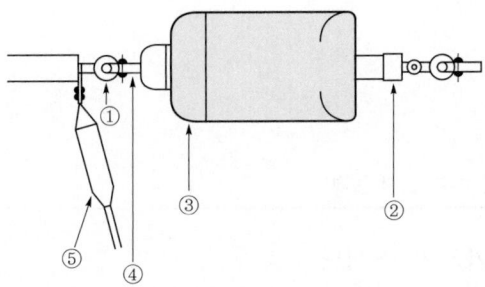

답안 ① 앵커쇄클
② 소켓아이
③ 현수애자
④ 볼크레비스
⑤ 압축형 인류클램프

문제 94   공사기사 01년, 06년, 22년 / 공사산업 20년 출제   배점 : 5점

다음은 지선밴드를 이용한 애자 설치이다. 그림을 보고 ①~⑤ 명칭을 쓰시오.

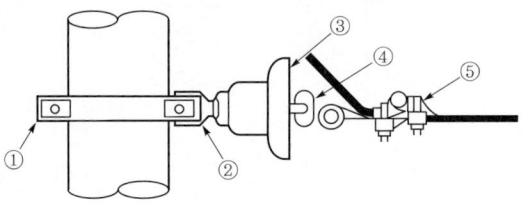

답안
① 지선밴드
② 볼아이
③ 현수애자
④ 소켓아이
⑤ 데드엔드클램프

문제 95   공사기사 93년, 17년, 21년 출제   배점 : 5점

지선의 시설 목적을 3가지만 쓰시오.

답안
- 지지물의 강도를 보강하고자 할 경우
- 전선로의 안전성을 증대하고자 할 경우
- 불평형 하중에 대한 평형을 이루고자 할 경우
- 전선로가 건조물 등과 접근할 때 보안상 필요한 경우

문제 96 공사산업 14년, 22년 출제 | 배점 : 5점

그림은 인류스트랩의 설치 방법에 대한 그림이다. 각 번호 ①, ②, ③, ④, ⑤의 명칭을 쓰시오.

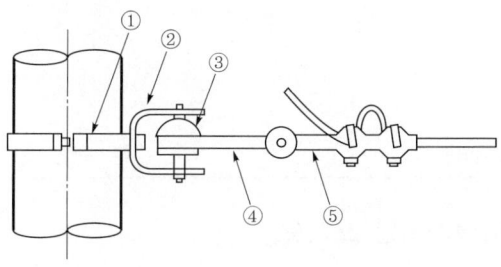

답안
① 랙크밴드
② 랙크
③ 저압 인류애자
④ 인류스트랩
⑤ 데드엔드클램프

문제 97 공사기사 02년, 05년, 11년 출제 | 배점 : 5점

그림을 참고하여 ①, ②, ③, ④의 명칭을 답하시오.

답안
① 현수애자
② ㄱ형 완철
③ 볼아이
④ 소켓아이

문제 98 공사기사 93년, 13년 출제 | 배점 : 5점

지선(stay)의 시설 목적 4가지만 쓰시오.

답안
- 지지물의 강도를 보강
- 전선로의 안전성을 증대
- 불평형 하중에 대한 평형유지
- 전선로가 건조물 등과 접근할 때 보안상 시설

문제 99 공사기사 92년 출제 | 배점 : 5점

지선의 시설이 곤란한 경우에는 지주(Pole brace)를 시설해야 하며, 지선이나 지주를 시설할 때에는 어떤 점을 고려해야 하는가?

답안 불균형 장력

문제 100 공사기사 17년, 21년 출제 | 배점 : 5점

전주의 지선과 지하에 매설되는 지선근가와의 연결용으로 사용하는 기자재의 명칭을 쓰시오.

답안 지선로드

문제 101 공사기사 08년, 16년, 20년 출제 — 배점 : 5점

지선공사에 필요한 자재 5가지만 쓰시오. (단, 전주에 시설한다.)

답안
- 아연도철선(아연도철연선, 아연도강연선)
- 콘크리트 근가(Concrete Anchor Blocks)
- 지선로드(Anchor Rods)
- 지선밴드(Bands for Guys)
- 지선애자(Ball type insulator)
- 지선커버
- 지선캡

문제 102 공사기사 22년 출제 — 배점 : 5점

다음은 한국전기설비규정에 따른 지선의 시설에 관한 내용이다. ( ) 안에 알맞은 숫자를 쓰시오.

1. 가공전선로의 지지물에 시설하는 지선은 다음에 따라야 한다.
   1) 소선 (①)가닥 이상의 연선일 것
   2) 지중부분 및 지표상 (②)[m]까지의 부분에는 내식성이 있는 것 또는 아연도금을 한 철봉을 사용하고 쉽게 부식되지 않는 근가에 견고하게 붙일 것. 다만, 목주에 시설하는 지선에 대하여는 적용하지 않는다.
2. 도로를 횡단하여 시설하는 지선의 높이는 지표상 (③)[m] 이상으로 하여야 한다. 다만, 기술상 부득이한 경우로서 교통에 지장을 초래할 우려가 없는 경우에는 지표상 (④)[m] 이상, 보도의 경우에는 (⑤)[m] 이상으로 할 수 있다.

답안
① 3
② 0.3
③ 5
④ 4.5
⑤ 2.5

문제 103 공사산업 95년 출제 |배점 : 8점|

다음 그림은 여러 가지 지선의 종류이다.

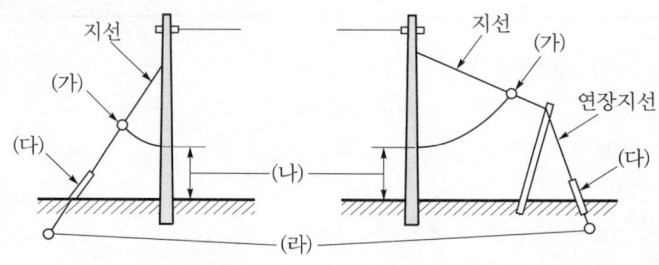

|그림 1| 보통지선 |그림 2| 수평지선

(1) 그림 1, 2에서 (가)로 표시되어 있는 지선 재료의 명칭은 무엇인가?
(2) 그림 1, 2의 (나)로 표시되어 있는 부분은 지표상 몇 [m]인가?
(3) 그림 1, 2의 (나)의 지선이 외부로부터 손상을 받을 우려가 있을 때 사용되는 (다)의 명칭은?
(4) 그림 1, 2에서 (라)로 표시된 것은 무엇인가?

답안 (1) 지선애자
(2) 2.5[cm]
(3) 지선커버(지선로드)
(4) 지선근가

문제 104 공사기사 97년, 00년, 16년 출제 |배점 : 9점|

아래 보통지선의 도면을 보고 다음 물음에 답하시오.

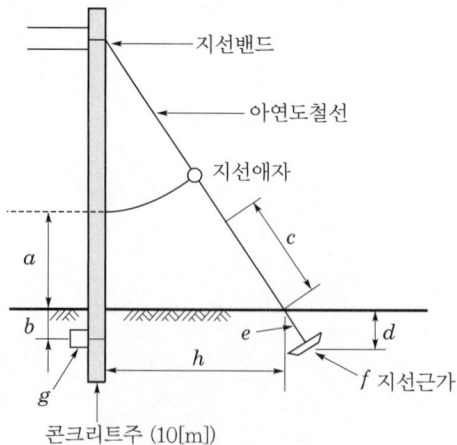

(1) 소선의 최소 가닥수는?
(2) 지선용 소선으로 금속선을 사용할 경우 최소 지름은 몇 [mm] 이상인가?
(3) b의 깊이는 몇 [m] 이상인가?
(4) d의 깊이는 최소 몇 [m] 이상인가?
(5) e의 명칭은?
(6) h의 간격은 약 몇 [m]로 하면 되는가?
(7) 콘크리트주 전체의 길이가 10[m]인 경우 땅에 묻히는 최소 깊이[m]는?
(8) a는 최소 몇 [m] 이상을 원칙으로 하는가?
(9) 지선의 안전율은 최소 얼마인가? (단, 허용인장하중의 최저는 4.31[kN]으로 한다.)

답안 (1) 3가닥
(2) 2.6[m]
(3) 0.5[m]
(4) 1.5[m]
(5) 지선로드
(6) 5[m]
(7) 1.67[m]
(8) 2.5[m]
(9) 2.5

해설 (6) 전주의 높이 $\times \dfrac{1}{2} = 10 \times \dfrac{1}{2} = 5[m]$

(7) $10 \times \dfrac{1}{6} = 1.67[m]$

문제 105 공사기사 13년 / 공사산업 96년, 98년 출제 | 배점 : 8점 |

보통지선의 도면을 보고 다음 물음에 답하시오.

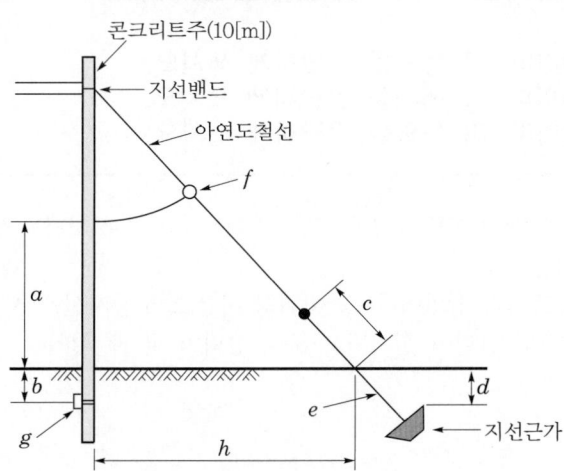

(1) a의 높이는 몇 [m]인가?
(2) b의 깊이는 몇 [m]인가?
(3) c는 지표상 최대 높이가 몇 [cm]인가?
(4) d의 깊이는 몇 [m]인가?
(5) e의 명칭은?
(6) f의 명칭은?
(7) g의 명칭은?
(8) h의 간격은 몇 [m]인가?

답안
(1) 2.5[m]
(2) 0.5[m]
(3) 60[m]
(4) 1.5[m]
(5) 지선로드
(6) 지선애자
(7) 전주근가
(8) 5[m]

문제 106 공사기사 91년, 93년 출제 배점 : 6점

그림을 보고 물음에 답하시오.

(1) (a)는 어떤 지선이며, 그 용도를 간단하게 쓰시오.
(2) (b)는 어떤 지선이며, 그 용도를 간단하게 쓰시오.
(3) (c)는 어떤 지선이며, 그 용도를 간단하게 쓰시오.

답안
(1) 공동지선 : 두 개 지지물에 공동으로 시설하는 지선으로 지지물 상호거리가 비교적 접근해 있을 때 사용
(2) 수평지선 : 토지의 상황이나 그 이외의 사유로 보통지선을 시설할 수 없을 때 사용
(3) Y지선 : 다단의 완철이 설치되고 또한 장력이 클 때 설치

문제 107 ┤ 공사기사 18년, 21년 출제 ├ 배점 : 4점 ├

지형의 상황 등으로 보통지선을 시설할 수 없을 경우에 적용하며 전주와 전주 간 또는 전주와 지선주 간에 시설하는 지선의 종류를 쓰시오.

답안 수평지선

문제 108 ┤ 공사산업 94년, 98년, 00년 출제 ├ 배점 : 4점 ├

아래 그림과 같이 시설하는 지선의 명칭을 쓰시오.

(1) 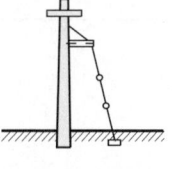   (2)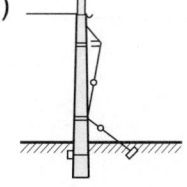

답안 (1) 궁지선 A형
(2) 궁지선 R형

문제 109 ┤ 공사기사 13년 / 공사산업 89년, 04년, 06년 출제 ├ 배점 : 3점 ├

궁지선의 용도에 대하여 간단하게 쓰시오.

답안 비교적 장력이 적고 타 종류의 지선을 시설할 수 없는 경우에 적용하는 것으로 지선용 근가를 지지물 근원 가까이 매설하여 시설하며 시공방법에 따라 A형과 R형으로 구분한다.

문제 110 ┤ 공사기사 17년, 20년 출제 ├ 배점 : 5점 ├

H주일 때 현장여건상 전주별로 별도의 보통지선 설치가 곤란하거나 1개의 지선용 근가로 저항력을 확보할 수 있는 경우 1개의 지선로드 및 근가로 2단의 지선을 시설하는 지선 명칭은 무엇인지 쓰시오.

답안 Y지선

문제 111 공사기사 22년 / 공사산업 97년, 12년, 16년, 20년 출제 |배점 : 5점|

그림과 같이 지선을 시설하여 전주에 가해지는 수평장력 P를 지지하고자 한다. 4[mm] 철선 7가닥을 사용할 때 이것에 의해서 지지될 수 있는 수평장력 P[kgf]를 구하시오. (단, 4[mm] 철선 1가닥의 절단하중은 440[kgf]이고 지선강도의 안전율은 3으로 한다.)

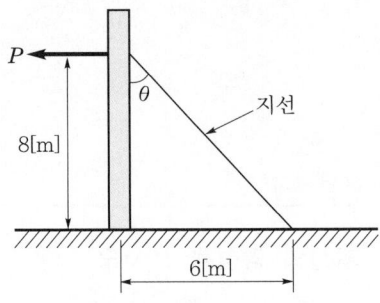

답안 616[kgf]

해설 지선의 장력 $T_0 = \dfrac{n \cdot t}{k} = \dfrac{P}{\sin\theta}$

$\therefore P = \dfrac{nt \cdot \sin\theta}{k} = \dfrac{440 \times 7 \times \dfrac{6}{10}}{3} = 616\text{[kgf]}$

문제 112 공사산업 97년, 04년, 07년 출제 |배점 : 6점|

지표상 8[m]의 점에 400[kg]의 수평장력을 받는 경사진 전주가 있다. 그림과 같은 지선을 시설할 경우 지선이 받는 장력 T[kg]는 얼마인가? (기타는 무시한다.)

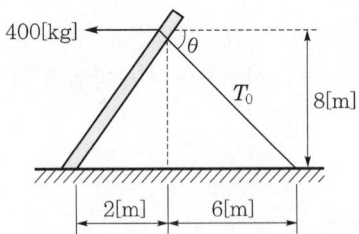

답안 500[kg]

해설 경사진 전주에서의 지선이 받는 장력

$T_0 = \dfrac{\sqrt{b^2 + H^2}}{a+b} \times T = \dfrac{\sqrt{6^2 + 8^2}}{2+6} \times 400 = 500\text{[kg]}$

문제 113   공사기사 19년, 22년 출제
배점 : 6점

지표상 12[m]의 점에 800[kg]의 수평장력을 받는 경사진 전주에는 그림과 같이 지선을 시설하려고 한다. 지선으로 인장강도(항장력) 35[kg/mm²], 지름 4[mm]인 철선을 사용하고 안전율을 2.5로 할 경우, 여기에 필요한 지선의 가닥수를 산정하시오.

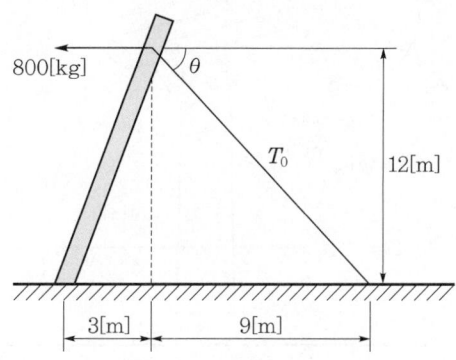

답안 6가닥

해설
- 경사진 전주에서의 지선이 받는 장력

$$T_0 = \frac{\sqrt{b^2+H^2}}{a+b} \times T = \frac{\sqrt{9^2+12^2}}{3+9} \times 800 = 1{,}000 [\text{kg}]$$

- 소선 1가닥의 인장강도 $= 35 \times \frac{\pi \times 4^2}{4} = 439.82 [\text{kg}]$

따라서 소선수$(n) = \dfrac{\text{지선의 장력}(T_0) \times \text{안전율}}{\text{소선 1가닥의 인장강도}} = \dfrac{1{,}000 \times 2.5}{439.82} = 5.68 \rightarrow$ 6가닥

문제 114   공사산업 97년 출제
배점 : 5점

지선에 가해지는 장력이 860[kg]이라면 3.2[mm]의 철선 몇 가닥을 사용해야 하는가? (단, 철선의 단위면적당 인장강도는 35[kg/mm²], 안전율은 2.5로 한다.)

답안 8가닥

해설 지선의 장력 $T_0 = \dfrac{n \cdot t}{k}$

$$\therefore n = \frac{T_0 \cdot k}{t} = \frac{860 \times 2.5}{35 \times \frac{\pi}{4} \times 3.2^2} = 7.64$$

∴ 8가닥

문제 115 공사산업 02년, 21년 출제 | 배점: 5점

그림과 같이 전선 1조마다 50[kgf]의 장력을 받는 전선 3조와 인류지선을 시설하고자 한다. 이 경우 지선이 받는 장력[kgf]을 구하시오.

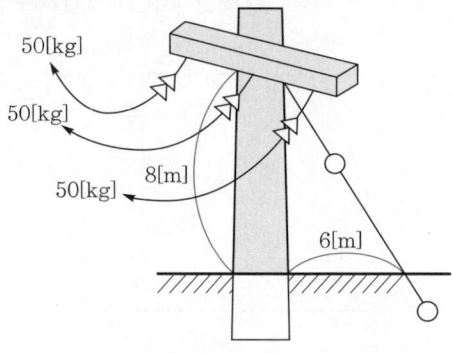

답안 250[kg]

해설 $T = T_0 \cos\theta$ 에서

$$T_0 = \frac{T}{\cos\theta}$$
$$= \frac{50 \times 3}{\frac{6}{\sqrt{8^2 + 6^2}}}$$
$$= 250[\text{kg}]$$

문제 116 공사산업 92년, 06년, 07년, 21년 출제 | 배점: 4점

가공 배전선로(22.9[kV])가 활선상태인 경우 전선의 피복을 벗기는 것은 매우 곤란한 작업이다. 이와 같은 활선상태에서 피복을 제거하는 공구의 명칭은 무엇인가?

답안 활선 피박기

문제 117 · 공사산업 05년, 15년 출제 · 배점 : 4점

활선 클램프란 무엇인지 간단히 설명하시오.

답안 분기고리와 기기 리드선을 결선하는 데 사용

문제 118 · 공사기사 20년 출제 · 배점 : 3점

가공 배전선로의 장력이 걸리지 않는 장소에서 분기고리와 기기 리드선을 결선하는 데 적용되는 다음 기기의 명칭을 쓰시오.

기기 그림	기기 명칭
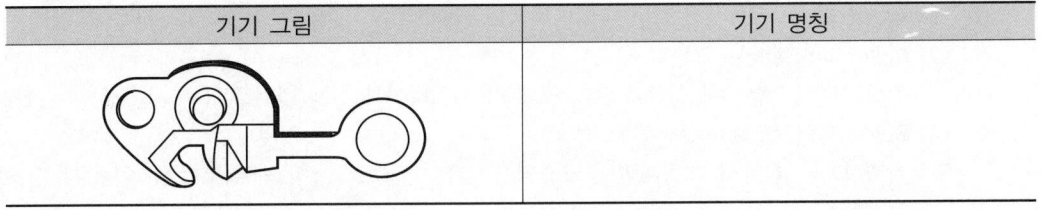	

답안 활선 클램프

문제 119 · 공사산업 21년 출제 · 배점 : 4점

활선 클램프의 적용(사용) 개소를 쓰시오.

답안 분기고리와 기기 리드선 결선하는 데 사용

문제 120 공사기사 94년, 98년 출제 | 배점 : 5점

배전 활선 바인드 작업 시 전선의 진동을 방지하기 위하여 전선을 잡아주거나 절단된 전선을 슬리브로 연결할 때에 전선을 빠지지 않도록 잡아당길 수 있는 스틱은 다음 중 어느 것인가?

(1) Grip-all clamp
(2) Strain link stick
(3) Roller link stick
(4) Spiral link stick

답안 (1)

해설 (2) Strain link stick
　　　인류형 혹은 내장형 장주에서 활차의 Cuma long 사이를 절연시킬 목적으로 사용하는 링크스틱
(3) Roller link stick
　　　전주 건주 시 전주에 전선이 닿지 않게 하기 위하여 전선을 벌려주는 데 사용하는 링크스틱
(4) Spiral link stick
　　　작업장소가 좁아서 스트레인 링크스틱을 직접 손으로 안전하게 취부할 수 없을 때 사용하는 링크스틱

문제 121 공사산업 08년, 22년 출제 | 배점 : 6점

송전 및 배전계통에서 무정전 공법의 종류를 크게 3가지로 구분하여 쓰시오.

답안
- 이동용 변압기 공법
- 바이패스 케이블 공법
- 공사용 개폐기 공법

문제 **122** 공사기사 03년, 07년 출제 ┤배점 : 6점├

가공 배전선로에서 전선공사 흐름도이다. ①, ②번 빈 공간에 흐름도가 옳도록 완성하시오.

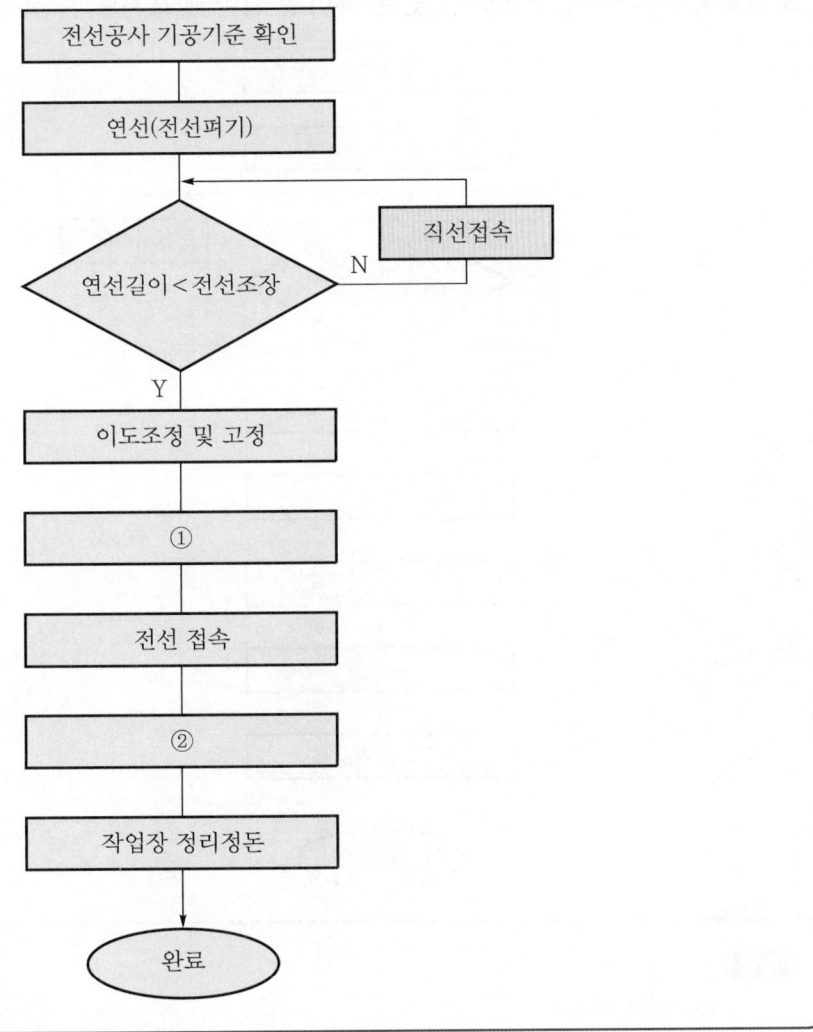

답안 ① 애자설치 및 바인드 시공
② 충전부 절연처리

문제 123 공사기사 17년 출제

배점 : 6점

전기공사표준작업절차서 중 가공 배전선로에서 전선 접속 작업흐름도이다. 흐름도가 옳도록 (1), (2), (3)에 들어갈 알맞은 용어를 답란에 쓰시오.

```
          전선공사 시공기준 확인
                  ↓
                 (1)
                  ↓
              ┌───────┐
              │전선펴기길이│ ──N──→ 직선접속
              │<전선조장 │          │
              └───────┘          │
                  │Y              │
                  ←───────────────┘
                  ↓
          전선처짐조정 및 고정
                  ↓
          애자설치 및 바인드 시공
                  ↓
                 (2)
                  ↓
                 (3)
                  ↓
            작업장 정리, 정돈
                  ↓
                 완료
```

답안 (1) 전선펴기
(2) 전선 접속
(3) 충전부 절연처리

문제 124 공사기사 03년, 08년 출제 | 배점 : 6점

가공 배전선로에 인입선 공사의 시공 흐름도이다. 차트를 참고하여 ①, ②, ③ 빈 공간에 흐름도가 옳도록 완성하시오.

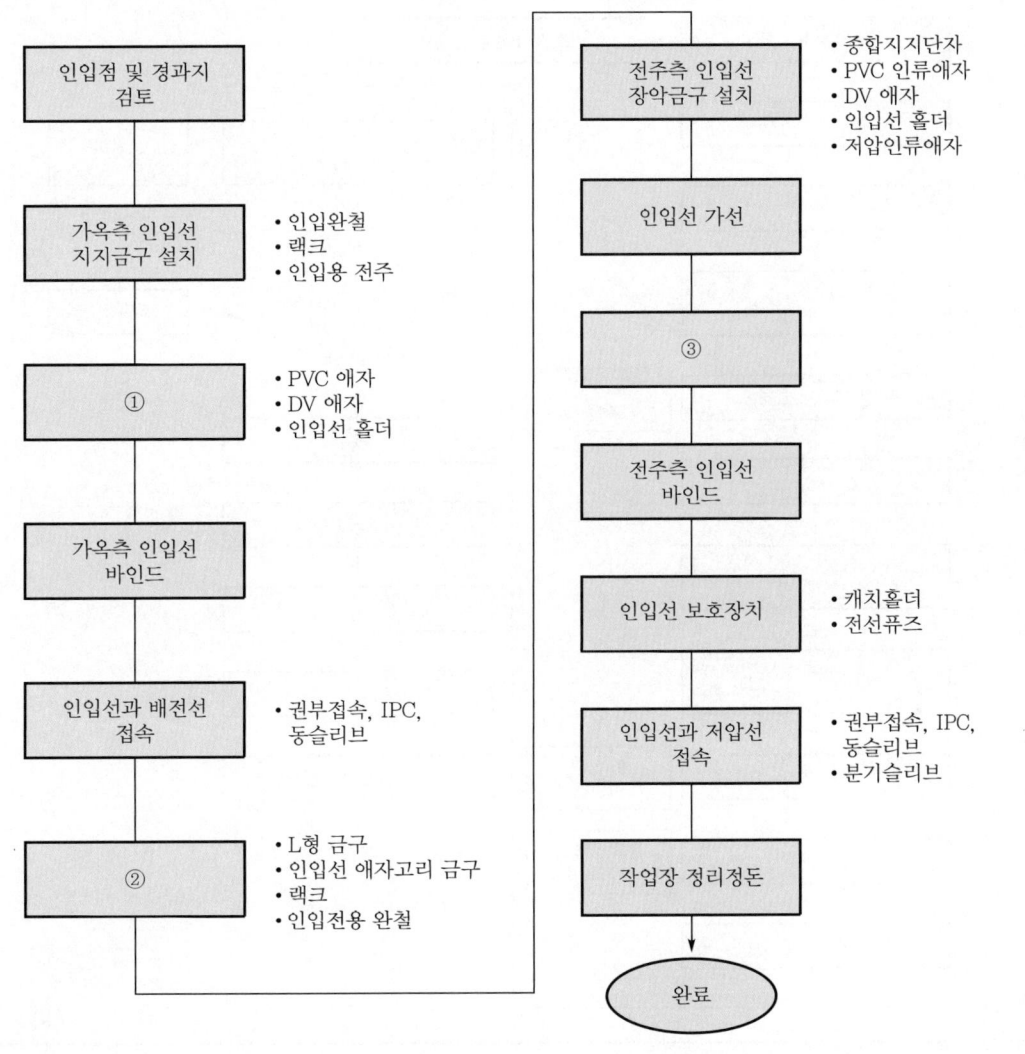

답안
① 가옥측 인입선 장악금구 설치
② 전주측 인입선 지지금구 설치
③ 인입선 이도 조정

1990년~최근 출제된 기출문제

문제 125   공사기사 02년, 04년, 05년 출제   배점 : 10점

변압기공사 시공 흐름도이다. ☐ 안의 (1), (2), (3), (4), (5) 빈 공간에 들어갈 내용을 시공 흐름도에 맞도록 완성하시오.

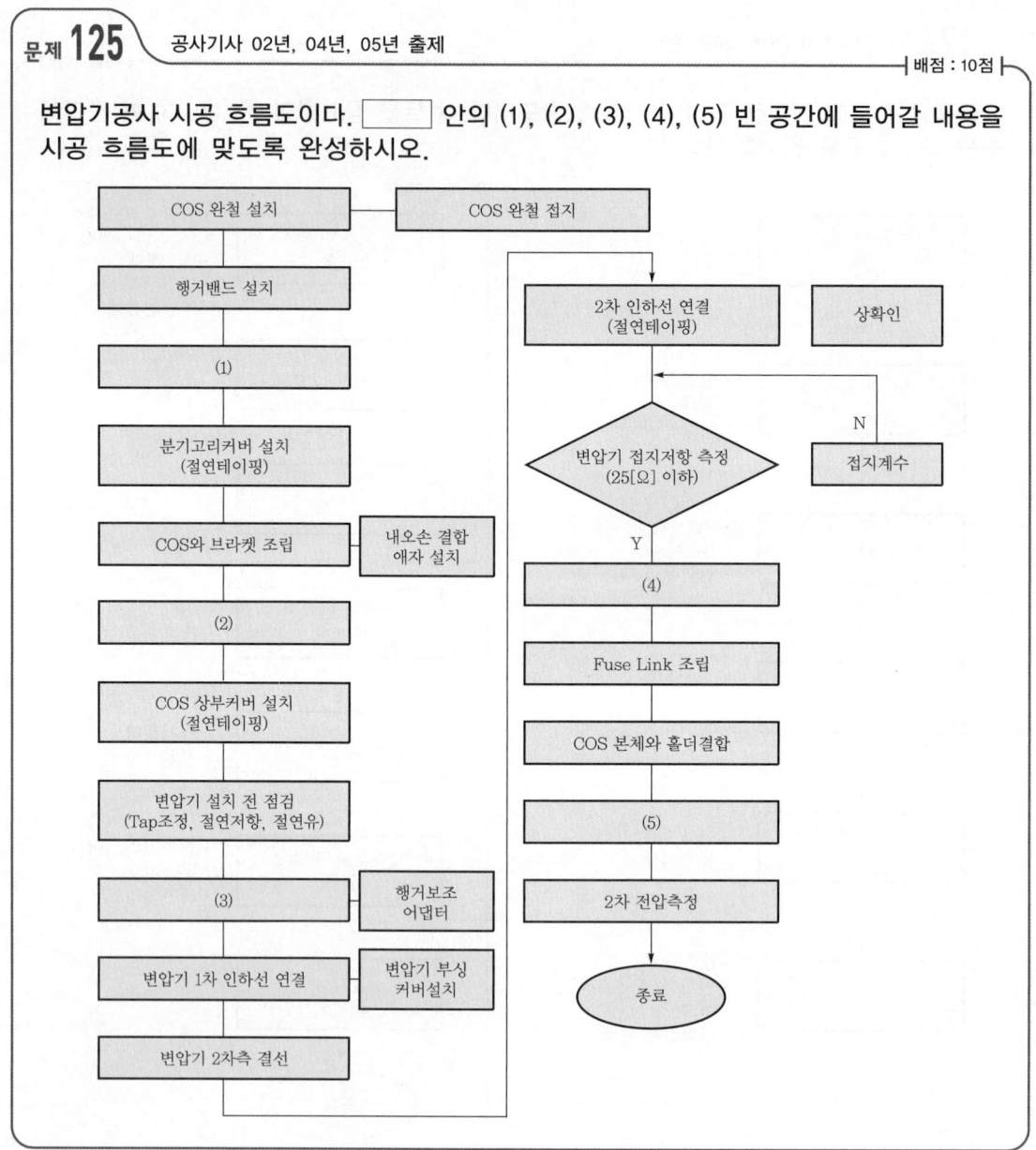

답안
(1) 분기고리 설치
(2) COS 설치
(3) 변압기 설치
(4) 외함 접지선 연결
(5) COS 투입

문제 126 공사기사 19년 출제

배점 : 5점

변압기공사 시공 흐름도이다. ☐ 안의 (1), (2), (3), (4), (5) 빈 공간에 알맞은 내용을 시공 흐름도에 맞게 완성하시오.

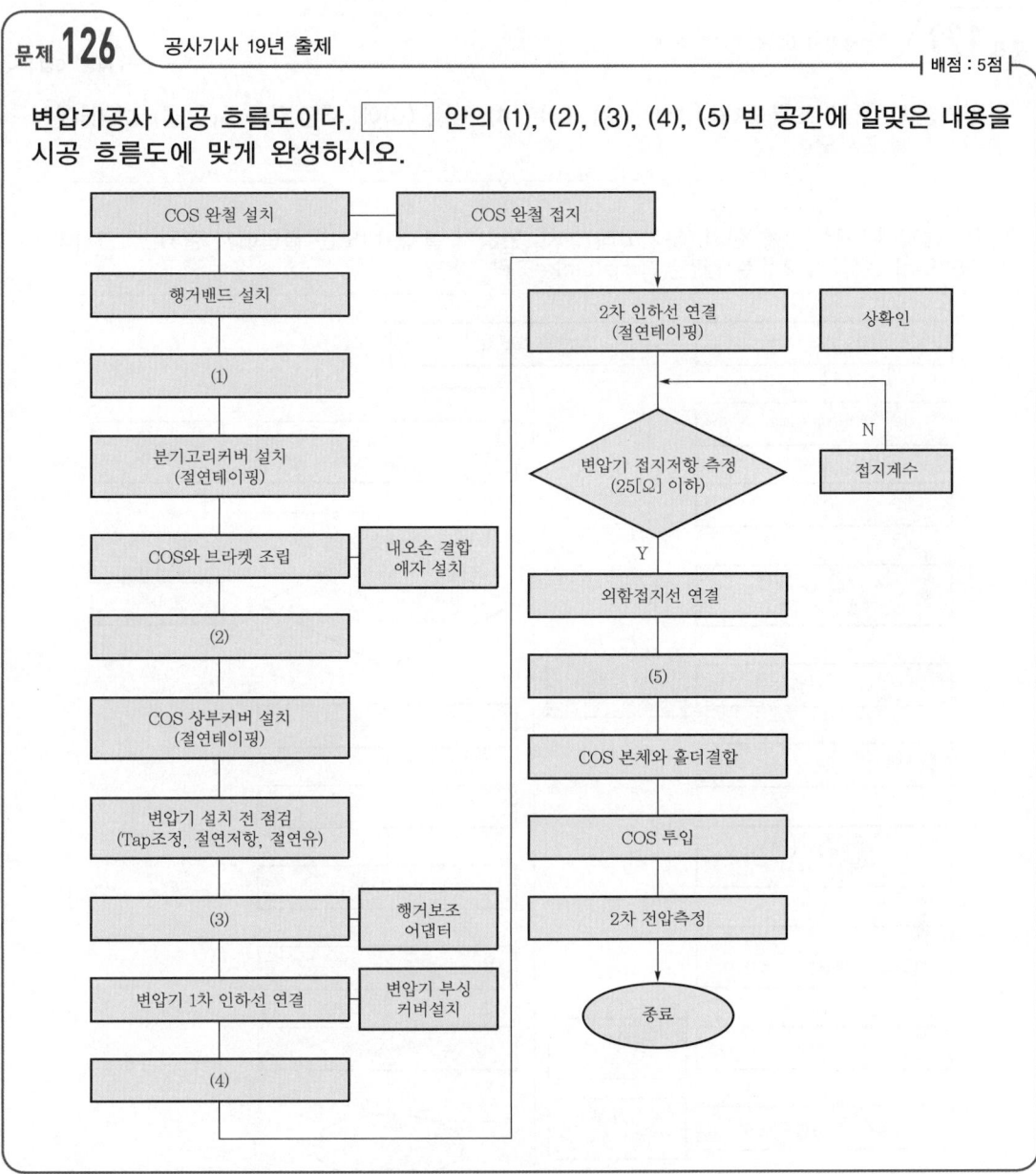

답안
(1) 분기고리 설치
(2) COS 설치
(3) 변압기 설치
(4) 변압기 2차측 결선
(5) Fuse Link 조립

문제 127 공사기사 06년, 07년 출제 | 배점: 6점

변압기공사 시공 흐름도이다. (1), (2), (3), (4), (5), (6)에 해당되는 사항을 [보기]에서 골라 써 넣으시오.

[보기]
외함 접지선 연결, COS 설치, 분기고리 설치, 변압기 설치, 내오손 결합애자 설치, 절연처리, COS 투입, 변압기 2차측 결선, Fuse Link 조립

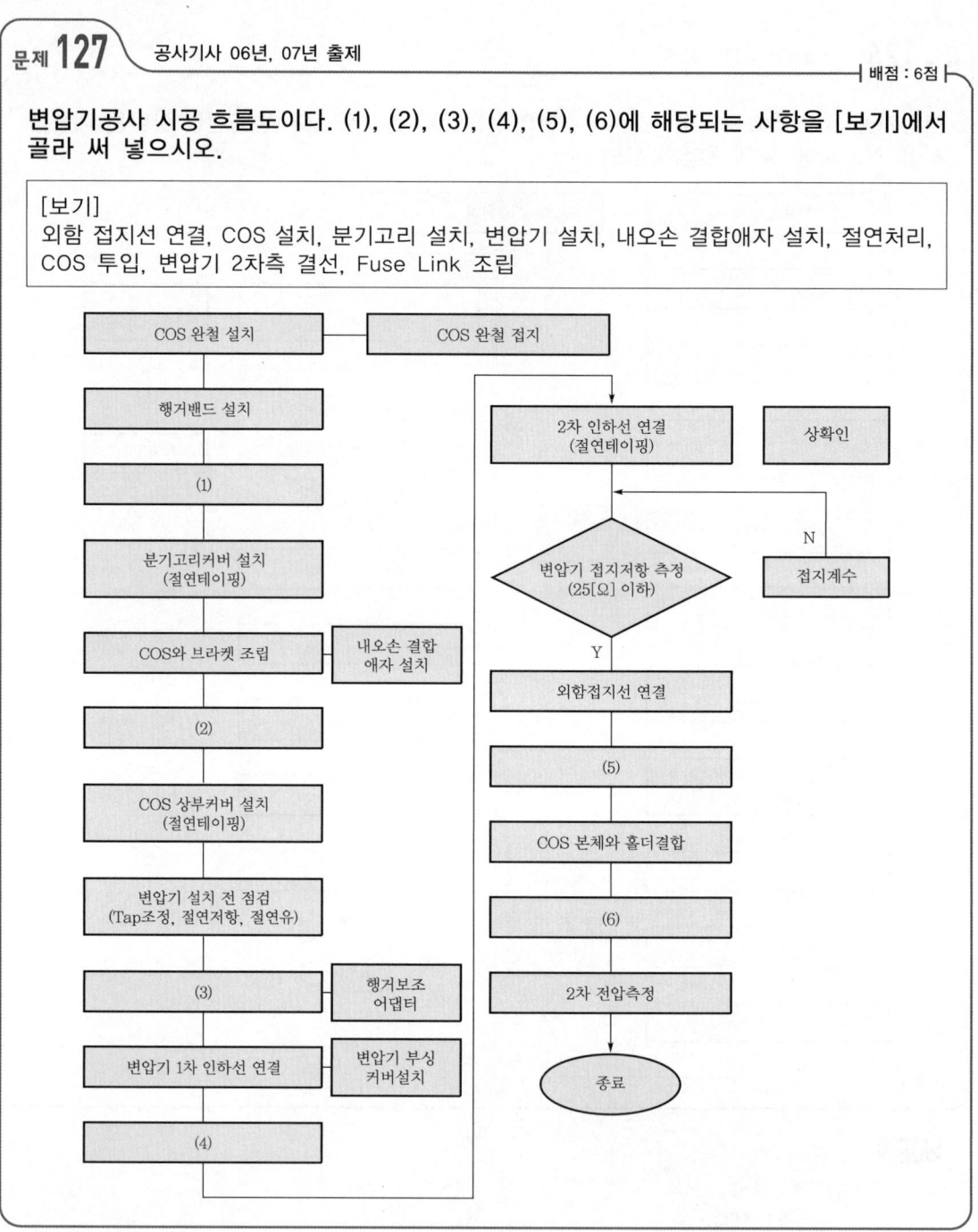

답안
(1) 분기고리 설치
(2) COS 설치
(3) 변압기 설치
(4) 변압기 2차측 결선
(5) Fuse Link 조립
(6) COS 투입

문제 128 | 공사산업 05년, 07년 출제
배점 : 5점

피뢰기공사의 시공 흐름도이다. (1), (2), (3), (4)에 들어갈 내용을 흐름도에 맞도록 완성하시오.

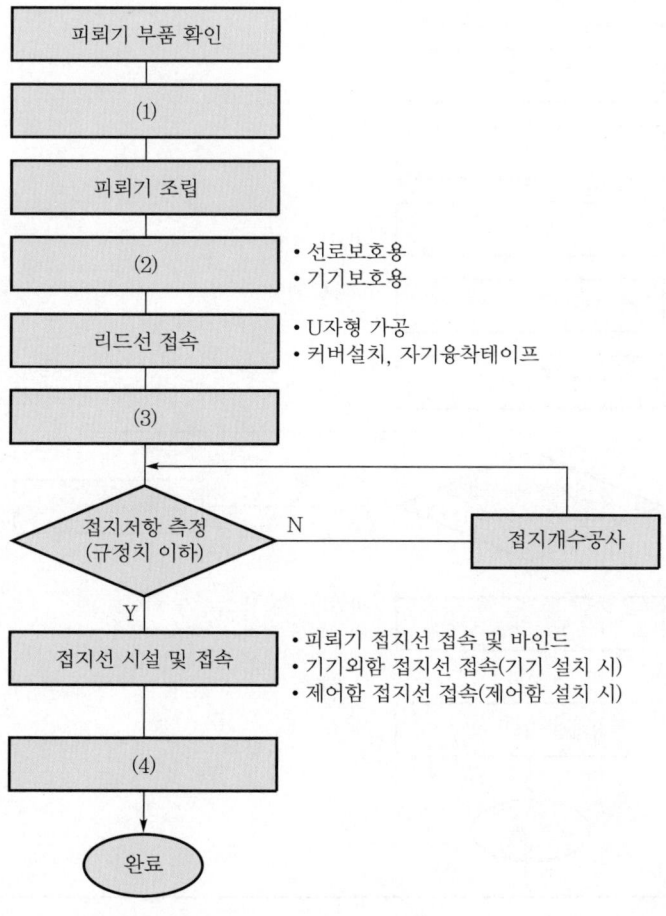

답안
(1) 피뢰기 점검
(2) 피뢰기 설치
(3) 접지극 시설
(4) 작업장 정리정돈

문제 129 · 공사기사 15년 출제 | 배점 : 6점

다음의 배전시공에서 피뢰기공사 시공 흐름도에 맞게 ①, ② 안의 내용을 완성하시오.

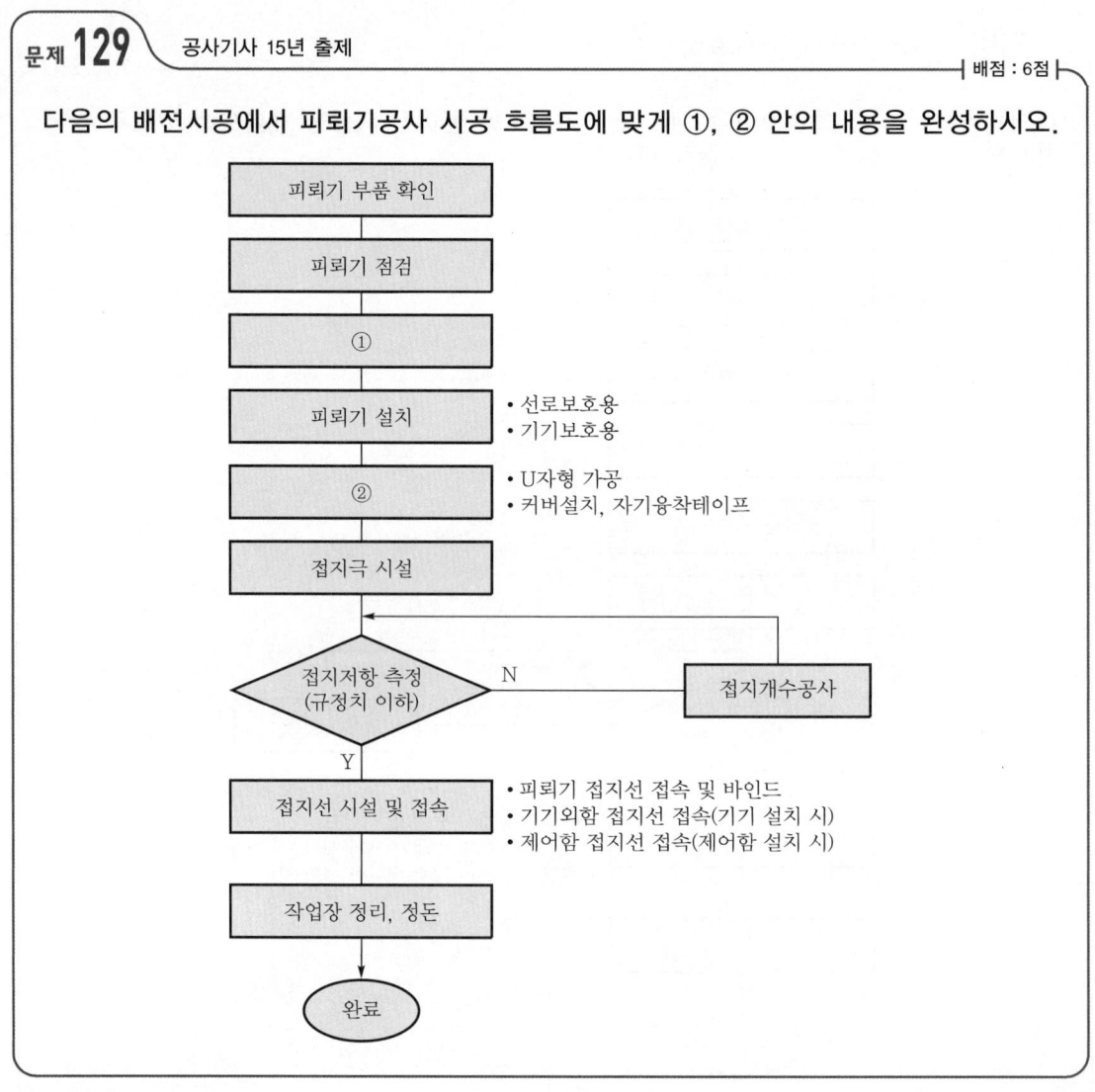

답안
① 피뢰기 조립
② 리드선 접속

문제 130 공사산업 03년, 13년 출제 | 배점 : 6점

단선 결선도의 흐름도이다. 흐름도를 보고 고압 및 저압 수·배전반에 해당하는 계량장치 종류를 ( ) 안에 쓰시오.

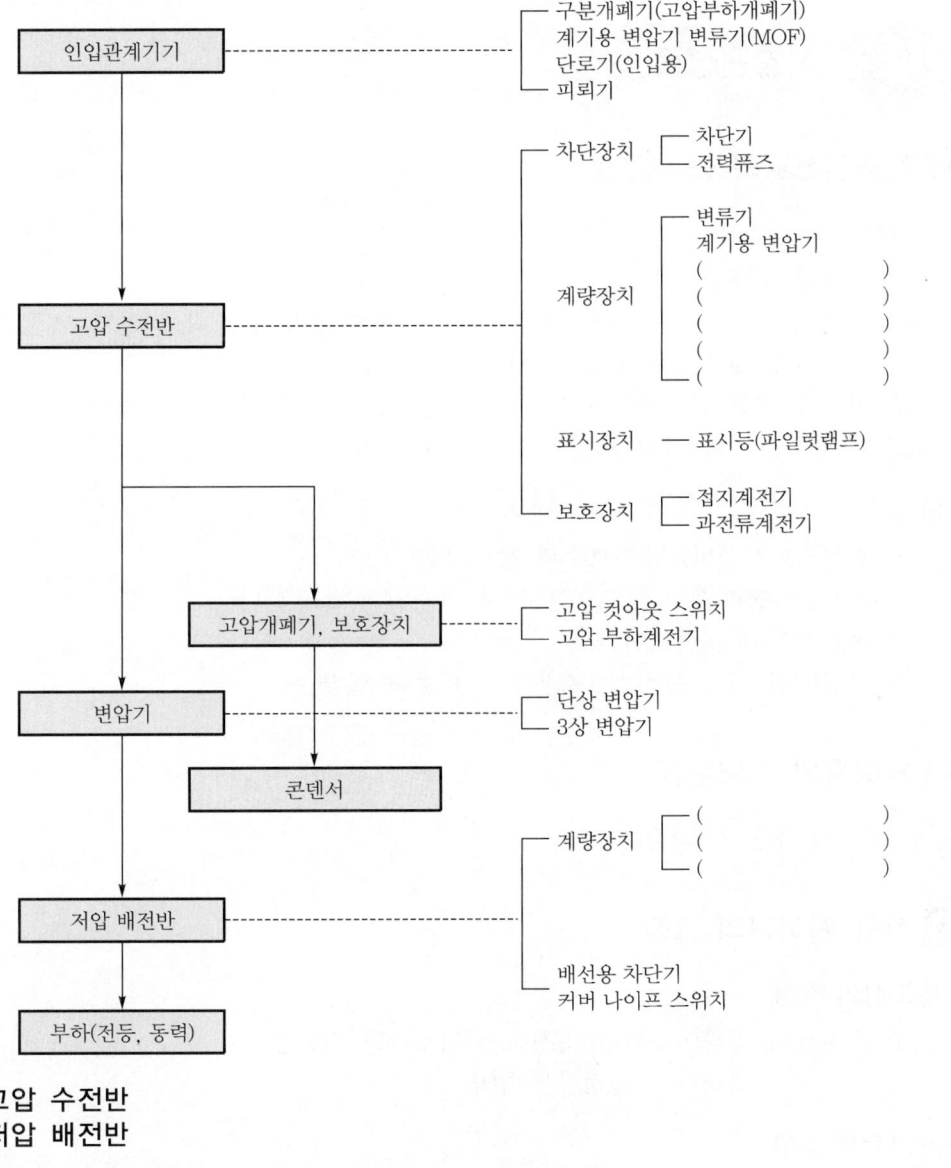

(1) 고압 수전반
(2) 저압 배전반

답안 (1) 영상 변류기, 전력계, 역률계, 전압계, 전류계
(2) 변류기, 전압계, 전류계

CHAPTER 04 지중전선과 인입선 및 시험측정

1990년~최근 출제된 기출 이론 분석 및 유형별 문제

기출개념 01 지중전선로

1 지중전선로의 장·단점

(1) 장점
① 미관이 좋다.
② 화재 및 폭풍우 등 기상 영향이 적고, 지역 환경과 조화를 이룰 수 있다.
③ 통신선에 대한 유도장해가 적다.
④ 인축에 대한 안전성이 높다.
⑤ 다회선 설치와 시설 보안이 유리하다.

(2) 단점
① 건설비, 시설비, 유지보수비 등이 많이 든다.
② 고장 검출이 쉽지 않고, 복구 시 장시간이 소요된다.
③ 송전용량이 제한적이다.
④ 건설작업 시 교통장애, 소음, 분진 등이 있다.

2 케이블의 전력손실

저항손, 유전체손, 연피손

3 전력 케이블의 고장

(1) 고장의 추정
① 유전체의 역률($\tan \delta$)을 측정하는 방법(셰링 브리지)
② 직류의 누설전류를 측정하는 방법

(2) 고장점 수색
① 머레이 루프법(Murray loop method) : 1선 지락고장, 선간 단락고장, 1선 지락 및 선간 지락고장 등을 측정한다.
② 정전용량의 측정에 의한 방법 : 단선 고장점을 구한다.
③ 수색 코일에 의한 방법
④ 펄스에 의한 측정법

개념 문제 01 공사기사 09년, 22년 출제 | 배점 : 6점 |

다음은 공칭전압 22.9[kV], 선심수 3, 특고압 수밀형 가공케이블(ABC-W) 단면도이다. 각 번호(①~⑥)에 대한 명칭을 쓰시오.

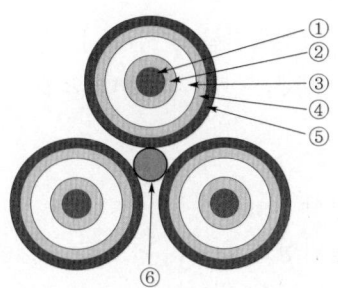

답안
① 도체
② 내부 반도전층
③ 절연층
④ 외부 반도전층
⑤ 시스
⑥ 중성선

개념 문제 02 공사산업 20년 출제 | 배점 : 4점 |

지지물의 형태에 따라 철구형과 철탑형, 수평 배치형과 수직 배치형으로 구분되어지는 것으로 지중 케이블과 가공선로를 연결하거나 지중 케이블과 변전소 구내에서 인출되는 송전선로를 연결하기 위한 설비의 명칭을 쓰시오.

답안 케이블 헤드

개념 문제 03 공사산업 96년 출제 | 배점 : 5점 |

CNCV-W 케이블의 명칭과 용도에 대하여 간략하게 쓰시오.
(1) 명칭
(2) 용도

답안
(1) 동심 중성선 수밀형 전력 케이블
(2) 22.9[kV] 다중 접지 선로

기출개념 02 구내 인입선

(1) 저압 가공인입선의 시설
① 인장강도 2.30[kN] 이상, 지름 2.6[mm] 경동선(단, 지지점 간 거리 15[m] 이하, 인장강도 1.25[kN] 이상, 지름 2[mm] 경동선)
② 절연전선, 케이블
③ 전선의 높이
  ㉠ 도로 횡단 : 노면상 5[m]
  ㉡ 철도 횡단 : 레일면상 6.5[m]
  ㉢ 횡단보도교 위 : 노면상 3[m]
  ㉣ 기타의 경우 : 지표상 4[m]

(2) 저압 연접 인입선
① 인입선에서 분기하는 점으로부터 100[m] 이하
② 폭 5[m]를 초과하는 도로를 횡단하지 아니할 것
③ 옥내를 통과하지 아니할 것

(3) 고압 인입선
① 전선에는 인장강도 8.01[kN] 이상의 고압 절연전선, 특고압 절연전선 또는 지름 5[mm]의 경동선 또는 케이블로 시설하여야 한다.
② 인입선의 높이는 지표상 5[m] 이상으로 하여야 한다.
③ 인입선이 케이블일 때와 전선의 아래쪽에 위험표시를 하면 지표상 3.5[m]까지로 감할 수 있다.
④ 고압 연접 인입선은 시설하여서는 아니 된다.

(4) 특고압 인입선
① 사용전압이 100[kV] 이하이며 전선에 케이블을 사용한다.
② 옥측부분 또는 옥상부분은 사용전압이 100[kV] 이하이다.
③ 특고압 연접 인입선은 시설하여서는 아니 된다.

(5) 배전 케이블 접속
① 케이블 접속의 필요성
  ㉠ 케이블 운반 및 포설 용이
  ㉡ 케이블 고장 복구
  ㉢ 케이블 단말의 전계완화
  ㉣ 케이블 단말 방수

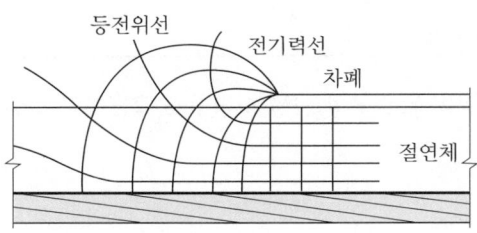

┃ 케이블의 전기력선 분포 ┃

② 전기적 스트레스(electrical stress) 완화방법

종 류	Stress relief com	Tape, Tube
원리	절연층 보강	유전체 경계조건
형태	Mold형	반도전성 테이프, 열수축형 튜브
방법	내부 반도전층과 중첩시키고 접지	내부 반도전층과 중첩

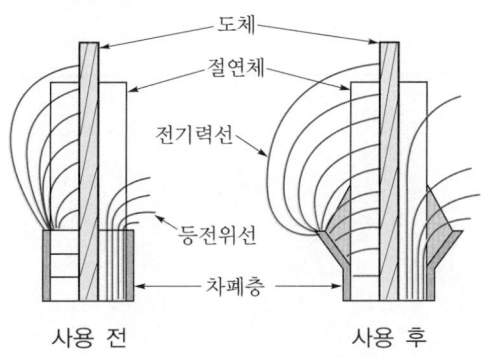

┃ 스트레스 콘 사용효과 ┃

개념 문제 01 공사산업 99년, 15년 출제 ┤ 배점 : 6점 ├

다음은 용어에 관한 설명이다. (   ) 안에 알맞은 용어를 쓰시오.
(1) (   )이라 함은 가공전선로의 지지물에서 다른 지지물을 거치지 아니하고 수용장소의 인입선 접속점에 이르는 가공전선을 말한다.
(2) (   )이라 함은 지중전선로의 배전반 또는 가공전선로의 지지물에서 직접 수용장소에 이르는 지중전선로를 말한다.
(3) (   )이라 함은 하나의 수용장소의 인입선 접속점에서 분기하여 지지물을 거치지 아니하고 다른 수용장소의 인입선 접속점에 이르는 전선을 말한다.

답안 (1) 가공인입선
 (2) 지중인입선
 (3) 연접인입선

1990년~최근 출제된 기출 이론 분석 및 유형별 문제

개념 문제 02 | 공사기사 15년 출제 | 배점 : 10점 |

가공인입선의 인입선 접속점 및 인입구 배선을 보여주는 그림이다. 그림 각 부위(①~⑤)의 명칭을 쓰시오.

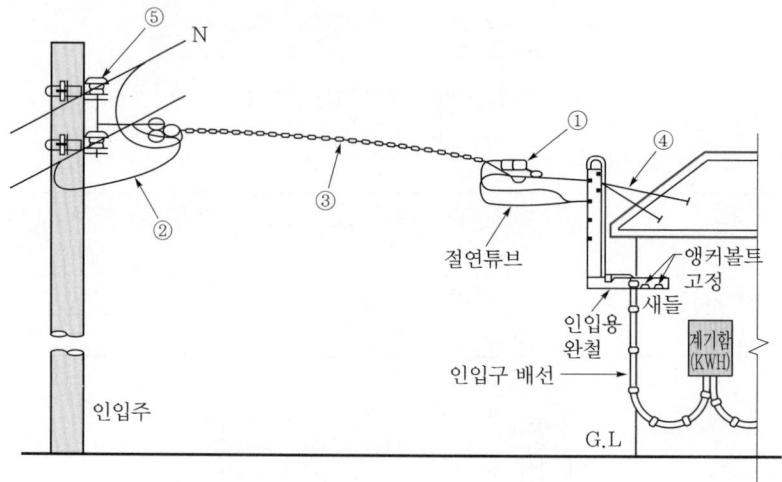

답안
① PVC애자
② 전선퓨즈
③ DV전선
④ 완철지선
⑤ 랙크

기출개념 03 시험 및 측정

▌전기계기의 동작 원리▐

종류	기호	사용 회로	주요 용도	동작 원리의 개요
가동 코일형		직류	전압계 전류계 저항계	영구자석에 의한 자계와 가동 코일에 흐르는 전류와의 사이에 전자력을 이용한다.
가동 철편형		교류 (직류)	전압계 전류계	고정 코일 속의 고정 철편과 가동 철편과의 사이에 움직이는 전자력을 이용한다.
전류력계형		교류 직류	전압계 전류계 전력계	고정 코일과 가동 코일에 전류를 흘려 양 코일 사이에 움직이는 전자력을 이용한다.
정류형		교류	전압계 전류계 저항계	교류를 정류기로 직류로 변환하여 가동 코일형 계기로 측정한다.

종 류	기 호	사용 회로	주요 용도	동작 원리의 개요
열전형		교류 직류	전압계 전류계 전력계	열선과 열전대의 접점에 생긴 열기전력을 가동 코일형 계기로 측정한다.
정전형		교류 직류	전압계 저항계	2개의 전극 간에 작용 정전력을 이용한다.
유도형		교류	전압계 전류계 전력량계	고정 코일의 교번 자계로 가동부에 와전류를 발생시켜 이것과 전계와의 사이의 전자력을 이용한다.
진동편형		교류	주파수계 회전계	진동편의 기계적 공진 작용을 이용한다.

1 전기계기의 구비조건

① 확도가 높고 오차가 적을 것
② 눈금이 균등하든가 대수눈금일 것
③ 응답도가 좋을 것
④ 튼튼하고 취급이 편리할 것
⑤ 절연 및 내구력이 높을 것

2 구성요소

① **구동장치** : 가동 코일형, 가동 철편형, 전류력계형, 열전형, 유도형, 정전형, 진동편형
② **제어장치** : 스프링 제어, 중력 제어, 전자 제어
③ **제동장치** : 공기 제동, 와류 제동, 액체 제동

3 전력량계

(1) 전력량계 원리

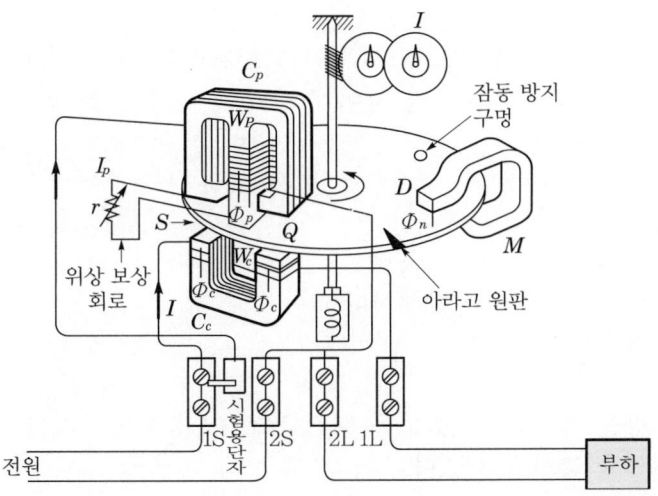

> - 원판의 구동은 원판을 통과하는 이동자계와 와류의 상호 작용에 의한다.
> - 원판은 이동자계의 방향으로 회전한다.
> - 원판의 제동은 영구자석에 의한다.
> - 원판이 일정한 회전을 하려면 구동 토크와 제어 토크는 같아야 한다.

① 전압 코일
  ㉠ 전압 코일은 권수가 많다. (110[V]급 5,000회 정도)
  ㉡ 공극(air gap)이 적어서 인덕턴스가 대단히 크다.
  ㉢ 전압자속 ϕ_p는 전압 E보다 90° 가까이 늦다.

② 전류 코일
  ㉠ 전류 코일은 권수가 적다. (10[A]급에서 15회 정도)
  ㉡ 공극(air gap)이 커서 인덕턴스가 극히 적다.
  ㉢ 전류자속 ϕ_c는 전류 I와 동상이다.

③ 잠동(creeping)
  ㉠ 무부하 상태에서 정격주파수 및 정격전압의 110[%]를 인가하여 계기의 원판이 1회전 이상하는 것이다.
  ㉡ 원인
    - 경부하 조정이 과도한 경우
    - 전원전압이 높은 경우
  ㉢ 방지 장치
    - 원판상에 작은 구멍을 뚫어 놓는다.
    - 원판측에 소철편을 붙인다.

④ 위상 조정장치
  ㉠ 전압자속 ϕ_p의 위상을 전압 E보다 90° 정확히 늦도록 하기 위한 것이다.
  ㉡ Shading coil을 전압 철심에 감고 가감 저항을 직렬로 연결하여 조정한다.

⑤ 제어 자석
  ㉠ 원판의 회전 속도에 비례하는 토크를 발생한다.
  ㉡ 구동 토크＝제어 토크

⑥ 경부하 조정장치
  ㉠ 계기의 기계적 마찰로 경부하 시에 회전력이 적어 오차가 많이 발생한다.
  ㉡ 방지 : 원판과 전압 코일 사이에 단락환 Q를 원판 회전 방향 쪽에 약간 옆으로 놓는다.
  ㉢ 효과 : 5[%] 부하에서 조정하는 효과는 10[%] 부하에서 조정하는 효과보다 2배 크다.

⑦ 중부하 조정장치
  ㉠ 중부하 시에 오차가 발생한다.
  ㉡ 제어자속 M의 위치를 조절한다.

⑧ 계량장치
  ㉠ 전력량을 계량할 수 있도록 회전축에 여러 개의 치차를 조합한 장치이다.
  ㉡ 지침형과 숫자형이 있다.

(2) 전력량계 결선

① 단독계기

㉠ 단상 2선식

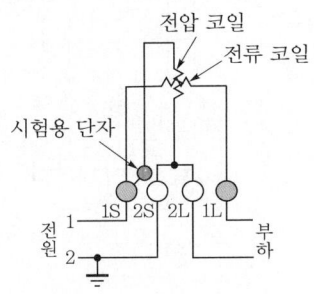

㉡ 3상 3선식(1, 2, 3 상순)
단상 3선식(2는 중성선)

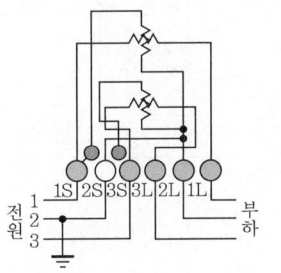

㉢ 3상 4선식(1, 2, 3 상순, 0 중성선)

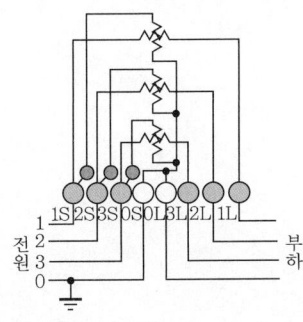

② 계기용 변류기 사용

㉠ 단상 2선식

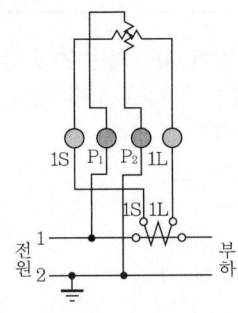

㉡ 3상 3선식, 단상 3선식

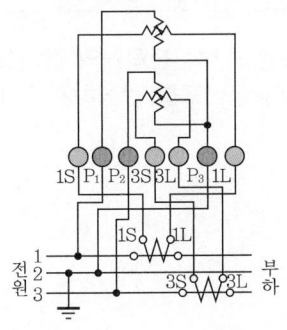

㉢ 3상 4선식

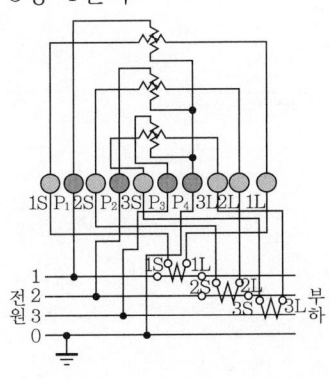

1990년~최근 출제된 기출 이론 분석 및 유형별 문제

③ 계기용 변압기 및 변류기 사용

㉠ 단상 2선식

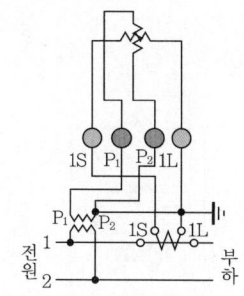

㉡ 3상 3선식, 단상 3선식

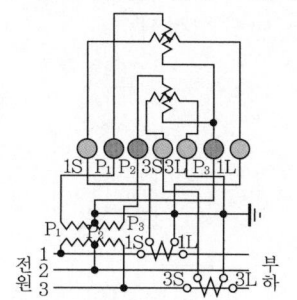

㉢ 3상 4선식

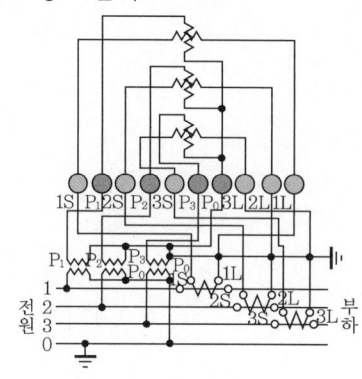

개념 문제 01 공사산업 19년 출제 ┥ 배점 : 5점 ┝

그림은 3상 3선식 적산전력계의 결선도(계기용 변압기 및 변류기를 시설하는 경우)를 나타낸 것이다. 미완성 부분의 결선도를 완성하시오. (단, 접지가 필요한 곳에는 접지 표시를 하도록 한다.)

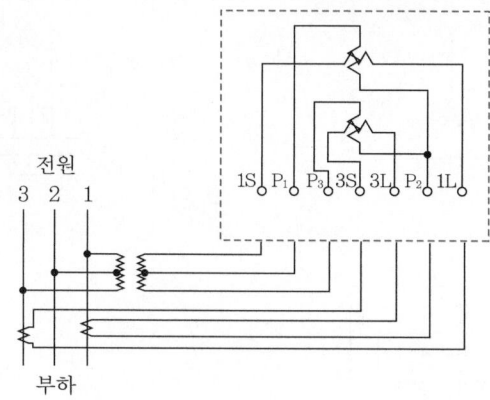

176 PART 01. 시설공사

답안

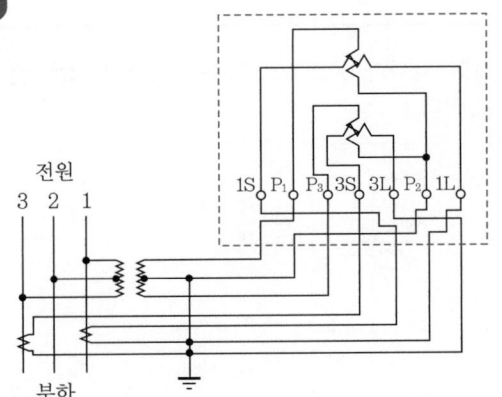

개념 문제 02 | 공사산업 20년 출제 | 배점 : 5점 |

그림과 같이 저항 4[Ω]을 Y결선한 부하와 △결선한 부하가 있다. 이 회로에 교류 3상 평형전압 200[V]를 가하였을 때, 양 부하에 대한 소비전력[kW]의 합을 구하시오. (단, 배선을 고려하지 않는다.)

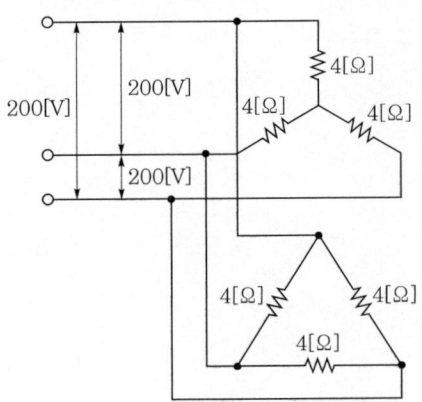

답안 40[kW]

해설
$$P_Y = 3\frac{E_Y^2}{R} = 3 \times \frac{\left(\frac{200}{\sqrt{3}}\right)^2}{4} \times 10^{-3} = 10[\text{kW}]$$

$$P_\triangle = 3\frac{E_\triangle^2}{R} = 3 \times \frac{200^2}{4} \times 10^{-3} = 30[\text{kW}]$$

따라서, $P = P_Y + P_\triangle = 10 + 30 = 40[\text{kW}]$

1990년~최근 출제된 기출 이론 분석 및 유형별 문제

개념 문제 03 공사기사 92년, 96년, 21년 출제 | 배점 : 5점 |

부하전력을 그림과 같이 측정하였을 때 전력계의 지시가 600[W]이었다면 부하전력은 몇 [kW]인지 구하시오. (단, 변압비와 변류비는 각각 30, 20이다.)

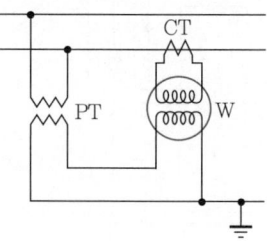

답안 360[kW]

해설 부하전력 = 측정전력(전력계의 지시값) × CT비 × PT비
$= 600 \times 20 \times 30 \times 10^{-3} = 360\,[\text{kW}]$

CHAPTER 04
지중전선과 인입선 및 시험측정

1990년~최근 출제된 기출문제
단원 빈출문제

문제 01 공사산업 96년, 18년 출제 | 배점 : 10점

다음 문제를 읽고 (   ) 안을 채우시오.

(1) 특고압 가공전선은 케이블인 경우를 제외하고 단면적 (①)의 (②) 또는 이와 동등 이상의 인장강도를 갖는 (③)이어야 한다.
(2) 지중전선로는 전선에 케이블을 사용하고 또한 (④), (⑤) 또는 (⑥)에 의하여 시설하여야 한다.
(3) 수용장소에 시설하는 비상용 예비전원은 (⑦)이 정전되었을 때 (⑧) 이외의 전로에 전력이 공급되지 않도록 시설하여야 한다.
(4) 고압 또는 특고압의 전로 중에 있어서 (⑨) 및 (⑩)을 보호하기 위하여 필요한 곳에는 과전류차단기를 시설하여야 한다.

답안 (1) ① 22[mm²], ② 경동연선, ③ 절연전선
(2) ④ 관로식, ⑤ 암거식, ⑥ 직접 매설식
(3) ⑦ 상용전원, ⑧ 수용장소
(4) ⑨ 기계기구, ⑩ 전선

문제 02 공사산업 95년, 06년 출제 | 배점 : 5점

정격전압 450/750[V] 이하 염화비닐 절연 케이블의 4심은 어떤 색으로 구성되어 있는지 그 구성 색을 모두 쓰시오.

답안 녹색 – 노란색, 갈색, 흑색, 회색 또는 청색, 갈색, 흑색, 회색

해설 KS C IEC 60227-1(정격전압 450/750[V] 이하 염화비닐 절연 케이블) 및 KS C IEC 60245-1 (정격전압 450/750[V] 이하 고무 절연 케이블)에 대한 색상

선심수	KS C IEC 60227-1 및 KS C IEC 60245-1에 따른 선심 색상
단심 케이블	권장색 구분 없음
2심 케이블	권장색 구분 없음
3심 케이블	녹색–노란색, 청색, 갈색 또는 갈색, 흑색, 회색
4심 케이블	녹색–노란색, 갈색, 흑색, 회색 또는 청색, 갈색, 흑색, 회색
5심 케이블	녹색–노란색, 청색, 갈색, 흑색, 회색 또는 청색, 갈색, 흑색, 회색, 녹색–노란색

문제 03 공사기사 98년 출제
배점 : 5점

이 케이블은 무슨 케이블인가?

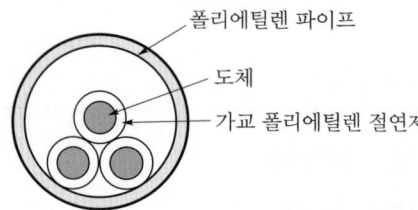

답안 CD 케이블(콤바인덕트 케이블)

문제 04 공사산업 92년 출제
배점 : 4점

CD 케이블을 구부리는 경우에는 CD 케이블의 덕트를 손상하지 아니하도록 하고 그 굴곡 부분에 굴곡 반경은 원칙적으로 덕트의 바깥지름이 35[mm] 미만일 경우에는 몇 배 이상을 하며, 35[mm] 이상일 경우는 몇 배 이상으로 하여야 하는가?

답안
- 35[mm] 미만 : 6배
- 35[mm] 이상 : 10배

문제 05 공사산업 19년 출제
배점 : 4점

다음 (   )에 들어갈 내용을 답란에 쓰시오.

알루미늄 피복 또는 연피를 갖는 케이블의 굴곡부의 내측 반경은 마무리 외경은 (①)배 이상, 연피를 갖지 않는 케이블의 경우는 (②)배 이상으로 하는 것이 바람직하다.

답안
① 12배
② 6배

문제 06 공사기사 94년 출제 | 배점 : 5점

케이블의 굴곡반경은 원칙적으로 케이블 완성품의 외경을 기준하여 단심인 것은 (①)배, 다심인 것은 (②)배 이상으로 하여야 한다. ( ) 안에 들어갈 내용을 쓰시오.

답안
① 8배
② 6배

문제 07 공사기사 92년 출제 | 배점 : 5점

고압케이블에서 단말처리의 주목적은 무엇인가?

답안 케이블의 내부로 수분 및 먼지 등의 침입으로 인한 절연이 나빠지는 것을 방지

문제 08 공사기사 95년, 96년 출제 | 배점 : 7점

그림은 6,600[V] CV 3×35[mm²] 케이블의 단말처리와 단면도이다. 물음에 답하시오.

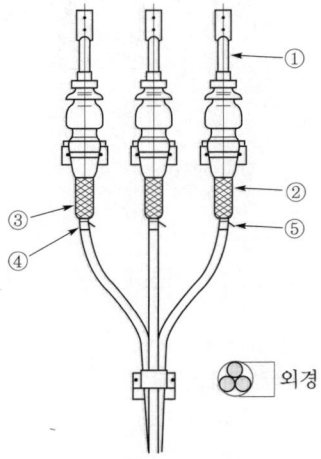

┃케이블 단면도┃

(1) 도면에서 ①의 부분에 케이블의 도체와 단자의 접속을 할 때 가장 적합한 공법은?
(2) 도면에서 ②의 부분에 사용하는 절연테이프의 명칭은?

(3) 도면에서 ③의 부분에 최외각층의 테이프를 감는 방법은?
(4) 도면에서 ④의 부분에 감은 테이프의 용도는?
(5) 도면에서 ⑤의 부분은 무슨 선인가?
(6) CV의 허용 구부림 반경의 최소치는 케이블 외경의 몇 배인가?
(7) 도면과 같은 단말 접속처리의 명칭은?

답안 (1) 압착접속
(2) 방수테이프(점착성 절연테이프)
(3) 하부에서 상부로 감는다.
(4) 표식용(상 색별 표시)
(5) 접지선
(6) 8배
(7) 고압케이블 종단접속(케이블 헤드)

문제 09 공사기사 96년 출제 | 배점 : 5점

그림은 6,600[V], 50[mm^2] 동선 3심 가교 폴리에틸렌 절연 비닐 외장 케이블(CV)의 옥외 종단개소의 처리를 행한 것이다. 이 처리에 필요한 재료 및 작업에 있어서 다음 물음에 답하시오.

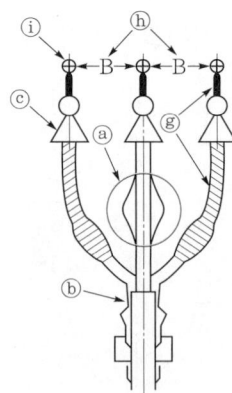

(1) 그림에서 ⓐ의 재료명칭과 사용하는 목적은?
(2) 그림에서 ⓑ의 재료명칭은?
(3) ⑨부분의 테이프 감는 방법은?
(4) 그림에서 ⓒ의 용도는?
(5) 그림에서 B의 표준치수는?

답안 (1) • 명칭 : 스트레스콘
　　　　• 목적 : 전계 완화
　　(2) 3분지관
　　(3) 아래에서 위로
　　(4) 빗물막이
　　(5) 200[mm]

문제 10 공사산업 01년, 07년, 11년, 18년, 19년 출제 | 배점 : 5점

지중배전선로 시공방법 중 관로식의 맨홀 시공에 사용되는 부속설비 5가지를 쓰시오.

답안 맨홀 뚜껑, 발판 볼트, 사다리, 물받이(집수정), 접지장치, 지지대 및 앵커볼트, 행거, 관로구 및 방수장치 등

문제 11 공사기사 10년, 18년, 20년, 21년 출제 | 배점 : 5점

한국전기설비규정에 의한 지중전선로의 케이블 시설방법 3가지를 쓰시오.

답안 직접 매설식, 관로식, 암거식

문제 12 공사기사 97년 출제 | 배점 : 5점

그림은 전력 케이블의 시공방법이다. 어떤 시공방법 설치도인지 답하시오.

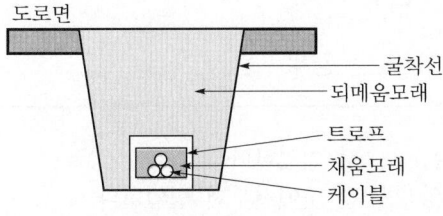

답안 직접 매설식

문제 13 공사기사 97년, 98년, 18년 출제 [배점 : 4점]

그림은 전력 케이블의 시공방법이다. 어떤 시공방법인지 답하시오.

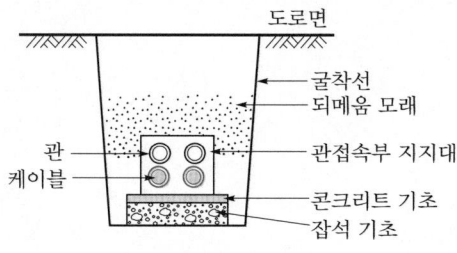

답안 관로인입식

문제 14 공사산업 11년 출제 [배점 : 5점]

지중배전선로 시공방법 중 관로식에서 사용하는 맨홀의 종류 5가지를 쓰시오.

답안 직선형, 직각형, 각도형, 짧은 다리 T형, 긴다리형

해설 맨홀의 종류

기 호	A형	B형	C형	D형	E형	X형	SA형
형 태	직선형	직각형	각도형	짧은 다리 T형	긴다리형	사방형	특수형

문제 15 공사산업 13년 출제 [배점 : 6점]

다음과 같이 관로에 케이블을 포설할 경우 인입방법을 쓰시오.

(1) 지표에 고저차가 있는 경우
(2) 굴곡이 있는 경우
(3) 짧은 맨홀과 긴 맨홀이 있는 경우

답안 (1) 높은 쪽에서 낮은 쪽으로 인입한다.
(2) 굴곡이 있는 곳의 가까운 곳에서부터 인입한다.
(3) 짧은 맨홀 쪽에서 긴 맨홀 쪽으로 인입한다.

문제 16 공사기사 94년, 97년 출제 |배점 : 6점|

특고압 지중 cable 인입 시공은 인입 방향에 따라 시공이 용이하다. 답안지 도면과 같은 현장일 때 올바른 방향 표시를 화살표로 그리시오.

① 고저차가 있는 cable 인입 방향

② 굴곡 개소가 있는 cable 인입 방향

③ 맨홀 길이에 따른 cable 인입 방향

답안
① 고저차가 있는 cable 인입 방향
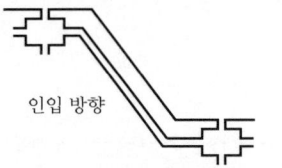

② 굴곡 개소가 있는 cable 인입 방향
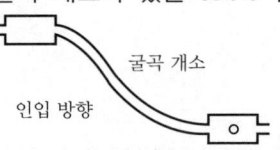

③ 맨홀 길이에 따른 cable 인입 방향
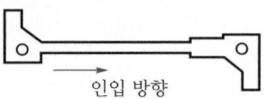

문제 17 공사기사 94년 출제 |배점 : 8점|

관로식 cable 포설시 관재의 선정 및 시공방법에 따라 허용전류, 포설장력 등에 많은 영향을 주고 있다. 관로배열과 전력 cable의 허용전류 변화에 대하여[(1), (2), (3)은 증가 또는 감소로 표기] 다음 물음에 답하시오.

(1) 관로 간의 거리가 가까울수록 허용전류는?
(2) 관로의 매설깊이가 깊을수록 허용전류는?
(3) 관로 공수가 많을수록 허용전류는?
(4) 굴곡개소가 많은 곳에 사용하는 자재의 명칭은?

답안
(1) 감소
(2) 감소
(3) 감소
(4) 합성수지파형관(파형 PE관)

문제 18 공사산업 97년 출제   배점 : 5점

특고압 선로 25,000[V] 이하에 쓰이는 CN-CV-W 전력 케이블은 어떤 계통의 선로에 주로 쓰이는가?

답안 다중접지계통(Y계통)

문제 19 공사기사 97년 출제   배점 : 6점

케이블 포설 후 바로 접속을 하지 않는 경우 습기 등이 침입되지 않도록 케이블 끝을 그림과 같이 방수 처리하여 준다. 물음에 답하시오.

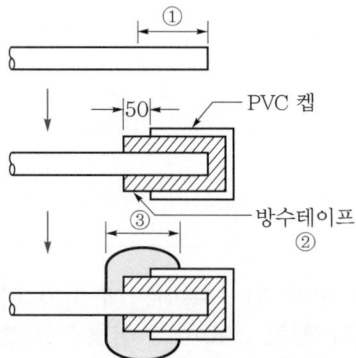

(1) 케이블 외피 위 ①은 몇 [mm]까지 사포로 문지르고 솔밴트로 청소하여야 하는가?
(2) ②는 사포로 문지른 곳을 방수테이프로 몇 회를 감고, 그 위에 PVC캡을 씌우는가?
(3) ③을 방수테이프로 그림과 같이 하여 몇 [mm] 정도 반겹쳐서 왕복 2회로 감는가?

답안
(1) 200[mm]
(2) 2회
(3) 100[mm]

문제 20 | 공사산업 06년, 14년, 21년 출제 | 배점 : 5점

지중 케이블의 고장 개소를 찾는 방법 5가지를 쓰시오.

답안
- 머레이 루프법
- 펄스 레이더법
- 정전용량법
- 수색코일법
- 음향에 의한 방법

문제 21 | 공사산업 16년, 21년 출제 | 배점 : 6점

현장에 포설된 CN-CV 케이블이 받는 여러 가지의 외적 요인 중 케이블을 열화시키는 요인으로는 전기적 요인, 열적 요인, 화학적 요인, 기계적 요인, 생물학적 요인으로 분류가 된다. 이중 전기적 열화의 종류 3가지만 쓰시오.

답안
- 부분 방전
- 전기 트리
- 물트리

해설 케이블의 열화 발생요인
- 전기적 요인 : 상시 운전전압이나, 과전압, 서지전압 등에 의해서 부분 방전, 전기 Tree, 물트리 등이 발생하여 Cable을 열화시킨다.
- 열적 요인 : 이상온도 상승, 열신축(열사이클) 등에 의해서 열적으로 연화되어 버리거나, 기계적인 손상 및 변형을 일으켜서 전기적 요인과 복합작용으로 열화시키며, 또한 열에 의해서 재질 자체가 화학적으로 변화하기도 한다.
- 화학적 요인 : 기름, 화학약품, 토양 중에 함유된 각종 화학물질 등에 의해서 Cable의 절연 외피를 부식시키거나 화학반응으로 변질시키며, 이들 화학물질이 절연층을 투과하여 도체에 닿으면 화학 트리를 일으켜서 케이블의 절연을 열화시킨다.
- 기계적 요인 : 기계적 압력이나 인장, 충격 또는 외상에 의해서 케이블이 기계적으로 손상 변경되어 전기적 원인과의 복합 작용으로 열화하며, 보호 피복의 손상으로 침수되어 절연이 파괴되기도 한다.
- 생물적 요인 : 개미나 쥐, 벌레 등이 Cable의 외피나 절연층을 갉아 먹는 원인으로 케이블이 손상되기도 한다.

1990년~최근 출제된 기출문제

문제 22 공사산업 12년, 17년 출제 | 배점 : 6점

지중관로 케이블 포설공사 시 포설 전 유의사항 3가지를 쓰시오.

답안
- 맨홀 내의 가스검출, 산소측정 및 환기
- 맨홀 내의 배수 및 청소
- 드럼측과 윈치측의 연락체계 확인
- 기자재의 정리정돈
- 맨홀 내의 롤러, 활차 등의 고정상태 확인 및 외상방지대책
- 와이어의 강도, 소선단선, 킹크여부 확인

문제 23 공사산업 17년 출제 | 배점 : 6점

케이블 고장점 탐지법 중 전기적 사고점 탐지법의 하나로서 휘트스톤 브리지의 원리를 이용하여 선로상의 고장점(1선 지락사고, 선간 지락사고)을 검출하는 방법은 무엇인지 쓰시오.

답안 머레이 루프법

문제 24 공사산업 01년, 06년 출제 | 배점 : 4점

수전을 지중인입선으로 시설하는 경우 22.9[kV-Y] 계통에서는 주로 어떤 케이블을 사용하는지 그 명칭을 쓰시오.

답안 동심 중성선 수밀형 전력 케이블(CNCV-W)

문제 **25** 공사기사 99년 출제 | 배점 : 3점

다음 그림에서 A, B, C의 명칭은?

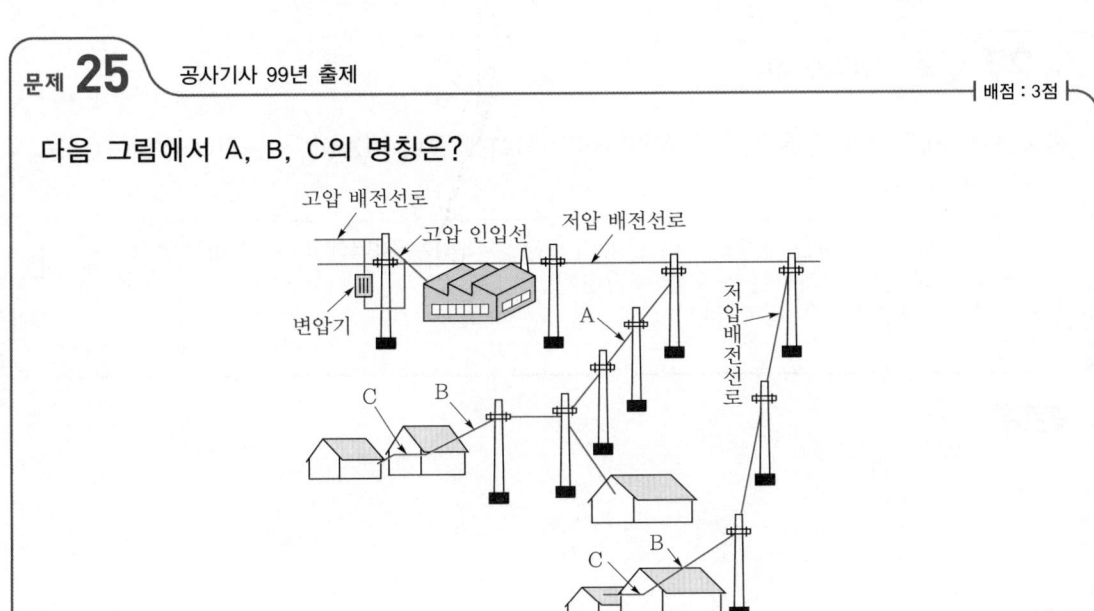

답안
A : 인입간선
B : 가공인입선
C : 연접인입선

문제 **26** 공사산업 92년, 02년, 06년, 09년, 16년, 20년 출제 | 배점 : 4점

"연접인입선"의 정의를 설명하시오.

답안 한 수용장소 인입구 접속점에서 분기하여 다른 지지물을 거치지 아니하고 다른 수용장소 인입구에 이르는 전선을 말함

문제 27 공사산업 22년 출제 | 배점: 6점

한국전기설비규정에 따른 저압 연접인입선의 시설에 관한 내용이다. 빈칸에 알맞은 내용을 쓰시오.

가. 인입선에서 분기하는 점으로부터 (①)[m]를 초과하는 지역에 미치지 아니할 것
나. 폭 (②)[m]를 초과하는 도로를 횡단하지 아니할 것
다. (③)를 통과하지 아니할 것

답안
① 100
② 5
③ 옥내

문제 28 공사기사 97년 출제 | 배점: 16점

그림은 전력회사의 고압 가공전선로에서 자가용 수용가 구내 기둥을 거쳐 수전설비에 이르는 가공인입선 시설도이다. 다음 물음에 답하시오.

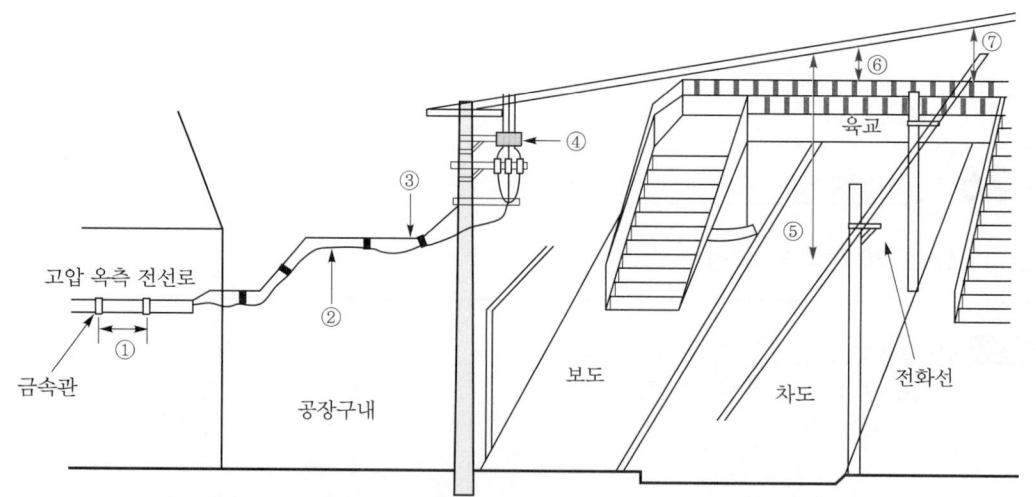

(1) ①의 고압 케이블을 조영재에 설치하는 경우 지지점 간 거리는 최대 몇 [m] 이하인가?
(2) ②의 케이블 시설방법에서 다음 중 옳은 것을 택하여 답하시오.
　• 케이블에 오프셋을 시설하였다.
　• 케이블은 CD케이블을 사용하였다.
(3) ③의 가공인입선 조가의 모양은 어떤 형인가?

(4) ③의 고압케이블에 의한 가공인입선 조가방법 중 옳은 것을 택하여 답하시오.
 • 안전율은 2.5 이상의 조가선을 사용하였다.
 • 조가용선에는 접지공사를 하지 않았다.
(5) ④의 구분개폐기 시설방법에서 옳은 방법을 택하여 답하시오.
 • 구분개폐기의 단로기를 설치하였다.
 • 구분개폐기를 안전상의 책임분계점에 설치하였다.
(6) ⑤의 고압가공전선의 차도횡단에서 높이의 최소값[m]은?
(7) ⑥의 고압가공전선의 육교 노면 위 높이의 최소값[m]은?
(8) ⑦의 고압가공전선의 전화선 이격거리의 최소값[m]은?

답안
(1) 2[m]
(2) 케이블에 오프셋을 시설하였다.
(3) 행거형
(4) 안전율은 2.5 이상의 조가선을 사용하였다.
(5) 구분개폐기를 안전상의 책임분계점에 설치하였다.
(6) 6[m]
(7) 3.5[m]
(8) 0.8[m]

문제 29 공사기사 96년, 99년 출제 　　　　　　　　　　　　　　　배점 : 16점

그림은 시가지에 시설한 고압 가공인입선의 구체적인 예와 지표상 높이 및 이격거리의 예다. 한국전기설비규정(KEC)에 의하여 ①~⑧에 관한 질문에 옳은 답을 쓰시오. (단, 전선은 고압 절연전선임)

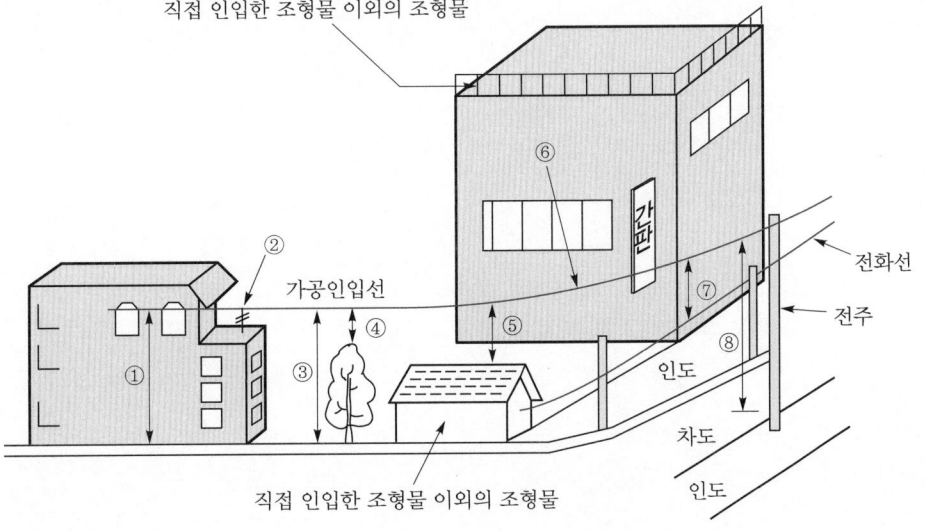

(1) ①로 표시된 곳의 인입선 부착점의 높이는 지표상 몇 [m]까지 감할 수 있는가?
(2) ②로 표시된 곳의 안테나와의 이격거리는 몇 [m] 이상인가?
(3) ③으로 표시된 곳에 일반장소의 지표상 높이는 몇 [m] 이상인가?
(4) ④로 표시된 곳에 수목과의 이격거리는 0.6[m]이다. 옳은가, 틀린가로 택하여 쓰시오.
(5) ⑤로 표시된 곳에 직접 인입한 조형물 이외의 조형물 상방의 이격거리는 몇 [m]인가?
(6) ⑥으로 표시된 곳에 간판과의 이격거리는 몇 [m]인가?
(7) ⑦로 표시된 곳에 전화선과의 이격거리는 몇 [m] 이상인가?
(8) ⑧로 표시된 곳에 도로 횡단 개소의 노면상으로부터의 높이는 몇 [m] 이상인가?

답안 (1) 3.5[m]
(2) 0.8[m]
(3) 5[m]
(4) 틀리다.
(5) 2[m]
(6) 0.8[m]
(7) 0.8[m]
(8) 6[m]

해설 (1), (3) 고압 가공인입선의 시설(KEC 331.12.1)
고압 가공인입선의 높이는 지표상 5[m]로 하여야 한다. 그러나 그 고압 가공인입선이 케이블 이외의 것인 때에는 그 전선의 아래쪽에 위험표시를 하면 고압 가공인입선의 높이는 지표상 3.5[m]까지로 감할 수 있다.
(2) 고압 가공전선과 안테나의 접근 또는 교차(KEC 332.14)
사용전압이 고압이고 절연전선이므로 0.8[m](참고 : 케이블 0.4[m])
(4) 고압 가공전선과 식물의 이격거리(KEC 332.19)
상시 불고 있는 바람에 접촉하지 않으면 된다(원칙).

문제 30 공사기사 97년, 99년, 14년, 19년 출제 | 배점 : 10점 |

그림은 전력회사의 고압 가공전선로로부터 자가용 수용가 구내 기둥을 거쳐 수변전설비에 이르는 지중인입선의 시설도이다. 다음 물음에 답하시오.

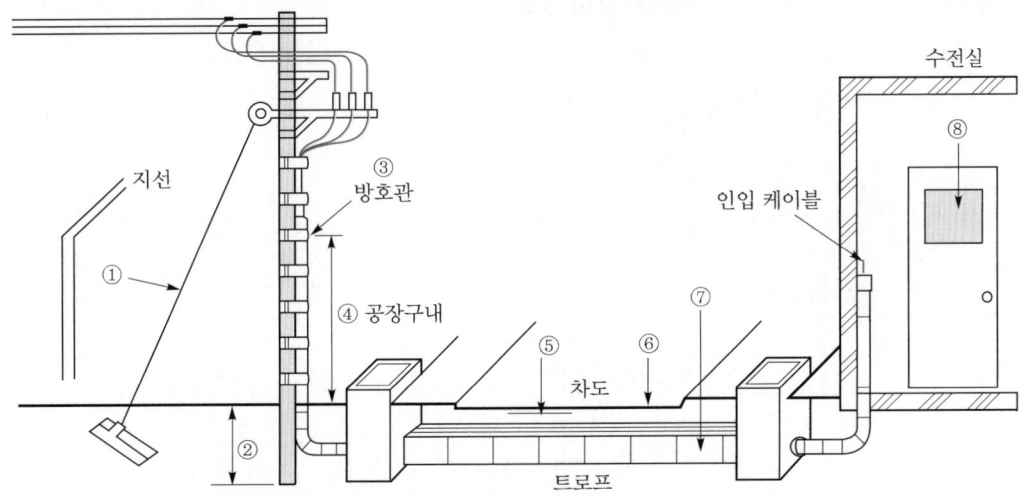

(1) 가공전선로 지지물에 시설하는 지선은 소선 몇 조 이상으로 꼬아서 사용하는가?
(2) 지선의 안전율은 몇 이상으로 하고 허용인장하중의 최저값은 몇 [kN]으로 하는가?
(3) ⑧의 수전실 출입구와 문에 의무화되어 있지 않은 것은 다음 중 어느 것인가 택하여 답하시오.
  • 자물쇠 장치를 시설하였다.
  • 관계자외 출입금지 표시를 하였다.
  • 화기엄금 표시를 하였다.
(4) ⑤의 케이블 표시 시트에서 표시하지 않는 것은 다음 중 어느 것인가 택하시오.
  • 물건의 명칭
  • 관리자명
  • 전압 및 매설년도
  • 케이블의 종류

답안 (1) 3조
  (2) • 안전율 : 2.5 이상
      • 허용인장하중 : 4.31[kN]
  (3) 화기엄금 표시를 하였다.
  (4) 케이블의 종류

문제 31 공사산업 92년 출제   배점: 10점

다음 그림은 22.9[kV-Y] 가공전선로로부터 자가용 수용가의 구내에 있는 전주를 거쳐 지중을 통과하여 건물의 옥상에 있는 수전설비까지의 전로를 나타낸 것이다. 이 그림을 참조하여 문제 (1)~(7)에 관하여 답하여라.

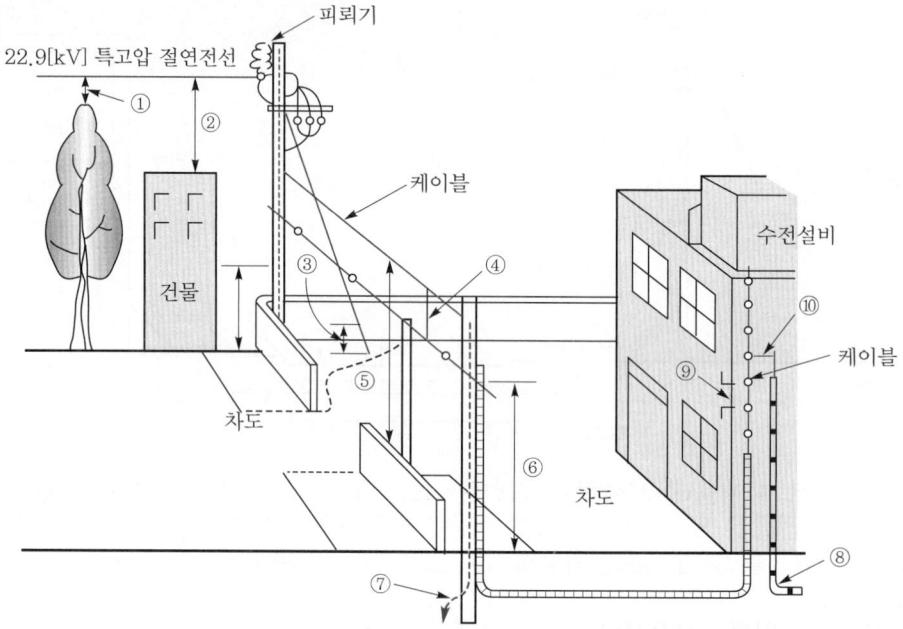

(1) 22.9[kV] 가공전선으로 케이블을 사용하는 경우 식물과의 이격거리는 다음 중 어느 것에 해당하는가? [단, 1.2[m] 이상 이격하여야 한다. 2.0[m] 이상 이격하여야 한다. 접촉하지 않도록 한다. (도면에 표시된 ① 참조)]
(2) 22.9[kV-Y] 가공전선(특고압 절연전선)이 건물의 위쪽으로 통과할 때 그 이격거리의 최소값[m]은? (도면에 표시된 ② 참조)
(3) 지선의 지표 부근에 시설하는 지선봉의 표면상 높이의 최소값은? (도면에 표시된 ③ 참조)
(4) 22.9[kV-Y] 가공전선(케이블)과 전화선(통신용 케이블)과의 이격거리의 최소값[m]은? (도면에 표시된 ④ 참조)
(5) 22.9[kV-Y] 가공전선(케이블)이 도로를 횡단할 경우 지표상 높이의 최소값[m]은? (도면에 표시된 ⑤ 참조)
(6) 케이블이 손상을 받을 우려가 있는 곳에 시설하는 경우 케이블의 보호관의 지표상 높이의 최소값은 몇 [m] 이상으로 하여야 하는가? (도면에 표시된 ⑥ 참조)
(7) 케이블 보호관의 접지공사의 접지극으로 내경 75[mm] 이상의 금속제 수도관을 대용하는 경우 수도관의 접지저항의 최대값[Ω]은? (도면에 표시된 ⑧ 참조)

답안 (1) 접촉하지 않도록 한다.
(2) 2.5[m]   (3) 0.3[m]
(4) 0.5[m]   (5) 6[m]
(6) 2[m]   (7) 3[Ω]

문제 **32** 공사산업 94년, 97년 출제 | 배점 : 16점 |

다음 그림은 시가지에 시설한 고압 전선로에서 자가용 수용가에 구내 전주를 경유해서 옥외 수전설비에 이르는 전선로 및 시설의 실체도이다. 물음에 답하시오.

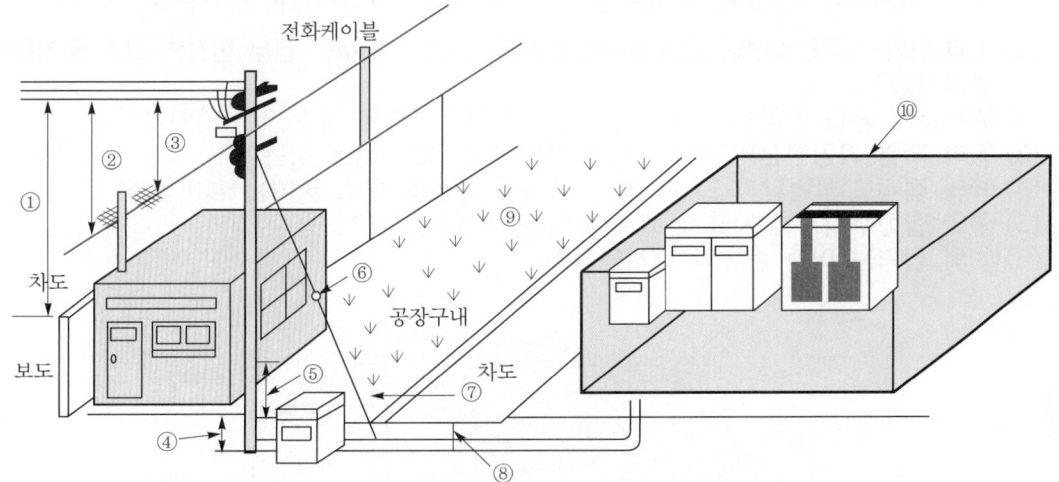

(1) 그림에 표시된 ①에서 고압 가공전선이 차도를 횡단하는 경우 지표상의 높이는 몇 [m] 이상인가?
(2) 그림에 표시된 ②에서 고압 가공전선과 전화 케이블의 이격거리는 몇 [cm] 이상인가?
(3) 그림에 표시된 ③에서 고압 가공전선과 TV 안테나의 이격거리는 몇 [cm] 이상인가?
(4) 그림에 표시된 ④에서 전주가 땅에 묻히는 길이는 몇 [m]인가? (단, 인입주는 전장 15[m]의 콘크리트주이고, 설계하중은 6.8[kN]이다.)
(5) 그림에 표시된 ⑤에서 발판 볼트의 지표상 높이는 몇 [m]인가?
(6) 그림에 표시된 ⑥에서 이 물품의 사용 목적은 무엇인가?
(7) 그림에 표시된 ⑦에서 사용되는 소선의 가닥수는 얼마인가?
(8) 그림에 표시된 ⑧에서 지중전선로의 차도에서의 매설깊이는 몇 [m] 이상인가?

답안
(1) 6[m]
(2) 80[cm]
(3) 80[cm]
(4) 2.5[m]
(5) 1.8[m]
(6) 감전사고 방지
(7) 3가닥
(8) 1[m]

해설 (4) 땅에 묻히는 깊이 $= 15 \times \dfrac{1}{6} = 2.5[\text{m}]$

문제 33 공사기사 92년, 98년 출제
배점 : 12점

다음 그림은 시가지에 시설한 전선로 등을 나타내고 있다. 한국전기설비규정(KEC)에 준하여 다음 물음에 답하여라. (단, 고압 가공전선 및 고압 가공인입선에는 고압 절연전선을 사용하고, 저압 가공전선으로는 옥외용 비닐 절연전선을 사용하고 있다.)

(1) ①의 고압 가공인입선에 고압 절연전선(경동선)을 사용하는 경우 전선의 최소 굵기는 얼마인가?
(2) ②부분의 고압 가공인입선과 전화선과의 이격거리는 최소 몇 [m]인가?
(3) ⑥의 저압 가공전선의 지표상의 높이는 최소 몇 [m]로 하는가?
(4) ⑧의 접지도체(변압기 2차측 접지)로서 동전선의 최소 굵기는 얼마인가?
(5) ⑨의 합성수지관의 지표상 최소 높이는 몇 [m]인가?
(6) ⑧의 접지는 어떤 종류의 접지인가?

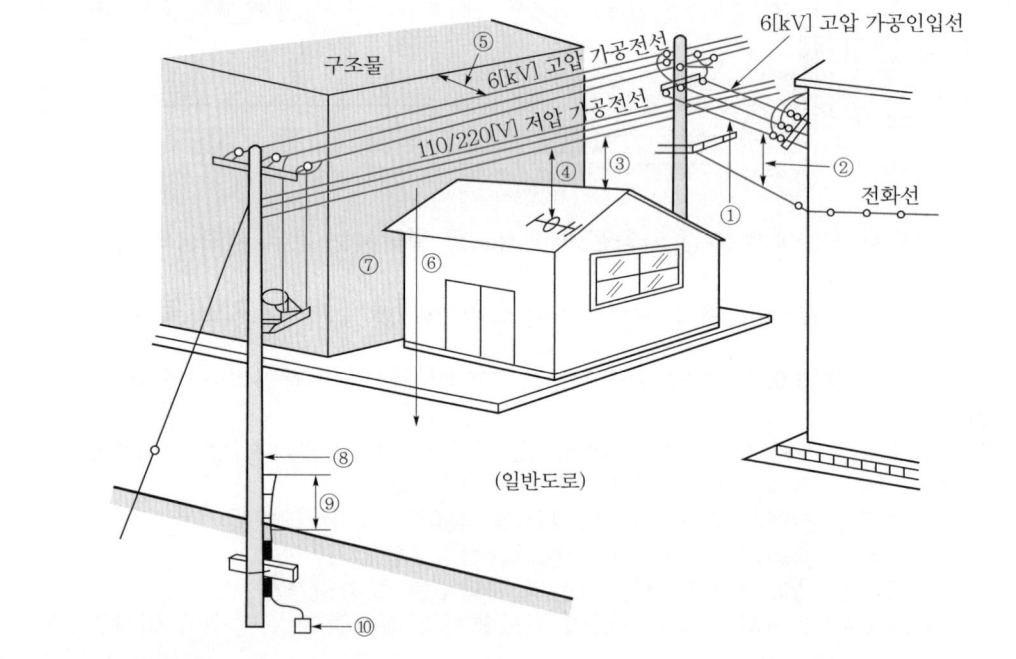

답안
(1) 5[mm^2]
(2) 0.8[m]
(3) 6[m]
(4) 6[mm^2]
(5) 2[m]
(6) 계통접지

문제 34 공사산업 98년, 00년 출제

배점 : 10점

다음 시가지에 있어서 6,600[V]의 고압 가공전선로(OC선)에서 지중 케이블에 의해 자가용 변전소에 인입되는 경우의 배치도이다. 다음 (1)~(5)의 질문에 답하여라.

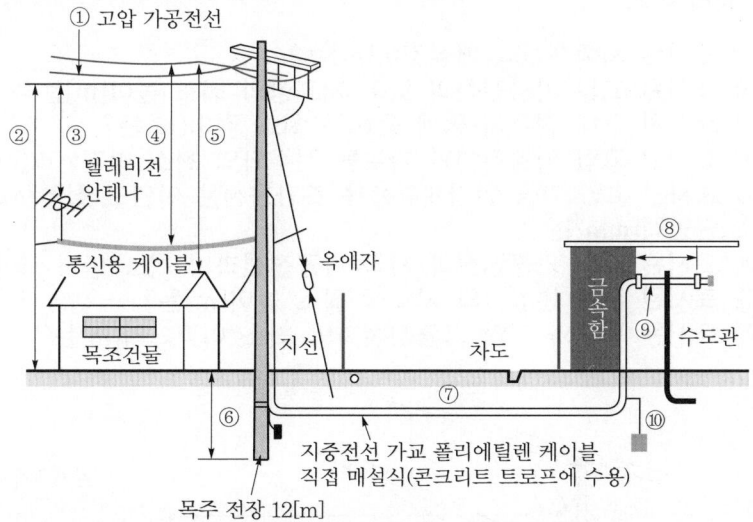

(1) ⑥으로 표시된 전주의 매입되는 깊이는?
(2) ⑦로 표시된 고압케이블의 매설 깊이는 얼마인가?
(3) ①로 표시된 고압 가공전선에 경동선을 사용하는 경우 전선의 최소 굵기는?
(4) ⑤로 표시된 고압 가공전선과 지붕과의 최소 이격거리는?

답안
(1) 2[m]
(2) 1.0[m]
(3) 5.0[mm²]
(4) 2[m]

해설
(1) $12[\text{m}] \times \dfrac{1}{6} = 2[\text{m}]$

1990년~최근 출제된 기출문제

문제 35 공사기사 93년, 95년 출제 　　　　　　　　　　　　　　　　　배점 : 10점

다음 그림은 시가지에 시설할 고저압 가공전선로와 함께 도로를 횡단해서 고압 가공전선 및 가공케이블에 의해서 인입한 자가용 전기설비까지의 전로를 나타낸 것이다. 도면을 보고 물음을 답하시오.

(1) 도면 ①에 표시된 지중전선의 매설깊이[m]는?
(2) 도면 ②에 표시된 고압 가공전선의 도로 지표상의 최소 높이[m]는?
(3) 도면 ③에 표시된 구내 전주의 땅에 묻히는 최소 깊이[m]는?
(4) 도면 ④에 표시된 고압 가공전선과 가로등 전주와의 최소 이격거리[m]는?
(5) 도면 ⑤에 표시된 고압 가공 인입케이블용 조가용선은 아연도 철연선을 사용하는 경우 최소 단면적[mm²]은?
(6) 도면 ⑦에 표시된 고압 가공전선과 저압 가공전선과의 최소 이격거리[m]는?
(7) 도면 ⑧에 표시된 주상 변압기의 지표상 최소 높이[m]는?
(8) 도면 ⑨에 표시된 육교와 저압 가공전선과의 최소 이격거리[m]는?

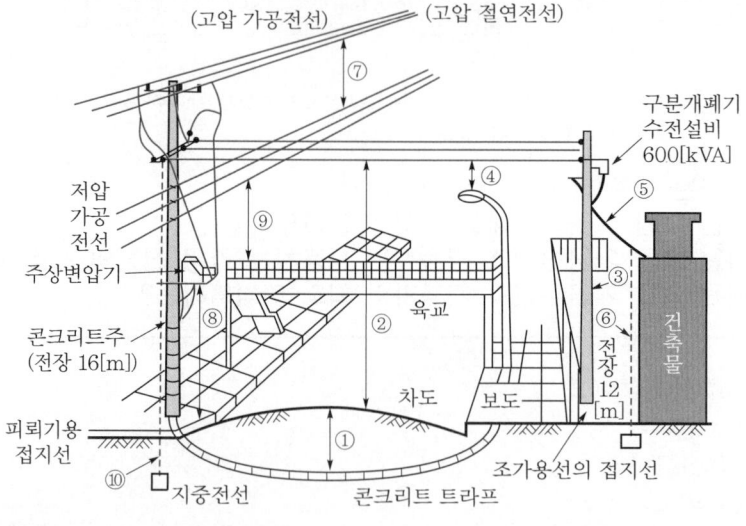

답안
(1) 1[m]
(2) 6[m]
(3) 2[m]
(4) 0.8[m]
(5) 22[mm²]
(6) 0.5[m]
(7) 4.5[m]
(8) 3[m]

문제 36 공사기사 99년 출제 | 배점 : 5점

22.9[kV] 선로의 저압 인입장주도에서 사용되는 인류스트랩의 용도에 대해 간단히 쓰시오.

답안 가공 배전선로 및 인입선에서 인류애자와 데드엔드클램프를 연결하기 위한 금구

문제 37 공사기사 05년, 11년 출제 | 배점 : 4점

지시전기계기의 동작원리에 의한 분류를 나타낸 것으로 번호 (1), (2), (3), (4)의 빈칸에 적당한 계기의 종류 및 사용용도를 기입하시오.

계기의 종류	기 호	사용용도(교직류)
가동 Coil형		직류
(1)		(3)
(2)		(4)

답안
(1) 전류력계형
(2) 유도형
(3) 직류, 교류
(4) 교류

문제 38 공사산업 93년, 14년, 20년 출제 | 배점 : 10점

3상 3선식 선로에 WHM을 접속하여 전력량을 적산하기 위한 결선도이다. 다음 물음에 대하여 각각의 답을 쓰시오. (단, [rpm] = 계기정수 × 전력)

(1) WHM이 정상적으로 적산이 가능하도록 변성기를 추가하여 결선도를 완성하시오. (접지 포함)

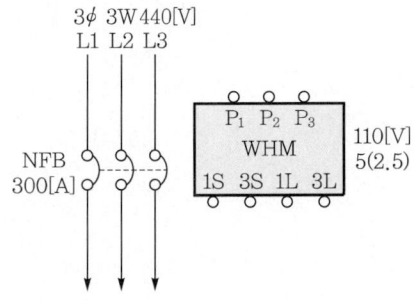

(2) WHM 형식 표기 중 정격전류 5(2.5)[A]는 무엇을 의미하는가?
(3) WHM의 계기정수는 1,600[rev/kWh]이다. 지금 부하전류가 100[A]에서 변동 없이 지속되고 있다면 원판의 1분간 회전수가 얼마인지 구하시오. (단, CT비 : 200/5[A] $\cos\theta = 1$)
  • 계산과정 :
  • 답 :
(4) WHM의 승률을 구하시오. (단, CT비는 200/5로 한다.)
  • 계산과정 :
  • 답 :

답안 (1)

(2) Ⅱ형 계기로써 정격전류 5[A]에 대하여 $\frac{1}{20}$ 까지 그 정밀도를 보장한다는 것

(3) • 계산과정 : 전력 $P = \dfrac{3{,}600 \cdot n}{t \cdot k}$ [kW]

회전수 $n = \dfrac{t \cdot k}{3{,}600} \cdot P$ [rpm]

$= \dfrac{60 \times 1{,}600}{3{,}600} \times \sqrt{3} \times 110 \times 100 \times \dfrac{5}{200} \times 10^{-3}$

$= 12.7$ [회]

  • 답 : 12.7[회]

(4) • 계산과정 : 승률(배율) : $m = $ CT비 $\times$ PT비

$= \dfrac{200}{5} \times \dfrac{440}{110} = 160$ [배]

  • 답 : 160[배]

문제 **39**　공사산업 13년 출제　　　　　　　　　　　　　　　　　　배점 : 5점

계기용 변압기와 변류기를 부속하는 3상 3선식 전력량계를 결선하시오. (단, 1, 2, 3은 상순을 표시하고 P₁, P₂, P₃은 계기용 변압기에 1S, 1L, 3S, 3L은 변류기에 접속하는 단자이다.)

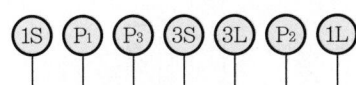

답안

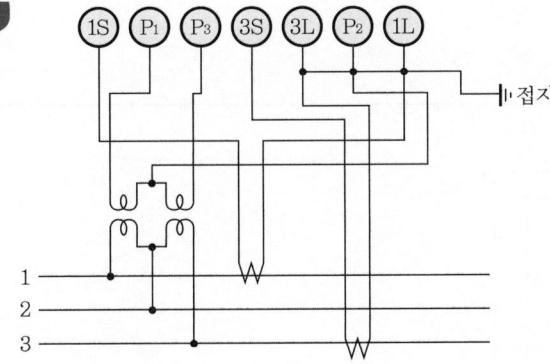

문제 40 공사기사 12년, 15년, 21년 출제
배점: 4점

PT 및 CT를 조합한 경우의 3상 3선식 전력량계의 결선도를 접지를 포함하여 완성하시오.

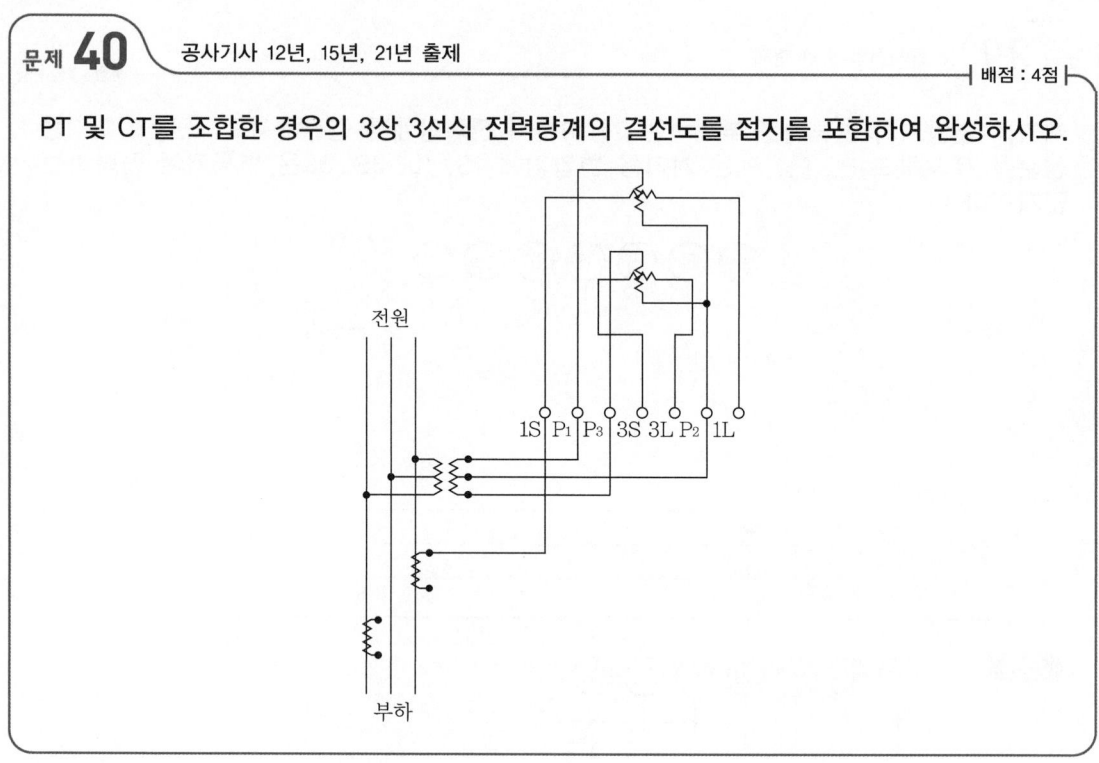

[답안]

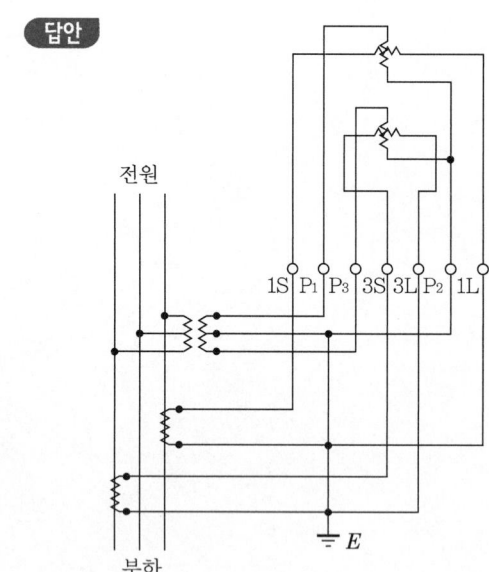

문제 41 공사기사 06년 출제

배점 : 6점

그림은 3상 3선식 전력량계의 결선도이다. 계기용 변압기와 변류기를 사용하여 사각형 내의 미완성 부분의 결선도를 완성하시오.

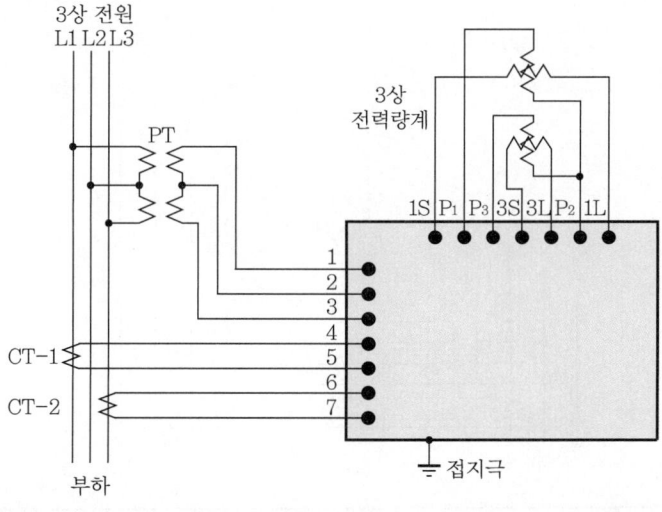

답안

문제 42 공사산업 09년, 22년 출제 | 배점 : 5점

그림은 3상 3선식 적산전력량계의 결선도(계기용 변압기 및 변류기를 시설하는 경우)를 나타낸 것이다. 미완성 부분의 결선도를 완성하시오. (단, 접지가 필요한 곳에는 접지표시를 하도록 한다.)

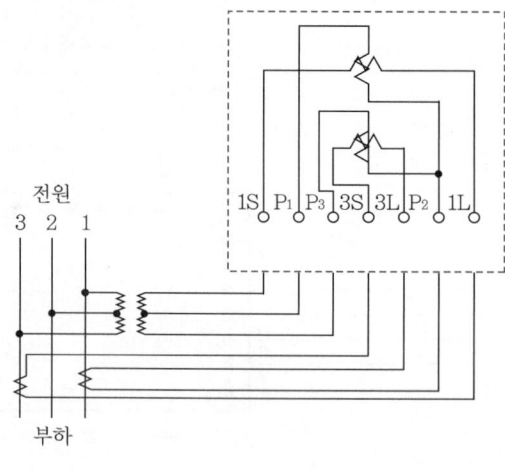

답안

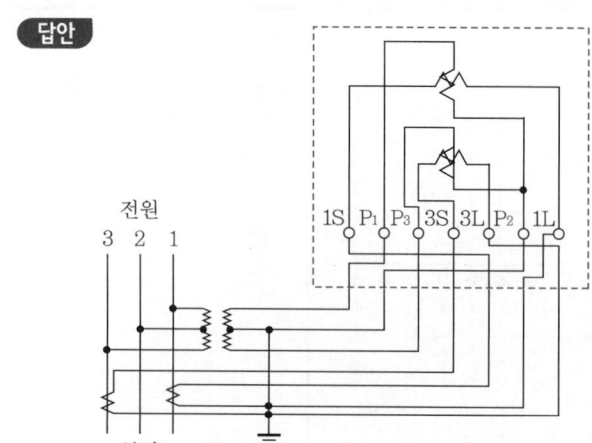

문제 43 공사기사 94년, 00년 출제

배점 : 5점

도면은 어느 수용가의 옥외 간이수전설비이다. D/M, VAR을 도면에 주어진 답안지에 그려 미완성도를 완성하시오.

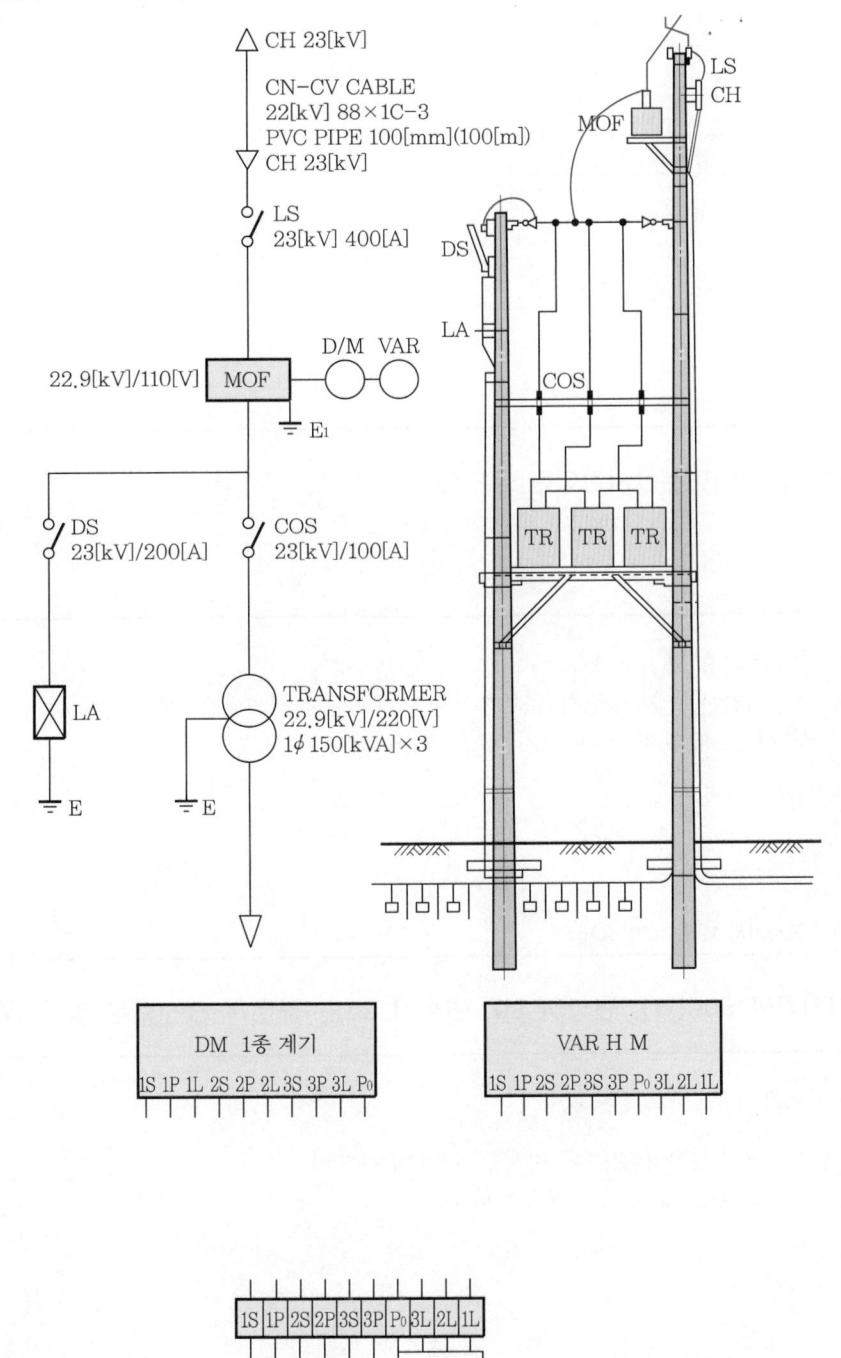

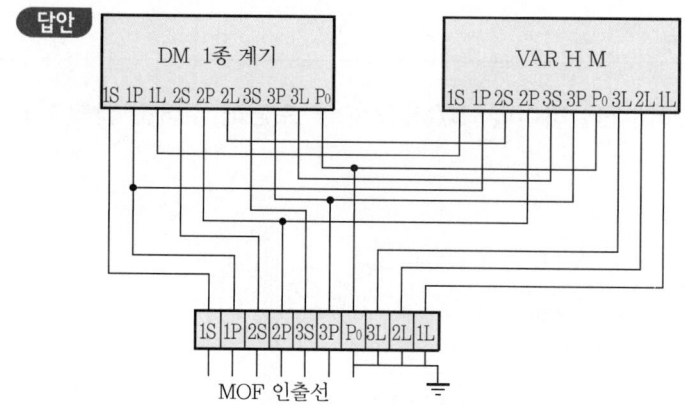

문제 44 공사기사 11년 출제

배점 : 5점

MOF의 명칭을 쓰고 누산시간이란 무엇인지 쓰시오.

(1) 명칭
(2) 누산시간

답안 (1) 전력수급용 계기용 변성기
(2) 일정시간 동안의 평균전력의 최대치를 기준하여 최대수요전력을 결정하는 데 사용되는 시간으로써 현재 15분을 기준으로 하고 있다.

문제 45 공사기사 11년, 18년 출제

배점 : 5점

전력계 지시값이 600[W], 변압비 30, 변류비 20인 경우 수전전력은 몇 [kW]인가?

답안 360[kW]

해설 수전전력 = 측정전력(전력계 지시값) × PT비 × CT비
$= 600 \times 30 \times 20 \times 10^{-3} = 360[\text{kW}]$

문제 46 공사산업 06년 출제 | 배점 : 5점

아날로그 멀티 테스터기로 직류전압을 측정하려고 한다. 흑색 리드선을 어느 단자에 연결하여야 하는가?

답안 (−)단자

해설 (+)단자는 적색 리드선을 연결하며, (−)단자 또는 COM단자에는 흑색 리드선을 접속한다.

문제 47 공사기사 98년, 15년, 22년 출제 | 배점 : 5점

다음 각 항을 측정하는 데 가장 적당한 계측기 또는 적당한 방법을 쓰시오.

(1) 변압기 절연저항
(2) 검류계의 내부저항
(3) 전해액의 저항
(4) 백열전구의 필라멘트(백열상태)
(5) 고저항측정

답안
(1) 절연저항계(Megger)
(2) 휘트스톤 브리지
(3) 콜라우시 브리지
(4) 전압강하법
(5) 전압계·전류계법 또는 절연저항계법

문제 48 공사산업 98년, 08년, 11년, 13년 출제 | 배점 : 5점

다음 저항을 측정하는 데 가장 적당한 계측기 또는 적당한 방법은?

(1) 변압기의 절연저항
(2) 검류계의 내부저항
(3) 전해액의 저항
(4) 굵은 나전선의 저항
(5) 접지저항 측정

답안 (1) 절연저항계(Megger)
(2) 휘트스톤 브리지
(3) 콜라우시 브리지
(4) 캘빈 더블 브리지
(5) 접지저항계

문제 49 공사산업 05년, 17년 출제 | 배점 : 4점

대형 부표준기 계기의 등급을 0.2급이라 한다면, 휴대용 계기(정밀급) 및 배전반용 소형계기의 등급을 쓰시오.

(1) 휴대용 계기(정밀급) :
(2) 배전반용 소형계기 :

답안 (1) 0.5급
(2) 2.5급

문제 50 공사기사 18년 출제 | 배점 : 3점

선로를 시공 완료하고, 선로운전 전압으로 가압하기 전에 케이블 절연층의 절연상태를 전기적으로 확인하기 위해 행하는 준공시험은 무엇인지 쓰시오.

답안 교류 내전압시험

CHAPTER 05 전기사용장소

기출개념 01 전선의 접속

1 전선의 접속

① 전기저항을 증가시키지 아니하도록 접속
② 세기를 20[%] 이상 감소시키지 아니할 것
③ 절연효력이 있는 것으로 충분히 피복
④ 코드 접속기·접속함 기타의 기구 사용
⑤ 전기적 부식이 생기지 않도록 할 것

2 전선접속의 구체적 방법

(1) 동전선접속

① 직선접속
  ㉠ 가는 단선($6[mm^2]$ 이하)의 직선접속(트위스트조인트)
  ㉡ 직선맞대기용 슬리브(B형)에 의한 압착접속
② 분기접속
  ㉠ 가는 단선($6[mm^2]$ 이하)의 분기접속
  ㉡ T형 커넥터에 의한 분기접속
③ 종단접속
  ㉠ 가는 단선($4[mm^2]$ 이하)의 종단접속
  ㉡ 가는 단선($4[mm^2]$ 이하)의 종단접속(지름이 다른 경우)
  ㉢ 동선 압착단자에 의한 접속
  ㉣ 비틀어 꽂는 형의 전선접속기에 의한 접속
  ㉤ 종단겹침용 슬리브(E형)에 의한 접속
  ㉥ 직선겹침용 슬리브(P형)에 의한 접속
  ㉦ 꽂음형 커넥터에 의한 접속
④ 슬리브에 의한 접속
  ㉠ S형 슬리브에 의한 직선접속
  ㉡ S형 슬리브에 의한 분기접속
  ㉢ 매킹타이어 슬리브에 의한 직선접속

(2) 알루미늄전선의 접속
　① 공통사항
　　㉠ 전선의 피복은 도체에 상처가 생기지 않도록 벗길 것
　　㉡ 도체는 접속작업 직전에 표면을 충분히 닦을 것
　　㉢ 전선접속기는 알루미늄선용 또는 알루미늄선, 동선 공용의 것을 사용할 것
　　㉣ 전선접속기와 전선과의 조합은 제작자의 시방에 따라 적정한 것을 선정할 것
　　㉤ 압축(압착)형의 전선접속기를 사용하는 경우는 정해진 압축(압착)공구를 사용하여 정하여진 위치에 정해진 횟수로 압축할 것
　　㉥ 틀어 끼우는 형의 전선 컨넥터를 사용한 경우는 전선의 선단을 가지런히 하여 전선 컨넥터를 충분히 틀어 끼울 것
　② 직선접속
　③ 분기접속
　④ 종단접속
　　㉠ 종단겹침용 슬리브에 의한 접속
　　㉡ 비틀어 꽂는 형의 전선접속기에 의한 접속
　　㉢ C형 전선접속기 등에 의한 접속
　　㉣ 터미널러그에 의한 접속

3 두 개 이상의 전선을 병렬로 사용하는 경우

① 병렬로 사용하는 각 전선의 굵기는 동선 50[mm^2] 이상 또는 알루미늄 70[mm^2] 이상으로 하고, 전선은 같은 도체, 같은 재료, 같은 길이 및 같은 굵기의 것을 사용할 것
② 같은 극의 각 전선은 동일한 터미널러그에 완전히 접속할 것
③ 같은 극인 각 전선의 터미널러그는 동일한 도체에 2개 이상의 리벳 또는 2개 이상의 나사로 접속할 것
④ 병렬로 사용하는 전선에는 각각에 퓨즈를 설치하지 말 것
⑤ 교류회로에서 병렬로 사용하는 전선은 금속관 안에 전자적 불평형이 생기지 않도록 시설할 것

개념 문제 01 공사산업 93년, 06년 출제　　　　　　　　　　　　　　　　　　　　　배점 : 6점

전선을 접촉할 때의 주의사항을 3가지만 쓰시오.

답안
• 전선의 세기를 20[%] 이상 감소시키지 아니할 것
• 접속부분은 접속관 기타의 기구를 사용하거나 납땜을 할 것
• 전선의 전기적 저항을 증가시키지 아니하도록 할 것

개념 문제 02 | 공사기사 92년 출제 | 배점 : 5점 |

다음 (   ) 안에 알맞은 말을 써 넣으시오.

슬리브는 (①)용으로 사용하며, (②)형과 (③)형이 있다.

답안 ① 전선 접속
② 압축
③ 관

기출개념 02 전선관 시스템

1 시설조건

① 전선은 절연전선(옥외용 비닐 절연전선을 제외한다)일 것
② 전선은 연선일 것. 다만, 다음의 것은 적용하지 않는다.
  ㉠ 짧고 가는 전선관에 넣은 것
  ㉡ 단면적 $10[mm^2]$(알루미늄선 $16[mm^2]$) 이하
③ 전선은 합성수지관 안에서 접속점이 없도록 할 것

2 금속관의 종류

(1) 금속관의 종류

종 류	관의 호칭
후강전선관(근사 내경)	16, 22, 28, 36, 42, 54, 70, 82, 92, 104
박강전선관(근사 외경)	19, 25, 31, 39, 51, 63, 75
나사 없는 전선관	박강전선관과 치수가 같다.

(2) 금속관 및 부속품의 선정

① 전선관과의 접속부분의 나사는 5턱 이상 완전히 나사결합이 될 수 있는 길이일 것
② 관의 두께는 다음에 의할 것
  ㉠ 콘크리트에 매설하는 것 : 1.2[mm] 이상
  ㉡ 콘크리트 매설 이외의 것 : 1[mm] 이상
  다만, 이음매가 없는 길이 4[m] 이하인 것을 건조하고 전개된 곳에 시설하는 경우에는 0.5[mm]까지로 감할 수 있다.

1990년~최근 출제된 기출 이론 분석 및 유형별 문제

3 금속관의 재료

명 칭	그 림	용 도
로크너트		금속관 배관공사에서 복스에 금속관을 고정할 때 사용되며, 6각형과 톱니형이 있다.
부싱		전선의 절연 피복을 보호하기 위하여 금속관 끝에 취부하여 사용
엔트런스 캡		인입구, 인출구의 금속관 관단에 설치하여 빗물 침입방지, 금속관 공사에서 수직배관의 상부에 사용되어 비의 침입을 막는 데 가장 좋은 부품
터미널 캡 (서비스 캡)		저압 가공인입선에서 금속관공사로 옮겨지는 곳 또는 금속관으로부터 전선을 뽑아 전동기 단자 부분에 접속할 때 사용. A형, B형이 있다.
플로어박스		바닥 밑으로 매입 배선할 때 사용 및 바닥 밑에 콘센트를 접속할 때 사용
유니온 커플링		금속관 상호 접속용으로 관이 고정되어 있을 때 사용
픽스쳐 스터드와 히키		무거운 기구를 박스에 취부할 때 사용하는 재료
노멀밴드		배관의 직각 굴곡 부분에 사용 노멀밴드(전선관용)의 종류 : 후강전선관용, 박강전선관용, 나사 없는 전선관용
유니버설 엘보		강제전선관공사 중 노출 배관공사에서 관을 직각으로 굽히는 곳에 사용한다. 3방향으로 분기할 수 있는 T형과 4방향으로 분기할 수 있는 크로스(cross)형이 있다.

4 합성수지관공사

① 관 상호 간 및 박스와는 관을 삽입하는 깊이를 관의 바깥지름의 1.2배(접착제를 사용하는 경우에는 0.8배) 이상
② 관의 지지점 간의 거리는 1.5[m] 이하
③ 습기가 많은 장소 또는 물기가 있는 장소에 시설하는 경우에는 방습장치를 할 것

개념 문제 01 공사기사 02년, 05년, 09년, 10년, 12년, 13년, 15년, 19년 출제 ─┤ 배점 : 3점 ├─

노출 배관공사에서 관을 직각으로 굽히는 곳에 사용되며, 3방향으로 분기할 수 있는 T형과 4방향으로 분기할 수 있는 크로스(cross)형이 있는 금속관 재료의 명칭을 쓰시오.

답안 유니버셜 엘보

개념 문제 02 공사기사 94년 출제 ─┤ 배점 : 5점 ├─

후강전선관에서 굵기 28[mm]보다는 크고 42[mm]보다는 적은 것은 어느 크기를 선정하여야 하는가?

답안 36[mm]

해설 금속관의 종류

종 류	관의 호칭
후강전선관(근사 내경)	16, 22, 28, 36, 42, 54, 70, 82, 92, 104
박강전선관(근사 외경)	19, 25, 31, 39, 51, 63, 75
나사 없는 전선관	박강전선관과 치수가 같다.

개념 문제 03 공사산업 97년, 99년, 05년 출제 ─┤ 배점 : 6점 ├─

35[mm²] NR 전선 6본과 25[mm²] 1본을 같은 후강전선관에 수용 시공할 때 전선관의 굵기는? (단, 절연물을 포함한 직경은 35[mm²]는 10.9[mm]이고 25[mm²]는 9.7[mm] 이하, 전선관 내 단면적은 32[%] 수용)

답안 54[mm]

해설 $A = \left(\dfrac{10.9}{2}\right)^2 \pi \times 6 + \left(\dfrac{9.7}{2}\right)^2 \pi \times 1 = 633.78 [\text{mm}^2]$

전선관 내 단면적 32[%] 이하 수용하므로

$0.32 \times \pi \times \left(\dfrac{d}{2}\right)^2 \geq 633.78 [\text{mm}^2]$에서 $d = 50.22 [\text{mm}]$

개념 문제 04 공사기사 14년, 20년 / 공사산업 93년, 12년 출제 ─┤ 배점 : 5점 ├─

금속제 전선관의 치수에서 후강전선관의 호칭은 다음과 같다. ( ) 안에 관의 호칭을 쓰시오.

16, 22, ( ), ( ), 42, ( ), 70, ( ), 92, ( )

답안 28, 36, 54, 82, 104

1990년~최근 출제된 기출 이론 분석 및 유형별 문제

개념 문제 05 공사산업 20년 출제 | 배점 : 3점 |

다음은 경질비닐전선관의 관의 호칭을 나타낸 것이다. ( )에 알맞은 호칭을 쓰시오.

> 14, 16, (①), (②), (③), 42, 54, 70, 82

답안 ① 22, ② 28, ③ 36

기출개념 03 케이블트렁킹 및 덕팅공사

1 케이블트렁킹시스템(합성수지몰드공사)

① 절연전선(옥외용 제외)
② 전선 접속점이 없도록 한다.
③ 홈의 폭 및 깊이 3.5[cm] 이하
  (단, 사람이 쉽게 접촉할 위험이 없으면 5[cm] 이하)

2 케이블덕팅시스템(금속덕트공사)

① 전선 단면적의 총합은 덕트의 내부 단면적의 20[%](제어 회로배선 50[%]) 이하
② 폭 4[cm], 두께 1.2[mm] 이상
③ 지지점 간 거리 3[m](수직 6[m]) 이하

3 버스바트렁킹시스템(버스덕트공사)

① 단면적 20[mm^2] 이상의 띠 모양
② 지름 5[mm] 이상의 관 모양
③ 단면적 30[mm^2] 이상의 띠 모양의 알루미늄
④ 지지점 간 거리 3[m](수직 6[m])
⑤ 버스덕트의 종류는 다음 표와 같다.

명 칭	형 식		설 명
피더 버스덕트	옥내용	환기형 비환기형	도중에 부하를 접속하지 아니한 것
	옥외용	환기형 비환기형	
익스팬션 버스덕트	옥내용	비환기형	열 신축에 따른 변화량을 흡수하는 구조인 것
탭붙이 버스덕트			종단 및 중간에서 기기 또는 전선 등과 접속시키기 위한 탭을 가진 버스덕트
트랜스포지션 버스덕트			각 상의 임피던스를 평균시키기 위해서 도체 상호의 위치를 관로 내에서 교체시키도록 만든 버스덕트

명 칭	형 식		설 명
플러그 인 버스덕트	옥외용	환기형 비환기형	도중에 부하 접속용으로 꽂음 플러그를 만든 것
트롤리 버스덕트	옥내용 옥외용		도중에 이동부하를 접속할 수 있도록 트롤리 접촉식 구조로 한 것

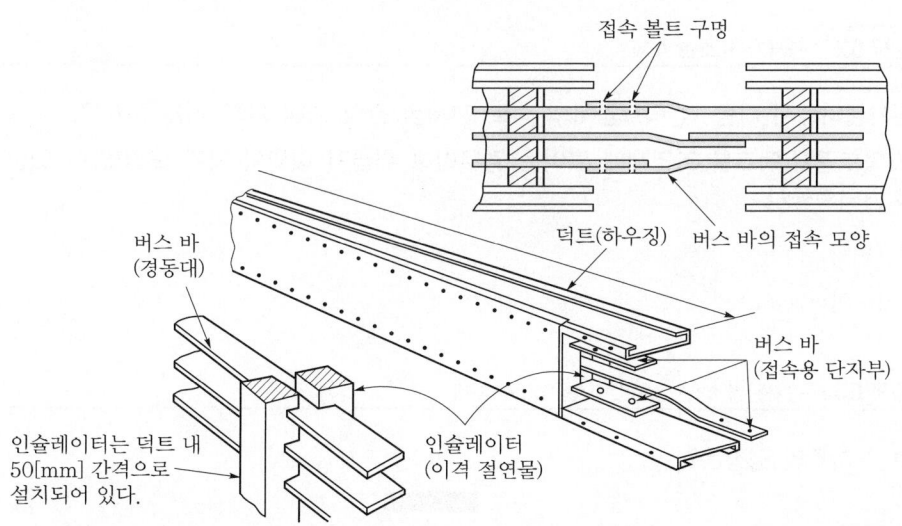

‖ 피더 버스덕트 ‖

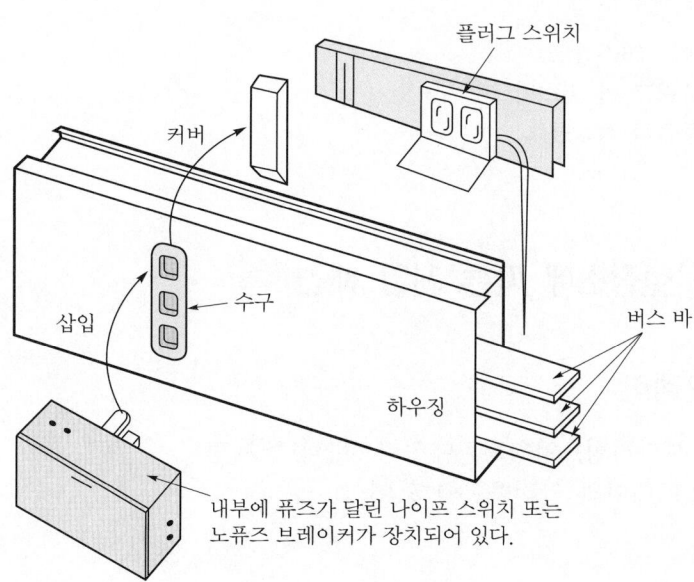

‖ 플러그 인 버스덕트 ‖

1990년~최근 출제된 기출 이론 분석 및 유형별 문제

개념 문제 01 공사기사 91년, 05년 출제 | 배점 : 4점 |

블랭크 와셔(Blank Washer)란 무엇인가? 간단하게 쓰시오.

답안 박스에 덕트를 접속하지 않는 곳에 수분 및 먼지의 침입을 막기 위하여 사용되는 재료

개념 문제 02 공사기사 22년 출제 | 배점 : 4점 |

저압 전기설비에서 다음 각 덕트공사의 덕트 지지점 간의 최대 거리[m]를 쓰시오.
(1) 버스덕트공사(덕트를 조영재에 붙이는 경우이며 취급자 이외의 자가 출입할 수 있는 곳이다.)
(2) 라이팅덕트공사

답안 (1) 3[m]
　　　(2) 2[m]

개념 문제 03 공사산업 03년, 04년, 07년, 08년 출제 | 배점 : 5점 |

다음 그림 기호의 명칭은?

PBD

답안 플러그 인 버스덕트

해설 • FBD : 피드 버스덕트
　　　• PBD : 플러그 인 버스덕트
　　　• TBD : 트롤리 버스덕트

기출개념 04 시설장소에 따른 저압 배선

1 케이블트레이

① 종류 : 사다리형, 펀칭형, 메시형, 바닥 밀폐형
② 케이블트레이의 안전율은 1.5 이상

2 시설장소에 따른 저압 배선방법

표 1 시설장소와 배선방법(400[V] 초과)

배선방법		시설의 기능							옥측 옥내	
		옥내								
		노출장소		은폐장소						
				점검 가능		점검 불가능				
		건조한 장소	습기가 많은 장소 또는 물기가 있는 장소	건조한 장소	습기가 많은 장소 또는 물기가 있는 장소	건조한 장소	습기가 많은 장소 또는 물기가 있는 장소	우선 내	우선 외
애자공사		○	○	○	○	×	×	①	①
금속관공사		○	○	○	○	○	○	○	○
합성수지관공사	합성수지관 (CD관 제외)	○	○	○	○	○	○	○	○
	CD관	②	②	②	②	②	②	②	②
가요전선관공사	1종 가요전선관	③	×	③	×	×	×	×	×
	비닐 피복 1종 가요전선관	③	③	③	③	×	×	×	×
	2종 가요전선관	○	×	○	×	○	×	○	×
	비닐 피복 2종 가요전선관	○	○	○	○	○	○	○	○
금속덕트공사		○	×	○	×	×	×	×	×
버스덕트공사		○	×	○	×	×	×	×	×
케이블공사		○	○	○	○	○	○	○	○
케이블트레이공사		○	○	○	○	○	○	○	○

[비고] 1. ○ : 시설할 수 있다.
　　　　× : 시설할 수 없다.
　　　　CD관 : 내연성이 없는 것을 말한다.
　　2. ① : 노출장소 및 점검할 수 있는 은폐장소에 한하여 시설할 수 있다.
　　　② : 직접 콘크리트에 매설하는 경우를 제외하고 전용의 불연성 또는 자소성이 있는 난연성의 관 또는 덕트에 넣는 경우에 한하여 시설할 수 있다.
　　　③ : 전동기에 접속하는 짧은 부분으로 가요성을 필요로 하는 부분의 배선에 한하여 시설할 수 있다.

표 2 | 시설장소와 배선방법(400[V] 이하)

배선방법		시설의 기능						옥측 옥내	
		옥내							
		노출장소		은폐장소					
				점검 가능		점검 불가능			
		건조한 장소	습기가 많은 장소 또는 물기가 있는 장소	건조한 장소	습기가 많은 장소 또는 물기가 있는 장소	건조한 장소	습기가 많은 장소 또는 물기가 있는 장소	우선 내	우선 외
애자공사		○	○	○	○	×	×	①	①
금속관공사		○	○	○	○	○	○	○	○
합성수지관공사	합성수지관 (CD관 제외)	○	○	○	○	○	○	○	○
	CD관	②	②	②	②	②	②	②	②
가요전선관공사	1종 가요전선관	○	×	○	×	×	×	×	×
	비닐 피복 1종 가요전선관	○	○	○	○	×	×	×	×
	2종 가요전선관	○	×	○	×	○	×	○	×
	비닐 피복 2종 가요전선관	○	○	○	○	○	○	○	○
금속몰드공사		○	×	○	×	×	×	×	×
합성수지몰드공사		○	×	○	×	×	×	×	×
플로어덕트공사		×	×	×	×	③	×	×	×
셀룰러덕트공사		×	×	×	×	③	×	×	×
금속덕트공사		○	×	○	×	×	×	×	×
라이팅덕트공사		○	×	○	×	×	×	×	×
버스덕트공사		○	×	○	×	×	×	④	④
케이블공사		○	○	○	○	○	○	○	○
케이블트레이공사		○	○	○	○	○	○	○	○

[비고] 1. ○ : 시설할 수 있다.
　　　　× : 시설할 수 없다.
　　　　CD관 : 내연성이 없는 것을 말한다.
　　2. ① : 노출장소 및 점검할 수 있는 은폐장소에 한하여 시설할 수 있다.
　　　② : 직접 콘크리트에 매설하는 경우를 제외하고 전용의 불연성 또는 자소성이 있는 난연성의 관 또는 덕트에 넣는 경우에 한하여 시설할 수 있다.
　　　③ : 콘크리트 등의 바닥 내에 한한다.
　　　④ : 옥외용 덕트를 사용하는 경우에 한하여(점검할 수 없는 은폐장소를 제외한다) 시설할 수 있다.

3 전선 및 케이블의 구분에 따른 배선설비의 공사방법

[배선설비공사의 종류(KEC 232.2)]

전선 및 케이블		공사방법							
		케이블공사			전선관 시스템	케이블트렁킹 시스템(몰드형, 바닥매입형 포함)	케이블 덕팅 시스템	케이블 트레이시스템 (레더, 브래킷 등 포함)	애자 공사
		비고정	직접 고정	지지선					
나전선		×	×	×	×	×	×	×	○
절연전선[b]		×	×	×	○	○[a]	○	×	○
케이블 (외장 및 무기질 절연물을 포함)	다심	○	○	○	○	○	○	○	△
	단심	△	○	○	○	○	○	○	△

○ : 사용할 수 있다.
× : 사용할 수 없다.
△ : 적용할 수 없거나 실용상 일반적으로 사용할 수 없다.

a : 케이블트렁킹시스템이 IP4X 또는 IPXXD급의 이상의 보호조건을 제공하고, 도구 등을 사용하여 강제적으로 덮개를 제거할 수 있는 경우에 한하여 절연전선을 사용할 수 있다.
b : 보호도체 또는 보호 본딩도체로 사용되는 절연전선은 적절하다면 어떠한 절연방법이든 사용할 수 있고 전선관시스템, 트렁킹시스템 또는 덕팅시스템에 배치하지 않아도 된다.

CHAPTER 05
전기사용장소

단원 빈출문제
1990년~최근 출제된 기출문제

문제 01 공사산업 15년 출제 | 배점 : 3점

다음은 전선의 접속에 관한 내용이다. ( ) 안에 알맞은 내용을 쓰시오.

전선을 접속할 경우 처음 전선의 세기를 ( )[%] 이상 감소시켜서는 안 된다.

답안 20

문제 02 공사기사 20년 출제 | 배점 : 4점

전선의 접속방법 중 동전선의 접속에서 직선접속의 종류를 2가지만 쓰시오.

답안
- 가는 단선(6[mm²] 이하)의 직선접속(트위스트조인트)
- 직선맞대기용 슬리브(B형)에 의한 압착접속

문제 03 공사기사 92년, 00년 출제 | 배점 : 5점

설명과 그림은 어떤 권선 접속에 대한 것이다. 어떤 권선 접속인가?

① 본선은 약 80[mm], 분기선은 약 60[mm] 정도로 피복을 벗긴다.
② 분기선은 소선을 풀고 곧게 편 다음 둘로 갈라 첨선과 함께 본선에 댄다.
③ 조인트선의 중앙 부분을 분기 부분에 걸치고, 펜치로 죄면서 5D 이상 오른쪽으로 감아 나간 다음 분기선의 소선을 구부려 잘라내고 조인트선을 5회 정도 더 감는다.
④ 조인트선을 첨선과 함께 꼰 다음 8[mm] 정도로 자른다.

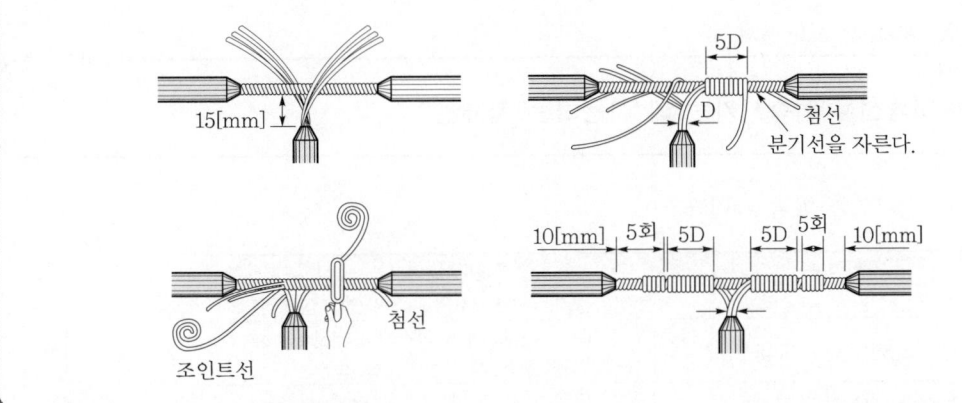

답안 분할 분기 권선 접속

문제 04 공사기사 93년 출제 ┤ 배점 : 5점 ├

B형, O형, K형, S형 중 분기접속용으로 사용되는 슬리브는?

답안 S형 슬리브

문제 05 공사산업 97년 출제 ┤ 배점 : 4점 ├

그림과 같은 접속은 어떤 접속인가?

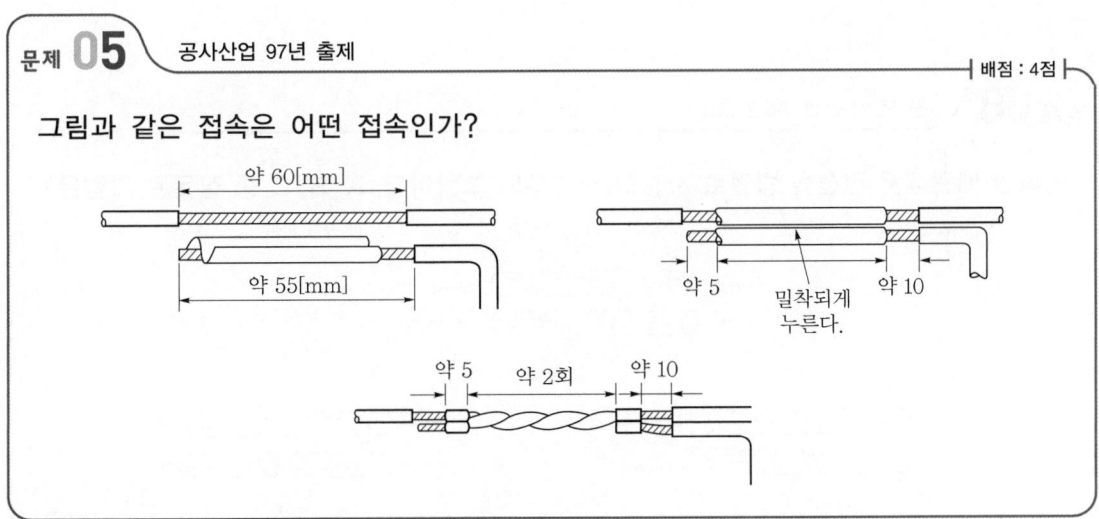

답안 S형 슬리브에 의한 분기 접속

CHAPTER 05. 전기사용장소

문제 06 ·공사산업 05년 출제 | 배점 : 5점

강심 알루미늄선을 접속시키는 데 사용하는 자재는?

답안 알루미늄선용 압축 슬리브

해설

품 명	적용개소
알루미늄선용 압축 슬리브	장력이 걸리는 직선개소의 ACSR 전선 접속
알루미늄선용 보수 슬리브	장력이 걸리는 직선개소의 ACSR 전선의 전소선 중 10[%] 미만 손상 시 전선의 강도 보강용
알루미늄선용 분기 슬리브	장력이 걸리지 않는 개소의 Al-Al, Al-Cu 접속
압축형 이질금속 슬리브	장력이 걸리지 않는 개소의 Al-Cu 접속
분기접속용 동 슬리브	장력이 걸리지 않는 개소의 Cu 상호 간 접속
분기고리	COS 1차 리드선의 Al 본선과의 접속
활선 클램프	분기고리와 COS 1차 리드선 접속

문제 07 ·공사산업 05년 출제 | 배점 : 5점

전선접속 시 압축단자를 사용하여 접속하는 압축공구의 명칭은?

답안 프레셔 툴

문제 08 ·공사산업 01년, 05년 출제 | 배점 : 5점

금속관 배관에서 전선을 병렬로 사용하는 경우의 그림이다. A, B, C 중 잘못된 그림은?

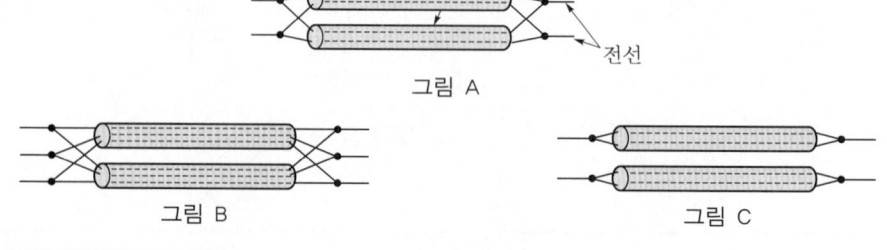

답안 C

문제 09 공사산업 08년 출제 | 배점 : 6점

다음 중 교류 전등공사에서 금속관 내에 전선을 넣어 연결한 방법 중 가장 옳은 것을 선택하고 그 사유를 쓰시오.

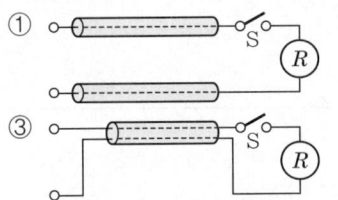
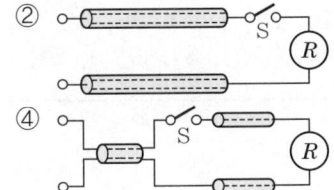

(1) 연결한 방법 중 옳은 것
(2) 사유

답안
(1) ③
(2) 전자적 평형 상태 유지

문제 10 공사기사 92년, 93년, 96년 출제 | 배점 : 4점

금속제 전선관의 치수에서 나사 없는 전선관의 호칭은 다음과 같다. ( ) 안에 관의 호칭을 쓰시오.

( ), 25, ( ), 39, ( ), 63, ( )

답안 19, 31, 51, 75

해설 금속관의 종류

종 류	관의 호칭
후강전선관(근사 내경)	16, 22, 28, 36, 42, 54, 70, 82, 92, 104
박강전선관(근사 외경)	19, 25, 31, 39, 51, 63, 75
나사 없는 전선관	박강전선관과 치수가 같다.

1990년~최근 출제된 기출문제

문제 11 공사기사 14년 출제 | 배점 : 3점

금속관 배선에서 사용되는 박강전선관과 후강전선관의 규격(호칭)을 나열하였다. ( ) 안에 알맞은 규격(호칭)을 쓰시오.

(1) 후강전선관 : 16, 22, ( ), 36, 42, 54, ( ), 82, 92, ( )
(2) 박강전선관 : 19, ( ), 31, ( ), 51, 63, ( )

답안 (1) 28, 70, 104
(2) 25, 39, 75

문제 12 공사기사 14년, 20년 / 공사산업 93년, 12년 출제 | 배점 : 5점

금속제 전선관에는 후강전선관, 박강전선관, 나사 없는 전선관이 있다. 다음과 같이 후강전선관의 규격을 순서대로 나열할 때 빈칸에 알맞은 규격을 쓰시오.

16[mm], (①), 28[mm], (②), 42[mm], (③), 70[mm]

답안 ① 22[mm]
② 36[mm]
③ 54[mm]

문제 13 공사기사 11년 출제 | 배점 : 3점

합성수지제 가요전선관의 규격은 다음과 같다. ( ) 안에 적합한 규격을 쓰시오.

14호, ( ), 18호, ( ), ( ), 36호, 42호

답안 16호, 22호, 28호

문제 14 공사산업 94년 출제   배점 : 4점

강제전선관공사 중 노출 배관공사에서 관을 직각으로 굽히는 곳에 사용하며 3방향으로 분기할 수 있는 T형과 4방향으로 분기할 수 있는 크로스(Cross)형이 있는 자재는?

답안 유니버설 엘보

문제 15 공사기사 12년 / 공사산업 06년 출제   배점 : 3점

노출 배관공사 시 관을 직각으로 굽히는 곳에 사용하는 재료의 명칭을 쓰시오.

답안 유니버설 엘보(universal elbow)

문제 16 공사산업 96년 출제   배점 : 5점

금속관공사에서 수직배관의 상부에 사용되어 비의 침입을 막는 데 가장 좋은 부품의 명칭은?

답안 엔트런스 캡

문제 17 공사산업 95년 출제   배점 : 5점

금속관 배관공사에서 복스에 금속관을 고정할 경우 관 상호 간을 접속할 때 주로 사용되며, 6각형과 톱니형이 있다. 이것을 무엇이라 하는가?

답안 로크 너트

문제 18 공사기사 12년 출제 | 배점 : 6점

금속관공사에서 사용되는 다음의 부품의 명칭을 쓰시오.
(1) 인입구, 인출구 수직배관의 상부에 사용되어 비의 침입을 막는 데 사용되는 부품의 명칭은?
(2) 노출 배관공사에서 관을 직각으로 굽히는 곳에 사용되는 부품의 명칭은?
(3) 지름이 다른 관을 연결할 때 사용되는 부품의 명칭은?

답안 (1) 엔트런스 캡
(2) 유니버설 엘보
(3) 링 리듀서

문제 19 공사기사 94년, 96년 출제 | 배점 : 4점

유니버셜 휫팅(전선관용)의 종류는 박강전선관용 유니버설, 후강전선관용 유니버설, 나사 없는 전선관용 유니버설이 있다. 형은 어떤 형이 있는가?

답안 LB형, LL형, T형

문제 20 공사산업 98년 출제 | 배점 : 8점

다음은 공사방법에 대한 설명이다. 문제를 읽고 ( ) 안에 적당한 용어 또는 숫자를 기입하시오.
(1) 금속관을 구부릴 경우 금속관의 단면이 심하게 변형되지 아니하도록 구부려야 하며, 그 안측의 반지름은 관의 안지름의 (①)배 이상이 되어야 한다.
(2) 금속관공사에서 굴곡개소가 많은 경우 또는 관의 길이가 (②)[m]를 초과하는 경우에는 풀박스를 설치한다.
(3) 금속관 상호는 (③)으로 접속할 것
(4) 금속관과 박스를 접속할 때 틀어끼우는 방법에 의하지 않을 경우 (④)를 2개 사용하여 박스 양측을 조일 것
(5) 금속관을 조영재에 따라 시공할 때는 (⑤) 등으로 견고하게 지지하고, 그 간격을 (⑥)[m] 이하로 한다.
(6) 케이블의 굴곡반경은 원칙적으로 케이블 완성품의 외경을 기준하여 단심인 것은 (⑦)배, 다심인 것은 (⑧)배 이상으로 하여야 한다.

답안 (1) ① 6
(2) ② 25[m]
(3) ③ 커플링
(4) ④ 로크 너트
(5) ⑤ 새들 또는 행거, ⑥ 2[m]
(6) ⑦ 8배, ⑧ 6배

문제 21   공사기사 91년, 96년 출제   배점 : 18점

다음은 금속관공사 시 사용하는 부속품이다. 번호에 해당하는 부품의 명칭을 기재하고 용도를 간단하게 쓰시오.

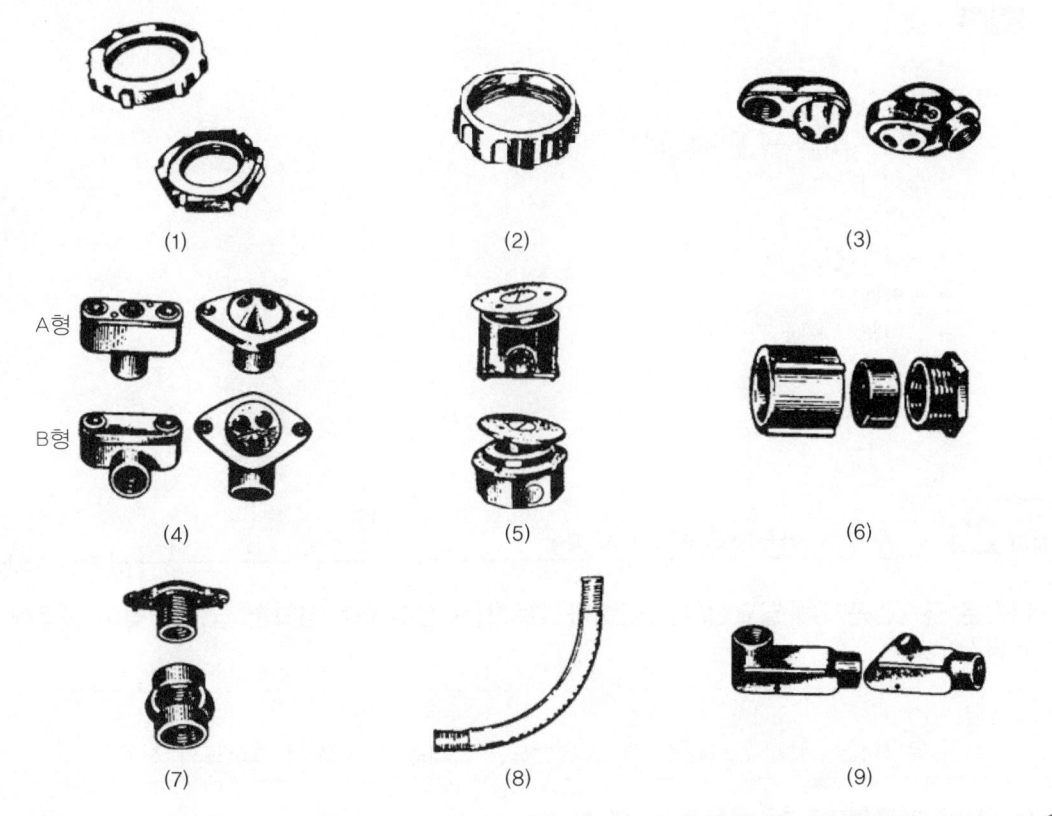

답안 (1) 로크 너트 : 박스에 금속관을 고정할 때 사용
(2) 절연 부싱 : 입출입하는 전선의 절연 피복을 보호하기 위하여 금속관 끝에 사용
(3) 엔트런스 캡 : 금속관공사의 수직배관 상부에 사용되어 비의 침입을 막는 데 사용하거나, 저압 가공인입선의 인입구에 사용

(4) 터미널 캡 : 저압 애자사용공사에서 금속관공사로 옮겨지는 곳 또는 금속관으로부터 전선을 뽑아 전동기 단자 부분에 접속할 때 사용
(5) 플로어박스 : 바닥 밑으로 매입 배선할 때 사용
(6) 유니온 커플링 : 금속관 상호 접속용으로 관이 고정되어 있을 때 사용
(7) 픽스쳐 스터드와 히키 : 천장에 무거운 조명기구를 파이프로 매달 때 사용
(8) 노멀밴드 : 매입 배관공사의 직각으로 굴곡된 부분에 사용
(9) 유니버셜 엘보 : 노출 배관공사에서 관을 직각으로 굽히는 곳에 사용

문제 22 공사산업 09년 출제 | 배점 : 10점

금속관 배선공사 시 필요한 부속품 종류 10가지를 쓰시오.

답안
- 로크 너트
- 부싱
- 엔트런스 캡
- 터미널 캡 또는 서비스 캡
- 스위치박스
- 유니온 커플링
- 접지 클램프
- 노멀밴드
- 유니버셜 엘보
- 새들

문제 23 공사산업 92년, 98년, 02년, 05년 출제 | 배점 : 10점

다음은 금속관공사에 필요한 재료들이다. [보기]를 참고하여 정확한 답안을 찾아 물음에 답하시오.

[보기]
유니버셜 엘보, 엔트런스 캡, 노멀밴드, 링 리듀서, 픽스쳐 스터드와 히키

(1) 저압 가공인입구에 사용하는 재료는?
(2) 배관을 직각으로 굽히는 곳의 관 상호 간을 접속하는 재료는?
(3) 노출 배관공사 시 관을 직각으로 굽히는 곳에 사용하는 재료는?
(4) 무거운 기구를 박스에 취부할 때 사용하는 재료는?
(5) 금속관을 아웃렛 박스에 로크 너트만으로 고정하기 어려울 때 보조적으로 사용하는 재료는?

답안
(1) 엔트런스 캡
(2) 노멀밴드
(3) 유니버설 엘보
(4) 픽스쳐 스터드와 히키
(5) 링 리듀셔

문제 24 공사기사 10년, 15년 출제 | 배점 : 5점 |

다음은 금속관공사에서 사용되는 부속품에 대한 설명이다. 물음에 답하시오.
(1) 전선관 상호의 접속용으로 관이 고정되어 있을 때, 또는 관의 양측을 돌려서 접속할 수 없는 경우에 사용되는 부속품은?
(2) 노출 배관공사에서 관을 직각으로 굽히는 곳에 사용되는 부속품은?
(3) 금속관으로부터 전선을 뽑아 전동기 단자부분에 접속할 때 사용되는 부속품은?
(4) 인입구, 인출구의 관단에 접속하여 옥외의 빗물을 막는 데 사용되는 부속품은?
(5) 아웃렛 박스에 조명기구를 부착할 때 기구 중량의 장력을 보강하기 위해 사용되는 부속품은?

답안
(1) 유니온 커플링
(2) 유니버설 엘보
(3) 터미널 캡 또는 서비스 캡
(4) 엔트런스 캡
(5) 픽스쳐 스터드와 히키

문제 25 공사산업 06년 출제 | 배점 : 9점 |

금속관공사에 사용하는 금속관의 단구(端口)에는 전선의 인입 또는 교체 시에 전선의 피복이 손상되지 아니하도록 시설장소에 따라 다음에 의하여 시설하여야 한다. 괄호 안 (①~⑦)에 알맞은 부품을 써 넣으시오.

- 관단(管端)에는 (①)을(를) 사용하여야 한다. 다만, 금속관에서 애자공사로 바뀌는 개소에는 (②), (③), (④) 등을 사용하여야 한다.
- 우선외(雨線外)에서 수직배관의 상단에는 (⑤)을(를) 사용하여야 한다.
- 우선외(雨線外)에서 수평배관의 말단에는 (⑥) 또는 (⑦)을(를) 사용하여야 한다.

답안
① 부싱
② 절연부싱
③ 터미널 캡
④ 엔드
⑤ 엔트런스 캡
⑥ 터미널 캡
⑦ 엔트런스 캡

문제 26 공사산업 96년, 99년 출제 | 배점 : 5점

무거운 기구를 박스에 취부할 때 사용하는 재료는?

답안 픽스쳐 스터드와 히키

문제 27 공사산업 17년 출제 | 배점 : 9점

공구의 명칭에 따른 용도에 대하여 설명하시오.
(1) 오스터(oster)
(2) 리머(reamer)
(3) 녹아웃 펀치(knock out punch)

답안 (1) 금속관 끝에 나사를 내는 공구
(2) 금속관을 쇠톱이나 커터로 끊은 다음, 관 안에 날카로운 것을 다듬는 것
(3) 캐비닛에 구멍을 뚫을 때 필요한 공구

문제 28 공사기사 94년, 97년 출제 | 배점 : 6점

노멀밴드(전선관용) 3종류를 쓰시오.

답안
- 강제 전선관용 노멀밴드
- 경질비닐 전선관용 노멀밴드
- 알루미늄제 전선관용 노멀밴드

해설 위의 답안 외에 다음의 종류도 있다.
- 후강전선관용
- 박강전선관용
- 나사 없는 전선관용

문제 29 공사기사 94년 출제 | 배점 : 5점

터미널 캡은 서비스 캡이라고도 하며 노출배관에서 금속관배관으로 들어갈 때 사용한다. 터미널 캡의 종류에는 어떤 형이 있는가?

답안 A형, B형

문제 30 공사기사 98년 출제 | 배점 : 5점

다음 그림은 control box에 cable을 접속하는 방법이다. 접속장소에서 몇 [mm] 이내에 Sadle 등으로 cable을 고정시켜야 하는가?

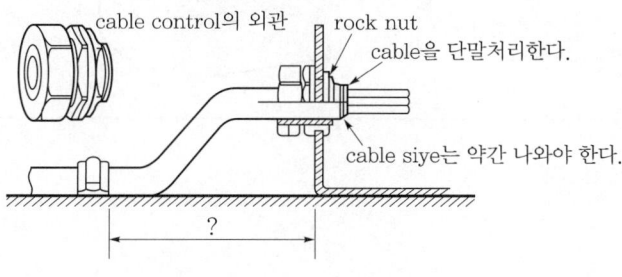

답안 300[mm]

문제 31 _공사산업 14년 출제_ | 배점 : 6점

다음에서 설명하는 금속관 부품의 명칭을 쓰시오.

(1) 매입형 스위치를 수용하거나 리셉터클의 아웃렛을 고정하기 위한 금속함은?
(2) 바닥 밑으로 매입 배선할 때 사용하는 것은?
(3) 배관공사에서 박스에 금속관을 고정할 때 주로 사용하는 것은?
(4) 돌려서 접속할 수 없는 경우의 가요전선관과 금속관을 결합하는 곳에 사용하는 것은?
(5) 인입구, 인출구 수직배관의 상부에 사용되어 비의 침입을 막는 데 사용되는 것은?

답안
(1) 스위치박스
(2) 플로어박스
(3) 로크 너트
(4) 유니온 커플링
(5) 엔트런스 캡

문제 32 _공사산업 09년 출제_ | 배점 : 5점

플렉시블 피팅을 사용한 전동기의 배선 예이다. 그림에서 A로 표시된 것의 명칭은?

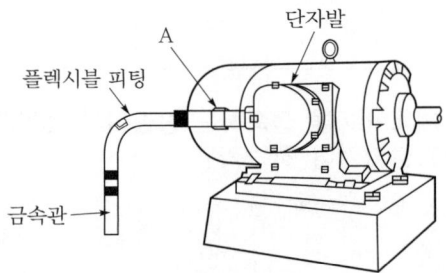

답안 유니온 커플링

문제 33 공사산업 97년, 00년 출제 |배점 : 12점|

폭연성 분진이 있는 곳의 금속관공사이다. 물음에 답하시오.

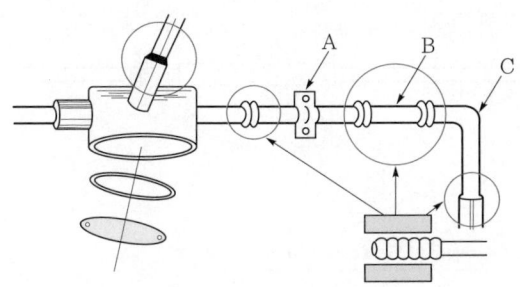

(1) 그림에서 A로 표시된 전선관 부속품의 명칭은?
(2) 그림에서 B로 표시된 전선관 부속품의 명칭은?
(3) 그림에서 C로 표시된 전선관 부속품의 명칭은?
(4) 박스 기타의 부속품 및 풀박스는 쉽게 마모, 부식 기타의 손상을 일으킬 우려가 없도록 하기 위해 쓰이는 재료는?
(5) 그림에서 관 상호 간 및 관과 박스 기타의 부속품, 풀박스 또는 전기기계기구와는 몇 턱 이상 나사조임을 하여야 하는가?
(6) 폭연성 분진이란 무엇인지 간단하게 설명하시오.

답안
(1) 새들
(2) 커플링
(3) 노멀밴드
(4) 패킹, 부싱, 절연부싱
(5) 5턱
(6) 마그네슘, 알루미늄 등의 먼지가 쌓인 상태에서 착화되었을 때 폭발할 우려가 있는 분진

문제 34 공사기사 90년 출제 |배점 : 5점|

금속관을 구부릴 때 굴곡 반지름은 관 안지름의 몇 배 이상이 되어야 하는가?

답안 6배

문제 **35** 공사기사 06년 출제 | 배점 : 10점

그림은 합성수지관공사 도면의 일부이다. 이 그림을 보고 다음 각 물음에 답하시오.

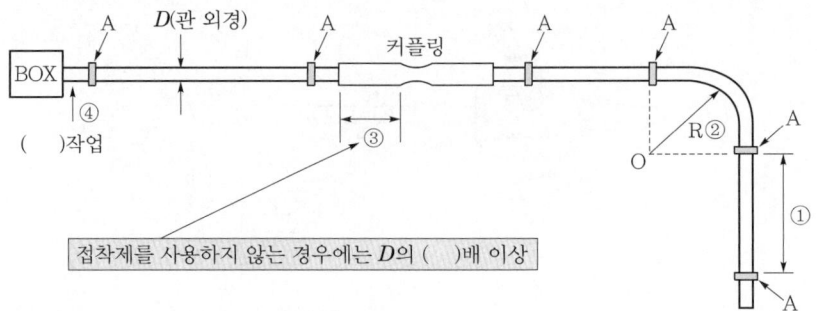

(1) 도면에서 A는 관을 지지하는 지지물이다. A의 명칭은 무엇인가?
(2) 그림에서 ①의 지지점 간의 최소 간격은 몇 [m] 이하로 하는가?
(3) 그림과 같이 직각으로 구부러진 관의 곡률 반경 R②는 관 내경의 몇 배 이상으로 하여야 하는가?
(4) 그림에서 ③은 합성수지관공사 시 커플링을 이용하여 관을 접속한 경우로 접착제를 사용하지 않을 때에는 관 외경의 몇 배 이상 겹쳐야 되는가?
(5) 그림에서 ④는 관을 접속함과 결합시키는 부분으로 지지점과 접속함 사이에는 일정 수준의 높이를 가지고 있다. 이와 같이 하는 것을 무슨 작업이라 하는지 가장 적합한 작업 명칭을 쓰시오.

답안 (1) 새들
(2) 1.5[m]
(3) 6배
(4) 1.2배
(5) 오프셋

문제 **36** 공사산업 90년 출제 | 배점 : 8점

합성수지관공사에서 관의 지지점 간의 거리는 몇 [m] 이하로 하여야 하는가?

답안 1.5[m]

문제 37 · 공사기사 20년 / 공사산업 10년 출제 · 배점: 5점

합성수지관공사에 관한 사항이다. 다음 (   ) 안에 알맞은 내용을 쓰시오.

> 합성수지관 상호 간 및 관과 박스는 접속 시에 삽입하는 깊이를 관 바깥지름의 (①)배 이상으로 접속하여야 하며, 접착제를 사용하는 경우에는 (②)배 이상으로 삽입하여 접속하여야 한다.

답안
① 1.2배
② 0.8배

문제 38 · 공사산업 92년 출제 · 배점: 5점

합성수지관공사에서 관 상호 및 관과 박스와의 접속 시에 삽입하는 깊이를 관 바깥지름의 몇 배 이상으로 하여야 하는가? (단, 접착제를 사용하지 않는 경우이다.)

답안 1.2배

해설 합성수지관공사에서 관 상호 및 관과 박스와의 접속 시에 삽입하는 깊이
- 접착제를 사용하는 경우 : 0.8배
- 접착제를 사용하지 않는 경우 : 1.2배

문제 39 · 공사기사 15년 출제 · 배점: 5점

다음 그림과 [설명]을 읽고 어떤 커플링에 의한 접속방법인지 쓰시오.

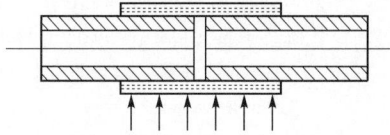

[설명]
① 양쪽의 관단 내면을 관 두께의 $\frac{1}{3}$ 정도 남을 때까지 깎아낸다.
② 커플링 안지름 및 관의 송출부 바깥지름을 잘 닦는다.
③ 커플링 안지름 및 관접속부 바깥지름에 접착제를 엷게 고루 바른다.
④ 한쪽의 관을 들어 올려서 커플링의 안쪽에 보내어서 소정의 접속부로 복원시킨다.
⑤ 토치램프 등으로 커플링을 사방에서 타지 아니하도록 가열해서 복원시켜 접속을 완료한다.

답안 유니온 커플링에 의한 방법

해설 **합성수지관 상호 간의 접속**
(1) TS 커플링에 의한 방법
- 관단 내면의 관 두께의 약 $\frac{1}{3}$ 정도 남을 때까지 깎아낸다.
- 커플링 안지름과 관 바깥지름의 접속면을 마른 걸레로 잘 닦는다. (특히 기름기는 잘 닦아낸다.)
- 커플링 안지름과 관 바깥지름의 접속면에 속효성 접착제를 엷게 고루 바른다.
- 관을 커플링에 끼워 90° 정도 관을 비틀어 그대로 10~20초 정도 눌러 접속을 완료하고 튀어나온 접착제는 닦아낸다.

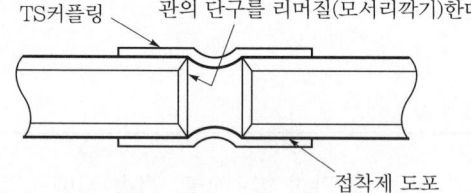

(2) 신축 커플링(콤비네이션 커플링)에 의한 방법
- TS 커플링의 방법으로 신축 커플링의 TS측을 접속한다.
- 신축측의 관은 관단 내면을 관 두께의 $\frac{1}{3}$ 정도 남을 때까지 깎아내고 고무링을 관에 끼워 그대로 신축 커플링에 끼운다. 여름철 이외는 약 5[mm] 정도 당겨 신축여유를 남겨 놓는다.

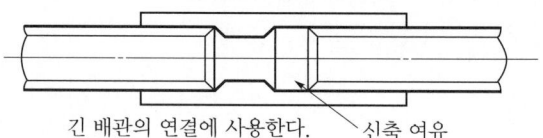

(3) 이송 커플링(유니온 커플링)에 의한 방법
- 관단 내면의 관 두께의 약 $\frac{1}{3}$ 이 남을 때까지 모서리 깎기를 한다.
- 커플링 안지름과 관 바깥지름의 접속면을 마른 헝겊으로 잘 닦는다.
- 커플링 안지름과 관 바깥지름의 접속면에 속효성 접착제를 엷게 고루 바른다.
- 한쪽의 관을 들어 올려서 커플링을 다른 쪽 관에 보내서 소정의 접속부로 복원시킨다.
- 토치램프 등으로 커플링을 사방에서 타지 않도록 가열해서 복원시켜 접속을 완료한다.

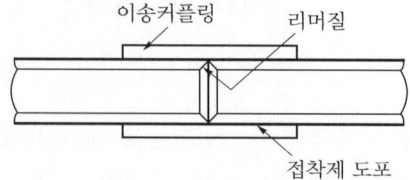

문제 40 공사산업 09년 출제 | 배점 : 6점

애자공사에 사용되는 애자의 요구사항이다. 다음 (   ) 안에 알맞은 내용을 쓰시오.

애자공사에 사용되는 애자는 (①), (②) 및 (③)이 있는 것이어야 한다.

답안
① 절연성
② 난연성
③ 내수성

문제 41 공사산업 08년 출제 | 배점 : 6점

다음 (   ) 안에 알맞은 내용을 쓰시오.

애지공사의 전선은 애자로 지지하고 조영재 등에 접촉될 우려가 있는 개소는 전선을 (①) 또는 (②)에 넣어 시설하여야 한다.

답안
① 애관
② 합성수지관

문제 42 공사산업 95년, 03년 출제 | 배점 : 5점

클리퍼, 플라이어, 프레셔 툴 중에서 전선을 솔더리스 터미널에 압착하고 접속하여 사용하는 공구는?

답안 프레셔 툴

문제 43 공사기사 91년 출제 | 배점 : 3점

박스의 4구석의 전선관 접속 구멍을 막는 것을 무슨 플러그라고 하는가?

답안 인서트 플러그

문제 44) 공사기사 97년 출제 — 배점 : 4점

플로어박스의 용도를 간단하게 쓰시오.

답안 바닥 밑에 콘센트를 접속하여 사용하는 경우

문제 45) 공사기사 14년 출제 — 배점 : 4점

플로어덕트의 용도(시설장소)를 쓰시오.

답안 옥내의 건조한 콘크리트, 신더(Cinder)콘크리트 플로어(Floor) 내

해설 시설장소의 제한(플로어덕트 배선)
플로어덕트 배선은 옥내의 건조한 콘크리트 또는 신더(Cinder)콘크리트 플로어(Floor) 내에 매입할 경우에 한하여 시설할 수 있다.

문제 46) 공사기사 14년 출제 — 배점 : 5점

다음 각 물음에 답하시오.
(1) 합성수지몰드공사 시 베이스를 조영재에 부착할 경우는 ( )[cm]~( )[cm] 간격마다 나사 등으로 견고하게 부착할 것
(2) 금속관을 조영재에 따라 시공할 때는 새들 또는 행거 등으로 견고하게 지지하고, 그 간격을 ( )[m] 이하로 한다.
(3) 금속덕트는 취급자 이외의 자가 출입할 수 없도록 설비한 장소로서, 수직으로 설치하는 경우 ( )[m] 이하의 간격으로 견고하게 지지하여야 한다.
(4) 400[V] 초과 애자공사 시 전선 상호 간의 이격거리는 ( )[cm] 이상으로 한다.
(5) 캡타이어케이블을 조영재에 따라 시설하는 경우 그 지지점 간의 거리는 ( )[m] 이하로 한다.

답안 (1) 40, 50
(2) 2
(3) 6
(4) 6
(5) 1

문제 47 공사산업 05년, 18년, 21년 출제 — 배점 : 5점

합성수지몰드공사를 시설할 수 있는 장소를 2가지만 쓰시오. [단, 옥내(400[V] 이하)의 건조한 장소에 한한다.]

답안
- 노출장소
- 점검할 수 있는 은폐장소

문제 48 공사기사 05년, 18년 출제 — 배점 : 5점

2중 천장 내에서 옥내 배선으로부터 분기하여 조명기구에 접속하는 배선은 원칙적으로 어떤 배선인가?

답안 케이블 배선 또는 금속제 가요전선관 배선(점검할 수 없는 장소에는 2종 금속제 가요전선관)

문제 49 공사기사 14년 출제 — 배점 : 5점

다음 설명의 괄호 안(①~④)에 적합한 전선의 굵기를 써 넣으시오.

저압 옥내 배선에 사용하는 전선은 단면적 (①)[mm²] 이상의 연동선이어야 한다. 다만, 옥내 배선의 사용전압이 400[V] 이하의 경우로 전광표시장치, 기타 이와 유사한 장치 또는 제어회로 등의 배선에는 단면적 (②)[mm²] 이상의 연동선 또는 (③)[mm²] 이상의 다심케이블 또는 다심캡타이어케이블을 사용하고, 진열장 내의 배선공사에는 단면적 (④)[mm²] 이상의 코드 또는 캡타이어케이블을 사용하여야 한다.

답안
① 2.5
② 1.5
③ 0.75
④ 0.75

문제 50 공사산업 92년, 93년 출제   배점 : 10점

다음 문제를 읽고 옳으면 ○표, 틀리면 ×표를 하시오.

(1) 노브애자의 일자 바인드에서 바인드선을 약 40[cm] 길이로 자르고 전선(2.6[mm])을 노브애자의 홈에 대고 바인드 할 위치에 정한다.
(2) 금속몰드공사에서 동일면에서 직각 굴곡 시 엑스터미널 엘보를 사용한다.
(3) 커플링에 들어가는 관의 길이는 관 바깥지름의 1.2배 이상으로 하고 접착제를 사용할 때에는 0.8배 이상이어야 한다.
(4) 녹아웃이 없는 박스를 사용할 때에는 합성수지관용 홀소(hole saw)를 사용해서 구멍을 뚫어야 한다.
(5) 나이프 스위치는 전선의 접속단자 위치에 따라 표면 접속형과 이면 접속형이 있고 접속전선 수에 따라 단극, 2극, 3극의 구별이 있으며 각각 1P, 2P, 3P 또는 SP, DP, TP로 나타낸다.

답안
(1) ○
(2) ○
(3) ○
(4) ○
(5) ○

문제 51 공사산업 94년, 00년 출제   배점 : 10점

다음 ( ) 안에 알맞은 답을 쓰시오.

(1) 애자공사에서 전선과 조영재와의 이격거리는 400[V] 이하인 경우에는 (   )[cm] 이상이어야 한다.
(2) 합성수지몰드공사에서 합성수지몰드는 홈의 폭 및 깊이가 3.5[cm] 이하, 두께가 2[mm] 이상인 것일 것. 다만, 사람이 쉽게 접촉할 우려가 없도록 시설하는 경우에는 폭이 (   )[cm] 이하이어야 한다.
(3) 라이팅덕트공사에서 덕트의 지지점 간의 거리는 (   )[m] 이하로 하여야 한다.
(4) 고압 가공전선로의 경간에서 철탑은 경간이 (   )[m] 이하여야 한다.
(5) 소세력회로의 시설에서 전자개폐기의 조작회로 또는 초인벨, 경보벨 등에 접속하는 전로로써 최대사용전압이 (   )[V] 이하인 것을 사용하여야 한다.
(6) 특고압 가공전선이 삭도와 제2차 접근 상태로 시설할 경우에 특고압 가공전선로는 (   ) 보안공사를 하여야 한다.

답안 (1) 2.5
(2) 5
(3) 2
(4) 600
(5) 60
(6) 제2종 특고압

문제 52 공사기사 14년 출제 | 배점 : 5점 |

다음은 애자와 전선의 굵기이다. 괄호 안에 알맞은 사용전선의 최대 굵기를 쓰시오.

애자의 종류		전선의 최대 굵기[mm²]
놉애자	소	(①)
	중	(②)
	대	(③)
	특대	(④)
인류애자	특대	(⑤)
핀애자	소	50
	중	95
	대	185

답안 ① 16
② 50
③ 95
④ 240
⑤ 25

문제 53 공사산업 03년, 08년 출제 | 배점 : 5점

굴곡 개소가 많고 금속관공사를 하기 어려운 경우, 전동기와 옥내 배선을 결합하는 경우, 기타 시설의 건조물에 배선하는 경우 등에 사용하는 배관재료에 대한 다음 물음에 답하시오.

(1) 전선관과 박스와의 접속에 사용하는 것은?
(2) 가요전선관과 금속관을 결합하는 곳에 사용하는 것은?
(3) 돌려서 접속할 수 없는 경우의 가요전선관과 금속관을 결합하는 곳에 사용하는 것은?
(4) 직각으로 박스에 붙일 때 사용하는 것은?
(5) 가요전선관 상호를 결합하는 곳에 사용하는 것은?

답안 (1) 스트레이트 박스 커넥터
(2) 콤비네이션 커플링
(3) 콤비네이션 유니온 커플링
(4) 앵글박스 커넥터
(5) 스플릿 커플링

문제 54 공사산업 19년 출제 | 배점 : 5점

저압 옥내 배선 중 라이팅덕트시설 시 라이팅덕트에 접속하는 부분의 공사 종류 3가지만 쓰시오.

답안 금속관공사, 합성수지관공사, 가요전선관공사

해설 라이팅덕트 배선
라이팅덕트에 접속하는 부분의 공사방법은 금속관공사, 합성수지관공사, 가요전선관공사, 금속몰드공사, 합성수지몰드공사 또는 케이블공사에 의하여 전선에 손상을 받을 우려가 없도록 시설하여야 한다.

문제 55 공사산업 08년, 16년 출제 | 배점 : 6점

1종 금속몰드(메탈 몰딩)공사에 사용하는 부속품 4가지를 쓰시오.

답안
- 조인트 커플링
- 부싱
- 플랫 엘보
- 인터널 엘보

해설 **1종 금속몰드공사**

본체는 베이스와 커버로 구성되며, 일반적으로 길이가 1.9[m]로 되어 있다. 부속품에는 조인트용 커플링, 부싱, 엘보 등이 있다.

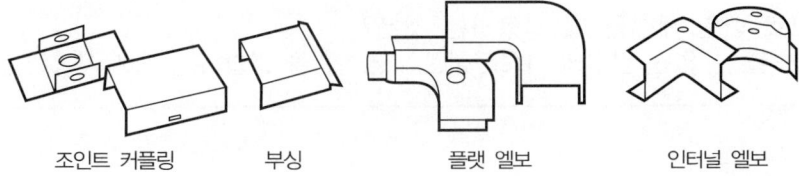

조인트 커플링   부싱   플랫 엘보   인터널 엘보

문제 56 공사기사 97년 출제 | 배점 : 5점

조인트 커플링이란 무엇인지 쓰시오.

답안 몰딩 캡의 이음새를 덮는 데 사용하는 재료

문제 57 공사산업 14년, 22년 출제 | 배점 : 4점

셀룰러덕트(Cellular Duct)공사에서 셀룰러덕트의 판 두께에 관한 다음 표의 빈칸에 알맞은 숫자를 쓰시오.

덕트의 최대 폭	덕트의 최대 판 두께[mm]
150[mm] 이하	(①)
200[mm] 초과하는 것	(②)

답안 ① 1.2
② 1.6

해설 **셀룰러덕트공사(KEC 232.33)**

셀룰러덕트의 판 두께는 표에서 정한 값 이상일 것

셀룰러덕트의 최대 폭[mm]	셀룰러덕트의 판 두께[mm]
150 이하	1.2 이상
150 초과 200 이하	1.4 이상
200 초과	1.6 이상

문제 58 공사산업 11년 출제 배점 : 4점

다음에서 설명하는 금속관 부품의 명칭을 쓰시오.
(1) 바닥 밑으로 매입 배선할 때 사용하는 것은?
(2) 돌려서 접속할 수 없는 경우의 가요전선관과 금속관을 결합하는 곳에 사용하는 것은?

답안 (1) 플로어박스
(2) 콤비네이션 유니온 커플링

문제 59 공사기사 22년 출제 배점 : 4점

저압 전기설비에서 다음 각 덕트공사의 덕트 지지점 간의 최대 거리[m]를 쓰시오.
(1) 버스덕트공사(덕트를 조영재에 붙이는 경우이며 취급자 이외의 자가 출입할 수 있는 곳이다.)
(2) 라이팅덕트공사

답안 (1) 3[m]
(2) 2[m]

문제 60 공사기사 21년 / 공사산업 11년 출제 배점 : 3점

버스덕트공사에서 취급자 이외의 자가 출입할 수 없도록 설비한 장소에서 버스덕트를 조영재에 수직으로 설치하는 경우 최대 몇 [m] 이하의 간격으로 지지하여야 하는지 쓰시오.

답안 6[m]

문제 61 공사기사 20년 / 공사산업 98년, 02년, 06년, 08년, 11년 출제 배점 : 5점

버스덕트의 종류 3가지를 쓰고 간단히 설명하시오.

답안
- 피더 버스덕트 : 도중에 부하를 접속하지 아니한 것
- 익스팬션 버스덕트 : 열 신축에 따른 변화량을 흡수하는 구조인 것
- 플러그 인 버스덕트 : 도중에 부하 접속용으로 꽂음 플러그를 만든 것

해설 버스덕트의 종류

명 칭	형 식		설 명
피더 버스덕트	옥내용	환기형 비환기형	도중에 부하를 접속하지 아니한 것
	옥외용	환기형 비환기형	
익스팬션 버스덕트	옥내용	비환기형	열 신축에 따른 변화량을 흡수하는 구조인 것
탭붙이 버스덕트			종단 및 중간에서 기기 또는 전선 등과 접속시키기 위한 탭을 가진 버스덕트
트랜스포지션 버스덕트			각 상의 임피던스를 평균시키기 위해서 도체 상호의 위치를 관로 내에서 교체시키도록 만든 버스덕트
플러그 인 버스덕트	옥외용	환기형 비환기형	도중에 부하 접속용으로 꽂음 플러그를 만든 것
트롤리 버스덕트	옥내용 옥외용		도중에 이동부하를 접속할 수 있도록 트롤리 접촉식 구조로 한 것

문제 62 공사산업 97년, 06년 출제 | 배점 : 5점

버스덕트(Bus-duct)에서 중간에 부하를 접속하지 아니하는 구조의 덕트는?

답안 피더 버스덕트

1990년~최근 출제된 기출문제

문제 63 공사기사 94년, 00년 출제 | 배점 : 5점

그림은 버스덕트의 구조를 나타낸 모양이다. 어떤 버스덕트인가?

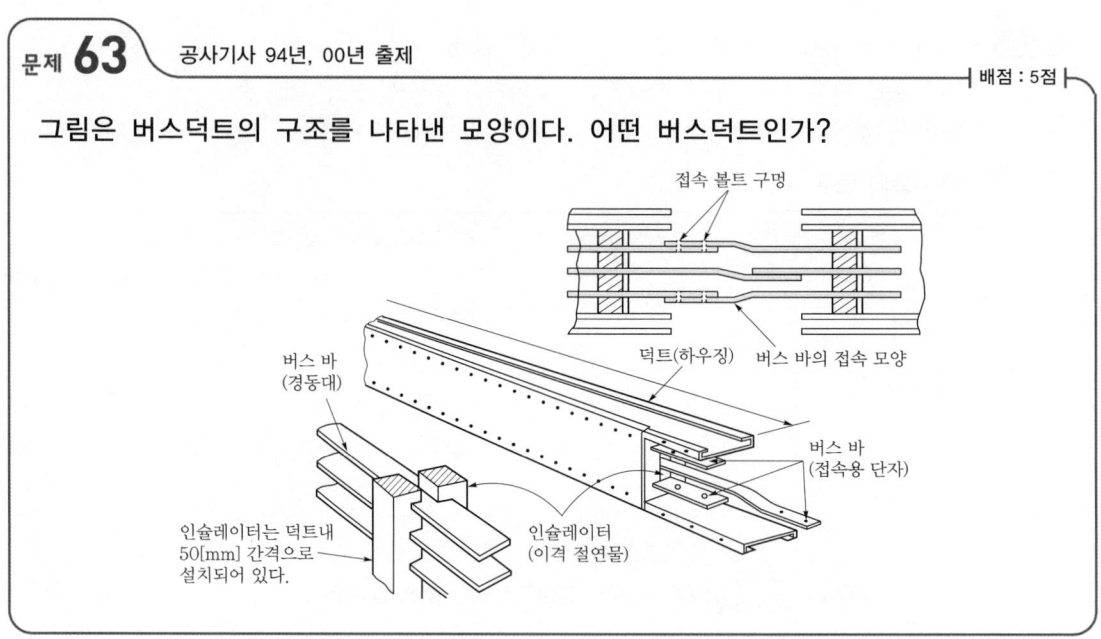

답안 피더 버스덕트

문제 64 공사기사 94년 출제 | 배점 : 5점

그림은 버스덕트의 구조를 나타낸 모양이다. 어떤 버스덕트인가?

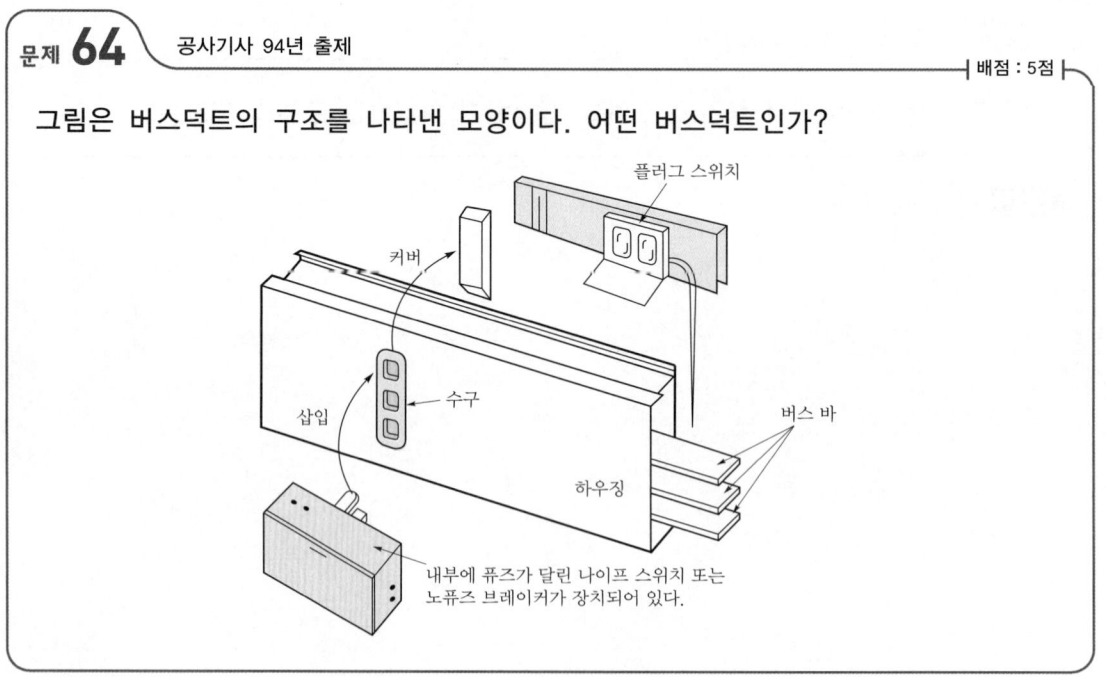

답안 플러그 인 버스덕트

문제 65 공사산업 94년 출제 | 배점 : 4점

CV1 cable 절연체의 재질은 무엇인가?

답안 가교 폴리에틸렌

문제 66 공사산업 91년 출제 | 배점 : 4점

습기가 많고 기름, 산 종류를 취급하는 장소에 사용하는 케이블은?

답안 CV 케이블

문제 67 공사산업 22년 출제 | 배점 : 5점

사용전압이 저압인 전로(전기기계기구 안의 전로를 제외한다)의 전선으로 사용하는 케이블을 3가지만 쓰시오.

답안
- 0.6/1[kV] 연피케이블
- 비닐 외장 케이블
- 금속 외장 케이블

해설 **저압 케이블(KEC 122.4)**
사용전압이 저압인 전로(전기기계기구 안의 전로를 제외한다)의 전선으로 사용하는 케이블
- 0.6/1[kV] 연피케이블
- 클로로프렌 외장 케이블
- 비닐 외장 케이블
- 폴리에틸렌 외장 케이블
- 무기물 절연케이블
- 금속 외장 케이블
- 저독성 난연 폴리올레핀 외장 케이블
- 300/500[V] 연질 비닐 시스 케이블

문제 68 공사산업 11년, 18년 출제 | 배점 : 5점

금속제 케이블트레이 종류 4가지를 쓰시오.

답안
- 사다리형
- 펀칭형
- 메시형
- 바닥 밀폐형

문제 69 공사산업 11년, 21년 출제 | 배점 : 6점

KSC 8464에서 전하는 케이블 트레이의 종류를 3가지만 쓰시오.

답안
- 사다리형
- 펀칭형
- 메시형

문제 70 공사산업 18년 출제 | 배점 : 6점

금속제 케이블트레이에 사용할 수 있는 전선의 종류 3가지만 쓰시오.

답안
- 난연성 케이블
- 적당한 간격으로 연소 방지조치를 한 케이블
- 금속관 혹은 합성수지관에 넣은 절연전선

해설 케이블트레이공사(KEC 232.41)
(1) 전선
- 연피케이블, 알루미늄피 케이블 등 난연성 케이블
- 기타 케이블[적당한 간격으로 연소(延燒)방지 조치를 하여야 한다.]
- 금속관 혹은 합성수지관 등에 넣은 절연전선
(2) 저압 케이블과 고압 또는 특고압 케이블은 동일 케이블트레이 안에 시설하여서는 아니 된다. 다만 견고한 불연성의 격벽을 시설하는 경우 또는 금속 외장 케이블인 경우에는 그러하지 아니하다.

문제 71 공사기사 21년 출제 | 배점 : 5점

한국전기설비규정에 의한 전선 및 케이블의 구분에 따른 배선설비의 공사방법에 대한 표이다. 다음 표의 비고를 활용하여 빈칸을 채워 완성하시오. (단, 보호도체 또는 보호본딩도체로 사용되는 절연전선은 제외한다.)

전선 및 케이블		공사방법		
		전선관시스템	케이블덕팅시스템	애자공사
나전선		(①)	×	(④)
절연전선		(②)	○	○
케이블 (외장 및 무기질 절연물을 포함)	다심	○	(③)	△
	단심	○	○	(⑤)

[비고] ○ : 사용할 수 있다.
× : 사용할 수 없다.
△ : 적용할 수 없거나 실용상 일반적으로 사용할 수 없다.

답안

①	×	②	○	③	○
④	○	⑤	△		

문제 72 공사기사 93년, 97년, 15년 출제 | 배점 : 5점

합성수지관의 굵기가 22[mm]인 경우 2.5[mm²] 전선을 몇 가닥까지 배선할 수 있는가? (단, 단면적은 40[%] 미만이고, 2.5[mm²] 전선의 바깥지름은 4[mm]이다.)

답안 12가닥

해설 2.5[mm²] 전선의 단면적(절연물 포함) $\pi r^2 = \pi \times \left(\dfrac{4}{2}\right)^2 = 12.57[\text{mm}^2]$

전선관의 내단면적 $A = \pi r^2 = \pi \left(\dfrac{22}{2}\right)^2 = 380.13[\text{mm}^2]$

내단면적 40[%]에 수용할 수 있는 전선 가닥수 N은
$380.13 \times 0.4 > 12.57 N$
$N < \dfrac{380.13 \times 0.4}{12.57} = 12.1$

1990년~최근 출제된 기출문제

문제 73 공사기사 91년, 93년, 96년 출제 배점 : 3점

금속덕트에 넣는 전선이 NR 6[mm²] 15가닥, NR 4[mm²] 20가닥이다. 금속덕트의 내부 단면적은 얼마 이상이어야 하는가? [단, NR 6[mm²]의 외경은 5.2[mm]이고 NR 4[mm²]의 외경은 4.6[mm]이다(피복 포함 외경임). 소수점 이하는 사사오입]

답안 $3,255[\text{mm}^2]$

해설
- 전선의 단면적

$$A = \left(\frac{5.2}{2}\right)^2 \pi \times 15 + \left(\frac{4.6}{2}\right)^2 \pi \times 20 = 650.94[\text{mm}^2]$$

- 금속덕트 내단면적

$S \times 0.2 \geq A$ 이므로

$$S \geq \frac{A}{0.2} = \frac{650.94}{0.2} = 3,254.7[\text{mm}^2]$$

문제 74 공사산업 97년, 99년, 05년 출제 배점 : 6점

35[mm²] NR 전선 6본과 25[mm²] 1본을 같은 후강전선관에 수용시공할 때 전선관의 굵기는? (단, 공칭외장직경(절연체 포함) 35[mm²]는 10.9[mm]이고, 25[mm²]은 9.7[mm]임. 전선관 내 단면적의 32[%]를 수용한다.)

답안 54[호]

해설 총면적 $= \pi \left(\frac{10.9}{2}\right)^2 \times 6 + \pi \left(\frac{9.7}{2}\right)^2 \times 1 = 633.78[\text{mm}^2]$

32[%] 수용하므로

$0.32 \times \pi \times \left(\frac{D}{2}\right)^2 = 633.78[\text{mm}^2]$ 에서

$D = \sqrt{\dfrac{633.78 \times 4}{0.32 \times \pi}} = 50.22[\text{mm}]$

문제 75 공사기사 11년, 21년 출제

배점 : 4점

일반용 단심 비닐 절연전선 2.5[mm²] 3본, 10[mm²] 3본을 넣을 수 있는 후강전선관의 최소 굵기[mm]를 다음 표를 참고하여 산정하고 관의 호칭으로 답하시오. (단, 전선관은 내단면적의 32[%] 이하가 되도록 한다.)

│표 1│ 전선(피복절연물을 포함)의 단면적

도체 단면적[mm²]	전선의 단면적[mm²]	비 고
1.5	9	
2.5	13	
4	17	전선의 단면적은 평균 완성 바깥지름의 상한 값을 환산한 값이다.
6	21	
10	35	
16	48	

│표 2│ 절연전선을 금속관 내에 넣을 경우의 보정계수

도체 단면적[mm²]	보정계수
2.5, 4	2.0
6, 10	1.2
16 이상	1.0

│표 3│ 후강전선관의 내단면적의 32[%] 및 48[%]

관의 호칭	내단면적의 32[%][mm²]	내단면적의 48[%][mm²]
16	67	101
22	120	180
28	201	301
36	342	513
42	460	690

답안 36[호]

해설 보정계수를 고려한 전선의 총 단면적 $= 13 \times 3 \times 2 + 35 \times 3 \times 1.2 = 204 \, [\text{mm}^2]$
따라서, [표 3]에서 내단면적의 32[%], 342[mm²]란의 36[호]로 선정한다.

1990년~최근 출제된 기출문제

문제 76 공사기사 88년, 90년, 91년, 93년, 15년 출제   배점 : 5점

NR 전선 4[mm²] 3본, 10[mm²] 3본을 넣을 수 있는 후강전선관의 최소 굵기는 몇 [mm]를 사용하는 것이 적당한가? (단, 전선관은 내단면적의 32[%] 이하가 되도록 한다.)

표 1 전선(피복절연물을 포함)의 단면적

도체 단면적[mm²]	절연체 두께[mm]	평균 완성 바깥지름[mm]	전선의 단면적[mm²]
1.5	0.7	3.3	9
2.5	0.8	4.0	13
4	0.8	4.6	17
6	0.8	5.2	21
10	1.0	6.7	35
16	1.0	7.8	48
25	1.2	9.7	74
35	1.2	10.9	93
50	1.4	12.8	128
70	1.4	14.6	167
95	1.6	17.1	230
120	1.6	18.8	277
150	1.8	20.9	343
185	2.0	23.3	426
240	2.2	26.6	555
300	2.4	29.6	688
400	2.6	33.2	865

[비고] 1. 전선의 단면적은 평균 완성 바깥지름의 상한값을 환산한 값이다.
2. KS C IEC 60227-3의 450/750[V] 일반용 단심 비닐 절연전선(연선)을 기준한 것이다.

표 2 절연전선을 금속관 내에 넣을 경우의 보정계수

도체 단면적[mm²]	보정계수
2.5, 4	2.0
6, 10	1.2
16 이상	1.0

표 3 후강전선관의 내단면적의 32[%] 및 48[%]

관의 호칭	내단면적의 32[%][mm²]	내단면적의 48[%][mm²]	관의 호칭	내단면적의 32[%][mm²]	내단면적의 48[%][mm²]
16	67	101	54	732	1,098
22	120	180	70	1,216	1,825
28	201	301	82	1,701	2,552
36	342	513	92	2,205	3,308
42	460	690	104	2,843	4,265

답안 36[mm] 후강전선관

해설 피복절연물을 포함한 전선 단면적의 합계는
[표 1]과 [표 2]에서 $A = 17 \times 3 \times 2.0 + 35 \times 3 \times 1.2 = 228 [\text{mm}^2]$
[표 3]에서 내단면적의 32[%], 342[mm²]란에서 36[mm]를 선정한다.

문제 77   공사기사 88년, 90년, 91년, 93년 출제   배점 : 5점

NR 전선 16[mm²] 4본, 25[mm²] 3본을 넣을 수 있는 후강전선관의 굵기를 주어진 다음 자료를 가지고 선정하시오. (단, 전선관은 내단면적의 32[%] 이하가 되도록 한다.)

표 1 전선(피복절연물을 포함)의 단면적

도체 단면적[mm²]	절연체 두께[mm]	평균 완성 바깥지름[mm]	전선의 단면적[mm²]
1.5	0.7	3.3	9
2.5	0.8	4.0	13
4	0.8	4.6	17
6	0.8	5.2	21
10	1.0	6.7	35
16	1.0	7.8	48
25	1.2	9.7	74
35	1.2	10.9	93
50	1.4	12.8	128
70	1.4	14.6	167
95	1.6	17.1	230
120	1.6	18.8	277
150	1.8	20.9	343
185	2.0	23.3	426
240	2.2	26.6	555
300	2.4	29.6	688
400	2.6	33.2	865

표 2 절연전선을 금속관 내에 넣을 경우의 보정계수

도체 단면적[mm²]	보정계수
2.5, 4	2.0
6, 10	1.2
16 이상	1.0

| 표 3 | 후강전선관의 내단면적의 32[%] 및 48[%]

관의 호칭	내단면적의 32[%][mm²]	내단면적의 48[%][mm²]	관의 호칭	내단면적의 32[%][mm²]	내단면적의 48[%][mm²]
16	67	101	54	732	1,098
22	120	180	70	1,216	1,825
28	201	301	82	1,701	2,552
36	342	513	92	2,205	3,308
42	460	690	104	2,843	4,265

답안 42[mm] 후강전선관

해설 피복절연물을 포함한 전선 단면적의 합계는
[표 1]과 [표 2]에서 $A = 48 \times 4 \times 1.0 + 74 \times 3 \times 1.0 = 414 [\text{mm}^2]$
그러므로, [표 3]에서 내단면적의 32[%], 460[mm²]란에서 42[mm]를 선정한다.

문제 78 공사산업 12년, 17년 출제 | 배점 : 6점

다음 물음에 답하시오.

(1) 합성수지관공사에서 관 상호 및 관과 박스와의 접속시 관을 삽입하는 깊이를 관의 외경의 1.2배 이상으로 하고 관의 지지점 간의 거리는 (   )[m] 이하로 한다.
(2) 애자공사의 지지점 간의 거리는 전선을 조영재면을 따라 붙이는 경우 (   )[m] 이하로 한다.
(3) 버스덕트를 조영재에 붙이는 경우에는 덕트의 지지점 간의 거리를 (   )[m] 이하로 견고하게 지지하여야 한다.

답안 (1) 1.5
(2) 2
(3) 3

문제 79 공사기사 13년, 17년 출제 | 배점 : 5점

배선설비에서 사용전압 400[V] 초과이고 옥내에 습기가 많고 물기가 있는 점검이 불가능한 은폐장소에 적합한 공사방법을 5가지만 쓰시오.

답안
- 금속관공사
- 합성수지관(CD관 제외)공사
- 비닐피복 2종 가요전선관공사
- 케이블공사
- 케이블트레이공사

문제 80 공사산업 07년, 22년 출제 배점 : 5점

다음은 네온방전등을 옥내에 시설하는 경우이다. 다음 각 물음에 답하시오.

(1) 관등회로의 배선은 어떤 공사로 하는지 쓰시오.
(2) 관등회로의 배선에서 전선 지지점 간의 최대 거리[m]를 쓰시오.
(3) 네온방전등에 공급하는 전로의 대지전압은 몇 [V] 이하로 하여야 하는지 쓰시오.
(4) 네온변압기는 어떤 관리법의 적용을 받는 것이어야 하는지 쓰시오.
(5) 관등회로의 배선에서 전선 상호 간의 이격거리는 몇 [mm] 이상이어야 하는지 쓰시오.

답안
(1) 애자공사
(2) 1[m]
(3) 300[V]
(4) 전기용품 및 생활용품 안전관리법
(5) 60[mm]

문제 81 공사기사 18년 / 공사산업 14년 출제 배점 : 5점

고압 옥내 배선 시설공사법 3가지를 쓰시오.

답안
- 애자공사
- 케이블공사
- 케이블트레이공사

문제 82 공사기사 11년, 17년 출제 — 배점 : 5점

금속덕트, 버스덕트 배선에 의하여 시설하는 경우 취급자 이외의 사람이 출입할 수 없도록 설비된 장소에 수직으로 설치하는 경우 몇 [m] 이하의 간격으로 견고하게 지지하여야 하는가?

답안 6[m]

문제 83 공사기사 06년, 17년 / 공사산업 12년 출제 — 배점 : 4점

폭연성 분진이 있는 위험장소의 저압옥내 배선에 사용되는 금속관은 어떤 전선관이며, 관 상호 및 관과 박스의 접속은 몇 턱 이상의 조임으로 나사를 시공하여야 하는지 쓰시오.

(1) 전선관의 종류
(2) 최소 나사조임 턱 수

답안 (1) 박강전선관
　　　(2) 5턱

문제 84 공사기사 17년 / 공사산업 09년, 17년 출제 — 배점 : 5점

가연성 분진(소맥분, 전분, 유황 기타 가연성의 먼지로 공중에 떠다니는 상태에서 착화하였을 때에 폭발할 우려가 있는 것을 말하며 폭연성 분진을 제외)에 전기설비가 발화원이 되어 폭발할 우려가 있는 곳에 시설하는 저압 옥내 전기설비의 저압 옥내 배선공사 종류 3가지를 쓰시오.

답안
- 금속관공사
- 합성수지관공사
- 케이블공사

문제 **85** 공사산업 08년 출제 | 배점 : 5점

부식성 가스 등이 있는 장소의 배선에 관한 사항이다. 다음 (   ) 안에 알맞은 내용을 쓰시오.

> 배선은 부식성 가스 또는 용액의 종류에 따라서 (①)공사·(②)공사·(③)공사·(④)공사·(⑤)공사 또는 캡타이어케이블공사에 의하여 시설하여야 한다.

답안
① 애자
② 금속관
③ 합성수지관
④ 금속제 가요전선관
⑤ 케이블

문제 **86** 공사산업 15년 출제 | 배점 : 5점

지중매설 금속체의 방식(防蝕)대책 3가지만 쓰시오.

답안
- 방식설계
- coating방법
- 전기방식법

해설 **방식대책**
- 방식설계 : 부식성 물질이 부분적으로 몰리지 않도록 하고 보수나 점검이 용이하도록 한다.
- 내식금속의 선택 : Cr, Ni, Mo, Ti, Zr, Al, Cu 등의 내식성 원소를 첨가한 금속을 사용하도록 한다.
- coating 방법 : 금속표면을 폴리에틸렌 또는 콜타르 등으로 코팅하거나 테이프 등으로 감거나 하여 금속 표면과 대지 사이의 이온 통로를 차단한다.
- 환경처리법 : 중화제 및 억제제(Inhibitor) 등을 사용하여 부식환경을 원천적으로 방지하는 방법
- 전기방식법 : 회생 양극법, 외부 전원법 및 배류법(직접 배류법, 선택 배류법, 강제 배류법)

문제 87 _공사기사 21년 출제_ — 배점: 3점

한국전기설비규정에 따른 가연성 가스 등의 위험장소에서 금속관공사 시 유의사항에 대한 내용이다. 빈칸에 알맞은 내용을 쓰시오.

1. 관 상호 간 및 관과 박스 기타의 부속품·풀박스 또는 전기기계기구와는 (①)턱 이상 나사조임으로 접속하는 방법 또는 기타 이와 동등이상의 효력이 있는 방법에 의하여 견고하게 접속할 것
2. 전동기에 접속하는 부분으로 가요성을 필요로 하는 부분의 배선에는 (②)의 방폭형 또는 안전증 방폭형의 유연성 부속을 사용할 것

답안
① 5
② 내압

문제 88 _공사기사 16년, 17년 / 공사산업 19년 출제_ — 배점: 6점

사람이 상시 통행하는 터널 내의 전선로는 그 사용전압이 저압일 경우 시설하는 배선방법을 3가지만 쓰시오.

답안
- 애자공사
- 금속관공사
- 합성수지관공사

문제 89 _공사산업 15년 출제_ — 배점: 5점

배전반, 분전반 등의 배관을 변경하거나 이미 설치되어 있는 캐비닛에 구멍을 뚫을 때 필요한 공구의 명칭을 쓰시오.

답안 홀소(hole saw)

문제 90

다음 문제를 읽고 옳으면 O표, 틀리면 ×표를 하시오.

(1) 금속덕트 배선에는 DV 전선 또는 NR 전선 이상의 절연 효력이 있는 전선을 사용하여야 한다.
(2) 금속덕트 배선은 옥내에 건조한 장소로서 노출장소 또는 점검할 수 있는 은폐장소에 한하여 시설할 수 있다.
(3) 버스덕트는 부착용 철물을 사용하여 3[m] 이하의 간격으로 조영재에 견고하게 부착한다.
(4) 버스덕트는 구리 또는 알루미늄으로 된 나도체를 난연성, 내열성, 내습성이 풍부한 절연물로 지지하여야 한다.
(5) 덕트 내에 이물질의 침입을 막기 위하여 인서트 플러그(Insert Plug), 마커 시트(Market Sheet), 블랭크 와셔(Blank Washer)를 사용한다.
(6) 금속덕트의 지지점은 2[m] 이하마다 견고하게 시설한다.
(7) 금속덕트에 수용하는 전선은 절연물을 포함하는 단면적의 총합이 금속덕트의 내단면적의 20[%] 이하가 되도록 한다.

답안
(1) O
(2) O
(3) O
(4) O
(5) O
(6) ×
(7) O

해설 (6) 금속덕트의 지지점은 3[m] 이하이다. (KEC 232.31.3)

문제 91

금속덕트 시설방법에 대한 내용이다. 다음 (   ) 안에 알맞은 내용을 쓰시오.

(1) 절연전선을 동일한 셀룰러덕트 내에 넣을 경우 셀룰러덕트의 크기는 전선의 피복절연물을 포함한 단면적의 총합계가 셀룰러덕트 단면적의 (   ) 이하가 되도록 선정하여야 한다.
(2) 금속덕트는 (   )[m] 이하의 간격으로 견고하게 지지할 것
(3) 취급자 이외의 자가 출입할 수 없도록 설비한 장소에서 수직으로 설치하는 경우는 (   )[m] 이하의 간격으로 견고하게 지지하여야 한다.

답안 (1) 20[%]
(2) 3
(3) 6

문제 92 공사기사 97년 출제 　배점 : 18점

다음 문제를 읽고 물음에 답하시오.
(1) 제2차 접근상태라 함은 가공전선이 시설물과 접근하는 경우에 당해 가공전선이 다른 시설물의 위쪽 또는 옆쪽에서 수평거리로 몇 [m] 미만인 곳에 시설하는 상태를 말하는가?
(2) 특고압용의 변전용 변압기를 시가지에 설치할 때 변압기 용량은?
(3) 배전선로의 보안장치로서 주상 변압기의 저압측에 설치하는 것은?
(4) 전기배선용 도식 기호 중 방수용 스위치의 기호는?
(5) 수천 옴의 가는 전선의 저항을 측정할 때 적당한 측정방법은?
(6) 바닥 밑으로 매입 배선할 때 사용하는 박스는?

답안 (1) 3[m]
(2) 1,000[kVA]
(3) 캐치 홀더
(4) ●_WP
(5) 휘트스톤 브리지
(6) 플로어(Floor)박스

문제 93 공사기사 21년 출제 　배점 : 4점

한국전기설비규정에 따른 점멸기의 시설에 관한 내용이다. 다음 빈칸에 알맞은 내용을 쓰시오.

다음의 경우에는 센서등(타임스위치 포함)을 시설하여야 한다.
(1) 「관광진흥법」과 「공중위생관리법」에 의한 관광숙박업 또는 숙박업(여인숙업을 제외한다.)에 이용되는 객실의 입구등은 (　)분 이내에 소등되는 것
(2) 일반주택 및 아파트 각 호실의 현관등은 (　)분 이내에 소등되는 것

답안 (1) 1
(2) 3

문제 94 공사산업 22년 출제 | 배점 : 3점

한국전기설비규정에 따른 소세력회로에 관한 내용이다. 빈칸에 공통적으로 들어갈 내용을 쓰시오.

1. 소세력회로에 전기를 공급하기 위한 변압기는 (   )이어야 한다.
2. 소세력회로에 전기를 공급하기 위한 (   )의 사용전압은 대지전압 300[V] 이하로 하여야 한다.

답안 절연변압기

문제 95 공사산업 95년, 96년, 11년 출제 | 배점 : 7점

다음 그림은 전극식 온수조의 결선도이다. 물음에 답하시오.

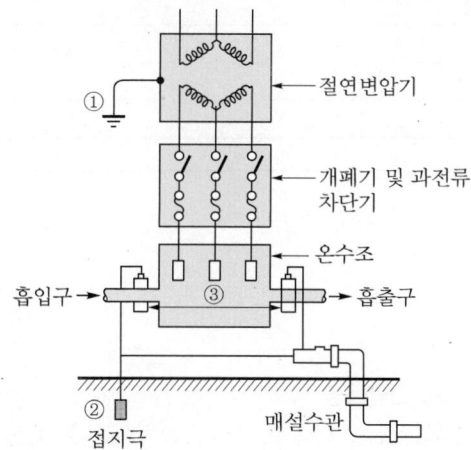

(1) 그림에서 ③의 명칭은?
(2) 전극식 온천 승온기의 사용전압은 몇 [V] 이하로 하여야 하는가?
(3) 절연변압기는 교류 2,000[V] 시험전압을 하나의 권선과 다른 권선 철심 및 외함 사이에 연속적으로 몇 분간 가하여 절연내력을 시험할 경우 이에 견디어야 하는가?

답안 (1) 차폐장치
(2) 400[V]
(3) 1분

문제 96 공사산업 14년 출제 | 배점 : 4점

수중조명등에 전기를 공급하기 위해 사용되는 절연변압기의 사용전압을 쓰시오. (단, 미만, 이하 등을 정확하게 표시하시오.)

(1) 절연변압기의 1차측 전로의 사용전압 :
(2) 절연변압기의 2차측 전로의 사용전압 :

답안 (1) 400[V] 이하일 것
(2) 150[V] 이하일 것

문제 97 공사산업 17년 출제 | 배점 : 9점

도로용 발열장치 설계 시 시설장소에 따른 설비용량[W/m²]의 표준범위를 쓰시오.

시설장소	설비용량[W/m²]
일반보도	(①)
차도	(②)
계단	(③)
보도연석	(④)

답안 ① 200~300
② 250~350
③ 300~350
④ 250~350

해설 도로용 발열장치의 소요 전력용량

단위면적당의 소요전력은 기온, 강설량, 풍속, 통전시간 등에 따라 다르나, 다음의 값을 표준으로 하는 것이 적당하다.

시설장소	설비용량[W/m²]
일반보도	200~300
차도	250~350
계단	300~350
보도연석	250~350

[비고] 실제로는 기온의 차를 고려하여 적당한 값을 선정할 것

문제 98 공사기사 19년 출제 | 배점: 4점

승강로 및 승강기에 시설하는 절연전선 및 이동케이블의 동전선의 최소 굵기를 각각 쓰시오.

(1) 절연전선
(2) 이동케이블

답안 (1) 1.2[mm]
(2) 0.75[mm^2]

해설 승강로 및 엘리베이터 카에 시설하는 전선 및 이동케이블의 굵기

전선의 종류 또는 도체의 구조		도체의 굵기
절연전선	단선	1.2[mm] 이상
	연선	1.5[mm^2] 이상
케이블	단선	0.8[mm] 이상
	연선	0.75[mm^2] 이상
이동케이블		0.75[mm^2] 이상

문제 99 공사산업 20년 출제 | 배점: 6점

그림은 어느 박물관의 배선에 경보장치를 설치하려고 하는 미완성 배선 접속도이다. 이 미완성 배선 접속도를 완성시켜 복선도를 그리시오. (단, 누전경보기 내부 전선은 생략하고 단자까지만 배선하며, 영상 변류기는 WH와 KS 사이에 시설하는 것으로 하고, 경보장치의 전원단에는 별도의 개폐기를 설치한다. 또한 경보기구(벨)도 포함하여 작성한다.)

[참고사항]
경보장치에서의 C_1, C_2는 ZCT의 단자이며, S_1, S_2는 경보장치 전원단자, A_1, A_2는 경보기구(벨)의 단자이다.

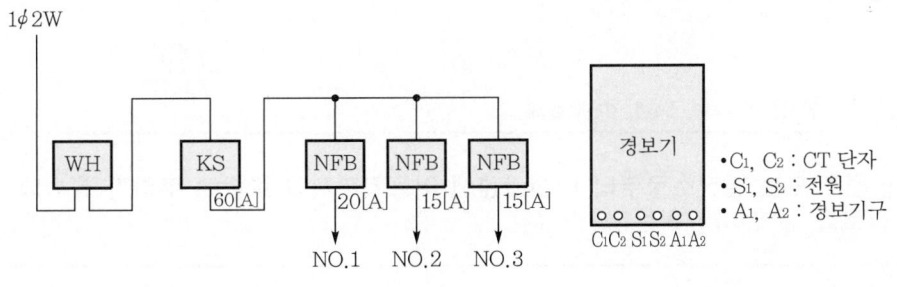

1990년~최근 출제된 기출문제

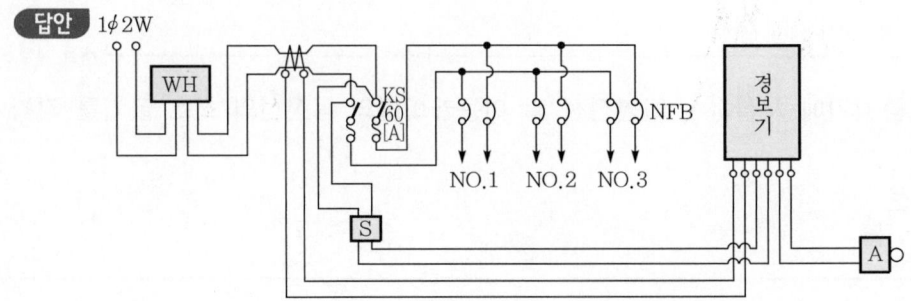

답안 1φ2W

문제 100 공사산업 06년 출제 | 배점 : 5점

누전경보기의 변류기를 시험하려고 한다. 어떤 종류의 시험을 하여야 하는지 그 종류를 5가지만 쓰시오.

답안
- 온도특성시험
- 전로개폐시험
- 단락전류강도시험
- 과누전시험
- 노화시험
- 방수시험
- 진동시험
- 충격시험
- 절연저항시험
- 절연내력시험
- 충격파 내전압시험
- 전압강하 방지시험

문제 101 공사산업 94년, 04년, 07년 출제 | 배점 : 5점

배전 변전소 또는 발전소로부터 배전간선에 이르기까지의 도중에 부하가 접속되어 있지 않은 선로를 무엇이라 하는가?

답안 Feeder(급전선)

문제 102 공사산업 07년 출제 | 배점 : 5점

현장에서 전기 부하설비를 가동상태에서 부하전류를 측정하려면 어떤 계측기를 사용하는가?

답안 후크 온 미터

06 CHAPTER 변압기와 동력설비 시공

기출개념 01 변압기의 결선법

1 △-△결선(delta-delta connection)

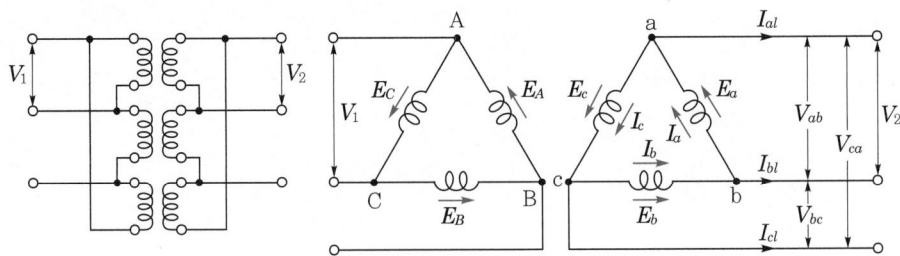

(1) 선간전압(V_l) = 상전압(E_p)
(2) 선전류(I_l) = $\sqrt{3}$ × 상전류(I_p) ∠$-30°$
(3) 3상 출력 : P_3[W]

$$P_1 = E_p I_p \cos\theta$$

$$P_3 = 3P_1 = 3E_p I_p \cos\theta = 3 \cdot V_l \cdot \frac{I_l}{\sqrt{3}} \cdot \cos\theta = \sqrt{3} \cdot V_l I_l \cdot \cos\theta \text{ [W]}$$

(4) △-△결선의 특성
 ① 운전 중 1대 고장 시 V-V결선으로 송전을 계속할 수 있다.
 ② 상에는 제3고조파 전류를 순환하여 정현파 기전력을 유도하고, 외부에는 나타나지 않아 통신장해가 없다.
 ③ 중성점 비접지방식이다.
 ④ 30[kV] 이하의 배전선로에 유효하다.

2 Y-Y결선(Star-Star connection)

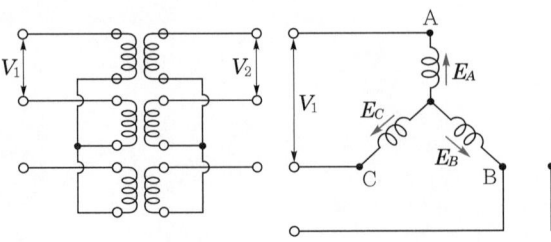

(1) 선간전압(V_l) = $\sqrt{3}$ × 상전압(E_p) $\angle 30°$
(2) 선전류(I_l) = 상전류(I_p)
(3) 출력 : P_3

$$P_1 = E_p I_p \cos\theta$$

$$P_3 = 3P_1 = 3E_p I_p \cos\theta = 3 \cdot \frac{V_l}{\sqrt{3}} \cdot I_l \cdot \cos\theta = \sqrt{3} \cdot V_l I_l \cdot \cos\theta \, [\text{W}]$$

(4) Y-Y결선의 특성
  ① 고전압 계통의 송전선로에 유효하다.
  ② 중성점을 접지할 수 있어 계전기 동작이 확실하고, 이상전압 발생이 없다.
  ③ 상전류에 고조파(제3고조파)가 순환할 수 없어 기전력이 왜형파로 된다.
  ④ 고조파 순환전류가 대지로 흘러 통신유도장해를 발생시키므로 3권선 변압기로 하여 Y-Y-△결선하여 사용한다.

3 △-Y, Y-△결선

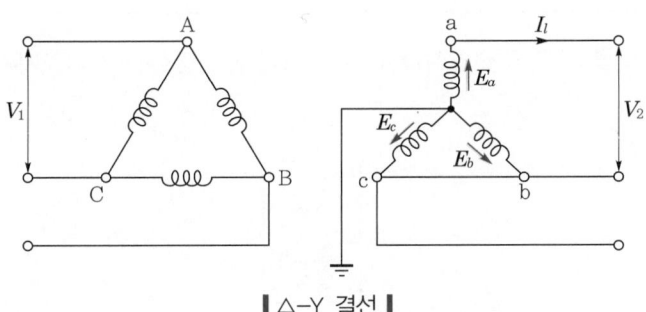

┃△-Y 결선┃

(1) 1차, 2차 전압, 전류에 30°의 위상차가 발생된다.
(2) △-Y결선은 2차 중성점을 접지할 수 있고, 선간전압이 상전압보다 $\sqrt{3}$ 배 증가하므로 승압용 변압기 결선에 유효하다.
(3) Y-△결선은 2차측 상전류에 고조파를 순환할 수 있어 기전력 정현파로 되며, 강압용 변압기 결선에 유효하다.

4 V-V결선

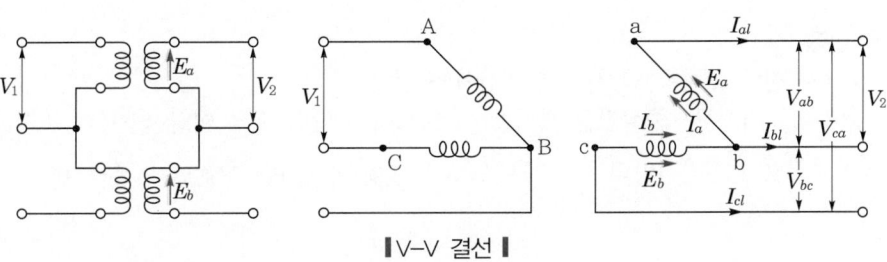

┃V-V 결선┃

1990년~최근 출제된 기출 이론 분석 및 유형별 문제

(1) 선간전압(V_l) = 상전압(V_p)
(2) 선전류(I_l) = 상전류(I_p)
(3) 출력 : P_V

$P_1 = E_p I_p \cos\theta$에서
$P_V = \sqrt{3}\, V_l I_l \cos\theta = \sqrt{3}\, E_p I_p \cos\theta = \sqrt{3}\, P_1 [W]$

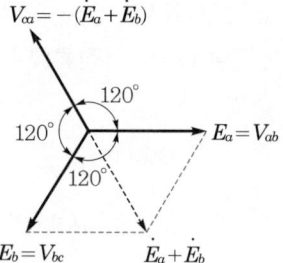

(4) V-V결선의 특성
① 2대 단상 변압기로 3상 부하에 전원공급이 가능하다.
② 부하 증설 예정 시, △-△결선 운전 중 1대 고장 시 사용한다.
③ 이용률 : $\dfrac{\sqrt{3}\, P_1}{2P_1} = \dfrac{\sqrt{3}}{2} = 0.866 \rightarrow 86.6[\%]$
④ 출력비 : $\dfrac{P_V}{P_\triangle} = \dfrac{\sqrt{3}\, P_1}{3P_1} = \dfrac{1}{\sqrt{3}} = 0.577 \rightarrow 57.7[\%]$

개념 문제 01 공사기사 95년, 96년, 99년, 17년, 20년 출제 | 배점 : 6점 |

다음의 변압기 결선도를 보고 결선방식과 이 결선방식의 장단점을 각각 2가지만 쓰시오.

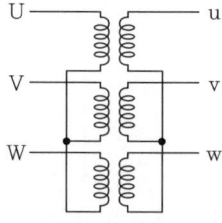

(1) 결선방식
(2) 결선방식의 장점
(3) 결선방식의 단점

답안 (1) Y-Y결선
(2) • 1차, 2차 모두 중성점을 접지할 수 있다.
  • 상전압이 선간전압의 $\dfrac{1}{\sqrt{3}}$이므로 절연이 용이하다.
(3) • 제3고조파 전류의 통로가 없으므로 기전력의 파형이 제3고조파를 포함한 왜형파가 된다.
  • 중성점 접지로 인한 유도장해를 초래한다.

해설 (1) 장점
  • 1차 전압, 2차 전압 사이에 위상차가 없다.
  • 1차, 2차 모두 중성점을 접지할 수 있으며 고압의 경우 이상전압을 감소시킬 수 있다.
  • 상전압이 선간전압의 $\dfrac{1}{\sqrt{3}}$ 배이므로 절연이 용이하여 고전압에 유리하다.

(2) 단점
- 제3고조파 전류의 통로가 없으므로 기전력의 파형이 제3고조파를 포함한 왜형파가 된다.
- 중성점을 접지하면 제3고조파 전류가 흘러 통신선에 유도장해를 일으킨다.
- 부하의 불평형에 의하여 중성점 전위가 변동하여 3상 전압이 불평형을 일으키므로 송·배전계통에 거의 사용하지 않는다.

개념 문제 02 공사산업 91년 출제
┤배점 : 4점├

변전소 주변압기의 결선방법에 있어 △-△결선방법에 대하여 다음 물음에 답하시오.
(1) 몇 [kV] 이하의 배전용에 이용되는가? (단, 단상 변압기의 3상 결선이다.)
(2) 어떤 결선운전이 가능한가?1
(3) 어떤 조파의 순환전류가 없는가?

답안 (1) 33[kV]
(2) V결선
(3) 제3고조파

개념 문제 03 공사산업 97년 출제
┤배점 : 5점├

답안지 그림을 보고 모선과 단상 변압기 3대와의 결선을 기입하여 완성하고, 필요한 접지를 기입하시오. (단, 1φ3W의 중성선에는 퓨즈를 넣어서는 안 된다.)

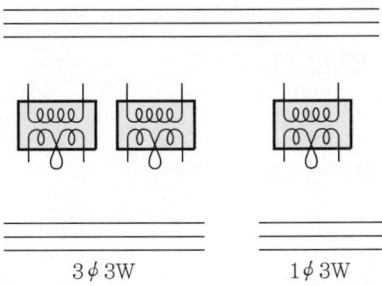

3φ3W   1φ3W

답안

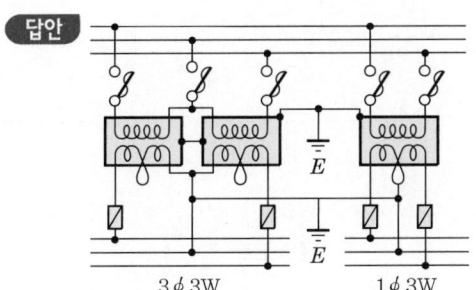

3φ3W   1φ3W

기출개념 02 변압기의 병렬운전

1 병렬운전조건

① 극성이 같을 것
② 1차, 2차 정격전압 및 권수비가 같을 것
③ 퍼센트 임피던스 강하가 같을 것
④ 변압기의 저항과 리액턴스비가 같을 것
⑤ 상회전 방향 및 각 변위가 같을 것(3상)

2 부하 분담비

$$\frac{P_a}{P_b} = \frac{\%Z_b}{\%Z_a} \cdot \frac{P_A}{P_B}$$

여기서, P_a, P_b : 부하 분담용량
$\%Z_b$, $\%Z_a$: 퍼센트 임피던스 강하
P_A, P_B : 변압기 정격용량

부하 분담비는 누설 임피던스에 역비례하고, 정격용량에 비례한다.

3 상(相, Phase) 수 변환

(1) 3상 → 2상 변환
  대용량 단상 부하 전원공급 시

(2) 결선법의 종류
  ① 스코트(Scott) 결선(T결선)
  ② 메이어(Meyer) 결선
  ③ 우드 브리지(Wood bridge) 결선

(3) T좌 변압기 권수비

$$a_T = \frac{\sqrt{3}}{2} a_주 \text{(주좌 변압기 권수비)}$$

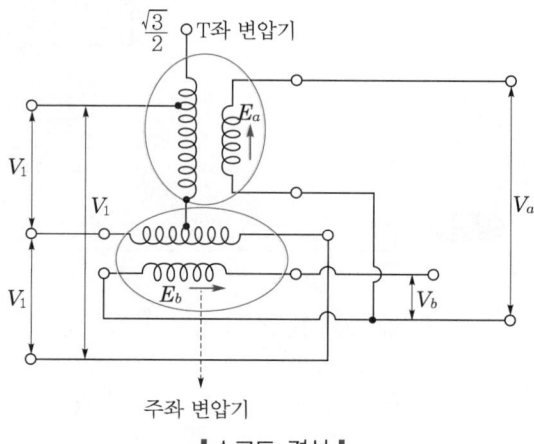

|스코트 결선|

개념 문제 01   공사기사 92년, 04년, 07년 출제 ┤ 배점 : 5점 ├

변압기의 병렬운전과 결선 조합에서 병렬운전 가능, 병렬운전 불가능한 결선을 구분하여 모두 쓰시오.

답안

병렬운전 가능	병렬운전 불가능
△-△와 △-△	△-△와 △-Y
Y-△와 Y-△	△-Y와 Y-Y
Y-Y와 Y-Y	△-△와 Y-△
△-Y와 △-Y	Y-Y와 Y-△
△-△와 Y-Y	
△-Y와 Y-△	

개념 문제 02   공사기사 98년, 02년, 03년, 04년, 06년, 07년, 10년, 14년 출제 ┤ 배점 : 8점 ├

변압기의 병렬운전조건을 4가지 기술하고 이들 조건이 맞지 않을 경우에 어떤 현상이 나타나는지 간단히 서술하시오.

답안

병렬운전조건	조건이 맞지 않는 경우
① 정격전압(권수비)이 같은 것	순환전류가 흘러 권선이 과열
② 극성이 일치할 것	큰 순환전류가 흘러 권선이 소손
③ %임피던스 강하(임피던스 전압)가 같은 것	부하의 분담이 용량의 비가 되지 않아 부하의 분담이 균형을 이룰 수 없다.
④ 내부 저항과 누설 리액턴스의 비 (즉 $r_a/x_a = r_b/x_b$)가 같은 것	각 변압기의 전류 간에 위상차가 생겨 동손이 증가

기출개념 03 변압기의 특성

1 전압변동률 : ε

$$\varepsilon = \frac{V_{20} - V_{2n}}{V_{2n}} \times 100 \, [\%]$$

여기서, V_{20} : 2차 무부하 전압
V_{2n} : 2차 전부하 전압

(1) 백분율 강하의 전압변동률

$$\varepsilon = p\cos\theta \pm q\sin\theta \, [\%] \quad (+ : 지역률, \, - : 진역률)$$

① 퍼센트 저항 강하
$$p = \frac{I \cdot r}{V} \times 100 \, [\%]$$

② 퍼센트 리액턴스 강하
$$q = \frac{I \cdot x}{V} \times 100 \, [\%]$$

③ 퍼센트 임피던스 강하
$$\%Z = \frac{I \cdot Z}{V} \times 100 = \frac{I_n}{I_s} \times 100 = \frac{V_s}{V_n} \times 100 = \sqrt{p^2 + q^2} \, [\%]$$

(2) 최대 전압변동률과 조건
$$\varepsilon = p\cos\theta + q\sin\theta = \sqrt{p^2 + q^2} \cos(\alpha - \theta)$$

① $\alpha = \theta$일 때 전압변동률은 최대가 된다.
② $\varepsilon_{\max} = \sqrt{p^2 + q^2} \, [\%]$

(3) 임피던스 전압과 임피던스 와트
① 임피던스 전압 $V_s [\text{V}]$: 단락전류가 정격전류와 같은 값을 가질 때 1차 인가전압 즉, 정격전류에 의한 변압기 내 전압강하
$$V_s = I_n \cdot Z \, [\text{V}]$$

② 임피던스 와트 $W_s [\text{W}]$: 임피던스 전압 인가 시 입력
$$W_s = I^2 \cdot r = P_c \, (임피던트 \, 와트 = 동손)$$

2 손실과 효율

(1) 손실(loss) : $P_\ell [\text{W}]$
① 무부하손(고정손) : 철손 $P_i = P_h + P_e$
② 히스테리시스손 : $P_h = \sigma_h \cdot f \cdot B_m^{1.6} \, [\text{W/m}^3]$
③ 와류손 : $P_e = \sigma_e k (tfB_m)^2 \, [\text{W/m}^3]$
④ 부하손(가변손)
  ㉠ 동손 $P_c = I^2 \cdot r \, [\text{W}]$
  ㉡ 표유부하손(stray load loss)

(2) 효율(efficiency)

$$\eta = \frac{출력}{입력} \times 100 = \frac{출력}{출력 + 손실} \times 100 \, [\%]$$

① 전부하 효율

$$\eta = \frac{VI \cdot \cos\theta}{VI\cos\theta + P_i + P_c(I^2 r)} \times 100 \, [\%]$$

※ 최대 효율 조건 : $P_i = P_c(I^2 r)$

② $\frac{1}{m}$ 부하 시 효율

$$\eta_{\frac{1}{m}} = \frac{\frac{1}{m} \cdot VI \cdot \cos\theta}{\frac{1}{m} \cdot VI \cdot \cos\theta + P_i + \left(\frac{1}{m}\right)^2 \cdot P_c} \times 100 \, [\%]$$

※ 최대 효율 조건 : $P_i = \left(\frac{1}{m}\right)^2 \cdot P_c$

③ 전일 효율 : η_d(1일 동안 효율)

$$\eta_d = \frac{\sum h \cdot VI \cdot \cos\theta}{\sum h \cdot VI \cdot \cos\theta + 24 \cdot P_i + \sum h \cdot I^2 \cdot r} \times 100 \, [\%]$$

여기서, $\sum h$: 1일 동안 총 부하시간
※ 최대 효율 조건 : $24 P_i = \sum h \cdot I^2 r$

개념 문제 01 공사기사 19년 출제 | 배점 : 5점 |

변압기의 냉각방식 5가지를 쓰시오.

답안
- 건식 자냉식
- 건식 풍냉식
- 유입 자냉식
- 유입 풍냉식
- 유입 수냉식

해설 (1) 변압기 냉각방식

냉각방식		규격별 기호 표시		권선, 철심의 냉각매체		주위냉각매체	
		JEC 2200 IEC 76	ANSI C 57.12	종류	순환방식	종류	순환방식
건식 변압기	건식 자냉식	AN	–	공기	자연	–	–
	건식 풍냉식	AF	–		강제		
유입 변압기	유입 자냉식	ONAN	OA	기름	자연	공기	자연
	유입 풍냉식	ONAF	FA				강제
	유입 수냉식	ONWF	OW			물	
	송유 자냉식	OFAN	–		강제	공기	자연
	송유 풍냉식	OFAF	FOA				강제
	송유 수냉식	OFWF	FOW			물	

(2) 종류별 특징
- 건식 자냉식 : 일반적으로 소용량 변압기에 한해서 사용된다.
- 건식 풍냉식 : 권선 하부에 풍도를 마련하여 송풍기로 바람을 불어넣어 방열효과를 향상시키는 것으로 500[kVA] 이상의 경우에 채용하면 효과적이다.
- 유입 자냉식 : 보수가 간단하여 가장 널리 사용된다. 권선철심의 발생열은 대류에 의해 우선 기름에 전해지고 다시 탱크 벽에 전달되어 탱크 벽 외측표면에서 방사와 공기의 대류에 의해 방열된다. 30~60[MVA] 이상의 대용량에서는 강제냉각방식이 일반적으로 유리하다.
- 유입 풍냉식 : 유입 자냉식과 동일한 구조를 가지고 저소음 고효율의 냉각용 선풍기를 구비하면 출력 30[%] 이상 증가가 가능하다. 변압기 권선온도에 대응하여 선풍기의 구동, 경보 등의 기능을 가지는 온도계전기를 구비해야 한다.
- 유입 수냉식 : 냉각수관을 탱크 상부의 내벽에 따라 배치하고 펌프로 물을 순환시켜서 기름을 냉각하는 방식이다. 냉각수의 질이 좋지 못하면 물때가 끼거나 수관이 부식되어 보수가 어렵다.
- 송유 자냉식 : 방열기 탱크를 따로 두고 본체 탱크와의 접속관로의 도중에 송유펌프를 설치하여 기름을 강제적으로 순환시키는 방식으로 본체는 옥내에 설치하고 방열기 탱크는 옥외에 설치하는 경우에 사용된다.
- 송유 풍냉식 : 송유 자냉식의 방열기 탱크에 송풍기를 설치한 것 등 각종 방식이 있는데 가장 널리 쓰이는 것은 탱크 주위에 송유 풍냉식 유닛쿨러를 설치하는 방식이다.

개념 문제 02 공사산업 16년 출제
| 배점 : 6점 |

아몰퍼스 변압기의 특징에 대해서 장점 및 단점을 3가지씩 쓰시오.
(1) 장점
(2) 단점

답안 (1) • 철손과 여자전류가 매우 적다.
- 전기저항이 높다.
- 결정 자기이방성이 없다.
- 판 두께가 매우 얇다.
- 자벽 이동을 방지하는 구조상의 결함이 없다.

(2) • 포화 자속밀도가 낮다.
  • 점적률이 나쁘다.
  • 압축 응력이 가해지면 특성이 저하된다.
  • 자장 풀림이 필요하다.

개념 문제 03 공사산업 14년, 20년 출제 ── | 배점 : 5점 |

연건평 30,000[m²]인 아파트의 부하밀도는 50[VA/m²]이고 수용률은 60[%]이다. 이 아파트의 변압기 용량[kVA]을 구하시오. (단, 부등률은 고려하지 않는다.)

답안 900[kVA]

해설 부하용량 $= 50 \times 30,000 \times 10^{-3} = 1,500\,[\text{kVA}]$
수전설비용량 $P = 1,500 \times 0.6 = 900\,[\text{kVA}]$

개념 문제 04 공사산업 13년 출제 ── | 배점 : 5점 |

용량 10[kVA], 6,000/600[V]의 단상 변압기를 단권 변압기로 결선해서 6,000/6,600[V]의 승압기로 사용할 때 그 부하용량[kVA]은?

답안 110[kVA]

해설 부하용량 $=$ 자기용량 $\times \left(\dfrac{V_h}{V_h - V_l} \right) = 10 \times \dfrac{6,600}{6,600 - 6,000} = 110\,[\text{kVA}]$

CHAPTER 06 변압기와 동력설비 시공

단원 빈출문제

1990년~최근 출제된 기출문제

문제 01 공사산업 22년 출제 | 배점: 4점

다음 설명에 알맞은 변압기 결선을 [보기]에서 선택하여 (   ) 안에 번호를 쓰시오.

[보기]
① △-△결선, ② △-Y, Y-△결선, ③ Y-Y결선, ④ V-V결선

변압기 결선	설 명
( )	단상 변압기 2대로 3상 전원을 공급할 수 있다.
( )	1, 2차 중성점을 접지할 수 있어서 이상전압 감소에 유리하다.
( )	기전력의 파형이 왜곡되지 않는다.
( )	1상분이 고장나면 나머지 두 대로 운전가능하다.

답안

변압기 결선	설 명
(④)	단상 변압기 2대로 3상 전원을 공급할 수 있다.
(③)	1, 2차 중성점을 접지할 수 있어서 이상전압 감소에 유리하다.
(②)	기전력의 파형이 왜곡되지 않는다.
(①)	1상분이 고장나면 나머지 두 대로 운전가능하다.

문제 02 공사기사 95년, 96년, 99년 출제 | 배점: 5점

[보기]의 내용들은 어떤 결선방법에 대한 내용인지 그 결선방법을 쓰시오.

[보기]
- 상전압이 선간전압의 0.577이 되고 고전압의 결선에 적합하다.
- 변압비, 권선 임피던스가 서로 틀려도 순환전류가 흐르지 않는다.
- 제3고조파 전류의 통로가 없으므로 유도기전력이 제3고조파를 함유하고 중성점을 접지하면 통신선에 유도장해를 준다.
- 기전력 파형은 제3고조파를 포함한 왜형파가 된다.
- 중성점을 접지할 수 있으므로 단절연 변압기를 채택할 수 있다.

답안 Y-Y결선

문제 03 공사기사 95년, 96년, 99년, 17년, 20년 출제 | 배점 : 6점

다음의 변압기 결선도를 보고 결선방식과 이 결선방식의 장단점을 각각 2가지만 쓰시오.

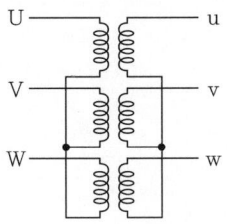

(1) 결선방식
(2) 결선방식의 장점
(3) 결선방식의 단점

답안
(1) Y-Y결선
(2) • 1차, 2차 모두 중성점을 접지할 수 있다.
 • 상전압이 선간전압의 $\dfrac{1}{\sqrt{3}}$이므로 절연이 용이하다.
(3) • 제3고조파 전류의 통로가 없으므로 기전력의 파형이 제3고조파를 포함한 왜형파가 된다.
 • 중성점 접지로 인한 유도장해를 초래한다.

문제 04 공사산업 19년 출제 | 배점 : 8점

다음 답안지의 단상 변압기 3대를 (1) Y-Y결선과 (2) △-△결선으로 완성하고, 필요한 접지를 표시하시오.

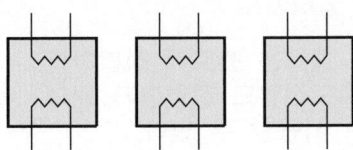

(1) Y-Y결선
(2) △-△결선

답안 (1) 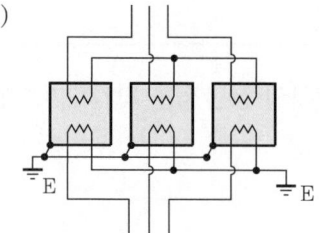　　(2)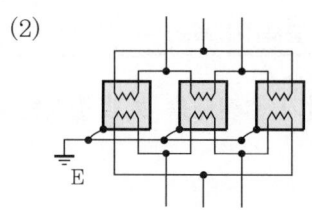

문제 05 공사기사 01년, 12년 / 공사산업 18년 출제   배점 : 4점

변압기 결선방식 중 △-△결선의 특성 4가지만 쓰시오.

답안
- 제3고조파의 전류가 △결선 내를 순환하므로 인가전압이 정현파이면 유도전압도 정현파가 된다.
- 1상분이 고장이 나면 나머지 2대로써 V결선 운전이 가능하다.
- 각 변압기의 상전류가 선전류의 $\dfrac{1}{\sqrt{3}}$이 되어 저전압 대전류 계통에 적당하다.
- 중성점을 접지할 수 없으므로 지락사고의 보호계전기 시스템 구성이 복잡하다.
- 정격용량이 다른 것을 결선하면 순환전류가 흐른다.

문제 06 공사기사 95년 출제   배점 : 5점

다음 내용을 잘 읽고 물음에 답하시오.
(1) 전압이 낮고 전류가 많이 흐르는 선로에 적합하다.
(2) 인가전압이 정현파이면 유도전압도 정현파가 된다.
(3) 고장 시 2대로 V결선하여 사용할 수 있다.
(4) 장래 송전전압을 높여 송전전력을 증가시킬 때 적합하다.
이러한 경우 △-△, Y-Y, Y-△, V-V결선 중 어떤 방법이 적당한가?

답안 △-△결선

문제 **07**　공사산업 89년, 91년, 95년 출제　｜배점 : 5점｜

답안지와 같이 단상 변압기 3대가 있는 미완성 회로도가 있다. 이것을 1차 Y, 2차 △ 결선하시오.

답안
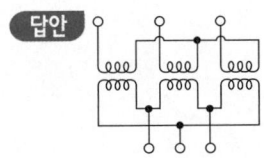

문제 **08**　공사산업 98년 출제　｜배점 : 5점｜

비접지 3상 결선방법 중 중성점 접지를 할 수 없고 1상에 고장이 발생하면 V결선이 가능한 결선방법은?

답안　△-△결선

문제 **09**　공사기사 95년, 96년, 99년 / 공사산업 12년 출제　｜배점 : 5점｜

다음 설명을 잘 이해한 후 어떤 결선방식인가 답하고 결선도를 그리시오.

- 2차 권선의 전압이 선간전압의 $\dfrac{1}{\sqrt{3}}$이고 승압용에 적당하다.
- 즉, △-△결선과 Y-Y결선의 장점을 갖고 있다.
- 30° 위상변위가 있어서 한 대가 고장이 나면 전원공급이 불가능한 결선이다.

답안　△-Y결선
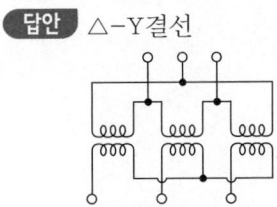

1990년~최근 출제된 기출문제

문제 10 공사산업 92년 출제 　　　　　　　　　　　　　　　배점 : 6점

변압기의 결선에서 일반적으로 계통에 많이 쓰이는 3상 2권선 변압기의 결선방법 (1) Y-Y결선, (2) △-△결선, (3) Y-△결선, (4) △-Y결선 방법을 그리시오.

[답안]

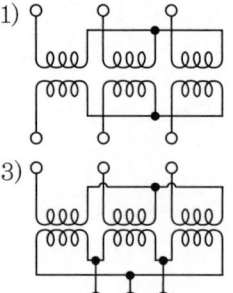

문제 11 공사산업 93년 출제 　　　　　　　　　　　　　　　배점 : 5점

답란의 단상 변압기 3대의 그림을 △-△결선하시오. (단, 중성점 접지할 곳을 표시하시오.)

[답안]

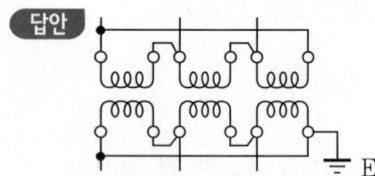

문제 **12** 공사산업 22년 출제 | 배점 : 5점

단상 변압기 3대를 △-△로 결선하시오. (단, 변압기 외함 접지는 제외하며 변압기 2차측 접지 부분은 표시하시오. 변압기 2차측 전압은 220[V]라고 한다.)

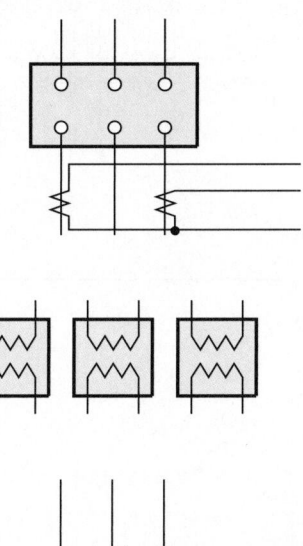

답안

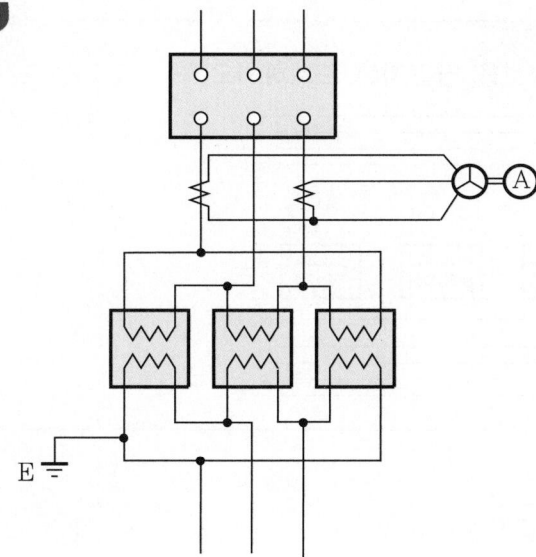

1990년~최근 출제된 기출문제

문제 13 공사산업 98년, 00년 출제 ────────────── 배점 : 6점

다음 결선과 같은 단상 변압기 3대가 있다. 물음의 조건으로 결선하시오.

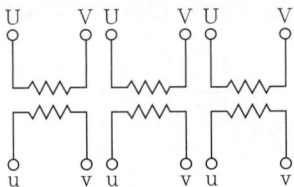

(1) STAR-STAR결선(Y-Y)
(2) STAR-DELTA결선(Y-△)

답안 (1) 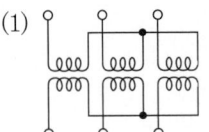 (2)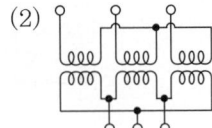

문제 14 공사기사 97년 출제 ────────────── 배점 : 5점

접지계통의 단상 변압기 3대로 Y결선을 답안지에 도시하시오.

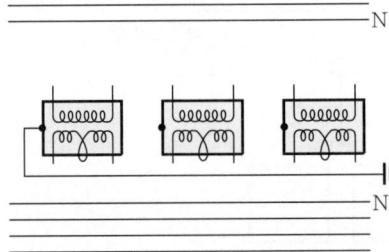

답안

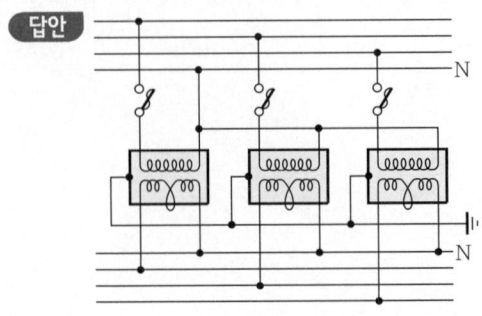

문제 15

공사기사 92년, 04년, 07년 출제

배점 : 5점

변압기의 병렬운전의 결선 조합에서 병렬운전 가능, 병렬운전 불가능한 결선을 구분하여 모두 쓰시오.

답안

병렬운전 가능	병렬운전 불가능
Δ−Δ와 Δ−Δ	Δ−Δ와 Δ−Y
Y−Δ와 Y−Δ	Δ−Y와 Y−Y
Y−Y와 Y−Y	Δ−Δ와 Y−Δ
Δ−Y와 Δ−Y	Y−Y와 Y−Δ
Δ−Δ와 Y−Y	
Δ−Y와 Y−Δ	

문제 16

공사기사 94년 출제

배점 : 5점

변압기를 병렬운전할 때 극성이 같은 단자를 접속하지 않으면 어떻게 되는가?

답안 큰 순환전류가 흘러 권선이 소손된다.

문제 17

공사기사 98년, 02년, 03년, 04년, 06년, 07년, 17년 출제

배점 : 8점

단상 변압기의 병렬운전조건을 4가지만 쓰시오.

답안
- 극성이 일치할 것
- 정격전압(권수비)이 같은 것
- %임피던스 강하(임피던스 전압)가 같을 것
- 내부 저항과 누설 리액턴스의 비$\left(즉\ \dfrac{r_a}{x_a}=\dfrac{r_b}{x_b}\right)$가 같을 것

문제 18 _공사산업 17년 출제_ — 배점: 5점

일반적으로 전력용 변압기의 절연유에 요구되는 성질을 5가지만 쓰시오.

답안
- 절연저항과 절연내력이 클 것
- 인화점이 높을 것
- 응고점이 낮을 것
- 점도가 낮고, 비열이 클 것
- 열전도율이 클 것

해설 변압기의 기름으로서 갖추어야 할 조건
- 절연저항 및 절연내력이 클 것(30[kV]/2.5[mm] 이상)
- 절연재료 및 금속에 화학작용을 일으키지 않을 것
- 인화점이 높고(130[℃] 이상), 응고점이 낮을 것(-30[℃] 이하)
- 점도가 낮고(유동성이 풍부), 비열이 커서 냉각효과가 클 것
- 고온에서도 석출물이 생기거나 산화하지 않을 것
- 열전도율이 클 것
- 열팽창계수가 작고 증발로 인한 감소량이 적을 것

문제 19 _공사기사 19년 / 공사산업 21년 출제_ — 배점: 5점

변압기 냉각방식의 종류를 5가지만 쓰시오.

답안
- 건식 자냉식
- 건식 풍냉식
- 유입 자냉식
- 유입 풍냉식
- 유입 수냉식

문제 20 공사기사 98년 출제 — 배점 : 5점

절연재료는 그 최고허용온도에 따라 분류한다. 그러면 다음에 주어진 절연 종류의 최고허용온도[℃]를 쓰시오.

(1) A종
(2) B종
(3) E종
(4) F종
(5) H종

답안
(1) 105[℃]
(2) 130[℃]
(3) 120[℃]
(4) 155[℃]
(5) 180[℃]

해설

절연물의 종류	Y	A	E	B	F	H	C
최고허용온도[℃]	90	105	120	130	155	180	180 초과

문제 21 공사기사 11년, 18년 출제 — 배점 : 5점

다음 변압기 냉각방식의 명칭은 무엇인지 쓰시오.

[예] AA(AN) : 건식 자냉식

(1) OA(ONAN) :
(2) FA(ONAF) :
(3) OW(ONWF) :
(4) FOA(OFAF) :
(5) FOW(OFWF) :

답안
(1) 유입 자냉식
(2) 유입 풍냉식
(3) 유입 수냉식
(4) 송유 풍냉식
(5) 송유 수냉식

문제 22   공사산업 11년, 16년 출제 | 배점 : 5점 |

변압기의 냉각방식 기호 중 AF의 명칭을 쓰고 설명하시오.
(1) 명칭
(2) 설명

답안 (1) 건식 풍냉식
     (2) 건식 변압기에 송풍기로 강제통풍을 행하여 냉각하는 방식

문제 23   공사기사 14년 출제 | 배점 : 6점 |

몰드(Mold) 변압기의 장점 및 단점을 각각 3개씩 쓰시오.
(1) 장점
(2) 단점

답안 (1) • 자기소화성이 우수하므로 화재의 염려가 없다.
         • 소형 경량화 할 수 있다.
         • 보수 및 점검이 용이하다.
   (2) • 고전압 대용량의 몰드 변압기 제작이 곤란하다.
         • 서지에 약하므로 VCB와 결합 시 서지옵서버(SA)가 필요하다.
         • 기계적 충격으로부터 에폭시 수지를 보호하기 위한 전용의 함이 필요하다.

해설 몰드 변압기의 특징
• 자기소화성이 우수하므로 화재의 염려가 없다.
• 코로나 특성 및 임펄스 강도가 높다.
• 소형 경량화 할 수 있다.
• 습기, 가스, 염분 및 소손 등에 대해 안정하다.
• 보수 및 점검이 용이하다.
• 저진동 및 저소음이다.
• 단시간 과부하 내량이 크다.
• 전력손실이 감소한다.

문제 24 공사기사 22년 출제 — 배점 : 6점

다음은 한국전기설비규정에 따른 특고압을 직접 저압으로 변성하는 변압기의 시설에 관한 설명이다. ( ) 안에 알맞은 내용을 쓰시오.

> 특고압을 직접 저압으로 변성하는 변압기는 다음의 것 이외에는 시설하여서는 아니 된다.
> 가. 전기로 등 (①)이(가) 큰 전기를 소비하기 위한 변압기
> 나. 발전소·변전소·개폐소 또는 이에 준하는 곳의 (②) 변압기
> 다. 333.32의 1과 4에서 규정하는 특고압 전선로에 접속하는 변압기
> 라. 사용전압이 (③)[kV] 이하인 변압기로서 그 특고압측 권선과 저압측 권선이 혼촉한 경우에 자동적으로 변압기를 전로로부터 차단하기 위한 장치를 설치한 것

답안
① 전류
② 소내용
③ 35

해설 특고압을 직접 저압으로 변성하는 변압기의 시설(KEC 341.3)
특고압을 직접 저압으로 변성하는 변압기는 다음의 것 이외에는 시설하여서는 아니 된다.
- 전기로 등 전류가 큰 전기를 소비하기 위한 변압기
- 발전소·변전소·개폐소 또는 이에 준하는 곳의 소내용 변압기
- 25[kV] 이하인 특고압 가공전선로(중성선 다중접지식의 것으로서 전로에 지락이 생겼을 때에 2초 이내에 자동적으로 이를 전로로부터 차단하는 장치가 되어 있는 것에 한한다.)에 접속하는 변압기
- 사용전압이 35[kV] 이하인 변압기로서 그 특고압측 권선과 저압측 권선이 혼촉한 경우에 자동적으로 변압기를 전로로부터 차단하기 위한 장치를 설치한 것
- 사용전압이 100[kV] 이하인 변압기로서 그 특고압측 권선과 저압측 권선 사이에 접지저항 값이 10[Ω] 이하인 금속제의 혼촉방지판이 있는 것
- 교류식 전기철도용 신호회로에 전기를 공급하기 위한 변압기

문제 25 공사산업 18년, 20년 출제 — 배점 : 6점

154/22.9[kV]용 변전소의 변압기에 시설하여야 하는 계측장치를 쓰시오.

답안
- 주요 변압기의 전압 및 전류 또는 전력
- 특고압용 변압기의 온도

1990년~최근 출제된 기출문제

문제 26 공사기사 00년 출제 | 배점 : 4점

변압기의 탭(TAB)의 역할(기능)에 대해 설명하시오.

답안 부하단(수전단) 전압을 조정하기 위하여

문제 27 공사산업 06년 출제 | 배점 : 5점

다음의 [보기]에서 OLTC의 구성요소가 아닌 것을 모두 골라 쓰시오.

[보기]
부하전류 개폐기, 탭 선택기, 탭 확장기, 변류기, 차단기

답안 변류기, 차단기

해설 (1) OLTC : On Load Tap Changer
(2) OLTC의 구성기기
- 탭 선택기
- 절환개폐기
- 한류 리액터
- 구동장치
- 제어장치 및 보호장치

문제 28 공사기사 11년, 13년 출제 | 배점 : 6점

변압기에 전원을 처음 인가했을 때 발생하는 소음의 주된 발생원인 3가지를 쓰시오.

답안
- 변압기의 하부의 앵커볼트의 조임상태 불량
- 변압기의 탭전압보다 높은 전압이 들어오는 경우
- 변전실 내 및 외함 내에서의 공진현상

해설 답안 이외에도 다음과 같은 원인이 있다.
- 볼트의 조임상태 불량(일부분의 볼트가 느슨해짐)
- 변압기의 전원전압이 정격전압보다 높은 경우
- 철심의 찌그러짐
- 변압기 단자에 부스바를 직접 연결한 경우 등

문제 29 공사산업 03년, 06년 출제 | 배점 : 5점

변압기의 명판에는 어떠한 요소들이 표시되어 있는지 그 요소를 5가지만 쓰시오.

답안
- 변압기의 명칭(형태)
- 적용규격
- 상수
- 정격용량
- 주파수

해설 변압기 명판에 표시되는 요소
답안 이외에도 다음과 같은 요소가 있다.
- 정격전압 1차, 2차 전압
- 정류전류 1차, 2차 전류
- 절연계급
- 기준충격절연강도
- %임피던스
- 각변위
- 총중량
- 제작일련번호
- 제작일

문제 30 공사기사 14년, 19년 출제 | 배점 : 3점

다음에서 설명하는 용어의 명칭을 쓰시오.

> 이것은 비선형 부하에 의해 고조파의 영향을 받는 기계기구(변압기 등)가 과열현상 없이 부하에 전력을 안정적으로 공급해 줄 수 있는 능력이다.

답안 k-factor

해설 부하가 고조파전류를 발생시키는 경우, 변압기의 과열을 방지하기 위하여 변압기의 용량을 저감시키는 계산식과 factor가 있는데 이 factor를 k-factor라 한다.

문제 31 공사기사 02년, 04년, 05년, 07년, 09년, 19년 출제 | 배점 : 6점

주상변압기 설치 시 고려사항이다. 다음 각 물음에 답하시오.

(1) 주상변압기 설치 전 점검사항 3가지를 쓰시오.
(2) 주상변압기 설치 후 점검사항 3가지를 쓰시오.

답안 (1) • 절연저항 측정
 • 절연유 상태(유량, 누유 상태)
 • 외관 상태(부싱의 손상유무), 핸드홀 커버 조임 상태
(2) • 2차 전압 측정
 • 상측정
 • 변압기 이상유무 확인

해설 답안 외에도 다음과 같은 점검사항이 있다.
(1) • Tap changer의 위치(1차와 2차의 진압비)
 • 변압기 명판 확인
(2) • 점검 및 측정결과 기록

문제 32 공사산업 08년 출제 | 배점 : 8점

주상변압기 설치가 완료되면 실시하는 측정 및 시험의 종류 6가지를 쓰시오.

답안 • 절연저항 측정
• 여자시험
• 전압비시험
• 위상각시험
• 절연류 내압시험
• 변압기시험

문제 33 공사산업 04년, 06년 출제 | 배점 : 6점

과전류에 대한 보호장치로써 주상변압기의 1차측과 2차측에 설치하는 것은?

(1) 1차측(고압측)
(2) 2차측(저압측)

답안 (1) COS(컷아웃 스위치)
(2) 캐치 홀더

문제 34 공사산업 18년 출제 ─ 배점 : 6점 ─

다음 물음에 답하시오.
(1) 과전류에 대한 보호장치로써 주상변압기 1차측에 설치하는 기기는 무엇인지 쓰시오.
(2) 특고압 간이수전설비의 변압기 2차측에 설치되는 주차단기에는 무엇을 설치하여 결상사고에 대한 보호능력이 있도록 하여야 하는지 쓰시오.

답안 (1) 컷아웃 스위치
(2) 결상계전기

문제 35 공사산업 18년, 20년 출제 ─ 배점 : 6점 ─

154/22.9[kV]용 변전소의 변압기에 시설하여야 하는 계측장치를 쓰시오.

답안
- 주요 변압기의 전압 및 전류 또는 전력
- 특고압용 변압기의 온도

문제 36 공사기사 96년, 00년 출제 ─ 배점 : 4점 ─

변압기의 1차측 사용탭이 6,300[V]의 경우 2차측 전압이 110[V]이었다. 2차측 전압을 약 100[V]로 하기 위해서는 1차측 사용탭을 얼마로 하여야 되는지 실제변압기의 사용탭 중에서 선정하시오. (단, 탭전압은 5,700[V], 6,000[V], 6,300[V], 6,600[V], 6,900[V]이다.)

답안 6,900[V]

해설 $\dfrac{110}{100} \times 6,300 = 6,930[V]$

문제 37 공사기사 00년, 13년, 16년, 19년 출제   배점 : 5점

설비용량 50[kW], 30[kW], 25[kW], 25[kW]의 부하설비에 수용률이 각각 50[%], 65[%], 75[%], 60[%]인 경우 변압기 용량[kVA]을 선정하시오. (단, 부등률은 1.2, 종합 부하역률은 90[%]이다.)

변압기 표준 용량표[kVA]						
20	30	50	75	100	150	200

답안 표에서 75[kVA] 선정

해설 $P_a = \dfrac{50 \times 0.5 + 30 \times 0.65 + 25 \times 0.75 + 25 \times 0.6}{0.9 \times 1.2} = 72.45 [\text{kVA}]$

문제 38 공사산업 98년, 00년, 07년 출제   배점 : 8점

다음 그림은 변전설비의 단선 결선도이다. 물음에 답하시오.

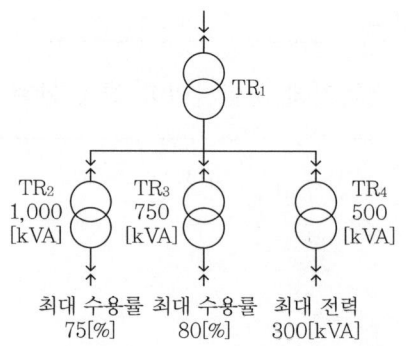

(1) 부등률이란? (식으로 나타내시오.)
(2) 부등률 적용 변압기는?
(3) TR₁의 부등률은 얼마인가? (단, 최대합성전력은 1,320[kVA])
(4) TR₁의 표준용량은 몇 [kVA]인가?

답안
(1) 부등률 = $\dfrac{\text{각 개 최대수용전력의 합}}{\text{합성 최대수용전력}}$

(2) TR₁

(3) 1.25

(4) 1,500[kVA]

해설 (3) 부등률 = $\dfrac{1{,}000 \times 0.75 + 750 \times 0.8 + 300}{1{,}320} = 1.25$

(4) 최대 전력이 1,320[kVA]이므로 1,500[kVA]로 선정

문제 39 공사기사 16년, 22년 출제　│ 배점 : 4점 │

그림과 같은 전원설비에서 변압기의 부하율이 각각 40[%]일 때 변압기의 2대 운전 시의 전손실[kW]을 구하시오. (단, 3상 변압기의 철손은 2.2[kW], 전부하 동손은 4.2[kW] BUS TIE CB는 투입상태로 한다.)

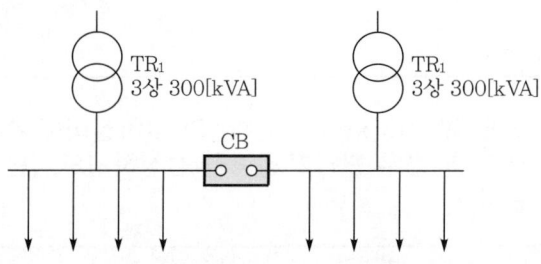

답안 5.74[kW]

해설 전손실 $P_l = (P_i + m^2 P_c) \times 2 = (2.2 + 0.4^2 \times 4.2) \times 2 = 5.74[\text{kW}]$

문제 40 공사기사 14년, 19년, 21년 출제　│ 배점 : 5점 │

특고압(22.9[kV] 3ϕ4W) 수전 수용가인 어떤 건물의 총 부하설비용량이 2,800[kW], 수용률이 0.6일 때 이 건물의 3상 주변압기 용량을 구하고 변압기의 표준용량[kVA]을 선정하시오. (단, 역률은 85[%]로 하고, 변압기 표준용량[kVA]은 750, 1,000, 1,500, 2,000, 3,000에서 선정한다.)

답안 2,000[kVA]

해설 변압기 용량 = $\dfrac{2{,}800 \times 0.6}{1 \times 0.85} = 1{,}976.47[\text{kVA}]$

1990년~최근 출제된 기출문제

문제 41 공사기사 14년 출제 | 배점 : 5점

어느 수용가의 부하설비용량이 950[kW], 부하역률은 85[%], 수용률은 60[%]라고 할 때, 이 수용가의 변압기용량[kVA]을 계산하고, 변압기의 용량[kVA]을 선정하시오.

답안 750[kVA]을 선정

해설 $P_a = \dfrac{950 \times 0.6}{1 \times 0.85} = 670.59 [kVA]$

문제 42 공사기사 14년 출제 | 배점 : 4점

다음과 같이 50[kW], 30[kW], 15[kW], 25[kW]의 부하설비에 수용률이 각각 50[%], 65[%], 75[%], 60[%]라고 할 경우 변압기 용량을 선정하시오. (단, 부등률은 1.2, 종합 부하역률은 80[%]로 한다.)

변압기 표준 용량표[kVA]						
25	30	50	75	100	150	200

답안 표에서 75[kVA] 선정

해설 $P_a = \dfrac{50 \times 0.5 + 30 \times 0.65 + 15 \times 0.75 + 25 \times 0.6}{0.8 \times 1.2} = 73.7 [kVA]$

문제 43 공사기사 14년 출제 | 배점 : 5점

22.9[kVA], 3상 4선식 특고압 수전 수용가인 어떤 건물의 총 부하설비가 3,200[kW], 수용률 0.6일 때, 이 건물에 필요한 3상 주변압기의 용량을 선정하시오. (단, 역률은 85[%], 부하 상호 간의 부등률은 1.2로 한다.)

답안 2,000[kVA] 선정

해설 $P = \dfrac{3,200 \times 0.6}{1.2 \times 0.85} = 1,882.35 [kVA]$

문제 **44** 공사기사 08년, 13년 출제 ┤배점 : 5점├

부하 설비용량이 5,000[kW]이고 역률이 0.96인 어느 공장의 수전 변압기 용량[kVA]을 선정하시오. (단, 수용률은 0.6으로 한다.)

답안 4,000[kVA]

해설 변압기 용량 = $\dfrac{5,000 \times 0.6}{0.96}$ = 3,125[kVA]

문제 **45** 공사산업 12년, 20년 출제 ┤배점 : 5점├

권수비가 50인 단상 변압기의 전부하 2차 전압이 220[V]이고, 전압변동률이 4[%]일 때, 무부하시 1차 단자전압은 몇 [V]인지 구하시오.

답안 11,440[V]

해설 $e = \dfrac{V_{20} - V_{2n}}{V_{2n}} \times 100 = \left(\dfrac{V_{20}}{V_{2n}} - 1\right) \times 100 = \left(\dfrac{V_{20}}{220} - 1\right) \times 100 = 4[\%]$ 이므로

$V_{20} = \left(1 + \dfrac{4}{100}\right) \times 220 = 228.8[V]$

∴ $V_1 = aV_2 = 50 \times 228.8 = 11,440[V]$

문제 **46** 공사산업 16년 출제 ┤배점 : 3점├

다음은 3상 변압기를 나타낸다. 변압기는 100 : 1이며, 1차측에 22,900[V]가 공급된다면 2차측 저항부하에 걸리는 전압은 몇 [V]인지 구하시오.

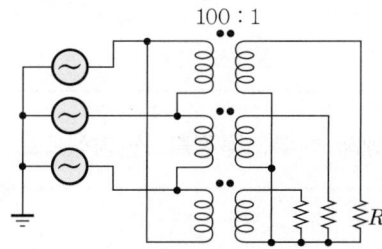

답안 229[V]

해설 $V_{2P} = \dfrac{V_{1P}}{a} = \dfrac{22,900}{100} = 229[V]$

문제 47 공사산업 12년, 20년 출제   배점 : 5점

10[kVA]의 단상 변압기 3대를 △결선하고 급전하던 중 변압기 1대의 고장으로 나머지 2대로 V결선해서 급전하고 있다. 이 경우 부하가 27.5[kVA]라면 나머지 2대의 변압기는 몇 [%]의 과부하가 되는지 구하시오. (단, 소수점 이하는 버리시오.)

답안 158[%]

해설 V결선 출력 $P = \sqrt{3}\,VI = \sqrt{3} \times 10[\text{kVA}]$

따라서 과부하율 $= \dfrac{27.5}{\sqrt{3} \times 10} \times 100 = 158[\%]$

문제 48 공사산업 13년, 21년 출제   배점 : 5점

용량이 5[kVA]인 변압기 2대를 가지고 V결선하여 3상 평형부하에 몇 [kVA]의 전력을 공급할 수 있는지 구하시오.

답안 8.66[kVA]

해설 $P_V = \sqrt{3}\,P_1 = \sqrt{3} \times 5 = 8.66[\text{kVA}]$

문제 49 공사산업 00년 출제   배점 : 5점

5,000[kVA] 이상의 변압기에서 내부고장검출차단방식으로 사용하는 계전기의 명칭은?

답안 비율차동계전기

문제 50 공사기사 11년, 14년, 17년 출제 ⊢ 배점 : 4점 ⊢

변압기 보호를 위해 사용하는 보호장치 5가지만 쓰시오.

답안
- 비율차동계전기
- 과전류계전기
- 방안 안전장치
- 부흐홀츠 계전기
- 충격압력계전기

문제 51 공사산업 08년 출제 ⊢ 배점 : 5점 ⊢

변압기의 기름이 공기와 접촉되면 열화하여 불용성 침전물이 생긴다. 이것을 방지하기 위한 장치를 쓰시오.

답안 콘서베이터

문제 52 공사기사 18년, 21년 출제 ⊢ 배점 : 6점 ⊢

변압기 보호에 사용되는 부흐홀츠(Buchholz) 계전기의 작동원리와 설치위치에 대하여 설명하시오.
(1) 작동원리
(2) 설치위치

답안
(1) 변압기 본체 탱크 내에 발생한 가스 또는 이에 따른 유류를 검출하여 변압기 내부고장을 검출
(2) 변압기 본체와 콘서베이터 사이에 설치

문제 53 공사기사 18년 출제 배점: 6점

유도전동기의 슬립 측정방법을 3가지만 쓰시오.

답안 회전계법, 직류 밀리볼트계법, 스트로보스코프법

문제 54 공사기사 14년, 20년 출제 배점: 5점

22[kW] 4극 3상 농형 유도전동기의 정격 시 효율이 91[%]이다. 이 전동기의 손실을 구하시오.

답안 2.18[kW]

해설 효율 $\eta = \dfrac{출력}{입력} = \dfrac{P}{P_i}$ 에서

입력 $P_i = \dfrac{P}{\eta} = \dfrac{22}{0.91} = 24.18[\text{kW}]$

∴ 손실 = 입력 − 출력 = 24.18 − 22 = 2.18[kW]

문제 55 공사기사 14년 출제 배점: 6점

전동기 절연체의 상태 및 열화정도를 측정하기 위하여 교류전압을 인가한 $\tan\delta$ 시험의 등가회로도이다. 각각의 물음에 답하시오.

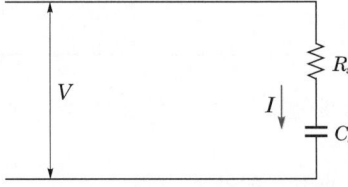

(1) 위상각 δ의 명칭을 쓰시오.
(2) 등가회로의 임피던스가 $Z = R_s + \dfrac{1}{j\omega C_s}$ 일 때 $\tan\delta$를 R_s와 C_s를 이용하여 표시하시오.

답안 (1) 손실각

(2) $\tan\delta = \dfrac{\dfrac{1}{\omega C_s}}{R_s} = \dfrac{1}{\omega C_s R_s}$

문제 56 공사기사 14년 출제   배점 : 3점

저압 전동기의 소손을 방지하기 위한 과부하 보호장치를 3가지만 쓰시오.

답안 전동기용 퓨즈, 열동계전기, 정지형 계전기

해설 **전동기 과부하 보호장치의 시설**

전동기는 소손을 방지하기 위하여 전동기용 퓨즈, 열동계전기, 전동기 보호용 배선용 차단기, 유도형 계전기, 정지형 계전기(전자식 계전기, 디지털식 계전기 등) 등의 전동기용 과부하 보호장치를 사용하여 자동적으로 회로를 차단하거나 과부하 시에 경보를 내는 장치를 사용하여야 한다.

문제 57 공사기사 95년 출제   배점 : 5점

냉장고, 양수기 등 전동력 응용기기는 220[V]에 사용 시 전압변경 스위치로 간단한 전압 변경이 가능하다. 다음 결선도의 110/220[V] 겸용 전동기의 결선을 220[V]로 변경하여 그리시오.

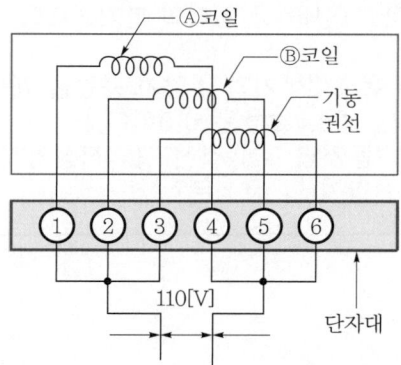

[번호설명]
① A코일 시작점   ② B코일 시작점   ③ 기동권선 시작점
④ A코일 끝점   ⑤ B코일 끝점   ⑥ 기동권선 끝점

답안

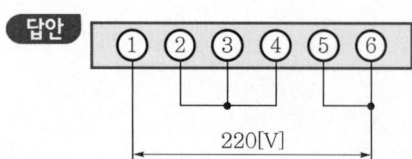

해설 Ⓐ코일과 Ⓑ코일 및 기동권선을 직렬로 접속하고 220[V]를 인가하면 Ⓐ코일 및 Ⓑ코일에는 110[V] 전압이 인가된다.

문제 58 공사산업 92년, 98년 출제 | 배점: 16점

다음은 전동기의 결선도이다. 물음에 답하시오.

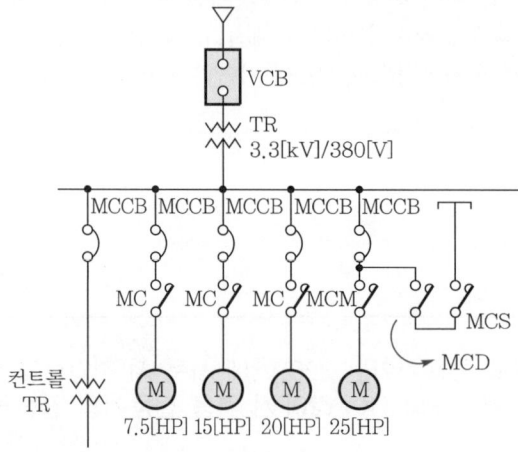

(1) 3상 교류 유도전동기이다. 20[HP] 전동기의 분기회로의 케이블 선정 시 허용전류를 계산하시오.
(2) 상기 결선도의 3상 교류 유도전동기의 변압기 용량을 계산하시오. [단, (1), (2)항의 수용률은 0.65이고, 역률 0.9, 효율은 0.8이다.]
(3) 25[HP] 3상 농형 유도전동기의 3선 결선도를 작성하시오.
(4) CONTROL TR(제어용 변압기)의 목적은?

답안 (1) 39.35[A]
(2) 50[kVA]

(3)
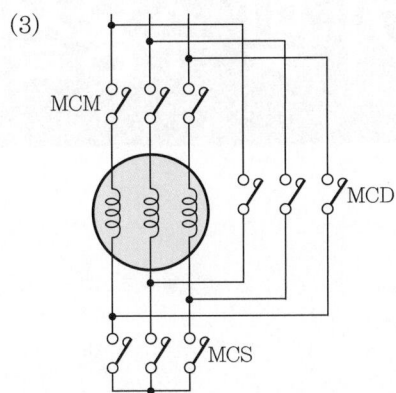

(4) 높은 전압을 제어기기에 적합한 저전압으로 변성하여 제어기기의 조작 전원으로 공급

해설 (1) $P = \dfrac{0.746 \times 마력}{역률 \times 효율} = \dfrac{0.746 \times 20}{0.9 \times 0.8} = 20.72 \,[\text{kVA}]$

$I = \dfrac{P}{\sqrt{3}\,V} = \dfrac{20.72}{\sqrt{3} \times 0.38} = 31.48\,[\text{A}]$

$I \le 50\,[\text{A}]$ 이하이므로

$I_a = 31.48 \times 1.25 = 39.35\,[\text{A}]$

(2) $P_a = \dfrac{(7.5 + 15 + 20 + 25) \times 0.65 \times 0.746}{0.9 \times 0.8} = 45.46\,[\text{kVA}]$

따라서, 변압기 용량은 50[kVA]이다.

문제 59 공사기사 97년 출제 | 배점 : 8점

다음 물음에 답하시오.

(1) 엘리베이터용 직류 모터의 기본 제어방식은 어떤 방식인가?
(2) Y-△결선방식의 주변압기 보호에 차동전류계전기를 사용하였다. 이때 CT의 결선방식은 어느 것인가?
(3) 수용가는 수용장소의 전체 부하역률을 몇 [%] 이상으로 유지하여야 하는가?
(4) 단상 유도전동기의 기동방식을 4가지 쓰시오.

답안 (1) 워드레오나드 방식
(2) △-Y결선
(3) 90[%]
(4) 반발기동형, 콘덴서기동형, 분상기동형, 셰이딩코일형

07 CHAPTER 간선과 분기 및 수용설비

1990년~최근 출제된 기출 이론 분석 및 유형별 문제

기출개념 01 상정 부하용량

1 건축물의 종류에 따른 표준 부하

표준 부하

건축물의 종류	표준 부하[VA/m²]
공장, 공회당, 사원, 교회, 극장, 영화관, 연회장 등	10
기숙사, 여관, 호텔, 병원, 학교, 음식점, 다방, 대중목욕탕	20
사무실, 은행, 상점, 이발소, 미장원	30
주택, 아파트	40

2 건축물 중 별도 계산할 부분의 표준 부하(주택, 아파트는 제외)

부분적인 표준 부하

건축물의 부분	표준 부하[VA/m²]
복도, 계단, 세면장, 창고, 다락	5
강당, 관람석	10

3 표준 부하에 따라 산출한 수치에 가산하여야 할 부하용량[VA]

	건물의 종류	표준 부하[VA/m²]
P	공장, 공회당, 사원, 교회, 극장, 연회장 등	10
	기숙사, 여관, 호텔, 병원, 학교, 음식점, 다방, 대중목욕탕 등	20
	사무실, 은행, 상점, 이용소, 미장원	30
	주택, 아파트	40
Q	복도, 계단, 세면장, 창고, 다락	5
	강당, 관람석	10
C	주택, 아파트(1세대마다)에 대하여	500~1,000[VA]
	상점의 진열장은 폭 1[m]에 대하여	300[VA]
	옥외의 광고등, 광전사인, 네온사인 등	실 [VA] 수
	극장, 댄스홀 등의 무대조명, 영화관의 특수 전등부하	실 [VA] 수

4 상정 부하용량

$$부하설비용량 = PA + QB + C$$

여기서, P : 건축물의 바닥면적[m^2](Q부분 면적 제외)
A : P부분의 표준 부하[VA/m^2]
Q : 별도 계산할 부분의 바닥면적[m^2]
B : Q부분의 표준 부하[VA/m^2]
C : 가산해야 할 부하[VA]

5 분기회로 수

$$분기회로\ 수 = \frac{표준\ 부하밀도[VA/m^2] \times 바닥면적[m^2]}{전압[V] \times 분기회로의\ 전류[A]}$$

[주] 1. 계산결과에 소수가 발생하면 절상한다.
   2. 대형 전기기계기구에 대하여는 별도로 전용 분기회로로 만들 것

개념 문제 01 공사산업 97년, 03년, 10년, 12년, 17년, 20년 출제 ｜배점 : 5점｜

호텔의 부하밀도가 전등 30[VA/m^2], 일반동력 40[VA/m^2], 냉방 30[VA/m^2]이고, 면적이 20,000[m^2]일 때 부하설비용량[kVA]을 구하시오.

답안 2,000[kVA]

해설
- 전등설비용량 $= 30 \times 20,000 \times 10^{-3} = 600[kVA]$
- 일반동력설비용량 $= 40 \times 20,000 \times 10^{-3} = 800[kVA]$
- 냉방설비용량 $= 30 \times 20,000 \times 10^{-3} = 600[kVA]$
  따라서, 부하설비용량 $= 600 + 800 + 600 = 2,000[kVA]$

개념 문제 02 공사기사 91년, 06년, 12년, 16년 출제 ｜배점 : 6점｜

건물의 종류에 대응한 표준 부하값을 빈칸의 ( ) 안에 쓰시오.

건축물의 종류	표준 부하[VA/m^2]
기숙사, 여관, 호텔, 병원, 학교, 음식점, 다방	(①)
공장, 공회당, 사원, 교회, 극장, 영화관 등	(②)
사무실, 은행, 상점, 이발소, 미용원	(③)
주택, 아파트	(④)

답안 ① 20, ② 10, ③ 30, ④ 40

1990년~최근 출제된 기출 이론 분석 및 유형별 문제

개념 문제 03 공사산업 10년, 17년 출제 ── 배점 : 5점

220[V]로 인입하는 어느 주택의 총 부하설비용량이 7,050[VA]이다. 최소 분기회로 수는 몇 회로로 하여야 하는지 구하시오. (단, 가산부하는 없으며 16[A] 분기로 한다.)

답안 16[A] 분기 2회로

해설 분기회로 수 = $\dfrac{\text{상정 부하설비의 합[VA]}}{\text{전압} \times \text{분기회로 전류}} = \dfrac{7,050}{220 \times 16} = 2$

개념 문제 04 공사산업 20년 출제 ── 배점 : 5점

정격전류가 35[A]인 전동기 1대와 기타 전기기계기구의 정격전류의 합계가 20[A]인 것에 공급할 저압 옥내 간선의 최소 굵기을 다음 표에서 선정하시오.

동선의 공칭단면적[mm^2]	허용전류[A]
6	34
10	46
16	61
25	80
35	99
50	119

답안 16[mm^2]

해설 설계전류 $I_B = 35 + 20 = 55[\text{A}]$

$I_B \leq I_n \leq I_Z$의 조건을 만족하는 전선의 허용전류 $I_Z = 61[\text{A}]$인 16[mm^2] 선정

기출개념 02 전압강하와 전압조정

1 전압강하와 전압강하율

(1) 전압강하

$$e = E_S - E_R = \sqrt{3}\, I(R\cos\theta + X\sin\theta),\ I = \dfrac{P}{\sqrt{3}\, V\cos\theta} \text{이므로}$$

$$= \dfrac{P}{V}(R + X\tan\theta)[\text{V}]$$

(2) 전압강하율

$$G = \dfrac{e}{V} \times 100[\%] = \dfrac{1}{V} \cdot \dfrac{P}{V}(R + X\tan\theta) \text{이므로}$$

전압강하 $e \propto \dfrac{1}{V}$, 전압강하율 $\%e \propto \dfrac{1}{V^2}$

2 전력손실

(1) 단상 2선식

$$P_c = 2I^2R = \dfrac{P_r^2 \cdot R}{V^2 \cos^2\theta}$$

(2) 3상

$$P_c = 3I^2R = \dfrac{P_r^2 \cdot R}{V^2 \cos^2\theta} = \dfrac{\rho l \cdot P_r^2}{A \cdot V^2 \cdot \cos^2\theta}$$

(3) 손실계수

$$H = \dfrac{\text{평균 손실전력}}{\text{최대 손실전력}} \times 100[\%]$$

(4) 손실계수(H)와 부하율(F)과의 관계

$$H = \alpha F + (1-\alpha)F^2$$

여기서 α : 부하 모양에 따른 정수(0.1~0.4 정도)

3 전압강하와 전선 굵기

전선 굵기의 선정은 허용전류, 전압강하, 전력손실, 기계적 강도를 고려하여야 한다.

전압강하 및 그 전선 굵기

전기방식	전압강하	전선단면적	비 고
단선 2선식 및 직류 2선식	$e = \dfrac{35.6LI}{1,000A}$	$A = \dfrac{35.6LI}{1,000e}$	여기서, e : 각 선간의 전압강하[V] e' : 외측선 또는 각 상의 1선과 중성선 사이의 전압강하[V] L : 전선 1본의 길이[m] A : 전선의 단면적[mm^2] I : 전류
3상 3선식	$e = \dfrac{30.8LI}{1,000A}$	$A = \dfrac{30.8LI}{1,000e}$	
단상 3선식·직류 3선식 3상 4선식	$e' = \dfrac{17.8LI}{1,000A}$	$A = \dfrac{17.8LI}{1,000e'}$	

4 수용가 설비에서의 전압강하

다른 조건을 고려하지 않는다면 수용가 설비의 인입구로부터 기기까지의 전압강하는 다음 표의 값 이하이어야 한다.

1990년~최근 출제된 기출 이론 분석 및 유형별 문제

설비의 유형	조명[%]	기타[%]
A – 저압으로 수전하는 경우	3	5
B – 고압 이상으로 수전하는 경우*	6	8

* 가능한 한 최종 회로 내의 전압강하가 A 유형의 값을 넘지 않도록 하는 것이 바람직하다.
 사용자의 배선설비가 100[m]를 넘는 부분의 전압강하는 미터당 0.005[%] 증가할 수 있으나 이러한 증가분은 0.5[%]를 넘지 않아야 한다.

개념 문제 01 공사기사 11년 출제
|배점 : 5점|

단상 2선식의 교류 배전선이 있다. 전선 1줄의 저항은 0.25[Ω], 리액턴스는 0.48[Ω]이다. 부하는 무유도성으로서 220[V], 8.8[kW]일 때 급전점의 전압은 몇 [V]인가?

답안 240[V]

해설 $V_s = V_r + 2I(R\cos\theta + X\sin\theta)$, $\cos\theta = 1$(무유도성)이므로

급전점의 전압(V_s) $= 220 + 2 \times \dfrac{8.8 \times 10^3}{220} \times 0.25 = 240 \, [V]$

개념 문제 02 공사산업 13년, 19년, 22년 출제
|배점 : 4점|

다음 그림과 같이 단상 2선식 배전선로의 공급점에서 30[m] 지점에 80[A], 45[m] 지점에 50[A], 60[m] 지점에 30[A]의 부하가 걸려 있을 때 부하 중심점의 거리를 산출하여 전압강하를 고려한 전선의 굵기를 산정하려고 한다. 부하 중심점(즉, 집중부하라고 가정한 경우)의 거리는 공급점에서 약 몇 [m]인가? (단, 소수점 첫째 자리까지만 계산할 것)

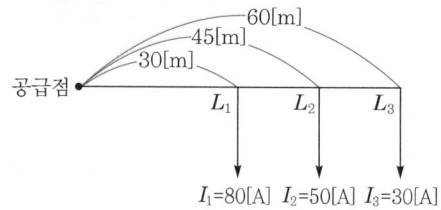

답안 40.3[m]

해설 직선 부하에서의 부하 중심점까지의 거리

$L = \dfrac{L_1 I_1 + L_2 I_2 + L_3 I_3}{I_1 + I_2 + I_3} = \dfrac{30 \times 80 + 45 \times 50 + 60 \times 30}{80 + 50 + 30} = 40.3 \, [m]$

개념 문제 03 공사기사 91년, 92년, 96년, 98년, 04년, 15년 출제
|배점 : 6점|

3상 3선식 380/220[V] 구내배선 긍장이 100[m], 부하의 최대 전류는 200[A]인 배선에서 전압강하를 7[V]로 하고자 하는 경우에 사용하는 전선의 공칭단면적[mm²]은 얼마인가?

답안 95[mm²]

해설 $A = \dfrac{30.8 LI}{1{,}000 e} = \dfrac{30.8 \times 100 \times 200}{1{,}000 \times 7} = 88 \, [mm^2]$

개념 문제 04 공사기사 91년, 92년, 96년, 98년, 04년, 15년, 21년 출제 | 배점 : 4점 |

3상 4선식 380/220[V] 구내배선 긍장이 60[m], 부하의 최대 전류는 200[A]인 배선에서 대지전압의 전압강하를 최대 5[V]로 하고자 한다. 이때 사용되는 전선의 공칭단면적[mm²]을 다음 표에서 선정하시오.

전선의 공칭단면적[mm²]						
10	16	25	35	50	70	95

답안 50[mm²]

해설 $A = \dfrac{17.8LI}{1,000e_1} = \dfrac{17.8 \times 60 \times 200}{1,000 \times 5} = 42.72 \,[\text{mm}^2]$

기출개념 03 설비의 불평형률

1 단상 3선식

(1) 설비 불평형률

$$\dfrac{\text{중성선과 각 전압측 전선 간에 접속되는 부하설비용량의 차}}{\text{총부하설비용량의 } \dfrac{1}{2}} \times 100$$

(2) 설비 불평형률은 40[%] 이하를 원칙으로 한다.

2 3상 3선식 및 3상 4선식

(1) 설비 불평형률

$$\dfrac{\text{각 간선에 접속되는 단상 부하 총설비용량의 최대와 최소의 차}}{\text{총부하설비용량의 } \dfrac{1}{3}} \times 100$$

(2) 3상 3선식 또는 3상 4선식에서 불평형 부하의 한도는 30[%] 이하를 원칙으로 한다. 다만, 다음에는 이 제한을 따르지 아니할 수 있다.
  ① 저압 수전에서 전용 변압기 등으로 수전하는 경우
  ② 고압 및 특고압 수전에서 100[kVA]([kW]) 이하의 단상 부하인 경우
  ③ 고압 및 특고압 수전에서 단상 부하용량의 최대와 최소의 차가 100[kVA]([kW]) 이하인 경우
  ④ 특고압 수전에서 100[kVA]([kW]) 이하의 단상 변압기 2대로 역 V결선하는 경우

기출개념 04. 전력의 수용과 공급

1 수용률과 부등률, 부하율의 개념

(1) 수용률

수용가의 최대수용전력[kW]은 부하설비의 정격용량의 합계[kW]보다 작은 것이 보통이다. 이들의 관계는 어디까지나 부하의 종류라든가 지역별, 기간별에 따라 일정하지는 않겠지만 대략 어느 일정한 비율 관계를 나타내고 있다고 본다.

$$수용률 = \frac{최대수용전력[kW]}{부하설비용량[kW]} \times 100[\%]$$

(2) 부등률

수용가 상호 간, 배전 변압기 상호 간, 급전선 상호 간 또는 변전소 상호 간에서 각개의 최대부하는 같은 시각에 일어나는 것이 아니고, 그 발생시각에 약간씩 시각차가 있기 마련이다. 따라서, 각개의 최대수용전력의 합계는 그 군의 종합 최대수용전력(=합성 최대전력)보다도 큰 것이 보통이다. 이 최대전력 발생시각 또는 발생시기의 분산을 나타내는 지표가 부등률이다.

$$부등률 = \frac{각\ 부하의\ 최대수용전력의\ 합[kW]}{각\ 부하를\ 종합하였을\ 때의\ 최대수용전력(합성\ 최대전력)[kW]}$$

(3) 부하율

전력의 사용은 시각 및 계절에 따라 다른데 어느 기간 중의 평균전력과 그 기간 중에서의 최대전력과의 비를 백분율로 나타낸 것을 부하율이라 한다.

$$부하율 = \frac{평균부하전력[kW]}{최대부하전력[kW]} \times 100[\%] = \frac{사용전력량/사용시간}{최대\ 부하} \times 100[\%]$$

부하율은 기간을 얼마로 잡느냐에 따라 일부하율, 월부하율, 연부하율 등으로 나누어지는데, 기간을 길게 잡을수록 부하율의 값은 작아지는 경향이 있다.

2 수용률, 부등률 및 부하율의 관계

(1) 합성 최대전력

$$\frac{최대전력의\ 합계}{부등률} = \frac{설비용량의\ 합계 \times 수용률}{부등률}$$

(2) 부하율

$$\frac{평균전력}{설비용량의 \ 합계} \times \frac{부등률}{수용률}$$

(3) 변압기의 뱅크 용량

$$합성 \ 최대부하 = \frac{설비용량 \times 수용률}{부등률}$$

$$P_t = \frac{\sum(설비용량[kW] \times 수용률)}{부등률} \times \frac{1}{부하역률} [kVA]$$

개념문제 01 공사기사 03년, 19년 출제 | 배점 : 6점 |

사무소 건물의 총 설비용량이 전등, 전열부하 500[kVA], 동력부하가 600[kVA]이다. 전등, 전열부하 수용률은 70[%], 동력부하 수용률은 60[%], 전등·전열 및 동력부하 간의 부등률이 1.25라고 한다. 배전선로의 전력손실이 전등, 전열, 동력 모두 부하전력의 10[%]라고 하면 변전실의 최대전력은 몇 [kVA]인가?

답안 624.8[kVA]

해설 $P_m = \dfrac{\sum(설비용량 \times 수용률)}{부등률} = \dfrac{500 \times 0.7 + 600 \times 0.6}{1.25} \times (1+0.1) = 624.8[kVA]$

개념문제 02 공사산업 12년, 16년 출제 | 배점 : 6점 |

그림은 A, B 2개 공장의 전력부하곡선이다. A, B 공장 상호 간의 부등률을 구하시오.

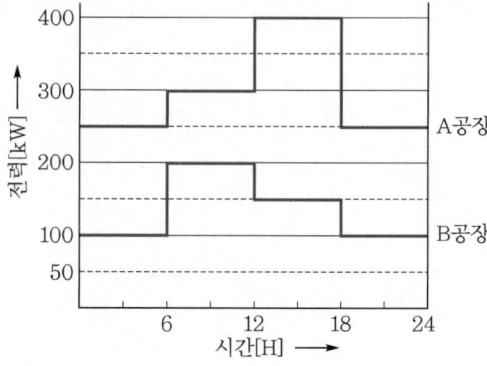

답안 1.09

해설
- A공장의 최대수용전력 : 400[kW]
- B공장의 최대수용전력 : 200[kW]
- A, B공장의 합성 최대수용전력 : 550[kW]

따라서, 부등률 $= \dfrac{400+200}{550} = 1.09$

1990년~최근 출제된 기출 이론 분석 및 유형별 문제

개념 문제 03 | 공사기사 14년 출제 | 배점 : 5점 |

22.9[kVA], 3상 4선식 특고압 수전 수용가인 어떤 건물의 총 부하설비가 3,200[kW], 수용률 0.6일 때, 이 건물에 필요한 3상 주변압기의 용량을 선정하시오. (단, 역률은 85[%], 부하 상호 간의 부등률은 1.2로 한다.)

답안 2,000[kVA] 선정

해설 $P = \dfrac{3,200 \times 0.6}{1.2 \times 0.85} = 1,882.35\,[\text{kVA}]$

CHAPTER 07 간선과 분기 및 수용설비

단원 빈출문제
1990년~최근 출제된 기출문제

문제 01 공사기사 13년, 16년, 22년 출제 ┤배점 : 4점├

일반 전등부하의 부하전류가 10[A]이고, 심야전력부하의 부하전류가 15[A]일 경우 공용하는 부분의 전선 굵기를 선정하는 데 요구되는 부하전류는 몇 [A]인지 구하시오. (단, 중첩률은 0.7이다.)

답안 22[A] 이상

해설 $I = I_0 \times$ 중첩률 $+ I_1 = 10 \times 0.7 + 15 = 22[A]$

문제 02 공사기사 98년, 01년, 17년 출제 ┤배점 : 5점├

표준 부하 산정법에 의하여 전용면적 99[m²]인 아파트의 부하[VA]를 산정하시오. (단, 가산하는 [VA] 수는 규정에 의한 최고치로 한다.)

답안 4,960[VA]

해설 $99 \times 40 + 1,000 = 4,960[VA]$

- 부하산정 = 바닥면적 × 표준 부하밀도 + 대용량 부하 + 가산부하
- 표준 부하

건축물의 종류	표준 부하[VA/m²]
공장, 공회당, 사원, 교회, 극장, 영화관, 연회장 등	10
기숙사, 여관, 호텔, 병원, 학교, 음식점, 다방, 대중목욕탕	20
사무실, 은행, 상점, 이발소, 미장원	30
주택, 아파트	40

[비고] 1. 건물이 음식점과 주택 부분의 2종류로 될 때에는 각각 그에 따른 표준 부하를 사용할 것
2. 학교와 같이 건물의 일부분이 사용되는 경우에는 그 부분만을 적용한다.

- 가산부하
  - 주택, 아파트(1세대마다) : 500~1,000[VA]
  - 상점의 진열장 폭 1[m]에 대해 : 300[VA]

1990년~최근 출제된 기출문제

문제 03 공사산업 07년 출제 | 배점 : 5점

학교, 사무실, 은행 등의 옥내 배선의 설계에 있어서 간선의 굵기를 선정할 때 전등 및 소형 전기기계기구의 용량의 합계가 10[kVA]를 넘는 것에 대한 수용률은 몇 [%]를 적용하고 있는가?

답안 70[%]

해설 간선의 수용률

전등 및 소형 전기기계기구의 용량 합계가 10[kVA]를 초과하는 것은 그 초과용량에 대하여 다음의 수용률을 적용할 수 있다.

건축물의 종류	수용률[%]
주택, 기숙사, 여관, 호텔, 병원, 창고	50
학교, 사무실, 은행	70

문제 04 공사기사 91년, 06년, 12년 출제 | 배점 : 6점

건물의 종류에 대응한 표준 부하값을 주어진 답안지에 답하시오.

건축물의 종류	표준 부하[VA/m²]
공장, 공회당, 사원, 교회, 극장, 영화관 등	(①)
기숙사, 여관, 호텔, 병원, 학교, 음식점, 다방, 대중목욕탕	(②)
사무실, 은행, 상점, 이발소	(③)
주택, 아파트	(④)

답안
① 10
② 20
③ 30
④ 40

문제 05 공사산업 97년, 03년 출제 | 배점 : 6점

어느 빌딩의 수전설비를 계획하고자 한다. 이 빌딩에 예측되는 부하밀도는 조명전용 20[VA/m²], 일반동력 35[VA/m²], 냉방동력 40[VA/m²]이다. 이 빌딩의 건평이 60,000[m²]일 경우 부하설비의 용량은 몇 [kVA]인가?

답안 5,700[kVA]

해설 부하설비용량 $P = (20+35+40) \times 60,000 \times 10^{-3} = 5,700[\text{kVA}]$

문제 06 공사기사 94년, 16년 출제 | 배점 : 5점

12×18[m²]인 사무실의 조도를 200[lx]로 하고자 한다. 램프 1개의 전광속 4,600[lm], 램프전류 0.87[A]의 2×40[W] LED형광등으로 시설할 경우에 조명률 50[%], 감광보상률 1.3으로 가정하면 이 사무실의 16[A] 분기회로 수를 구하시오. (단, 전기방식은 220[V] 단상 2선식으로 한다.)

답안 16[A] 분기 2회로

해설 $N = \dfrac{AED}{FU} = \dfrac{12 \times 18 \times 200 \times 1.3}{4,600 \times 2 \times 0.5} = 12.21 \rightarrow 13[\text{등}]$

분기회로 수 $n = \dfrac{13 \times 0.87 \times 2}{16} = 1.41$

문제 07 공사산업 04년, 22년 출제 | 배점 : 5점

사용전압이 220[V]인 옥내 배선에서 소비전력 40[W], 역률 60[%]인 형광등 30개와 소비전력 100[W]인 백열등 50개를 설치한다고 할 때 최소 분기회로 수를 구하시오. (단, 16[A] 분기회로로 하며, 수용률은 100[%]로 한다.)

답안 16[A] 분기 2회로

해설
- 역률 60[%] 형광등
  - 유효전력 $P = 40 \times 30 = 1,200[\text{W}]$
  - 무효전력 $P_r = \dfrac{40}{0.6} \times 0.8 \times 30 = 1,600[\text{Var}]$
- 백열등(역률 100[%])
  유효전력 $P = 100 \times 50 = 5,000[\text{W}]$
  따라서, 이 분기회로의 설비부하용량 P_a는
  $P_a = \sqrt{(1,200+5,000)^2 + 1,600^2} = 6,403.12[\text{VA}]$
- 분기회로 수 $n = \dfrac{6,403.12}{220 \times 16} = 1.82$

  ∴ 2회로

문제 08 공사산업 99년, 04년 출제   배점 : 5점

그림과 같은 건물의 표준 부하는 몇 [VA]인가?
(단, • 주택에는 1,000[VA]를 가산하도록 한다.
 • 점포 표준 부하는 30[VA/m²]
 • 주택 표준 부하는 40[VA/m²]
 • 창고 표준 부하는 5[VA/m²]
 • 진열장은 1[m]에 300[VA] 가산)

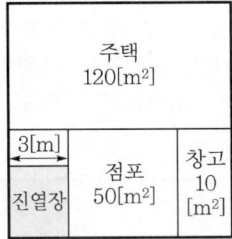

답안 8,250[VA]

해설 설비부하용량 = 바닥면적[m²] × 표준 부하[VA/m²] + 가산부하[VA]
표준 부하 = $120 \times 40 + 3 \times 300 + 50 \times 30 + 10 \times 5 + 1,000 = 8,250$[VA]

문제 09 공사산업 16년, 21년 출제   배점 : 6점

저압 옥내 간선에서 분기하여 각 부하에 전력을 공급하는 분기회로가 있다. 다음 조건을 보고 부하설비용량과 20[A] 분기회로의 최소 회로 수를 각각 구하시오. (단, 룸 에어컨은 별도 회로로 구성하고, 사용전압은 220[V]이다.)

[조건]
• 주택부분의 바닥면적 : 240[m²]
• 점포부분의 바닥면적 : 50[m²]
• 창고의 바닥면적 : 10[m²]
• 주택에 대한 가산[VA] : 1,000[VA]
• 룸 에어컨 : 2[kW]

(1) 부하설비용량
(2) 분기회로 수

답안 (1) 14,150[VA]
(2) 20[A] 분기회로 4회로(룸 에어컨 1회로 포함)

해설 (1) $P = 240 \times 40 + 50 \times 30 + 10 \times 5 + 1,000 + 2,000 = 14,150[\text{VA}]$

(2) $n = \dfrac{14,150 - 2,000}{220 \times 20} = 2.76$ 회로

∴ 3회로

문제 10 공사기사 11년 출제   배점 : 6점

전등 및 소형 전기기계기구의 부하용량을 상정하여 분기회로 수를 결정하고자 한다. 주택은 240[m²], 상점은 50[m²], 창고는 10[m²]이고 룸 에어컨은 2[kW]일 때, 표준 부하를 이용하여 최대부하용량을 상정하고 최소 분기회로 수를 결정하시오.

(1) 최대부하용량
(2) 분기회로

[조건]
- 분기회로는 16[A] 분기회로이며 배전전압은 220[V]를 기준하고, 적용 가능한 부하는 최대값으로 상정할 것
- 룸 에어컨은 단독분기회로로 할 것
- 설비 부하용량은 "①" 및 "②"에 표시하는 건물의 종류 및 그 부분에 해당하는 표준 부하에 바닥면적을 곱한 값과 "③"에 표시하는 건물 등에 대응하는 표준 부하[VA]를 합한 값으로 할 것

① 건물의 종류에 대응한 표준 부하

건축물의 종류	표준 부하[VA/m²]
공장, 공회당, 사원, 교회, 극장, 영화관, 연회장 등	10
기숙사, 여관, 호텔, 병원, 학교, 음식점, 다방, 대중목욕탕, 학교	20
사무실, 은행, 상점, 이발소, 미장원	30
주택, 아파트	40

[비고] 1. 건물이 음식점과 주택 부분의 2종류로 될 때에는 각각 그에 따른 표준 부하를 사용할 것
2. 학교와 같이 건물의 일부분이 사용되는 경우에는 그 부분만을 적용한다.

② 건물(주택, 아파트는 제외) 중 별도 계산할 부분의 부분적인 표준 부하

건축물의 부분	표준 부하[VA/m²]
복도, 계단, 세면장, 창고, 다락	5
강당, 관람석	10

③ 표준 부하에 따라 산출한 수치에 가산하여야 할 [VA]수
- 주택, 아파트(1세대마다)에 대하여는 1,000~500[VA]
- 상점의 진열장에 대하여는 진열장의 폭 1[m]에 대하여 300[VA]
- 옥외의 광고등, 전광사인, 네온사인 등의 [VA]수
- 극장, 댄스홀 등의 무대조명, 영화관 등의 특수 전등부하의 [VA]수

④ 예상이 곤란한 콘센트, 틀어 끼우는 접속기, 소켓 등이 있을 경우에라도 이를 상정하지 않는다.

답안 (1) 14,150[A]

(2) 16[A] 분기 4회로, 룸 에어컨 전용 16[A] 분기 1회로

해설 (1) 최대부하용량(P) = 바닥면적×표준 부하 + 가산부하 + 룸 에어컨
$$= (240 \times 40) + (50 \times 30) + (10 \times 5) + 1,000 + 2,000 = 14,150[VA]$$

(2) • 룸 에어컨을 제외한 분기회로 수
$$N = \frac{14,150 - 2,000}{16 \times 220} = 3.45 \rightarrow 4회로$$

• 16[A] 룸 에어컨 전용 1회로

문제 11 공사산업 15년 출제   배점 : 5점

역률 80[%]인 형광등 40[W] 5개와 역률이 60[%]인 형광등 20[W] 3개, 역률이 1인 백열등 60[W] 4개인 분기회로가 있다. 이 분기회로의 부하설비용량[VA]을 계산하시오.

답안 550.36[VA]

해설 • 역률 80[%]일 때 유효전력 $P = 40 \times 5 = 200[W]$

무효전력 $P_r = 40 \times \frac{0.6}{0.8} \times 5 = 150[Var]$

• 역률 60[%]일 때 유효전력 $P = 20 \times 3 = 60[W]$

무효전력 $P_r = 20 \times \frac{0.8}{0.6} \times 3 = 80[Var]$

• 백열등 유효전력 $P = 60 \times 4 = 240[W]$

∴ 부하설비용량 = $\sqrt{(200 + 60 + 240)^2 + (150 + 80)^2} = 550.36[VA]$

문제 12 공사산업 12년 출제   배점 : 5점

그림과 같이 수전단 전압이 210[V], 부하전류 60[A], 역률은 1일 때, ab에 걸리는 전압은 몇 [V]인가? (단, 1선당 저항값은 0.06[Ω]이고, 리액턴스는 무시한다.)

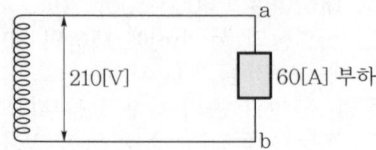

답안 202.8[V]

해설 $V_{ab} = 210 - 2 \times 60 \times 0.06 = 202.8[\text{V}]$

문제 13 공사기사 92년, 95년 / 공사산업 15년 출제 | 배점 : 5점

그림과 같은 단상 2선식 배전선의 a, b 선간에 부하가 접속되어 있다. 전선의 저항이 2선 모두 0.06으로 동일할 때, 부하에 공급되는 a-b간의 전압은 몇 [V]인지 구하시오. (단, 부하의 역률은 1이고, 또 선로의 리액턴스는 무시한다.)

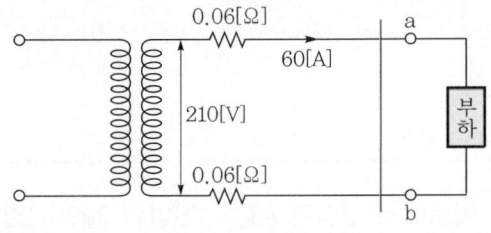

답안 202.8[V]

해설 부하에 공급되는 a-b간의 전압 V_r은
$V_r = V_s - 2IR = 210 - 2 \times 60 \times 0.06 = 202.8[\text{V}]$

문제 14 공사산업 15년 출제 | 배점 : 5점

단상 2선식의 교류 배전선이 있다. 전선 1가닥의 저항은 0.25[Ω], 리액턴스는 0.35[Ω]이다. 부하는 무유도성으로서 220[V], 8.8[kW]일 때 급전점의 전압은 약 몇 [V]인가?

답안 240[V]

해설 $V_s = V_r + 2I(R\cos\theta + X\sin\theta)$에서 무유도성($\cos\theta = 1$)이므로,

$\therefore V_s = V_r + 2IR = 220 + 2 \times \dfrac{8{,}800}{220} \times 0.25 = 240[\text{V}]$

문제 15 공사기사 16년 출제   배점 : 5점

3상 3선식 배전선로에 역률 0.8, 출력 120[kW]인 3상 평형 유도부하가 접속되어 있는 경우, 부하단의 수전전압이 3,000[V], 배전선 1조의 저항이 6[Ω], 리액턴스가 4[Ω]일 때의 송전단 전압을 구하시오.

답안 3,360[V]

해설 $V_s = V_r + \sqrt{3}\,I(R\cos\theta + X\sin\theta)$

$= 3,000 + \sqrt{3} \times \dfrac{120 \times 10^3}{\sqrt{3} \times 3,000 \times 0.8} \times (6 \times 0.8 + 4 \times 0.6) = 3,360[V]$

문제 16 공사산업 16년, 19년 출제   배점 : 6점

그림과 같은 단상 2선식 회로에서 인입구 A점의 전압이 220[V]일 때의 D점 전압을 구하시오. (단, 선로에 표기된 저항값은 2선값이다.)

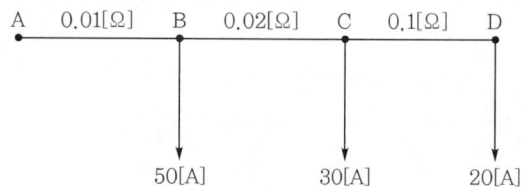

답안 216[V]

해설 $V_D = V_A - IR[V]$에서

$V_D = 220 - (50+30+20) \times 0.01 - (30+20) \times 0.02 - 20 \times 0.1 = 216[V]$

문제 17 공사산업 93년, 06년, 14년, 20년 출제   배점 : 5점

500[m] 거리에 100개의 가로등을 같은 간격으로 배치하였다. 전등 1개의 소요전류가 0.1[A], 전선의 단면적 35[mm²], 도전율 55[℧/m]라 한다. 한쪽 끝에서 220[V]로 급전할 때 최종 전등에 가해지는 전압[V]은 얼마인지 구하시오.

답안 217.4[V]

해설 균등분포 부하의 전압강하 $e = 2IR \times \dfrac{1}{2}$ 이므로

최종 전등전압 $V = 220 - 2 \times 0.1 \times 100 \times \dfrac{1}{55} \times \dfrac{500}{35} \times \dfrac{1}{2} = 217.4 [\text{V}]$

문제 18   공사기사 92년, 96년 / 공사산업 13년, 19년, 22년 출제   배점 : 4점

다음 그림과 같이 A지점 80[A], B지점 50[A], C지점 30[A]의 전류가 흐를 때 부하 중심점의 거리를 구하시오.

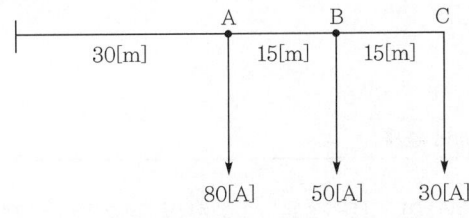

답안 40.31[m]

해설 직선 부하에서의 부하 중심점까지의 거리

$$L = \dfrac{L_1 I_1 + L_2 I_2 + L_3 I_3}{I_1 + I_2 + I_3} = \dfrac{30 \times 80 + (30+15) \times 50 + (30+15+15) \times 30}{80 + 50 + 30} = 40.31[\text{m}]$$

문제 19   공사기사 99년, 11년, 15년, 20년 출제   배점 : 5점

전원 공급점에서 40[m]의 지점에 60[A], 45[m]의 지점에 50[A], 60[m] 지점에 30[A]의 부하가 걸려 있을 때 부하 중심까지의 거리는 몇 [m]인가?

답안 46.07[m]

해설 직선 부하에서의 부하 중심점까지의 거리

$$L = \dfrac{40 \times 60 + 45 \times 50 + 60 \times 30}{60 + 50 + 30} = 46.07[\text{m}]$$

1990년~최근 출제된 기출문제

문제 20   공사기사 92년, 95년, 09년, 12년, 16년, 20년 출제   배점 : 5점

공급점에서 50[m]의 지점에 80[A], 60[m]의 지점에 50[A], 80[m]의 지점에 30[A]의 부하가 걸려 있을 때 부하 중심까지의 거리를 산출하여 전압강하를 고려한 전선의 굵기를 결정하려고 한다. 부하 중심까지의 거리는 몇 [m]인지 구하시오.

답안   58.75[m]

해설   직선 부하에서의 부하 중심점까지의 거리
$$L = \frac{50 \times 80 + 60 \times 50 + 80 \times 30}{80 + 50 + 30} = 58.75[\text{m}]$$

문제 21   공사산업 99년, 15년 출제   배점 : 5점

그림과 같은 분기회로 전선의 단면적을 산출하여 굵기를 산정하시오.
(단, • 배전방식은 단상 2선식, 교류 100[V]로 한다.
      • 사용전선은 450/750[V] 일반용 단심 비닐 절연전선이다.
      • 전선관은 후강전선관이며, 전압강하는 최원단에서 2[%]로 한다.)

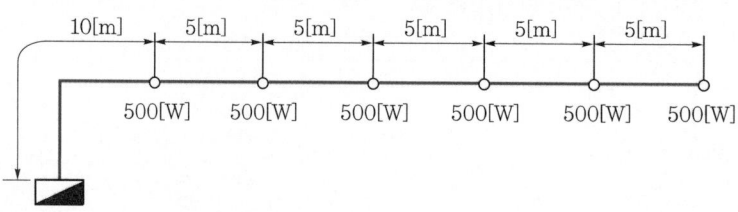

답안   16[mm²]

해설   부하 중심점 $L = \dfrac{i_1 l_1 + i_2 l_2 + i_3 l_3 + \cdots + i_n l_n}{i_1 + i_2 + i_3 + \cdots + i_n}$

$$= \frac{5 \times 10 + 5 \times 15 + 5 \times 20 + 5 \times 25 + 5 \times 30 + 5 \times 35}{5+5+5+5+5+5} = 22.5[\text{m}]$$

부하전류 $I = \dfrac{500 \times 6}{100} = 30[\text{A}]$

∴ 전선의 굵기 $A = \dfrac{35.6 LI}{1,000 e} = \dfrac{35.6 \times 22.5 \times 30}{1,000 \times 2} = 12.02[\text{mm}^2]$

문제 22 공사기사 19년 출제

배점 : 6점

전원측 전압이 380[V]인 3상 3선식 옥내 배선이 있다. 그림과 같이 150[m] 떨어진 곳에 서부터 10[m] 간격으로 용량 5[kVA]의 3상 동력을 3대 설치하려고 한다. 부하 말단까지의 전압강하를 5[%] 이하로 유지하려면 동력선의 굵기를 얼마로 선정하면 좋은지 표에서 산정하시오. (단, 전선으로는 도전율이 97[%]인 비닐 절연 동선을 사용하여 금속관 내에 설치하여 부하 말단까지 동일한 굵기의 전선을 사용한다.)

[도면]

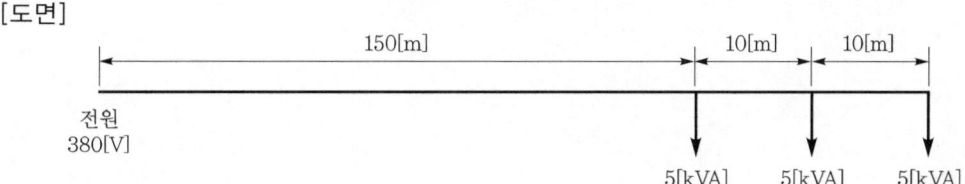

■ 표 1 ■ 전선의 굵기 및 허용전류

전선의 굵기[mm²]	6	10	16	25	35
전선의 허용전류[A]	49	61	88	115	162

답안 6[mm²]

해설
- 부하 중심까지의 거리 $L = \dfrac{5 \times 150 + 5 \times 160 + 5 \times 170}{5+5+5} = 160\,[\text{m}]$
- 전부하 전류 $I = \dfrac{5 \times 10^3 \times 3}{\sqrt{3} \times 380} \fallingdotseq 22.79\,[\text{A}]$
- 전압강하 $e = 380 \times 0.05 = 19\,[\text{V}]$
- 전선 $l[\text{m}]$의 저항을 $r[\Omega/\text{m}]$라 하면 선로의 전 저항 $R = 160 \times r$

$e = 19 = \sqrt{3}\,IR = \sqrt{3} \times 22.79 \times 160 \times r\,[\text{V}]$

$r = \dfrac{19}{\sqrt{3} \times 22.79 \times 160} = \dfrac{1}{58} \times \dfrac{100}{97} \times \dfrac{1}{A}\,[\Omega]$

$A = \dfrac{\sqrt{3} \times 22.79 \times 160 \times 100}{19 \times 58 \times 97} = 5.91\,[\text{mm}^2]$

이므로 표에 의하여 6[mm²]가 된다.

문제 23 공사기사 15년 출제 — 배점 : 4점

배전선로의 전압을 조정하는 방법을 4가지만 쓰시오.

답안
- 자동 전압 조정기(SVR, IR)
- 고정 승압기
- 직렬 콘덴서
- 병렬 콘덴서

문제 24 공사기사 94년 출제 — 배점 : 5점

면적 100[m²] 강당에 분전반을 설치하려고 한다. 단위면적당 부하가 10[VA/m²]이고 공사시공법에 의한 전류 감소율은 0.7이라면 간선의 최소 허용전류가 얼마인 것을 사용하여야 하는가? (단, 배전전압은 220[V]이다.)

답안 6.49[A]

해설 $I = \dfrac{100 \times 10}{220 \times 0.7} = 6.49[A]$

문제 25 공사기사 95년, 10년, 15년 출제 — 배점 : 5점

3상 3선식 380[V] 회로에 그림과 같이 부하가 연결되어 있다. 간선의 허용전류[A]를 구하시오. (단, 전동기의 평균 역률은 90[%]이다.)

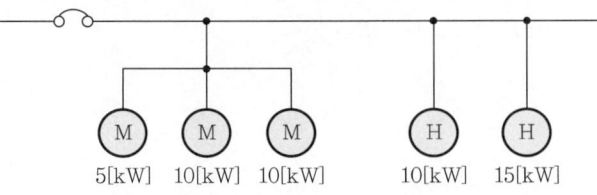

답안 78.15[A]

해설
- 전동기 정격전류의 합 $\sum I_M = \dfrac{(5+10+10) \times 10^3}{\sqrt{3} \times 380 \times 0.9} = 42.20[A]$
  - 전동기 유효전류 $I_r = 42.20 \times 0.9 = 37.98[A]$
  - 전동기 무효전류 $I_q = 42.20 \times \sqrt{1-0.9^2} = 18.39[A]$

- 전열기 정격전류의 합 $\Sigma I_H = \dfrac{(10+15)\times 10^3}{\sqrt{3}\times 380 \times 1.0} = 37.98[A]$
- 설계전류 $I_B = \sqrt{(37.98+37.98)^2 + 18.39^2} = 78.15[A]$

따라서, $I_B \leq I_n \leq I_Z$의 조건을 만족하는 전선의 허용전류 $I_Z \geq 78.15[A]$가 되어야 한다.

문제 26 공사기사 95년, 10년, 12년, 14년, 20년 출제 ┤ 배점 : 5점 ├

3상 3선식 380[V] 회로에 그림과 같이 부하가 연결되어 있다. 간선의 허용전류[A]를 구하시오. (단, 전동기의 평균 역률은 80[%]이다.)

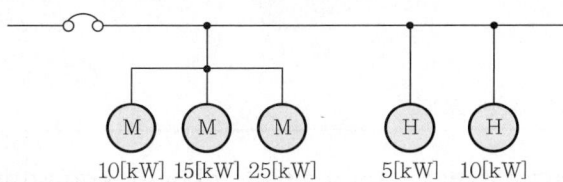

답안 113.99[A]

해설
- 전동기 정격전류의 합 $\Sigma I_M = \dfrac{(10+15+25)\times 10^3}{\sqrt{3}\times 380 \times 0.8} = 94.96[A]$
  - 전동기 유효전류 $I_r = 94.96 \times 0.8 = 75.97[A]$
  - 전동기 무효전류 $I_q = 94.96 \times \sqrt{1-0.8^2} = 56.98[A]$
- 전열기 정격전류의 합 $\Sigma I_H = \dfrac{(5+10)\times 10^3}{\sqrt{3}\times 380 \times 1.0} = 22.79[A]$
- 설계전류 $I_B = \sqrt{(75.97+22.79)^2 + 56.98^2} = 113.99[A]$

따라서, $I_B \leq I_n \leq I_Z$의 조건을 만족하는 전선의 허용전류 $I_Z \geq 113.99[A]$가 되어야 한다.

문제 27 공사기사 95년, 10년, 15년, 19년 출제 ┤ 배점 : 5점 ├

3상 3선식 380[V] 회로에 그림과 같이 부하가 연결되어 있다. 간선의 허용전류[A]를 구하시오. (단, 전동기의 평균 역률은 90[%]이다.)

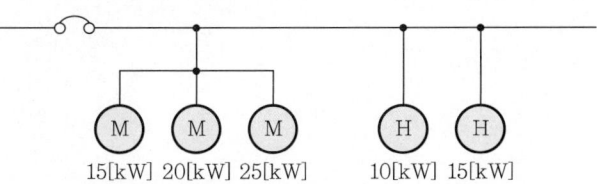

답안 136.48[A]

해설
- 전동기 정격전류의 합 $\Sigma I_M = \dfrac{(15+20+25)\times 10^3}{\sqrt{3}\times 380 \times 0.9} = 101.29[A]$
  - 전동기 유효전류 $I_r = 101.29 \times 0.9 = 91.16[A]$
  - 전동기 무효전류 $I_q = 101.29 \times \sqrt{1-0.9^2} = 44.15[A]$
- 전열기 정격전류의 합 $\Sigma I_H = \dfrac{(10+15)\times 10^3}{\sqrt{3}\times 380 \times 1.0} = 37.98[A]$
- 설계전류 $I_B = \sqrt{(91.16+37.98)^2 + 44.15^2} = 136.48[A]$

따라서, $I_B \le I_n \le I_Z$의 조건을 만족하는 전선의 허용전류 $I_Z \ge 136.48[A]$

문제 28 공사산업 95년, 99년 출제 배점 : 5점

3상 3선식 380[V] 회로에 그림과 같이 2.2[kW], 7.5[kW], 50[kW]의 전동기와 5[kW]의 전열기가 접속되어 있다. 간선의 소요 허용전류[A]를 구하시오. (단, 전동기의 평균 역률은 75[%]이다.)

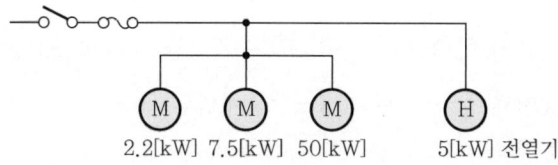

2.2[kW] 7.5[kW] 50[kW]   5[kW] 전열기

답안 126.74[A]

해설
- 전동기 정격전류의 합 $\Sigma I_M = \dfrac{(2.2+7.5+50)\times 10^3}{\sqrt{3}\times 380 \times 0.75} = 120.94[A]$
  - 전동기 유효전류 $I_r = 120.94 \times 0.75 = 90.71[A]$
  - 전동기 무효전류 $I_q = 120.94 \times \sqrt{1-0.75^2} = 79.99[A]$
- 전열기 정격전류 $I_H = \dfrac{5 \times 10^3}{\sqrt{3}\times 380} = 7.6[A]$
- 설계전류 $I_B = \sqrt{유효분^2 + 무효분^2} = \sqrt{(90.71+7.6)^2 + 79.99^2} = 126.74[A]$

따라서, $I_B \le I_n \le I_Z$의 조건을 만족하는 간선의 허용전류 $I_Z \ge I_B$(여기서, $I_B = 126.74[A]$)가 되어야 한다.

문제 29 공사기사 10년, 11년, 14년 출제

배점 : 6점

3상 3선식 380[V] 회로에 전열기 15[A]와 전동기 2.2[kW], 역률 85[%], 전동기 3.75[kW], 역률 90[%], 전동기 7.5[kW], 역률 95[%]가 있다. 간선의 허용전류를 계산하시오.

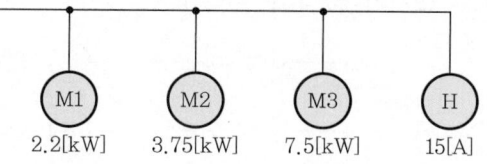

답안 36.45[A]

해설
- 전동기 2.2[kW], 역률 85[%]
  - 정격전류 $I_1 = \dfrac{2,200}{\sqrt{3} \times 380 \times 0.85} = 3.93[A]$
  - 유효전류 $I_{r1} = 3.93 \times 0.85 = 3.34[A]$
  - 무효전류 $I_{q1} = 3.93 \times \sqrt{1-0.85^2} = 2.07[A]$
- 전동기 3.75[kW], 역률 90[%]
  - 정격전류 $I_2 = \dfrac{3,750}{\sqrt{3} \times 380 \times 0.9} = 6.33[A]$
  - 유효전류 $I_{r2} = 6.33 \times 0.9 = 5.70[A]$
  - 무효전류 $I_{q2} = 6.33 \times \sqrt{1-0.9^2} = 2.76[A]$
- 전동기 7.5[kW], 역률 95[%]
  - 정격전류 $I_3 = \dfrac{7,500}{\sqrt{3} \times 380 \times 0.95} = 11.99[A]$
  - 유효전류 $I_{r3} = 11.99 \times 0.95 = 11.39[A]$
  - 무효전류 $I_{q3} = 11.99 \times \sqrt{1-0.95^2} = 3.74[A]$
- 설계전류 $I_B = I_1 + I_2 + I_3$
  $= \sqrt{(3.34+5.70+11.39+15)^2 + (2.07+2.76+3.74)^2}$
  $= 36.45[A]$

따라서, $I_B \leq I_n \leq I_Z$의 조건을 만족하는 전선의 허용전류 $I_Z \geq 36.45[A]$

문제 30 공사산업 13년, 16년 출제 | 배점 : 5점

그림과 같은 전동기 Ⓜ과 전열기 Ⓗ에 공급하는 저압 옥내 간선을 보호하는 과전류차단기의 정격전류 최대값은 몇 [A]인지 계산하시오. (단, 전선의 허용전류는 40[A], 수용률은 100[%]이며 기동 계급은 표시가 없다고 본다.)

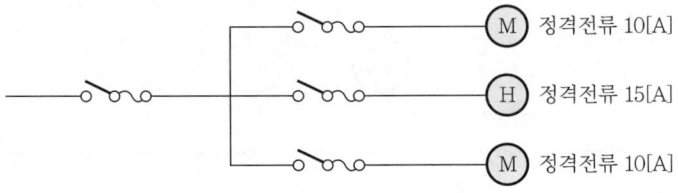

답안 40[A]

해설 설계전류 $I_B = 10 + 15 + 10 = 35[A]$
과전선의 허용전류 $I_Z = 40[A]$이므로 과전류차단기의 정격전류는 I_n은
$I_B \leq I_n \leq I_Z$의 조건을 만족하여야 하므로 $35[A] \leq I_n \leq 40[A]$이다.

문제 31 공사기사 14년 출제 | 배점 : 6점

200[V] 3상 유도전동기 부하에 전력을 공급하는 저압간선의 최소 굵기를 구하고자 한다. 전동기의 종류가 다음과 같을 때 200[V] 3상 유도전동기 간선의 굵기 및 기구의 용량표를 이용하여 각 공사방법(A1, B1, C)에 따른 저압간선의 최소 굵기를 답하시오. (단, 전선은 PVC 절연전선으로 한다.)

부하
- 0.75[kW] 직입기동 전동기
- 1.5[kW] 직입기동 전동기
- 3.7[kW] 직입기동 전동기
- 3.7[kW] 직입기동 전동기

(1) 공사방법 A1
(2) 공사방법 B1
(3) 공사방법 C

[참고자료]

200[V] 3상 유도전동기의 간선의 굵기 및 기구의 용량

전동기 [kW] 수의 총계 ① [kW] 이하	최대 사용 전류 ①′ [A] 이하	배선종류에 의한 간선의 최소 굵기[mm²]②						직입기동 전동기 중 최대용량의 것									
		공사방법 A1		공사방법 B1		공사방법 C		0.75 이하	1.5	2.2	3.7	5.5	7.5	11	15	18.5	22	30	37~55
		3개선		3개선		3개선		기동기사용 전동기 중 최대용량의 것									
		PVC	XLPE, EPR	PVC	XLPE, EPR	PVC	XLPE, EPR	–	–	–	5.5	7.5	11 15	18.5 22	–	30 37	–	45	55
								과전기차단기[A]………(칸 위 숫자) ③ 개폐기 용량[A]………(칸 아래 숫자) ④									
3	15	2.5	2.5	2.5	2.5	2.5	2.5	15 30	20 30	30 30	–	–	–	–	–	–	–	–
4.5	20	4	2.5	2.5	2.5	2.5	2.5	20 30	20 30	30 30	50 60	–	–	–	–	–	–	–
6.3	30	6	4	6	4	4	2.5	30 30	30 30	50 60	50 60	75 100	–	–	–	–	–	–
8.2	40	10	6	10	6	6	4	50 60	50 60	50 60	75 100	75 100	100 100	–	–	–	–	–
12	50	16	10	10	10	10	6	50 60	50 60	50 60	75 100	75 100	100 100	150 200	–	–	–	–
15.7	75	35	25	25	16	16	16	75 100	75 100	75 100	75 100	100 100	100 200	150 200	150 200	–	–	–
19.5	90	50	25	35	25	25	16	100 100	100 100	100 100	100 100	100 200	150 200	150 200	200 200	200 200	–	–
23.2	100	50	35	35	25	35	25	100 100	100 100	100 100	100 200	100 200	150 200	150 200	200 200	200 200	–	–
30	125	70	50	50	35	50	35	150 200	150 200	150 200	150 200	150 200	150 200	150 200	200 200	200 200	–	–
37.5	150	95	70	70	50	70	50	150 200	150 200	150 200	150 200	150 200	150 200	150 200	300 300	300 300	300 300	–
45	175	120	70	95	50	70	50	200 200	200 200	200 200	200 200	200 200	200 200	200 200	300 300	300 300	300 300	300 300
52.5	200	150	95	95	70	95	70	200 200	200 200	200 200	200 200	200 200	200 200	200 200	300 300	400 300	400 400	400 400
63.7	250	240	150	–	95	120	95	300 300	300 300	300 300	300 300	300 300	300 300	300 300	300 300	400 400	400 400	500 600
75	300	300	185	–	120	185	120	300 300	300 300	300 300	300 300	300 300	300 300	300 300	300 300	400 400	400 400	500 600
86.2	350	–	240	–	–	240	150	400 400	400 400	400 400	400 400	400 400	400 400	400 400	400 400	400 400	400 400	600 600

1990년~최근 출제된 기출문제

> [비고] 1. 최소 전선 굵기는 1회선에 대한 것이며, 2회선 이상일 경우는 복수회로 보정계수를 적용하여야 한다.
> 2. 공사방법 A1은 벽 내의 전선관에 공사한 절연전선 또는 단심케이블, B1은 벽면의 전선관에 공사한 절연전선 또는 단심케이블, 공사방법 C는 벽면에 공사한 단심 또는 다심케이블을 시설하는 경우의 전선 굵기를 표시하였다.
> 3. 「전동기 중 최대의 것」에는 동시 기동하는 경우를 포함함
> 4. 과전류차단기의 용량은 해당 조항에 규정되어 있는 범위에서 실용상 거의 최대값을 표시함
> 5. 과전류차단기의 선정은 최대용량의 정격전류의 3배에 다른 전동기의 정격전류의 합계를 가산한 값 이하를 표시함
> 6. 고리퓨즈는 300[A] 이하에서 사용하여야 한다.

답안 (1) 16[mm^2]
(2) 10[mm^2]
(3) 10[mm^2]

해설 전동기 [kW]수의 총화 $P = 0.75 + 1.5 + 3.7 + 3.7 = 9.65$[kW]이므로 표의 12[kW] 란과 PVC 란에 의해 구한다.

문제 32 공사기사 16년 출제 | 배점 : 6점

다음과 같은 [부하조건]일 경우 주어진 표를 이용하여 간선의 굵기, 개폐기 및 배선용 차단기의 용량을 답란의 빈칸에 쓰시오. (단, 공사방법은 A1이며, 사용전압은 단상 220[V], 사용전선은 PVC이다.)

[부하조건]
- 소형 전기기계기구 : 10[A]
- 대형 전기기계기구 : 25[A]
- 전등 : 3[A]

∥ 간선의 굵기, 개폐기 및 과전류차단기의 용량 ∥

최대 상정 부하 전류 [A]	배선종류에 의한 간선의 동 전선 최소 굵기[mm^2]								개폐기의 정격 [A]	과전류차단기의 정격[A]	
	공사방법 A1				공사방법 B1					B종 퓨즈	배선용 차단기
	전선 수 - 2개		전선 수 - 3개		전선 수 - 2개		전선 수 - 3개				
	PVC	XLPE, EPR	PVC	XLPE, EPR	PVC	XLPE, EPR	PVC	XLPE, EPR			
20	4	2.5	4	2.5	2.5	2.5	2.5	2.5	30	20	20
30	6	4	6	4	4	2.5	6	4	30	30	30
40	10	6	10	6	6	4	10	6	60	40	40
50	16	10	16	10	10	6	10	10	60	50	50
60	16	10	25	16	16	10	16	10	60	60	60

항 목	답 란
간선굵기[mm²]	
개폐기의 정격[A]	
배선용 차단기의 정격[A]	

답안

항 목	답 란
간선굵기[mm²]	10
개폐기의 정격[A]	60
배선용 차단기의 정격[A]	40

해설
- 전류 총화 = 10 + 25 + 3 = 38[A]
  따라서, [표]에서 최대상정부하전류의 총화 40[A] 란에서 선정한다.
- 대형 전기기구란 정격 소비전력 3[kW] 이상의 가정용 전기기계기구를 말하므로, 간선의 최소 굵기는 공사방법 A1, 전선 수 2개, PVC 란과 최대상정부하전류 40[A] 란의 10[mm²]을 선정한다.

문제 33 공사산업 92년 출제 | 배점 : 6점

그림은 어떤 Fuse인가 용어를 쓰고, 차단용량이 큰 퓨즈로서 공칭전압은 최소 몇 [kV] 이상 교류회로에 사용되는가?

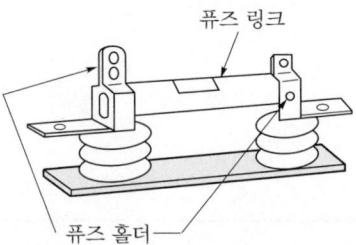

(1) 용어
(2) 전압

답안 (1) 전력퓨즈
(2) 3.3[kV]

1990년~최근 출제된 기출문제

문제 34 공사기사 91년 출제 — 배점 : 3점

유입개폐기, 고압 컷아웃, 단로기, 전력퓨즈 중 고전압 옥내 배선에서 단락보호용으로 쓰이는 것은?

답안 전력퓨즈

해설
- 유입개폐기 : 통상의 부하전류를 개폐
- 고압 컷아웃 : 변압기의 1차측에 설치하는 과전류차단기
- 단로기 : 무부하회로의 전로를 개폐하는 것
- 전력퓨즈 : 회로를 단락사고로부터 보호하는 것

문제 35 공사산업 93년 출제 — 배점 : 4점

특고압 또는 고압회로 및 기기의 단락보호능력을 갖는 퓨즈는 어느 것인가 [보기]에서 골라 쓰시오.

[보기]
플러그퓨즈, 전력퓨즈, 통형 퓨즈, 고리퓨즈

답안 전력퓨즈

문제 36 공사기사 97년 출제 — 배점 : 6점

전력퓨즈(PF)가 갖추어야 할 기능 2가지를 쓰시오.

답안
- 부하전류는 안전하게 통전시켜야 한다.
- 어떤 일정값 이상의 과전류는 차단하여 전로나 기기를 보호하여야 한다.

문제 37 공사산업 13년 출제
배점 : 5점

다음과 같은 [조건]일 때 3상 4선식의 전압강하 근사값을 쓰시오.

[조건]
- 교류의 경우 역률 $\cos\theta = 1$
- 각 상 부하는 평형 상태
- 전선의 도전율은 97[%]

답안
$$e = IR = I \times \rho \frac{L}{A} = I \times \frac{1}{58} \times \frac{100}{C} \times \frac{L}{A}$$
$$= I \times \frac{1}{58} \times \frac{100}{97} \times \frac{L}{A} = 0.0178 \times \frac{LI}{A} = \frac{17.8LI}{1,000A}$$

문제 38 공사산업 19년 출제
배점 : 5점

분전반에서 30[m]의 거리에 4[kW]의 교류 단상 220[V] 전열기를 설치하였다. 배선방법을 금속관공사로 하고 전압강하를 2[%] 이하로 하기 위해서 전선의 굵기를 얼마로 선정하는 것이 적당한가?

답안 $6[\mathrm{mm}^2]$

해설
$$A = \frac{35.6LI}{1,000e} = \frac{35.6 \times 30 \times \frac{4 \times 10^3}{200}}{1,000 \times 200 \times 0.02} = 5.34[\mathrm{mm}^2]$$

문제 39 공사산업 98년, 00년, 02년, 15년, 19년 출제
배점 : 5점

분전반에서 40[m] 떨어진 회로의 끝에서 단상 2선식 220[V], 전열기 8,800[W] 2대 사용 시 비닐 절연전선의 공칭단면적을 아래 표에서 산정하시오. (단, 전압강하는 2[%] 이내로 하고, 전류감소계수는 없는 것으로 한다.)

비닐 절연전선의 공칭단면적[mm²]						
2.5	6	10	16	25	35	50

답안 $35[\text{mm}^2]$

해설
$$A = \frac{35.6LI}{1,000e} = \frac{35.6 \times 40 \times \frac{8,800 \times 2}{220}}{1,000 \times 220 \times 0.02} = 25.89[\text{mm}^2]$$

문제 40 공사산업 96년, 00년, 01년, 13년, 16년 출제 ─ 배점 : 5점

3상 4선식 380/220[V] 구내배선 긍장이 200[m], 부하의 최대전류는 100[A]인 배선에서 대지 간 전압강하를 4[V]로 하고자 하는 경우에 사용하는 전선의 공칭단면적[mm²]을 구하시오.

답안 $95[\text{mm}^2]$

해설
$$A = \frac{17.8LI}{1,000e} = \frac{17.8 \times 200 \times 100}{1,000 \times 4} = 89[\text{mm}^2]$$

문제 41 공사기사 91년, 92년, 96년, 98년, 04년, 12년, 15년, 20년 / 공사산업 12년 출제 ─ 배점 : 5점

3상 3선식 220[V]로 수전하는 수전가의 부하전력이 95[kW], 부하역률이 85[%], 구내배전선의 길이는 150[m]이며, 배선에서의 전압강하는 6[V]까지 허용하는 경우 구내배선의 굵기를 구하시오. (단, 소수점 둘째 자리까지 구하고 이하 절사한다.)

답안 $225.84[\text{mm}^2]$

해설
$$A = \frac{30.8 \cdot LI}{1,000 \cdot e}$$
$$= \frac{30.8 \times 150 \times \frac{95 \times 10^3}{\sqrt{3} \times 220 \times 0.85}}{1,000 \times 6}$$
$$= 225.84[\text{mm}^2]$$

문제 42 공사산업 96년, 00년, 01년, 13년, 19년 출제 | 배점 : 5점

배전설계의 긍장이 50[m], 부하의 최대사용전류는 150[A], 배전설계의 전압강하는 6[V]이다. 이때 3상 3선식 저압회로의 공칭단면적[mm²]을 선정하시오. (단, 공칭단면적은 35[mm²], 50[mm²], 70[mm²], 95[mm²] 등이 있다.)

답안 50[mm²]

해설
$$A = \frac{30.8LI}{1,000e}$$
$$= \frac{30.8 \times 50 \times 150}{1,000 \times 6}$$
$$= 38.5 [\text{mm}^2]$$

문제 43 공사산업 92년, 13년, 17년, 22년 출제 | 배점 : 5점

변압기 2차 단자에서 25[m] 거리에 있는 교류단상 220[V], 4.4[kW] 히터부하에 전압강하를 2[%] 이하로 제한하기 위한 공급전선의 최소한의 굵기를 다음 표에서 선정하시오.

｜허용전류표｜

도체 단선 연선별	전선종별 지름 또는 공칭 단면적	VV케이블 3심 이하	허용전류[A] 전선수 3 이하	4	5~6	7~15	16~40
단선	1.2[mm]	(13)	(13)	(12)	(10)	(9)	(8)
	1.6[mm]	19	19	17	15	13	12
	2.0[mm]	24	24	22	19	17	15
연선	5.5[mm²]	34	34	31	27	24	21
	8[mm²]	42	42	38	34	30	26
	14[mm²]	61	61	55	49	43	38
	22[mm²]	80	80	72	64	56	49
	30[mm²]	−	97	87	78	68	60
	38[mm²]	113	113	102	90	79	70

답안 5.5[mm²]

해설 부하전류 $I = \frac{P}{V}$
$$= \frac{4.4 \times 10^3}{220} = 20[\text{A}]$$

전압강하 $e = 220 \times 0.02 = 4.4[A]$

따라서 전선의 단면적 $A = \dfrac{35.6LI}{1,000e}$

$= \dfrac{35.6 \times 25 \times 20}{1,000 \times 4.4} = 4.05[\text{mm}^2]$

문제 44 공사산업 14년 출제 | 배점 : 5점

용량 800[W]의 전열기에서 전열선의 길이를 5[%] 작게 하면 소비전력은 몇 [W]인지 구하시오.

답안 842.11[W]

해설 최초의 전력을 P, 전열선의 길이를 l, 5[%] 적을 때의 전열선의 길이를 l', 전력을 P'라 하면 $P \propto \dfrac{1}{l}$이므로 $\dfrac{P'}{P} = \dfrac{\frac{1}{l'}}{\frac{1}{l}} = \dfrac{l}{l'}$

$\therefore P' = \left(\dfrac{l}{l'}\right)P = \left(\dfrac{l}{0.95l}\right)P$

$= \dfrac{1}{0.95} \times 800 = 842.11[W]$

문제 45 공사기사 16년, 21년 출제 | 배점 : 5점

선로의 전압이 V이고 역률이 $\cos\theta$일 때 선로에서의 전력과 전력손실이 각각 P_1, P_{l1}이다. 선로의 전력손실이 2배로 증가되었다면 전송된 전력은 기존 전력 대비 몇 [%] 증가되어야 하는지 구하시오. (단, 선로의 전압과 역률은 일정하다. 그리고 2배로 증가된 선로의 전력손실은 P_{l2}, 저항을 R이라 표시한다.)

답안 41.42[%]

해설 선로 손실 $P_l = I^2 R = \dfrac{P^2}{V^2 \cos^2\theta} \cdot R$

$P_l \propto P^2$이므로

$\dfrac{P_2^{\,2}}{P_1^{\,2}} = \dfrac{P_{l2}}{P_{l1}} = \dfrac{2P_{l1}}{P_{l1}} = 2$

$\therefore P_2 = \sqrt{2P_1^{\,2}} = \sqrt{2} \cdot P_1 = 1.4142 P_1$

문제 46 공사기사 09년, 14년 출제 | 배점: 5점

3상 4선식 380/220[V]에서 3상 동력과 단상 전등부하를 동시에 사용 가능한 방식으로 불평형 부하의 한도는 단상접속부하로 계산하여 설비불평형률을 30[%] 이하로 하는 것을 원칙으로 한다. 이 경우 설비불평형률을 식으로 나타내시오.

답안 설비불평형률 = $\dfrac{\text{각 간선에 접속되는 단상 부하 총 설비용량[kVA]의 최대와 최소의 차}}{\text{총 부하설비용량의 } \dfrac{1}{3}} \times 100[\%]$

문제 47 공사산업 94년, 98년, 03년, 20년, 22년 출제 | 배점: 5점

그림과 같이 3상 3선식 3,300[V] 배전선로에서 단상 및 3상 변압기에 전력을 공급하고자 한다. 선로의 불평형률[%]을 계산하시오.

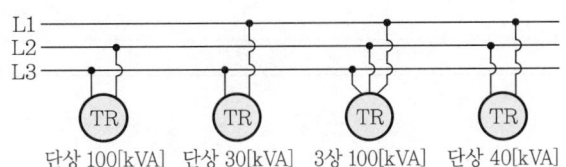

답안 77.78[%]

해설 불평형률 = $\dfrac{100-30}{\dfrac{1}{3}(100+30+100+40)} \times 100 = 77.78[\%]$

문제 48 공사기사 89년, 90년, 93년, 95년, 96년, 97년, 17년 출제 | 배점: 5점

다음 그림과 같이 3상 3선식 200[V] 수전인 경우 설비불평형률은 얼마인가? (단, 여기서 전동기의 수치가 괄호 내와 다른 것은 출력[kW]을 입력[kVA]으로 환산하였기 때문이다.)

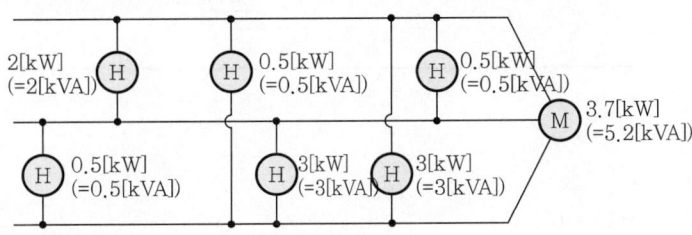

1990년~최근 출제된 기출문제

답안 20.41[%]

해설 설비불평형률 = $\dfrac{(3+0.5)-(2+0.5)}{(2+0.5+0.5+5.2+3+3+0.5)\times\dfrac{1}{3}}\times 100 = 20.41[\%]$

문제 49 공사산업 98년, 00년, 04년, 07년, 08년, 09년, 15년, 20년 출제 배점 : 5점

단상 3선식 220/110[V] 전력을 공급받는 어느 수용가의 부하연결이 아래 그림과 같은 경우 설비불평형률을 계산하시오. (단, 소수점 이하 첫째 자리에서 반올림할 것)

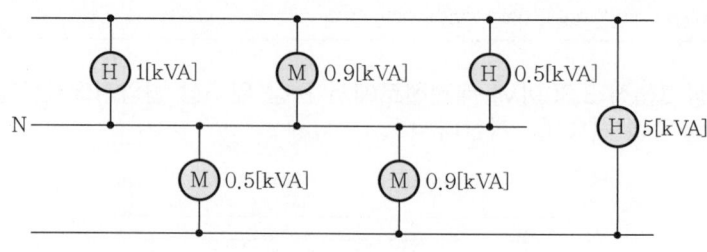

답안 23[%]

해설 설비불평형률 = $\dfrac{(1+0.9+0.5)-(0.5+0.9)}{\dfrac{1}{2}(1+0.9+0.5+0.5+0.9+5)}\times 100 = 23[\%]$

문제 50 공사산업 15년 출제 배점 : 5점

그림과 같이 단상 3선식 110/220[V]의 공급 선로에서의 설비불평형률을 구하시오.

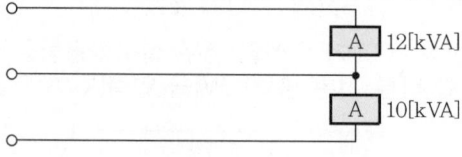

답안 18.18[%]

해설 불평형률 = $\dfrac{12-10}{\dfrac{1}{2}(12+10)}\times 100 = 18.18[\%]$

문제 51 공사산업 15년 출제 | 배점 : 4점

다음 그림과 같이 3상 3선식 200[V] 수전인 경우 설비불평형률을 얼마인가? (단, H는 전열기, M는 전동기, 전동기 역률은 80[%]로 한다.)

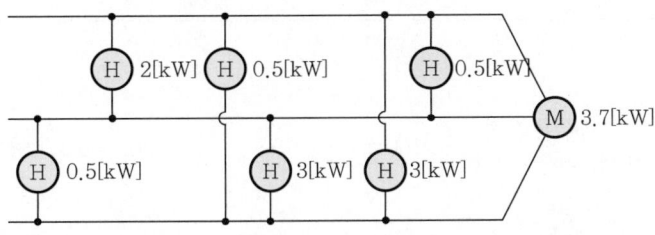

답안 21.24[%]

해설 설비불평형률 = $\dfrac{(3+0.5)-(2+0.5)}{\left(2+0.5+0.5+\dfrac{3.7}{0.8}+3+3+0.5\right)\times \dfrac{1}{3}} \times 100 = 21.24[\%]$

문제 52 공사기사 14년, 20년 출제 | 배점 : 9점

수변전설비용량을 추정하는 수용률, 부등률, 부하율을 구하는 공식을 각각 쓰시오.

(1) 수용률
(2) 부등률
(3) 부하율

답안
(1) 수용률 = $\dfrac{\text{최대수용전력[kW]}}{\text{부하설비용량[kW]}} \times 100[\%]$

(2) 부등률 = $\dfrac{\text{각 부하의 최대수용전력의 합[kW]}}{\text{각 부하를 종합하였을 때의 최대수용전력(합성 최대전력)[kW]}}$

(3) 부하율 = $\dfrac{\text{평균부하전력[kW]}}{\text{최대부하전력[kW]}} \times 100[\%]$

CHAPTER 07. 간선과 분기 및 수용설비

문제 53 공사산업 12년, 15년, 21년 출제 | 배점 : 5점

전등설비 200[W], 전열설비 400[W], 전동기설비 300[W]인 수용가가 있다. 이 수용가의 최대수용전력이 750[W]라면 수용률은 얼마인가?

답안 86.67[%]

해설 수용률 = $\dfrac{\text{최대수용전력}}{\text{설비용량(접속부하)}} \times 100 = \dfrac{780}{200+400+300} \times 100 = 86.67[\%]$

문제 54 공사기사 13년 출제 | 배점 : 5점

어느 건물의 부하는 하루에 30[kW]로 2시간, 24[kW]로 8시간, 6[kW]로 14시간을 사용한다. 이의 수전설비를 30[kVA]로 하였을 때에 일부하율은 얼마인가?

답안 46.67[%]

해설 부하율 = $\dfrac{\text{평균전력}}{\text{최대수용전력}} \times 100 = \dfrac{30 \times 2 + 24 \times 8 + 6 \times 14}{30 \times 24} \times 100 = 46.67[\%]$

문제 55 공사기사 89년, 96년, 06년, 16년 출제 | 배점 : 4점

다음 표의 수용가 A, B, C에 공급하는 배전선로의 최대 전력은 500[kW]이다. 이때 수용가의 부등률을 구하시오.

수용가	설비용량[kW]	수용률[%]
A	400	60
B	300	60
C	400	80

답안 1.48

해설 부등률 = $\dfrac{400 \times 0.6 + 300 \times 0.6 + 400 \times 0.8}{500} = 1.48$

문제 56 공사산업 12년 출제

배점 : 6점

그림은 제1공장과 제2공장 2개의 공장에 대한 어느 날의 일부하곡선이다. 이 그림을 이용하여 다음 각 물음에 답하시오.

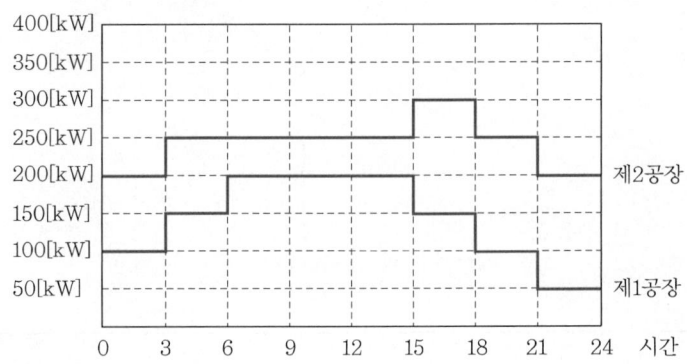

(1) 제1공장의 일부하율은 몇 [%]인가?
(2) 제1공장과 제2공장 상호 간의 부등률은 얼마인가?

답안 (1) 71.88[%]
(2) 1.11

해설 (1) 일부하율 = $\dfrac{평균전력}{최대전력} \times 100[\%]$

$= \dfrac{100 \times 3 + 150 \times 3 + 200 \times 9 + 150 \times 3 + 100 \times 3 + 50 \times 3}{24 \times 200} \times 100$

$= 71.88[\%]$

(2) 부등률 = $\dfrac{개개의\ 최대전력의\ 합계}{합성\ 최대전력}$

$= \dfrac{200 + 300}{450}$

$= 1.11$

문제 57 공사기사 12년 / 공사산업 93년, 95년, 96년 출제
배점 : 6점

그림과 같이 20[kW], 30[kW], 20[kW]의 부하설비의 수용률이 각각 50[%], 70[%], 65[%]로 되어 있는 경우 이것에 공급할 용량을 결정하시오. (단, 부등률은 1.1, 부하의 종합역률은 80[%]로 한다.)

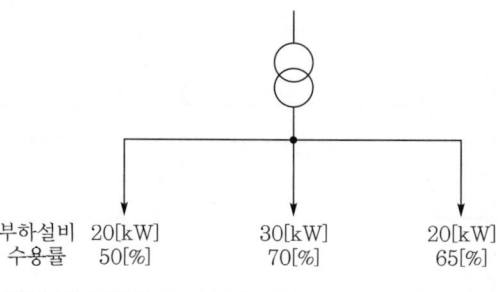

답안 50[kVA]

해설 $P_a = \dfrac{20 \times 0.5 + 30 \times 0.7 + 20 \times 0.65}{1.1 \times 0.8} = 50[kVA]$

문제 58 공사기사 88년, 97년, 00년, 02년 출제
배점 : 12점

다음 그림과 같은 변전설비에서 주변압기 용량을 구하고 수용률, 부등률, 부하율의 적용 장소를 쓰시오. (단, 부등률은 1.2이다.)

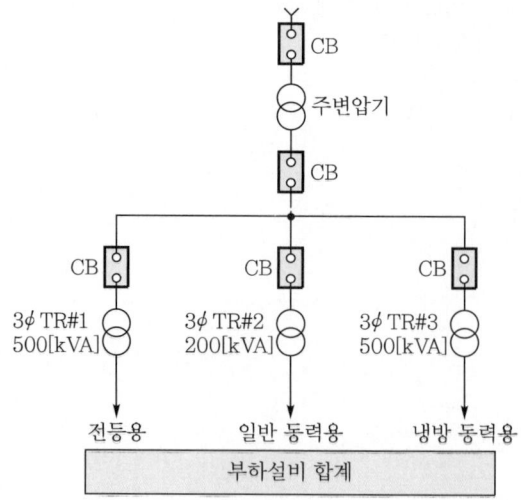

(1) 주변압기 용량[kVA]은?
(2) 주변압기 :   적용
(3) TR#1 :   적용
(4) TR#2 :   적용
(5) TR#3 :   적용
(6) 부하설비 합계 :   적용

답안 (1) 1,000[kVA]
(2) 부등률
(3) 수용률
(4) 수용률
(5) 수용률
(6) 부하율

해설 (1) $P_a = \dfrac{500+200+500}{1.2} = 1,000[\text{kVA}]$

문제 59 공사기사 95년, 10년, 13년, 17년, 21년 / 공사산업 95년 출제   배점 : 3점

부하의 설비용량이 400[kW], 수용률 70[%], 부하율 70[%]의 수용가가 있다. 1개월(30일) 동안의 사용전력량[kWh]을 구하시오.

답안 141,120[kWh]

해설 평균전력 $P = 400 \times 0.7 \times 0.7 = 196[\text{kW}]$
따라서, 사용전력량 $W = 196 \times 24 \times 30 = 141,120[\text{kWh}]$

문제 60 공사기사 13년 / 공사산업 95년 출제   배점 : 5점

설비용량 400[kWh], 수용률 60[%], 부하율 50[%], 수용가의 1개월간의 사용전력량은 몇 [kWh]인가? (단, 1개월은 30일로 계산한다.)

답안 86,400[kWh]

해설 $W = Pt = 400 \times 0.6 \times 0.5 \times 30 \times 24 = 86,400[\text{kWh}]$

문제 61 공사기사 95년, 10년, 17년 출제 | 배점 : 3점

부하의 설비용량이 400[kW], 수용률 60[%], 월부하율 50[%]의 수용가가 있다. 1개월(30일)의 사용전력량[kWh]을 구하시오.

답안 86,400[kWh]

해설 $W = 400 \times 0.6 \times 0.5 \times 24 \times 30 = 86,400 [\text{kWh}]$

문제 62 공사기사 03년, 09년, 22년 출제 | 배점 : 5점

사무실로 사용되는 건물의 총 설비용량이 전등전열부하 500[kVA], 동력부하가 600[kVA] 이다. 전등전열부하 수용률은 70[%], 동력부하 수용률은 60[%], 전등전열 및 동력부하 간의 부등률이 1.25라고 한다. 배전선로의 전력손실이 전등, 전열, 동력 총 부하전력의 10[%]라고 하면 변전실의 합성 최대부하는 몇 [kVA]인지 구하시오.

답안 624.8[kVA]

해설
- 전등부하 최대수용전력 = $500 \times 0.7 = 350$ [kVA]
- 동력부하 최대수용전력 = $600 \times 0.6 = 360$ [kVA]
- 변전실의 합성 최대부하 = $\dfrac{350 + 360}{1.25} \times (1 + 0.1) = 624.8$ [kVA]

문제 63 공사기사 99년 출제 | 배점 : 4점

어떤 변전소의 공급구역 내에 총 설비용량은 전등부하 500[kW], 동력부하 800[kW]이다. 각 수용가의 수용률은 전등 60[%], 동력 80[%]이고 수용가 간의 부등률은 전등 1.2, 동력 1.6이며 변전소에 전등부하와 동력부하 간의 부등률은 1.4라고 한다. 배전선로의 전력손실이 전등, 동력 모두 부하전력의 10[%]라고 하면 변전소에서 공급하는 최대전력은 몇 [kW]인가?

답안 510.71[kW]

해설
전등부하 $P_1 = \dfrac{500 \times 0.6}{1.2} = 250 [\text{kW}]$

동력부하 $P_2 = \dfrac{800 \times 0.8}{1.6} = 400 [\text{kW}]$

변전소에서 공급하는 최대전력은

$$최대전력 = \frac{전등부하 + 동력부하}{부등률} \times (1 + 전력손실)$$

$$= \frac{250 + 400}{1.4} \times (1 + 0.1) = 510.71 [\text{kW}]$$

문제 64 공사기사 93년 출제 | 배점 : 5점

어떤 상가 주택에서 수용설비용량이 480[kW], 수용률이 0.5일 때 수전설비용량은 몇 [kVA]로 하면 되는가? (단, 부하역률은 0.8이다.)

답안 300[kVA]

해설 $P = \dfrac{480 \times 0.5}{1 \times 0.8} = 300 [\text{kVA}]$

문제 65 공사기사 11년, 19년, 22년 출제 | 배점 : 9점

어떤 변전실에서 그림과 같은 일부하곡선이 A, B, C인 부하에 전기를 공급하고 있다. 이 변전실의 총 부하에 대한 다음 물음에 답하시오. (단, A, B, C의 역률은 시간에 관계없이 각각 80[%], 100[%] 및 60[%]이다.)

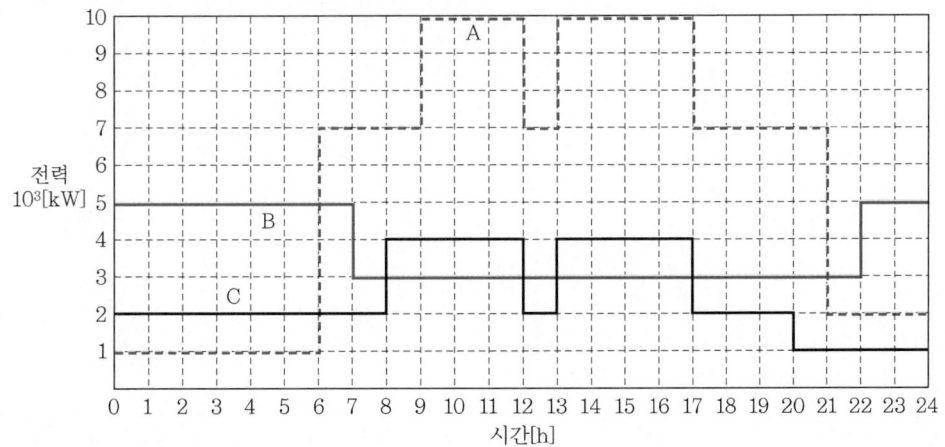

(1) 합성 최대전력[kW]을 구하시오.
(2) B부하에 대한 평균전력[kW]을 구하시오.
(3) 총 부하율[%]을 구하시오.

답안 (1) 17,000[kW]
(2) 3,750[kW]
(3) 70.59[%]

해설 (1) 합성 최대전력은 그림에서 9~12시, 13~17시 사이에 나타나므로
$P = (10+4+3) \times 10^3 = 17,000[\text{kW}]$

(2) B부하에 대한 평균전력
$P_B = \dfrac{\{(5 \times 7) + (3 \times 15) + (5 \times 2)\} \times 10^3}{24} = 3,750[\text{kW}]$

(3) • A부하의 평균전력
$P_A = \dfrac{\{(1 \times 6) + (7 \times 3) + (10 \times 3) + (7 \times 1) + (10 \times 4) + (7 \times 4) + (2 \times 3)\} \times 10^3}{24}$
$= 5,750[\text{kW}]$

• C부하의 평균전력
$P_C = \dfrac{\{(2 \times 8) + (4 \times 4) + (2 \times 1) + (4 \times 4) + (2 \times 3) + (1 \times 4)\} \times 10^3}{24} = 2,500[\text{kW}]$

따라서, 총 부하율 $= \dfrac{5,750 + 3,750 + 2,500}{17,000} \times 100 = 70.59[\%]$

CHAPTER 08. 보호설비 시공

1990년~최근 출제된 기출 이론 분석 및 유형별 문제

기출개념 01 변성기 및 계전기

계기용 변성기란 고전압, 대전류를 계측하는 장치 또는 보호용 계전기의 전원공급을 위해 저전압, 소전류로 변환하는 소형 변압기를 말하며 다음과 같이 분류된다.

1 계기용 변압기(PT : Potential Transformer)

고전압을 저전압으로 변환하여 계측기 및 계전기에 전원을 공급하는 변압기이다.

(1) 정격전압

계기용 변압기의 1차 정격전압은 표의 값을 기준으로 하며 2차 정격전압은 110[V]이다.

∥계기용 변압기의 정격전압∥

(단위 : [V])

정격 1차 전압				정격 2차 전압
–	1,100	11,000	110,000	
–	–	–	154,000	
220	2,200	22,000	–	110
–	3,300	33,000	–	
440	–	–	–	
–	6,600	66,000	–	

※ PT비는 $\dfrac{V_1}{V_2}$ 이며, 표의 값으로 선정한다.

(2) PT의 보호장치와 정격부담

계기용 변압기의 1차측에는 PF 또는 COS를 설치하며 부담(burden)은 PT의 정격용량[VA]를 말한다.

부담 : $P_a = \dfrac{V_2^{\,2}}{Z_2}$ [VA]

2 변류기(CT : Current Transformer)

대전류를 소전류로 변환하여 계측기 및 계전기에 전원을 공급하는 변압기이다.

(1) 정격전류

변류기의 1차 정격전류는 문제에서 주어진 표의 값에서 선정하며 2차 정격전류는 5[A]이다.

※ CT비는 $\dfrac{I_1}{I_2}$ 이며 I_1[A]는 선로 전부하 전류의 25~50[%]의 여유를 주어 문제에서 주어진 표의 값에서 선정한다.

(2) CT의 보호장치와 정격부담

변류기의 1차측에는 보호장치를 설치하지 않는 것을 원칙으로 하며 정격부담은 CT의 용량을 말한다.

$$부담 : P_a = I_2^2 \cdot Z_2 \, [\text{VA}]$$

(3) 계기용 변압 변류기(PCT, MOF)

고전압, 대전류를 저전압, 소전류로 변환하여 전력량계에 전원공급을 하기 위해 변압, 변류기가 함께 내장된 장치이다.

$$\text{MOF비} = \text{PT비} \times \text{CT비}$$

(4) 접지형 계기용 변압기(GPT : Grounded Potential Transformer)

지락사고 시 영상전압을 검출하여 계측기 및 계전기에 전원공급을 위한 변압기로 3권선 PT를 사용하여 1, 2차는 Y결선을 하고 3차는 오픈 델타(open delta)로 결선한다.

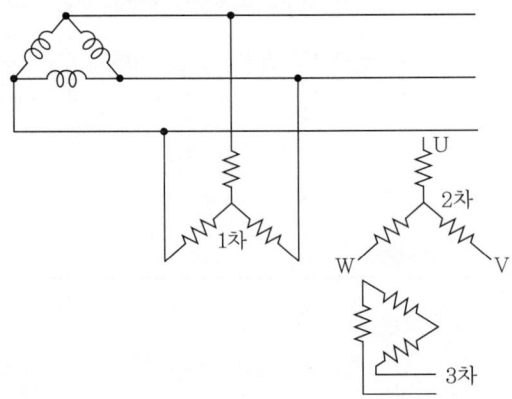

(5) 영상 변류기(ZCT : Zero phase Current Transformer)

지락사고 시 영상전류를 검출하여 계전기에 전원공급을 위한 변류기이다.

┃ZCT 그림 기호┃

	단선도용	복선도용
영상 변류기	ZCT	ZCT

3 보호계전기

(1) 보호계전기의 구비조건
① 고장 상태를 식별하여 그 정도를 파악할 수 있을 것
② 고장 개소를 정확하게 선택할 수 있을 것
③ 동작이 신속하고 오동작이 없을 것
④ 적절한 후비보호능력이 있을 것
⑤ 경제적일 것

(2) 보호계전기의 시한 특성
① 순시성 계전기 : 정정치 이상의 전류가 유입하는 순간 동작하는 계전기
② 정한시성 계전기 : 정정치 한도를 넘으면 넘는 양의 크기에 관계없이 일정 시한으로 동작하는 계전기
③ 반한시성 계전기 : 동작전류와 동작시한이 반비례하는 계전기
④ 반한시성 정한시성 계전기 : 특정 전류까지는 반한시성 특성을 나타내고 그 이상이 되면 정한시성 특성을 나타내는 계전기

(3) 보호계전기의 기능 및 종류

| 보호계전기의 사용 개소 |

사고별＼설비별	수전단	주변압기	배전선	전력 콘덴서
과전류(과부하 또는 단락)	OCR	OCR	OCR	OCR
과전압			OVR	OVR
저전압			UVR	UVR
접지			GR(SGR, DGR)	
변압기 내부 고장		RDF		

① 과전류계전기(Over Current Relay : OCR)
  ㉠ 가장 많이 채용하는 계전기로 계기용 변류기(CT)에서 검출된 과전류에 의해 동작하고 경보 및 차단기 등을 작동시킨다.
  ㉡ 과전류계전기의 탭 설정 : 과전류계전기는 전류가 예정값 이상이 되었을 때 동작하도록 계전기를 정정한다.
  그림과 같이 부하전류 60[A]가 흐를 때 계기용 변류기의 정격은 전부하 전류의 1.25~1.5배이므로 100/5[A]를 사용한다.
  그러므로 CT 2차 전류는 $60 \times \frac{5}{100} = 3$[A]이며, 과전류계전기 정격은 보통 CT 2차 5[A]의 사용 탭은 4, 5, 6, 7, 8, 10, 12 등이 있는데 부하전류 3[A]의 약 160[%]보다 약간 높이에 있는 5[A]를 사용하는 것이 바람직하다.

1990년~최근 출제된 기출 이론 분석 및 유형별 문제

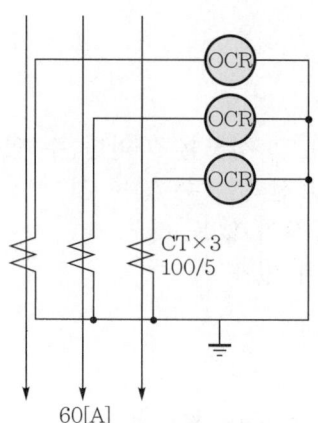

② 과전압계전기(Over Voltage Relay : OVR) : 수전 배전선로에 이상전압이나 과전압이 내습할 경우 PT에서 과전압을 검출하여 경보 및 주차단기 등을 차단시키는 작동을 한다.
과전압계전기는 정격전압(PT 2차 전압)의 130[%]에서 정정한다. 따라서 일반적으로 PT 2차 전압을 110[V]로 보고 계전기의 전압 탭을 AC 135~150[V] 범위 내의 전압을 조정할 수 있는 전압 탭 하나는 반드시 구비하도록 하고 있다. 이 범위 밖의 전압 조정 탭은 몇 개가 있어도 관계없도록 하고 있다.

③ 부족전압계전기(Under Voltage Relay : UVR) : 수전 배전선로에 순간 정전이나 단락사고 등에 의한 전압강하 시 PT에서 이상 저전압을 검출하여 경보 및 주차단기 등을 차단시키고 비상발전기 계통에 자동 기동 등의 작동을 한다.

④ 과전압지락계전기(Over Voltage Ground Relay : OVGR) : GPT를 이용하여 지락고장을 검출하여 영상전압으로 작동한다.

⑤ 지락계전기(Ground Relay : GR) : 배전선로에서 접지 고장에 대한 보호동작을 하는 것으로 영상전압과 대지 충전전류에 대하여 동작한다. 즉, 영상전류만으로 동작하는 비방향성 지락계전기(GR)와 영상전류와 영상전압과 그 상호 간의 위상으로 동작이 결정되는 방향성 지락계전기(SGR, DGR)로 나눌 수 있다.

⑥ 방향성 지락계전기(Directional Ground Relay : DGR) : 방향성 지락계전기는 비접지방식 선로에서 과전류지락계전기(OCGR)와 조합하여 지락에 의한 고장전류를 접지계기용 변성기(Ground PT)와 영상계기용 변성기(Zero CT) 등을 이용해 검출된 이상 접지전류를 한 방향으로만(선로에서 대지쪽으로 흐르는 전류 방향) 동작하도록 한 지락계전기를 말하며, 방향성 지락계전기는 여러 선로의 배전선이 시설되어 있을 경우 어느 한 선로에서 지락사고가 발생하면 그 사고 발생 선로에 접속된 계전기만을 동작시키기 위한 선택성 지락계전기도 있다.

⑦ 비율차동계전기(Ratio Differential Relay : RDF) : 변압기나 조상기의 내부고장 시 1차와 2차의 전류비 차이로 동작하는 릴레이로 대용량 변압기 등에서(5,000[kVA] 이상) 많이 채용되고 있다.

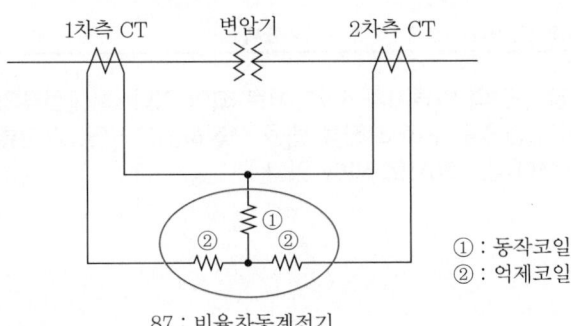

87 : 비율차동계전기

개념 문제 01 | 공사산업 14년 출제
배점 : 6점

어떤 전기설비에서 3,300[V]의 3상 회로에 변압비 33의 계기용 변압기 2대를 그림과 같이 설치하였다면, 그때의 전압계 V_1, V_2, V_3의 지시값은 얼마인지 각각 구하시오.

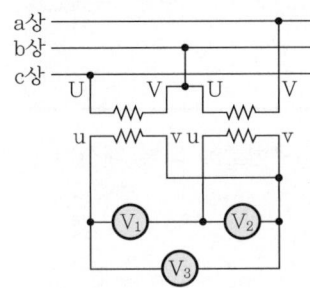

(1) $V_1 =$
(2) $V_2 =$
(3) $V_3 =$

답안
(1) $V_1 = \dfrac{3,300}{33} \times \sqrt{3} = 173.21\,[\text{V}]$

(2) $V_2 = \dfrac{3,300}{33} = 100\,[\text{V}]$

(3) $V_3 = \dfrac{3,300}{33} = 100\,[\text{V}]$

개념 문제 02 | 공사기사 96년 / 공사산업 12년 출제
배점 : 5점

수전전압 22[kV], 수전용량이 3ϕ, 800[kW], 역률 90[%]로 수전할 때에 수전회로에 시설하는 변류기의 변류비는 얼마인가? (단, 1.25배의 여유를 준다.)

답안 변류비 30/5

해설 $I_l = \dfrac{800}{\sqrt{3} \times 22 \times 0.9} \times 1.25 = 29.16\,[\text{A}]$

1990년~최근 출제된 기출 이론 분석 및 유형별 문제

개념 문제 03 공사산업 88년, 97년, 14년, 17년, 20년 출제 | 배점 : 4점 |

최대전류 40[A]의 특고압 수전의 변류기가 60/5[A]로 되어 있다. 최대전류의 1.2배에서 차단기가 동작되는 경우 과전류계전기의 전류를 구하고 전류 탭을 선정하시오. (단, 과전류계전기의 전류 탭은 4[A], 5[A], 6[A], 7[A], 8[A], 10[A], 12[A]로 되어 있다.)

답안 전류 탭 4[A]

해설 $I_l = 40 \times \dfrac{5}{60} \times 1.2 = 4[A]$

개념 문제 04 공사산업 21년 출제 | 배점 : 6점 |

전력 계통에서 지락보호계전기의 종류를 3가지만 쓰시오.

답안 지락과전류계전기, 지락방향계전기, 지락선택계전기

개념 문제 05 공사기사 22년 출제 | 배점 : 3점 |

다음은 계전기별 고유번호이다. 기구번호에 따른 계전기 명칭을 쓰시오.
(1) 27 :
(2) 37D :
(3) 51G :

답안 (1) 교류부족전압계전기
(2) 직류부족전압계전기
(3) 지락과전류계전기

기출개념 02 피뢰기 및 가공지선

1 피뢰기의 기능 및 구성

(1) 피뢰기의 역할

뇌 및 회로의 개폐 등으로 생기는 충격 과전압의 파고값에 수반하는 전류를 제한하여, 전기시설의 절연을 보호하고, 또한 속류를 단시간에 차단해서 계통의 정상 상태를 벗어나는 일이 없도록 자동 복귀하는 기능을 가진 장치이다.

(2) 피뢰기의 구성

① **직렬 갭**(series gap) : 방습 애관 내에 밀봉된 평면 또는 구면 전극을 계통전압에 따라 다수 직렬로 접속한 다극 구조이고, 계통전압에 의한 속류(follow current)를 차단하고 소호의 역할을 함과 동시에 충격파에 대하여는 방전시키도록 한다.

② **특성요소**(characteristic element) : 탄화규소(SiC), 산화아연 등을 주성분으로 한 소송물의 저항판을 여러 개로 합친 구조이며, 직렬 갭과 더불어 자기 애관에 밀봉시킨다. 비직선 전압, 전류 특성에 따라 방전할 때는 대전류를 통과시키고 단자전압을 제한하며, 방전 후에는 속류를 실질적으로 저지 또는 직렬 갭으로 차단할 수 있는 정도로 제한하는 구성성분을 말한다.

2 피뢰기의 종류

(1) 명칭별 종류
① 갭 저항형 피뢰기 : 각형, 자기 취소형, 다극형, 벤디맨
② 밸브형 피뢰기 : 알루미늄 셀, 산화 필름, 팰릿, 자동 밸브
③ 밸브 저항형 피뢰기 : 저항 밸브, 건식 밸브, 자동 밸브
④ 갭레스형 피뢰기

(2) 성능별 종류
밸브형, 밸브 저항형, 방출형, 자기 소호형, 전류 제한형

(3) 사용장소
선로용, 직렬기기용, 발·변전소용, 전철용, 정류기용, 저압용, 케이블 보호용

(4) 정격전류
2,500[A], 5,000[A], 10,000[A]

3 피뢰기의 사용전압 및 구비조건

(1) 피뢰기의 정격전압과 제한전압
① 충격방전 개시전압
  ㉠ 피뢰기의 단자 간에 충격전압을 인가하였을 경우 방전을 개시하는 전압(impulse spark over voltage)

$$충격비 = \frac{충격방전\ 개시전압}{상용주파방전\ 개시전압의\ 파고값}$$

  ㉡ 진행파가 피뢰기의 설치점에 도달하여 충격방전 개시전압을 받으면 직렬 갭이 먼저 방전하게 되는데, 이 결과 피뢰기의 특성요소가 선로에 이어져서 뇌전류를 방류하여 원래의 전압을 제한전압까지 내린다.

② 정격전압
  ⊙ 속류를 끊을 수 있는 최고의 교류 실효값 전압으로, 계통 최고전압에 유도계수와 접지계수를 적용하여 결정한다.
  ⓒ 직접 접지(유효접지)계통 : 계통 최고 상전압에 접지계수와 상용주파 이상전압 배수를 한 값. 즉 선로 공칭전압의 0.8배~1.0배

  예) 345[kV] 계통의 피뢰기 정격전압 : $\frac{362}{\sqrt{3}} \times 1.2 \times 1.15 = 288[kV]$

  154[kV] 계통의 피뢰기 정격전압 : $\frac{169}{\sqrt{3}} \times 1.3 \times 1.15 = 144[kV]$

  피뢰기의 정격전압은 6으로 나누어지는 값으로 한다.

  ⓒ 저항 혹은 소호 리액터 접지계통 : 선로 공칭전압의 1.4배~1.6배

  예) 66[kV] 계통의 피뢰기 정격전압 : $\frac{72}{\sqrt{3}} \times 1.73 \times 1.15 = 84[kV]$

③ 제한전압 : 방전으로 저하되어 피뢰기의 단자 간에 나타나게 되는 충격전압, 피뢰기가 동작 중일 때 단자 간의 전압(residual voltage)이라 할 수 있다.

(2) 피뢰기의 구비조건
① 충격방전 개시전압이 낮을 것
② 상용주파방전 개시전압이 높을 것
③ 방전 내량이 크면서 제한전압은 낮을 것
④ 속류 차단능력이 충분할 것

| 피뢰기 정격전압 |

전력 계통		피뢰기 정격전압[kV]	
전압[kV]	중성점 접지방식	변전소	배전선로
345	유효접지	288	–
154	유효접지	144	–
66	PC접지 또는 비접지	72	–
22	PC접지 또는 비접지	24	–
22.9	3상 4선 다중접지	21	18

[주] 전압 22.9[kV-Y] 이하의 배전선로에서 수전하는 설비의 피뢰기 정격전압[kV]은 배전선로용을 적용한다.

4 가공지선에 의한 뇌 차폐

(1) 유도뢰에 대한 차폐

유도되는 전하는 50[%] 정도 이하로 줄어든다.

(2) 직격뢰에 대한 차폐각(shielding angle)
① 단독 가공지선 보호각(차폐각) : 35~40°
② 2중 가공지선 보호각(차폐각) : 10° 이하
③ 가공지선의 이도는 전선 이도보다 크면 안 된다.

(3) 역섬락

뇌전류가 철탑으로부터 대지로 흐를 경우, 철탑 전위의 파고값이 전선을 절연하고 있는 애자련이 절연 파괴전압 이상으로 될 경우 철탑으로부터 전선을 향해서 거꾸로 철탑측으로부터 도체를 향해서 일어나게 되는데, 이것을 역섬락(reverse flashover phenomenon)이라 하고 이것을 방지하기 위해서 될 수 있는 대로 탑각 접지저항을 작게 해줄 필요가 있다. 보통 이를 위해서 아연도금의 절연선을 지면 약 30[cm] 밑에 30~50[m]의 길이의 것을 방사상으로 몇 가닥 매설하는 데 이것을 매설지선(counter poise)이라 한다.

5 절연협조

(1) 정의
① 계통 내의 각 기계기구 및 애자 등의 상호 간에 적정한 절연강도를 지니게 함으로써 계통 설계를 합리적, 경제적으로 할 수 있게 한 것을 말한다.
② 계통기기 채용상 경제성을 유지하고 운용에 지장이 없도록 기준충격절연강도(Basic-impulse Insulation Level, BIL)를 만들어 기기 절연을 표준화하고 통일된 절연체계를 구성할 목적으로 절연계급을 설정한 것이다.

(2) 절연계급체계
선로애자 – 변성기, 차단기 등 – 변압기 – 피뢰기

(3) 피뢰기의 제1보호대상
변압기

(4) 변압기 절연강도 ≥ 피뢰기의 제한전압 + 피뢰기의 접지저항 전압강하

(5) 절연계급 = 공칭전압 ÷ 1.1

(6) 피뢰기 설치
발전소, 변전소에 침입하는 이상전압에 대해서는 피뢰기를 설치하여 이상전압을 제한전압까지 저하시키며, 피뢰기는 보호대상(변압기) 가까운 곳에 설치한다.

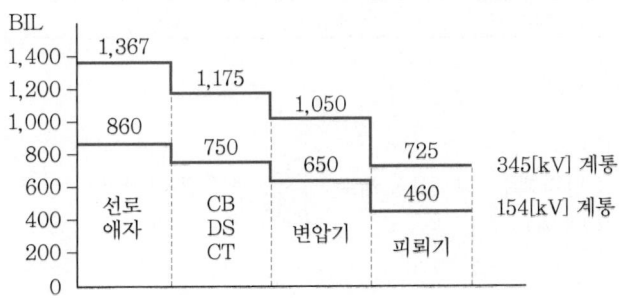

1990년~최근 출제된 기출 이론 분석 및 유형별 문제

개념 문제 01 공사기사 21년, 22년 출제 | 배점 : 4점 |

다음은 한국전기설비규정에 정하는 피뢰시스템의 인하도선시스템에서 병렬 인하도선의 최대 간격에 대한 표이다. 빈칸에 알맞은 내용을 쓰시오. (단, 건축물·구조물과 분리되지 않은 피뢰시스템인 경우)

피뢰시스템의 등급	병렬 인하도선의 최대 간격[m]
I	(①)
II	(②)
III	(③)
IV	(④)

답안 ① 10 ② 10 ③ 15 ④ 20

개념 문제 02 공사산업 13년 출제 | 배점 : 6점 |

피뢰기에 대한 다음 각 물음에 답하시오.
(1) 현재 사용되고 있는 교류용 피뢰기의 구조는 무엇과 무엇으로 구성되어 있는가?
(2) 피뢰기의 정격전압은 어떤 전압을 말하는가?
(3) 피뢰기의 제한전압은 어떤 전압을 말하는가?

답안 (1) 직렬 갭과 특성요소
(2) 속류를 차단할 수 있는 교류 최고전압
(3) 피뢰기 방전 중 피뢰기 단자에 남게 되는 충격전압

개념 문제 03 공사기사 97년, 99년 출제 | 배점 : 5점 |

154[kV] 중성점 직접 접지계통에서 접지계수가 0.75이고, 유도계수가 1.1이라면 전력용 피뢰기의 정격전압은 피뢰기 정격전압 중 어느 것을 택하여야 하는가?

피뢰기 정격전압(표준치[kV])					
126	144	154	168	182	196

답안 144[kV] 선정

해설 정격전압 $V = \alpha\beta V_m$
여기서, α : 접지계수, β : 유도계수, V_m : 계통 최고전압
정격전압 $V = \alpha\beta V_m$
$= 0.75 \times 1.1 \times 170$
$= 140.25 [\text{kV}]$

개념 문제 04 | 공사기사 12년 출제 | 배점 : 3점

가공지선은 (①)에 (②)에 대한 (③)용으로서 송전선로 지지물 최상부에 설치한다. 괄호 안의 ①~③에 알맞은 답을 쓰시오.

답안
① 송전선
② 뇌격
③ 차폐

개념 문제 05 | 공사기사 12년, 13년, 17년, 20년 출제 | 배점 : 5점

구내선로에서 발생할 수 있는 개폐서지, 순간과도전압 등으로 이상전압이 2차 기기에 악영향을 주는 것을 막기 위해 시설하는 것은 무엇인지 쓰시오.

답안 서지흡수기

기출개념 03 배선과 분기회로 보호

1 도체와 과부하 보호장치 사이의 협조

$$I_B \le I_n \le I_Z$$
$$I_2 \le 1.45 \times I_Z$$

여기서, I_B : 회로의 설계전류
I_Z : 케이블의 허용전류
I_n : 보호장치의 정격전류
I_2 : 보호장치가 규약시간 이내에 유효하게 동작하는 것을 보장하는 전류

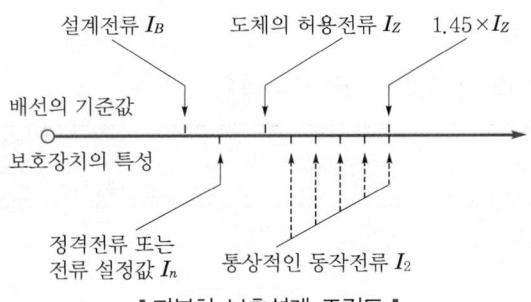

∥과부하 보호설계 조건도∥

2 과부하 보호장치의 설치위치

(1) 설치위치

과부하 보호장치는 전로 중 도체의 단면적, 특성, 설치방법, 구성의 변경으로 도체의 허용전류값이 줄어드는 곳(분기점, O점)에 설치해야 한다.

(2) 설치위치의 예외

① 분기회로(S_2)의 과부하 보호장치(P_2)의 전원측에 다른 분기회로 또는 콘센트의 접속이 없고 분기회로에 대한 단락보호가 이루어지고 있는 경우 : P_2는 분기회로의 분기점(O)으로부터 부하측으로 거리에 구애받지 않고 이동하여 설치할 수 있다.

② 분기회로(S_2)의 보호장치(P_2)는 (P_2)의 전원측에서 분기점(O) 사이에 다른 분기회로 또는 콘센트의 접속이 없고, 단락의 위험과 화재 및 인체에 대한 위험성이 최소화되도록 시설된 경우 : P_2는 분기회로의 분기점(O)으로부터 3[m]까지 이동하여 설치할 수 있다.

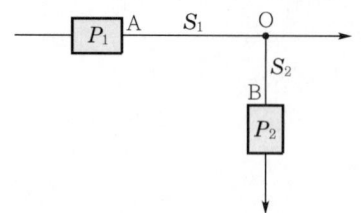
| 분기회로(S_2)의 분기점(O)에 설치되지 않은 분기회로 과부하 보호장치(P_2) |

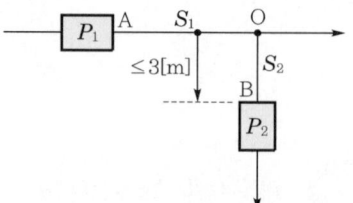
| 분기회로(S_2)의 분기점(O)에 3[m] 이내에 설치된 과부하 보호장치(P_2) |

3 과전류차단기의 시설

(1) 전선과 기기 등을 과전류로부터 보호

(2) 과전류차단기의 시설 제한

① 접지공사의 접지도체
② 다선식 전로의 중성선
③ 전로의 일부에 접지공사를 한 저압 가공전선로의 접지측 전선

4 보호장치의 특성

(1) 과전류차단기로 저압 전로에 사용하는 범용의 퓨즈

정격전류	시 간	정격전류의 배수	
		불용단전류	용단전류
4[A] 이하	60분	1.5배	2.1배
4[A] 초과 16[A] 미만	60분	1.5배	1.9배
16[A] 이상 63[A] 이하	60분	1.25배	1.6배

정격전류	시 간	정격전류의 배수	
		불용단전류	용단전류
63[A] 초과 160[A] 이하	120분	1.25배	1.6배
160[A] 초과 400[A] 이하	180분	1.25배	1.6배
400[A] 초과	240분	1.25배	1.6배

(2) 과전류차단기로 저압 전로에 사용하는 배선차단기

▮ 과전류 트립 동작시간 및 특성 ▮

정격전류	시 간	산업용		주택용	
		부동작전류	동작전류	부동작전류	동작전류
63[A] 이하	60분	1.05배	1.3배	1.13배	1.45배
63[A] 초과	120분				

5 고압 및 특고압 전로의 과전류차단기 시설

(1) 포장 퓨즈

　　1.3배에 견디고, 2배에 120분 안에 용단

(2) 비포장 퓨즈

　　1.25배에 견디고, 2배에 2분 안에 용단

6 감전에 대한 보호

(1) 안전을 위한 전압 규정

　　① 교류 전압 : 실효값
　　② 직류 전압 : 리플프리

(2) 보호대책

　　기본보호, 고장보호, 추가적 보호

(3) 누전차단기 시설

　　① 시설장소 : 50[V]를 초과하는 기계기구로 사람이 쉽게 접촉할 우려가 있는 곳
　　② 누전차단기 시설을 생략하는 곳
　　　　㉠ 기계기구를 발전소·변전소·개폐소 시설
　　　　㉡ 기계기구를 건조한 곳 시설
　　　　㉢ 대지전압 150[V] 이하 물기가 있는 곳 이외의 곳에 시설
　　　　㉣ 이중절연구조의 기계기구 시설
　　　　㉤ 전원측에 절연변압기(2차 300[V] 이하)를 시설하고 부하측의 전로에 접지하지 아니하는 경우
　　　　㉥ 고무·합성수지 기타 절연물로 피복

(4) 특별저압
교류 50[V] 이하, 직류 120[V] 이하

개념 문제 01 공사산업 21년 출제 ┤ 배점 : 6점 ├

한국전기설비규정에 따라 저압 전로에 사용하는 과전류 보호장치의 종류를 3가지만 쓰시오. (단, 기중차단기는 제외한다.)

답안 배선차단기, 누전차단기, 퓨즈

해설 보호장치의 특성(KEC 212.3.4)
과전류 보호장치는 관련 표준(배선차단기, 누전차단기, 퓨즈 등의 표준)의 동작특성에 적합하여야 한다.

개념 문제 02 공사기사 01년, 03년, 05년, 12년, 15년, 22년 출제 ┤ 배점 : 5점 ├

한국전기설비규정에 의하여 과전류차단기를 시설하여서는 안 되는 곳을 3가지만 쓰시오.

답안
- 접지공사의 접지도체
- 다선식 전로의 중성선
- 전로의 일부에 접지공사를 한 저압 가공전선로의 접지측 전선

CHAPTER 08
보호설비 시공

1990년~최근 출제된 기출문제
단원 빈출문제

문제 01 공사기사 11년 출제 | 배점 : 5점

계기용 변성기의 종류 5가지를 영문약호로 쓰시오.

답안 PT, CT, MOF, ZCT, GPT

문제 02 공사산업 05년, 20년 출제 | 배점 : 5점

우리나라에서 표준으로 설치되는 변류기의 극성을 쓰시오.

답안 감극성

문제 03 공사기사 21년 출제 | 배점 : 6점

변류기의 분류방식에서 절연구조에 따른 종류를 3가지만 쓰시오.

답안
- 건식
- 몰드형
- 유입형

문제 04 공사산업 97년, 02년, 13년, 18년 출제 · 배점 : 6점

수변전설비에서 CT와 PT에 대하여 물음에 답하시오.
(1) PT의 1차측과 2차측에 퓨즈를 접속해야 하는 이유를 간단히 설명하시오.
(2) CT의 1차측에 퓨즈를 접속할 수 없는 이유는?

답안 (1) 부하측 및 PT에 고장이 발생하였을 경우 이를 고압 회로로부터 분리함으로써 PT 보호 및 사고 확대를 방지하기 위하여
(2) CT 1차측에 퓨즈를 넣으면 과전류가 흐를 때 단선되어 OCR이 동작되지 않아 차단기를 동작시킬 수 없게 된다.

해설 (1) PT의 1차측에는 반드시 퓨즈를 접속하여 과전류가 흐를 때 차단하도록 한다.
PT의 2차측에 퓨즈를 접속하는 것은 PT를 보호하기 위한 것이다.

문제 05 공사산업 15년 출제 · 배점 : 5점

13,200/22,900[V], 3상 4선식으로 수전하며 수전용량이 750[kVA]라 할 때 이 인입구에 MOF를 시설하는 경우 MOF의 적당한 변류비와 변성비를 산출하여 표준규격으로 결정하시오. (단, 변류비는 정격 1차 전류를 구하여 1.5배의 값으로 변류비를 적용한다.)
(1) 변류비
(2) 변성비

답안 (1) 변류비 30/5
(2) $\dfrac{22,900}{\sqrt{3}} \bigg/ \dfrac{190}{\sqrt{3}}$

해설 (1) $I_1 = \dfrac{750 \times 10^3}{\sqrt{3} \times 22,900} \times 1.5$
$= 28.36[A]$

문제 06 공사산업 02년, 12년 출제 | 배점 : 5점 |

3상 간선에서 CT 및 PT를 사용하여 전압 및 전류를 측정하기 위한 결선도를 그리고 접지표시를 하시오.

답안

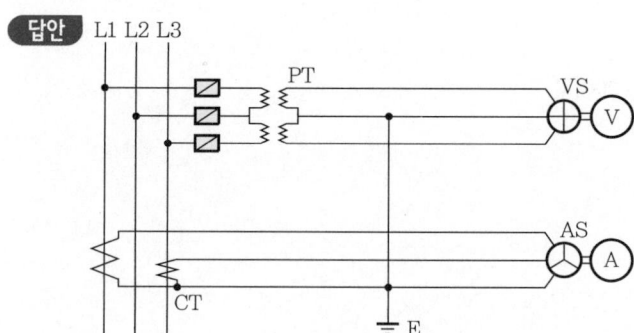

문제 07 공사산업 10년, 21년 출제 | 배점 : 5점 |

어떤 전기설비에서 6,600[V]의 3상 회로에 변압비 33의 계기용 변압기 2대를 그림과 같이 설치하였다면 그때의 전압계 V_1, V_2, V_3의 지시값은 얼마인지 각각 구하시오.

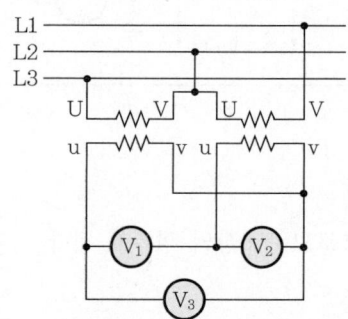

(1) V_1
- 계산과정 :
- 답 :
(2) V_2
- 계산과정 :
- 답 :
(3) V_3
- 계산과정 :
- 답 :

답안
(1) • 계산과정 : $V_1 = \dfrac{6,600}{33} \times \sqrt{3} = 346.41[\text{V}]$
- 답 : 346.41[V]

(2) • 계산과정 : $V_2 = \dfrac{6,600}{33} = 200[\text{V}]$
- 답 : 200[V]

(3) • 계산과정 : $V_3 = \dfrac{6,600}{33} = 200[\text{V}]$
- 답 : 200[V]

문제 08 공사기사 99년, 13년 출제 | 배점 : 3점

CT 2대를 V결선하여 OCR 3대를 그림과 같이 연결하였다. 3번 OCR에 흐르는 전류는 어떤 상의 전류인가?

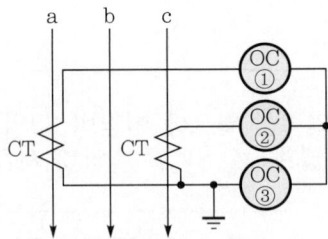

답안 b상

해설 $\dot{I}_a + \dot{I}_b + \dot{I}_c = 0$ 에서 $\dot{I}_a + \dot{I}_c = -\dot{I}_b$
즉 OC_3에는 $\dot{I}_a + \dot{I}_c$ 가 흐르므로 b상의 전류가 된다.

문제 09 공사기사 21년 / 공사산업 01년, 10년, 15년, 17년 출제 | 배점 : 5점

3상 4선식, 22.9[kV], 수전용량이 750[kVA]인 수용가가 있다. 이 수용가의 인입구에 MOF를 시설하고자 할 때 MOF의 변류비를 아래 표에서 산정하시오. (단, 변류비는 정격 1차 전류의 1.5배 값으로 결정한다.)

변류비					
10/5	15/5	20/5	30/5	40/5	50/5

답안 변류비 30/5

해설 $I_1 = \dfrac{750}{\sqrt{3} \times 22.9} \times 1.5 = 28.36 [A]$

문제 10 공사기사 98년, 09년, 15년, 19년 출제 | 배점 : 5점

수전전압 22.9[kV], 설비용량 2,000[kVA], 수용가의 수전단에 설치한 CT의 변류비는 75/5[A]이다. 이때 CT에서 검출된 2차 전류가 과부하계전기로 흐르도록 하였다. 150[%] 부하에서 차단기를 동작시키고자 할 때 트립(Trip) 전류값은 얼마로 선정해야 하는지 산정하시오.

답안 5[A]

해설 트립전류 $= \dfrac{2,000}{\sqrt{3} \times 22.9} \times \dfrac{5}{75} \times 1.5 = 5.04 [A]$

문제 11 공사기사 20년 출제 | 배점 : 5점

수전전압 6,600[V], 수전전력 400[kW](역률 0.9)인 고압 수용가의 수전용 차단기에 사용하는 과전류계전기의 한시 탭[A] 값을 구하시오. (단, CT의 변류비는 75/5로 하고 탭 설정값은 부하전류의 150[%]로 한다.)

답안 4[A]

해설 부하전류 $I = \dfrac{P}{\sqrt{3}\,V\cos\theta} = \dfrac{400 \times 10^3}{\sqrt{3} \times 6,600 \times 0.9} = 38.88 [A]$

탭 설정값은 부하전류의 150[%]이므로 $38.88 \times \dfrac{5}{75} \times 1.5 = 3.89 [A]$

1990년~최근 출제된 기출문제

문제 12   공사기사 98년, 09년, 15년 출제   배점 : 5점

수전전압 22.9[kV], 설비용량 4,000[kVA], 수용가의 수전단에 설치한 CT의 변류비는 100/5[A]이다. 이때 CT에서 검출된 2차 전류가 과부하계전기로 흐르도록 하였다. 120[%] 부하에서 차단기를 동작시키고자 할 때 트립(Trip) 전류값은 얼마로 선정해야 하는지 산정하시오.

답안 6[A]

해설 트립전류 $= \dfrac{4,000}{\sqrt{3} \times 22.9} \times \dfrac{5}{100} \times 1.2 = 6.05[\text{A}]$

문제 13   공사산업 96년, 99년, 20년 출제   배점 : 5점

수전전압 6,600[V], 수전전력 450[kW](역률 0.8)인 고압 수용가의 수전용 차단기에 사용하는 과전류계전기의 사용 탭은 몇 [A]인가? (단, CT의 변류비는 75/5로 하고 탭 설정값은 부하전류의 150[%]로 한다.)

답안 5[A]

해설 $I_t = \dfrac{450 \times 10^3}{\sqrt{3} \times 6,600 \times 0.8} \times \dfrac{5}{75} \times 1.5 = 4.92[\text{A}]$

문제 14   공사기사 98년 출제   배점 : 5점

수전전압 22[kV], 설비용량 2,000[kW]인 수용가의 수전반에 설치한 CT의 변류비는 60/5[A]이다. 이때 CT에서 검출된 2차 전류가 과부하계전기로 흐르도록 하였다. 120[%] 부하에서 차단기를 동작시키고자 할 때, TRIP 전류값은 얼마로 선정해야 하는지 산정하시오.

답안 5[A]

해설 $I = \dfrac{2,000}{\sqrt{3} \times 22} \times \dfrac{5}{60} \times 1.2 = 5.25[\text{A}]$

문제 **15** 공사기사 99년 출제 ┤배점 : 5점├

설비용량 700[kVA]이고 전압은 13.2/22.9[kV-Y]인 경우 과전류계전기의 정정 TAP은 얼마로 설정하여야 하는가? (단, 1.5배의 여유를 주며 CT비는 30/5이다.)

답안 4[A]

해설 $I = \dfrac{700}{\sqrt{3} \times 22.9} = 17.65[\text{A}]$

과전류계전기의 정정 TAP 전류 $= 17.65 \times 1.5 \times \dfrac{5}{30} = 4.41[\text{A}]$

문제 **16** 공사산업 19년 출제 ┤배점 : 5점├

다음 그림에 나타낸 과전류계전기가 진공차단기를 차단할 수 있도록 결선을 완성하시오. (단, 과전류계전기는 상시 폐로식이며, 접지표시도 함께 하시오.)

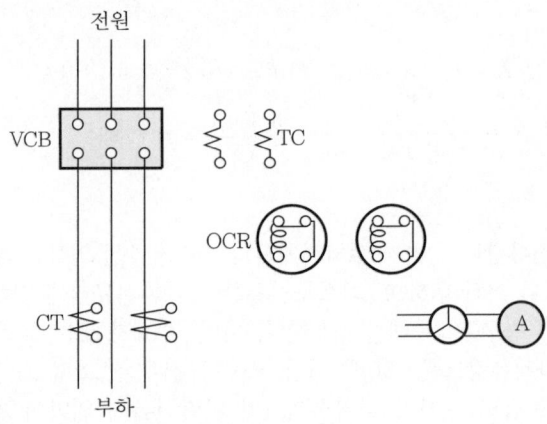

답안

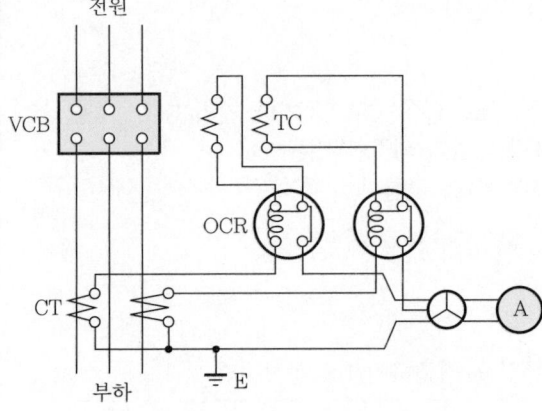

문제 17 | 공사기사 11년, 14년, 17년, 20년 출제 | 배점 : 5점

정격부담이 50[VA]인 변류기의 2차에 연결할 수 있는 최대 합성 임피던스의 값이 몇 [Ω]인지 구하시오. (단, 변류기의 2차 정격전류는 5[A]이다.)

답안 2[Ω]

해설 $Z = \dfrac{P_a}{I^2} = \dfrac{50}{5^2} = 2[\Omega]$

문제 18 | 공사산업 14년, 22년 출제 | 배점 : 4점

어느 자가용 전기설비의 고장전류가 7.5[kA]이고 CT비가 75/5[A]일 때 MOF의 과전류강도(표준)는 얼마인지 쓰시오. (단, 사고발생 후 0.2초 이내에 한전 차단기가 동작하는 것으로 한다.)

답안 75

단시간 과전류값 $I_P = I_m \times \sqrt{t} = 7.5 \times 10^3 \times \sqrt{0.2} = 3,354.10[A]$

CT 과전류강도 $S_n = \dfrac{I_P}{\text{정격 1차 전류}} = \dfrac{3,354.1}{75} = 44.72$ 배

해설 **과전류강도**

(1) MOF의 과전류강도는 기기 설치점에서의 단락전류에 의하여 계산 적용하되 22.9[kV]급으로서 60[A] 이하의 MOF 최소과전류강도는 한전규격에 의해 75배로 하고, 계산값이 75배 이상인 경우는 150배를 적용한다. 다만, 수요자 또는 설계자의 요구에 의하여 MOF 또는 CT 과전류강도를 150배 이상 요구한 경우는 그 값을 적용한다.
(2) CT의 과전류강도는 기기 설치점에서의 단락전류에 의하여 계산 적용한다.

> 과전류강도 계산식
> • 대칭단락전류(실효치)를 구한다.
> $I_s = \dfrac{100}{\%Z} \times I_n$
>   - %Z = 전원측 %Z + 전선로 %Z + CT 및 기타 기기 %Z
>   - I_n = 수전점의 기준용량(변압기)의 정격전류
> • 최대비대칭 단락전류(실효치)를 구한다.
> $I_m = I_a \times$ 비대칭계수$\left(\dfrac{X}{R}$ 값, 기술자료 참조$\right)$
> • 단시간 과전류값 계산
> $I_p = I_m \times \sqrt{t}$
> t : 최대비대칭 단락전류값을 기준하여 PF 동작시간

(3) 변류기의 정격과전류강도

정격과전류강도(*)	보증하는 과전류
40	정격 1차 전류의 40배
75	정격 1차 전류의 70배
150	정격 1차 전류의 150배
300	정격 1차 전류의 300배

(4) CT 과전류강도 계산

$$S_n = \frac{I_p}{\text{CT 정격 1차 전류}}$$

문제 19 공사산업 13년, 16년 출제 | 배점 : 5점

6,600[V], 3상 3선식 비접지 배전선로의 a상이 완전 지락 고장이 발생하였을 때, GPT 2차에 나타나는 영상전압 V_2[V]를 구하시오. (단, GPT 변압기 3대로 구성되어 있으며, 변압기의 변압비는 6,600/110[V]이다.)

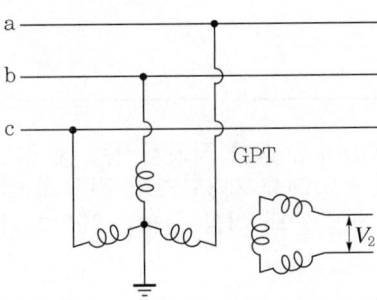

답안 190.53[V]

해설

V_2 = GPT 1차측 전압 × $\dfrac{1}{\text{변압비}}$ × 3

$= \dfrac{6,600}{\sqrt{3}} \times \dfrac{110}{6,600} \times 3$

$= \dfrac{110}{\sqrt{3}} \times 3$

$= 110\sqrt{3}$

$= 190.53[\text{V}]$

문제 20 공사기사 97년, 00년, 17년, 22년 출제 — 배점: 4점

GPT에서 오픈델타 결선에 연결한 R의 명칭과 용도 2가지를 쓰시오.

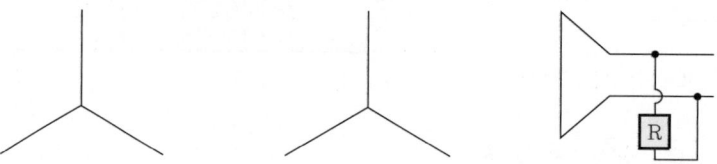

(1) 명칭
(2) 용도

답안
(1) CLR(한류저항기)
(2) • 계전기를 동작시키는 데 필요한 유효전류를 발생
 • 오픈 델타회로의 각 상전압 중 제3고조파 억제

문제 21 공사산업 20년 출제 — 배점: 5점

비접지 방식에서 GPT를 사용하여 SGR을 작동시키는 데 필요한 유효전류를 발생시키고, Open delta 결선의 각 상의 전압에서 제3고조파 전압의 발생을 방지하여 중성점 이상 전위 진동 및 중성점 불안정 현상 등의 이상 현상을 제거하기 위해 GPT의 Open delta에 부착하는 기기를 쓰시오.

답안 한류저항기

문제 22 공사산업 15년, 19년 출제 — 배점: 6점

한류저항기(CLR)의 설치목적 3가지를 쓰시오.

답안
• 계전기를 동작시키는 데 필요한 유효전류를 발생
• 오픈 델타회로의 각 상전압 중의 제3고조파 억제
• 중성점 불안정 등 비접지 회로의 이상현상 억제

문제 23 ㅣ 공사산업 00년, 14년, 17년 출제 | 배점 : 4점

그림과 같이 영상 변류기를 당해 케이블의 전원측에 설치하는 경우, 케이블 차폐층의 접지선은 어떻게 시설하는 것이 옳은지 접지선을 그리시오. (단, 케이블의 거리는 100[m]이다.)

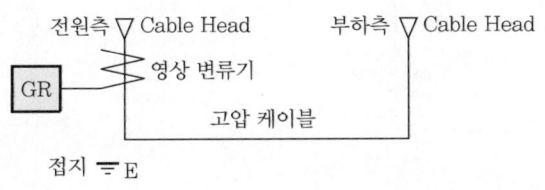

답안

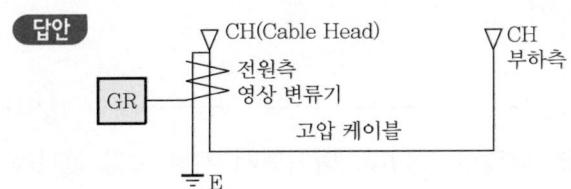

문제 24 ㅣ 공사기사 91년 출제 | 배점 : 3점

CT, GPT, ZCT, PT 중 변전소에서 접지보호용으로 사용되는 계전기의 영상전류를 공급하는 것은?

답안 ZCT(영상 변류기)

문제 25 ㅣ 공사기사 97년 출제 | 배점 : 5점

답안지의 그림은 보호계전기용 변류기(CT)를 Y결선하고자 하는 것이다. 그림을 완성하고 전류 방향 및 기기 명칭을 쓰시오.

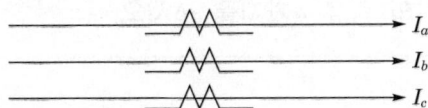

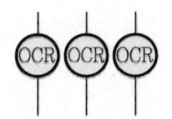

답안 과전류계전기

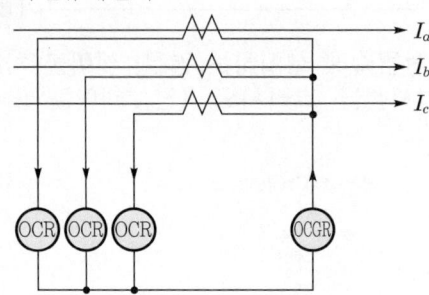

문제 26 공사기사 03년, 18년 출제 | 배점: 4점

그림은 전류동작형 누전차단기의 원리를 나타낸 것이다. 여기에서 저항 R의 설치목적은?

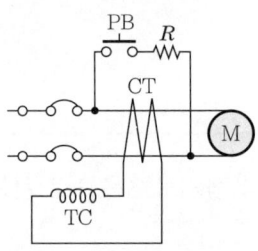

답안 누전차단기 작동시험을 하기 위해 PB를 ON할 경우 전류를 제한하여 시험 시 회로의 단락을 방지한다.

문제 27 공사산업 12년 출제 | 배점: 5점

저압 전로의 지락보호방식의 종류 4가지를 쓰시오.

답안
- 보호접지방식
- 과전류차단방식
- 누전차단방식
- 누전경보방식

문제 28 공사산업 00년, 07년 출제

배점 : 8점

그림은 변류기를 영상 접속시켜 그 잔류 회로에 지락계전기 DG를 삽입시킨 것이다. 선로의 전압은 66[kV], 중성점에 300[Ω]의 저항접지로 하였고, 변류기의 변류비는 300/5[A]이다. 송전전력이 20,000[kW], 역률이 0.8(지상)일 때 a상에 완전 지락사고가 발생하였다. 물음에 답하시오. (단, 부하의 정상, 역상 임피던스, 기타의 정수는 무시한다.)

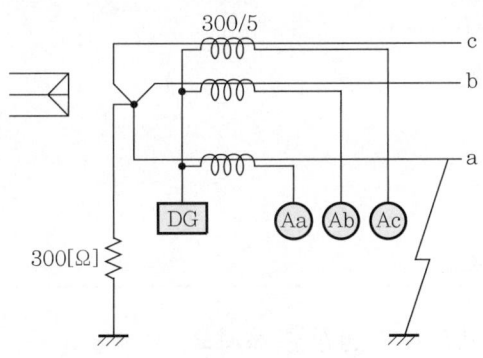

(1) 지락계전기 DG에 흐르는 전류[A]값은?
(2) a상 전류계 Aa에 흐르는 전류[A]값은?
(3) b상 전류계 Ab에 흐르는 전류[A]값은?
(4) c상 전류계 Ac에 흐르는 전류[A]값은?

답안
(1) 2.12[A]
(2) 5.49[A]
(3) 3.64[A]
(4) 3.64[A]

해설

(1) $I_{DG} = I_g \times \dfrac{5}{300} = \dfrac{\frac{66 \times 10^3}{\sqrt{3}}}{300} \times \dfrac{5}{300} = 2.12[A]$

(2) 부하전류 $I_L = \dfrac{20,000}{\sqrt{3} \times 66 \times 0.8} \times (0.8 - j0.6) = 174.95 - j131.22 = 218.69[A]$

지락전류 $I_g = \dfrac{66 \times 10^3}{\sqrt{3} \times 300} = 127.02[A]$

고장상 a에는 I_L과 I_g가 중첩해서 흐르므로

$I_a = I_L + I_g = 174.95 - j131.22 + 127.02 = 301.97 - j131.22 = 329.25[A]$

$I_A = I_a \times \dfrac{5}{300} = 329.25 \times \dfrac{5}{300} = 5.49[A]$

(3) $I_B = \dfrac{20,000}{\sqrt{3} \times 66 \times 0.8} \times \dfrac{5}{300} = 3.64[A]$

(4) $I_C = \dfrac{20,000}{\sqrt{3} \times 66 \times 0.8} \times \dfrac{5}{300} = 3.64[A]$

문제 29 공사기사 95년 출제 배점 : 5점

154[kV] 및 345[kV] 변전소의 모선을 보호하는 계전방식의 종류를 열거하시오.

답안
- 전류차동계전방식
- 전압차동계전방식
- 위상비교계전방식
- 방향비교계전방식

문제 30 공사산업 13년 출제 배점 : 4점

다음 설명에 맞는 보호계전기의 명칭을 쓰시오.
(1) 병행 2회선 송전선로에서 한 쪽의 1회선에 지락고장이 일어났을 경우 이것을 검출해서 고장 회선만을 선택 차단할 수 있게끔 선택단락계전기의 동작전류를 특별히 작게 한 계전기는?
(2) 보호구간에 유입하는 전류와 유출하는 전류의 벡터차와 출입하는 전류의 관계비로 동작하는 것으로 발전기 또는 변압기의 내부고장 보호에 사용한다.

답안
(1) 선택지락계전기
(2) 비율차동계전기

문제 31 공사산업 94년, 97년 출제 배점 : 5점

재폐로계전기 : 79, 경보표시용 보조계전기 : 37, 비율차동계전기 : 87, LOCK OUT SW용 보조계전기 : 86 중 계전기 자동제어기구 번호표시가 틀린 것은?

답안 37

해설 37 : 부족전류계전기

문제 32 공사기사 03년, 05년, 07년, 15년, 18년 출제 | 배점 : 5점

다음은 계전기별 고유 기구번호이다. 명칭을 정확히 답하시오.
(1) 37A
(2) 37D
(3) 37F

답안 (1) 교류 부족전류계전기
  (2) 직류 부족전류계전기
  (3) Fuse 용단 계전기

문제 33 공사기사 04년, 20년 출제 | 배점 : 3점

계전기별 고유번호에서 88Q 명칭을 쓰시오.

답안 유압펌프용 개폐기

해설
- 88A : 공기압축기용 개폐기
- 88F : Fan용 개폐기
- 88H : Heater용 개폐기
- 88Q : 유압펌프용 개폐기
- 88QT : OT 순환펌프용 개폐기
- 88V : 진공펌프용 개폐기
- 88W : 냉각수펌프용 개폐기

문제 34 공사기사 06년, 19년 출제 | 배점 : 4점

계전기별 기구번호의 제어약호 중 87T는 어떤 계전기인지 그 명칭을 쓰시오.

답안 주변압기 차동계전기

해설 계전기 고유번호
- 87 : 전류차동계전기(비율차동계전기)
- 87B : 모선보호 차동계전기
- 87G : 발전기용 차동계전기
- 87T : 주변압기 차동계전기

문제 35 공사산업 17년 출제 | 배점 : 3점

송전계통에 발생한 고장 때문에 일부 계통의 위상각이 커져서 동기를 벗어나려고 할 때 이것을 검출하고 그 계통을 분리하기 위해서 차단하지 않으면 안 될 경우에 사용하는 계전기를 쓰시오.

답안 탈조 보호계전기(Step-Out Protective Relay, SOR)

문제 36 공사기사 14년 출제 | 배점 : 8점

수배전반에 사용하는 보호계전기의 약호와 명칭 4가지를 쓰시오.

답안
- OCR : 과전류계전기
- OCGR : 지락과전류계전기
- UVR : 부족전압계전기
- RDR : 비율차동계전기

문제 37 공사기사 17년, 22년 출제 | 배점 : 5점

전력용 콘덴서 설비를 보호하기 위한 계통도이다. 그림을 보고 물음에 답하시오.

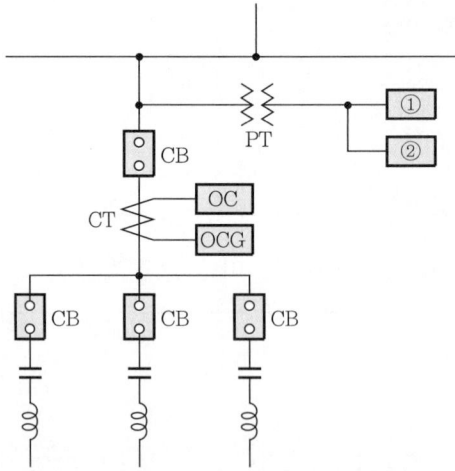

(1) 그림 중 ①, ②에 적합한 보호계전기의 명칭을 쓰시오.
(2) ①, ②가 담당하는 역할에 대해 설명하시오.

답안 (1) ① 과전압계전기
② 저전압계전기
(2) ① 계통의 전압이 과상승할 경우 차단기를 개방하여 콘덴서를 보호
② 정전 또는 저전압 시에 차단기를 개방함으로써 전압회복 시 발생할 수 있는 계통의 과전압으로부터 콘덴서 보호

문제 38 공사산업 95년 출제 | 배점 : 4점

거리계전기의 설치점에서 고장점까지의 임피던스를 70[Ω]이라고 하면 계전기측에서 본 임피던스는 몇 [Ω]인가? (단, PT의 변압비는 154,000/110[V]이고, CT의 변류비는 500/5라고 한다.)

답안 5[Ω]

해설
$$Z_R = \frac{\text{CT비}}{\text{PT비}} \cdot Z_l = \frac{\frac{500}{5}}{\frac{154,000}{110}} \times 70 = 5[\Omega]$$

$$Z_R = \frac{V_2}{I_2} = \frac{\frac{1}{\text{PT비}} \times V_1}{\frac{1}{\text{CT비}} \times I_1} = \frac{\text{CT비}}{\text{PT비}} \times \frac{V_1}{I_1} = \frac{\text{CT비}}{\text{PT비}} \times Z_l$$

문제 39 공사기사 94년, 97년 출제 | 배점 : 6점

다음 문제를 읽고 답하시오.
(1) PT의 결선방법에서 PT의 극성은 무엇을 원칙으로 하는가?
(2) PT의 결선이 Y-Y, △-△, V-V일 때에 1차와 2차의 벡터는 무엇이어야 하는가?
(3) PT가 Y-△결선일 때에는 △가 Y에 대하여 몇 도 늦은 상변위가 되도록 결선을 하여야 하는가?

답안 (1) 감극성(우리나라는 감극성이 표준임)
(2) 동위상(또는 각변위가 같을 것)
(3) 30°

1990년~최근 출제된 기출문제

문제 40 공사기사 92년, 95년, 96년, 97년, 99년, 00년, 02년, 17년, 20년 출제 | 배점 : 5점 |

그림과 같은 변압기에 대하여 전류차동계전기의 미완성 도면을 완성하시오. [단, 변류기 (C.T) 결선은 감극성을 기준으로 한다.]

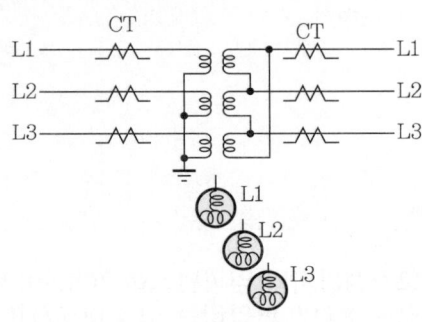

답안

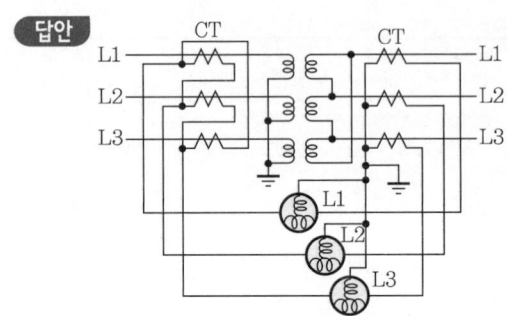

문제 41 공사기사 95년, 99년 출제 | 배점 : 5점 |

변압기 고장을 검출하기 위하여 비율차동계전기를 설치하고자 한다. 변압기는 1차 △, 2차 Y결선이다. CT와 비율차동계전기(DFR)의 결선을 답안지의 그림에서 완성하시오.

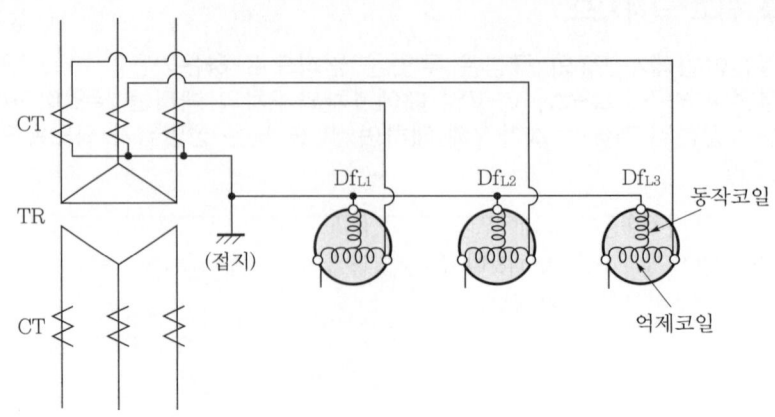

답안

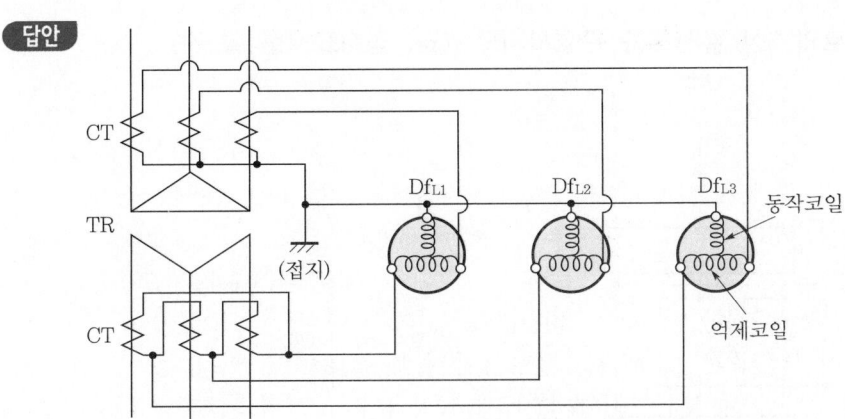

문제 42 공사기사 21년 출제 | 배점 : 10점

다음 회로를 보고 각 물음에 답하시오.

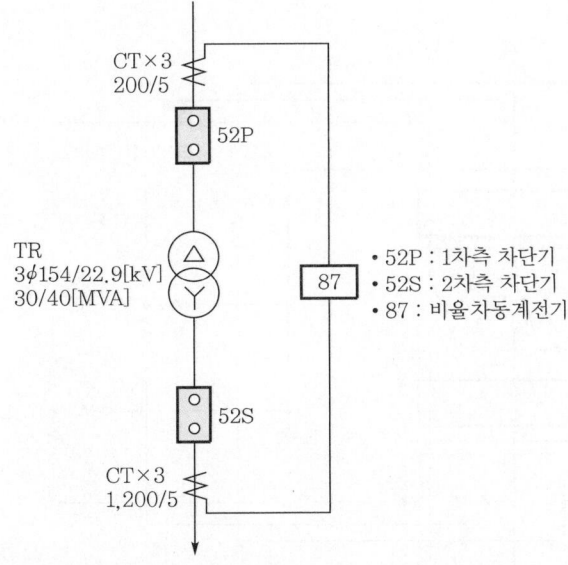

- 52P : 1차측 차단기
- 52S : 2차측 차단기
- 87 : 비율차동계전기

(1) 변압기 최대용량 40[MVA]에서 1, 2차 CT의 2차측에 흐르는 전류를 각각 구하시오.
  ① 변압기 1차측 CT의 2차 전류[A]
  ② 변압기 2차측 CT의 2차 전류[A]

(2) 87계전기회로의 3상 결선도를 완성하시오. (단, 접지표시를 할 것)

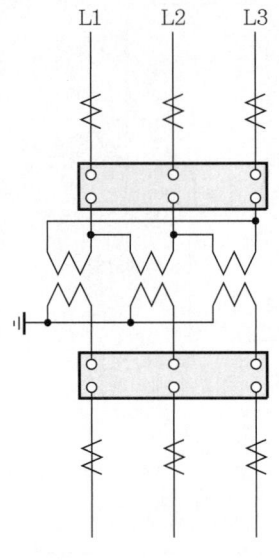
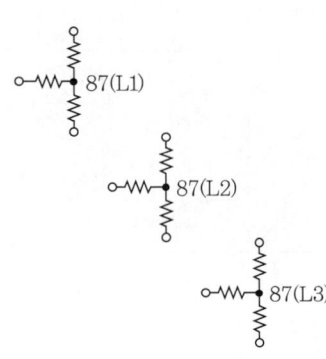

답안 (1) ① 3.75[A]
② 4.2[A]

(2)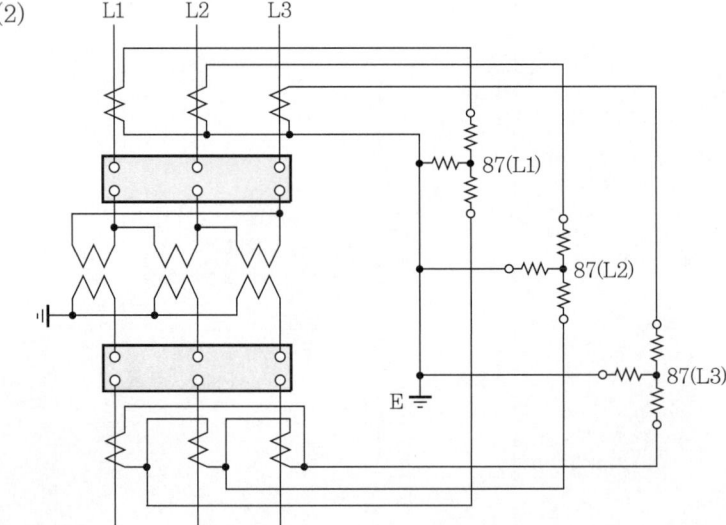

해설 (1) ① 변압기 1차측 CT의 2차 전류

$$I = \frac{40 \times 10^3}{\sqrt{3} \times 154} \times \frac{5}{200} = 3.75[A]$$

② 변압기 2차측 CT의 2차 전류

$$I = \frac{40 \times 10^3}{\sqrt{3} \times 22.9} \times \frac{5}{1,200} = 4.2[A]$$

문제 43 공사기사 04년 / 공사산업 93년, 04년, 05년, 07년, 11년, 17년 출제 — 배점 : 6점

외부피뢰시스템의 수뢰부시스템 형식 3가지를 쓰시오.

답안
- 돌침방식
- 수평도체방식
- 메시도체방식

문제 44 공사기사 89년, 96년 출제 — 배점 : 6점

피뢰방식 중에서 어떤 뇌격에 대해서도 완전 보호되는 방식은?

답안 메시도체방식

문제 45 공사기사 17년 출제 — 배점 : 4점

피뢰설비의 보호등급이 Ⅳ등급인 경우 인하도선 간 평균거리는 몇 [m]인지 쓰시오.

답안 20[m]

문제 46 공사산업 98년, 00년, 05년 출제 — 배점 : 5점

피뢰기를 설치하여야 할 개소 중 IKL(Isokeraunic-level)이 11일 이상인 지역에서는 전선로 매 500[m] 이내마다 LA를 설치하고 있다. 여기에서 IKL이란 무엇인지 쓰시오.

답안 연간뇌우 발생일수

1990년~최근 출제된 기출문제

문제 47 공사산업 04년, 14년 출제 ｜배점 : 6점｜

피뢰기의 구성요소 2가지를 쓰고 그 역할을 설명하시오.

답안
- 직렬 갭 : 뇌전류를 대지로 방전시키고 속류를 차단한다.
- 특성요소 : 뇌전류 방전 시 피뢰기 자신의 전위상승을 억제하여 자신의 절연파괴 방지

문제 48 공사산업 96년 출제 ｜배점 : 4점｜

피뢰기의 구비조건 중 다음 물음에 답하시오.
(1) 충격방전 개시전압이 높아야 하는가? 낮아야 하는가?
(2) 상용주파방전 개시전압이 높아야 하는가? 낮아야 하는가?

답안
(1) 낮아야 한다.
(2) 높아야 한다.

문제 49 공사기사 12년, 20년 출제 ｜배점 : 4점｜

다음은 피뢰기의 특성에 대한 설명이다. 빈칸에 알맞은 용어를 쓰시오.

피뢰기의 구비조건에서 이상전압 침입 시 신속하게 (①)하는 특성이 있어야 하고 또한 이상전류 통전 시 피뢰기의 단자전압을 나타내는 (②)은(는) 일정전압 이하로 억제할 수 있어야 한다.

답안
① 방전
② 제한전압

문제 50 공사기사 10년, 19년 / 공사산업 00년, 15년 출제 ｜배점 : 5점｜

특고압 가공 수전선로를 3상 4선식(22.9[kV-Y])으로 공급받는 건물 내 변전소의 인입구에 설치하는 피뢰기의 정격전압은?

답안 18[kV]

문제 51 공사산업 15년, 20년 출제 | 배점 : 3점

피뢰기에서 방전현상이 실질적으로 끝난 후에도 전력계통에서 공급된 전류가 피뢰기를 통해 대지로 계속하여 흐르는 전류를 (   )라고 한다. 다음 (   ) 안에 알맞은 용어를 쓰시오.

답안 속류

문제 52 공사기사 19년 출제 | 배점 : 6점

피뢰기의 열화진단을 위해 절연저항 및 누설전류 등을 측정하여야 한다. 이때 사용되는 계측장비는?

답안 절연저항계(Megger), 누설전류계

문제 53 공사산업 22년 출제 | 배점 : 4점

갭레스형 피뢰기의 장점과 단점을 각각 2가지씩 쓰시오.
(1) 장점
(2) 단점

답안
(1) • 소형화, 경량화 할 수 있다.
    • 속류가 없어 빈번한 작동에도 잘 견딘다.
(2) • 직렬 갭이 없으므로 특성요소에는 항상 회로전압이 인가된다.
    • 특성요소 열화가 바로 사고를 직결될 수 있다.

해설 산화아연 특성요소 사용 갭레스형 피뢰기는 오손에 강하고, 소형, 경량화, 속류가 없어 열화가 없고, 응답이 좋다. 하지만 갭이 없으므로 특성요소에 항상 회로전압이 인가되어 있어 특성요소의 열화가 바로 사고와 직결되어 신뢰성에 대한 충분한 검토가 필요하다.

문제 54 공사산업 92년, 97년 출제 [배점: 5점]

피뢰기를 시설해야 하는 곳을 4개소로 요약하여 열거하시오.

답안
- 발전소 인출구
- 변전소 인입 및 인출구
- 특고압 수용장소의 인입구
- 가공전선로와 지중전선로가 만나는 곳

문제 55 공사기사 05년, 12년 / 공사산업 92년, 97년, 17년, 20년 출제 [배점: 6점]

피뢰기를 시설해야 하는 곳을 3개소로 요약하여 열거하시오.

답안
- 발전소·변전소 또는 이에 준하는 장소의 가공전선 인입구 및 인출구
- 고압 및 특고압 가공전선로로부터 공급을 받는 수용장소의 인입구
- 가공전선로와 지중전선로가 접속되는 곳

문제 56 공사산업 15년 출제 [배점: 5점]

발전소에서 가공전선의 인입구 및 인출구에 설비하는 기기로서 전로로부터의 이상전압이 발전소 내로 내습하는 것을 방지하기 위해 설치하는 것은 무엇인지 쓰시오.

답안 피뢰기

문제 57 공사산업 06년 출제 [배점: 6점]

피뢰기의 설치공사를 하기 전에 피뢰기의 이상 유무 등을 점검하려고 한다. 반드시 점검하여야 할 사항을 3가지만 쓰시오.

답안
- 피뢰기 애자 부분의 손상 여부를 점검한다.
- 피뢰기 1, 2차측 단자 및 단자볼트 이상유무를 점검한다.
- 피뢰기의 절연저항을 측정한다.

해설 피뢰기의 절연저항 측정방법
- 1,000[V] 메거를 준비한다.
- 메거로 피뢰기 1, 2차 양 단자 간 금속부분의 절연저항을 측정한다.
- 측정한 절연저항값을 확인하여 1,000[MΩ] 이상이면 양호하다.

문제 58 공사산업 91년 출제 | 배점 : 8점

답란의 그림에서 피뢰기 시설이 의무화되어 있는 장소를 도면에 ⊗로 표시하시오.

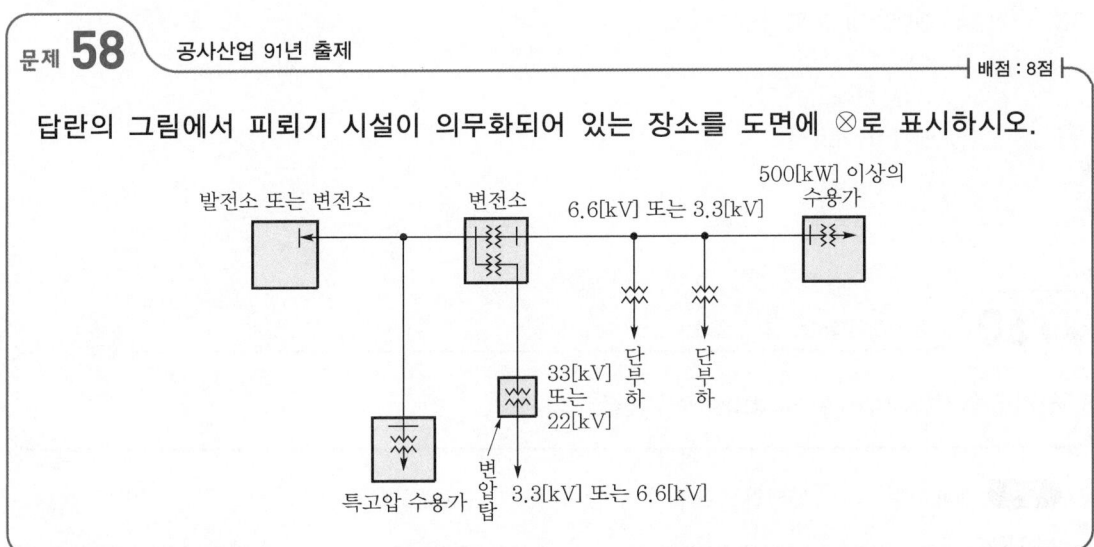

답안

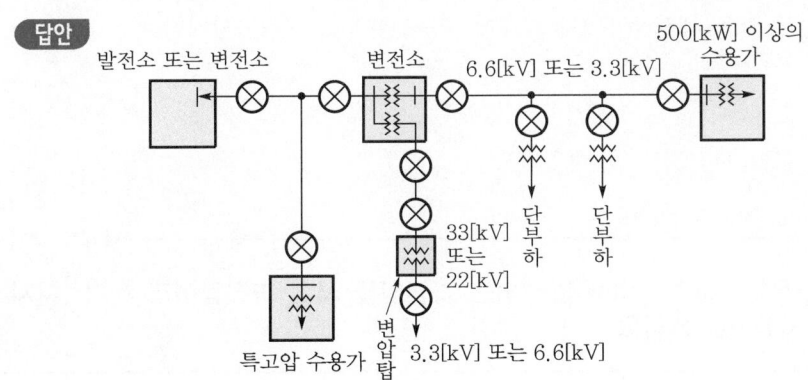

문제 59 | 공사산업 09년 출제 | 배점 : 5점

다음 각 물음에 답하시오.
(1) 행거밴드의 용도는?
(2) 배전선로에 보통 사용되는 피뢰기는?
(3) 고압 및 특고압 케이블의 단말 처리재의 명칭은?
(4) 고장전류 특히 단락전류의 값을 제한하기 위하여 변전소에 설치하는 것은?
(5) 케이블선의 절연저항을 측정하는 계측기의 명칭은?

답안
(1) 주상 변압기를 전주에 설치하기 위해 사용
(2) 갭레스형 피뢰기
(3) 케이블 헤드
(4) 한류 리액터
(5) 메거(megger)

문제 60 | 공사산업 98년, 13년 출제 | 배점 : 5점

서지흡수기(Surge Absorbor)의 기능을 쓰시오.

답안 개폐서지 등 이상전압으로부터 변압기 등 기기보호

해설 서지흡수기는 LA와 같은 구조와 특성을 지니고 있으며 선로에서 발생할 수 있는 개폐서지, 순간 과도전압 등의 이상전압이 2차 기기에 영향을 미치는 것을 방지함

문제 61 | 공사기사 15년, 20년 출제 | 배점 : 5점

전력계통에서 서지현상(surge)에 의해 발생되는 과전압을 서지 과전압이라 한다. 서지 과전압의 발생원인 3가지를 쓰시오.

답안
- 차단기 개폐에 의한 과전압
- 뇌에 의한 과전압
- 지락사고에 의한 과전압

문제 62 공사기사 12년, 19년 / 공사산업 18년 출제 | 배점 : 5점

서지흡수기(Surge Absorbor)의 기능과 어느 개소에 설치하는지 그 위치를 쓰시오.

(1) 기능
(2) 설치위치

답안 (1) 개폐서지 등 이상전압으로부터 변압기 등 기기보호
(2) 개폐서지를 발생하는 차단기 후단과 부하측 사이

문제 63 공사산업 96년, 00년 출제 | 배점 : 5점

수전전압 13.2/22.9[kV-Y]에 진공차단기와 몰드변압기 사용 시 어떤 흡수기를 사용하여 이상전압으로부터 변압기를 보호하는가?

답안 서지흡수기

문제 64 공사기사 14년 출제 | 배점 : 5점

다음 표는 서지흡수기의 적용범위에 대한 것이다. 괄호 안에 적용범위를 '적용' 또는 '불필요'로 나타내시오.

차단기 종류 전압등급 2차 보호기기		VCB				
		3[kV]	6[kV]	10[kV]	20[kV]	30[kV]
전동기		적용	적용	(①)	−	−
변압기	유입식	(②)	불필요	불필요	불필요	불필요
	몰드식	적용	(③)	적용	적용	적용
	건식	적용	적용	적용	(④)	적용
콘덴서		불필요	불필요	불필요	불필요	(⑤)
변압기와 유도기기와의 혼용 사용시		적용	적용	−	−	−

답안
① 적용
② 불필요
③ 적용
④ 적용
⑤ 불필요

문제 65 공사기사 11년, 18년 출제 　　　　　　　　　　　배점 : 5점

통합접지공사를 한 경우는 과전압으로부터 전기설비들을 보호하기 위하여 서지보호장치(SPD)를 설치하여야 한다. 과전압에 대한 효과적인 보호를 위해서는 SPD의 연결전선의 길이가 가능한 짧고 어떠한 접속도 없어야 하는 데 이 때 SPD의 연결전선은 몇 [m]를 초과하지 않아야 하는가?

답안 0.5[m]

문제 66 공사기사 13년 출제 　　　　　　　　　　　배점 : 4점

3.3[kV] 구내선로에서 발생할 수 있는 개폐서지, 순간과도전압 등으로 이상전압이 2차기기에 악영향을 주는 것을 막기 위해 시설하는 서지흡수기(Surge Absorbor)의 정격전압[kV]과 공칭방전전류[kA]는?

(1) 정격전압
(2) 공칭방전전류

답안
(1) 4.5[kV]
(2) 5[kA]

해설 서지흡수기의 정격

공칭전압	3.3[kV]	6.6[kV]	22.9[kV-Y]
정격전압	4.5[kV]	7.5[kV]	15[kV]
공칭방전전류	5[kA]	5[kA]	5[kA]

문제 67 공사기사 18년 출제 — 배점: 6점

과도적인 과전압을 제한하고 서지(Surge)전류를 분류하는 목적으로 사용되는 서지보호장치(SPD : Surge Protective Device)에 대한 다음 물음에 답하시오.

(1) 기능에 따라 3가지로 분류하여 쓰시오.
(2) 구조에 따라 2가지로 분류하여 쓰시오.

답안
(1) 전압스위칭형 SPD, 전압제한형 SPD, 복합형 SPD
(2) 1포트 SPD, 2포트 SPD

문제 68 공사산업 89년, 93년, 95년, 03년 출제 — 배점: 6점

가공지선이 있는 지지물 표준접지시공에 관한 그림이다. 그림을 참고로 하여 답란의 물음을 간단하게 쓰시오.

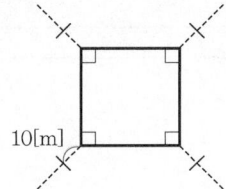

분포접지 ----------------------
집중접지 ─────────

(1) 분포접지란?
(2) 집중접지란?

답안
(1) 탑각에서 방사형으로 매설지선을 포설하여 접지하는 방식
(2) 탑각에서 10[m] 떨어진 지점에서 분포접지에 직각 방향으로 접지하는 방식

문제 69 공사산업 14년, 18년 출제 — 배점: 5점

건축물 전기설비에서 간선의 굵기를 산정하는 데 고려하여야 할 4가지 요소를 쓰시오.

답안 허용전류, 전압강하, 기계적 강도, 수용률 및 향후 증설 부하

1990년~최근 출제된 기출문제

문제 70 공사기사 12년 출제 　　배점 : 3점

정격소비전력이 몇 [kW] 이상이면 전기기계기구에 전기를 공급하기 위한 전로에 전용의 개폐기 및 과전류차단기를 시설하는가?

답안 3[kW]

문제 71 공사기사 21년, 22년 출제 　　배점 : 4점

한국전기설비규정에 따른 과전류차단기로 저압 전로에 사용하는 주택용 배선차단기의 과전류 트립 동작시간 및 특성에 관한 표이다. 빈칸에 알맞은 내용을 쓰시오.

정격전류의 구분	시 간	정격전류의 배수(모든 극에 통전)	
		부동작전류	동작전류
63[A] 이하	60	(①)배	(②)배
63[A] 초과	120	(①)배	(②)배

답안 ① 1.13
　　　② 1.45

문제 72 공사산업 21년 출제 　　배점 : 6점

한국전기설비규정에 따라 저압 전로에 사용하는 과전류 보호장치의 종류를 3가지만 쓰시오. (단, 기중차단기는 제외한다.)

답안 배선차단기, 누전차단기, 퓨즈

해설 보호장치의 특성(KEC 212.3.4)
과전류 보호장치는 관련 표준(배선차단기, 누전차단기, 퓨즈 등의 표준)의 동작특성에 적합하여야 한다.

문제 73 공사기사 04년, 05년, 11년 출제 | 배점 : 6점

배선용 차단기의 차단협조방식 3가지를 쓰시오.

답안
- 선택차단방식
- 케스캐이드차단방식
- 전용량(전정격)차단방식

문제 74 공사산업 03년, 08년 출제 | 배점 : 5점

그림에서 S는 인입구 개폐기이다. 개폐기 F의 명칭을 쓰시오.

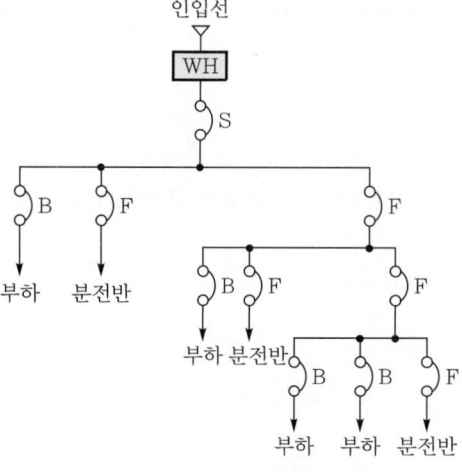

답안 간선개폐기

문제 75 공사기사 06년, 08년, 15년, 17년 출제 | 배점 : 5점

방폭 · 방식 · 방습 · 방온 · 방진 및 정전기 차폐 등의 방호 조치가 되어 있지 않는 누전경보기의 수신부를 설치할 수 없는 장소 5가지를 쓰시오.

답안
- 가연성의 증기, 먼지, 가스 등이나 부식성의 증기, 가스 등이 다량으로 체류하는 장소
- 화약류를 제조하거나 저장 또는 취급하는 장소
- 습도가 높은 장소
- 온도의 변화가 급격한 장소
- 대전류 회로, 고주파 발생회로 등에 따른 영향을 받을 우려가 있는 장소

문제 76 공사기사 17년 출제 | 배점 : 3점

전기설비에 있어서 감전예방은 직접접촉예방과 간접접촉예방이 있으며, 간접접촉예방 중 전원의 자동차단에 의한 인체 보호를 위하여 전기회로 또는 전기기기의 충전부와 노출도전성 부분 또는 보호선 간에 고장이 발생하여 교류 몇 [V](실효값)를 초과하는 접촉전압이 발생한 경우에 그 전원을 자동적으로 차단하여야 하는지 쓰시오.

답안 50[V]

해설 **간접접촉예방**
전기회로 또는 전기기기의 충전부와 노출도전성 부분 또는 보호선 간에 고장이 발생하여 교류 50[V](실효값)를 초과하는 접촉전압이 발생한 경우는 그 전원을 자동적으로 차단한다.

09 CHAPTER 고장차단설비 시공

1990년~최근 출제된 기출 이론 분석 및 유형별 문제

기출개념 01 개폐장치

1 개폐장치의 종류

(1) **차단기(CB)**
  통전 중의 정상적인 부하전류 개폐는 물론이고, 고장 발생으로 인한 전류도 개폐할 수 있는 개폐기를 말한다.

(2) **단로기(DS)**
  전류가 흐르지 않은 상태에서 회로를 개폐할 수 있는 장치로, 기기의 점검 수리를 위해서 이를 전원으로부터 분리할 경우라든지 회로의 접속을 변경할 때 사용된다.

(3) **부하개폐기(LBS)**
  통상적인 부하전류 개폐

2 차단기 및 전력퓨즈

(1) **차단기의 정격과 동작 책무**
  ① 정격전압 및 정격전류
    ㉠ 정격전압 : 공칭전압의 $\dfrac{1.2}{1.1}$

공칭전압	3.3[kV]	6.6[kV]	22.9[kV]	66[kV]	154[kV]	345[kV]
정격전압	3.6[kV]	7.2[kV]	25.8[kV]	72.5[kV]	170[kV]	362[kV]

   ㉡ 정격전류 : 정격전압, 주파수에서 연속적으로 흘릴 수 있는 전류의 한도[A]
  ② 정격차단전류 : 모든 정격 및 규정의 회로 조건하에서 규정된 표준 동작 책무와 동작 상태에 따라서 차단할 수 있는 최대의 차단전류 한도(실효값)
  ③ 정격차단용량 : 차단용량[MVA] = $\sqrt{3}$ × 정격전압[kV] × 정격차단전류[kA]
  ④ 정격차단시간 : 트립 코일 여자부터 소호까지의 시간으로 약 3, 5, 8[Hz]
  ⑤ 표준 동작 책무
    ㉠ 일반용
      • 갑호(A) : O - 1분 - CO - 3분 - CO
      • 을호(B) : O - 15초 - CO

ⓒ 고속도 재투입용 : O - θ - CO - 1분 - CO
여기서 O는 차단, C는 투입, θ는 무전압 시간으로 표준은 0.35초

(2) 차단기의 종류
① 소호방식
  ㉠ 자력 소호 : 팽창 차단, 유입차단기
  ㉡ 타력 소호 : 임펄스 차단, 공기차단기
② 소호매질과 각 차단기 특성
  ㉠ 유입차단기(Oil Circuit Breaker : OCB)
   • 절연유를 사용하며 아크에 의해 기름이 분해되어 발생된 가스가 아크를 냉각하며 가스의 압력과 기름이 아크를 불어내는 방식이다.
   • 보수가 번거롭다.
   • 소음과 가격이 적다.
   • 넓은 전압범위를 적용하고, 100[MVA] 정도의 중용량 또는 소용량이다.
   • 기름이 기화할 때 수소를 발생하여 아크냉각이 빠르다.
   • 화재의 위험과 중량이 크다.
   • 기름 대신 물을 이용할 수 있다.
  ㉡ 진공차단기(Vacuum Circuit Breaker : VCB)
   • 10^{-4}[mmHg] 정도의 고진공 상태에서 차단하는 방식이다.
   • 소형 경량, 조작 용이, 화재의 우려가 없고, 소음이 없다.
   • 소호실 보수가 필요 없다.
   • 다빈도 개폐에 유리하다.
   • 10[kV] 정도에 적합하다.
   • 동작 시 높은 서지전압을 발생시킨다.
  ㉢ 공기차단기(Air Blast Circuit Breaker : ABB)
   • 수십 기압의 압축공기($10\sim30[kg/cm^2 \cdot g]$)를 불어 소호하는 방식이다.
   • 30~70[kV] 정도에 사용한다.
   • 소음은 크지만 유지보수가 용이하다.
   • 화재의 위험이 없고, 차단능력이 뛰어나다.
   • 대용량이고 개폐빈도가 심한 장소에 많이 쓰인다.
  ㉣ 자기차단기(Magnetic Blast Circuit Breaker : MBB)
   • 아크와 직각으로 자계를 주어 소호실 내에 아크를 밀어 넣고 아크전압을 증대시키며 또한 냉각하여 소호한다.
   • 소전류에서는 아크에 의한 자계가 약하여 소호능력이 저하할 수 있으므로 3.3~6.6[kV] 정도의 비교적 낮은 전압에서 사용한다.
   • 화재의 우려가 없고, 보수점검이 간단하다.
  ㉤ 가스차단기(Gas Circuit Breaker : GCB)
   • SF_6(육불화황) 가스를 소호매체로 이용하는 방식이다.
   • 초고압 계통에서 사용한다.
   • 소음이 적고, 설치면적이 크다.

- 보수점검 횟수가 감소한다.
- 전류 절단에 의한 이상전압이 발생하지 않는다.
- 높은 재기전압을 갖고 있고, 근거리 선로고장을 차단할 수 있다.

(3) 전력퓨즈(Power fwse)
① 전력퓨즈는 단락보호와 변압기, 전동기, PT 및 배전선로 등 차단기의 대용으로 이용한다.
② 동작 원리에 따른 구분
  ㉠ 한류형 : 전류가 흐르면 퓨즈 소자는 용단하여 아크를 발생하고 주위의 규사를 용해시켜 저항체를 만들어 전류를 제한하고, 전차단시간 후 차단을 완료한다.
  ㉡ 방출형 : 퓨즈 소자가 용단한 뒤 발생하는 아크에 의해 절연성 물질에서 가스를 분출시켜, 전극 간 절연내력을 높이는 퓨즈이다.
③ 특징
  ㉠ 장점
    - 소형 경량, 경제적으로 유리하다.
    - 동작특성이 양호하다.
    - 변성기, 계전기 등 별도의 설비가 불필요하다.
  ㉡ 단점
    - 재투입, 재사용 할 수 없다.
    - 여자전류, 기동전류 등 과도전류에 동작될 우려가 있다.
    - 각 상을 동시 차단할 수 없으므로 결상되기 쉽다.
    - 부하전류 개폐용으로 사용할 수 없다.
    - 임의의 특성을 얻을 수 없다.

3 고장계산 중요 공식

(1) 옴법

$$I_s = \frac{E}{Z} = \frac{E}{\sqrt{R^2 + X^2}} [\text{A}]$$

여기서, I_s : 단락전류[A]
 Z : 단락점에서 전원측을 본 계통 임피던스[Ω]
 E : 단락점의 전압[kV]

(2) 퍼센트($\%Z$)법

$$\%Z = \frac{ZI_n}{V} \times 100 [\%]$$

$$\%Z = \frac{P \cdot Z}{10 V_n^2} [\%]$$

여기서, I_n : 정격전류[A]
V : 고장상의 정격전압[V]
P : 정격용량[kVA]
V_n : 정격전압[kV]

(3) 단위법 Z[pu]

$$Z = \frac{ZI_n}{V_n} = \frac{P \cdot Z}{10 V_n^2} \times 10^{-2} [\text{pu}]$$

(4) 단락전류(차단전류) 계산

$\%Z = \frac{I_n Z}{E_n} \times 100 [\%]$ 에서 $Z = \frac{\%Z E_n}{100 I_n}$ 이므로 단락전류 $I_s = \frac{E_n}{\frac{\%Z E_n}{100 I_n}} = \frac{100}{\%Z} \times I_n$ 으로

된다.

(5) 단락용량(P_s) 계산

① 정격용량

$$P_n = \sqrt{3} \ V_n I_n [\text{kVA}]$$

② 단락전류

$$I_s = \frac{100}{\%Z} \times I_n = \frac{100}{\%Z} \times \frac{P_n}{\sqrt{3} \ V_n} [\text{A}]$$

③ 단락용량

$$P_s = \sqrt{3} \ V_n I_s = \sqrt{3} \ V_n \times \frac{100}{\%Z} \times \frac{P_n}{\sqrt{3} \ V_n} = \frac{100}{\%Z} P_n [\text{kVA}]$$

(6) 차단기의 차단용량 계산

$$P_s[\text{kVA}] = \sqrt{3} \times 정격전압[\text{kV}] \times 정격차단전류[\text{A}]$$

개념 문제 01 공사산업 09년, 21년 출제 | 배점 : 3점 |

자가용 수변전설비에서 고압 전로의 절연저항을 측정할 때 사전 준비로서 정전 조작을 하여야 한다. 정전 조작은 부하로부터 순차적으로 전원을 향해서 개폐기를 개방하는데, 차단기와 단로기 중 어느 것을 먼저 개로시켜야 하는지 쓰시오.

답안 차단기

개념 문제 02 공사기사 16년, 17년 출제 | 배점 : 5점 |

가스차단기(GCB : Gas Circuit Breaker)의 특징을 5가지만 쓰시오.

답안
- 밀폐구조이므로 소음이 적다.
- 절연거리를 적게 할 수 있어 차단기 전체를 소형화 및 경량화 할 수 있다.
- 근거리 고장 등 가혹한 재기전압에 대해서도 성능이 우수하다.
- 소호시 아크가 안정되어 있어 차단저항이 필요없고 접촉자의 소모가 극히 적다.
- SF_6 가스 중에 수분이 존재하면 내전압 성능이 저하하고 저온에서 가스가 액화되므로 겨울철에는 보온장치 등이 필요하다.

개념 문제 03 공사기사 15년 출제 | 배점 : 5점 |

고압개폐기기의 종류이다. 각각의 용도를 쓰시오.
(1) 단로기
(2) 고압부하개폐기
(3) 진공부하개폐기
(4) 고압차단기
(5) 고압전력용 퓨즈

답안
(1) 선로로부터 기기를 분리, 구분 및 변경할 때 사용되는 개폐장치로 부하전류의 개폐에는 사용되지 않는다.
(2) 고장전류와 같은 대전류는 차단할 수 없지만 평상 운전 시의 부하전류의 개폐에 사용하는 것으로서 송배전선 등의 개폐 빈도가 별로 많지 않은 장소에 사용된다.
(3) 고장전류와 같은 대전류는 차단할 수 없지만 평상 운전 시의 부하전류의 개폐에 사용하는 것으로서 고압전동기 등의 제어용으로 개폐 빈도가 많은 경우에 사용된다.
(4) 부하전류 및 고장전류 차단에 사용된다.
(5) 단락전류 차단이 주목적으로 부하개폐기와 조합시켜 사용하는 경우가 많다.

개념 문제 04 공사기사 13년 출제 | 배점 : 5점 |

ASS(자동고장구분개폐기)의 기능 및 용도에 대해 간단히 설명하시오.

답안 자동고장구분개폐기는 무전압 시 개방이 가능하고, 과부하 시 고장구간을 자동 개방하여 파급사고를 방지할 수 있는 고장구분개폐기로써 돌입전류 억제 기능을 가지고 있다.

1990년~최근 출제된 기출 이론 분석 및 유형별 문제

개념 문제 05 공사기사 98년, 10년, 14년, 20년 출제 | 배점 : 6점 |

수용가 인입구의 전압이 22.9[kV], 주차단기의 차단용량이 250[MVA]이다. 10[MVA], 22.9/3.3[kV] 변압기의 임피던스가 5.5[%]일 때, 변압기 2차측에 필요한 차단기 용량을 다음 표에서 산정하시오.

차단기 정격용량[MVA]												
10	20	30	50	75	100	150	250	300	400	500	750	1,000

• 계산과정 :
• 답 :

답안
• 계산과정 : 기준용량을 10[MVA]로 하면

  – 선로의 $\%Z_l = \dfrac{P_n}{P_s} \times 100 = \dfrac{10}{250} \times 100 = 4[\%]$

  – 변압기의 $\%Z_{TR} = 5.5[\%]$

  – 합성 $\%Z = \%Z_l + \%Z_{TR} = 4 + 5.5 = 9.5[\%]$

  따라서, 차단기의 차단용량 $= \dfrac{100}{\%Z} P_n = \dfrac{100}{9.5} \times 10 = 105.26[\text{MVA}]$

• 답 : 표에서 150[MVA]를 선정한다.

기출개념 02 역률 개선의 효과 및 원리

1 역률 개선의 효과

(1) 변압기, 배전선의 손실 저감
(2) 설비용량의 여유 증가
(3) 전압강하의 저감
(4) 전기요금의 절감

2 역률 개선의 원리

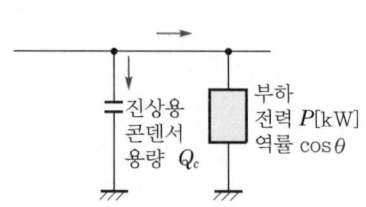 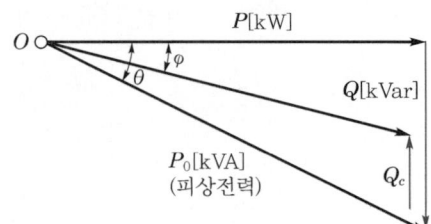

(1) 진상용량

$$Q_c = P(\tan\theta_1 - \tan\theta_2)[\text{kVA}]$$

(2) 개선 후 피상전력

$$P_a{'} = \sqrt{P^2 + (P\tan\theta_1 - Q_c)^2}\,[\text{kVA}]$$

(3) 개선 후 증가전력

$$P{'} = P_a(\cos\theta_2 - \cos\theta_1)[\text{kW}]$$

3 콘덴서의 용량

역률 개선용 콘덴서의 단위는 저압용[μF], 고압용[kVA]을 사용한다.

4 전력용 콘덴서 부속설비

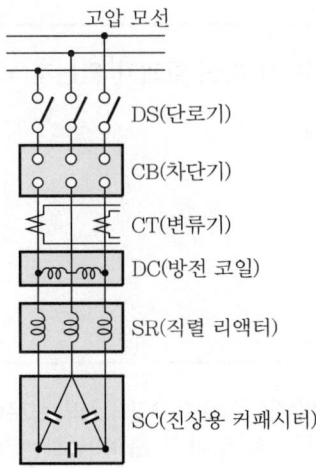

(1) 직렬 리액터

① 제5고조파 제거

② 직렬 리액터 용량 : 용량 리액턴스의 4[%]이지만 주파수의 변동과 대지정전용량을 고려하여 일반적으로 5~6[%] 정도의 직렬 리액터를 설치한다.

$$2\pi(5f)L = \frac{1}{2\pi(5f)C}$$

$$\therefore \omega L = \frac{1}{25} \times \frac{1}{\omega C} = 0.04 \times \frac{1}{\omega C}$$

(2) 방전 코일

전력용 콘덴서와 병렬로 접속한 권선 또는 저항으로 콘덴서를 모선에서 분리하였을 때 콘덴서에 잔류하는 전하를 방전시켜 인축에 대한 감전사고 방지와 재투입 시 모선의 전압이 과상승하는 것을 방지한다.

(3) 전력용 콘덴서의 △결선 이유

① 제3고조파 제거

② 정전용량[μF]을 $\frac{1}{3}$로 줄일 수 있다.

개념 문제 01 공사산업 18년, 22년 출제 ──────────────── 배점 : 5점

수전단에 부하가 요구하는 무효전력과 원선도상에서 정해지는 무효전력과의 차에 해당하는 무효전력을 별도로 공급해 주기 위하여 사용하는 조상설비의 종류를 3가지만 쓰시오.

답안 동기조상기, 전력용 콘덴서, 분로 리액터

개념 문제 02 공사기사 07년, 14년 출제 ──────────────── 배점 : 5점

수변전설비에서 진상용 콘덴서 설치 시 어떤 효과가 있는지 4가지를 쓰시오.

답안
- 역률 개선 및 전력요금 경감
- 선로의 전력손실 저감
- 설비용량의 여유 증가
- 전압강하의 경감

개념 문제 03 공사기사 11년, 14년 출제 ──────────────── 배점 : 5점

어떤 콘덴서 3개를 선간전압 3,300[V], 주파수 60[Hz]의 선로에 △로 접속하여 60[kVA]가 되도록 하려면 콘덴서 1개의 정전용량[μF]은 약 얼마로 하여야 하는가?

답안 4.87[μF]

해설 $Q = 3EI_c = 3 \times 2\pi f C E^2$

정전용량 $C = \dfrac{Q}{6\pi f E^2}$

$= \dfrac{60 \times 10^3}{6\pi \times 60 \times 3{,}300^2} \times 10^6$

$= 4.87[\mu F]$

개념 문제 04 | 공사산업 14년 출제 | 배점 : 5점 |

어느 수용가가 당초 역률(지상) 80[%]로 60[kW]의 부하를 사용하고 있었는데 새로 역률(지상) 60[%] 40[kW]의 부하를 증가하여 사용하게 되었다. 이때 콘덴서로 합성 역률을 90[%]로 개선하는 데 필요한 용량은 몇 [kVA]인가?

답안 49.91[kVA]

해설
무효전력 $Q = \dfrac{60}{0.8} \times 0.6 + \dfrac{40}{0.6} \times 0.8 = 98.33 [\text{kVAr}]$

유효전력 $P = 60 + 40 = 100 [\text{kW}]$

합성 역률 $\cos\theta = \dfrac{P}{\sqrt{P^2 + Q^2}} = \dfrac{100}{\sqrt{100^2 + 98.33^2}} = 0.713$

$\therefore Q_c = P(\tan\theta_1 - \tan\theta_2) = 100 \times \left(\dfrac{\sqrt{1-0.713^2}}{0.713} - \dfrac{\sqrt{1-0.9^2}}{0.9} \right) = 49.91 [\text{kVA}]$

개념 문제 05 | 공사산업 21년 출제 | 배점 : 3점 |

역률을 개선하기 위하여 고압 또는 특고압 전력용 커패시터를 설치했을 때, 이 커패시터와 함께 고주파 대책용으로 설치하는 것을 쓰시오.

답안 직렬 리액터

CHAPTER 09 고장차단설비 시공

단원 빈출문제

1990년~최근 출제된 기출문제

문제 01 공사기사 03년, 11년 출제 | 배점 : 5점

단로기와 차단기가 직렬로 연결되어 있다. 급전시와 정전시 조작순서는?

(1) 급전시
(2) 정전시

답안 (1) 단로기를 투입한 후 차단기 투입
(2) 차단기를 개로한 후 단로기 개로

문제 02 공사산업 95년 출제 | 배점 : 4점

전선로나 전기기계의 수리 점검을 하는 경우 차단기로 차단된 전로를 확실하게 열기 (open) 위하여 사용되는 개폐기의 명칭은?

답안 단로기

문제 03 공사산업 19년 출제 | 배점 : 4점

그림과 같은 회로에서 전원을 개폐하고자 한다. 이 경우 단로기와 차단기의 조작순서를 쓰시오.

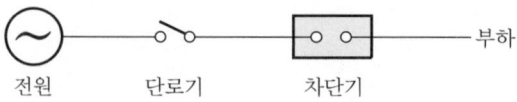

(1) 전원 투입순서
(2) 전원 차단순서

답안 (1) 단로기 → 차단기
(2) 차단기 → 단로기

문제 04 공사기사 95년, 99년 / 공사산업 22년 출제 ┤ 배점 : 4점 ├

그림의 회로에서 (1), (2), (3)을 폐로하고 (4)를 개로하고자 할 때 조작순서를 번호로 쓰시오.

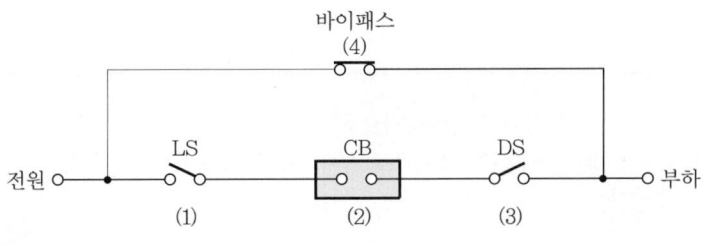

답안 (3) → (1) → (2) → (4)

문제 05 공사기사 04년, 06년, 19년 출제 ┤ 배점 : 6점 ├

그림과 같은 계통에서 단로기 DS_3을 통하여 부하를 공급하고 차단기 CB를 점검하고자 할 때 다음의 물음에 답하시오. (단, 평상시에 DS_3는 열려 있는 상태임)

(1) CB를 점검하기 위한 조작순서를 쓰시오.
(2) CB를 점검한 후 원상복귀 시킬 때의 조작순서를 쓰시오.

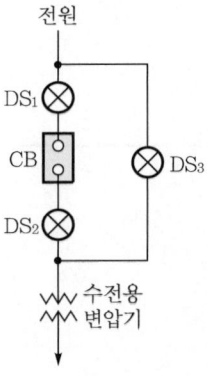

답안 (1) DS_3(ON) → CB(OFF) → DS_2(OFF) → DS_1(OFF)
(2) DS_2(ON) → DS_1(ON) → CB(ON) → DS_3(OFF)

문제 06 　공사기사 19년 출제　　　　　　　　　　　배점 : 4점

차단기와 단로기의 차이점에 대해서 쓰시오.

(1) 차단기
(2) 단로기

답안 (1) 부하전류 및 고장전류 차단이 가능하다.
(2) 부하전류의 개폐를 할 수 없으므로 무부하 시 선로로부터 기기를 분리, 구분 및 변경할 때 사용된다.

문제 07 　공사기사 91년, 95년, 05년, 14년 / 공사산업 02년, 15년 출제　　　배점 : 10점

다음 약호의 뜻을 정확히 쓰시오.

(1) OCB
(2) MBB
(3) ACB
(4) GCB
(5) ABB
(6) MCCB
(7) VCB
(8) ELB
(9) BCT
(10) ZCT

답안 (1) 유입차단기
(2) 자기차단기
(3) 기중차단기
(4) 가스차단기
(5) 공기차단기
(6) 배선용 차단기
(7) 진공차단기
(8) 누전차단기
(9) 부싱형 변류기
(10) 영상 변류기

문제 08 공사산업 02년, 15년, 21년 출제
배점 : 6점

다음 약호의 명칭을 정확히 쓰시오.

약 호	명 칭	약 호	명 칭
VCB	(①)	MCCB	(④)
ACB	(②)	RCD	(⑤)
ABB	(③)	ZCT	(⑥)

답안
① 진공차단기
② 기중차단기
③ 공기차단기
④ 배선용 차단기
⑤ 누전차단기
⑥ 영상 변류기

문제 09 공사기사 91년, 95년, 05년, 14년, 18년 출제
배점 : 5점

다음 차단기의 종류이다. 그 명칭을 쓰시오.

(1) MCCB
(2) VCB
(3) ACB
(4) ABB
(5) MBB

답안
(1) 배선용 차단기
(2) 진공차단기
(3) 기중차단기
(4) 공기차단기
(5) 자기차단기

1990년~최근 출제된 기출문제

문제 10 공사기사 15년 출제 | 배점 : 4점

가스차단기의 절연에 주로 사용되는 SF_6 가스의 특징 중 전기적 성질 4가지를 쓰시오.

답안
- 절연내력이 높다.
- 소호 성능이 뛰어나다.
- 아크가 안정되어 있다.
- 절연회복이 빠르다.

해설 SF_6 가스의 특징
(1) 물리적 화학적 성질
- 열 전달성이 뛰어나다.(공기의 약 1.6배)
- 화학적으로 불활성이므로 매우 안정된 가스이다.
- 무색, 무취, 무해, 불연성의 가스이다.
- 열적 안정성이 뛰어나다.(용매가 없는 상태에서 약 500[℃]까지 분해되지 않는다.)

(2) 전기적 성질
- 절연내력이 높다.(공기의 2.5배~3.5배)
- 소호 성능이 뛰어나다.(공기의 100배~200배)
- 아크가 안정되어 있다.
- 절연회복이 빠르다.

문제 11 공사산업 21년 출제 | 배점 : 4점

차단기의 성능을 나타내는 요소 중 하나인 정격개극시간에 대하여 간략히 쓰시오.

답안 정격트립전압 및 정격조작압력에서 측정한 개극시간

해설 차단기 동작시간
(1) 개극시간(Opening time)
- 폐로상태에서 차단기의 트립제어장치가 여자된 순간부터 아크 접촉자(없는 경우 주접촉자)가 개리할 때까지의 시간
- 정격트립전압 및 정격조작압력에서 측정한 개극시간을 정격개극시간이라 한다.
- 개극시간은 무전압, 무부하 상태에서 측정한다.

(2) 폐로시간(Closing time)
- 개로상태에서 차단기의 투입제어장치가 여자된 순간부터 아크접촉자(없는 경우 주접촉자)가 폐로할 때까지의 시간
- 정격투입전압 및 정격조작압력에서 측정한 폐로시간을 정격폐로시간이라 한다.
- 폐로시간은 무전압, 무부하 상태에서 측정한다.

(3) 아크시간(Arcing time)
아크접촉자(없는 경우 주접촉자)의 개리 순간부터 접촉자 간의 아크가 소호되는 순간까지의 시간
(4) 차단시간(Breaking time)
개극시간과 아크시간의 합
(5) 재폐로시간(Reclosing time)
폐로상태에서 차단기의 트립제어장치가 여자된 순간부터 재투입동작에 따른 아크접촉자(없는 경우 주접촉자)가 접촉할 때까지의 시간

문제 12 공사산업 93년, 16년, 21년 출제 | 배점 : 6점

특고압(22.9[kV]) 수변전설비공사에서 변압기 1차측 차단기의 정격차단용량을 구하는 식과 차단기 종류를 4가지만 쓰시오.
(1) 정격차단용량 식(단, 3상 교류일 경우이다.)
(2) 차단기 종류

답안 (1) 정격차단용량 = $\sqrt{3} \times$ 정격전압 $\times$ 정격차단전류
(2) 유입차단기, 자기차단기, 공기차단기, 진공차단기

문제 13 공사산업 14년, 18년 출제 | 배점 : 6점

수변전설비용 기기인 차단기의 차단기 트립(trip)방식 4가지를 쓰시오.

답안 전압 트립방식, CT 트립방식, 콘덴서 트립방식, 부족전압 트립방식

해설 (1) 전압 트립방식
별도로 설치된 축전지 등의 제어용 직류 전원의 에너지에 의하여 트립되는 방식
(2) CT 트립방식
CT의 2차 전류가 정해진 값보다 초과되었을 때 트립시키는 방식
(3) 콘덴서 트립방식
충전된 콘덴서의 에너지에 의하여 트립되는 방식
(4) 부족전압 트립방식
부족전압 트립장치에 인가되어 있는 전압의 저하에 의하여 차단기가 트립되는 방식

문제 14 | 공사기사 16년 출제 | 배점 : 5점

차단기의 동작 책무에 의해 차단기를 재투입할 경우 전자기계력에 의한 반발력을 견디어야 하는데 차단기의 정격투입전류는 최대(정격)차단전류의 몇 배 이상을 선정하는지 쓰시오.

답안 2.5배

문제 15 | 공사기사 09년, 17년 출제 | 배점 : 5점

수전용량 3상 500[kVA]이고, 전압 22.9[kV], 역률 90[%]인 경우, 다음 물음에 답하시오.

(1) 정격전류를 계산하시오.
(2) 차단기정격의 표준치(정격전류)를 선정하시오.

답안 (1) 12.61[A]
(2) 630[A]

해설 (1) 정격전류 $I_n = \dfrac{P}{\sqrt{3}\,V_n} = \dfrac{500 \times 10^3}{\sqrt{3} \times 22.9 \times 10^3} = 12.61[A]$

(2) 차단기 정격전류의 표준값
630[A], 1,250[A], 2,000[A], 3,000[A], 4,000[A]

문제 16 | 공사기사 14년, 20년 출제 | 배점 : 6점

차단기 명판(name plate)에 BIL 150[kV], 정격차단전류 20[kA], 차단시간 8사이클, 솔레노이드형이라고 기재되어 있다. 다음 물음에 답하시오.

(1) BIL이란 무엇인지 설명하시오.
(2) 이 차단기의 정격전압은 얼마인지 계산식을 쓰고 설명하시오. (단, BIL을 적용하여 계산할 것)

답안 (1) BIL(기준충격절연강도)이란 뇌임펄스 내전압 시험값으로서 절연 레벨의 기준을 정하는 데 적용된다.

(2) BIL = 절연계급 × 5 + 50[kV]에서

$$절연계급 = \frac{BIL-50}{5}[kV] = \frac{150-50}{5} = 20[kV]$$

공칭전압 = 절연계급 × 1.1[kV]에서
공칭전압 = 20 × 1.1 = 22[kV]

$$\therefore 정격전압\ V_n = 22 \times \frac{1.2}{1.1} = 24[kV]$$

문제 17 공사기사 21년 출제 | 배점 : 5점

자동고장구분개폐기(ASS)의 동작기능을 3가지만 쓰시오.

답안
- 고장구간을 자동 개방
- 전부하상태에서 자동 또는 수동 투입 및 개방
- 과부하 및 고장전류 검출

문제 18 공사산업 12년, 19년 출제 | 배점 : 5점

자가용 전기설비 수용가의 인입구 개폐기로 사용되는 ASS의 설치사유를 설명하고, 명칭을 쓰시오.
(1) 설치사유
(2) 명칭

답안
(1) 고장구간을 자동 개방하여 파급사고를 방지
(2) 자동고장구분개폐기

해설 자동고장구분개폐기(ASS)는 무전압 시 개방이 가능하고, 과부하 시 고장구간을 자동 개방하여 파급사고를 방지할 수 있는 고장구분개폐기로써 돌입전류 억제 기능을 가지고 있다.

문제 19 공사산업 22년 출제 | 배점 : 5점 |

CTTS(Closed Transition Transfer Switch) 폐쇄형 전원절환절체개폐기의 장점을 ATS(Automatic Transfer Switch) 자동전환개폐기와 비교하여 간단히 설명하시오.

답안 CTTS는 개방형으로 절체되는 ATS와 달리 폐쇄형으로 절체되므로, 정전상태 발생 없이 비상 전원의 사용이 가능하다.

해설 CTTS
(1) CTTS는 개방형으로 절체되는 ATS와 달리 폐쇄형으로 절체된다. 즉, 양쪽 전원(상용전원과 비상용 발전기전원)이 모두 가압되어 있는 상태에서 양 전원이 동위상에서 병렬운전 형태로 유지되어 동기화 스위칭되면서 무정전 절체가 되는 절체스위치로, 정전상태 발생 없이 비상전원의 사용이 가능하다.
(2) CTTS의 특징
 • 예고 정전 시 무정전 절체, 복전이 가능하므로 전력공급 신뢰도가 높다.
 • 무정전 폐쇄형 절체이므로 과도현상이 없어 발전기 및 부하기기에 전기적 충격이 없으므로 기기의 수명이 연장된다.

문제 20 공사기사 04년, 07년, 12년 출제 | 배점 : 5점 |

LBS(Load Breaker Switch)의 명칭과 기능에 대하여 간단히 설명하시오.
(1) 명칭
(2) 기능

답안 (1) 부하개폐기
(2) 부하전류를 개폐할 수 있는 단로기로 3상 연동으로 투입, 개방토록 되어 있다. 또한 고장전류를 차단할 수 없으므로 고장전류를 차단할 수 있는 한류 퓨즈와 직렬로 조합하여 사용한다.

문제 21 공사기사 20년 / 공사산업 13년 출제 | 배점 : 4점 |

부하개폐기(LBS)의 설치목적을 2가지만 쓰시오.

답안
 • LBS는 부하전류를 개폐할 수 있는 단로기로 3상 연동으로 투입, 개방토록 되어 있다.
 • LBS는 고장전류를 차단할 수 없으므로 고장전류를 차단할 수 있는 한류 퓨즈와 직렬로 조합하여 사용한다.

문제 **22** 공사산업 05년 출제 ─ 배점 : 5점 ─

개폐장치 중에서 리클로저는 고장전류의 차단능력이 있는가 없는가?

답안 차단능력이 있다.

해설 리클로저는 차단기와 재폐로 기구를 하나의 탱크 내에 내장한 것으로 22.9[kV] 배전선로에 고장이 발생하였을 때 고장전류를 검출하여 지정된 시간 내에 고속 차단하고 자동 재폐로 동작을 수행하여 고장구간을 분리하거나 또는 재송전하는 기능을 가진 장치이다.

문제 **23** 공사산업 12년 출제 ─ 배점 : 6점 ─

수전설비에서 저압회로의 단락보호장치의 종류를 3가지 쓰시오.

답안
- 기중차단기
- 배선용 차단기
- 한류 퓨즈

문제 **24** 공사산업 98년 출제 ─ 배점 : 5점 ─

올 커버 스위치(All Cover Switch)를 간단히 설명하시오.

답안 옥내 교류 250[V] 이하에서 사용되는 절연 커버가 있는 스위치

문제 **25** 공사산업 15년 출제 ─ 배점 : 4점 ─

①~②에 들어갈 알맞은 내용을 답란에 쓰시오.

> 저압회로에서 기계적(수동)으로 전원을 개폐하여 과전류를 차단하는 기기는 (①)이며, 전자적 (자동)으로 부하를 개폐하는 것은 (②)이다.

답안 ① 배선용 차단기(MCCB)
② 전자접촉기

문제 26 공사산업 12년 출제 | 배점 : 4점

그림과 같은 3상 송전계통에서 송전전압은 22.9[kV]이다. 지금 1점 P에서 3상 단락하였을 때에 발전기에 흐르는 단락전류는 몇 [A]인가?

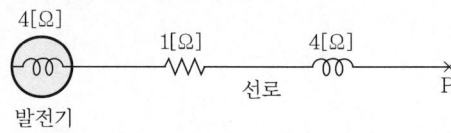

답안 1,639.9[A]

해설 단락전류 $I_s = \dfrac{E}{Z} = \dfrac{V/\sqrt{3}}{\sqrt{R^2+X^2}} = \dfrac{22,900/\sqrt{3}}{\sqrt{1^2+(4+4)^2}} = 1,639.9[A]$

문제 27 공사기사 19년 출제 | 배점 : 5점

수전전압이 22.9[kV]이고 1,000[kVA] 변압기의 %임피던스가 6[%]일 때 고장전류 계산을 위하여 기준용량으로 환산한 %임피던스를 구하시오. (단, 기준용량은 100[MVA]이다.)

답안 600[%]

해설 변압기의 임피던스는 1,000[KVA]로 6[%]이므로 이를 100[MVA]로 환산하면

$\%Z = \dfrac{100 \times 10^6 [\text{VA}]}{1,000 \times 10^3 [\text{VA}]} \times 6[\%] = 600[\%]$

문제 28 공사기사 98년 출제 | 배점 : 5점

수용가 인입구의 전압이 22.9[kV], 주차단기의 차단용량이 250[MVA]이다. 10[MVA], 22.9/3.3[kV] 변압기의 임피던스가 5.5[%]일 때, 변압기 2차측에 필요한 차단기용량을 다음 표에서 산정하시오.

차단기 정격용량[MVA]												
10	20	30	50	75	100	150	250	300	400	500	750	1,000

답안 150[MVA]

해설 기준용량을 10[MVA]로 하면

전원측 $\%Z_1 = \dfrac{P_n}{P_s} \times 100 = \dfrac{10}{250} \times 100 = 4[\%]$

변압기의 $\%Z_2 = 5.5[\%]$

변압기 2차측 단락용량 $P_s = \dfrac{100}{4+5.5} \times 10 = 105.26[MVA]$

∴ 150[MVA]

문제 29 공사기사 98년 출제 | 배점 : 5점

그림에서 A점의 차단기용량[MVA]은 얼마나 되는가? (단, 기타 조건은 무시한다.)

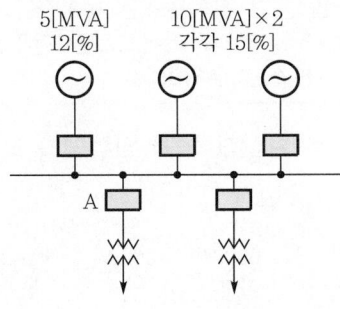

답안 175.13[MVA]

해설 10[MVA]를 기준하면 5[MVA] 발전기의 %리액턴스는 24[%]가 된다.

전체 리액턴스 $X = \dfrac{1}{\dfrac{1}{24}+\dfrac{1}{15}+\dfrac{1}{15}} = 5.71[\%]$

차단기용량 $= \dfrac{100}{5.71} \times 10 = 175.13[MVA]$

1990년~최근 출제된 기출문제

문제 30 공사기사 96년, 98년, 01년, 03년, 07년, 14년 출제

배점 : 9점

다음 그림은 계통보호용 과전류계전기를 정정하기 위한 단락전류 등을 산출하는 절차이다. 주어진 물음에 답하시오.

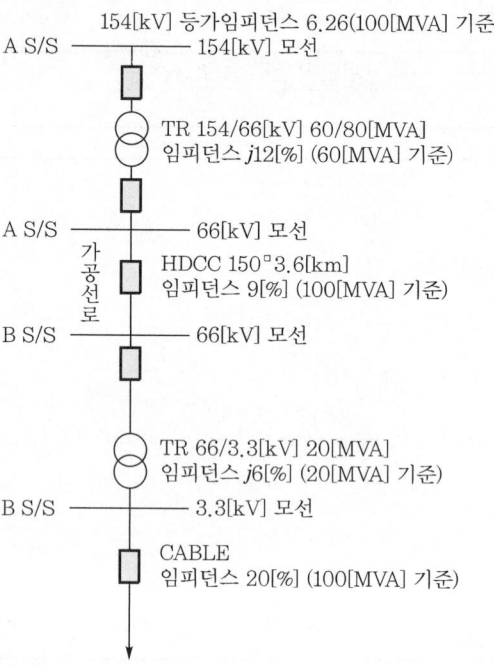

[조건]
① A변전소 154[kV] 모선의 전원 등가 임피던스는 6.26[%]이다.
② 회로의 %임피던스는 편의상 모두 리액턴스분으로만 간주할 것
③ 그림상에 표시되지 않은 임피던스는 무시할 것

다음 그림은 100[MVA] 기준으로 환산한 등가 임피던스 도면이다. ( ) 안에 해당하는 값은 얼마인가?

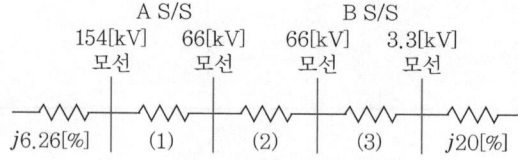

답안
(1) $j20[\%]$
(2) $j32.4[\%]$
(3) $j30[\%]$

[해설]
(1) $j12 \times \dfrac{100}{60} = j20[\%]$

(2) $j9 \times 3.6 = j32.4[\%]$

(3) $j6 \times \dfrac{100}{20} = j30[\%]$

문제 31 공사산업 13년, 16년 출제 | 배점 : 4점

단락전류를 신속히 차단하며, 또한 흐르는 단락전류의 값을 제한하는 성질을 가지는 퓨즈를 쓰시오.

[답안] 한류 퓨즈

[해설] 전력용 한류 퓨즈의 특징

장 점	단 점
• 현저한 한류특성을 가진다. • 고속도 차단할 수 있다. • 소형으로서 큰 차단용량을 가진다. • 한류형 퓨즈는 차단 시 무소음, 무방출이다. • 소형, 경량이다.	• 재투입이 불가능하다(가장 큰 단점). • 차단 시 과전압을 발생한다. • 과전류에 의해 용단되기 쉽고 결상을 일으킬 우려가 있다. • 한류형 퓨즈는 용단되어도 차단되지 않는 전류 범위가 있다. • 동작시간-전류 특성을 계전기처럼 자유롭게 조정할 수 없다.

문제 32 공사기사 00년, 07년, 11년, 18년 출제 | 배점 : 3점

조상설비의 설치목적에 대하여 간단히 서술하시오.

[답안] 조상설비는 송·수전단 전압이 일정하게 유지되도록 하는 조정 역할과 역률 개선에 의한 송전손실의 경감, 전력 시스템의 안정도 향상을 목적으로 한다.

문제 33 공사기사 11년 출제 | 배점 : 10점

배전계통에서의 역률 개선 효과 5가지를 쓰시오.

답안
- 변압기와 배전선의 전력손실 경감
- 전압강하의 감소
- 설비용량의 여유 증가
- 전기요금의 감소
- 전선의 굵기가 감소

문제 34 공사기사 04년, 19년 출제 | 배점 : 6점

부하의 역률 개선에 대한 다음 물음에 답하시오.

(1) 부하설비의 역률이 저하하는 경우, 수용가에 예상될 수 있는 손해 4가지를 쓰시오.
(2) 역률을 개선하기 위한 설치기기의 명칭과 설치방법을 간단히 쓰시오.
  ① 설치기기의 명칭
  ② 설치방법

답안 (1)
- 전력손실이 커진다.
- 전기요금이 증가한다.
- 전압강하가 커진다.
- 전원설비용량이 증가한다.

(2) ① 전력용 콘덴서
  ② 부하와 병렬로 접속

문제 35 공사기사 96년, 99년, 16년 출제 | 배점 : 5점

그림 안의 전기설비의 명칭과 그림의 전기설비를 사용할 경우 얻을 수 있는 효과 4가지만 쓰시오.

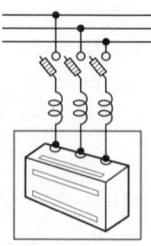

(1) 명칭
(2) 효과

답안 (1) 전력용 콘덴서(SC)
(2) • 변압기와 배전선의 전력손실 경감
• 전압강하의 감소
• 설비용량의 여유 증가
• 전기요금의 감소

문제 36 공사산업 96년, 13년, 18년 출제 | 배점 : 5점

100[kVA], 역률 60[%](뒤짐)의 부하에 전력을 공급하고 있는 변전소에 콘덴서를 설치하여 변전소에 있어서의 역률을 90[%]로 향상시키는 데 필요한 콘덴서용량[kVar]은?

답안 50.94[kVA]

해설 $Q = W(\tan\theta_1 - \tan\theta_2)$ [kVA]에서
유효전력 $W = 100 \times 0.6 = 60$[kW]이므로
콘덴서용량 $Q_c = 60 \times \left(\dfrac{\sqrt{1-0.6^2}}{0.6} - \dfrac{\sqrt{1-0.9^2}}{0.9} \right) = 50.94$[kVA]

문제 37 공사기사 04년, 06년, 19년 / 공사산업 01년, 11년, 17년, 22년 출제 | 배점 : 6점

다음 그림은 고압 수전설비 진상 콘덴서 접속 뱅크 결선도이다. 물음에 답하시오.

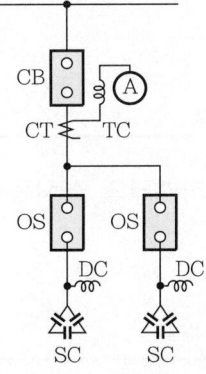

(1) 콘덴서용량이 100[kVA] 이하인 경우 CB 대신 사용 가능한 개폐기를 쓰시오.
(2) 콘덴서용량이 50[kVA] 미만인 경우 OS 대신 사용 가능한 개폐기를 쓰시오.

답안 (1) OS(유입개폐기)
(2) COS(직결로 함)

문제 38 공사기사 98년 출제 ─ 배점 : 3점

고압 또는 특고압 진상용 콘덴서를 설치하는 경우 총 용량이 다음과 같을 때 최소의 콘덴서군을 몇 군으로 설치하는 것이 원칙인가?

(1) 300[kVA] 이하
(2) 300[kVA] 초과, 600[kVA] 이하
(3) 600[kVA] 초과

답안 (1) 1군
(2) 2군
(3) 3군

문제 39 공사기사 13년 / 공사산업 96년, 99년 출제 ─ 배점 : 5점

전력용 콘덴서에 접속하는 DC(방전코일)의 설치목적을 설명하시오.

답안 콘덴서회로 개방 시 콘덴서에 축적된 잔류전하의 방전

문제 40 공사산업 10년, 17년, 22년 출제 ─ 배점 : 6점

전력계통에 일반적으로 사용되는 리액터의 설치목적을 간단히 쓰시오.

(1) 병렬 리액터
(2) 직렬 리액터
(3) 소호 리액터

답안 (1) 페란티 현상의 방지
(2) 제5고조파 제거
(3) 지락전류의 제한

문제 41 공사기사 00년, 13년, 18년 출제 | 배점 : 8점

그림은 고압 진상용 콘덴서의 설비 계통도이다. 물음에 답하시오.

(1) ①의 명칭과 2차 정격전류의 값은?
(2) ②의 방전시간은 5초 이내에 콘덴서의 잔류전하를 몇 [V] 이하로 저하시킬 수 있어야 하는가?
(3) ③ SR의 목적은?
(4) ④ SC의 단선도용 심벌을 그리시오.
(5) SC의 내부 고장에 대한 보호방식 4가지를 쓰시오.

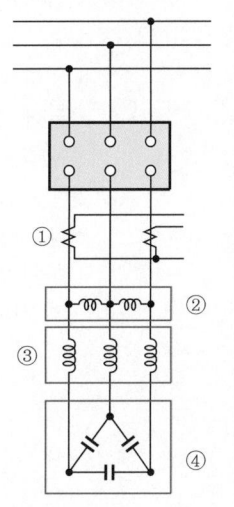

답안 (1) • 명칭 : 변류기
 • 2차 정격전류 : 5[A]
(2) 50[V]
(3) 제5고조파 제거
(4)
(5) 과전류 보호방식, 과전압 보호방식, 부족전압 보호방식, 지락 보호방식

문제 42 공사기사 19년 출제 | 배점 : 8점

콘덴서 설비 보호의 종류 4가지만 쓰시오.

답안 과전압 보호, 저전압 보호, 단락 보호, 지락 보호

해설 콘덴서의 보호
(1) 전력계통 이상 시 콘덴서의 보호
- 과전압 보호 : 콘덴서의 장시간 과전압 내력은 정격전압의 약 110[%] 정도이므로 과전압 계전기를 사용하여 보호한다. 이때 정정치는 정격전압의 130[%] 정도로 하고 동작시한은 2초 정도로 한다.
- 저전압 보호 : 정정치는 정격전압의 약 70[%] 정도로 설정하고 동작시한은 약 2초로 정정한다.

(2) 콘덴서 설비의 단락, 지락사고에 대한 보호
- 단락보호 : 콘덴서 투입 시 투입전류에 동작하지 않도록 감도 설정이 중요하고 일반적으로 정격전류의 150[%] 정도의 정정치로 한시 과전류계전기를 사용한다.
- 지락보호 : 지락보호는 전력계통 중성점 접지방식, 정전용량의 분포, 고장점 접지저항 등에 크게 좌우되므로 일률적인 보호방식 적용은 곤란하며 일반적으로 모선의 타 Feeder와 같이 선택차단방식을 적용한다.

(3) 콘덴서 내부소자 보호
- NCS(Neutral Current Sensor) 방식 : 그림과 같이 Y결선된 콘덴서 2조를 병렬로 결선하여 2개 회로의 중성점을 연결한 중성선에 CT를 설치하여 전류를 감지하여 고장회로를 제거하는 방식

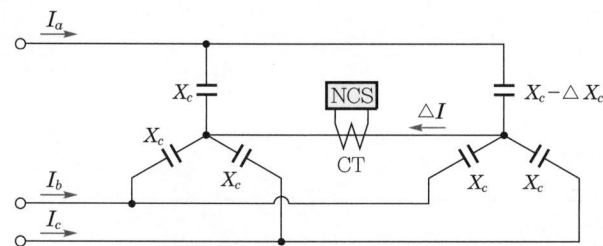

- NVS(Neutral Voltage Sensor) 방식 : 그림과 같이 콘덴서 소자 파손 시 중성점 간의 전압을 검출하는 방식으로 보조저항 R을 Y결선 단자에 연결하여 보조 중성점을 만들어 불평형 전압을 검출하는 방식으로 NCS 방식과 달리 콘덴서 결선이 단일 Y결선이어도 적용이 가능하다.

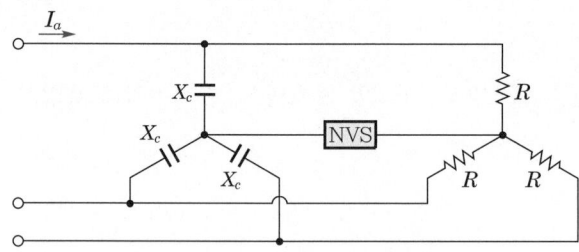

문제 43 공사기사 17년, 22년 출제 | 배점 : 5점

전력용 콘덴서 설비를 보호하기 위한 계통도이다. 그림을 보고 답하시오.

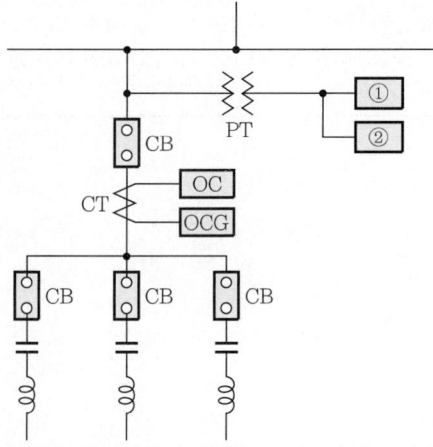

(1) 그림 중 ①, ②에 적합한 기기의 명칭을 쓰시오.
(2) ①, ②가 담당하는 역할에 대해 설명하시오.

답안
(1) ① 과전압계전기
② 저전압계전기
(2) ① 계통의 전압이 과상승할 경우 차단기를 개방하여 콘덴서를 보호
② 정전 또는 저전압 시에 차단기를 개방함으로써 전압회복 시 발생할 수 있는 계통의 과전압으로부터 콘덴서 보호

문제 44 공사기사 07년, 21년 출제 | 배점 : 6점

진상용(전력용) 커패시터는 수용가의 구내계통, 부하 조건에 따라 설치 효과, 보수, 점검, 경제성 등을 검토하여 설치된다. 진상용(전력용) 커패시터의 설치방법(위치 등)을 3가지만 쓰시오.

답안
- 고압측에 설치하는 방법
- 저압측에 일괄해서 설치하는 방법
- 저압측 각 부하에 개별적으로 설치하는 방법

문제 **45**　공사기사 08년, 18년 출제　｜배점 : 5점｜

저압 진상용 콘덴서의 설치장소에 관한 사항이다. 다음 (　) 안에 알맞은 내용을 쓰시오.

> 저압 진상용 콘덴서를 옥내에 설치하는 경우에는 (①) 장소, 또는 (②) 장소 및 주위온도가 (③)[℃]를 초과하는 장소 등을 피하여 견고하게 설치하여야 한다.

답안
① 습기가 많은
② 수분이 있는
③ 40

문제 **46**　공사산업 19년 출제　｜배점 : 5점｜

전력용 커패시터 내부에 고장이 생기거나 과전류 또는 과전압 발생 시 자동 차단기를 보호장치로 시설해야 한다. 이때 뱅크용량은 몇 [kVA] 이상인지 쓰시오.

답안 15,000[kVA]

해설 조상설비의 보호장치(KEC 351.5)

설비종별	뱅크용량의 구분	자동적으로 전로로부터 차단하는 장치
전력용 커패시터 및 분로 리액터	500[kVA] 초과 15,000[kVA] 미만	• 내부에 고장이 생긴 경우 • 과전류가 생긴 경우
	15,000[kVA] 이상	• 내부에 고장이 생긴 경우 • 과전류가 생긴 경우 • 과전압이 생긴 경우
조상기	15,000[kVA] 이상	• 내부에 고장이 생긴 경우

CHAPTER 10. 예비전원과 신재생에너지

1990년~최근 출제된 기출 이론 분석 및 유형별 문제

기출개념 01 축전지설비

1 축전지의 종류와 특성

(1) 연축전지
  ① 형식명과 부동 충전 전압
      ㉠ CS형(크래드식) : 완방전형 → 2.15[V]
      ㉡ HS형(페이스트식) : 급방전형 → 2.18[V]
  ② 공칭전압 : 2.0[V/cell]
  ③ 공칭용량 : 10시간율[Ah]
  ④ 화학반응식

$$\underset{\text{양극}}{PbO_2} + \underset{\text{전해액}}{2H_2SO_4} + \underset{\text{음극}}{Pb} \underset{\text{충전}}{\overset{\text{방전}}{\rightleftarrows}} \underset{\text{양극}}{PbSO_4} + \underset{\text{전해액}}{2H_2O} + \underset{\text{음극}}{PbSO_4}$$

(2) 알칼리 축전지
  ① 형식명
      ㉠ 포켓식 : AL형(완방전형)
      ㉡ 소결식 : AH-S형(초급방전형)
  ② 공칭전압 : 1.2[V/cell]
  ③ 공칭용량 : 5시간율[Ah]
  ④ 화학반응식

$$2Ni(OH)_2 + Cd(OH)_2 \underset{\text{충전}}{\overset{\text{방전}}{\rightleftarrows}} 2NiOOH + 2H_2O + Cd$$

  ⑤ 알칼리 축전지의 특성
      ㉠ 장점
          • 수명이 길다.
          • 충·방전 특성이 양호하다.
          • 기계적 충격에 강하다.
          • 방전 시 전압변동이 작다.
      ㉡ 단점
          • 공칭전압이 낮다.
          • 가격이 비싸다.

2 축전지 용량의 산출

(1) 허용 최저 전압 : V_b

$$V_b = \frac{V_L + e}{n} \text{[V/cell]}$$

여기서, V_L : 부하의 허용 최저 전압[V]
　　　　e : 축전지와 부하 사이의 전압강하[V]
　　　　n : 축전지 셀[cell] 수

※ 축전지 셀 수 : n

$$n = \frac{V_L + e}{V_b} \left(= \frac{\text{부하 정격전압}}{\text{공칭전압}} \right) \text{[cell]}$$

(2) 축전지 용량 : C

$$C = \frac{1}{L}[K_1 I_1 + K_2(I_2 - I_1) + K_3(I_3 - I_2) + K_4(I_4 - I_3)] \text{[Ah]}$$

여기서, L : 보수율
　　　　(사용연수경과 또는 사용조건의 변동 등에 의한 용량 변화의 보정값)
　　　　K : 용량환산시간[h]
　　　　I : 방전전류[A]

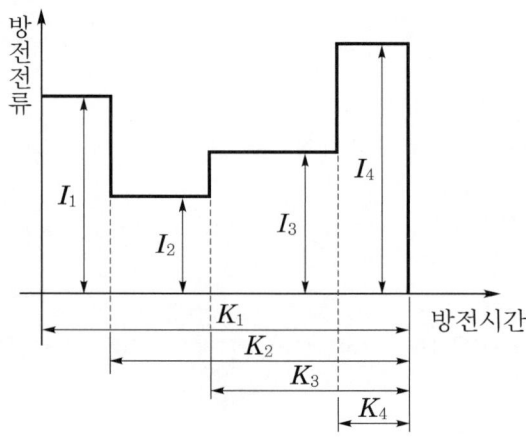

| 방전전류 – 시간 특성 곡선 |

3 충전방식

(1) 초기충전

축전지에 전해액을 주입하고 처음으로 시행하는 충전

(2) 사용 중 충전

① **보통충전** : 필요할 때마다 표준 시간율로 소정의 충전을 하는 방식
② **부동충전** : 축전지의 자기 방전을 보충함과 동시에 상용부하에 대한 전력공급은 충전기가 부담하고 충전기가 부담하기 어려운 일시적인 대전류 부하는 축전지로 하여금 부담하게 하는 충전방식
③ **균등충전** : 부동충전방식 등의 사용 시 각 전해조에서 발생하는 전위차의 보정을 위해 1~3개월마다 1회씩 정전압으로 10~12시간 충전하여 각 전해조의 용량을 균일화하기 위한 충전방식
④ **급속충전** : 단시간에 보통 충전전류의 2~3배의 전류로 충전하는 방식
⑤ **세류충전(트리클충전)** : 자기 방전량만을 항상 충전하는 방식으로 부동충전방식의 일종이다.

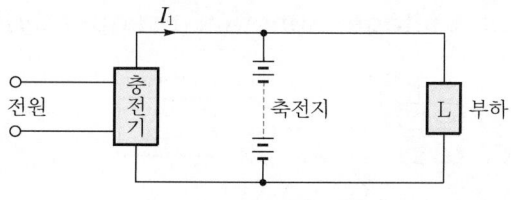

∥부동충전방식 회로∥

※ 충전기 2차 전류 : I_o

$$I_o = \frac{축전지\ 정격용량[Ah]}{정격방전율[h]} + \frac{상시\ 부하용량[W]}{정격전압[V]}[A]$$

기출개념 02 무정전 전원설비(UPS)

UPS는 상시전원의 정전 및 이상전압이 발생하는 경우 무정전 상태에서 정전압, 정주파수(CVCF)의 전원을 정상적으로 부하에 공급하는 설비이며 정류장치, 역변환장치, 축전설비로 구성되어 있다.

1 UPS의 기본 회로

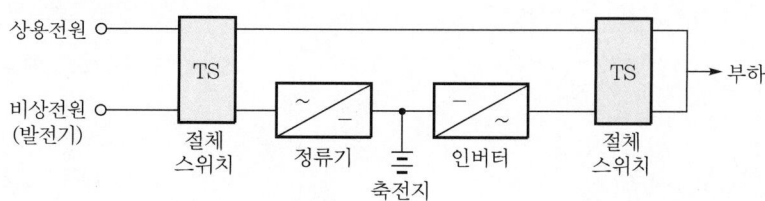

(1) 절체 스위치
상시전원 정전 및 이상 시 예비전원으로 절체하는 스위치

(2) 정류기(converter)
교류전원을 직류전원으로 정류하는 장치

(3) 축전지
정전 시 인버터에 직류전원을 공급하는 설비

(4) 역변환기(inverter)
직류전원을 교류전원으로 역변환하는 장치

2 CVCF(Constant Voltage Constant Frequency)의 기본 회로

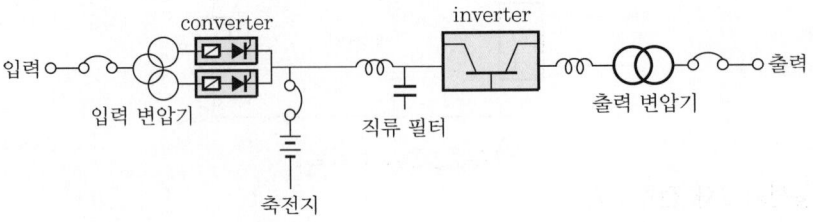

3 UPS의 블록 다이어그램

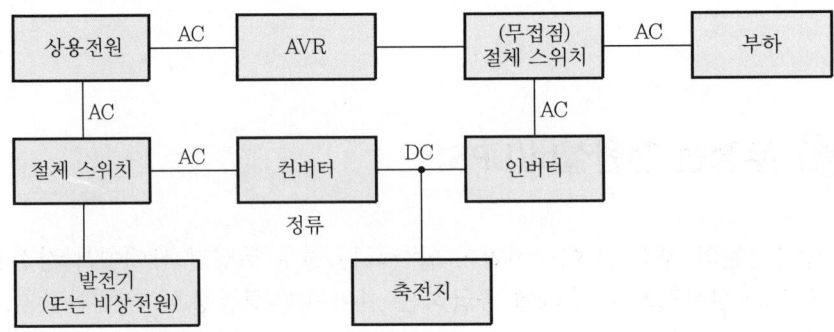

기출개념 03 발전설비

1 자가용 발전설비

자가용 발전설비의 경우 상용전원이 정전되었을 때 10[sec] 이내에 정격전압을 확립하여 30[분] 이상 안정적으로 전원공급을 할 수 있어야 한다.

(1) 자가 발전기의 용량

① 시동용량에 의한 출력

$$P_G = \left(\frac{1}{\Delta E} - 1\right) \cdot X' \cdot Q_S [\text{kVA}]$$

여기서, ΔE : 허용전압강하
        X' : 발전기의 과도 리액턴스
        Q_S : 전동기의 시동용량[kVA]

※ 전동기의 시동용량 : $Q_S [\text{kVA}]$
    $Q_S = \sqrt{3} \times 정격전압 \times 시동전류 \times 10^{-3} [\text{kVA}]$

② 부하용량에 의한 출력

$$P_G = \frac{\sum P_L \times L}{\eta \times \cos\theta} \times k [\text{kVA}]$$

여기서, $\sum P_L$: 부하의 출력 합계[kW]
        L : 수용률
        η : 부하의 효율
        $\cos\theta$: 부하의 역률
        k : 여유계수

③ 원동기의 출력 : P

$$P = \frac{P_G \times \cos\theta}{\eta_G \times 0.736} [\text{P.S}]$$

여기서, P_G : 발전기의 출력[kVA]
        $\cos\theta$: 정격역률
        η_G : 발전기의 효율

(2) 발전기 병렬운전조건

① 기전력의 크기가 같을 것
② 기전력의 위상이 같을 것
③ 기전력의 주파수가 같을 것
④ 기전력의 파형이 같을 것
⑤ 기전력의 상회전 방향이 같을 것

2 발전기실 위치 선정 시 고려사항

(1) 엔진기초는 건물기초와 관계없는 장소로 할 것
(2) 발전기의 보수·점검 등이 용이하도록 충분한 면적 및 층고를 확보할 것
(3) 급·배기(환기)가 잘 되는 장소일 것
(4) 급·배수가 용이할 것
(5) 엔진 및 배기관의 소음, 진동이 주위에 영향을 미치지 않는 장소일 것
(6) 부하의 중심이 되며 전기실에 가까울 것
(7) 고온 및 습도가 높은 곳은 피할 것
(8) 기기의 반입 및 반출, 운전·보수가 편리할 것
(9) 연료의 보급이 간단할 것
(10) 건축물의 옥상은 피할 것

3 풍차의 풍력 에너지

$$P = \frac{1}{2}\rho A V^3 \times 10^{-3} [\text{kW}]$$

여기서, ρ : 공기밀도[kg/m^3]
  A : 날개의 회전 면적[m^2]
  V : 풍속[m/s]

4 태양전지 모듈

(1) 태양전지 모듈 표준 시험조건(STC : Standard Test Conditions)
  ① 모듈 표면온도 : 25[℃]
  ② 대기질량지수 : 1.5
  ③ 일사강도(방사조도) : 1,000[W/m^2]

(2) 태양전지 모듈의 변환 효율

$$\eta = \frac{P_{\text{Mpp}}}{A \times S} \times 100[\%] = \frac{V_{\text{Mpp}} \times I_{\text{Mpp}}}{A \times S} \times 100[\%]$$

여기서, P_{Mpp} : 최대출력[W]
  V_{Mpp} : 최대출력 동작전압[V]
  I_{Mpp} : 최대출력 동작전류[A]
  A : 설치면적[m^2](모듈 크기×모듈 수)
  S : 일사강도(1,000[W/m^2])

개념 문제 01 | 공사산업 00년, 01년, 19년 출제 | 배점 : 5점

예비전원으로 이용되는 축전지에 대한 물음에 답하시오.
(1) 축전지설비를 설치할 경우 설비구성을 4가지만 쓰시오.
(2) 연축전지의 공칭전압[V/cell]을 쓰시오.

답안 (1) • 축전지
  • 보안장치
  • 제어장치
  • 충전장치
(2) 2[V/cell]

개념 문제 02 | 공사기사 20년 출제 | 배점 : 5점

축전지를 방전상태에서 오랫동안 방치하면 극판의 황산납이 회백색으로 변하고 내부저항이 증가하여 충전 시 전해액의 온도가 상승하고 전지의 수명이 단축되는 현상을 쓰시오.

답안 설페이션 현상

해설 설페이션(Sulfation) 현상
납 축전지를 방전상태에서 오랫동안 방치하여 두면 극판의 황산납이 회백색으로 변하며(황산화 현상) 내부저항이 대단히 증가하여 충전 시 전해액의 온도 상승이 크고 황산의 비중 상승이 낮으며 가스의 발생이 심하다. 그러므로, 전지의 용량이 감퇴하고 수명이 단축된다.

개념 문제 03 | 공사산업 22년 출제 | 배점 : 5점

다음 설명에 알맞은 축전지 충전방식을 ( ) 안에 쓰시오.

충전방식	설 명
(①)	필요할 때마다 표준 시간율로 소정의 충전을 하는 방식
(②)	비교적 단시간에 보통 충전전류의 2~3배의 전류로 충전하는 방식
(③)	전지의 자기 방전을 보충함과 동시에 상용부하에 대한 전력공급은 충전기가 부담하도록 하되 충전기가 부담하기 어려운 일시적인 대전류 부하는 축전지로 하여금 부담하게 하는 방식
(④)	부동충전방식에 의하여 사용할 때 각 전해조에서 일어나는 전위차를 보정하기 위하여 1~3개월마다 1회, 정전압(연축전지 2.4~2.5[V/cell], 알칼리 축전지 1.45~1.5[V/cell])으로 10~12시간 충전하여 각 전해조의 용량을 균일화하기 위하여 행하는 방식
(⑤)	자기 방전량만을 항상 충전하는 부동충전방식의 일종

답안 ① 보통충전
② 급속충전
③ 부동충전
④ 균등충전
⑤ 세류충전

1990년~최근 출제된 기출 이론 분석 및 유형별 문제

개념 문제 04 공사기사 97년, 16년 / 공사산업 10년 출제 ┤배점 : 5점├

납축전지의 정격용량 200[Ah], 상시부하 12[kW], 표준전압 100[V]인 부동충전방식의 2차 충전전류는 몇 [A]인지 구하시오. (단, 납축전지의 방전율은 10시간율로 한다.)

답안 140[A]

해설 2차 충전전류 $I = \dfrac{200}{10} + \dfrac{12,000}{100} = 140[A]$

개념 문제 05 공사기사 12년 출제 ┤배점 : 3점├

정전이나 전원에 이상 상태가 발생하였을 때 정상적으로 전력을 부하측에 즉시 공급하는 설비의 명칭을 쓰시오.

답안 무정전 전원장치

개념 문제 06 공사기사 12년 / 공사산업 01년, 03년 출제 ┤배점 : 3점├

예비전원용 고압 발전기에서 부하에 이르는 전로에는 발전기의 가까운 곳에 쉽게 개폐 및 점검을 할 수 있는 곳에 ( ), ( ), ( ) 및 전압계를 시설하여야 한다. 다음 ( ) 안에 알맞은 명칭을 쓰시오.

답안 개폐기, 과전류차단기, 전류계

CHAPTER 10 예비전원과 신재생에너지

단원 빈출문제

1990년~최근 출제된 기출문제

문제 01   공사기사 20년 / 공사산업 08년, 11년, 16년 출제   배점 : 4점

연(납)축전지와 알칼리 축전지의 공칭전압은 몇 [V/cell]인지 쓰시오.

(1) 연(납)축전지
(2) 알칼리 축전지

답안 (1) 2[V/cell]
      (2) 1.2[V/cell]

문제 02   공사산업 14년, 18년 출제   배점 : 5점

극판형식에 의한 축전지의 분류표이다. 빈칸에 알맞은 내용을 쓰시오.

종 별	연축전지	알칼리 축전지	니켈수소전지
형식명	크래드식(PS) 페이스트식(HS)	포켓식 소결식	GMH형
기전력[V]	2.05~2.08	(③)	1.34
공칭전압[V]	(①)	(④)	1.2
시간율[Ah]	(②)	5	(⑤)

답안
① 2.0
② 10
③ 1.33
④ 1.2
⑤ 5

해설 축전지의 분류표

종 별	연축전지	알칼리 축전지	니켈수소전지
형식명	크래드식(PS) 페이스트식(HS)	포켓식 소결식	GMH형
기전력[V]	2.05~2.08	1.33	1.34
공칭전압[V]	2.0	1.2	1.2
시간율[Ah]	10	5	5

문제 03　공사산업 98년, 99년, 06년, 11년, 17년 출제　배점 : 4점

다음 (　) 안에 알맞은 말을 써 넣으시오.

축전지의 설비는 (①), (②), (③), (④)로 구성되어 있다.

답안
① 축전지
② 충전장치
③ 보안장치
④ 제어장치

문제 04　공사산업 01년, 03년 출제　배점 : 4점

다음 (　) 안에 들어갈 알맞은 말을 쓰시오.

예비전원용 고압 발전기에서 부하에 이르는 전로에는 발전기의 가까운 곳에 쉽게 개폐 및 점검을 할 수 있는 곳에 (①), (②), (③) 및 전압계를 시설하여야 한다.

답안
① 개폐기
② 과전류차단기
③ 전류계

문제 05　공사산업 13년 출제　배점 : 4점

알칼리 축전지 종류에 대한 각각의 형식명을 쓰시오.

(1) 포켓식
(2) 소결식

답안
(1) AL형, AM형, AMH형, AH-P형
(2) AH-S형, AHH형

문제 06 | 공사산업 99년 출제 | 배점 : 5점

자가용 축전설비에서 가장 많이 사용되는 충전방식으로 자기 방전을 보충함과 동시에 사용부하에 대한 전력 공급을 충전기가 부담하도록 하되 충전기가 부담하기 어려운 일시적인 대전류 부하는 축전지가 부담하게 하는 충전방식은?

답안 부동충전방식

문제 07 | 공사기사 95년 출제 | 배점 : 4점

축전지에 대한 다음 각 물음에 답하시오.

(1) 축전지의 과방전 및 방치상태, 가벼운 Sulfation(설페이션) 현상 등이 생겼을 때 기능 회복을 위해 실시하는 충전방식은?
(2) 연축전지의 공칭전압은 2.0[V]이다. 알칼리 축전지는 몇 [V]인가?

답안
(1) 회복충전
(2) 1.2[V]

문제 08 | 공사산업 10년, 17년 출제 | 배점 : 5점

예비전원설비 중 사용 중인 축전지의 충전방식 3가지만 쓰시오.

답안
- 부동충전방식
- 균등충전방식
- 급속충전방식

해설 충전방식의 종류
- 부동충전 : 축전지의 자기 방전을 보충함과 동시에 상용부하에 대한 전력 공급은 충전기가 부담하도록 하되 충전기가 부담하기 어려운 일시적인 대전류 부하는 축전지로 하여금 부담하게 하는 방식이다.
- 균등충전 : 부동충전방식에 의하여 사용할 때 각 전해조에서 일어나는 전위차를 보정하기 위하여 1~3개월마다 1회식 정전압으로 10~12시간 충전하여 각 전해조의 용량을 균일화하기 위한 방식이다.

- 급속충전 : 비교적 단시간에 보통전류의 2~3배의 전류로 충전하는 방식이다.
- 보통충전 : 필요할 때마다 표준 시간율로 소정의 충전을 하는 방식이다.
- 세류충전 : 자기 방전량만을 항시 충전하는 부동충전방식의 일종이다.

문제 09 공사기사 97년, 16년 / 공사산업 10년, 20년 출제 | 배점 : 5점 |

연축전지의 정격용량 200[Ah], 상시부하 10[kW], 표준전압 100[V]인 부동충전방식의 2차 충전전류값은 얼마인지 계산하시오. (단, 연축전지의 방전율은 10시간율로 한다.)

답안 120[A]

해설 $I = \dfrac{200}{10} + \dfrac{10,000}{100} = 120[A]$

문제 10 공사기사 97년 / 공사산업 10년, 12년 출제 | 배점 : 5점 |

연축전지의 정격용량 200[Ah], 상시부하 12[kW], 표준전압 100[V]인 부동충전방식의 2차 충전전류값은 얼마인지 계산하시오. (단, 연축전지의 방전율은 10시간율로 한다.)

답안 140[A]

해설 2차 충전전류값 $I = \dfrac{200}{10} + \dfrac{12,000}{100} = 140[A]$

문제 11 공사산업 20년 출제 | 배점 : 4점 |

축전지의 용량은 다음의 식에 의하여 구할 수 있다. 이 식에서 주어진 문자는 무엇을 의미하는지 간단히 쓰시오.

$$C = \dfrac{1}{L}KI$$

답안
- C : 축전지 용량[Ah]
- L : 보수율
- K : 용량환산시간계수
- I : 방전전류[A]

문제 12 공사산업 03년, 12년 출제   배점 : 7점

축전지의 용량 산출에 필요한 조건 6가지를 쓰시오.

답안
- 부하의 크기와 성질
- 예상 정전시간
- 순시 최대방전전류의 세기
- 제어 케이블에 의한 전압강하
- 경년에 의한 용량의 감소
- 온도 변화에 의한 용량 보정
- 방전시간
- 허용최저전압
- 셀 수의 선정
- 보수율

문제 13 공사산업 08년, 17년 출제   배점 : 5점

축전지설비에서 축전지는 장기간 사용하거나 사용조건 등이 변경되기 때문에 이 용량 변화를 보상하는 보정치로 보통 0.8로 하는 것을 무엇이라 하는가?

답안 보수율(경년용량저하율)

문제 14 공사기사 03년, 17년, 20년 출제 · 배점 : 3점

축전지의 다음과 같은 현상이 무엇인지 쓰시오.

- 극판이 백색으로 되거나 표면에 백색반점이 생긴다.
- 비중이 저하되고 충전용량이 감소한다.
- 충전 시 전압 상승이 빠르고 다량의 가스가 발생하였다.

답안 설페이션(Sulfation) 현상

문제 15 공사기사 90년, 02년, 06년, 13년, 19년, 20년, 21년 출제 · 배점 : 5점

비상용 조명부하 40[W] 120등, 60[W] 50등의 합계 7,800[W]가 있다. 방전시간 30분, 축전지 HS형 54[cell], 허용최저전압 90[V], 최저축전지온도 5[℃]일 때의 축전지 용량 [Ah]을 구하시오. (단, 전압은 100[V]이고, 용량환산시간 $K = 1.22$이다. 축전지의 보수율 $L = 0.8$이다.)

답안 118.95[Ah]

해설 부하전류 $I = \dfrac{P}{V} = \dfrac{7,800}{100} = 78[A]$

$\therefore$ 축전지 용량 $C = \dfrac{1}{L}KI = \dfrac{1}{0.8} \times 1.22 \times 78 = 118.95[Ah]$

문제 16 공사기사 90년, 13년, 20년 출제 · 배점 : 5점

비상용 조명부하 110[V]용 100[W] 58등, 60[W] 50등이 있다. 방전시간 30분, 축전지 HS 54[cell], 허용최저전압 100[V], 최저축전지온도 5[℃]일 때의 축전지 용량[Ah]을 구하시오. (단, 보수율 0.8, 용량환산시간 $K = 1.2$이다.)

답안 120[Ah]

해설 부하전류 $I = \dfrac{P}{V} = \dfrac{100 \times 58 + 60 \times 50}{110} = 80[A]$

$\therefore$ 축전지 용량 $C = \dfrac{1}{L}KI = \dfrac{1}{0.8} \times 1.2 \times 80 = 120[Ah]$

문제 17 공사기사 97년 출제

배점 : 4점

그림과 같은 부하 특성일 때 사용 축전지의 보수율(L)은 0.8, 최저축전지온도 5[℃], 허용최저전압이 1.06[V/셀]일 때 축전지의 용량[C]을 계산하시오. (단, K_1 = 1.17, K_2 = 0.93이다.)

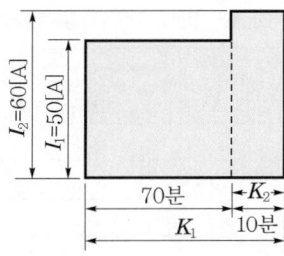

답안 84.75[Ah]

해설 $C = \dfrac{1}{L}[K_1 I_1 + K_2(I_2 - I_1)] = \dfrac{1}{0.8}[1.17 \times 50 + 0.93(60-50)] = 84.75[\text{Ah}]$

문제 18 공사기사 96년, 99년 출제

배점 : 5점

다음과 같은 부하 특성의 소결식 알칼리 축전지의 용량저하율 L은 0.8이고, 최저축전지 온도는 5[℃], 허용최저전압은 1.06[V/cell]일 때 축전지 용량은 몇 [Ah]인가? (단, 여기서 용량환산시간 K_1 = 1.45, K_2 = 0.69, K_3 = 0.25이다.)

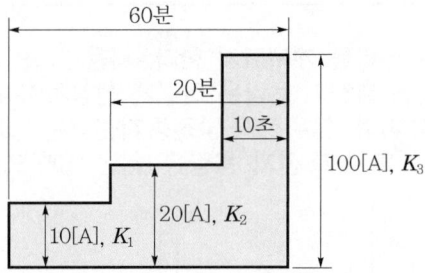

답안 51.75[Ah]

해설 $C = \dfrac{1}{L}\{K_1 I_1 + K_2(I_2 - I_1) + K_3(I_3 - I_2)\}$
$= \dfrac{1}{0.8}\{1.45 \times 10 + 0.69(20-10) + 0.25(100-20)\} = 51.75[\text{Ah}]$

문제 19 공사기사 99년, 00년, 02년, 06년, 12년 출제
배점 : 5점

비상용 조명부하 40[W] 120등, 60[W] 50등, 합계 7,800[W]가 있다. 방전시간 30분, 축전지 HS형 54셀, 허용최저전압 92[V], 최저축전지온도 5[℃]일 때 주어진 표를 이용하여 축전지 용량을 계산하시오. (단, 전압은 100[V], 경년용량저하율은 0.8이다.)

연축전지의 용량환산시간 K(900[Ah] 이하)

형식	온도[℃]	10분			30분		
		1.6[V]	1.7[V]	1.8[V]	1.6[V]	1.7[V]	1.8[V]
HS	25	0.58	0.7	0.93	1.03	1.14	1.38
	5	0.62	0.74	1.05	1.11	1.22	1.54
	−5	0.68	0.82	1.15	1.2	1.35	1.68

답안 118.95[Ah]

해설
셀당 최저허용전압 $= \dfrac{92[V]}{54[\text{cell}]} = 1.7[\text{V/cell}]$ 이므로

표에서 용량환산시간 $K = 1.22$

전류 $I = \dfrac{P}{V} = \dfrac{7,800}{100} = 78[A]$

축전지 용량 $C = \dfrac{1}{L}KI = \dfrac{1}{0.8} \times 1.22 \times 78 = 118.95[\text{Ah}]$

문제 20 공사기사 93년, 97년, 99년, 01년 출제
배점 : 9점

비상용 전원설비로써 축전지설비를 계획코자 한다. 사용부하의 방전전류-시간 특성 곡선이 다음 그림과 같다면 이론상 축전지 용량은 어떻게 선정하여야 하는지 각 물음에 답하시오. (단, 축전지 개수는 83개이며, 단위전지 방전종지전압은 1.06[V]로 하고, 축전지 형식은 AH형을 채택코자 하며, 또한 축전지 용량은 일반식에 의하여 구한다.)

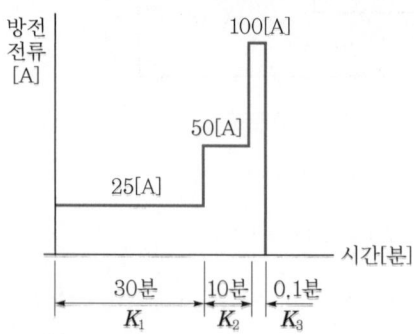

용량환산시간계수 K(온도 5[℃]에서)

형 식	최저허용전압 [V/cell]	0.1분	1분	5분	10분	20분	30분	60분	120분
AH	1.10	0.30	0.46	0.56	0.66	0.87	1.04	1.56	2.60
AH	1.06	0.24	0.33	0.45	0.53	0.70	0.85	1.40	2.45
AH	1.00	0.20	0.27	0.37	0.45	0.60	0.77	1.30	2.30

(1) 축전지 용량 C를 구할 때 K는 용량환산시간, I는 전류, L 등을 이용한다. 여기서 L은 무엇을 뜻하는가?
(2) 용량환산시간 K값으로서 K_1, K_2, K_3를 표에서 구하시오.
(3) 축전지 용량 C는 이론상 몇 [Ah] 이상의 것을 채택하여야 하는가?
(4) 주어진 표의 빈칸에 연축전지와 알칼리 축전지의 특성을 비교하여 설명하시오.

구 분	연축전지	알칼리 축전지	비 고
공칭전압			수치로 기록할 것
과충, 방전에 대한 전기적 강도			강, 약으로 표기
수명			길다, 짧다로 표현

답안

(1) 보수율
(2) $K_1 = 0.85$, $K_2 = 0.53$, $K_3 = 0.24$
(3) 89.69[Ah]
(4)

구 분	연축전지	알칼리 축전지	비 고
공칭전압	2.0[V/cell]	1.2[V/cell]	수치로 기록할 것
과충, 방전에 대한 전기적 강도	약	강	강, 약으로 표기
수명	짧다	길다	길다, 짧다로 표현

해설 (3) $C = \dfrac{1}{L}KI = \dfrac{1}{0.8}[0.85 \times 25 + 0.53 \times 50 + 0.24 \times 100] = 89.69[Ah]$

문제 21 공사산업 04년, 07년, 20년, 22년 출제 | 배점 : 6점 |

예비전원설비로 이용되는 축전지에 대한 물음에 답하시오.

(1) 축전지의 자기 방전을 보충함과 동시에 상용부하에 대한 전력공급은 충전기가 부담하되, 충전기가 부담하기 어려운 일시적인 대전류 부하는 축전지가 부담하게 하는 충전방식을 무엇이라고 하는지 쓰시오.
(2) 비상용 조명부하 200[V]용 50[W] 80등, 30[W] 70등이 있다. 방전시간은 30분이고, 축전지는 HS형 110[cell]이며, 허용최저전압은 190[V], 최저축전지온도는 5[℃]일 때 축전지 용량[Ah]을 구하시오. (단, 보수율은 0.8, 용량환산시간은 1.2이다.)

답안 (1) 부동충전방식
(2) 45.75[Ah]

해설 (2) 축전지 용량 $C = \dfrac{1}{L}KI = \dfrac{1}{0.8} \times 1.2 \times \left(\dfrac{50 \times 80 + 30 \times 70}{200}\right) = 45.75[Ah]$

문제 22 공사기사 02년 출제 | 배점 : 5점

변전소에 200[Ah]의 연축전지가 55개 설치되어 있다. 다음 각 물음에 답하시오.
(1) 묽은 황산의 농도는 표준이고, 액면이 저하하여 극판이 노출되어 있다. 어떤 조치를 하여야 하는가?
(2) 부동충전 시에 알맞은 전압은?
 • 계산과정 :
 • 답 :
(3) 충전 시에 발생하는 가스의 종류는?
(4) 가스 발생 시의 주의사항을 쓰시오.
(5) 충전이 부족할 때 극판에 발생하는 현상을 무엇이라고 하는가?

답안 (1) 증류수를 보충한다.
(2) • 계산과정 : $V = 2.15 \times 55 = 118.25[V]$
 • 답 : 118.25[V]
(3) 수소(H_2) 가스
(4) 환기에 주의하고 화기에 조심할 것
(5) 설페이션 현상

문제 23 공사산업 04년, 18년 출제 | 배점 : 5점

연축전지의 전해액이 변색되며, 충전하지 않고 방전된 상태에서도 다량으로 가스가 발생되고 있다. 어떤 원인의 고장으로 예측되는가?

답안 전해액 불순물의 혼입

문제 24 공사기사 98년 출제 | 배점 : 5점

UPS(uninterruptible power supply)의 사용 목적은?

답안 상시전원의 정전 또는 이상 상태가 발생하여도 정상적으로 안정된 전력을 부하에 공급하기 위하여 사용한다.

문제 25 공사산업 07년 출제 | 배점 : 5점

UPS의 운전상태에서 바이패스(bypass) 전환회로는 어떤 역할을 하는지 쓰시오.

답안 UPS 내부회로 이상 시나 기타 문제 발생 시 UPS를 거치지 않고 부하설비에 직접 상용전원을 공급하도록 하는 역할을 한다.

문제 26 공사기사 08년, 09년, 15년 출제 | 배점 : 6점

UPS용 축전지의 선정과 관련하여 축전지의 용량 산정에 필요한 조건 6가지를 쓰시오.

답안
- 부하의 크기와 성질
- 예상 정전시간
- 순시 최대방전전류의 세기
- 제어 케이블에 의한 전압강하
- 경년에 의한 용량의 감소
- 온도 변화에 의한 용량 보정

문제 27 공사산업 15년, 19년 출제 | 배점 : 4점

Static UPS와 Motor/Generator를 조합한 것을 무엇이라 하는지 쓰시오.

답안 Dynamic UPS

1990년~최근 출제된 기출문제

문제 28 공사기사 18년 출제 | 배점 : 4점

다음은 상용전원과 예비전원 운전 시 유의하여야 할 사항이다. ( ) 안에 알맞은 내용을 쓰시오.

> 상용전원과 비상용 예비전원 사이에는 병렬운전을 하지 않는 것이 원칙이므로 수전용 차단기와 발전기용 차단기 사이에는 전기적 또는 기계적 (①)을 시설해야 하며 적절한 연동기능을 갖춘 (②)를 사용해야 한다.

답안 ① 인터록
② 자동절환개폐장치

문제 29 공사기사 18년 출제 | 배점 : 5점

그림은 UPS 설비의 블록 다이어그램이다. 그림을 보고 다음 각 물음에 답하시오.

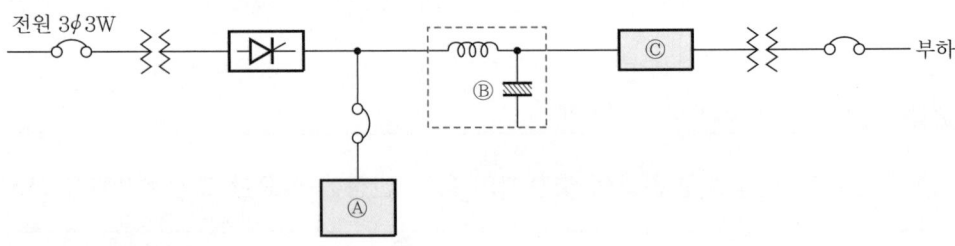

(1) UPS의 기능 2가지를 쓰시오.
(2) A의 명칭을 쓰시오.
(3) B의 명칭을 쓰시오.
(4) C의 명칭 및 그 역할은 무엇인지 쓰시오.
  • 명칭
  • 역할

답안 (1) • 무정전 전원 공급
      • 정전압 정주파수 공급장치
(2) 축전지
(3) DC 필터
(4) • 명칭 : 인버터
    • 역할 : 직류를 교류로 변환

문제 30 | 공사기사 15년 출제 | 배점 : 5점

정상적인 상용전원 인입 시에는 인버터 모듈 내의 IGBT 프리 휠링 다이오드를 통한 풀 브리지 정류방식으로 충전기 기능을 하고 정전 시에는 인버터로 동작을 하여 출력전원을 공급하는 방식으로, 오프라인 방식이지만 일정 전압이 자동으로 조정되는 기능을 갖는 UPS 동작방식을 쓰시오.

답안 라인 인터렉티브 방식

해설 UPS 동작방식
 (1) 온라인(ON-LINE) 방식
  항상 충전기와 인버터에 직류전원을 공급하는 방식으로, 평상시에도 인버터를 통하여 부하에 전원이 공급되는 방식이다.
 (2) 오프라인(OFF-LINE) 방식
  정상 시에는 직접 상용전원을 부하에 공급하고 있다가 정전 시에만 인버터를 동작하여 부하에 전원을 공급하는 방식으로 주로 소용량에 사용된다.
 (3) 라인 인터렉티브(LINE INTERACTIVE) 방식
  정상적인 상용전원 인입 시에는 인버터 모듈 내의 IGBT 프리 휠링 다이오드를 통한 풀 브리지 정류방식으로 충전기 기능을 하고 정전 시에는 인버터로 동작을 하여 출력전원을 공급하는 방식이다.

문제 31 | 공사산업 22년 출제 | 배점 : 4점

22.9[kV-Y] 중성점 다중 접지계통의 지중 배전선로에 사용되는 개폐기로서 정전이 발생할 경우 큰 피해가 예상되는 수용가에 서로 다른 변전소에서 2중 전원을 확보하여 A변전소에서 공급되는 상용전원의 정전이나 기준전압 이하로 떨어진 경우에 B변전소에서 공급되는 예비전원으로 순간 자동 전환을 하는 그림 (가)의 개폐기 명칭을 쓰시오.

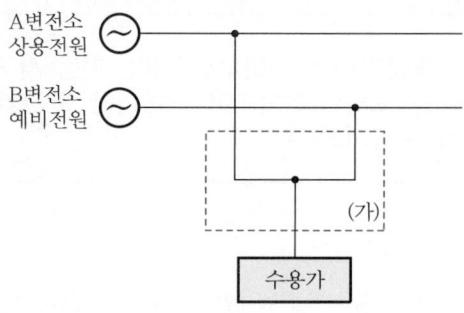

답안 자동부하전환개폐기(ALTS)

문제 32 공사산업 20년 출제 배점 : 5점

다음 ( ) 안에 알맞은 말을 쓰시오.

2대 이상의 발전기를 병렬운전할 경우 주파수, (①) 및 (②)가 같아야 한다.

답안
① 위상
② 기전력의 크기

문제 33 공사기사 91년 출제 배점 : 3점

3상 380[V]를 사용하는 건물에 예비 자가발전설비를 하려고 한다. 부하는 3상 유도전동기로 정격전류는 각각 250[A]×1대, 100[A]×1대, 50[A]×4대이며, 모든 유도전동기의 기동전류는 정격전류의 3배이다. 기동 시의 전압강하를 20[%], 발전기의 과도 리액턴스를 26[%]로 하면 발전기의 정격용량은 몇 [kVA] 이상이어야 하는가? (단, 소수점 이하는 사사오입한다.)

답안 513[kVA]

해설 최대기동용량 $= \sqrt{3}\,VI_s = \sqrt{3} \times 380 \times 250 \times 3 \times 10^{-3} = 493.63\,[\text{kVA}]$

발전기 용량 $P = \left(\dfrac{1}{0.2} - 1\right) \times 0.26 \times 493.63 = 513\,[\text{kVA}]$

문제 34 공사산업 18년 출제 배점 : 5점

부하가 유도전동기이고, 기동용량이 1,800[kVA]이다. 기동 시 허용전압강하는 23[%]이며, 발전기의 과도리액턴스가 25[%]이다. 이 전동기를 운전할 수 있는 자가발전기의 최소용량은 몇 [kVA]인지 구하시오.

답안 1,506.52[kVA]

해설 $\left(\dfrac{1}{e} - 1\right) \times x_d \times 기동용량 = \left(\dfrac{1}{0.23} - 1\right) \times 0.25 \times 1,800 = 1,506.52\,[\text{kVA}]$

문제 35 공사산업 12년 출제
배점 : 5점

발열량 5,500[kcal/kg]의 석탄 1[ton]을 연소하여 2,400[kWh]의 전력을 발생하는 화력 발전소의 열효율은 약 몇 [%]인가?

답안 37.53[%]

해설 발전전력량 W[kWh], 연료소비량 m[kg], 연료의 발열량 H[kcal/kg]라고 하면

열효율 $\eta = \dfrac{860\,W}{mH} \times 100$

$\eta = \dfrac{출력}{입력} = \dfrac{860 \times 2,400}{1 \times 10^3 \times 5,500} \times 100 = 37.53[\%]$

문제 36 공사기사 13년, 20년 출제
배점 : 5점

회전날개의 지름이 10[m]인 프로펠러형 풍차의 풍속이 5[m/s]일 때 풍력 에너지[W]를 계산하시오. (단, 공기의 밀도는 1.225[kg/m³]이다.)

답안 6,013.2[W]

해설 $P = \dfrac{1}{2}\rho A V^3 = \dfrac{1}{2} \times 1.225 \times \pi \times \left(\dfrac{10}{2}\right)^2 \times 5^3 = 6,013.2[W]$

$P = \dfrac{1}{2}mV^2 = \dfrac{1}{2}(\rho A V)V^2 = \dfrac{1}{2}\rho A V^3$

여기서, P : 에너지[W], m : 에너지[kg], V : 평균풍속[m/s]
ρ : 공기의 밀도(1.225[kg/m³]), A : 로터의 단로기[m²]

문제 37 공사산업 15년 출제
배점 : 5점

가스 터빈 발전설비의 장점 5가지만 쓰시오.

답안
- 구조가 간단해서 운전 조작이 용이하다.
- 급속한 기동 정지와 출력조정이 가능하다.
- 운전 보수가 용이하며, 전자동 원격조작이 가능하다.
- 건설기간이 짧고 건설비를 절감할 수 있다.
- 냉각수의 소요량이 적으며, 입지조건의 제약이 적다.
- 구조가 간단해서 운전에 대한 신뢰도가 높다.

해설 단점
- 값비싼 내열재료를 사용한다.(배기가스의 온도가 높기 때문에, 대용량기의 제작은 곤란)
- 열효율은 대용량의 기력발전소보다 낮다.
- 공기압축기의 소요동력이 크다.
- 개방사이클 가스터빈은 외기 온도와 대기압의 영향을 받는다.
- LNG 등의 양질의 연료를 사용함이 좋다.
- 소음이 크다.

문제 38 공사기사 14년 출제 | 배점 : 5점

2대 이상의 발전기를 병렬운전하기 위한 조건을 3개만 쓰시오.

답안
- 기전력의 크기가 같을 것
- 주파수가 같을 것
- 위상이 같을 것
- 파형이 같을 것

문제 39 공사산업 19년 출제 | 배점 : 5점

다음 괄호 안에 알맞은 답을 써 넣으시오.

> 병렬운전되고 있는 발전기에 갑자기 부하가 급변하면, 새로운 부하에 대응하는 동기화력에 의해 새로운 속도를 중심으로 진동하게 된다. 이 진동주기가 동기발전기의 고유진동주기에 가깝게 되면 공진작용으로 인해 진동이 증대하게 되는 데 이러한 현상을 (   )라고 한다.

답안 난조

문제 40 공사산업 19년 출제 | 배점 : 3점

신에너지 및 재생에너지를 이용한 발전설비와 같이 소규모로 전력소비 지역부근에 분산하여 배치가 가능한 발전설비를 무엇이라고 하는가?

답안 분산형 전원

문제 41 공사기사 00년, 01년, 07년, 13년 출제 — 배점 : 4점

다음 ( ) 안에 알맞은 말을 쓰시오.

예비전원에 시설하는 저압발전기 부하에 이르는 전로에는 발전기 가까운 곳에 쉽게 개폐 및 점검을 할 수 있는 곳에 (   ), (   ), (   ), (   )를 시설하여야 한다.

답안 개폐기, 과전류차단기, 전압계, 전류계

문제 42 공사산업 20년 출제 — 배점 : 6점

분산형 전원 사업자의 한 사업장에서 설비용량합계가 250[kVA] 이상일 경우 시설하여야 하는 장치 3가지만 쓰시오.

답안 유효전력, 무효전력 및 전압을 측정할 수 있는 장치

문제 43 공사산업 21년, 22년 출제 — 배점 : 8점

한국전기설비규정에서 정하는 연료전지설비의 보호장치에 대한 설명이다. 빈칸에 들어갈 알맞은 내용을 쓰시오.

연료전지는 다음의 경우에 자동적으로 이를 전로에서 차단하고 연료전지에 연료가스공급을 자동적으로 차단하며 연료전지 내의 연료가스를 자동적으로 배기하는 장치를 시설하여야 한다.
(1) 연료전지에 (①)가 생긴 경우
(2) 발전요소의 발전전압에 이상이 생겼을 경우 또는 연료가스 출구에서의 (②) 또는 공기출구에서의 (③) 농도가 현저히 상승한 경우
(3) 연료전지의 (④)가 현저하게 상승한 경우

답안
① 과전류
② 산소농도
③ 연료가스
④ 온도

문제 44 공사산업 21년 출제 | 배점 : 5점

한국전기설비규정에 따른 전기저장장치의 시설에 대한 설명이다. 다음 빈칸에 알맞은 내용을 쓰시오.

> 전기저장장치의 이차전지에는 다음에 따라 자동적으로 전로로부터 차단하는 장치를 시설하여야 한다.
> (1) (①) 또는 (②)가 발생한 경우
> (2) 제어장치에 이상이 발생한 경우
> (3) 이차전지 모듈의 내부 (③)가 급격히 상승할 경우

답안
① 과전압
② 과전류
③ 온도

문제 45 공사기사 22년 출제 | 배점 : 6점

한국전기설비규정에 따라 전기저장장치를 시설하는 곳에는 계측하는 장치를 시설하여야 한다. 다음 빈칸에 알맞은 내용을 쓰시오.

> 전기저장장치를 시설하는 곳에는 다음의 사항을 계측하는 장치를 시설하여야 한다.
> (1) 축전지 출력단자의 (①), (②), (③) 및 충방전 상태
> (2) 주요 변압기의 (①), (②) 및 (③)

답안 (1) ① 전압
② 전류
③ 전력
(2) ① 전압
② 전류
③ 전력

문제 46 공사산업 19년 출제　　　　　　　　　　　　　　　　배점 : 5점

한국전기설비규정(KEC)에 의해 전기저장장치의 이차전지에 자동적으로 전로로부터 차단하는 장치를 시설하여야 하는 경우를 3가지만 쓰시오.

답안
- 과전압 또는 과전류가 발생한 경우
- 제어장치에 이상이 발생한 경우
- 이차전지 모듈의 내부 온도가 급격히 상승할 경우

문제 47 공사기사 11년 출제　　　　　　　　　　　　　　　　배점 : 5점

주택용 계통연계형 태양광발전설비는 주택 등에 설치하고, 전기사업자의 저압전로와 연계한 태양전지출력이 몇 [kW] 이하의 것을 말하는가?

답안 20[kW]

해설 **주택용 계통연계형 태양광발전설비의 시설 적용범위**
주택용 계통연계형 태양광발전설비는 태양전지모듈로부터 중간단자함, 파워 어레이, 배선 등의 설비까지 적용한다. 또한 주택용 계통연계형 태양광발전설비는 주택 등에 설치하고, 전기사업자의 저압 전로와 연계한 태양전지출력이 20[kW] 이하의 것을 말한다.

문제 48 공사기사 12년 출제　　　　　　　　　　　　　　　　배점 : 5점

연료전지 발전(Fuel Cell Power Generation)의 특징 5가지를 쓰시오.

답안
- 발전효율이 높다.
- 환경상의 문제가 없어 수용가 근처에 설치가 가능하다.
- 배열은 냉난방 및 온수공급용으로 사용할 수 있으므로 열병합 발전이 가능하다.
- 단위출력당의 용적 또는 무게가 적다.
- 부하조정이 용이하고 저부하에서도 발전효율의 저하가 적다.
- 설비의 모듈화가 가능해서 대량 생산이 가능하고 설치공기가 짧다.
- 수용지 부근 또는 도심지에 설치가 가능하다.
- 연료로서는 천연가스, 메탄올, 석탄가스도 사용 가능하므로 석유대체효과를 기대할 수 있으며 도시가스 배관망에 의한 연료공급도 가능하다.
- 부하변동에 따라 신속히 반응하며 설치형태에 따라 현지전원용, 분산전원용, 중앙집중 전원용 등의 다양한 용도로 사용할 수 있다.

1990년~최근 출제된 기출문제

문제 49 공사산업 20년 출제 | 배점: 4점

다음 빈칸에 들어갈 내용을 쓰시오.

> 발전소에서 상주 감시를 요하지 않는 경우라도 발전기 용량이 (　　)[kVA] 넘는 경우에는 발전기의 내부에 고장이 발생했을 때 발전기를 전로에서 자동적으로 차단하는 장치가 필요하다.
> 단, 발전소는 비상용 예비전원을 얻을 목적으로 시설한 것이 아니다.

답안 2,000

해설 상주 감시를 하지 아니하는 발전소의 시설(KEC 351.8)

발전소는 비상용 예비전원을 얻을 목적으로 시설하는 것 이외에는 다음에 따라 시설하여야 한다.

다음과 같은 경우에는 발전기를 전로에서 자동적으로 차단하고 또한 수차 또는 풍차를 자동적으로 정지하는 장치 또는 내연기관에 연료 유입을 자동적으로 차단하는 장치를 시설할 것

- 원동기 제어용의 압유장치의 유압, 압축 공기장치의 공기압 또는 전동 제어장치의 전원 전압이 현저히 저하한 경우
- 원동기의 회전속도가 현저히 상승한 경우
- 발전기에 과전류가 생긴 경우
- 정격 출력이 500[kW] 이상의 원동기 또는 그 발전기의 베어링의 온도가 현저히 상승한 경우
- 용량이 2,000[kVA] 이상의 발전기의 내부에 고장이 생긴 경우

문제 50 공사기사 22년 출제 | 배점: 4점

다음은 한국전기설비규정에 따른 저압 옥내 직류전기설비의 접지에 관한 설명 중 일부이다. (　) 안에 알맞은 내용을 쓰시오.

> 저압 옥내 직류전기설비는 전로 보호장치의 확실한 동작의 확보, 이상전압 및 대지전압의 억제를 위하여 직류 2선식의 임의의 한 점 또는 변환장치의 직류측 중간점, 태양전지의 중간점 등을 접지하여야 한다. 다만, 직류 2선식을 다음에 따라 시설하는 경우는 그러하지 아니하다.
> (1) 사용전압이 (①)[V] 이하인 경우
> (2) 절연감시장치 또는 절연고장점검출장치를 설치하여 관리자가 확인할 수 있도록 (②)를 시설하는 경우

답안 ① 60
② 경보장치

문제 51 공사산업 12년 출제 | 배점 : 3점

태양전지의 모듈이란 무엇인지 쓰시오.

답안 태양전지의 최소 단위를 셀(cell)이라고 하는데, 이 셀을 다수 개 조합한 것을 모듈이라고 한다.

문제 52 공사산업 21년 출제 | 배점 : 6점

다음은 태양광발전설비의 태양전지 모듈 검사에서 직류회로 절연저항 측정방법이다. 측정순서를 올바르게 나열하시오.

(1) 전체 스트링의 차단기 또는 퓨즈 개방
(2) 단락용 개폐기 개방
(3) 주 차단기 개방, SA 또는 SPD가 있는 경우 접지단자 분리
(4) 측정회로 스트링의 차단기 또는 퓨즈 투입 후 단락용 개폐기 투입
(5) 단락용 개폐기의 1차측 (+) 및 (-)의 클립을 차단기 또는 퓨즈와 역전류 방지 다이오드 사이에 각각 접속
(6) 측정 후 반드시 단락용 개폐기(직류차단기)를 개방
(7) 절연저항계 E측을 접지단자에 L측을 단락용 개폐기의 2차측에 접속하고 절연저항 측정
(8) 스트링의 클립 제거, SA 또는 SPD 접지단자 복원

답안 (3) → (2) → (1) → (5) → (4) → (7) → (6) → (8)

CHAPTER 11 조명설비

1990년~최근 출제된 기출 이론 분석 및 유형별 문제

기출개념 01 조명의 기초

(1) 복사
전자파로서 공간에 전파되는 현상 또는 그 에너지를 복사라 하며, 단위시간당 복사되는 에너지를 복사속이라 한다.

(2) 시감도
전자파가 빛으로 느껴지는 정도를 시감도라 하며, 파장의 범위는 380~760[nm]이고 최대 시감도는 680[lm/W], 파장은 555[nm](5,550[Å])이다.

기출개념 02 측광량의 정의

(1) 광속 : F[lm](lumen)
복사에너지를 시감도에 따라 측정한 값, 즉 광원으로부터 발산되는 빛의 양이다.

(2) 광도 : I[cd](candela)
광원에서 어떤 방향에 대한 단위입체각당 발산 광속이다.

$$I = \frac{dF}{d\omega}[\text{cd}]$$

여기서, ω : 입체각(sterad)

(3) 조도 : E[lx](lux)
어떤 면의 단위면적에 대한 입사광속, 즉 피조면의 밝기를 말한다.

$$E = \frac{dF}{dA}[\text{lx}]$$

(4) 휘도 : B[nt, sb](nit, stilb)
광원의 임의의 방향에서 바라본 단위투영면적당의 광도, 즉 눈부심의 정도이다.

$$B = \frac{dI}{dA\cos\theta}[\text{cd/m}^2 = \text{nt}]$$

※ 보조단위는 $[\text{cd/cm}^2 = \text{sb}]$

(5) 광속발산도 : R[rlx](radlux)

발광면의 단위면적당 발산광속이다.

$$R = \frac{dF}{dA}[\text{rlx}]$$

(6) 전등효율 : η[lm/W]

전등의 소비전력에 대한 발산광속의 비를 전등의 효율이라 한다.

$$\eta = \frac{F}{P}[\text{lm/W}]$$

기출개념 03 조도와 광도

1 거리 역제곱의 법칙

조도는 광도에 비례하고, 거리의 제곱에 반비례한다.

$$E = \frac{I}{l^2}[\text{lx}]$$

2 입사각 코사인(cosin)의 법칙

$$E = \frac{I}{l^2}\cos\theta\,[\text{lx}]$$

3 조도의 분류

(1) 법선 조도 : E_n

$$E_n = \frac{I}{r^2}[\text{lx}]$$

(2) 수평면 조도 : E_h

$$E_h = E_n \cos\theta = \frac{I}{r^2}\cos\theta = \frac{I}{h^2+d^2}\cos\theta \,[\text{lx}]$$

(3) 수직면 조도 : E_v

$$E_v = E_n \sin\theta = \frac{I}{r^2}\sin\theta = \frac{I}{h^2+d^2}\sin\theta \,[\text{lx}]$$

4 광도와 광속

(1) 구 광원 : $F = 4\pi I \,[\text{lm}]$

(2) 원통 광원 : $F = \pi^2 I \,[\text{lm}]$

(3) 면 광원 : $F = \pi I \,[\text{lm}]$

5 휘도와 광속발산도

완전 확산면에서 휘도 $B[\text{cd/m}^2]$와 광속발산도 $R[\text{rlx}]$ 사이에는 다음의 관계식이 성립한다.

$$R = \pi B \,[\text{rlx}]$$

6 조명률 : U

광원에서 발산되는 총 광속에 대한 작업면의 입사광속의 비로써 실지수와 천장, 벽, 바닥의 반사율에 의해 결정된다.

$$U = \frac{F}{F_o} \times 100 \,[\%]$$

여기서, F : 작업면의 입사광속[lm]
 F_o : 광원의 총광속[lm]

7 감광보상률 : D

(1) 조명시설의 사용연수경과에 따른 광속 및 반사율의 감소에 여유를 준 값이며, 감광보상률의 역수를 보수율(M) 또는 유지율이라 한다.

(2) 감광보상률은 전등기구의 보수상태에 따라 1.3~1.8 정도이다.

8 총소요광속 : F_o

$$F_o = NF = \frac{EAD}{U} \text{ [lm]}$$

9 광원의 크기 : P

광원 1등당 소요광속을 구하고 등기구의 특성(표)에서 광원의 크기를 정한다.

$$F = \frac{F_o}{N} = \frac{EAD}{NU} = \frac{EA}{NUM} \text{ [lm]}$$

여기서, F_o : 총광속
 F : 등당 광속
 N : 광원(등)의 수
 E : 수평면의 평균 조도
 A : 방의 면적
 U : 조명률
 D : 감광보상률
 M : 보수율(유지율)

기출개념 04 조명설계

1 전등의 설치 높이와 간격

(1) 등간격

$$S \leqq 1.5H$$

(2) 등과 벽의 간격

$$S_o \leqq \frac{1}{2}H \text{(벽을 사용하지 않을 경우)}$$

$$S_o \leqq \frac{1}{3}H \text{(벽을 사용하는 경우)}$$

여기서, H는 피조면으로부터 천장까지의 높이(등고)

2 실지수(room index) : G

방의 크기와 모양에 따른 광속의 이용척도

$$G = \frac{XY}{H(X+Y)}$$

여기서, X : 방의 가로길이, Y : 방의 세로길이
H : 작업면으로부터 광원의 높이

3 도로조명설계

도로의 번화한 정도(상업, 교통량, 주택가)에 따라 조도를 정하여 광원의 종별 및 조명기구의 배치방법을 결정한다.

(1) 조명기구의 배치방법

① 도로 양쪽의 대칭배열

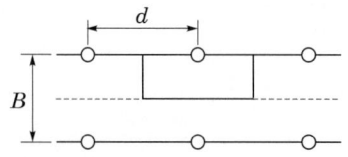

② 지그재그배열

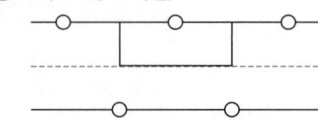

③ 도로 중앙배열

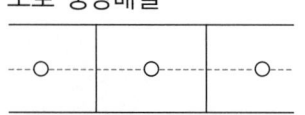

④ 도로 편측배열

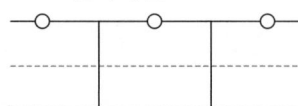

(2) 등당 조사면적 : A

① 대칭배열과 지그재그배열

$$A = \frac{B}{2} \cdot d \, [\text{m}^2]$$

② 중앙배열과 편측배열

$$A = B \cdot d \, [\text{m}^2]$$

여기서, B : 도로의 폭[m], d : 등의 간격[m]

(3) 광속의 결정 : F

$$F = \frac{EAD}{U} \, [\text{lm}]$$

기출개념 05 에너지 절약

1 전원설비

(1) 고효율 변압기 사용

변압기 설치 시 손실이 적은 고효율 변압기를 설치하여 에너지 절약을 유도한다. (몰드 변압기, 아몰퍼스 변압기)

(2) 변압기 대수제어 기능 구성

대용량 변압기 1대를 설치, 가동시키는 것보다 여러 대로 분할하여 부하에 따라 대수를 조절함으로써 전력손실을 줄일 수 있다. 따라서 변압기는 용도(냉방용, 동력용, 전등, 전열용 등)에 따라 구분 설치하는 것이 바람직하며, 아울러 용도별, 전력사용량의 계량이 가능하도록 변압기별로 2차측에 적산전력계를 설치하는 것이 바람직하다.

(3) 직강압방식 변전시스템(One-step)

수전되는 특고압을 고압으로, 고압을 저압으로 강압하는 다단방식은 변압기 자체의 손실이 크므로 특고압을 바로 사용할 수 있는 전압으로 직강압(22,900[V]/380[V], 220[V])하는 방식을 채택함으로써 변압기 손실을 감소한다.

(4) 역률자동제어설비

교류회로에서 전력, 전류, 전압과의 실효차에 대한 크기의 비를 역률이라 하는데, 회전형 진상기 또는 콘덴서 등의 역률 자동제어설비를 사용하여 전력을 절감한다.

(5) 최대수요전력제어(Demand control)

전력 사용경향에 의한 최대수요치를 예측하여 그 예측된 최대수요치를 초과할 때 설정된 단계별로 업무에 지장이 없는 부하부터 차단함으로써 하절기 최대수요 전력상승을 효과적으로 관리함으로써 전력요금의 경감을 도모한다.

(6) 수변전설비 중앙감시제어설비

송배전 시 발생되는 이상 사고, 이상 지락 및 송배전상태를 감시제어할 수 있는 시스템으로 중앙감시제어설비를 채택하면 무인 변전소가 가능하여 인건비 절감이 가능하다.

(7) 건물자동제어설비 구성(BAS)

컴퓨터를 이용하여 빌딩관리를 중앙제어하는 시스템으로 전력수요제어, 역률제어, 적정 냉·난방 부하제어, 동력설비 스케줄에 의한 제어 및 방범 방재 등으로 건물관리의 효율성 제고로 인한 인력절감 및 에너지절감 효과가 크다.

2 조명설비

(1) 광원
① 26[mm] 32[W] 형광램프(고효율 에너지기자재 인증대상 품목임) : 일반 형광등에 비하여 약 20~34[%]의 절전효과가 있으며 2배 이상의 수명연장 효과가 있음. 유지보수의 비용이 적게 드는 26[mm] 32[W] 형광램프의 사용을 통하여 조명에너지를 절감
② 전구식 형광램프(고효율 에너지기자재 인증대상 품목임) : 전구식 형광램프는 소형 규격화로 백열전구를 대신하여 설치가 가능하고 전력절감의 효과가 큼. 효율이 높은 전구식 형광램프를 이용하여 수명연장과 시력보호 효과 등으로 사용의 극대화를 추구
③ HID램프 : 재래식 수은등 대신 고압 방전형태의 HID램프(고압나트륨등, 메탈핼라이드등)로 교체하면 절전효과가 크며 연색성이 우수하여 작업환경을 개선할 수 있음

(2) 조명기구
① 고조도 반사갓 채택(고효율 에너지기자재 인증대상 품목임) : 조명이 요구되는 공간에 빛을 집중시키기 위하여 광반사율이 높은 반사갓을 사용하여 발광효율을 높인 고조도 반사갓은 조명의 수량을 늘리거나 줄일 경우에 사용하면 경제적이고 조도향상 및 조명전력 절감을 도모
② 공조형 조명기구 사용 : 형광램프 및 안정기에서 열이 발생하여, 이 열이 냉방부하를 가중시키므로 발생된 열을 외부로 배기시키는 공조형 조명기구를 사용하여 에너지 절약을 도모

(3) 조명제어
① 개별스위치 설치 : 건물 전체를 조명하는 조명시스템과 더불어 국부적으로 조명하는 시스템인 개별스위치를 채택하여 국부조명을 이용한 조명에너지의 극대화를 추구
② 옥외등 자동점멸장치 : 광센서에 의해 옥외등을 자동 점멸하거나 타이머를 설치하여 주변상황에 따라 옥외등 자동 점멸을 이용한 조명전력 절감
③ 인체감지형 조명점멸장치(고효율 에너지기자재 인증대상 품목임) : 사람의 왕래가 적고 주광을 이용하지 못하는 계단 등에 인체 감지센서를 부착하여 자동으로 조명등을 점멸하여 조명전력 절감
④ 창측조명의 일광제어 : 창주변 지역은 주간에 주광조명을 할 수 있으므로 조도센서 설치에 의한 점등 및 점멸조절로 조명에너지를 절약
⑤ 조명설비 자동제어 시스템 : 타이머 제어와 조광레벨 제어, 센서제어 및 마이크로 컴퓨터가 내장된 조명설비 자동제어 시스템을 채택하여 조명에너지 이용을 극대화
⑥ 태양광 가로등 설비 : Solar Cell 설치운전에 의한 발전으로 가로등을 점등함으로써 전력의 직·간접적인 절약과 아울러 향후 태양광 발전시대에 대비한 유지관리 기술을 축적할 수 있음
⑦ 유도등 소등제어(3선식배선) : 비상구 유도등을 3선식으로 하여 야간이나 휴무시 유도등을 소등함으로써 전력절감 도모 가능함. 이때에도 축전지는 계속 충전된 상태이므로 전원 차단시에도 20~30분간 자동으로 점등

3 조명방식

(1) 조명기구 배광에 따른 조명방식
  ① 직접 조명
    ㉠ 빛을 직접 대상물에 비추는 조명방식
    ㉡ 정원·공장 등에 사용
  ② 반간접 조명
    ㉠ 직접 조명과 간접 조명의 단점을 보완한 것으로 발산광속 중 상향 광속이 60~90[%], 하향 광속이 10~40[%]
    ㉡ 거실·안방 등 일반 가정에서 많이 사용
  ③ 반직접 조명
    ㉠ 빛의 60~90[%]가 아래로 향하여 직접 표면을 비추고 나머지 10~40[%]는 천장면을 향하여 반사시키는 조명방식
    ㉡ 상점·사무실·학교 등에 사용
  ④ 전반확산 조명
    ㉠ 하향 광속으로 직접 작업면에 직사시키고 상향 광속의 반사광으로 작업면의 조도를 증가시키는 조명방식
    ㉡ 일반 사무실·백화점·교실 등에 사용

(2) 건축화 조명
건축화 조명이란 건축물의 천장, 벽 등의 일부가 조명기구로 이용되거나 광원화되어 건축물의 마감재료의 일부로서 간주되는 조명설비이다. 이에 대한 종류는 천장면 이용 방법과 벽면 이용방법으로 대별된다.
  ① 천장 매입방법
    ㉠ 매입 형광등 : 하면 개방형, 하면 확산판 설치형, 반매입형 등이 있다.
    ㉡ 다운 라이트(down light) : 천장에 작은 구멍을 뚫고 조명기구를 매입하여 빛의 빔방향을 아래로 유효하게 조명하는 방법이다.
    ㉢ 핀 홀 라이트(pin hole light) : 다운 라이트의 일종으로 아래로 조사되는 구멍을 작게 하거나 렌즈를 달아 복도에 집중 조사되도록 한다.
    ㉣ 코퍼 라이트(coffer light) : 대형의 다운 라이트라고도 볼 수 있으며 천장면을 둥글게 또는 사각으로 파내어 내부에 조명기구를 배치하여 조명하는 방법이다.
    ㉤ 라인 라이트(line light) : 매입 형광등방식의 일종으로 형광등을 연속으로 배치하는 조명방식이다.
  ② 천정면 이용방법
    ㉠ 광천장 조명 : 실의 천장 전체를 조명기구화하는 방식으로 천장 조명 확산 판넬로서 유백색의 플라스틱관이 사용된다.
    ㉡ 루버 조명 : 실의 천장면을 조명기구화하는 방식으로 천장면 재료로 루버를 사용하여 보호각을 증가시킨다.

ⓒ 코브(cove) 조명 : 광원으로 천장이나 벽면 상부를 조명함으로서 천장면이나 벽에서 반사되는 반사광을 이용하는 간접 조명방식으로 효율은 대단히 나쁘지만 부드럽고 안정된 조명을 시행할 수 있다.

③ 벽면 이용방법
  ㉠ 코너(coner) 조명 : 천장과 벽면 사이에 조명기구를 배치하여 천장과 벽면에 동시에 조명하는 방법이다.
  ㉡ 코니스(conice) 조명 : 코너를 이용하여 코니스를 15~20[cm] 정도 내려서 아래쪽의 벽 또는 커튼을 조명하도록 하는 방법이다.
  ㉢ 밸런스(valance) 조명 : 광원의 전면에 밸런스판을 설치하여 천장면이나 벽면으로 반사시켜 조명하는 방법이다.
  ㉣ 광창 조명 : 지하실이나 무창실에 창문이 있는 효과를 내는 방법으로 인공창의 뒷면에 형광등을 배치하는 방법이다.

개념 문제 01 공사산업 18년, 21년 출제 ─────────────┤ 배점 : 6점 ├

다음 물음에 답하시오.
(1) 눈부심의 정의를 쓰시오.
(2) 눈부심의 종류를 3가지 쓰시오.

답안 (1) 시야 내에 어떤 고휘도로 인하여 불쾌, 고통, 눈의 피로, 시력의 일시적 감퇴를 일으키는 현상
(2) 감능 글레어, 불쾌 글레어, 직시 글레어

해설 (2) • 감능 글레어 : 보고자 하는 물체와 시야 사이에 고휘도 광원이 있어 시력저하를 일으키는 현상
• 불쾌 글레어 : 심한 휘도 차이에 의한 피로 불쾌감
• 직시 글레어 : 고휘도 광원을 직시하였을 때 시력장해를 받는 현상
• 반사 글레어 : 고휘도원이 반사면으로부터 나올 때 시력장해를 받는 현상

개념 문제 02 공사기사 08년, 22년 / 공사산업 20년 출제 ─────────┤ 배점 : 5점 ├

HID Lamp에 대한 다음 각 물음에 답하시오.
(1) HID Lamp의 명칭을 우리말로 쓰시오.
(2) HID Lamp로서 가장 많이 사용되는 등기구 종류를 3가지만 쓰시오.

답안 (1) 고휘도 방전램프
(2) 고압 수은등, 고압 나트륨등, 메탈핼라이드램프

개념 문제 03 | 공사산업 95년, 12년 출제 | 배점 : 6점

가로 20[m], 세로 30[m], 천장 높이 4.5[m]인 사무실에 그림과 같이 전등설비를 하고자 한다. 실지수를 구하여라.

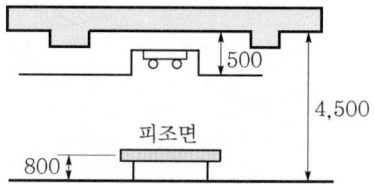

답안 3.75

해설
실지수 $(R \cdot I) = \dfrac{XY}{H(X+Y)}$

$= \dfrac{20 \times 30}{(4.5 - 0.5 - 0.8) \times (20 + 30)} = 3.75$

개념 문제 04 | 공사기사 09년, 15년 / 공사산업 92년, 95년, 06년, 12년, 14년, 17년, 20년, 22년 출제 | 배점 : 4점

바닥면적 200[m²]의 사무실에 전 광속 2,500[lm]의 36[W] 형광등을 시설하여 평균조도를 150[lx]로 하고자 한다. 설치할 등수를 구하시오. (단, 조명률은 50[%], 감광보상률은 1.25이다.)

답안 30[등]

해설
조명률 $U = \dfrac{EAD}{FN}$ 에서

등수 $N = \dfrac{EAD}{FU}$

$= \dfrac{150 \times 200 \times 1.25}{2,500 \times 0.5} = 30[등]$

개념 문제 05 | 공사산업 08년, 19년 출제 | 배점 : 5점

100[m²]의 방에 2,500[lm]의 광속을 발산하는 전등 30개를 점등하였다. 조명률은 0.5이고 감광보상률이 1.5라면 이 방의 평균조도는 약 몇 [lx]인가?

답안 250[lx]

해설
$E = \dfrac{FUN}{AD}$

$= \dfrac{2,500 \times 0.5 \times 30}{100 \times 1.5} = 250[\text{lx}]$

1990년~최근 출제된 기출 이론 분석 및 유형별 문제

개념 문제 06 공사기사 98년, 17년, 22년 출제 | 배점 : 5점 |

폭 15[m]인 도로 양측에 20[m] 간격을 두고 가로등이 점등되고 있다. 1등당의 전광속은 3,000[lm]이고 그 45[%]가 도로 전면에 방사하는 경우, 도로면의 평균조도[lx]는 얼마인지 구하시오.

답안 9[lx]

해설 $E = \dfrac{FUN}{\dfrac{1}{2}ab} = \dfrac{3,000 \times 0.45 \times 1}{\dfrac{1}{2} \times 15 \times 20} = 9[\text{lx}]$

개념 문제 07 공사산업 09년, 22년 출제 | 배점 : 5점 |

다음은 조명방식에 관한 설명이다. 조명방식 및 특징을 읽고 어떤 조명방식인지 쓰시오.

- 조명방식 : 코너 조명과 같이 천장과 벽면경계에 건축적으로 둘레턱을 만들어 내부에 등기구를 배치하여 조명하는 방식이다.
- 특징 : 아래 방향의 벽면을 조명하는 방식으로 광원은 형광램프가 적정하다.

답안 코니스 조명

해설 벽면을 이용하는 조명방식에는 코너 조명과 코니스 조명이 있다.
- 코너(coner) 조명 : 천장과 벽면 사이에 조명기구를 배치하여 천장과 벽면에 동시에 조명하는 방법
- 코니스(cornice) 조명 : 코너를 이용하여 코니스를 15~20[cm] 정도 내려서 아래쪽의 벽 또는 커튼을 조명하도록 하는 방법

CHAPTER 11 조명설비

단원 빈출문제
1990년~최근 출제된 기출문제

문제 01 공사산업 20년 출제 | 배점 : 3점

물체가 보인다는 것은 그 물체가 방사되는 광속이 눈에 들어온다는 것이다. 이와 같이 보이는 물체에서 눈의 방향으로 방사되는 단위면적당의 광속을 무엇이라 하는지 쓰시오.

답안 광속발산도

문제 02 공사산업 22년 출제 | 배점 : 5점

지름 3[cm], 길이 1.2[m]인 관형 광원의 직각방향의 광도가 504[cd]일 때 이 광원 표면 위의 휘도[sb]를 구하시오.

답안 1.4[sb]

해설 관형 광원의 투영면적

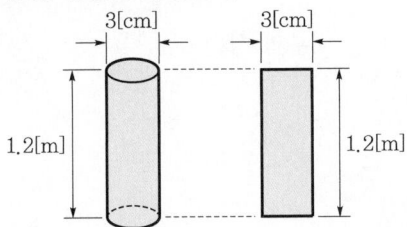

길이 1.2[m], 폭 3[cm]의 면적이므로
광원의 투영면적 $S = 3 \times 120 = 360 [\text{cm}^2]$

$$\therefore B = \frac{I}{S} = \frac{504}{360} = 1.4 [\text{cd/cm}^2] = 1.4 [\text{sb}]$$

문제 03 공사산업 95년, 99년, 00년, 03년 출제 | 배점 : 5점

평균 구면 광도 100[cd]의 전구 5개를 직경 10[m]의 원형의 사무실에 점등할 때 조명률 0.4, 감광보상률이 1.6이라 할 경우 사무실의 평균조도[lx]를 구하여라.

답안 20[lx]

해설 평균조도 $E = \dfrac{FUN}{AD} = \dfrac{4\pi \times 100 \times 0.4 \times 5}{\left(\dfrac{10}{2}\right)^2 \pi \times 1.6} = 20[\text{lx}]$

$F = 4\pi I, \ A = \left(\dfrac{d}{2}\right)^2 \pi$

문제 04 공사기사 03년, 07년, 17년 출제 | 배점 : 5점

조도 계산에 필요한 요소 중 조도 계산을 하기 전에 건축도면을 입수하여 조사하여야 하는 사항을 3가지만 쓰시오.

답안
- 방의 마감상태(천장, 벽, 바닥 등의 반사율)
- 방의 사용목적과 작업내용
- 방의 크기(가로, 세로, 높이)
- 보와 기둥의 간격, 공조 덕트 등 설비와 천장 내부의 상태

문제 05 공사산업 09년, 15년 출제 | 배점 : 5점

대형 방전램프(HID)의 종류 5가지를 쓰시오.

답안
- 고압 나트륨등
- 메탈핼라이드등
- 고압 수은등
- 초고압 수은등
- 크세논등

문제 06 공사기사 95년 출제 | 배점 : 5점 |

수은구, 저압 나트륨구, 메탈핼라이드구, 형광등 중 가장 효율이 좋은 것부터 나열하시오.

답안 저압 나트륨구, 메탈핼라이드구, 형광등, 수은구

해설 효율이 높은 순서는 다음과 같다.
- 나트륨램프 : 80~150[lm/W]
- 메탈핼라이드램프 : 75~105[lm/W]
- 형광램프 : 48~80[lm/W]
- 수은램프 : 35~55[lm/W]
- 할로겐램프 : 15~34[lm/W]
- 백열전구 : 7~22[lm/W]

문제 07 공사산업 99년 출제 | 배점 : 5점 |

다음의 램프를 효율[lm/W]이 높은 것부터 나열하시오.

(1) 백열전구
(2) 메탈핼라이드램프
(3) 저압 나트륨램프
(4) 할로겐전구

답안 (3) → (2) → (4) → (1)

해설
- 백열전구 : 7~22[lm/W]
- 메탈핼라이드램프 : 75~105[lm/W]
- 저압 나트륨램프 : 80~150[lm/W]
- 할로겐전구 : 15~34[lm/W]

문제 08 　공사산업 20년 출제　　배점 : 4점

다음 빈칸에 알맞은 내용을 쓰시오.

> 방전등에서 방전은 크게 아크(arc) 방전과 비교적 저기압에서 방전전류가 적은 경우에 발생하는 ( ) 방전으로 분류할 수 있다.

답안 글로우

문제 09 　공사기사 08년, 22년 / 공사산업 94년, 20년 출제　　배점 : 5점

고휘도 방전램프(HID Lamp)의 종류를 3가지만 쓰시오.

답안 고압 수은등, 고압 나트륨등, 메탈핼라이드램프

문제 10 　공사기사 95년, 05년, 13년 출제　　배점 : 4점

저압 수은램프, 저압 나트륨램프, 메탈핼라이드램프, 형광램프 중 가장 효율이 좋은 것부터 나열하시오.

답안 저압 나트륨램프, 메탈핼라이드램프, 형광램프, 저압 수은램프

해설 광원의 효율

램 프	효율[lm/W]	램 프	효율[lm/W]
나트륨램프	80~150	수은램프	35~55
메탈핼라이드램프	75~108	할로겐램프	20~22
형광램프	48~80	백열전구	7~22

문제 11 | 공사산업 19년 출제 | 배점 : 4점

발광 다이오드(LED)는 어떠한 발광원리를 이용한 것인지 쓰시오.

답안 반도체의 P-N 접합 구조를 이용하여 소수캐리어(전자 및 정공)을 만들어내고, 이들의 재결합에 의하여 발광시키는 원리를 이용한다.

문제 12 | 공사기사 00년, 06년 출제 | 배점 : 5점

EL 방전등(Electro-Luminescent lamp)의 용도를 쓰시오.

답안 표시등, 유도등

해설 전계 루미네선스에 의하여 발광하는 고도체등으로 주로 표시용, 장식용을 사용되고 있다.

문제 13 | 공사기사 04년, 15년, 21년 출제 | 배점 : 5점

EL 램프(Electro Luminescence lamp)의 특징 5가지를 쓰시오.

답안
- 얇은 산화물 피막으로 전기저항이 낮다.
- 기계적으로 강하다.
- 빛의 투과율이 높다.
- 램프 충전기 제1피크(pesk), 램프 방전시 제2피크가 나타나는 일종의 콘덴서와 비슷하다.
- 정현파 전압을 높이면 광속발산도가 급격히 증가한다.
- 전압을 더욱 높이면 광속발산도가 포화상태가 된다.
- 주파수가 낮을 때는 광속발산도가 직선적으로 증가한다.
- 주파수가 높아지면 포화의 경향으로 표시된다.

1990년~최근 출제된 기출문제

문제 14 공사산업 16년 출제 | 배점 : 3점

에이징된 전구를 점등하면 시간의 경과와 함께 광속, 전류, 효율, 전력이 약간씩 변화한다. 이런 변화과정을 곡선으로 나타낸 것을 무엇이라 하는지 쓰시오.

답안 동정곡선

문제 15 공사기사 16년 출제 | 배점 : 4점

조명설비의 조도는 시간이 경과하면 광속 저하, 램프 조명기구의 오염 및 실내면의 반사율 저하로 조도가 감소되는 데 설계 시 이러한 조도의 감소를 감안하여 보정계수를 적용하여 실제보다 높은 조도레벨로 설계를 하게 된다. 이때 적용되는 보정계수는 무엇인지 쓰시오.

답안 감광보상률

문제 16 공사산업 00년 출제 | 배점 : 5점

조명기구의 용도 중 화학공장이나 화약 장소에 이용되는 형식은?

답안 전폐형

문제 17 공사산업 15년 출제 | 배점 : 5점

다음 ( ) 안에 알맞은 내용을 쓰시오.

( )램프는 전자유도법칙에 의해 외부에서 내부가스를 방전시켜 발광시키는 것으로 주파수가 수 [MHz]보다 높은 주파수 영역에서 교류전계에 의한 전자의 왕복운동과 충돌전리를 이용해 방전시키는 램프이다.

답안 무전극

해설 **무전극램프(Elctrodeless Discharge Lamp)**
기존의 램프와 달리 가스가 봉인된 벌브 내부에 전극(필라멘트, 발광관)이 없는 대신 벌브 외부에 페라이트 코어가 장치된 램프로서, 이 페라이트 코어에 고주파스위칭(250[kHz], 2.65[MHz])이 가능한 특수인버터로부터 에너지가 공급되면 램프에 자계가 발생하여 벌브 내부의 봉입 가스를 여기시켜 발광이 되는 원리로서 장수명, 고효율 및 고연색성을 획기적으로 향상시킨 램프이다.

문제 18 공사기사 05년, 08년, 10년, 16년, 22년 출제 | 배점 : 6점

조명기구의 통칙(KS C 8000)에 따른 용어의 정의 중 등급 0기구와 등급 Ⅲ기구에 대하여 쓰시오.
(1) 등급 0 기구
(2) 등급 Ⅲ 기구

답안 (1) 접지단자 또는 접지선을 갖지 않고, 기초절연만으로 전체가 보호된 기구
(2) 정격전압이 AC 30[V] 이하인 전압에 접속하는 기구

해설 **조명기구의 통칙(KS C 8000)**
(1) 등급 0기구
  접지단자 또는 접지선을 갖지 않고, 기초절연만으로 전체가 보호된 기구
(2) 등급 Ⅰ기구
  기초절연만으로 전체를 보호한 기구로서, 보호접지단자 혹은 보호접지선 접속부를 갖든가 또는 보호접지선이 든 코드와 보호접지선 접속부가 있는 플러그를 갖추고 있는 기구
(3) 등급 Ⅱ기구
  2중 절연을 한 기구(다만, 원칙적인 2중 절연이 하기 어려운 부분에는 강화절연을 한 기구를 포함한다) 또는 기구의 외곽 전체를 내구성이 있는 견고한 절연재료로 구성한 기구와 이들을 조합한 기구
(4) 등급 Ⅲ기구
  정격전압이 AC 30[V] 이하인 전압에 접속하는 기구

문제 19 · 공사기사 22년 출제 · 배점 : 6점

한국전기설비규정에 따른 옥외등 공사에 사용하는 기구의 시설에 관한 내용이다. 다음 빈칸에 알맞은 내용을 쓰시오.

> 옥외등 공사에 사용하는 기구는 다음에 의하여 시설하여야 한다.
> (1) 노출하여 사용하는 소켓 등은 선이 부착된 (①) 또는 (②)을 사용하고 하향으로 시설할 것
> (2) 파이프펜던트 및 직부기구를 상향으로 부착할 경우는 홀더의 최하부에 지름 3[mm] 이상의 물 빼는 구멍을 (③)개소 이상 만들거나 또는 방수형으로 할 것

답안
① 방수소켓
② 방수형 리셉터클
③ 2

문제 20 · 공사기사 21년 / 공사산업 14년 출제 · 배점 : 6점

한국전기설비규정에서 정하는 수중조명등에 대한 내용이다. 빈칸에 알맞은 내용을 쓰시오.

> 수영장 기타 이와 유사한 장소에 사용하는 수중조명등에 전기를 공급하기 위해서는 절연변압기를 사용하고, 그 사용전압은 다음에 의하여야 한다.
> (1) 절연변압기의 1차측 전로의 사용전압은 (①)[V] 이하일 것
> (2) 절연변압기의 2차측 전로의 사용전압은 (②)[V] 이하일 것

답안
① 400
② 150

문제 21

한국전기설비규정에 따른 등기구의 설치에 관한 설명 중 일부이다. 빈칸에 알맞은 내용을 쓰시오.

> 가연성 재료로부터 적절한 간격을 유지하여야 하며, 제작자에 의해 다른 정보가 주어지지 않으면, 스포트라이트나 프로젝터는 모든 방향에서 가연성 재료로부터 다음의 최소 거리를 두고 설치하여야 한다.
> (1) 정격용량 100[W] 이하 : (①)[m]
> (2) 정격용량 100[W] 초과 300[W] 이하 : (②)[m]
> (3) 정격용량 300[W] 초과 500[W] 이하 : 1.0[m]
> (4) 정격용량 500[W] 초과 : 1.0[m] 초과

답안
① 0.5
② 0.8

문제 22

다음 그림은 형광등 결선도이다. 미완성된 부분을 완성하여 전원 투입 시 점등될 수 있게 하시오.

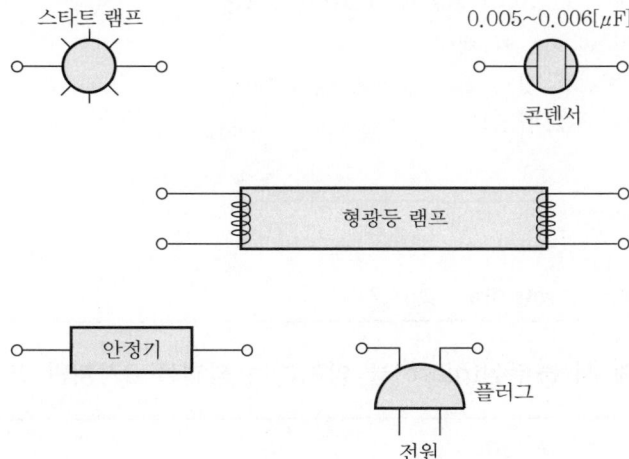

답안

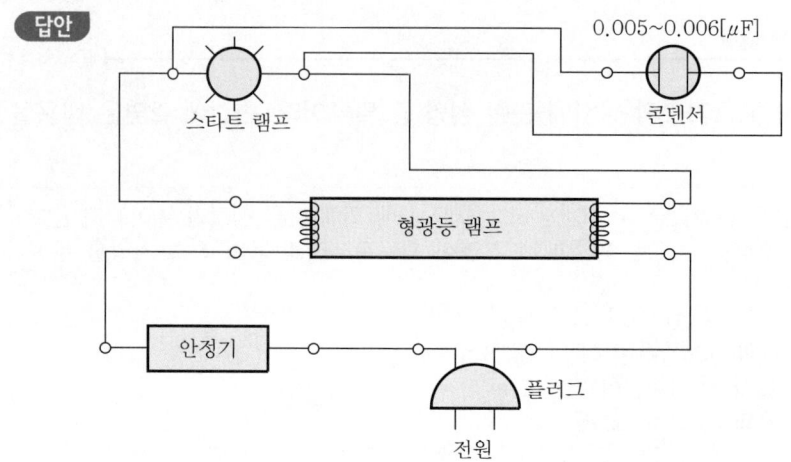

문제 23 공사기사 02년 / 공사산업 12년 출제 | 배점 : 5점

조명설비에서 전력을 절약하는 효율적인 방법에 대하여 5가지만 기재하시오.

답안
- 고효율 등기구 채택
- 고조도 저휘도 반사갓 채택
- 등기구의 격등 제어회로 구성
- 전반조명과 국부조명의 적절한 병용(TAL 조명)
- 재실감지기 및 카드키 채택
- 슬림라인 형광등 및 안정기 내장형 램프 채택
- 창측 조명기구 개별 점등

문제 24 공사기사 13년, 20년 출제 | 배점 : 6점

건축물의 조명설계 시 눈부심(glare)을 방지하는 방법을 6가지만 쓰시오.

답안
- 보호각 조정
- 아크릴 루버등 설치
- 수평에 가까운 방향에 광도가 적은 배광기구를 사용
- 반간접 조명이나 간접 조명방식을 채택
- 건축화 조명을 적용
- 휘도가 낮은 광원을 선택

해설 눈부심 방지대책
(1) 조명기구에 의한 방지대책
- 보호각 조정 : 직사광이 광원으로부터 나오는 범위, 즉 보호각의 대소를 조정하여 직사광을 차단하여 휘도를 줄이는 방법이다.
- 아크릴 루버등 설치 : 우유빛 루버나 프리즘 루버를 조명기구 하단에 부착하는 것은 광원으로부터의 휘도를 근본적으로 방지하는 방법이다. (단, 조명률은 저하된다.)
- 수평에 가까운 방향에 광도가 작은 배광기구를 사용한다. (시선에서 ±30° 범위는 클레어 존이다.)

(2) 조명방식에 의한 방지대책
- 반간접 조명이나 간접 조명방식을 채택한다.
- 건축화 조명을 적용한다. (광천장 조명, 코브 조명, 코니스 조명, 밸런스 조명, 코너 조명 등)

문제 25   공사산업 00년 출제   배점 : 5점

메탈핼라이드등의 특징을 5가지로 구분하여 쓰시오.

답안
- 휘도가 높다.
- 한 등당 전력 및 광속이 크고 배광제어가 용이하다.
- 수명이 길고 효율이 전구에 비하여 높다.
- 시동에 수분간 시간이 소요된다.(시동시에는 5~8분이 소요된다.)
- 수은등에 비해 연색성이 우수하다.
- 인체에 이상적인 주광색 빛을 발산한다.

문제 26   공사산업 94년 출제   배점 : 10점

할로겐램프에 대하여 물음에 답하시오.
(1) 용량의 범위는 최소 몇 [W]에서 최대 몇 [W]인가?
(2) 효율의 범위는 최소 몇 [lm/W]부터 최대 몇 [lm/W]까지인가?
(3) 수명의 범위는 어느 정도인가?
(4) 용도에 대해 간단히 설명하시오.
(5) 점등부속장치는 필요한가? 불필요한가?

답안 (1) 35~1,500[W]
(2) 15~34[lm/W]
(3) 50~3,000시간
(4) 일반조명용, 자동차용, 영사기용, 광학기기용, 터널, 안개등
(5) 불필요하다.

문제 27 공사기사 98년 출제 | 배점: 5점

작업면에 국부조명과 주변 환경에 루버 부착 조명기구를 사용하여 부드러운 느낌을 주는 조명방식은?

답안 전반국부병용조명방식(Task and Ambient Lihgting : TAL)

문제 28 공사산업 14년 출제 | 배점: 6점

다음은 어떤 조명방식인지 각 물음에 답하시오.
(1) 조명기구를 일정한 높이 및 간격으로 배치하여 방 전체의 조도를 균일하게 조명하는 방식
(2) 희망하는 곳에 희망하는 방향으로부터 충분한 조도를 얻을 수 있는 방식

답안 (1) 전반조명방식
(2) 국부조명방식

문제 29 공사기사 20년 출제 | 배점: 5점

조명기구 배광에 따른 조명방식의 종류를 3가지만 쓰시오.

답안 직접 조명, 반간접 조명, 반직접 조명

문제 30 공사기사 06년, 13년, 17년, 22년 출제 | 배점 : 5점

매입방법에 따른 건축화 조명방식의 종류를 5가지만 쓰시오.

답안
- 매입 형광등
- 다운 라이트
- 핀 홀 라이트
- 코퍼 라이트
- 라인 라이트

해설 **건축화 조명**

건축화 조명이란 건축물의 천장, 벽 등의 일부가 조명기구로 이용되거나 광원화되어 건축물의 마감재료의 일부로서 간주되는 조명설비이다. 이에 대한 종류는 천장면 이용방법과 벽면 이용방법으로 대별된다.

(1) 천장 매입방법
- 매입 형광등 : 하면 개방형, 하면 확산판 설치형, 반매입형 등이 있다.
- 다운 라이트(down light) : 천장에 작은 구멍을 뚫고 조명기구를 매입하여 빛의 빔방향을 아래로 유효하게 조명하는 방법이다.
- 핀 홀 라이트(pin hole light) : 다운 라이트의 일종으로 아래로 조사되는 구멍을 작게 하거나 렌즈를 달아 복도에 집중 조사되도록 한다.
- 코퍼 라이트(coffer light) : 대형의 다운 라이트라고도 볼 수 있으며 천장면을 둥글게 또는 사각으로 파내어 내부에 조명기구를 배치하여 조명하는 방법이다.
- 라인 라이트(line light) : 매입 형광등방식의 일종으로 형광등을 연속으로 배치하는 조명방식이다.

(2) 천정면 이용방법
- 광천장 조명 : 실의 천장 전체를 조명기구화하는 방식으로 천장 조명 확산 판넬로서 유백색의 플라스틱판이 사용된다.
- 루버 조명 : 실의 천장면을 조명기구화하는 방식으로 천장면 재료로 루버를 사용하여 보호각을 증가시킨다.
- 코브(cove) 조명 : 광원으로 천장이나 벽면 상부를 조명함으로서 천장면이나 벽에서 반사되는 반사광을 이용하는 간접 조명방식으로 효율은 대단히 나쁘지만 부드럽고 안정된 조명을 시행할 수 있다.

(3) 벽면 이용방법
- 코너(coner) 조명 : 천장과 벽면 사이에 조명기구를 배치하여 천장과 벽면에 동시에 조명하는 방법이다.
- 코니스(conice) 조명 : 코너를 이용하여 코니스를 15~20[cm] 정도 내려서 아래쪽의 벽 또는 커튼을 조명하도록 하는 방법이다.
- 밸런스(valance) 조명 : 광원의 전면에 밸런스판을 설치하여 천장면이나 벽면으로 반사시켜 조명하는 방법이다.
- 광창 조명 : 지하실이나 무창실에 창문이 있는 효과를 내는 방법으로 인공창의 뒷면에 형광등을 배치하는 방법이다.

1990년~최근 출제된 기출문제

문제 31 공사산업 09년, 22년 출제 | 배점 : 5점

다음은 조명방식에 관한 설명이다. 조명방식 및 특징을 읽고 어떤 조명방식인지 쓰시오.

- 조명방식 : 코너 조명과 같이 천장과 벽면 경계에 건축적으로 둘레턱을 만들어 내부에 등기구를 배치하여 조명하는 방식이다.
- 특징 : 아래 방향의 벽면을 조명하는 방식으로 광원은 형광램프가 적정하다.

답안 코니스 조명

해설 벽면을 이용하는 조명방식에는 코너 조명과 코니스 조명이 있다.
- 코너(coner) 조명 : 천장과 벽면 사이에 조명기구를 배치하여 천장과 벽면에 동시에 조명하는 방법
- 코니스(cornice) 조명 : 코너를 이용하여 코니스를 15~20[cm] 정도 내려서 아래쪽의 벽 또는 커튼을 조명하도록 하는 방법

문제 32 공사기사 00년 출제 | 배점 : 4점

천장면에 작은 구멍을 뚫어 많이 배치한 방법이며 건축의 공간을 유효하게 하는 조명방식은?

답안 다운 라이트(Down light)

문제 33 공사기사 13년, 17년, 20년 출제 | 배점 : 10점

매입방식에 따른 건축화 조명방식에 대한 설명이다. 각각에 맞는 조명방식을 쓰시오.
(1) 천장면에 작은 구멍을 많이 뚫어 그 속에 여러 형태의 하면 개방형, 하면 루버형, 하면 확산형, 반사형 전구 등의 등기구를 매입하는 조명방식을 쓰시오.
(2) 천장면에 확산 투과재인 메탈아크릴 수지판을 붙이고 천장 내부에 광원을 배치하여 조명하는 방식을 쓰시오.
(3) 천장면을 여러 형태의 사각, 동그라미 등으로 오려내고 다양한 형태의 매입기구를 취부하여 실내의 단조로움을 피하는 조명방식을 쓰시오.
(4) 벽면을 밝은 광원으로 조명하는 방식으로 숨겨진 램프의 직접광이 아래쪽 벽, 커튼, 위쪽 천장면에 쪼이도록 조명하는 방식으로 분위기 조명인 방식을 쓰시오.
(5) 천장과 벽면의 경계구석에 등기구를 설치하여 조명하는 방식을 쓰시오.

답안 (1) 다운라이트 조명
 (2) 광천장 조명
 (3) 코퍼 조명
 (4) 밸런스 조명
 (5) 코너 조명

문제 34 공사산업 06년, 15년 출제 | 배점 : 5점

다음 [보기]와 같은 조명방식의 명칭과 용도를 쓰시오.

[보기]
- 조명방식 : 벽면을 밝은 광원으로 조명하는 방식으로 숨겨진 램프의 직접광이 아래쪽 벽, 커튼, 위쪽 천장면에 쪼이도록 조명하는 방식이다.
- 특징 : 실내면을 황색으로 마감하고, 밸런스 판으로 목재, 금속판 등 투과율이 낮은 재료를 사용하고 램프로는 형광램프가 적정하다.

(1) 명칭
(2) 용도

답안 (1) 밸런스 조명(valance light)
 (2) 분위기 조명에 이용

문제 35 공사산업 05년 출제 | 배점 : 5점

20층짜리 현대식 빌딩의 옥내 조명기구로 형광등을 사용하고자 한다. 천장은 2중 천장(Suspension Ceiling)이며, 형광등 배치 위치 결정 시 고려하여야 할 천장에 부착되는 건축설비의 종류를 5가지 열거하시오.

답안
- 공기조화설비
- 자동화재탐지설비
- 냉난방설비
- 급·배수설비
- 오수설비
- 방송시설
- 스프링클러설비
- CCTV

문제 36 공사산업 10년, 15년 출제 | 배점 : 5점

가로 20[m], 세로 30[m], 광원의 높이 4.5[m]인 사무실에 전등설비를 하고자 한다. 사무실의 실지수를 계산하시오.

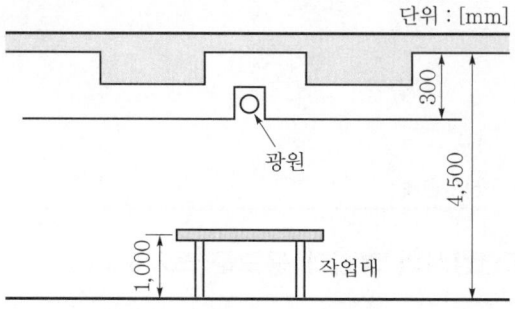

단위 : [mm]

답안 3.75

해설 $G = \dfrac{XY}{H(X+Y)} = \dfrac{20 \times 30}{(4.5-0.3-1)(20+30)} = 3.75$

문제 37 공사산업 92년, 94년, 98년, 00년, 01년, 15년 출제 | 배점 : 5점

방의 가로 길이가 8[m], 세로 길이가 10[m], 방바닥에서 천장까지의 높이가 4[m]인 방에서 조명기구를 천장에 직접 취부하고자 한다. 이 방의 실지수를 구하시오. (단, 작업면은 방바닥에서 0.75[m]이다.)

답안 1.37

해설 실지수 $R \cdot I = \dfrac{X \cdot Y}{H(X+Y)} = \dfrac{8 \times 10}{(4-0.75)(8+10)} = 1.37$

문제 38 공사기사 93년, 95년, 96년, 00년, 14년 출제 | 배점 : 5점

작업장의 가로가 20[m], 세로가 30[m], 층고 2.5[m]인 방에서 조명기구를 천장에 설치하고자 한다. 이 방의 실지수는 얼마인가? (단, 작업면은 방바닥에서 1[m]의 높이이다.)

답안 8

해설 실지수 $R \cdot I = \dfrac{X \cdot Y}{H(X+Y)} = \dfrac{20 \times 30}{(2.5-1)(20+30)} = 8$

문제 39 공사산업 92년, 94년, 98년, 00년, 01년, 15년 출제 ┤배점 : 6점├

방의 가로 길이가 12[m], 세로 길이가 18[m], 방바닥에서 천장까지의 높이가 3.85[m]인 방에서 조명기구를 천장에 직접 취부하고자 한다. 이 방의 실지수를 구하시오. (단, 작업면은 방바닥에서 0.85[m]이다.)

답안 2.4

해설 실지수 $R \cdot I = \dfrac{X \cdot Y}{H(X+Y)} = \dfrac{12 \times 18}{(3.85-0.85)(12+18)} = 2.4$

문제 40 공사기사 98년, 02년 / 공사산업 13년 출제 ┤배점 : 6점├

조명시설을 하기 위한 공간의 폭이 12[m], 길이가 18[m], 천장 높이가 3.85[m]인 사무실에 형광등 20등을 시설하려고 한다. 이때 다음 각 물음에 답하시오. (단, 사용되는 형광등 기구 40[W] 2등용의 광속은 5,600[lm]이며, 바닥에서 책상면까지의 높이는 0.85[m]이고 조명률은 50[%], 보수율은 80[%]라고 한다.)

(1) 작업면 상의 평균 조도는 몇 [lx]인가?
(2) 이 조명시설 공간의 실지수는 얼마인가?

답안 (1) 207.41[lx]
(2) 2.4

해설 (1) $E = \dfrac{FUN}{AD} = \dfrac{5,600 \times 0.5 \times 20}{12 \times 18 \times \dfrac{1}{0.8}} = 207.41\,[\text{lx}]$

(2) 실지수 $R \cdot I = \dfrac{X \cdot Y}{H(X+Y)} = \dfrac{12 \times 18}{(3.85-0.85)(12+18)} = 2.4$

문제 41 공사산업 93년, 94년, 12년, 22년 출제 | 배점 : 6점

방의 크기가 가로 3[m], 세로 7[m]이고, 광원의 높이가 작업면에서 3[m]인 경우, 조명률 산정에 필요한 실지수 K를 구하시오.

답안 0.7

해설 $K = \dfrac{X \cdot Y}{H(X+Y)} = \dfrac{3 \times 7}{3 \times (3+7)} = 0.7$

문제 42 공사기사 93년, 95년, 96년, 00년, 14년 출제 | 배점 : 5점

모든 작업이 작업대(방바닥에서 0.8[m]의 높이)에서 행하여지는 작업장의 가로가 20[m], 세로가 25[m], 바닥에서 천장까지의 높이가 3.8[m]인 방에서 조명기구를 천장에 설치하고자 한다. 이 방의 실지수는 얼마인가?

답안 3.7

해설 실지수 $R \cdot I = \dfrac{X \cdot Y}{H(X+Y)} = \dfrac{20 \times 25}{(3.8-0.8)(20+25)} = 3.7$

문제 43 공사산업 98년 출제 | 배점 : 5점

다음 그림 A, B 중 실지수가 큰 것은?

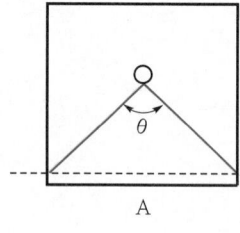
A

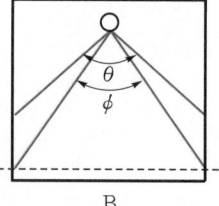
B

답안 A

해설 실지수 $= \dfrac{X \cdot Y}{H(X+Y)}$ 에서 실지수는 H(등기구로부터 피조면까지의 거리)에 반비례한다.

문제 **44** 공사기사 14년 출제 ┤배점 : 5점├

모든 작업면이 작업대(방바닥에서 0.85[m]의 높이)에서 행하여지는 가로 8[m], 세로 12[m] 방바닥에서 천장까지의 높이 3.8[m]인 방에 조명기구를 천장에 설치하고자 한다. 이때의 실지수를 구하시오.

답안 1.63

해설 실지수 $R \cdot I = \dfrac{X \cdot Y}{H(X+Y)} = \dfrac{8 \times 12}{(3.8-0.85)(8+12)} = 1.63$

문제 **45** 공사기사 93년, 95년, 96년, 00년, 12년, 20년 출제 ┤배점 : 5점├

모든 작업이 작업대에서 이루어지는 작업장의 크기가 가로 6[m], 세로 10[m], 바닥에서 천장까지의 높이가 3.6[m]인 방에서 조명기구를 천장에 설치하고자 한다. 이 방의 실지수는 얼마인가? (단, 작업대는 바닥에서부터 0.6[m]이다.)

답안 1.25

해설 실지수 $R \cdot I = \dfrac{X \cdot Y}{H(X+Y)} = \dfrac{6 \times 10}{(3.6-0.6)(6+10)} = 1.25$

문제 **46** 공사기사 11년, 17년, 18년 출제 ┤배점 : 5점├

방의 크기가 가로 9[m], 세로 12[m]이다. 전광속 3,150[lm]의 40[W] 형광등을 시설하여 평균조도 250[lx]로 하려면 설치할 등수는 몇 등인가? (단, 조명률은 70[%], 감광보상률은 1.4로 하고 기타 제시하지 않은 사항은 생략한다.)

답안 18[등]

해설 전등수 $N = \dfrac{AED}{FU} = \dfrac{9 \times 12 \times 250 \times 1.4}{3{,}150 \times 0.7} = 17.14$ [등]

문제 47 공사산업 06년, 08년, 19년 출제 | 배점 : 10점 |

조명설비에 대한 다음 각 물음에 답하시오.

(1) 어떤 전기공사도면에서 ◯N400으로 표시되어 있다. 이것은 무엇을 뜻하는지 쓰시오.
(2) 비상용 조명을 건축법에 따른 형광등으로 하고자 할 때 그 그림 기호를 표현하시오.
(3) 평면이 15[m]×10[m]인 사무실에 40[W] 형광등 전광속 2,500[lm]인 형광등을 사용하여 평균조도를 300[lx]로 유지하도록 하려고 한다. 이 사무실에 필요한 형광등 수를 산정하시오. (단, 조명률은 0.6이고 감광보상률은 1.3이다.)

답안 (1) 400[W] 나트륨등
(2) ▬◯▬
(3) 39[등]

해설 (3) $N = \dfrac{EAD}{FU} = \dfrac{300 \times 15 \times 10 \times 1.3}{2,500 \times 0.6} = 39[\text{등}]$

문제 48 공사기사 11년, 17년 출제 | 배점 : 5점 |

바닥면적 1,000[m²]의 회의실에 광속 5,000[lm]의 40[W] LED 형광등을 시설하여 평균조도를 300[lx]로 하고자 할 때 필요한 40[W] LED 형광등 수량을 구하시오. (단, 조명률 50[%], 감광보상률 1.25로 한다.)

답안 150[등]

해설 전등수 $N = \dfrac{AED}{FU} = \dfrac{1,000 \times 300 \times 1.25}{5,000 \times 0.5} = 150[\text{등}]$

문제 49 공사산업 99년 출제 | 배점 : 5점 |

사무실의 크기가 6[m]×6[m]이다. 이 사무실의 평균조도를 350[lux] 이상으로 하고자 한다. 이곳에 다운 라이트(백열전구 150[W] 사용)로 배치하고자 할 때, 시설하여야 할 최소 등기구 수량을 구하시오. (단, 백열등 150[W]의 전광속은 2,450[lm], 기구의 조명률은 0.6, 보수율은 0.9로 한다.)

답안 10[등]

해설 $N = \dfrac{EAD}{FU} = \dfrac{350 \times 6 \times 6}{2,450 \times 0.6 \times 0.9} = 9.52$[등]

문제 50 공사기사 88년, 09년, 12년 출제 — 배점 : 6점

바닥면적 800[m²]의 강당에 40[W] 2등용 형광등을 시설하여 평균조도를 150[lx]로 하려면 40[W] 2등용 형광등은 몇 개가 필요한지 계산하시오. (단, 조명률 50[%], 감광보상률 1.25, 형광등 40[W] 2등용의 광속은 5,000[lm]이다.)

답안 60[등]

해설 $N = \dfrac{EAD}{FU} = \dfrac{150 \times 800 \times 1.25}{5,000 \times 0.5} = 60$[등]

문제 51 공사기사 16년, 20년 / 공사산업 95년, 99년, 00년, 03년, 10년, 13년 출제 — 배점 : 4점

직경 10[m]인 원형의 사무실에 평균 구면광도 100[cd]의 전등 4개를 점등할 때 조명률 0.5, 감광보상률 1.6이면, 이 사무실의 평균조도[lx]를 구하시오.

답안 20[lx]

해설 평균조도 $E = \dfrac{FUN}{AD} = \dfrac{4\pi \times 100 \times 0.5 \times 4}{\left(\dfrac{10}{2}\right)^2 \pi \times 1.6} = 20$[lx]

문제 52 공사산업 95년, 99년, 00년, 03년 출제 — 배점 : 5점

바닥면적이 12[m²]인 방에 40[W] 형광등 2등(1등당 전광속은 3,000[lm])을 점등하였을 때 바닥면에서의 광속의 이용도(조명률)를 60[%]라 하면 바닥면의 평균조도는 몇 [lx]인가?

답안 300[lx]

해설 $E = \dfrac{FUN}{AD} = \dfrac{3{,}000 \times 0.6 \times 2}{12 \times 1} = 300[\text{lx}]$

문제 53 공사산업 95년, 99년, 00년, 03년 출제   배점 : 4점

바닥면적이 30[m²]인 방에 전광속 2,400[lm]의 40[W] 형광등을 4등 시설하면 평균조도는 얼마나 되는가? (단, 조명률 65[%], 유지율 0.84로 계산한다.)

답안 174.72[lx]

해설 $E = \dfrac{NFU}{AD} = \dfrac{4 \times 2{,}400 \times 0.65}{30 \times \dfrac{1}{0.84}} = 174.72[\text{lx}]$

문제 54 공사산업 03년 출제   배점 : 5점

평균조도 300[lx]의 전반조명을 한 144[m²]의 방이 있다. 조명기구 1대당 4,600[lm], 조명률 0.5, 감광보상률 1.25로 되어 있을 때 조명기구당 소비전력을 80[W]로 할 경우 이 방에서 24시간 연속 점등을 한다면 소비전력[kWh]은 얼마나 되는가?

답안 46.08[kWh]

해설 전등수 $N = \dfrac{EAD}{FU} = \dfrac{300 \times 144 \times 1.25}{4{,}600 \times 0.5} = 23.48[\text{등}]$

절상하면 24[등]

소비전력량 $W = Pt = 80 \times 24 \times 24 \times 10^{-3} = 46.08[\text{kWh}]$

문제 55 공사기사 01년, 16년, 18년 출제   배점 : 4점

조명기구를 직선도로에 배치하는 방식 4가지만 열거하시오.

답안
- 중앙배열
- 편측배열
- 대칭배열
- 지그재그배열

문제 56 공사산업 19년 출제 | 배점 : 5점

도로 조명기구의 배치방식을 3가지만 쓰시오.

답안
- 대칭배열
- 지그재그배열
- 중앙배열

문제 57 공사산업 95년 출제 | 배점 : 4점

어느 공장의 구내 도로의 폭이 15[m]이며 양쪽에 전등 전주를 지그재그로 배치하고 6,300[lm]의 광속을 갖는 300[W]의 백열전구로 도로면의 평균조도가 7[lx]가 되게 하려면 전등 전주 간의 거리[m]는 얼마로 하여야 하는가? (단, 감광보상률은 1.25, 조명률은 15[%]로 본다.)

답안 14.4[m]

해설 총광속 $F = \dfrac{EAD}{U}$ 에서 $A = \dfrac{FU}{ED} = \dfrac{1}{2}BS$

따라서, $S = \dfrac{2FU}{EDB} = \dfrac{2 \times 6,300 \times 0.15}{7 \times 1.25 \times 15} = 14.4[\text{m}]$

문제 58 공사산업 98년 출제 | 배점 : 5점

폭 30[m]인 도로의 양쪽에 지그재그식으로 250[W] 고압나트륨등을 배치하여 도로의 평균조도를 10[Lux]로 하려면 조명기구의 배치 간격은 몇 [m]로 하여야 하는가? (단, 가로등 기구 조명률 20[%], 감광보상률 1.4, 고압나트륨등의 광속은 25,000[lm]이며, 최종 답을 할 경우 소수점 이하는 버릴 것)

답안 23[m]

해설 $FUN = EAD$

$A = \dfrac{FUN}{ED} = \dfrac{a \times b}{2}$ (a : 간격, b : 폭)

$\dfrac{30 \times a}{2} = \dfrac{25,000 \times 0.2 \times 1}{10 \times 1.4}$

$\therefore a = 23.81[m]$

문제 59 공사산업 95년, 99년, 00년, 03년, 15년 출제 | 배점 : 5점

폭 20[m]의 가로 양쪽에 간격 20[m]를 두고 맞보기 배열로 가로등이 점등되어 있다. 한 등당 전광속이 15,000[lm]이고, 조명률 30[%], 감광보상률이 1.4라면 이 도로의 평균 조도를 구하시오.

답안 16.07[lx]

해설 $FUN = EAD$

$E = \dfrac{FUN}{AD} = \dfrac{15,000 \times 0.3 \times 1}{\dfrac{20 \times 20}{2} \times 1.4} = 16.07[lx]$

문제 60 공사기사 94년 출제 | 배점 : 5점

폭 30[m]의 도로 중앙에 높이 8[m], 등간거리 20[m]로 400[W] 메탈할라이드전구를 설치할 때 도로면의 평균조도는 몇 [lx]인지 구하시오. (단, 조명기구 1개의 광속 38,000[lm], 조명률 0.25, 감광보상률 1.3이다.)

답안 12.18[lx]

해설 $E = \dfrac{FUN}{AD} = \dfrac{38,000 \times 0.25 \times 1}{30 \times 20 \times 1.3} = 12.18[lx]$

문제 61 공사산업 95년, 99년, 00년, 15년, 21년 출제   배점 : 5점

폭 20[m]의 가로 양쪽에 간격 20[m]를 두고 맞보기 배열로 가로등이 점등되어 있다. 한 등당 전광속이 25,000[lm]이고, 조명률 30[%], 감광보상률 1.4일 때 이 도로의 평균조도[lx]를 구하시오.

답안 26.79[lx]

해설 평균조도 $E = \dfrac{FUN}{AD} = \dfrac{25,000 \times 0.3 \times 1}{\dfrac{20 \times 20}{2} \times 1.4} = 26.79[\text{lx}]$

문제 62 공사산업 09년, 21년 출제   배점 : 5점

폭 20[m]의 도로 중앙의 10[m] 높이에 간격 24[m]마다 200[W] 전구를 설치할 때, 도로면의 평균조도를 구하시오. (단, 조명률 0.25, 감광보상률 1.5, 200[W] 전구의 전광석은 3,450[lm]이다.)

답안 1.2[lx]

해설 $FUN = EAD$

$E = \dfrac{FUN}{AD} = \dfrac{3,450 \times 0.25 \times 1}{20 \times 24 \times 1.5} = 1.2[\text{lx}]$

문제 63 공사기사 99년, 15년, 20년 출제   배점 : 6점

아스팔트 포장의 자동차 도로(폭 25[m])의 양쪽에 고압나트륨 등기구(250[W])를 설치하여 도로의 노면휘도를 1.2[nt]로 하려고 한다. 다음 [조건]을 고려하여 각 등 사이의 간격 [m]을 구하시오.

[조건]
- 아스팔트 포장의 경우 평균조도는 노면휘도의 10배(휘도계수 10), 콘크리트 포장의 경우 15배(휘도계수 15)로 한다.
- 고압나트륨 등기구(250[W])의 광속은 25,000[lm]이다.
- 조명률은 0.25이고, 감광보상률은 1.4이다.
- 도로 양측으로 대칭하여 조명을 배치한다.
- 최종 답 작성 시 소수점 이하는 버린다.

답안 29[m]

해설
$$A = \frac{NFU}{ED}$$
$$= \frac{1 \times 25{,}000 \times 0.25}{1.2 \times 10 \times 1.4} = 372.02 [\text{m}^2] \quad (\text{조도는 노면휘도의 10배})$$

도로 양쪽 조명 $A = \dfrac{\text{간격} \times \text{폭}}{2}$

$\therefore$ 간격 $= \dfrac{A \times 2}{\text{폭}}$

$$= \frac{372.02 \times 2}{25} = 29.76 [\text{m}]$$

문제 64
공사산업 89년, 93년, 94년, 95년, 11년, 12년, 14년, 21년 출제 | 배점 : 6점

작업장의 크기가 가로 8[m], 세로 10[m], 바닥에서 천장까지의 높이가 4[m]이고 광원의 높이가 3.75[m]인 작업장이 있다. 작업장의 모든 작업대는 바닥에서 0.75[m]의 높이에 설치되어 있을 때, 실지수를 구하여 아래 표의 기호로 쓰시오.

기호	A	B	C	D	E
실지수	5.0	4.0	3.0	2.5	2.0
범위	4.5 이상	4.5~3.5	3.5~2.75	2.75~2.25	2.25~1.75
기호	F	G	H	I	J
실지수	1.5	1.25	1.0	0.8	0.6
범위	1.75~1.38	1.38~1.12	1.12~0.9	0.9~0.7	0.7 이하

답안 F

해설 실지수 $R.I = \dfrac{X \cdot Y}{H(X+Y)}$

$$= \frac{8 \times 10}{(3.75 - 0.75) \times (8 + 10)} = 1.48$$

계산된 값이 1.75~1.38이므로
표에서 실지수 기호는 F이다.

문제 65 공사기사 92년, 95년, 98년 출제 | 배점 : 9점

폭 20[m], 길이 30[m], 천장의 높이 5[m]이고 벽면과 천장은 모두 백색인 사무실이 있다. 다음 물음에 답하시오. (단, 조명률은 0.6, 감광보상률은 1.6으로 한다. 작업면의 높이는 0.85[m]이다.)

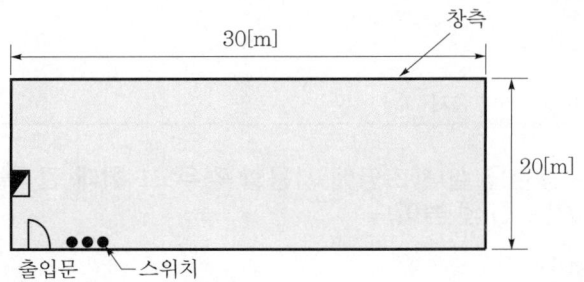

(1) 실지수를 구하시오.
(2) 사무실의 조도를 100[lx]로 유지하고자 한다. 등기구 개수를 구하시오. (단, 형광등 40[W] 2등용으로 하고 광속은 5,600[lm]이다.)
(3) 등기구를 배치하고 배관배선을 구하시오. (단, 등기구는 12등으로 하고 배관배선은 최단거리로 하며, 축척에 관계없이 하고 치수만 기입하시오.)

답안 (1) 2.89
(2) 29[등]
(3)

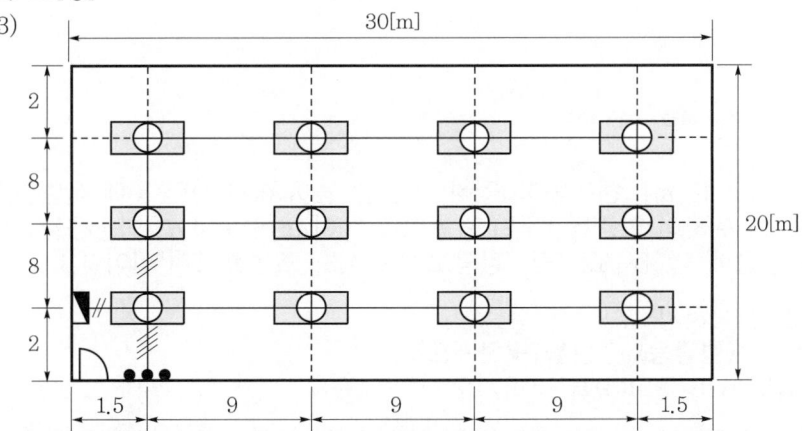

- 벽과의 이격거리

$$S_0 \leq \frac{1}{2}H$$

$\frac{1}{2} \times 4.15 ≒ 2[\text{m}]$

- 등기구 간의 이격거리

$S = 1.5H = 1.5 \times 4.15 = 6.23$이지만, 문제에서 12[등]으로 제한하고 있기 때문에 등기구 간의 간격을 9[m]로 조정한다.

[해설] (1) 실지수 $= \dfrac{X \cdot Y}{H(X+Y)} = \dfrac{30 \times 20}{(5-0.85)(30+20)} = 2.89$

(2) $N = \dfrac{EAD}{FU} = \dfrac{100 \times 20 \times 30 \times 1.6}{5,600 \times 0.6} = 28.57 = 29 \,[\text{등}]$

문제 66 공사산업 94년, 96년 출제 | 배점 : 5점

균일한 배광을 갖는 광원을 실내 조명에 사용할 경우 그 최대 간격을 결정하시오. (단, S는 등기구 간격, H는 천장 높이)

(1) 기구와 기구 사이
  $S \leq (\quad)H$
(2) 기구와 벽 사이
  $S \leq (\quad)H$ (단, 벽을 사용하지 않을 때)

[답안] (1) 1.5배

(2) $\dfrac{1}{2}$ 배

문제 67 공사기사 14년, 21년 출제 | 배점 : 6점

가로 12[m], 세로 18[m], 천장높이 3[m], 작업면 높이 0.8[m]인 곳에 작업면의 조도를 500[lx]로 하기 위하여 형광등 1등의 광속이 2,750[lm]인 40[W] 형광등을 설치하고자 한다. 다음 물음에 답하시오. (단, 감광보상률 1.3, 조명률 63[%]이다.)

(1) 실지수를 계산하시오.
(2) 설치 등기구(형광등) 수량을 구하시오.
(3) 공간비율(Cavity Ratio)을 구하시오.

[답안] (1) 3.27

(2) 82[등]

(3) 2.08

해설 (1) $K = \dfrac{X \cdot Y}{H(X+Y)} = \dfrac{12 \times 18}{(3-0.8)(12+18)} = 3.27$

(2) $FUN = EAD$ 에서 $N = \dfrac{EAD}{FU}$

$N = \dfrac{500 \times 12 \times 18 \times 1.3}{2{,}750 \times 0.63} = 81.04 [등]$

(3) 공간비율 $CR = \dfrac{5h \times (공간의\ 길이 + 공간의\ 폭)}{공간의\ 면적}$

$CR = \dfrac{5 \times 3 \times (12+18)}{12 \times 18} = 2.08$

문제 68 공사산업 03년 출제 | 배점 : 6점 |

가로 12[m], 세로 18[m], 천장높이 3.65[m], 작업면 높이 0.85[m]인 사무실의 천장에 직부 형광등 F40W×2를 설치하고자 한다. 다음 물음에 답하시오.

(1) 이 사무실의 실지수는 얼마인가?
(2) 형광등 F40W×2의 심벌을 그리시오.
(3) 이 사무실 작업면의 조도를 300[lx], 40[W] 형광등 1등의 광속 3,150[lm], 보수율 70[%], 조명률 60[%]로 한다면 이 사무실에 필요한 소요 등수는 몇 [등]인가? (단, 천장반사율 70[%], 벽반사율 50[%], 바닥반사율 10[%]에 대한 $U = 0.66$이다.)

답안 (1) 2.57

(2) ⊂⊃
    F40×2

(3) 25[등] 또는 23[등]

해설 (1) $K = \dfrac{X \cdot Y}{H(X+Y)} = \dfrac{12 \times 18}{(3.65-0.85)(12+18)} = 2.57$

∴ 2.57

(3) • $N = \dfrac{300 \times 12 \times 18 \times \dfrac{1}{0.7}}{3{,}150 \times 2 \times 0.6} = 24.49 [등]$

∴ 25[등]

• $N = \dfrac{300 \times 12 \times 18 \times \dfrac{1}{0.7}}{3{,}150 \times 2 \times 0.66} = 22.26 [등]$

∴ 23[등]

문제 69 · 공사기사 22년 출제 | 배점 : 8점

가로 12[m], 세로 18[m], 천장높이 3.0[m], 작업면 높이 0.8[m]인 사무실이 있다. 여기에 천장직부 형광등 기구(40[W], 2등용)를 설치하고자 한다. 다음 조명률 표를 참고하여 각 물음에 답하시오. (단, 작업면 요구 조도 500[lx], 천장반사율 50[%], 벽반사율 50[%], 바닥반사율 10[%]이고, 보수율 0.7, 40[W] 1개의 광속은 2,750[lm]으로 본다.)

∥ 조명률 표 ∥

반사율	천장	70[%]				50[%]				30[%]			
	벽	70	50	30	10	70	50	30	10	70	50	30	10
	바닥	10[%]				10[%]				10[%]			
실지수		조명률[%]											
1.5(1.38~1.75)		64	55	49	43	58	51	45	41	52	46	42	38
2.0(1.75~2.25)		69	61	55	50	62	56	51	47	57	52	48	44
2.5(2.25~2.75)		72	66	60	55	65	60	56	52	60	55	52	48
3.0(2.75~3.5)		74	69	64	59	68	63	59	55	62	58	55	52
4.0(3.5~4.5)		77	73	69	65	71	67	64	61	65	62	59	56
5.0(4.5~5 이상)		79	75	72	69	73	70	67	64	67	64	62	60

(1) 실지수를 구하시오.
(2) 조명률을 구하시오.
(3) 등기구 최소 수량(개)을 구하시오.
(4) 40[W] 형광등 1개의 소비전력이 40[W]이고, 1일 24시간 연속점등할 경우 10일간의 소비전력을 구하시오.

답안
(1) 3.0
(2) 63[%]
(3) 45개
(4) 864[kWh]

해설
(1) 실지수 $R \cdot I = \dfrac{12 \times 18}{(3.0-0.8) \times (12+18)} = 3.27$

(2) [조명률 표]에서 천장반사율 50[%], 벽반사율 50[%], 실지수 3.0(2.75~3.5) 칸에서 조명률 $U=63[\%]$이다.

(3) 등기구 수 $N = \dfrac{AED}{FU} = \dfrac{12 \times 18 \times 500 \times \dfrac{1}{0.7}}{2,750 \times 2 \times 0.63} = 44.53$ 개

(4) $W = P \cdot t = 40 \times 2 \times 45 \times 24 \times 10 \times 10^{-3} = 864 [\text{kWh}]$

CHAPTER 12 기타 설비 및 안전관리

1990년~최근 출제된 기출 이론 분석 및 유형별 문제

기출개념 01 코로나

1 공기의 전위경도(절연내력)

① 직류 : 30[kV/cm]
② 교류 : 21.1[kV/cm]

2 임계전압

$$E_0 = 24.3\, m_0 m_1 \delta\, d \log_{10} \frac{D}{r} \text{[kV]}$$

여기서, m_0 : 표면계수
 m_1 : 날씨계수
 δ : 상대공기밀도
 d : 전선의 직경[cm]
 D : 선간거리[cm]

3 영향

(1) 코로나 손실(peek식)

$$P_d = \frac{241}{\delta}(f+25)\sqrt{\frac{d}{2D}}\,(E-E_0)^2 \times 10^{-5} \text{[kW/km/선]}$$

여기서, E : 대지전압[kV]
 E_0 : 임계전압[kV]
 f : 주파수[Hz]
 δ : 상대공기밀도
 D : 선간거리[cm]
 d : 전선의 직경[cm]

(2) 코로나 잡음

(3) 통신선에서의 유도장해

(4) 소호 리액터의 소호능력 저하

(5) 화학작용

코로나 방전으로 공기 중에 오존(O_3) 및 산화질소(NO)가 생기고 여기에 물이 첨가되면 질산(초산 : NHO_3)이 되어 전선을 부식시킨다.

(6) 코로나 발생의 이점

송전선에 낙뢰 등으로 이상전압이 들어올 때 이상전압 진행파의 파고값을 코로나의 저항 작용으로 빨리 감쇠시킨다.

4 방지대책

(1) 전선의 직경을 크게 하여 전선 표면의 전위경도를 줄여 임계전압을 크게 한다.

(2) 단도체(경동선)를 다도체 및 복도체 또는 ACSR, 중공연선으로 한다.

* 송전전압 계산 : Still식

$$송전전압[kV] = 5.5\sqrt{0.6 \times 송전거리[km] + \frac{송전전력[kW]}{100}}$$

$$V_s = 5.5\sqrt{0.6l + \frac{P}{100}}\,[kV]$$

공칭전압은 전부하 상태의 선간전압 기준으로 결정

기출개념 02 전기사업법에 의한 전기설비

1 전기사업용 전기설비

전기사업자가 전기사업에 사용하는 전기설비(발·변전소, 송·배전선로 등)를 말한다.

2 자가용 전기설비

(1) 고압 및 특고압 수전

(2) 저압 수전(1[kV] 이하)

① 75[kW] 이상

② 20[kW] 이상으로 다음의 장소

　㉠ 소방기본법에 의한 위험물 제조소
　㉡ 총포, 도검, 화약류 등의 안전관리에 관한 법에서 규정하는 화약류를 제조하는 사업장

㉢ 광산안전법에 의한 갑종탄광
  ㉣ 전기안전관리법에 의한 위험물의 제조, 저장장소에 설치하는 전기설비
  ㉤ 불특정 다수가 모이는 장소
  - 극장, 영화관, 관람장 및 공연장, 집회장, 공공회의장
  - 카바레, 나이트 클럽, 댄스 홀, 헬스클럽, 체육관 등
  - 시장, 대규모 소매점, 도매센터, 상점가, 예식장, 병원, 호텔 등 숙박업소

(3) 특징
① 전력회사 사이에 책임분계점을 둔다.
② 책임분계점 이후에는 전기설비 수용가 자신이 전기안전관리자를 선임하여야 한다.
③ 공사 또는 변경 시 감리 배치를 해야 한다.

3 일반용 전기설비

사업용 및 자가용을 제외한 전기설비

(1) 제조업, 심야전력을 이용하는 전기설비
용량 100[kW] 미만

(2) 용량 10[kW] 이하 발전설비

4 방진 방수등급(IP등급) 및 방폭구조

(1) IP등급
IP코드는 두 자리로 되어 있는데 첫 번째 숫자는 방진등급, 두 번째 숫자는 방수등급을 가리킨다.

번호	제1숫자 방진보호정도	제2숫자 방수보호정도
0	없음	없음
1	손의 접근으로부터의 보호	수직으로 떨어지는 물방울로부터의 보호
2	손가락의 접근으로부터의 보호	수직에서 15° 범위에서 떨어지는 물방울로부터의 보호
3	공구의 선단 등으로부터의 보호	수직에서 60° 범위에서 떨어지는 물방울로부터의 보호
4	WIRE 등으로부터의 보호	전방향으로 비산되는 물로부터의 보호
5	분진으로부터의 보호	전방향으로 쏟아지는 물로부터의 보호
6	완전한 방진구조	파도 등의 강력하게 쏟아지는 물로부터의 보호
7	−	일정한 조건으로 물에 잠겨서 사용 가능
8	−	물속에서 사용가능

(2) 방폭구조의 기호

구 분		기 호
방폭구조의 종류	내압 방폭구조	d
	유입 방폭구조	o
	압력 방폭구조	p
	충전 방폭구조	q
	안전증 방폭구조	e
	본질안전 방폭구조	i
	비점화 방폭구조	n
	몰드 방폭구조	m

개념문제 01 공사기사 95년, 98년, 02년, 06년 출제
배점 : 7점

전선로 부근이나 애자 부근(애자와 전선의 접속 부근)에 임계전압 이상이 가해지면 전선로나 애자 부근에 공기의 절연이 부분적으로 파괴되는 현상이 발생하는 데 이것을 무슨 현상이라고 하는가? 그리로 이러한 현상이 미치는 영향과 그 방지대책을 간단하게 답하시오.

(1) 현상
(2) 영향
(3) 방지책

답안
(1) 코로나 현상
(2) • 코로나 손실 및 송전효율 저하
 • 전선 부식
 • 통신선 유도장해 및 전파장해, 코로나 잡음
 • 1선 지락 시 반송계전기 선택 동작에 방해
(3) 굵은 전선 및 다도체를 사용하여 코로나 임계전압을 높여준다.

개념문제 02 공사산업 11년 출제
배점 : 5점

전송전력이 100[MW], 송전거리가 80[km]인 경우의 경제적인 송전전압은 몇 [kV]인가? (단, 스틸의 식에 의해 구하여라.)

답안 178.05[kV]

해설
$$\text{Still식} = 5.5\sqrt{0.6l + \frac{P}{100}}$$
$$= 5.5 \times \sqrt{0.6 \times 80 + \frac{100 \times 10^3}{100}} = 178.05[\text{kV}]$$

개념 문제 03 | 공사기사 21년 출제
|배점 : 5점|

전기안전관리법 시행규칙에 따라 자가용 전기설비(1,500[kW])의 신규 설치 시 공사계획신고서를 제출하여야 한다. 공사계획신고서의 첨부서류를 5가지만 쓰시오. (단, 부득이한 공사 및 원자력발전소의 경우는 아니다.)

답안 공사계획서, 기술자료, 설계도서, 공사공정표, 기술시방서

해설 전기안전관리법 시행규칙 제4조(별지 제2호 서식) – 공사계획신고서 및 변경신고서의 첨부서류
1. 공사계획서 1부
2. 전기설비의 종류에 따라 기재사항 및 기술자료에 대한 사항을 적은 서류 및 기술자료 1부
3. 「전력기술관리법」에 따른 설계도서 1부
4. 공사공정표 1부
5. 기술시방서 1부
6. 전기안전공사 사전기술검토서(제출대상기관이 산업통상자원부장관인 경우만 첨부한다) 1부
7. 「전력기술관리법」에 따른 감리원 배치확인서(공사감리대상인 경우만 해당). 다만, 전기안전관리자가 자체감리를 하는 경우에는 자체감리를 확인할 수 있는 서류 1부
8. 공사계획을 변경하는 경우에는 변경이유서 및 변경내용을 적은 서류 1부

CHAPTER 12 기타 설비 및 안전관리

단원 빈출문제

1990년~최근 출제된 기출문제

문제 01 공사산업 11년, 12년 출제 | 배점 : 5점

교류 송전방식에 대한 직류 송전방식의 장점 5가지를 쓰시오.

답안
- 선로의 리액턴스가 없으므로 안정도가 높다.
- 유전체손 및 충전용량이 없고 절연내력이 강하다.
- 비동기 연계가 가능하다.
- 단락전류가 적고 임의 크기의 교류계통을 연계시킬 수 있다.
- 코로나손 및 전력손실이 적다.

해설 직류 송전방식의 장·단점
(1) 장점
- 선로의 리액턴스가 없으므로 안정도가 높다.
- 유전체손 및 충전용량이 없고 절연내력이 강하다.
- 비동기 연계가 가능하다.
- 단락전류가 적고 임의 크기의 교류계통을 연계시킬 수 있다.
- 코로나손 및 전력손실이 적다.
- 표피효과나 근접효과가 없으므로 실효저항의 증대가 없다.

(2) 단점
- 직교 변환장치가 필요하다.
- 전압의 승압 및 강압이 불리하다.
- 고조파나 고주파 억제대책이 필요하다.
- 직류차단기가 개발되어 있지 않다.

문제 02 공사기사 11년, 16년 출제 | 배점 : 6점

송전방식에는 교류 송전과 직류 송전방식이 있다. 직류 송전방식의 장점을 3가지만 쓰시오.

답안
- 절연계급을 낮출 수 있다.
- 무효전력 및 송전손실이 없고, 또 역률이 항상 1이므로 송전효율이 좋다.
- 리액턴스, 위상각이 없으므로 안정도가 좋다.

문제 03 공사산업 03년, 05년, 07년 출제 — 배점: 5점

경제적 송전선의 전선의 굵기를 결정하고자 할 때 적용되는 법칙은 무엇인가?

답안 켈빈의 법칙

문제 04 공사산업 05년, 10년, 13년 출제 — 배점: 7점

송전선로에 발생하는 코로나 현상에 대한 영향 5가지와 방지대책 3가지를 쓰시오.
(1) 영향
(2) 방지대책

답안
(1) • 코로나 손실 발생 및 송전효율의 저하
 • 코로나 잡음
 • 통신선 유도장해
 • 소호 리액터의 소호능력 저하
 • 전선의 부식 촉진
(2) • 굵은 전선을 사용한다. (ACSR, 중공연선 등)
 • 복도체방식을 채택한다.
 • 가선금구를 개량한다.

문제 05 공사산업 12년 출제 — 배점: 4점

다음은 송전선로의 코로나 손실을 나타내는 Peek식이다. (1)~(3)의 의미를 쓰시오.

$$P = \frac{241}{\delta}(f+25)\sqrt{\frac{d}{2D}}(E-E_0)^2 \times 10^{-5}\,[\text{kW/km/선}]$$

(1) δ
(2) E
(3) E_0

답안 (1) 상대공기밀도
(2) 전선에 걸리는 대지전압
(3) 코로나 임계전압

문제 06 공사기사 95년, 98년, 02년, 06년, 11년 출제 | 배점 : 6점 |

전선로 부근이나 애자 부근(애자와 전선의 접속 부근)에 임계전압 이상이 가해지면 전선로나 애자 부근에 공기의 절연이 부분적으로 파괴되는 현상이 발생하는 데 이것을 무슨 현상이라고 하는가? 그리고 그 방지대책을 3가지 쓰시오.

(1) 현상
(2) 방지대책

답안 (1) 코로나 현상
(2) • 굵은 전선을 사용한다. (ACSR, 중공연선 등)
  • 복도체방식을 채택한다.
  • 가선금구를 개량한다.

문제 07 공사산업 92년, 02년, 17년 출제 | 배점 : 5점 |

Still의 식은 송전선로에 무엇을 구하기 위한 것인지 쓰시오.

답안 경제적인 송전전압

문제 08 공사기사 11년 출제 | 배점 : 5점 |

전송전력이 100[MW], 송전거리가 80[km]인 경우의 경제적인 송전전압은 몇 [kV]인가? (단, 스틸의 식에 의해 구하여라.)

답안 178.05[kV]

해설 Still식 $= 5.5\sqrt{0.6l + \dfrac{P}{100}} = 5.5 \times \sqrt{0.6 \times 80 + \dfrac{100 \times 10^3}{100}} = 178.05[kV]$

문제 09 공사기사 99년, 11년, 20년 출제 | 배점 : 5점 |

송전전압이 154[kV], 선로길이가 30[km]인 경우 1회선당 가능한 송전전력은 몇 [kW]인지 Still의 식에 의거하여 구하시오.

답안 76,600[kW]

해설 Still의 실험식(경제적 전압의 산정식)

$$사용전압[kV] = 5.5\sqrt{0.6 \times 송전거리[km] + \frac{송전전력[kW]}{100}}$$

$$\therefore 송전전력\ P = \left(\frac{V^2}{5.5^2} - 0.6l\right) \times 100 = \left(\frac{154^2}{5.5^2} - 0.6 \times 30\right) \times 100 = 76,600[kW]$$

문제 10 공사기사 99년 출제 | 배점 : 5점 |

우리나라 초고압 송전전압은 345[kV]이다. 선로길이가 200[km]인 경우 1회선당 가능한 송전전력은 몇 [kW]인지 Still의 식에 의거하여 구하시오.

답안 381,471.07[kW]

해설 Still의 실험식(경제적 전압의 산정식)

$$사용전압[kV] = 5.5\sqrt{0.6 \times 송전거리[km] + \frac{송전전력[kW]}{100}}$$

$$P = \left(\frac{E^2}{5.5^2} - 0.6l\right) \times 100 = \left(\frac{345^2}{5.5^2} - 0.6 \times 200\right) \times 100 = 381,471.07[kW]$$

문제 11 공사기사 16년, 19년, 22년 출제 | 배점 : 5점 |

송전전압 66[kV]의 3상 3선식 송전선에서 1선 지락사고로 영상전류 $I_0 = 50[A]$가 흐를 때 통신선에 유기되는 전자유도전압[V]을 구하시오. (단, 상호 인덕턴스 $M = 0.05[mH/km]$, 병행거리 $l = 100[km]$, 주파수는 60[Hz]이다.)

답안 282.74[V]

해설
$$E_m = -j\omega Ml(\dot{I_a} + \dot{I_b} + \dot{I_c}) = -j\omega Ml(3I_0)$$
$$= -j2\pi \times 60 \times 0.05 \times 10^{-3} \times 100 \times 3 \times 50$$
$$= 282.74[V]$$

문제 12 공사산업 16년, 20년 출제 | 배점 : 5점 |

154[kV] 3상 3선식 전선로에서 각 선의 정전용량이 각각 $C_a = 0.031[\mu F]$, $C_b = 0.03[\mu F]$, $C_c = 0.032[\mu F]$일 때 변압기의 중성점 잔류전압은 몇 [V]인지 계산하시오.

답안 1,655.91[V]

해설 잔류전압

$$E = \frac{\sqrt{C_a(C_a - C_b) + C_b(C_b - C_c) + C_c(C_c - C_a)}}{C_a + C_b + C_c} \times \frac{V}{\sqrt{3}}$$

$$= \frac{\sqrt{0.031(0.031 - 0.03) + 0.03(0.03 - 0.032) + 0.032(0.032 - 0.031)}}{0.031 + 0.03 + 0.032} \times \frac{154{,}000}{\sqrt{3}}$$

$$= 1{,}655.91[V]$$

문제 13 공사기사 13년 출제 | 배점 : 8점 |

전등 수용가에 대한 배전방식 비교에서 3상 4선식 배전방식의 장·단점을 쓰시오.
(1) 장점
(2) 단점

답안 (1) • 공급능력 최대
  • 경제적 배전방식
  • 배전설비의 단순화
(2) • 부하 불평형 발생
  • 동력부하 기동 시 플리커 발생 우려
  • 중성선 단선 시 이상전압 유입

문제 14 공사기사 19년, 22년 출제 | 배점 : 6점 |

수전방식 중 스폿 네트워크 방식의 특징을 3가지만 쓰시오.

답안 • 무정전 전력공급이 가능하다.
  • 공급 신뢰도가 높다.
  • 전압변동률이 낮다.

해설 (1) 스폿 네트워크(Spot Network) 수전방식
배전용 변전소로부터 2회선 이상의 배전선으로 수전하는 방식으로 배전선 1회선에 사고가 발생한 경우 일지라도 다른 건전한 회선으로부터 자동적으로 수전할 수 있는 무정전 방식으로 신뢰도가 매우 높은 방식이다.

(2) 특징
- 무정전 전력공급이 가능하다.
- 공급 신뢰도가 높다.
- 전압변동률이 낮다.
- 부하 증가에 대한 적응성이 좋다.
- 기기의 이용률이 향상된다.

문제 15 공사기사 16년, 18년 / 공사산업 97년, 99년, 01년, 03년 출제 ┤배점 : 5점├

다음 그림은 심야전력기기의 인입구 장치 부근의 배선을 나타낸 것이다. 이 그림은 어떤 경우의 시설을 나타낸 것인지 쓰시오.

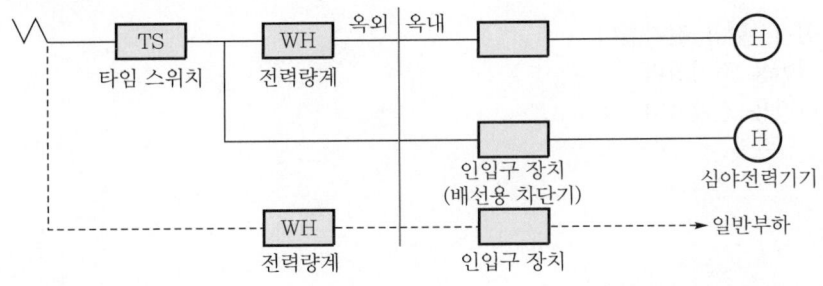

답안 정액제·종량제 병용

해설 (1) 정액제의 경우
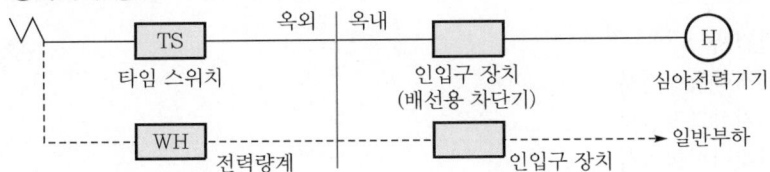

(2) 종량제의 경우
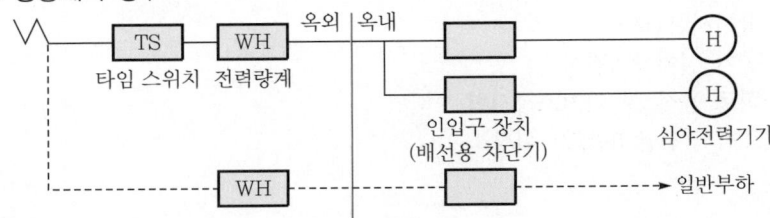

(3) 정액제·종량제 병용의 경우

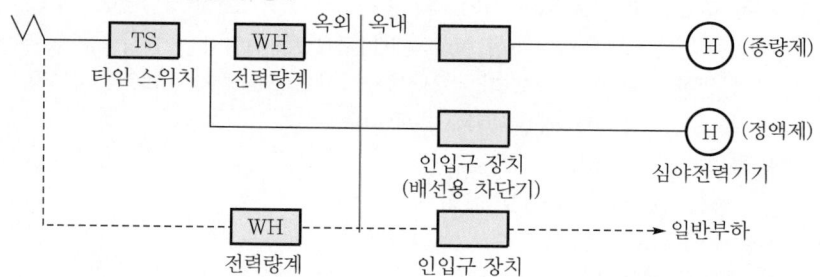

문제 16 공사산업 12년, 18년, 21년 출제
배점 : 6점

전기사업법에서 정의하는 전기설비의 종류 3가지를 쓰시오. (단, 「댐건설·관리 및 주변지역지원 등에 관한 법률」에 따라 건설되는 댐·저수지와 선박·차량 또는 항공기에 설치되는 것과 그 밖에 대통령령으로 정하는 것은 제외한다.)

답안
- 전기사업용 전기설비
- 일반용 전기설비
- 자가용 전기설비

문제 17 공사기사 11년 출제
배점 : 5점

자가용 전기설비의 검사업무처리규정에 의한 사용 전 검사항목 5가지만 쓰시오.

답안
- 외관검사
- 접지저항측정검사
- 절연저항측정검사
- 절연내력시험검사
- 절연유시험 및 측정
- 보호장치시험검사
- 계측장치 설치상태검사
- 제어회로 동작 및 기기조작시험
- 전선로검사(전압 5만[V] 이상)

문제 18 (공사기사 22년 출제) — 배점: 6점

전력시설물 공사감리업무 수행지침에 따라 감리업자는 감리용역 착수 시 착수신고서를 제출하여 발주자의 승인을 받아야 한다. 이때 착수신고서에 첨부하는 서류 3가지만 쓰시오.

답안
- 감리업무 수행계획서
- 감리비 산출내역서
- 상주, 비상주 감리원 배치계획서와 감리원의 경력확인서
- 감리원 조직 구성내용과 감리원별 투입기간 및 담당업무

문제 19 (공사기사 95년, 96년, 99년, 00년, 02년, 05년, 06년, 12년 출제) — 배점: 7점

공사계획에 의한 수전설비의 일부가 완성되어 그 완성된 설비만을 사용하고자 할 때, 전기설비 검사 항목처리 지침서에 의거 검사항목을 7가지 쓰시오.

답안
- 외관검사
- 접지저항 측정
- 계측장치 설치상태
- 보호장치 설치 및 동작상태
- 절연유 내압 및 산가 측정
- 절연내력시험
- 절연저항 측정

문제 20 (공사기사 21년 출제) — 배점: 5점

전력시설물 공사감리업무 수행지침에 따른 검사절차에 관한 내용이다. 다음 빈칸에 알맞은 내용을 [보기]에서 골라 쓰시오.

[보기]
시공관리 책임자 점검, 감리원 현장검사, 현장시공 완료, 검사 요청서 제출, 검사결과 통보

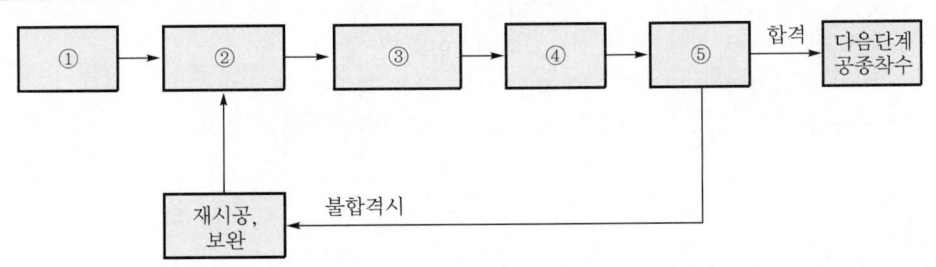

답안
① 현장시공 완료
② 시공관리 책임자 점검
③ 검사 요청서 제출
④ 감리원 현장검사
⑤ 검사결과 통보

문제 21 공사산업 08년, 19년 출제 | 배점 : 5점

"안전관리설비"란 건축물에 필수적이며, 사람의 안전 및 환경 또는 다른 물체에 손상을 주지 않게 하기 위한 설비를 말한다. 안전관리설비 중 비상전원이 필요한 설비 5가지만 쓰시오.

답안
- 비상조명
- 소화전설비
- 제연설비
- 피난설비(유도등, 비상조명등)
- 의료용 기기
- 자동화설비

문제 22 공사기사 08년 / 공사산업 09년 출제 | 배점 : 5점

배전선로공사 중 규모가 비교적 큰 공사를 추진할 때는 공사 시공품질 향상을 위한 제반 사항을 반영하여 시공계획을 수립하여야 한다. 시공계획서 작성 시 현장조건의 검토사항 중 선로 경과지 주변 또는 관련되는 공사에 대해서는 어떤 사항을 조사하여야 하는지 5가지를 쓰시오.

답안
- 현장의 지형 및 토양상태
- 농지, 농원, 공원, 문화재, 천연기념물 지정구역
- 설비의 활용성 및 안정성 확보, 재해요인의 잠재여부
- 인가 밀집지역이나 향후 지역발전 여건 등을 감안한 경과지 타당성 여부
- 시공 후 책임소재 등 이해관계가 야기될 수 있는 문제점 조사

문제 23 공사산업 08년, 09년, 15년 출제 | 배점 : 5점

전기설비의 시공에 대한 검사는 육안검사 및 시험이 있다. 육안검사 항목 중 5가지만 쓰시오.

답안
- 전기기기의 표시확인과 손상유무 점검
- 감전예방의 종류 확인
- 허용전류 및 전압강하에 관한 전선의 선정
- 보호장치 및 감시장치의 선택 및 시설
- 단로장치 및 개폐장치의 시설
- 화재의 파급을 예방하기 위한 방재벽의 존재 및 기타 예방 조치와 기타 열 영향에 대한 보호
- 외적 영향에 따른 적절한 기기 및 보호수단 선정
- 중성선 및 보호선의 식별
- 회로, 퓨즈, 개폐기, 단자 등의 식별
- 전선접속의 적정성
- 조작 및 보수의 편리성을 위한 접근 가능성
- 접지계통 종류의 확인
- 접지설비의 시공확인

해설 시험검사의 종류
- 시험 순서
- 주 및 보조 등전위 접속을 포함하는 보호선의 연속성
- 전기설비의 절연저항
- 회로 분리에 의한 보호
- 바닥과 벽의 저항
- 전원의 자동차단에 의한 보호조건 검사
- 접지극의 저항측정
- 보호선의 저항측정
- 극성시험
- 과전압에 대한 보호검사

문제 24 공사기사 08년, 16년 출제 | 배점 : 5점

전기기기의 선정과 시설을 위한 배선설비의 선정과 시공 시 고려할 사항 5가지를 쓰시오.

답안
- 감전예방
- 열적 영향에 대한 보호
- 과전류에 대한 보호
- 고장전류에 대한 보호
- 과전압에 대한 보호

문제 25
공사산업 08년, 16년, 20년 출제 | 배점 : 5점

전기설비에 있어서 감전예방의 종류 중 직접접촉예방은 전기설비가 정상으로 운영되고 있는 상태에서 전기설비에 사람 또는 동물이 접촉되는 경우를 대비하여 감전예방을 위한 보호이다. 직접접촉예방을 위한 보호방법 5가지를 쓰시오.

답안
- 충전부의 절연에 의한 보호
- 격벽 또는 외함에 의한 보호
- 장애물에 의한 보호
- 손의 접근한계 외측 설치에 따른 보호
- 누전차단기에 의한 추가 보호

해설 안전보호

(1) 직접접촉예방

전기설비가 정상으로 운영되고 있는 상태에서 전기설비에 사람 또는 동물이 접촉되는 경우를 대비하여 감전예방을 위한 보호
- 충전부의 절연에 의한 보호
- 격벽 또는 외함에 의한 보호
- 장애물에 의한 보호
- 손의 접근한계 외측 설치에 따른 보호
- 누전차단기에 의한 추가 보호

(2) 간접접촉예방

전기설비에 지락 등의 고장이 발생한 경우에 해당 전기설비에 사람 또는 동물이 접촉한 경우를 대비하여 감전예방을 위한 보호로서 다음 중 하나의 방법에 의해 실시한다.
- 전원의 자동차단에 의한 보호
- Ⅱ급 기기의 사용 또는 이것과 동등 이상의 절연에 의한 보호
- 비도전성 장소에 의한 보호
- 비접지용 국부적 등전위 접속에 의한 보호
- 전기적 분리에 의한 보호

(3) 특별저압에 의한 보호는 직접접촉예방 및 간접접촉예방을 동시에 시행한다. 사용전압은 교류 50[V] 이하, 직류 120[V] 이하의 전압을 말한다.
- 비접지회로에 적용하는 SELV 계통
- 접지회로에 적용하는 PELV 계통
- 기능상 ELV를 사용하는 경우에 적용하는 FELV 계통

문제 26 | 공사기사 05년, 06년, 07년, 16년 출제 | 배점 : 6점

감전의 위험이 있는 전기시설의 부위에는 전기의 가압 여부를 식별할 수 있는 활선 표시장치 등을 각 상에 부착하도록 권장하고 있다. 이 활선 표시장치의 권장 설치장소 3곳을 쓰시오.

답안
- 수전점 개폐기의 전원측 및 부하측 각 상
- 분기회로 개폐기의 전원측 및 부하측 각 상
- 변압기 등의 전원측 및 부하측 각 상

문제 27 | 공사산업 06년 출제 | 배점 : 5점

공사계획에 의한 수전설비의 일부가 완성되어 그 완성된 설비만을 사용하고자 할 때 전기설비 검사항목 처리 지침서에 의한 검사항목을 5가지만 쓰시오.

답안
- 외관검사
- 접지저항 측정
- 계측장치 설치 및 동작상태검사
- 보호장치 설치 및 동작상태검사
- 절연저항 측정 및 절연내력시험
- 절연유 내압시험 및 산가 측정

문제 28 | 공사기사 13년 출제 | 배점 : 3점

변압기나 배전함 외함의 보호등급에서 ①, ②, ③은 각각 무엇에 대한 보호를 나타내는가?

$$\text{IP ① ② ③}$$

답안
① 외부 분진에 대한 보호등급
② 방수에 대한 보호등급
③ 위험한 부분으로의 접근에 대한 보호등급

문제 29 ㅣ 공사산업 21년 출제 ㅣ 배점 : 3점

한국전기설비규정에 따라 전주외등을 설치하고자 한다. 가로등, 보안등에 LED 등기구를 사용할 때, LED 등기구의 최소 IP등급을 쓰시오.

답안 IP65

해설 (1) 전주외등(KEC 234.10)
가로등, 보안등에 LED 등기구를 사용하는 경우에는 IP65 이상이어야 한다.
(2) 방진 방수등급(IP등급)
IP코드는 두 자리로 되어 있는데 첫 번째 숫자는 방진등급, 두 번째 숫자는 방수등급을 가리킨다.

번 호	제1숫자 방진보호정도	제2숫자 방수보호정도
0	없음	없음
1	손의 접근으로부터의 보호	수직으로 떨어지는 물방울로부터의 보호
2	손가락의 접근으로부터의 보호	수직에서 15° 범위에서 떨어지는 물방울로부터의 보호
3	공구의 선단 등으로부터의 보호	수직에서 60° 범위에서 떨어지는 물방울로부터의 보호
4	WIRE 등으로부터의 보호	전방향으로 비산되는 물로부터의 보호
5	분진으로부터의 보호	전방향으로 쏟아지는 물로부터의 보호
6	완전한 방진구조	파도 등의 강력하게 쏟아지는 물로부터의 보호
7	–	일정한 조건으로 물에 잠겨서 사용 가능
8	–	물속에서 사용가능

문제 30 ㅣ 공사산업 15년 출제 ㅣ 배점 : 5점

전기기계기구의 상시 운전 중에 불꽃, 아크 또는 과열이 발생되면 안 되는 부분에 이들이 발생되는 것을 방지하도록 구조상 또는 온도상승에 대하여 특히 안전도를 증가시킨 방폭구조를 쓰시오.

답안 안전증 방폭구조

문제 31 | 공사산업 15년 출제 | 배점: 5점

폭연성 분진이 있는 위험장소에 개폐기, 과전류차단기, 제어기, 계전기, 배전반, 분전반 등을 시설하여 사용하는 경우, 어떤 구조의 것을 시설하여야 하는지 명칭을 쓰시오.

답안 분진방폭 특수방진구조

해설
(1) 폭연성 분진 위험장소(KEC 242.2.1)
   전기기계기구는 먼지 폭발방지 특수방진구조로 되어 있을 것
(2) 가연성 분진 위험장소(KEC 242.2.2)
   전기기계기구는 분진방폭형 보통방진구조로 되어 있을 것

문제 32 | 공사산업 18년, 21년 출제 | 배점: 6점

전기설비를 방폭화한 방폭기기의 기호에 맞는 방폭구조를 쓰시오.

기 호	방폭구조의 명칭
d	(①)
o	(②)
p	(③)
e	(④)
i	(⑤)
m	(⑥)

답안
① 내압 방폭구조
② 유입 방폭구조
③ 압력 방폭구조
④ 안전증 방폭구조
⑤ 본질안전 방폭구조
⑥ 몰드 방폭구조

해설

구 분		기 호
방폭구조의 종류	내압 방폭구조	d
	유입 방폭구조	o
	압력 방폭구조	p
	충전 방폭구조	q
	안전증 방폭구조	e
	본질안전 방폭구조	i
	비점화 방폭구조	n
	몰드 방폭구조	m

문제 33 공사기사 08년, 15년 출제 | 배점 : 5점

전기설비의 방폭구조(防爆構造)의 종류 5가지만 쓰시오.

답안
- 내압 방폭구조
- 유입 방폭구조
- 안전증 방폭구조
- 본질안전 방폭구조
- 특수 방폭구조

문제 34 공사산업 16년 출제 | 배점 : 6점

전력감시 제어설비 도입 시 효과를 3가지만 쓰시오.

답안
- 부하의 효율적 관리
- 에너지 절감
- 안전화된 시스템 구축가능

문제 35 공사기사 15년 출제 | 배점 : 5점

최근 전력기기가 대용량화됨에 따라 기기의 부분방전 여부가 기기의 수명에 크게 영향을 미치고 있다. 부분방전에 대하여 설명하시오.

답안 부분방전에는 절연물 표면에서 고전계에 의한 부분적인 표면방전 또는 절연물 내부에 존재하는 공극이나 기포에 발생하는 내부방전 등의 부분방전이 있다.

해설 **부분방전(Partial Discharge)**
절연체의 국부적인 곳에서의 전계의 집중이나 절연내력의 저하로 발생하며, 내부방전, 코로나방전, 표면방전으로 분류할 수 있다.

문제 36 공사기사 06년, 08년, 15년, 17년 출제 — 배점 : 5점

화재안전기준에 의하면 누전경보기의 수신부를 설치해서는 아니되는 장소가 있다. 그 장소를 구분하여 5가지 쓰시오. (단, 누전경보기에 대하여 방폭·방식·방습·방온·방진 및 정전기 차폐 등의 방호조치는 하지 않은 것으로 본다.)

답안
- 가연성의 증기, 먼지, 가스 등이나 부식성의 증기, 가스 등이 다량으로 체류하는 장소
- 화약류를 제조하거나 저장 또는 취급하는 장소
- 습도가 높은 장소
- 온도의 변화가 급격한 장소
- 대전류 회로, 고주파 발생회로 등에 따른 영향을 받을 우려가 있는 장소

문제 37 공사산업 07년 출제 — 배점 : 5점

자동화재탐지설비에서 종단저항을 설치하는 주 목적은?

답안 감지기회로의 도통시험을 용이하게 하기 위해

문제 38 공사산업 09년 출제 — 배점 : 7점

자동화재탐지설비의 감지기는 부착 높이에 따라 설치하여야 하는 감지기의 종류를 규정하고 있다. 일반적으로 감지기의 부착 높이가 8[m] 이상 15[m] 미만인 경우 어떤 종류의 감지기를 부착하여야 하는지 감지기의 종류 7가지를 쓰시오.

답안
- 차동식 분포형 감지기
- 이온화식 감지기
- 불꽃감지기
- 연기복합형
- 광전식 스포트형
- 광전식 분리형
- 광전식 공기흡입형

해설 층고에 따른 감지기 선정기준

부착높이	감지기의 종류
4[m] 미만	• 차동식(스포트형, 분포형) • 보상식 스포트형 • 정온식(스포트형, 감지선형) • 이온화식 또는 광전식(스포트형, 분리형, 공기흡입형) • 열복합형 • 연기복합형 • 열연기복합형 • 불꽃감지기
4[m] 이상 8[m] 미만	• 차동식(스포트형, 분포형) • 보상식 스포트형 • 정온식(스포트형, 감지선형) 특종 또는 1종 • 이온화식 1종 또는 2종 • 광전식(스포트형, 분리형, 공기흡입형) 1종 또는 2종 • 열복합형 • 연기복합형 • 열연기복합형 • 불꽃감지기
8[m] 이상 15[m] 미만	• 차동식 분포형 • 이온화식 1종 또는 2종 • 광전식(스포트형, 분리형, 공기흡입형) 1종 또는 2종 • 연기복합형 • 불꽃감지기
15[m] 이상 20[m] 미만	• 이온화식 1종 • 광전식(스포트형, 분리형, 공기흡입형) 1종 • 연기복합형 • 불꽃감지기
20[m] 이상	• 불꽃감지기 • 광전식(분리형, 공기흡입형) 중 아날로그방식

문제 39 공사산업 07년 출제 　　　　　　　　　　　　　　배점 : 6점

자동화재탐지설비 수신기를 6가지만 쓰시오.

답안
- P형 수신기
- R형 수신기
- M형 수신기
- GP형 수신기
- GR형 수신기
- 간이형 수신기

문제 40 공사산업 06년, 08년 출제
배점 : 5점

비상콘센트의 화재안전기준에 의해 비상콘센트설비의 전원회로(비상콘센트에 전력을 공급하는 회로를 말함)를 구성하려고 한다. 다음 (   ) 안 ①, ②에 알맞은 내용을 쓰시오.

비상콘센트설비의 전원회로는 단상 교류 (①)[V]인 것으로, 그 공급용량은 (②)[kVA] 이상인 것으로 할 것

답안 ① 220
② 1.5

해설

전원회로의 종류	전 압	공급용량	플러그 접속기
단상 교류	220[V]	1.5[kVA] 이상	접지형 2극

문제 41 공사산업 08년 출제
배점 : 6점

다음은 소화활동설비 중 비상콘센트설비에 관한 절연저항 및 절연내력의 기준에 관한 사항이다. (   ) 안에 알맞은 내용을 쓰시오.

- 절연저항은 전원부와 외함 사이를 (①)[V]의 절연저항계로 측정할 때 (②)[MΩ] 이상일 것
- 절연내력은 전원부와 외함 사이에 정격전압이 150[V] 이하인 경우에는 (③)[V]의 실효전압을, 정격전압이 150[V] 이상인 경우에는 그 정격전압에 (④)을 곱하여 (⑤)을 더한 실효전압을 가하는 시험에서 (⑥)분 이상 견디는 것으로 할 것

답안 ① 500
② 20
③ 1,000
④ 2
⑤ 1,000
⑥ 1

문제 42 공사산업 07년, 08년 출제 | 배점 : 6점

자동화재탐지설비의 발신기의 설치기준에 대하여 3가지만 쓰시오.

답안
- 조작이 쉬운 장소에 설치하고, 스위치는 바닥으로부터 0.8[m] 이상 1.5[m] 이하의 높이에 설치할 것
- 특정소방대상물의 층마다 설치하되, 해당 특정소방대상물의 각 부분으로부터 하나의 발신기까지의 수평거리가 25[m] 이하가 되도록 할 것
- 25[m] 이하의 기준을 초과하는 경우로서 기둥 또는 벽이 설치되지 아니한 대형공간의 경우 발신기는 설치대상 장소의 가장 가까운 장소의 벽 또는 기둥 등에 설치할 것

문제 43 공사산업 07년 출제 | 배점 : 6점

15~20[m] 천장에 설치되는 감지기 종류 3가지를 쓰시오.

답안
- 이온화식 1종
- 광전식(스포트형, 분리형, 공기흡입형) 1종
- 연기복합형

해설 층고에 따른 감지기 선정기준

부착높이	감지기의 종류
15[m] 이상 20[m] 미만	• 이온화식 1종 • 광전식(스포트형, 분리형, 공기흡입형) 1종 • 연기복합형 • 불꽃감지기
20[m] 이상	• 불꽃감지기 • 광전식(분리형, 공기흡입형) 중 아날로그방식

문제 44 공사산업 11년 출제 | 배점 : 8점 |

그림은 자동화재탐지설비의 감지기에 관한 기호이다. 감지기의 명칭을 쓰시오.

(1) ☐S   (2) ⌂   (3) ⌂   (4) ⌂

답안
(1) 연기감지기
(2) 정온식 스포트형 감지기
(3) 차동식 스포트형 감지기
(4) 보상식 스포트형 감지기

문제 45 공사산업 95년, 97년, 04년, 08년 출제 | 배점 : 4점 |

다음 심벌은 자동화재탐지설비의 감지기에 대한 옥내 배선용 그림 기호이다. 그림 기호의 명칭을 쓰시오.

☐S

답안 연기감지기

문제 46 공사산업 06년 출제 | 배점 : 5점 |

유도등설비에 대한 다음 (   ) 안에 알맞은 말을 써 넣으시오.

> 건축전기설비나 소방설비에서 유도등설비는 화재 등 비상시에 사람의 피난을 용이하게 하기 위한 피난구의 표시 또는 방향을 지시하는 조명설비로 설치장소에 따라 (   ) 유도등, (   ) 유도등, (   ) 유도등으로 분류된다.

답안 피난구, 통로, 객석

문제 47) 공사산업 08년 출제 | 배점: 6점

비상콘센트설비에 관한 사항이다. ( ) 안에 알맞은 내용을 쓰시오.

- 지하층을 포함한 층수가 (①)층 이상인 특정소방대상물의 경우에는 11층 이상의 층에 설치한다.
- 바닥으로부터 높이 (②)[m] 이상 (③)[m] 이하의 위치에 설치한다.
- 당해 층의 각 부분으로부터 하나의 비상콘센트까지의 수평거리가 (④)[m] 이하가 되도록 배치한다.
- 하나의 전용회로에 설치하는 비상콘센트는 (⑤)개 이하로 할 것
- 비상콘센트용의 풀박스 등은 방청도장을 한 것으로서, 두께 (⑥)[mm] 이상의 철판으로 할 것

답안
① 11
② 0.8
③ 1.5
④ 50
⑤ 10
⑥ 1.6

문제 48) 공사기사 22년 출제 | 배점: 4점

다음은 저압전기설비에서 한국전기설비규정에 따른 화재의 확산을 최소화하기 위한 배선설비의 선정과 공사에 관한 내용의 일부이다. ( ) 안에 알맞은 내용을 쓰시오.

배선설비 관통부의 밀봉
가. 배선설비가 바닥, 벽, 지붕, 천장, 칸막이, 중공벽 등 건축구조물을 관통하는 경우, 배선설비가 통과한 후에 남는 개구부는 관통 전의 건축구조 각 부재에 규정된 내화등급에 따라 밀폐하여야 한다.
나. 관련 제품 표준에서 자소성으로 분류되고 최대 내부단면적이 (①)[mm²] 이하인 전선관, 케이블트렁킹 및 케이블덕팅시스템은 다음과 같은 경우라면 내부적으로 밀폐하지 않아도 된다.
　(1) 보호등급 (②)에 관한 KS C IEC 60529(외곽의 방진 보호 및 방수 보호등급)의 시험에 합격한 경우
　(2) 관통하는 건축 구조체에 의해 분리된 구획의 하나 안에 있는 배선설비의 단말이 보호등급 (②)에 관한 KS C IEC 60529[외함의 밀폐 보호등급 구분(IP코드)]의 시험에 합격한 경우

답안
① 710
② IP33

PART 02 수변전설비

- CHAPTER 01 수변전설비의 시설
- CHAPTER 02 특고압 수전설비의 시설

CHAPTER 01 수변전설비의 시설

1990년~최근 출제된 기출 이론 분석 및 유형별 문제

기출개념 01 수변전설비의 개요

수변전설비란 전력회사로부터 고전압을 수전하여 전력 부하설비의 운전에 알맞은 저전압으로 변환하여 전기를 공급하기 위해 사용되는 전기설비의 총합체를 말하며, 고전압을 수전하여 저압으로 변환하는 설비를 고압 수전설비라 하고, 특고압을 수전하여 고압이나 저압으로 변환하는 설비를 특고압 수전설비라 한다.

현재 우리나라의 일반 배전전압은 22.9[kV-Y]의 특고압 수전설비이다.

1 수변전설비의 구비조건

수변전설비는 수용가의 전기 에너지 수용방법, 업종, 시설규모 등 여러 가지 형태에 따라 다음과 같은 조건을 만족할 수 있어야 한다.

(1) 전력 부하설비에 대한 충분한 공급능력이 있을 것
(2) 신뢰성, 안전성, 경제성이 있을 것
(3) 운전조작 취급 및 점검이 용이하고 간단할 것
(4) 부하설비의 증설 또는 확장에 대처할 수 있을 것
(5) 방재 대처 및 환경 보존 능력이 있을 것
(6) 전압 변동이 적고 운전 유지 경비가 저렴할 것

2 수변전설비의 기본 설계

수변전설비 기본 설계 시 검토해야 할 주요 사항은 다음과 같다.

(1) 필요한 전력설비 용량 추정
(2) 수전전압 및 수전 방식
(3) 주 회로의 결선 방식
(4) 감시 및 제어 방식
(5) 변전설비의 형식

개념 문제 01 | 공사기사 15년 / 공사산업 01년, 02년, 03년, 17년 출제 | 배점 : 5점 |

변전실의 위치선정 시 고려하여야 할 사항 5가지만 쓰시오.

[답안]
- 부하의 중심에 가깝고, 배전에 편리할 것
- 전원 인입과 구내 배전선의 인출이 편리할 것
- 기기의 반출·입에 지장이 없고 증설·확장이 용이할 것
- 폭발물, 가연성 저장소 부근을 피할 것
- 침수의 우려가 없고 경제적일 것

[해설] 답안 외에도 다음과 같은 사항이 있다.
- 부식성 가스, 먼지 등이 적을 것
- 진동이 없고 지반이 견고한 장소일 것

개념 문제 02 | 공사산업 07년 출제 | 배점 : 6점 |

수변전설비의 보수점검에서 변압기의 주요 보수점검 내용을 6가지만 쓰시오.

[답안]
- 본체 외부점검
- 소음 및 진동점검
- 절연저항측정
- 변압기 절연유의 절연파괴전압 측정
- 절연유 산가측정
- 과열 및 오손점검

[해설] 답안 외에도 다음과 같은 내용이 있다.
- 부싱점검
- Tap 전환장치의 내부점검
- 절연유 내 수준측정이 있다.

개념 문제 03 | 공사산업 17년 출제 | 배점 : 5점 |

배전반 및 분전반의 시설장소를 3가지만 쓰시오.

[답안]
- 전기회로를 쉽게 조작할 수 있는 장소
- 개폐기를 쉽게 개폐할 수 있는 장소
- 노출된 장소

[해설] **배전반 및 분전반의 설치장소**
- 전기회로를 쉽게 조작할 수 있는 장소
- 개폐기를 쉽게 개폐할 수 있는 장소
- 노출된 장소(보조적인 분전반은 제외)
- 안정된 장소

기출개념 02 수변전설비용 기기의 명칭 및 역할

명 칭	약 호	심벌(단선도)	용도 및 역할
케이블 헤드	CH		케이블 종단과 가공전선 접속 처리재
단로기	DS		무부하 전류 개폐, 회로의 접속 변경, 기기를 전로로부터 개방
피뢰기	LA		이상전압 내습 시 대지로 방전하고 속류차단하여 기기 보호
전력퓨즈	PF		단락전류 차단하여 전로 및 기기 보호
전력수급용 계기용 변성기	MOF	MOF	전력량을 적산하기 위하여 고전압과 대전류를 저전압, 소전류로 변성
영상 변류기	ZCT		지락전류의 검출
접지계전기	GR	GR	영상전류에 의해 동작하여, 차단기 트립코일 여자
계기용 변압기	PT		고전압을 저전압으로 변성
컷아웃 스위치	COS		고장전류 차단하여 기기 보호
교류차단기	CB		부하전류 개폐 및 고장전류 차단
유입개폐기	OS		부하전류 개폐
트립코일	TC		보호계전기 신호에 의해 여자하여 차단기 트립(개방)
계기용 변류기	CT		대전류를 소전류로 변성
과전류계전기	OCR	OCR	과전류에 의해 동작하며, 차단기 트립코일 여자
전력용 콘덴서	SC		부하의 역률 개선
방전코일	DC		잔류전하 방전
직렬 리액터	SR		제5고조파 제거
전압계용 전환개폐기	VS		1대 전압계로 3상 전압을 측정하기 위하여 사용하는 전환개폐기
전류계용 전환개폐기	AS		1대 전류계로 3상 전류를 측정하기 위하여 사용하는 전환개폐기
전압계	V	V	전압 측정
전류계	A	A	전류 측정

개념 문제 01 공사산업 94년 출제 | 배점 : 10점 |

미완성 도면은 특고압 수전설비 표준 결선도이다. 단선 결선도에서 ☐ 안에 주어진 번호를 표준심벌을 사용하여 그리고 약호, 명칭을 쓰고 용도 또는 역할에 대하여 간단히 설명하시오.

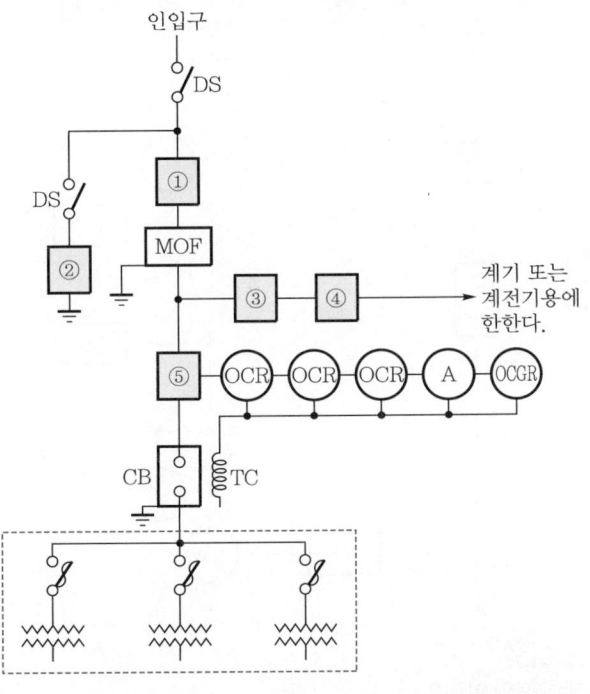

답안

번 호	심 벌	약 호	명 칭	용도 또는 역할
①		PF	전력퓨즈	단락사고 시 회로 차단하여 선로 및 기기 보호
②		LA	피뢰기	이상전압 침입 시 이를 대지로 방전시키며 속류를 차단하여 기기 보호
③		COS	컷아웃 스위치	고장 발생 시 회로 차단하여 기기 보호 및 사고확대 방지
④		PT	계기용 변압기	고전압을 저전압(정격 110[V])으로 변성
⑤		CT	변류기	대전류를 소전류(정격 5[A])로 변성

1990년~최근 출제된 기출 이론 분석 및 유형별 문제

개념 문제 02 공사기사 95년 출제

배점 : 10점

다음 그림은 특고압 22.9[kV-Y]로 수전하는 경우의 단선 결선도이다. 물음에 답하시오.

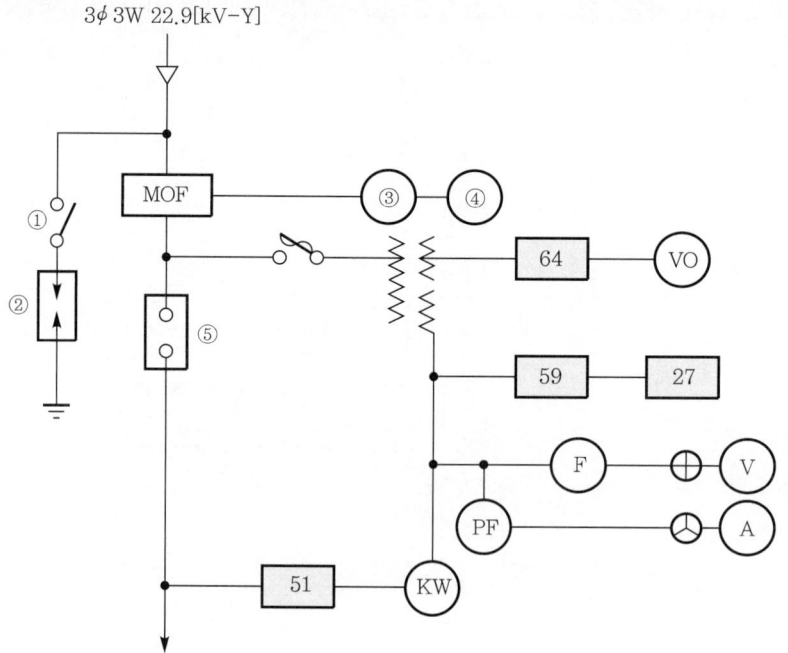

(1) 그림에서 ①의 용도는?
(2) 그림에서 ②의 제한전압이란?
(3) 그림에서 ③의 명칭을 우리말로 쓰시오.
(4) 그림에서 ④의 명칭을 우리말로 쓰시오.
(5) 그림에서 ⑤의 정격차단시간이란?
(6) 그림에서 MOF의 계기의 명칭은?
(7) 그림에서 64 의 명칭을 우리말로 쓰시오.
(8) 그림에서 59 의 명칭을 우리말로 쓰시오.
(9) 그림에서 27 의 명칭을 우리말로 쓰시오.
(10) 그림에서 51 의 명칭을 우리말로 쓰시오.

답안 (1) 피뢰기를 전로로부터 완전 개방한다.
(2) 충격파 전류가 흐르고 있을 때 피뢰기의 단자전압
(3) 유효전력량계
(4) 무효전력량계
(5) 트립코일 여자로부터 아크 소호까지의 시간을 말하며 3~8[Hz] 정도이다.
(6) 전력수급용 계기용 변성기
(7) 지락 과전압계전기
(8) 교류 과전압계전기
(9) 교류 부족전압계전기
(10) 교류 과전류계전기

기출개념 03 수변전설비 기기의 정격 및 특성

명 칭	정격전압 [kV]	정격전류 [A]	개요 및 특성	설치 장소	비 고
라인 스위치(LS) (Line Switch)	24 36 72	200~4,000 400~4,000 400~2,000	• 정격전압에서 전로의 충전전류 개폐 가능 • 3상을 동시 개폐 (원방 수동 및 동력 조작) • 부하전류를 개폐할 수 없다.	66[kV] 이상 수전실 구내 인입구	• 특고압에서 사용 • 국가 또는 제작자마다 명칭이 서로 다르게 사용하기도 한다. – Line Switch – Air Switch – Disconnecting Switch – Isolator
단로기(DS) (Disconnector Switch)	〃	〃	• 차단기와 조합하여 사용하며 전류가 통하고 있지 않은 상태에서 개폐 가능 • 각 상별로 개폐 가능 • 부하전류를 개폐할 수 없다.	• 수전실 구내 인입구 • 수전실 내 LA 1차측	• 종류는 단극단투와 3극단투가 있다. – 단극단투형 : 옥내용 – 3극단투형 : 옥내, 옥외용
전력퓨즈(PF) (Power Fuse)	25.8 72.5	100~200 200	• 차단기 대용으로 사용 • 전로의 단락보호용으로 사용 • 3상 회로에서 1선 용단 시 결상운전	• 수전실 구내 인입구 • C.O.S 대용으로 각 기기 1차측	
컷아웃 스위치 (COS) (Cut Out Switch)	25	30, 50, 100, 200	변압기 및 주요기 1차측에 시설하여 단락보호용으로 사용	변압기 등 기기 1차측	
		100	단상 분기선에 사용하여 과전류 보호	부하 적은 단상 분기선	
피뢰기(LA) (Lightning Arresters) • Gap Type • Gapless Type	75(72) 24, 21 18	5,000 2,500	• 뇌 또는 회로의 개폐로 인한 과전압을 제한하여 전기설비의 절연을 보호하고 속류를 차단하는 보호장치로 사용 • 비 직선형 저항과 직렬 간극으로 구성된 Gap 타입과 산화아연(ZnO) 소자를 적용하여 직렬 간극을 사용하지 않는 Gapless 타입이 있다. • 80년 중반 이후부터 Gapless 타입이 확대 사용되고 있는 추세이다.	• 수전실 구내 인입구 • Cable 인입의 경우 전기사업자측 공급선로 분기점	• 자기제 18[kV] 2,500[A] • 폴리머 18[kV] 5,000[A]
부하개폐기 (LBS) (Load Break Switch)			• 부하전류는 개폐할 수 있으나 고장전류는 차단할 수 없다. • LBS(PF부)는 단로기(또는 개폐기) 기능과 차단기로의 PF성능을 만족시키는 국가공인기관의 시험 성적이 있는 경우에 한하여 사용 가능	수전실 구내 인입구	기능은 기중부하개폐기와 동일하다.

1990년~최근 출제된 기출 이론 분석 및 유형별 문제

명 칭	정격전압 [kV]	정격전류 [A]	개요 및 특성	설치 장소	비 고
기중부하개폐기 (IS) (Interrupter Switch)	25.8	600	• 수동 조작 또는 전동 조작으로 부하전류는 개폐할 수 있으나 고장전류는 차단할 수 없다. • 염진해, 인화성, 폭발성, 부식성 가스와 진동이 심한 장소에 설치하여서는 안 된다.	• 수전실 구내 인입구 • 부하전류만의 개폐를 필요로 하는 장소(구내 선로 간선 및 분기선)	• 기능은 부하개폐기와 동일하다. • 고장이 쉽게 발생하므로 잘 사용이 안 되고 있다.
고장구간 자동개폐기 (A.S.S) (Automatic Section Switch)	25.8	200	• 22.9[kV-Y] 전기사업자 배전계통에서 부하용량 4,000[kVA] (특수 부하 2,000[kVA] 이하의 분기점 또는 7,000[kVA] 이하의 수전실 인입구에 설치하여 과부하 또는 고장전류 발생 시 전기사업자측 공급선로의 타보호 기기(Recloser, CB 등)와 협조하여 고장구간을 자동 개방하여 파급사고 방지 • 전 부하 상태에서 자동 또는 수동 투입 및 개방 가능 • 과부하 보호 기능 • 제작 회사마다 명칭과 특성이 조금씩 다름	• 전기사업자측 공급선로 분기점 • 수전실 구내 인입구 • 자가용 선로	고장구간자동개폐기는 제작 회사 및 특성에 따라 명칭이 서로 다르게 사용되고 있으며 아래와 같다. • A.S.S (Automatic Section Switch) • A.S.B.S (Automatic Section Breaking Switch) • A.S.B.R.S (Automatic Sectionalizing Breaking Reclosing Switch) • A.S.F.S (Automatic Sectionalizing Fault Switch) • G.A.S.S (Gas Auto Section Switch)
	25.8	400	• 22.9[kV-Y] 전기사업자 배전계통에서 부하용량 8,000[kVA] (특수 부하 4,000[kVA] 이하의 분기점 또는 7,000[kVA] 이하의 수전실 인입구에 설치하여 과부하 또는 고장전류 발생 시 전기사업자측 공급선로의 타보호 기기(Recloser, CB 등)와 협조하여 고장 구간을 자동 개방하여 파급사고 방지 • 전 부하 상태에서 자동 또는 수동 투입 및 개방 가능 • 과부하 보호 기능 • 낙뢰가 빈번한 지역, 공단 선로, 수용가 선로 등에 사용이 가능		
자동부하 전환개폐기 (A.L.T.S) (Automatic Load Transfer Switch)	25.8	600	• 이중 전원을 확보하여 주 전원 정전 시 또는 전압이 기준값 이하로 떨어질 경우 예비전원으로 자동 절환되어 수용가가 계속 일정한 전원공급을 받을 수 있다. • 자동 또는 수동 전환이 가능하여 배전반 내에서 원방 조작 가능 • 3상 일괄 조작 방식으로 옥내 설치 가능	중요 국가기관, 공공기관, 병원 빌딩, 공장, 군사시설 등 정전 시 큰 피해를 입을 우려가 있는 장소의 선로 또는 수전실 구내	

개념 문제 01 | 공사기사 90년 출제 | 배점 : 14점 |

다음 결선도를 보고 물음에 대하여 답을 쓰시오.

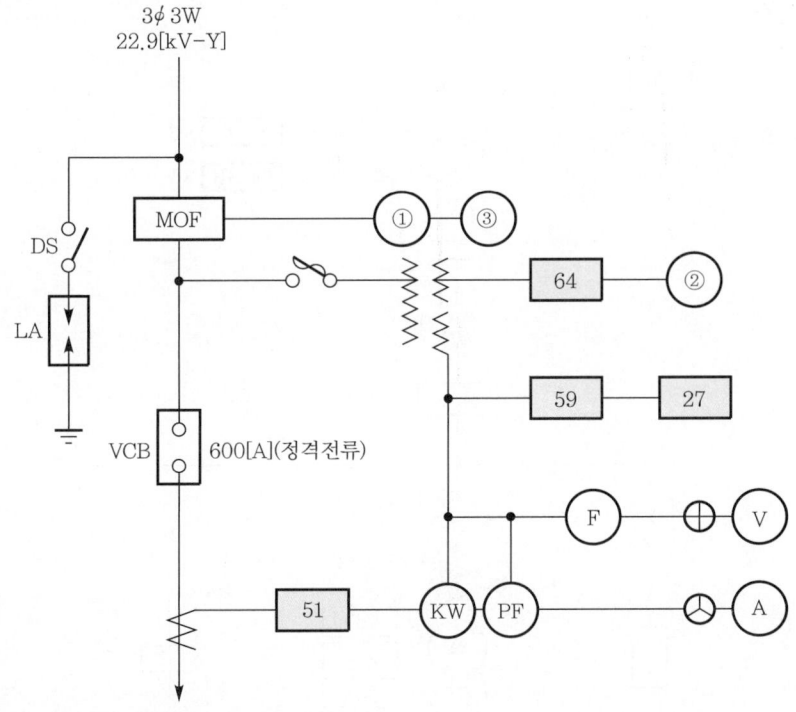

(1) ①, ②, ③ meter의 명칭을 기입하시오.
(2) MOF의 원어를 영어로 쓰시오.
(3) one-line 중에 각종 계전기가 ☐ 속에 Device Function number로 표시되어 있다. 이들의 Device name을 우리말과 영어로 쓰시오.
   ① 27
   ② 51
   ③ 59
   ④ 64

답안 (1) ① 유효전력량계
   ② 영상 전압계
   ③ 무효전력량계
(2) Metering Out Fit
(3) ① 교류 부족전압계전기(Under Voltage Relay)
   ② 교류 과전류계전기(Over Current Relay)
   ③ 교류 과전압계전기(Over Voltage Relay)
   ④ 지락 과전압계전기(Over Voltage Ground Relay)

해설 (3) ① 상시전원 정전 시 또는 부족전압 시 동작
   ② 단락이나 과부하 시 동작하여 차단기를 개로
   ③ 교류전압으로 동작하는 것
   ④ 지락을 전압에 의하여 검출

1990년~최근 출제된 기출 이론 분석 및 유형별 문제

개념 문제 02 공사기사 17년 출제 | 배점 : 5점 |

변압기를 보호하기 위한 단선 결선도의 일례이다. 그림에서 변압기의 내부 고장 검출을 위한 기기의 명칭을 쓰시오.

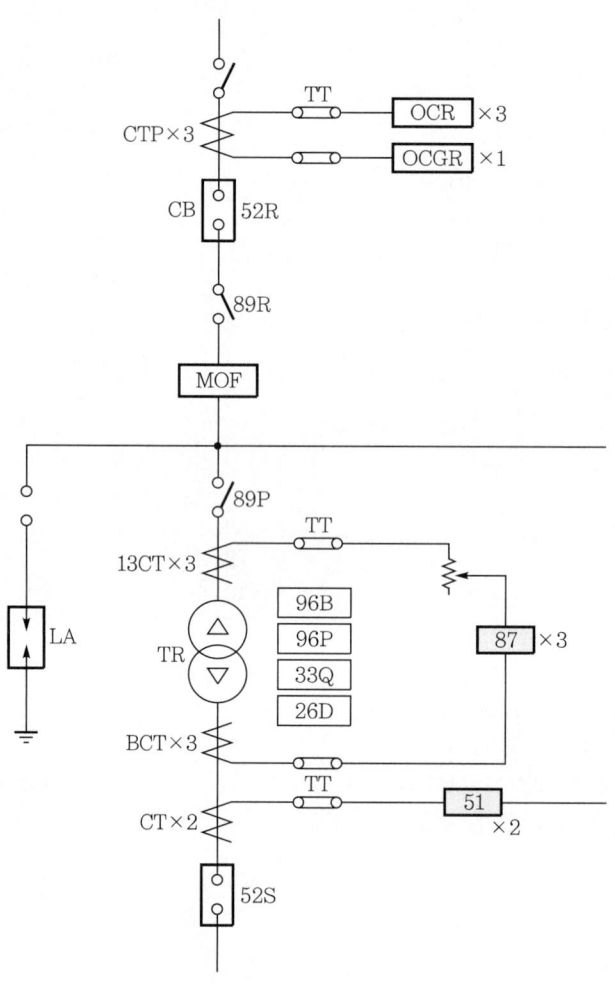

(1) 96B
(2) 96P
(3) 33Q

답안 (1) 부흐홀츠계전기
(2) 충격압력계전기
(3) 유면검출장치

해설
- 26Q : 유온도계
- 33Q : 유면계
- 96D : 방압장치
- 96B : 부흐홀츠계전기
- 96P : 충격압력계전기
- 96G : 가스검출계전기

개념 문제 03 공사기사 97년 출제 | 배점 : 11점 |

다음 그림은 고압 수변전설비 단선 결선도이다. 그림을 보고 물음에 답하시오.

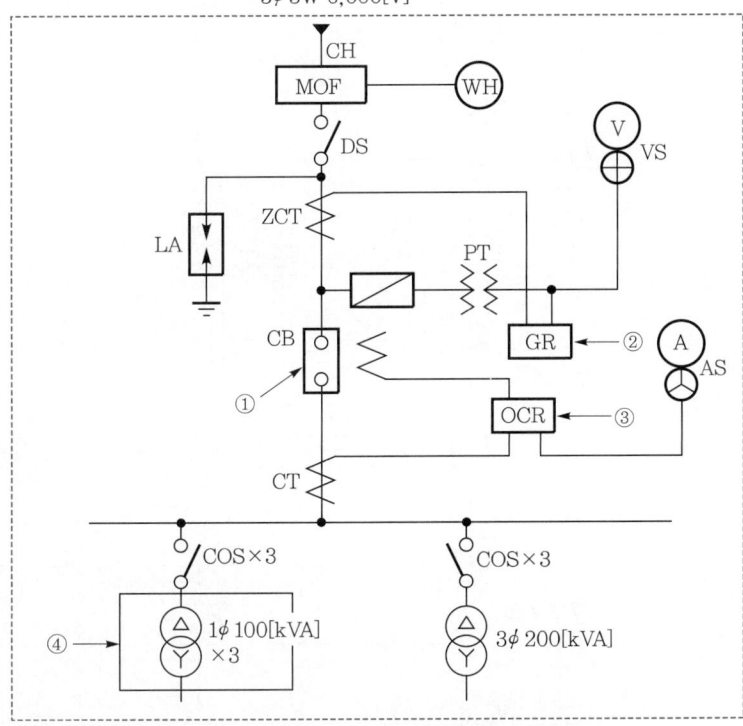

(1) 도면에 표시된 ①에 설치할 수 있는 차단기 종류를 3가지만 쓰시오.
(2) 도면에 표시된 ②의 기기 명칭을 기입하고 간단하게 설명하시오.
(3) 도면에 표시된 ③의 기기 명칭을 기입하고 간단하게 설명하시오.
(4) 도면에 표시된 ④부분의 복선도를 그리시오. (외함 및 중성점 접지도 표시하시오.)

답안 (1) 유입차단기, 자기차단기, 진공차단기
　　　(2) • 기기 명칭 : 지락계전기
　　　　　• 기능 : 지락사고 시 지락전류에 의해 동작하여 차단기 트립코일 여자
　　　(3) • 기기 명칭 : 과전류계전기
　　　　　• 기능 : 계통의 전류가 정정치 이상일 때 동작하여 차단기 트립코일 여자
　　　(4)

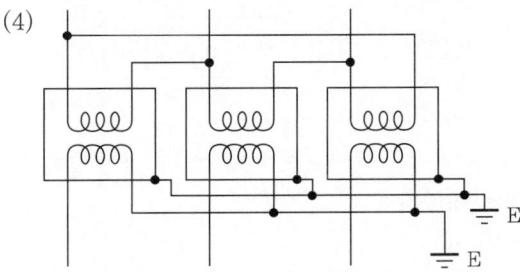

기출개념 04 고압 수전설비의 시설

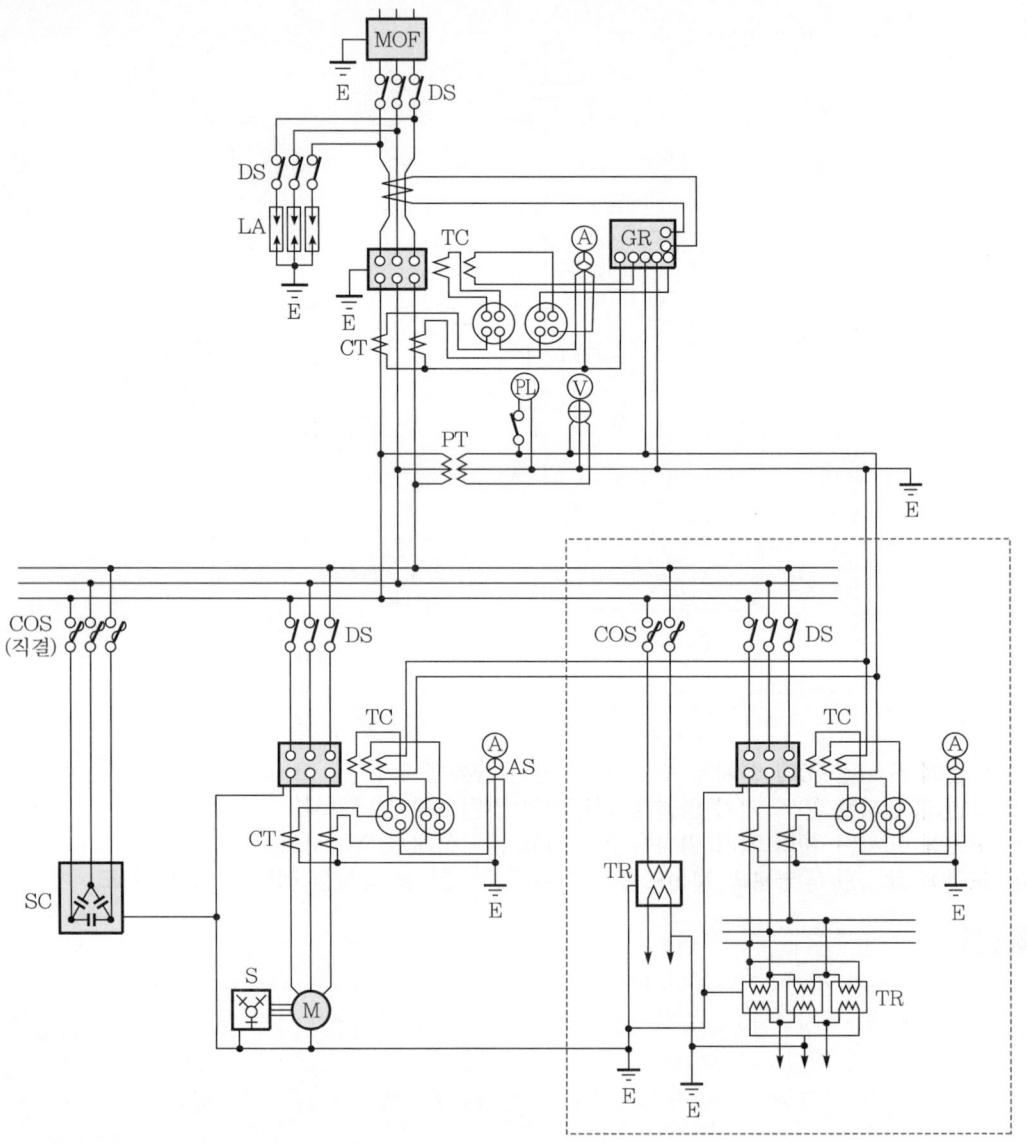

[주] 1. 고압 전동기의 조작용 배전반에는 과부족전압계전기 및 결상계전기(퓨즈를 사용한 것)를 장치하는 것이 바람직하다.
2. 2회선으로부터 절체 수전하는 경우는 전기사업자와 수전방식을 협의한다.
3. 계기용 변성기의 1차측에는 퓨즈를 넣지 않는 것을 원칙으로 한다. 다만, 보호장치를 필요로 하는 경우에는 전력퓨즈를 사용하는 것이 바람직하다.
4. 계기용 변성기는 몰드형의 것이 바람직하다.
5. 계전기용 변류기는 보호범위를 넓히기 위하여 차단기의 전원측에 설치하는 것이 바람직하다.
6. 차단기의 트립방식은 DC 또는 CTD 방식도 가능하다.

7. 계기용 변압기는 주 차단기의 부하측에 시설함을 표준으로 하고 지락보호계전기용 변성기, 주 차단장치 개폐상태 표시용 변성기, 주 차단장치 조작용 변성기, 전력수요 계기용 변성기의 경우에는 전원측에 시설할 수 있다.
8. LA용 DS는 생략할 수 있다.

개념 문제 01 | 공사기사 92년 출제 | 배점 : 10점 |

그림은 어떤 자가용 전기설비에 대한 고압 수전설비의 결선도이다. 이 결선도를 보고 다음 물음에 답하시오.

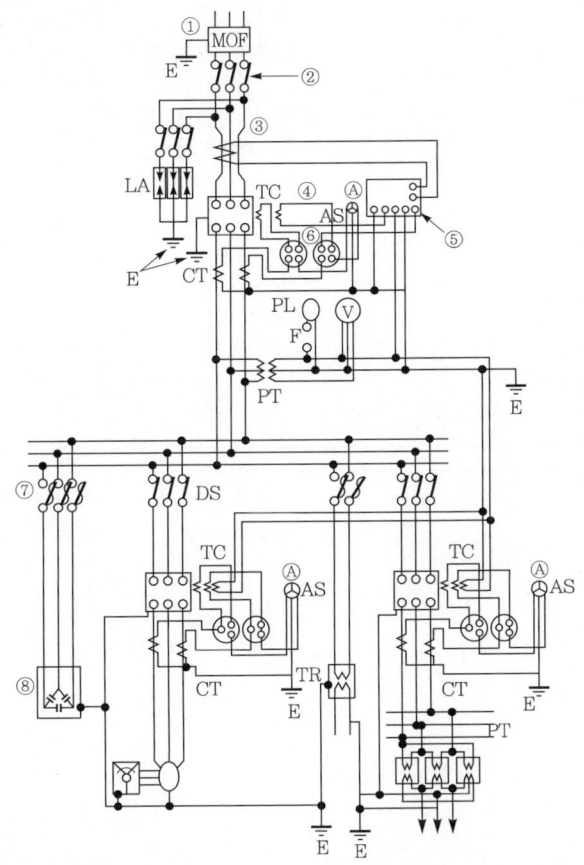

(1) 고압 전동기의 조작용 배전반에는 어떤 계전기를 장치하는 것이 바람직한가? (2가지만 쓰시오.)
(2) 전력수급용 계기용 변성기는 어떤 형의 것을 사용하는 것이 바람직한가?
(3) 본 도면에서 생략할 수 있는 것은?
(4) 계전기용 변류기는 차단기의 전원측에 설치하는 것이 바람직하다. 무슨 이유인가?
(5) 전력용 콘덴서에 연결하는 방전코일의 목적은?

답안 (1) 과부족전압계전기, 결상계전기
(2) 몰드형
(3) LA용 DS
(4) 보호범위를 넓히기 위하여
(5) 콘덴서에 축적된 전류전하 방전

1990년~최근 출제된 기출 이론 분석 및 유형별 문제

개념 문제 02 공사산업 94년, 99년 출제 | 배점 : 10점 |

다음 그림은 빌딩의 고압 수전설비 기기 배치도(단면도)이다. 도면의 번호에 맞는 기기 명칭을 [보기]에서 골라 답란에 문자기호로 쓰시오.

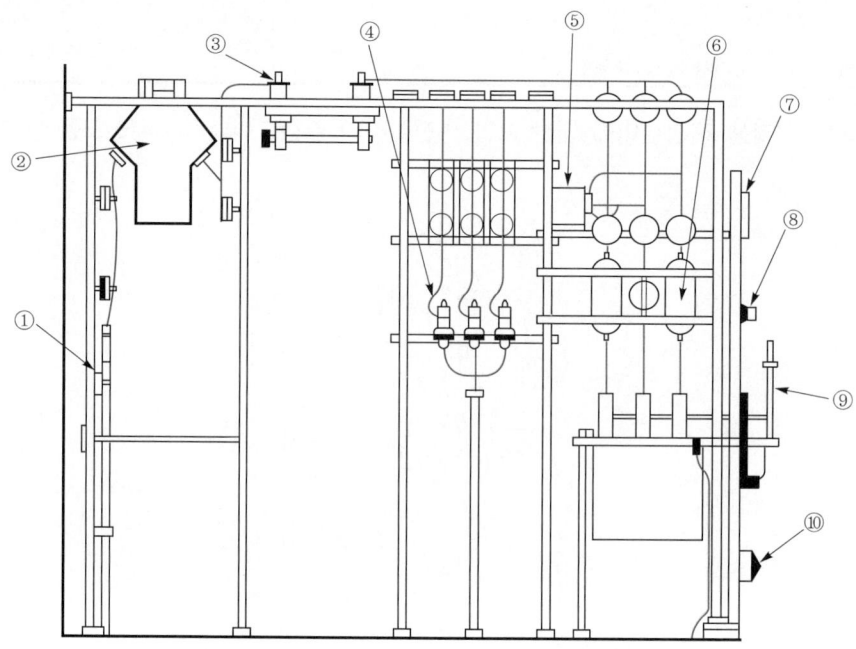

[보기]
- CT
- OCR
- DS
- A
- OCB
- VS
- LA
- ZCT
- MOF
- PT

답안
① ZCT
② MOF
③ DS
④ LA
⑤ PT
⑥ CT
⑦ A
⑧ VS
⑨ OCB
⑩ OCR

개념 문제 03   공사산업 92년, 99년 출제   배점 : 14점

도면에 표시된 1, 2, 3, 4, 5, 6, 7의 품명(명칭)을 정확하게 주어진 답안지에 답하시오.

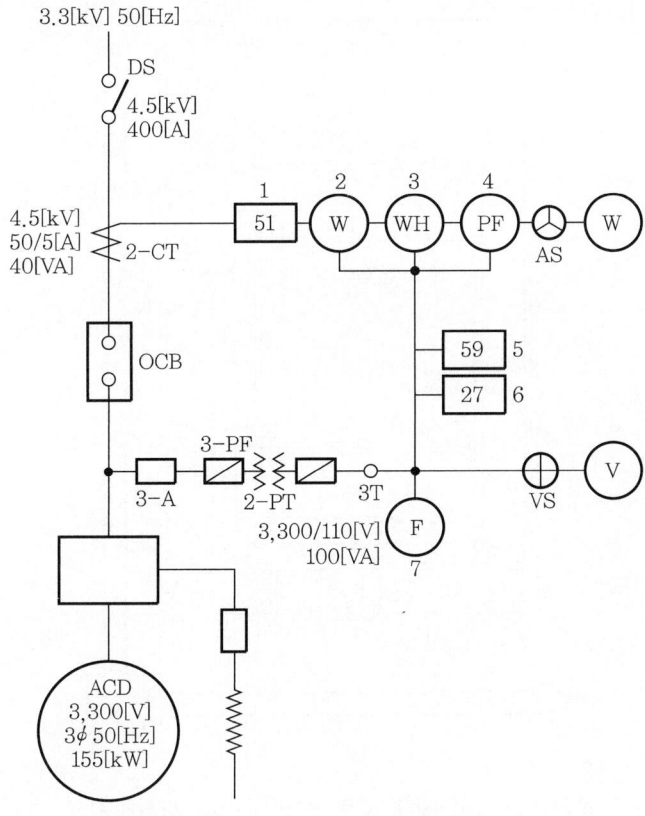

답안 1 – 51 : OCR(교류 과전류계전기)

2 – W : 전력계

3 – WH : 유효전력량계

4 – PF : 역률계

5 – 59 : OVR(교류 과전압계전기)

6 – 27 : UVR(교류 부족전압계전기)

7 – F : 주파수계

1990년~최근 출제된 기출 이론 분석 및 유형별 문제

개념 문제 04 공사기사 96년, 00년, 02년 출제 | 배점 : 10점 |

그림은 고압 수전설비의 평면도이다. 물음에 답하시오.

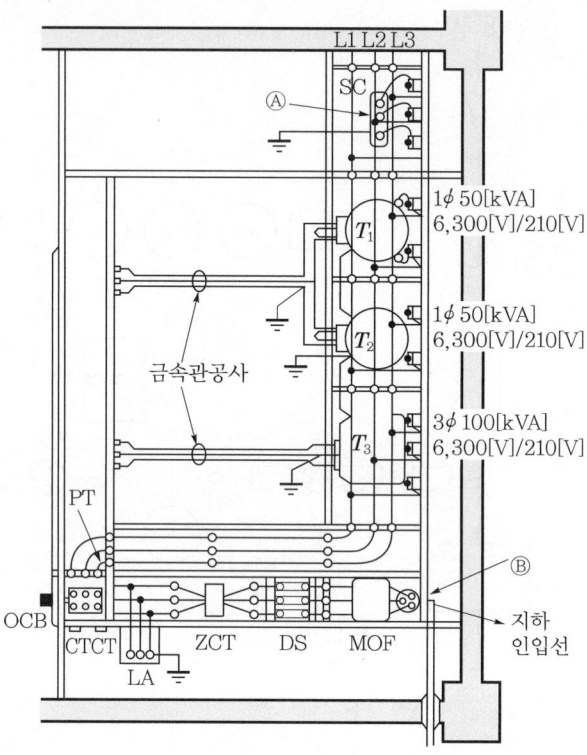

(1) ZCT의 설치목적은?
(2) 변압기 T_1과 T_2로 공급하는 3상 최대 출력은 얼마인지 계산하시오.
(3) SC의 설치목적은?
(4) CT의 변류비로는 75/5, 50/5, 30/5 중 어느 것이 적당한가? (단, 계산식을 기록할 것)
(5) T_1 변압기 전원측 고압 COS 퓨즈링크의 정격전류로 적당한 것은?

답안 (1) 지락사고 시 영상전류 검출하여 지락계전기 동작
 (2) 86.6[kVA]
 (3) 역률 개선
 (4) 30/5 선정
 (5) 12[A]

해설 (2) $P_V = \sqrt{3}\, P_1 = \sqrt{3} \times 50 = 86.6 [\text{kVA}]$

 (4) $I = \dfrac{(\sqrt{3} \times 50 + 100) \times 10^3}{\sqrt{3} \times 6{,}300} \times 1.25 = 21.375 [\text{A}]$

 (5) $I = \dfrac{\sqrt{3} \times 50 \times 10^3}{\sqrt{3} \times 6{,}300} = 7.936 [\text{A}]$

 고압 COS 퓨즈는 전부하 전류의 1.5배이므로
 $7.936 \times 1.5 = 11.904 [\text{A}]$

CHAPTER 01
수변전설비의 시설

단원 빈출문제
1990년~최근 출제된 기출문제

문제 01   공사기사 91년, 94년 출제   배점 : 9점

다음 도면은 시공을 하기 위한 3상 유도전동기 2대의 기동제어 단선 결선도이다. 주어진 답안지에 복선도를 그리시오.

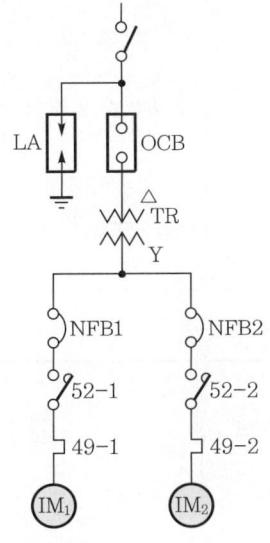

답안

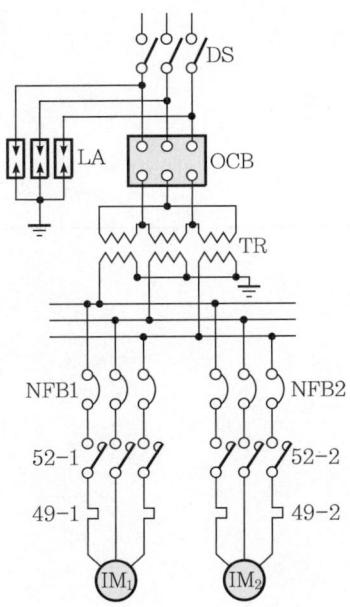

1990년~최근 출제된 기출문제

문제 02 공사산업 00년, 13년 출제 | 배점 : 5점 |

도면을 보고 다음 물음에 답하시오.

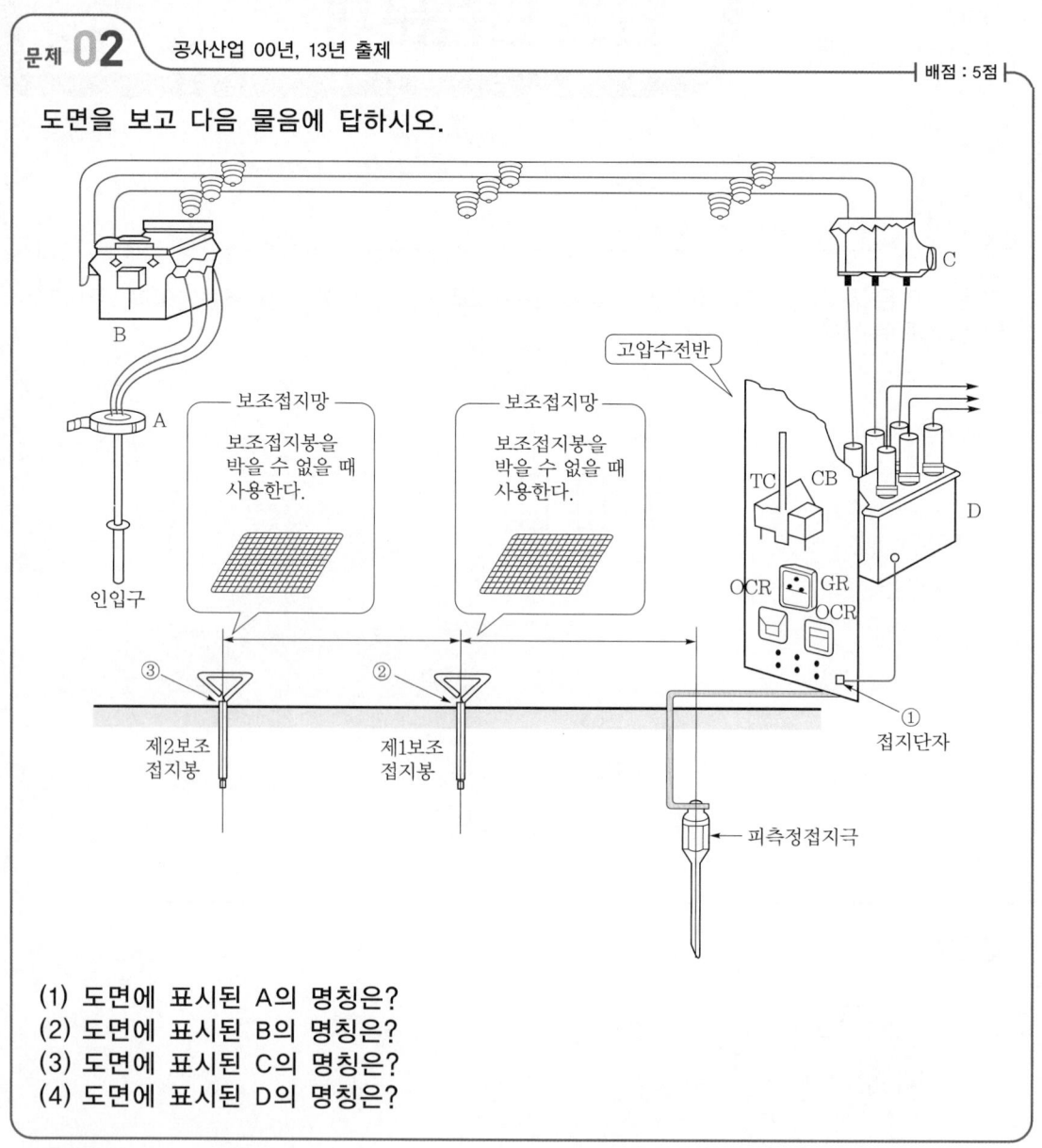

(1) 도면에 표시된 A의 명칭은?
(2) 도면에 표시된 B의 명칭은?
(3) 도면에 표시된 C의 명칭은?
(4) 도면에 표시된 D의 명칭은?

답안 (1) 영상 변류기
(2) 전력수급용 계기용 변성기
(3) 단로기
(4) 교류차단기

문제 **03** 공사기사 97년, 00년 출제   배점 : 8점

그림은 어느 빌딩의 고압 수전설비의 기기 배치도이다. 물음에 답하시오. (단, 고압 6,600[V] 수전)

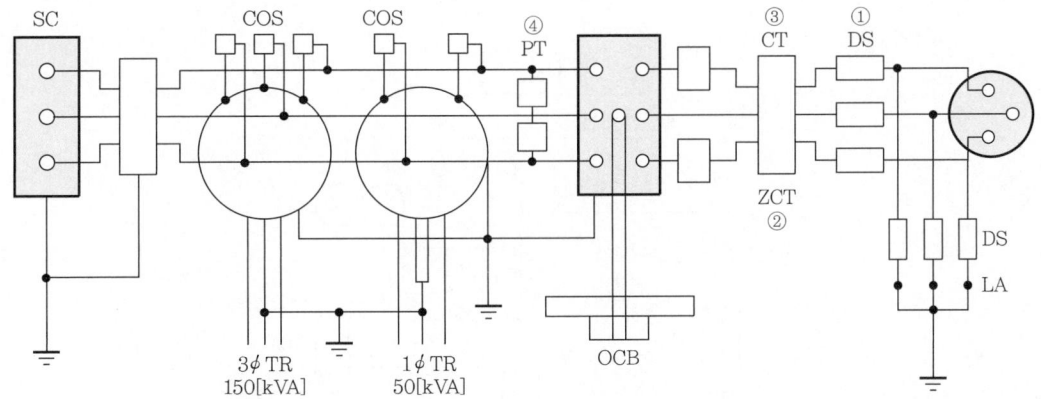

(1) 동작 시에 아크가 발생하는 DS는 목재의 벽으로부터 최소의 이격거리는 몇 [m]인가?
(2) CT의 변류비는 얼마로 선정하는 것이 적당한가?
(3) ZCT의 관통선에는 어떤 선을 사용하여야 하는가?
(4) TR의 2차측(저압측)의 접지선의 최소 굵기는?

답안 (1) 1.0[m]
   (2) 30/5
   (3) 고압 케이블
   (4) 6[mm^2]

해설 (2) $I = \left(\dfrac{150}{\sqrt{3} \times 6.6} + \dfrac{50}{6.6} \right) \times 1.25$
   $= 25.87[\text{A}]$
   ∴ CT비 : 30/5

문제 04 공사기사 96년, 98년 출제 | 배점 : 6점

주어진 도면을 보고 점선 안의 단선도를 복선도로 정확하게 그리시오.

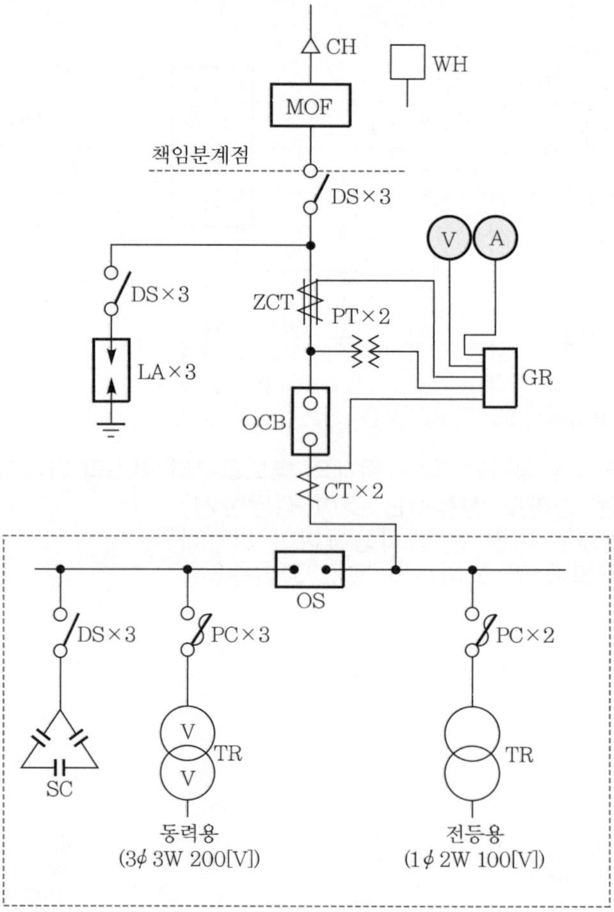

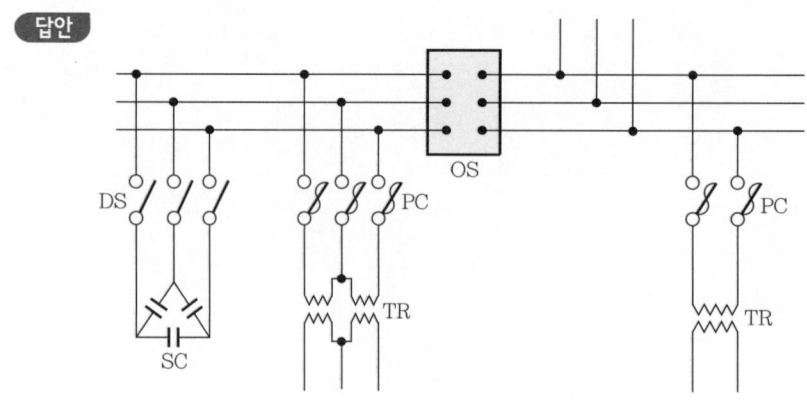

답안

문제 05 공사기사 95년 출제 | 배점 : 6점

다음의 단선 결선도를 보고 3선 결선도를 작성하시오. (단, GR의 인출단자 수는 3선 결선도에서 7개로 한다.)

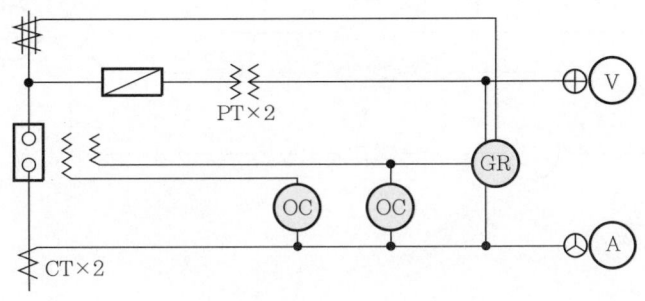

답안

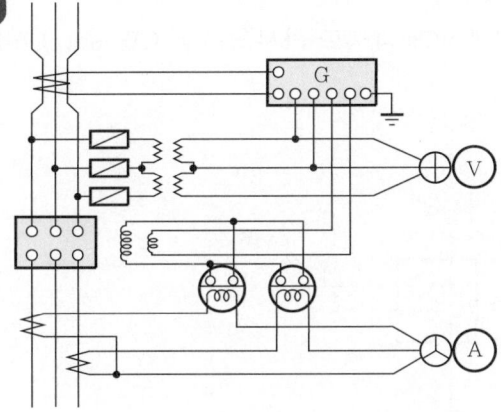

문제 06 공사기사 97년 출제 | 배점 : 5점

3상 회로에서 CT 3개를 이용한 영상회로를 구성시키면 지락사고 발생 시에 과전류계전기(OCGR)를 이용하여 이를 검출할 수 있다. 그림의 단선 접속도를 복선 접속도로 나타내시오.

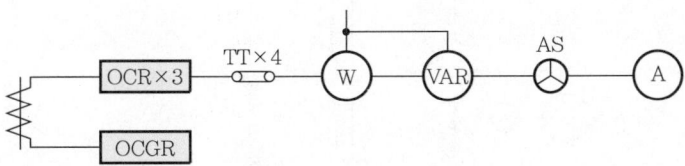

1990년~최근 출제된 기출문제

답안

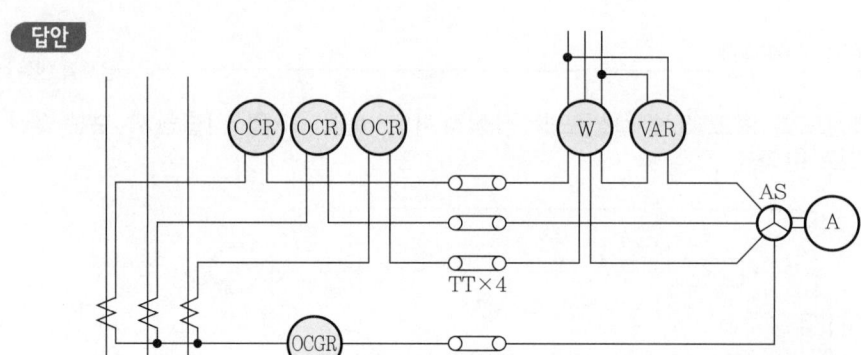

문제 07 공사산업 92년, 95년, 99년 출제 | 배점 : 6점

다음 결선도를 보고 잘못된 부분을 규정에 맞게 재작도 하시오. (단, CB 1set, DS 2set를 추가로 사용하여 그리시오.)

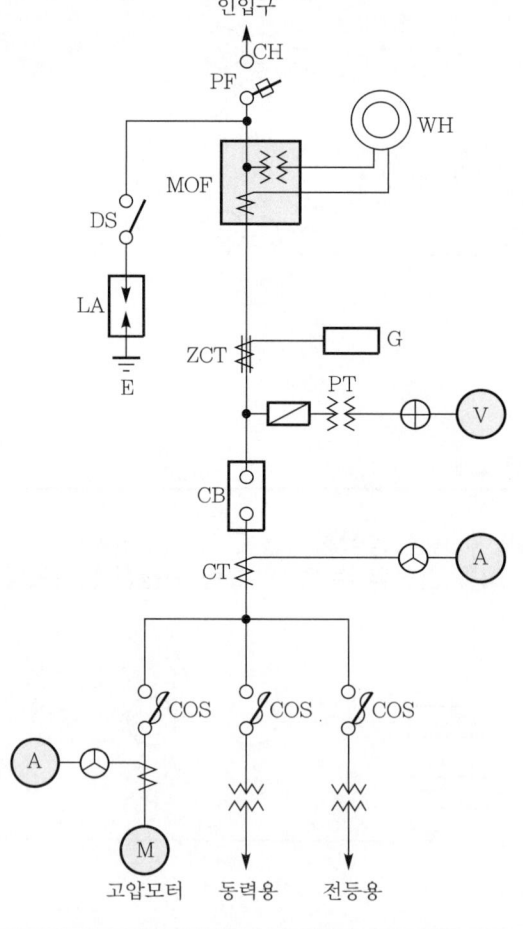

답안

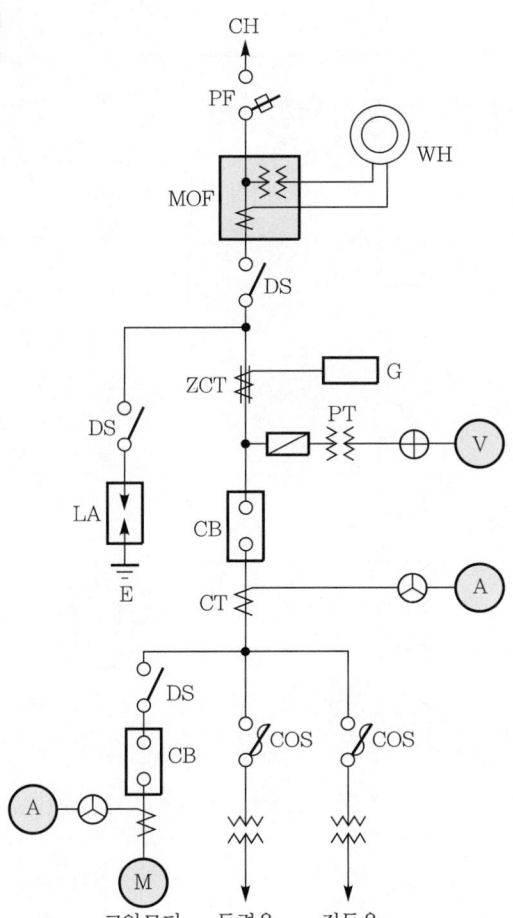

문제 08 공사기사 06년, 22년 출제 | 배점 : 6점

그림과 같은 변전설비를 보고 다음 각 물음에 답하시오.

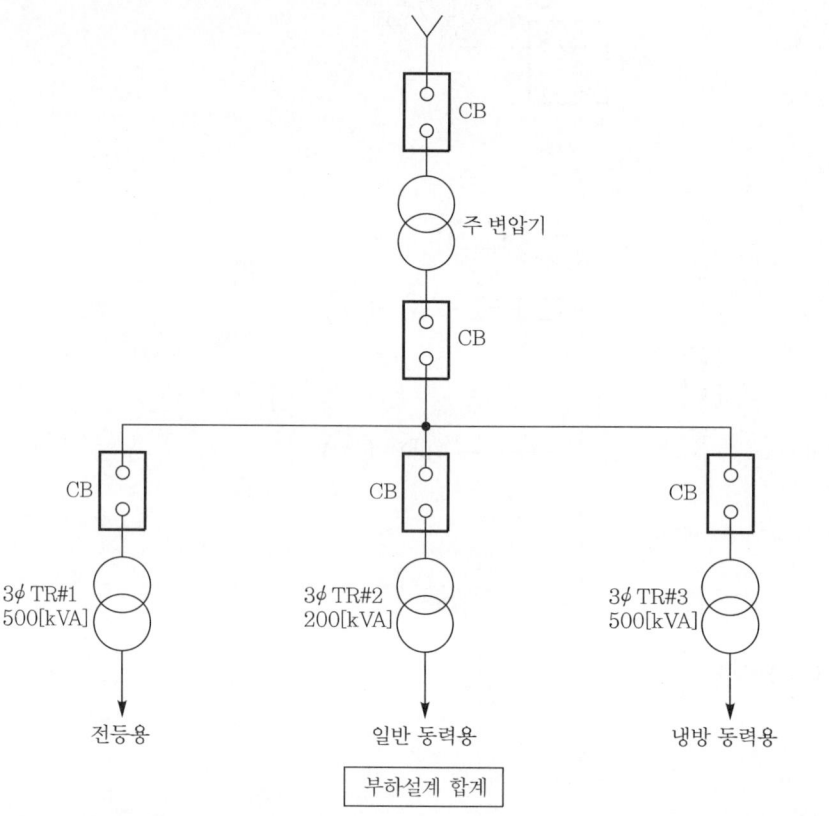

(1) 주 변압기의 용량은 몇 [kVA] 이상이어야 하는지 구하시오. (단, 부등률은 1.2를 적용하도록 한다.)
(2) 냉방 동력용 부하가 450[kW]이고, 무효전력이 200[kVar]이다. 역률이 95[%]가 되도록 하려면 전력용 콘덴서는 약 몇 [kVA]가 필요한가?

답안 (1) 1,000[kVA]
(2) 57.12[kVA]

해설 (1) 변압기 용량 = $\dfrac{\text{최대수용전력의 합}}{\text{부등률}} = \dfrac{500+200+500}{1.2} = 1,000[\text{kVA}]$

(2) • 개선 전 역률 $\cos\theta = \dfrac{450}{\sqrt{450^2+200^2}} \times 100 = 91.38[\%]$

• 역률 개선용 콘덴서 용량

$$Q_C = P(\tan\theta_1 - \tan\theta_2) = P\left(\dfrac{\sqrt{1-\cos^2\theta_1}}{\cos\theta_1} - \dfrac{\sqrt{1-\cos^2\theta_2}}{\cos\theta_2}\right)$$

$$= 450 \times \left(\dfrac{\sqrt{1-0.91^2}}{0.91} - \dfrac{\sqrt{1-0.95^2}}{0.95}\right) = 57.118 \fallingdotseq 57.12[\text{kVA}]$$

문제 **09** 공사기사 93년, 95년, 00년, 07년 출제 | 배점 : 12점

수변전설비 결선도를 이해하고 다음 물음에 답하시오.

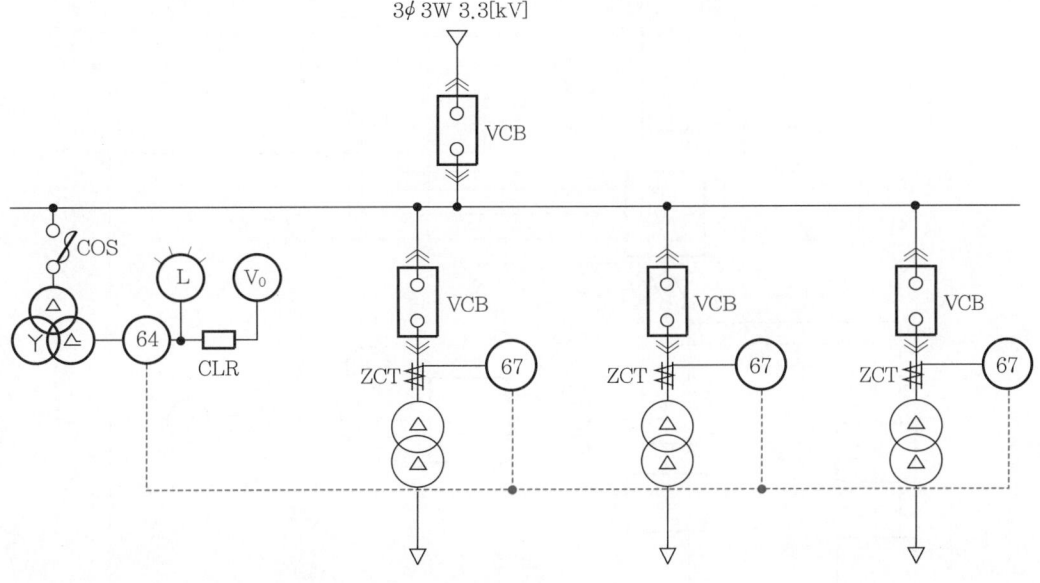

(1) 다음 기호는 어떤 명칭의 차단기인가?

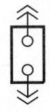

(2) 상기 배전계통의 접지방식은?
(3) 도면에서 변압기 △-△ 단선도를 복선도로 주어진 답안지에 알맞게 그리시오.
(4) 전압계(V_0)에서 검출하는 전압은 어떤 종류의 전압인가?
(5) 지락 과전압계전기(OVG : 64)의 목적은?

답안 (1) 인출형 차단기
(2) 비접지방식
(3)
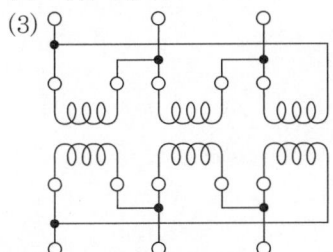
(4) 영상전압
(5) 지락사고 시 영상전압 검출

1990년~최근 출제된 기출문제

문제 10 공사산업 99년, 02년, 05년, 07년, 21년 출제 | 배점 : 8점

그림 중 □ 내의 기기 명칭을 기호로 써 넣으시오.

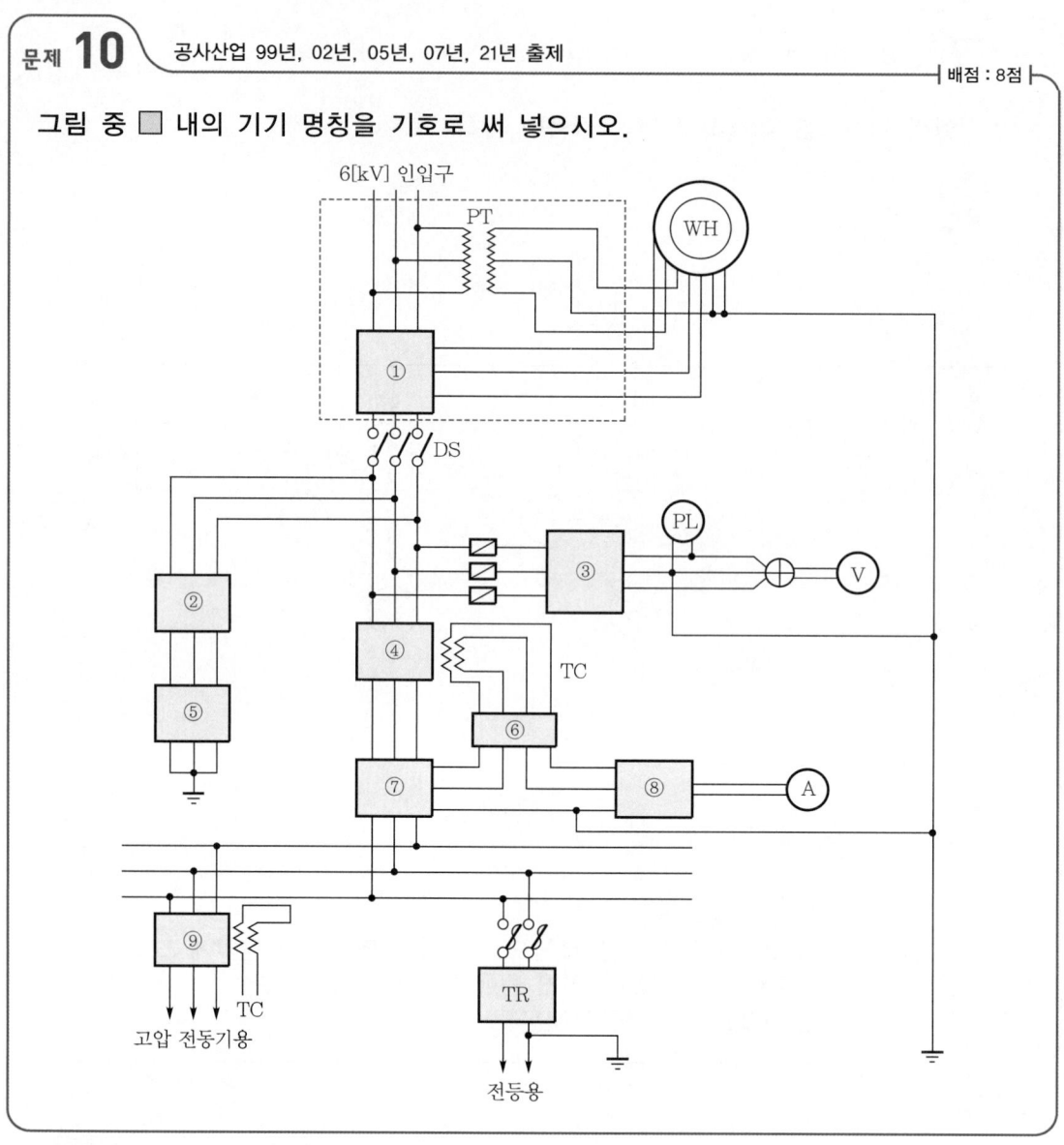

답안
① CT
② DS
③ PT
④ CB
⑤ LA
⑥ OCR
⑦ CT
⑧ AS
⑨ CB

해설 ① CT(변류기)
② DS(단로기)
③ PT(계기용 변압기)
④ CB(교류차단기)
⑤ LA(피뢰기)
⑥ OCR(과전류계전기)
⑦ CT(변류기)
⑧ AS(전류계용 전환개폐기)
⑨ CB(교류차단기)

문제 11 공사산업 92년, 98년, 05년, 12년 출제 | 배점 : 10점

다음 그림은 고압 수전설비 결선도이다. 물음에 답하시오.

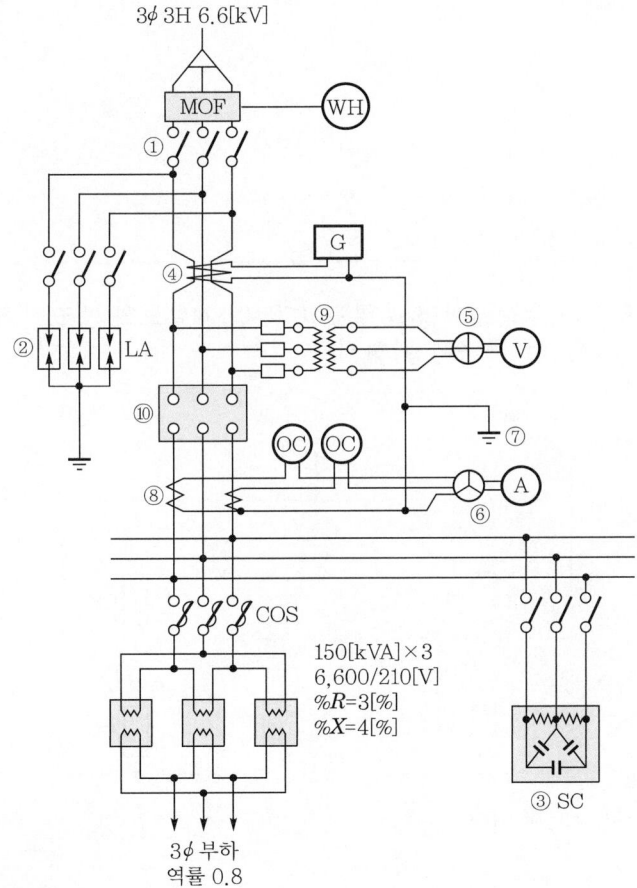

(1) ①의 기기 명칭은?
(2) ②의 기기 명칭은?

(3) ③의 SC는 무엇을 말하는가?
(4) ④의 기기 명칭은?
(5) ⑤의 기기 명칭은?
(6) ⑥의 기기 명칭은?
(7) ⑧의 기기 명칭은?
(8) ⑨의 기기 명칭은?
(9) ⑩의 기기 명칭은?

답안 (1) 단로기
(2) 피뢰기
(3) 전력용 콘덴서
(4) 영상 변류기
(5) 전압계용 전환개폐기
(6) 전류계용 전환개폐기
(7) 변류기
(8) 계기용 변압기
(9) 차단기

문제 12 공사산업 04년, 05년, 08년 출제 | 배점 : 10점

그림은 어느 생산공장의 수전설비의 계통도이다. 이 계통도와 뱅크의 부하용량표, 변류기 규격표를 보고 다음 각 물음에 답하시오.

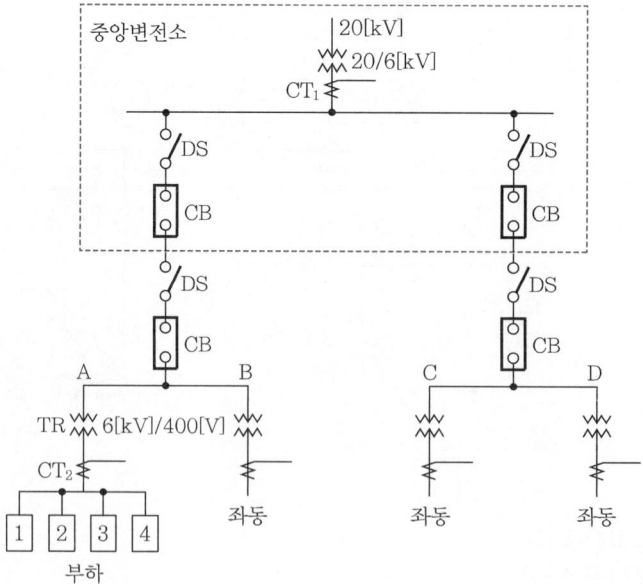

┃뱅크의 부하용량표┃

피 더	부하설비용량[kW]	수용률[%]
1	125	80
2	125	70
3	500	60
4	600	84

┃변류기 규격표┃

	항 목	변류기
변류기	정격 1차 전류	5, 10, 15, 20, 30, 40, 50, 75, 100, 150, 200, 300, 400, 500, 600, 750, 1,000, 1,500, 2,000, 2,500
	정격 2차 전류	5

(1) A, B, C, D 뱅크에 같은 부하가 걸려 있으며, 각 뱅크의 부등률은 1.1이고 전부하 합성 역률은 0.8이다. 중앙변전소의 변압기 용량을 표준규격으로 답하시오.

(2) 변류기 CT_1, CT_2의 변류비를 구하시오. (단, 1차 수전전압은 20,000/6,000[V], 2차 수전전압은 6,000/400[V]이며 변류비는 표준규격으로 답하고 전류비값의 1.25배로 결정한다.)

답안 (1) 5,000[kVA]

(2) • CT_1 : 600/5
 • CT_2 : 2,000/5

해설 (1) A뱅크의 최대수요전력

$$= \frac{125 \times 0.8 + 125 \times 0.8 + 500 \times 0.6 + 600 \times 0.84}{1.1 \times 0.8} = 1,140.909 = 1,140.91[kVA]$$

A, B, C, D 각 뱅크 간의 부등률은 없으므로
중앙 변전소 변압기 용량 $= 1,140.91 \times 4 = 4,563.64[kVA]$
∴ 5,000[kVA]

(2) • CT_1

$$I = \frac{4,563.64}{\sqrt{3} \times 6} \times 1.25 = 548.92[A] \text{이므로}$$

[변류기 규격표]에서 600/5 선정

• CT_2

$$I = \frac{1,140.91}{\sqrt{3} \times 0.4} \times 1.25 = 2,058.45[A] \text{이므로}$$

[변류기 규격표]에서 2,000/5 선정

문제 13) 공사기사 90년 출제   배점 : 14점

그림은 어떤 자가용 수변전설비의 복선도이다. 도면을 보고 물음에 답하시오.

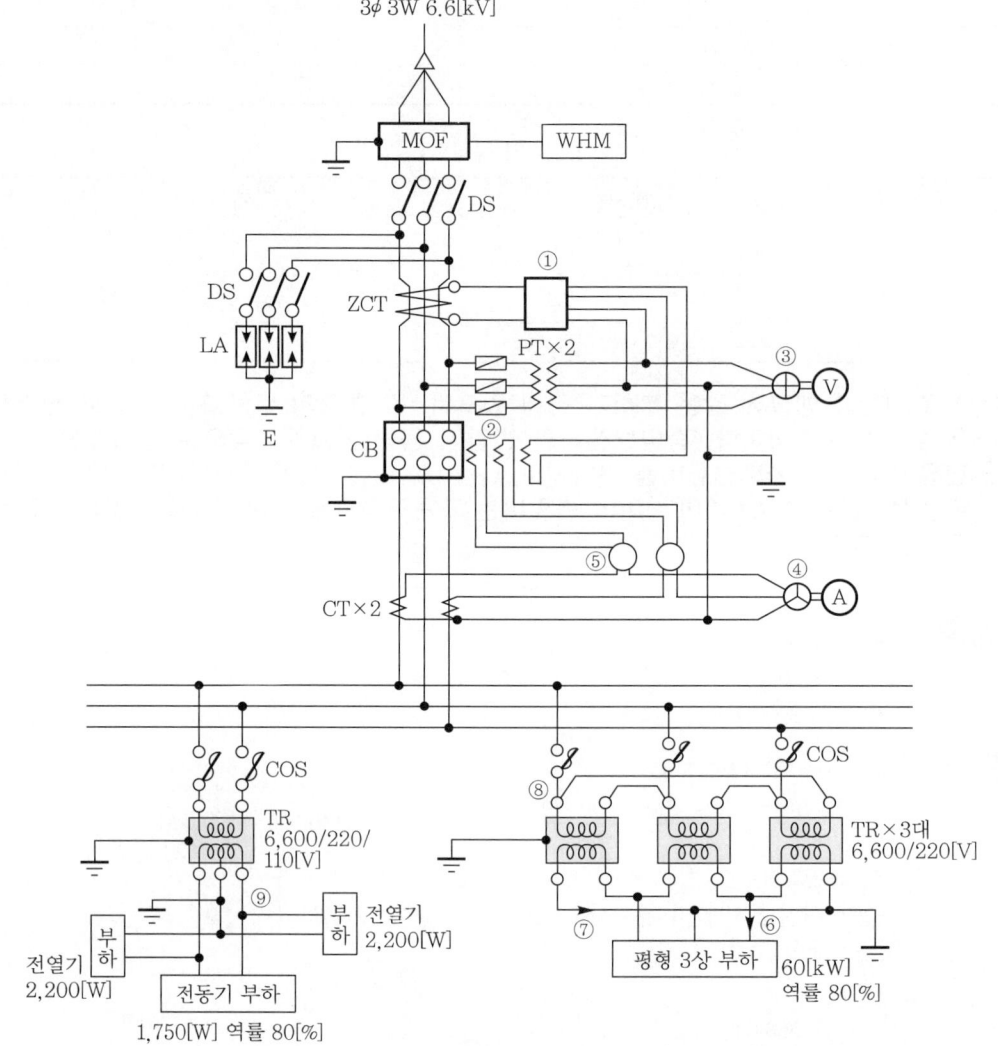

(1) ①~⑤까지의 기기명칭을 한글로 답하시오.
(2) ⑥~⑨까지의 전류를 계산하시오. (단, $\sqrt{3}$ 은 1.73까지만 계산하고 소수점은 사사오 입하여 첫째 자리까지만 구하고, 변압기 손실 및 전압강하는 무시한다.)

답안 (1) ① 지락계전기
② 트립코일
③ 전압계용 전환개폐기
④ 전류계용 전환개폐기
⑤ 과전류계전기

(2) ⑥ 197.1[A]
    ⑦ 113.9[A]
    ⑧ 6.6[A]
    ⑨ 28.6[A]

해설 (2) ⑥ $I = \dfrac{60 \times 10^3}{1.73 \times 220 \times 0.8}$
$= 197.1[\text{A}]$

⑦ 상전류 $= \dfrac{\text{선전류}}{\sqrt{3}}$ 이므로

$I = \dfrac{197.1}{1.73}$
$= 113.9[\text{A}]$

⑧ $I = \dfrac{60 \times 10^3}{1.73 \times 6,600 \times 0.8}$
$= 6.6[\text{A}]$

⑨ $I = \dfrac{1,750}{220 \times 0.8} \times (0.8 - j0.6) + \dfrac{2,200}{110}$
$= \left(\dfrac{1,750}{220 \times 0.8} \times 0.8 + \dfrac{2,200}{110}\right) - j\left(\dfrac{1,750}{220 \times 0.8} \times 0.6\right)$
$= 27.95 - j5.96$
$= 28.58$
$= 28.6[\text{A}]$

02 특고압 수전설비의 시설

CHAPTER

기출개념 01 특고압 수전설비 결선도

1 CB 1차측에 CT를, CB 2차측에 PT를 시설하는 경우

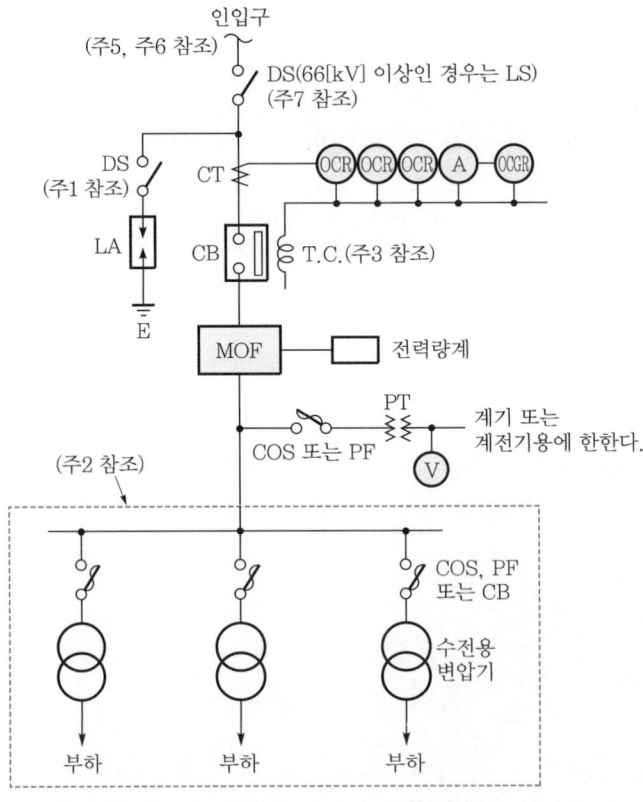

[주] 1. 22.9[kV-Y] 1,000[kVA] 이하인 경우에는 간이 수전결선도에 의할 수 있다.
2. 결선도 중 점선 내의 부분은 참고용 예시이다.
3. 차단기의 트립전원은 직류(DC) 또는 콘덴서방식(CTD)이 바람직하며 66[kV] 이상의 수전설비에는 직류(DC)이어야 한다.
4. LA용 DS는 생략할 수 있으며 22.9[kV-Y]용의 LA는 disconnector(또는 isolator) 붙임형을 사용하여야 한다
5. 인입선을 지중선으로 시설하는 경우에 공동주택 등 사고 시 정전피해가 큰 경우에는 예비 지중선 포함하여 2회선으로 시설하는 것이 바람직하다.

6. 지중인입선의 경우에 22.9[kV-Y] 계통은 CNCV-W(수밀형) 케이블 또는 TR CNCV-W(트리억제형) 케이블을 사용하여야 한다. 다만 전력구·공동구·덕트·건물구내 등 화재의 우려가 있는 장소에는 FR CNCO-W(난연) 케이블을 사용하는 것이 바람직하다.
7. DS 대신 자동고장구분개폐기(7,000[kVA] 초과 시에는 sectionalizer)를 사용할 수 있으며 66[kV] 이상의 경우에는 LS를 사용하여야 한다.

개념 문제 01 공사기사 12년, 18년 출제 | 배점 : 10점 |

CB 1차측에 CT를, CB 2차측에 PT를 시설하는 경우의 수변전설비 단선 결선도이다. ①~⑩까지의 문자 기호와 명칭을 아래 표에 쓰시오.

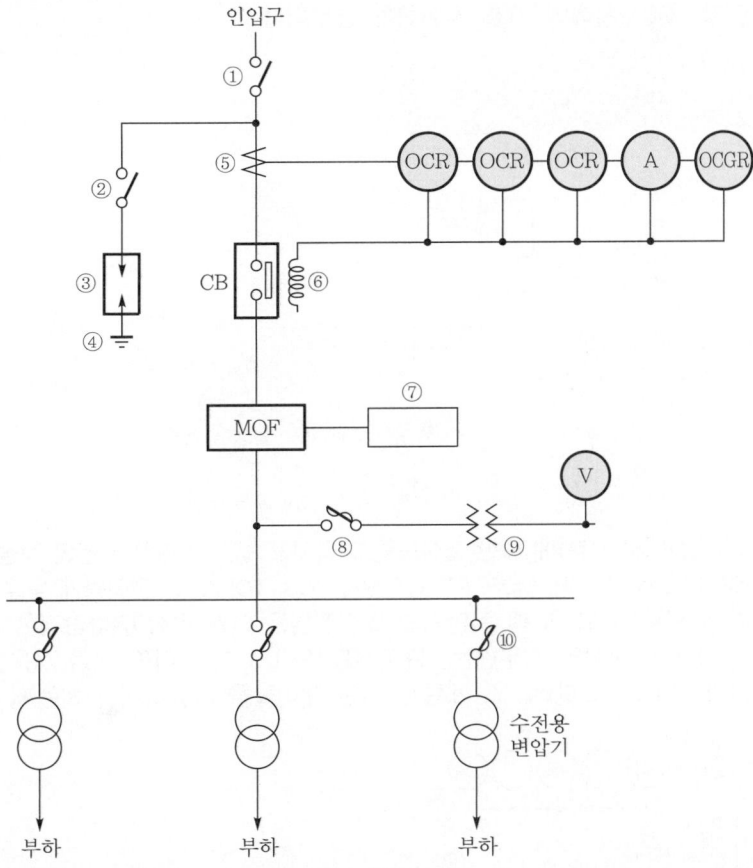

구 분	문자 기호	명 칭	구 분	문자 기호	명 칭
①			⑥		
②			⑦		
③			⑧		
④			⑨		
⑤			⑩		

1990년~최근 출제된 기출 이론 분석 및 유형별 문제

답안

구 분	문자 기호	명 칭	구 분	문자 기호	명 칭
①	DS	단로기	⑥	TC	트립코일
②	DS	단로기	⑦	WH	전력량계
③	LA	피뢰기	⑧	COS 또는 PF	컷아웃 스위치 또는 전력퓨즈
④	E	피뢰시스템 접지	⑨	PT	계기용 변압기
⑤	CT	변류기	⑩	COS 또는 PF	컷아웃 스위치 또는 전력퓨즈

개념 문제 02 공사기사 00년, 02년, 05년, 08년, 11년 출제
배점 : 10점

그림은 특고압 수전설비 결선도의 미완성 도면이다. 이 도면을 보고 다음 각 물음에 답하시오. (단, CB 1차측에 CT를, CB 2차측에 PT를 시설하는 경우이다.)

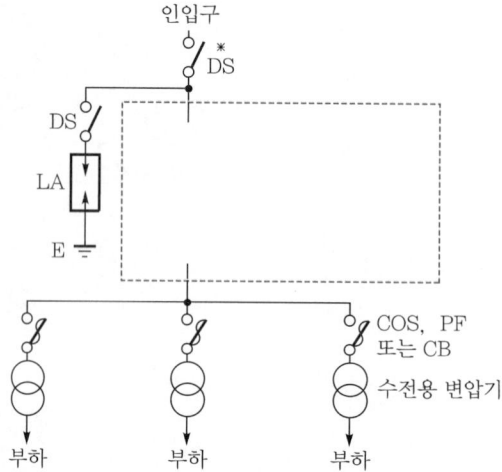

(1) 미완성 부분(점선내부 부분)에 대한 결선도를 그리시오. (단, 미완성 부분만 작성하되, 미완성 부분에는 CB, OCR : 3개, OCGR, MOF, PT, CT, PF, COS, TC, A, V, 전력량계 등을 사용하도록 한다.)
(2) 사용전압이 22.9[kV]라고 할 때 차단기의 트립전원은 어떤 방식이 바람직한지 2가지를 쓰시오.
(3) 수전전압이 66[kV] 이상인 경우에는 *표로 표시된 DS 대신 어떤 것을 사용하여야 하는가?
(4) 지중인입선의 경우에 22.9[kV-Y] 계통은 어떤 케이블을 사용하여야 하는지 2가지를 쓰시오.

답안 (1)

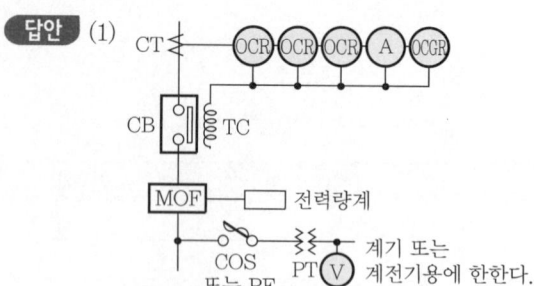

(2) • DC 방식(직류방식)
　　• CTD 방식(콘덴서방식)
(3) LS(선로개폐기)
(4) • CNCV-W(수밀형) 케이블
　　• TR CNCV-W(트리억제형) 케이블

개념 문제 03 공사기사 22년 출제
| 배점 : 6점 |

다음 수전설비의 단선 결선도를 보고 물음에 답하시오.

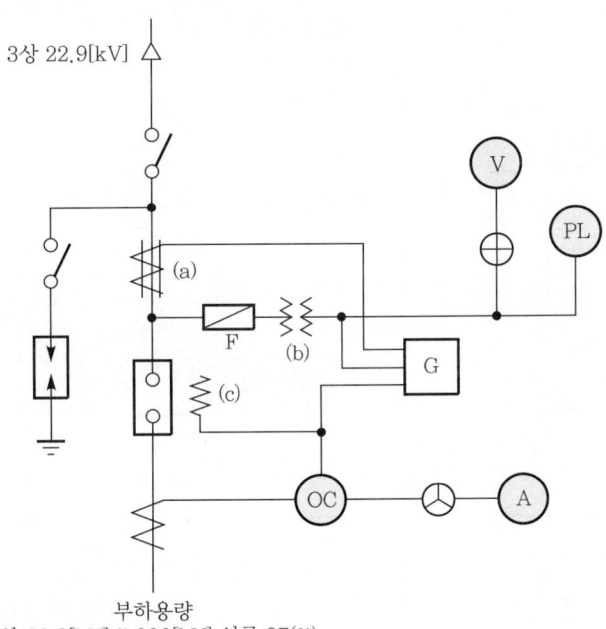

(1) 단선 결선도에 표시된 (a)~(c)의 명칭과 약호를 쓰시오.

	(a)	(b)	(c)
명칭			
약호			

(2) 단선 결선도에서 부하용량에 맞는 정격 CT비를 구하시오. (단, CT여유율 1.25를 적용한다.)

답안 (1)

	(a)	(b)	(c)
명칭	영상 변류기	계기용 변압기	트립코일
약호	ZCT	PT	TC

(2) 200/5

해설 (2) 1차 전류 $I_1 = \dfrac{5,000 \times 10^3}{\sqrt{3} \times 22.9 \times 10^3 \times 0.97} \times 1.25 = 162.45\,[\text{A}]$이므로,

CT비는 200/5 선정

> **CT 1차 정격전류의 표준규격(단위 : [A])**
> 50, 75, 100, 150, 200, 300, 400, 600, 800, 1,200, 1,500, 2,000

2 CB 1차측에 CT와 PT를 시설하는 경우

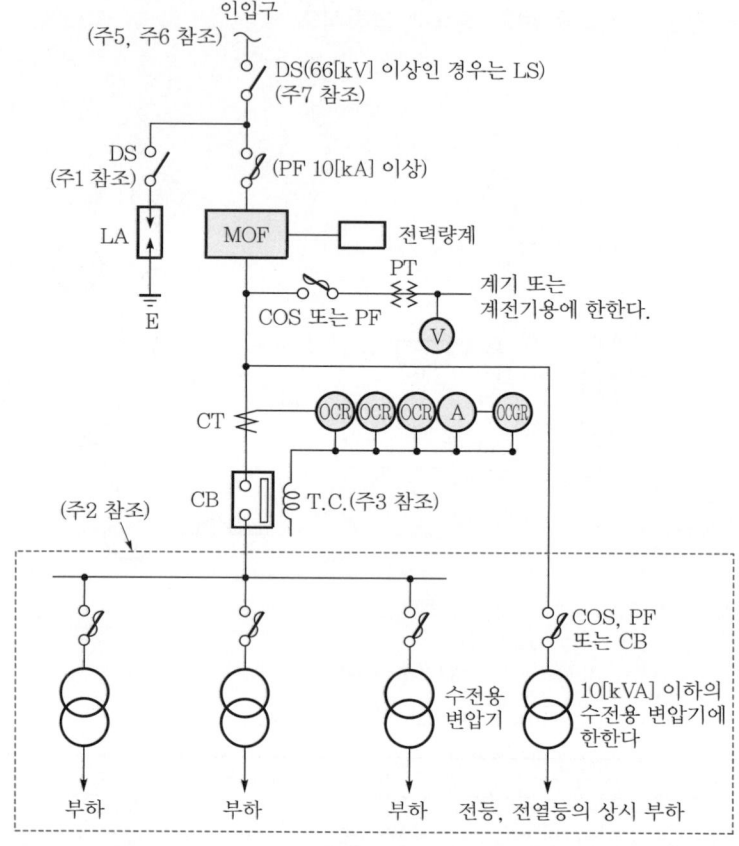

[주] 1. 22.9[kV-Y] 1,000[kVA] 이하인 경우에는 간이 수전 결선도에 의할 수 있다.
2. 결선도 중 점선 내의 부분은 참고용 예시이다.
3. 차단기의 트립전원은 직류(DC) 또는 콘덴서방식(CTD)이 바람직하며 66[kV] 이상의 수전설비에는 직류(DC)이어야 한다.
4. LA용 DS는 생략할 수 있으며 22.9[kV-Y]용의 LA는 disconnector(또는 isolator) 붙임형을 사용하여야 한다.
5. 인입선을 지중선으로 시설하는 경우에 공동주택 등 사고 시 정전피해가 큰 경우에는 예비 지중선 포함하여 2회선으로 시설하는 것이 바람직하다.
6. 지중인입선의 경우에 22.9[kV-Y] 계통은 CNCV-W(수밀형) 케이블 또는 TR CNCV-W(트리억제형) 케이블을 사용하여야 한다. 다만 전력구·공동구·덕트·건물구내 등 화재의 우려가 있는 장소에는 FR CNCO-W(난연) 케이블을 사용하는 것이 바람직하다.
7. DS 대신 자동고장구분개폐기(7,000[kVA] 초과 시에는 sectionalizer)를 사용할 수 있으며 66[kV] 이상의 경우에는 LS를 사용하여야 한다.

개념 문제 01 공사기사 98년 출제 | 배점 : 9점 |

22.9[kV-Y] 선로 수전방식 중 1,000[kVA] 이하의 수전 단선 결선도 중 하나이다. 그림을 보고 물음에 답하시오.

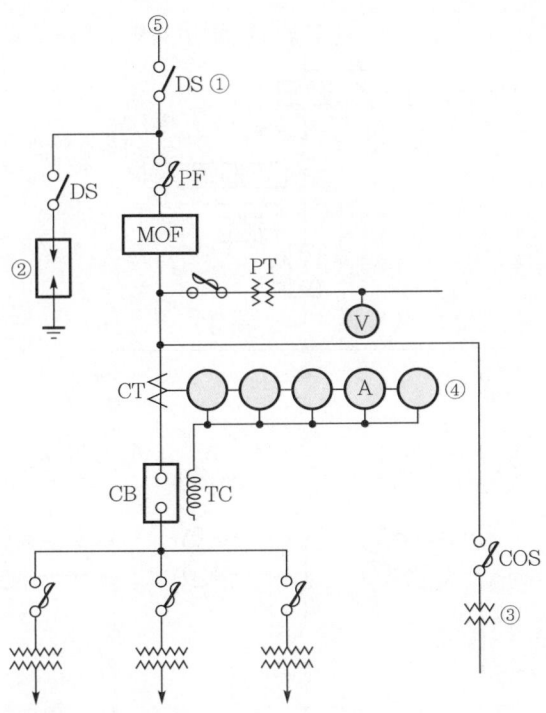

(1) 수전단 DS(①) 대신 사용할 수 있는 기기는?
(2) 피뢰기(②)의 정격을 쓰시오.
   · 정격전압
   · 정격전류
(3) 소내용 변압기(③)의 용량[kVA]은?
(4) 보호계전기(④)의 종류 2가지를 쓰시오.
(5) 지중인입의 경우 인입전로(⑤)의 종류는 무엇인가?
(6) 차단기의 트립전원방식의 2가지를 쓰시오.

답안 (1) ASS(자동고장구분개폐기)
   (2) · 정격전압 : 18[kV]
       · 정격전류 : 2.5[kA]
   (3) 10[kVA]
   (4) 과전류계전기, 지락 과전류계전기
   (5) CNCV-W(수밀형) 케이블 또는 TR CNCV-W(트리억제형) 케이블
   (6) DC(직류)방식, CTD(콘덴서 트립)방식

1990년~최근 출제된 기출 이론 분석 및 유형별 문제

개념 문제 02 | 공사기사 97년, 99년, 03년, 05년 출제
배점 : 9점

그림은 특고압 수전설비에 대한 단선 결선도이다. 이 결선도를 보고 다음 물음 (1)~(2)에 답하시오.

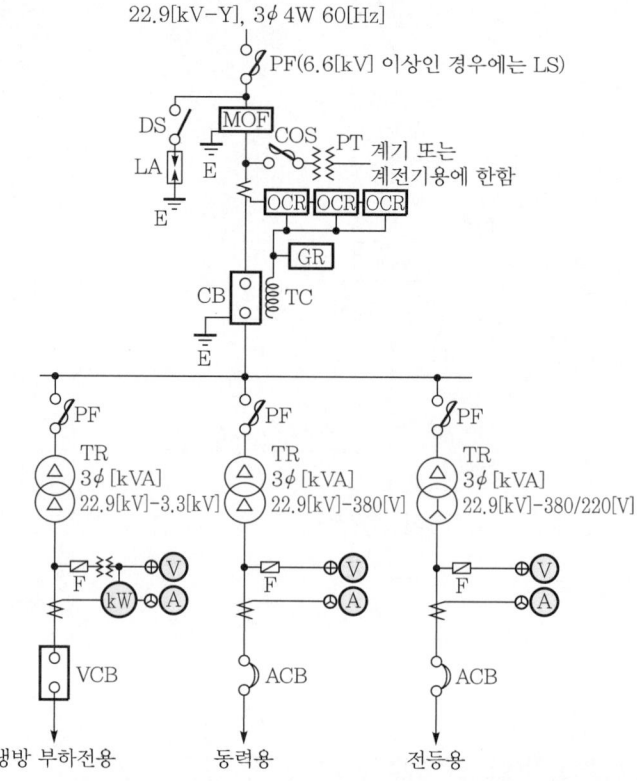

전력용 3상 변압기 표준용량[kVA]						
100	150	200	250	300	400	500

(1) 동력용 변압기에 연결된 동력 부하설비용량이 300[kW], 부하역률은 80[%], 효율 85[%], 수용률은 50[%]라고 할 때, 동력용 3상 변압기의 용량[kVA]을 계산하고 변압기 표준정격용량표에서 변압기 용량을 선정하시오.
(2) 변압기 3대로서 △-△, △-Y 결선도를 그리시오.

답안 (1) 250[kVA]
(2) • △-△ 결선 • △-Y 결선

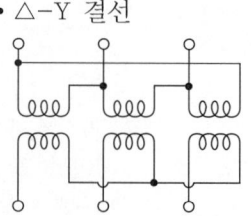

해설 (1) $P_s = \dfrac{300}{0.8 \times 0.85} \times 0.5 = 220.59 \, [\text{kVA}]$

따라서 변압기 표준정격용량표에서 250[kVA]을 선정한다.

3 CB 1차측에 PT를, CB 2차측에 CT를 시설하는 경우

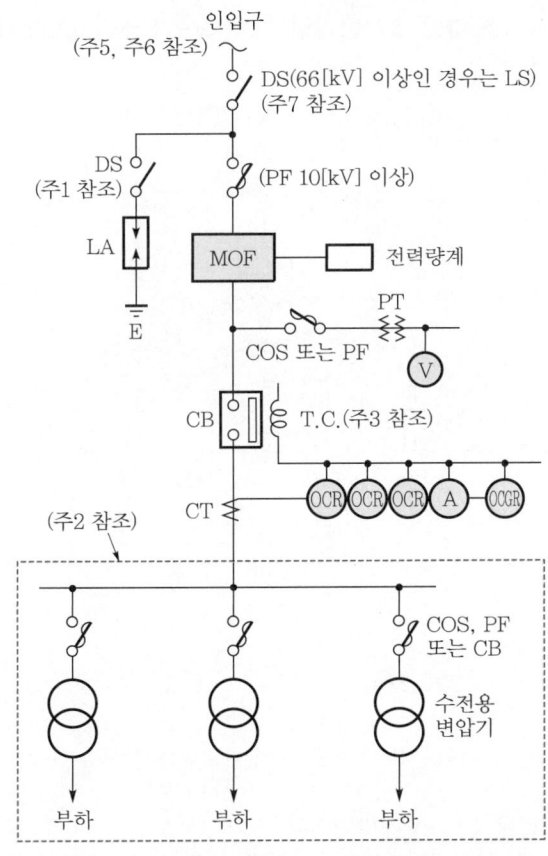

[주] 1. 22.9[kV-Y] 1,000[kVA] 이하인 경우에는 간이 수전 결선도에 의할 수 있다.
2. 결선도 중 점선 내의 부분은 참고용 예시이다.
3. 차단기의 트립전원은 직류(DC) 또는 콘덴서방식(CTD)이 바람직하며, 66[kV] 이상의 수전설비에는 직류(DC)이어야 한다.
4. LA용 DS는 생략할 수 있으며 22.9[kV-Y]용의 LA는 disconnector(또는 isolator) 붙임형을 사용하여야 한다.
5. 인입선을 지중선으로 시설하는 경우에 공동주택 등 사고 시 정전피해가 큰 경우에는 예비 지중선 포함하여 2회선으로 시설하는 것이 바람직하다.
6. 지중인입선의 경우에 22.9[kV-Y] 계통은 CNCV-W(수밀형) 케이블 또는 TR CNCV-W(트리억제형) 케이블을 사용하여야 한다. 다만 전력구·공동구·덕트·건물구내 등 화재의 우려가 있는 장소에는 FR CNCO-W(난연) 케이블을 사용하는 것이 바람직하다.
7. DS 대신 자동고장구분개폐기(7,000[kVA] 초과 시에는 sectionalizer)를 사용할 수 있으며 66[kV] 이상의 경우에는 LS를 사용하여야 한다.

1990년~최근 출제된 기출 이론 분석 및 유형별 문제

개념 문제 01 공사기사 93년, 98년 출제 | 배점 : 18점 |

다음 그림은 3상 4선식 중성점 다중 접지방식의 22.9[kV-Y] 배전선로에서 수전하기 위한 단선 결선도이다. 다음 물음에 답하시오.

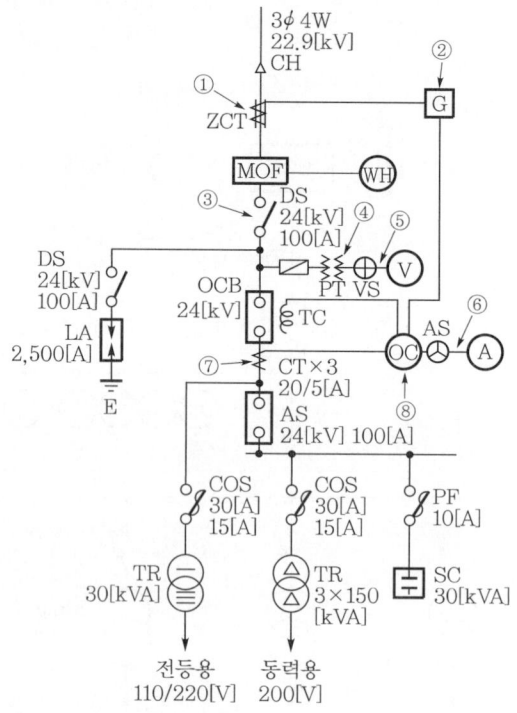

(1) 피뢰기(LA)의 정격전압은 몇 [kV]인가?
(2) 차단전류가 220[A]일 때, 유입차단기(OCB)의 용량은 몇 [MVA]인가? (단, 소수점 이하는 절상한다.)
(3) 전등 부하를 변압기 용량의 90[%]를 이용할 경우 변압기 2차측 전선의 최소 허용전류는 몇 [A]인가?
(4) 접지계전기로 차단기를 동작시키는 방식은 전압 트립방식과 전류 트립방식이 있다. 이것은 어느 방식인가?
(5) ①~⑧까지 약호의 명칭을 기재하시오.

답안 (1) 18[kV]
(2) 10[MVA]
(3) 122.73[A]
(4) 전압 트립방식
(5)

번호	약호	명칭
①	ZCT	영상 변류기
②	G	접지계전기
③	DS	단로기
④	PT	계기용 변압기
⑤	VS	전압계용 전환개폐기
⑥	AS	전류계용 전환개폐기
⑦	CT	변류기
⑧	OC	과전류계전기

해설 (2) $P_s = \sqrt{3}\ V_s I_s = \sqrt{3} \times 25.8 \times 220 \times 10^{-3} = 9.831\,[\text{MVA}]$
∴ 10[MVA]

(3) $I = \dfrac{30 \times 10^3 \times 0.9}{220} = 122.73\,[\text{A}]$

개념 문제 02 | 공사산업 93년, 97년, 99년, 04년 출제

| 배점 : 10점 |

다음은 22.9[kV-Y] 수변전설비이다. 물음에 답하시오.

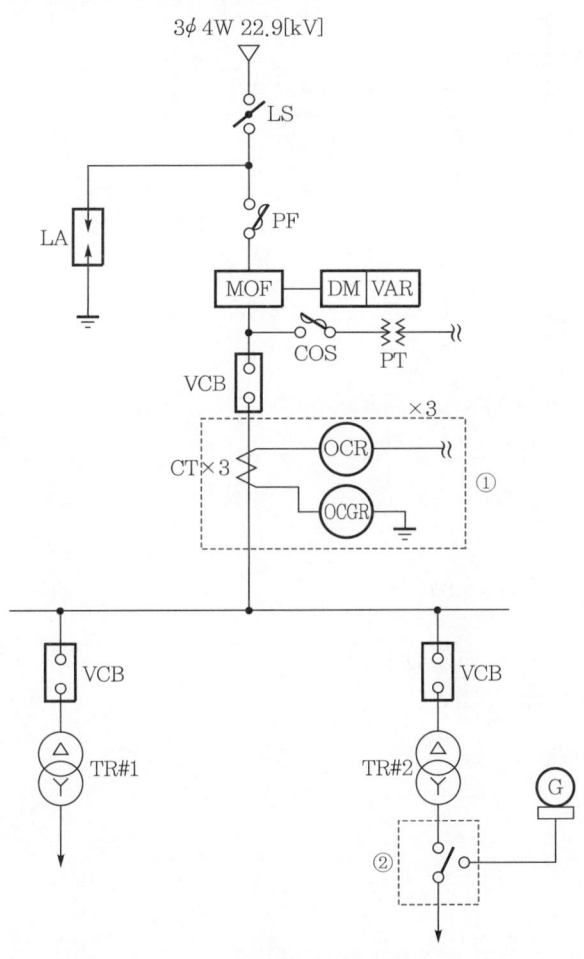

(1) 피뢰기의 전압값을 계산하여 구하고, 최종 답은 정격전압값을 쓰시오.
(2) PT의 전압비는?
(3) 점선 ①의 3선 결선도를 그리시오.
(4) 변압기 #1에 부하용량이 300[kW]이고 역률 및 효율이 각각 0.8일 때 변압기 용량[kVA]를 선정하시오. (단, 수용률은 0.6으로 한다.)
(5) 점선 ②의 명칭은? (단, 정전 시 자동으로 절체되도록 한다.)

답안 (1) 18[kV]

(2) $\dfrac{22{,}900}{\sqrt{3}} \Big/ \dfrac{100}{\sqrt{3}}$

(3)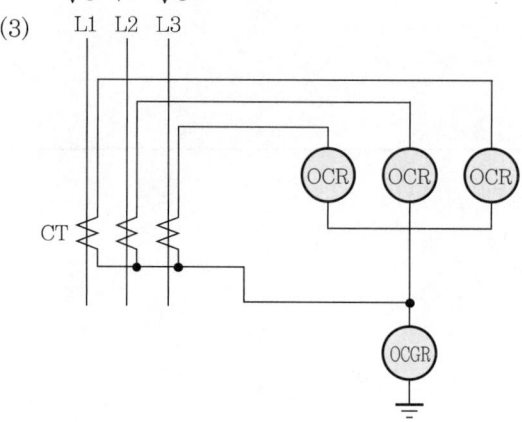

(4) 300[kVA] 선정
(5) 자동절체 스위치(ATS)

해설 (1) $E_R = \alpha\beta \dfrac{V_m}{\sqrt{3}}$

(α : 접지계수, β : 여유계수)

$= 1.1 \times 1.15 \times \dfrac{1.2}{1.1} \times \dfrac{22.9}{\sqrt{3}}$

$= 18.25 [\mathrm{kV}]$

∴ 18[kV]

(4) 변압기 용량 $= \dfrac{300 \times 0.6}{0.8 \times 0.8}$

$= 281.25 [\mathrm{kVA}]$

∴ 300[kVA]를 선정한다.

특고압 간이 수전설비의 시설

1 22.9[kV-Y] 1,000[kVA] 이하를 시설하는 경우

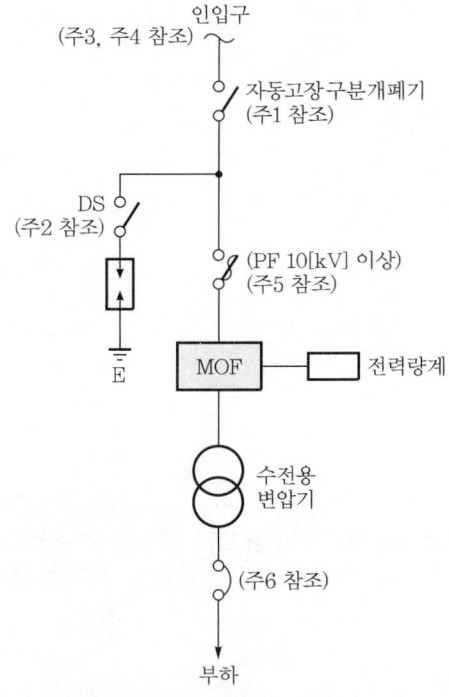

[주] 1. 300[kVA] 이하의 경우에는 자동고장구분개폐기 대신 INT.SW를 사용할 수 있다.
2. LA용 DS는 생략할 수 있으며 22.9[kV-Y]용의 LA는 disconnector(또는 isolator) 붙임형을 사용하여야 한다.
3. 인입선을 지중선으로 시설하는 경우에 공동주택 등 사고 시 정전피해가 큰 경우에는 예비 지중선 포함하여 2회선으로 시설하는 것이 바람직하다.
4. 지중인입선의 경우에 22.9[kV-Y] 계통은 CNCV-W(수밀형) 케이블 또는 TR CNCV-W(트리억제형) 케이블을 사용하여야 한다. 다만, 전력구·공동구·덕트·건물구내 등 화재의 우려가 있는 장소에는 FR CNCO-W(난연) 케이블을 사용하는 것이 바람직하다.
5. 300[kVA] 이하인 경우 PF 대신 COS(비대칭 차단전류 10[kA] 이상의 것)을 사용할 수 있다.
6. 특고압 간이 수전설비는 PF의 용단 등의 결상사고에 대한 대책이 없으므로 변압기 2차측에 설치되는 주 차단기에는 결상계전기 등을 설치하여 결상사고에 대한 보호능력이 있도록 함이 바람직하다.

1990년~최근 출제된 기출 이론 분석 및 유형별 문제

개념 문제 01 공사기사 09년, 15년, 16년, 20년 출제 | 배점 : 4점 |

22.9[kV-Y], 1,000[kVA] 이하에 적용 가능한 특고압 간이 수전설비 표준 결선도이다. 다음 물음에 답하시오.

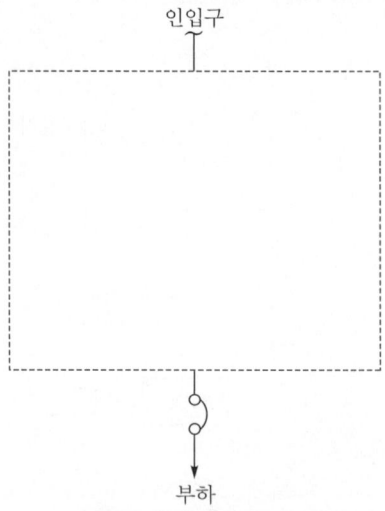

(1) 점선으로 표시된 미완성 부분의 결선도를 접지를 포함하여 완성하시오. (단, 자동고장구분개폐기, DS, LA, PF, MOF, 수전용 변압기, 전력량계만 사용하는 조건이다.)
(2) 22.9[kV-Y] 계통에서 지중인입선으로 주로 사용하는 케이블 종류 2가지를 쓰시오.

답안 (1)

（결선도: 인입구 – 자동고장구분개폐기 – DS, LA / PF 10[kA] 이상 – MOF – 전력량계 – 수전용 변압기 – 부하）

(2) • CNCV-W(수밀형) 케이블
 • TR CNCV-W(트리억제형) 케이블

개념 문제 02 | 공사산업 94년, 97년, 99년, 03년 출제 | 배점 : 9점 |

도면은 어느 수용가의 옥외간이 수전설비이다. 다음 물음에 답하시오.

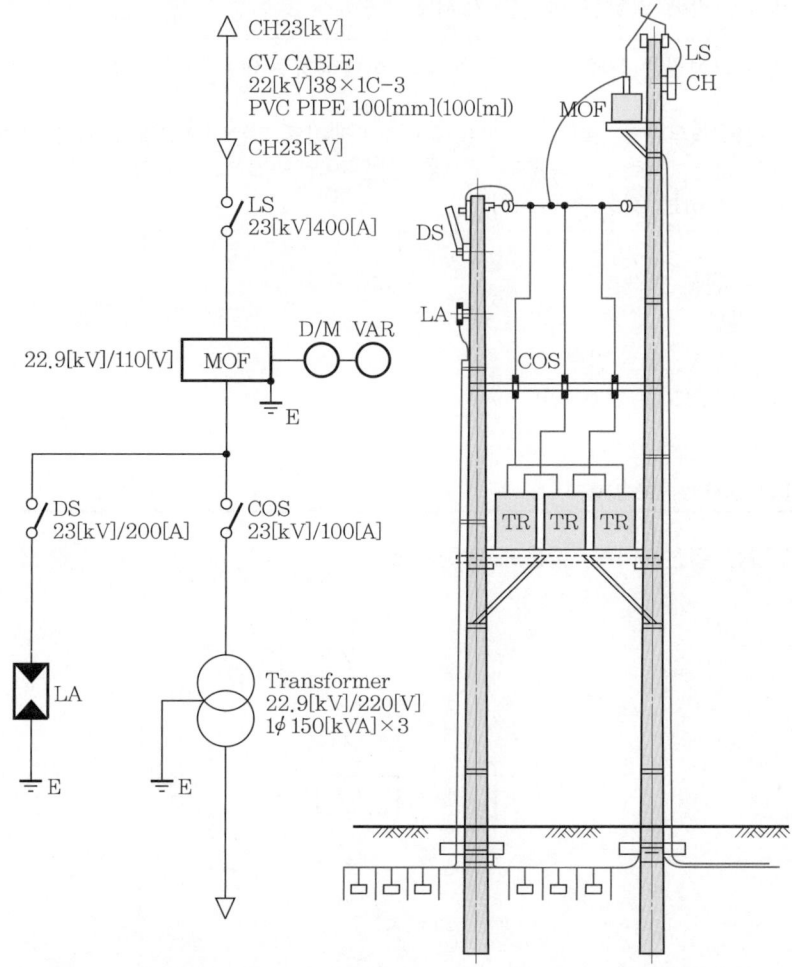

(1) MOF에서 부하용량에 적당한 CT비를 산출하시오. (단, CT 1차측 전류의 여유율은 1.25배로 한다.)
(2) LA의 정격전압은 얼마인가?
(3) 도면에서 D/M, VAR는 무엇인지 쓰시오.
 ① D/M
 ② VAR

답안 (1) 15/5
 (2) 18[kV]
 (3) ① 최대수요전력량계
   ② 무효전력계(무효전력량계)

해설 (1) $I = \dfrac{150 \times 3 \times 10^3}{\sqrt{3} \times 22,900} = 11.35[\text{A}]$

여유율이 1.25이므로 $11.35 \times 1.25 = 14.19$, 즉 15[A]로 선정한다.

1990년~최근 출제된 기출 이론 분석 및 유형별 문제

개념 문제 03 공사산업 20년 출제 | 배점 : 4점 |

22.9[kV-Y]의 특고압 수전설비 결선도에서 CB 1차측에 CT를, CB 2차측에 PT를 시설하는 경우에 대한 설명이다. 빈칸에 알맞은 용어를 쓰시오.

(1) 차단기의 트립전원은 직류 또는 (①)(이)가 바람직하며 66[kV] 이상의 수전설비는 (②)이어야 한다.
(2) 지중인입선의 경우에 22.9[kV-Y] 계통은 (③) 케이블 또는 TR CNCV-W(트리억제형)을 사용하여야 한다. 다만, 전력구·공동구·덕트·건물구내 등 화재의 우려가 있는 장소에서는 (④) 케이블을 사용하는 것이 바람직하다.

답안 (1) ① 콘덴서 방식
② 직류
(2) ③ CNCV-W(수밀형)
④ FR CNCO-W(난연)

개념 문제 04 공사기사 98년 출제 | 배점 : 4점 |

22.9[kV-Y] 단선 결선도이다. 물음에 답하시오.

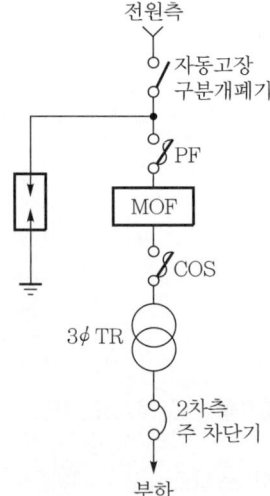

(1) 인입선을 지중선으로 하는 경우 예비선을 포함하여 몇 회선으로 시설하는 것이 바람직한가?
(2) 변압기 부하가 있는 경우 PF의 결상대책은?

답안 (1) 2회선
(2) 변압기 2차측 주 차단기에 결상계전기를 설치한다.

기출개념 03 154[kV] 수전설비

개념 문제 01 공사기사 97년, 99년, 00년, 02년, 07년, 22년 출제
| 배점 : 10점 |

도면은 어느 공장의 수전설비이다. [참고자료]를 이용하여 물음에 답하시오.

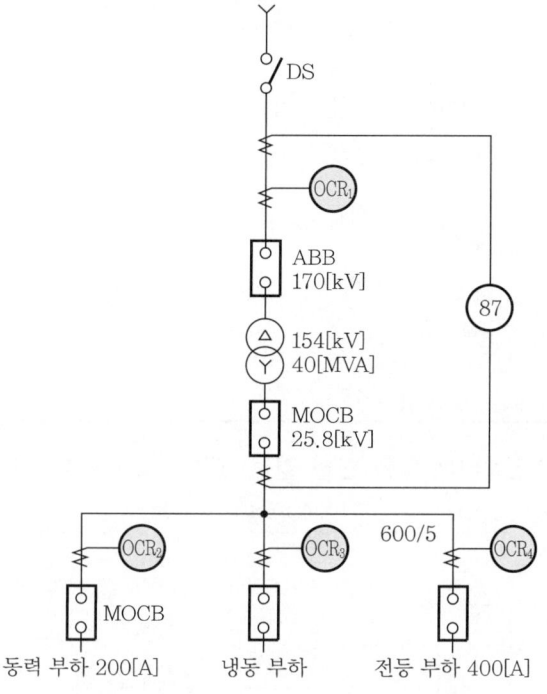

[참고자료]
- 전원 등가 Impedance는 2.5[%](100[MVA] 기준)이고 변압기 %임피던스는 자기용량 기준으로 7[%]이다.
- 전원측 변압기에 설치된 OCR의 정정치는 pick 2, 5에 LEVER가 2이다.
- 전위와 후비 보호장치의 INTERVAL은 최소한 30[c/s]은 주어야 동시동작을 피할 수 있다.
- OCR_1의 Tap은 전부하 전류의 160[%]로 선정하며, 부하측에 설치된 $OCR_2 \sim OCR_4$의 사용 Tap은 150[%]로 설정한다.
- 170[kV] 차단기 용량은 1,500[MVA], 2,500[MVA], 3,000[MVA], 5,000[MVA], 7,500[MVA] 중 선택하며, 차동계전기 CT변류기는 1,000, 1,500, 2,000, 3,000, 5,000[A] 중에서 선택한다.

(1) 유도형 과전류계전기 OCR_1의 적당한 Tap을 구하시오. (단, CT값은 정격전류의 1.25배이다.)
(2) 170[kV] ABB의 적당한 차단용량[MVA]을 구하시오.
(3) 계전기 87의 22.9[kV]측의 적당한 CT비를 구하시오. (단, CT값은 정격전류의 1.25배이다.)
(4) 87 계전기의 명칭을 쓰시오.
(5) ABB의 명칭을 쓰시오.

[답안] (1) 6[A]
(2) 5,000[MVA]
(3) 1,500/5
(4) 비율차동계전기
(5) 공기차단기

[해설] (1) 변압기 1차측 전류 $I_1 = \dfrac{P}{\sqrt{3}\,V} = \dfrac{40,000}{\sqrt{3}\times 154} = 149.96[A]$

CT 1차측 전류 $= 149.96 \times 1.25 = 187.45[A]$

∴ CT비 $= 200/5$

OCR_1의 Tap은 전부하 전류의 160[%]로 하면

Tap 전류 $= 149.96 \times 1.6 \times \dfrac{5}{200} = 6[A]$

(2) 단락용량 $P_s = \dfrac{100}{\%Z}P_n = \dfrac{100}{2.5}\times 100 = 4,000[MVA]$

(3) CT비 $= \dfrac{P}{\sqrt{3}\,V}\times 1.25 = \dfrac{40,000}{\sqrt{3}\times 22.9}\times 1.25 = 1,260.59[A]$

개념 문제 02 공사기사 94년, 96년 출제 | 배점 : 12점 |

그림은 어느 공장의 수전설비에 대한 단선 결선도이다. 물음에 답하시오.

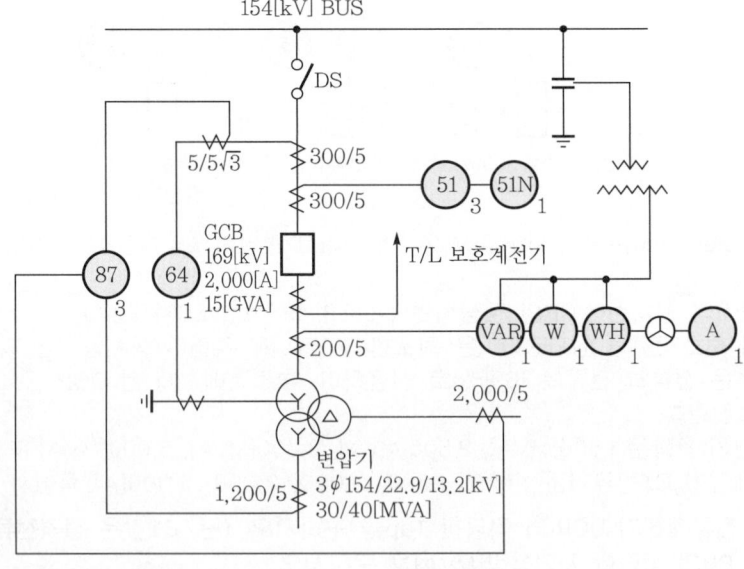

(1) 그림에서 87, 64의 명칭은?
 ① 87
 ② 64
(2) GCB에 사용되는 절연재료의 명칭은?
(3) 과전류 및 지락 과전류계전기가 잔전류법으로 결선되어 있다. 3상 결선도를 완성하시오.
(4) Y-Y 결선된 변압기는 △권선을 내장시켜 제작한다. 그 이유는?

(1) ① 비율차동계전기
② 지락 과전압계전기
(2) 육불화유황가스(SF_6)
(3)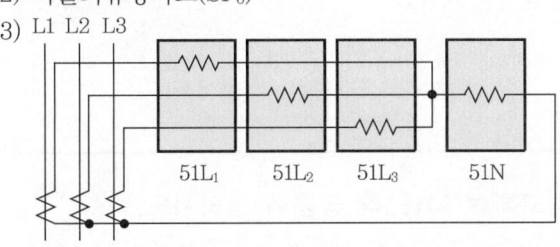
(4) 제3고조파 순환통로를 만들어 통신 유도장해 방지

CHAPTER 02
특고압 수전설비의 시설

단원 빈출문제
1990년~최근 출제된 기출문제

문제 01 공사산업 95년 출제 | 배점 : 10점 |

다음과 같은 특고압 기기류를 참고하여 다음 각 물음에 답하시오.

명 칭	약 호	심 벌	단 위	수 량	비 고
단로기	(①)		조	1	
변류기	(②)		대	3	
피뢰기	(③)	LA	조	1	
과전류계전기	OCR	OCR	대	3	
지락계전기	GR	GR	대	1	
트립코일	(④)		개소	1	
차단기	CB		대	1	
전력수급용 계기용 변성기	MOF	MOF	대	1	
수전변압기	TR		대	1	
접지공사	E		개소	3	
계기용 변압기	(⑤)		대	1	
컷아웃 스위치	(⑥)		조	1	

(1) ①~⑥까지의 약호는?
(2) 심벌을 이용하여 22.9[kV-Y] 수전설비 단선 결선도를 완성하시오.
(3) 상기 결선의 변압기에 80[kW], 50[kW], 100[kW]의 부하가 접속되어 있다. 부하 간의 부등률은 1.2, 부하역률은 90[%], 수용률은 80[kW], 50[kW] 부하에서는 60[%], 100[kW]에서 55[%]라면 변압기의 최대수용전력은 몇 [kVA]인가?
(4) 계기용 변압기 및 변류기의 2차측 정격전압 및 정격전류의 값은 얼마인가?
 ① 계기용 변압기
 ② 변류기

답안 (1) ① DS
② CT
③ LA
④ TC
⑤ PT
⑥ COS

(2)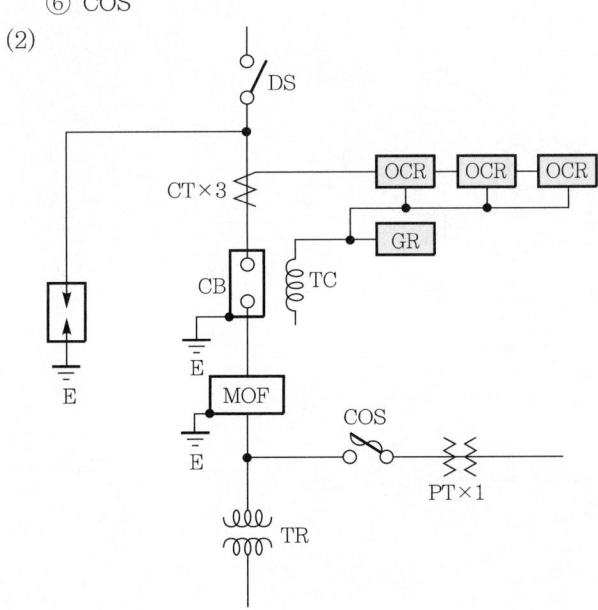

(3) 123.15[kVA]
(4) ① 110[V]
② 5[A]

해설 (3) 최대수용전력[kVA] = $\dfrac{\text{설비용량[kW]} \times \text{수용률}}{\text{부등률} \times \text{역률}}$

$= \dfrac{(80+50) \times 0.6 + 100 \times 0.55}{1.2 \times 0.9}$

$= 123.15[\text{kVA}]$

문제 02 — 공사산업 90년 출제 (배점: 21점)

그림은 3상 4선식 중성점 다중 접지방식의 22.9[kV-Y] 배전선로에서 수전하기 위한 미완성 단선 결선도이다. 미완성 그림의 ①에서 ⑥까지의 기기에 대하여 복선도를 그리고 우리말 명칭을 쓰시오. (단, 진상용 콘덴서는 방전코일이 내장된 것으로 한다.)

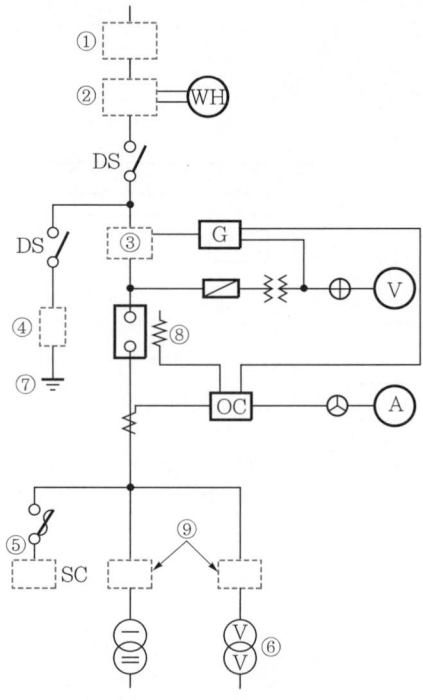

답안

① 케이블 헤드

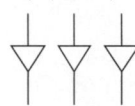

② 전력수급용 계기용 변성기

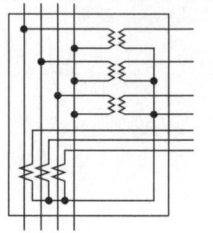

③ 영상 변류기

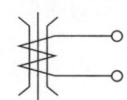

④ 피뢰기

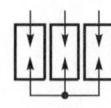

⑤ 전력용 콘덴서

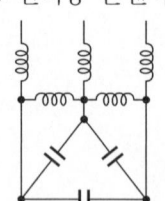

⑥ V결선 변압기

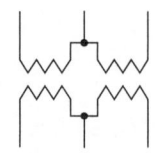

문제 03 공사기사 11년 출제 | 배점 : 13점

다음 도면은 특고압 수전설비 표준 결선도이다. 약호, 명칭을 쓰고 용도 또는 역할에 대하여 간단히 설명하시오.

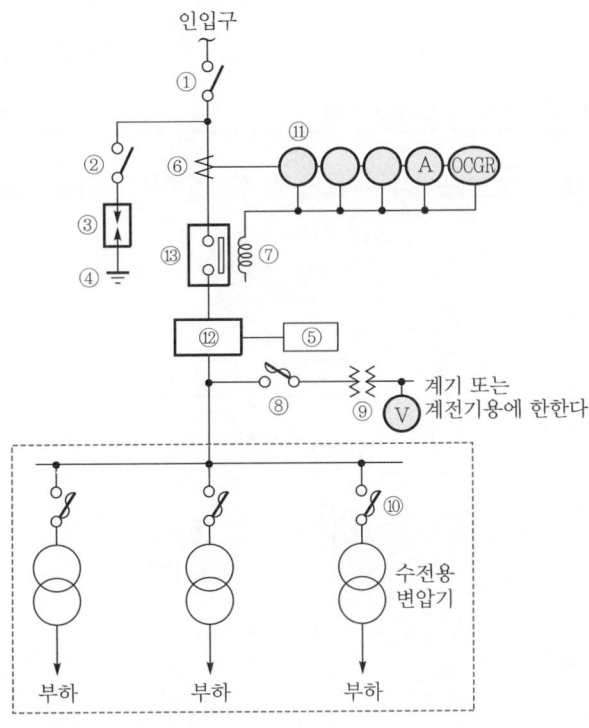

(1) 그림에서 ①의 명칭을 우리말로 쓰시오.
(2) 그림에서 ②의 용도는?
(3) 그림에서 ③의 명칭을 우리말로 쓰시오.
(4) 그림에서 ⑤의 명칭을 우리말로 쓰시오.
(5) 그림에서 ⑥의 명칭을 우리말로 쓰시오.
(6) 그림에서 ⑦의 명칭을 우리말로 쓰시오.
(7) 그림에서 ⑧의 약호를 쓰시오.
(8) 그림에서 ⑨의 명칭을 우리말로 쓰시오.
(9) 그림에서 ⑩의 약호를 쓰시오.
(10) 그림에서 ⑪의 명칭을 우리말로 쓰시오.
(11) 그림에서 ⑫의 명칭을 우리말로 쓰시오.
(12) 그림에서 ⑬의 용도는?

답안 (1) 단로기
(2) 피뢰기 점검 및 교체 시 피뢰기를 계통으로 분리한다.
(3) 피뢰기
(4) 전력량계
(5) 변류기
(6) 트립코일
(7) PF 또는 COS

(8) 계기용 변압기
(9) PF 또는 COS
(10) 과전류계전기
(11) 전력수급용 계기용 변성기
(12) 부하전류 개폐 및 고장전류 차단

문제 04 공사산업 96년, 99년, 04년, 22년 출제 | 배점 : 9점

특고압 22.9[kV-Y]로 수전하는 경우의 단선 결선도이다. 다음 물음에 답하시오.

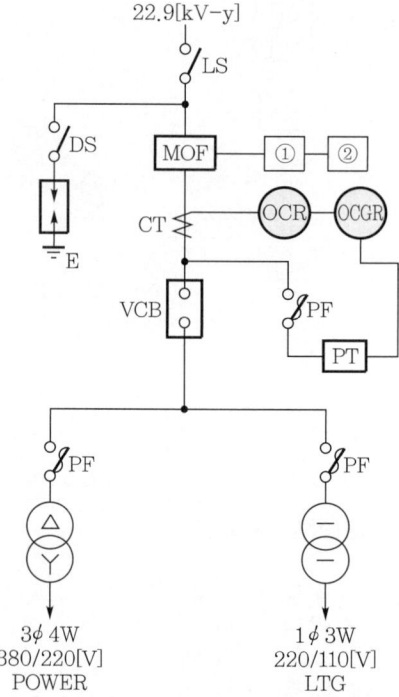

(1) 그림에 표시된 ①과 ②의 부분에는 어떤 기기가 필요한지 쓰시오.
(2) 그림에서 △-Y의 단선도를 복선도용으로 그리시오.
(3) OCR의 명칭을 쓰시오.

답안 (1) ① 유효전력량계
② 무효전력량계

(2)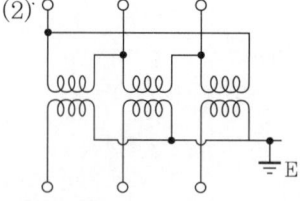

(3) 과전류계전기

문제 05 공사기사 12년 / 공사산업 95년, 98년 출제

배점 : 10점

그림은 3상 4선식 중성점 다중 접지방식의 22.9[kV-Y] 배전선로에서 수전하기 위한 단선 결선도이다. 다음 물음에 답하시오.

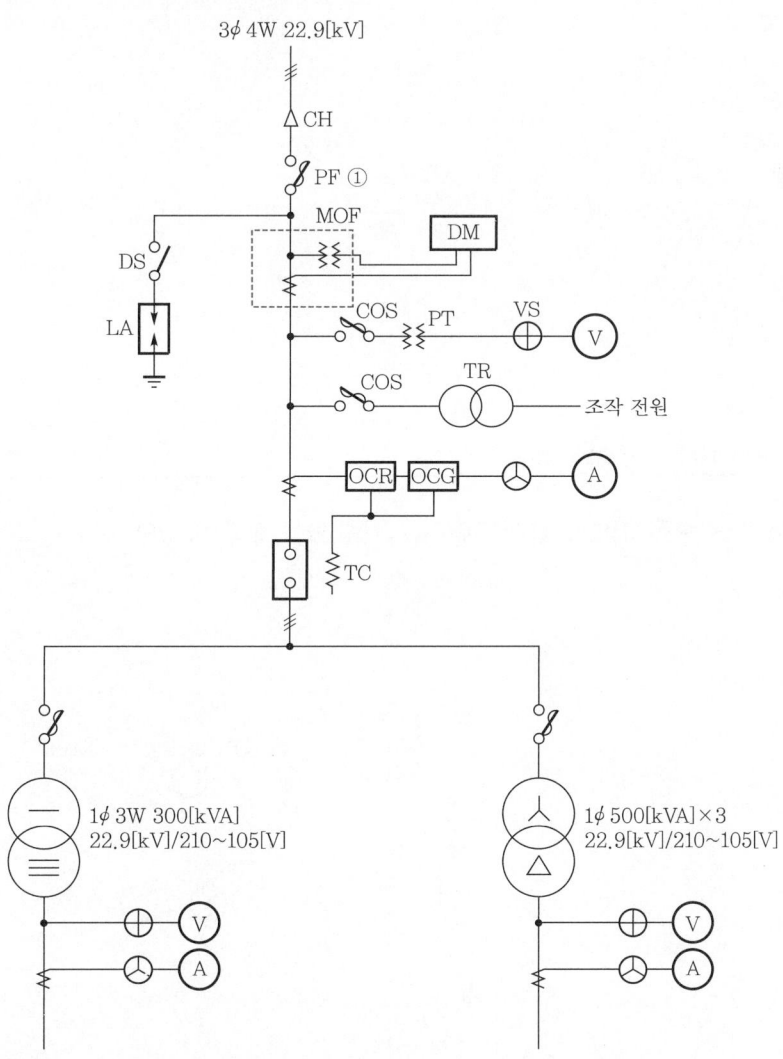

(1) 지중인입선의 경우 22.9[kV-Y]계통은 어떤 케이블을 사용하는가?
(2) OCB의 명칭은?
(3) MOF에서 규격이 13.2[kV]/110[V], 75/5[A]일 때 전기공급규정에 의거 0.2급, 0.5급, 1.2급 중 어떤 급을 사용하는가?
(4) OCGR의 명칭은?
(5) DS의 명칭은?
(6) COS의 명칭은?
(7) TC의 명칭은?
(8) ①의 PF의 퓨즈를 변압기 전부하 전류의 2배로 선정한다면 퓨즈의 용량[A]은? (단, 평균 역률은 90[%]로 가정)

답안 (1) CNCV-W(수밀형) 또는 TR CNCV-W(트리억제형) 케이블
(2) 유입차단기
(3) 0.5급
(4) 지락 과전류계전기
(5) 단로기
(6) 컷아웃 스위치
(7) 트립코일
(8) 125[A]

해설 (8) 전부하 전류×2배 $= \left(\dfrac{300}{22.9} + \dfrac{500 \times 3}{\sqrt{3} \times 22.9}\right) \times 2 = 101.84$[A]이므로
125[A] 선정

문제 06 공사기사 96년, 98년 출제 | 배점 : 10점

그림은 수용가의 수전설비의 결선도이다. 다음 물음에 답하시오.

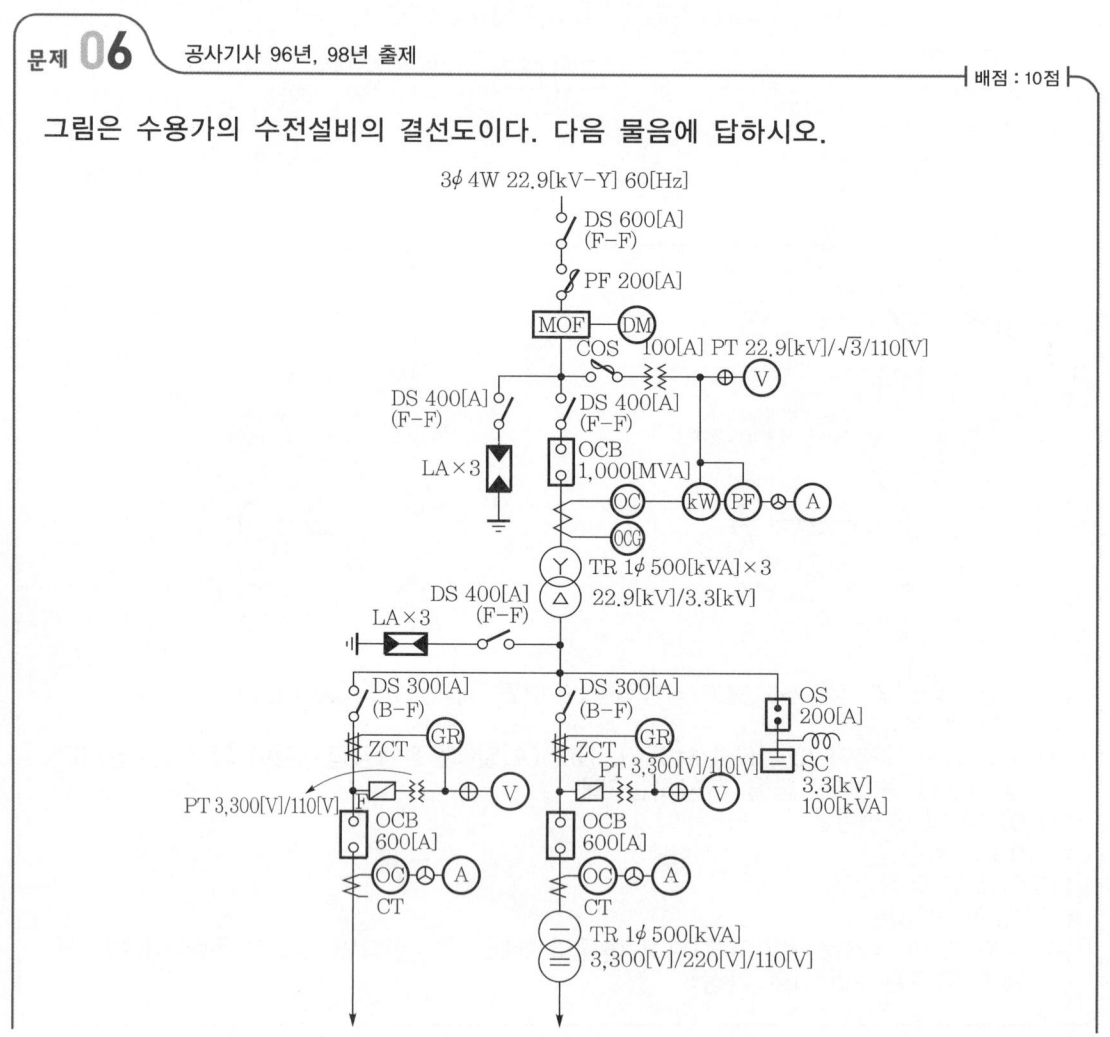

(1) MOF에 연결되어 있는 DM의 명칭은?
(2) 22.9[kV]측의 DS의 정격전압[kV]은?
(3) 22.9[kV]측의 LA의 정격전압[kV]은?
(4) 3.3[kV]측의 옥내용 PT는 주로 어떤 형을 사용하는가?
(5) 변압기 피뢰기의 최대 유효이격거리는 몇 [m]인가?

(6) 변압기 ⓨ 심벌을 보고 복선도를 그리시오.

(7) OCB의 명칭은?
(8) OCG의 명칭은?
(9) 22.9[kV]측 CT의 변류비는? (단, 1.25배의 값으로 변류비를 결정한다.)
(10) 고압동력용 OCB에 표시된 600[A]는 무엇을 의미하는가?

답안
(1) 최대수요전력량계
(2) 25.8[kV]
(3) 18[kV]
(4) 몰드형
(5) 20[m]
(6)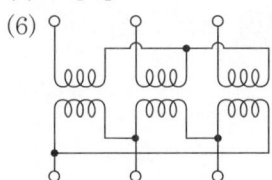
(7) 유입차단기
(8) 지락 과전류계전기
(9) 50/5 선정
(10) 차단기 정격전류

해설
(9) $I = \dfrac{500 \times 3}{\sqrt{3} \times 22.9} \times 1.25 = 47.27$

∴ 50/5 선정

문제 07 공사기사 09년, 15년, 16년, 20년, 21년 출제 배점 : 5점

자동고장구분개폐기, DS, LA, PF, MOF, 접지, 수전용 변압기의 심벌을 이용하여 22.9[kV-Y], 1,000[kVA] 이하에 적용 가능한 특고압 간이 수전설비 표준 결선도를 그리시오. (단, 인입구 및 부하를 반드시 표시하시오.)

1990년~최근 출제된 기출문제

답안

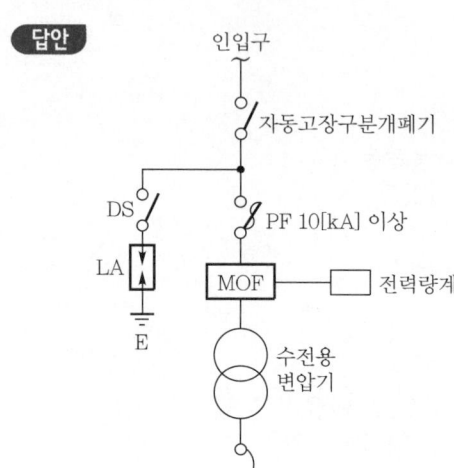

문제 08 공사기사 95년, 97년 출제   배점 : 10점

다음은 어느 아파트의 단선 결선도 일부이다. 아래 물음에 답하시오.

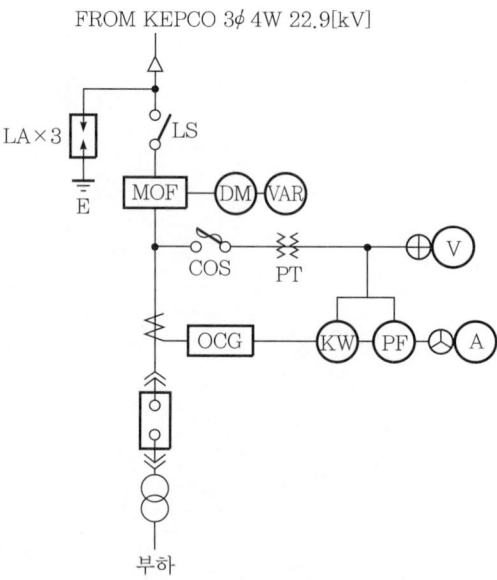

(1) LA의 정격전압은 몇 [V]를 사용하는가?
(2) OCG 는 무엇의 심볼인지 명칭을 쓰시오.
(3) ☐에 부족전압계전기를 사용하려 할 때 문자 기호는 어떻게 표기하는가?
(4) 의 정확한 명칭은?

답안 (1) 18,000[V]
(2) 지락 과전류계전기
(3) UV
(4) 인출형 차단기

문제 09 공사산업 00년 출제 | 배점 : 10점

그림은 22.9[kV-Y] 1,000[kVA] 이하에 적용 가능한 특고압 간이 수전설비 표준 결선도이다. 물음에 답하시오.

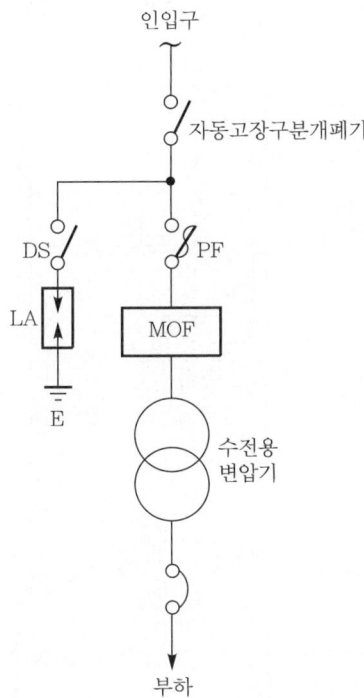

(1) 도면에서 생략할 수 있는 것은?
(2) 22.9[kV-Y]용의 LA는 (   ) 붙임형을 사용하여야 한다. (   ) 안에 알맞은 것은?
(3) 인입선을 지중선으로 시설하는 경우로서 공동주택 등 사고 시 정전피해가 큰 수전설비 인입선은 예비선을 포함하여 몇 회선으로 시설하는 것이 바람직한가?
(4) 22.9[kV-Y] 계통에서 지중인입선은 어떤 케이블을 사용하여야 하는가?

답안 (1) LA용 DS
(2) Disconnector
(3) 2회선
(4) CNCV-W(수밀형) 또는 TR CNCV-W(트리억제형) 케이블

문제 10 　공사산업 95년, 98년 출제　｜배점 : 10점｜

건평 8,000[m²]인 건물이 있다. 이 건물에 FAN용 전동기 1.5[kW] 20대, 펌프용 전동기 7.5[kW] 15대를 사용하고자 다음과 같은 인입변대를 설비 시공하여 원활히 전기를 수급하고자 한다. 다음 물음에 답하시오. (단, FAN용 전동기 역률은 80[%], 펌프용 전동기 역률은 70[%], 부하의 수용률은 70[%], 전등, 전열용 전력은 25[VA/m²]이다.)

(1) 다음 도면을 보고 단선도를 그리고, 접지와 변압기 결선방법을 표기하시오. (단, 전압은 380/220을 동시에 얻고자 한다.)
(2) 도면의 단상 변압기 용량을 산정하시오.

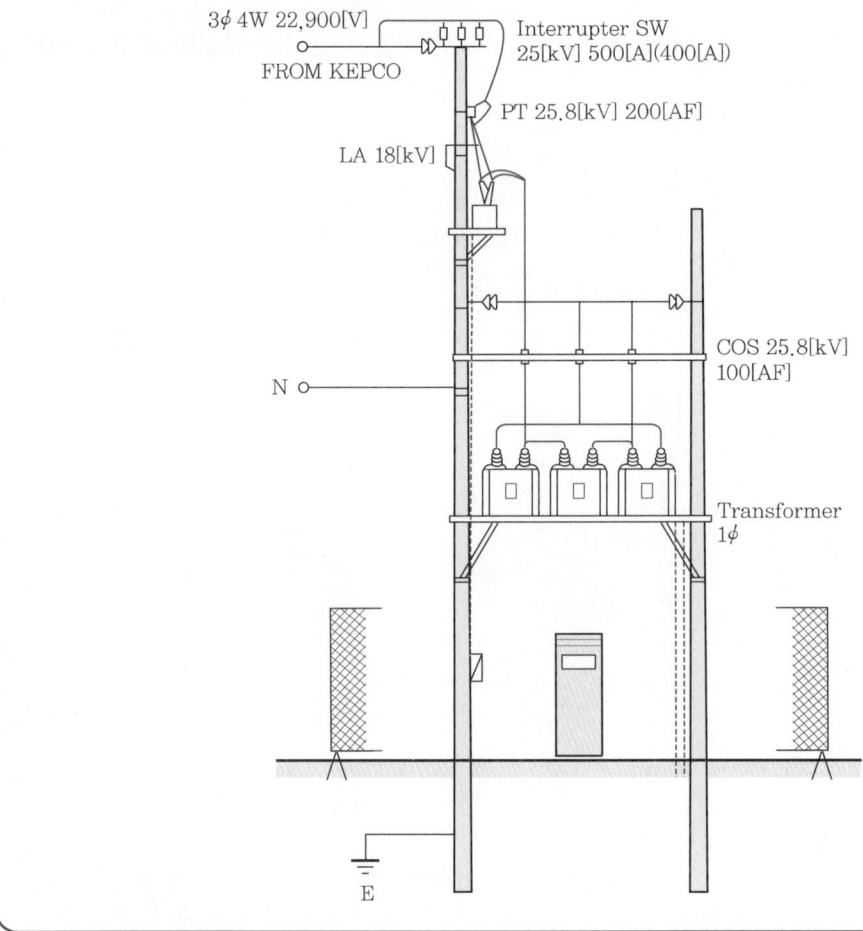

답안 (1)

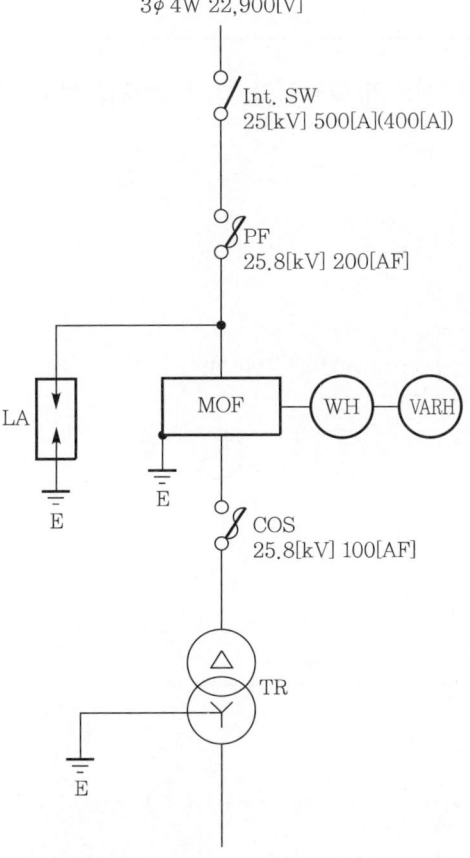

(2) 표준용량의 100[kVA] 단상 변압기 3대 선정

해설 (2) • Fan 유효전력 : $P_1 = 1.5 \times 20 = 30 [\text{kW}]$

　　　　무효전력 : $Q_1 = \dfrac{1.5}{0.8} \times 0.6 \times 20 = 22.5 [\text{kVar}]$

• Pump 유효전력 : $P_2 = 7.5 \times 15 = 112.5 [\text{kW}]$

　　　　무효전력 : $Q_2 = \dfrac{7.5}{0.7} \times \sqrt{1 - 0.7^2} \times 15 = 114.77 [\text{kVar}]$

• 전등 및 전열 : $P_3 = 25 \times 8,000 \times 10^{-3} = 200 [\text{kW}]$

• 전체 부하용량 : $P_s = \sqrt{(P_1 + P_2 + P_3)^2 + (Q_1 + Q_2)^2} \times 수용률$
　　　　　　　$= \sqrt{(30 + 112.5 + 200)^2 + (22.5 + 114.77)^2} \times 0.7$
　　　　　　　$= 258.29 [\text{kVA}]$

• 단상 변압기 1대의 용량 : $\text{TR} = \dfrac{1}{3} \times 258.29 = 86.1 [\text{kVA}]$

문제 11 공사산업 05년, 14년, 21년 출제 | 배점 : 6점

도면은 어느 공장의 수전설비에 대한 단선도의 일부이다. 이 단선도를 보고 다음 각 물음에 답하시오.

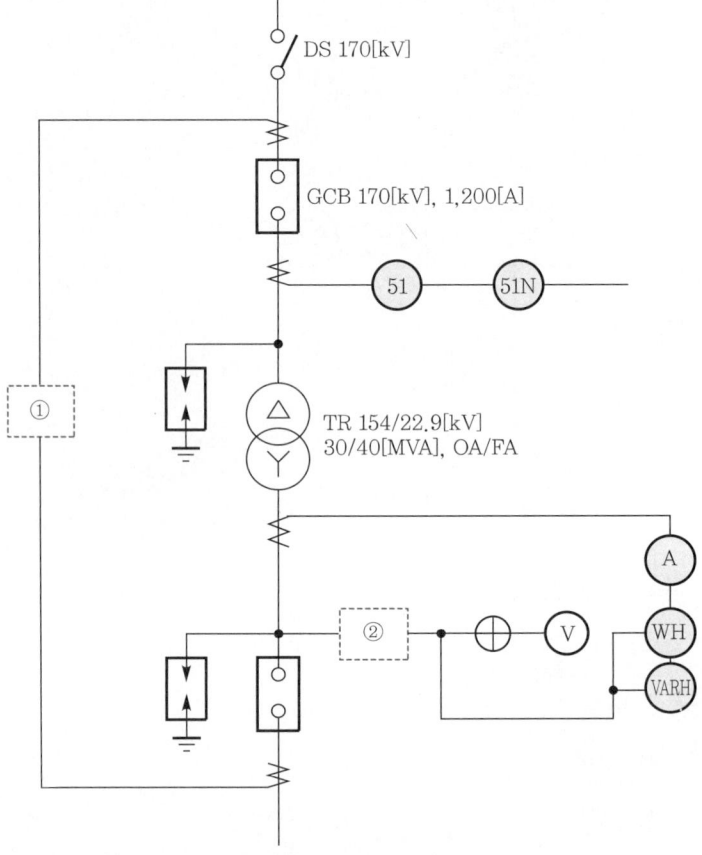

(1) ①에 설치되어야 할 기기의 명칭을 쓰시오.
(2) ②에 설치되어야 할 기기의 심벌을 그리고, 그 명칭을 쓰시오.
(3) 51, 51N의 기구번호의 명칭을 쓰시오.
 ① 51
 ② 51N

답안 (1) 비율차동계전기
 (2) ⌇⌇ , 계기용 변압기
 (3) ① 교류 과전류계전기
   ② 중성점 과전류계전기

문제 12 공사산업 97년, 99년, 01년 출제 | 배점 : 10점 |

도면은 어느 154[kV] 수용가의 수전설비 단선 결선도의 일부분이다. 물음에 답하시오.

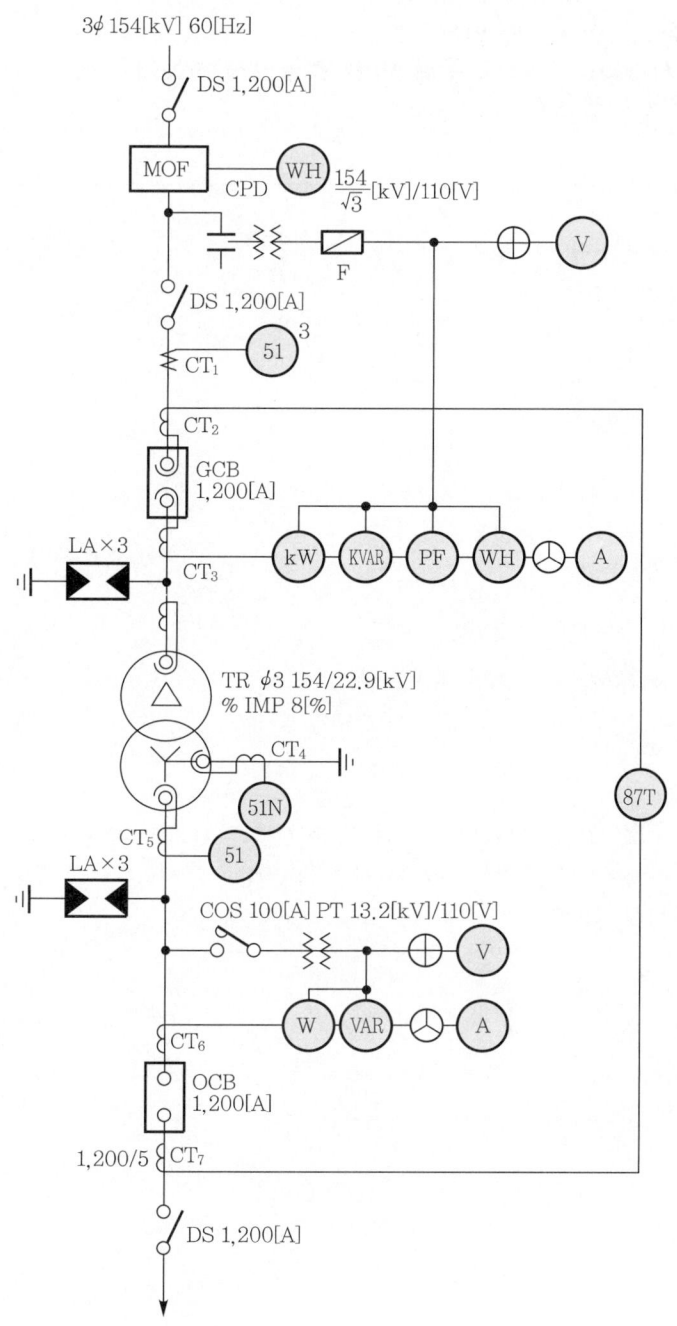

(1) 변압기 2차 부하설비용량 51[MW], 수용률 70[%], 부하역률 90[%]일 때 도면의 변압기 용량은 몇 [MVA]인가?
　• 계산과정 :
　• 답 :
(2) 변압기 1차측 DS의 정격전압은?
(3) GCB 내에 사용되는 가스로 주로 어떤 것을 사용하는가?
(4) 87T에서 87의 명칭은?
(5) 51의 명칭은?

답안 (1) • 계산과정 : 변압기 용량 $= \dfrac{\text{설비용량} \times \text{수용률}}{\text{부등률} \times \text{역률}}$

$$= \dfrac{51 \times 0.7}{1 \times 0.9}$$

$$= 39.67 \, [\text{MVA}]$$

　• 답 : 40[MVA]
(2) 170[kV]
(3) 육불화유황가스(SF_6)
(4) 변압기 보호용 비율차동계전기
(5) 교류 과전류계전기

해설 (2) 단로기 정격전압

$$V = \text{공칭전압} \times \dfrac{1.2}{1.1}$$

$$= 154 \times \dfrac{1.2}{1.1}$$

$$= 168 \, [\text{kV}]$$

154[kV]의 최고 사용전압이 170[kV]이므로 단로기의 정격전압은 170[kV]이다.
(3) SF_6 가스는 불활성 기체로 상온에서 무색·무취·무해인 가스로 절연내력이 높고 소호성능이 매우 뛰어나다.

문제 13 공사기사 99년, 00년, 01년, 21년 출제 | 배점 : 8점

도면은 어떤 변전소 도면의 일부이다. 배전 변압기 간 상호 부등률은 1.3이고, 부하의 역률은 90[%]이다. 또한 STR의 %임피던스는 자기용량 기준 4.6[%], TR_1, TR_2, TR_3의 %임피던스는 각각 자기용량 기준 10[%], 154[kV] BUS의 %임피던스는 10[MVA] 기준으로 0.4[%]이다. 다음 각 물음에 답하시오.

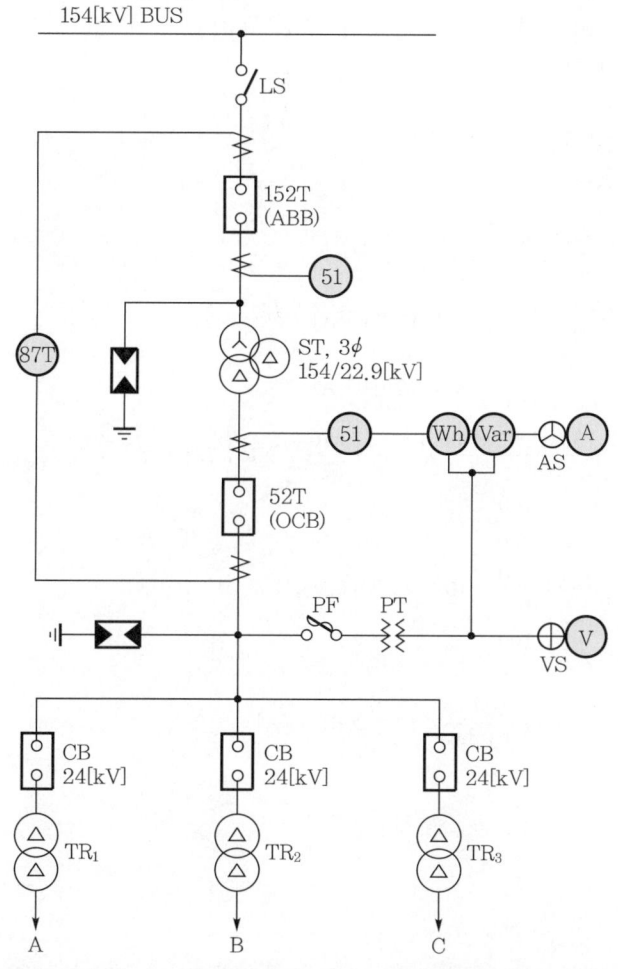

부 하	용 량	수용률	부등률
A	4,000[kW]	80[%]	1.3
B	3,000[kW]	84[%]	1.2
C	6,000[kW]	92[%]	1.1

154[kV] ABB 용량표[MVA]					
2,000	3,000	4,000	5,000	6,000	7,000

22[kV] OCB 용량표[MVA]					
200	300	400	500	600	700

154[kV] 변압기 용량표[kVA]					
10,000	15,000	20,000	30,000	40,000	50,000

22[kV] 변압기 용량표[kVA]					
2,000	3,000	4,000	5,000	6,000	7,000

(1) TR₁, TR₂, TR₃의 변압기 용량[kVA]을 각각 위의 표에서 산정하시오.
(2) STR의 변압기 용량[kVA]을 위의 표에서 산정하시오.
(3) 차단기 152T의 용량[MVA]을 위의 표에서 산정하시오.
(4) 차단기 52T의 용량[MVA]을 위의 표에서 산정하시오.

답안 (1) TR₁ : 3,000[kVA]
　　　　TR₂ : 3,000[kVA]
　　　　TR₃ : 6,000[kVA]
　　(2) 10,000[kVA]
　　(3) 3,000[MVA]
　　(4) 200[MVA]

해설 (1) $TR_1 = \dfrac{4,000 \times 0.8}{1.3 \times 0.9} = 2,735.04 [kVA]$

$TR_2 = \dfrac{3,000 \times 0.84}{1.2 \times 0.9} = 2,333.33 [kVA]$

$TR_3 = \dfrac{6,000 \times 0.92}{1.1 \times 0.9} = 5,575.76 [kVA]$

(2) $STR = \dfrac{2,735.04 + 2,333.33 + 5,575.76}{1.3} = 8,187.79 [kVA]$

(3) 차단용량 $P_s = \dfrac{100}{\%Z} \cdot P_B$

$= \dfrac{100}{0.4} \times 10 = 2,500 [MVA]$

(4) 차단용량 $P_s = \dfrac{100}{\%Z} \cdot P_B$

$= \dfrac{100}{0.4 + 4.6} \times 10 = 200 [MVA]$

PART 03 시퀀스제어

- CHAPTER 01 접점의 종류 및 제어용 기구
- CHAPTER 02 유접점 기본 회로
- CHAPTER 03 전동기 운전회로
- CHAPTER 04 전동기 기동회로
- CHAPTER 05 산업용 기기 시퀀스제어회로
- CHAPTER 06 논리회로
- CHAPTER 07 논리연산
- CHAPTER 08 PLC(Programmable Logic Controller)
- CHAPTER 09 옥내 배선회로

01 접점의 종류 및 제어용 기구

CHAPTER

1990년~최근 출제된 기출 이론 분석 및 유형별 문제

일반적으로 자동제어는 피드백제어와 시퀀스제어로 나누며, 피드백제어는 원하는 시스템의 출력과 실제의 출력과의 차이에 의하여 시스템을 구동함으로써 자동적으로 원하는 바에 가까운 출력을 얻는 것이다.

시퀀스제어는 미리 정해놓은 순서에 따라 제어의 각 단계를 차례차례 행하는 제어를 말한다. 시퀀스제어(Sequence Control)의 제어명령은 "ON", "OFF", "H"(High Level), "L"(Low Level), "1", "0" 등 2진수로 이루어지는 정상적인 제어이다.

(1) 릴레이 시퀀스(Relay Sequence)
기계적인 접점을 가진 유접점 릴레이로 구성되는 시퀀스제어회로이다.

(2) 로직 시퀀스(Logic Sequence)
제어계에 사용되는 논리소자로서 반도체 소위칭소자를 사용하여 구성되는 무접점회로이다.

(3) PLC(Programmable Logic Controller) 시퀀스
제어반의 제어부를 마이컴 컴퓨터로 대체시키고 릴레이 시퀀스, 논리소자를 프로그램화하여 기억시킨 것으로, 무접점 시퀀스제어 기기의 일종이다.

기출개념 01 접점의 종류

접점의 종류에는 a접점, b접점, c접점이 있다.

1 a접점

a접점이란 상시 상태에서 개로된 접점을 말하며 Arbeit Contact란 첫 문자 A를 딴 것이며 반드시 소문자 "a"로 표시한다.

▌상시에는 개로, 동작 시 폐로되는 접점 ▌

2 b접점

상시 상태에서 폐로된 접점을 말하며, Break Contact란 첫 문자 B를 딴 것이며 반드시 소문자 "b"로 표시한다.

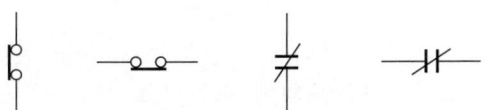

┃상시에는 폐로, 동작 시 개로되는 접점┃

3 c접점

a접점과 b접점이 동시에 동작(가동 접점부 공유)하는 것이며, 이것을 절체 접점(Change over Contact)이라고 한다. 첫 문자 C를 딴 것이며 소문자 "c"로 표시한다.

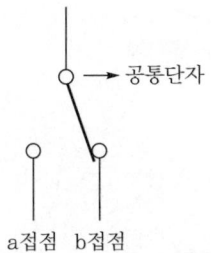

a접점과 b접점을 결합하여 3개의 단자로 a접점과 b접점을 사용할 수 있게 만든 접점이다.

기출개념 02 제어용 기구

1 조작용 스위치

(1) 복귀형 수동 스위치

조작하고 있는 동안에만 접점이 ON, OFF하고, 손을 떼면 조작 부분과 접점은 원래의 상태로 되돌아가는 것으로 푸시버튼 스위치(Push Button Switch)가 있다.

(2) 푸시버튼 스위치(Push Button Switch : PB 또는 PBS)

시퀀스제어에서 가장 기본적인 입력요소이다.

1990년~최근 출제된 기출 이론 분석 및 유형별 문제

① 버튼을 누르면 접점이 열리거나 닫히는 동작을 한다(수동 조작).
② 손을 떼면 스프링의 힘에 의해 자동으로 복귀한다(자동 복귀).
③ 일반적으로 기동은 녹색, 정지는 적색을 사용한다.
④ 여러 개를 사용할 경우 숫자를 붙여서 사용한다(PB_0, PB_1, PB_2 …).

(3) 푸시버튼 스위치 a접점의 구조

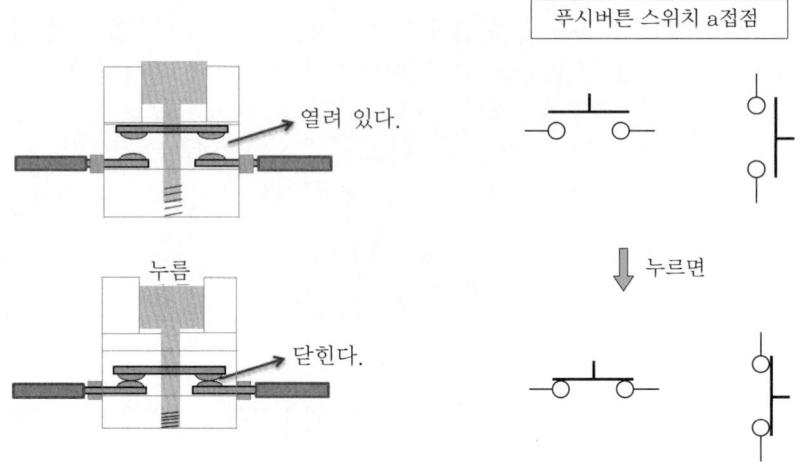

스위치를 조작하기 전에는 접점이 열려 있다가 스위치를 누르면 닫히는 접점이다.

(4) 푸시버튼 스위치 b접점의 구조

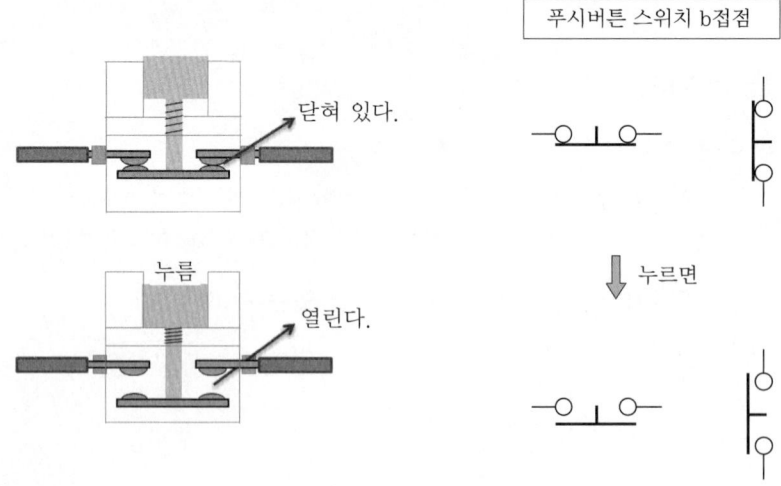

스위치를 조작하기 전에는 접점이 닫혀 있다가 스위치를 누르면 열리는 접점이다.

(5) 유지형 수동 스위치

조작 후 손을 떼어도 접점은 그대로의 상태를 계속 유지하나 조작 부분은 원래의 상태로 되돌아가는 접점이다.

(a) 외관도

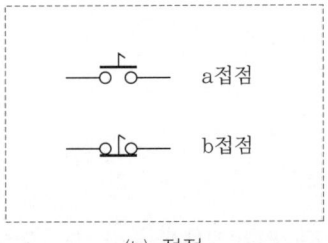

(b) 접점

기·출·개·념 접근

전자계전기(Electro-magnetic Relay)

철심에 코일을 감고 전류를 흘리면 철심은 전자석이 되어 가동 철심을 흡인하는 전자력이 생기며, 이 전자력에 의하여 접점을 ON, OFF하는 것을 전자계전기 또는 Relay(유접점)라 한다.

이 전자계전기, 즉 전자석을 이용한 것으로는 보조 릴레이, 전자개폐기(MS : Magnetic Switch), 전자접촉기(MC : Magnetic Contact), 타이머 릴레이(Timer Relay), 솔레노이드 (SOL : Solenoid) 등이 있다.

2 전자계전기(Relay : 릴레이)

(1) 릴레이의 개념

전자석의 힘을 이용하여 접점을 개폐하는 기능을 갖는 계전기이다.
① 여자 : 전자 코일에 전류를 흘려주어 전자석이 철편을 끌어당긴 상태이다.
② 소자 : 전자 코일에 전류가 끊겨 원래대로 되돌아간 상태이다.

(2) 8핀 릴레이

① 전원단자 2개, c접점 2개 등 모두 8개의 핀에 번호를 붙여 구성되어 있으며, 릴레이의 내부접속도는 여러 가지 방법으로 표시할 수 있지만 접점 해석은 모두 같다.
② AC 220[V]의 2-7번 단자는 전원단자이다.

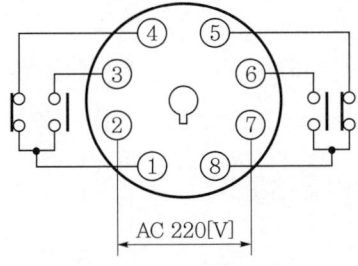

(a) 접점이 외부에 그려진 경우

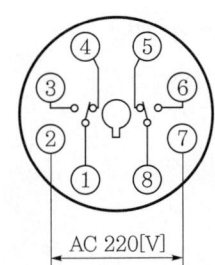

(b) 핀 번호가 시계방향

(3) 8핀 릴레이의 전원단자와 접점

8핀 릴레이는 c접점이 2세트 내장되어 있다.

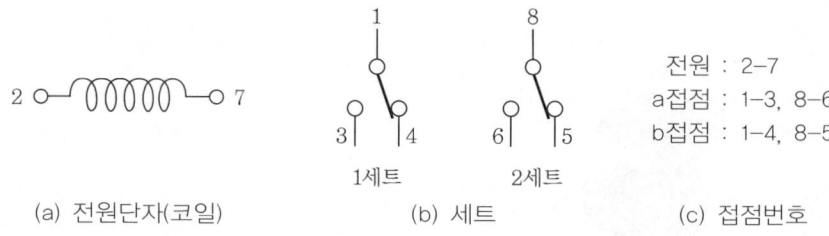

전원 : 2-7
a접점 : 1-3, 8-6
b접점 : 1-4, 8-5

(a) 전원단자(코일)　　　(b) 세트　　　(c) 접점번호

3 전자개폐기(Magnetic Switch)

전자개폐기는 전자접촉기(MC : Magnetic Contact)에 열동계전기(THR : Thermal Relay)를 접속시킨 것이며, 주회로의 개폐용으로 큰 접점용량이나 내압을 가진 릴레이이다.

그림에서 단자 b, c에 교류전압을 인가하면 MC 코일이 여자되어 주접점과 보조접점이 동시에 동작한다. 이와 같이 주회로는 각 선로에 전자접촉기의 접점을 넣어서 모든 선로를 개폐하며, 부하의 이상에 의한 과부하전류가 흐르면 이 전류로 열동계전기(THR)가 가열되어 바이메탈 접점이 전환되어 전자접촉기 MC는 소자되며 스프링(Spring)의 힘으로 복구되어 주회로는 차단된다.

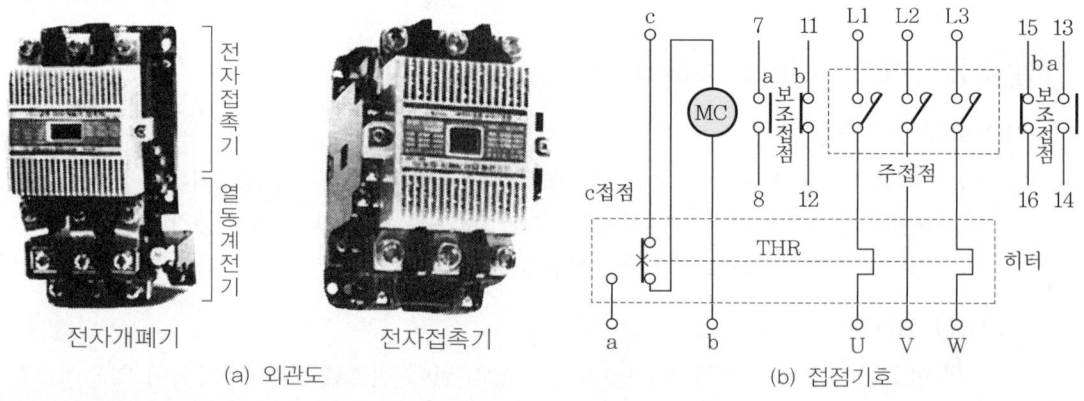

(a) 외관도　　　(b) 접점기호

4 전자접촉기(Magnetic Contactor)

(1) 전자접촉기의 개념

전자석의 흡인력을 이용하여 접점을 개폐하는 기능을 하는 계전기이다.

전자 코일에 전류가 흐를 때만 동작하고 전류를 끊으면 스프링의 힘에 의해 원래의 상태로 되돌아간다.

(2) 전자접촉기의 외형

(a) 외형

(b) 케이스 내부의 전자접촉기

(3) 전자접촉기의 기호와 접점

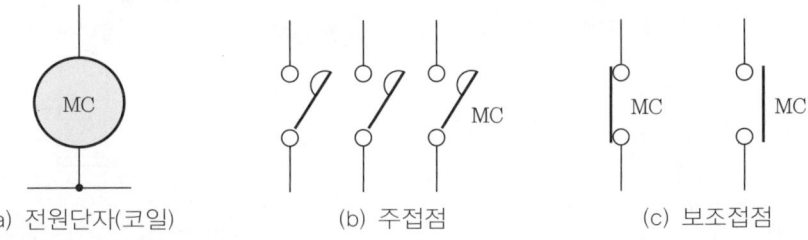

(a) 전원단자(코일)　　　(b) 주접점　　　(c) 보조접점

① 전자접촉기의 기호는 MC(Magnetic Contactor) 또는 PR(Power Relay)을 사용한다.
② 주접점은 전동기 등 큰 전류를 필요로 하는 주회로에 사용한다.
③ 보조접점은 작은 전류용량의 접점으로, 제어회로에 사용한다.

5 전자식 과전류계전기(EOCR)

(1) 전자식 과전류계전기의 개념
① 회로에 과전류가 흘렀을 때 접점을 동작시켜 회로를 보호하는 역할을 한다.
② 모터를 보호하기 위한 장치이며, 12핀 소켓에 꽂아 사용한다.

(a) 외형

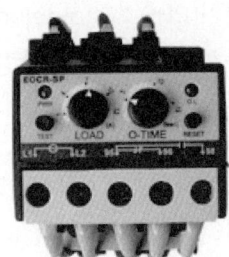
(b) 케이스 내부의 과전류계전기

CHAPTER 01. 접점의 종류 및 제어용 기구　589

(2) EOCR의 기호와 접점

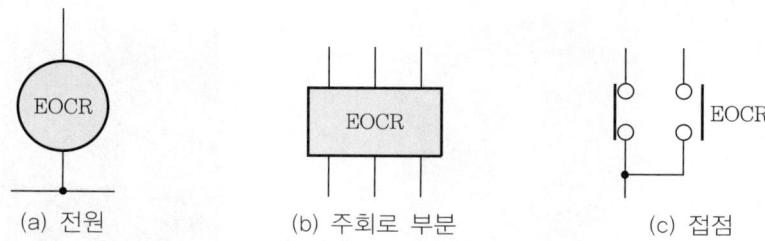

(a) 전원　　(b) 주회로 부분　　(c) 접점

6 기계적 접점

(1) 리밋 스위치(Limit Switch)

물체의 힘에 의하여 동작부(Actuator)가 눌려서 접점이 ON, OFF한다.

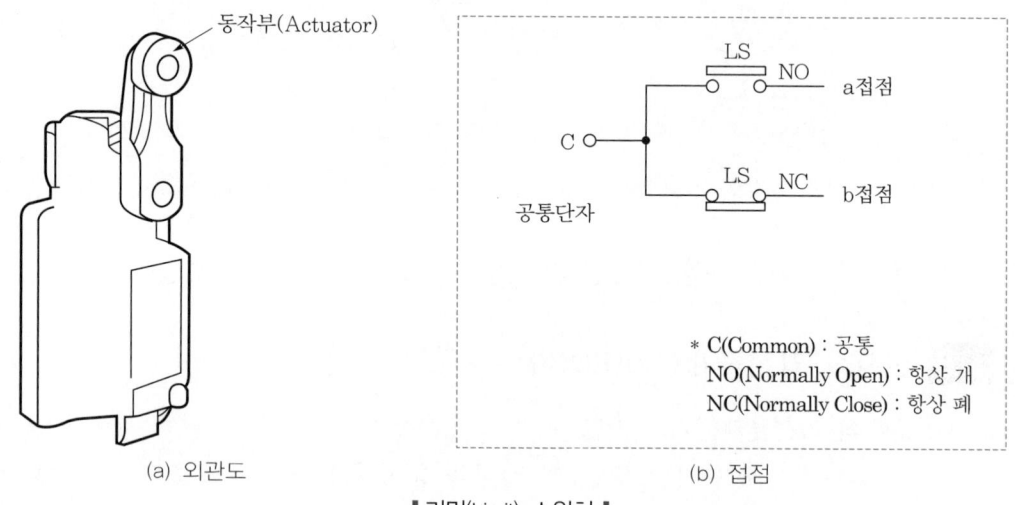

(a) 외관도　　(b) 접점

┃리밋(Limit) 스위치┃

(2) 광전 스위치(PHS : Photoelectric Switch)

빛을 방사하는 투광기와 광량의 변화를 전기신호로 변환하는 수광기 등으로 구성되며 물체가 광로를 차단하는 것에 의하여 접점이 ON, OFF하며 물체에 접촉하지 않고 검지한다.

이 밖에도 압력 스위치(PRS : Pressure Switch), 온도 스위치(THS : Thermal Switch) 등이 있다.

이들 스위치는 a, b접점을 갖고 있으며 기계적인 동작에 의하여 a접점은 닫히며 b접점은 열리고 기계적인 동작에 의해 원상 복귀하는 스위치로 검출용 스위치이기 때문에 자동화 설비의 필수적인 스위치이다.

7 타이머(한시 계전기)

시간제어 기구인 타이머는 어떠한 시간차를 만들어서 접점이 개폐 동작을 할 수 있는 것으로 시한 소자(Time Limit Element)를 가진 계전기이다. 요즘에는 전자회로에 CR의 시정수를 이용하여 동작시간을 조정하는 전자식 타이머와 IC 타이머가 사용되고 있다.

타이머에는 동작 형식의 차이에서 동작시간이 늦은 한시동작 타이머(ON Delay Timer), 복귀시간이 늦은 한시복귀 타이머(OFF Delay Timer), 동작과 복귀가 모두 늦은 순한시 타이머(ON OFF Delay Timer) 등이 있다.

┃ 타이머의 외형 ┃

(1) 한시동작 타이머

전압을 인가하면 일정 시간이 경과하여 접점이 닫히고(또는 열리고), 전압이 제거되면 순시에 접점이 열리는(또는 닫히는) 것으로 온 딜레이 타이머(ON Delay Timer)이다.

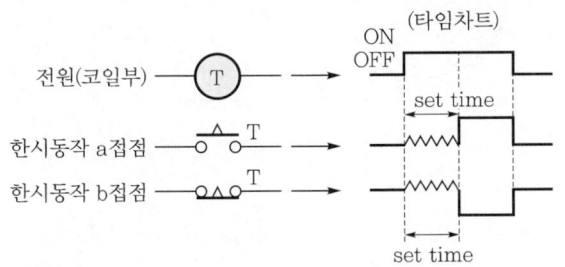 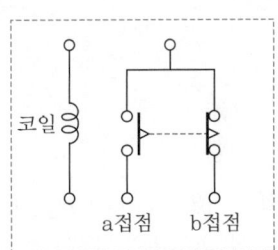

(2) 한시복귀 타이머

전압을 인가하면 순시에 접점이 닫히고(또는 열리고), 전압이 제거된 후 일정 시간이 경과하여 접점이 열리는(또는 닫히는) 것으로 오프 딜레이 타이머(OFF Delay Timer)이다.

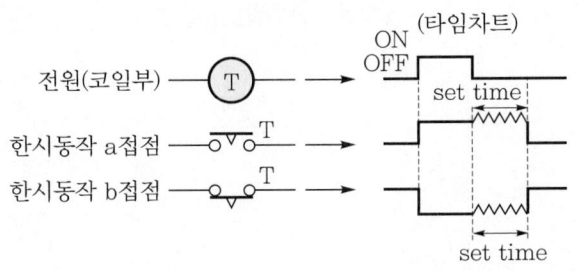 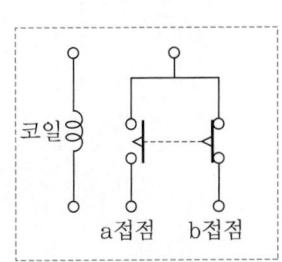

(3) 순한시 타이머(뒤진 회로)

전압을 인가하면 일정 시간이 경과하여 접점이 닫히고(또는 열리고), 전압이 제거되면 일정 시간이 경과하여 접점이 열리는(또는 닫히는) 것으로 온·오프 딜레이 타이머, 즉 뒤진 회로라 한다.

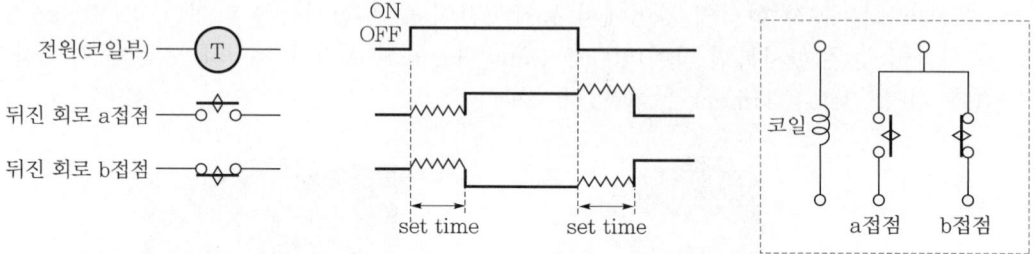

개념 문제 | 전기기사 00년, 07년 출제 | 배점 : 3점 |

그림은 타이머 내부 결선도이다. * 표의 점선 부분에 대한 접점의 동작 설명을 하시오.

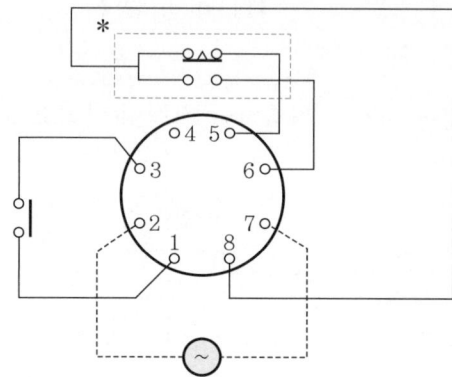

답안 한시동작 순시복귀 a, b접점으로 타이머가 여자되고 설정시간 후 a접점은 폐로, b접점은 개로되며 타이머가 소자되면 즉시 복귀된다.

8 플리커 릴레이(Flicker Relay : 점멸기)

(1) 플리커 릴레이의 용도

① 경보 및 신호용으로 사용한다.
② 전원 투입과 동시에 일정한 시간간격으로 점멸된다.
③ 점멸되는 시간을 조절할 수 있다.

(2) 플리커 릴레이의 외형 및 접점

(a) 외형

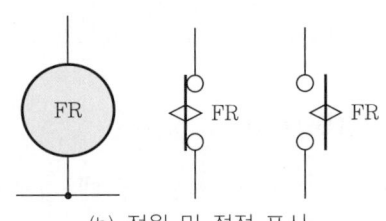
(b) 전원 및 접점 표시

9 파일럿 램프(Pilot Lamp : 표시등)

(1) 시퀀스제어에서 동작상태 및 고장 등을 구별하기 위해 사용한다.

(2) 표시등의 색상별 사용
  ① 전원표시등(WL : White Lamp – 백색) : 제어반 최상부의 중앙에 설치한다.
  ② 운전표시등(RL : Red Lamp – 적색) : 운전상태를 표시한다.
  ③ 정지표시등(GL : Green Lamp – 녹색) : 정지상태를 표시한다.
  ④ 경보표시등(OL : Orange Lamp – 오렌지색) : 경보를 표시하는 데 사용한다.
  ⑤ 고장표시등(YL : Yellow Lamp – 황색) : 시스템이 고장임을 나타낸다.

10 플로트레스 스위치(Floatless Switch)

급수나 배수 등 액면제어에 사용하는 계전기이다.

(a) 외형

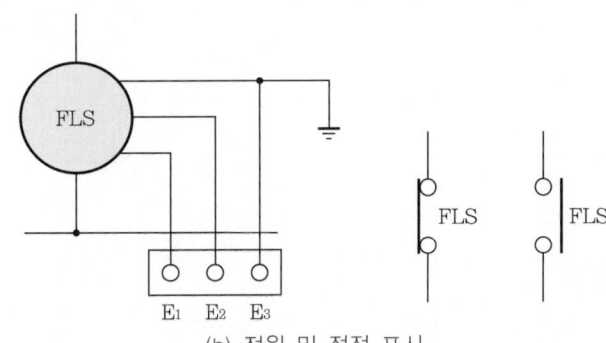
(b) 전원 및 접점 표시

CHAPTER 01. 접점의 종류 및 제어용 기구

① 수위를 감지하는 E_1은 수위의 상한선을 감지하고, E_2는 수위의 하한선을 감지하며, E_3는 물탱크의 맨 아래에 오도록 설치한다.
② E_3 단자는 반드시 접지를 해야 한다.
③ b접점은 급수에 사용하고, a접점은 배수에 사용한다.

11 버저(Buzzer)

(1) 회로에 이상이 발생했을 때 경보를 울리도록 설치하는 기구이다.

(2) 버저의 단자

(a) 버저의 외관

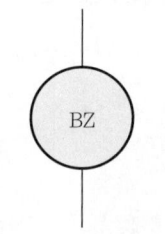
(b) 도면의 표시법

CHAPTER 01
접점의 종류 및 제어용 기구

1990년~최근 출제된 기출문제
단원 빈출문제

문제 01 공사산업 21년 출제   배점 : 8점

시퀀스회로 및 릴레이 내부 결선도를 참고하여 아래 결선도면의 결선을 완성하시오. (단, X_1은 릴레이, PB_1 및 PB_2는 푸시버튼 스위치, L은 램프이며 한 단자에 전선 3가닥 이상 접속할 수 없다.)

[시퀀스회로]

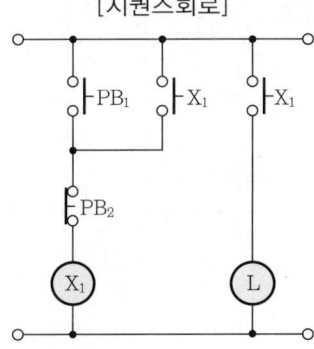

[릴레이 내부 결선도]

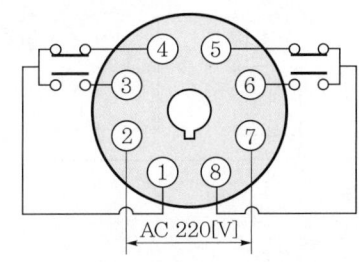

[결선도면]

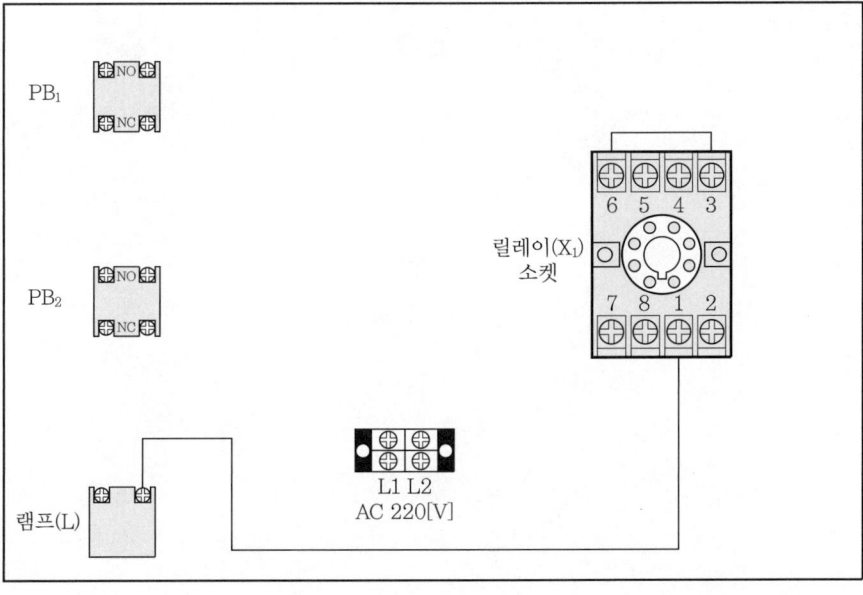

1990년~최근 출제된 기출문제

답안

[결선도면]

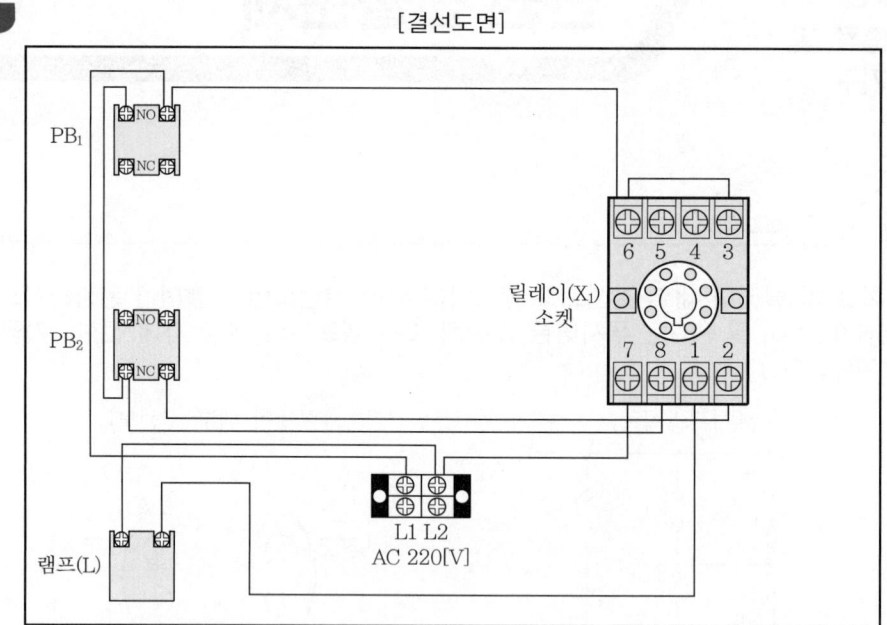

02 CHAPTER 유접점 기본 회로

1990년~최근 출제된 기출 이론 분석 및 유형별 문제

기출개념 01 자기유지회로

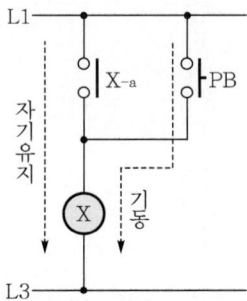

전원이 투입된 상태에서 PB를 누르면 릴레이 X가 여자되고 X$_{-a}$접점이 닫혀 PB에서 손을 떼어도 X의 여자 상태가 유지된다.

기출개념 02 정지우선회로

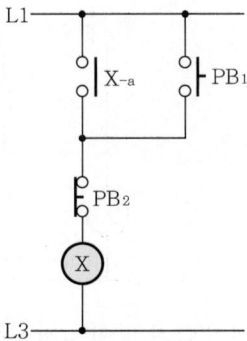

PB$_1$을 ON하면 릴레이 X가 여자되어 X의 a접점에 의해 자기유지된다.
PB$_2$를 누르면 X가 소자되어 자기유지접점 X$_{-a}$가 개로되어 X가 소자된다.
PB$_1$, PB$_2$를 동시에 누르면 릴레이 X는 여자될 수 없는 회로로 정지우선회로라 한다.

1990년~최근 출제된 기출 이론 분석 및 유형별 문제

개념문제 전기산업 90년, 94년 출제 | 배점 : 5점 |

다음에 제시하는 [조건]에 해당하는 제어회로의 Sequence를 그리시오.

[조건]
누름버튼 스위치 PB_2를 누르면 Lamp ⓛ이 점등되고 손을 떼어도 점등이 계속된다. 그 다음에 PB_1을 누르면 ⓛ이 소등되며 손을 떼어도 소등 상태는 지속된다.

[사용기구]
누름버튼 스위치×2개, 보조계전기×1개(보조접점 : a접점 2개), 램프×1개

답안

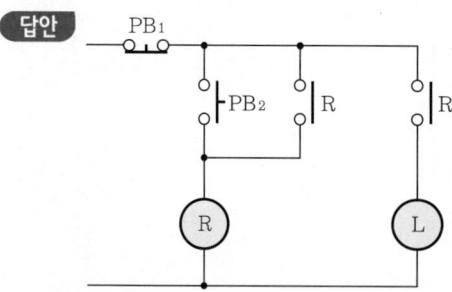

해설 자기유지회로 및 사용기구가 보조계전기 R의 a접점 2개를 사용해서 회로를 완성해야 함에 주의하여야 한다.

기출개념 03 기동우선회로

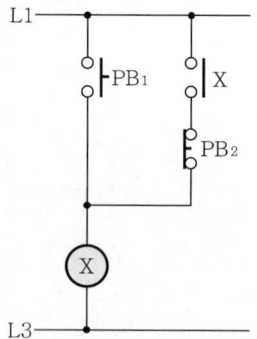

PB_1을 ON하면 릴레이 X가 여자되어 X의 a접점에 의해 자기유지된다.
PB_2를 누르면 X가 소자되어 자기유지접점 X_{-a}가 개로되어 X가 소자된다.
PB_1, PB_2를 동시에 누르면 릴레이 X는 여자되는 회로로 기동우선회로라 한다.

기출개념 04 인터록회로(병렬우선회로)

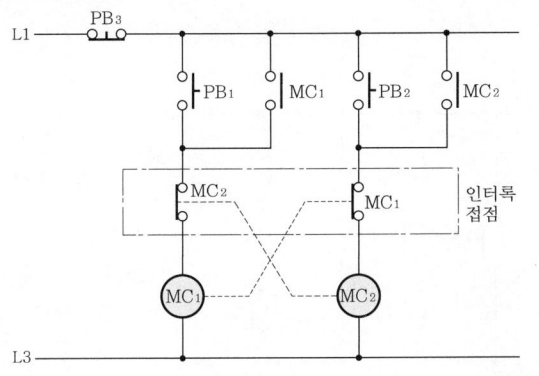
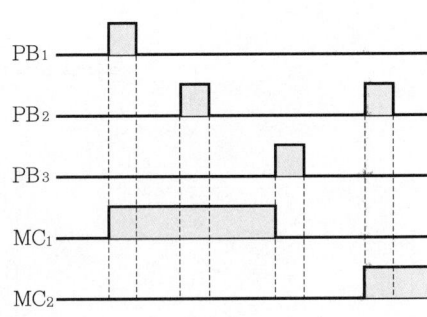

┃인터록회로┃

PB₁과 PB₂의 입력 중 PB₁을 먼저 ON하면 MC₁이 여자된다.

MC₁이 여자된 상태에서 PB₂를 ON하여도 MC₁₋ᵦ 접점이 개로되어 있기 때문에 MC₂는 여자되지 않은 상태가 되며 또한 PB₂를 먼저 ON하면 MC₂가 여자된다. 이때 PB₁을 ON하여도 MC₂₋ᵦ 접점이 개로되어 있기 때문에 MC₁은 여자되지 않는 회로를 인터록회로라 한다. 즉, 상대동작금지회로이다.

개념문제 전기산업 88년, 06년 출제 ┤배점 : 5점├

다음 그림의 회로를 어느 것인가 먼저 ON 조작된 측의 램프만 점등하는 병렬우선회로(PB₁ ON 시 L₁이 점등된 상태에서 L₂가 점등되지 않고, PB₂ ON 시 L₂가 점등된 상태에서 L₁이 점등되지 않는 회로)로 변경하여 그리시오. (단, 계전기 R₁, R₂의 보조접점을 사용하되 최소 수를 사용하여 그리도록 한다.)

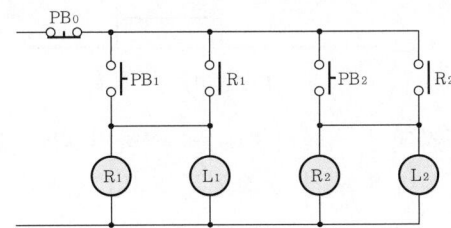

답안

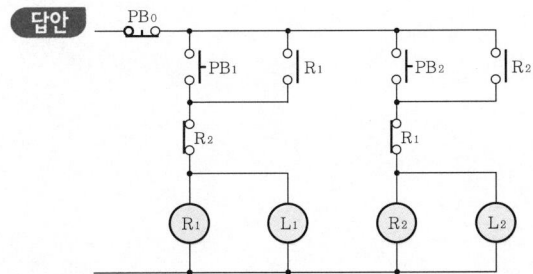

해설 인터록 접점의 기능은 동시 투입 방지로 먼저 ON 조작된 쪽이 먼저 동작하게 된다.

기출개념 05 신(新)입력우선회로(선택동작회로)

항상 뒤에 주어진 입력(새로운 입력)이 우선되는 회로를 신입력우선회로라 한다.

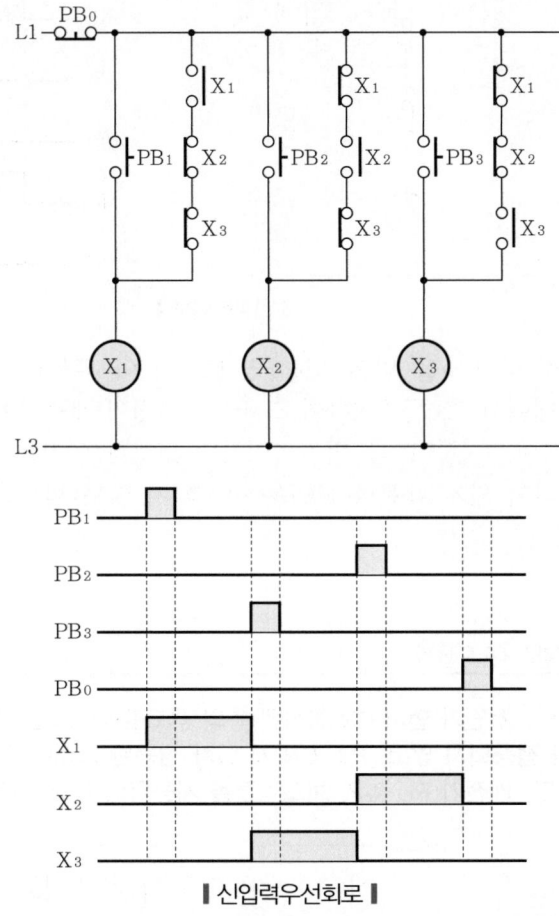

┃신입력우선회로┃

PB$_1$을 ON하면 X$_1$이 여자된 상태에서 PB$_3$를 ON하면 X$_1$이 소자되고 X$_3$가 여자되며, X$_3$가 여자된 상태에서 PB$_2$를 ON하면 X$_3$가 소자되고 X$_2$가 여자되는 최후의 입력이 항상 우선이 되는 회로이다.

개념 문제 01 | 공사기사 94년 출제 | 배점 : 6점

도면의 (a), (b)는 어떤 회로인가?

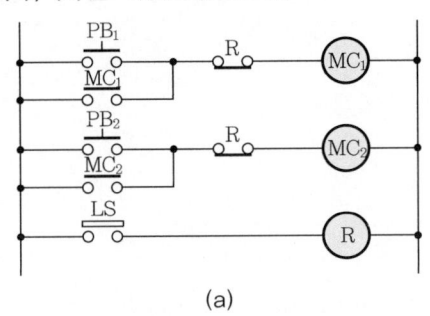
(a)

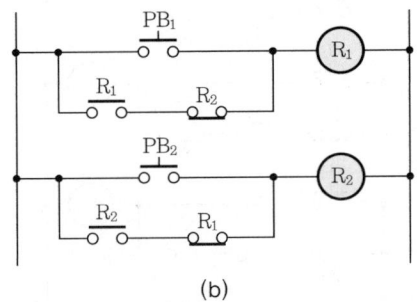
(b)

답안 (a) LS 위치의 자동정지회로
(b) 신입력우선회로(선택동작회로)

개념 문제 02 | 공사기사 03년, 06년, 07년, 09년 출제 | 배점 : 5점

주어진 미완성 시퀀스회로에 신입력우선회로를 완성하시오. (단, $X_1 \sim X_3$는 14핀 릴레이이며, $W_1 \sim W_3$는 부하로서 표시등이다. 또한 시퀀스회로를 작성할 때에는 각 기구에 해당되는 동일 번호끼리 동작되는 것으로 한다.)

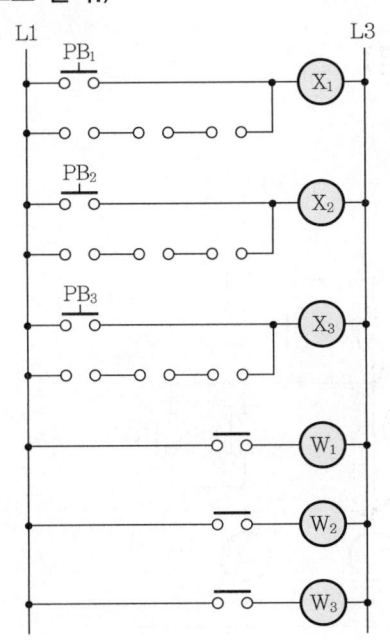

[범례]
- $PB_1 \sim PB_3$: 누름버튼 스위치
- $X_1 \sim X_3$: 14pin 릴레이(4a 4b relay)
- $W_1 \sim W_3$: 출력(부하)

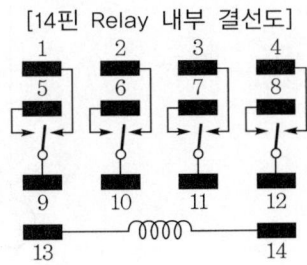

[14핀 Relay 내부 결선도]

1990년~최근 출제된 기출 이론 분석 및 유형별 문제

답안

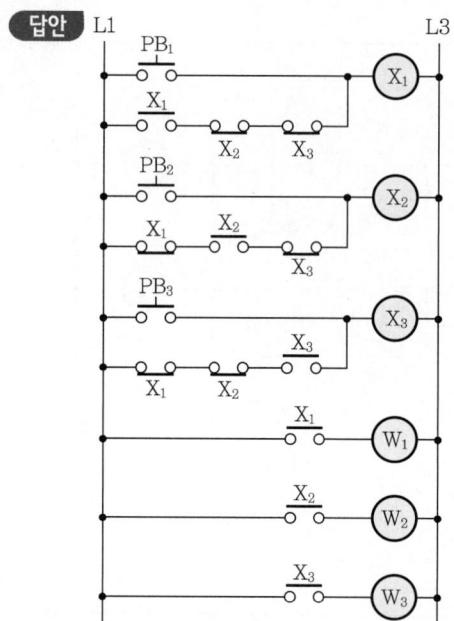

기출개념 06 순차동작회로(직렬우선회로)

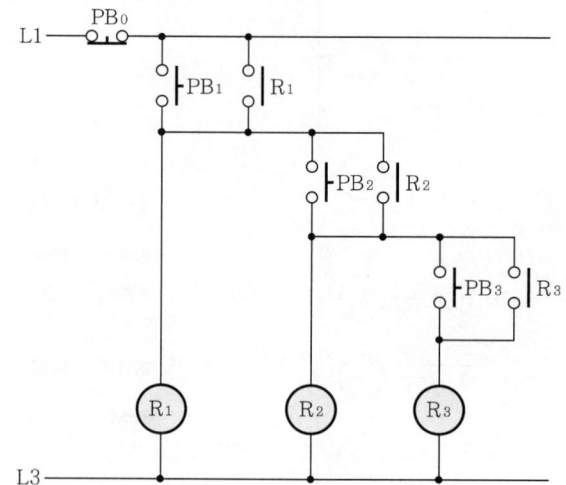

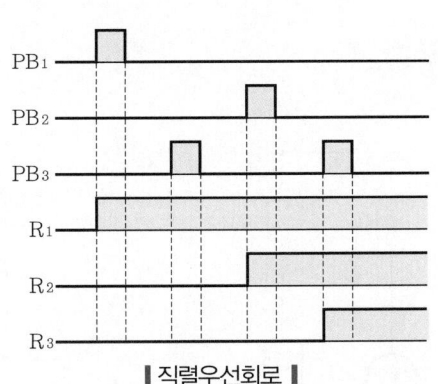

┃직렬우선회로┃

　전원측에 가장 가까운 회로가 우선순위가 가장 높고 전원측의 스위치에서 순차 조작을 하지 않으면 동작을 하지 않는 회로이다.

　우선적으로 PB_1을 ON하면 R_1이 여자된 상태에서 PB_2를 ON하면 R_2가 여자되고 R_1과 R_2가 여자된 상태에서 PB_3를 ON하면 R_3가 여자된다. 이 회로에서 R_1이 소자된 상태에서 PB_2와 PB_3를 ON하여도 R_2와 R_3는 여자되지 않는다.

개념 문제 | 공사산업 94년 출제 　　　　　　　　　　　　　　　　　　　　　　　| 배점 : 5점 |

도면의 (a), (b)는 어떤 회로인가?

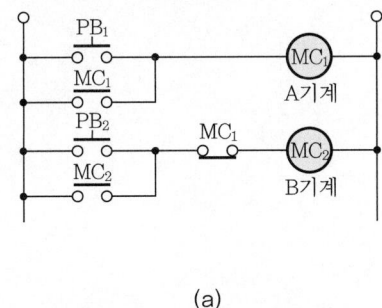

(a)　　　　　　　　　　　　　　(b)

답안　(a) A기계 우선회로
　　　　(b) 순차동작회로(직렬우선회로)

1990년~최근 출제된 기출 이론 분석 및 유형별 문제

기출개념 07 한시동작회로

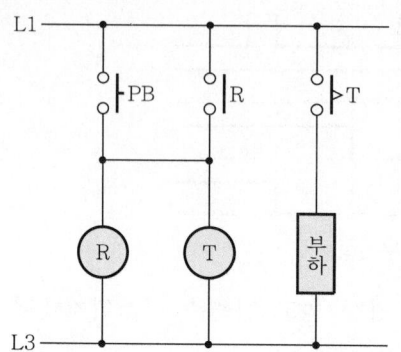
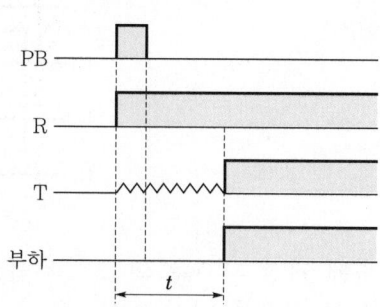

PB을 ON하면 릴레이 R이 여자되고, 시한 타이머 T에 전류가 흐르며 R_{-a} 접점에 의해 자기유지되며 타이머의 설정시간(t)이 경과되면 시한 동작 a접점이 ON되어 출력이 나온다.

개념 문제 01 | 공사기사 09년 출제

배점 : 6점

그림과 같은 시퀀스에 대한 타임차트를 그리시오.

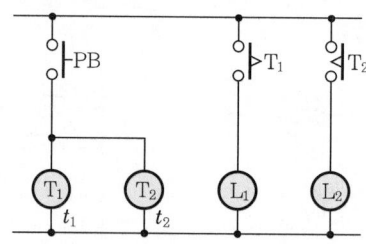

답안

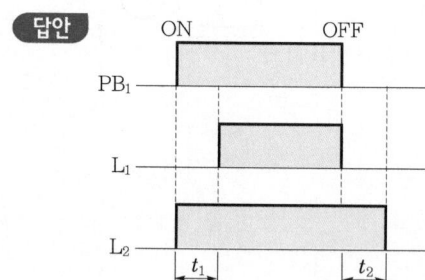

개념 문제 02 | 공사산업 08년, 09년, 10년, 22년 출제 | 배점 : 5점 |

다음 [타이머 내부 접점번호]와 [동작 설명]을 참고하여 [동작회로도]를 완성하시오.

[동작 설명]
① 배선용 차단기를 투입하고 S_3 OFF 시 R_2 점등되고, PB-ON하면 타이머 T여자 T설정시간 동안 R_3 점등, 설정시간 후 R_3 소등, R_4 점등
② S_3 ON 시 T 무여자, R_2, R_4 소등, 버저(BZ) 동작, R_1 점등
(단, 전원은 단상 2선식 220[V]이다.)

[타이머 내부 접점번호]

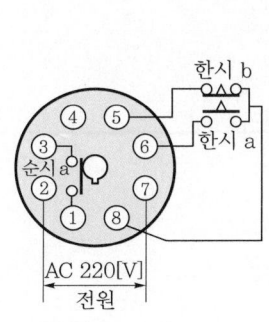

[동작회로도]

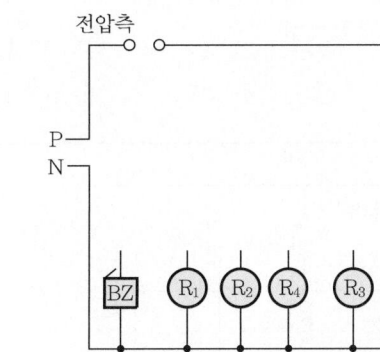

답안

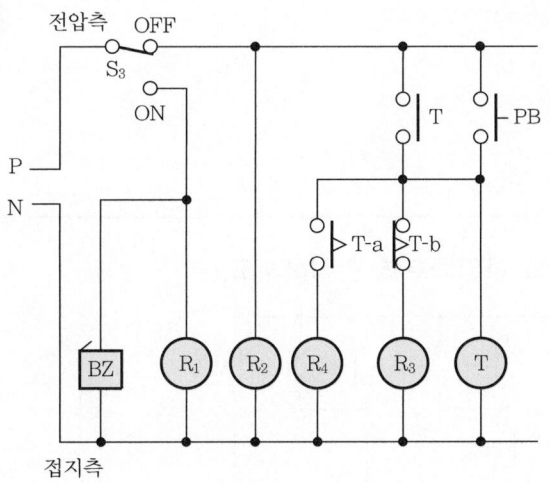

CHAPTER 02
유접점 기본 회로

단원 빈출문제
1990년~최근 출제된 기출문제

문제 01 공사기사 94년 출제 | 배점 : 5점

다음 논리식에 의해 회로를 구성하시오. (단, 전원은 100[V]임)

$X_1 = (X_1 + PB \cdot \overline{X}_2)\overline{T}_2$ $X_2 = T_2 = T_1$
$T_1 = PB \cdot \overline{X}_2 + X_1$ $L = X_2$

답안

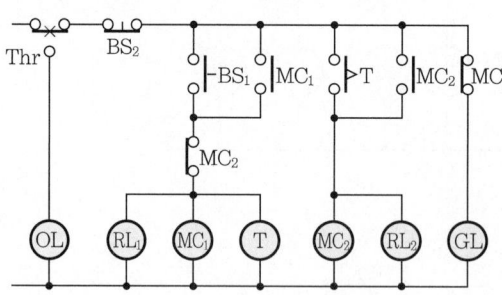

문제 02 공사산업 91년 출제 | 배점 : 6점

다음의 시퀀스를 이해하고 답안지의 타임차트를 완성하시오.

답안

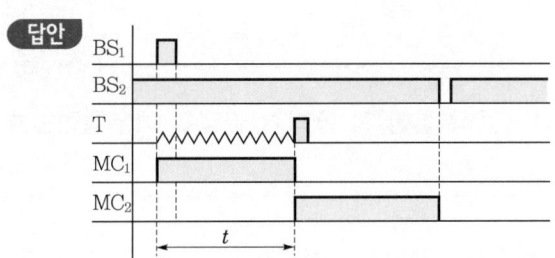

문제 03 공사산업 94년, 97년, 08년 출제
배점 : 5점

[동작 설명]을 참고하여 [제어회로도]를 완성하시오.

[동작 설명]
① S_1를 OFF 상태에서 S_{3-1}을 ON하면 R_1이 점등되고 S_{3-2}을 ON하면 R_2가 점등된다.
② S_{3-1}을 OFF하고 S_{3-2}을 OFF한 상태에서 S_1을 ON하면 R_1, R_2가 병렬 점등된다.
③ PB를 누르면 타이머 T가 동작하여 R_3가 점등되고 일정시간 후 R_3는 소등되며 R_4가 점등된다.

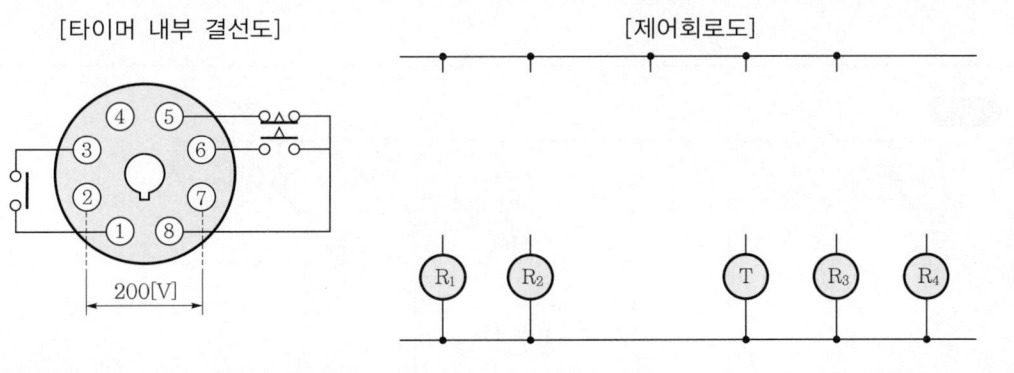

답안

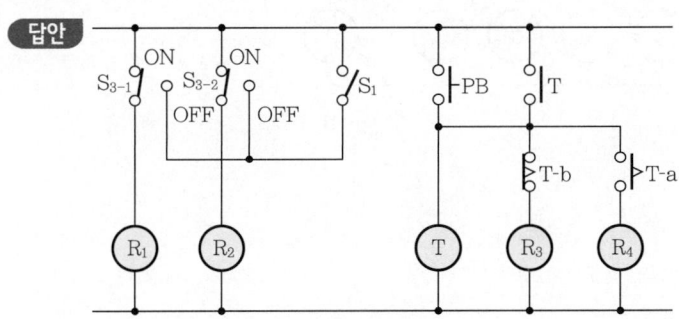

1990년~최근 출제된 기출문제

문제 04 공사산업 09년 출제
배점 : 5점

플리커 릴레이를 사용한 신호회로공사이다. [동작 설명]과 플리커 릴레이 내부접점번호를 이용하여 동작회로를 그리시오.

[동작 설명]
① 배선용 차단기를 투입하고 S_1 스위치 ON하면 FR 여자 FR 설정시간 간격으로 R_1, R_2 교대 점멸
② 배선용 차단기를 투입하고 S_{3-1}, S_{3-2} OFF 시 PB를 누르고 있는 동안 R_3, R_4 병렬 점등, S_{3-1} ON하면 R_3 점등, S_{3-2} ON하면 R_4 점등
③ 전원은 단상 2선식 220[V]이다.

[플리커 릴레이 내부 결선도]

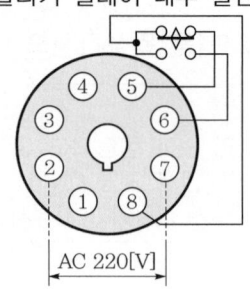

AC 220[V]

답안

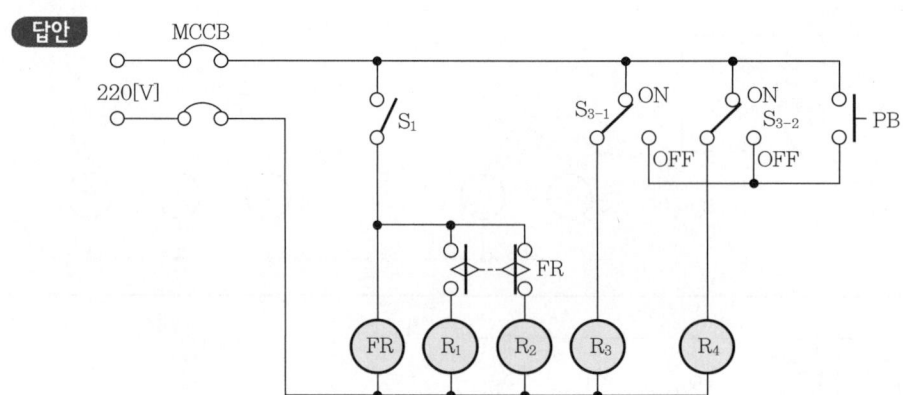

문제 05 공사기사 01년, 03년, 08년 출제 | 배점 : 6점

다음의 전등 점멸에 대한 [동작 설명]을 읽고 답안지의 미완성 회로를 완성하시오.

[동작 설명]
① 전등 L_1, L_2, L_3가 모두 소등된 상태에서 누름버튼 스위치 BS_1, BS_2, BS_3 중 어느 하나를 한번 누르면(눌렀다 놓으면) 전등 L_1, L_2, L_3가 동시에 점등되고 다시 한번 누르면 전등 L_1, L_2, L_3는 동시에 소등된다. 이런 동작이 계속 반복된다.
② X_1 및 X_2는 8Pin Relay(2a 2b), X_3는 14Pin Relay(4a 4b)를 사용하시오.
③ 도면에 일부 표시한 회로를 최대한 활용하시오.
④ 사용될 Relay 접점은 도면에 제시한 것 외에 추가로 사용될 것이 다음과 같으며 회로를 정확히 구성하시오.

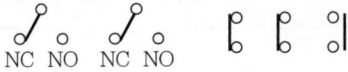

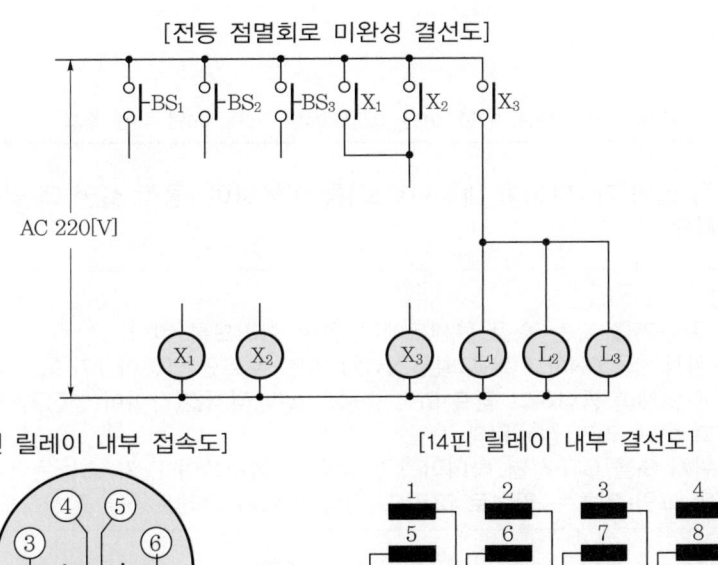

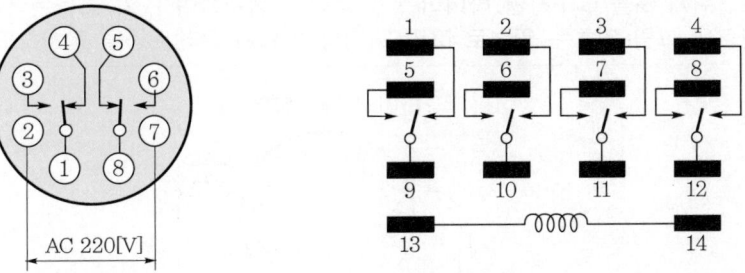

[답안]

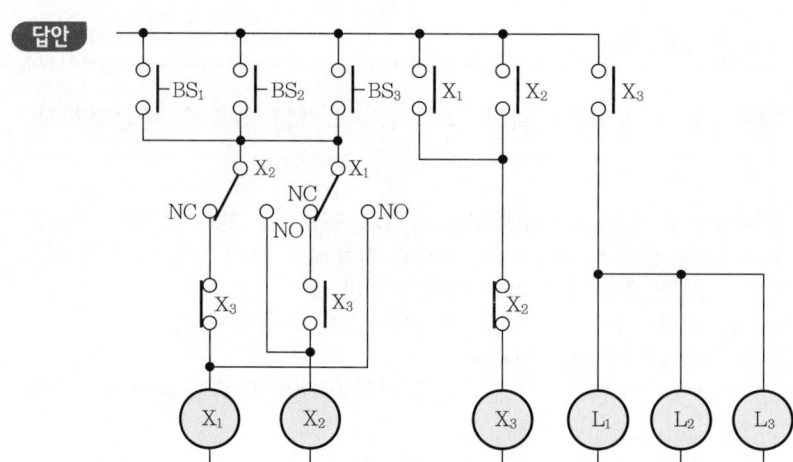

문제 06 공사기사 91년, 99년, 00년, 01년, 02년, 04년, 05년, 06년, 10년 출제 | 배점 : 5점 |

주어진 [동작 설명]과 [타이머 내부회로도]를 이용하여 [동작 설명]에 맞는 시퀀스회로도를 작성하시오.

[동작 설명]
① 배선용 차단기를 넣는 순간 콘센트에 전압이 걸리도록 한다.
② 단로 스위치 S_1을 ON하고 누름버튼 스위치 PB를 누르면 타이머 T가 동작히여 PB를 놓아도 타이머 T는 계속 동작하고 램프 R_1이 점등되고 일정시간(타이머 설정시간)이 지나면 R_1은 소등되고 램프 R_2가 점등된다.
③ 단로스위치 S_1을 OFF하면 타이머 T가 동작을 정지하여 R_2가 소등된다.
④ 콘센트의 그림 기호는 임의로 그려도 되나 반드시 콘센트임을 명시하도록 한다.

[타이머 내부회로도]

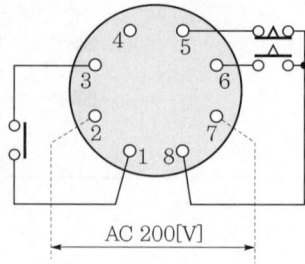

AC 200[V]

답안

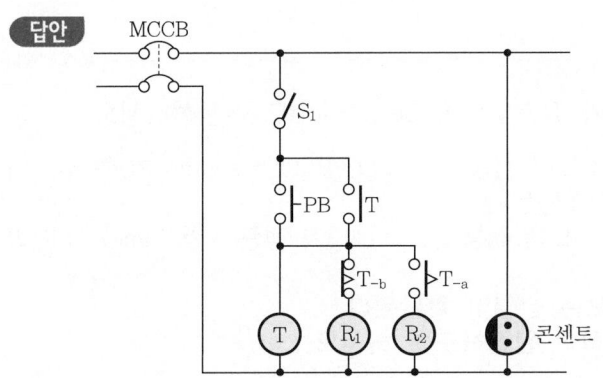

문제 07 공사산업 07년 출제 ┤배점 : 6점├

다음 [동작 설명]과 [타이머 내부회로도]를 참고하여 시퀀스회로도를 그리시오.

[동작 설명]
① 배선용 차단기를 넣는 순간 콘센트 C_1, C_2에 전압이 걸리도록 한다.
② 3로 스위치 S_3가 OFF 상태에서 푸시버튼 스위치 PB_1, PB_2 중 어느 것을 눌러도 타이머가 동작하여 전등 R_2가 점등된다. 일정시간이 지나면 타이머 T가 동작 T_{-b}가 떨어진다. 이때 T_{-b}에 의해 타이머 T는 소세되고 전등 R_2는 소등된다.
③ 3로 스위치 S_3를 ON하면 전등 R_1이 점등된다.

[타이머 내부회로도]

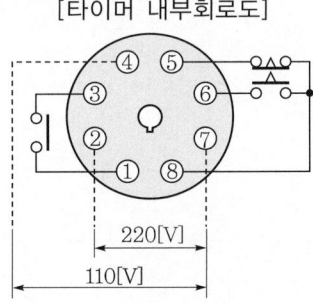

답안

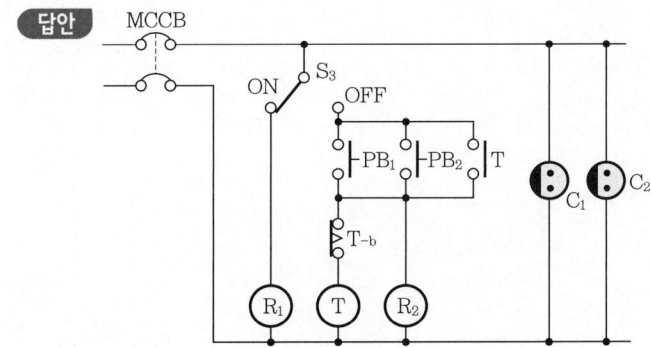

문제 08 공사기사 08년 출제
배점 : 5점

다음 동작 조건에 맞게 전등 L_1, L_2가 점멸되도록 Sequence도를 완성하시오.

(1) 배선용 차단기 CB를 ON하면 전등 L_1이 점등된다. 이때 Button switch BS를 누르면 (잠깐 눌렀다 놓으면) 전등 L_1은 소등된다.
(2) Timer TLR_1의 설정시간 후 전등 L_1, L_2가 점등되고, L_1, L_2가 점등된 후 Timer TLR_2의 설정시간 후 L_2는 소등된다.
(3) CB를 OFF하면 L_1은 소등되고 모든 전원이 차단된다.
(4) 다음의 타임차트를 참고하여 동작이 완전하도록 하시오.

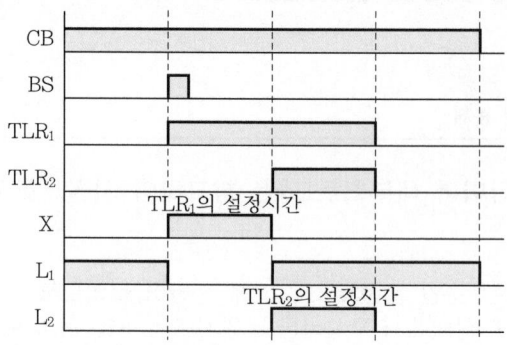

(5) 다음 접점을 사용하여 위 동작 조건에 가장 적합하게 결선하시오.

$\underset{\circ\ \circ}{BS}$ $\underset{\circ\ \circ}{\overline{TLR_1}}$ $\underset{\circ\triangle\circ}{TLR_1}$ $\underset{\circ\triangle\circ}{TLR_2}$ $\underset{\circ\ \circ}{\overset{\wedge}{TLR_1}}$ $\underset{\circ\ \circ}{X}$

[범례]
- BS : BUTTON SWITCH
- TLR_1, TLR_2 : ON DELAY TIMER
- X : 보조계전기(8PIN RELAY)
- L_1, L_2 : 전등
- CB : 배선용 차단기

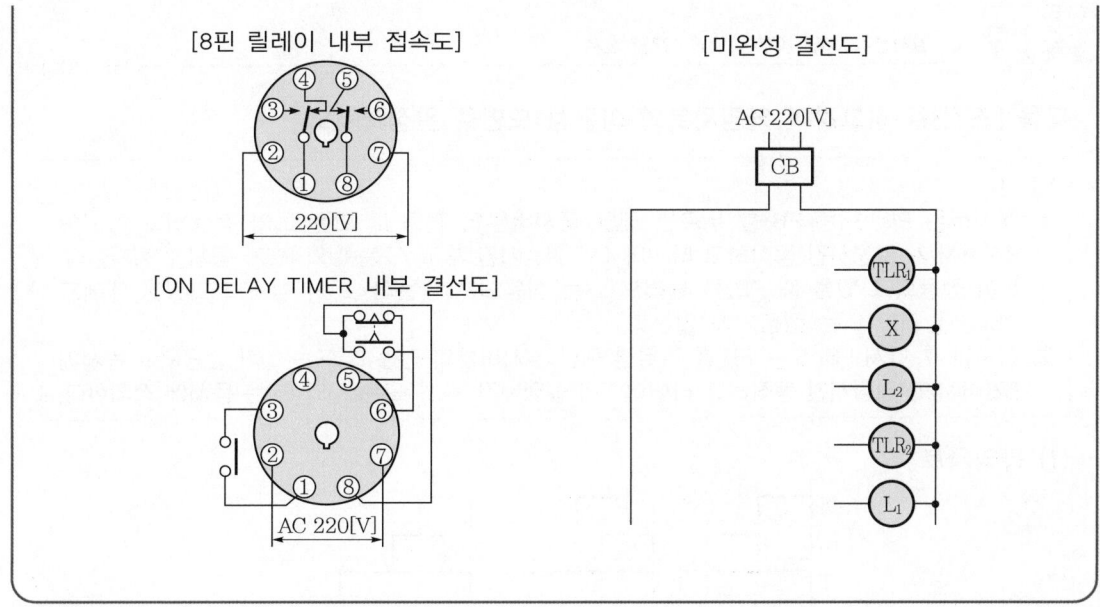

답안

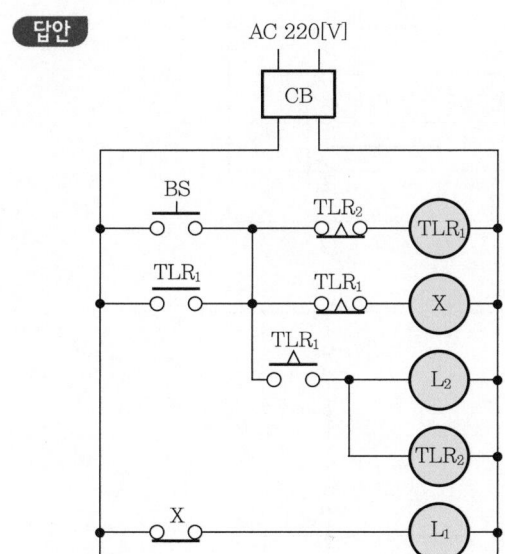

문제 09 공사산업 05년, 07년, 13년, 22년 출제   배점 : 9점

다음 [조건]을 참고하여 타임차트와 미완성 도면을 완성하시오.

[조건]
① 푸시버튼 PB_1 또는 PB_2를 누르면 해당 푸시버튼의 전등 L_1 또는 L_2가 점등되고 동시에 BZ(버저)가 일정시간 동작하고 타이머 T의 설정시간 후 L_1 또는 L_2와 BZ가 동시에 정지한다. L_1이 점등되고 있을 때 PB_2를 눌러도 L_2는 점등되지 않는다. L_2가 점등되고 있을 때에도 PB_1을 눌러도 L_1은 점등되지 않는다.
② 정지한 후 다시 PB_1 또는 PB_2를 누르면 해당 푸시버튼의 전등 L_1 또는 L_2가 점등되고 동시에 BZ(버저)가 일정시간 동작하고 타이머 T의 설정시간 후 L_1 또는 L_2와 BZ는 동시에 정지한다.

(1) 타임차트

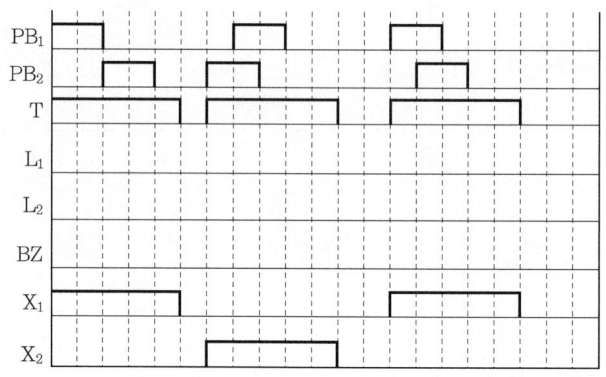

(2) 미완성 도면

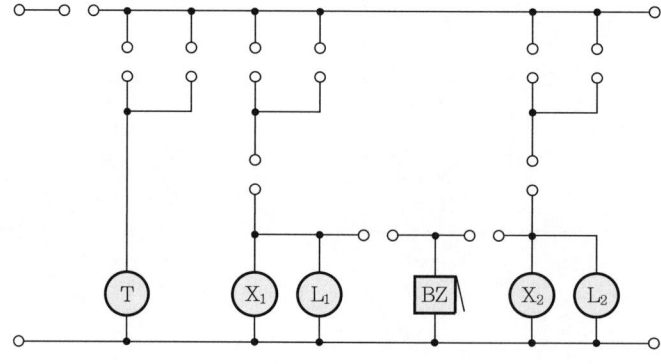

답안 (1)

(2)

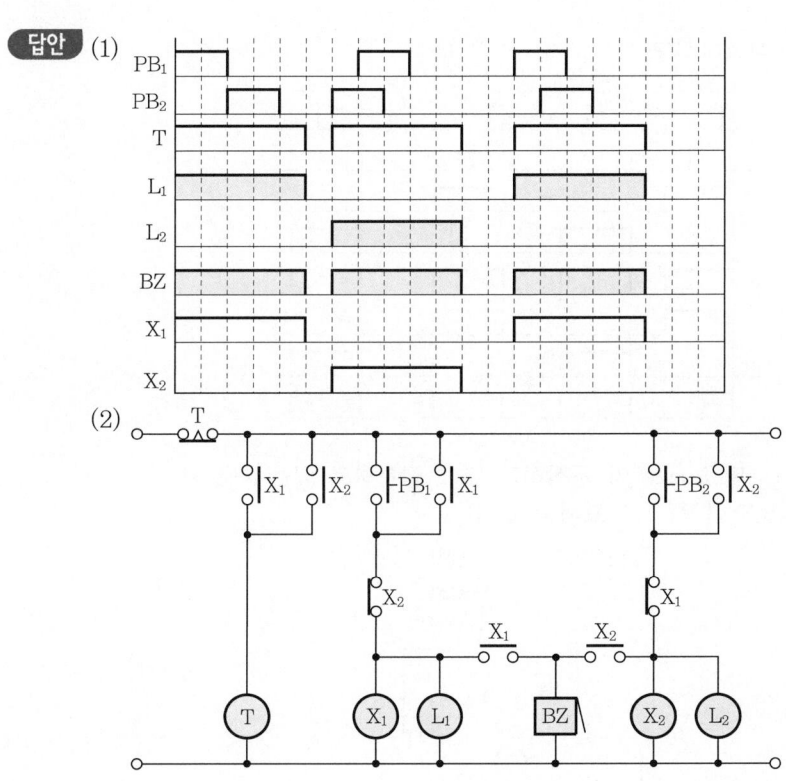

문제 10 공사기사 04년, 07년 / 공사산업 05년, 07년, 13년 출제 | 배점 : 6점 |

다음 [조건]을 만족하는 회로를 구성하여 미완성 도면을 완성하시오.

[조건]
① Button Switch B_1 또는 B_2를 누르면(눌렀다 놓으면) 해당 번호의 전등 L_1 또는 L_2가 점등되고 동시에 Buzzer BZ가 일정시간 동작하고 Timer T의 설정시간 후 L_1 또는 L_2와 BZ는 동시에 정지한다. L_1이 점등되고 있을 때 B_2를 눌러도 L_2는 점등되지 않는다. L_2가 점등되고 있을 때에도 B_1을 눌러도 L_1은 점등되지 않는다.
② 정지한 후 다시 B_1 또는 B_2를 누르면(눌렀다 놓으면) 해당 번호의 전등 L_1 또는 L_2가 점등되고 동시에 Buzzer BZ가 일정시간 동작하고 Timer T의 설정시간 후 L_1 또는 L_2와 BZ는 동시에 정지한다.

③ 다음 Time Chart를 참고하시오.

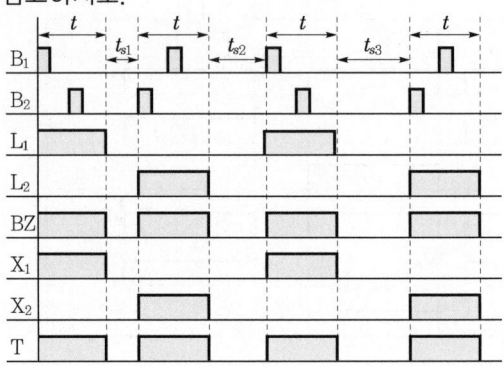

- t는 T의 설정시간
- t_{s1}, t_{s2}, t_{s3}는 L_1, L_2 및 Buzzer가 동작하지 않고 정지하고 있는 시간
 (문제와는 상관이 없으며 참고로 표시한 것임)

[TIMER 내부 결선도]

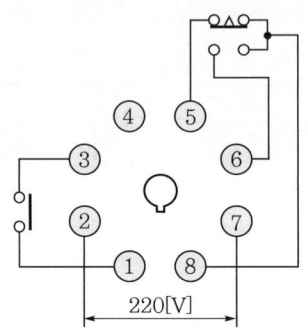

[Minipower Relay 내부 결선도(14pin)]

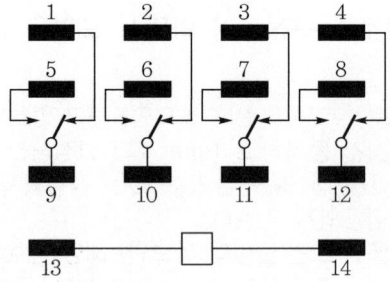

④ 미완성 도면

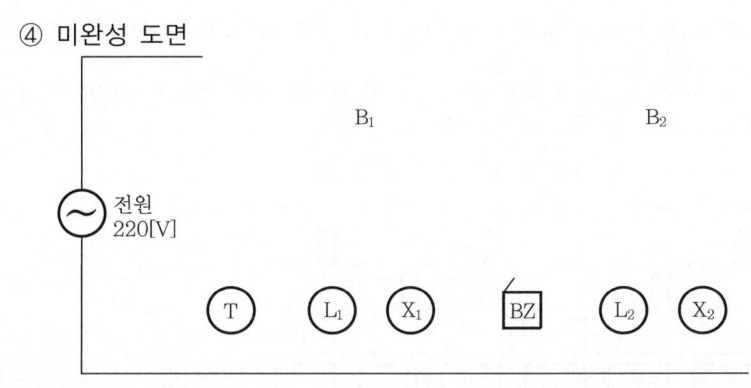

[범례]
• X_1, X_2 : Minipower Relay 내부 결선도(14pin)
• T : TIMER(8pin)

 답안

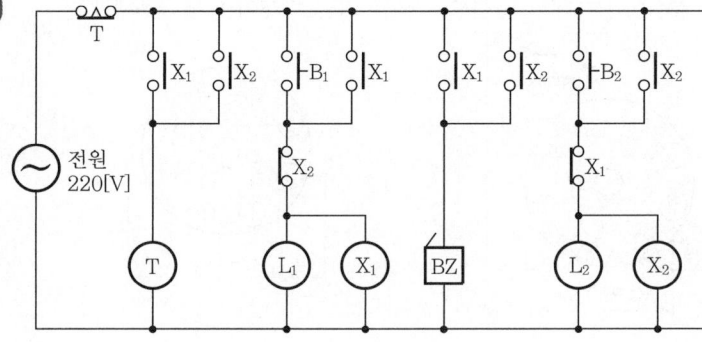

문제 11 공사산업 07년, 09년 출제 | 배점 : 5점

다음에 제시한 [동작 조건]과 Time Chart를 이용하여 미완성 회로를 완성하시오.

[동작 조건]
다음 조건들은 모두 CB가 ON된 상태이다.
① L_1, L_2, L_3 모두 소등된 상태에서 누름버튼 스위치 B_1을 누르면(눌렀다 놓으면) 전등 L_1이 점등되었다가 일정 시간(t 시간) 후 소등된다.
② L_1, L_2, L_3 모두 소등된 상태에서 누름버튼 스위치 B_2를 누르면(눌렀다 놓으면) 전등 L_1과 L_2가 동시에 점등되었다 일정 시간(t 시간) 후 동시에 소등된다.
③ L_1, L_2, L_3 모두 소등된 상태에서 누름버튼 스위치 B_3을 누르면(눌렀다 놓으면) 전등 L_1, L_2, L_3가 동시에 점등되었다 일정 시간(t 시간) 후 동시에 소등된다.
④ L_1이 점등된 상태에서 B_2를 누르면(눌렀다 놓으면) L_2가 점등($t-t_1$ 동안)된다. 이때 B_3를 누르면(눌렀다 놓으면) L_3가 점등($t-t_2$ 동안)된다. t시간 후 L_1, L_2, L_3는 동시에 소등된다.

⑤ L_1과 L_2가 점등된 상태에서 B_3를 누르면(눌렀다 놓으면) L_3가 t의 나머지 시간($t-t_3$) 동안 점등된다. t시간 후 L_1, L_2, L_3는 동시에 소등된다.
⑥ L_1이 점등된 상태에서 B_3를 누르면(눌렀다 놓으면) L_2, L_3가 동시에 t의 나머지 시간($t-t_4$) 동안 점등된다. t시간 후 L_1, L_2, L_3는 동시에 소등된다.

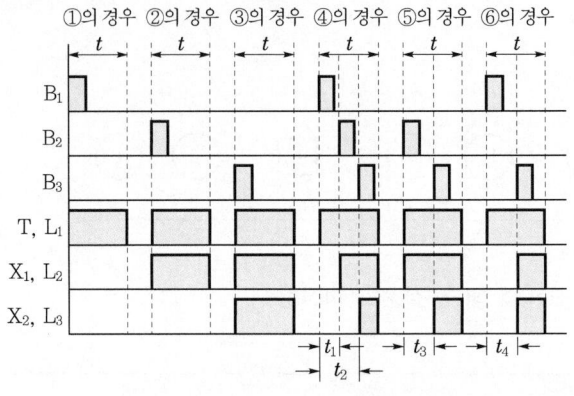

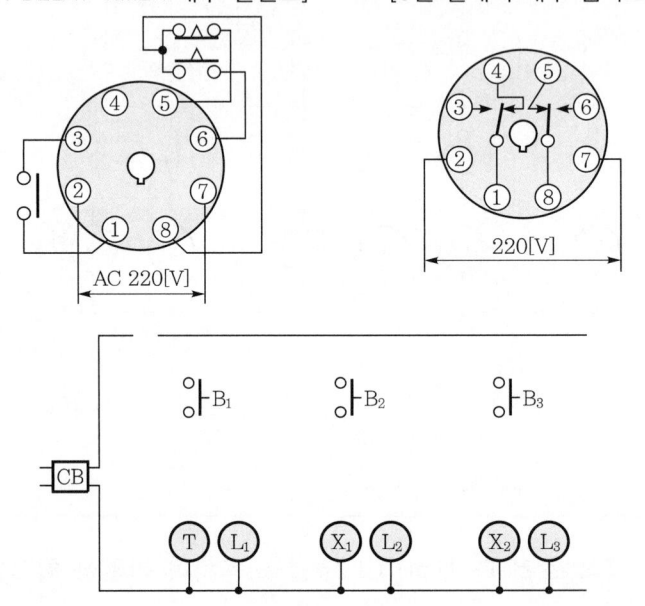

답안

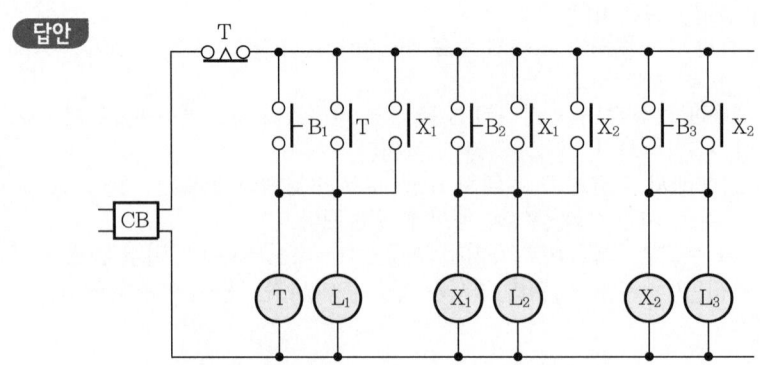

03 CHAPTER 전동기 운전회로

1990년~최근 출제된 기출 이론 분석 및 유형별 문제

기출개념 01 3상 유도전동기 1개소 기동 제어회로

1 제어회로

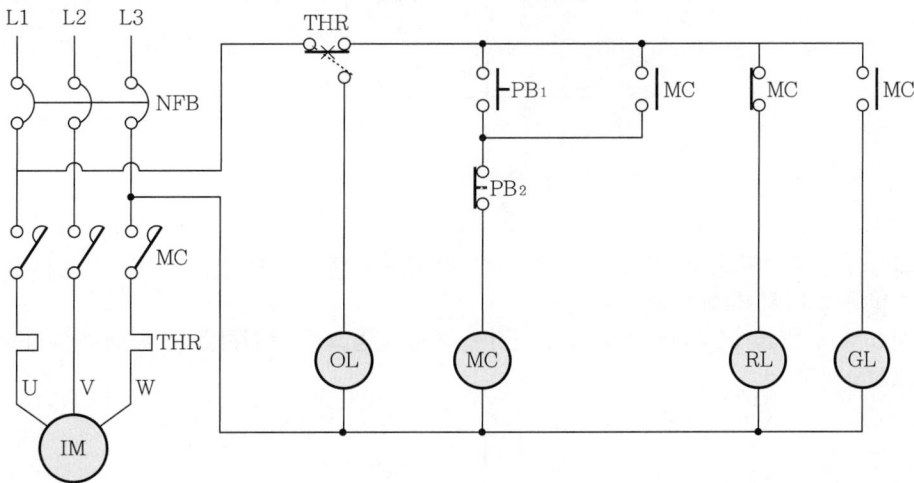

2 동작 설명

(1) 전원을 투입하면 MC_{-b}접점이 붙어 있으므로 정지표시등 RL이 점등된다.

(2) 누름버튼 스위치 PB_1을 누르면 전자접촉기 MC가 여자됨과 동시에
  ① 전자접촉기의 주접점 MC가 붙어 전동기는 기동되고 MC_{-a}접점이 폐로되어 GL은 점등되고 MC_{-b}접점은 개로되어 RL은 소등된다.
  ② 전자접촉기 MC_{-a}접점이 붙어 자기유지되어 계속 전동기는 운전된다.

(3) 누름버튼 스위치 PB_2를 누르면 회로가 차단되어 전동기가 정지되고, 운전표시등 GL이 소등되며 정지표시등 RL이 점등된다.

(4) 만약 운전 중에 과부하가 걸리면 과부하계전기 THR의 b접점이 떨어져 전원이 차단되어 전동기가 정지되고 과부하 표시등 OL이 점등된다.

(5) 과부하계전기 THR의 접점은 반드시 수동으로 복귀시켜야만 원상태로 돌아오게 된다.

1990년~최근 출제된 기출 이론 분석 및 유형별 문제

개념 문제 전기기사 90년, 00년, 04년, 06년, 10년 출제 | 배점 : 7점 |

그림은 전자개폐기 MC에 의한 시퀀스회로를 개략적으로 그린 것이다. 이 그림을 보고 다음 각 물음에 답하시오.

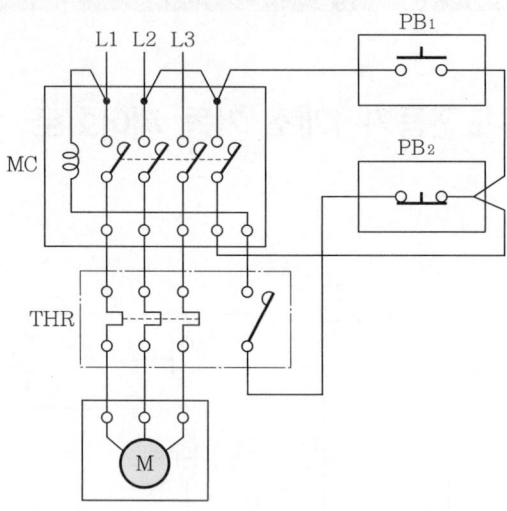

(1) 그림과 같은 회로용 전자개폐기 MC의 보조접점을 사용하여 자기유지가 될 수 있는 일반적인 시퀀스회로로 다시 작성하여 그리시오.
(2) 시간 t_3에 열동계전기가 작동하고, 시간 t_4에서 수동으로 복귀하였다. 이때의 동작을 타임차트로 표시하시오.

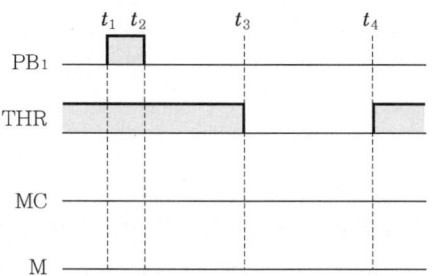

답안 (1)

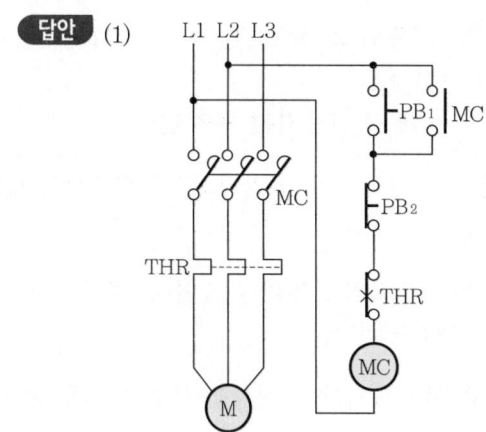

(2)

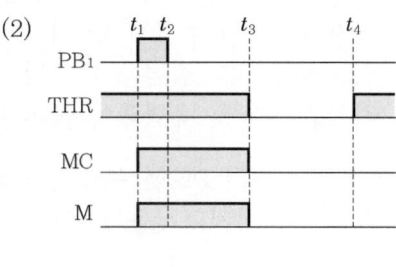

기출개념 02 3상 유도전동기 2개소 기동 제어회로

1 제어회로

제어하고자 하는 전동기가 있는 기관실 현장과 제어반이 집결되어 있는 기관통제실인 제어실 두 곳에서 전동기를 제어하고자 하는 제어시스템이다.

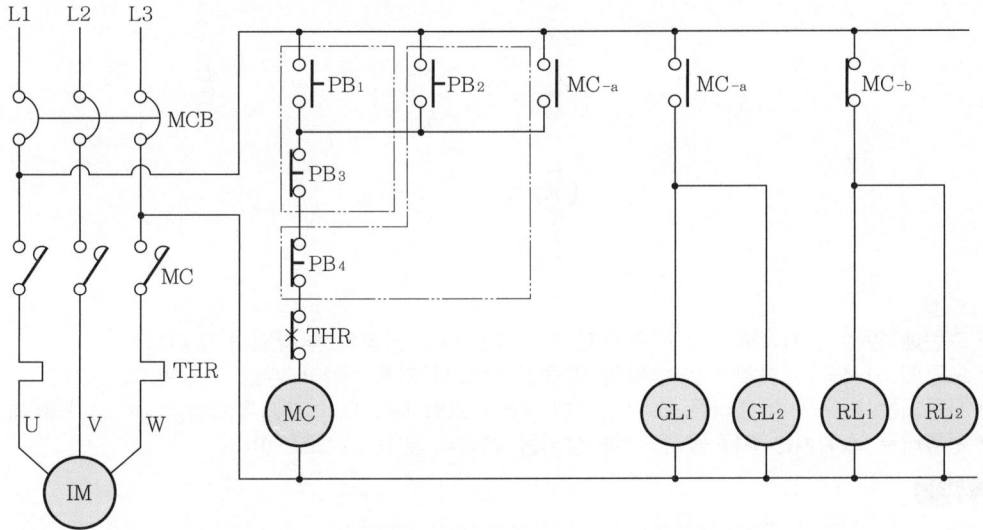

2 동작 설명

(1) 전원을 투입하면 전자개폐기 b접점이 붙어 있으므로 정지표시등 RL이 점등된다.

(2) 기관실 현장 제어반의 누름버튼 스위치 PB_2를 누르면 전자개폐기의 코일 MC가 여자됨과 동시에 다음과 같은 상태가 된다.
   ① 전자접촉기 주접점 MC가 붙어 전동기가 기동되고 MC_{-a}접점이 폐로되어 GL이 점등되고 MC_{-b}접점은 개로되어 RL은 소등된다.
   ② 전자접촉기 MC_{-a}접점이 폐로되어 자기유지되어 계속 전동기는 운전된다.

(3) 기관실 현장 제어반의 누름버튼 스위치 PB_4를 누르면 회로가 차단되어 전동기가 정지되고, 운전표시등 GL이 소등되며 정지표시등 RL이 점등된다.

(4) 제어실 제어반에서도 위와 똑같은 동작이 가능하게 된다.

(5) 또한 기관실 현장에서 기동을 시킨 후 제어실에서 정지가 가능하며, 이와 반대로 가능하게 된다.

(6) 회로 결선 시 정지 명령(PB_3, PB_4)은 직렬 연결, 기동 명령(PB_1, PB_2)은 병렬 연결임을 주의한다.

1990년~최근 출제된 기출 이론 분석 및 유형별 문제

개념 문제 전기기사 96년 / 전기산업 93년, 94년, 95년 출제 | 배점 : 6점 |

그림과 같이 송풍기용 유도전동기의 운전을 현장인 전동기 옆에서도 할 수 있고, 멀리 떨어져 있는 제어실에서도 할 수 있는 시퀀스(Sequence) 제어회로도를 완성하시오.

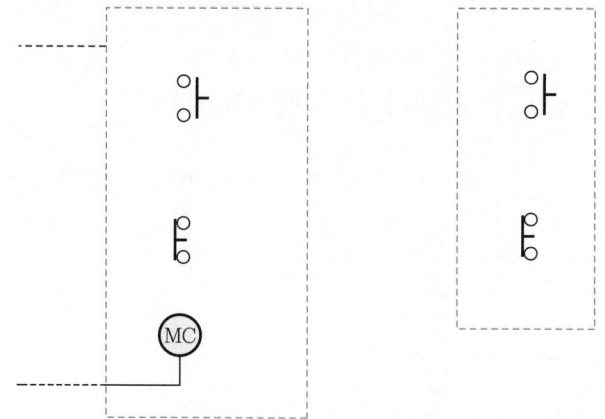

[조건]
- 그림에 있는 전자개폐기에는 주접점 외에 자기유지접점이 부착되어 있다.
- 도면에 사용되는 심벌에는 심벌의 약호를 반드시 기록하여야 한다. (예 PBS₋ON, MC₋a, PBS₋OFF)
- 사용되는 기구는 누름버튼 스위치 2개, 전자 코일 MC 1개, 자기유지접점(MC₋a) 1개이다.
- 누름버튼 스위치는 기동용 접점과 정지용 접점이 있는 것으로 한다.

답안

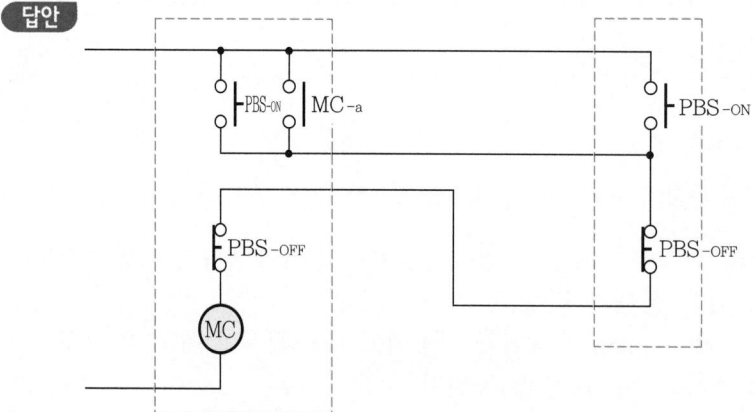

해설 기동 명령 PBS₋ON은 병렬 연결, 정지 명령 PBS₋OFF는 직렬 연결임에 주의한다.

| 기출 개념 03 | **3상 유도전동기 촌동운전 제어회로**

1 제어회로

(1) 촌동(inching)운전

기계의 짧은 시간 내에 미소운전을 하는 것을 말하며, 조작하고 있을 때만 전동기를 회전시키는 운전방법이다.

(2) 촌동운전은 공작기계의 세부조정, 선반 등의 위치 맞추기, 전동기의 회전 방향 확인 등 정상운전에 앞서 기계를 조정할 때 이용된다.

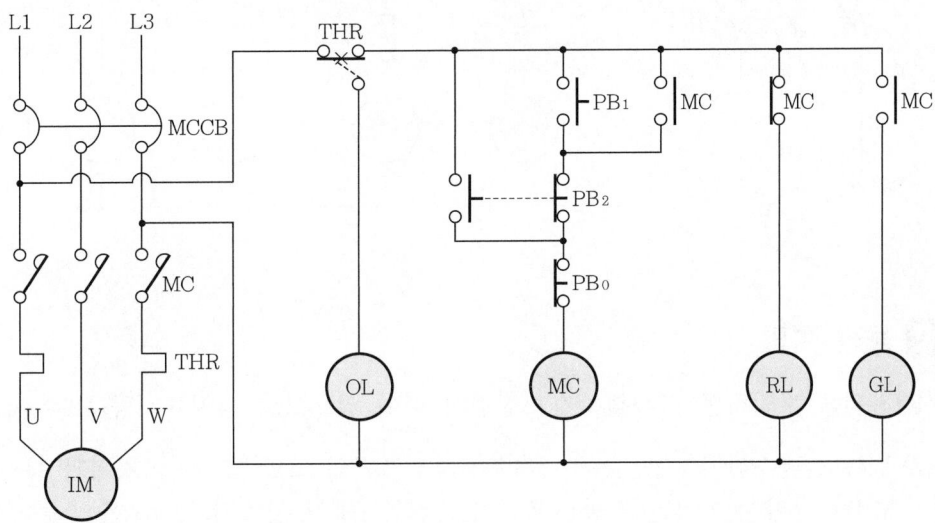

2 동작 설명

(1) 전원을 투입하면 전자개폐기 b접점이 붙어 있으므로 정지표시등 RL이 점등된다.

(2) 누름버튼 스위치 PB_1을 누르면 전자개폐기의 코일 MC가 여자됨과 동시에 전자접촉기 주접점 MC가 붙어 전동기가 기동되고 MC_{-a}접점이 폐로되어 운전표시등 GL이 점등되고 MC_{-b}접점은 개로되어 정지표시등 RL은 소등되며 자기유지된다.

(3) 누름버튼 스위치 PB_0를 누르면 회로가 차단되어 전동기가 정지되고, 운전표시등 GL이 소등되며 정지표시등 RL이 점등된다.

(4) 촌동용 누름버튼 스위치 PB_2를 누르면 PB_2의 a접점부를 통하여 전기가 유입되어 전자개폐기의 코일 MC가 여자됨과 동시에 주접점 MC가 붙어 전동기가 기동되고 GL은 점등, RL은 소등된다.

PB_2를 놓으면 접점이 모두 원위치되고 전동기는 정지한다.

기출개념 04. 3상 유도전동기 한시 운전 제어회로

1 제어회로

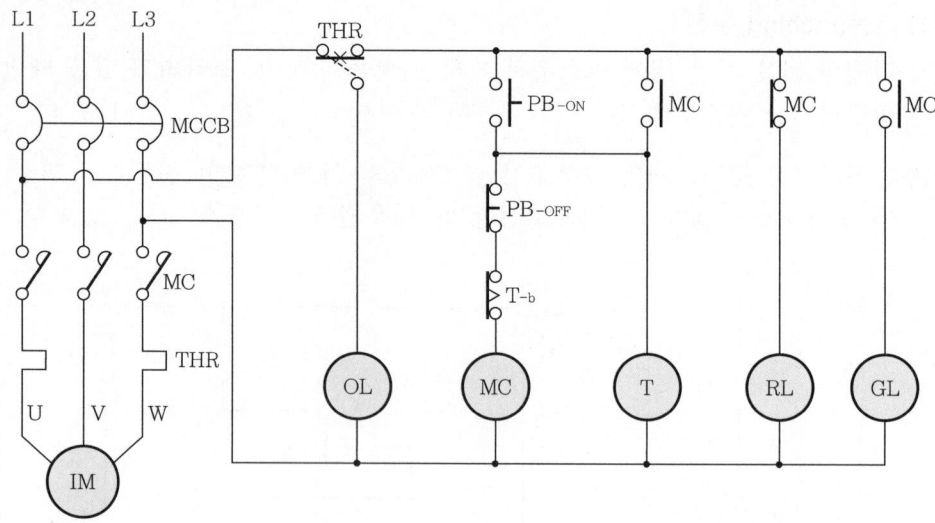

2 동작 설명

(1) 전원을 투입하면 전자접촉기 b접점이 붙어 있으므로 정지표시등 RL이 점등된다.

(2) 누름버튼 스위치 PB-ON을 누르면 전자접촉기의 코일 MC가 여자됨과 동시에 주접점 MC가 붙어 전동기가 기동되고 운전표시등 GL이 점등되고, RL은 소등되며 MC-a접점에 의해 자기유지되어 계속 전동기는 운전된다.

(3) 타이머 T의 동작코일이 여자되어 설정시간(Setting Time) t초 후에 T_{-b}가 떨어져 회로가 차단되어 전동기는 자동적으로 정지되고, 운전표시등 GL이 소등되며 정지표시등 RL이 점등된다.

(4) 운전 중에 누름버튼 스위치 OFF(정지 명령)를 누르면 타이머의 설정시간 이전에도 회로가 차단되어 전동기가 정지하게 된다.

(5) 만약, 운전 중에 과부하가 걸리면 과부하계전기 THR의 b접점이 떨어져 전원이 차단되어 전동기가 정지하고 과부하 표시등 OL이 점등된다. 과부하계전기 속의 접점은 반드시 수동으로 복귀시켜야만 원상태로 돌아오게 된다.

| 개념 문제 | 전기기사 91년, 98년, 09년, 12년, 18년 / 전기산업 94년 출제 | 배점 : 7점 |

그림은 PB-ON 스위치를 ON한 후 일정 시간이 지난 다음에 MC가 동작하여 전동기 M이 운전되는 회로이다. 여기에 사용한 타이머 ⓣ는 입력신호를 소멸했을 때 열려서 이탈되는 형식인데 전동기가 회전하면 릴레이 ⓧ가 복구되어 타이머에 입력신호가 소멸되고 전동기는 계속 회전할 수 있도록 할 때 이 회로는 어떻게 고쳐야 하는가? (단, 전자접촉기 MC의 보조 a, b접점 각각 1개씩만을 추가한다.)

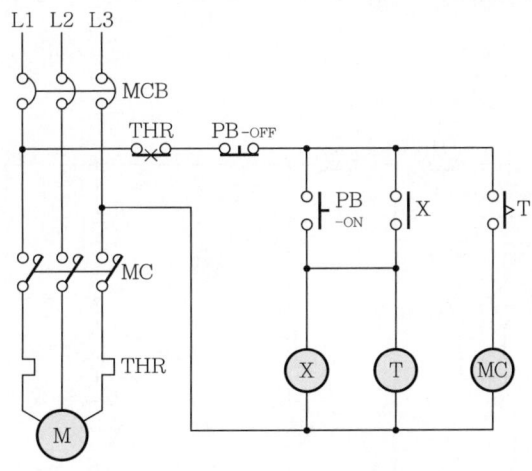

답안

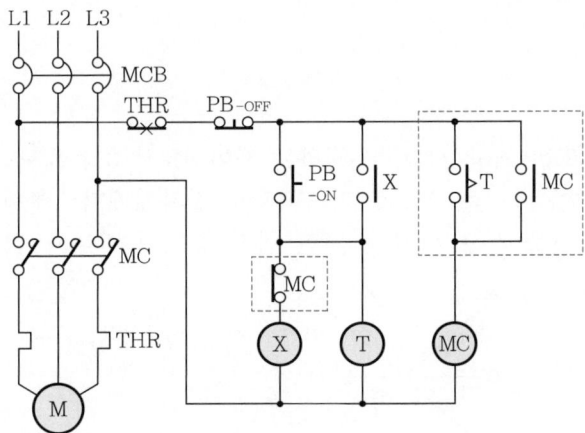

기출개념 05   3상 유도전동기 정·역전 운전 제어회로

    3상 유도전동기 정·역전 운전 제어회로는 전동기의 회전 방향을 정방향 또는 역방향으로 운전하는 제어회로를 말한다.

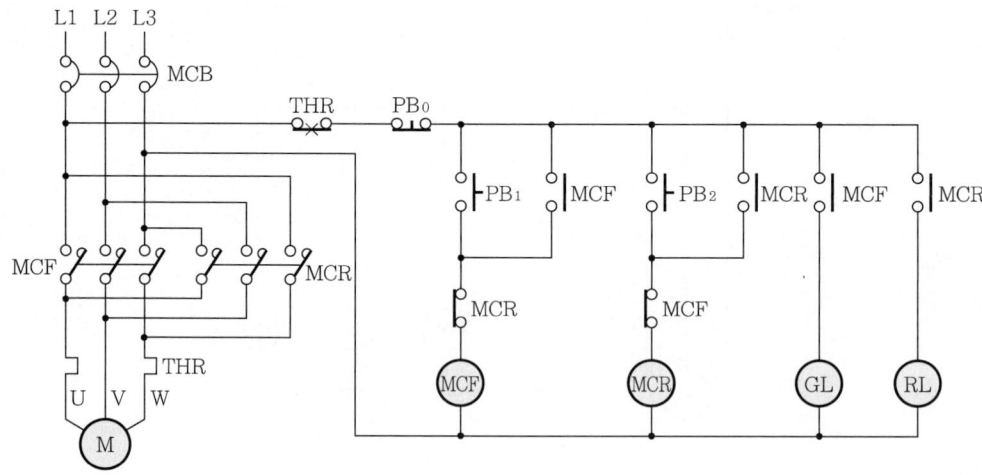

1 결선

    전동기의 회전 방향을 정방향 또는 역방향으로 운전하는 제어회로로 3상 유도전동기 회전 방향을 바꾸려면 회전자계의 방향을 바꾸는 것으로 가능하므로 전자개폐기 2개를 사용 전원 측 L1, L2, L3 3선 중 임의의 2선을 서로 바꾸게 되면 회전 방향이 반대가 된다.

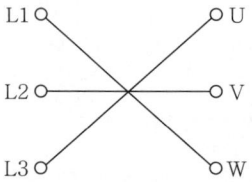

∥ 정·역 운전 주회로 결선 ∥

2 회로 구성 시 주의해야 할 점

    전자개폐기 2개가 동시에 여자될 경우 전원회로에 단락사고가 일어나기 때문에 전자개폐기 MCF, MCR은 반드시 인터록회로로 구성되어야 한다.

3 동작 설명

(1) 정회전 방향용 누름버튼 스위치 PB₁을 누르면 전자접촉기 코일 MCF가 여자됨과 동시에 주접점 MCF가 붙어 전동기가 정회전으로 기동되고 MCF의 보조 a접점 MCF₋ₐ가 붙어 운전표시등 GL이 점등되며 MCF의 b접점 MCF₋ᵦ가 떨어져 역회전 방향용 누름버튼 스위치 PB₂를 눌러도 전자접촉기 코일 MCR은 동작하지 않는다.

(2) 정회전 방향용 누름버튼 스위치 PB₀를 누르면 전자접촉기 코일 MCF가 소자되어 전동기가 정지된다.

(3) 역회전 방향용 누름버튼 스위치 PB₂를 누르면 전자접촉기 코일 MCR이 여자됨과 동시에 주접점 MCR이 붙어 전동기가 역회전으로 기동되고, MCR의 보조 a접점 MCR₋ₐ가 붙어 운전표시등 RL이 점등되며 MCR의 b접점 MCR₋ᵦ가 떨어져 정회전 방향용 누름버튼 스위치 PB₁을 눌러도 전자접촉기 코일 MCF는 동작하지 않는다.

(4) 만약 운전 중에 과부하가 걸리면 과부하계전기 속의 b접점이 떨어져 전원이 차단되어 전동기가 정지하고 과부하 표시등 OL이 점등된다. 과부하계전기 속의 접점은 반드시 수동으로 복귀시켜야만 원상 복귀된다.

개념 문제 공사기사 10년 출제 | 배점 : 8점 |

다음은 전동기의 정 · 역회전 회로도이다. 회로를 이해하고 질문에 답하시오.

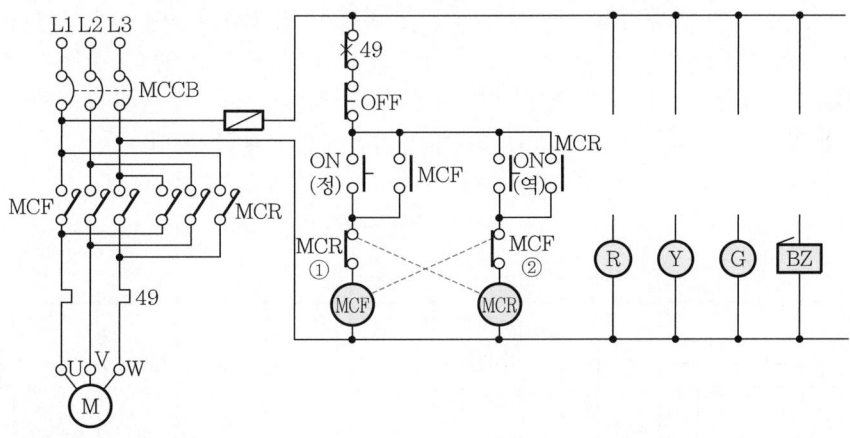

(1) ①, ②의 접점의 목적은?
(2) 49의 명칭은 무엇인가?
(3) 정회전에 Ⓡ, 역회전에 Ⓨ, 정, 역 모두 정지시 Ⓖ Lamp가 동작되고, 전동기가 운전 중 과전류 등의 고장에 의하여 Thr(49)가 트립되어 전동기가 정지되고 경보용 BZ가 작동되도록 문제의 회로도를 그리시오.

1990년~최근 출제된 기출 이론 분석 및 유형별 문제

답안 (1) 인터록 접점으로 정회전과 역회전의 동시투입에 의한 단락사고 방지
(2) 열동계전기
(3)

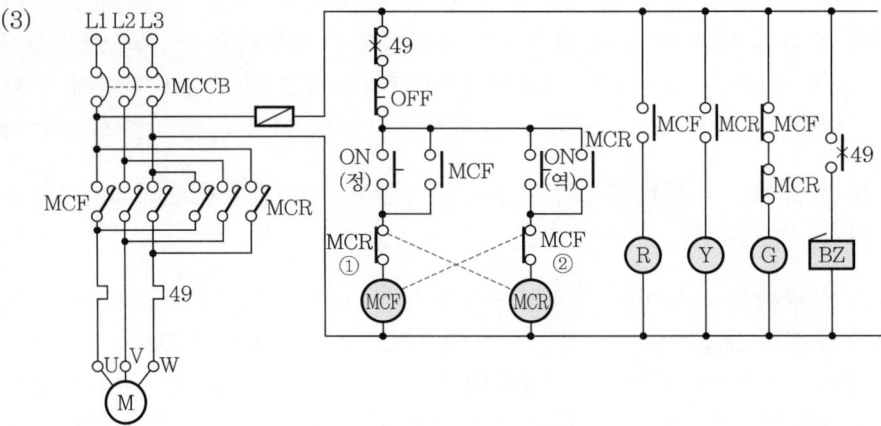

기출개념 06 역상제동 제어회로

1 제어회로

3상 유도전동기의 전동기 권선 3선 중 2선을 바꾸어 접속하면 역방향으로 회전한다. 따라서 정방향으로 회전하고 있는 전동기를 정지시키려면 정방향 운전 중의 전동기 스위치를 끊고 곧 역방향 스위치를 넣게 되면 역방향으로 회전하려는 토크를 발생시켜 전동기를 정지시킬 수 있는데 이를 역상제동(Plugging) 또는 역회전제동이라고 한다.

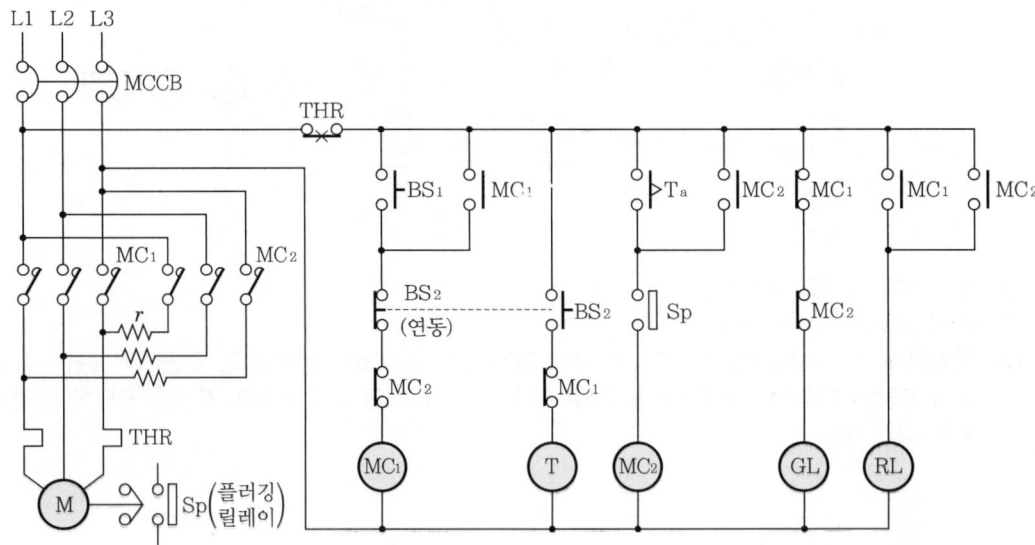

2 동작 설명

(1) 전원을 투입하면 정지표시등 GL이 점등된다.

(2) 누름버튼 스위치 BS_1을 누르면 전자접촉기 MC_1이 여자되어 주접점 MC가 붙어 전동기가 기동되고 MC_{1-a}접점이 폐로되어 운전표시등 RL은 점등되고 정지표시등 GL은 소등되며 전동기의 회전속도가 상승하면 플러깅 릴레이(Sp)는 화살표와 같이 접점이 닫힌다.

(3) 역상제동을 위하여 BS_2를 누르면 MC_1은 소자되고 타이머 T가 여자되며 시간 지연 후 T_{-a}가 폐로되고 MC_2가 여자되어 전동기는 역상제동용 전자접촉기 MC_2가 동작하여 역회전하므로 제동된다.

(4) 타이머 T는 한시동작하므로 전자접촉기 MC_1과 MC_2가 동시에 동작을 방지하고 제동 순간의 과전류를 방지하는 시간적 여유를 준다. 또한 저항 r은 전전압에 제동력이 클 경우 저항의 전압강하로 전압을 줄이고 제동력을 제한하는 역할을 한다. 여기서 플러깅 릴레이(Sp)는 전동기가 회전하면 접점이 닫히고 속도가 0에 가까워지면 열리도록 되어 있다.

개념 문제 전기기사 17년 / 전기산업 01년 출제 | 배점 : 8점 |

그림은 3상 유도전동기의 역상제동 시퀀스회로이다. 물음에 답하시오. (단, 플러깅 릴레이 Sp는 전동기가 회전하면 접점이 닫히고, 속도가 0에 가까우면 열리도록 되어 있다.)

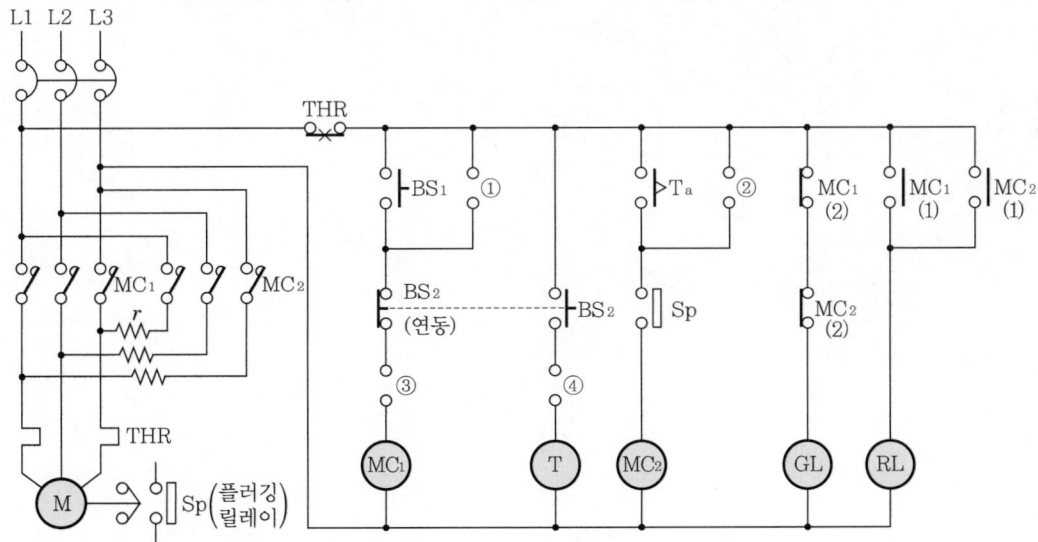

(1) 회로에서 ①~④에 접점과 기호를 넣고 MC_1, MC_2의 동작 과정을 간단히 설명하시오.
(2) 보조 릴레이 T와 저항 r에 대하여 그 용도 및 역할에 대하여 간단히 설명하시오.

1990년~최근 출제된 기출 이론 분석 및 유형별 문제

답안 (1)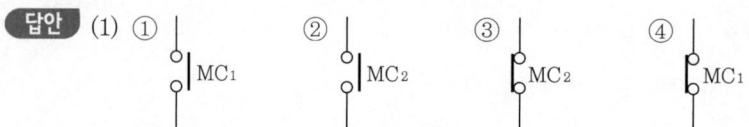

- 기동운전 : BS_1을 ON하면 MC_1이 여자되고 전동기는 정회전된다.
- 역상제동 : BS_2을 ON하면 MC_1이 소자되고, T가 여자되며 시간 지연 후 MC_2가 여자되어 전동기는 역상제동된다. 전동기 속도가 0에 가까우면 Sp가 개로되어 MC_2가 소자되고 전동기는 급정지한다.

(2)
- T : 시한 동작으로 제동 시 과전류에 의한 기계적 손상방지를 위한 시간적 여유를 주기 위한 역할
- r : 역상제동 시 저항의 전압강하로 전압을 낮추어 제동력을 제한하기 위한 역할

해설 플러깅회로

전동기의 2선의 접속을 바꾸어 회전 방향을 반대로 하여 반대의 토크를 생기게 하여 전동기를 급제동시키는 방법이다.

CHAPTER 03 전동기 운전회로

단원 빈출문제
1990년~최근 출제된 기출문제

문제 01 공사기사 10년 출제 | 배점 : 8점 |

다음은 3상 전동기의 정·역 제어회로의 [동작순서]와 미완성 회로이다. 각 접점의 명칭을 기입하고 미완성 회로도를 완성하시오.

[동작순서]
1. 정회전 기동용 스위치 PB_1을 ON하면 전동기를 정회전한다.(자기유지)
   운전 중에는 역회전용 스위치 PB_2를 ON해도 전동기는 역회전하지 않는다.(인터록)
2. 역회전시키려면 정지용 스위치 PB-off를 눌러 정지시켜서 복귀시킨 후에 역회전 스위치 PB_2를 누르면 된다.(자기유지)
3. 과부하 시 Thr 작동으로 전동기 운전을 정지시킨다.

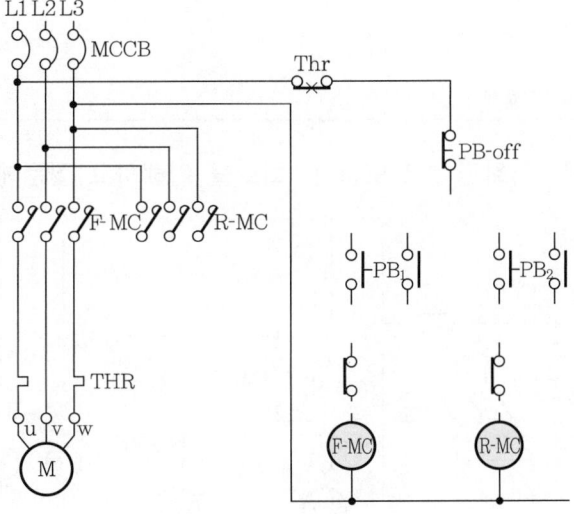

1990년~최근 출제된 기출문제

답안

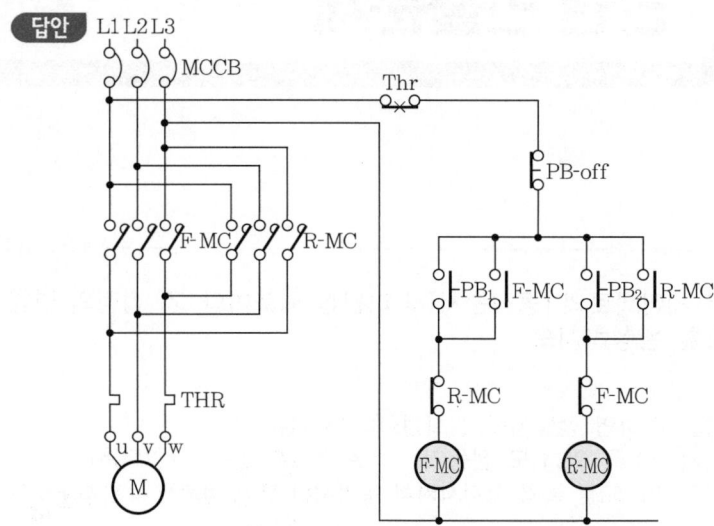

문제 02 공사산업 93년 출제 | 배점 : 8점

다음의 전동기의 정·역회전 회로도이다. 회로를 이해하고 질문에 답하시오.

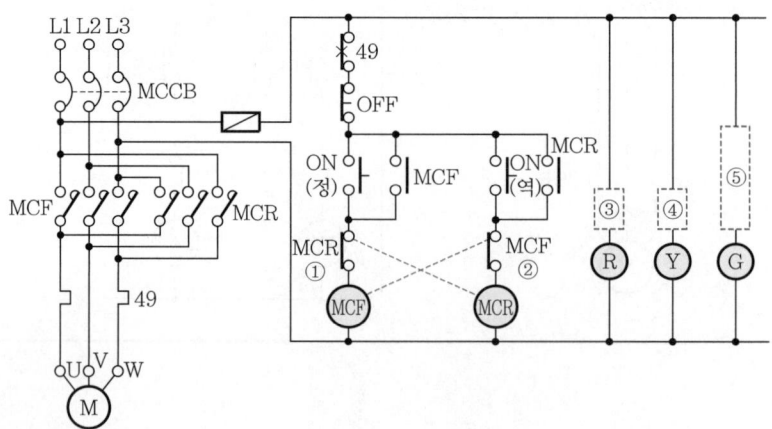

(1) ①, ②의 접점의 목적은?
(2) 전동기의 정지상태에서 ON(정), ON(역)을 동시에 누르면 전동기의 회전은?
(3) 정회전에 Ⓡ, 역회전에 Ⓨ, 정, 역 모두 정지시 Ⓖ Lamp가 동작되려면 점선 안에 연결되어야 하는 접점은?
(4) 답란의 타임차트를 완성하시오.

답안 (1) 인터록 접점으로 정회전과 역회전의 동시투입에 의한 단락사고 방지
(2) 회전하지 않는다.
(3)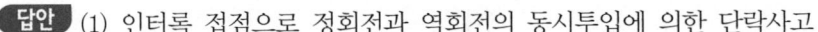

(4)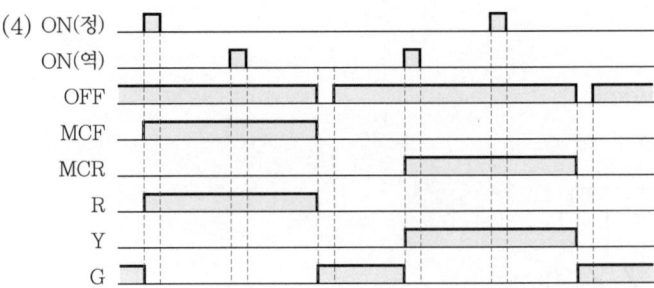

문제 03 공사산업 14년 출제 | 배점 : 10점 |

그림의 제어회로는 절환스위치(COS)에 의한 촌동과 상시를 절환하여 3상 유도전동기를 정·역전 제어하는 회로이다. 각각의 물음에 답하시오.

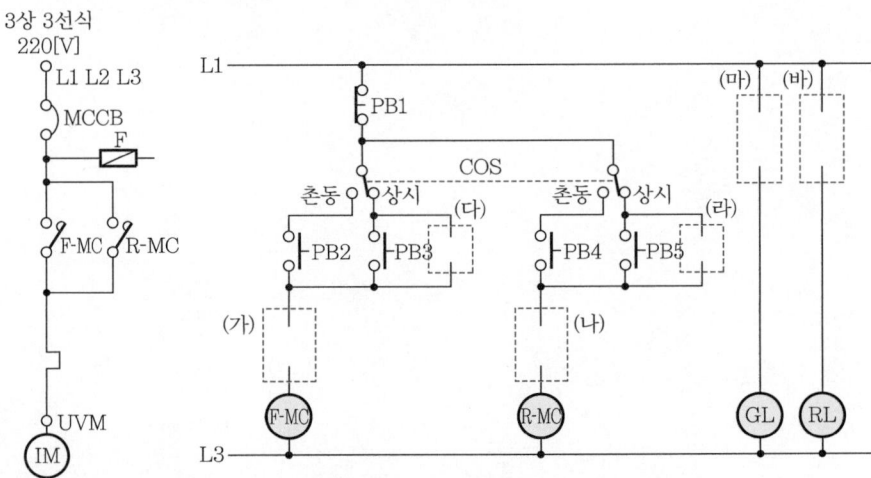

(1) 제어회로도의 빈칸 (가)~(바)에 알맞은 접점과 기호를 넣으시오.
  [단, 정회전(F)시에는 GL, 역회전(R)시에는 RL이 점등될 것]
(2) 주회로의 단선 접속도를 복선 접속도로 그리시오.

1990년~최근 출제된 기출문제

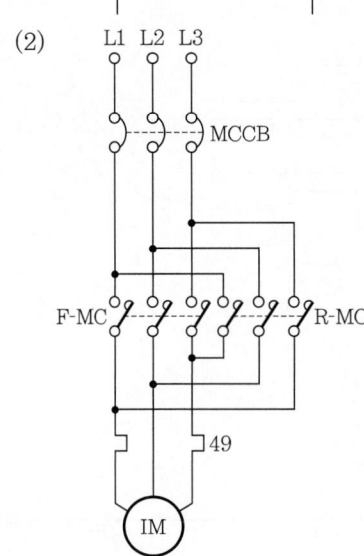

04 CHAPTER 전동기 기동회로

1990년~최근 출제된 기출 이론 분석 및 유형별 문제

기출개념 01 농형 유도전동기 기동법

구조상 2차 권선에 저항기를 연결해서 기동전류를 제한하기가 불가능하므로 기동전류를 줄이기 위해서 전동기의 1차 전압을 줄인다.

1 전전압 기동법

전동기에 정격전압을 직접 인가하여 기동시키는 방법으로 전동기를 기동시키는 데 일반적으로 사용되지만 기동전류가 정격전류의 5~7배 정도가 흘러 기동시간이 길어지면 코일이 과열되기 때문에 주의해야 한다. 따라서 이 방식은 5[kW] 이하의 소용량 전동기에 사용한다.

1990년~최근 출제된 기출 이론 분석 및 유형별 문제

개념 문제 | 공사산업 10년 출제

배점 : 10점

다음 도면은 전동기 기동제어 회로이다. 아래 설명의 ( ) 안에 적당한 것을 [보기]에서 골라 넣으시오. (단, [보기]는 중복 사용될 수 있음)

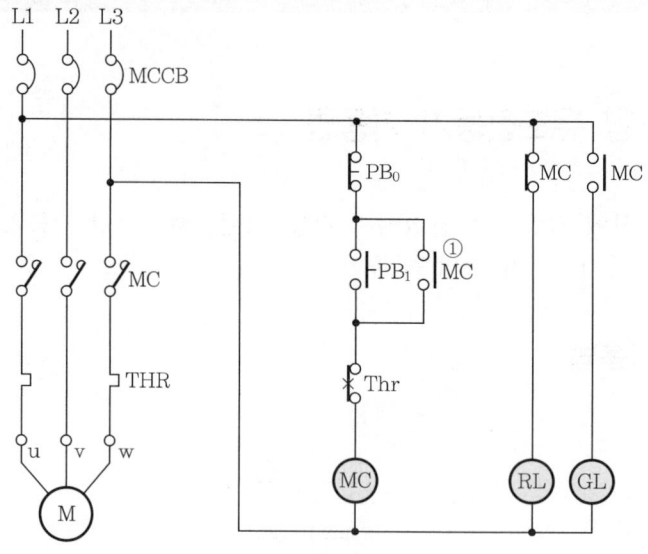

[보기]
MC, 여자, 소자, PB_0, PB_1, M, THR, 자기유지, 인터록, 기동, 정지, RL, GL, 점등, 소등, 수동복귀접점, 자동복귀접점, 전자접촉기, 전자계산기, 릴레이

(1) MCCB를 투입하면 램프( )이 점등된다.
(2) 스위치 PB_1을 누르면 MC가 ( )되어 주접점( )가 닫혀 전동기 M이 기동한다.
(3) 이때 램프( )은 점등되고 ( )은 소등된다.
(4) 전동기 운전시 PB_0를 누르면 MC가 ( )되어 주접점 ( )가 복구하고 전동기 M이 정지한다.
(5) 전동기 운전 중 과전류 등의 고장전류가 흐르면 ( )이(가) 트립되어 전동기 M이 ( )한다.
(6) 도면에서 접점 ①은 ( )기능이다.
(7) THR접점의 명칭은 ( )이다.
(8) 기동용 스위치는 ( )이다.
(9) 정지용 스위치는 ( )이다.
(10) 도면에서 MC의 명칭은 ( )이다.

답안
(1) RL
(2) 여자, MC
(3) GL, RL
(4) 소자, MC
(5) THR, 정지
(6) 자기유지
(7) 수동복귀접점
(8) PB_1
(9) PB_0
(10) 전자접촉기

2 Y-△ 기동법

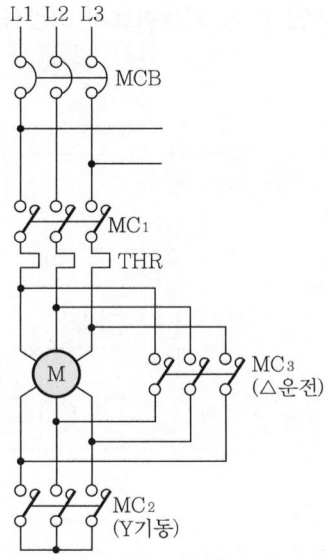

기동전류를 적게 하기 위하여 전동기 권선을 Y결선으로 하여 기동하고 수초 후에 △ 결선으로 변화하여 운전한다. 여기에는 전환 스위치를 사용하는 수동 기동법과 타이머 등의 시한회로를 사용하는 자동 기동법이 있으며 이 방식은 5.5~15[kW] 정도의 전동기에 사용한다.

각 상에 흐르는 전류의 크기를 비교해 보면 Y결선일 때 임피던스가 △ 결선일 때의 $\frac{1}{3}$ 배이므로 각 상에 흐르는 기동전류도 $\frac{1}{3}$ 밖에 흐르지 않기 때문에 과전류에 의한 위험을 줄일 수 있게 되는 것이다.

또한 전동기의 회전력은 전압의 제곱에 비례하기 때문에 정상적인 속도에 진입하게 되면 △ 결선으로 전환하게 된다.

(1) 임피던스와 전류 비교

$$Z_\triangle = \frac{Z_Y}{3} \rightarrow I_Y = \frac{I_\triangle}{3}$$

(2) 회전력과 전압의 관계

$$T \propto V^2$$

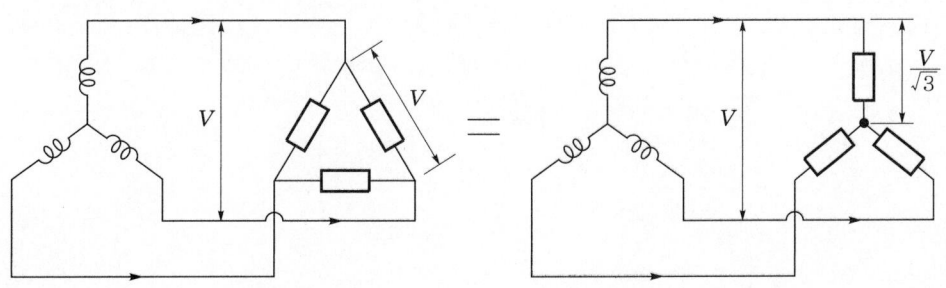

1990년~최근 출제된 기출 이론 분석 및 유형별 문제

개념 문제 01 공사산업 11년 출제 | 배점 : 16점 |

그림은 전동기 기동방식의 하나인 Y-△ 기동회로의 미완성 회로도이다.

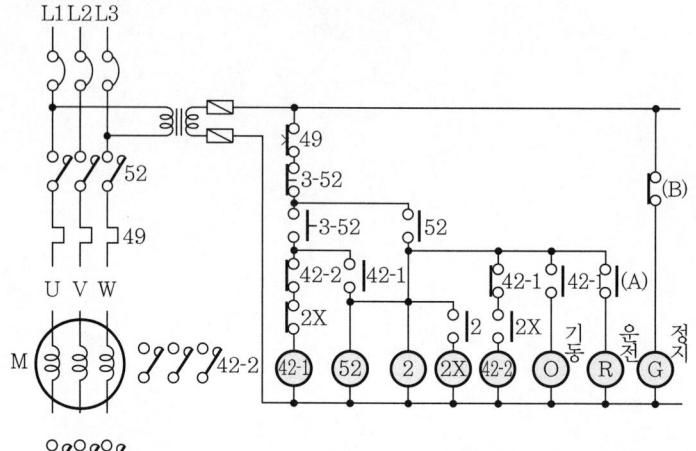

- 3-52 : 수동조작 스위치
- 52 : 전자접촉기
- 42-1, 42-2 : 기동용 조작접촉기(Y, △접속)
- 2, 2X : 시한계전기 및 보조계전기
- 49 : 과부하계전기

(1) 미완성 회로도 부분을 완성하시오.(주회로 부분)
(2) 기동 완료시 열려있는(open) 접촉기는 무엇인가?
(3) 기동 완료시 닫혀있는(close) 접촉기는 무엇인가?
(4) (A), (B)에 적당한 계전기 번호를 쓰시오.

답안 (1)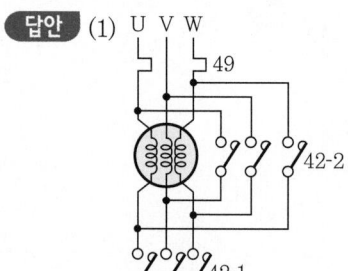

(2) 42-1
(3) 42-2, 52
(4) (A) 42-2
    (B) 52

개념 문제 02 공사기사 90년 출제 | 배점 : 8점 |

그림은 어떤 공장의 3상 220[V] 10[HP] 유도전동기의 Y-△기동장치이다. 결선도 및 [동작 설명]을 보고 물음에 답하시오.

[동작 설명]
① 나이프 스위치 KS을 투입하면 표시등 GL이 점등한다.
② 전동기를 기동하려면 기동 누름버튼 스위치를 누르면 Y결선으로 기동하고 일정시간(한시계전기를 수초로 선정함) 후에 자동으로 △결선으로 전환되어 운전을 계속 한다. 정지버튼을 누르면 정지한다.
③ Y로 기동시 표시등 GL은 소등되고 RL이 점등, △운전시 GL, RL 모두 소등되고 WL만 점등된다.

[범례]
- MC_1, MC_2, MC_3 : 다접점 전자개폐기
- T_M : 한시계전기(타임릴레이)
- GL, RL, WL : 표시등

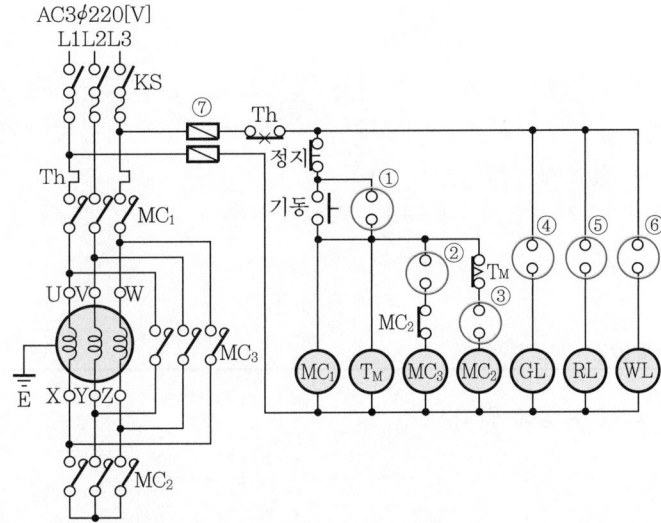

(1) 결선도를 보고 동작이 완전하게 되도록 ①~⑥으로 표시된 부분의 접점을 표시하시오.
(2) ⑦로 표시된 기구의 명칭은 무엇인가?

답안 (1)

(2) ⑦ 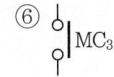 포장 퓨즈

3 리액터 기동법

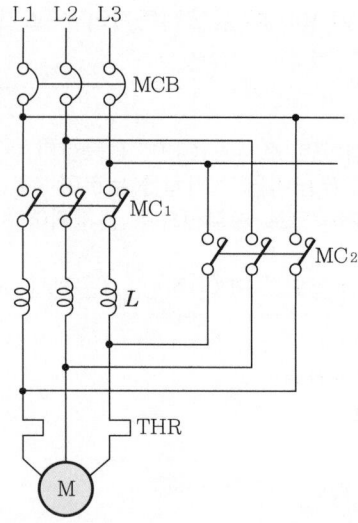

전동기 1차측에 직렬로 기동용 리액터를 접속하여 그 전압강하로 저전압으로 기동하고 운전 시에는 리액터를 단락 혹은 개방시키는 기동방식으로 기동보상기와 함께 광범위하게 농형 유도전동기의 기동에 사용되고 있다.

펌프, 팬 등 Y-△ 기동으로 가속이 곤란한 경우나 기동할 때의 충격을 방지할 필요가 있을 때에 적합하다.

개념 문제 공사산업 97년, 13년 출제 ┤ 배점 : 6점 ├

도면을 잘 숙지한 다음 물음에 답하시오.

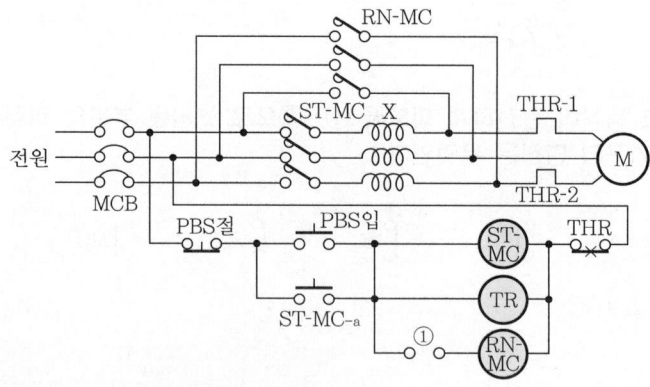

(1) 리액터 시동 제어회로에 대하여 설명하시오.
(2) 도면에서 ①로 표시된 곳에 알맞은 접점은?

답안 (1) 기동용 리액터를 전동기 권선에 직렬로 접속하여 그 전압강하로 저전압으로 기동하고 운전시에는 리액터를 단락시키는 기동방식

(2) ─○┤TR-a├○─

4 기동보상기 기동법

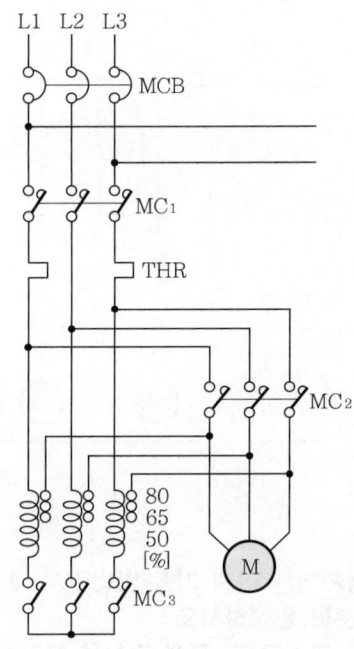

전원측에 3상 단권변압기를 시설하여 전압을 낮추고 가속 후에 전원전압을 인가해 주는 방식으로, 동일 기동입력에 대하여 기동 시의 손실이 적고 전압을 가감할 수 있는 이점을 갖는다.

기동보상기에 사용되는 탭 전압은 50, 65, 80[%]를 표준으로 하고 있다. 기동보상기의 1, 2차 전압비를 $\frac{1}{m}$이라 하면 기동전류와 기동토크는 $\frac{1}{m^2}$이 되며, 이 방식은 15[kW]를 초과하는 전동기에 주로 사용한다.

1990년~최근 출제된 기출 이론 분석 및 유형별 문제

개념 문제 전기기사 03년, 14년 출제 | 배점 : 12점 |

도면과 같은 시퀀스도는 기동보상기에 의한 전동기의 기동제어회로의 미완성 도면이다. 이 도면을 보고 다음 각 물음에 답하시오.

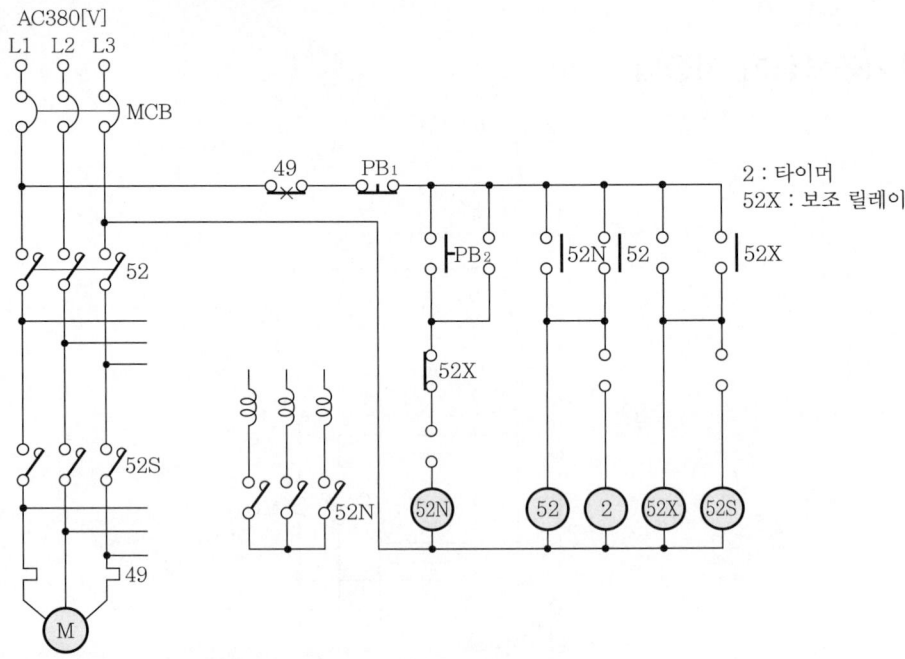

(1) 전동기의 기동보상기 기동제어는 어떤 기동 방법인지 그 방법을 상세히 설명하시오.
(2) 주회로에 대한 미완성 부분을 완성하시오.
(3) 보조회로의 미완성 접점을 그리고 그 접점 명칭을 표기하시오.

답안 (1) 기동 시 52N을 여자시켜 단권변압기를 이용, 감압전압으로 기동하고 정격속도에 가까워지면 52S을 여자시켜 전전압으로 운전하는 기동방식이다.

(2), (3)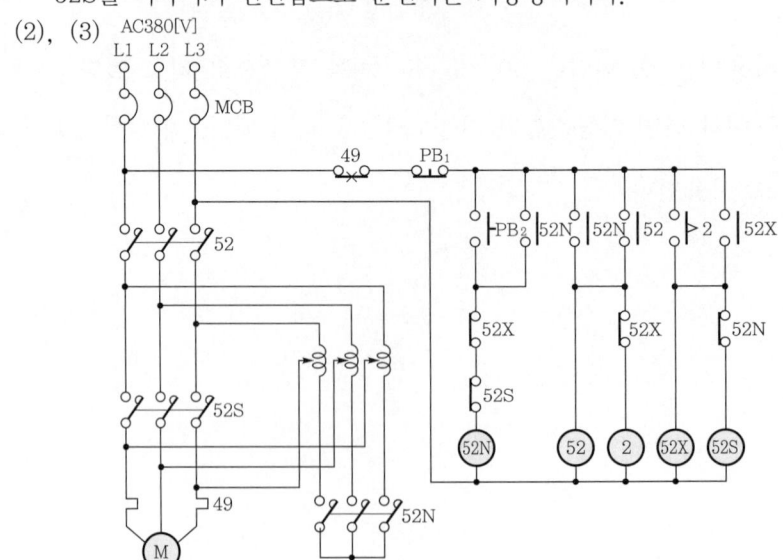

기출개념 02 권선형 유도전동기 2차 저항 기동법

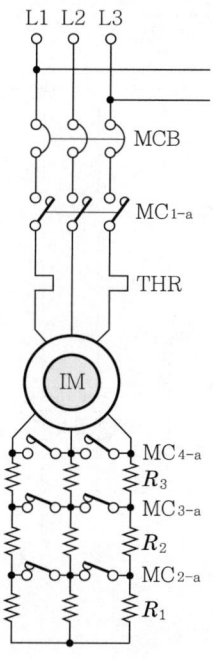

 권선형 유도전동기의 2차측에 저항을 넣고 비례추이를 이용하여 기동, 혹은 속도제어를 행하는 방법이다.

1990년~최근 출제된 기출 이론 분석 및 유형별 문제

개념 문제 공사산업 91년 출제 | 배점 : 14점

도면은 권선형 유도전동기 기동회로를 설명한 것이다. 도면에 ①~⑦번까지 b접점을 구분하여 회로를 완성할 수 있도록 접점을 그리시오.

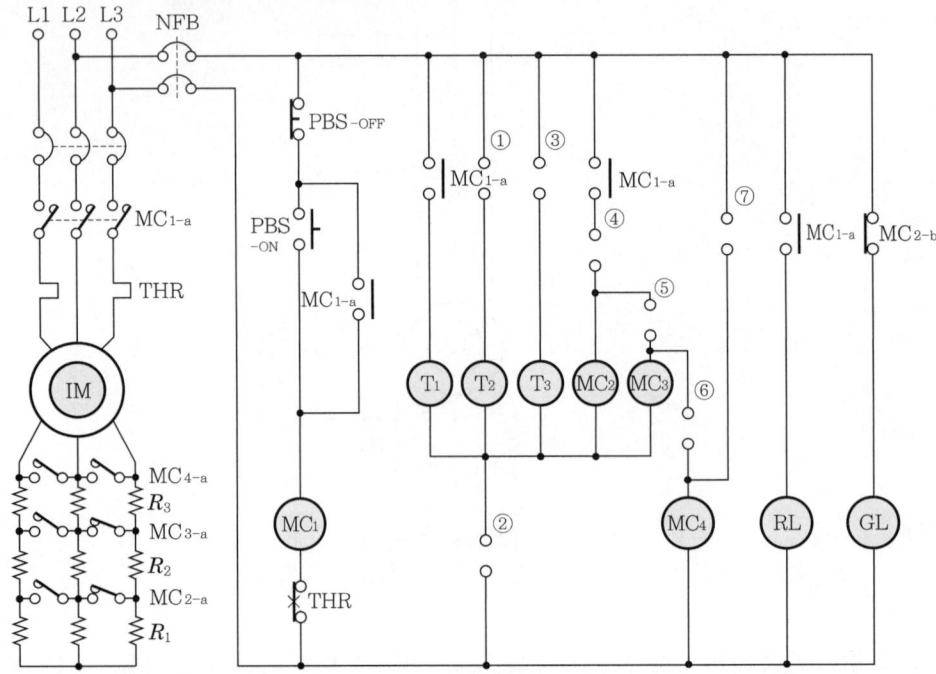

(1) 전원개폐기 NFB를 투입하면 표시등 GL이 점등된다.
(2) PBS$_{ON}$ 누르면 MC$_1$ 여자하고 1차 전원개폐기 MC$_{1-a}$ 주접점이 투입되어 시동기 저항 R_1, R_2, R_3 전부 접속한 상태에서 기동하고 T$_1$, MC$_{1-a}$ 접점이 ON되고 GL은 OFF, RL은 ON된다.
(3) T$_1$ Timer가 동작하면 MC$_2$가 ON되고 2차 저항은 MC$_{2-a}$ 접점이 ON되어 저항 R_2, R_3만 접속되며 T$_2$에 전원이 투입된다.
(4) T$_2$ Timer가 동작하면 MC$_3$가 ON되고 2차 저항은 MC$_{3-a}$ 접점이 ON되어 저항 R_3만 접속되어 운전되고 T$_3$에 전원이 투입된다.
(5) T$_3$ Timer가 동작하면 MC$_4$가 ON되고 2차 저항은 단락상태로 운전되고 운전에 불필요한 T$_1$, T$_2$, T$_3$, MC$_2$, MC$_3$를 OFF하고 MC$_4$의 자기유지회로를 만든다.
(6) PBS$_{OFF}$ 누르면 운전이 정지되고 RL은 소등, GL은 점등된다.

답안

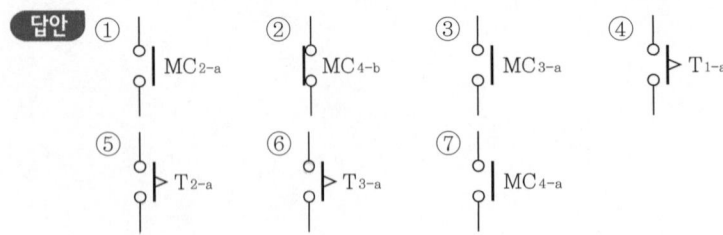

CHAPTER 04 전동기 기동회로

단원 빈출문제
1990년~최근 출제된 기출문제

문제 01 공사기사 98년, 07년, 07년 출제 ┤ 배점 : 5점 ├

농형 유도전동기의 기동법에서 Y-△기동, 리액터기동 회로도를 전기적으로 그리시오.
(1) Y-△기동
(2) 리액터기동

답안 (1)

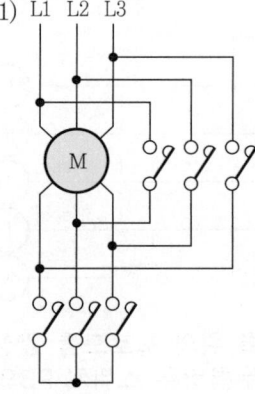

(2)

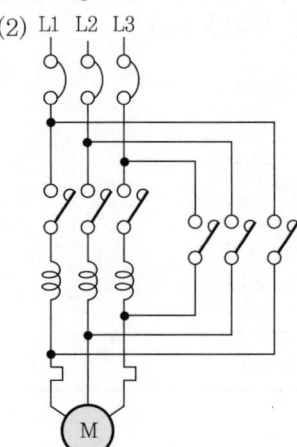

1990년~최근 출제된 기출문제

문제 02 공사기사 90년, 95년, 11년, 21년 출제 | 배점 : 8점

전동기 Y-△기동 운전 제어회로도이다. 다음 물음에 답하시오.

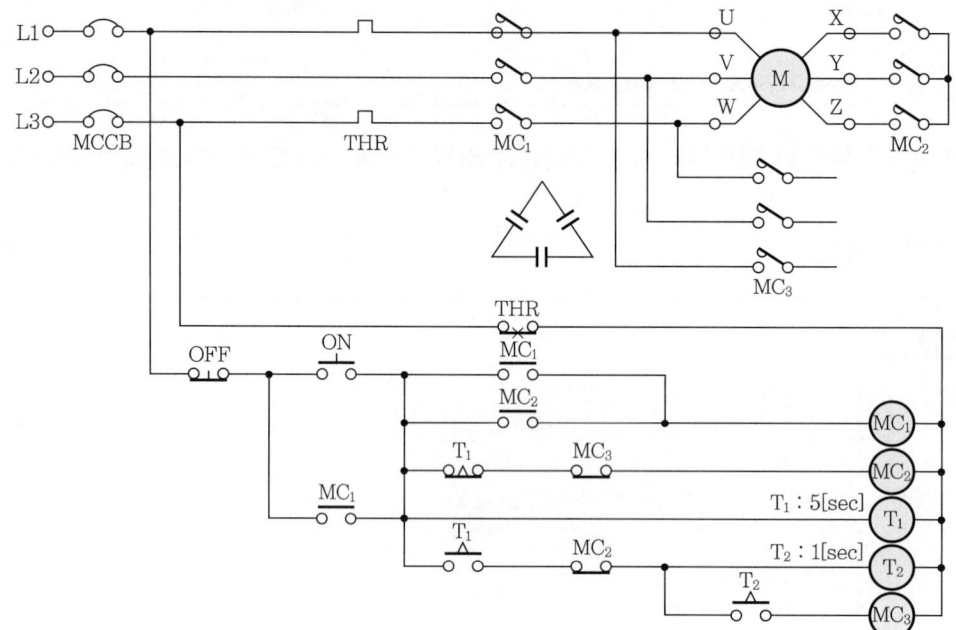

(1) Y-△기동 운전이 가능하고, 역률이 개선될 수 있도록 위의 회로도를 완성하시오.
(2) 회로도를 보고 아래의 타임차트를 완성하시오. (단, 누름버튼 스위치 PB의 신호는 PB를 누르는 동작을 의미하며 보조접점의 시간은 무시한다.)

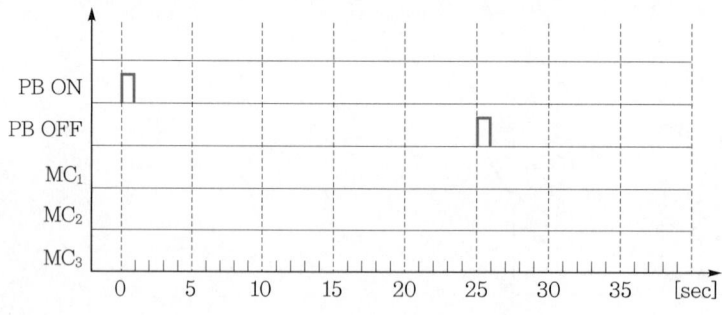

답안 (1)

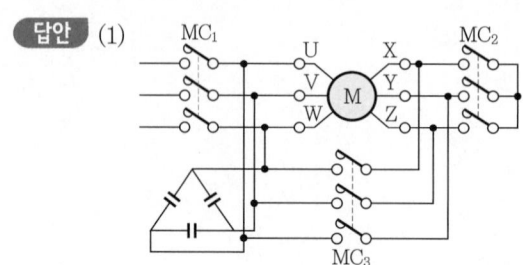

(2)
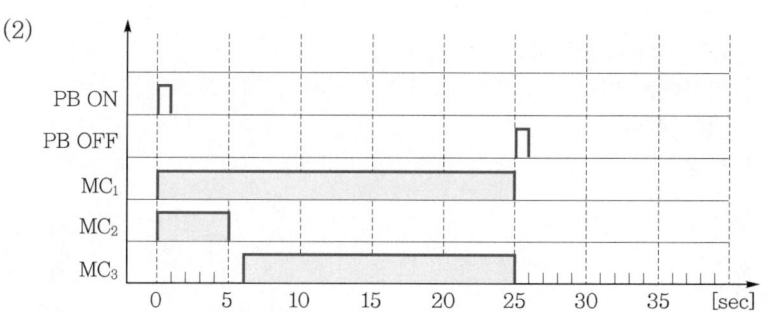

문제 03 공사기사 01년, 09년 출제
배점 : 5점

그림의 회로도를 보고 다음 각 물음에 답하시오.

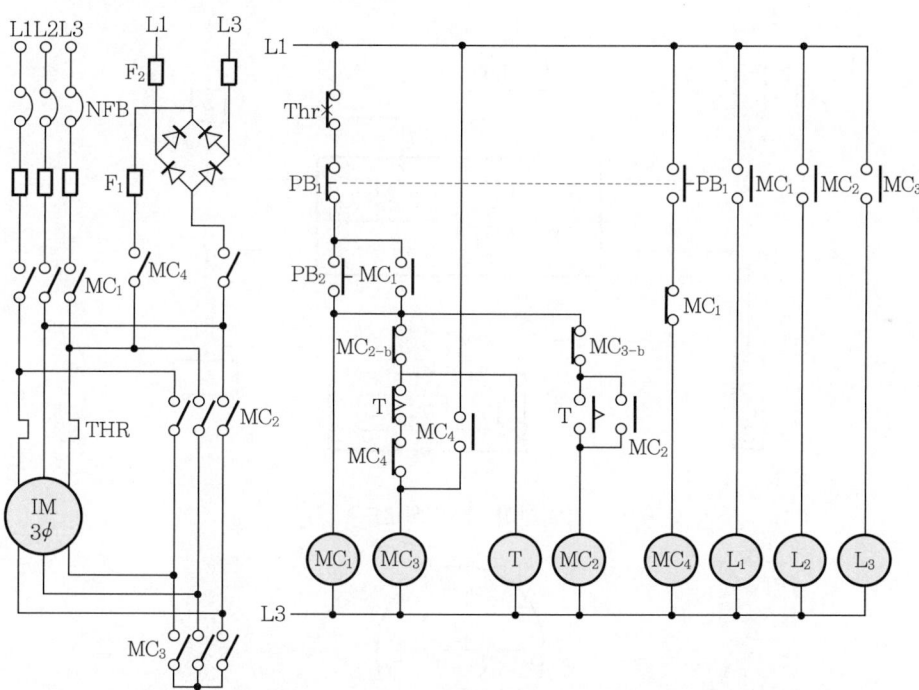

(1) 전동기를 기동하는 방법 중 어떤 기동방법으로 운전하는 회로인가?
(2) DC전압을 MC_4를 통해 전동기에 인가하는 이유는 무엇인가?
(3) 다이오드를 이용하여 정류하는 회로방식을 어떤 정류방식이라 하는가?
(4) THR의 기능은 무엇인가?
(5) L_2가 점등되면 전동기는 어떤 운전을 하는가?

1990년~최근 출제된 기출문제

답안 (1) Y-△기동과 직류제동회로
(2) 전동기 회전력을 회전자 도체에 전력으로 바꾸어 제동토크를 얻는다.
(3) 브리지 전파 정류
(4) 과부하 보호
(5) △운전

문제 04 공사기사 93년, 97년, 05년 출제 | 배점 : 5점 |

다음 회로도는 전동기의 Y-△ 회로도이다. 회로도를 보고 배치도에 표시된 (A)부분의 전선관 속에는 접지선을 제외하고 최고 몇 가닥의 전선이 들어가야 되는지 답안지에 답하시오.

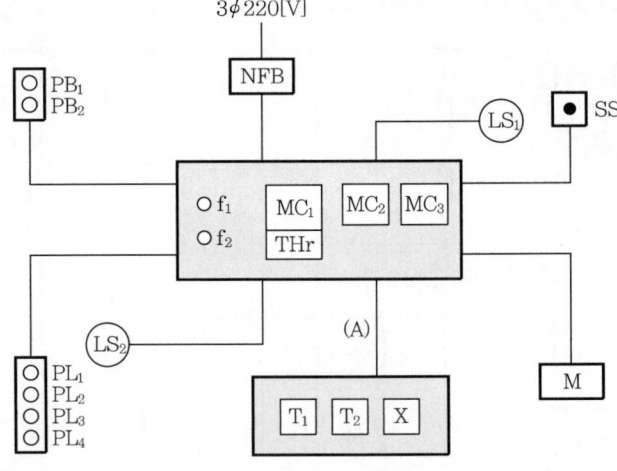

[릴레이 내부 회로도]

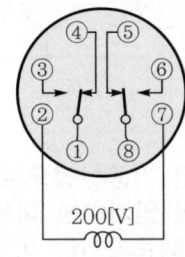

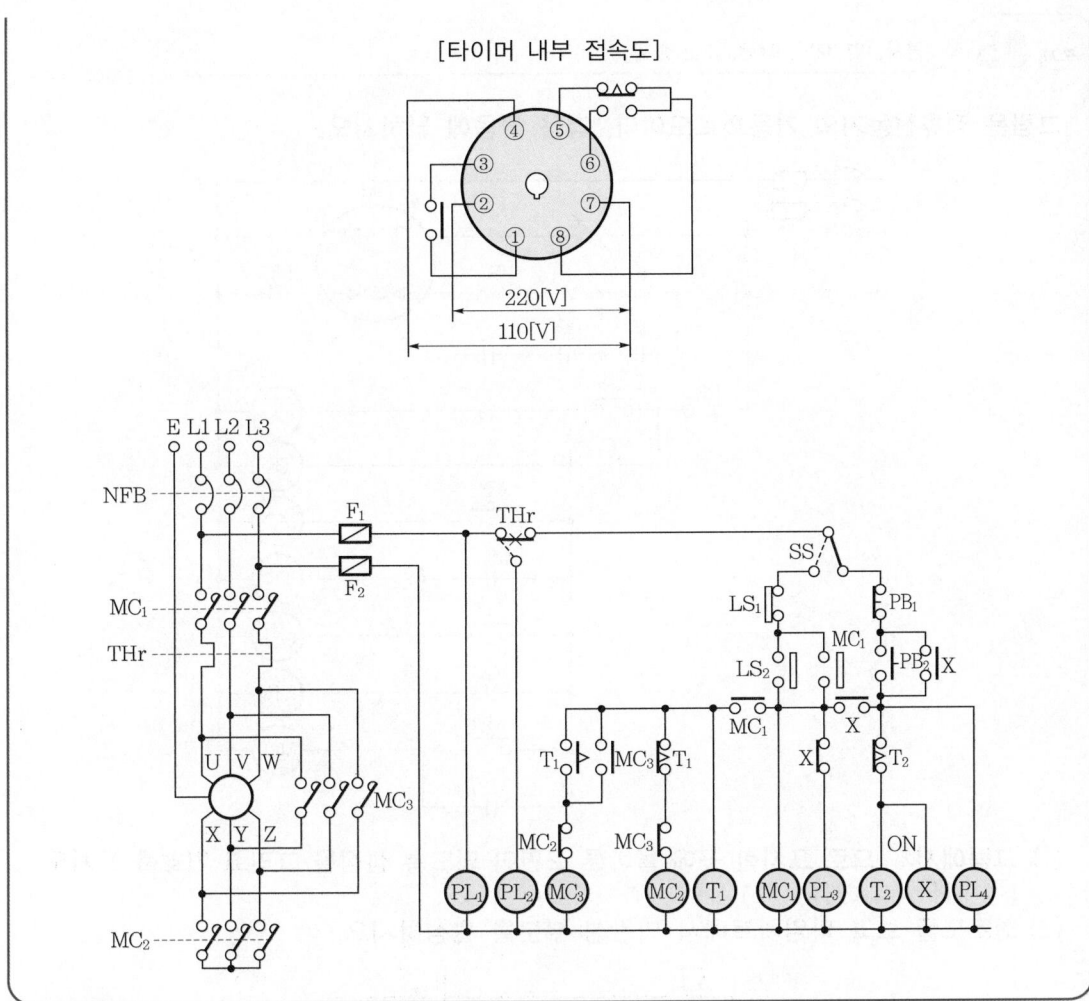

답안 8가닥

문제 05 | 공사산업 92년, 04년, 12년 출제 | 배점 : 6점

그림은 직류전동기의 기동회로도이다. 다음 물음에 답하시오.

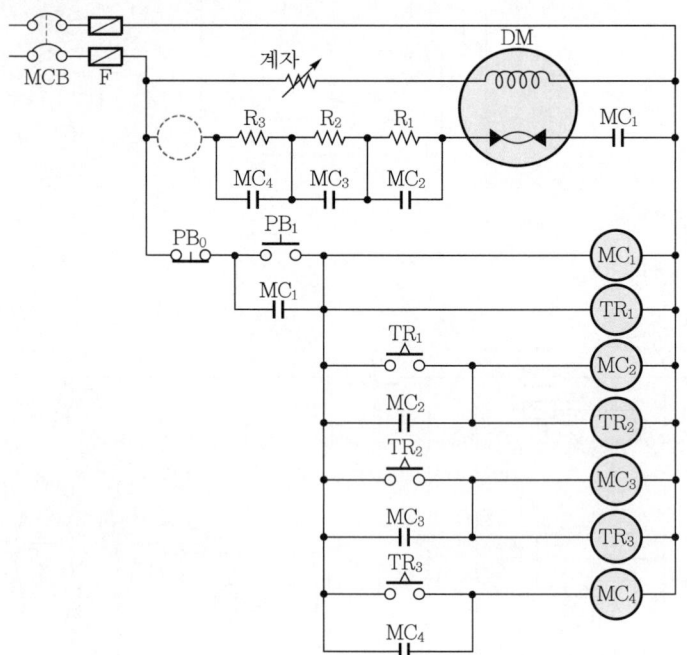

(1) 그림에서 ◯으로 표시한 곳에 올바른 도면이 되도록 접점을 그리고 기호를 쓰시오.
   (예) ─┤├─ MC_4, ─┤├─ MC_3)
(2) 회로도를 보고 타임차트에서 미완성 부분을 완성하시오.

PB_1							
PB_0							
TR_1							
TR_2							
TR_3							
MC_1							
MC_2							
MC_3							
MC_4							

답안 (1)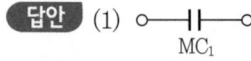

(2)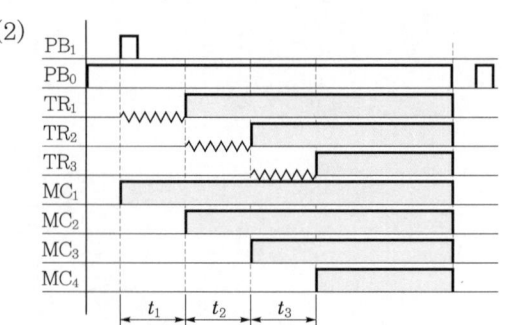

05 CHAPTER 산업용 기기 시퀀스제어회로

1990년~최근 출제된 기출 이론 분석 및 유형별 문제

기출개념 01 펌프설비 시퀀스제어

개념문제 공사산업 89년, 91년, 94년 출제 | 배점 : 10점 |

PBS로 Pump가 조작되는 양수설비이다. 다음 물음에 답하시오.

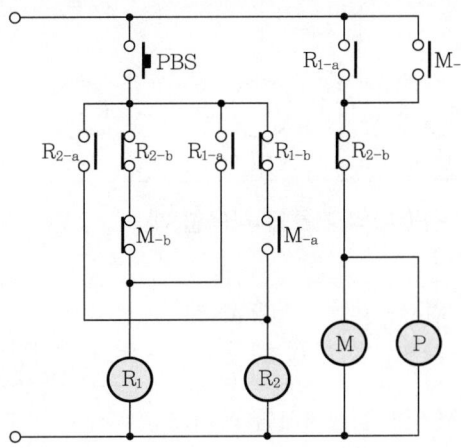

(1) R_1, R_2, M+P의 식을 쓰시오.
(2) 답안지의 Time chart를 완성하시오.

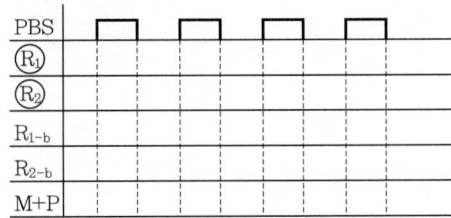

답안 (1) $R_1 = PBS \cdot (\overline{R_2} \cdot \overline{M} + R_1)$
$R_2 = PBS \cdot (\overline{R_1} \cdot M + R_2)$
$M + P = (R_1 + M) \cdot \overline{R_2}$

(2)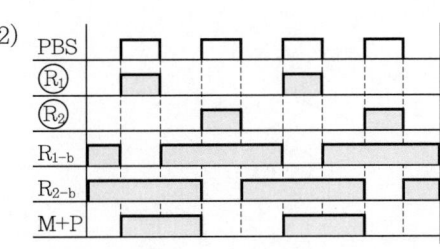

기출개념 02 팬·히터회로

개념문제 공사산업 94년 출제 | 배점: 10점 |

그림은 사무실용 FAN-HEATER회로의 일부이다. 물음에 답하시오.

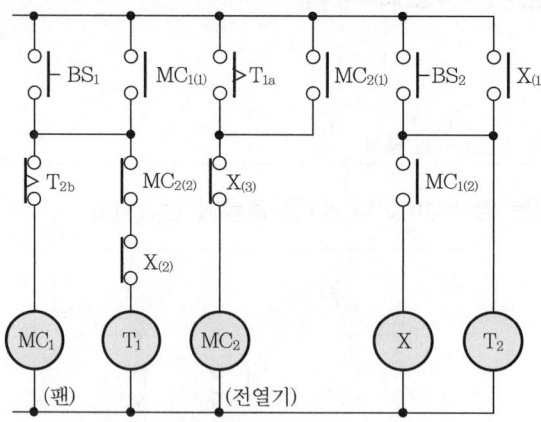

(1) 동작 과정을 동작(↑), 복구(↓)의 기호를 사용할 때 ( ) 안에 알맞은 MC를 (↑↓)기호와 함께 차례로 쓰시오. ($t_1 < t_2$)

$BS_1↑(↓) - (①), T_1$ 여자 $- t_1$초 $- (②), T_1(↓)$
$BS_2↑(↓) - X↑, T_2$ 여자 $- (③), t_2$초 $- (④) - X↓ - T_2↓$

(2) 유지기능 접점 3개, 정지기능 접점 4개를 쓰시오.
① 유지기능
② 정지기능

답안 (1) ① $MC_1(↑)$
② $MC_2(↑)$
③ $MC_2(↓)$
④ $MC_1(↓)$
(2) ① $MC_{1(1)}$, $MC_{2(1)}$, $X_{(1)}$
② T_{2b}, $MC_{2(2)}$, $X_{(2)}$, $X_{(3)}$

기출개념 03 보안장치회로

개념문제 공사산업 06년, 08년 출제 | 배점 : 9점 |

그림은 어떤 보안장치회로의 일부분이다. 주어진 동작 조건에 의하면 도면의 (1)~(9)에는 어떤 계전기의 접점이 기록되어야 하는지 접점 기호 X_1, X_2, X_3로 답하시오.

[동작 조건]
누름버튼 스위치를 PB_3 - PB_1 - PB_2 - PB_4의 순서로 눌러야 Door Lock(DL)이 열리도록 하고자 한다. 이 순서가 바뀌면 DL은 열리지 않으며, DL이 열리면 Limit Switch가 open되어 전원이 차단된다.

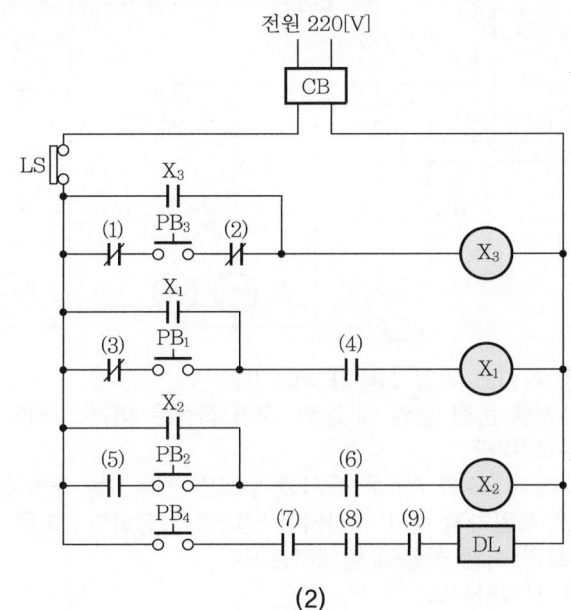

(1) (2)
(3) (4)
(5) (6)
(7) (8)
(9)

답안
(1) X_1 (2) X_2
(3) X_2 (4) X_3
(5) X_3 (6) X_1
(7) X_1 (8) X_2
(9) X_3

기출개념 04 상시전원과 예비전원 절환회로

개념문제 공사기사 92년 출제 | 배점 : 12점 |

다음 도면은 상시전원과 예비전원의 절환회로이다. 회로를 이해하고 물음에 답하시오.

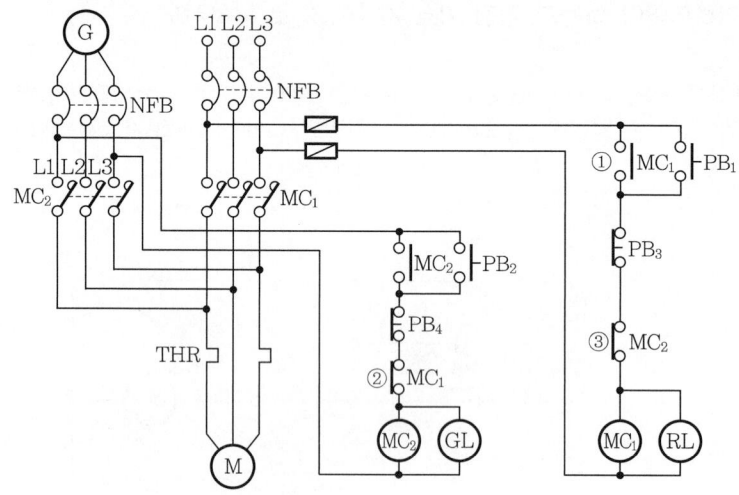

(1) PB₁을 누르면 ①의 접점은 어떤 상태가 되는가?
(2) 예비전원으로 전동기를 운전 중일 때 ②와 ③의 접점은 어떤 상태인가?
(3) ②의 접점은 왜 필요한가?
(4) 전동기의 정지상태에서 PB₁과 PB₂를 동시에 누르면 전동기는 어떻게 되겠는가?
(5) 회로에서 ②와 ③을 삽입하지 않고 직결되어 있다고 가정하고 PB₁을 눌러 상시전원으로 전동기 운전 중 PB₂를 누르면 어떤 상황이 발생하는가?
(6) 답란의 타임차트를 완성하시오.

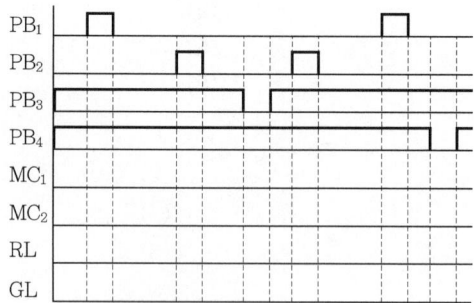

답안
(1) 폐로상태
(2) ② 폐로상태, ③ 개로상태
(3) 상용전원과 예비전원의 동시투입 방지
(4) 회전하지 않는다.
(5) 상시전원과 예비전원이 동시에 투입된다.

(6)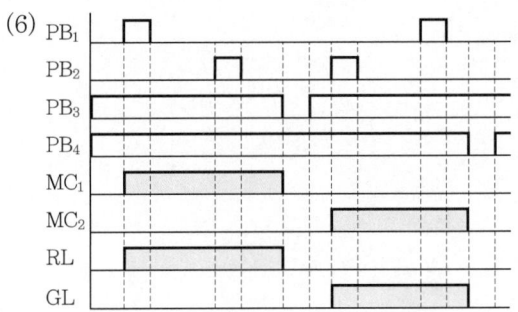

기출개념 05 화물 리프트의 자동반전회로

개념 문제 공사기사 13년 / 공사산업 92년 출제 ┤ 배점 : 5점 ├

다음 그림은 화물 리프트(Lift)의 자동반전회로이다. 이 회로를 보고 물음에 답하시오.

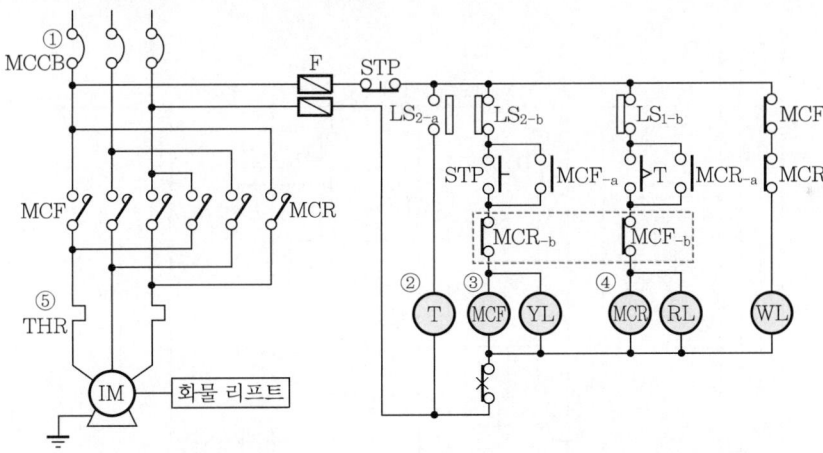

(1) 회로에 표시한 번호 ①~⑤의 명칭과 그 용도 또한 역할을 간단히 설명하여라.
(2) 다음 항목에 대하여 답을 쓰시오.
  ① 리프트가 상승하고 있을 때 여자되는 전자접촉기는?
  ② 리프트가 하강할 때 점등되는 표시등은?
  ③ 리프트가 상승할 때 작동 중인 리밋 스위치는?
  ④ 점선 안의 회로를 무슨 회로라고 하는가?
  ⑤ 전원을 공급하면 어떤 램프가 점등되는가?

답안 (1) ① 배선용 차단기 : 전원 공급 및 차단
  ② 한시동작 타이머 : 설정 시간 후 MCR 여자
  ③ 정회전용 전자접촉기 : 리프트 상승

1990년~최근 출제된 기출 이론 분석 및 유형별 문제

　　　　④ 역회전용 전자접촉기 : 리프트 하강
　　　　⑤ 열동계전기 : 전동기 과부하 방지
　(2) ① MCF
　　　② RL
　　　③ LS_2
　　　④ 인터록회로
　　　⑤ WL

기출개념 06 리프트 제어회로

개념문제 | 공사산업 10년 출제　　　　　　　　　　　　　　　　　| 배점 : 13점 |

아래 도면은 1층에서 2층으로 음식물을 옮기는 리프트 제어회로도이다. [범례] 및 [동작 설명]을 읽고 다음 물음에 답하시오. [(4)~(9)는 회로도에서 찾아 그 기호를 쓰시오.]

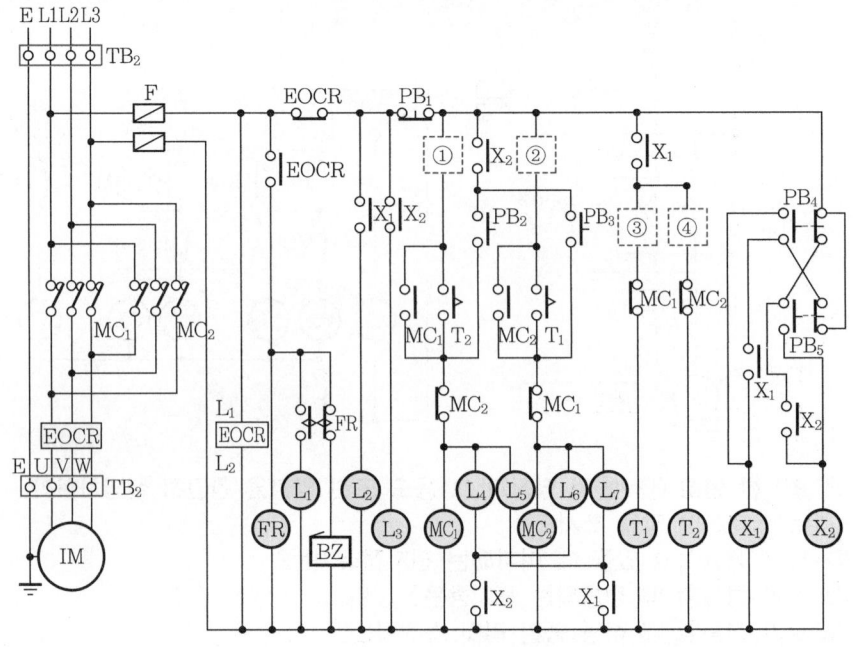

[범례]
- EOCR : 전자식 과전류계전기
- LS_1, LS_2 : 리밋 스위치
- PB_1~PB_5 : 누름버튼 스위치
- FR : 플리커계전기
- TB_1, TB_2 : 단자대
- F : 퓨즈
- X_1, X_2 : 보조계전기
- MC_1, MC_2 : 전자접촉기
- T_1, T_2 : 타임차트
- L_1~L_7 : 표시등
- BZ : 버저

[동작 설명]
(1) PB₅를 누르면 수동상태가 된다.
   ① PB₂를 누르면 전동기는 정방향으로 회전하고, 리프트는 1층에서 2층으로 상승하며 리프트가 2층에 도착하면 2층에 설치한 리밋 스위치 LS₁이 동작하여 전동기는 정지하고 리프트는 2층에서 정지한다.
   ② PB₃를 누르면 전동기는 역방향으로 회전하고, 리프트는 2층에서 1층으로 하강하며 리프트가 1층에 도착하면 1층에 설치한 리밋 스위치 LS₂이 동작하여 전동기는 정지하고 리프트는 1층에서 정지한다.
(2) PB₄를 누르면 자동상태가 된다.
   ① 리프트가 1층에 있으면 T₂타이머의 설정시간(리프트가 1층에 정지하고 있는 시간설정)이 경과하면 전동기는 자동으로 정방향으로 회전하고 리프트는 1층에서 2층으로 상승하며 리프트가 2층에 도착하면 2층에 설치한 리밋 스위치 LS₁이 동작하여 전동기는 정지하고 리피트는 2층에서 정지한다.
   ② 리프트가 2층에 도착하면 T₁타이머의 설정시간(리프트가 2층에 정지하고 있는 시간설정)이 경과하면 전동기는 자동으로 역방향으로 회전하고 리프트는 2층에서 1층으로 하강하며 리프트가 1층에 도착하면 1층에 설치한 리밋 스위치 LS₂이 동작하여 전동기는 정지하고 리프트는 1층에서 정지한다.
   ③ 위 동작을 반복한다.
(3) 동작 중 PB₁를 누르면 모든 동작이 정지된다.
(4) 운전 중 과전류계전기가 동작하면 전동기는 정지한다.

(1) ①, ②, ③, ④ 회로의 [___]에는 각각 어떤 접점의 리밋 스위치인지 [보기]와 같은 방법으로 그림기호를 그리시오.

[보기] ⎡LS₁ ⎤LS₁ 또는 ⎡LS₂ ⎤LS₂

(2) 수동 상태에서 리프트가 상승 중 PB₃를 누르면 MC₂가 여자되는가 또는 여자되지 않는가?
(3) 자동운전상태에서 PB₂를 누르면 MC₁이 여자되는가 또는 여자되지 않는가?
(4) 수동운전이 선택된 상태에서 점등되는 표시등은?
(5) 자동운전이 선택된 상태에서 여자되는 계전기는?
(6) 수동운전 상태에서 리프트가 상승할 때 점등되는 표시등은?
(7) 자동운전 상태에서 리프트가 하강할 때 점등되는 표시등은?
(8) 과전류계전기가 동작되었을 때 여자되는 계전기는?
(9) 리프트 상승하고 있을 때 여자되는 전자접촉기는?
(10) EOCR이 작동되었을 때의 동작 사항을 설명하시오.

답안 (1) ① ⎡LS₁   ② ⎡LS₂   ③ ⎡LS₂   ④ ⎡LS₁

(2) 여자되지 않는다.
(3) 여자되지 않는다.
(4) L_3
(5) X_1
(6) L_4
(7) L_7
(8) FR
(9) MC_1
(10) 전동기는 정지하고, FR은 여자된다.
   FR의 플리커 접점에 의해 버저와 표시등이 반복 동작한다.

기출개념 07 컨베이어 회로

개념문제 공사산업 05년 출제 | 배점: 8점 |

다음 그림은 컨베이어 회로의 일부이다. 부품이 조립 위치에 도달하면 LS에 의해 정지되었다가 조립 시간(1시간) 후 컨베이어에 의해 이동된다. 다시 부품이 컨베이어에 의해서 조립 위치에 도달하면 위와 같은 동작이 반복된다. 다음 타임차트를 참고하여 미완성 sequence diagram을 완성하시오.

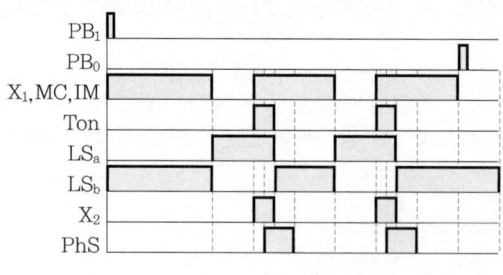

[범례]
- PB_1, PB_0 : 누름버튼 스위치
- X_1, X_2 : 보조계전기(relay)
- MC : 전자접촉기
- Ton : delay time
- LS : 제한스위치(limit switch)
- PhS : 광전스위치(photo sw.)
- TR : Transformer

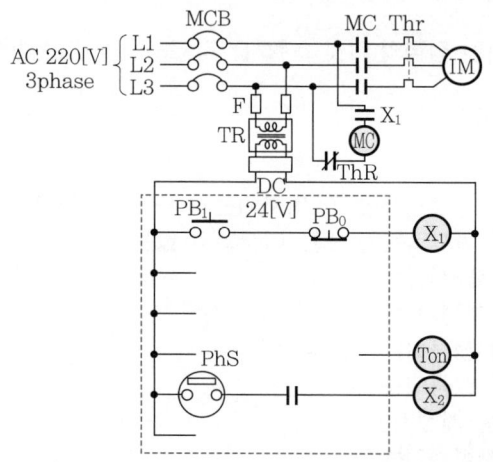

※ 다음에 예시한 접점을 필요한 것만 골라 1개 이상 사용하여 회로를 완성하시오.

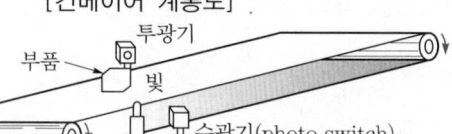

[컨베이어 계통도]

답안

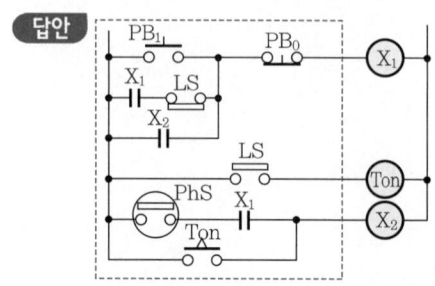

08 퀴즈를 풀기 위한 전등 버저장치회로

개념문제 공사산업 02년, 07년 출제 | 배점 : 10점 |

다음은 3사람이 퀴즈를 풀기 위한 전등과 버저장치이다. 버튼 스위치를 먼저 누르면 사람의 전등이 켜지며 다른 사람이 조금 늦게 눌러도 다른 사람의 전등은 점등되지 않는다. 즉, A, B, C 3사람 중 버튼 스위치 $BS_A \sim BS_C$를 먼저 누르는 사람의 해당 번호의 전등이 점등됨과 동시에 버저가 일정시간 (수초 후) 동안 울리고 전등과 버저가 동시에 정지한다. 정지 후 다시 동작시킬 수 있어야 한다. 이 장치의 Sequence도를 설계하시오. (단, 전원이 접속되는 부분에는 반드시 접속점을 표시하시오.)

[계통도]

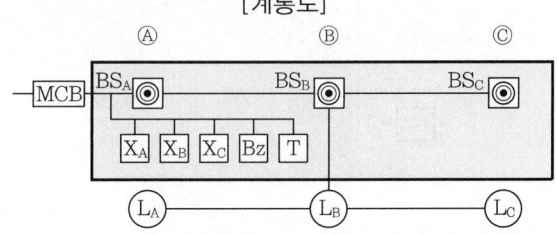

[범례]

기 호	명 칭
$BS_A \sim BS_C$	Button Switch
$L_A \sim L_C$	Lamp
$X_A \sim X_C$	보조계전기(relay)
Bz	Buzzer
T	Timer
MCB	배선용 차단기

[minipower Relay 내부 결선도(14pin)]

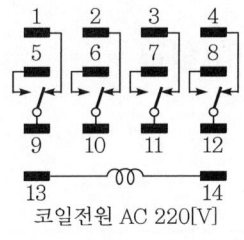

코일전원 AC 220[V]

[타이머 내부 결선도]

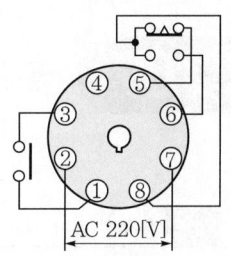

AC 220[V]

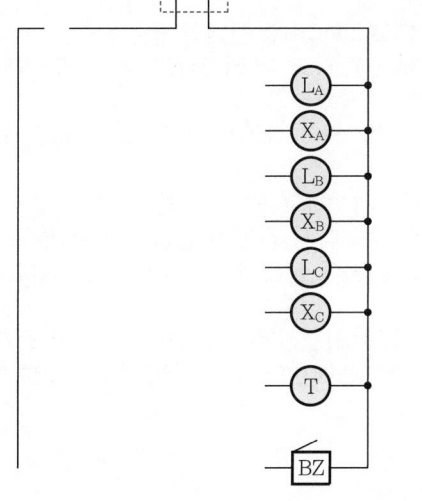

※ Button Switch의 기호와 기구의 접점기호는 다음 중에서 옳은 것을 골라 필요한 수만큼 사용하시오.

CHAPTER 05. 산업용 기기 시퀀스제어회로 659

[답안]

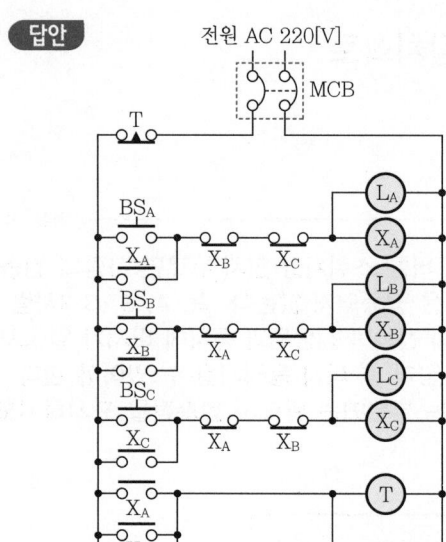

기출개념 09 급수장치 제어회로

개념 문제 | 공사기사 16년 출제 | 배점 : 7점 |

다음은 지하 집수조에 고가수조로 양수하여 물을 사용하기 위한 급수장치의 일부분이다. 다음 물음에 답하시오.

[동작 사항]
① 전원을 투입하면 전원표시등 GL이 점등되고 EOCR에 전원이 공급된다.
② 버튼 스위치 PB를 누르면(눌렀다 놓으면) MC, T, FLR, RL에 전원이 즉시 공급되어 전동기가 회전하여 Pump가 고가수조에 급수를 시작한다.
③ 고가수조의 수위가 만수위가 되면 급수는 정지되고 표시등 RL은 소등되고 T와 FLR에는 전원이 계속 공급되고 있다.
④ 수조의 수위가 저수위가 되면 다시 급수를 시작하고 RL이 점등된다.
⑤ 전원이 순간적으로 정전되었다가(약 2~5초간) 다시 전원이 공급되면, 버튼 스위치 PB를 누르지 않아도 정전이 되기 전과 같이 제어회로에 전원이 공급된다. 여기서 T는 적어도 6초 이상 설정해 놓아야 한다.
⑥ 전동기가 운전 중 과부하가 되었을 때 제어회로에는 전원이 차단되어 급수가 정지되고 FR에 전원이 공급되어 표시등 YL과 버저 BZ가 교대로 계속 동작한다. 이때 차단기 MCCB를 OFF하면 모든 동작이 정지된다.

[범례]

- ○| |○ : FLR(Floatless Relay) a, b접점
- ○| |○ : T[타이머(off delay)] a, b접점
- ○| |○ : PB a, b접점
- ○| |○ : FR(플리커 릴레이) a, b접점
- GL, YL, RL : 표시등
- BZ : 버저
- EOCR : 전자식 과전류계전기
- P : 수조용 전극봉

[급수장치의 Sequence Diagram]

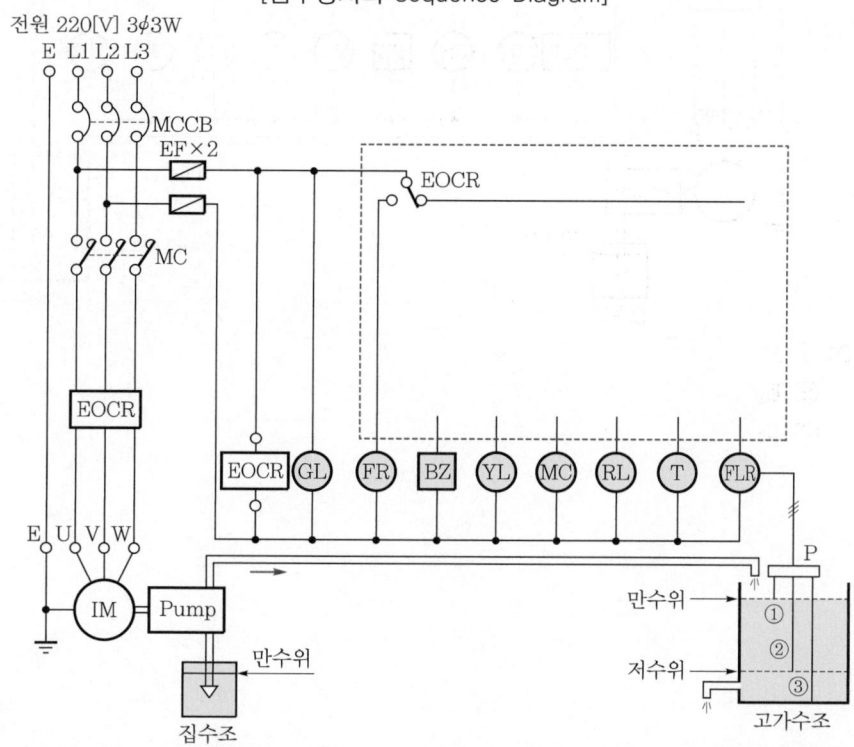

(1) 이 급수장치가 완전히 동작되도록 [동작 사항]을 참고하여 네모 안의 회로를 완성하시오. (단, 지하 집수조의 수위는 항상 만수위가 되어 있는 것으로 하시오.)
(2) 고가수조의 P부분의 전극 ①, ②, ③의 명칭을 쓰시오.

(1) 전원 220[V] 3φ3W

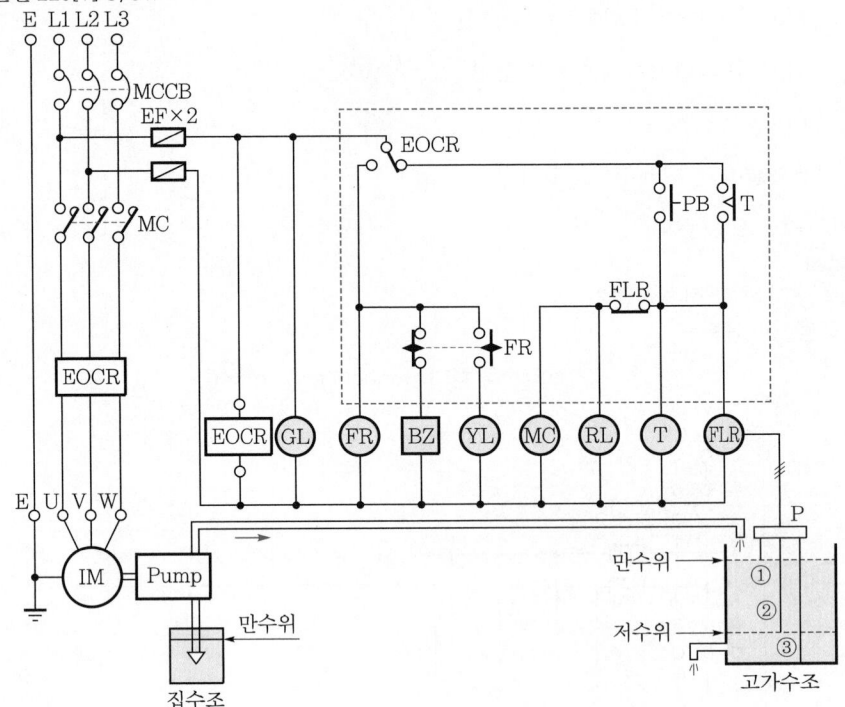

(2) ① E_1
　　② E_2
　　③ E_3

기출개념 10 급·배수설비 제어회로

개념문제 공사기사 05년, 13년 출제 | 배점 : 9점 |

다음 그림은 대단위 아파트의 급배수설비의 일부분이다. 기계실(변전실, 급수펌프실, 보일러실 등)의 침수를 예방하기 위한 설비를 하고자 한다. 다음 사항을 잘 이해하고 이에 적합한 경보장치를 제시한 기구와 각종 Relay를 사용하여 미완성 회로를 완성하시오.

[급·배수장치 계통도]

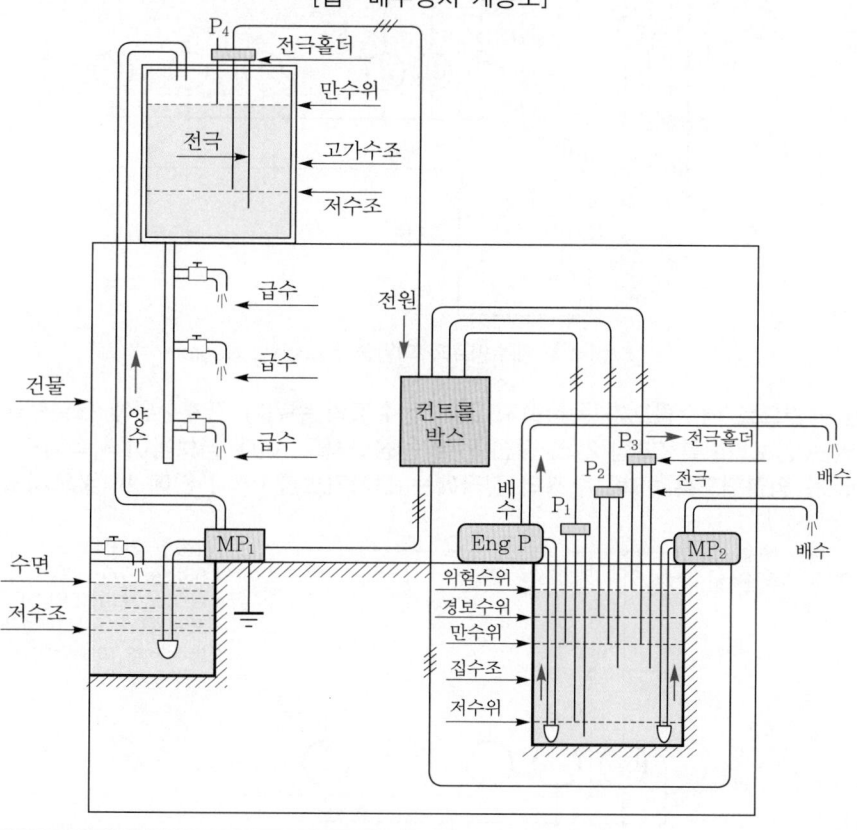

[범례]
- $P_1 \sim P_4$: 전극 홀더
- MP_1, MP_2 : 전동기로 구동되는 Pump
- Eng P : Engine으로 구동되는 Pump

1990년~최근 출제된 기출 이론 분석 및 유형별 문제

(1) 배수펌프의 작동이 만수위가 되었을 때 자동으로 동작하지 않을 경우 수동으로 동작시킬 수 있도록 하기 위한 미완성 sequence diagram을 〈그림 1〉의 점선 안에 완성하고 수조의 전극에는 전극 기호를 ( ) 안에 써 넣으시오.

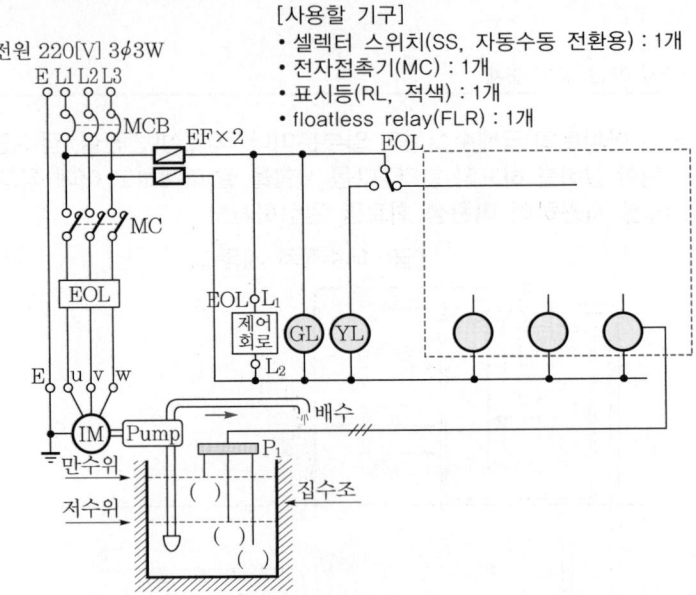

┃그림 1┃ 배수펌프의 미완성 sequence diagram

(2) 어떤 원인으로 배수펌프가 동작하지 않아 집수조의 수위가 경계수위에 도달했을 때 경보를 할 수 있는 경보회보를 〈그림 2〉의 점선 안에 완성하시오. 이때 경보음이 지속되도록 하고, 경보용 Lamp는 명멸되도록 하며, 수조의 전극에는 전기기호를 ( ) 안에 써 넣으시오.

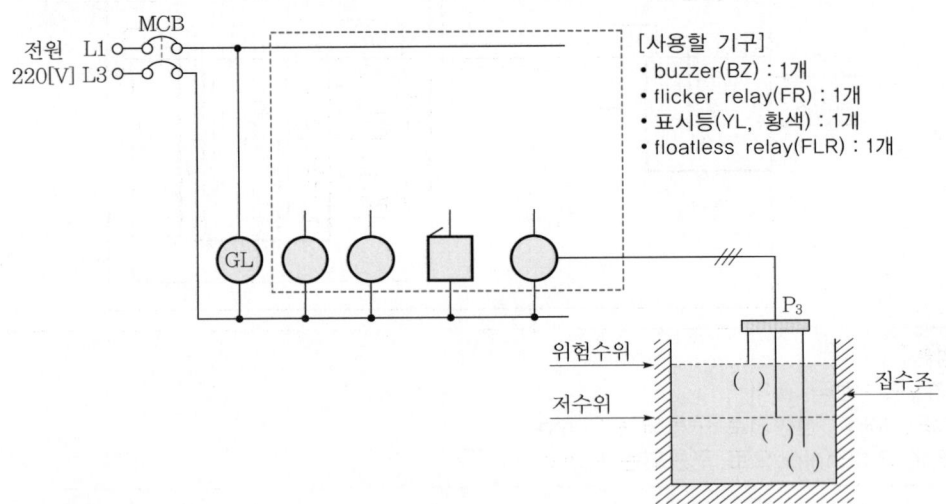

┃그림 2┃ 배수장치의 정보회로의 미완성 sequence diagram

(3) 어떤 원인으로 배수펌프가 동작하지 않아 집수조의 수위가 위험수위에 도달했을 때 경보를 할 수 있는 경보회로를 〈그림 3〉의 점선 안에 완성하시오. 이 경우에는 경보음이 단속되도록 하고, 경보용 Lamp도 명멸되도록 하며 수조의 전극에는 전극기호를 (　)에 써 넣으시오.,

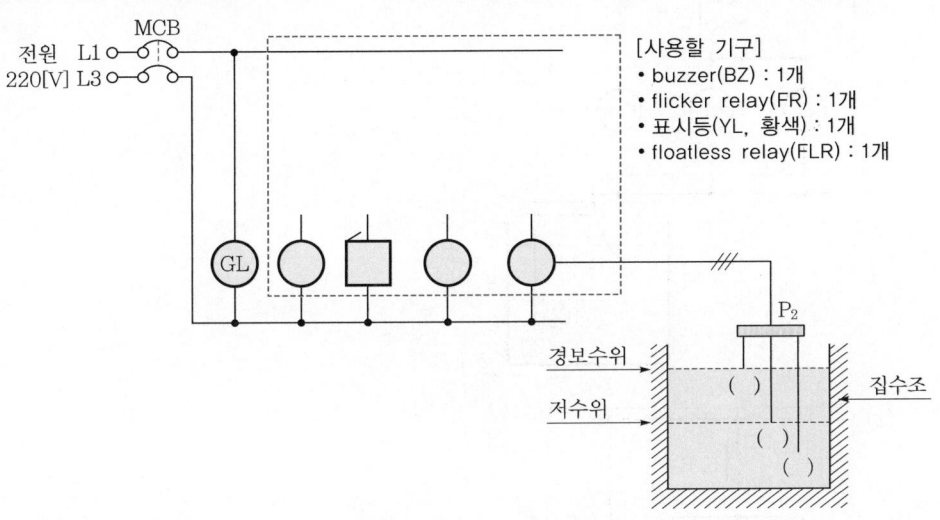

[사용할 기구]
- buzzer(BZ) : 1개
- flicker relay(FR) : 1개
- 표시등(YL, 황색) : 1개
- floatless relay(FLR) : 1개

┃그림 3┃ 배수장치의 위험수위의 경보회로의 미완성 sequence diagram

[floatless relay 내부 결선도]

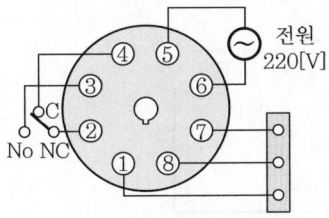

[flicker relay 내부 결선도]

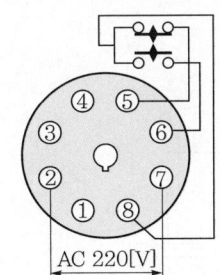

1990년~최근 출제된 기출 이론 분석 및 유형별 문제

답안 (1)

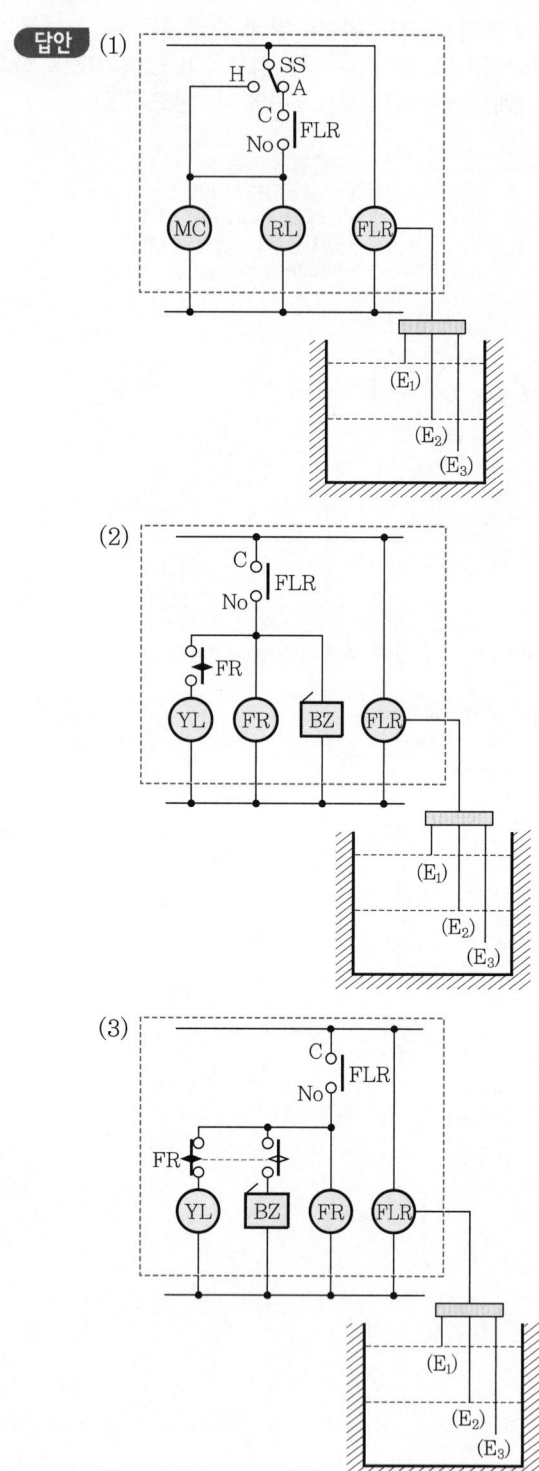

(2)

(3)

06 CHAPTER 논리회로

1990년~최근 출제된 기출 이론 분석 및 유형별 문제

기출개념 01 기본 논리회로

1 AND회로(논리적 회로)

입력 A, B가 모두 ON(H)되어야 출력이 ON(H)되고, 그 중 어느 한 단자라고 OFF(L)되면 출력이 OFF(L)되는 회로이다.

논리식 : $X = A \cdot B$

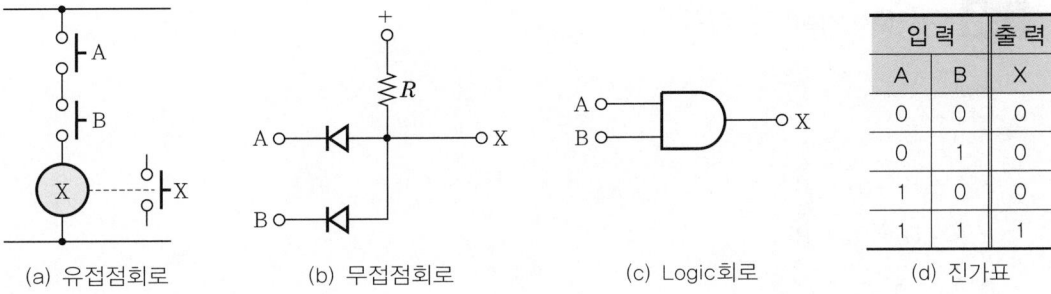

(a) 유접점회로   (b) 무접점회로   (c) Logic회로   (d) 진가표

2 OR회로(논리화 회로)

입력단자 A, B 중 어느 하나라도 ON(H)되면 출력이 ON(H)되고, A, B 모든 단자가 OFF(L)되어야 출력이 OFF(L)되는 회로이다.

논리식 : $X = A + B$

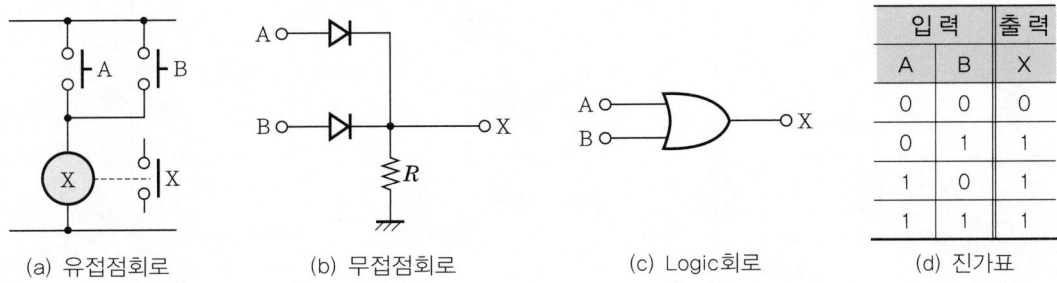

(a) 유접점회로   (b) 무접점회로   (c) Logic회로   (d) 진가표

3 NOT회로(부정회로)

입력이 ON되면 출력이 OFF되고, 입력이 OFF되면 출력이 ON되는 회로이다.

논리식 : $X = \overline{A}$

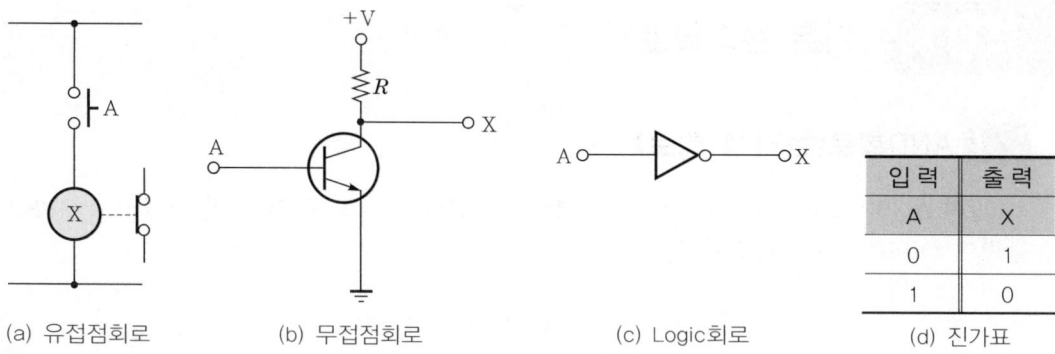

(a) 유접점회로   (b) 무접점회로   (c) Logic회로   (d) 진가표

4 De Morgan의 법칙

- $\overline{A+B} = \overline{A} \cdot \overline{B}$
- $\overline{A \cdot B} = \overline{A} + \overline{B}$
- $A + B = \overline{\overline{A} \cdot \overline{B}}$
- $A \cdot B = \overline{\overline{A} + \overline{B}}$
- $\overline{\overline{A}} = A$

개념 문제 01 공사산업 13년, 16년 출제   배점 : 5점

그림 (a)의 릴레이 시퀀스가 있다. A, B, C, D는 보조 릴레이 접점이고, X는 릴레이, L은 부하이다. 다음 물음에 답하시오.

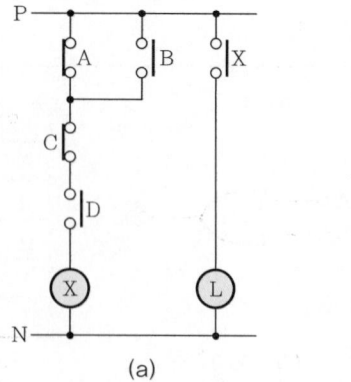
(a)

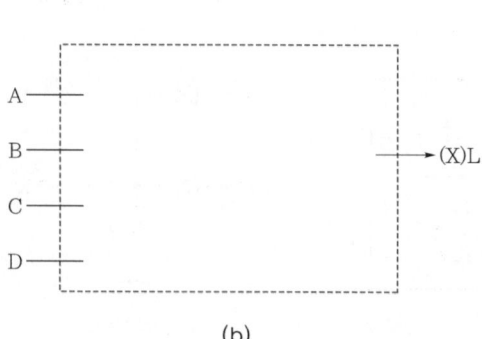
(b)

(1) 그림 (a)에서 X의 논리식을 쓰시오.
(2) 답안지의 그림 (b)란에 논리회로(2입력, AND, OR, NOT 기호 사용)을 그려 넣으시오.

답안 (1) $X = (\overline{A}+B)\overline{C} \cdot D$
(2)
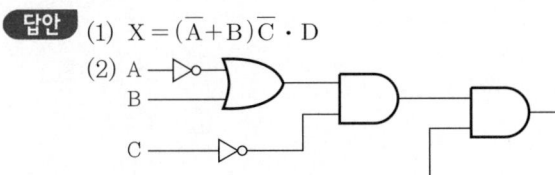

개념 문제 02 공사기사 90년, 10년, 21년 출제
| 배점 : 6점 |

다음 논리회로의 진리표를 완성하고 논리회로에 대한 타임차트를 완성하시오.

[타임차트]

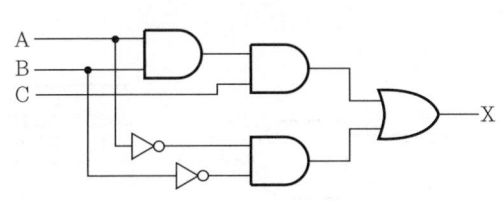
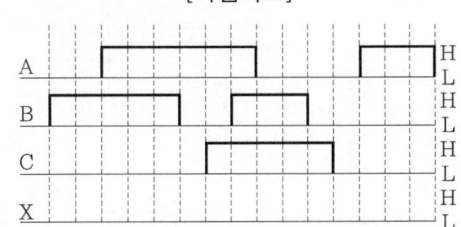

∥ 진리표 ∥

A	L	L	L	L	H	H	H	H
B	L	L	H	H	L	L	H	H
C	L	H	L	H	L	H	L	H
X								

답안

A	L	L	L	L	H	H	H	H
B	L	L	H	H	L	L	H	H
C	L	H	L	H	L	H	L	H
X	H	H	L	L	L	L	L	H

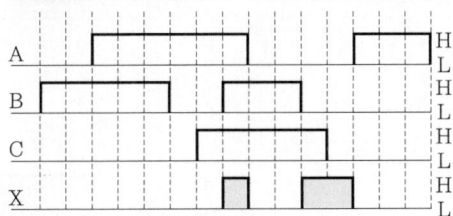

CHAPTER 06. 논리회로 **669**

기출개념 02 조합 논리회로

1 NAND회로(논리적인 부정회로)

입력단자 A, B 중 어느 하나라도 OFF되면 출력이 ON되고, 입력단자 A, B 모두가 ON되어야 출력이 OFF되는 회로이다.

$$\text{논리식} : X = \overline{A \cdot B}$$

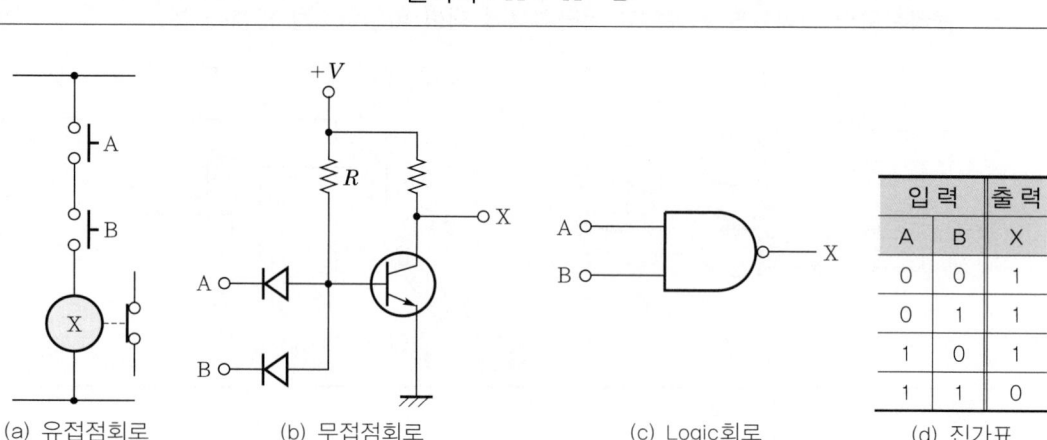

(a) 유접점회로　(b) 무접점회로　(c) Logic회로　(d) 진가표

2 NOR회로(논리화 부정회로)

입력 A, B 중 모두 OFF되어야 출력이 ON되고 그 중 어느 입력단자 하나라도 ON되면 출력이 OFF되는 회로이다.

$$\text{논리식} : X = \overline{A + B}$$

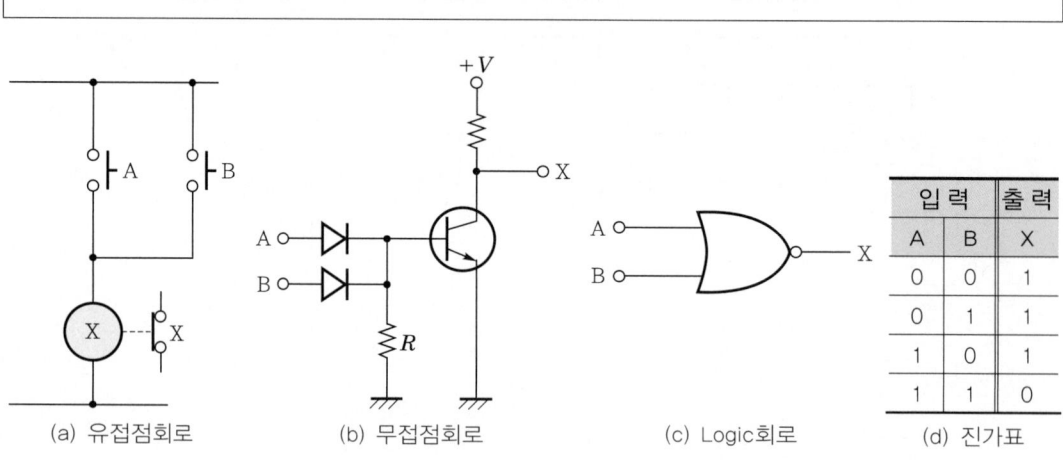

(a) 유접점회로　(b) 무접점회로　(c) Logic회로　(d) 진가표

개념 문제 01 | 공사기사 94년 출제 | 배점 : 5점

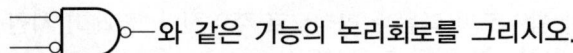와 같은 기능의 논리회로를 그리시오.

답안 OR 회로

개념 문제 02 | 공사산업 01년, 07년, 14년 출제 | 배점 : 6점

그림의 릴레이회로를 보고 물음에 답하시오.

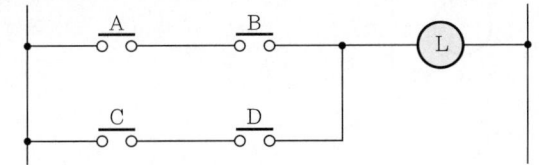

(1) 논리식을 쓰시오. (단, 입력은 A, B, C, D이며 출력은 L이다.)
(2) "(1)"의 논리식을 2입력 AND 소자, 2입력 OR 소자만을 사용하여 논리회로를 구성하시오.
(3) "(1)"의 논리식을 2입력 NAND 소자만을 사용하여 논리회로를 구성하시오.

답안 (1) $L = AB + CD$

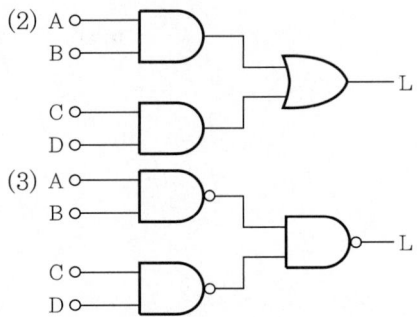

1990년~최근 출제된 기출 이론 분석 및 유형별 문제

개념 문제 03 공사기사 92년, 97년, 14년, 22년 출제
배점 : 6점

출력 릴레이 X가 보조 릴레이 접점 A, B, C의 함수로써 다음 논리식으로 주어진다. 릴레이 시퀀스, 로직 시퀀스 및 NOR gate만을 사용한 로직 시퀀스를 각각 그리시오.

논리식 : $X = (A+B)(C+\overline{B} \cdot \overline{C})$

선의 접속과 미접속에 대한 예시

접 속	미접속

(1) 릴레이 시퀀스를 그리시오.

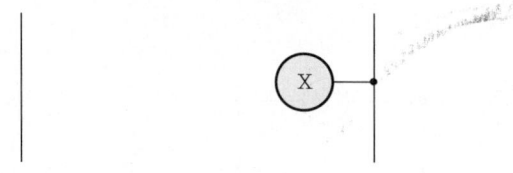

(2) 로직 시퀀스를 그리시오.

A○─
B○─

C○─

(3) NOR gate만을 사용한 로직 시퀀스를 그리시오.

A○─
B○─

C○─

답안

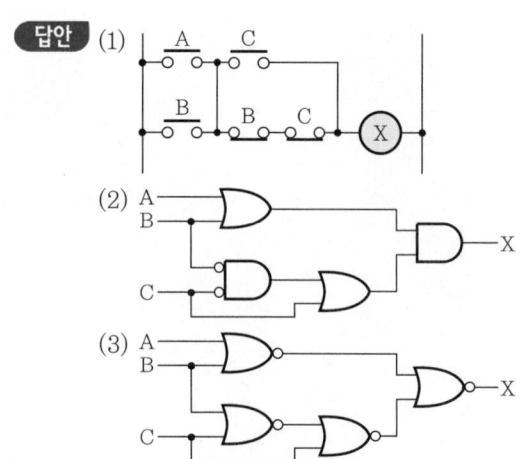

3 Exclusive OR회로(배타 OR회로, 반일치회로)

A, B 두 개의 입력 중 어느 하나만 입력할 때 출력이 ON 상태가 나오는 회로를 Exclusive OR회로라 한다.

$$논리식 : X = \overline{A}B + A\overline{B} = \overline{AB}(A+B)$$

$$간이화된 논리식 : X = A \oplus B$$

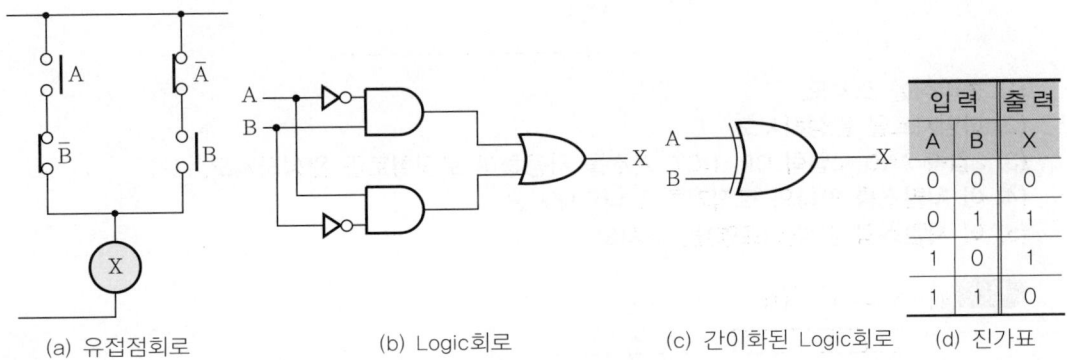

(a) 유접점회로　　(b) Logic회로　　(c) 간이화된 Logic회로　(d) 진가표

4 Exclusive NOR회로(배타 NOR회로, 일치회로)

입력 접점 A, B가 모두 ON되거나 모두 OFF될 때 출력이 ON 상태가 되는 회로

$$논리식 : X = \overline{A}\,\overline{B} + AB$$

$$간이화된 논리식 : X = A \odot B$$

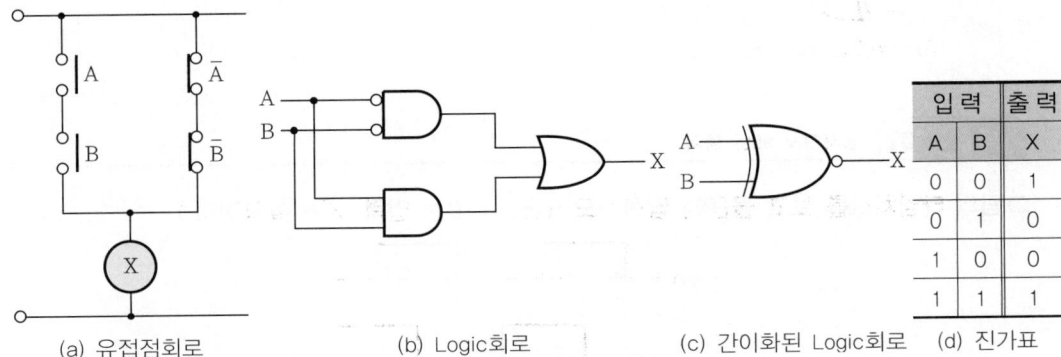

(a) 유접점회로　　(b) Logic회로　　(c) 간이화된 Logic회로　(d) 진가표

1990년~최근 출제된 기출 이론 분석 및 유형별 문제

개념 문제 01 공사산업 95년, 96년 출제
배점 : 10점

그림의 릴레이 시퀀스를 보고 물음에 답하시오. (단, A, B는 입력, X는 출력이다.)

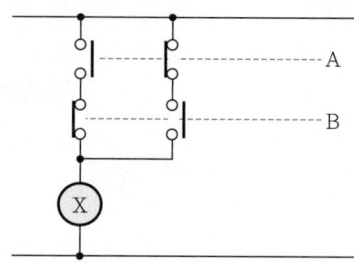

(1) 논리식을 쓰시오.
(2) 타임차트을 완성하시오.
(3) 2입력 AND, 2입력 OR, NOT 기호를 사용하여 로직회로를 완성하시오.
(4) 이 시퀀스를 하나의 로직기호로 나타내시오.
(5) 이 시퀀스의 명칭(회로명)을 쓰시오.

답안 (1) $X = A\overline{B} + \overline{A}B$

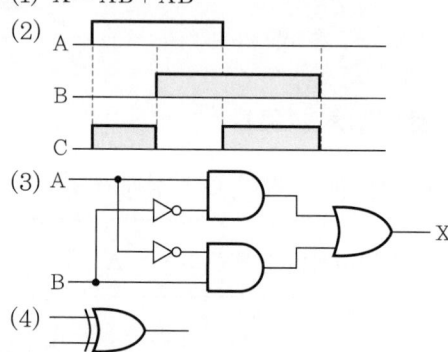

(5) Exclusive OR 회로

개념 문제 02 공사기사 95년 출제
배점 : 10점

그림의 타임차트를 보고 물음에 답하시오. (단, A, B는 입력, X는 출력이다.)

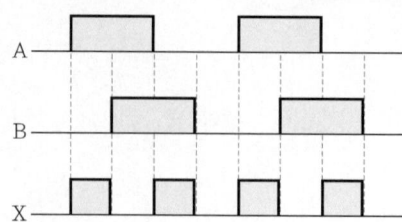

(1) 논리식을 쓰시오.
(2) 릴레이 시퀀스를 답란에 완성하시오.

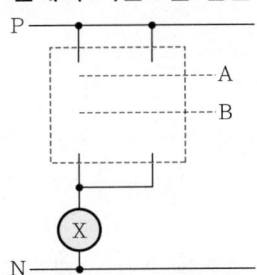

(3) 2입력 AND, 2입력 OR, 2입력 NAND 기호를 각각 1개씩 사용하여 로직회로를 답란에 완성하시오.

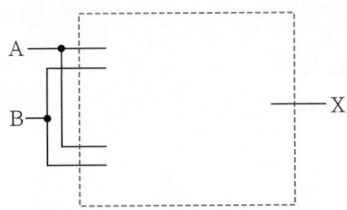

(4) 이 시퀀스의 회로 명칭(기호 명칭)을 쓰시오.
(5) 이 회로를 하나의 로직기호로 나타내시오.

답안 (1) $X = A\overline{B} + \overline{A}B = (A+B)\overline{AB}$

(2)

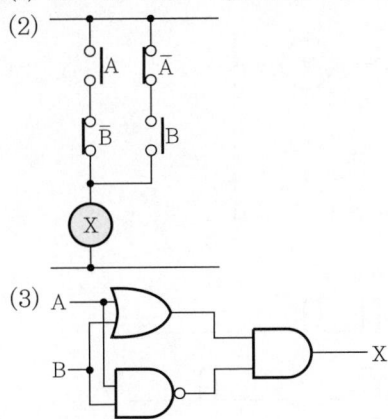

(3)

(4) Exclusive OR 회로
(5)

기출개념 03 여러 가지 논리회로

1 정지우선회로

① SET버튼 스위치를 누르면 릴레이 Ⓧ가 여자되어 기억접점 X와 출력접점 X가 ON된다.
② SET버튼이 복귀되어도 기억접점 X로 릴레이 Ⓧ를 계속 여자시키므로 출력이 나온다.
③ RESET버튼 스위치를 누르면 Ⓧ가 소자되어 출력이 끊긴다.
④ 만일 SET와 RESET버튼 스위치를 동시에 누를 경우 이 기억회로는 출력이 나오지 않는다. 따라서 이것을 정지우선회로 또는 RESET우선회로라고 한다.

$$논리식 : X = (SET + X)\overline{RESET}$$

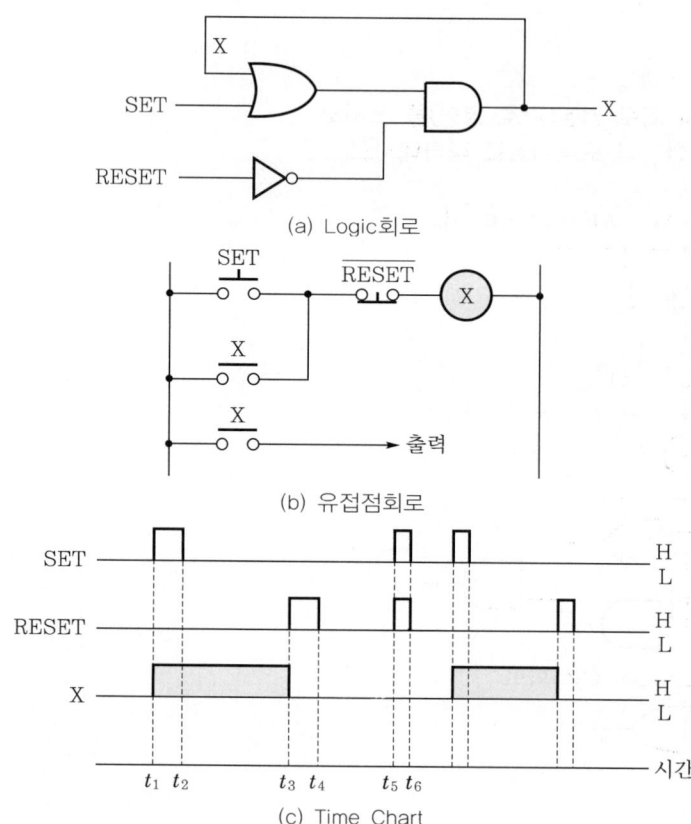

(a) Logic회로

(b) 유접점회로

(c) Time Chart

개념 문제 01 | 공사산업 21년 출제 | 배점 : 5점

램프 L을 두 곳에서 점등할 수 있는 회로이다. 다음 물음에 답하시오.

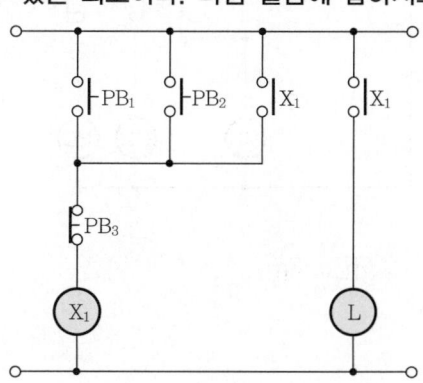

(1) X_1, L의 논리식을 쓰시오.
(2) AND, OR, NOT 논리소자를 이용하여 논리회로를 완성하시오.

답안 (1) $X_1 = (PB_1 + PB_2 + X_1) \cdot \overline{PB_3}$, $L = X_1$

(2)

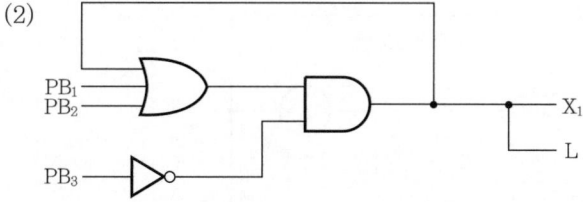

개념 문제 02 | 공사산업 92년, 93년, 12년 출제 | 배점 : 5점

아래 회로도를 보고 물음에 답하시오.

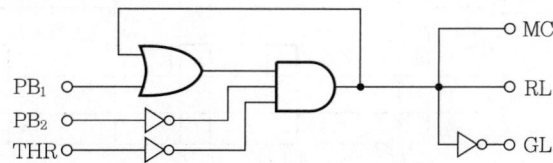

(1) 답안지에 시퀀스회로도를 그리시오.
(2) 답란에 출력식을 쓰시오.

답안 (1)

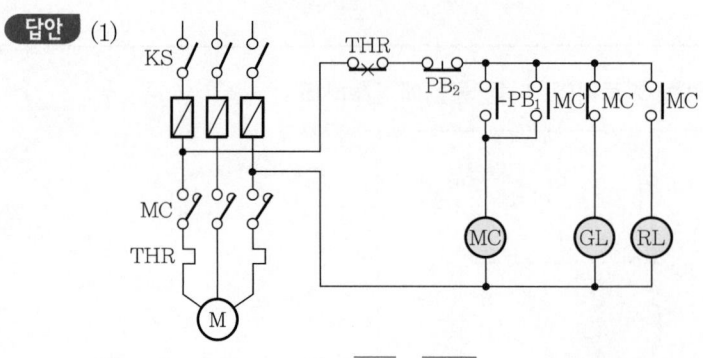

(2) $MC = (PB_1 + MC) \cdot \overline{PB_2} \cdot \overline{THR}$
$GL = \overline{MC}$
$RL = MC$

2 기동우선회로

이 회로는 SET와 RESET버튼을 동시에 누르면 출력이 끊기지 않고 계속 나오는 기동우선 즉 SET우선이 된다. 이와 같은 회로는 정보회로에 사용된다.

$$\text{논리식} : X = SET + (X \cdot \overline{RESET})$$

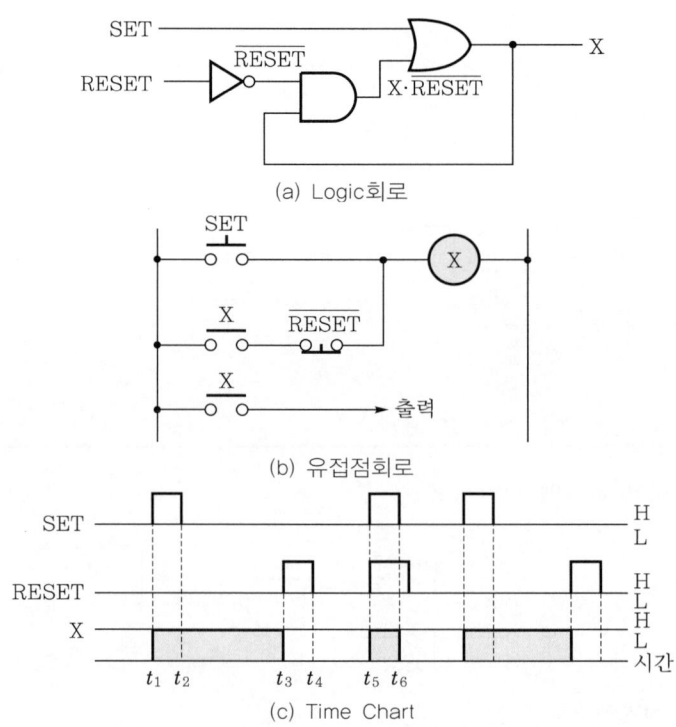

(a) Logic회로

(b) 유접점회로

(c) Time Chart

| 개념 문제 | 공사산업 88년 출제 | | 배점 : 6점 |

다음 그림은 기동(SET) 우선 유지회로이다. 이 회로를 보고 다음 각 물음에 답하시오.

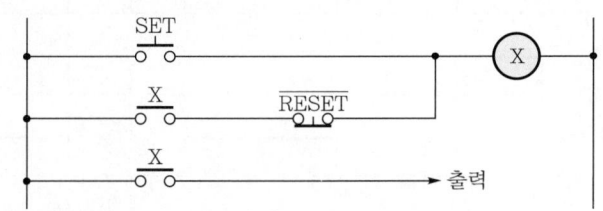

(1) 무접점 기동 우선 논리회로를 그리시오.
(2) 기동 우선 회로의 동작 상태를 타임차트로 나타내시오.

답안 (1)

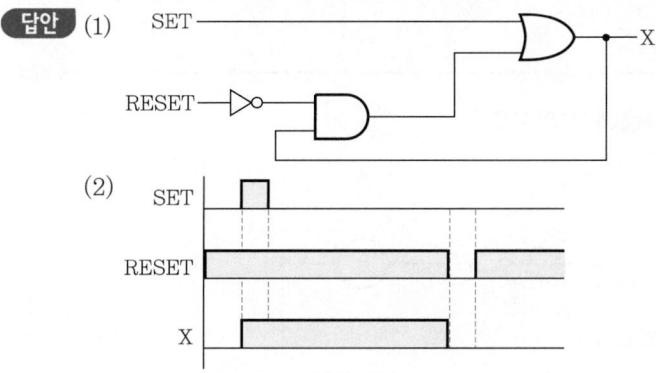

(2)

3 선입력우선회로(인터록회로)

이 회로는 먼저 들어간 것이 우선 동작하는 회로이다. 상대 측의 NOT회로를 통하여 AND 입력에 접속된 것이며 주로 전동기의 정역운전회로에 잘 이용된다. 그림은 2입력 인터록회로를 나타낸 것으로 그 논리식은 다음과 같다.

$$\text{논리식} : \begin{cases} X_A = A\overline{X_B} \\ X_B = B\overline{X_A} \end{cases}$$

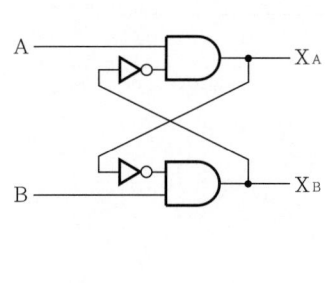

(a) Logic회로

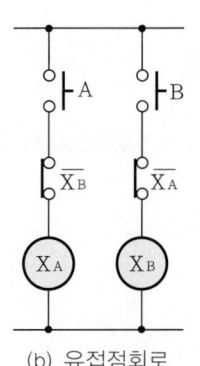

(b) 유접점회로

1990년~최근 출제된 기출 이론 분석 및 유형별 문제

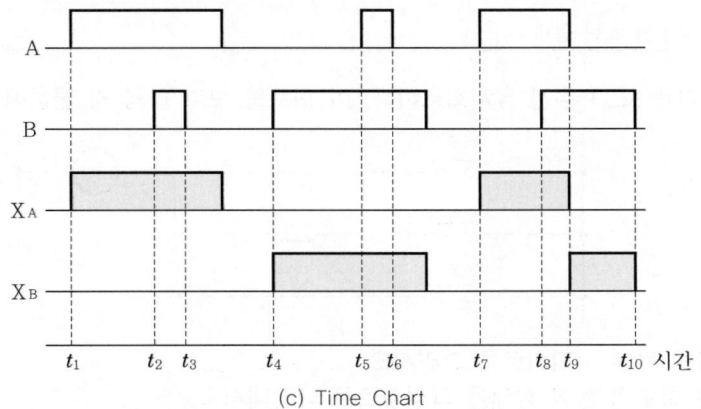

(c) Time Chart

개념 문제 01 공사기사 12년, 22년 출제 | 배점 : 8점 |

다음 그림의 유접점회로도를 보고 물음에 답하시오.

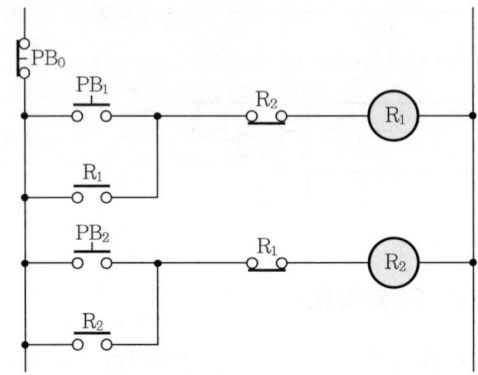

(1) 타임차트를 완성하시오.

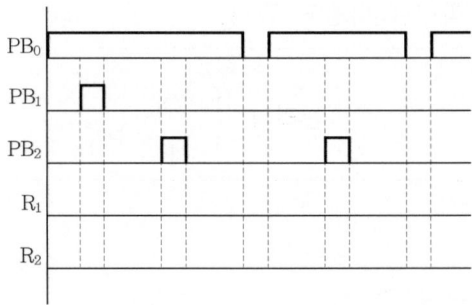

(2) R_1, R_2의 논리식을 쓰시오.
- R_1 :
- R_2 :

(3) 유접점회로를 보고 AND, OR, NOT을 사용하여 무접점회로를 완성하시오.

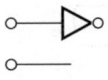 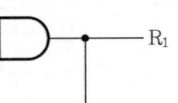

 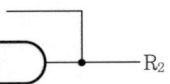

답안 (1)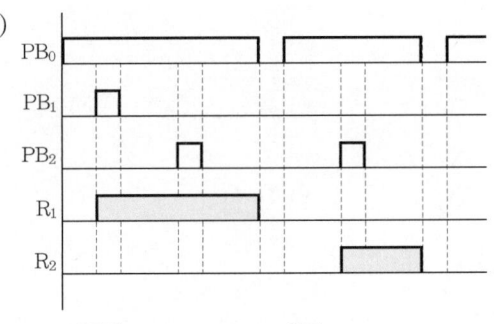

(2) $R_1 = \overline{PB_0} \cdot (PB_1 + R_1) \cdot \overline{R_2}$
$R_2 = \overline{PB_0} \cdot (PB_2 + R_2) \cdot \overline{R_1}$

(3)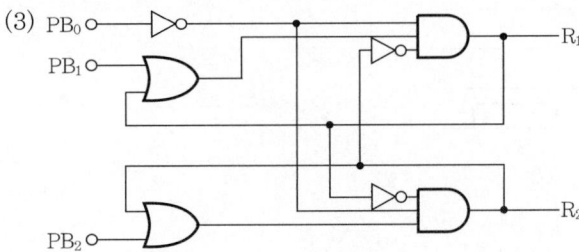

개념 문제 02 공사기사 95년, 00년, 11년 출제 | 배점 : 10점 |

3입력의 인터록 유접점 제어회로도를 숙지한 다음, 다음 물음에 답하시오.

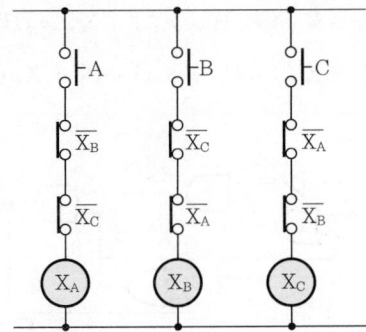

(1) 유접점 제어회로를 무접점으로 그리시오.

  [단, AND(⊃—), NOT(▷∘—) 심벌로만 그리시오. 기타는 틀림]

(2) 타임차트를 완성하시오.

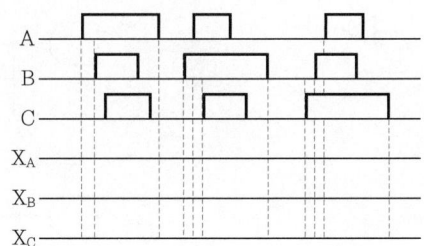

답안 (1)

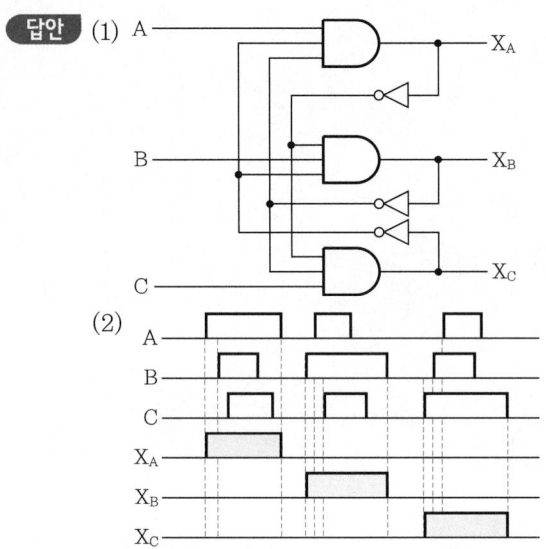

4 순차동작회로

순차동작회로란 기억회로를 포함하여 전원측으로부터 입력이 순차적으로 들어가야 순차적으로 출력이 나오게 되는 제어회로를 말한다.

논리식 : $X_A = \overline{STP} \cdot (A + X_A)$
$X_B = \overline{STP} \cdot (A + X_A) \cdot (B + X_B) = X_A \cdot (B + X_B)$
$X_C = \overline{STP} \cdot (A + X_A) \cdot (B + X_B) \cdot (C + X_C) = X_B \cdot (C + X_C)$

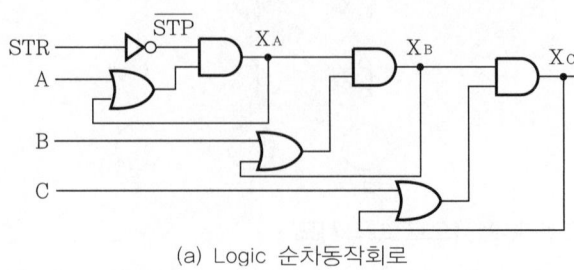

(a) Logic 순차동작회로

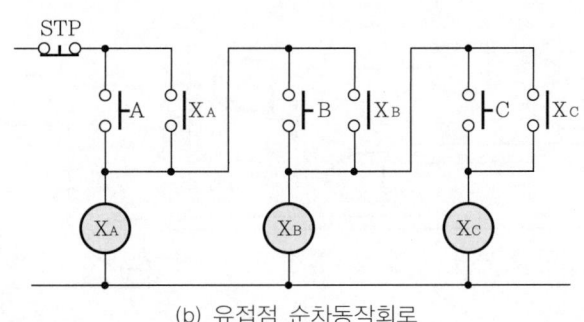

(b) 유접점 순차동작회로

개념 문제 공사기사 94년, 98년 출제 | 배점 : 10점 |

유접점 제어회로를 보고 다음 물음에 답하시오.

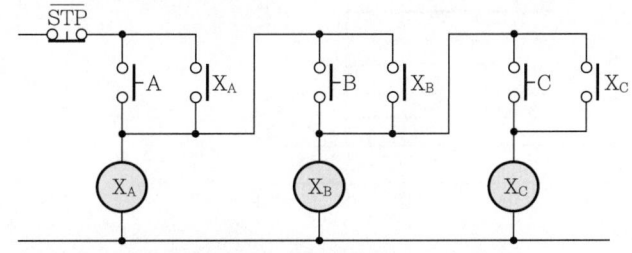

(1) 유접점 제어회로에서 X_C의 논리식을 표현하시오.
(2) 유접점 제어회로를 무접점 제어회로로 그리시오. (단, AND, OR, NOT 게이트의 기본회로를 가지고 표현할 것)
(3) 타임차트를 완성하시오.

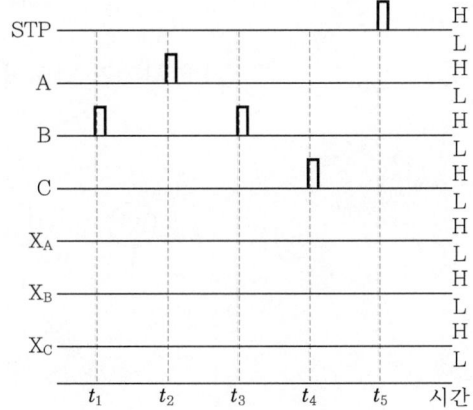

답안 (1) $X_C = \overline{STP} \cdot (A + X_A) \cdot (B + X_B) \cdot (C + X_C)$

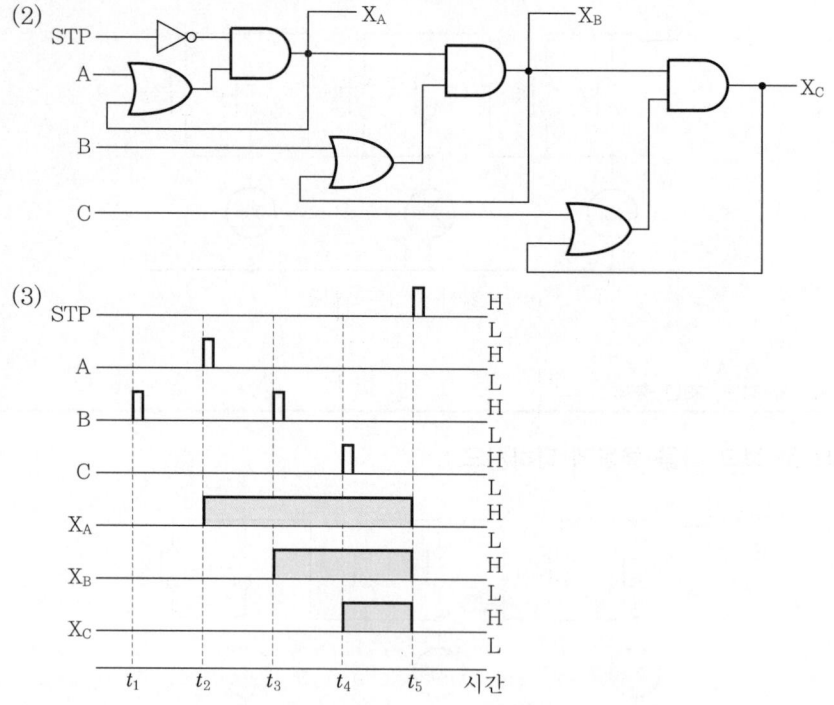

5 타이머 논리(logic)회로

입력신호의 변화시간보다 정해진 시간만큼 뒤져서 출력신호의 변화가 나타나는 회로를 한시회로라 하며 접점이 일정한 시간만큼 늦게 개폐되는데 여기서는 아래 표처럼 논리 심벌과 동작에 관하여 정리해 보았다.

(1) 한시동작 타이머　　　　(2) 한시복귀 타이머

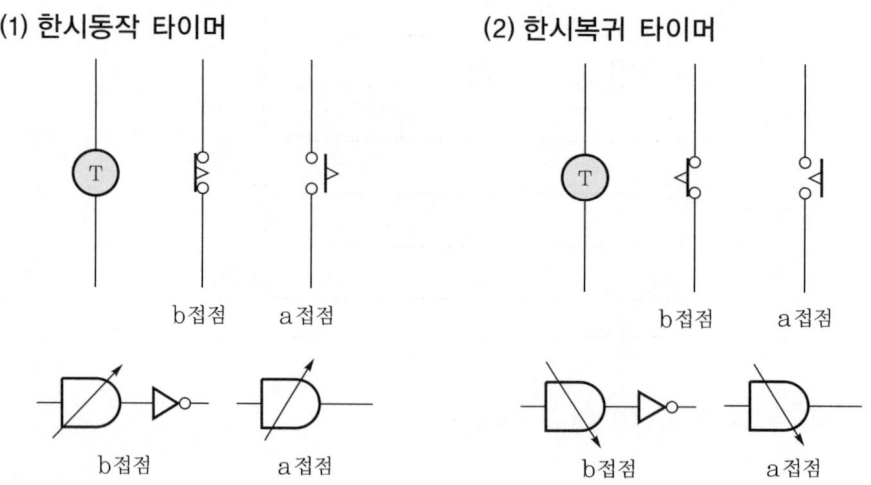

신 호			접점 심벌	논리 심벌	동 작
입력신호(코일)			○ ─○─		여자 소자 여자
출력신호	보통 릴레이 순시동작 순시복귀	a접점			닫힘 열림 닫힘
		b접점			
	한시동작회로	a접점			t
		b접점			
	한시복귀회로	a접점			t
		b접점			
	뒤진 회로	a접점			t t
		b접점			

개념 문제 01 공사기사 97년, 03년 출제 ┤ 배점 : 10점 ├

그림은 신호회로를 조합한 시퀀스회로이다. 누름버튼 스위치(PB)는 20초 동안 누르고, 접점 F는 전원 투입 3초 후 동작하여 10초 동안 유지하며, 설정시간은 T_1은 7초, T_2은 5초이고, 기타의 시간 늦음은 없다. 다음 물음에 답하시오.

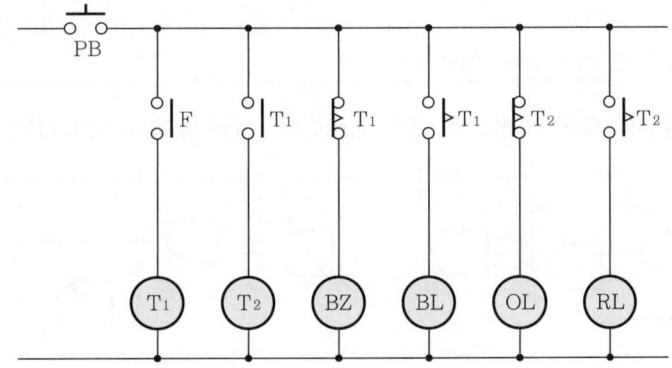

1990년~최근 출제된 기출 이론 분석 및 유형별 문제

(1) 타임차트를 그리시오.

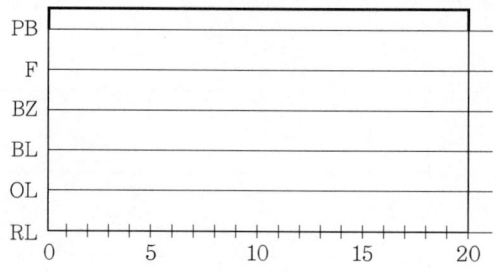

(2) Logic회로를 완성하시오.

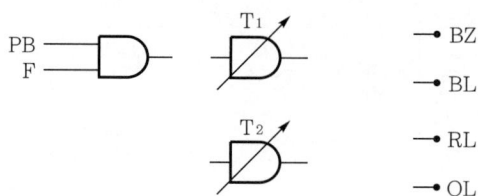

답안

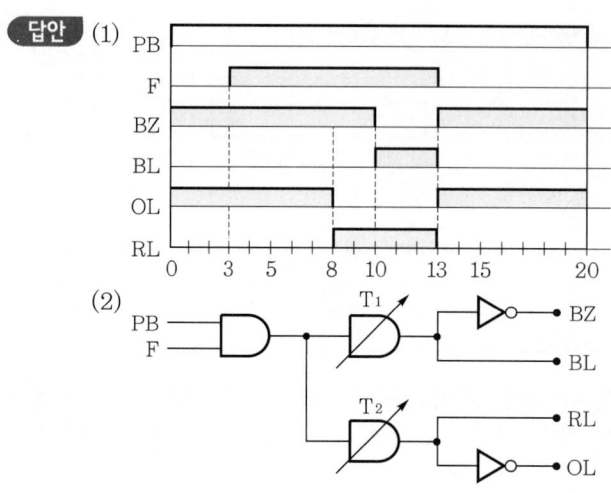

개념 문제 02 공사산업 96년, 99년, 08년 출제 | 배점 : 9점 |

신호등 회로의 일부를 로직 시퀀스로 그린 회로이다. 다음 물음에 답하시오.

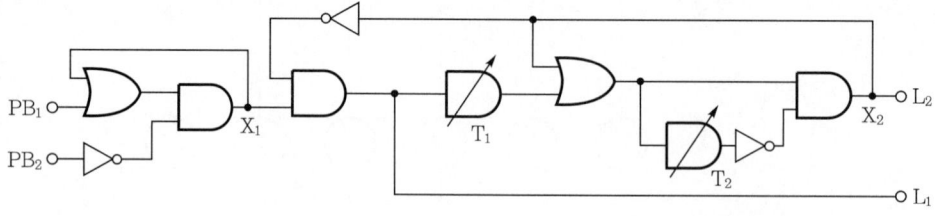

(1) 답란에 주어진 회로도를 완성하시오.

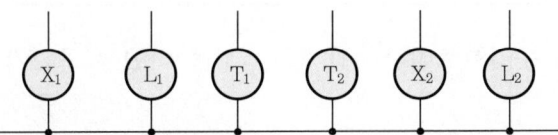

(2) 답란에 주어진 출력식을 쓰시오.
① $X_1 =$　　　　　　　② $X_2 =$
③ $L_1 =$　　　　　　　④ $L_2 =$
⑤ $T_1 =$　　　　　　　⑥ $T_2 =$

답안 (1)

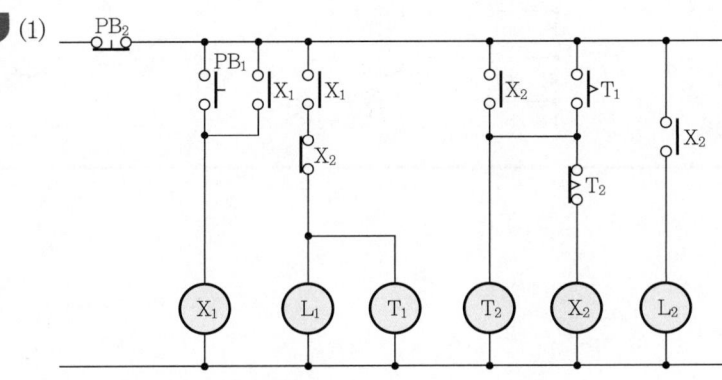

(2) ① $X_1 = (PB_1 + X_1) \cdot \overline{PB_2}$
② $X_2 = (X_2 + T_1) \cdot \overline{T_2} \cdot \overline{PB_2}$
③ $L_1 = X_1 \cdot \overline{X_2} \cdot \overline{PB_2}$
④ $L_2 = \overline{X_2} \cdot \overline{PB_2}$
⑤ $T_1 = X_1 \cdot \overline{X_2} \cdot \overline{PB_2}$
⑥ $T_2 = (X_2 + T_1) \cdot \overline{PB_2}$

CHAPTER 06 논리회로

단원 빈출문제
1990년~최근 출제된 기출문제

문제 01 공사산업 96년 출제 | 배점 : 9점

회로는 전자계산기의 접점의 논리회로이다. (1), (2), (3)은 어떤 회로인가 [보기]에서 찾으시오.

[보기]
　　　　　　　　ON, AND, NOT, OR, NOR

(1) 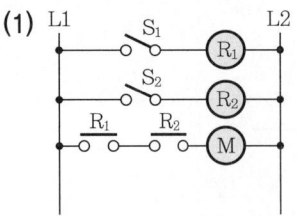　(2) 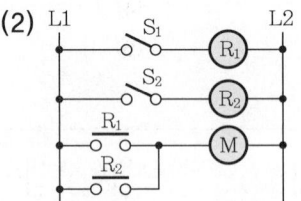　(3)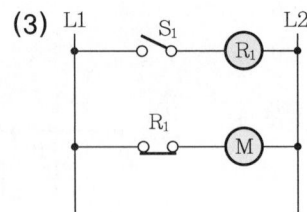

답안
(1) AND회로
(2) OR회로
(3) NOT회로

문제 02 공사산업 90년 출제 | 배점 : 5점

그림의 무접점 논리회로를 유접점 논리회로로 그리고, 논리식을 구하시오.

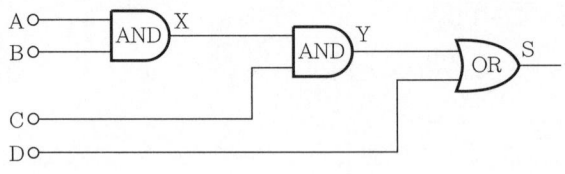

답안
- 유접점 논리회로

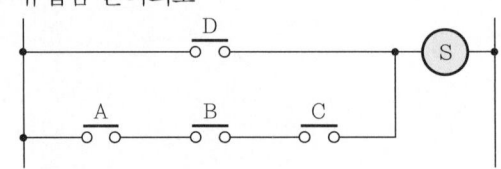

- 논리식 : $S = A \cdot B \cdot C + D$

문제 03 공사기사 93년, 10년, 15년 출제

배점 : 6점

다음 그림을 보고 물음에 답하시오.

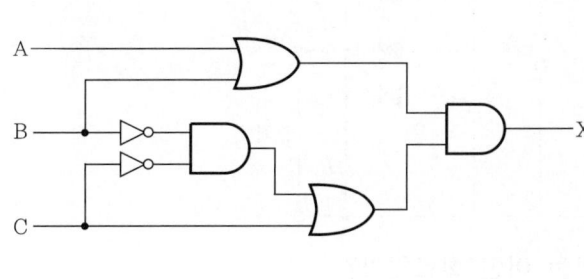

| 그림 1 | 논리회로도 | 그림 2 | 릴레이회로도

(1) 〈그림 1〉의 논리회로에 대한 논리식을 간략화하여 나타내시오.
(2) 논리식을 이용하여 〈그림 2〉 릴레이회로(점선 안)의 미완성 부분을 완성하시오.

답안

(1) $X = (A+B)(\overline{B}\,\overline{C} + C)$
$= (A+B)\left[\overline{B}\,\overline{C} + C(\overline{B}+1)\right]$
$= (A+B)(\overline{B}\,\overline{C} + \overline{B}C + C)$
$= (A+B)(\overline{B} + C)$

(2)
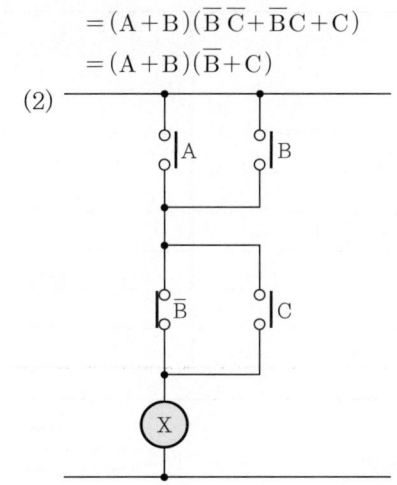

문제 04 공사기사 89년, 92년 출제
배점 : 15점

다음 그림을 보고 물음에 답하시오.

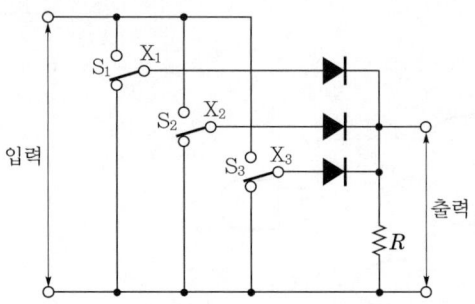

(1) 그림에서 다이오드에 의한 회로는 어떤 회로인가?
(2) 그림에서 입력 스위치가 답안지 타임차트와 같이 동작할 때 출력을 그리시오.

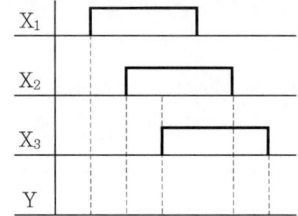

(3) 그림의 동작표를 보고 주어진 답안지에 진리표의 출력을 완성하시오.

X_1	X_2	X_3	Y
0	0	0	
0	0	1	
0	1	0	
0	1	1	
1	0	0	
1	0	1	
1	1	0	
1	1	1	

답안 (1) 3입력 OR 회로

(2)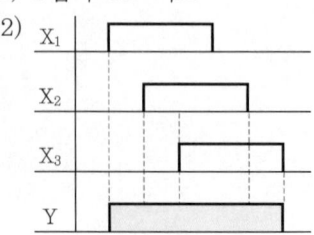

(3)

X_1	X_2	X_3	Y
0	0	0	0
0	0	1	1
0	1	0	1
0	1	1	1
1	0	0	1
1	0	1	1
1	1	0	1
1	1	1	1

문제 05 공사산업 06년, 22년 출제 | 배점 : 6점

다음의 논리식을 유접점 시퀀스회로로 작성하시오. (단, 회로 작성 시 선의 접속 및 미접속에 대한 예시를 참고하여 작성하시오.)

┃선의 접속과 미접속에 대한 예시┃

접 속	미접속

(1) $X_1 = \overline{A}B + A\overline{B} + C$
(2) $X_2 = AB + (A + \overline{B}) \cdot \overline{C}$
(3) $X_3 = (A + B) \cdot C$

답안 (1) 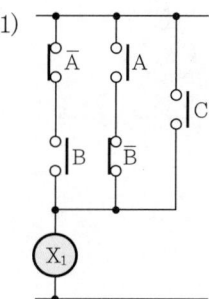 (2) 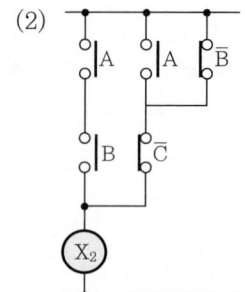 (3)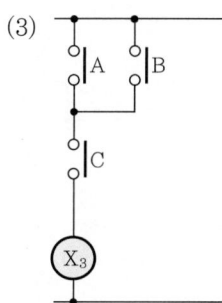

문제 06 _공사산업 06년 출제_ | 배점 : 8점

다음의 논리식을 모두 포함한 유접점 회로도를 그리시오.

- $X_1 = A \cdot \overline{B} + (\overline{A} + B) \cdot \overline{C}$
- $X_2 = \overline{A} \cdot B + A \cdot \overline{B} + C$
- $X_3 = A \cdot B \cdot C$
- $X_4 = \overline{A} + \overline{B} + \overline{C}$

문제 07 공사산업 92년, 10년 출제 | 배점 : 5점

그림과 같이 계전기 M_1, M_2, M_3, M_4의 a접점 m_1, m_2, m_3, m_4를 입력하고 출력을 램프 L로 한 접점회로에서, 출력 L의 논리식을 구하시오. (단, 계전기 M_1, M_2, M_3, M_4는 각각 PB_1, PB_2, PB_3, PB_4로 직접 제어되는 것으로 한다.)

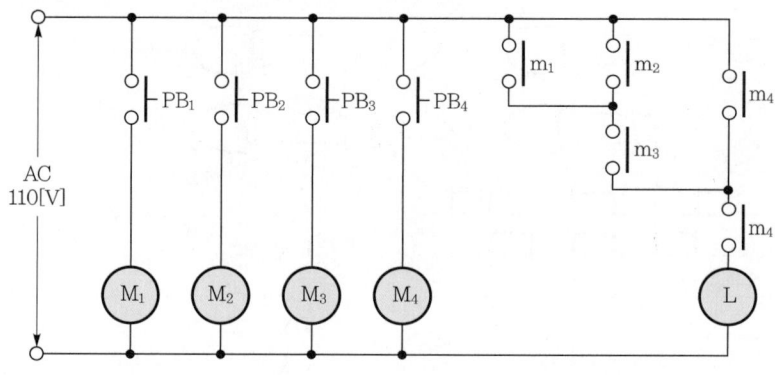

답안
$L = [(m_1 + m_2)m_3 + m_4]m_4$
$= m_1 m_3 m_4 + m_2 m_3 m_4 + m_4 m_4$
$= m_4(m_1 m_3 + m_2 m_3 + 1)$
$= m_4$

문제 08 공사기사 09년 출제 | 배점 : 5점

그림과 같은 기능의 논리회로를 그리시오.

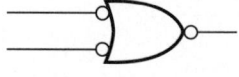

답안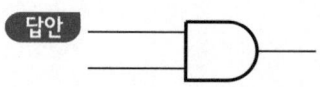

문제 09 공사기사 13년 / 공사산업 93년 출제 | 배점 : 12점

그림의 출력 $X_1 \sim X_6$를 보고 답란의 타임차트에 각각 그려 넣고 논리식을 각각 쓰시오.

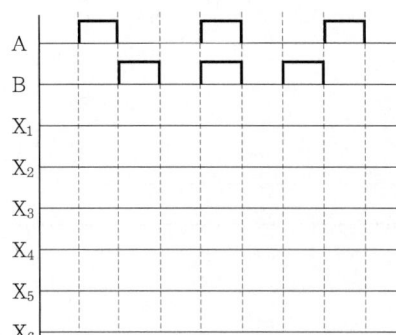

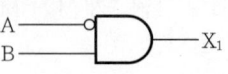

- $X_1 =$
- $X_2 =$
- $X_3 =$
- $X_4 =$
- $X_5 =$
- $X_6 =$

답안

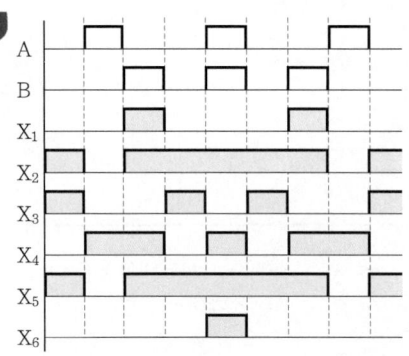

- $X_1 = \overline{A} \cdot B$
- $X_2 = \overline{A \cdot \overline{\overline{B}}} + \overline{A} + B$
- $X_3 = \overline{A} \cdot \overline{B} = \overline{A + B}$
- $X_4 = \overline{\overline{A} \cdot \overline{B}} = A + B$
- $X_5 = \overline{A} + B$
- $X_6 = \overline{\overline{A} + \overline{B}} = A \cdot B$

문제 10 공사산업 97년 출제 | 배점 : 6점

그림과 같은 릴레이 시퀀스에서 A, B, C, D는 보조 릴레이 접점이고 ⓧ는 릴레이, ⓛ은 부하이다. (1)~(3)번의 물음에 답하시오.

(1) 논리식을 쓰시오.
 (X =)
(2) 논리회로(2입력 AND, OR, NOT 기호 사용)를 그리시오.
(3) 그림 (a)의 쌍대회로를 (b)의 점선란에 완성하시오.
 여기서, $L = \overline{X} = \overline{\overline{A} \cdot \overline{B} + C + D}$ 이다.

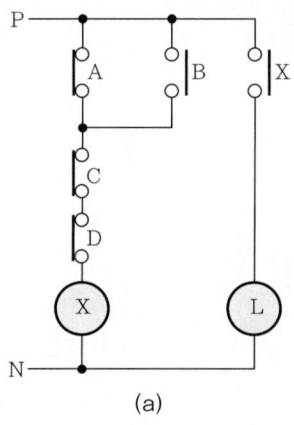
(a)

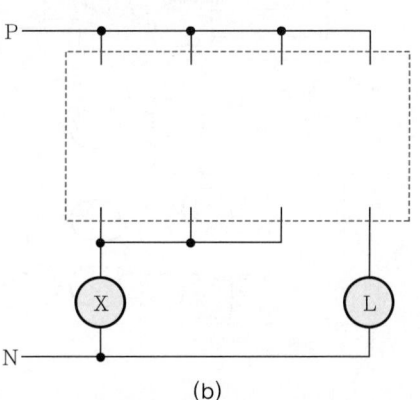
(b)

답안 (1) $X = (\overline{A} + B)\overline{C}\overline{D}$

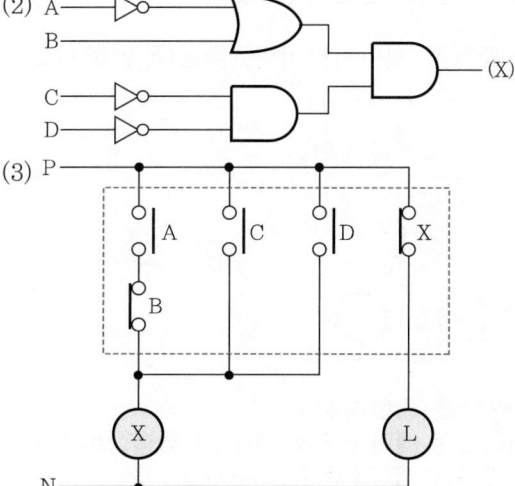

문제 11 공사산업 98년 출제 | 배점 : 8점

논리식 $X = \overline{A}BC + A\overline{B}C + AB\overline{C}$ 에 대한 로직 시퀀스를 그리고 또 NAND gate만의 로직 시퀀스를 그리시오.

답안 (1)

(2)

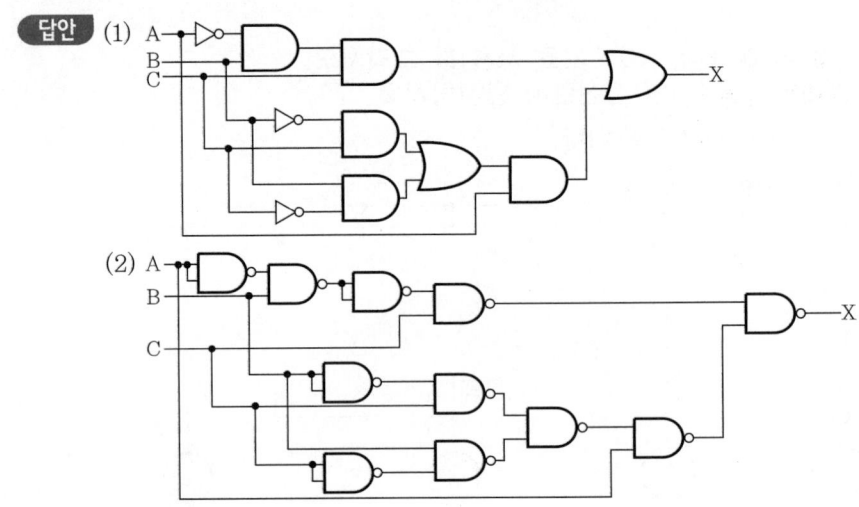

문제 12 공사산업 97년, 99년 출제 | 배점 : 6점

그림은 베타 논리합 회로를 나타낸 유접점 제어회로이다. 물음에 답하시오.

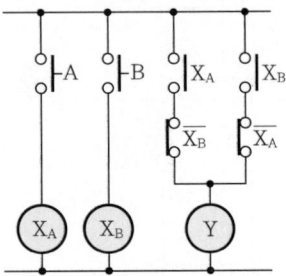

(1) 입력이 A, B일 때 출력 Y의 논리식을 표현하시오.
(2) AND 2개, NOT 2개, OR 1개를 이용하여 베타 논리합 회로의 무접점회로를 그리시오.
(3) 베타 논리합 회로의 진리표와 타임차트를 각각 완성하시오.

답안 (1) $Y = X_A \overline{X_B} + \overline{X_A} X_B$

(2)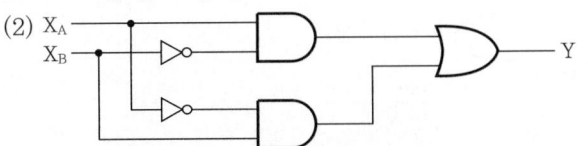

(3)
입 력		출 력
X_A	X_B	Y
0	0	0
0	1	1
1	0	1
1	1	0

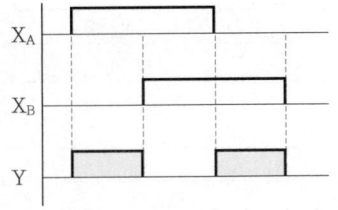

문제 13 공사기사 90년 출제 | 배점 : 7점

릴레이 시퀀스도이다. 도면을 보고 다음 물음에 답하시오.

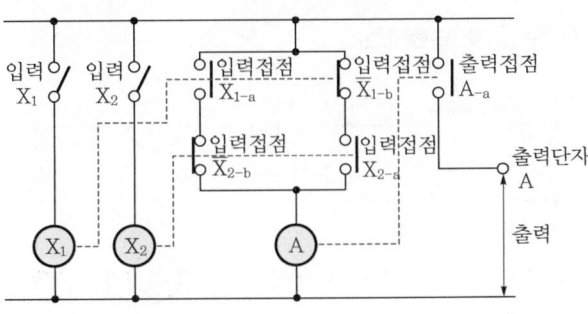

(1) 심벌을 이용하여 논리회로를 그리시오.
　[예] ─D─ AND　─D─ OR　─▷∘─ NOT
(2) 논리식을 쓰시오.
(3) 진가표를 작성하시오.

입 력		출 력
X_1	X_2	A
0	0	
0	1	
1	0	
1	1	

(4) 위 진가표를 만족할 수 있는 Logic Circuit를 간소화하여 그리시오.

CHAPTER 06. 논리회로　**697**

1990년~최근 출제된 기출문제

답안 (1)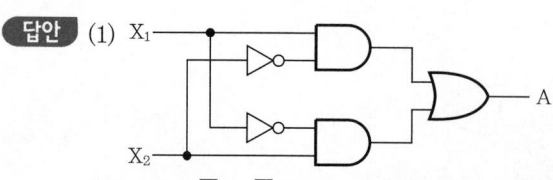

(2) $A = X_1\overline{X_2} + \overline{X_1}X_2$

(3)
입 력		출 력
X_1	X_2	A
0	0	0
0	1	1
1	0	1
1	1	0

(4)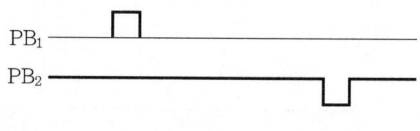

문제 14 공사산업 13년 출제 ┤배점 : 6점├

다음 그림을 보고 각 물음에 답하시오.

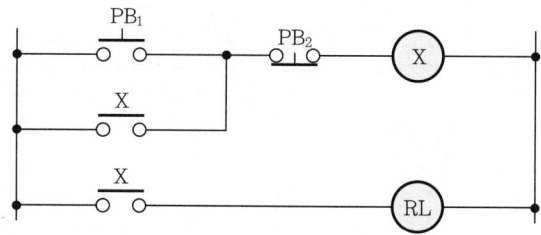

(1) 그림과 같은 회로를 무슨 회로라 하는가?
(2) 그림을 논리식으로 나타내고 또 타임차트을 완성하시오.

```
PB₁  ───┐┌─────────────
PB₂  ─────────────┐┌──
X·RL ─────────────────
```

(3) AND, OR, NOT의 기본 논리회로를 이용하여 무접점 논리회로로 그리시오.

답안 (1) 정지우선회로

(2) $X = (PB_1 + X)\overline{PB_2}$, $RL = X$

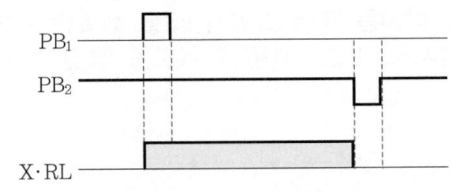

(3)
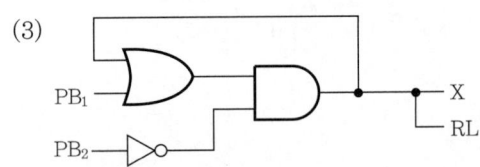

문제 15 공사산업 93년 출제 ｜배점 : 5점｜

그림은 콤프레셔에서 압력 제어회로의 로직 시퀀스의 일부이다. 수동조작은 BS_1으로, 자동조작은 하한 압력에서 LS_1이 닫히고, 압력이 조금 증가하면 LS_1은 개방된다. 상한 압력에서 LS_2가 열린다. 주어진 답안지에 시퀀스도를 그리시오.

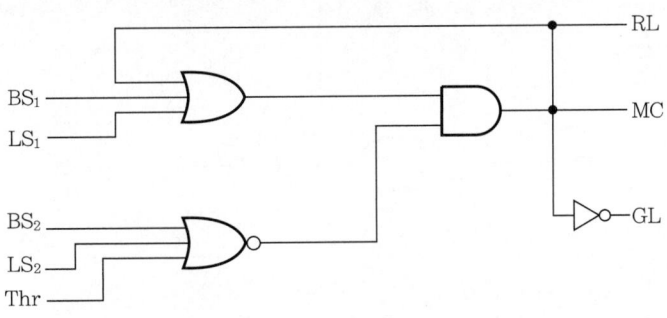

답안
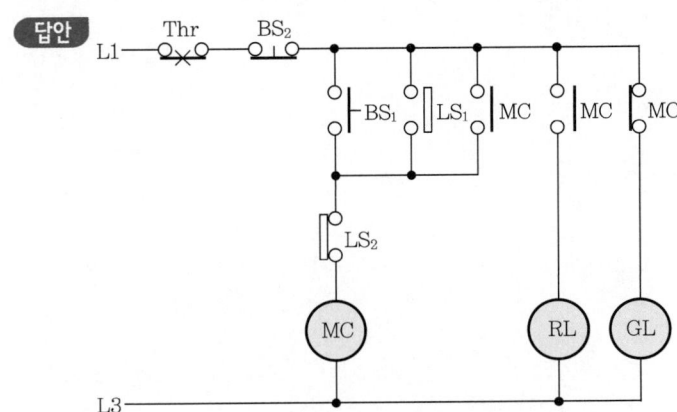

1990년~최근 출제된 기출문제

문제 16 공사기사 92년, 94년, 97년, 00년 / 공사산업 09년 출제 | 배점 : 5점

회로도는 자동, 수동, 양수 장치에 공회전 방지용 액면 스위치 LS를 접속한 것이다. 이것을 로직 심벌을 이용한 시퀀스도로 그리시오. (단, LH는 고수위용 액면 스위치, LL은 저수위용 액면 스위치이다.)

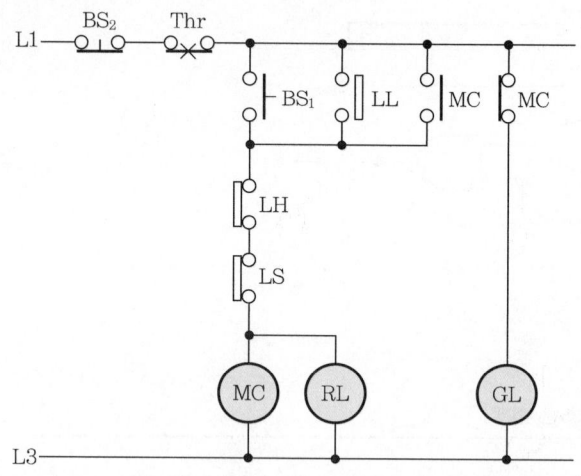

[답안]

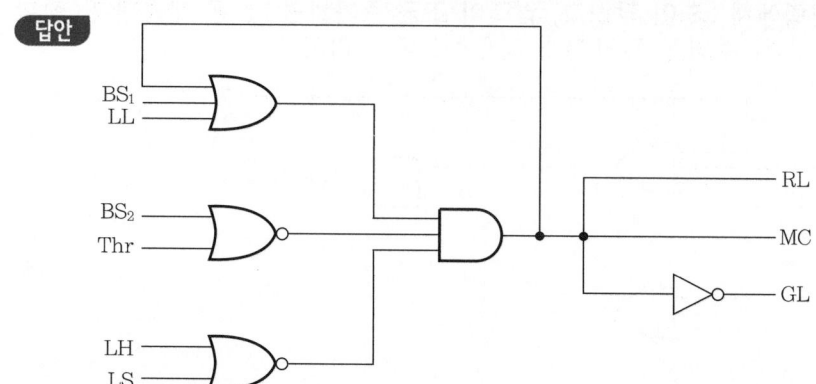

문제 17 공사기사 91년, 95년 출제

배점 : 10점

침입자 경보장치의 회로로서 회로의 동작은 광전 스위치(OP)와 문을 열면 닫히는 리밋 스위치(LS)를 병용하고 경보벨(BZ)이 울림과 동시에 감시 램프(GL)가 꺼진다. 다음 물음에 답하시오.

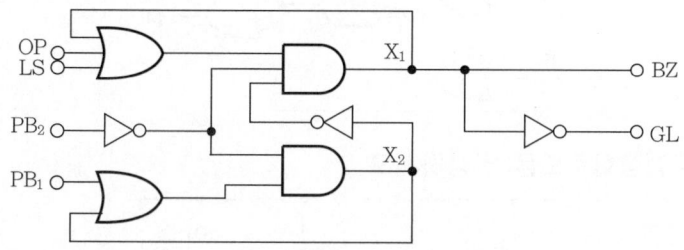

(1) 답란에 주어진 회로를 완성하시오. (단, OP : ─○╍○─, LS : ─○╤○─)

(2) 답란에 주어진 출력식을 쓰시오.

답안 (1)

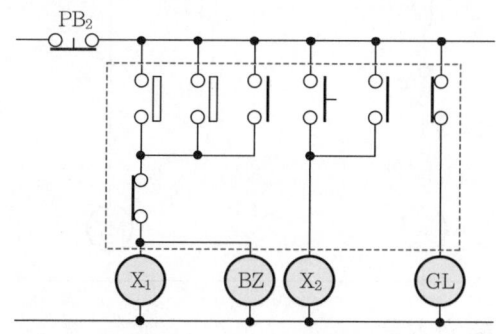

(2) • $X_1 = (OP + LS + X_1) \cdot \overline{PB_2} \cdot \overline{X_2}$

• $X_2 = (PB_1 + X_2) \cdot \overline{PB_2}$

• $BZ = X_1$

• $GL = \overline{X_1}$

문제 18 공사산업 10년, 14년 출제   배점 : 14점

다음 그림은 무접점회로이다. 그림을 보고 다음 각 물음에 답하시오.

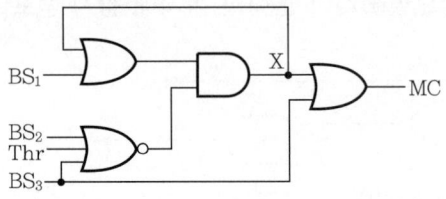

(1) 미완성된 유접점회로도를 완성하시오.

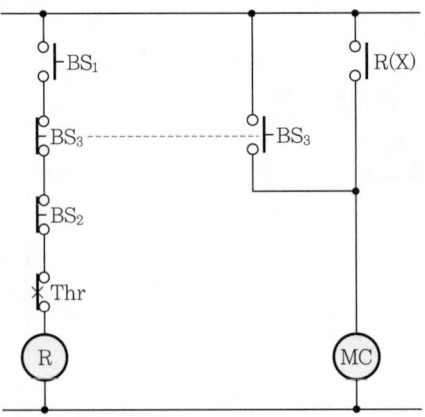

(2) Thr의 접점의 명칭을 쓰시오.
(3) 촌동운전이란 무엇인지 쓰시오.
(4) $BS_1 \sim BS_3$ 중에서 촌동운전 스위치는 어느 것인지 쓰시오.

답안 (1)

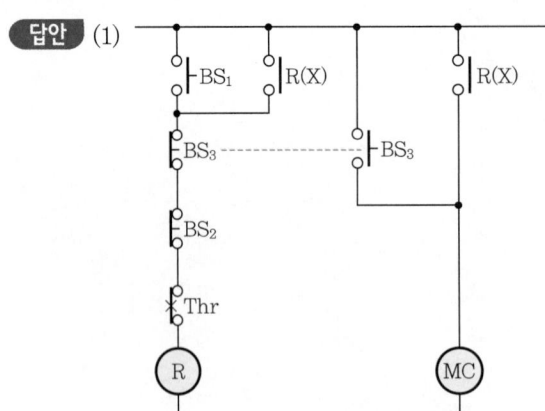

(2) 순시동작 수동복귀 b접점
(3) 짧은 시간 내에 미소운전을 하는 것으로 조작하고 있을 때만 운전되는 운전방식
(4) BS_3

문제 19 공사산업 95년, 00년 출제

| 배점 : 5점 |

다음 로직 시퀀스를 이해하고 미완성된 릴레이 시퀀스도를 완성하시오.

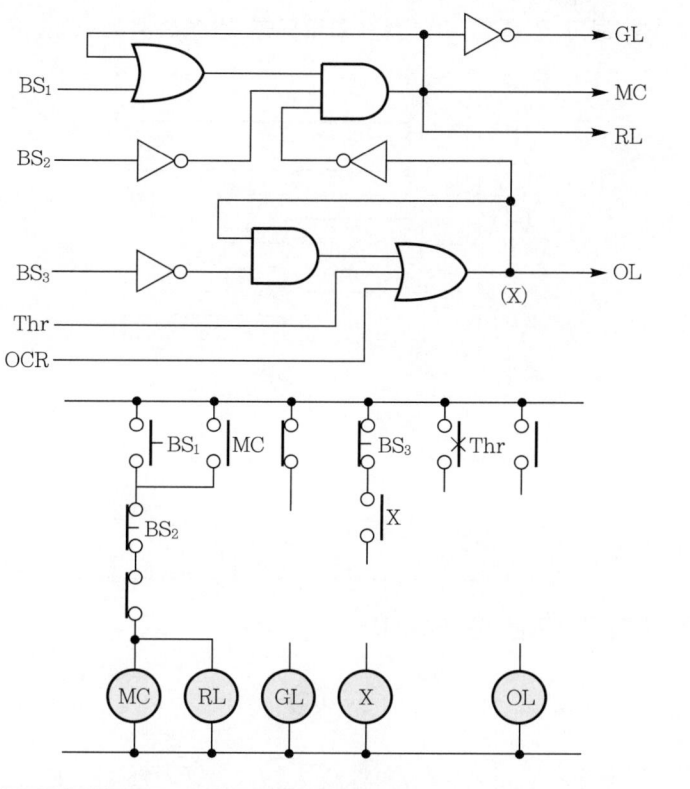

답안

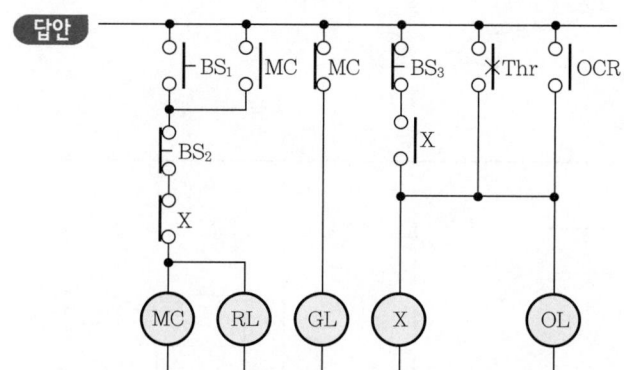

1990년~최근 출제된 기출문제

문제 20 공사산업 91년 출제   배점 : 15점

Time Chart는 경보설비의 일부이다. 다음 물음에 주어진 답안지에 답하시오.

(1) Time Chart를 보고 만족할 수 있는 회로도를 완성하시오. (단, FL : 전구, B : 벨, R : Relay임)

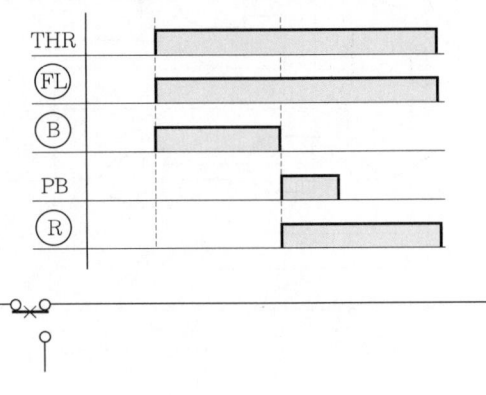

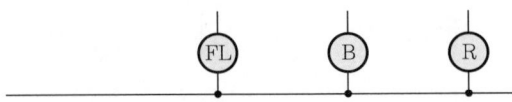

(2) 위 회로의 무접점회로를 완성하시오.

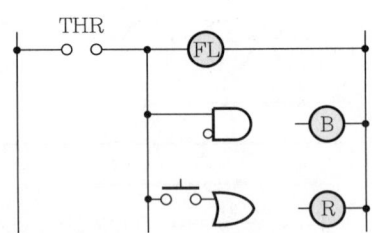

(3) B와 R에 대한 논리식을 쓰시오.

답안

(1)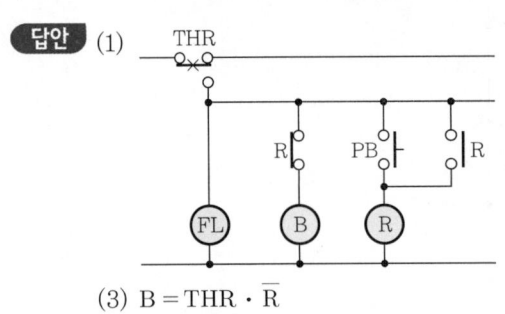

(2)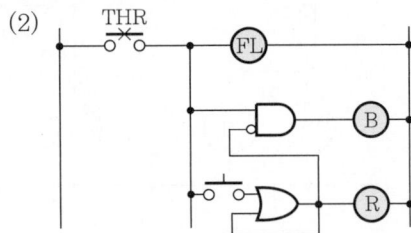

(3) $B = THR \cdot \overline{R}$
    $R = THR \cdot (PB + R)$

문제 21 공사산업 96년, 98년, 01년 출제 | 배점 : 8점

그림은 3상 유도전동기의 정·역회전의 일부를 그린 것으로 출력회로 등을 생략한 것이다. 다음 물음에 답하시오. (단, GL : 정지표시 램프)

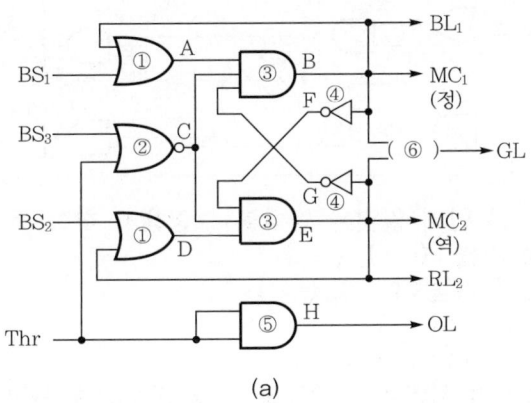
(a)

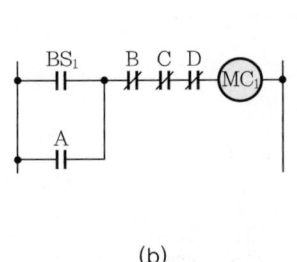
(b)

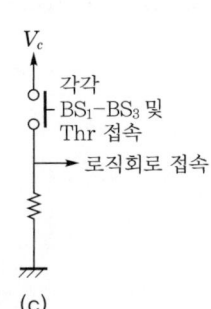
(c)

(1) 유지회로의 기능을 갖는 로직소자는 ①~⑥ 중 어느 것인지 1개만 답하시오.
(2) 인터록 기능의 로직소자는 ①~⑥ 중 어느 것인지 1개만 답하시오.
(3) OL램프가 점등 중이라면 H레벨 출력이 되는 소자는 ①~⑥ 중 어느 것인지 3개만 답하시오.
(4) Thr이 작동하였다. MC와 램프 중 출력이 생기는 기구는 어느 것인지 2개만 답하시오.
(5) MC_1 혹은 MC_2가 동작하면 GL은 소등된다. ⑥의 로직 기호를 그리시오.
(6) MC_1이 동작 중이다. A~G 중에서 H(전압) 레벨인 곳 4곳을 답하시오.
(7) BS_3를 누르고 있을 때 C점은 H레벨인가 L레벨인가?
(8) 그림 (b)에서 B는 BS_3, C는 Thr을 나타낸다면 A와 D는 각각 무엇을 나타내는가? 기호로 표시하고 기능을 한마디로 쓰시오.

답안
(1) ①
(2) ④
(3) ④, ⑤, ⑥
(4) OL, GL
(5) ⟶D⟶ 또는 ⟶D○⟶
(6) A, B, C, G
(7) L
(8) A : MC_1, 자기유지
    D : MC_2, 인터록

문제 22 공사기사 92년, 97년 출제
배점 : 10점

다음 로직 시퀀스는 전동기 운전회로의 조작회로도이다. 다음 물음에 답하시오.

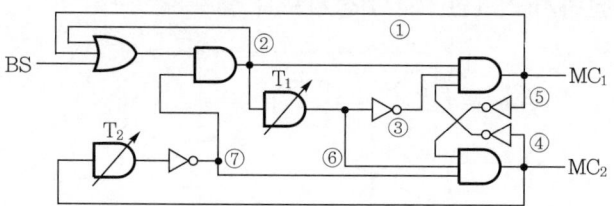

(1) 답란에 주어진 ( ) 안에 알맞은 번호를 그림에서 찾아 쓰시오.
  ㉠ 유지회로 접점 기능 : ( ), ( )
  ㉡ 인터록회로 접점 기능 : ( ), ( )
  ㉢ 타이머 a접점 기능 : ( )
  ㉣ 타이머 b접점 기능 : ( ), ( )
(2) 답란에 주어진 릴레이 시퀀스를 그리고 번호 ①~⑦을 해당 접점에 표시하시오.

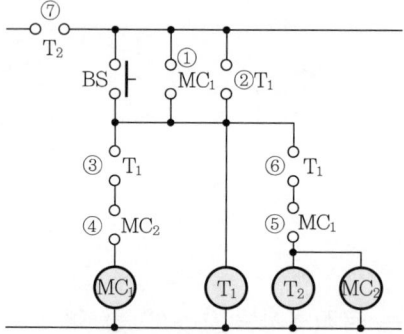

답안 (1) ㉠ : ①, ②
  ㉡ : ④, ⑤
  ㉢ : ⑥
  ㉣ : ③, ⑦
(2)

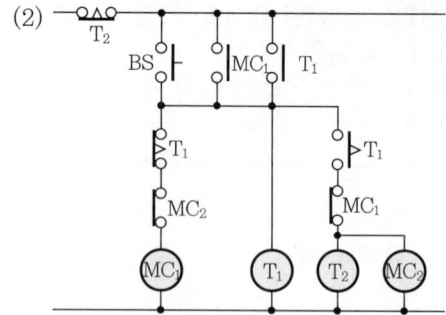

문제 23 공사기사 12년 출제 | 배점 : 5점

주어진 릴레이 시퀀스에 대하여 AND소자 4개, OR소자 2개, NOT소자 3개만을 이용하여 로직 시퀀스를 그리시오.

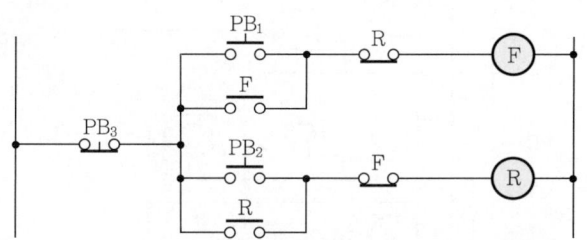

답안

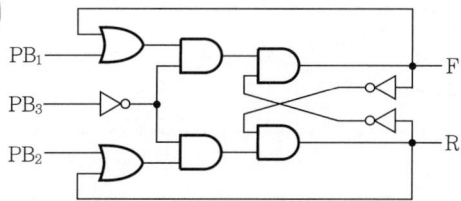

문제 24 공사산업 95년, 04년 출제 | 배점 : 4점

그림은 LED 점등회로이다. 물음에 답하시오. (단, 여기서는 H는 5[V] 레벨, L은 0[V] 레벨이다.)

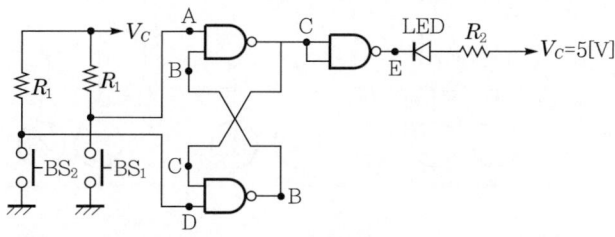

(1) 전원(V_c)를 연결한 상태에서 LED는 소등상태이다. A~E 중 "L" 레벨인 점을 1곳만 쓰시오.
(2) BS₁을 눌렀다. 이때 LED가 점등했다. A~E 중 "L" 레벨인 점을 2곳 쓰시오.

답안 (1) C
 (2) B, E

1990년~최근 출제된 기출문제

문제 25 공사기사 93년, 95년, 98년, 00년, 01년, 04년, 22년 출제 | 배점 : 6점

다음 논리회로를 보고 릴레이 시퀀스회로도를 완성하시오.

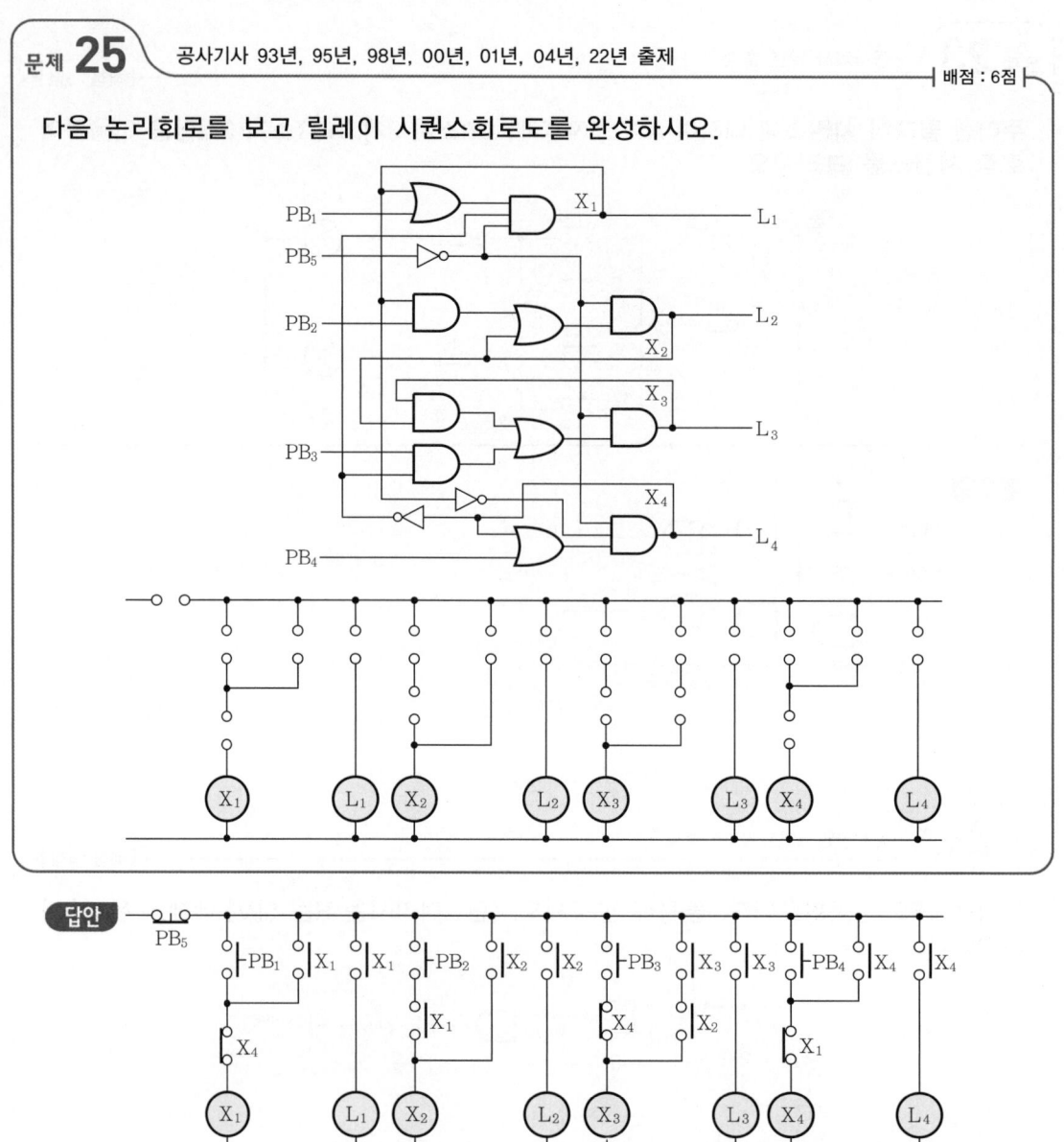

문제 26 공사기사 21년 출제

배점 : 6점

다음의 논리식과 같은 기능의 유접점(시퀀스)회로, 무접점(논리)회로 및 타임차트를 작성하시오. (단, 입력은 A, B, C이며 수동동작 후 자동 복귀되는 푸시버튼이다. 또한 출력은 Y_A, Y_B, Y_C이다.)

논리식
$$Y_A = Y_A \cdot \overline{Y_B} \cdot \overline{Y_C} + A$$
$$Y_B = Y_B \cdot \overline{Y_C} \cdot \overline{Y_A} + B$$
$$Y_C = Y_C \cdot \overline{Y_A} \cdot \overline{Y_B} + C$$

(1) 유접점(시퀀스)회로
(2) 무접점(논리)회로
(3) 타임차트

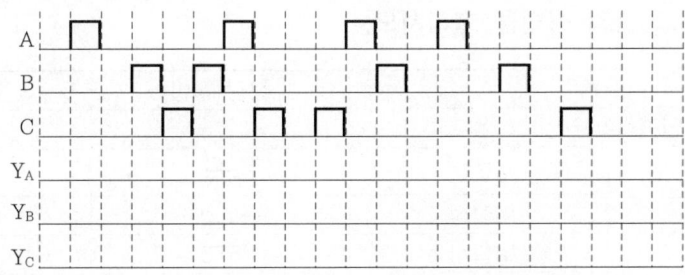

답안 (1), (2) 회로도

(3)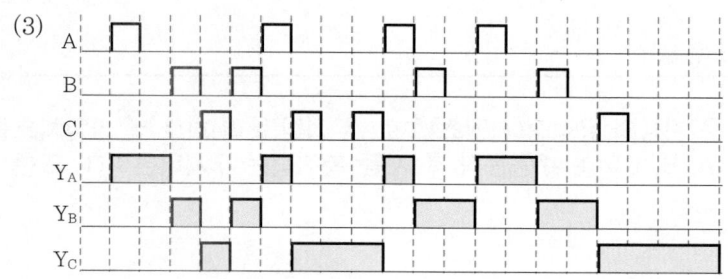

문제 27 공사산업 95년 출제 | 배점 : 6점

접점 심벌을 보고 논리 심벌을 그리시오.

신 호		접점 심벌 (①)	논리 심벌
시한동작회로	a접점		(②)
	b접점		(③)
시한복귀회로	a접점		(④)
	b접점		(⑤)
뒤진회로	a접점		(⑥)
	b접점		(⑦)

답안

문제 28 공사기사 93년, 14년 출제 | 배점 : 5점

그림의 릴레이회로를 로직회로로 변경하시오.

답안

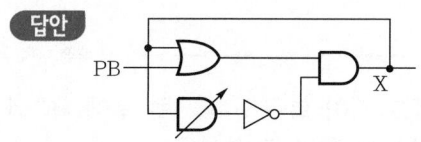

문제 29 공사산업 92년, 03년 출제

배점 : 8점

아래 회로는 압력 스위치(PS)를 이용한 경보회로로 압력 스위치가 닫히면 버저(BZ)가 울리고 타이머에 의하여 버저가 정지한다. 다음 물음에 답하시오.

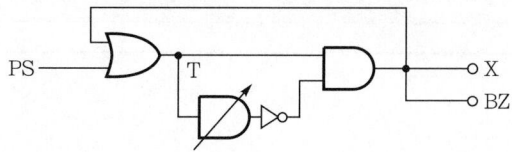

(1) 주어진 회로를 완성하시오.

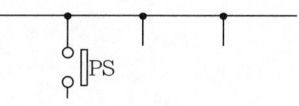

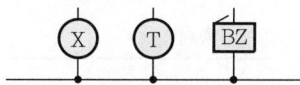

(2) 주어진 식을 쓰시오.
  ① X =   · $\overline{T}$
  ② T =
  ③ BZ =

답안 (1)

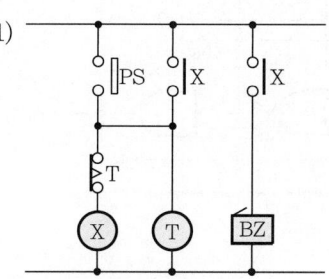

(2) ① X = (PS + X) · $\overline{T}$
    ② T = PS + X
    ③ BZ = X

문제 30　공사산업 94년, 00년, 06년, 09년 출제　| 배점 : 6점 |

그림은 BS를 눌렀다 놓으면 t_1초 후에 MC가 작동하고 T_1이 복구하며 t_2초 후에 MC와 T_2가 복구한다. A~C에 [보기]에서 알맞은 논리 기호를 찾아 그리시오.

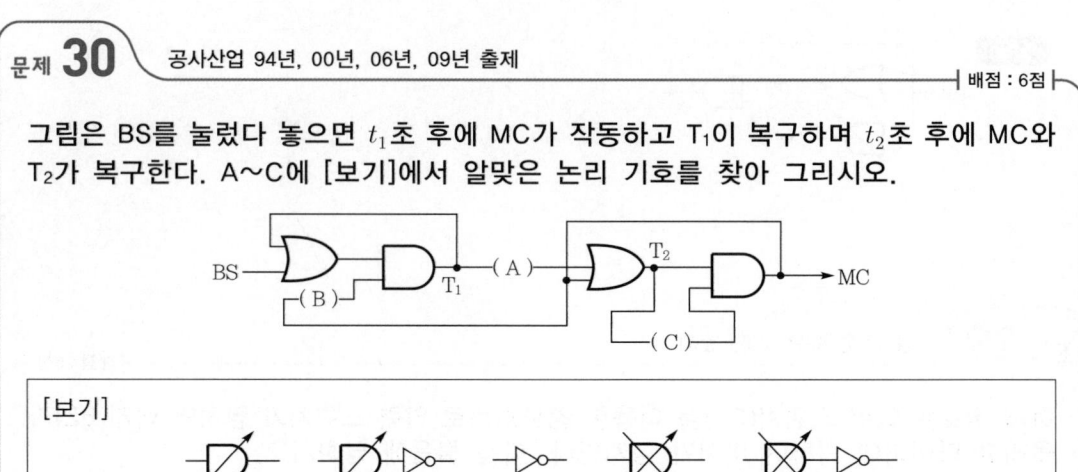

답안
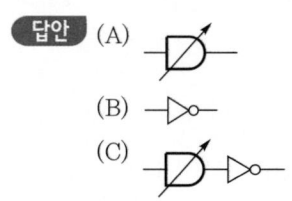

문제 31　공사기사 93년, 96년, 99년, 02년 출제　| 배점 : 5점 |

그림은 전자개폐기 2대와 보조 릴레이 1개를 사용한 Y-Δ 기동 운전의 릴레이 시퀀스를 로직화한 것이며, 기타는 생략한다. 릴레이 시퀀스를 그리시오.

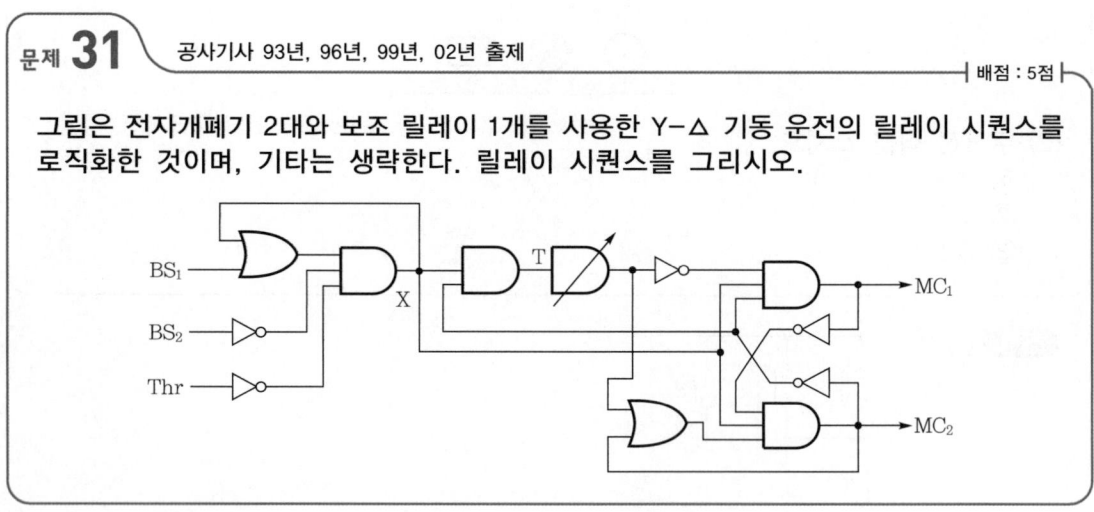

답안

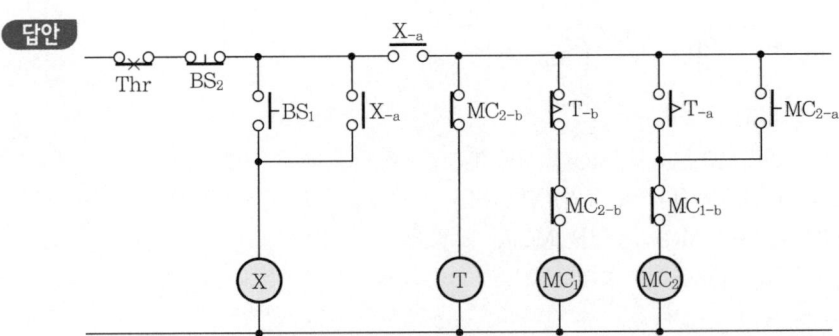

문제 32 공사산업 97년, 00년, 05년 출제 | 배점: 16점 |

도면은 리액터 기동회로의 일부를 그린 것이다. 물음에 답하시오.

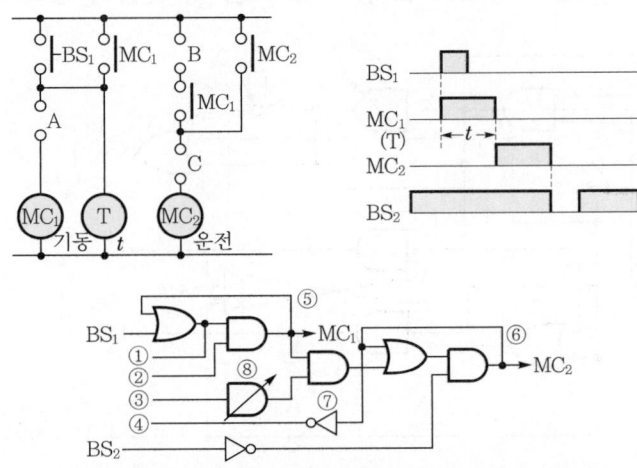

(1) 릴레이회로의 A, B, C를 각각의 접점기구를 그리고 이름을 쓰시오.
(2) 로직회로의 ①~④ 중에서 서로 연결하여 회로를 완성하시오.
(3) 로직회로의 ⑤~⑧과 같은 기능을 릴레이회로에서 찾아 접점 이름(예 $MC_{1(a)}$, A)를 각각 쓰시오.
(4) 릴레이회로의 접점기구는 7개이다. 여기서 기동 기능은 (가), (나), 정지기능은 (다), (라), 유지기능은 (마), (바), 기동준비 기능은 (사)이다. (가)~(사)에 해당하는 각각의 접점 이름을 쓰시오.
(예 $MC_{1(a)}$, A)

답안 (1)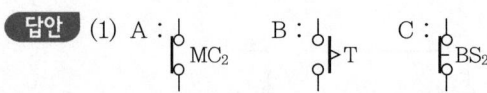

(2) ①-③, ②-④

(3) ⑤ $MC_{1(a)}$, ⑥ $MC_{2(a)}$, ⑦ $MC_{2(b)}$, ⑧ $T_{(a)}$

(4) (가) BS_1, (나) B, (다) A, (라) C
  (마) $MC_{1(a)}$, (바) $MC_{2(a)}$, (사) $MC_{1(a)}$

문제 33 공사기사 95년, 97년, 00년, 04년, 06년 출제 | 배점 : 6점 |

그림은 3상 유도전동기의 Y-Δ기동 운전회로의 일부이다. BS는 "H" 입력형이고, RL과 GL은 LED로 대체하고 입·출력 회로, 기타는 생략한다. BS_1을 주면 MC_1이 동작, Y기동 하고 타이머 기구 동작, t초 후에 MC_1이 복구하면 $MC_2(RL)$가 동작하며 Δ운전된다. 운전 중에는 $MC_2(RL)$만 작동하고 있다. 이때 다음 각 물음에 답하시오.

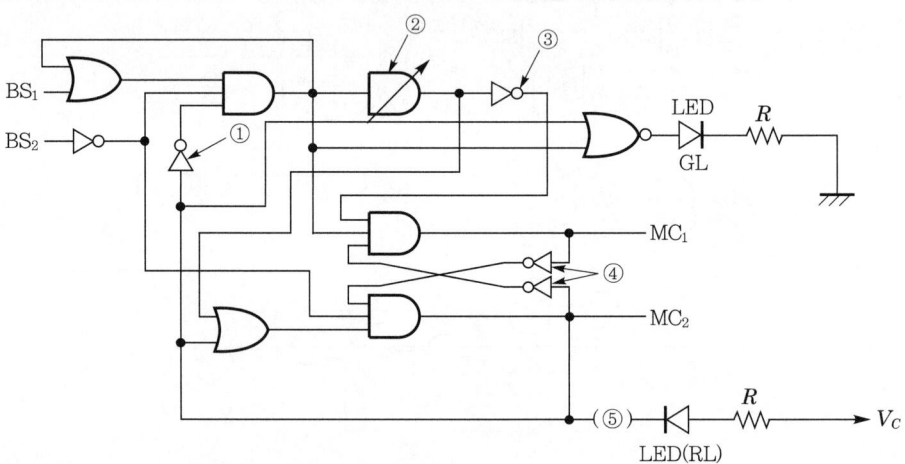

(1) ①~④의 각 기능을 쓰시오.
(2) ⑤에 알맞은 논리기호를 그리시오.
(3) LED(RL)에 흐르는 전류를 무슨 전류라 하는가?

답안 (1) ① 정지, ② 기동, ③ 정지, ④ 인터록

(2) ─▷○─

(3) 싱크전류

문제 34
공사기사 98년, 01년 / 공사산업 99년 출제 　　　　　　　　　　　　　배점 : 5점

그림은 농형 유도전동기의 1차 저항 기동제어회로의 주회로의 일부이다. 버튼 스위치 BS_1을 주면 MC_1이 동작하여 (r_1+r_2)로 전동기가 기동하며, 타이머 T_1이 여자된다. t_1초 후 MC_2가 동작하여 저항 r_1이 단락하여 T_2가 여자된다. t_2초 후에 MC가 동작하여 전저항 (r_1+r_2)을 단락하여 전동기는 정상운전에 들어간다. 한편 MC에 의하여 MC_1, MC_2, T_1, T_2는 복구되고, 저항은 개방된다. 운전 중에는 MC만이 동작되며, BS_2는 비상정지를 겸한다. AND, OR, NOT, 타이머 로직 기호를 사용하여 로직회로를 그리시오. (단, AND 회로는 2입력용이고, MCB, Thr은 생략한다.)

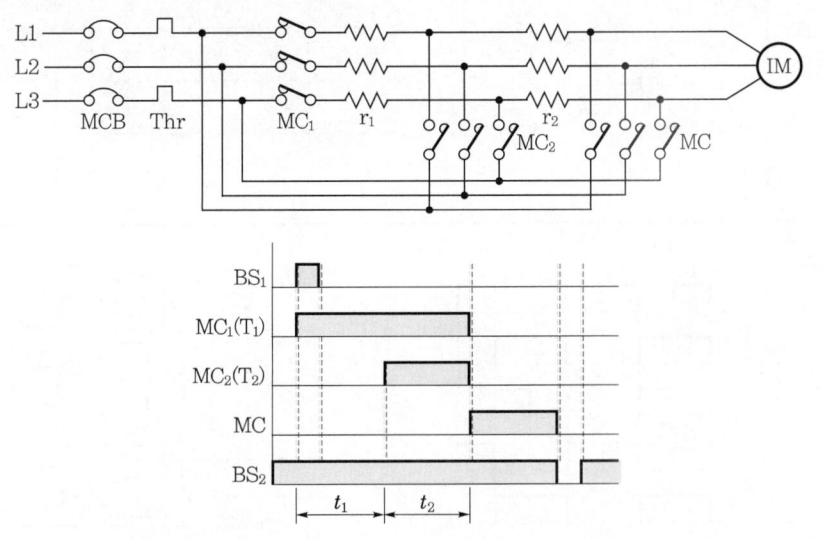

답안

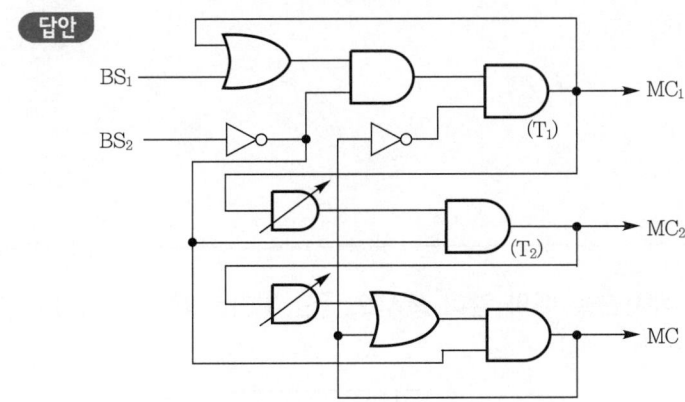

1990년~최근 출제된 기출문제

문제 35 공사기사 90년, 94년, 96년, 00년 출제 　　배점 : 7점

아래 그림은 Flip-Flop 회로도이다. 다음 물음에 답하시오.

(1) Time Chart를 완성하시오.
(2) 무접점회로를 완성하시오.
(3) (R_1 + PL), R_2, R_3의 식을 각각 쓰시오.

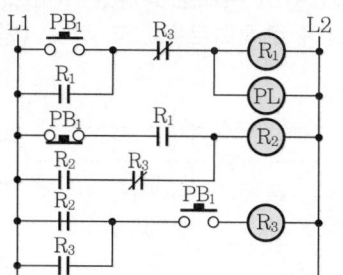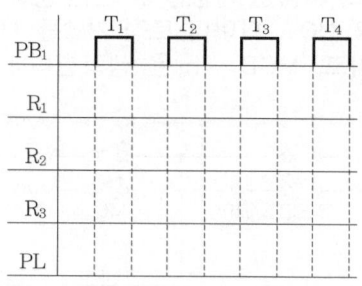

답안 (1) 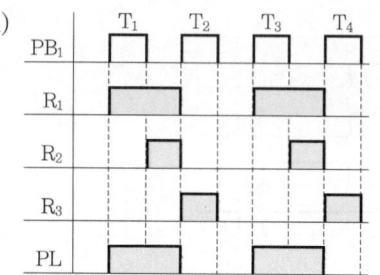　(2)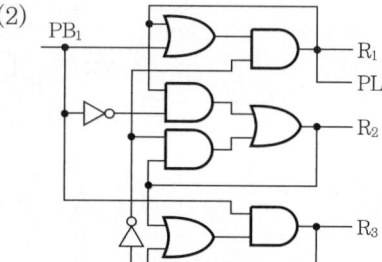

(3) $R_1 + PL = (PB_1 + R_1) \cdot \overline{R_3}$
　　$R_2 = \overline{PB_1} \cdot R_1 + R_2 \cdot \overline{R_3}$
　　$R_3 = (R_2 + R_3) \cdot PB_1$

문제 36 공사산업 94년, 12년 출제 　　배점 : 5점

두 그림에서 출력 Q_1, Q_2의 동작시간을 예와 같이 쓰시오. [단, FF는 $\overline{R}\,\overline{S}$-latch이고, 555는 IC 타이머 소자이다. (예 $t_1 \sim t_2$)]

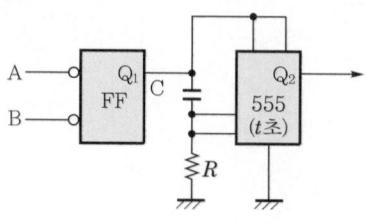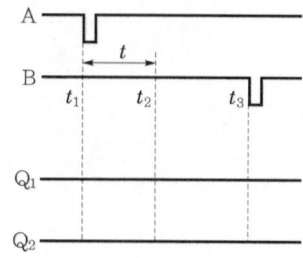

답안
- $Q_1 : t_1 \sim t_3$
- $Q_2 : t_2 \sim t_3$

문제 37 공사기사 95년, 03년 출제   배점 : 14점

그림은 유도전동기 Y-△기동의 로직 시퀀스이다. BS는 "L" 입력형(타임차트 참조)이고 FF는 $\overline{R}\,\overline{S}$-latch이다. 물음에 답하시오.

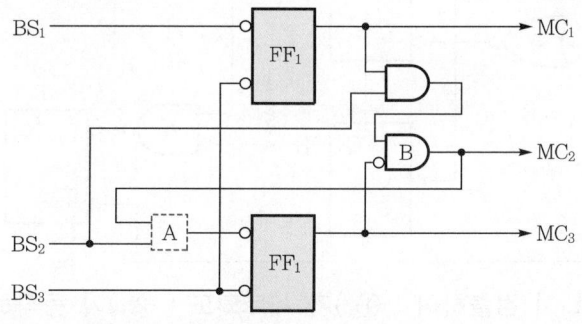

(1) BS₁을 누르면 (①)과 (②)가 동작하여 Y권선 기동하고, BS₂를 누르면 (③)이 복귀한 후 (④)가 동작하여 △운전한다. ①~④에 MC₁, MC₂, MC₃ 중 골라 넣으시오.
(2) 그림에서 A와 B의 기능을 한마디로 쓰시오.
(3) 그림에서 A에 알맞은 회로를 그리시오. (예 ⫞⟫∘─)
(4) 타임차트의 MC₁, MC₂, MC₃를 그려 넣으시오.

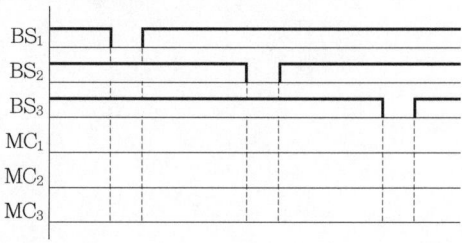

답안 (1) ① MC₁, ② MC₂, ③ MC₂, ④ MC₃
(2) 인터록
(3)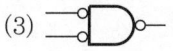
(4)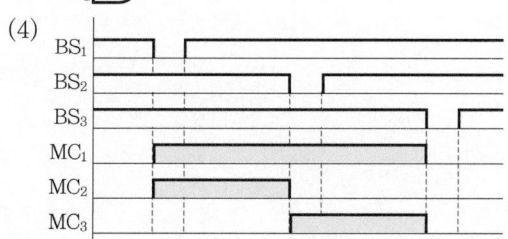

문제 38 공사산업 95년, 98년, 02년, 05년, 15년 출제 | 배점 : 8점 |

그림의 로직회로는 지하철역의 무인 개찰 회로의 일부이다. (   ) 안에 알맞은 것을 [보기]에서 골라 답하시오.

[보기]
MC, MM, OR, AND, FF₁, FF₂, A, NOT (중복도 가함)

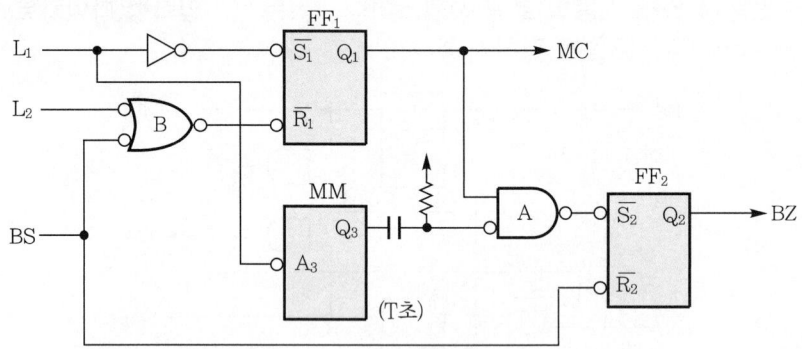

(1) 차표를 넣으면 L₁이 검출하여 (①)가 세트되도 (②)가 동작하여 차표 투입구를 닫는다. t초 후 차표가 배출구로 나오면 L₂가 검출되어 (③)가 리셋되고 (④)가 복귀하여 투입구를 연다.
(2) 차표를 넣은 후 T초($T > t$)가 되어도 차표가 나오지 않으면 (⑤)의 출력과 미분회로에 의하여 (⑥)가 동작되므로 (⑦)가 세트되어 부저가 울린다. 이때 BS를 누르면 모두 복귀한다. 여기서, MM은 단안정 IC 소자이다.

답안 (1) ① FF_1
② MC
③ FF_1
④ MC
(2) ⑤ FF_1
⑥ A
⑦ FF_2

문제 39 공사기사 95년, 98년, 05년, 14년 출제 | 배점 : 11점 |

그림은 벨트 컨베이어 회로의 일부이다. FF는 $\overline{R}\,\overline{S}$-latch SMV는 단안정 IC 소자이다. BS_1으로 벨트 $B_1(MC_1)$이 가동하고 t_1초 후에 벨트 $B_2(MC_2)$가 움직이며 BS_2로 벨트 $B_3(MC_3)$이 움직인다. 또, BS_3으로 벨트 B_3이 정지하고 t_2초 후에 벨트 B_2가 정지하며 BS_4로 B_1 벨트가 정지한다. 다음 물음에 답하시오. (단, BS는 "L" 입력형이다.)

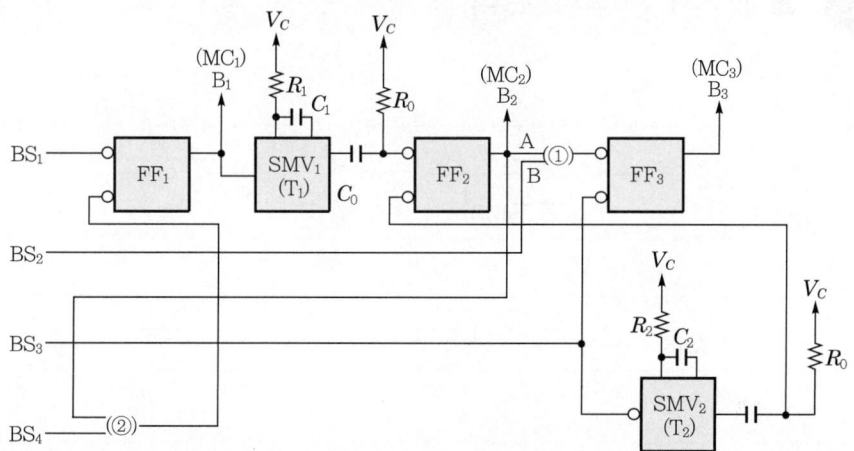

(1) 그림의 ①, ②에 알맞은 논리기호를 예시와 같이 그리시오. (예시 그림)
(2) 공정 순서를 예시($B_2 - B_1 - B_3$)와 같이 쓰시오.
(3) $R_1 = 500[\mathrm{k}\Omega]$, $C_1 = 50[\mu\mathrm{F}]$, 상수 0.6일 때 t_1은 몇 초인가?
(4) $\overline{R}\,\overline{S}$-latch 회로(FF)를 NAND 회로(그림) 2개로 나타내시오.

답안
(1)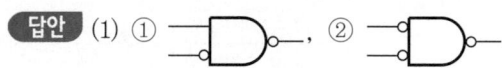

(2) • 운전 : $B_1 - B_2 - B_3$
   • 정지 : $B_3 - B_2 - B_1$
(3) 15[sec]
(4)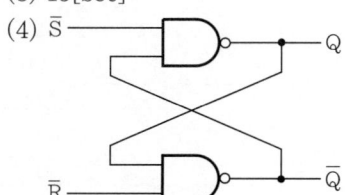

07 CHAPTER 논리연산

1990년~최근 출제된 기출 이론 분석 및 유형별 문제

기출개념 01 불대수의 가설과 정리

(1) $A + A = A$

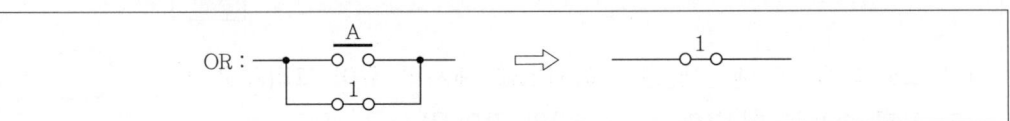

$A \cdot A = A$

(2) $A + 1 = 1$

$A \cdot 1 = A$

(3) $A + 0 = A$

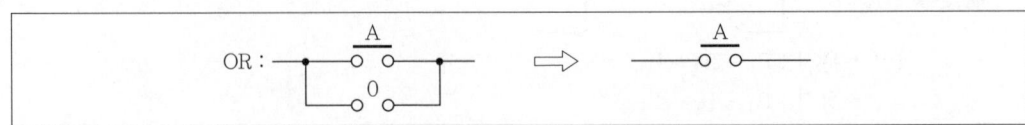

$A \cdot 0 = 0$

(4) $A + \overline{A} = 1$

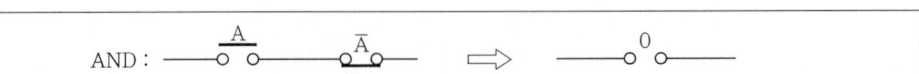

$A \cdot \overline{A} = 0$

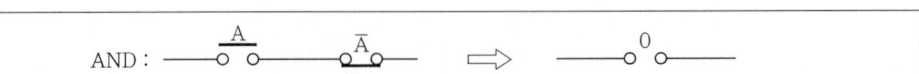

(5) 2중 NOT는 긍정이다.

- $\overline{\overline{A}} = A$
- $\overline{\overline{A \cdot B}} = A \cdot B$
- $\overline{\overline{A + B}} = A + B$
- $\overline{\overline{A} \cdot \overline{B}} = \overline{A} \cdot \overline{B}$

기출개념 02 교환, 결합, 분배법칙

1 교환법칙

(1) $A + B = B + A$

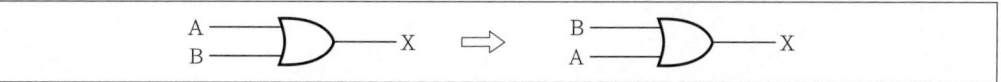

(2) $A \cdot B = B \cdot A$

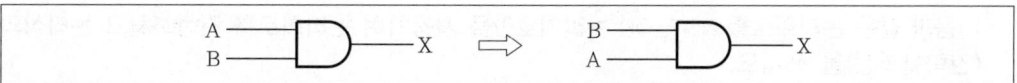

2 결합법칙

(1) $(A + B) + C = A + (B + C)$

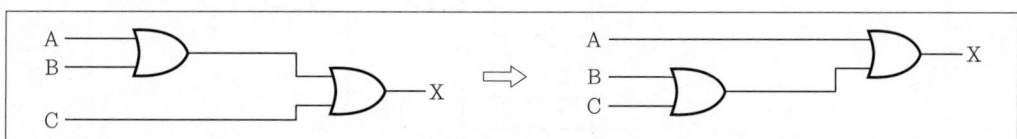

(2) $(A \cdot B) \cdot C = A \cdot (B \cdot C)$

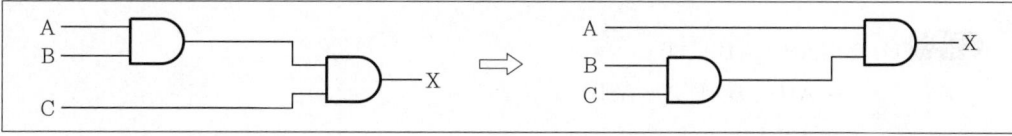

3 분배법칙

$A \cdot (B + C) = AB + AC$

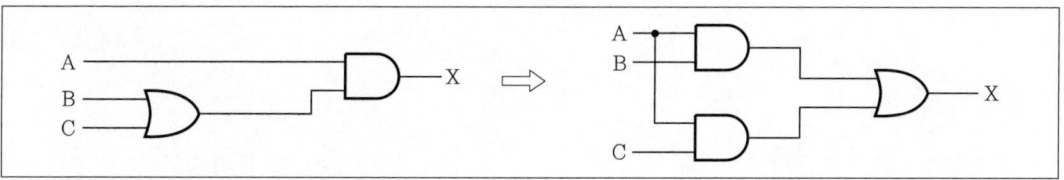

개념 문제 01 전기기사 94년, 14년, 18년 출제 | 배점 : 4점 |

다음 논리식을 간단히 하시오.
(1) $Z = (A+B+C)A$
(2) $Z = \overline{A}C + BC + AB + \overline{B}C$

답안
(1) $Z = AA + AB + AC$
$= A(1+B+C)$
$= A$

(2) $Z = \overline{A}C + AB + C(B+\overline{B})$
$= \overline{A}C + AB + C$
$= C(\overline{A}+1) + AB$
$= AB + C$

개념 문제 02 공사산업 10년, 13년 출제 | 배점 : 6점 |

다음과 같은 논리회로를 NOT, OR 논리기호만을 사용하여 논리회로를 간략화하고 논리식의 변환과정(간략화과정)을 쓰시오.

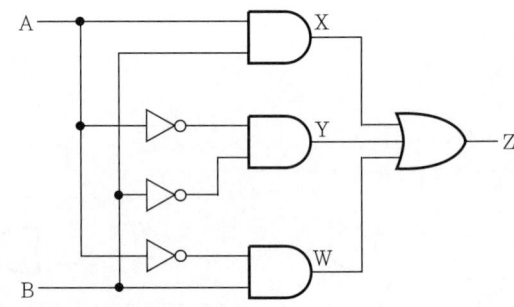

(1) 논리식 변환과정(간략화과정)
(2) 논리회로

답안
(1) $Z = AB + \overline{A}\,\overline{B} + \overline{A}B$
$= \overline{A}(\overline{B}+B) + (A+\overline{A})B$
$= \overline{A} + B$

(2) A→▷○──┐
    B─────┤ ⊃── Z

기출개념 03 카르노 맵(Karnaugh Map)

1 2변수 카르노맵 작성

변수가 2개일 경우, 즉 임의의 2변수 A, B가 있다고 하면 $2^2 = 4$가지의 상태가 되고 카르노맵의 작성방법은 다음과 같다.

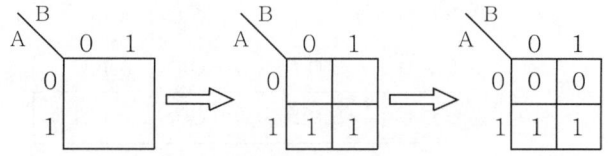

┃출력 $Y = A\overline{B} + AB$의 카르노맵┃

- 각 변수를 배열하며 A와 B의 위치는 바뀌어도 무관하다.
- A, B의 변수의 값을 써넣는다.
- 나머지 빈칸은 0으로 써넣는다.

2 3변수 카르노맵 작성

변수가 3개일 경우, 즉 임의의 3변수 A, B, C가 있다고 하면 $2^3 = 8$가지의 상태가 되고 카르노맵의 작성방법은 다음과 같다.

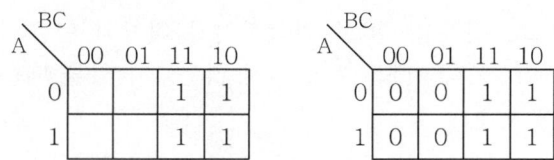

┃출력 $Y = \overline{A}B\overline{C} + \overline{A}BC + AB\overline{C} + ABC$의 카르노맵┃

- 출력 Y가 1이 되는 곳을 찾아 써넣는다.
- 나머지 빈칸은 모두 0으로 써넣는다.

3 4변수 카르노맵 작성

변수가 4개일 경우, 즉 임의의 4변수 A, B, C, D가 있다고 하면 $2^4 = 16$가지의 상태가 되고 카르노맵의 작성방법은 다음과 같다.

AB\CD	00	01	11	10
00	$\bar{A}\bar{B}\bar{C}\bar{D}$	$\bar{A}\bar{B}\bar{C}D$	$\bar{A}\bar{B}CD$	$\bar{A}\bar{B}C\bar{D}$
01	$\bar{A}B\bar{C}\bar{D}$	$\bar{A}B\bar{C}D$	$\bar{A}BCD$	$\bar{A}BC\bar{D}$
11	$AB\bar{C}\bar{D}$	$AB\bar{C}D$	$ABCD$	$ABC\bar{D}$
10	$A\bar{B}\bar{C}\bar{D}$	$A\bar{B}\bar{C}D$	$A\bar{B}CD$	$A\bar{B}C\bar{D}$

4 카르노맵의 간이화

(1) 진리표의 변수의 개수에 따라 2변수, 3변수, 4변수의 카르노맵을 작성한다.

(2) 카르노맵에서 가능하면 옥텟 → 쿼드 → 페어의 순으로 큰 루프로 묶는다.

(3) 맵에서 1은 필요에 따라서 여러 번 사용해도 된다.

(4) 만약에 어떤 그룹의 1이 다른 그룹에도 해당될 때에는 그 그룹은 생략해도 된다.

(5) 각 그룹을 AND로, 전체를 OR로 결합하여 논리곱의 합 형식의 논리함수로 만든다. 단, 어떤 페어, 쿼드, 옥텟에도 해당되지 않는 1이 있을 때는 그 자신을 하나의 그룹으로 한다.

* 페어(pair), 쿼드(quad), 옥텟(octet)
  ① 페어
     페어라 함은 1이 수직이나 수평으로 한 쌍으로 근접되어 있는 경우를 말한다. 이 때 보수로 바뀌어지는 변수는 생략된다.
  ② 쿼드
     쿼드라 함은 1이 수직이나 수평으로 4개가 근접되어 하나의 그룹을 이루고 있는 경우를 말한다.
  ③ 옥텟
     옥텟이라 함은 1이 수직이나 수평으로 8개가 근접하여 하나의 그룹을 이루고 있는 경우를 말한다.

예 1. 다음 불함수를 간단히 하여라.

$$X = \overline{A}BC + \overline{A}B\overline{C} + A\overline{B}\,\overline{C} + A\overline{B}C$$

〈풀이〉

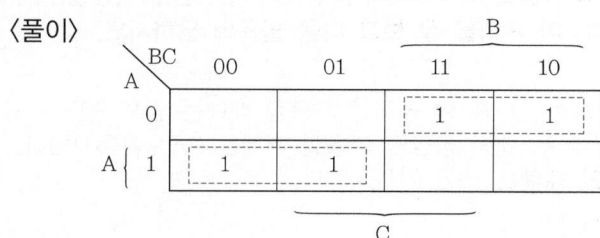

∴ 논리식 $X = \overline{A}B + A\overline{B}$

2.

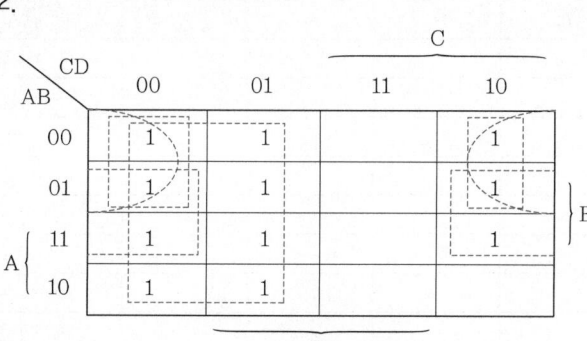

∴ 논리식 $X = \overline{C} + \overline{A}\,\overline{D} + B\overline{D}$

개념 문제 01 전기기사 12년 출제
배점 : 4점

카르노 도표에 나타낸 것과 같이 논리식과 무접점 논리회로를 나타내시오. [단, "0" : L(Low Level), "1" : H(High Level)이며, 입력은 A, B, C 출력은 X이다.]

A \ BC	0 0	0 1	1 1	1 0
0		1		1
1		1		1

(1) 논리식으로 나타낸 후 간략화 하시오.

(2) 무접점 논리회로

답안 (1) $X = \overline{A}\,\overline{B}C + \overline{A}B\overline{C} + A\overline{B}C + AB\overline{C}$

$\qquad = \overline{B}C(\overline{A}+A) + B\overline{C}(\overline{A}+A)$

$\qquad = \overline{B}C + B\overline{C}$

(2)

CHAPTER 07. 논리연산 725

1990년~최근 출제된 기출 이론 분석 및 유형별 문제

개념 문제 02 공사기사 05년, 07년 출제 | 배점 : 10점 |

어느 회사에서 한 부지에 A, B, C의 세 공장을 세워 3대의 급수펌프 P_1(소형), P_2(중형), P_3(대형)으로 다음 계획에 따라 급수계획을 세웠다. 이 계획을 잘 보고 다음 물음에 답하시오.

[계획]
① 모든 공장 A, B, C가 휴무일 때 또는 그 중 한 공장만 가동할 때에는 펌프 P_1만 가동시킨다.
② 모든 공장 A, B, C 중 어느 것이나 두 개의 공장만 가동할 때에는 P_2만 가동시킨다.
③ 모든 공장 A, B, C가 모두 가동할 때에는 P_3만 가동시킨다.

(1) 조건과 같은 진리표를 작성하시오.

번호	공장상태			펌프상태			비고
	A	B	C	P_1	P_2	P_3	
1							P_1 작동중
2							P_1 작동중
3							P_1 작동중
4							P_1 작동중
5							P_2 작동중
6							P_2 작동중
7							P_2 작동중
8							P_3 작동중

(2) P_1의 출력식을 구하시오.
(3) P_2의 출력식을 구하시오.
(4) P_3의 출력식을 구하시오.
(5) 공장 A, B, C의 상태를 계전기 A, B, C로 대체하고 이를 계전기 접점을 이용하여 계전기 회로를 완성하시오. (A계전기의 a접점 2개, b접점 3개, B계전기 a접점 3개, b접점 3개, C계전기 a접점 3개, b접점 2개만 사용한다.)

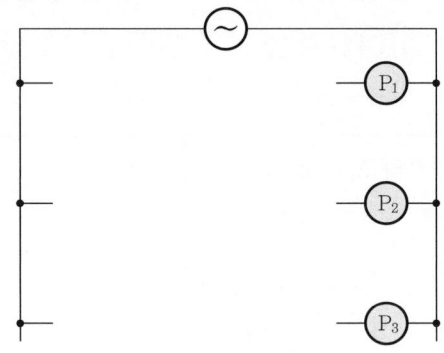

답안 (1)

번호	공장상태			펌프상태			비 고
	A	B	C	P_1	P_2	P_3	
1	0	0	0	1	0	0	P_1 작동중
2	0	0	1	1	0	0	P_1 작동중
3	0	1	0	1	0	0	P_1 작동중
4	1	0	0	1	0	0	P_1 작동중
5	0	1	1	0	1	0	P_2 작동중
6	1	0	1	0	1	0	P_2 작동중
7	1	1	0	0	1	0	P_2 작동중
8	1	1	1	0	0	1	P_3 작동중

(2) $P_1 = \overline{A}\,\overline{B}\,\overline{C} + \overline{A}\,\overline{B}C + \overline{A}B\overline{C} + A\overline{B}\,\overline{C}$
$\quad = \overline{A}\,\overline{B} + \overline{A}\,\overline{C} + \overline{B}\,\overline{C} = \overline{A}\,\overline{B} + (\overline{A} + \overline{B})\overline{C}$

(3) $P_2 = \overline{A}BC + A\overline{B}C + AB\overline{C} = \overline{A}BC + A(\overline{B}C + B\overline{C})$

(4) $P_3 = ABC$

(5)

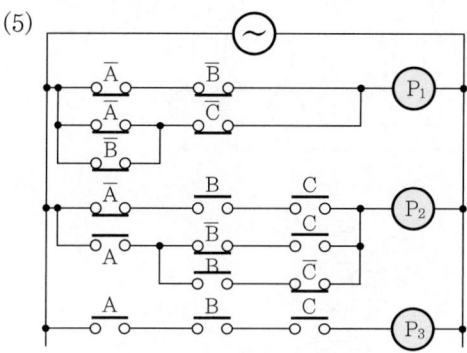

CHAPTER 07
논리연산

단원 빈출문제
1990년~최근 출제된 기출문제

문제 01 공사산업 94년, 97년, 00년, 01년 출제 | 배점 : 5점

그림은 릴레이 동작체크회로이다. 입력이 X, Y, Z 중 2개가 동시에 동작하든가 모두 동작하지 않을 경우 논리 시퀀스회로를 그리시오.

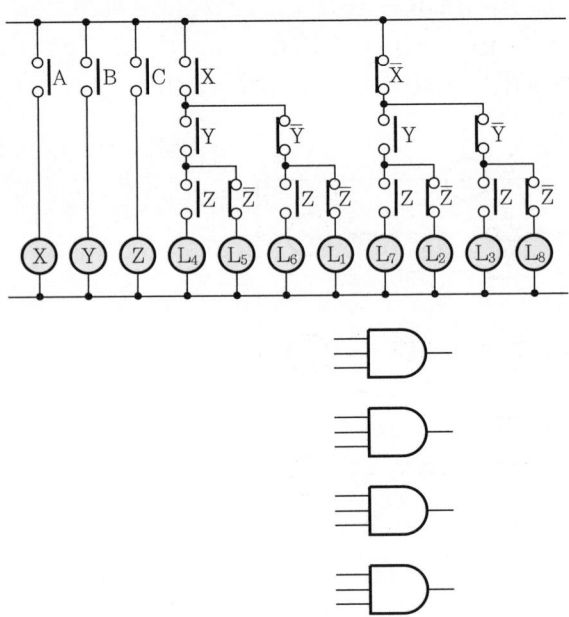

답안

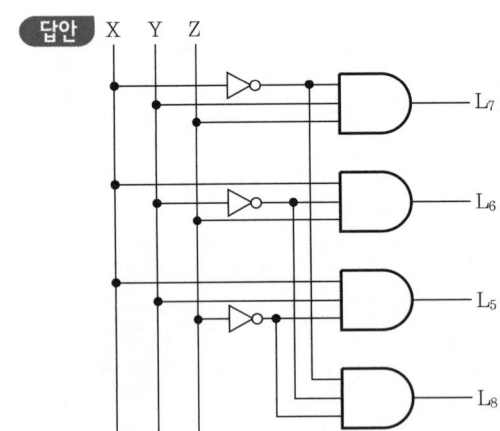

문제 02 공사산업 95년 출제 | 배점 : 12점 |

다음 릴레이 동작체크 회로이다. 물음에 답하시오.

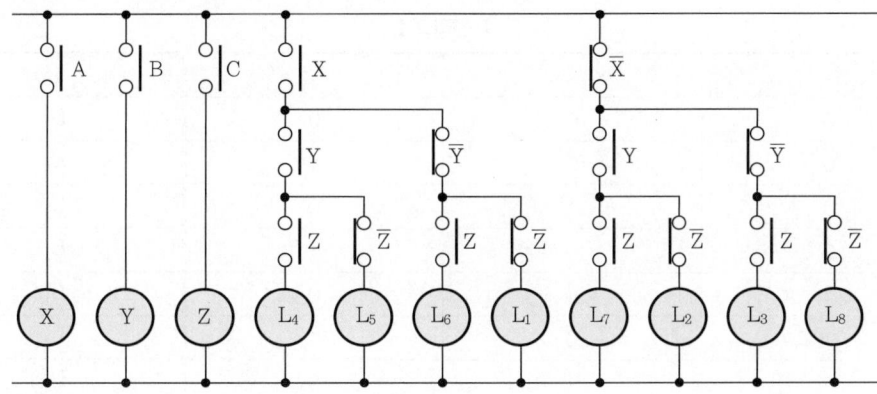

(1) 램프 출력 $L_1 \sim L_8$까지 논리식으로 나타내시오.
(2) 논리식 $L_1 + L_2 + L_3 + L_4 + L_5 + L_6 + L_7 + L_8$을 계산하시오.
(3) 릴레이 X, Y, Z가 동시에 동작하면 어떤 램프가 켜지는가?
(4) 릴레이 X, Y가 동시에 동작하면 어떤 램프가 켜지는가?
(5) 램프 L_3가 켜지면 어떤 릴레이가 동작하는가?
(6) 램프 L_6가 켜지면 어떤 릴레이가 동작하는가?

답안 (1) • $L_1 = X\overline{Y}\overline{Z}$

• $L_2 = \overline{X}Y\overline{Z}$

• $L_3 = \overline{X}\,\overline{Y}Z$

• $L_4 = XYZ$

• $L_5 = XY\overline{Z}$

• $L_6 = X\overline{Y}Z$

• $L_7 = \overline{X}YZ$

• $L_8 = \overline{X}\,\overline{Y}\,\overline{Z}$

(2) $X\overline{Y}\overline{Z} + \overline{X}Y\overline{Z} + \overline{X}\,\overline{Y}Z + XYZ + XY\overline{Z} + X\overline{Y}Z + \overline{X}YZ + \overline{X}\,\overline{Y}\,\overline{Z} = 1$

(3) L_4

(4) L_5

(5) Z

(6) X와 Z

문제 03 공사기사 94년, 96년, 99년 출제 | 배점 : 10점

다음 진리표를 이용하여 물음에 답하시오.

| 진리표 |

X_1	X_2	X_3	L
0	0	0	L_8
0	0	1	L_3
0	1	0	L_2
0	1	1	L_5
1	0	0	L_1
1	0	1	L_6
1	1	0	L_4
1	1	1	L_7

(1) 진리표를 이용하여 로직 시퀀스를 완성하시오.

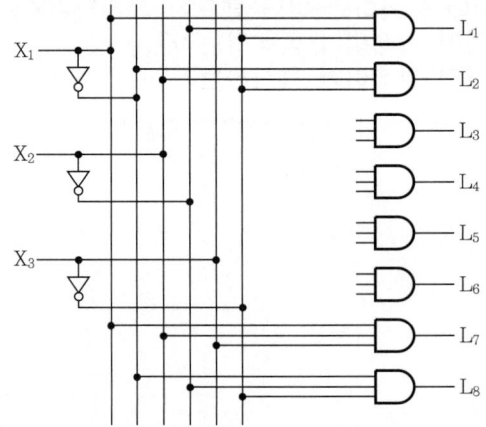

(2) 진리값을 이용하여 최소 접점을 완성하시오.

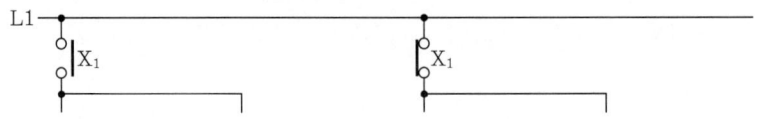

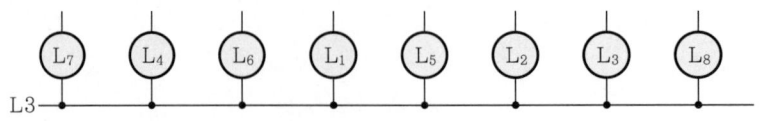

답안 (1)

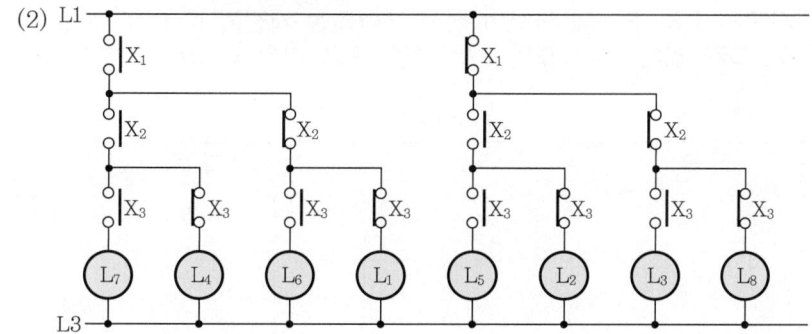

(2)

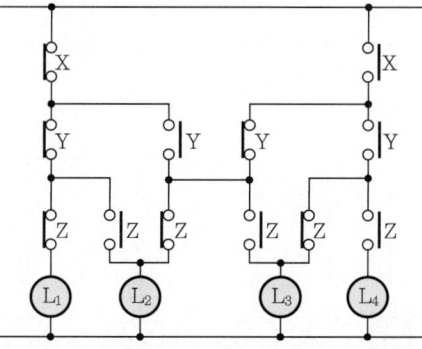

문제 04 공사기사 95년, 22년 출제   │ 배점 : 5점 │

그림은 릴레이 동작 검출회로의 일부분으로 릴레이 X, Y, Z의 동작에 따라 램프 $L_1 \sim L_4$의 점등이 달라진다. 다음 각 물음에 답하시오.

(1) X는 여자, Y는 소자, Z는 여자일 때 어떤 램프가 켜지는지 쓰시오.
(2) 램프 L_2의 출력에 대한 논리식을 쓰시오.
(3) 릴레이 X, Y, Z 중 어느 2개만 여자일 때 켜지는 램프는 어느 것인지 쓰시오.
(4) 릴레이 3개가 모두 여자되면 어떤 램프가 켜지는지 쓰시오.

답안 (1) L_3
(2) $L_2 = X\overline{Y}\overline{Z} + \overline{X}Y\overline{Z} + \overline{X}\overline{Y}Z$
(3) L_3
(4) L_4

문제 05 공사산업 98년, 22년 출제   배점 : 8점

푸시버튼 스위치 PB_1, PB_2, PB_3에 의하여 직접 제어되는 계전기 A, B, C가 있고, 출력으로는 전등 R, Y, G가 있다. 동작표와 논리식을 보고 미완성 회로를 그리시오.

| 동작표 |

입 력			출 력		
A	B	C	R	Y	G
0	0	0	0	0	1
0	0	1	0	0	1
0	1	0	0	0	1
0	1	1	0	1	0
1	0	0	0	1	0
1	0	1	1	0	0
1	1	0	1	0	0
1	1	1	1	0	0

(1) 출력램프 R에 대한 논리식 : $R = A \cdot C + A \cdot B = A \cdot (B + C)$
(2) 출력램프 Y에 대한 논리식 : $Y = \overline{A} \cdot B \cdot C + A \cdot \overline{B} \cdot \overline{C}$
(3) 출력램프 G에 대한 논리식 : $G = \overline{A} \cdot \overline{B} + \overline{A} \cdot \overline{C} = \overline{A} \cdot (\overline{B} + \overline{C})$

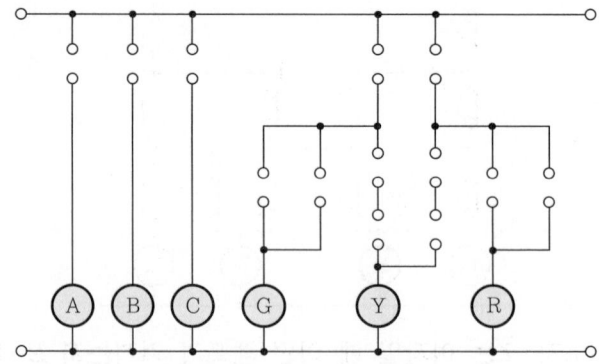

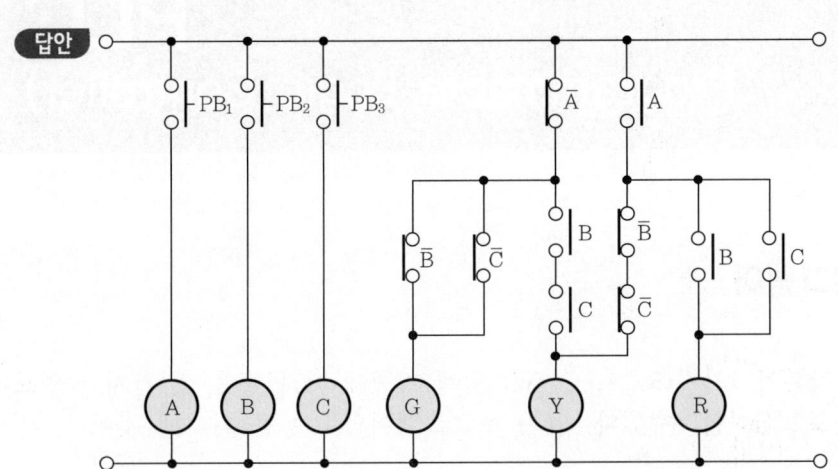

CHAPTER 08 PLC (Programmable Logic Controller)

1990년~최근 출제된 기출 이론 분석 및 유형별 문제

기출개념 01 프로그램어

프로그램어에는 기본어 4가지(R, A, O, W) 외에 기종에 따라 응용 몇 가지가 있으며, 어떤 시퀀스라도 프로그램화할 수 있다. 표는 프로그램어의 기능을 나타낸 것이다.

내 용	명령어	부 호	번지 설정
시작 입력	① R(read), ② LOAD, ③ STR	─┤├─	입력기구 ① 0.0~2.7 ② P000~P0007 ③ 0~17
	RN, LOAD NOT, STR NOT	─┤/├─	
직렬	A, AND	─┤├─┤├─	출력기구 ① 3.0~4.7 ② P010~P017 ③ 20~37
	AN, AND NOT	─┤/├─┤/├─	
병렬	O, OR		보조기구(내부 출력) ① 8.0~ ② M000~ ③ 170~
	ON, OR NOT		
출력	W(write), OUT	─◯─	타이머 ① T40~(40.7~) ② T000~ ③ T600
직렬 묶음	A MRG, AND LOAD, AND STR	───	
병렬 묶음	O MRG, OR LOAD, OR STR	───	카운터 ① C400~ ② C000 ③ C600~
공통 묶음	W(WN), NRG, MCS(MCR)	───	
타이머	T(DS), TMR⟨DATA⟩, TIM	─◯─	설정시간 ① DS ② ⟨DATA⟩
카운터	CNT	─◯─	

기출개념 02 기본 프로그램 예

① 입출력

step	op	add
0	R	0.0
1	W	3.0

② 부정

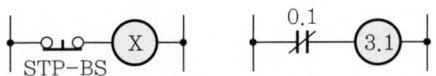

step	op	add
0	RN	0.1
1	W	3.1

RN : Read NOT(b접점)

③ 직렬

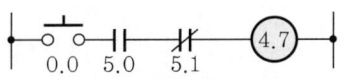

step	op	add
0	R	0.0
1	A	5.0
2	AN	5.1
3	W	4.7

AN : AND NOT(b접점)

④ 병렬

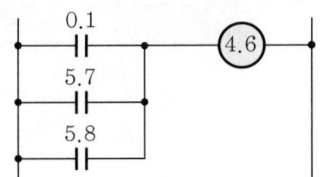

step	op	add
0	R	0.1
1	O	5.7
2	O	5.8
3	W	4.6

⑤ 직병렬(1)

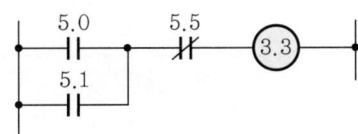

(a)

step	op	add
0	R	5.0
1	O	5.1
2	AN	5.5
3	W	3.3

(b)

step	op	add
0	RN	5.5
1	R	5.0
2	O	5.1
3	A MRG	–
4	W	3.3

그림 (b)는 분기점 처리(MRG)를 해야 직병렬이 확실히 구분된다. 따라서 (a)보다 step 수가 증가한다. 보통 (a)로 바꾸어서 프로그램한다.

⑥ 직병렬(2)

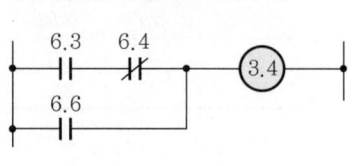

step	op	add
0	R	6.3
1	AN	6.4
2	O	6.6
3	W	3.4

step	op	add
0	R	6.6
1	R	6.3
2	AN	6.4
3	O MRG	–
4	W	3.4

⑦ 직병렬(3)

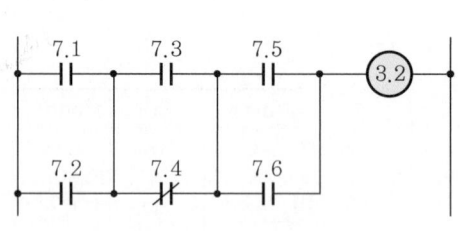

step	op	add
0	R	7.1
1	O	7.2
2	R	7.3
3	ON	7.4
4	A MRG	–
5	R	7.5
6	O	7.6
7	A MRG	–
8	W	3.4

⑧ 직병렬(4)

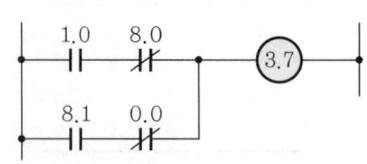

step	op	add
0	R	1.0
1	A	8.0
2	R	8.1
3	AN	0.0
4	O MRG	–
5	W	3.7

⑨ 타이머

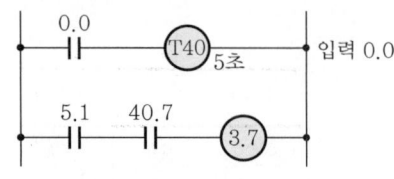

step	op	add
0	R	0.0
1	DS	50*
2	W	T40
3	R	5.0
4	A	40.7
5	W	3.7

* DS : 0.1초 단위

   설정시간(DS), 번지(T40)의 순서가 역순인 기종도 있고 set, reset 2 입력인 경우도 있다.

개념 문제 01 | 공사기사 01년, 02년 출제 | 배점 : 6점 |

PLC 래더 다이어그램이 그림과 같을 때 표에 ①~⑥의 프로그램을 완성하시오. [단, 회로 시작(STR), 출력(OUT), AND, OR, NOT 등의 명령어를 사용한다.]

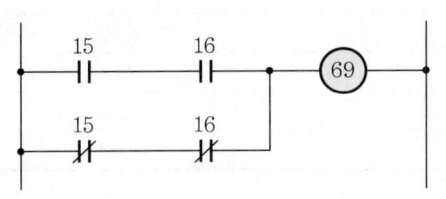

차 례	명 령	번 지
0	(①)	15
1	AND	16
2	(②)	(③)
3	(④)	16
4	OR STR	–
5	(⑤)	(⑥)

답안
① STR
② STR NOT
③ 15
④ AND NOT
⑤ OUT
⑥ 69

개념 문제 02 | 공사기사 12년 출제 | 배점 : 6점 |

표의 빈칸 ①~⑧에 알맞은 내용을 써서 그림 PLC 시퀀스의 프로그램을 완성하시오. [단, 사용 명령어는 회로 시작(R), 출력(W), AND(A), OR(O), NOT(N), 시간지연(DS)이고, 0.1초 단위이며, 부분점수는 없다.]

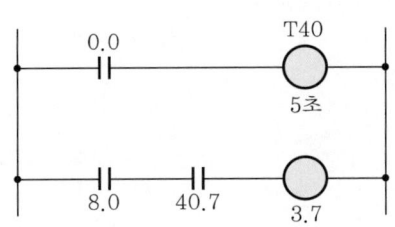

차 례	명 령	번 지
0	R	(①)
1	DS	(②)
2	W	(③)
3	(④)	8.0
4	(⑤)	(⑥)
5	(⑦)	(⑧)

답안
① 0.0
② 50
③ T40
④ R
⑤ A
⑥ 40.7
⑦ W
⑧ 3.7

1990년~최근 출제된 기출 이론 분석 및 유형별 문제

개념 문제 03 전기기사 19년 출제

| 배점 : 6점 |

다음 PLC의 표를 보고 물음에 답하시오.

step	명령어	번 지
0	LOAD	P000
1	OR	P010
2	AND NOT	P001
3	AND NOT	P002
4	OUT	P010

(1) 래더 다이어그램을 그리시오.

(2) 논리회로를 그리시오.

답안 (1)

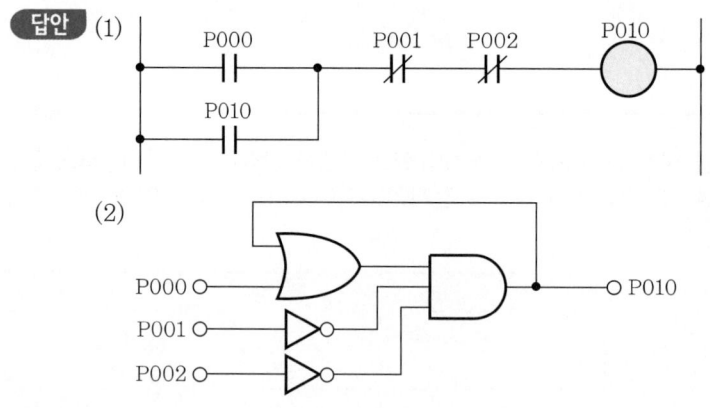

(2)

개념 문제 04 | 공사기사 09년, 16년 출제 | 배점 : 7점 |

다음 그림과 같은 유접점회로에 대한 주어진 미완성 PLC 래더 다이어그램을 완성하고, 표의 빈칸 ①~⑥에 해당하는 프로그램을 완성하시오. (단, 회로 시작 LOAD, 출격 OUT, 직렬 AND, 병렬 OR, b접점 NOT, 그룹간 묶음 AND LOAD이다.)

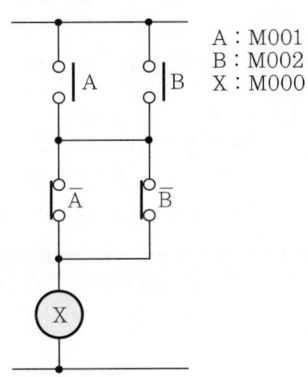

- 프로그램

차 례	명 령	번 지
0	LOAD	M001
1	(①)	M002
2	(②)	(③)
3	(④)	(⑤)
4	(⑥)	–
5	OUT	M000

- 래더 다이어그램

답안 • 프로그램

① OR, ② LOAD NOT, ③ M001, ④ OR NOT, ⑤ M002, ⑥ AND LOAD

• 래더 다이어그램

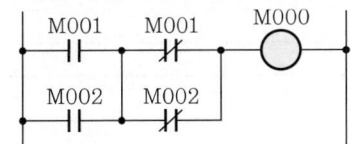

1990년~최근 출제된 기출 이론 분석 및 유형별 문제

개념 문제 05 | 공사기사 97년, 10년, 13년 출제
배점 : 9점

그림과 같은 PLC 시퀀스의 프로그램을 표의 차례 1~9에 알맞은 명령어를 각각 쓰시오. [단, 시작(회로) 입력 STR, 출력 OUT, 직렬 AND, 병렬 OR, 부정 NOT, 그룹 직렬 AND STR, 그룹 병렬 OR STR의 명령을 사용한다.]

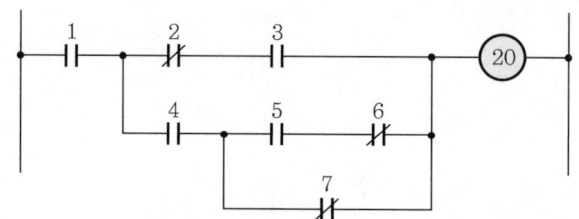

차 례	명 령	번 지
0	STR	1
1		2
2		3
3		4
4		5
5		6
6		7
7		-
8		-
9		-
10	OUT	20

답안

차 례	명 령	번 지
0	STR	1
1	STR NOT	2
2	AND	3
3	STR	4
4	STR	5
5	AND NOT	6
6	OR NOT	7
7	AND STR	-
8	OR STR	-
9	AND STR	-
10	OUT	20

개념 문제 06 | 공사산업 00년, 13년, 22년 출제 | 배점 : 9점

PLC의 프로그램과 명령어를 참조하여 다음 각 물음에 답하시오. (단, 회로 작성 시 선의 접속 및 미접속에 대한 예시를 참고하여 작성하시오.)

｜선의 접속과 미접속에 대한 예시｜

접 속	미접속

step	명령어	번 지	명령어	내 용
01	STR	001	STR	입력 a접점(신호)
02	STR	003	STRN	입력 b접점(신호)
03	ANDN	002	AND	직렬 a접점
04	OB		ANDN	직렬 b접점
05	OUT	100	OR	병렬 a접점
06	STR	001	ORN	병렬 b접점
07	ANDN	002	OB	병렬 접속점
08	STR	003	OUT	출력
09	OB		END	끝
10	OUT	200		
11	END			

(1) PLC의 프로그램과 같은 유접점 논리회로를 완성하시오.

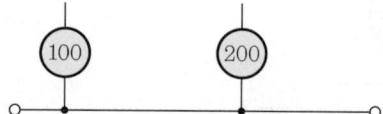

(2) "(1)"의 회로에서 001, 002, 003의 접점을 각 1개씩만을 사용하여 유접점 논리회로를 완성하시오. (단, 접점의 양방향 신호의 흐름을 인정한다.)

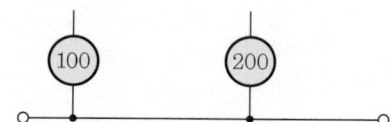

(3) PLC 프로그램에 대한 무접점 논리회로를 완성하시오.

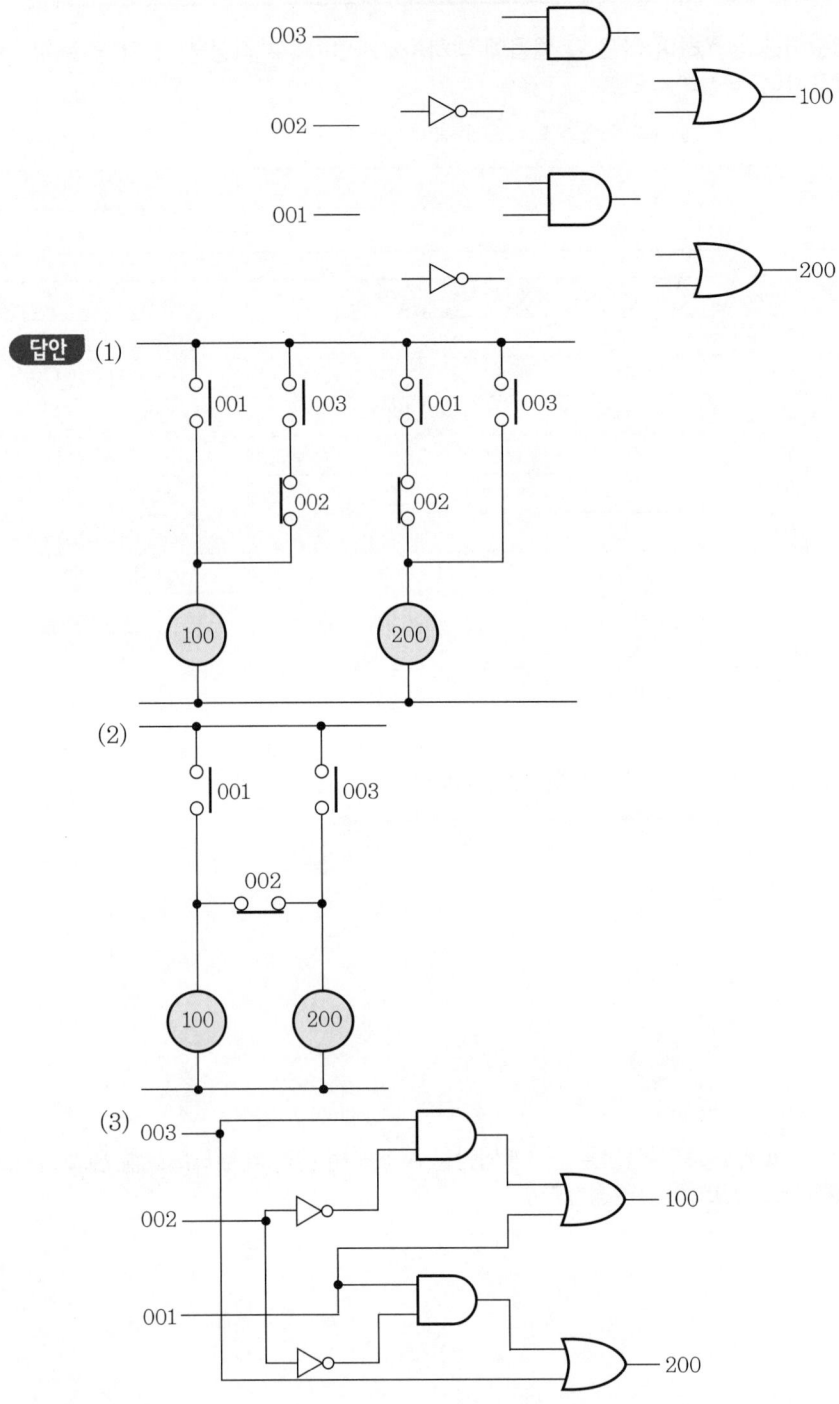

CHAPTER 08 PLC

단원 빈출문제

1990년~최근 출제된 기출문제

문제 01 공사산업 14년 출제
배점 : 3점

다음 PLC에 대한 내용에 대하여 아래 그림의 기능을 쓰시오.

명 칭	기 호	기 능
NOT	─✕─	

답안 입력과 출력의 상태가 반대로 되는 상태반전회로

문제 02 공사산업 10년 출제
배점 : 5점

다음 그림은 PLC 프로그램 명령어 중 반전명령어(*, NOT)를 이용한 도면이다. 반전명령어를 사용하지 않을 때의 래더 다이어그램을 작성하시오.

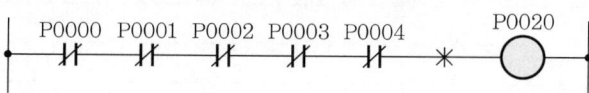

- 반전명령어를 사용하지 않을 때의 래더 다이어그램

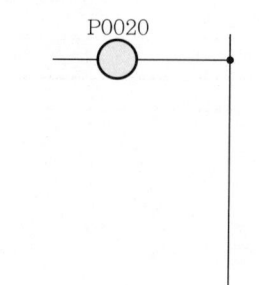

1990년~최근 출제된 기출문제

답안

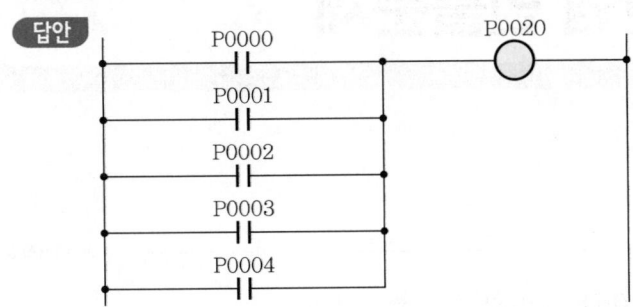

문제 03   공사산업 10년 출제   배점 : 5점

다음과 같은 래더 다이어그램을 보고 PLC 프로그램을 완성하시오. (단, 타이머 설정시간 t는 0.1초 단위임)

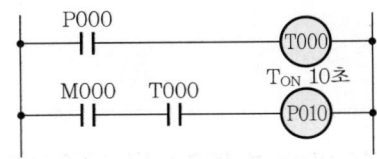

명령어	번지
LOAD	P000
TMR	(①)
DATA	(②)
(③)	M000
AND	(④)
(⑤)	P010

답안
① T000
② 100
③ LOAD
④ T000
⑤ OUT

문제 04 공사기사 14년 출제

배점 : 5점

다음의 PLC 프로그램을 보고, 래더 다이어그램을 완성하시오.

차 례	명 령	번 지
0	STR	P00
1	OR	P01
2	STR NOT	P02
3	OR	P03
4	AND STR	–
5	AND NOT	P04
6	OUT	P10

답안

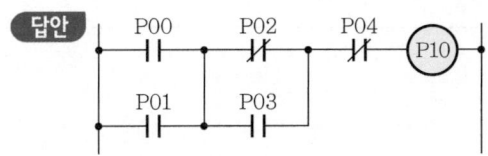

문제 05 공사기사 10년 출제

배점 : 5점

다음 명령어를 참고하여 미완성 PLC 래더 다이어그램을 완성하시오.

STEP	명 령	번 지
0	LOAD	P000
1	LOAD	P001
2	OR	P010
3	AND LOAD	–
4	AND NOT	P003
5	OUT	P010

답안

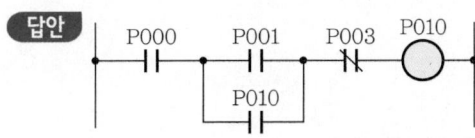

문제 06 공사산업 94년, 01년, 05년, 09년 출제 | 배점 : 5점

그림과 같은 무접점 논리회로의 래더 다이어그램(ladder diagram)의 미완성 부분(점선 부분)을 그리시오. (단, 입·출력 번지의 할당은 다음과 같다.)

- 입력 : $PB_1(01)$, $PB_2(02)$
- 출력 : GL(30), RL(31)
- 릴레이 : X(40)

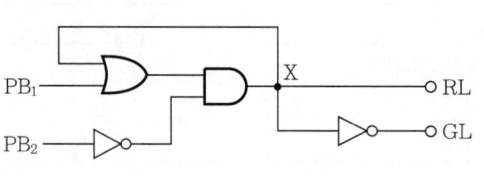
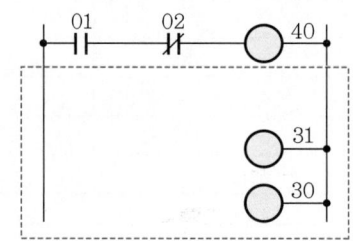

답안

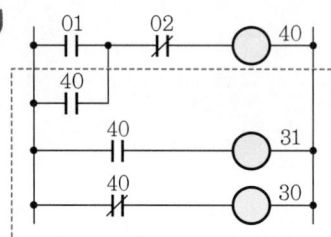

문제 07 공사기사 96년, 99년 출제 | 배점 : 10점

그림 (a)의 릴레이 시퀀스가 있다. A, B, C, D는 보조 릴레이 접점이고, X는 릴레이, L은 부하이다. 다음 물음에 답하시오.

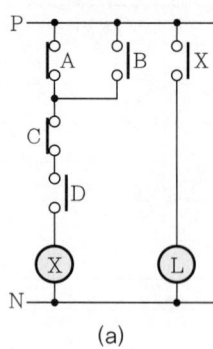
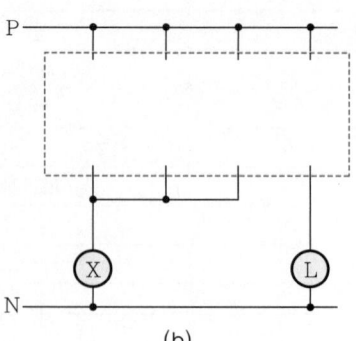

(a)   (b)

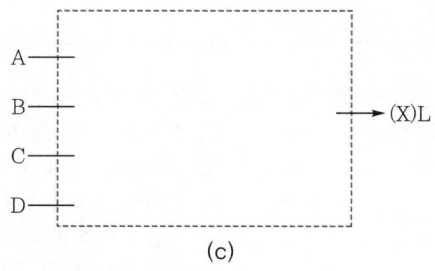

(c)

(1) 그림 (a)에서 X의 논리식을 쓰시오.
(2) 답안지의 그림 (c)란에 논리회로(2입력, AND, OR, NOT 기호 사용)를 그려 넣으시오.
(3) 그림 (a)의 쌍대회로를 답안지 그림 (b)의 점선란에 완성하시오.

여기서, $L = \overline{X} = \overline{\overline{A} \cdot \overline{B} + C + \overline{D}}$ 이다.

(4) 그림 (a)를 참조하여 표의 PLC 프로그램 안에 ①~⑤에 알맞은 명령어 번지를 [보기]에서 고르시오.

스 텝	명령어	번 지
0	RN	5.1
1	(①)	5.2
2	(②)	5.3
3	A	(③)
4	W	5.0
5	R	(④)
6	(⑤)	3.0

[보기]
A(5.1), B(5.2)
C(5.3), D(5.4)
X(5.0), L(3.0)이고
R(READ, LOAD, START, 시작)
O(OR), A(AND), N(NOT),
W(Write, OUT, 출력)
이다.

(1) $X = (\overline{A} + B)\overline{C} \cdot D$

(2)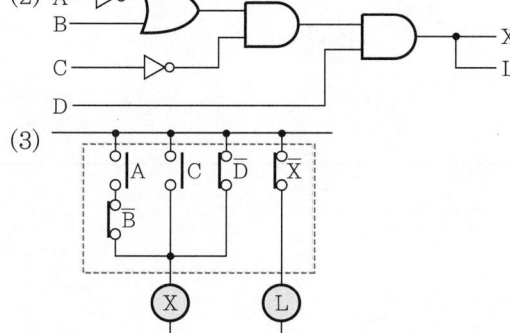

(3)

(4) ① O
　　② AN
　　③ 5.4
　　④ 5.0
　　⑤ W

1990년~최근 출제된 기출문제

문제 08 공사기사 09년 출제 | 배점 : 6점 |

PLC 프로그램을 보고 프로그램에 맞도록 주어진 PLC접점 회로도을 완성하시오.
(단, ① STR : 입력 A접점(신호) ② STRN : 입력 B접점(신호)
③ AND : AND A접점 ④ ANDN : AND B접점
⑤ OR : OR A접점 ⑥ ORN : OR B접점
⑦ OB : 병렬접속점 ⑧ OUT : 출력
⑨ END : 끝 ⑩ W : 각 번지 끝)

어드레스	명령어	데이터	비 고
01	STR	001	W
02	STR	003	W
03	ANDN	002	W
04	OB	–	W
05	OUT	100	W
06	STR	001	W
07	ANDN	002	W
08	STR	003	W
09	OB	–	W
10	OUT	200	W
11	END	–	W

• PLC접점 회로도

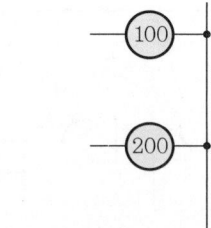

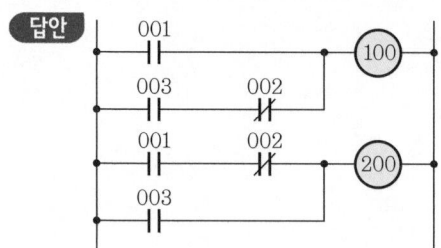

문제 09 공사기사 10년 출제

배점 : 5점

다음 PLC 래더 다이어그램을 주어진 표의 빈칸 "①~⑧"에 명령어를 채워 프로그램을 완성하시오.

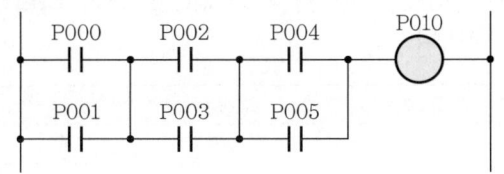

- 입력 : LOAD
- 병렬 : OR
- 블록 간 직렬결합 : AND LOAD
- 출력 : OUT
- 블록 간 병렬결합 : OR LOAD

STEP	명령어	번 지
0	LOAD	P000
1	(①)	P001
2	(②)	(⑥)
3	(③)	(⑦)
4	AND LOAD	–
5	(④)	(⑧)
6	(⑤)	P005
7	AND LOAD	–
8	OUT	P010

답안
① OR
② LOAD
③ OR
④ LOAD
⑤ OR
⑥ P002
⑦ P003
⑧ P004

1990년~최근 출제된 기출문제

문제 10 공사산업 11년 출제
배점 : 6점

프로그램의 차례대로 PLC시스템(래더 다이어그램)을 그리시오. 여기서 시작 입력 LOAD, 출력 OUT, 타이머 TMR, 설정시간 DATA, 직렬 AND, 병렬 OR, 부정 NOT의 명령을 사용하며, P010~P012는 전자접촉기 MC를 각각 나타내며, P001과 P002는 버튼 스위치를 표시한 것이다.

(1)

스 탭	명 령	번 지
생략	LOAD	P001
	OR	M001
	LOAD NOT	P002
	OR	M000
	AND LOAD	-
	OUT	P017

(2)

스 탭	명 령	번 지
생략	LOAD	P001
	AND	M001
	LOAD NOT	P002
	AND	M000
	OR LOAD	-
	OUT	P017

답안

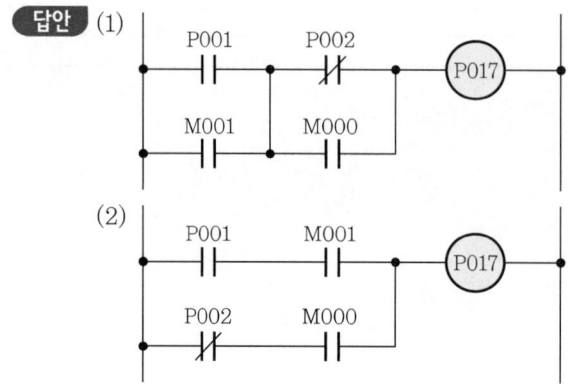

문제 **11** 공사기사 13년 / 공사산업 14년 출제   배점 : 7점

그림과 같은 PLC 시퀀스(래더 다이어그램)가 있다. 물음에 답하시오.

(1) PLC 프로그램에서의 신호 흐름은 단방향이므로 시퀀스를 수정해야 한다. 문제의 도면을 바르게 작성하시오.

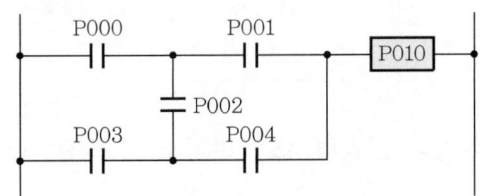

(2) PLC 프로그램을 보고 표의 ①~⑧을 완성하시오. (단, 명령어는 LOAD, AND, OR, NOT, OUT를 사용한다.)

차 례	명령어	번 지
0	LOAD	P000
1	AND	P001
2	(①)	(②)
3	AND	P002
4	AND	P004
5	OR LOAD	
6	(③)	(④)
7	AND	P002
8	(⑤)	(⑥)
9	OR LOAD	
10	(⑦)	(⑧)
11	AND	P004
12	OR LOAD	
13	OUT	P010

 (1)

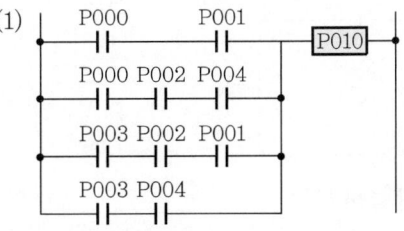

(2) ① LOAD, ② P000, ③ LOAD, ④ P003
　　⑤ AND, ⑥ P001, ⑦ LOAD, ⑧ P003

문제 12 공사산업 95년, 02년, 07년 출제   배점 : 16점

릴레이 X(M004)가 접점 A, B, C의 함수로서 $X = (A+B)(\overline{B}\,\overline{C}+C)$일 때 다음 물음에 답하시오.

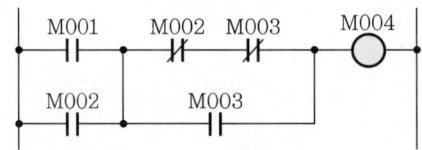

(1) PLC 프로그램의 ①~⑤를 완성하시오. 여기서 명령어는 LOAD, AND, NOT, OR, OUT를 사용한다.

스 텝	명 령	번 지
0000	LOAD	M001
0001	(①)	M002
0002	(②)	M002
0003	(③)	M003
0004	(④)	M003
0005	AND LOAD	—
0006	OUT	(⑤)

(2) 릴레이회로를 완성하시오. (접점 A, B, C)

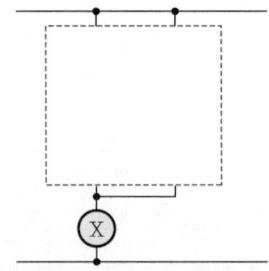

(3) AND, OR, NOT 기호를 사용하여 로직회로를 완성하시오.

(4) 2입력 NOR회로만의 등가 로직회로를 완성하시오.

답안 (1) ① OR
② LOAD NOT
③ AND NOT
④ OR
⑤ M004

(2)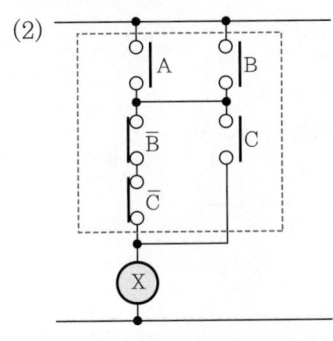

(3)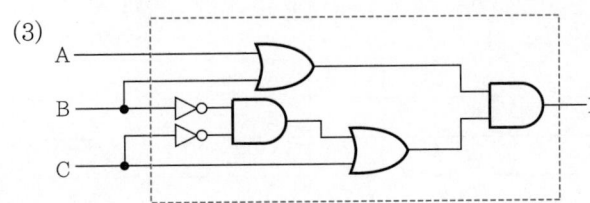

(4)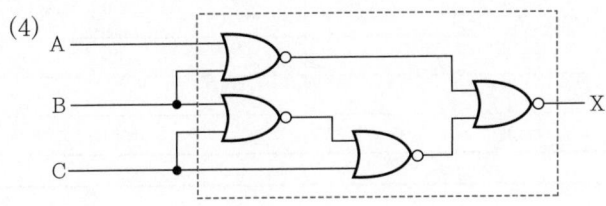

1990년~최근 출제된 기출문제

문제 13 공사산업 96년, 04년, 06년, 14년 출제

배점 : 5점

다음은 PLC 래더 다이어그램에 의한 프로그램이다. 아래의 명령어를 활용하여 각 스텝에 알맞은 내용으로 프로그램 하시오.

[명령어]
- 입력 a접점 : LD
- 직렬 a접점 : AND
- 병렬 a접점 : OR
- 블록 간 병렬접속 : OB
- 입력 b접점 : LDI
- 직렬 b접점 : ANI
- 병렬 b접점 : ORI
- 블록 간 직렬접속 : ANB

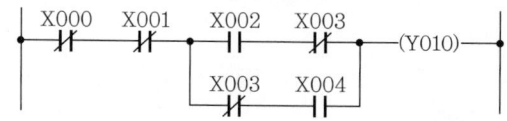

STEP	명령어	번지
1	LDI	X000
2		
3		
4		
5		
6		
7		
8		
9	OUT	Y010

답안

STEP	명령어	번지
1	LDI	X000
2	ANI	X001
3	LD	X002
4	ANI	X003
5	LDI	X003
6	AND	X004
7	OB	—
8	ANB	—
9	OUT	Y010

문제 14 공사기사 07년 / 공사산업 96년, 00년 출제

배점 : 5점

그림은 PLC 시퀀스회로의 일부를 그린 것이다. 입력 P000을 주면 출력 P011이 동작하고 이어 P012가 동작한다. 5초 후 T000이 동작하여 P012가 정지된다. P001은 정지 신호이고, 시간 단위는 0.1초이다. 프로그램의 괄호(①~⑤)에 알맞은 것을 답안지에 쓰시오.

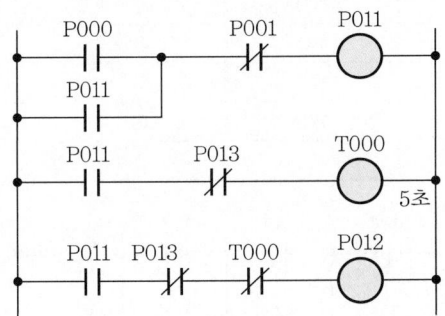

STEP	OP	add	ENT
생략	LOAD	P000	ENT 이하 생략
	OR	(①)	
	(②)	P001	
	OUT	P011	
	LOAD	P011	
	AND NOT	P013	
	TMR	T000	
	(DATA)	(③)	
	(④)	P011	
	AND NOT	P013	
	AND NOT	T000	
	(⑤)	P012	

답안
① P011
② AND NOT
③ 50
④ LOAD
⑤ OUT

1990년~최근 출제된 기출문제

문제 15 공사산업 97년 출제 | 배점 : 6점

그림의 PLC 시퀀스에 대해 다음 물음에 답하시오.

주소	명령어	번지	주소	명령어	번지
0	STR	170	5	AND	174
1	OR	171	6	OR	175
2	AND	172	7	AND STR	
3	OR NOT	173	8	OUT	175
4	OR		9	OUT	20

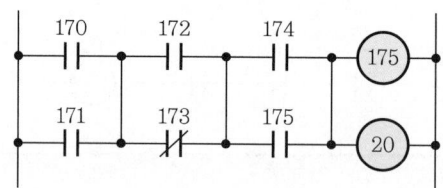

(1) 2입력 OR회로 3개, 2입력 AND회로 2대, NOT회로 1개를 사용하여 로직회로를 그리시오.
(2) PLC 프로그램에서 명령어 부분이 잘못된 곳이 3군데 있다. 찾아서 번지를 쓰고 정답을 쓰시오. (예 3-OR) (여기서, AND STR : 그룹 간 직렬접속, OR STR : 그룹 간 병렬접속, AND : 직렬, OR : 병렬, NOT : 부정, OUT : 출력 및 내부출력, STR : 시작입력이다.)

답안 (1)

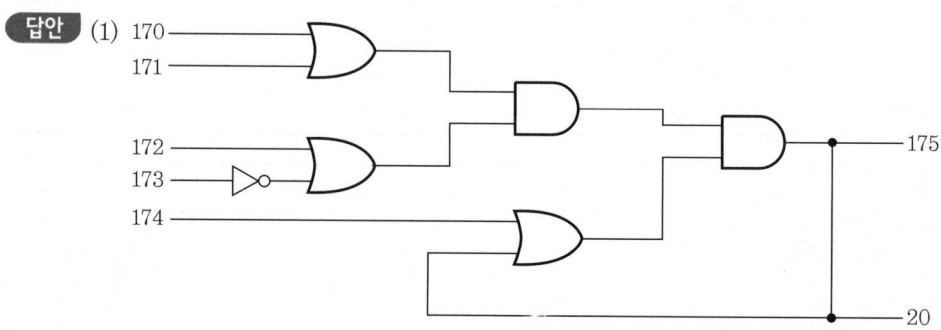

(2) • 2-STR
 • 4-AND STR
 • 5-STR

문제 16 공사기사 96년, 00년 출제

배점 : 10점

그림 (a)와 같은 PLC 시퀀스(래더 다이어그램)가 있다. 물음에 답하시오. (여기서 D는 역방향 저지 다이오드이다.)

(1) 다이오드를 사용하지 않으려면 시퀀스를 수정해야 한다. 답란의 그림 (b) 안에 수정된 그림을 완성하고 번지를 적어 넣으시오. [단, 여기서 P011부터 그림을 그렸다.(프로그램 참조)]
(2) PLC 프로그램을 표의 ①~⑤에 완성하시오. (단, 명령어는 LOAD, AND, OR, NOT, OUT를 사용한다.)

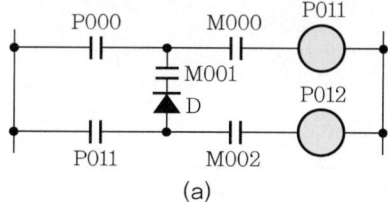
(a)

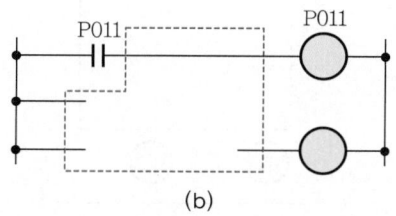
(b)

스 텝	명령어	번 지
생략	LOAD	P011
	(①)	M001
	OR	(②)
	(③)	M000
	(④)	P011
	LOAD	(⑤)
	AND	M002
	OUT	P012

답안 (1)
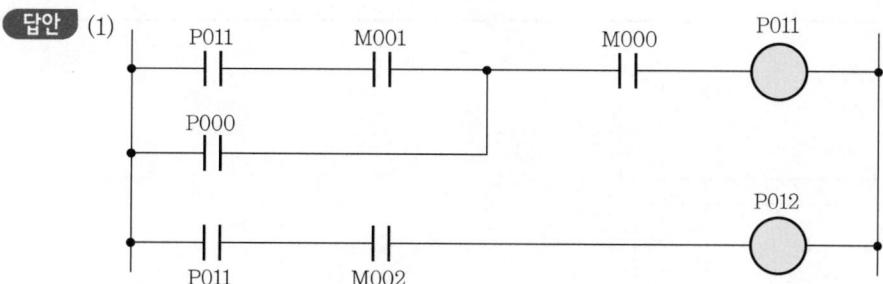

(2) ① AND
   ② P000
   ③ AND
   ④ OUT
   ⑤ P011

문제 17 공사산업 97년, 00년 출제 | 배점 : 5점

다음 그림은 물건을 오르내리는 소형 호이스트의 로직회로이다. 다음 물음에 답하시오.
[단, AND(A), OR(O), NOT(N), R(시작), W(출력) 명령어이다. 또 BS를 먼저 그린다.]

(1) (b) 그림의 PLC 프로그램의 ( ) 안에 알맞은 명령어를 쓰시오.
(2) (c) 그림의 릴레이 시퀀스를 답란에 완성하고, 문자 기호를 쓰시오.

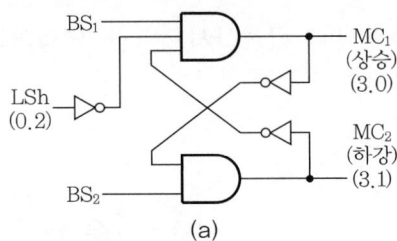

(a)

step	op	add
0	R	0.0
1	(①)	0.2
2	(②)	3.1
3	W	3.0
4	R	0.1
5	(③)	3.0
6	W	3.1

(b)

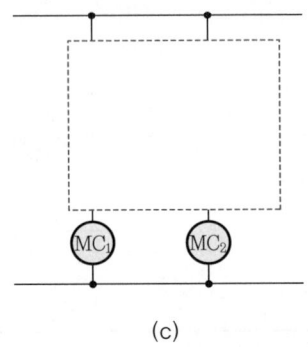

(c)

답안 (1) ① AN
② AN
③ AN

(2)
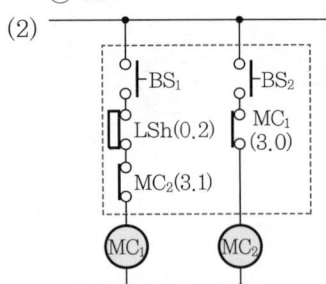

문제 **18** 공사산업 96년, 00년, 04년 출제 | 배점 : 14점

그림은 램프회로의 일부로서 서로 등가이다. 다음 물음에 답하시오.

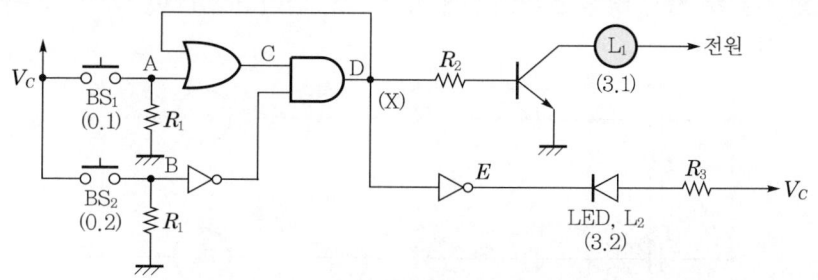

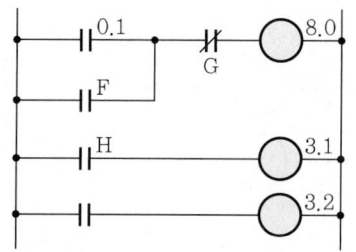

스텝	명령	번지	스텝	명령	번지
0	R	0.1	5	W	3.1
1	(①)	(②)	6	R	(⑦)
2	(③)	(④)	7	(⑧)	3.2
3	W	8.0			
4	(⑤)	(⑥)			

(1) X의 논리식을 찾으시오.
   ① BC
   ② $(A+D)\overline{B}$
   ③ B + C
   ④ $AD + \overline{B}$
(2) PLC 프로그램을 완성하시오. [단, 명령은 입력 시작(R), 출력(W), AND(A), OR(O), NOT(N)이다.]
(3) 전원을 넣은 상태(정지 상태)에서 A~E 중 H레벨인 점을 찾으시오.
(4) 램프 L_1, L_2가 점등 상태에서 A~E 중 H레벨인 점을 찾으시오.
(5) PLC 시퀀스에서 F, G, H의 번지를 차례로 적으시오.
(6) BS_1를 눌렀다 놓으면 램프 L_1, L_2가 점등한다.
   ① C점의 레벨 상태를 표시하시오.
   ② E점의 레벨 상태를 표시하시오.
(7) L_1, L_2가 점등 중 BS_2을 눌렀다 놓았다. 이후 C, E, D점의 레벨 상태를 차례로 표시하시오. (예 HLH 등) (단, 전압상태를 H레벨, 접지상태를 L레벨로 표시할 때 H, L 등의 형태로 답하시오.)

답안 (1) ②
   (2) ① O, ② 8.0, ③ AN, ④ 0.2, ⑤ R, ⑥ 8.0, ⑦ 8.0, ⑧ W
   (3) E
   (4) C 또는 D
   (5) 8.0, 0.2, 8.0
   (6) ① H, ② L
   (7) L, H, L

1990년~최근 출제된 기출문제

문제 19 공사기사 98년, 13년 출제 ｜배점 : 5점｜

그림의 PLC 시퀀스는 전동기의 정·역 운전회로의 일부를 그린 것으로 번지는 편의상 문자 기호를 사용하였다. 버튼 스위치 3개, MC 2개, 타이머 릴레이 1개를 사용하여 릴레이회로를 그리시오.

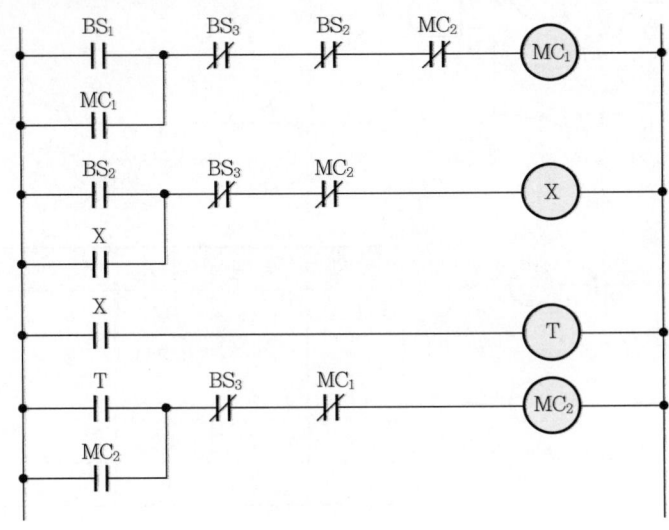

답안

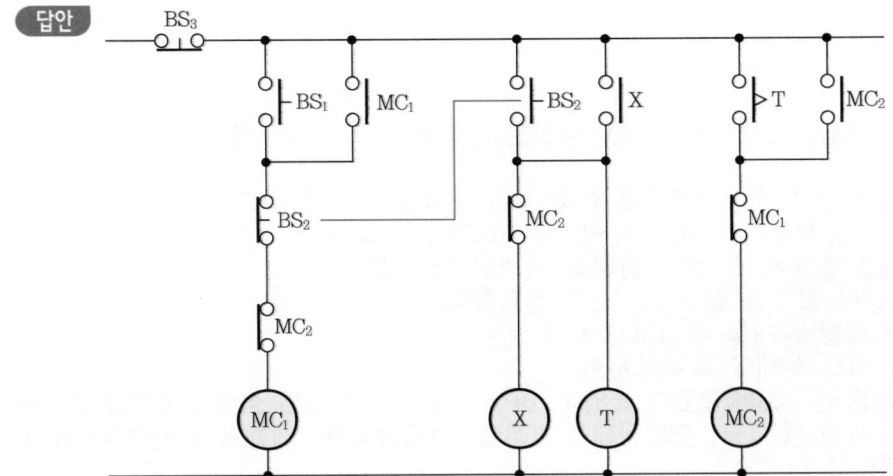

문제 20   공사기사 98년, 02년, 04년, 06년, 08년 출제

배점 : 5점

다음의 PLC 프로그램은 유도전동기의 Y-△기동 운전회로의 일부를 나타낸 것이다. AND, OR, NOT의 기호를 사용하여 로직회로를 그리시오. 또한 Y기동용 MC와 △운전용 MC의 번지는 어느 것인지 로직회로상에 "Y기동", "△운전"으로 표시하시오. (단, 명령어는 회로 시작입력 : STR, 출력 : OUT, 직렬 : AND, 병렬 : OR, 부정 : NOT를 사용하도록 한다.)

차 례	명 령	번 지
생략	STR	14
	OR	31
	AND NOT	16
	OUT	31
	STR	31
	AND NOT	15
	AND NOT	33
	OUT	32
	STR	15
	OR	33
	AND NOT	16
	AND NOT	32
	OUT	33

답안

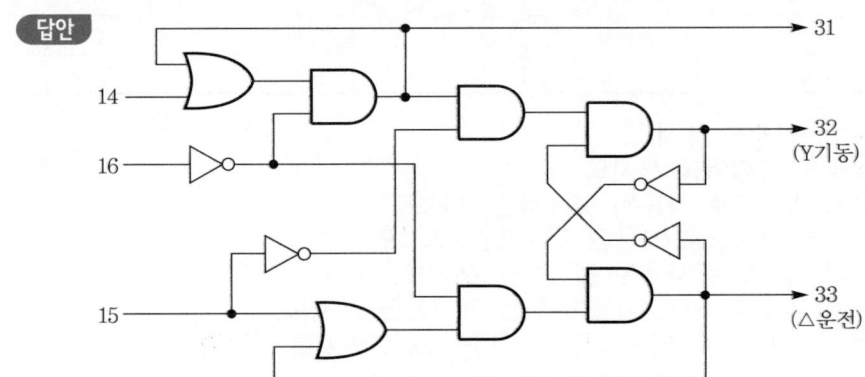

1990년~최근 출제된 기출문제

문제 21 공사산업 99년, 02년 출제   배점: 16점

그림은 Y-△ 기동회로의 일부인데 P010은 모선접속, P011은 Y기동용이며, 7초 후 P012로 △운전되며, 운전시 타이머 기구는 복구된다. 여기서 BS₁ 기능은 P001이다. 물음에 답하시오.

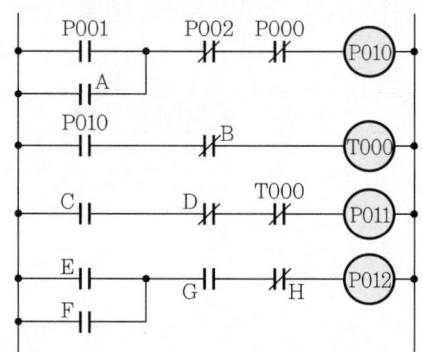

스탭	명령어	번지	스탭	명령어	번지
생략	LOAD	P001	생략	LOAD	C
	(①)	A		AND NOT	D
	AND NOT	P002		(③)	T000
	AND NOT	P000		(④)	P011
	OUT	P010		LOAD	E
	(②)	P010		OR	F
	AND NOT	B		AND	P010
	TMR	T000		AND NOT	P011
	DATA	70		OUT	P012

(1) A~F에 알맞은 번지를 쓰시오.
(2) ①~④에 알맞은 명령어를 쓰시오.
(3) A~H 중 유지 기능으로 사용된 것 1개만 쓰시오.
(4) A~H 중 인터록 기능으로 사용된 것 1개만 쓰시오.
(5) A~H 중 정지 기능으로 사용된 것 1개만 쓰시오.
(6) A~H 중 P001과 같이 기동 기능이 있는 것 1개만 쓰시오.
(7) 회로 전체를 정지시킬 수 있는 기능의 기구 2개의 번지를 쓰시오.
(8) ─╫─ 과 같은 기능의 릴레이(타이머) 접점을 그리시오.
     T000

답안 (1) A : P010, B : P012, C : P010
D : P012, E : T000, F : P012
(2) ① OR
② LOAD
③ AND NOT
④ OUT

(3) A(F)
(4) D(H)
(5) B
(6) E
(7) P002, P000
(8) ─○△○─

문제 22 공사산업 96년 출제 [배점 : 12점]

그림은 Y-△회로의 일부이다. P010은 모선 접속, P011은 Y기동용이며 $t = 7$초 후 P012로 △운전되며 운전시는 타이머 기구는 복구된다.

(1) 그림 (a)에서 A~H에 알맞은 번지를 쓰시오. (단, 중복이 있다.)
(2) ①~⑤에 알맞은 명령어를 쓰시오.
(3) A~H 중 유지 기능으로만 사용된 것 2개를 쓰시오.
(4) A~H 중 인터록 기능의 것 2개를 쓰시오.
(5) A~H 중 정지 기능으로 사용된 것 2개를 쓰시오.
(6) A~H 중 P001과 같이 기동 기능이 있는 것 1개를 고르시오.
(7) 회로 전체를 정지시킬 수 있는 기능의 기구를 2개의 번지를 쓰시오.
(8) 릴레이 시퀀스를 완성하시오. [여기서 T000 ─╫─과 같은 기능이 K이고, M(P002)은 버튼 스위치이며, L은 Thr이다. 타이머의 지연 접점은 각각 독립 단자이다.]

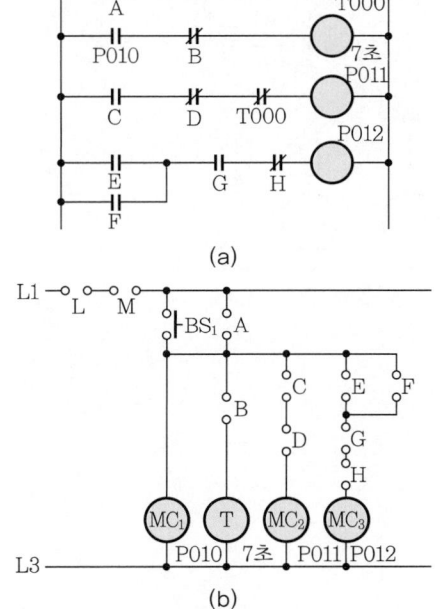

스 텝	명령어	번 지
생략	LOAD	P001
	(①)	A
	AND NOT	P002
	AND NOT	P000
	OUT	P010
	(②)	P010
	AND NOT	B
	TMR	T000
	〈DATA〉	70
	LOAD	C
	AND NOT	D
	(③)	T000
	(④)	P011
	LOAD	E
	OR	F
	(⑤)	G
	AND NOT	H
	OUT	P012

답안 (1) A : P010
　　　　B : P012
　　　　C : P010
　　　　D : P012
　　　　E : T000
　　　　F : P012
　　　　G : P010
　　　　H : P011
(2) ① OR
　　② LOAD
　　③ AND NOT
　　④ OUT
　　⑤ AND
(3) A, F
(4) D, H
(5) B, G
(6) E
(7) P002, P000
(8)

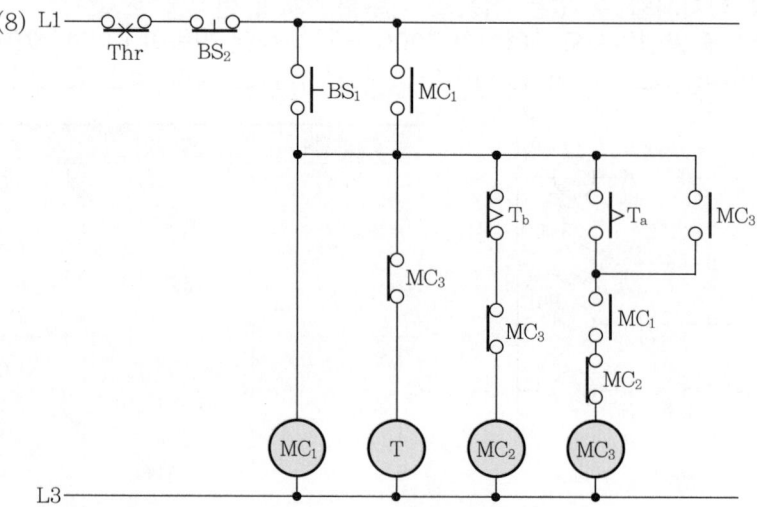

문제 23 공사기사 01년, 03년, 06년, 14년 출제

배점 : 7점

다음은 PLC 프로그램의 Ladder도를 Mnemonic으로 변환하여 나타낸 것이다. 이때, 프로그램상의 빈칸을 채우시오. [단, 명령어는 LD(논리연산 시작), AND(직렬), OR(병렬), NOT(부정), OUT(출력), D(Positive Pulse), MCS(Master Control Set), MCSCLR (Master Control Set Clear)로 한다.]

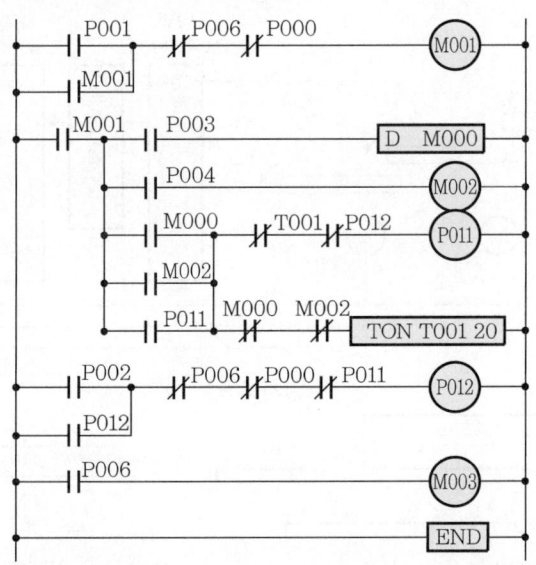

스텝	명령어	디바이스	스텝	명령어	디바이스	스텝	명령어	디바이스
0	(①)	P001	12	LD	M000	24	(⑧)	P002
1	(②)	M001	13	(⑤)	M002	25	OR	P012
2	AND NOT	P006	14	OR	(⑥)	26	(⑨)	P006
3	AND NOT	P000	15	AND NOT	T001	27	AND NOT	P000
4	OUT	M001	16	AND NOT	P012	28	AND NOT	P011
5	LD	M001	17	OUT	P011	29	OUT	(⑩)
6	MCS		18	AND NOT	M000	30	LD	P006
7	LD	P003	19	AND NOT	M002	31	OUT	M003
8	D	(③)	20	(⑦)	T001	32	END	
10	LD	P004			20			
11	OUT	(④)	23	MCSCLR				

답안 ① LD, ② OR, ③ M000, ④ M002, ⑤ OR
⑥ P011, ⑦ TON, ⑧ LD, ⑨ AND NOT, ⑩ P012

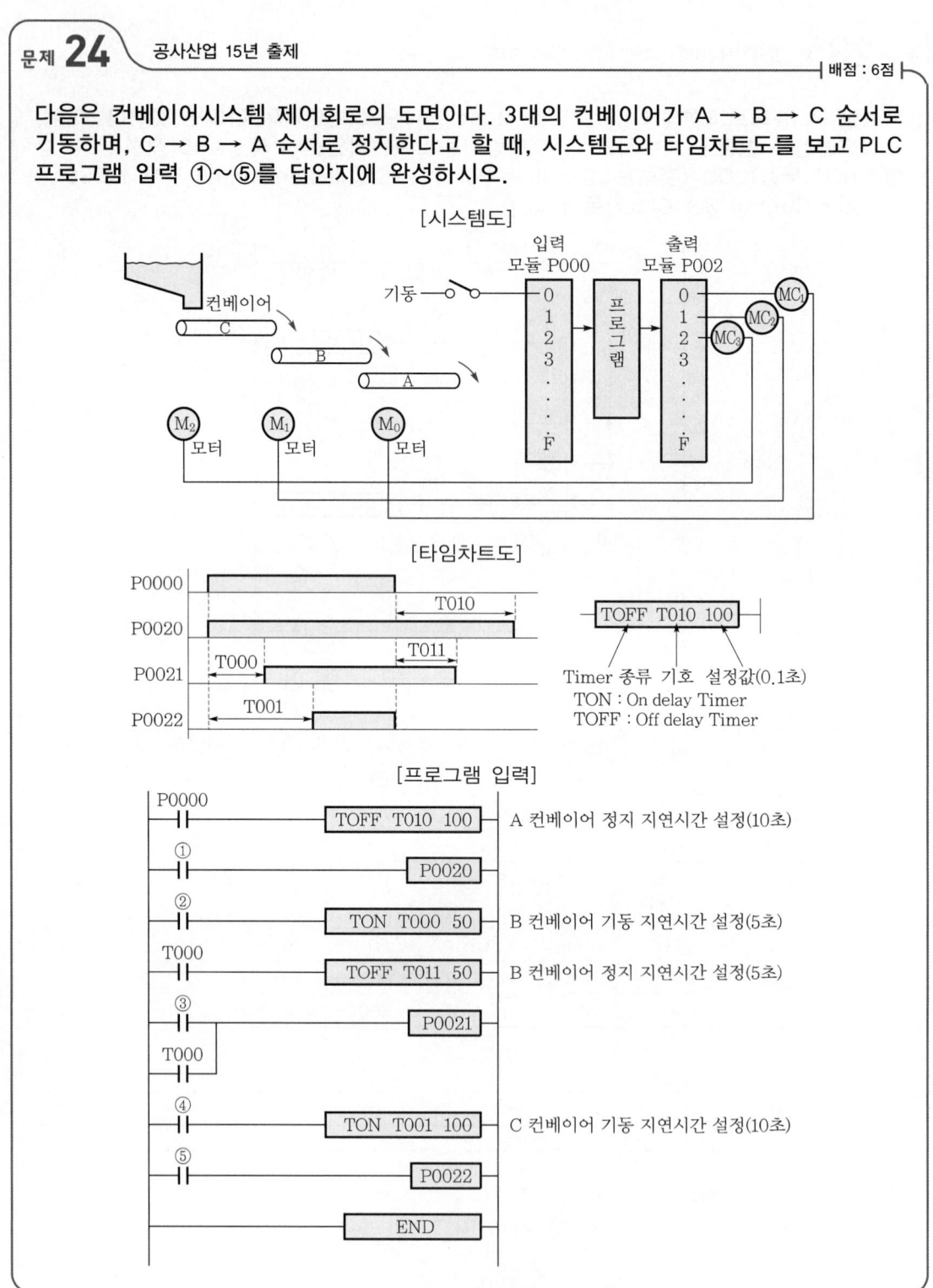

답안		
	①	T010
	②	P0000
	③	T011
	④	P0000
	⑤	T001

CHAPTER 09 옥내 배선회로

1990년~최근 출제된 기출 이론 분석 및 유형별 문제

기출개념 01 3로 스위치(●₃)를 이용한 회로

(1) 전등 2개를 스위치 2개로 별도로 1개소에서 점멸시키는 회로

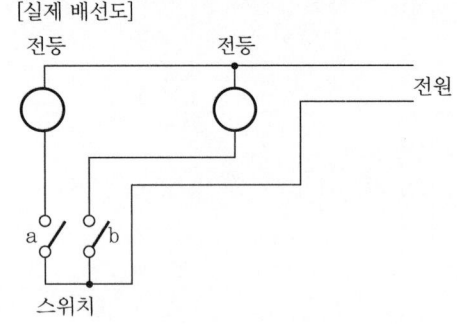
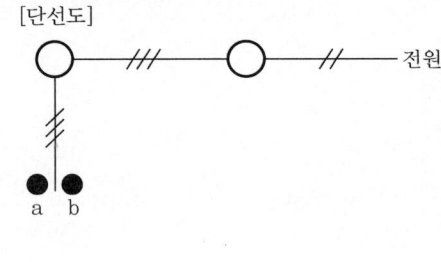

(2) 전등 1개를 스위치 2개로 2개소에서 점멸시키는 회로

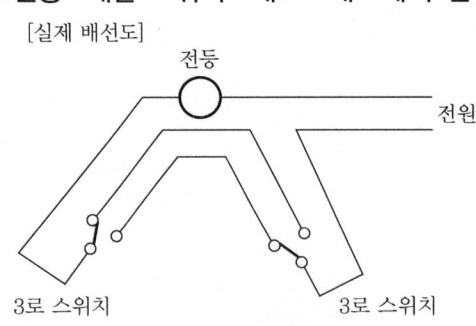
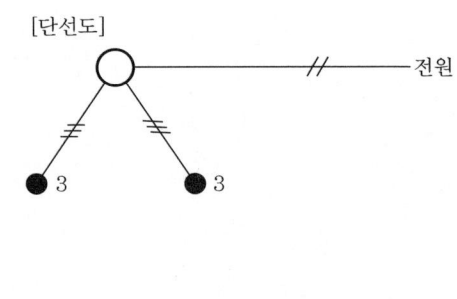

(3) 전등 2개를 동시에 2개소에서 점멸시키는 회로

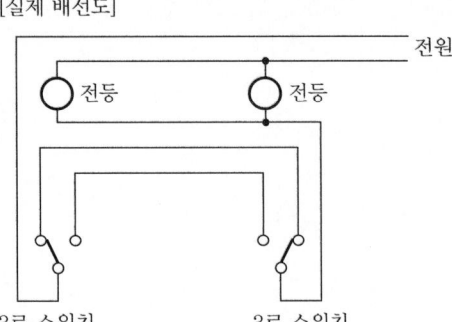
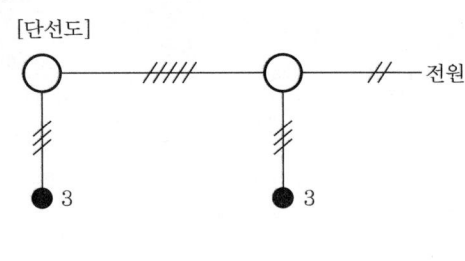

개념 문제 01 | 전기기사 97년, 18년 출제 | 배점 : 5점 |

다음 그림은 옥내 배선도의 일부를 표시한 것이다. ㉠, ㉡ 전등은 A 스위치로 ㉢, ㉣ 전등은 B 스위치로 점멸되도록 설계하고자 한다. 각 배선에 필요한 최소 전선 가닥수를 표시하시오.

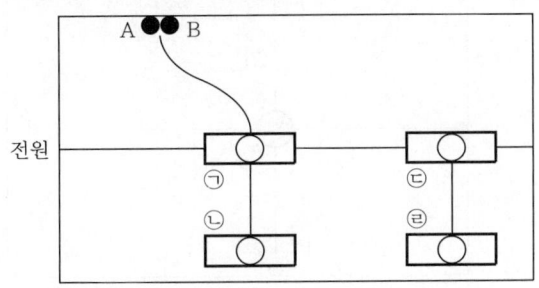

[답안]

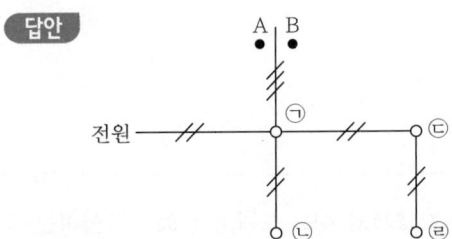

개념 문제 02 | 공사산업 03년, 06년, 08년 출제 | 배점 : 5점 |

다음 동작 설명과 같이 동작이 될 수 있는 시퀀스제어도를 그리시오.

[동작 설명]
1. 3로 스위치 S_{3-1}을 ON, S_{3-2}를 ON했을 시 R_1, R_2가 직렬 점등되고 S_{3-1}을 OFF, S_{3-2}를 OFF했을 시 R_1, R_2가 병렬 점등한다.
2. 푸시버튼 스위치 PB를 누르면 R_3와 B가 병렬로 동작한다.

[답안]

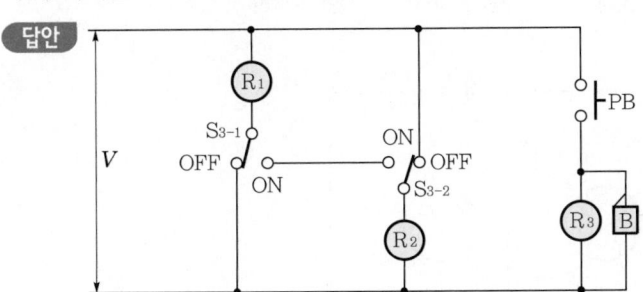

1990년~최근 출제된 기출 이론 분석 및 유형별 문제

개념 문제 03 전기기사 97년, 10년 출제 ┤배점 : 5점├

다음 그림에서 (가), (나) 부분의 전선수는?

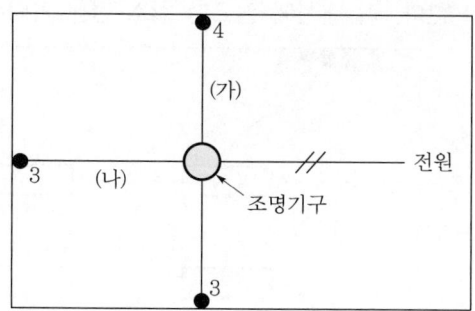

답안 (가) 4가닥
(나) 3가닥

개념 문제 04 전기기사 20년 출제 ┤배점 : 5점├

전등을 한 계통의 3개소에서 점멸하기 위하여 3로 스위치 2개와 4로 스위치 1개로 조합하는 경우 이들의 계통도(배선도)를 그리시오.

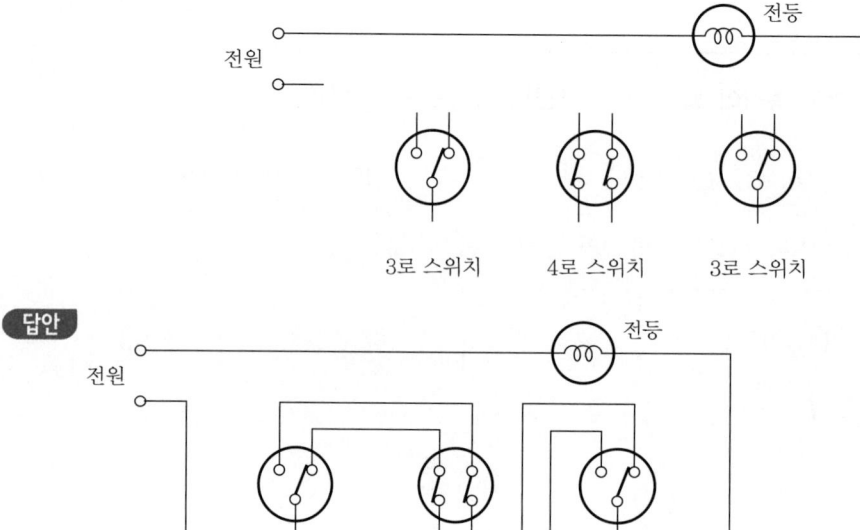

개념 문제 05 | 공사산업 22년 출제 | 배점 : 5점 |

1개의 전등을 한 계통에서 2개소 점멸하기 위해서 3로 스위치 2개를 설치하고자 한다. 다음 미완성 배선도를 완성하시오.

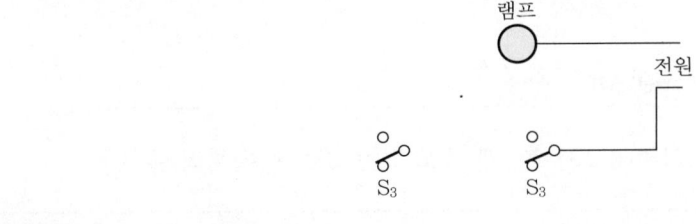

답안

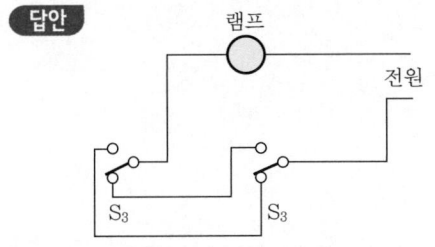

개념 문제 06 | 공사산업 06년 출제 | 배점 : 6점 |

다음의 [조건]과 옥내 배선 [도면]을 보고 실제 결선도를 그리시오. (단, 전원은 단상 2선식 220[V]로 한다.)

[조건]
- 나이프 스위치 KS를 ON하면 콘센트 C에 전원이 공급된다.
- KS를 ON한 상태에서 3로 스위치 S_{3-1}과 S_{3-2}에 의하여 전등 L을 2개소에서 점멸할 수 있다.
- 결선은 정션박스를 경유하도록 한다.

[도면]

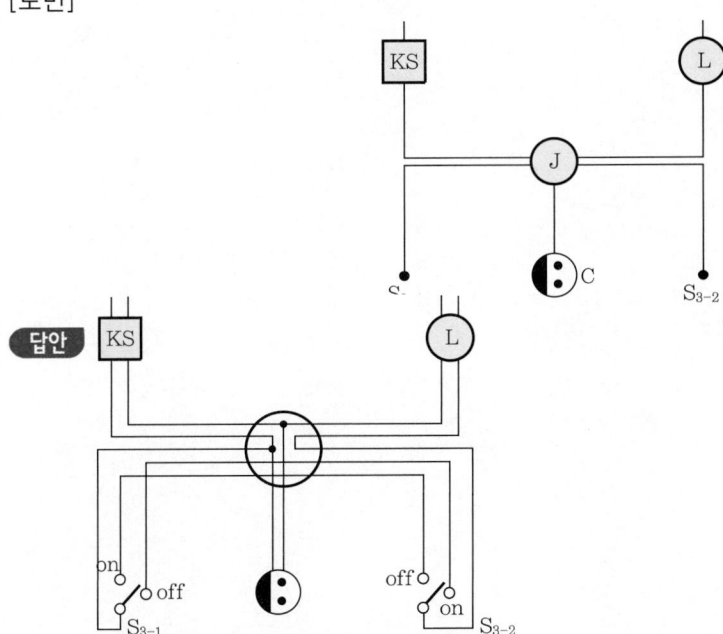

CHAPTER 09
옥내 배선회로

단원 빈출문제

1990년~최근 출제된 기출문제

문제 01 공사산업 00년, 01년, 02년 출제 | 배점 : 5점

한 개의 전등을 3개소에서 점멸하고자 할 때 소요되는 3로 스위치의 수는?

답안 4개

문제 02 공사기사 13년 출제 | 배점 : 3점

한 개의 전등을 3개소에서 점멸하고자 할 때 3로 스위치(S_3) 2개와 4로 스위치(S_4) 1개를 이용하여 점멸할 수 있도록 회로도를 그리시오.

답안

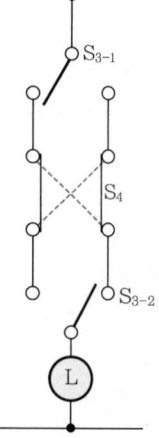

문제 03 공사기사 07년 출제 | 배점 : 6점

전등을 4개소에서 점멸하고자 한다. 3로 스위치와 4로 스위치의 개수는?

(1) 3로 스위치
(2) 4로 스위치

답안 (1) 2개
(2) 2개

문제 04 공사산업 21년 출제 | 배점 : 3점

한 개의 전등을 3개소에서 점멸하고자 할 때 다음 각 경우에 따라 사용할 스위치의 최소 수량을 쓰시오.

스위치의 종류	수 량
3로 스위치와 4로 스위치를 같이 사용하는 경우	3로 스위치 : (①)개
	4로 스위치 : (②)개
3로 스위치만 사용하는 경우	3로 스위치 : (③)개

답안 ① 2
② 1
③ 4

1990년~최근 출제된 기출문제

문제 05 공사산업 98년 출제 | 배점 : 6점

옥내 배선도에서 (1), (2), (3) 부분의 전선가닥수를 표시하시오.

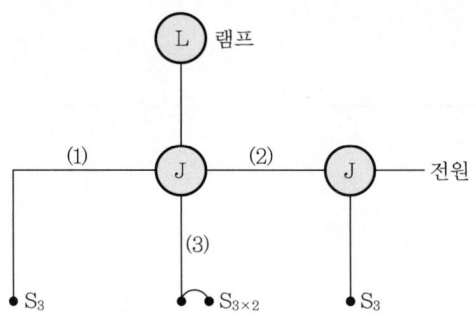

답안
(1) 3가닥
(2) 3가닥
(3) 4가닥

문제 06 공사산업 97년, 99년, 16년 출제 | 배점 : 8점

다음은 복도조명의 배선도이다. 물음에 답하시오.

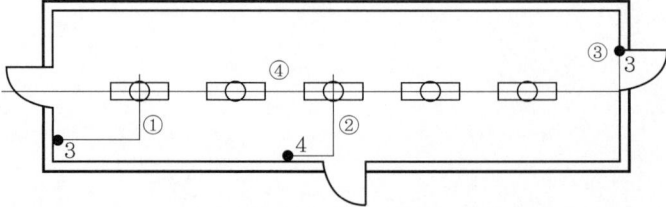

(1) ①, ②, ③, ④의 최소 배선수는 얼마인지 순서대로 쓰시오. (단, 접지선은 제외한다.)
(2) 사용심벌(▭, ——, ●$_3$, ●$_4$)의 명칭을 순서대로 쓰시오.

답안 (1) ① 3가닥
② 4가닥
③ 3가닥
④ 4가닥
(2) 형광등, 천장은폐배선, 3로 점멸기, 4로 점멸기

문제 07 공사산업 91년, 04년, 15년, 17년 출제 | 배점 : 4점 |

다음 그림은 옥내 전등 배선도의 일부를 표시한 것이다. ①~④까지의 전선수를 기입하시오. (단, 3로 스위치에 의해 L_1, 단로 스위치에 의해 L_2가 점멸되도록 하고 접지도체는 제외하고 최소 전선수만 기입한다.)

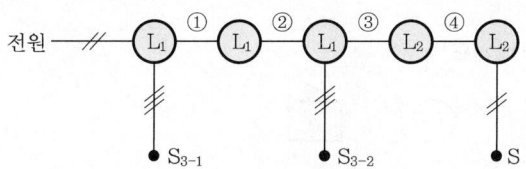

답안
① 5
② 5
③ 2
④ 3

문제 08 공사산업 91년, 04년 출제 | 배점 : 8점 |

다음 그림은 옥내 전등 배선도의 일부를 표시한 것이다. ①~④까지의 전선(가닥)수를 기입하시오. (단, 접지선은 제외하고 최소 가닥수를 기입하시오.)

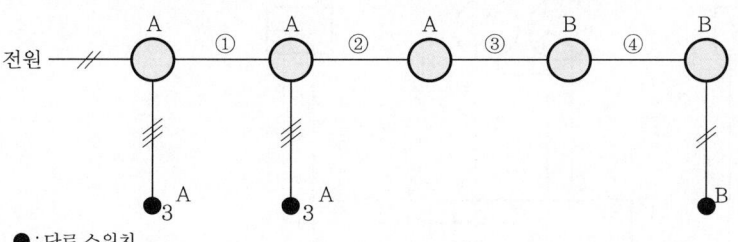

● : 단로 스위치
●₃ : 3로 스위치
○ : 전등기구
A, B : 점멸 기호 표시

답안
① 5
② 3
③ 2
④ 3

1990년~최근 출제된 기출문제

문제 09 공사산업 06년 출제 | 배점 : 6점 |

전기공사의 [배치도] 및 [시퀀스도]와 [동작 설명]을 보고 공사를 시행하기 위한 실체배선도를 그리시오.

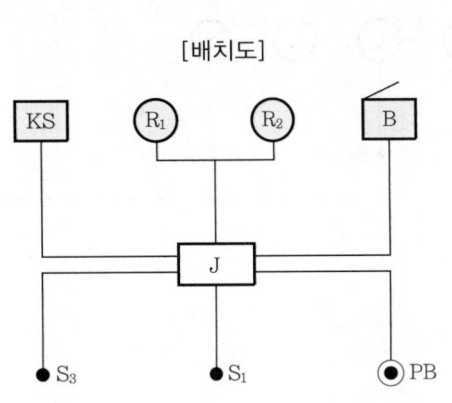

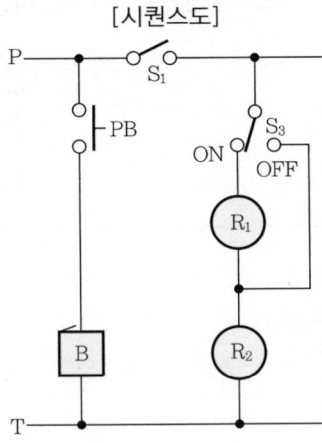

[동작 설명]
① 나이프 스위치 KS에 의해서 회로가 개폐된다.
② 스위치 S_1을 ON하고 스위치 S_3를 ON하면 램프가 직렬 점등하고, 스위치 S_3를 OFF하면 R_2만 점등한다.
③ 누름버튼 스위치 PB를 ON하고 있는 동안에 버저 B가 울린다.

답안

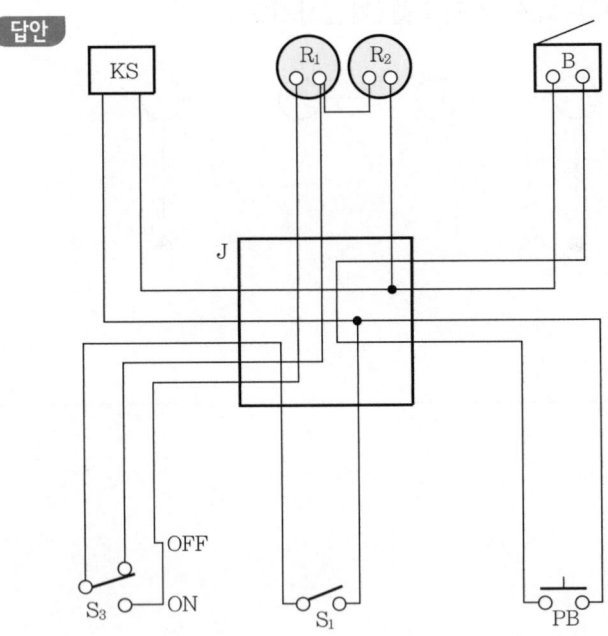

문제 10 공사기사 99년 / 공사산업 04년 출제 — 배점 : 8점

[배치도], [동작 설명] 및 [회로도]를 보고 답안지에 실체도를 그리시오.

[동작 설명]
① S_{3-1}에 의해 R_1, S_{3-2}에 의해 R_2, S_{3-3}에 의해 R_3 점등된다.
② S_{3-1}, S_{3-2}, S_{3-3}가 OFF 상태일 때, S_1에 의해서 R_1, R_2, R_3가 병렬 점등된다.

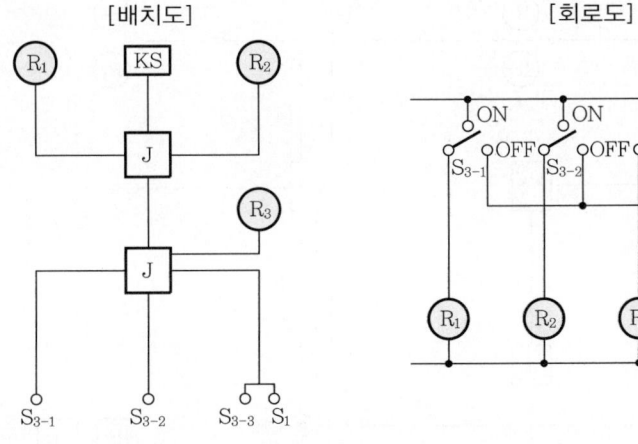

답안

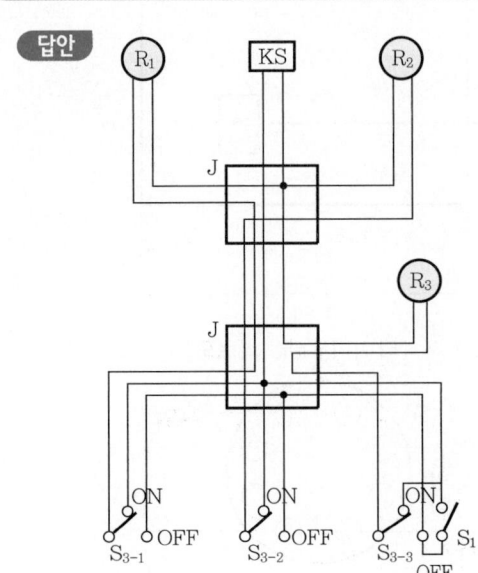

문제 11   공사기사 91년, 99년, 00년, 01년, 02년, 04년, 05년, 06년 출제   배점 : 5점

도면은 옥내 배선의 배치도(가상)이다. [범례]와 [동작 설명]을 이해하고 결선도(시퀀스)를 주어진 답안지에 그리시오.

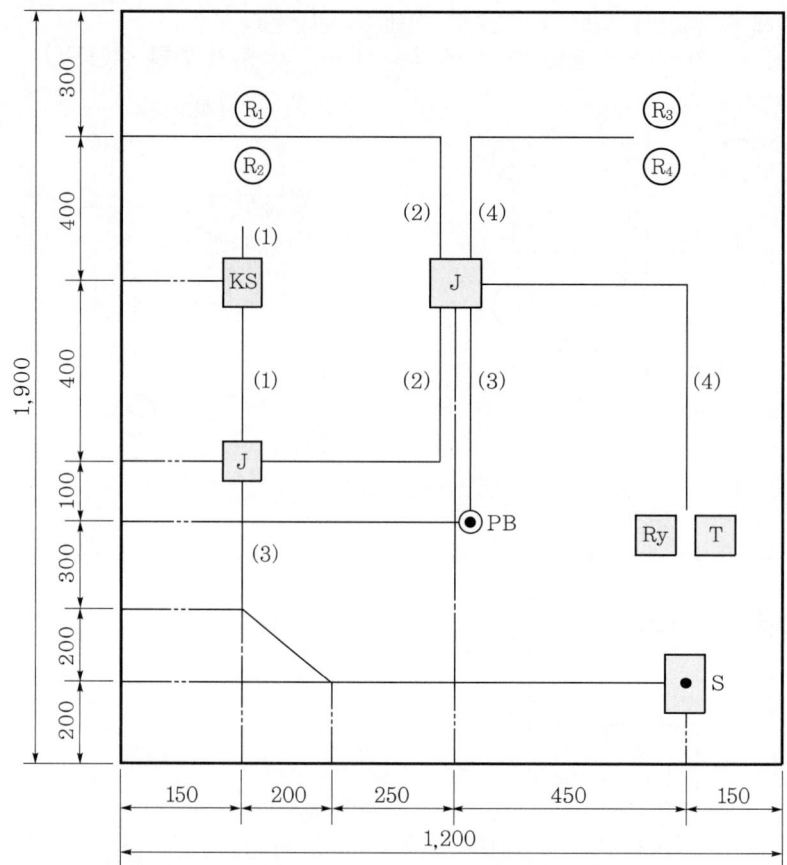

[릴레이 내부 회로]

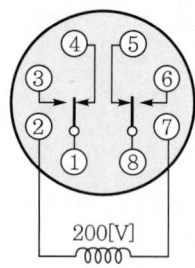

[타이머 내부 회로도]

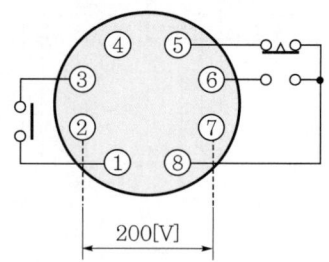

[동작 설명]
① 스위치 S를 ON하면 R_3 점등
② 스위치 S를 ON하고 PB를 누르면 릴레이(Ry)와 타이머(T)가 여자됨과 동시에 R_3는 소등되고 R_1, R_2 전등은 점등된다. 시간 경과 t초 후 R_2는 소등되고, R_4는 점등되며 R_1은 계속 점등된다.
③ 스위치 S를 OFF하면 모든 동작이 정지된다.

[범례]
T : 타이머, Ry : 릴레이, S : 스위치, PB : 누름버튼, R : 램프, KS : 단투 커버 나이프,
J : 정션박스이고 기타는 생략한다.

답안

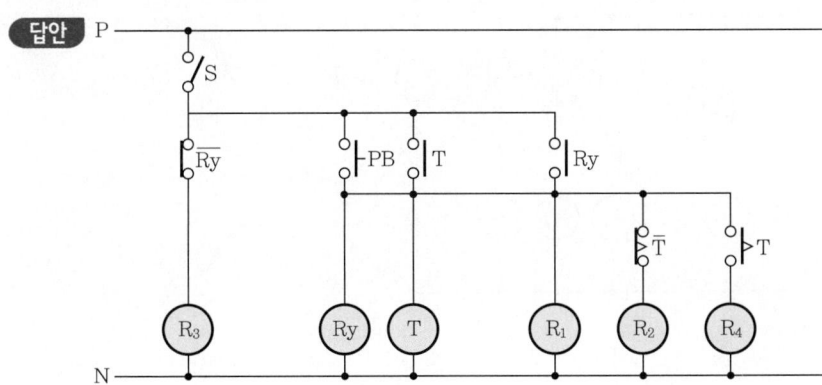

문제 12   공사기사 91년, 99년, 00년, 01년, 02년, 04년, 05년, 06년 출제   배점 : 10점

내선 공사에 관한 [동작 설명]이다. 타이머, 릴레이 내부 회로도를 이용하여 시퀀스도를 [동작 설명]에 따라 그리시오.

[동작 설명]
① KS을 ON하면 R_4가 점등되고, S_1을 OFF한 상태에서 S_{3-1}를 ON하면 R_1이 점등되고 S_{3-2}를 ON하면 R_2가 점등된다. S_{3-1}, S_{3-2}를 OFF하고 S_1을 ON하면 R_1과 R_2가 병렬로 점등된다.
② PB를 누르면 타이머 작동으로 릴레이가 동작하여 R_2가 소등되어 R_3가 점등되고 일정시간 후 R_3가 소등된다.

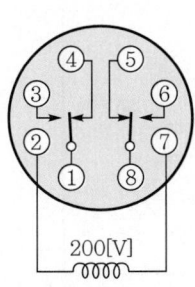
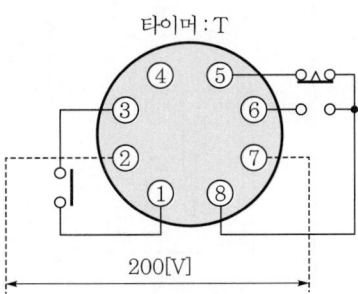

1990년~최근 출제된 기출문제

답안

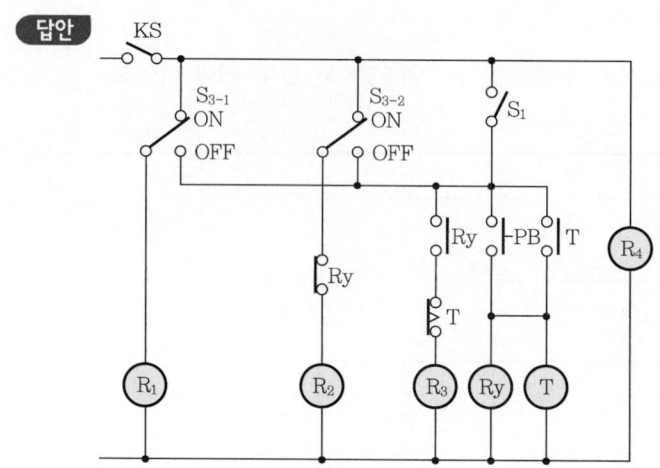

문제 13   공사기사 91년, 99년, 00년, 01년, 02년, 04년, 05년, 06년 출제   배점 : 6점

도면과 [동작 사항]을 참고하여 회로도(시퀀스도)를 그리시오.

[배치도]

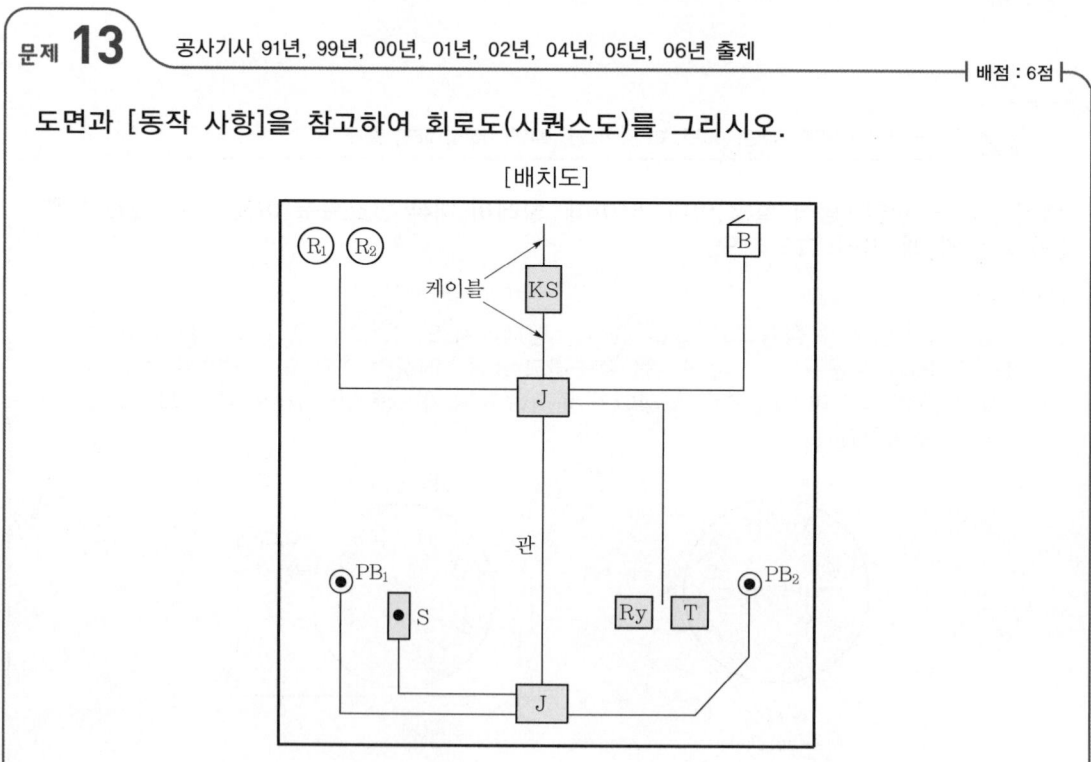

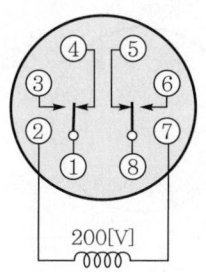
[릴레이 내부 회로]

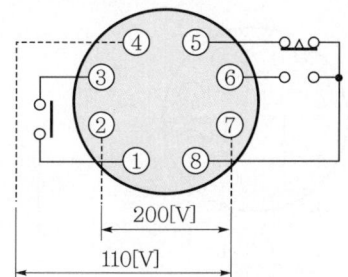
[타이머 내부 회로도]

[동작 사항]
① 스위치 S를 ON 상태에서 PB_1 또는 PB_2 중 어느 하나를 누르면 T가 여자가 되어 R_1, R_2의 전등은 직렬 점등되며 버저 B가 울린다. 다음 시간경과(t초) 후 B가 정지됨과 동시에 Ry가 여자되어 R_1과 R_2의 전등은 병렬 점등된다.
② 스위치 S를 OFF하면 모든 동작이 정지된다.

[답안]

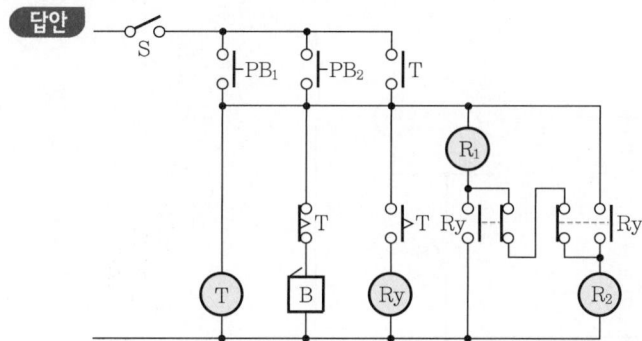

문제 14 공사기사 91년, 99년, 00년, 01년, 02년, 04년, 05년, 06년 출제   배점 : 5점

타이머와 릴레이를 이용한 전등회로 배선에 관한 [동작 설명]이다. 타이머와 릴레이 내부 회로도를 이용하여 시퀀스도를 [동작 설명]에 따라 그리시오.

[동작 설명]
① KS를 ON하고 S_{3-1}과 S_{3-2}가 OFF한 상태에서 R_3과 R_4가 직렬 점등된다. 이때 S_1을 ON하면 R_4는 소등 R_3만 점등된다. 다음 S_{3-2}를 ON하면 R_3과 R_4가 병렬로 점등된다.
② S_{3-1}을 ON하면 전등 R_2가 점등되고 S_{3-1}을 ON한 상태에서 PB를 누르면 타이머와 릴레이가 동작하여 R_2는 소등되고 R_1이 일정 시간 동안 점등되었다가 소등된다. R_1이 소등되면 R_2가 점등된다.

1990년~최근 출제된 기출문제

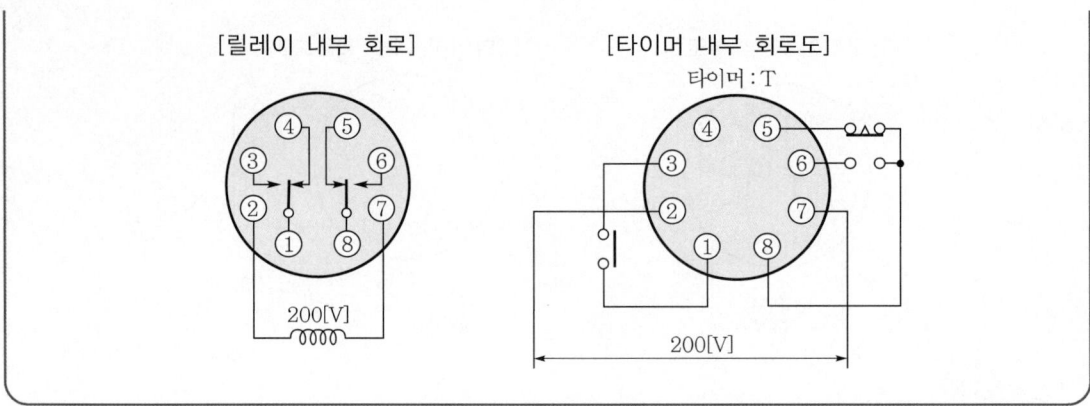

답안

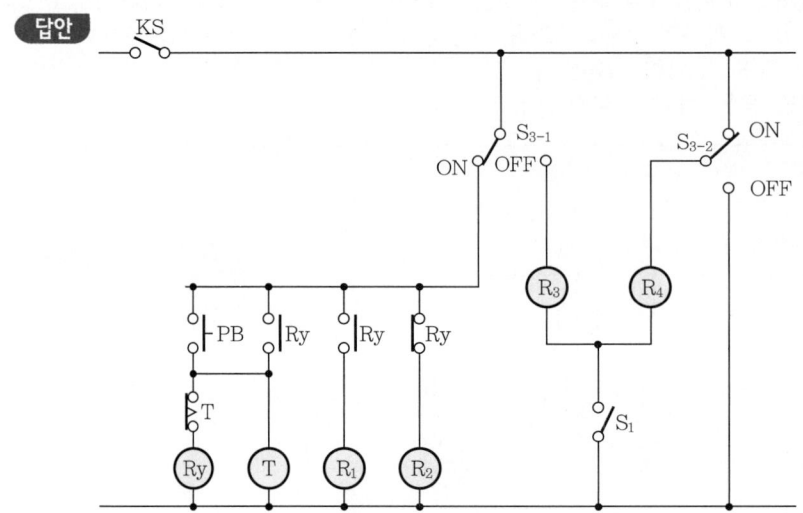

문제 15 공사산업 00년, 02년 출제
배점 : 5점

도면은 옥내 배선의 배치도이다. [범례]와 [동작 설명]을 이해하고 결선도(시퀀스)를 주어진 답안지에 전기적으로 정확하게 그리시오.

[동작 설명]
(1) 스위치 S를 ON하고 PB₁를 누르면 릴레이(Ry₁)가 여자되고 버저 B가 울림과 동시에 전등 R₁, R₂가 직렬로 점등된다. 다음 PB₂를 누르면 릴레이(Ry₁)가 소자되고 버저(B)가 정지함과 동시에 릴레이(Ry₂)가 여자되어 전등 R₁, R₂가 병렬 점등된다.
(2) 스위치 S를 OFF하면 모든 동작이 정지한다.

[범례]
Ry : 릴레이, PB : 누름버튼, R : 램프, S : 스위치, B : 버저, J : 정션박스,
KS : 단투 커버 나이프이고 기타는 생략한다.

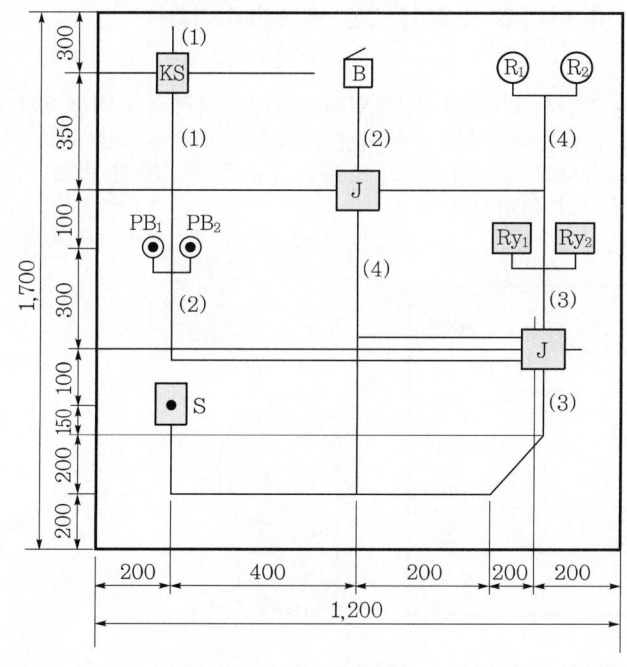

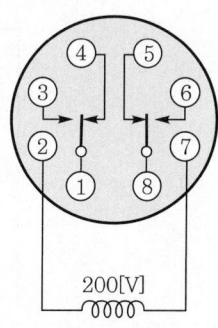

8핀 릴레이 : Ry

답안

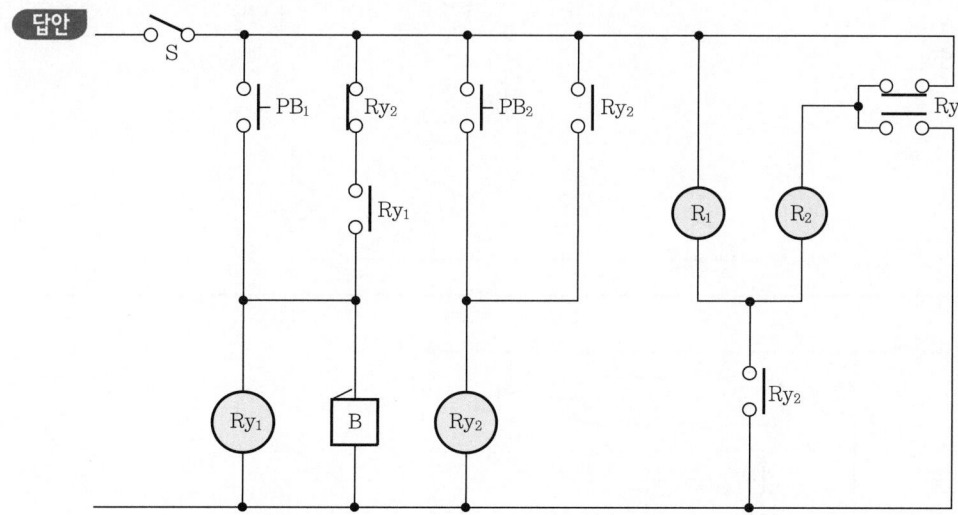

문제 16 공사산업 06년 출제 | 배점 : 6점

[도면]은 옥내 배선의 배치도이다. [동작 설명]을 이해하고 미완성 결선도(시퀀스)를 완성하시오. (단, KS는 단투 커버 나이프 스위치, J는 정션박스이다.)

[동작 설명]
① 스위치 S를 ON하고 누름버튼 스위치 PB_1을 누르면 릴레이 Ry_1이 여자되고 버저 B가 울림과 동시에 전등 R_1, R_2가 직렬로 점등된다. 다음 누름버튼 스위치 PB_2를 누르면 릴레이 Ry_2가 여자되고 버저 B가 정지함과 동시에 릴레이 Ry_1이 소자되어 전등 R_1, R_2가 병렬 점등된다.
② 스위치 S를 OFF하면 모든 동작이 정지된다.

[도면]

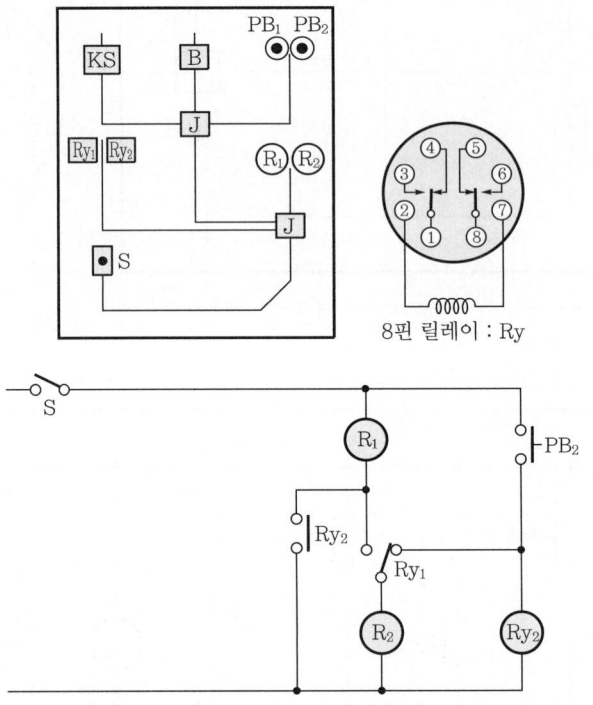

답안

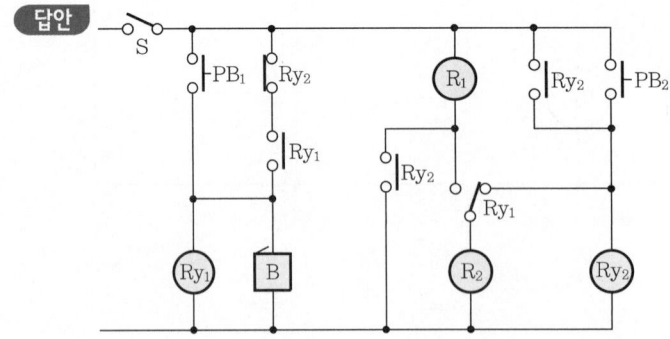

문제 17 공사산업 91년, 97년, 04년 출제 | 배점 : 12점

도면은 단상 220[V] 금속관공사로 내선공사를 하려고 한다. 도면과 타임차트를 정확히 이해하고 답란에 다음 물음에 답하시오. (단, SW는 OFF상태임)

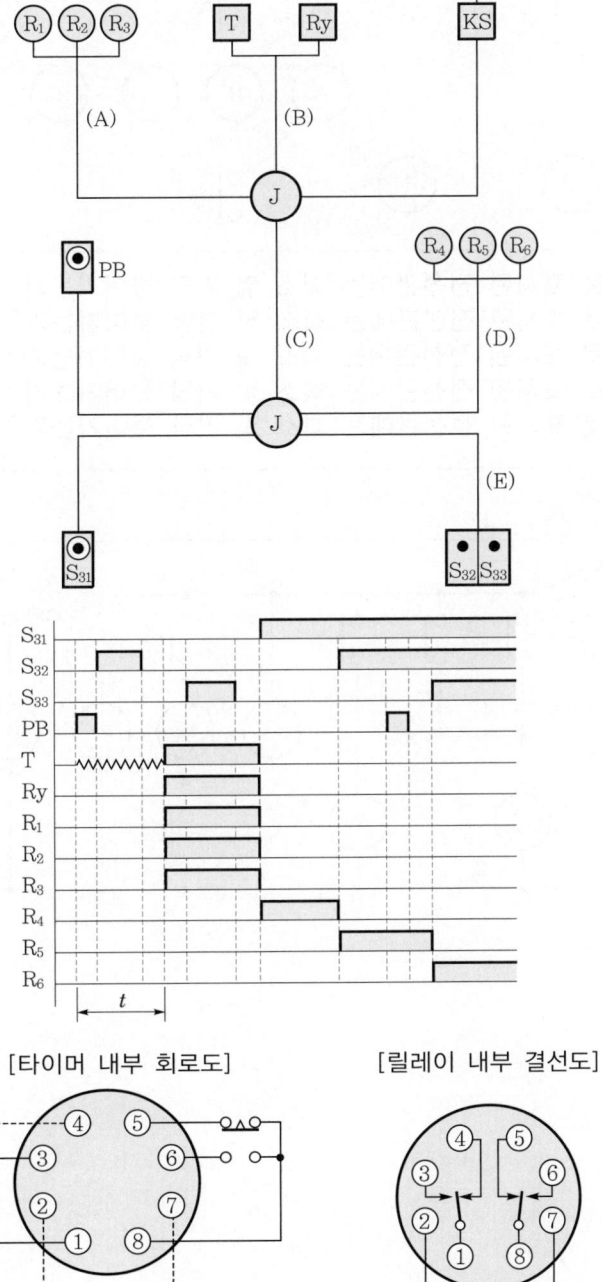

(1) 답란의 미완성된 회로도를 타임차트와 같이 동작되도록 회로도를 완성하시오.

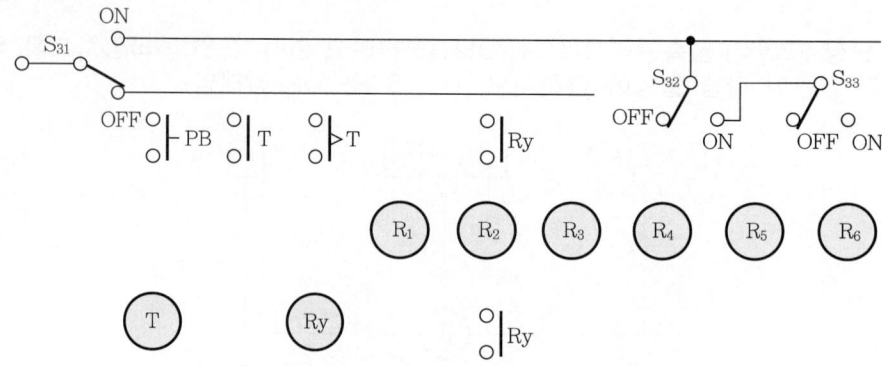

(2) 도면에서 A로 표시된 전선관에는 최소 몇 가닥 들어가는가?
(3) 도면에서 B로 표시된 전선관에는 최소 몇 가닥 들어가는가?
(4) 도면에서 C로 표시된 전선관에는 최소 몇 가닥 들어가는가?
(5) 도면에서 D로 표시된 전선관에는 최소 몇 가닥 들어가는가?
(6) 도면에서 E로 표시된 전선관에는 최소 몇 가닥 들어가는가?

답안 (1)

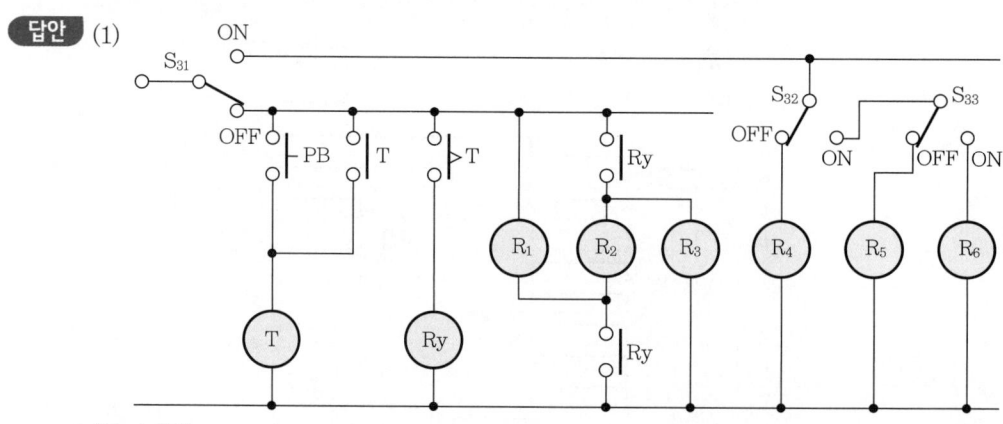

(2) 4가닥
(3) 5가닥
(4) 4가닥
(5) 4가닥
(6) 4가닥

문제 **18** 공사산업 91년, 97년, 04년 출제 | 배점 : 10점

도면은 단상 110[V] 금속관공사(내선공사)를 하려고 한다. 도면과 타임차트를 정확히 이해하고 다음 물음에 답하시오.

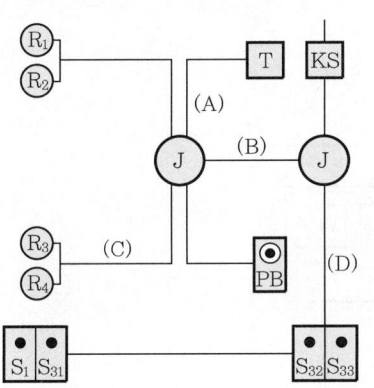
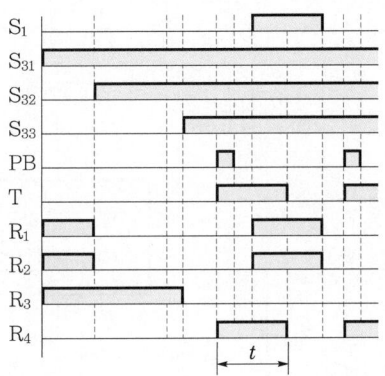
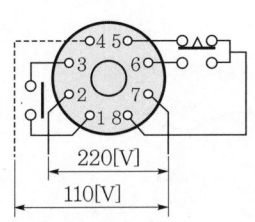
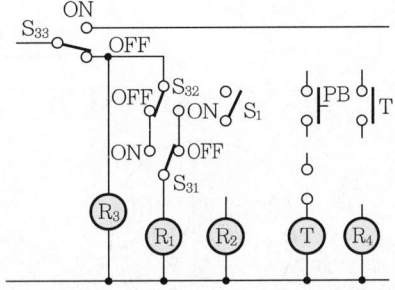

(1) 답란의 미완성된 회로도를 타임차트와 같이 동작되도록 회로도를 완성하시오.
(2) 도면에서 A로 표시된 전선관에는 최소 몇 가닥이 들어가는가?
(3) 도면에서 B로 표시된 전선관에는 최소 몇 가닥이 들어가는가?
(4) 도면에서 C로 표시된 전선관에는 최소 몇 가닥이 들어가는가?
(5) 도면에서 D로 표시된 전선관에는 최소 몇 가닥이 들어가는가?

답안 (1)

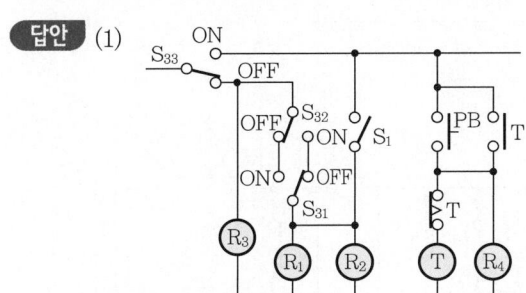

(2) 3가닥
(3) 4가닥
(4) 3가닥
(5) 4가닥

1990년~최근 출제된 기출문제

문제 19 공사기사 93년, 97년, 05년 출제 | 배점 : 6점 |

다음 회로도는 전동기의 Y-△회로도이다. 회로도를 보고 배치도에 표시된 (A) 부분의 전선관 속에는 접지선을 제외하고 최소 몇 가닥의 전선이 들어가야 되는지 답안지에 답하시오.

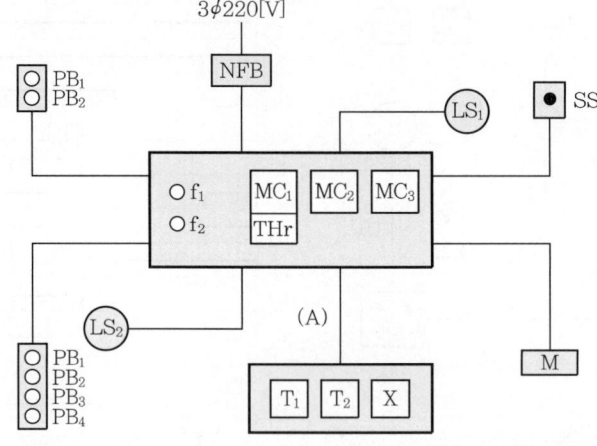

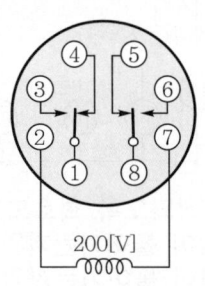

[릴레이 내부 회로도]

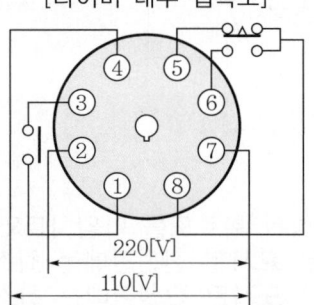

[타이머 내부 접속도]

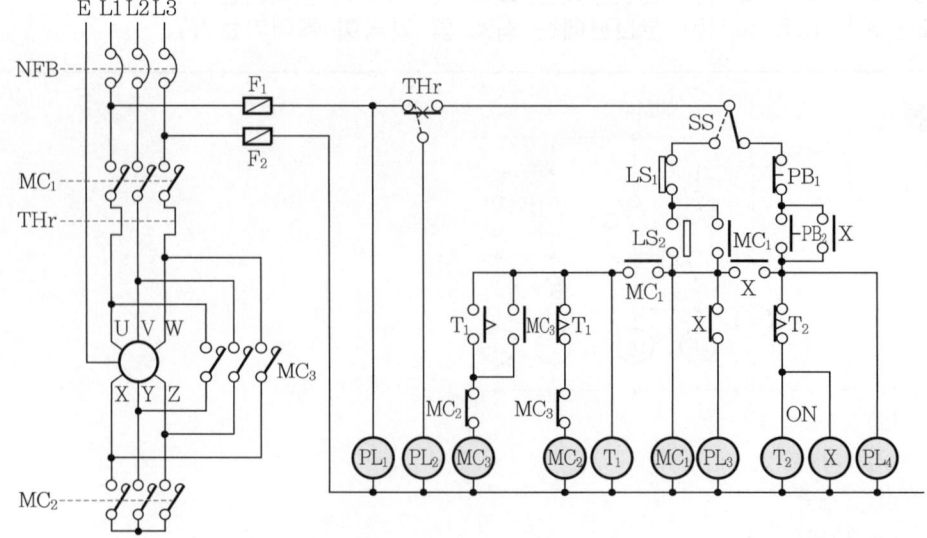

답안 8가닥

문제 20   공사기사 15년 / 공사산업 92년 출제 | 배점 : 10점 |

다음 동작을 읽고 물음에 답하시오.

[동작 설명]
1. 전등 및 전열회로(단상 220[V])
   - 2P $MCCB_1$이 ON 상태에서
   (1) C에는 전원이 직접 걸린다.
   (2) ⓐ S_1 ON하고 S_2, S_3가 OFF 상태에서 L_1, L_2, L_3가 직렬 점등된다.
       ⓑ S_1을 ON 상태에서 S_2를 ON하면 L_2, L_3가 직렬 점등된다.
       ⓒ S_1을 ON 상태에서 S_2를 OFF하고 S_3을 ON하면 L_1, L_2가 직렬 점등된다.
       ⓓ S_1을 ON 상태에서 S_2를 ON하고 S_3을 ON하면 L_2만 점등된다.
2. 신호회로(단상 220[V])
   - 2P $MCCB_2$가 ON 상태에서
   (1) PL이 점등된다. X_1, X_2, X_3 중 1개라도 동작되면 PL은 소등된다.
   (2) PB_1을 누르는 순간만 X_1이 동작, X_1에 의하여 BZ_2, BZ_3가 동작된다.
   (3) PB_2를 누르는 순간만 X_2가 동작, X_2에 의하여 BZ_1, BZ_3가 동작된다.
   (4) PB_3를 누르는 순간만 X_3가 동작, X_3에 의하여 BZ_1, BZ_2가 동작된다.
   (5) PB_4를 누르는 순간만 X_4와 BZ_4가 동작되는 동시에 X_1, X_2, X_3가 동작 BZ_1, BZ_2, BZ_3가 동작된다.

(1) 주어진 [동작 설명]에 의하여 전등, 전열회로 및 신호회로도를 각각 완성하시오.
   ① 전등 및 전열회로

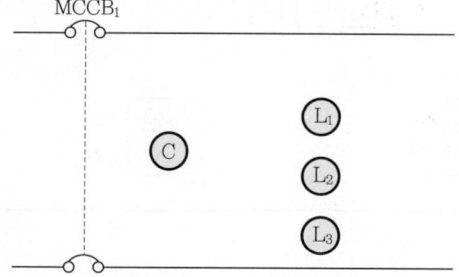

② 신호회로

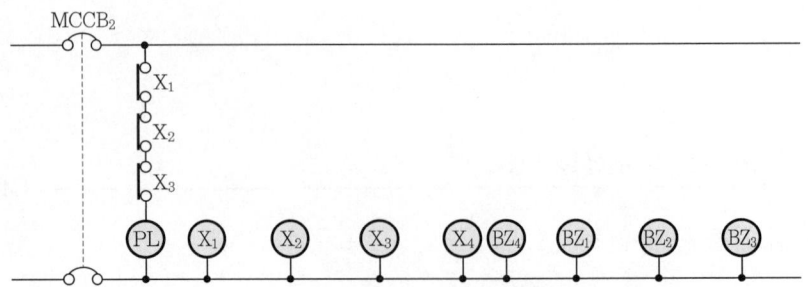

(2) 완성된 회로도에 의하여 아래 배관도의 (A)부분에는 최소 몇 가닥의 전선이 들어가야 되는지 답하시오.
(3) 완성된 회로도에 의하여 아래 배관도의 (B)부분에는 최소 몇 가닥의 전선이 들어가야 되는지 답하시오.
(4) 완성된 회로도에 의하여 아래 배관도의 (C)부분에는 최소 몇 가닥의 전선이 들어가야 되는지 답하시오.

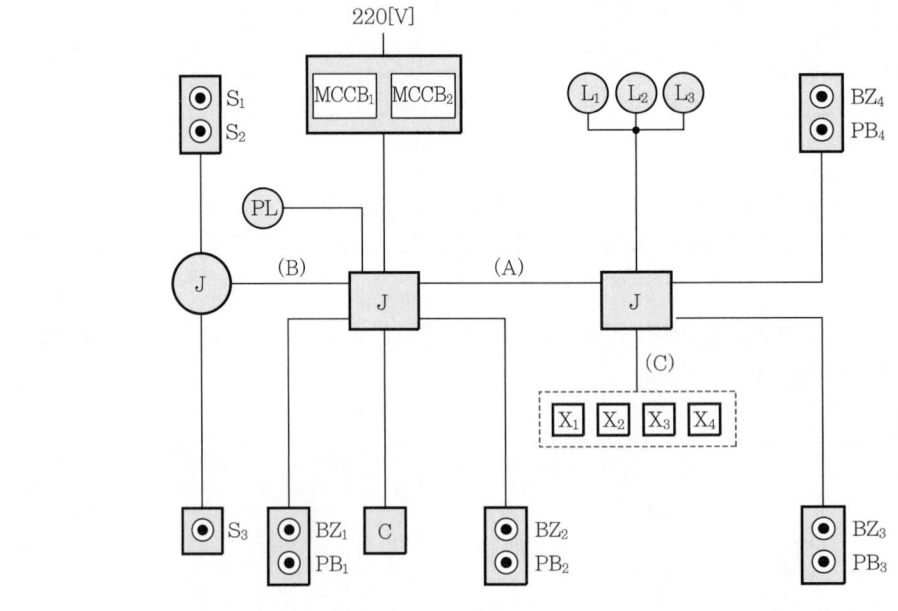

답안 (1) ① 전등 및 전열회로

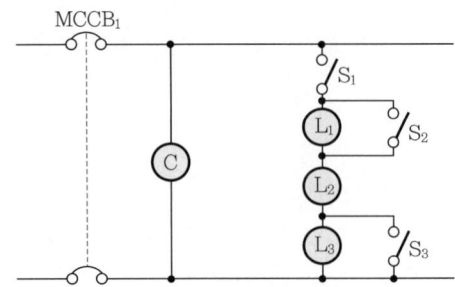

② 신호회로

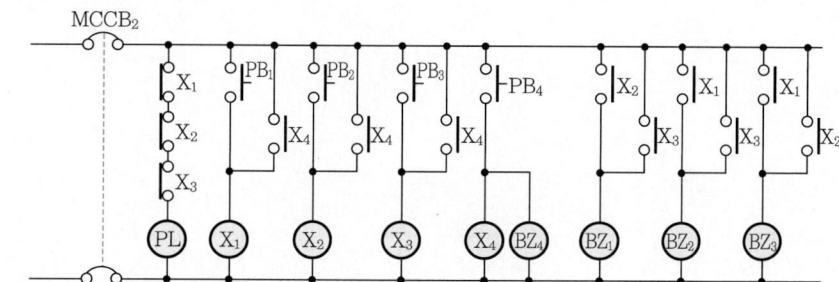

(2) 11가닥
(3) 5가닥
(4) 10가닥

PART 04
적산 및 견적

PART 04. 적산 및 견적

1990년~최근 출제된 기출 이론 분석 및 유형별 문제

기출개념 01 견적(적산)

예정 가격을 산출하기 위하여 설계도서와 시방서 및 시공현장의 조건에 따라 시설공사에 소요되는 재료와 노무의 품을 계산하는 일련의 과정과 업무를 말한다.

기출개념 02 수량의 계산

(1) 수량의 계산은 지정 소수위 이하 1위까지 구하고, 끝 수는 사사오입한다.

(2) 계산에 쓰이는 분도(分度)는 분까지, 원둘레율(圓周率), 삼각함수(三角函數) 및 호도(弧度)의 유효숫자는 3자리로 한다.

(3) 곱하거나 나눗셈에 있어서는 기재된 순서에 의하여 계산하고, 분수는 약분법을 쓰지 않으며 각 분수마다 그의 값을 구한 다음 전부의 계산을 한다. 단, 계산은 1회 곱하거나 나눌 때마다 소수 둘째 자리까지로 한다.

기출개념 03 소운반

20[m] 이내의 수평거리를 말하며, 소운반거리가 20[m]를 초과할 경우에는 초과분에 대하여 별도 계상하며, 경사면의 소운반거리는 직고 1[m]를 수평거리 6[m]의 비율로 본다.

기출개념 04 공사비 구성

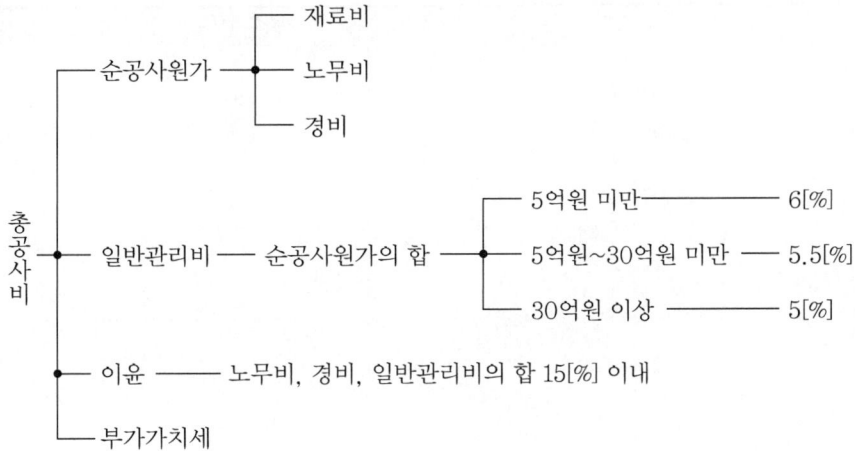

기출개념 05 일반관리비

일반관리비는 직접공사비와 간접공사비의 합계액에 일반관리비율을 곱하여 계산한다. 다만, 일반관리비율은 공사규모별로 아래에서 정한 비율을 초과할 수 없다.

시설공사		전문, 전기, 전기통신공사	
공사원가	일반관리비율	공사원가	일반관리비율
50억원 미만	6[%]	5억원 미만	6[%]
50억원~300억원 미만	5.5[%]	5억원~30억원 미만	5.5[%]
300억원 이상	5[%]	30억원 이상	5[%]

기출개념 06 경비

(1) 공사시공 중에 필요한 전력비, 운반비, 기계정비, 가설비, 특허권사용료, 시험검사비, 지급임차료, 보험료, 보관비, 외주가공비 등에 대한 비용은 회계예규에 따라 경비란에 계상할 수 있다.

(2) 공사시공 중에 필요한 수도광열비, 기술개발비, 복리후생비, 소모품비, 여비, 교통통신비, 세금과 공과 등을 계상할 수 있으며 실제 위 비목의 원가계산이 곤란할 경우에는 순공사비의 5[%] 범위 내에서 회계예규에 따라 기타 경비란에 계상할 수 있다.

기출개념 07 재료의 할증률 및 철거손실률(전기통신재료)

종 류		할증률[%]	철거손실률[%]
옥외전선		5	2.5
옥내전선		10	–
Cable(옥외)		3	1.5
Cable(옥내)		5	–
전선관(옥외)		5	–
전선관(옥내)		10	–
Trolley선		1	–
동대, 동봉		3	1.5
애자류	100개 미만	5	2.5
	100개 이상	4	2
	200개 이상	3	1.5
	500개 이상	1.5	0.75
	1,000개 이상	1	0.5
전선로 철물류	100개 미만	3	6
	100개 이상	2.5	5
	200개 이상	2	4
	500개 이상	1.5	3
	1,000개 이상	1	2
조가선(철, 강)		4	4
합성수지 파형전선관		3	–

기출개념 08 야간작업

PERT/CPM 공정계획에 의한 공기산출 결과 정상작업(정상공기)으로는 불가능하여 야간작업을 할 경우나 공사 성질상 부득이 야간작업을 하여야 할 경우에는 품을 25[%]까지 가산한다.

기출개념 09 공구손료

공구손료는 일반공구 및 시험용 계측기구류의 손료로서 공사 중 상시 일반적으로 사용하는 것을 말하며, 직접노무비(노임할증 제외)의 3[%]까지 계상한다.

기출개념 10 잡품 및 소모재료

잡품 및 소모재료는 설계내역에 표시하여 계상한다. 단, 동력 및 조명공사 부문에서 계상이 어렵고 금액이 근소한 조명공사의 소모품(땜납, 페스트, 테이프류, 토치램프용 휘발유 등)에 대해서는 직접재료비(전선과 배관자재비)의 2~5[%]까지 계상할 수 있다.

기출개념 11 건물 층수별 할증률

1 지상층 할증

① 2~5층 이하 : 1[%]
② 10층 이하 : 3[%]
③ 15층 이하 : 4[%]
④ 20층 이하 : 5[%]
⑤ 25층 이하 : 6[%]
⑥ 30층 이하 : 7[%]
⑦ 30층 초과에 대하여는 매 5층 이내 증가마다 1.0[%] 가산

2 지하층 할증

① 지하 1층 : 1[%]
② 지하 2~5층 이하 : 2[%]
③ 지하 6층 이하는 지하 1개층 증가마다 0.2[%] 가산

기출개념 12 지세별 할증률

(1) 보통(평탄지) : 0[%]
(2) 불량(야산지) : 25[%]
(3) 매우 불량(산악지) : 50[%]
(4) 물이 있는 논 : 20[%]
(5) 농작물이 있는 건조한 논밭 : 10[%]
(6) 소택지 또는 깊은 논 : 50[%]
(7) 번화가 1 : 20[%] (지중케이블 공사는 30[%])
(8) 번화가 2 : 10[%] (지중케이블 공사는 15[%])
(9) 주택가 : 10[%]

기출개념 13 지형별 할증률

(1) 강 건너기 : 50[%] (강폭 150[m] 이상)
(2) 계곡 건너기 : 30[%] (선로길이 150[m] 이상)

기출개념 14 위험 할증률

1 교량작업

① 인도교 : 15[%]
② 철교 : 30[%]
③ 공중작업 : 70[%]

2 고소작업(비계틀 없이 시공되는 작업에 적용)

① 지상 5[m] 미만 : 0[%]
② 지상 5[m] 이상 10[m] 미만 : 20[%]
③ 지상 10[m] 이상 15[m] 미만 : 30[%]
④ 지상 15[m] 이상 20[m] 미만 : 40[%]
⑤ 지상 20[m] 이상 30[m] 미만 : 50[%]
⑥ 지상 30[m] 이상 40[m] 미만 : 60[%]
⑦ 지상 40[m] 이상 50[m] 미만 : 70[%]
⑧ 지상 50[m] 이상 60[m] 미만 : 80[%]
⑨ 지상 60[m] 이상 매 10[m] 이내 증가마다 10[%] 가산

3 고소작업(비계틀 사용 시 적용)

① 지상 10[m] 이상 : 10[%]
② 지상 20[m] 이상 : 20[%]
③ 지상 30[m] 이상 : 30[%]
④ 지상 50[m] 이상 : 40[%]

4 지하작업

지하 4[m] 이하 : 10[%]

5 활선 근접작업

① AC 154[kV]급 이상 : 4[m] 이내
② AC 66[kV]급 이상 : 3[m] 이내
③ AC 6.6[kV]급 이상 : 2[m] 이내
④ AC 1[kV] 이상 : 1[m] 이내
⑤ DC 1.5[kV] 이상 : 1[m] 이내
⑥ DC 60[V] 이상 1.5[kV] 미만 : 30[cm] 이내
⑦ 전력선 전선첨가 설치 및 회선 증설(조가선, 케이블 설치 등) : 20[%]

활선 근접작업(Working near)
전기적으로 안전한 작업조건에 속하지 않는 노출된 충전도체 또는 기기 등의 접근한계 내에서 작업을 말한다.
나도체(22.9[kV] ACSR-OC 절연전선 포함) 상태에서 이격거리 이내 근접하여 작업하는 것을 말하며, DC 60[V] 이상 1,500[V] 미만은 절연물로 피복된 경우 피복이 제거된 나도체 부분부터 이격거리 내에서 작업할 때를 말한다.

기출개념 15 소단위작업 할증률

(1) 주작업단위를 기준으로 다음과 같이 개선하여 적용(부대설비 포함)한다.

단위(본, 개)	1~3	4~5	6~10
할증률	50[%]까지	30[%]까지	10[%]까지

(2) 단상 3선식 승압공사에 있어 저압간선을 수반하지 않는 인입선 및 옥내공사는 다음과 같이 가산할 수 있다.
  ① 10호 이하 : 10[%]
  ② 5호 이하 : 30[%]
  ③ 3호 이하 : 50[%]

기출개념 16 휴전시간별 할증률

구 분	할증률
1일 2시간 휴전 시	35[%]
1일 3시간 휴전 시	30[%]

구 분	할증률
1일 4시간 휴전 시	25[%]
1일 5시간 휴전 시	20[%]
1일 6시간 휴전 시	10[%]
1일 7시간 휴전 시	0[%]

기출개념 17 할증의 중복 가산요령

$$W = P \times (1 + a_1 + a_2 + a_3 + \cdots\cdots a_n)$$

여기서, W : 할증이 포함된 품
   P : 기본품 또는 해설란의 필요한 증·감요소가 감안된 품
   $a_1 \sim a_n$: 품 할증요소

기출개념 18 설계서의 작성

순 위	원 설계서	순 위	변경설계
1	표지	1	표지
2	목차	2	목차
3	설계설명서	3	변경이유서
4	일반시방서		이하 원 설계서와 같음
5	특별시방서		
6	예정공정표		
7	동력인원 계획표		
8	예산서(내역서)		
9	일위대가표		
10	자재표		
11	중기사용료		
12	수량계산서(토적표)		
13	설계도면		
14	설계지침서(원본)		
15	산출기초(원본)		

기출개념 19 시공 직종

직 종	작업구분
플랜트전공	발전설비 및 중공업설비의 시공 및 보수
변전전공	변전설비의 시공 및 보수
계장공	플랜트 프로세스의 자동제어장치, 공업제어장치, 공업계측 및 컴퓨터 등 설비의 시공 및 보수
송전전공	철탑 등 송전설비의 시공 및 보수
배전전공	전주 및 배전설비의 시공 및 보수
내선전공	옥내배관, 배선 및 등구류설비의 시공 및 보수
특고압케이블전공	특고압케이블 설비의 시공 및 보수
고압케이블전공	고압케이블 설비의 시공 및 보수
저압케이블전공	저압 및 제어용 케이블 설비의 시공 및 보수
송전활선전공	송전전공으로서 활선작업을 하는 전공
배전활선전공	배전전공으로서 활선작업을 하는 전공

기출개념 20 금액의 단위표준

종 목	단 위	지위(止位)	비 고
설계서의 총액	원	1,000	이하 버림 (단, 10,000원 이하의 공사는 100원 이하 버림)
설계서의 소계	원	1	미만 버림
설계서 금액란	원	1	미만 버림
일위대가표의 계금	원	1	미만 버림
일위대가표 금액란	원	0.1	미만 버림

※ 일위대가표 금액란 또는 기초계산금액에서 소액이 산출되어 공종이 없어질 우려가 있어 소수위 1위 이하의 산출이 불가피할 경우에는 소수위의 정도를 조정 계산할 수 있다.

개념 문제 01 공사기사 91년 출제 | 배점 : 4점 |

적산에는 개산견적, 상세견적, 변경견적, 정산견적 등이 있다. 이 중 상세견적이란 무엇인지 간단하게 설명하시오.

답안 도면이나 시방서에 따라 재료, 공법 등을 이해하고 표준품셈, 물가자료 등에 따라 공사비를 명확하고 세밀하게 산출하는 견적

1990년~최근 출제된 기출 이론 분석 및 유형별 문제

개념 문제 02 공사산업 02년, 04년, 06년, 07년 출제 배점 : 11점

공사원가 구성에 관하여 아래의 □ 안에 적당한 비목을 완성하시오.

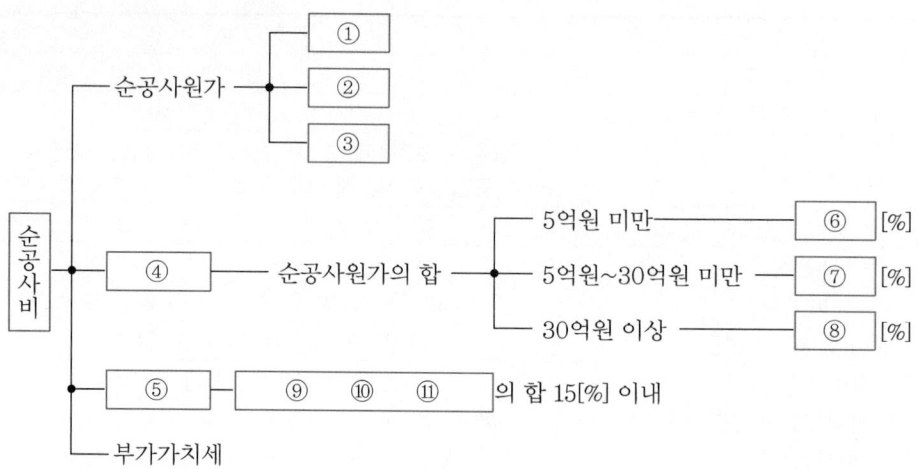

답안
① 재료비
② 노무비
③ 경비
④ 일반관리비
⑤ 이윤
⑥ 6
⑦ 5.5
⑧ 5
⑨ 노무비
⑩ 경비
⑪ 일반관리비

개념 문제 03 공사기사 11년 출제 배점 : 4점

어느 공장에서 수전설비공사를 시행하는 데 재료비 20,000,000원, 노무비 15,000,000원, 경비 10,000,000원이었다. 공사원가 계산방법에 의하여 일반관리비와 이윤을 계산하시오. (단, 일반관리비 6[%], 이윤은 15[%]로 보고 계산한다.)

(1) 일반관리비
(2) 이윤

답안 (1) 2,700,000[원]
(2) 4,155,000[원]

해설 (1) $(20{,}000{,}000 + 15{,}000{,}000 + 10{,}000{,}000) \times 0.06 = 2{,}700{,}000$ [원]
(2) $(15{,}000{,}000 + 10{,}000{,}000 + 2{,}700{,}000) \times 0.15 = 4{,}155{,}000$ [원]

개념 문제 04 | 공사산업 95년, 96년, 97년, 01년 출제 | 배점: 4점

총공사비가 29억원이고, 공사 기간이 11개월인 전기공사의 간접 노무비율[%]을 참고자료에 의거하여 계산하시오.

구 분		간접 노무비율[%]
공사종류별	건축공사	14.5
	토목공사	15
	기타(전기, 통신 등)	15
공사규모별 * 품셈에 의하여 산출되는 공사원가 기준	50억원 미만	14
	50~300억원 미만	15
	300억원 이상	16
공사기간별	6개월 미만	13
	6~12개월 미만	15
	12개월 이상	17

답안 14.67[%]

해설 간접 노무비율 $= (15 + 14 + 15) \times \dfrac{1}{3} = 14.67[\%]$

개념 문제 05 | 공사기사 04년, 06년, 16년 출제 | 배점: 5점

"공구손료"에 대하여 설명하시오.

답안 일반공구 및 시험용 계측기구류의 손료로서 공사 중 상시 일반적으로 사용하는 것을 말하며, 직접노무비(노임할증 제외)의 3[%]까지 계상한다.

개념 문제 06 | 공사기사 12년, 13년, 22년 / 공사산업 89년, 04년, 06년 출제 | 배점: 4점

전기부문 표준품셈에 따라 다음 전기재료의 물량 산출 시 할증률 및 철거손실률은 각각 얼마 이내로 하여야 하는지 쓰시오.

종 류	할증률[%]	철거손실률[%]
옥외전선	(①)	(②)
케이블(옥외)	(③)	(④)

답안
① 5
② 2.5
③ 3
④ 1.5

1990년~최근 출제된 기출 이론 분석 및 유형별 문제

개념 문제 07 공사기사 15년 / 공사산업 93년, 06년 출제 ─┤ 배점 : 5점 ├

그림과 같이 외등용 전선관을 지중에 매설하려고 한다. 터파기(흙파기)량은 얼마인가? (단, 매설거리는 50[m]이고, 전선관의 면적은 무시한다.)

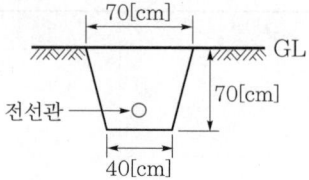

답안 $19.25[\text{m}^3]$

해설 줄기초 터파기량 $V_o = \dfrac{a+b}{2} \times 깊이 \times 길이$

$$V_o = \dfrac{0.7+0.4}{2} \times 0.7 \times 50 = 19.25[\text{m}^3]$$

개념 문제 08 공사기사 91년, 95년, 98년, 01년 출제 ─┤ 배점 : 12점 ├

단면적 240[mm²]인 154[kV] ACSR 송전선로 10[km] 2회선을 가선하기 위한 직접노무비 계를 자료를 이용하여 구하시오.
(단, • 송전선은 수직배열하여 평탄지 기준이며, 장비비는 고려하지 말 것
 • 정부 노임단가에서 전기공사기사 95,480원, 특별인부 80,100원, 송전전공 90,390원이다.
 • 노무비 계에서 원 이하는 버린다.)

┃송전선 가선┃ (단위 : [km])

공 종	전선규격	기 사	송전전공	특별인부
연선	ACSR 610[mm²]	1.51	22.4	33.5
	ACSR 410[mm²]	1.47	21.8	32.7
	ACSR 330[mm²]	1.44	21.4	32.1
	ACSR 240[mm²]	1.37	20.4	30.5
	ACSR 160[mm²]	1.30	19.4	29.0
	ACSR 95[mm²]	1.12	16.8	26.8
긴선	ACSR 610[mm²]	1.14	17.3	24.7
	ACSR 410[mm²]	1.12	16.8	24.1
	ACSR 330[mm²]	1.09	16.4	23.7
	ACSR 240[mm²]	1.04	15.7	22.5
	ACSR 160[mm²]	0.97	14.9	21.4
	ACSR 95[mm²]	0.93	14.4	19.8

[해설] ① 1회선(3선) 수직배열 평탄지 기준
② 수평배열 120[%]
③ 2회선 동시 가선은 180[%]
④ 특수 개소는(장경간) 별도 가산
⑤ 장비(Enging Winch) 사용료는 별도 가산
⑥ 철거 50[%]
⑦ 장력조정품 포함
⑧ 기사는 전기공사업법에 준함
⑨ HDCC 가선은 배전선 가선 참조

답안 139,292,744원

해설
- 전기공사기사 : $(1.37+1.04) \times 1.8 \times 10 \times 95,480 = 4,141,922.4$ 원
- 송전전공 : $(20.4+15.7) \times 1.8 \times 10 \times 90,390 = 58,735,422$ 원
- 특별인부 : $(30.5+22.5) \times 1.8 \times 10 \times 80,100 = 76,415,400$ 원
- 노무비 계 : 139,292,744원

개념 문제 09 | 공사기사 90년, 91년, 93년, 15년 출제 | 배점 : 5점

NR 전선 2.5[mm^2] 3본, 10[mm^2] 3본을 넣을 수 있는 후강전선관의 최고 굵기는 몇 [mm]를 사용하는 것이 적당한가? (단, 전선관 내단면적의 32[%]를 적용한다.)

│표 1│ 전선(피복 절연물을 포함)의 단면적

도체 단면적[mm^2]	절연체 두께[mm]	평균 완성 바깥지름[mm]	전선의 단면적[mm^2]
1.5	0.7	3.3	9
2.5	0.8	4.0	13
4	0.8	4.6	17
6	0.8	5.2	21
10	1.0	6.7	35
16	1.0	7.8	48
25	1.2	9.7	74
35	1.2	10.9	93
50	1.4	12.8	128
70	1.4	14.6	167
95	1.6	17.1	230
120	1.6	18.8	277
150	1.8	20.9	343
185	2.0	23.3	426
240	2.2	26.6	555
300	2.4	29.6	688
400	2.6	33.2	865

[비고] 1. 전선의 단면적은 평균 완성 바깥지름의 상한값을 환산한 값이다.
2. KS C IEC 60227-3의 450/750[V] 일반용 단심 비닐 절연전선(연선)을 기준한 것이다.

│표 2│ 절연전선을 금속관 내에 넣을 경우의 보정계수

도체 단면적[mm^2]	보정계수
2.5, 4	2.0
6, 10	1.2
16 이상	1.0

1990년~최근 출제된 기출 이론 분석 및 유형별 문제

▮표 3▮ 후강전선관의 내단면적의 32[%] 및 48[%]

관의 호칭	내단면적의 32[%][mm^2]	내단면적의 48[%][mm^2]	관의 호칭	내단면적의 32[%][mm^2]	내단면적의 48[%][mm^2]
16	67	101	54	732	1,098
22	120	180	70	1,216	1,825
28	201	301	82	1,701	2,552
36	342	513	92	2,205	3,308
42	460	690	104	2,843	4,265

답안 36[mm] 후강전선관

해설
- 피복을 포함한 전선 단면적은 [표 1]의 전선 단면적에 [표 2]의 보정계수를 적용한다.
  피복 절연물을 포함한 전선 단면적의 합계 $A = 13 \times 3 \times 2.0 + 35 \times 3 \times 1.2 = 204 [\text{mm}^2]$
- 전선 굵기가 다르므로 [표 3]의 32[%]를 적용한다.
  [표 3]에서 내단면적의 32[%], 342[mm^2]란에서 36[mm]를 선정한다.

개념 문제 10 공사산업 97년, 99년, 16년 출제 ┤ 배점 : 6점 ├

6.6[kV] 325[mm^2] 3C 가교 폴리에틸렌 케이블 100[m]를 구내(옥외)의 기존 전선관 내에 포설하려고 한다. 케이블에 대한 재료비와 인공과 공구손료를 구하시오. (단, 케이블의 재료비는 52,540[원/m]이고, 해당되는 노임 단가는 50,000[원]이다.)

▮전력 케이블 구내설치▮
(단위 : [m])

P.V.C 및 고무 절연 시스 케이블	케이블 전공
600[V] 16[mm^2] 이하×1C	0.023
600[V] 25[mm^2] 이하×1C	0.030
600[V] 38[mm^2] 이하×1C	0.036
600[V] 50[mm^2] 이하×1C	0.043
600[V] 60[mm^2] 이하×1C	0.049
600[V] 70[mm^2] 이하×1C	0.057
600[V] 80[mm^2] 이하×1C	0.060
600[V] 100[mm^2] 이하×1C	0.071
600[V] 125[mm^2] 이하×1C	0.084
600[V] 150[mm^2] 이하×1C	0.097
600[V] 185[mm^2] 이하×1C	0.108
600[V] 200[mm^2] 이하×1C	0.117
600[V] 240[mm^2] 이하×1C	0.136
600[V] 250[mm^2] 이하×1C	0.142
600[V] 300[mm^2] 이하×1C	0.159
600[V] 325[mm^2] 이하×1C	0.172
600[V] 400[mm^2] 이하×1C	0.205
600[V] 500[mm^2] 이하×1C	0.240

P.V.C 및 고무 절연 시스 케이블	케이블 전공
600[V] 630[mm²] 이하×1C	0.285
600[V] 1,000[mm²] 이하×1C	0.415

[해설] ① 부하에 직접 공급하는 변압기 2차측에 포설되는 케이블로서 전선관, Rack, Duct, 케이블트레이, Pit, 공동구, Saddle 부설 기준, Cu, Al 도체 공용
② 600[V] 10[mm²] 이하는 제어용 케이블 신설 준용
③ 직매시 80[%]
④ 2심은 140[%], 3심은 200[%], 4심은 260[%]
⑤ 연피벨트지 케이블 120[%], 강대개장 케이블은 150[%]
⑥ 가요성 금속피(알루미늄, 스틸) 케이블은 150[%](앵커볼트 설치품은 별도 계상)
⑦ 관내 포설 시 도입선 넣기 포함
⑧ 2열 동시 180[%], 3열 260[%], 4열 340[%], 4열 초과시 초과 1열당 80[%] 가산
⑨ 전압에 대한 할증률
  • 3.3~6.6[kV] : 15[%] 가산
  • 22.9[kV] 이하 : 30[%] 가산
⑩ 철거 50[%], 재사용 철거는 드럼감기품 포함 90[%]
⑪ 8자 포설은 본품의 120[%] 적용

(1) 재료비
(2) 인공
(3) 공구손료

답안 (1) 5,411,620[원]
(2) 39.56[인]
(3) 59,340[원]

해설 (1) 재료의 할증률 및 철거손실률

종류	할증률[%]	철거손실률[%]
옥외전선	5	2.5
옥내전선	10	—
Cable(옥외)	3	1.5
Cable(옥내)	5	—
전선관(옥외)	5	—
전선관(옥내)	10	—
Trolley선	1	—
동대, 동봉	3	1.5

[해설] 철거손실률이란 전기설비공사에서 철거작업 시 발생하는 폐자재를 환입할 때 재료의 파손, 손실, 망실 및 일부 부식 등에 의한 손실률을 말함

$100 \times (1+0.03) \times 52,540 = 5,411,620$[원]

(2) • 3C(3심)은 200[%]
  • 전압에 대한 할증률은 6.6[kV]이므로 15[%]
  $0.172 \times 2 \times (1+0.15) \times 100 = 39.56$[인]

(3) 공구손료 = 직접노무비 × 3[%]
  $39.56 \times 50,000 \times 0.03 = 59,340$[원]

PART 04 적산 및 견적

단원 빈출문제
1990년~최근 출제된 기출문제

문제 01 공사산업 92년, 93년, 96년 출제 | 배점 : 5점

견적도란 무엇인지 간단하게 설명하시오.

답안 구조나 치수를 나타내는 개요도, 외형도 정도의 것을 사용하는 도면으로 견적서에 첨부하여 피조회자에게 제출하는 도면

문제 02 공사산업 06년 출제 | 배점 : 3점

국내의 건설기술관리법에서 정하는 시방서의 종류 3가지를 쓰시오.

답안 표준시방서, 전문시방서, 공사시방서

문제 03 공사기사 06년, 07년, 15년 출제 | 배점 : 5점

시방서(Specification)를 작성할 때 요구되는 전문성에 대하여 예시와 같이 5가지만 표현을 하시오.
[예시] 사용 자재 및 장비에 관한 기술적 지식

답안
- 설계도서 구성 및 작성에 대한 이해
- 계약수립 및 관리 과정에 관한 지식
- 설계도서의 활용에 대한 이해
- 공사개시 전 준비단계에 대한 이해
- 공사 추진 과정의 단계별 활용에 대한 이해
- 공사 완성 단계의 업무에 대한 이해
- 법적, 기술적 책임한계를 명확하게 표현할 수 있는 지식

해설 위 내용 중 5가지만 쓰면 된다.

문제 04 공사산업 94년, 98년, 01년, 03년, 04년, 07년, 09년, 16년, 19년 출제 | 배점 : 5점

다음 (   ) 안에 들어갈 알맞은 내용을 답란에 쓰시오.

공사원가는 순공사원가, (①), (②), 부가가치세로 구성되며 이 중 순공사원가는 (③), (④), (⑤)의 합계이다.

답안
① 일반관리비
② 이윤
③ 재료비
④ 노무비
⑤ 경비

문제 05 공사산업 97년, 11년, 12년 출제 | 배점 : 4점

공사원가 계산(총원가) 시 원가계산의 비목(구성)을 쓰시오. (5가지)

답안
- 노무비
- 경비
- 재료비
- 일반관리비
- 이윤

문제 06 공사기사 05년 / 공사산업 94년, 01년, 04년, 07년, 16년 출제 | 배점 : 5점

공사원가라 함은 공사시공 과정에서 발생한 무엇의 합계액을 말하는가?

답안
- 재료비
- 노무비
- 경비

문제 07 공사산업 99년, 01년, 08년 출제 | 배점 : 5점

전기공사 금액이 30억원 미만일 때 일반관리비율은 얼마인가?

답안 5.5[%]

해설 일반관리비율

전문 · 전기 · 통신공사	
공사원가	일반관리비율
5억원 미만	6[%]
5~30억원 미만	5.5[%]
30억원 이상	5[%]

문제 08 공사산업 93년, 08년, 22년 출제 | 배점 : 9점

전기공사의 공사원가 비목이 다음과 같이 구성되었을 경우 일반관리비와 이윤을 산출하시오.

- 재료비 소계 : 80,000,000원
- 노무비 소계 : 40,000,000원
- 경비 소계 : 25,000,000원

(1) 일반관리비
(2) 이윤

답안
(1) 8,700,000[원]
(2) 11,055,000[원]

해설
(1) $(80,000,000 + 40,000,000 + 25,000,000) \times 0.06 = 8,700,000$[원]
(2) $(40,000,000 + 25,000,000 + 8,700,000) \times 0.15 = 11,055,000$[원]
이윤 계산 시 재료비는 제외한다.

문제 09

공사기사 21년 / 공사산업 93년, 08년, 22년 출제 | 배점 : 6점

어느 공장의 수전용량을 955[kVA]에서 1,500[kVA]로 증설하는 데 재료비 70,000,000원, 노무비 60,000,000원, 경비가 30,000,000원일 때 일반관리비와 이윤을 구하시오.

시설공사		전문·전기·통신공사	
공사원가	일반관리비율	공사원가	일반관리비율
50억원 미만	6[%]	5억원 미만	6[%]
50~300억원 미만	5.5[%]	5~30억원 미만	5.5[%]
300억원 이상	5[%]	30억원 이상	5[%]

(1) 일반관리비
(2) 이윤

답안 (1) 9,600,000[원]
(2) 14,940,000[원]

해설 (1) $(70,000,000 + 60,000,000 + 30,000,000) \times 0.06 = 9,600,000$[원]
(2) $(60,000,000 + 30,000,000 + 9,600,000) \times 0.15 = 14,940,000$[원]

문제 10

공사기사 21년 / 공사산업 93년, 08년, 22년 출제 | 배점 : 6점

전기공사의 공사원가 비목이 다음과 같이 구성되었을 경우 아래 표를 참고하여 일반관리비와 이윤을 구하시오. (단, 원가계산에 의한 예정가격 작성이며 일반관리비와 이윤은 최대값으로 계상한다.)

- 재료비 소계 : 800,000,000원
- 노무비 소계 : 400,000,000원
- 경비 소계 : 250,000,000원

종합공사		전문·전기·정보통신·소방 및 기타 공사	
공사원가	일반관리비율[%]	공사원가	일반관리비율[%]
50억원 미만	6.0	5억원 미만	6.0
50~300억원 미만	5.5	5~30억원 미만	5.5
300억원 이상	5.0	30억원 이상	5.0

(1) 일반관리비
(2) 이윤

답안 (1) 79,750,000[원]
(2) 109,462,500[원]

해설 (1) $(800,000,000 + 400,000,000 + 250,000,000) \times 0.055 = 79,750,000$[원]
(2) $(400,000,000 + 250,000,000 + 79,750,000) \times 0.15 = 109,462,500$[원]

문제 11 공사산업 14년 출제 | 배점 : 6점

간접노무비와 간접노무비율을 구하는 계산식을 쓰시오.
(1) 간접노무비
(2) 간접노무비율

답안 (1) 직접노무비 × 간접노무비율(15[%] 이하)

(2) $\dfrac{\text{공사종류별 [\%] + 공사규모별 [\%] + 공사기간별 [\%]}}{3}$

문제 12 공사기사 96년, 97년, 99년, 01년, 02년, 03년, 15년 출제 | 배점 : 4점

공사비가 320억원이고 공사기간이 18개월인 전기공사의 간접노무비율[%]을 참고자료에 의거 계산하시오.

공사종류 등에 따른 간접노무비
(단위 : [%])

구 분		간접노무비율
공사종류별	건축공사	14.5
	토목공사	15
	특수공사(포장, 준설 등)	15.5
	기타(전문, 전기, 통신 등)	16
공사규모별 품셈에 의하여 산출되는 공사원가 기준	50억원 미만	14
	50~300억원 미만	15
	300억원 이상	16
공사기간별	6개월 미만	13
	6~12개월 미만	14
	12개월 이상	17

답안 16.33[%]

해설 간접노무비율 $= (16 + 16 + 17) \times \dfrac{1}{3} = 16.33$[%]

문제 13 공사산업 09년 출제 | 배점 : 5점

기계장비의 경비 산정에서 "상각비"란 무엇을 말하는가?

답안 기계의 사용에 따른 가치의 감가액

문제 14 공사산업 89년, 04년, 06년 출제 | 배점 : 4점

표준품셈에서 옥외전선의 할증률은 몇 [%] 이내로 하여야 하는가?

답안 5[%]

문제 15 공사산업 88년, 00년, 04년, 05년, 07년 출제 | 배점 : 4점

공구손료는 일반 공구 및 시험검사용 일반 계측기구류의 손료로서 공사 중 상시 일반적으로 사용하는 것을 말하며 직접노무비(제수당 상여금 또는 퇴직급여 충당금을 제외)의 몇 [%]를 계상할 수 있는가?

답안 3[%]

문제 16 공사기사 03년, 19년, 22년 출제 | 배점 : 5점

철거손실률에 대하여 설명하시오.

답안 전기설비공사에서 철거작업 시 발생하는 폐자재를 환입할 때 재료의 파손, 손실, 망실 및 일부 부식 등에 의한 손실률을 말한다.

문제 17 공사기사 12년, 13년 출제   배점 : 3점

정부나 공공기관에서 발주하는 전기공사의 물량산출 시 일반적으로 적용되는 전기재료의 할증률 및 철거용 재료의 손실률을 쓰시오.

(1) 옥외전선 할증률
(2) 옥내전선 할증률
(3) 옥외전선 철거손실률

답안 (1) 5[%]
(2) 10[%]
(3) 2.5[%]

문제 18 공사기사 13년 / 공사산업 89년, 21년 출제   배점 : 3점

전기부문 표준품셈에 따라 전기재료의 할증률 및 철거용 재료의 손실률은 아래 표의 값 이내로 하여야 한다. 다음 빈칸을 채워 표를 완성하시오.

종 류	할증률[%]	철거손실률[%]
옥외전선	(①)	(②)
옥내전선	(③)	—

답안 ① 5
② 2.5
③ 10

문제 19 공사기사 06년, 20년, 22년 출제   배점 : 4점

전기부문 표준품셈에 따른 케이블의 할증률은 일반적으로 다음 표 값 이내로 하여야 한다. 빈칸에 알맞은 내용을 쓰시오.

종 류	할증률[%]
케이블(옥외)	(①)
케이블(옥내)	(②)

답안 ① 3
② 5

해설

종 류	할증률[%]	철거손실률[%]
옥외전선	5	2.5
옥내전선	10	–
Cable(옥외)	3	1.5
Cable(옥내)	5	–
전선관(옥외)	5	–
전선관(옥내)	10	–
Trolley선	1	–
동대, 동봉	3	1.5

[비고] 철거손실률이란 전기설비공사에서 철거작업 시 발생하는 폐자재를 환입할 때 재료의 파손, 손실, 망실 및 일부 부식 등에 의한 손실률을 말함

문제 20 공사기사 06년, 20년 / 공사산업 22년 출제 | 배점 : 5점 |

전기공사의 물량산출 시 일반적으로 다음과 같은 재료는 몇 [%]의 할증률을 계상하는지 그 할증률을 빈칸에 써 넣으시오.

종 류	할증률[%]
옥외전선	
옥내전선	
케이블(옥외)	
케이블(옥내)	
전선관(옥내)	

답안

종 류	할증률[%]
옥외전선	5
옥내전선	10
케이블(옥외)	3
케이블(옥내)	5
전선관(옥내)	10

1990년~최근 출제된 기출문제

문제 21 공사기사 14년, 22년 출제 | 배점 : 5점

전기공사의 예정가격 산정의 기초로 활용되는 표준품셈에서 다음 각 전기재료의 할증률은 각각 몇 [%] 이내로 하여야 하는지 쓰시오.

(1) 옥외전선
(2) 옥내전선
(3) 전선관(옥외)
(4) 전선관(옥내)
(5) Trolley선

답안 (1) 5[%]
(2) 10[%]
(3) 5[%]
(4) 10[%]
(5) 1[%]

문제 22 공사산업 20년, 22년 출제 | 배점 : 5점

어느 도서지방의 3상 3선식 6.6[kV] 공중배전선로를 50[km]로 2회선 건설하는 데 필요한 전선의 길이를 구하시오. (단, 이도는 무시하고 할증은 반영한다.)

답안 315[km]

해설 전선의 길이 $= 50 \times 3 \times 2 \times 1.05 = 315$[km]

문제 23 공사기사 99년, 01년, 15년 출제 | 배점 : 5점

표준품셈에서 소운반이라 함은 몇 [m] 이내의 수평거리를 말하는가?

답안 20[m]

해설 20[m] 이내의 수평거리를 말하며, 경사면의 소운반거리는 직고 1[m]를 수평거리 6[m]의 비율로 본다.

문제 **24** 공사기사 22년 출제 ┤ 배점 : 4점 ├

전기부문 표준품셈에 따른 소운반에 대한 내용이다. 빈칸에 알맞은 내용을 쓰시오.

> 품에서 규정된 소운반이라 함은 (①)[m] 이내의 수평거리를 말하며 소운반이 포함된 품에 있어서 소운반거리가 (①)[m]를 초과할 경우에는 초과분에 대하여 이를 별도 계상하며 소운반 거리는 직고 1[m]를 수평거리 (②)[m]의 비율로 본다.

답안
① 20
② 6

문제 **25** 공사기사 06년, 08년, 14년 출제 ┤ 배점 : 3점 ├

전기공사에서 건물(지상층) 층수별 물량산출 시 건물 층수에 따라 할증률이 규정 적용된다. 이때의 할증률[%]은 각각 얼마인지 쓰시오.

(1) 10층 이하
(2) 20층 이하
(3) 30층 이하

답안
(1) 3[%]
(2) 5[%]
(3) 7[%]

해설 건물의 층수별 할증률
- 지상층
  - 2~5층 이하 : 1[%]
  - 10층 이하 : 3[%]
  - 15층 이하 : 4[%]
  - 20층 이하 : 5[%]
  - 25층 이하 : 6[%]
  - 30층 이하 : 7[%]
  - 30층 초과에 대하여는 매 5층 이내 증가마다 1.0[%] 가산
- 지하층
  - 지하 1층 이하 : 1[%]
  - 지하 2~5층 이하 : 2[%]
  - 지하 6층 이하는 지하 1개층 증가마다 0.2[%] 가산

문제 26 공사산업 90년 출제 | 배점 : 4점

건물의 층수별 할증률에 있어서 30층 이상에 대해서는 5층 이내 증가마다 (　　)[%]를 가산한다. (　　) 안에 알맞은 답은?

답안 1[%]

문제 27 공사산업 12년 출제 | 배점 : 5점

다음 건물의 지상층 층수별 할증률은 각각 몇 [%]를 적용하는지 쓰시오.

(1) 2~5층
(2) 10층 이하
(3) 20층 이하
(4) 30층 이하
(5) 32층 이하

답안 (1) 1[%]
(2) 3[%]
(3) 5[%]
(4) 7[%]
(5) 8[%]

문제 28 공사산업 21년 출제 | 배점 : 4점

표준품셈(전기부문)에 따른 기계장비를 이용하여 전주세움 작업을 할 때 넓은 지역과 협소한 지역이란 어떤 지역을 말하는지 도로폭(예 편도 1차로, 편도 2차로, 편도 3차로 등)을 기준으로 쓰시오.

(1) 넓은 지역 : 편도 (　　) 이상
(2) 협소한 지역 : 편도 (　　) 이하

답안 (1) 3차로
(2) 2차로

해설 **기계장비 작업능력 산정**
- 넓은 지역이란 도로폭이 3차로(편도) 이상되는 지역을 말한다.
- 협소한 지역이란 도로폭이 2차로(편도) 이하의 지역을 말하며, 매우 협소한 지역이란 도로폭이 6[m] 이하인 지역을 말한다.

문제 29 공사산업 21년 출제 | 배점 : 6점

전기부문 표준품셈에 따른 각 경우에 해당하는 할증률을 쓰시오.

(1) 건물 층수별 할증률에서 20층 초과 25층 이하에 대한 할증률을 쓰시오.
(2) 위험 할증률에서 고소작업 지상 5[m] 이상 10[m] 미만에 대한 할증률을 쓰시오.
    (단, 비계틀 없이 시공되는 작업이다.)
(3) 전기재료의 할증률에서 옥내전선에 최대로 적용 가능한 할증률을 쓰시오.

답안 (1) 6[%]
     (2) 20[%]
     (3) 10[%]

문제 30 공사기사 21년 출제 | 배점 : 4점

전기부문 표준품셈에 따라 PERT/CPM 공정계획에 의한 공기산출 결과 정상작업(정상공기)으로는 불가능하여 야간작업을 할 경우나 공사 성질상 부득이 야간작업을 해야 할 경우에는 품을 몇 [%]까지 가산할 수 있는지 쓰시오.

답안 25[%]

해설 **야간작업**
PERT/CPM 공정계획에 의한 공기산출 결과 정상작업(정상공기)으로는 불가능하여 야간작업을 할 경우나 공사 성질상 부득이 야간작업을 하여야 할 경우에는 품을 25[%]까지 가산한다.

문제 31 공사기사 22년 / 공사산업 21년 출제
배점 : 5점

전기부문 표준품셈에 따른 고소작업에 대한 위험 할증률을 나타낸 표이다. 빈칸을 채워 완성하시오. (단, 비계틀 없이 시공되는 작업이다.)

고소작업 높이	할증률[%]
고소작업 지상 5[m] 미만	(①)
고소작업 지상 5[m] 이상 10[m] 미만	(②)
고소작업 지상 10[m] 이상 15[m] 미만	(③)

답안
① 0[%]
② 20[%]
③ 30[%]

해설 위험 할증률
(1) 교량작업
- 인도교 : 15[%]
- 철교 : 30[%]
- 공중작업 : 70[%]

(2) 고소작업(비계틀 없이 시공되는 작업에 적용한다.)
- 고소작업 지상 5[m] 미만 : 0[%]
- 고소작업 지상 5[m] 이상 10[m] 미만 : 20[%]
- 고소작업 지상 10[m] 이상 15[m] 미만 : 30[%]
- 고소작업 지상 15[m] 이상 20[m] 미만 : 40[%]
- 고소작업 지상 20[m] 이상 30[m] 미만 : 50[%]
- 고소작업 지상 30[m] 이상 40[m] 미만 : 60[%]
- 고소작업 지상 40[m] 이상 50[m] 미만 : 70[%]
- 고소작업 지상 50[m] 이상 60[m] 미만 : 80[%]
- 고소작업 지상 60[m] 이상 매 10[m] 이내 증가마다 10[%] 가산

(3) 고소작업(비계틀 사용 시 적용한다.)
- 고소작업 지상 10[m] 이상 : 10[%]
- 고소작업 지상 20[m] 이상 : 20[%]
- 고소작업 지상 30[m] 이상 : 30[%]
- 고소작업 지상 50[m] 이상 : 40[%]

(4) 지하작업
- 지하 4[m] 이하 : 10[%]

문제 32 공사기사 08년, 21년 출제 — 배점 : 4점

다음은 전기부문 표준품셈에 명시된 활선 근접작업에 대한 설명이다. 빈칸에 알맞은 말을 쓰시오.

> 활선 근접작업이란 나도체(22.9[kV], ACSR-OC 절연전선 포함) 상태에서 이격거리 이내 근접하여 작업함을 말하며, DC (①)[V] 이상 (②)[V] 미만은 절연물로 피복된 경우 피복이 제거된 나도체 부분부터 이격거리 내에서 작업할 때를 말한다.

답안 ① 60
② 1,500

문제 33 공사기사 12년, 20년 / 공사산업 12년, 14년, 19년 출제 — 배점 : 4점

다음의 작업구분에 맞는 직종명을 쓰시오.
(1) 발전설비 및 중공업설비의 시공 및 보수
(2) 철탑 및 송전설비의 시공 및 보수
(3) 송전전공으로서 활선작업을 하는 전공
(4) 전주 및 배전설비의 시공 및 보수
(5) 특고압케이블 설비의 시공 및 보수

답안
(1) 플랜트전공
(2) 송전전공
(3) 송전활선전공
(4) 배전전공
(5) 특고압케이블전공

1990년~최근 출제된 기출문제

문제 34 공사산업 05년, 07년 출제 | 배점 : 5점

설계서의 작성순서에서 변경설계를 하려고 한다. 다음 ( ) 안에 알맞은 용어를 쓰시오.

표지 – 목차 – (①) – 일반시방서 – 특별시방서 – (②) – 동원인원계획표 – 내역서 – 이하 생략

답안
① 변경이유서
② 예정공정표

문제 35 공사산업 06년, 20년 출제 | 배점 : 8점

견적 순서를 발주자 및 수주자 입장에서 작성해 보면 다음의 흐름도와 같다. 빈칸 ①~⑤에 알맞은 답을 써 넣으시오.

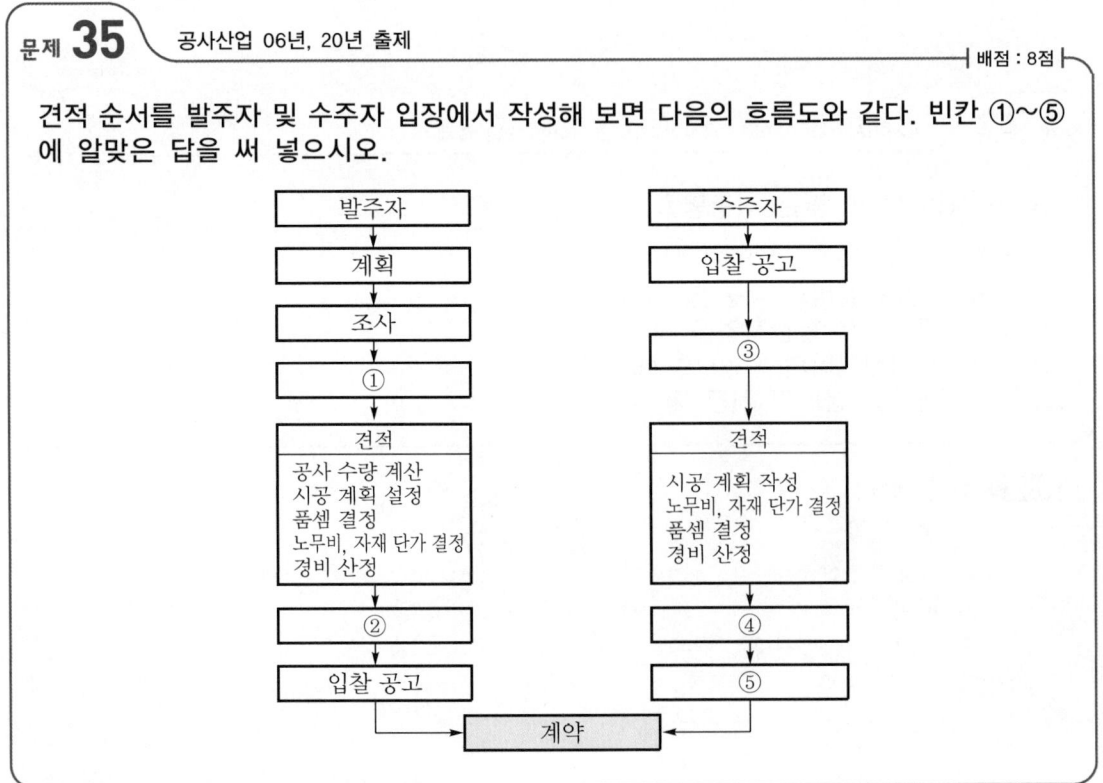

답안
① 설계
② 예정가격 결정
③ 현장설명
④ 견적가 결정
⑤ 입찰

문제 36 공사산업 92년, 96년, 05년, 13년 출제   배점 : 6점

주어진 물가자료에 의거 다음 물음에 답하시오.

(1) 경동선 2.0[mm], 2[km]와 연동선 2.0[mm], 2[km]의 구입비(원)는 얼마인가?
(2) AC 440[V] 3상 3선식 동력배선에 3C 22[mm^2] 케이블 150[m]를 구입하려고 한다. PE 절연 비닐시스 케이블(EV)과 가교 PE 절연 비닐시스 케이블(CV) 중 어떤 케이블을 사용하면 구입비는 얼마나 경감하는가?

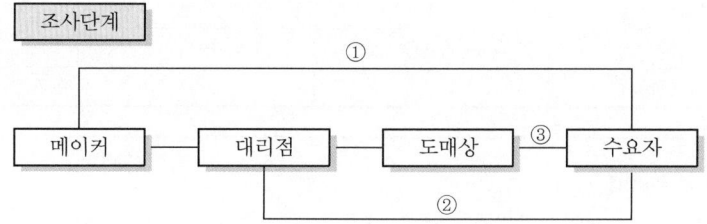

전기용 나동선(Bare Copper Wire for Electrical Purpose)

품 명	단면적 [mm^2]	중량 [kg/km]	최대저항 [Ω/km]	가 격
경동선 1.0[mm]	0.785	6.98	22.87	27
경동선 1.2[mm]	1.131	10.05	15.88	41
경동선 1.6[mm]	2.011	17.88	8.931	76
경동선 2.0[mm]	3.142	27.93	5.657	116
경동선 2.3[mm]	4.155	36.94	4.278	142
연동선 1.0[mm]	0.785	6.98	21.95	27
연동선 1.2[mm]	1.131	10.05	15.21	41
연동선 1.6[mm]	2.011	17.88	8.753	76
연동선 2.0[mm]	3.142	27.93	5.487	116
연동선 2.3[mm]	4.155	36.94	4.149	142

PE 절연 비닐시스 전력 케이블(EV)

품 명	소선수/소선경	중량 [kg/km]	가 격
600[V] 3심 2.0[mm^2]	7/0.6	170	565
600[V] 3심 3.5[mm^2]	7/0.8	240	791
600[V] 3심 5.5[mm^2]	7/1.0	320	1,121
600[V] 3심 8.0[mm^2]	7/1.2	415	1,465
600[V] 3심 14[mm^2]	7/1.6	640	2,120
600[V] 3심 22[mm^2]	7/2.0	955	3,173
600[V] 3심 30[mm^2]	7/2.3	1,200	4,006

가교 PE 절연 비닐시스 케이블(CV)

품 명	소선수/소선경	중량 [kg/km]	가 격
600[V] 3심 2.0[mm^2]	7/0.6	155	595
600[V] 3심 3.5[mm^2]	7/0.8	215	832
600[V] 3심 5.5[mm^2]	7/1.0	295	1,211
600[V] 3심 8.0[mm^2]	7/1.2	385	1,625
600[V] 3심 14[mm^2]	7/1.6	595	2,352
600[V] 3심 22[mm^2]	7/2.0	880	3,332
600[V] 3심 30[mm^2]	7/2.3	–	4,208

답안 (1) 464,000[원]

(2) EV가 23,850[원] 경감

해설 (1) $(116+116) \times 2,000 = 464,000$[원]

(2) • EV : $3,173 \times 150 = 475,950$[원]
  • CV : $3,332 \times 150 = 499,800$[원]
  • 가격차 : $499,800 - 475,950 = 23,850$[원]

문제 37 공사기사 21년, 22년 출제 　　　　　배점 : 6점

다음 그림의 터파기 계산방법을 수식으로 쓰시오.

(1) 독립기초파기	수식 (예시 : 터파기량 $= a \times b \times h$)
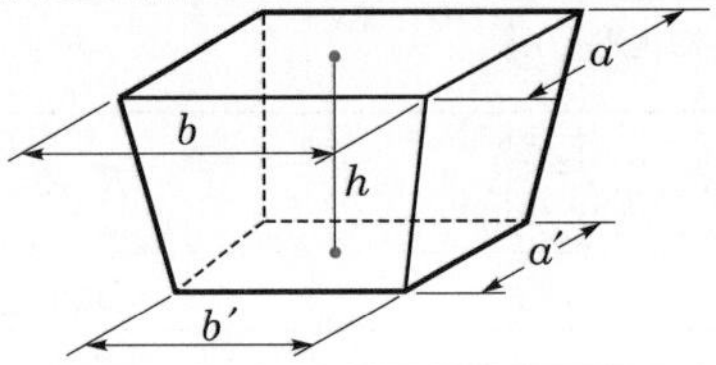 [그림: 윗면 $a \times b$, 아랫면 $a' \times b'$, 높이 h인 사다리꼴 기둥]	

(2) 줄기초파기	수식 (예시 : 터파기량 $= a \times b \times h$)

(3) 철탑기초파기	수식 (예시 : 터파기량 $= a \times b \times h$)

답안

(1) 터파기량 $= \dfrac{h}{6}\{(2a+a')b+(2a'+a)b'\}$

(2) 터파기량 $= \left(\dfrac{a+b}{2}\right)h \times$ 줄기초 길이

(3) 터파기량 $=$ 가로$\times 1.1 \times$ 세로$\times 1.1 \times$ 깊이$(h) =$ 바닥면적$\times 1.21 \times$ 깊이(h)

문제 38 공사산업 94년, 02년, 15년 출제   배점 : 5점

가로등용 기초를 설치하기 위하여 아래 그림과 같이 굴착을 해야 한다. 이때의 터파기량은 몇 [m³]인가? (단, 소수 셋째 자리에서 반올림할 것)

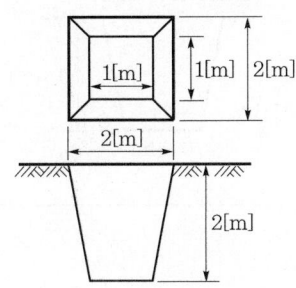

답안 4.67[m³]

해설
$$V = \frac{h}{6}\{(2a+a')b+(2a'+a)b'\} = \frac{2}{6}\{(2\times 2+1)\times 2+(2\times 1+2)\times 1\} = 4.666 = 4.67[m^3]$$

[별해]
$$V = \frac{h}{3}(A_1+A_2+\sqrt{A_1 A_2}) = \frac{2}{3}(2\times 2+1\times 1+\sqrt{4\times 1}) = 4.67[m^3]$$

문제 39 공사산업 93년, 99년, 14년, 22년 출제 | 배점 : 3점

그림과 같은 줄기초 터파기량을 산출하려고 한다. 줄기초 터파기량 계산식을 쓰시오.

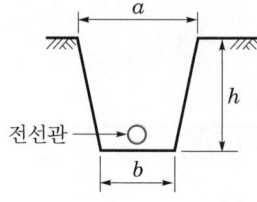

답안 줄기초 터파기량 $V_o = \dfrac{a+b}{2}\times h \times$ 줄기초 길이

문제 40 공사기사 22년 / 공사산업 93년, 06년, 13년, 16년, 21년 출제 | 배점 : 5점

그림과 같이 전선관을 지중에 매설하려고 한다. 터파기(흙파기)량은 몇 [m³]인지 계산하시오. (단, 매설거리는 70[m]이고, 전선관의 면적은 무시한다.)

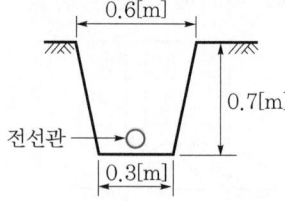

답안 22.05[m³]

해설
$$V_o = \frac{0.6+0.3}{2}\times 0.7 \times 70 = 22.05[m^3]$$

문제 41 공사기사 14년, 20년 / 공사산업 93년, 06년 출제 | 배점 : 5점

그림과 같이 외등용 전선관을 지중에 매설하려고 한다. 터파기(흙파기)량은 얼마인가?
(단, 매설거리는 50[m]이고, 전선관의 면적은 무시한다.)

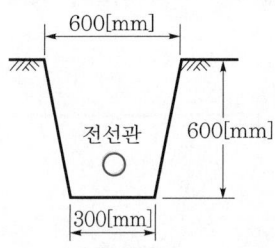

답안 $13.5[m^3]$

해설
$$V_o = \frac{0.6+0.3}{2} \times 0.6 \times 50$$
$$= 13.5[m^3]$$

문제 42 공사산업 93년, 06년, 13년, 16년 출제 | 배점 : 5점

그림과 같이 전선관을 지중에 매설하려고 한다. 터파기(흙파기)량은 몇 [m³]인지 계산하시오. (단, 매설거리는 80[m]이고, 전선관의 면적은 무시한다.)

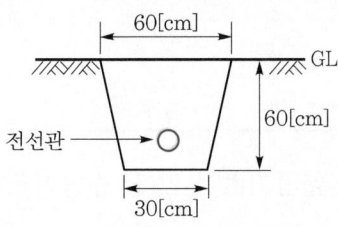

답안 $21.6[m^3]$

해설
$$V_o = \frac{0.6+0.3}{2} \times 0.6 \times 80$$
$$= 21.6[m^3]$$

문제 43 공사기사 22년 / 공사산업 93년, 06년, 13년, 16년, 21년 출제 | 배점 : 6점

터파기에 대한 다음 각 물음에 답하시오.

(1) 터파기 상세도가 다음과 같을 때, 수평거리가 30[m]인 경우에 적용하는 터파기량 [m³]을 구하시오.

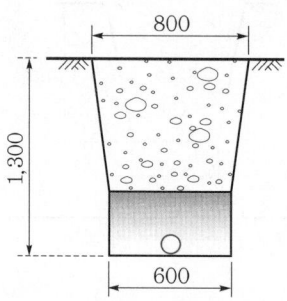

┃터파기 상세도(단위 : [mm])┃

(2) 차량 기타 중량물의 압력을 받을 우려가 있는 장소에 지중전선로를 직접 매설식에 의하여 시설하는 경우, 매설깊이는 몇 [m] 이상으로 하여야 하는지 쓰시오.

답안 (1) $27.3[m^3]$
(2) $1[m]$

해설 (1) $V_o = \dfrac{0.8+0.6}{2} \times 1.3 \times 30 = 27.3[m^3]$

문제 44 공사산업 90년, 94년, 05년, 12년, 20년 출제 | 배점 : 5점

터파기에는 독립기초, 줄기초, 철탑기초가 있다. 철탑기초파기의 터파기량 산정식을 쓰시오.

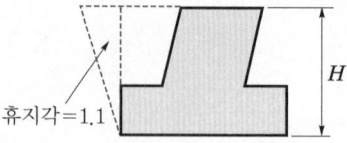

답안 $V_o = $ 바닥면적 $\times 1.1^2 \times H$

문제 45 공사기사 91년, 94년, 98년, 13년 출제 | 배점 : 5점

송전설계에 있어서 다음과 같은 철탑기초의 굴착량을 산출하려고 한다. 각 철탑의 굴착량은 얼마인가? (단, 정사각형임)

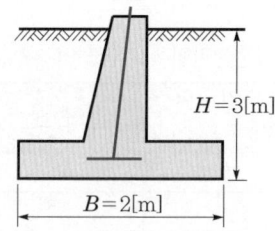

답안 14.52[m³]

해설 $V_o = 2 \times 2 \times 1.21 \times 3 = 14.52 \, [\text{m}^3]$

문제 46 공사기사 19년 출제 | 배점 : 5점

하중 전달방법에 의해 분류하는 것으로 상판부 등에 의한 하중을 지반에 직접 전달하는 구조물로서 역T자형 콘크리트기초, 오가 콘크리트기초, 베다기초, 강재기초, 직매기초 등을 나타내는 기초는 무엇인가?

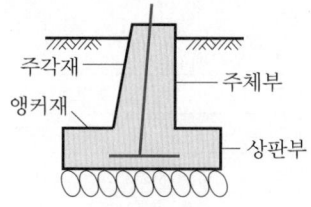

답안 직접기초

해설 **철탑기초의 종류**
- 직접기초
- 말뚝기초
- 피어기초
- 앵커기초

문제 47 공사기사 09년, 13년 출제 | 배점 : 4점 |

NR 전선 4[mm²] 3본, 10[mm²] 3본을 넣을 수 있는 박강전선관의 최소 굵기는 몇 [호]를 사용하는 것이 적당한가? (단, 전선은 절연물을 포함하는 단면적의 총합이 전선관 내단면적의 32[%] 이하가 되도록 한다.)

표 1 박강전선관의 내단면적의 32[%] 및 48[%]

관의 호칭	내단면적의 32[%][mm²]	내단면적의 48[%][mm²]	관의 호칭	내단면적의 32[%][mm²]	내단면적의 48[%][mm²]
19	63	95	51	569	853
25	123	185	63	889	1,333
31	205	308	75	1,309	1,964
39	305	458			

표 2 절연전선을 금속관 내에 넣을 경우의 보정계수

도체 단면적[mm²]	보정계수
2.5, 4	2.0
6, 10	1.2
16 이상	1.0

표 3 전선(피복 절연물을 포함)의 단면적

도체 단면적[mm²]	절연체 두께[mm]	평균 완성 바깥지름[mm]	전선의 단면적[mm²]
1.5	0.7	3.3	9
2.5	0.8	4.0	13
4	0.8	4.6	17
6	0.8	5.2	21
10	1.0	6.7	35
16	1.0	7.8	48
25	1.2	9.7	74
35	1.2	10.9	93
50	1.4	12.8	128
70	1.4	14.6	167
95	1.6	17.1	230
120	1.6	18.8	277
150	1.8	20.9	343
185	2.0	23.3	426
240	2.2	26.6	555
300	2.4	29.6	688
400	2.6	33.2	865

[비고] 1. 전선의 단면적은 평균 완성 바깥지름의 상한값을 환산한 값이다.
2. KS C IEC 60227-3의 450/750[V] 일반용 단심 비닐 절연전선(연선)을 기준한 것이다.

답안 39[mm]

해설 $17 \times 3 \times 2 + 35 \times 3 \times 1.2 = 228[\text{mm}^2]$

∴ [표 1]에서 32[%] 적용하면 박강전선관 39[mm]가 선정된다.

문제 48 공사산업 96년, 00년, 13년 출제 | 배점 : 9점

다음 물음의 답을 해당 답란에 답하시오.

천장 높이가 10[m]인 창고 건물에 노출형 차동식 열감지기 40개와 P형 1급(15회로) 수신기를 설치한 후 시험까지 시행하기 위하여 필요한 인공을 참고표를 이용하여 구하시오.

∥자동화재경보장치 설치∥ (단위당)

공 종	단 위	내선전공	비 고
Spot형 감지기 (차동식, 정온식, 보상식) 노출형	개	0.13	(1) 천장높이 4[m], 1[m] 증가 시마다 5[%] 가산 (2) 매입형 또는 특수구조인 것은 조건에 따라 산정할 것
시험기(공기관 포함)	개	0.15	(1) 상동 (2) 상동
분포형의 공기관 (열전대선 감지선)	[m]	0.025	(1) 상동 (2) 상동
검출기	개	0.30	
공기관식의 Booster	개	0.10	
발신기 P-1 발신기 P-2 발신기 P-3	개 개 개	0.30 0.30 0.20	1급(방수형) 2급(보통형) 3급(푸시버튼만으로 응답확인 없는 것)
회로시험기	개	0.10	
수신기 P-1(기본공수) (회전공수 산출가산요)	대	6.0	[회선수에 대한 산정] 매 1회선에 대해서 <table><tr><th>형식 \ 직종</th><th>내선전공</th></tr><tr><td>P-1</td><td>0.3</td></tr><tr><td>P-2</td><td>0.2</td></tr><tr><td>부수신기</td><td>0.1</td></tr></table>
수신기 P-2(기본공수) (회선수공수 산출가산요)	대	4.0	
부수신기(기본공수)	대	3.0	[참고] 선정 예(P-1의 10회분) 기본공수는 6[인] 회선당 할증수는 (10×0.3) = 3[인] ∴ 6 + 3 = 9[인]

공 종	단 위	내선전공	비 고
소화전, 기동 릴레이	대	1.5	수신기 내장되지 않은 것으로 별개로 취부할 경우에 적용
전령(電鈴)	개	0.15	
표시등	개	0.20	
표지관	개	0.15	

[주] ① 시험 공량은 총 산출품의 10[%]로 하되, 최소치를 3인으로 함
② 취부상 목대를 필요로 하는 현장은 목대 매 개당 0.02[인]을 가산할 것

답안 20.26[인]

해설 감지기 설치 시 천장 높이가 10[m]이므로 4[m] 초과분 6[m] 부분은 1[m] 증가 시마다 5[%] 가산하므로 (1+0.05×6)을 적용하여야 한다.
- 감지기 공량 : $0.13 \times (1+0.05 \times 6) \times 40 = 6.76$[인]
- 수신기 공량 : $6+15 \times 0.3 = 10.5$[인]
- 시험시 공량 : $(6.76+10.5) \times 0.1 = 1.726$[인]   ∴ 최소 3[인]

문제 49 공사기사 15년 출제   배점 : 8점

지상 5층 지하 2층의 일반 건물의 자동화재탐지설비의 시공내역의 설명이다. 아래 조건을 보고 소요인공과 인건비를 구하시오. (단, 내선전공의 노임은 80,000원이다.)

자동화재경보장치 설치

공 종	단 위	내선전공	비 고
Spot형 감지기 (차동식, 정온식, 보상식) 노출형	개	0.13	(1) 천장높이 4[m], 1[m] 증가 시마다 5[%] 가산 (2) 매입형 또는 특수구조인 것은 조건에 따라서 산정
시험기(공기관 포함)	개	0.15	(1) 상동 (2) 상동
분포형의 공기관 (열전대선 감지선)	[m]	0.025	(1) 상동 (2) 상동
검출기	개	0.30	
공기관식의 Booster	개	0.10	
발신기 P-1	개	0.30	1급(방수형)
발신기 P-2	개	0.30	2급(보통형)
발신기 P-3	개	0.20	3급(푸시버튼만으로 응답확인 없는 것)
회로시험기	개	0.10	

공 종	단 위	내선전공	비 고
수신기 P-1(기본공수) (회선수공수 산출가산요)	대	6.0	[회선수에 대한 산정] 매 1회선에 대해서 | 형식 \\ 직종 | 내선전공 | | P-1 | 0.3 | | P-2 | 0.2 | | 부수신기 | 0.2 | * R형은 수신반 인입감시 회선수 기준 [참고] 산정 예 [P-1]의 10회분 기본공수는 6[인], 회선당 할증수는 (10×0.3) = 3 ∴ 6 + 3 = 9[인]
수신기 P-2(기본공수) (회선수공수 산출가산요)	대	4.0	
부수신기(기본공수)	대	3.0	
R형 수신반(기본공수) (회선수공수 산출가산요)	대	6.0	
R형 중계기	개	0.30	
비상전원반	대	1.68	
소화전 기동 릴레이	대	1.5	수신기 내장되지 않은 것으로 별개로 취부할 경우에 적용
전령(電鈴)	개	0.15	
표시등(유도등)	개	0.20	
표시판	개	0.15	
비상콘센트함	대	0.36	
수동조작함	대	0.36	소화약제용, 스프링클러용, 댐퍼용 등의 수동조작함
프리액션밸브 결선	개	0.31	프리액션밸브에 장착된 압력 스위치, 댐퍼 스위치, 솔레노이드밸브 등의 결선
MCC 연동릴레이(소방)	개	0.33	
제연댐퍼 결선	대	0.32	댐퍼에 장착된 모터기동 및 동작확인 회로의 결선

[해설] ① 시험품은 회로당 내선전공 0.025[인] 적용
② 취부상 목대를 필요로 할 경우 목대 매 개당 내선전공 0.02[인] 가산
③ 공기관의 길이는 [텍스] 붙인 평면 천장의 산출식에 의한 수량에 5[%]를 가산하고, 보돌림과 시험기로 인하되는 수량은 별도 가산
④ 방폭형 200[%]
⑤ 아파트의 경우는 노출 SPOT형 감지기(차동식, 정온식, 보상식) 설치품은 개당 내선전공 0.1[인] 적용
⑥ 철거 30[%], 재사용 철거 50[%]

[조건]
(1) 지상층은 층고가 3.5[m]이고 차동식 스포트형 감지기를 각 층별로 20개씩 시공한다.
(2) 지하층은 층고가 4.5[m]이고 차동식 스포트형 감지기를 각 층별로 30개씩 시공한다.

(3) 각 층마다 P층 1급 발신기가 2개 있고, P형 1급(20회선) 수신기는 1층에 1개 있다.
(4) 경계구역은 16개 구역으로 되어 있다.
(5) 배관 및 배선은 고려하지 않는다.

공 정	소요인공(내선전공)	인건비
지상층 감지기	(①)	(⑤)
지하층 감지기	(②)	(⑥)
수신기	(③)	(⑦)
감지기 선로시험	(④)	(⑧)

답안
① 13[인]
② 8.19[인]
③ 12[인]
④ 0.4[인]
⑤ 1,040,000[원]
⑥ 655,200[원]
⑦ 960,000[원]
⑧ 32,000[원]

해설
① $0.13 \times 20 \times 5 = 13$[인]
② $0.13 \times (1+0.05) \times 30 \times 2 = 8.19$[인]
③ $0.3 \times 20 + 6 = 12$[인]
④ $0.025 \times 16 = 0.4$[인]
⑤ $13 \times 80,000 = 1,040,000$[원]
⑥ $8.19 \times 80,000 = 655,200$[원]
⑦ $12 \times 80,000 = 960,000$[원]
⑧ $0.4 \times 80,000 = 32,000$[원]
경계구역 16개 : 2회로×7개층(지상 5, 지하 2) + 계단 2회로(지상 1, 지하 1)

문제 50 공사기사 93년, 06년 출제 | 배점 : 8점

그림과 같이 설치된 전주의 완금을 경완금으로 교체하려고 한다. 물음에 대하여 답안지에 답하시오.

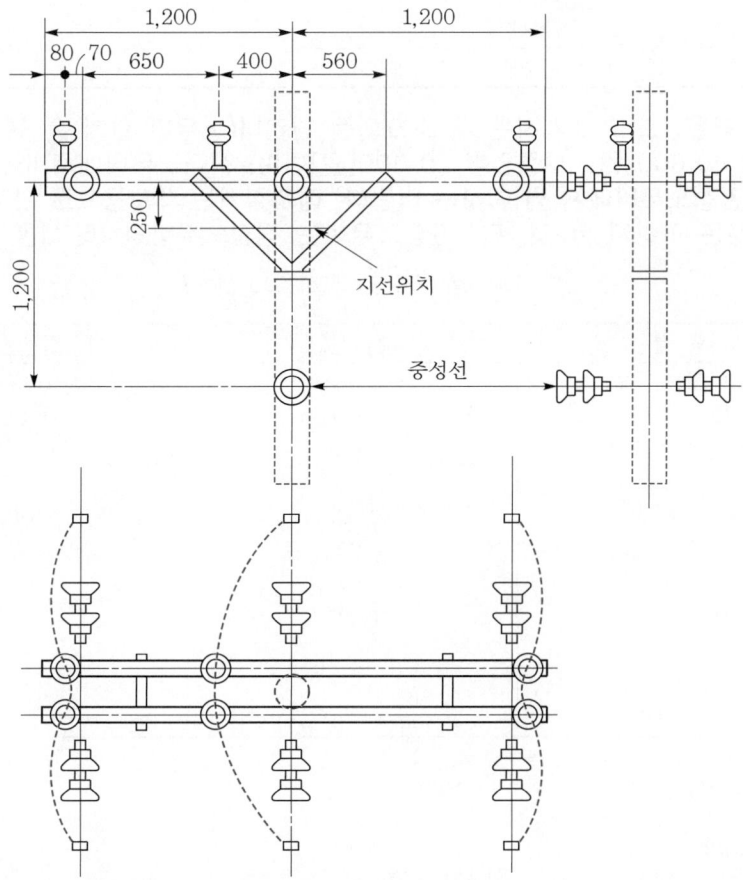

(1) 철거되는 자재(불필요한 자재)의 수량을 구하시오.

철거되는 자재명	수 량
U-볼트(또는 머신볼트)	
암타이	
암타이밴드	
BALL CLEVIS	
완금	
특고압용 핀애자용 BOLT 1호	
앵커 쇄클	

(2) 추가로 소요되는 자재의 수량을 구하시오.

추가로 소요되는 자재명	수 량
경완금	
완금밴드	
볼쇄클	
특고압용 핀애자용 볼트 2호	

(3) L완금을 경완금으로 교체하는 데 소요되는 인건비(노무비 합계)를 구하시오. (단, 배전전공 40,000[원], 보통인부 20,000[원]이며, 직접노무비에서 배전전공, 보통인부 및 간접노무비에서 원 이하는 버린다. 애자철거는 재사용으로 본다. 참고자료 이외의 것은 구하지 말 것. 단, 간접노무비는 직접노무비의 15[%]를 적용한다.)

▮배전용 애자 및 랙크(Rack) 신설▮
(개당)

종 별	배전전공	보통인부
특고압용 핀애자	0.064	0.126
고압 및 특고압용 현수애자	0.065	0.05
고압용 핀애자	0.044	–
인류애자	0.056	–
내장애자	0.035	0.083
저압용 핀애자	0.034	–
저압용 인류애자	0.044	–
랙크 1선용	0.125	–
랙크 2선용	0.20	–
랙크 3선용	0.275	–
랙크 4선용	0.350	–

[해설] ① 애자철거 50[%](재사용 80[%])
② 애자교환 또는 갈아끼우기 : 150[%]
③ 인류애자는 다대 애자를 고친 것임
④ 애자닦기
  • 주상(탑상) 손닦기 : 신설품의 50[%]
  • 주상(탑상) 기계닦기 : 기계손료만 계산(인건비 포함)
  • 발췌 손닦기는 신설품의 170[%]
⑤ 특고압용 Line Post 애자 취부품은 특고압용 핀애자 취부품에 준함
⑥ 랙크 철거는 이 품의 30[%](재사용 50[%]) 적용함

▮배전용 완철 신설▮
(개당)

규 격	배전전공	보통인부
배전용 완철 1[m] 이하	0.09	0.09
배전용 완철 2[m] 이하	0.10	0.10
배전용 완철 3[m] 이하	0.13	0.13
배전용 완철 3[m] 초과	0.17	0.17

[해설] ① 완목 및 경완철은 이품의 80[%]
② 철거 30[%](재사용 50[%])
③ 이설, 교환 130[%]
④ Armtie설치품 포함
⑤ 완철이란 완금을 우리말로 고친 것임
⑥ 편출공사는 본품의 20[%] 가산

답안 (1)

철거되는 자재명	수 량
U-볼트(또는 머신볼트)	5
암타이	4
암타이밴드	1
BALL CLEVIS	6
완금	2
특고압용 핀애자용 BOLT 1호	6
앵커 쇄클	6

(2)

추가로 소요되는 자재명	수 량
경완금	2
완금밴드	1
볼쇄클	6
특고압용 핀애자용 볼트 2호	6

(3) • 배전전공
  - 완금 철거 : $0.13 \times 0.3 \times 2 = 0.078$
  - 경완금 설치 : $0.13 \times 0.8 \times 2 = 0.208$
  - 현수애자 철거 및 설치 : $0.065 \times (1+0.8) \times 12 = 1.404$
  - 핀애자 철거 및 설치 : $0.064 \times (1+0.8) \times 6 = 0.6912$
  - 계 : 2.3812[인]

• 보통인부
  - 완금 철거 : $0.13 \times 0.3 \times 2 = 0.078$
  - 경완금 설치 : $0.13 \times 0.8 \times 2 = 0.208$
  - 현수애자 철거 및 설치 : $0.05 \times (1+0.8) \times 12 = 1.08$
  - 핀애자 철거 및 설치 : $0.126 \times (1+0.8) \times 6 = 1.3608$
  - 계 : 2.7268[인]

• 인건비
  - 직접노무비 : $2.3812 \times 40,000 + 2.7268 \times 20,000 = 149,784$[원]
  - 간접노무비 : $149,784 \times 0.15 = 22,467$[원]
  - 노무비 합계 : $22,467 + 149,784 = 172,251$[원]

문제 51 공사산업 13년 출제 | 배점 : 7점

22.9[kV] 배전선로이다. 그림과 참고표를 이용하여 물음에 답하시오.

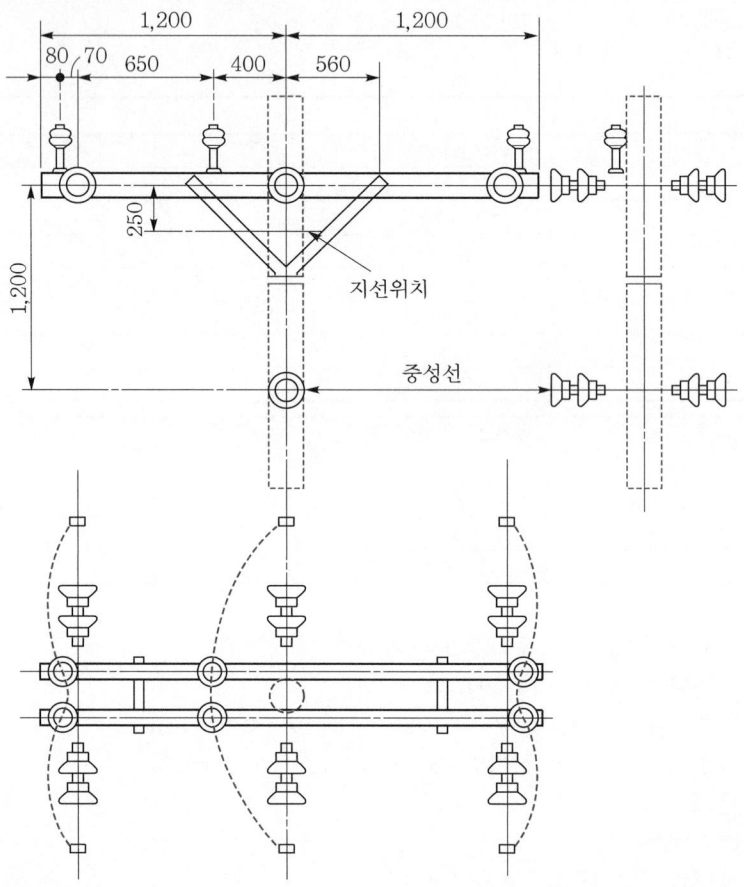

그림의 애자를 노후로 인하여 교체하는 경우 총 인건비(직접노무비 포함)는 얼마인가?
[단, • 간접노무비는 15[%](가정)로 계산한다.
 • 노임단가는 배전전공 15,860원, 보통인부 6,520원이다. (가정)
 • 인공을 산출한 후 이를 합계하여 노임단가를 적용하여 원까지만 구하고 소수점 이하는 버린다.
 • 애자 노후로 인하여 교체되어야 할 애자 종류 및 수량은 다음과 같다.
  ① 특고압용 현수애자 : 14개
  ② 특고압용 핀애자 : 6개]

‖ 배전용 애자 설치 ‖			(개당)
종 별	배전전공	보통인부	
라인포스트애자	0.046	0.046	
현수애자	0.032	0.032	
내오손 결합애자	0.025	0.025	
저압용 인류애자	0.020	–	

[해설] ① 애자 교체 150[%]
② 애자 닦기
  • 주상(탑상) 손닦기 : 애자품의 50[%]
  • 주상(탑상) 기계닦기 : 기계손료만 계상(인건비 포함)
  • 발췌 손닦기는 애자품의 170[%]
③ 특고압핀애자는 라인포스트애자에 준함
④ 철거 50[%], 재사용 철거 80[%]
⑤ 동일 장소에 추가 1개마다 기본품의 45[%] 적용

답안 14,232[원]

해설
• 배전전공 : $0.032 \times (1 + 0.45 \times 13) \times 1.5 + 0.046 \times (1 + 0.45 \times 5) \times 1.5 = 0.55305$ [인]
• 보통인부 : $0.032 \times (1 + 0.45 \times 13) \times 1.5 + 0.046 \times (1 + 0.45 \times 5) \times 1.5 = 0.55305$ [인]
• 배전전공 노임 : $0.55305 \times 15,860 = 8,771$ [원]
• 보통인부 노임 : $0.55305 \times 6,520 = 3,605$ [원]
• 직접노무비 : $8,771 + 3,605 = 12,376$ [원]
• 간접노무비 : $12,376 \times 0.15 = 1,856$ [원]
• 노무비 합계 : $12,376 + 1,856 = 14,232$ [원]

문제 52 공사산업 95년, 98년, 00년, 01년 출제 — 배점 : 9점

그림은 22.9[kV] 배전선로이다. 그림과 같이 12[m](CP) 전주를 설치하는 경우 총 인건비(직접노무비, 간접노무비 포함)를 [참고자료]를 이용하여 구하시오.
[단, • 간접노무비는 15[%](가정)로 계산한다.
  • 전주용 근가는 1개이다.
  • 노임단가는 배전전공 54,000원, 보통인부 22,300원이다. (가정)
  • 인공을 산출한 후 이를 합계하여 노임단가를 적용하여 계산하고 소수점 이하는 버림]

1990년~최근 출제된 기출문제

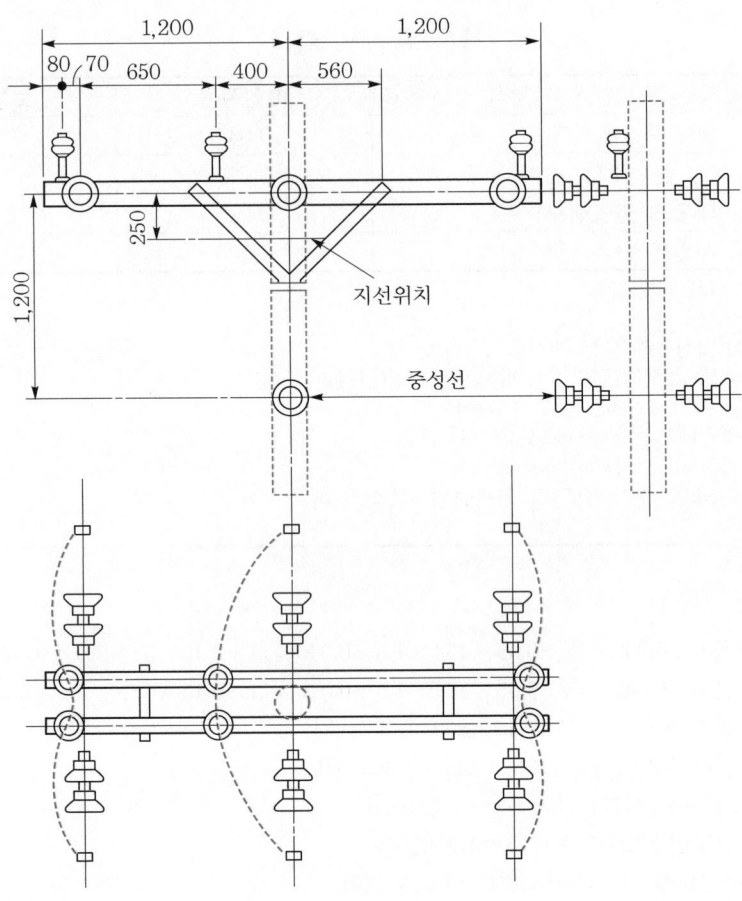

(1) 완철
  ① 배전전공
  ② 보통인부
(2) 특고압 핀애자
  ① 배전전공
  ② 보통인부
(3) 특고압 현수애자
  ① 배전전공
  ② 보통인부
(4) 전주
  ① 배전전공
  ② 보통인부
(5) 합계
  ① 배전전공
  ② 보통인부
(6) ① 직접노무비
  ② 간접노무비
  ③ 총 인건비

[참고자료]

건주공사 (본당)

규 격	주입목주		콘크리트주	
	배전전공	보통인부	배전전공	보통인부
6[m] 이하	0.64	0.72	0.72	0.81
7[m] 이하	0.68	0.77	1.23	1.40
8[m] 이하	0.83	0.94	1.66	1.88
9[m] 이하	0.93	1.03	1.68	2.13
10[m] 이하	1.03	1.12	2.01	2.55
11[m] 이하	1.24	1.31	2.50	2.63
12[m] 이하	1.44	1.50	2.86	3.00
14[m] 이하	1.82	2.12	3.60	4.24
16[m] 이하	2.50	2.60	5.10	5.20
17[m] 이하	3.15	3.37	6.50	6.74

[해설] ① 단굴토, 매토품 포함, 완목, 완철 설치품 불포함 암반터파기는 별도 가산
② 틀 1본 포함, 1본 추가마다 10[%] 가산
③ 지주공사는 건주공사품을 적용
④ 불주입주 이품의 80[%]
⑤ 묻음은 길이의 1/6 이상임
⑥ 철거 : 콘크리트주 50[%](재사용 가능품 : 80[%]), 목주 50[%], 목주 짤라냄 35[%]
⑦ 이설 : 목주는 150[%], CP는 180[%], 경사주의 건기는 30[%]
⑧ H주 건주 200[%], A주 건주 160[%]
⑨ 3각주 건주 300[%], 4각주 건주 400[%]
⑩ 단계주의 건주 및 인자형 계주의 건주는 각기 단주 건주품을 합한 품으로 한다.
⑪ 판자 마스트주는 주입목주의 50[%]
⑫ 주의표 및 번호표 설치품은 1매당 보통인부 0.08[인], 기입만 할 때는 보통인부 0.05[인] 계상
⑬ 현장 내에서 잔토처리를 할 경우에는 [m³]당 보통인부 0.2[인]을 별도 가산하며, 현장 밖으로 잔토처리시는 운반비 및 적상, 적하에 따른 비용을 별도 계상

배전용 완철 신설 (개당)

규 격	배전전공	보통인부
배전용 완철 1[m] 이하	0.09	0.09
배전용 완철 2[m] 이하	0.10	0.10
배전용 완철 3[m] 이하	0.13	0.13
배전용 완철 3[m] 초과	0.17	0.17

[해설] ① 완목 및 경완철은 이품의 80[%]
② 철거 30[%](재사용 50[%])
③ 이설, 교환 130[%]
④ Armtie설치품 포함
⑤ 완철이란 완금을 우리말로 고친 것임
⑥ 편출공사는 본품의 20[%] 가산

1990년~최근 출제된 기출문제

■ 배전용 애자 및 랙크(Rack) 신설 ■

(개당)

종 별	배전전공	보통인부
특고압용 핀애자	0.064	0.126
고압 및 특고압용 현수애자	0.065	0.05
고압용 핀애자	0.044	–
인류애자	0.056	–
내장애자	0.035	0.083
저압용 핀애자	0.034	–
저압용 인류애자	0.044	–
랙크 1선용	0.125	–
랙크 2선용	0.20	–
랙크 3선용	0.275	–
랙크 4선용	0.350	–

[해설] ① 애자철거 50[%](재사용 80[%])
② 애자교환 또는 갈아끼우기 : 150[%]
③ 인류애자는 다대 애자를 고친 것임
④ 애자닦기
  • 주상(탑상) 손닦기 : 신설품의 50[%]
  • 주상(탑상) 기계닦기 : 기계손료만 계산(인건비 포함)
  • 발췌 손닦기는 신설품의 170[%]
⑤ 특고압용 Line Post 애자 취부품은 특고압용 핀애자 취부품에 준함
⑥ 랙크 철거는 이 품의 30[%](재사용 50[%]) 적용함

답안 (1) ① 0.26[인]
② 0.26[인]
(2) ① 0.384[인]
② 0.756[인]
(3) ① 0.91[인]
② 0.7[인]
(4) ① 2.86[인]
② 3[인]
(5) ① 4.414[인]
② 4.716[인]
(6) ① 343,522[원]
② 51,528[원]
③ 395,050[원]

해설 (1) ① $0.13 \times 2 = 0.26$[인]
② $0.13 \times 2 = 0.26$[인]
(2) ① $0.064 \times 6 = 0.384$[인]
② $0.126 \times 6 = 0.756$[인]
(3) ① $0.065 \times 14 = 0.91$[인]
② $0.05 \times 14 = 0.7$[인]

(4) ① $2.86 \times 1 = 2.86 [인]$
　　② $3 \times 1 = 3 [인]$
(5) ① $0.26 + 0.384 + 0.91 + 2.86 = 4.414 [인]$
　　② $0.26 + 0.756 + 0.7 + 3 = 4.716 [인]$
(6) ① $4.414 \times 54,000 + 4.716 \times 22,300 = 343,522.8 = 343,522 [원]$
　　② $343,522 \times 0.15 = 51,528.3 = 51,528 [원]$
　　③ $343,522 + 51,528 = 395,050 [원]$

문제 53　공사기사 94년, 13년, 21년 출제　　배점 : 5점

ACSR 58[mm^2] 전선으로 전력을 공급하는 긍장 1[km]인 3상 2회선의 배전선로가 있다. 부하설비의 증가로 상부에 가설된 전선을 ACSR 95[mm^2]로 교체하는 경우의 직접노무비 소계와 간접노무비 및 인건비 합계를 구하시오.

[시설조건]
- 노임단가 배전전공 361,000원, 보통인부 141,000원이다.
- 인공을 산출 시 소수점 이하까지 모두 계산한다.
- 간접노무비는 15[%](가정)로 보고 계산한다. 단, 노무비는 소수점 이하 절사한다.
- 철거되는 전선은 재사용하는 것으로 한다.

배전선 전선 설치(가선)　　(100[m]당)

규 격	배전전공	보통인부
나경동선 14[mm^2] 이하	0.20	0.10
나경동선 22[mm^2] 이하	0.32	0.16
나경동선 30[mm^2] 이하	0.40	0.20
나경동선 38[mm^2] 이하	0.52	0.26
나경동선 60[mm^2] 이하	0.76	0.38
나경동선 100[mm^2] 이하	1.08	0.54
나경동선 150[mm^2] 이하	1.32	0.66
나경동선 200[mm^2] 이하	1.44	0.72
나경동선 200[mm^2] 초과	1.52	0.76
ACSR, ASC 38[mm^2] 이하	0.60	0.30
ACSR, ASC 58[mm^2] 이하	0.88	0.44
ACSR, ASC 95[mm^2] 이하	1.28	0.64
ACSR, ASC 160[mm^2] 이하	1.56	0.78
ACSR, ASC 240[mm^2] 이하	1.8	0.90

[해설] ① 이 품은 1선당 인력작업 기준으로 전선펴기, 당기기, 처침정도 조정 포함
　　　② 애자에 묶는 품 포함
　　　③ 피복선 120[%]
　　　④ 기존 선로 상부 가설 120[%]
　　　⑤ 장력조정 20[%], 주상이설 70[%]

⑥ 철거 50[%], 재사용 철거 80[%]
⑦ 가공지선 80[%]
⑧ 재사용 전선 설치 110[%]
⑨ [m]당으로 환산시는 본품을 100으로 나누어 산출
⑩ 22[kV], 66[kV], HDCC 송전선 1회선 가선품은 본품의 300[%]
⑪ 66[kV], HDCC 송전선 가선은 송전전공 시공
⑫ 배전선을 가로수 또는 수목과 접촉하여 설치 작업시는 수목으로 인한 장애를 감안하여 이품의 120[%] 적용

답안 17,721,187[원]

해설
- 배전전공 : $\left(\dfrac{0.44}{100} \times 0.8 + \dfrac{0.64}{100}\right) \times 1.2 \times 1,000 \times 3 = 35.712[인]$
- 보통인부 : $\left(\dfrac{0.22}{100} \times 0.8 + \dfrac{0.32}{100}\right) \times 1.2 \times 1,000 \times 3 = 17.856[인]$
- 직접노무비 : $35.712 \times 361,000 + 17.856 \times 141,000 = 15,409,728[원]$
- 간접노무비 : $15,409,728 \times 0.15 = 2,311,459[원]$
- 인건비 합계 : $15,409,728 + 2,311,459 = 17,721,187[원]$

문제 54 / 공사기사 22년 출제   배점 : 8점

단면적 410[mm²]인 15[kV] ACSR 송전선로 5[km] 2회선을 동시 가선하고자 한다. 다음 조건을 참고하여 각 물음에 답하시오.

- 송전선은 수직배열 평탄지 기준이며 장비사용료는 제외한다.
- 노임단가는 전기공사기사 45,000원, 송전전공 72,000원, 특별인부 35,000원으로 한다.
- 간접노무비는 15[%]로 계산한다.
- 계산과정을 모두 작성하되, 인공산출은 소수점 둘째 자리까지 산출하고, 인건비는 소수점 이하는 버린다.

송전선 가선 ([km]당)

공 종	전선규격	전기공사기사	송전전공	특별인부
연선	ACSR 610[mm²]	1.51	22.4	33.5
	ACSR 410[mm²]	1.47	21.8	32.7
	ACSR 330[mm²]	1.44	21.4	32.1
간선	ACSR 610[mm²]	1.14	17.3	24.7
	ACSR 410[mm²]	1.12	16.8	24.1
	ACSR 330[mm²]	1.09	16.4	23.7

[해설] ① 1회선(3선) 수직배열 평탄지 기준
② 수평배열 120[%]

③ 2회선 동시가선은 180[%]
④ 특수 개소는(장경간) 별도 가산
⑤ 장비사용료는 별도 가산
⑥ 철거 50[%]
⑦ 장력 조정품 포함
⑧ 기사는 전기공사업법에 준함

(1) 위 작업에 필요한 다음 각 인공(인)을 산출하시오.
① 전기공사기사
② 송전전공
③ 특별인부
(2) 위 작업에 필요한 인건비를 구하시오.

답안 (1) ① 23.31[인]
② 347.4[인]
③ 511.2[인]
(2) 43,953,750[원]

해설 (1) ① $(1.47+1.12) \times 1.8 \times 5 = 23.31$[인]
② $(21.8+16.8) \times 1.8 \times 5 = 347.4$[인]
③ $(32.7+24.1) \times 1.8 \times 5 = 511.2$[인]
(2) $23.31 \times 45,000 + 347.4 \times 72,000 + 511.2 \times 35,000 = 43,953,750$[원]

문제 55 공사기사 96년, 99년, 16년 출제 ┤배점 : 12점├

단면적 330[mm²]인 154[kV] ACSR 송전선로 20[km] 2회선을 가선하기 위한 직접노무비 계를 자료를 이용하여 구하시오.
(단, • 송전선은 수평배열이고 장력조정까지 하며 장비비는 고려하지 말 것
 • 정부 노임단가에서 전기공사기사는 40,000원, 송전전공 32,650원, 특별인부 33,500원이다.
 • 계산과정을 모두 쓰고, 노무비에서 소수점 이하는 버릴 것)

┃송전선 가선┃

(단위 : [km])

공 종	전선규격	기 사	송전전공	특별인부
연선	ACSR 610[mm²]	1.51	22.4	33.5
	ACSR 410[mm²]	1.47	21.8	32.7
	ACSR 330[mm²]	1.44	21.4	32.1
	ACSR 240[mm²]	1.37	20.4	30.5
	ACSR 160[mm²]	1.30	19.4	29.0
	ACSR 95[mm²]	1.12	16.8	26.8

1990년~최근 출제된 기출문제

공 종	전선규격	기 사	송전전공	특별인부
긴선	ACSR 610[mm^2]	1.14	17.3	24.7
	ACSR 410[mm^2]	1.12	16.8	24.1
	ACSR 330[mm^2]	1.09	16.4	23.7
	ACSR 240[mm^2]	1.04	15.7	22.5
	ACSR 160[mm^2]	0.97	14.9	21.4
	ACSR 95[mm^2]	0.93	14.4	19.8

[해설] ① 1회선(3선) 수직배열 평탄지 기준
② 수평배열 120[%]
③ 2회선 동시 가선은 180[%]
④ 특수 개소는(장경간) 별도 가산
⑤ 장비(Enging Winch) 사용료는 별도 가산
⑥ 철거 50[%]
⑦ 장력조정품 포함
⑧ 기사는 전기공사업법에 준함
⑨ HDCC 가선은 배전선 가선 참조

긴선	기사	
	송전전공	
	특별인부	
연선	기사	
	송전전공	
	특별인부	
인공계	기사	
	송전전공	
	특별인부	
노임	기사	
	송전전공	
	특별인부	
직접노무비		
간접노무비		
합계		

답안

긴선	기사	1.09×1.2×1.8×20 = 47.088[인]
	송전전공	16.4×1.2×1.8×20 = 708.48[인]
	특별인부	23.7×1.2×1.8×20 = 1,023.84[인]
연선	기사	1.44×1.2×1.8×20 = 62.208[인]
	송전전공	21.4×1.2×1.8×20 = 924.48[인]
	특별인부	32.1×1.2×1.8×20 = 1,386.72[인]
인공계	기사	47.088 + 62.208 = 109.296[인]
	송전전공	708.48 + 924.48 = 1,632.96[인]
	특별인부	1,023.84 + 1,386.72 = 2,410.56[인]

	기사	109.296×40,000 = 4,371,840[원]
노임	송전전공	1,632.96×32,650 = 53,316,144[원]
	특별인부	2,410.56×33,500 = 80,753,760[원]
직접노무비		138,441,744[원]
간접노무비		138,441,744×0.15 = 20,766,261[원]
인건비 합계		159,208,005[원]

문제 56 공사기사 14년 출제 | 배점 : 10점 |

다음 그림과 같이 두 개의 맨홀 사이에 지중전선 관로를 시설하려고 한다. 참고자료를 이용하여 다음 물음에 답하시오.

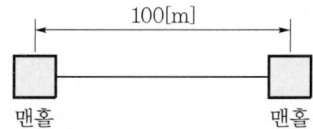

200[mm] PVC전선관 3열을 설치하고 6.6[kV] 1C 150[mm²] 케이블을 각 열에 3조씩 포설하는 경우 공사에 소요되는 공구손료를 포함한 직접 인건비 계를 산출하시오.
(단, • 토목공사는 고려하지 않으며, 인공계산은 소수 셋째 자리까지만 구하며, 인건비는 원 이하는 버린다.
• 계산과정을 모두 기입하여야 한다. 고압케이블전공 노임은 88,900원이며 보통인부 노임은 48,150원, 배관공 노임은 70,050원이다.)

▮ 전력 케이블 신설 ▮

([km]당)

P.V.C 고무 절연 외장 케이블	케이블공	보통인부
저압 5.5[mm²] 이하 3심	10	10
저압 14[mm²] 이하 3심	11	11
저압 22[mm²] 이하 3심	14	11
저압 38[mm²] 이하 3심	15	14
저압 60[mm²] 이하 3심	17	17
저압 100[mm²] 이하 3심	23	22
저압 150[mm²] 이하 3심	29	29
저압 200[mm²] 이하 3심	35	34
저압 325[mm²] 이하 3심	50	49
저압 400[mm²] 이하 단심	25	25
저압 500[mm²] 이하 단심	27	27
저압 600[mm²] 이하 단심	31	31
저압 800[mm²] 이하 단심	38	38
저압 1,000[mm²] 이하 단심	45	45

[해설] ① 드럼 다시감기 소운반품 포함
② 지하관내 부설기준 Cu, Al 도체공용
③ 트라프내 설치 110[%], 2심 70[%], 단심 50[%], 직매 80[%](장애물이 없을 때)
④ 가공 케이블(조가선 불포함, Hanger품 불포함)은 이품의 130[%]
⑤ 연피 및 벨트지케이블 이품의 120[%], 강대개장 150[%], 수저케이블 200[%], 동심중성선형 케이블 110[%]
⑥ 가공시 이도 조정만 할 시는 가설품의 20[%]
⑦ 철거 50[%](드럼감기 90[%])
⑧ 단말처리 직선접속 및 접지공사 불포함(600[V] 8[mm^2] 이하의 단말처리 및 직선접속품 포함)
⑨ 관내 기설 케이블 정리가 필요할 시는 10[%] 가산
⑩ 선로횡단개소 및 커브개소에는 개소당 0.056[인] 가산
⑪ 케이블만의 임시부설 30[%]
⑫ 터파기, 되메우기, 트라프관 설치품 제외
⑬ 2열 동시 180[%], 3열 260[%], 4열 340[%], 수저부설 200[%]
⑭ 단심 케이블을 동일 공내에서 2조 이상 포설시 1조 추가마다 본 품의 80[%]씩 가산 (관로식일 경우만 해당)
⑮ 구내부설 시는 본품의 50[%] 가산
⑯ 전압에 대한 가산율 적용
 • 600[V] 이하 : 0[%]   • 3.3[kV] 이하 : 10[%]
 • 6.6[kV] 이하 : 20[%]   • 11[kV] 이하 : 30[%]
 • 22[kV] 이하 : 50[%]   • 66[kV] 이하 : 80[%]
⑰ 공동구(전력구 포함)의 경우는 이 품의 110[%] 적용
⑱ 사용 케이블의 공칭전압에 따라 케이블공 직종을 구분 적용함

∥ 강관부설 ∥ ([m]당)

강 관	배관공
φ75[mm] 이하	0.130
φ100[mm] 이하	0.152
φ150[mm] 이하	0.188
φ200[mm] 이하	0.222
φ250[mm] 이하	0.299
φ300[mm] 이하	0.330

[해설] ① 터파기, 되메우기 및 잔토처리 제외
② 반매입, 지표식, 지중식 공히 준용함
③ 관로 600[mm], 800[mm], 1,200[mm] 공히 준용함
④ 철거 50[%]
⑤ 2열 동시 180[%], 3열 260[%], 4열 340[%], 6열 420[%], 8열 500[%], 10열 580[%]
⑥ 접합품 포함
⑦ PVC관은 강관의 60[%]
⑧ 본 공사에 부수되는 토건공사품셈 적용시 지세별 할증률 적용

답안 4,159,091[원]

해설 • 배관공 : 0.222[인], 3열 260[%], PVC 60[%] 적용
  $0.222 \times 100 \times 2.6 \times 0.6 = 34.632$[인]
• 케이블공 및 보통인부 : [km]당 29[인], 단심 50[%] 3조(전력 케이블 신설 표의 [해설] ⑭ 적용), 3열 260[%], 전압 20[%] 적용

- 케이블공 : $\dfrac{100}{1,000} \times 29 \times 0.5(1+0.8+0.8) \times 1.2 \times 2.6 = 11.762\,[인]$

- 보통인부 : $\dfrac{100}{1,000} \times 29 \times 0.5(1+0.8+0.8) \times 1.2 \times 2.6 = 11.762\,[인]$

- 인건비 : $34.632 \times 70,050 + 11.762 \times 88,900 + 11.762 \times 48,150 = 4,037,953\,[원]$
- 공구손료 : $4,037,953 \times 0.03 = 121,138\,[원]$
- 인건비 합계 : $4,037,953 + 121,138 = 4,159,091\,[원]$

문제 57 공사기사 05년, 07년, 08년, 13년 / 공사산업 14년 출제 |배점 : 10점|

합성수지 파형 전선관을 100[mm] 2열, 175[mm] 6열, 200[mm] 4열을 층계별로 100[m]를 동시에 포설할 때 공량은 얼마인가?

┃합성수지 파형 전선관 부설┃ ([m]당)

구 분	배전전공	보통인부
50[mm] 이하	0.007	0.018
80[mm] 이하	0.009	0.022
100[mm] 이하	0.012	0.036
125[mm] 이하	0.016	0.048
150[mm] 이하	0.019	0.062
175[mm] 이하	0.023	0.074
200[mm] 이하	0.025	0.082

[해설] ① 이 품은 터파기, 되메우기 및 잔토처리 제외
② 접합품이 포함되어 있으며 접합부의 콘크리트 타설품 및 지세별 할증은 별도 계상
③ 철거 50[%], 재사용을 위한 철거는 80[%]
④ 2열 동시 180[%], 3열 260[%], 4열 360[%], 6열 420[%], 8열 500[%], 10열 580[%], 12열 660[%], 14열 740[%], 16열 820[%]
⑤ 이 품은 30[m]~60[m] Roll 식으로 감겨있는 합성수지 파형관의 지중포설 기준임
⑥ 동시 배열이란 동일 장소에서 공(孔)당의 파형관을 열로 형성하여 층계별로 포설하는 것을 말하며, 100[mm] 2열, 175[mm] 6열, 200[mm] 4열을 층계별로 동시 포설시 산출은 다음과 같다. 이는 12공을 층계별로 동시 배열하는 것으로써, 동시 적용률은 660[%]로, 따라서 합산품은 (100[mm] 기본품×2열 + 175[mm] 기본품×6열, 200[mm] 기본품×4열)×660[%]≒12이다. (열은 관로의 공수를 뜻함)

답안
- 배전전공 : 14.41[인]
- 보통인부 : 46.42[인]

해설
- 배전전공 : $(0.012 \times 2 + 0.023 \times 6 + 0.025 \times 4) \times \dfrac{1}{12} \times 6.6 \times 100 = 14.41\,[인]$

- 보통인부 : $(0.036 \times 2 + 0.074 \times 6 + 0.082 \times 4) \times \dfrac{1}{12} \times 6.6 \times 100 = 46.42\,[인]$

1990년~최근 출제된 기출문제

문제 58 공사기사 97년, 00년, 14년 / 공사산업 14년 출제 | 배점 : 7점

어느 건물 내의 접지공사용 용량이 다음과 같다. 이때 전공 노임, 보통인부 노임, 직접노무비 소계, 간접노무비, 공구손료, 계를 구하시오.
[단, • 공구손료는 3[%], 간접노무비 15[%]로 보고 계산한다.
 • 노임단가, 내선전공은 12,410원, 보통인부 6,520원이다.
 • 인공을 산출한 후 이를 합계하여 노임단가를 적용하여 원 이하(소수점 이하)는 버린다.]

[접지공사용 용량]
• 접지봉(2M), 15개(1개소에 1개씩 설치)
• 접지선 매설 60□, 300[m]
• 후강전선관 28φ, 250[m](콘크리트 매입)

(1) 직접노무비
(2) 간접노무비
(3) 공구손료
(4) 계

┃ 접지공사 ┃

구 분	단 위	내선전공	보통인부

접지봉(지하 0.75[m] 기준)
  길이 1~2[m]×1본
  길이 1~2[m]×2본 연결
  길이 1~2[m]×3본 연결
	개소	0.20
		0.30
		0.45
			0.10
			0.15
			0.23

동판매설(지하 1.5[m] 기준)
  0.3[m]×0.3[m]
  1.0[m]×1.5[m]
  1.0[m]×2.5[m]
	매	0.30
		0.50
		0.80
			0.30
			0.50
			0.80

접지 동판 가공	매	0.16	—
접지선 부설 600[V] 비닐전선 완철접지 22.9(11.4[kV-Y]) D/L	개소	0.05 0.05	0.025 —

접지선 매설
  14[mm^2] 이하
  38[mm^2] 이하
  80[mm^2] 이하
  150[mm^2] 이하
  200[mm^2] 이상
	m	0.010
		0.012
		0.015
		0.020
		0.025
			—
			—
			—
			—
			—

접속 및 단자 설치
  압축
  압축 평형
  납땜 또는 용접
  압축단자
  체부형
	개	0.15
		0.13
		0.19
		0.03
		0.05
			—
			—
			—
			—
			—

전선관 배관

([m]당)

박강 및 PVC전선관		내선전공	후강전선관	
규격			규격[mm]	내선전공
박강	PVC			
–	14[mm]	0.01	–	–
15[mm]	16[mm]	0.06	16[mm](1/2″)	0.08
19[mm]	22[mm]	0.06	22[mm](3/4″)	0.11
25[mm]	28[mm]	0.08	28[mm](1″)	0.14
31[mm]	36[mm]	0.10	36[mm](1 1/4″)	0.20
39[mm]	42[mm]	0.13	42[mm](1 1/2″)	0.25
51[mm]	54[mm]	0.19	54[mm](2″)	0.31
63[mm]	70[mm]	0.28	70[mm](2 1/2″)	0.41
75[mm]	82[mm]	0.37	82[mm](3″)	0.51
–	100[mm]	0.45	90[mm](3 1/2″)	0.60
–	104[mm]	0.46	104[mm](1″)	0.71

[해설] ① 콘크리트 매입 기준임
② 철근콘크리트 노출 및 블록 칸막이 벽내는 120[%], 목조 건물은 110[%], 철강조 노출은 120[%]
③ 기설콘크리트 노출공사 시 앵커볼트 매입깊이가 10[cm] 이상인 경우는 앵커볼트 매입품을 별도 계상하고 전선관 설치품은 매입품으로 계상한다.
④ 천장 속, 마루 밑 공사 130[%]
⑤ 이 품에는 관의 절단, 나사내기, 구부리기, 나사조임, 관내 청소점검, 도입선 넣기품 포함
⑥ 계장 및 통신용 배관공사도 이에 준함
⑦ 방폭 설비 시는 120[%]
⑧ 폴리에틸렌 전선관(CD관) 및 합성수지제 가요전선관은 합성수지 전선관품의 80[%] 적용
⑨ 나사없는 전선관은 박강품의 75[%] 적용
⑩ 철거 30[%](재사용 40[%])
⑪ 후강전선관 및 합성수지전선관을 지중 매설 시는 해당품의 70[%] 적용. 이 경우 굴착, 되메우기, 잔토처리는 별도 계산한다.

답안 (1) 537,205[원]

(2) 80,580[원]

(3) 16,116[원]

(4) 633,901[원]

해설 (1) • 내선전공 : $0.2 \times 15 + 0.015 \times 300 + 0.14 \times 250 = 42.5$[인]
  노임 : $42.5 \times 12,410 = 527,425$[원]
• 보통인부 : $0.1 \times 15 = 1.5$[인]
  노임 : $1.5 \times 6,520 = 9,780$[원]
  ∴ 직접노무비 : $527,425 + 9,780 = 537,205$[원]

(2) $537,205 \times 15[\%] = 80,580$[원]

(3) $537,205 \times 3[\%] = 16,116$[원]

(4) $537,205 + 80,580 + 16,116 = 633,901$[원]

1990년~최근 출제된 기출문제

문제 59 공사기사 10년, 21년 출제   배점 : 8점

그림과 같이 8[m]의 높이에 나트륨 200[W] 가로등을 설치하고자 한다. 다음 [조건]을 이해하고 물음에 답하시오.

[조건]
- 전선관 단면적 무시
- 잔토처리 생략
- 터파기 및 되메우기 보통인부는 각각 [m³]당 0.28[인], 0.1[인]이다.
- 외등 기초용 터파기는 개당 0.615[m³]이고 콘크리트 타설량은 0.496[m³]이다.
- 케이블은 EV 1C-6[mm²]×2이다.
- 소수점이 네 자리 이상인 경우 소수 넷째 자리에서 반올림하여 셋째 자리까지 구한다.
- 주어지지 않은 사항은 무시한다.

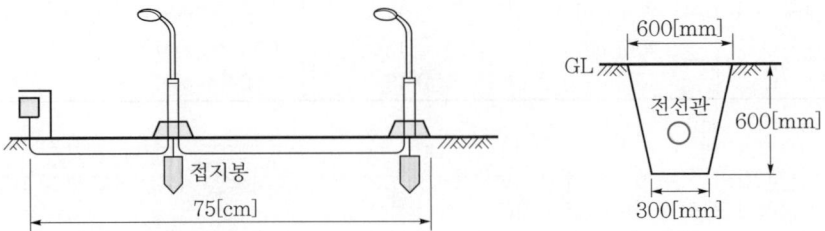

(1) 외등 기초를 포함한 전체 터파기량과 인공을 구하시오.
   ① 터파기량
   ② 인공
(2) 외등 기초를 포함한 전체 되메우기량과 인공을 구하시오.
   ① 되메우기량
   ② 인공
(3) 필요한 전선과 전선관의 수량을 구하시오.
   ① 전선 수량
   ② 전선관 수량
(4) 가로등의 인공을 구하시오. (단, 안정기 내장)

▮제어용 케이블 신설▮

(단위 : [m])

규격[mm²]	1C	2C	3C	4C	5C	6C	7C	8C
2.5 이하	0.010	0.014	0.019	0.026	0.032	0.035	0.039	0.042
4.0 이하	0.011	0.016	0.022	0.029	0.034	0.038	0.046	0.046
6.0 이하	0.013	0.018	0.026	0.034	0.039	0.044	0.048	0.052
10.0 이하	0.014	0.020	0.029	0.039	0.044	0.050	0.054	0.058

규격[mm²]	10C	12C	14C	19C	24C	30C	50C
2.5 이하	0.048	0.053	0.059	0.072	0.084	0.098	0.112
4.0 이하	0.052	0.058	0.064	0.078	0.090	–	–
6.0 이하	0.059	0.066	0.073	0.089	0.103	–	–
10.0 이하	0.067						

[해설] ① 본 품은 다음 작업을 포함한다.
- 동일 level 100[m] 이내의 drum 소운반
- 전선 drum 대 설치 및 기타 준비
- drum 해체
- cable 부설 정돈, 청소
- 단자처리 결선 mark 취부 포함

② 본 품은 P.V.C 및 고무 절연 외장 control cable에 적용한다.
③ 제어케이블은 전선관, rack, duct, pit, 공동구, saddle 부설에 적용한다.
④ 직매 부설일 경우는 본 품의 80[%]로 한다.(단, cable 부설을 위한 굴착은 별도 가산)
⑤ 철거 50[%](재사용 90[%])
⑥ 실드케이블 120[%]
⑦ 14[mm²] 이상은 전력 케이블 신설(구내) 준용
⑧ 직종은 케이블공 50[%], 보통인부 50[%]로 한다.

┃수은등 기구 신설┃

(개당)

종 별	내선전공						
	100[W] 이하	200[W] 이하	250[W] 이하	300[W] 이하	400[W] 이하	700[W] 이하	1[kW]
투광기	1.23	1.47	1.50	1.65	1.68	2.04	2.27
직부등	0.35	0.40	0.45	0.45	0.48	0.56	0.61
현수등	0.38	0.44	0.495	0.495	0.53	0.62	0.67
매입등	0.47	0.54	0.61	0.61	0.65	–	–

[해설] ① 등구 취부, 안정기 취부 및 장내 소운반 포함(다만, 안정기는 등기구에 내장 또는 근접설치의 경우임)
② bracket 등은 현수등품에 준함
③ hood등 및 pole light등은 직부등품에 10[%] 가산
④ 방폭형은 이 품에 100[%] 가산
⑤ pole light 건주품은 400[W] 이하의 경우 내선전공 2.17, 1[kW] 이하의 경우 내선전공 2.73
⑥ 안정기를 별도로 취부(pole 내 설치 또는 부근설치 제외)할 경우에는 400[W] 이하 0.25[인], 700[W] 이상 0.35[인]
⑦ 램프 교체는 0.05[인], 안정기 교체는 0.15[인]
⑧ 철거 30[%](재사용 50[%])

답안 (1) ① 21.48[m³]
② 6.014[인]
(2) ① 20.488[m³]
② 2.049[인]
(3) ① 187.46[m]
② 85.14[m]
(4) 내선전공 : 6.403[인], 보통인부 : 1.183[인]

해설

(1) ① $\dfrac{0.6+0.3}{2} \times 0.6 \times 75 + 0.615 \times 2 = 21.48 [\text{m}^3]$

② $21.48 \times 0.28 = 6.014 [\text{인}]$

(2) ① $21.48 - 0.496 \times 2 = 20.488 [\text{m}^3]$

② $20.488 \times 0.1 = 2.049 [\text{인}]$

(3) ① $(75 + 8 \times 2) \times 2 \times 1.03 = 187.46 [\text{m}]$

② $(75 + 0.6 \times 4) \times 1.1 = 85.14 [\text{m}]$

(4) • 등기구 : $(0.4 \times 1.1 + 2.17) \times 2 = 5.22 [\text{인}]$

• 케이블 : $0.013 \times 182 \times 0.5 = 1.183 [\text{인}]$

• 인공
 - 내선전공 : $5.22 + 1.183 = 6.403 [\text{인}]$
 - 보통인부 : $1.183 [\text{인}]$

문제 60 공사산업 21년 출제 | 배점 : 3점

전기부문 표준품셈에 따른 인력운반비 산출공식을 아래 조건을 활용하여 쓰시오.

- A : 공사특성에 따른 직종 노임
- M : 필요한 인력의 수 $\left(M = \dfrac{\text{총 운반량[kg]}}{\text{1인당 1회 운반량[kg]}} \right)$
- L : 운반거리[km]
- V : 왕복 평균속도[km/hr]
- T : 1일 실작업시간[분]
- t : 준비작업시간[2분] (단, 1회 운반량 25[kg/인])

답안 운반비 $= \dfrac{A}{T} \times M \times \left(\dfrac{60 \times 2 \times L}{V} + t \right)$

문제 61 공사산업 90년, 16년 출제 | 배점 : 10점

콘크리트 전주(14[m]) 설치에 지형상 소운반(인력운반)이 필요하며 이를 산출하고자 한다. 다음 [조건]을 참고하여 다음 물음에 답하여라.

[조건]
• 소운반거리 : 950[m]
• 운반도로 : 도로상태 불량
• 전주 무게 : 1,500[kg]

- 1일 실작업시간(목도) : 360분
- 인력운반공 노임은 10,350원이고, 인력운반공은 1일 6시간 기준으로 한다.

[참고자료]
인력운반 및 적상하 시간기준 – 인력운반비 산출공식
- 기본공식

  운반비 $= \dfrac{A}{T} \times M \times \left(\dfrac{60 \times 2 \times L}{V} + t \right)$

  여기서, A : 공사특성에 따른 직종 노임

  M : 필요한 인력의 수 $\left(M = \dfrac{\text{총 운반량[kg]}}{\text{1인당 1회 운반량[kg]}} \right)$

  L : 운반거리[km]
  V : 왕복 평균속도[km/hr]
  T : 1일 실작업시간[분]
  t : 준비작업시간[2분] (단, 1회 운반량 25[kg/인])

- 왕복 평균속도

구 분	장대물, 중량물 등 목도 운반, 왕복 평균속도[km/hr]	인부(지게) 운반 왕복 평균속도[km/hr]
도로상태 양호	2	3
도로상태 보통	1.5	2.5
도로상태 불량	1.0	2.0
물논, 도로가 없는 산림지 및 숲이 우거진 지역	0.5	1.5

(1) 필요한 운반인원수[인]를 구하시오.
(2) 전주 운반에 따른 총 인력운반비[원]를 구하시오.

답안 (1) 60[인]

(2) 200,100[원]

해설 (1) $M = \dfrac{\text{총 운반량}}{\text{1인당 1회 운반량}}$

$= \dfrac{1,500}{25}$

$= 60[\text{인}]$

(2) $W = \dfrac{A}{T} \times M \times \left(\dfrac{60 \times 2 \times L}{V} + t \right)$

$= \dfrac{10,350}{360} \times 60 \times \left(\dfrac{60 \times 2 \times 0.95}{1.0} + 2 \right)$

$= 200,100[\text{원}]$

1990년~최근 출제된 기출문제

문제 62 공사산업 92년, 98년, 01년, 07년 출제 | 배점 : 14점 |

도면과 같이 구내 각 공장에 케이블을 포설하고자 한다. 도면을 숙독하고, [유의사항]을 참고하여 총수량을 주어진 답안지에 계산하여 답하시오.

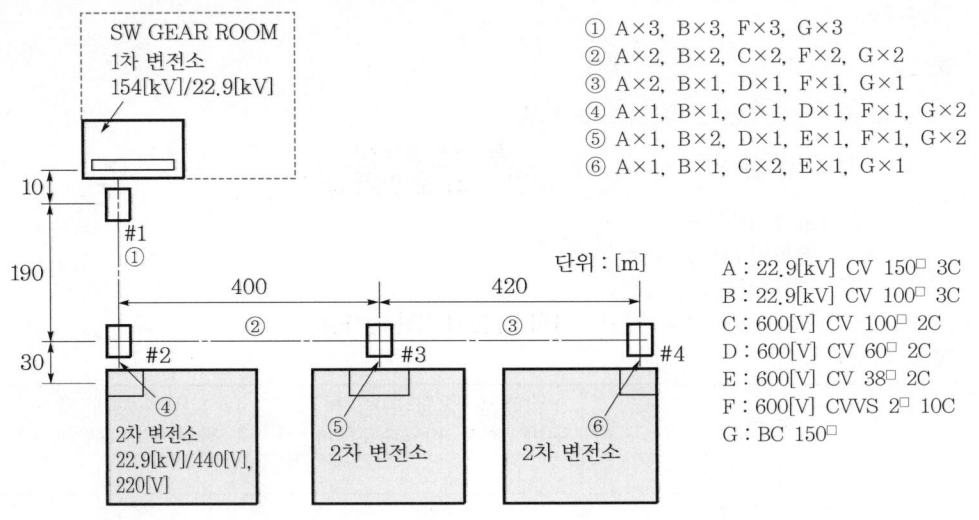

① A×3, B×3, F×3, G×3
② A×2, B×2, C×2, F×2, G×2
③ A×2, B×1, D×1, F×1, G×1
④ A×1, B×1, C×1, D×1, F×1, G×2
⑤ A×1, B×2, D×1, E×1, F×1, G×2
⑥ A×1, B×1, C×2, E×1, G×1

단위 : [m]

A : 22.9[kV] CV 150□ 3C
B : 22.9[kV] CV 100□ 3C
C : 600[V] CV 100□ 2C
D : 600[V] CV 60□ 2C
E : 600[V] CV 38□ 2C
F : 600[V] CVVS 2□ 10C
G : BC 150□

[유의사항]
- 생략된 도면과 문제지에 나타나 있지 않은 사항은 임의로 생각하지 말고 도면대로 할 것
- MAN HOLE과 관로는 완성되어 있다.
- MAN HOLE에서 SW GEAR ROOM과 2차 변전소 간의 거리는 표시된 숫자만큼만 계산한다.
- # 맨홀 표시
- 케이블 수량을 구한 후 3[%] 할증을 적용하여 소수점 미만은 버리시오.

번 호	품 명	규 격	단 위	수 량
1	케이블	22.9[kV], CV 150□ 3C	[m]	
2	케이블	22.9[kV], CV 100□ 3C	[m]	
3	케이블	600[V], CV 100□ 2C	[m]	
4	케이블	600[V], CV 60□ 2C	[m]	
5	케이블	600[V], CV 38□ 2C	[m]	
6	케이블	600[V], CVVS 2□ 10C	[m]	
7	케이블	B.C 150□ 3C	[m]	

답안

번 호	품 명	규 격	단 위	수 량
1	케이블	22.9[kV], CV 150□ 3C	[m]	$\{(10+190)\times 3 + 400\times 2 + 420\times 2 + 30\times 3\}\times 1.03 = 2,399$
2	케이블	22.9[kV], CV 100□ 3C	[m]	$\{(10+190)\times 3 + 400\times 2 + 420\times 1 + 30\times 4\}\times 1.03 = 1,998$
3	케이블	600[V], CV 100□ 2C	[m]	$(400\times 2 + 30\times 4)\times 1.03 = 947$
4	케이블	600[V], CV 60□ 2C	[m]	$(420\times 1 + 30\times 2)\times 1.03 = 494$
5	케이블	600[V], CV 38□ 2C	[m]	$(30\times 2)\times 1.03 = 61$
6	케이블	600[V], CVVS 2□ 10C	[m]	$\{(10+190)\times 3 + 400\times 2 + 420\times 1 + 30\times 2\}\times 1.03 = 1,936$
7	케이블	B.C 150□ 3C	[m]	$\{(10+190)\times 3 + 400\times 2 + 420\times 1 + 30\times 5\}\times 1.03 = 2,029$

문제 63 공사산업 90년, 92년, 96년, 98년, 00년, 15년 출제

배점 : 17점

다음 문제를 읽고(필요시는 [참고자료] 이용) 주어진 식과 답을 쓰시오.

(1) DV 5.5[mm^2]×2C 가공인입 3조를 시설할 때 1경간의 소요인공을 계산하시오.
  • 배전전공
(2) PVC 전선관 36[mm], 150[m]를 콘크리트 매입 시공하고 후강전선관 36[mm], 250[m]를 철강조 노출로 시공할 때의 소요인공을 계산하고 계를 구하시오.
  ① PVC 전선관
  ② 후강전선관
  ③ 인공계
(3) 주택가에서 배전선로공사를 할 때 지세별 할증률은 몇 [%]로 적용하는가?
(4) NR 전선 25[mm^2]가 바닥면에 1,200[m], 천장에 2,400[m], 벽면에 400[m] 시설된다. 전체 소요전선의 수량을 계산하시오.
(5) 35[mm^2] NR 전선 6본과 25[mm^2] 1본을 같은 후강전선관에 수용 시공할 때 전선관의 굵기는? (단, 절연체 두께를 포함한 전선의 바깥지름은 35[mm^2]는 10.9[mm]이고, 25[mm^2]은 9.7[mm]임. 전선관 내 단면적의 32[%] 수용이고, 표 이외의 사항은 무시한다.)
(6) 콘크리트주 12[m], 12본과 지선 St 7/2.8 4본을 교체하는 데 필요한 소요 인공을 계산하고 계를 각각 구하시오.
  ① 콘크리트주
    • 배전전공
    • 보통인부
  ② 지선
    • 배전전공
    • 보통인부
  ③ 계
    • 배전전공
    • 보통인부

[참고자료]

표 1 전선관 배관

([m]당)

박강(迫鋼) 및 PVC전선관			후강전선관	
규격		내선전공	규격	내선전공
박강	PVC			
–	14[mm]	0.04	16[mm](1/2[mm])	0.08
15[mm]	16[mm]	0.05	22[mm](3/4[mm])	0.11
19[mm]	22[mm]	0.06	28[mm](1[mm])	0.14
25[mm]	28[mm]	0.08	36[mm](1 1/4[mm])	0.20
31[mm]	36[mm]	0.10	42[mm](1 1/2[mm])	0.25
39[mm]	42[mm]	0.13	54[mm](1/2[mm])	0.34
51[mm]	54[mm]	0.19	70[mm](2[mm])	0.44
63[mm]	70[mm]	0.28	82[mm](2 1/2[mm])	0.54

박강(迫鋼) 및 PVC전선관			후강전선관	
규격		내선전공	규격	내선전공
박강	PVC			
75[mm]	82[mm]	0.37	90[mm](3[mm])	0.60
–	100[mm]	0.45	104[mm](4[mm])	0.71
–	104[mm]	0.46	–	–

[해설] ① 콘크리트 매입 기준임
② 철근콘크리트 노출 및 블록 칸막이 벽내는 120[%], 목조 건물은 110[%], 철강조 노출은 125[%]
③ 기설콘크리트 노출공사 시 앵커볼트 매입깊이가 10[cm] 이상인 경우는 앵커볼트 매입품을 별도 계상하고 전선관 설치품은 매입품으로 계상한다.
④ 천장 속, 마루 밑 공사 130[%]

│표 2│ 건주공사 (본당)

규격	주입목주		콘크리트주	
	배전전공	보통인부	배전전공	보통인부
6[m] 이하	0.64	0.72	0.72	0.81
7[m] 이하	0.68	0.77	1.23	1.40
8[m] 이하	0.83	0.94	1.66	1.88
9[m] 이하	0.93	1.03	1.68	2.13
10[m] 이하	1.03	1.12	2.01	2.55
11[m] 이하	1.24	1.31	2.50	2.63
12[m] 이하	1.44	1.50	2.86	3.00
14[m] 이하	1.82	2.12	3.60	4.24
16[m] 이하	2.50	2.60	5.10	5.20
17[m] 이하	3.15	3.37	6.50	6.74

[해설] ① 단굴토, 매토품 포함, 완목, 완철 설치품 불포함, 암반터파기는 별도 가산
② 틀 1본 포함, 1본 추가마다 10[%] 가산
③ 지주공사는 건주공사품을 적용
④ 불주입주 이 품의 80[%]
⑤ 묻음은 길이의 1/6 이상임
⑥ 철거 : 콘크리트주 50[%](재사용 가능품 : 80[%]), 목주 50[%], 목주 잘라냄 35[%]

│표 3│ 지선신설

규격	배전전공	보통인부
4.0[mm] 철선		
깊이(1.2[m]) 4조 이하	0.45	0.34
깊이(1.5[m]) 6조 이하	0.57	0.43
깊이(1.5[m]) 8조 이하	0.75	0.56
깊이(1.7[m]) 10조 이하	1.11	0.83
깊이(1.7[m]) 12조 이하	1.54	1.16
깊이(1.7[m]) 15조 이하	1.90	1.43
깊이(1.8[m]) 18조 이하	2.35	1.73

규 격	배전전공	보통인부
연선		
7/2.3[mm] 이하	0.35	0.26
7/2.6~7/2.9[mm] 이하	0.50	0.38
7/3.2[mm] 이하	0.70	0.45
7/4.0[mm] 이하	0.70	0.45
7/4.5[mm] 이하	0.70	0.45
7/5.0[mm] 이하	0.73	0.45
7/5.5[mm] 이하	0.73	0.46
7/6.5[mm] 이하	0.73	0.47

[해설] ① 틀 포함(길이 1.2[m] 이상)
② 터파기, 되메우기 및 틀 매설품 포함
③ 애자 삽입 시는 배전전공 0.08[인] 가산
④ 장력조정은 이품의 10[%]
⑤ 절단 철거는 이품의 10[%]
⑥ 철거는 이품의 30[%]
⑦ 수평지선, 공동지선은 이품의 160[%]
⑧ Y지선은 이품의 120[%]
⑨ 2단 지선은 이품의 150[%]
⑩ 이설은 이품의 130[%]
⑪ 수평지선의 지주설치는 지주품에 준함

┃표 4┃ 인입선 배선

(경간당)

구 분	배전전공
OW 8[mm^2] 이하×2C	0.25
OW 14[mm^2] 이하×2C	0.32
OW 22[mm^2] 이하×2C	0.42
OW 30[mm^2] 이하×2C	0.51
OW 38[mm^2] 이하×2C	0.65
OW 60[mm^2] 이하×2C	0.85
OW 100[mm^2] 이하×2C	1.15
OW 200[mm^2] 이하×2C	2.00

[해설] ① 철거는 50[%], 교체 150[%]
② DV선 80[%]
③ 가공인입선 3조일 때는 130[%], 가공인입선 4조일 때는 150[%]

┃표 5┃ 후강전선관의 내단면적의 32[%] 및 48[%]

관의 호칭	내단면적의 32[%] [mm^2]	내단면적의 48[%] [mm^2]	관의 호칭	내단면적의 32[%] [mm^2]	내단면적의 48[%] [mm^2]
16	67	101	54	732	1,098
22	120	180	70	1,216	1,825
28	201	301	82	1,701	2,552
36	342	513	92	2,205	3,308
42	460	690	104	2,843	4,265

답안 (1) 0.26[인]
(2) ① 15[인]
② 62.5[인]
③ 77.5[인]
(3) 10[%]
(4) 4,400[m]
(5) 54[mm]
(6) ① • 배전전공 : 51.48[인]
   • 보통인부 : 54[인]
② • 배전전공 : 2.6[인]
   • 보통인부 : 1.98[인]
③ • 배전전공 : 54.08[인]
   • 보통인부 : 55.98[인]

해설 (1) [표 4]에서 배전전공을 구하면
$0.25 \times 1.3 \times 0.8 = 0.26 [인]$
(2) [표 1]에서 내선전공을 구하면
① $0.1 \times 150 = 15 [인]$
② $0.2 \times 1.25 \times 250 = 62.5 [인]$
③ $15 + 62.5 = 77.5 [인]$
(4) 소요전선의 수량
$(1,200 + 2,400 + 400) \times 1.1 = 4,400 [m]$
(5) 전선의 총단면적 $= \dfrac{\pi}{4} d^2 \times n$

$= \dfrac{\pi}{4} \times 10.9^2 \times 6 + \dfrac{\pi}{4} \times 9.7^2$

$= 633.78 [mm^2]$

[표 5]에서 전선관 내단면적의 32[%]와 633.78[mm^2]를 초과하는 732[mm^2]가 만나는 54[mm] 후강전선관을 선정
(6) ① • 배전전공 : $2.86 \times 1.5 \times 12 = 51.48 [인]$
   • 보통인부 : $3.0 \times 1.5 \times 12 = 54 [인]$
② • 배전전공 : $0.5 \times 4 \times 1.3 = 2.6 [인]$
   • 보통인부 : $0.38 \times 4 \times 1.3 = 1.98 [인]$
③ • 배전전공 : $51.48 + 2.6 = 54.08 [인]$
   • 보통인부 : $54 + 1.98 = 55.98 [인]$

문제 64 공사기사 22년 출제

배점 : 7점

다음 도면은 전등 및 콘센트의 평면 배선도이다. ①~⑦까지 접지선을 포함하여 최소 전선(가닥)수를 표시하시오. (단, 표시 예 : 접지선을 포함하여 3가닥인 경우 → ———⫽⫽⫽——)

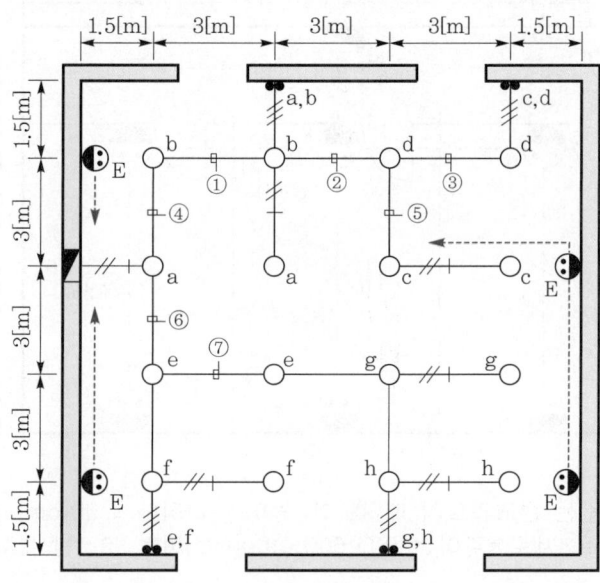

	범례 및 주기		
○	LED 15[W]	-------	HFIX 2.5sq×2, (E) 2.5sq(16C)
		―⫽―	HFIX 2.5sq×2, (E) 2.5sq(16C)
ⓑE	매입 콘센트(2P 15[A] 250[V])	―⫽⫽―	HFIX 2.5sq×3(16C)
		―⫽⫽⫽―	HFIX 2.5sq×3, (E) 2.5sq(16C)
•	매입 텀블러 스위치(15[A] 250[V])	―⫽⫽⫽⫽―	HFIX 2.5sq×4, (E) 2.5sq(22C)

답안
① ———⫽⫽⫽——
② ———⫽——
③ ———⫽⫽⫽——
④ ———⫽⫽——
⑤ ———⫽——
⑥ ———⫽⫽——
⑦ ———⫽⫽⫽——

문제 65 · 공사산업 22년 출제 | 배점 : 6점

다음과 같은 전열 콘센트 평면도를 보고, 물음에 답하시오.

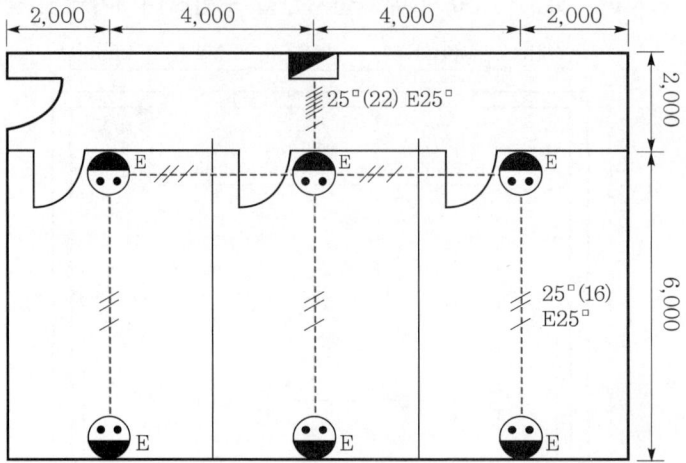

[조건]
- 콘센트(15[A], 2구용)는 콘크리트에 매입하며, 높이는 바닥에서 50[cm]이다.
- 분전반의 크기는 가로×세로×깊이＝300×600×100[mm]이며, 분전반 설치는 상단 1,800[mm]로 한다.
- 선에 표시된 사선은 가닥수(접지선 포함)를 표시한 것이다.
- PVC 박스 내 전선의 여장은 10[cm]로 하며, 분전반의 여장은 50[cm]로 한다.
- 전선관은 합성수지전선관을 적용한다.
- 전선의 규격은 HFIX 2.5[mm^2]를 적용한다.
- 도면에서 위첨자 'ㅁ'은 단위 [mm^2]를 표시한 것이다.
- 전선 및 전선관의 재료할증률은 5[%]를 적용한다.
- 제시된 자료 이외에는 고려하지 않는다.
- 계산은 소수점 셋째 자리에서 반올림하여 둘째 자리까지 산출한다.

(1) 전열 콘센트를 시설하기 위한 배관(22C)의 길이[m]를 산출하시오.
(2) 전열 콘센트를 시설하기 위한 배관(16C)의 길이[m]를 산출하시오.
(3) 전열 콘센트를 시설하기 위한 배관(전선)의 길이[m]를 산출하시오.

답안 (1) 3.89[m]
(2) 32.55[m]
(3) 132.41[m]

해설

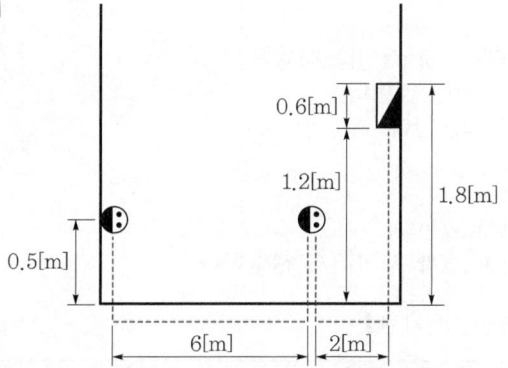

(1) $(1.2+2+0.5) \times 1.05 = 3.89 [\text{m}]$
(2) $(4 \times 2 + 6 \times 3 + 0.5 \times 10) \times 1.05 = 32.55 [\text{m}]$
(3) • 전선 3가닥인 곳 $= (6 \times 3 + 4 \times 2 + 0.1 \times 10 + 0.5 \times 10) \times 3 = 96 [\text{m}]$
   • 전선 7가닥인 곳 $= (0.5 + 1.2 + 2 + 0.5 + 0.1) \times 7 = 30.1 [\text{m}]$
   ∴ 합계 $= (96 + 30.1) \times 1.05 = 132.41 [\text{m}]$

문제 66 공사기사 04년 / 공사산업 17년 출제   배점 : 30점

다음과 같은 전열 콘센트 평면도를 보고, 물음에 답하시오.

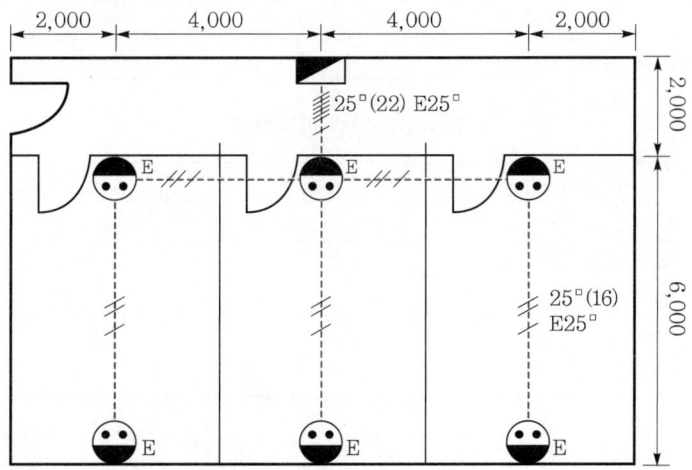

[조건]
• 콘센트(15[A], 2구용)는 콘크리트에 매입하며, 높이는 바닥에서 30[cm]이다.
• 분전반의 크기는 가로×세로×깊이 = 300×600×100[mm]이며, 분전반 설치는 상단 1,800[mm]로 한다.
• 선에 표시된 사선은 가닥수(접지선 포함)를 표시한 것이다.
• PVC 박스 내 전선의 여장은 10[cm]로 하며, 분전반의 여장은 30[cm]로 한다.

- 전선관은 합성수지전선관을 적용한다.
- 전선의 규격은 전원 및 접지선 모두 HFIX 2.5[mm^2]를 적용한다.
- 도면에서 위첨자 'ㅁ'은 단위 [mm^2]를 표시한 것이다.
- 전선 및 전선관의 재료할증률은 5[%]를 적용한다.
- 제시된 자료 이외에는 고려하지 않는다.
- 간접노무비는 직접노무비의 10[%]를 적용한다.
- 재료의 할증에 대해서는 공량을 적용하지 않는다.
- 계산은 소수점 셋째 자리에서 반올림하여 둘째 자리까지 산출한다.

전선관 배관 (단위 : [m])

합성수지전선관		후강전선관		금속가요전선관	
규격	내선전공	규격	내선전공	규격	내선전공
14[mm] 이하	0.04	–	–	–	–
16[mm] 이하	0.05	16[mm] 이하	0.08	16[mm] 이하	0.044
22[mm] 이하	0.06	22[mm] 이하	0.11	22[mm] 이하	0.059
28[mm] 이하	0.08	28[mm] 이하	0.14	28[mm] 이하	0.072

박스(BOX) 설치 및 배선기구 설치(콘센트류) (단위 : 개)

종 별	내선전공
Concrete Box	0.12
Outlet Box	0.20
Switch Box(2개용 이하)	0.20
콘센트 2P 15[A]	0.065
콘센트(접지극부) 2P 15[A]	0.080

옥내 배선(관내 배선) (단위 : [m])

규 격	내선전공
6[mm^2] 이하	0.010
16[mm^2] 이하	0.023
38[mm^2] 이하	0.031
50[mm^2] 이하	0.043
60[mm^2] 이하	0.052

건설업 임금실태 조사 보고서 (단위 : 원)

연 변	작종명	개별직종 노임 단가
1	내선전공	169,000
2	특고압케이블전공	264,903
3	고압케이블전공	235,207
4	저압케이블전공	199,868
5	송전전공	351,506

(1) 전열 콘센트 배치 평면도를 보고 다음에 답하시오.
   ① 배선으로 볼 때 전열 콘센트의 분기회로 수는 몇 회로인지 구하시오.
   ② 전열 콘센트의 배선 방법을 쓰시오.
   ③ 적용된 콘덴서의 명칭은 무엇인지 쓰시오.
(2) 전열 콘센트를 시설하기 위한 배관의 수량, 공량 및 노무비를 산출하시오.
   ① 배관 수량(22C)
   ② 배관 수량(16C)
   ③ 직종 및 배관 공량
   ④ 배관 노무비(소수점 이하는 절사) 산출
(3) 전열 콘센트를 시설하기 위한 배선(전선)의 수량, 공량 및 노무비를 산출하시오.
   ① 배선 수량
   ② 직종 및 배선 공량
   ③ 배선 노무비(소수점 이하는 절사) 산출
(4) 전열 콘센트를 시설하기 위한 기구의 수량, 공량 및 노무비를 산출하시오.
   ① 기구의 수량 및 공량 산출

기 구	수 량	공 량	공량계
Outlet BOX			
Switch BOX			
콘센트			
합계			

   ② 기구 설치 노무비(소수점 이하는 절사) 산출

답안 (1) ① 3회로
   ② 바닥은폐배선
   ③ 접지극붙이 콘센트
(2) ① 3.68[m]
   ② 30.45[m]
   ③ 1.66[인]
   ④ 308,594[원]
(3) ① 123.17[m]
   ② 1.17[인]
   ③ 217,503[원]
(4) ①

기 구	수 량	공 량	공량계
Outlet BOX	3	0.20	0.6
Switch BOX	3	0.20	0.6
콘센트	6	0.080	0.48
합계			1.68

   ② 312,312[원]

해설 (2) ① $(1.2+2+0.3) \times 1.05 = 3.68 [\text{m}]$
② $(4 \times 2 + 6 \times 3 + 0.3 \times 10) \times 1.05 = 30.45 [\text{m}]$
③ $(1.2+2+0.3) \times 0.06 + (4 \times 2 + 6 \times 3 + 0.3 \times 10) \times 0.05 = 1.66 [\text{인}]$
④ • 직접노무비 $= 1.66 \times 169{,}000 = 280{,}540 [\text{원}]$
 • 간접노무비 $= 280{,}540 \times 0.1 = 28{,}054 [\text{원}]$
 ∴ 합계 $= 280{,}540 + 28{,}054 = 308{,}594 [\text{원}]$

(3) ① • 전선 3가닥인 곳 $= (6 \times 3 + 4 \times 2 + 0.1 \times 10 + 0.3 \times 10) \times 3 = 90 [\text{m}]$
 • 전선 7가닥인 곳 $= (0.3 + 1.2 + 2 + 0.3 + 0.1) \times 7 = 27.3 [\text{m}]$
 ∴ 합계 $= (90 + 27.3) \times 1.05 = 123.17 [\text{m}]$
② 내선전공 $= (90 + 27.3) \times 0.01 = 1.17 [\text{인}]$
③ • 직접노무비 $= 1.17 \times 169{,}000 = 197{,}730 [\text{원}]$
 • 간접노무비 $= 197{,}730 \times 0.1 = 19{,}773 [\text{원}]$
 ∴ 합계 $= 197{,}730 + 19{,}773 = 217{,}503 [\text{원}]$

(4) ② • 직접노무비 $= 1.68 \times 169{,}000 = 283{,}920 [\text{원}]$
 • 간접노무비 $= 283{,}920 \times 0.1 = 28{,}392 [\text{원}]$
 ∴ 합계 $= 283{,}920 + 28{,}392 = 312{,}312 [\text{원}]$

문제 67 공사기사 17년 / 공사산업 93년, 21년 출제   배점: 20점

다음 도면은 어느 상점 옥내의 전등 및 콘센트 배선 평면도이다. 주어진 조건을 읽고 다음 물음에 답하시오.

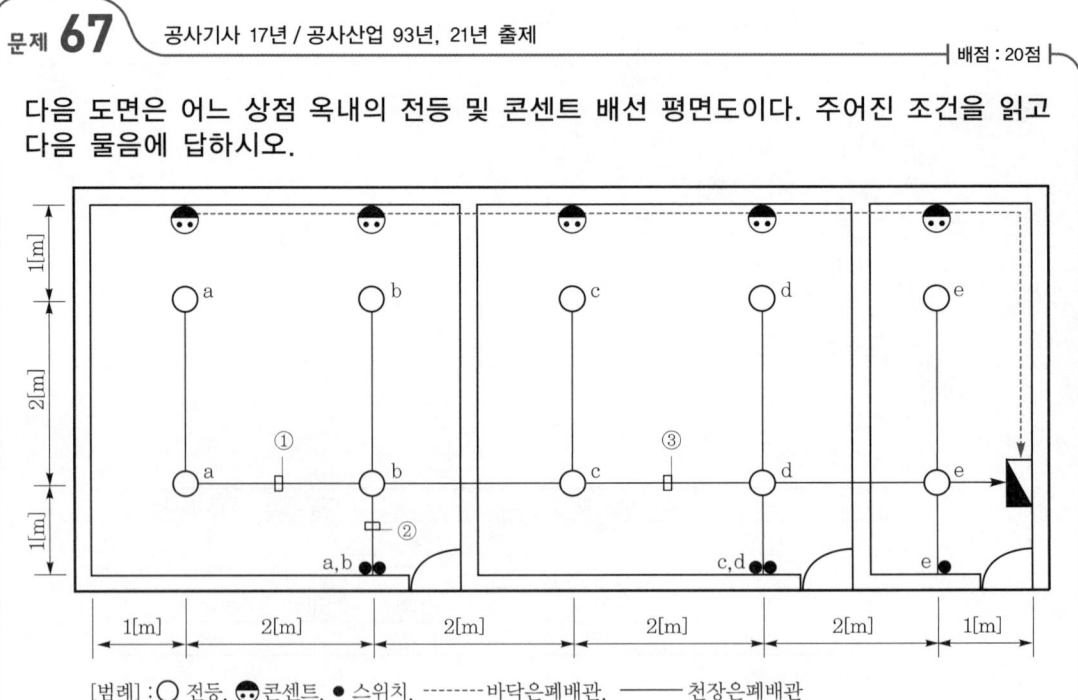

[범례] : ◯ 전등, 🕶 콘센트, ● 스위치, -------- 바닥은폐배관, ——— 천장은폐배관

1. 시설조건
    ① 바닥에서 천장 슬래브까지는 3.0[m]이다.
    ② 전선은 HFIX 전선으로 전등, 전열 2.5[mm^2]이다. [단, 접지선은(2.5[mm^2])을 포함하며 스위치 배선은 접지선을 생략한다.]
    ③ 전선관은 합성수지 전선관을 사용하고 특기 없는 것은 16[mm]이다.
    ④ 4조 이상의 배관과 접속하는 박스는 4각 박스를 사용한다.
    ⑤ 스위치의 설치높이는 1.2[m]이다.(바닥에서 중심까지)
    ⑥ 특기 없는 콘센트의 높이는 0.5[m]이다.(바닥에서 중심까지)
    ⑦ 분전함의 설치높이는 1.8[m]이다.(바닥에서 상단까지)
        (단, 바닥에서 하단까지의 높이는 0.5[m]이다.)
2. 재료의 산출
    ① 분전함 내부에서 배선 여유는 전선 1본당 0.5[m]로 한다.
    ② 자재산출 시 산출수량과 할증수량은 소수점 이하도 기록하고, 자재별 총수량(산출수량 + 할증수량)은 소수점 이하는 반올림한다.
    ③ 배관 및 배선 이외의 자재는 할증을 보지 않는다.
        (단, 배관 및 배선의 할증은 10[%]로 한다.)
    ④ 콘센트용 박스는 4각 박스로 한다.
3. 인건비 산출조건
    ① 재료의 할증분에 대해서는 품셈을 적용하지 않는다.
    ② 소수점 이하도 계산한다.
    ③ 품셈은 아래표의 품셈을 적용한다.

┃품셈 보기┃

자재명 및 규격	단 위	내선전공
합성수지 전선관 16[mm]	[m]	0.05
관내 배선 6[mm^2] 이하	[m]	0.01
매입 콘센트 2P 15[A]	개	0.065
아웃렛 박스 4각	개	0.2
아웃렛 박스 8각	개	0.2

(1) ①, ②, ③ 전선의 최소 가닥수를 답란에 쓰시오.
(2) 다음 표의 빈칸을 기입하시오.

자재명	규 격	단 위	산출수량	할증수량	총수량 (산출수량+할증수량)	내선전공 (수량×인공수)
합성수지 전선관	16[mm]	[m]			①	③
HFIX 전선	2.5[mm^2]	[m]			②	④
매입 콘센트	2P 15[A]	개				⑤
아웃렛 박스	4각	개				⑥
아웃렛 박스	8각	개				⑦

답안 (1) ① 3가닥
② 3가닥
③ 4가닥

(2) ① 50[m]
② 153[m]
③ 2.28[인]
④ 1.39[인]
⑤ 0.325[인]
⑥ 1.6[인]
⑦ 2[인]

해설 (2) ① • 콘센트 – 콘센트 : $2 \times 4 + 0.5 \times 8 = 12[m]$
• 콘센트 – 분전반 : $3 + 1 + 0.5 \times 2 = 5[m]$
• 등 – 등 : $2 \times 9 = 18[m]$
• 등 – 스위치 : $(1 + 1.8) \times 3 = 8.4[m]$
• 등 – 분전반 : $1 + 1.2 = 2.2[m]$
∴ 산출수량 $= 12 + 5 + 18 + 8.4 + 2.2 = 45.6[m]$
총수량 $= 45.6 \times 1.1 = 50.16[m]$

② • 콘센트 – 콘센트 : $12 \times 3 = 36[m]$
• 콘센트 – 분전반 : $5 \times 3 = 15[m]$
• 등 – 등 : $2 \times 8 \times 3 + 2 \times 4 = 56[m]$
• 등 – 스위치 : $(1 + 1.8) \times 2 + (1 + 1.8) \times 3 \times 2 = 22.4[m]$
• 등 – 분전반 : $2.2 \times 3 = 6.6[m]$
• 분전반 여유 : $0.5 \times 6 = 3[m]$
∴ 산출수량 $= 36 + 15 + 56 + 22.4 + 6.6 + 3 = 139[m]$
총수량 $= 139 \times 1.1 = 152.9[m]$

③ $0.05 \times 45.6 = 2.28[$인$]$
④ $0.01 \times 139 = 1.39[$인$]$
⑤ $0.065 \times 5 = 0.325[$인$]$
⑥ $0.2 \times 8 = 1.6[$인$]$
⑦ $0.2 \times 10 = 2[$인$]$

문제 68 공사산업 20년 출제

배점 : 20점

다음 도면은 사무실의 전등 및 전열 배선 평면도이다. 주어진 조건을 읽고 답하시오.

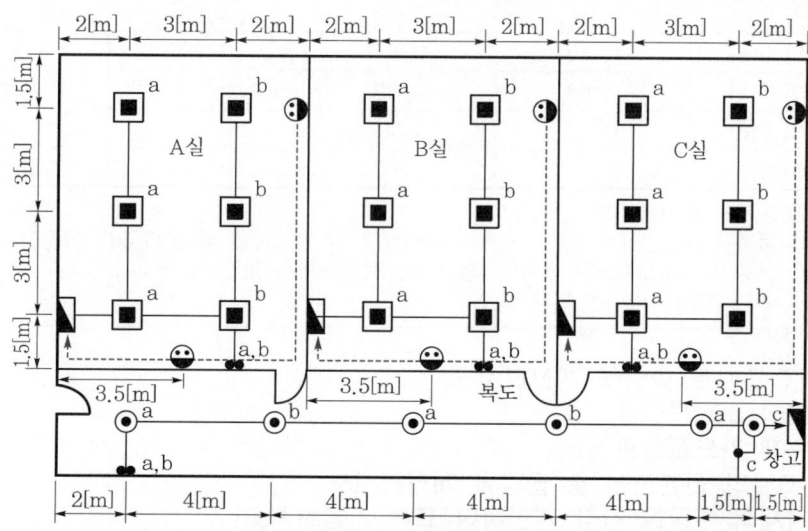

1. 시설조건
   ① 전선은 450/750[V] 일반용 단심 비닐 절연전선 2.5[mm²]를 사용한다.
   ② 전선관은 난연성 CD 전선관을 사용하고 표기가 없는 것은 16[mm]를 사용한다.
   ③ 사무실은 LED 40[W] 1개용, 복도 및 창고는 20[W] 다운라이트를 설치한다.
   ④ 4방출 이상의 배관과 접속되는 박스는 4각 박스를 사용하고, 기타는 8각 박스를 사용한다.
   ⑤ 창고에 설치되는 스위치 박스는 1구, 그 외 기타 장소의 스위치 박스는 2구를 사용한다.
   ⑥ 사무실내 분전반 설치높이는 상단 1.8[m](바닥에서 상단까지)로 한다. (단, 바닥에서 하단까지는 1.5[m]로 한다.)
   ⑦ 창고에 설치된 주분전반 설치높이는 상단 1.8[m](바닥에서 상단까지)로 한다. (단, 바닥에서 하단까지 1[m]로 한다.)
   ⑧ 스위치 설치높이는 1.2[m](바닥에서 중심까지)로 한다.
   ⑨ 콘센트는 콘크리트 매입 설치이며 설치높이는 0.3[m](바닥에서 중심까지)로 한다.
   ⑩ 천장은 이중천장으로 천장에서 등기구까지는 금속가요전선관(0.5[m] 시설)을 이용하여 등기구에 연결하며 바닥에서 등기구까지 높이는 3[m], 바닥에서 등기구 전선관(난연성 CD 전선관)까지 높이는 3.5[m]로 한다.

2. 재료의 산출조건
   ① 분전반(사무실내, 창고내 주분전반 포함) 내의 배선여유는 1선당 0.5[m]로 한다.
   ② 자재산출 시 자재 할증은 없는 것으로 도면의 물량만 산출하고 소수점 이하는 절상한다.
   ③ 콘센트용 박스는 4각 박스로 한다.
   ④ 접지선은 산출하지 않는다.

3. 공량 산출조건
   ① 재료 할증은 공량 산정 시 적용하지 않는다.
   ② 계산 시 소수점 이하 모두 계산하고 합계 인공 계산 시 셋째 자리 이하 절사한다.
   ③ 주어진 품셈표의 조건으로만 적용한다.

1990년~최근 출제된 기출문제

▮LED 등기구 설치▮ (단위 : [개], 적용직종 : 내선전공)

종 별	직부등	펜던트	다운라이트	매입 및 반매입
15[W] 이하	0.117	0.158	0.155	–
25[W] 이하	0.138	0.163	0.182	–
35[W] 이하	0.163	0.213	0.208	0.242
45[W] 이하	0.221	0.249	–	0.263
55[W] 이하	0.254	–	–	0.306

[해설] ① 등기구 일체형 기준
② 등기구 조립·설치, 결선, 지지금구류 설치, 장내 소운반 및 잔재정리, 기준점 측정 포함
③ 램프만 교체 시 해당 등기구 1등용 설치품의 10[%] 적용
④ 철거 30[%], 재사용 철거 50[%]

(1) B실의 전등배관 물량을 계산하시오.
  ① 난연성 CD 전선관
  ② 금속제 가요전선관
(2) A, B, C실의 전열전선 총 물량을 계산하시오.
(3) 다음 자재의 수량을 각각 계산하여 표에 기입하시오.

4각 박스	①
8각 박스	②
스위치 박스(2구)	③

(4) 도면에 설치된 등기구들의 총 설치 인공을 산출하시오.

답안 (1) ① 23[m]
② 3[m]
(2) 113[m]
(3) ① 7
② 23
③ 4
(4) 5.07[인]

해설 (1) ① $3 \times 5 + 2 \times 1.7 + 1.5 \times 2.3 = 21.85 ≒ 22[m]$
② $0.5 \times 6 = 3[m]$
(2) $\{1.5 + 1.5 + 3.5 + 0.3 \times 2 + 3.5 + 1.5 + 3 \times 2 + 0.3 + 0.5(여유)\} \times 2가닥 \times 3실$
$= 113.4 ≒ 113[m]$
(4) $0.221(직부등) \times 18 + 0.182(다운라이트) \times 6 = 5.07[인]$

문제 69 공사산업 20년 출제 | 배점 : 20점

사무실 전등공사를 하려고 한다. 아래 조건을 참조하여 물음에 답하시오.

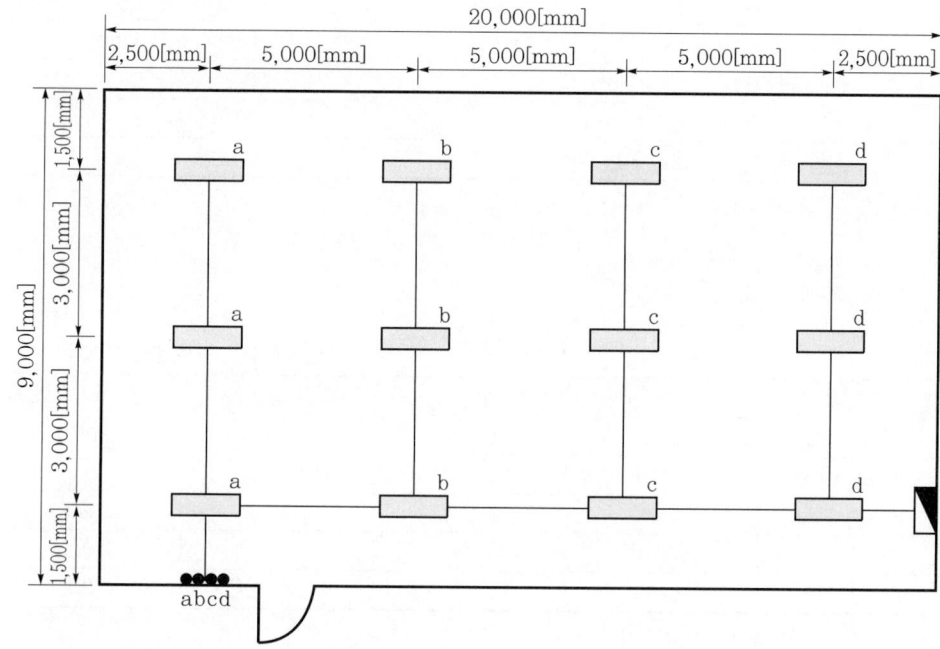

1. 시설조건
   ① 전등은 LED 40[W], 전선은 HFIX 2.5[mm²]를 사용한다.
   ② 전선관은 합성수지관을 사용하고 특기 없는 것은 16[mm]를 사용한다. (콘크리트 매입기준)
   ③ 등기구는 직부등으로 한다.
   ④ 분전함 설치높이는 1.8[m](바닥에서 상단까지)로 한다.
   ⑤ 스위치 설치높이는 1.2[m](바닥에서 중심까지)로 한다.
   ⑥ 바닥에서 천장 슬래브까지의 높이는 3[m]로 한다.
   ⑦ 주어진 품셈에 의하여 산출한다.
2. 재료 산출조건
   ① 분전함 내부에서 배선 여유는 전선 1본당 0.5[m]로 한다.
   ② 자재산출 시 산출수량과 할증수량은 소수점 이하로 기록하고, 자재별 총수량(산출수량 + 할증수량)의 소수점 이하는 반올림한다.
   ③ 배관 및 배선 이외의 자재는 할증을 보지 않는다.
      (단, 배관 및 배선의 할증은 10[%]로 한다.)
   ④ 천장 슬래브에서 천장 슬래브 내의 전선 설치높이까지는 자재산출에 포함시키지 않는다.
   ⑤ 콘센트용 등기구 내 배선 여유는 무시한다.
   ⑥ 접지용 전선은 자재산출에 포함시키지 않는다.

1990년~최근 출제된 기출문제

박스 설치 (단위 : 개)

종 별	내선전공
Concrete Box	0.12
Outlet Box	0.20
Switch Box(2개용 이하)	0.20
Switch Box(3개용 이하)	0.25
노출형 Box(콘크리트 노출기준)	0.29

[해설] ① 콘크리트 매입 기준
② Box 위치의 먹줄치기, 첨부커버 포함
③ 방폭형 및 방수형 300[%]
④ 철거 30[%]

LED 등기구 설치 (단위 : 개, 적용직종 : 내선전공)

종 별	직부등	펜던트	다운라이트	매입 및 반매입
15[W] 이하	0.117	0.158	0.155	-
25[W] 이하	0.138	0.163	0.182	-
35[W] 이하	0.163	0.213	0.208	0.242
45[W] 이하	0.221	0.249	-	0.263
55[W] 이하	0.254	-	-	0.306

[해설] ① 등기구 일체형 기준
② 등기구 조립·설치, 결선, 지지금구류 설치, 장내 소운반 및 잔재정리, 기준점 측정 포함
③ 높이 1.5[m] 이하의 Pole형 등기구는 직부등 품의 150[%] 적용하고 기초 설치는 별도품 준용
④ 램프만 교체 시 해당 등기구 1등용 설치품의 10[%] 적용
⑤ 철거 30[%], 재사용 철거 50[%]

(1) 다음 재료표의 ①부터 ②까지 빈칸을 기입하시오.

자재명	규 격	단 위	산출 수량	할증 수량	총수량 (산출수량 + 할증수량)
배관	HI-PVC 16[mm]	[m]			①
전선	HFIX 2.5[mm^2]	[m]			②

(2) 도면에 의해 다음 표의 ①부터 ⑥까지의 빈칸에 알맞은 답을 기입하시오.

자재명	규 격	단 위	단위공량 (내선전공)	총수량 (산출수량 + 할증수량)
등기구	LED 40[W]	[EA]	⑤	①
스위치	단로용	[EA]		②
아웃렛 박스	8각 BOX	[EA]		③
스위치 박스	4개용	[EA]	⑥	④

(3) 다음 각 물음에 답하시오.
   ① 공구손료는 직접노무비의 몇 [%]까지 계상 가능한지 쓰시오.
   ② 재료비, 노무비, 경비의 합계액을 무엇이라 하는지 쓰시오.

답안 (1) ① 51[m]
   ② 146[m]
(2) ① 12
   ② 4
   ③ 12
   ④ 1
   ⑤ 0.221
   ⑥ 0.25
(3) ① 3[%]
   ② 순공사원가

해설 (1) ① • 산출수량 : $1.2 + 2.5 + 6 \times 4 + 5 \times 3 + 1.5 + 1.8 = 46[m]$
      • 할증수량 : $46 \times 0.1 = 4.6[m]$
      • 총수량 = 산출수량 + 할증수량
         $= 46 + 4.6 = 50.6[m]$
   ② • 산출수량 : $(0.5 + 1.2 + 2.5) \times 2 + 6 \times 4 \times 2 + 3 \times 5 + 4 \times 5 + 5 \times 5 + (1.5 + 1.8) \times 5$
         $= 132.9[m]$
      • 할증수량 : $132.9 \times 0.1 = 13.29[m]$
      • 총수량 = 산출수량 + 할증수량
         $= 132.9 + 13.29 = 146.19[m]$
(3) ① 공구손료는 일반공구 및 시험용 계측기구류의 손료로서 공사 중 상시 일반적으로 사용하는 것을 말하며, 직접노무비(노임할증과 작업시간 증가에 의하지 않은 품 할증 제외)의 3[%]까지 계상한다.

문제 70 공사산업 19년 출제   배점 : 30점

다음 도면은 세미나실의 옥내 전등 배선 평면도이다. 주어진 조건을 읽고 물음에 답하시오.

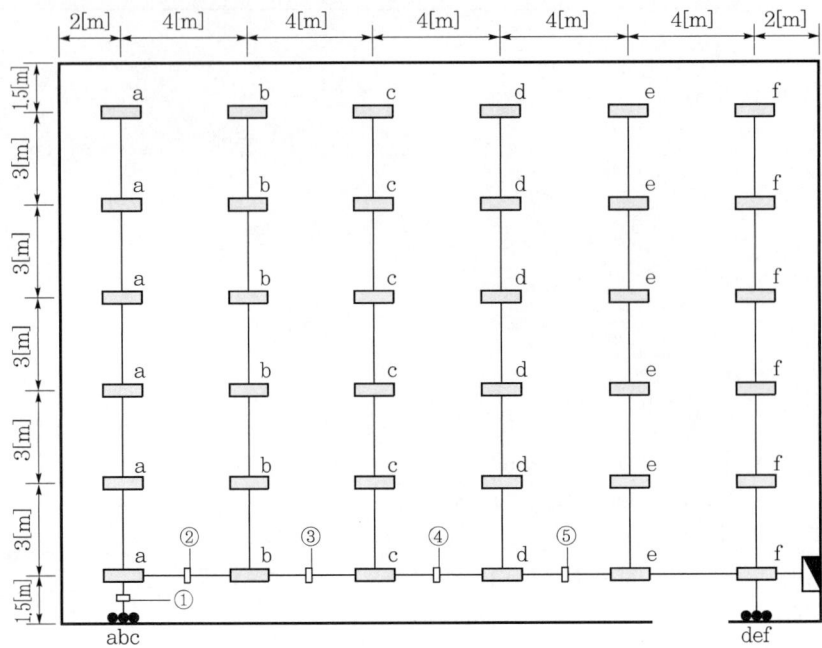

1. 시설조건
   ① 전등용 전선은 HFIX 2.5[mm²]를 사용하고, 접지용 전선은 TFR-GV 2.5[mm²]를 사용하여 스위치 회로를 제외하고 등기구마다 실시하며 전등회로는 1회로로 a, b, c, d, e, f는 3구 스위치를 시설한다.
   ② 벽과 등기구 간의 간격은 가로 2[m], 세로 1.5[m], 등기구와 등기구 간격은 가로 4[m], 세로 3[m]로 시설한다.
   ③ 전선관은 후강전선관을 사용하고 16[mm] 전선관 내 전선 수는 접지선을 포함 4가닥까지이며, 5가닥 이상은 22[mm] 전선관을 사용하여 시설한다.
   ④ 4방출 이상의 배관과 접속되는 박스는 4각 박스를 사용한다.
   ⑤ 각각의 등기구마다 1대 1로 아웃렛 박스를 사용하며 천장에서 등기구까지는 금속가요전선관을 이용하여 등기구에 연결한다. 금속가요전선관 길이는 1[m]로 시설한다.
   ⑥ 천장은 이중천장으로 바닥에서 등기구까지 높이 3[m], 전등배관은 바닥에서 3.5[m]에 후강전선관을 이용하여 시설한다.
   ⑦ 스위치 설치높이 1.2[m](바닥에서 중심까지)
   ⑧ 분전반 설치높이 1.8[m](바닥에서 상단까지) (단, 바닥에서 하단까지는 0.5[m]를 기준으로 한다.)

2. 재료의 산출조건
   ① 분전함 상부를 기준으로 한다.
   ② 자재산출 시 산출수량과 할증수량은 소수점 이하로 첫째 자리까지 기록하고(소수점 둘째자리 반올림), 자재별 총수량(산출수량 + 할증수량)은 소수점 이하 올림한다.
   ③ 배선 이외의 자재는 할증하지 않는다. 배선산출 시 배관길이만큼만 계산 후 할증률만 적용한다. (단, 배선의 할증은 10[%]로 한다.)

3. 인건비 산출조건
 ① 재료의 할증에 대해서는 공량을 적용하지 않는다.
 ② 소수점 이하 둘째 자리까지 계산한다. (단, 소수점 셋째 자리에서 반올림)
 ③ 품셈은 다음 표의 품셈을 적용한다.

자재명 및 규격	단 위	내선전공
후강전선관 16[mm]	[m]	0.08
후강전선관 22[mm]	[m]	0.11
금속가요전선관 16[mm]	[m]	0.044
관내배선 6[mm^2] 이하	[m]	0.01
매입스위치 3구	개	0.065
아웃렛 박스 4각, 8각	개	0.2
스위치 박스(1, 2개용)	개	0.2

(1) 도면에 표시된 ①, ②, ③, ④, ⑤ 전선관 배관의 전선 가닥수를 순서대로 쓰시오.
(2) 아래 물음에 답하시오.
 ① HFIX 전선의 명칭을 우리말로 쓰시오.
 ② 아래 표는 HFIX 전선의 공칭단면적[mm^2]을 나타낸 것이다. ( )에 알맞은 말을 답란에 쓰시오.

> 규격 : (㉠) – 2.5 – (㉡) – (㉢) – 10 – 16 – 25 – 35

(3) 도면을 보고 아래표의 ①~⑭에 들어갈 산출량 및 총수량을 답란에 쓰시오. (단, 계산식은 생략한다.)

자재명 및 규격	규 격	단 위	산출 수량	할증 수량	총수량 (산출수량 + 할증수량)
후강전선관	16[mm]	[m]	①		⑥
후강전선관	22[mm]	[m]	②		⑦
금속가요전선관	16[mm]	[m]	③		⑧
HFIX 전선	2.5[mm^2]	[m]	④		⑨
TFR-GV 전선	2.5[mm^2]	[m]	⑤		⑩
매입스위치 3구	250[V], 15[A]	개			⑪
아웃렛 박스 4각	54[mm]	개			⑫
아웃렛 박스 8각	54[mm]	개			⑬
스위치 박스(3구 1개용)	54[mm]	개			⑭

(4) 아래 표의 ①~⑥에 들어갈 내선전공을 답란에 쓰시오. (단, 계산식은 생략한다.)

자재명 및 규격	규격	단위	수량	인공수 (재료 단위별)	내선전공
후강전선관	16[mm]	[m]			①
후강전선관	22[mm]	[m]			②
금속가요전선관	16[mm]	[m]			③
HFIX 전선	2.5[mm^2]	[m]			④
TFR-GV 전선	2.5[mm^2]	[m]			⑤
매입스위치 3구	250[V], 15[A]	개			⑥
아웃렛 박스 4각	54[mm]	개			
아웃렛 박스 8각	54[mm]	개			
스위치 박스(3구 1개용)	54[mm]	개			

답안 (1) ① 4
② 5
③ 4
④ 3
⑤ 4
(2) ① 450/750[V] 저독성 난연 가교 폴리올레핀 절연전선
② ㉠ 1.5, ㉡ 4, ㉢ 6
(3)

자재명 및 규격	규격	단위	산출수량	할증수량	총수량 (산출수량 + 할증수량)
후강전선관	16[mm]	[m]	① 113.3		⑥ 114
후강전선관	22[mm]	[m]	② 8		⑦ 8
금속가요전선관	16[mm]	[m]	③ 36		⑧ 36
HFIX 전선	2.5[mm^2]	[m]	④ 353.8	35.4	⑨ 390
TFR-GV 전선	2.5[mm^2]	[m]	⑤ 149.7	14.9	⑩ 165
매입스위치 3구	250[V], 15[A]	개			⑪ 2
아웃렛 박스 4각	54[mm]	개			⑫ 1
아웃렛 박스 8각	54[mm]	개			⑬ 35
스위치 박스(3구 1개용)	54[mm]	개			⑭ 2

(4)

자재명 및 규격	규격	단위	수량	인공수 (재료 단위별)	내선전공
후강전선관	16[mm]	[m]	113.3	0.08	① 9.06
후강전선관	22[mm]	[m]	8	0.11	② 0.88
금속가요전선관	16[mm]	[m]	36	0.044	③ 1.58
HFIX 전선	2.5[mm^2]	[m]	353.8	0.01	④ 3.54
TFR-GV 전선	2.5[mm^2]	[m]	149.7	0.01	⑤ 1.49
매입스위치 3구	250[V], 15[A]	개	2	0.065	⑥ 0.13
아웃렛 박스 4각	54[mm]	개	1	0.2	
아웃렛 박스 8각	54[mm]	개	35	0.2	
스위치 박스(3구 1개용)	54[mm]	개	2	0.2	

해설 (3) ① 후강전선관 16[mm] : $3 \times 30 + 4 \times 3 + (1.5 + 2.3) \times 2 + (2 + 1.7) \times 1 = 113.3$[m]
② 후강전선관 22[mm] : $4 \times 2 = 8$[m]
③ 금속가요전선관 16[mm] : $1 \times 36 = 36$[m]
④ HFIX 2.5[mm^2] : $(113.3 + 8 + 36) \times 2 + (1.5 + 2.3) \times 4 + 4 \times 6 = 353.8$[m]
⑤ TFR-GV 2.5[mm^2] : $3 \times 30 + 4 \times 5 + (2 + 1.7) \times 1 + 36 = 149.7$[m]

문제 71 공사산업 18년 출제   배점 : 30점

다음 도면은 옥내의 전등 및 콘센트의 평면 배선도이다. 주어진 조건을 읽고 도면에 의해 다음 재료표의 ①부터 ⑮까지 빈칸을 기입하시오.

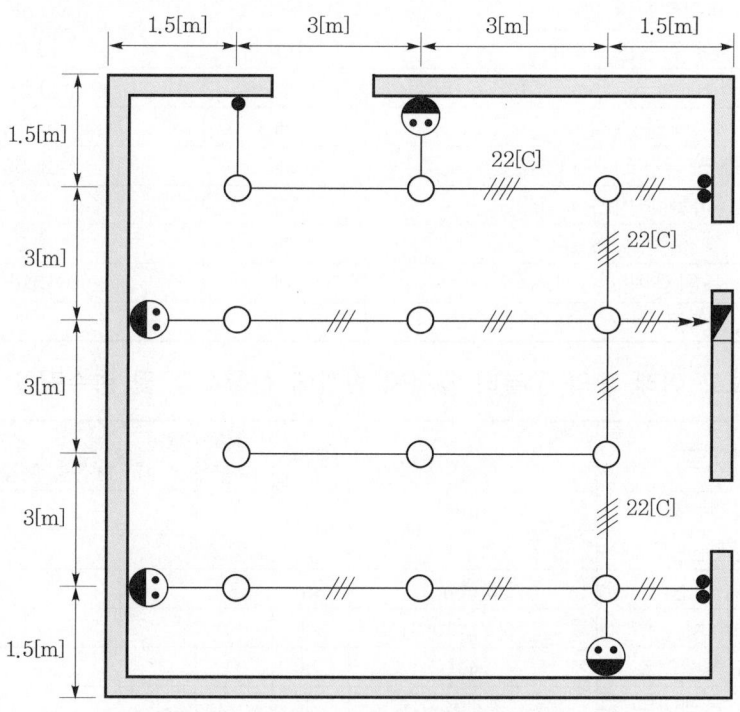

(주) 바닥에서 천장 슬래브까지 높이는 3[m]임

1. 시설조건
   ① 전선은 HFIX(저독 난연 폴리올레핀 절연전선) 전선으로 2.5[mm^2]를 사용한다.
   ② 전선관은 후강전선관을 사용하고 표기 없는 것은 16[mm]이다.
   ③ 4방출 이상의 배관과 접속되는 박스는 4각 박스를 사용한다.
   ④ 스위치 설치높이 1.2[m] (바닥에서 중심까지)
   ⑤ 콘센트 설치높이 0.3[m] (바닥에서 중심까지)
   ⑥ 분전함 설치높이 1.8[m] (바닥에서 상단까지) (단, 바닥에서 하단까지는 0.5[m]를 기준한다.)

2. 재료 산출조건
   ① 분전함 내부에서 배선여유는 전선 1본당 0.5[m]로 한다.
   ② 자재산출 시 산출수량과 할증수량은 소수점 이하도 기록하고 자재별 총수량(산출수량 + 할증수량)은 소수점 이하는 반올림한다.
   ③ 배관 및 배선 이외의 자재는 할증을 보지 않는다. (배관, 배선의 할증은 10[%]로 한다.)
   ④ 콘센트용 박스는 4각 박스로 본다.
3. 인건비 산출조건
   ① 재료의 할증에 대해서는 공량을 적용하지 않는다.
   ② 소수점 이하 한 자리까지 계산한다.
   ③ 품셈은 다음 표의 품셈을 적용한다.

｜품셈 보기｜

자재명 및 규격	단 위	내선전공
후강전선관 16[mm]	[m]	0.08
후강전선관 22[mm]	[m]	0.11
관내 배선 5.5[mm^2] 이하	[m]	0.01
매입 스위치	개	0.056
매입 콘센트 2P 15[A]	개	0.056
아웃렛 박스 4각	개	0.2
아웃렛 박스 8각	개	0.2
스위치 박스 1개용	개	0.2
스위치 박스 2개용	개	0.2

(1) 도면을 보고 아래 표의 ①부터 ⑮까지 빈칸에 산출수량 및 총수량을 기입하시오.

자재명	규 격	단 위	산출수량	할증수량	총수량 (산출수량 + 할증수량)
후강전선관	16[mm]	[m]	①		④
후강전선관	22[mm]	[m]	②		⑤
HFIX 전선	2.5[mm^2]	[m]	③		⑥
스위치	300[V], 10[A]	개			⑦
스위치 플레이트	1개용	개			⑧
스위치 플레이트	2개용	개			⑨
매입 콘센트	300[V], 15[A] 2개용	개			⑩
4각 박스		개			⑪
8각 박스		개			⑫
스위치 박스	1개용	개			⑬
스위치 박스	2개용	개			⑭
콘센트 플레이트	2개구용	개			⑮
이하 생략					

(2) 아래 표의 각 자재별 내선전공수를 ①부터 ⑨까지 기입하시오.

자재명	규격	단위	수량	인공수 (재료 단위별)	내선전공 (수령×인공수)
후강전선관	16[mm]	[m]			①
후강전선관	22[mm]	[m]			②
HFIX 전선	2.5[mm²]	[m]			③
스위치	300[V], 10[A]	개			④
스위치 플레이트	1개용	개			
스위치 플레이트	2개용	개			
매입 콘센트	300[V], 15[A] 2개용	개			⑤
4각 박스		개			⑥
8각 박스		개			⑦
스위치 박스	1개용	개			⑧
스위치 박스	2개용	개			⑨
콘센트 플레이트	2개구용	개			
이하 생략					

답안 (1) ① 53.4
② 9
③ 168.6
④ 59
⑤ 10
⑥ 185
⑦ 5
⑧ 1
⑨ 2
⑩ 4
⑪ 6
⑫ 10
⑬ 1
⑭ 2
⑮ 4
(2) ① 4.2
② 0.9
③ 1.6
④ 0.2
⑤ 0.2
⑥ 1.2
⑦ 2
⑧ 0.2
⑨ 0.4

해설 (1) ① 후강전선관 16[mm]의 길이는 $1.5 \times 8 + 3 \times 8 + 1.8 \times 3 + 2.7 \times 4 + 1.2 = 53.4$[m]
② 후강전선관 22[mm]의 길이는 $3 \times 3 = 9$[m]
③ 450/750[V] 일반용 단심 비닐 절연전선의 길이
2가닥 $\times \{1.5[m] \times 5 + 1.8[m] + 2.7[m] \times 4) + (3[m] \times 3)\} +$
3가닥 $\times \{1.5[m] \times 3 + 1.8[m] \times 2 + 1.2[m]) + (3[m] \times 5) + 0.5[m]\} +$
4가닥 $\times (3[m] \times 3)$
= 2가닥 $\times 29.1[m] + $ 3가닥 $\times 24.8[m] + $ 4가닥 $\times 9[m] = 168.6$[m]
④ $53.4 \times 1.1 ≒ 59$
⑤ $9 \times 1.1 ≒ 10$
⑥ $168.6 \times 1.1 ≒ 185$

(2) 소수점 이하 한 자리까지 계산
① $53.4 \times 0.08 = 4.2$
② $9 \times 0.11 = 0.9$
③ $168.6 \times 0.01 = 1.6$
④ $5 \times 0.056 = 0.2$
⑤ $4 \times 0.056 = 0.2$
⑥ $6 \times 0.2 = 1.2$
⑦ $10 \times 0.2 = 2$
⑧ $1 \times 0.2 = 0.2$
⑨ $2 \times 0.2 = 0.4$

문제 72 공사산업 93년, 17년 출제 — 배점 : 30점

다음 도면은 어느 상점 옥내의 전등 및 콘센트 배선 평면도이다. 주어진 조건을 읽고 ①~⑳까지의 답란의 빈칸을 채우시오.

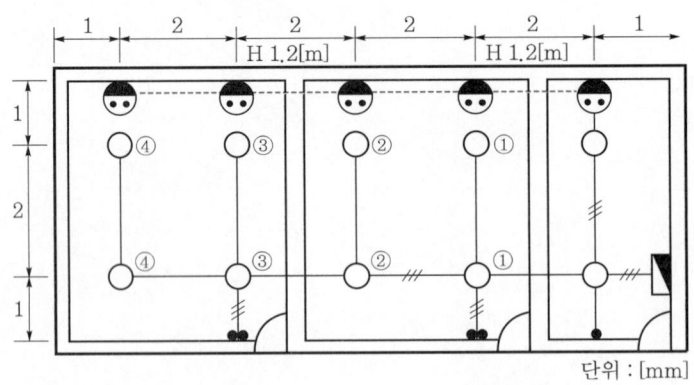

1. 유의사항
   ① 바닥에서 천장 슬래브까지는 2.5[m]임
   ② 전선은 NR전선으로 전등, 전열 2.5[mm^2]를 사용한다.
   ③ 전선관은 후강전선관으로 사용하고 특기 없는 것은 16[mm]임
   ④ 4조 이상의 배관과 접속하는 박스는 4각 박스를 사용한다. 단, 콘센트는 전부 4각 박스를 사용한다.
   ⑤ 스위치의 설치높이는 1.2[m]임(바닥에서 중심까지)
   ⑥ 특기 없는 콘센트의 높이는 0.3[m]임(바닥에서 중심까지)
   ⑦ 분전반의 설치높이는 1.8[m]임. 단, 바닥에서 하단까지 0.5[m]를 기준으로 한다.
2. 재료의 산출
   ① 분전함 내부에서 배선 여유는 전선 1본당 0.5[m]로 한다.
   ② 자재산출 시 산출수량과 할증수량은 소수점 이하로 기록하고, 자재별 총수량(산출수량 + 할증수량)은 소수점 이하는 반올림한다.
   ③ 배관 및 배선 이외의 자재는 할증을 보지 않는다. (배관 및 배선의 할증은 10[%]로 한다.)
   ④ 콘센트용 박스는 4각 박스로 본다.
3. 인건비 산출조건
   ① 재료의 할증분에 대해서는 품셈을 적용하지 않는다.
   ② 소수점 이하 한 자리까지 계산한다.
   ③ 품셈은 아래 표의 품셈을 적용한다.

┃품셈 보기┃

자재명 및 규격	단위	내선전공
후강전선관 16[mm]	[m]	0.08
관내 배선 5.5[mm^2] 이하	[m]	0.01
매입 스위치	개	0.056
매입 콘센트 2P, 15[A]	개	0.056
아웃렛 박스 4각	개	0.12
아웃렛 박스 8각	개	0.12
스위치 박스 1개용	개	0.2
스위치 박스 2개용	개	0.2

자재명	규격	단위	산출수량	할증수량	총수량 (산출수량 + 할증수량)	내선전공(인) (수량×인공수)
후강전선관	16[mm]	[m]	①		③	⑭
450/750[V] 일반용 단심 비닐 절연전선	2.5[mm^2]	[m]	②		④	⑮
스위치	300[V], 10[A]	개			⑤	⑯
스위치 플레이트	1개용	개			⑥	
스위치 플레이트	2개용	개			⑦	
매입 콘센트	300[V] 15[A] 2개용	개			⑧	⑰

자재명	규격	단위	산출수량	할증수량	총수량 (산출수량 + 할증수량)	내선전공(인) (수량×인공수)
4각 박스		개			⑨	⑱
8각 박스		개			⑩	
스위치 박스	1개용	개			⑪	⑲
스위치 박스	2개용	개			⑫	⑳
콘센트 플레이트	2개구용	개			⑬	

답안

자재명	규격	단위	산출수량	할증수량	총수량 (산출수량 + 할증수량)	내선전공(인) (수량×인공수)
후강전선관	16[mm]	[m]	① 43.8	4.38	③ 48	⑭ 3.5
450/750[V] 일반용 단심 비닐 절연전선	2.5[mm^2]	[m]	② 99.4	9.94	④ 109	⑮ 0.9
스위치	300[V], 10[A]	개			⑤ 5	⑯ 0.2
스위치 플레이트	1개용	개			⑥ 1	
스위치 플레이트	2개용	개			⑦ 2	
매입 콘센트	300[V] 15[A] 2개용	개			⑧ 5	⑰ 0.2
4각 박스		개			⑨ 8	⑱ 0.9
8각 박스		개			⑩ 7	
스위치 박스	1개용	개			⑪ 1	⑲ 0.2
스위치 박스	2개용	개			⑫ 2	⑳ 0.4
콘센트 플레이트	2개구용	개			⑬ 5	

해설 ① 후강전선관(16C)
- 분전반 : $2.5 - 1.8 = 0.7[m]$
- 콘센트 : $1 + 2.2 + 0.3 + 1.2 \times 2 \times 2 + 0.3 \times 2 + 2 \times 4 + 0.3 = 17.2[m]$
- 전구 : $2 \times 9 + 1 = 19[m]$
- 스위치 : $1 \times 3 + (2.5 - 1.2) \times 3 = 6.9[m]$
- 합계 : $0.7 + 17.2 + 19 + 6.9 = 43.8[m]$

② 전선 2.5[mm^2]

$43.8 \times 2 + 2 \times 1 + 1 \times 3 + 1.3 \times 2 + 1.7 \times 1 + 0.5 \times 3 = 99.4[m]$

문제 73 공사산업 16년 출제   배점 : 30점

다음 [조건]을 참고하여 물음에 답하시오.

[조건]
- 실내의 바닥에서 광원까지의 높이는 3[m]이다.
- 조명률 0.5, 유지율 0.67이다.
- 32[W] 형광등의 광속 : 2,500[lm]
- 설계 시 등기구 표시는 KS 심벌을 사용하고 F32[W] 2등용 사용한다.
- 전기설비기술기준, 한국전기설비규정(KEC), 전기설비설계기준에 의한다.
- 주어진 품셈에 의하여 산출한다.
- 전선관은 합성수지전선관을 사용한다.
- 등기구는 직부등으로 한다.
- 분전반 설치는 상부를 기준으로 지상 1.5[m] 설치한다.
- 기준조도는 100[lx]이다.

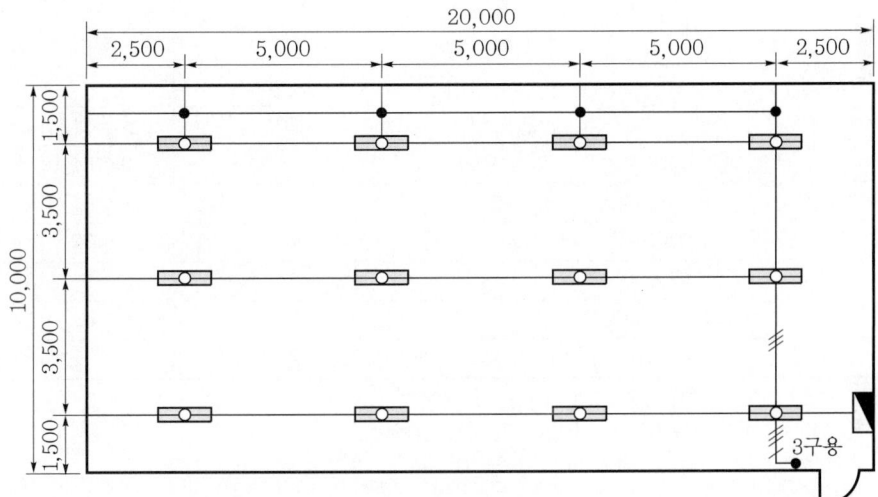

(1) 필요한 자재 수량과 합계금액을 산출하시오.

번호	품 명	규 격	단위	수 량	단 가	금 액
1	등기구	32[W]×2	[EA]	①	30,000	
2	스위치	3구용	[EA]	②	10,000	
3	전선	HFIX 2.5[mm^2]	[m]	195	2,000	
4	배관	HI-PVC 16C	[m]	62	3,000	
5	아웃렛 박스	8각 BOX	[EA]	12	1,000	
6	스위치 박스	3구용	[EA]	1	1,000	
	합계					③

(2) 표준품셈에 의거 인력 품과 합계금액을 산출하시오.

번호	품명	수량	적용직종	품	단가	금액
1	등기구		내선전공	①		
2	스위치		내선전공	②		
3	전선	195	내선전공	③		
4	배관	62	내선전공	④		
5	아웃렛 박스	12	내선전공	0.2		
6	스위치 박스	1	내선전공	0.2		
	합계					⑤

* 내선전공 : 150,000[원], 배전전공 : 250,000[원], 보통인부 : 86,000[원], 저압케이블공 : 190,000[원]

(3) 원가계산서를 작성하시오.

비목			금액	비고
순공사비	재료비	직접재료비	959,000	
		간접재료비	-	
	노무비	직접노무비	1,658,850	
		간접노무비	①	소수점 이하 절사
	경비	기타 경비	②	소수점 이하 절사
순공사비 합계			③	소수점 이하 절사
일반관리비			④	소수점 이하 절사
이윤			⑤	소수점 이하 절사
부가가치세			⑥	소수점 이하 절사
총공사비			⑦	소수점 이하 절사

[주] 1. 간접노무비는 직접노무비의 9[%]를 적용한다.
2. 기타 경비는 (재료비 + 노무비)의 5[%]를 적용한다.
3. 일반관리비는 순공사비의 6[%]를 적용한다.
4. 이윤은 (노무비 + 기타 경비 + 일반관리비)의 10[%]를 적용한다.
5. 부가가치세는 (순공사비 + 일반관리비 + 이윤)의 10[%]를 적용한다.
6. 간접재료비는 적용하지 않는다.

┃표 1┃ 전선관 배관

(단위 : [m])

합성수지전선관		후강전선관		금속가요전선관	
규격[mm]	내선전공	규격[mm]	내선전공	규격[mm]	내선전공
14[mm] 이하	0.04	-	-	-	-
16[mm] 이하	0.05	16[mm] 이하	0.08	16[mm] 이하	0.044
22[mm] 이하	0.06	22[mm] 이하	0.11	22[mm] 이하	0.059

합성수지전선관		후강전선관		금속가요전선관	
규격[mm]	내선전공	규격[mm]	내선전공	규격[mm]	내선전공
28[mm] 이하	0.08	28[mm] 이하	0.14	28[mm] 이하	0.072
36[mm] 이하	0.10	36[mm] 이하	0.20	36[mm] 이하	0.087
42[mm] 이하	0.13	42[mm] 이하	0.25	42[mm] 이하	0.104
54[mm] 이하	0.19	54[mm] 이하	0.34	54[mm] 이하	0.136
70[mm] 이하	0.28	70[mm] 이하	0.44	70[mm] 이하	0.156
82[mm] 이하	0.37	82[mm] 이하	0.54	–	–
92[mm] 이하	0.45	92[mm] 이하	0.60	–	–
104[mm] 이하	0.46	104[mm] 이하	0.71	–	–
125[mm] 이하	0.51	–	–	–	–

[해설] ① 콘크리트 매입 기준
② 블록벽체 및 철근콘크리트 노출은 120[%], 목조건물은 110[%], 철강조 노출은 125[%], 조적 후 배관 및 건축방음제(150[mm] 이상)내 배관 시 130[%]
③ 가설콘크리트 노출공사 시 앵커볼트를 매입할 경우 앵커볼트 설치품은 옥내 잡공사에 의하여 별도 계상하고 전선관 설치품은 매입품으로 계상
④ 천장 속, 마루 밑 공사 130[%]
⑤ 관의 절단, 나사내기, 구부리기, 나사조임, 관내청소, 관통시험 포함
⑥ 계장 배관공사도 이 품에 준함

│표 2│ 박스(BOX) 설치

(단위 : 개)

종 별	내선전공
Concrete Box	0.12
Outlet Box	0.20
Switch Box(2개용 이하)	0.20
Switch Box(3개용 이하)	0.25
노출형 Box(콘크리트 노출기준)	0.29
플로어 박스	0.20
연결용 박스	0.04

[해설] ① 콘크리트 매입 기준
② Box 위치의 먹줄치기, 첨부커버 포함
③ 블록벽체 및 철근콘크리트 노출은 120[%], 목조건물은 110[%], 철강조 노출은 125[%], 조적 후 배관 및 건축방음재(150[mm] 이상)내 배관 시 130[%]
④ 방폭형 및 방수형 300[%]
⑤ 천장 속, 마루 밑은 130[%]
⑥ 공동주택 및 교실 등과 같이 동일 반복공정으로 비교적 쉬운 공사의 경우는 90[%]
⑦ 접지선 연결(Earth Bonding)은 나동선 1.6[mm]~2.0[mm]를 감아서 연결하는 것을 기준으로, 전선관 70[mm] 이하는 개소 당 내선전공 0.01[인], 70[mm] 초과는 개소 당 내선전공 0.02[인] 계상하며, 접지 클램프 사용 시는 접지공사의 접지 클램프 품 적용
⑧ 기타 할증은 전선관 배관 준용
⑨ 철거 30[%]

▮표 3▮ 옥내 배선

(단위 : [m], 직종 : 내선전공)

규 격	관내배선
6[mm²] 이하	0.010
16[mm²] 이하	0.023
38[mm²] 이하	0.031
50[mm²] 이하	0.043
60[mm²] 이하	0.052
70[mm²] 이하	0.061
100[mm²] 이하	0.064
120[mm²] 이하	0.077
150[mm²] 이하	0.088
200[mm²] 이하	0.107
250[mm²] 이하	0.130
300[mm²] 이하	0.148
325[mm²] 이하	0.160
400[mm²] 이하	0.197

[해설] ① 관내 배선 기준, 애자 배선 은폐공사는 150[%], 노출 및 그리드애자공사는 200[%], 직선 및 분기접속 포함
② 관내 배선 바닥공사는 80[%]
③ 관내 배선 품에는 도입선 넣기 품 포함, 천장 금속덕트 내 공사는 200[%], 바닥붙임 덕트 내 공사는 150[%], 금속 및 PVC 몰딩 공사는 130[%]
④ 옥내 케이블 관내 배선은 전력 케이블 구내설치 준용
⑤ 철거 30[%]

▮표 4▮ 배선기구 설치

1. 콘센트류

(단위 : [m], 직종 : 내선전공)

종 류	2P	3P	4P
콘센트 15[A]	0.065	0.095	0.10
콘센트(접지극부) 15[A]	0.08	-	-
콘센트(접지극부) 20[A]	0.085	-	-
콘센트(접지극부) 30[A]	0.11	0.145	0.15
플로어 콘센트 15[A]	0.096	-	-
플로어 콘센트 20[A]	0.096	-	-
하이텐션(로우텐션)	0.096	-	-

[해설] ① 매입 설치기준, 노출 설치 120[%]
② 방폭형 200[%]
③ System Box 내에 설치되는 콘센트는 하이텐션(로우텐션) 적용
④ 철거 30[%], 재사용 철거 50[%]

2. 스위치류

(단위 : 개)

종 류	내선전공
텀블러 스위치 단로용	0.085
텀블러 스위치 3로용	0.085
텀블러 스위치 4로용	0.10
풀스위치	0.10
푸시버튼	0.065
리모컨 스위치	0.07
리모컨 셀렉터 스위치(6L) 이하	0.33
리모컨 셀렉터 스위치(12L) 이하	0.59
리모컨 셀렉터 스위치(18L) 이하	0.97
리모컨 릴레이(1P)	0.12
리모컨 릴레이(2P)	0.16
리모컨 트랜스	0.20
표시등	0.10
자동점멸기(광전식)	0.19
자동점멸기(컴퓨터식)	0.21
조광 스위치(IL용 400[W])	0.11
조광 스위치(IL용 800[W])	0.13
조광 스위치(IL용 1,500[W])	0.15
조광 스위치(FL용 8[A])	0.13
조광 스위치(FL용 15[A])	0.15
타임 스위치	0.20
타임 스위치(현관 등의 소등지연용)	0.065

[해설] ① 매입 설치 기준, 노출 설치 시 120[%]
② 방폭 200[%]
③ 철거 30[%], 재사용 철거 50[%]

| 표 5 | 형광등기구 설치

(단위 : [등], 적용직종 : 내선전공)

종 별	직부형	펜던트형	매입 및 반매입형
10[W] 이하×1	0.123	0.150	0.182
20[W] 이하×1	0.141	0.168	0.214
20[W] 이하×2	0.177	0.2145	0.273
20[W] 이하×3	0.223	–	0.335
20[W] 이하×4	0.323	–	0.489
30[W] 이하×1	0.150	0.177	0.227
30[W] 이하×2	0.189	–	0.310
40[W] 이하×1	0.223	0.268	0.340
40[W] 이하×2	0.277	0.332	0.418
40[W] 이하×3	0.359	0.432	0.545
40[W] 이하×4	0.468	–	0.710

1990년~최근 출제된 기출문제

종 별	직부형	펜던트형	매입 및 반매입형
110[W] 이하×1	0.414	0.495	0.627
110[W] 이하×2	0.505	0.601	0.764

[해설] ① 하면 개방형 기준임. 루버 또는 아크릴 커버형일 경우 해당 등기구 설치품의 110[%]
② 등기구 조립·설치, 결선, 지지금구류 설치, 장내 소운반 및 잔재 정리 포함
③ 매입 또는 반매입 등기구의 천장 구멍뚫기 및 취부테 설치 별도 가산
④ 매입 및 반매입 등기구에 등기구보강대를 별도로 설치할 경우 이 품의 20[%] 별도 계상
⑤ 광천장 방식은 직부형 품 적용
⑥ 방폭형 200[%]
⑦ 높이 1.5[m] 이하의 Pole형 등기구는 직부형 품의 150[%] 적용(기초내 설치 별도)
⑧ 형광등 안정기 교환은 해당 등기구 신설품의 110[%]. 다만, 펜던트형은 90[%]
⑨ 아크릴간판의 형광등 안정기 교환은 매입형 등기구 설치품의 120[%]
⑩ 공동주택 및 교실 등과 같이 동일 반복공정으로 비교적 쉬운 공사의 경우는 90[%]

답안 (1) ① 12
② 1
③ 959,000[원]
(2) ① 0.277
② 0.085
③ 0.01
④ 0.05
⑤ 1,658,850[원]
(3) ① 149,296[원]
② 138,357[원]
③ 2,905,503[원]
④ 174,330[원]
⑤ 212,083[원]
⑥ 329,191[원]
⑦ 3,621,107[원]

해설 (1) ③ $12 \times 30,000 + 1 \times 10,000 + 195 \times 2,000 + 62 \times 3,000 + 12 \times 1,000 + 1 \times 1,000$
$= 959,000$[원]
(2) ⑤ • 인력 품$= 12 \times 0.277 + 1 \times 0.085 + 195 \times 0.01 + 62 \times 0.05 + 12 \times 0.2 + 1 \times 0.2$
$= 11.059$[원]
• 금액$= 11.059 \times 150,000 = 1,658,850$[원]
(3) ① $1,658,850 \times 0.09 = 149,296.5$[원]
② $(959,000 + 1,658,850 + 149,296) \times 0.05 = 138,357.3$[원]
③ $959,000 + 1,658,850 + 149,296 + 138,357 = 2,905,503$[원]
④ $2,905,503 \times 0.06 = 174,330.18$[원]
⑤ $(1,658,850 + 149,296 + 138,357 + 174,330) \times 0.1 = 212,083.3$[원]
⑥ $(2,905,503 + 174,330 + 212,083) \times 0.1 = 329,191.6$[원]
⑦ $2,905,503 + 174,330 + 212,083 + 329,191 = 3,621,107$[원]

문제 74 공사기사 17년 출제

배점 : 30점

다음 도면은 세미나실의 옥내 전등 배선 평면도이다. 주어진 조건을 읽고 답란의 빈칸을 채우시오.

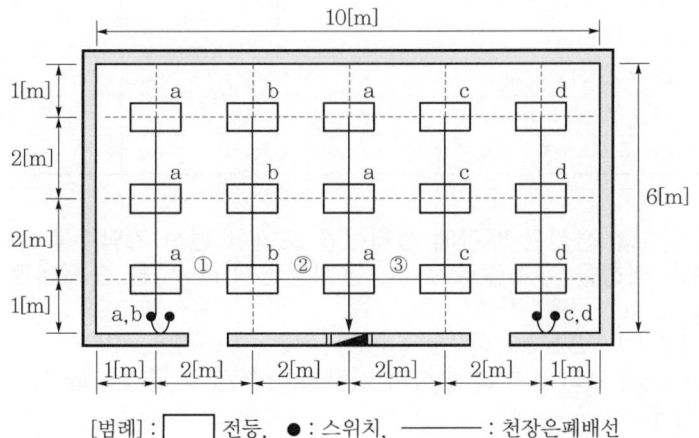

[범례] : □ 전등, ● : 스위치, ——— : 천장은폐배선

1. 시설조건
   ① 전등용 전선은 HFIX 2.5[mm²]를 사용하고, 접지용 전선은 TFR-GV 2.5[mm²]를 사용하여 스위치 회로를 제외하고 등기구마다 실시하며 전등회로는 1회로로 a, b, c, d는 2구 스위치를 시설한다.
   ② 벽과 등기구 간의 간격은 1[m], 등기구와 등기구 간격은 2[m]로 시설한다.
   ③ 전선관은 후강전선관을 사용하고 16[mm] 전선관 내 전선 수는 접지선 포함 4가닥까지이며, 전선 수 5가닥 이상은 22[mm] 전선관을 사용하여 시설한다.
   ④ 4방출 이상의 배관과 접속되는 박스는 4각 박스를 사용한다.
   ⑤ 각각의 등기구마다 1대 1로 아웃렛 박스를 사용하며 천정에서 등기구까지는 금속가요전선관을 이용하여 등기구에 연결한다. 금속가요전선관 길이는 1[m]로 시설한다.
   ⑥ 천장은 이중 천장으로 바닥에서 등기구까지 높이 3[m], 전등배관은 바닥에서 3.5[m]에 후강전선관을 이용하여 시설한다.
   ⑦ 스위치 설치높이 1.2[m](바닥에서 중심까지)
   ⑧ 분전함 설치높이 1.8[m](바닥에서 상단까지)
      (단, 바닥에서 하단까지는 0.5[m]를 기준으로 한다.)
2. 재료의 산출조건
   ① 분전함 상부를 기준으로 하며 분전함 내부에서 배선 여유는 전선 1본당 0.5[m]로 한다.
   ② 자재산출 시 산출수량과 할증수량은 소수점 이하로 첫째 자리까지 기록하고 자재별 총수량(산출수량 + 할증수량)은 소수점 이하 반올림한다.
   ③ 배관 및 배선 이외의 자재는 할증하지 않는다. (단, 배관, 배선의 할증은 10[%]로 한다.)
3. 인건비 산출조건
   ① 재료의 할증에 대해서는 공량을 적용하지 않는다.
   ② 소수점 이하 둘째 자리까지 계산한다. (단, 소수점 셋째 자리 반올림)
   ③ 품셈은 다음 표의 품셈을 적용한다.

1990년~최근 출제된 기출문제

자재명 및 규격	단 위	내선전공
후강전선관 16[mm]	[m]	0.08
후강전선관 22[mm]	[m]	0.11
금속가요전선관 16[mm]	[m]	0.044
관내 배선 6[mm^2] 이하	[m]	0.01
매입 스위치 2구	개	0.065
아웃렛 박스 4각, 8각	개	0.2
스위치 박스 1개용, 2개용	개	0.2

(1) 도면의 ①, ②. ③ 전선관 배관에 접지선을 포함한 전선 가닥수를 순서대로 쓰시오.

(2) HFIX 전선의 명칭을 우리말로 쓰고, 공칭단면적[mm^2]을 순서대로 쓰시오.
　① 명칭
　② 규격 : (㉠) - 2.5 - (㉡) - (㉢) - 10 - 16 - 25 - 35

(3) 도면을 보고 아래 표의 ①부터 ⑫까지 빈칸에 산출량 및 총수량을 쓰시오. (단, 계산식은 생략한다.)

자재명 및 규격	규 격	단 위	산출수량	할증수량	총수량 (산출수량 + 할증수량)
후강전선관	16[mm]	[m]	①		⑤
후강전선관	22[mm]	[m]	②		⑥
금속가요전선관	16[mm]	[m]	③		⑦
HFIX 전선	2.5[mm^2]	[m]	④		⑧
매입 스위치 2구	250[V], 15[A]	개			⑨
아웃렛 박스 4각	54[mm]	개			⑩
아웃렛 박스 8각	54[mm]	개			⑪
스위치 박스 1개용	54[mm]	개			⑫

(4) 아래 표의 각 자재별 내선전공수를 ①부터 ⑧까지 기입하시오. (단, 계산식은 생략한다.)

자재명 및 규격	규 격	단 위	수 량	인공수 (재료단위별)	내선전공
후강전선관	16[mm]	[m]			①
후강전선관	22[mm]	[m]			②
금속가요전선관	16[mm]	[m]			③
HFIX 전선	2.5[mm^2]	[m]			④
매입 스위치 2구	250[V], 15[A]	개			⑤
아웃렛 박스 4각	54[mm]	개			⑥
아웃렛 박스 8각	54[mm]	개			⑦
스위치 박스 1개용	54[mm]	개			⑧

(5) 공사원가계산을 할 때 순공사원가를 구성하는 요소를 3가지만 쓰시오.

답안 (1) ① 5
② 4
③ 3
(2) ① 450/750[V] 저독성 난연 가교 폴리올레핀 절연전선
② ㉠ 1.5, ㉡ 4, ㉢ 6
(3)

자재명 및 규격	규 격	단 위	산출수량	할증수량	총수량 (산출수량+할증수량)
후강전선관	16[mm]	[m]	① 35.3	3.5	⑤ 39
후강전선관	22[mm]	[m]	② 2	0.2	⑥ 2
금속가요전선관	16[mm]	[m]	③ 15	1.5	⑦ 17
HFIX 전선	2.5[mm²]	[m]	④ 120.2	12	⑧ 132
매입 스위치 2구	250[V], 15[A]	개	2		⑨ 2
아웃렛 박스 4각	54[mm]	개	1		⑩ 1
아웃렛 박스 8각	54[mm]	개	14		⑪ 14
스위치 박스 1개용	54[mm]	개	2		⑫ 2

(4)

자재명 및 규격	규 격	단 위	수 량	인공수 (재료단위별)	내선전공
후강전선관	16[mm]	[m]	35.3	0.08	① 2.82
후강전선관	22[mm]	[m]	2	0.11	② 0.22
금속가요전선관	16[mm]	[m]	15	0.044	③ 0.66
HFIX 전선	2.5[mm²]	[m]	120.2	0.01	④ 1.2
매입 스위치 2구	250[V], 15[A]	개	2	0.065	⑤ 0.13
아웃렛 박스 4각	54[mm]	개	1	0.2	⑥ 0.2
아웃렛 박스 8각	54[mm]	개	14	0.2	⑦ 2.8
스위치 박스 1개용	54[mm]	개	2	0.2	⑧ 0.4

(5) 재료비, 노무비, 경비

해설 (2) 전선 공칭단면적
1.5, 2.5, 4, 6, 10, 16, 25, 35, 50, 75, 95, 120, 150, 185, 240, 300, 400
(3) ① 후강전선관 16[mm] : $2 \times 13 + (1+2.3) \times 2 + (1+1.7) \times 1 = 35.3$[m]
② 후강전선관 22[mm] : $2 \times 1 = 2$[m]
③ 금속제 가요전선관 16[mm] : $1 \times 15 = 15$[m]
④ HFIX 전선 2.5[mm²] : $(35.3+2+15) \times 2 + 2 \times 4 + (1+2.3) \times 2 + 1 = 120.2$[m]

문제 75 공사기사 20년 출제

배점: 20점

다음 도면은 전등 및 콘센트의 평면 배선도이다. 각 항의 조건을 읽고 질문에 답하시오.

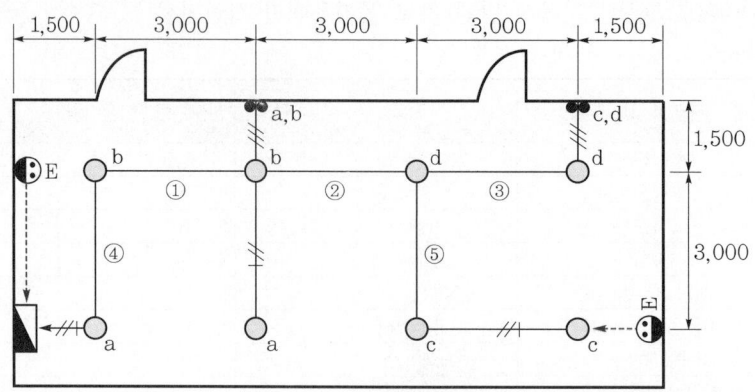

┃범례 및 주기┃

기호	명칭	기호	배선
○	LED 15[W]	----------	HFIX 2.5sq×2, (E) 2.5sq(16C)
ⓔE	매입 콘센트(2P 15[A] 250[V]) 접지 2구	—//—	HFIX 2.5sq×2, (E) 2.5sq(16C)
●	매입 텀블러 스위치(15[A] 250[V])	—///—	HFIX 2.5sq×3(16C)
◣	분전반	—///—	HFIX 2.5sq×3, (E) 2.5sq(16C)
		—////—	HFIX 2.5sq×4, (E) 2.5sq(22C)

[주] 1. 바닥에서 천장 슬래브까지의 높이는 3[m]이다.
    2. 분전반의 규격은 다음에 의한다.
      • 주차단기 MCCB 3P 60AF(60AT) : 1개
      • 분기차단기 MCCB 2P 30AF(20AT) : 3개
      • 철제 매입 설치 완제품 기준
    3. 배관은 콘크리트 매입, 배선기구는 매입 설치하는 것으로 한다.
    4. 도면 및 조건에 따라 산정하고, 그 외에는 무시하도록 한다.

1. 시설조건
    ① 전선은 HFIX 2.5[mm^2]를 사용한다.
    ② 전선관은 CD전선관을 사용하며, 범례 및 주기사항을 참조한다.
    ③ 전선관 28C 이하는 매입 배관한다.
    ④ 스위치 설치높이 1.2[m](바닥에서 중심까지)
    ⑤ 콘센트 설치높이 0.3[m](바닥에서 중심까지)
    ⑥ 분전함 설치높이 0.8[m](바닥에서 상단까지) (단, 바닥에서 하단까지는 0.5[m]이다.)

2. 재료 산출조건
    ① 분전함 내부에서 배선 여유는 없는 것으로 한다.
    ② 자재산출 시 산출수량과 할증수량은 소수점 이하도 계산한다.
    ③ 배관 및 배선 이외의 자재는 할증을 고려하지 않는다. (배관 및 배선의 할증은 10[%]로 한다.)
    ④ 천장 슬래브의 전등박스에서 전등까지의 배관, 배선은 무시한다.
    ⑤ 바닥 슬래브에서 콘센트까지의 입상 배관은 0.5[m]로 하고, 기타는 설치높이를 기준으로 한다.

3. 인건비 산출조건
　① 재료의 할증부에 대해서는 품셈을 적용하지 않는다.
　② 소수점 이하도 계산한다.
　③ 품셈은 표준품셈을 적용한다.

표 1 전선관 배관

(단위 : [m])

합성수지전선관		후강전선관		금속가요전선관	
규격	내선전공	규격	내선전공	규격	내선전공
14[m] 이하	0.04				
16[m] 이하	0.05	16[m] 이하	0.08	16[m] 이하	0.044
22[m] 이하	0.06	22[m] 이하	0.11	22[m] 이하	0.059
28[m] 이하	0.08	28[m] 이하	0.14	28[m] 이하	0.072
36[m] 이하	0.10	36[m] 이하	0.20	36[m] 이하	0.087

[해설] ① 콘크리트 매입 기준
　　　② 합성수지제 가요전선관(CD관)은 합성수지전선관 품의 80[%] 적용

표 2 옥내 배선

(단위 : [m], 적용직종 : 내선전공)

규 격	관내 배선
6[mm^2] 이하	0.010
16[mm^2] 이하	0.023
38[mm^2] 이하	0.031
50[mm^2] 이하	0.043
60[mm^2] 이하	0.052
70[mm^2] 이하	0.061
100[mm^2] 이하	0.064

[해설] 관내 배선 기준

표 3 분전반 조립 및 설치

(단위 : 개, 적용직종 : 내선전공)

배선용 차단기				나이프 스위치			
용량	2P	3P	4P	용량	2P	3P	4P
30AF 이하	0.34	0.43	0.54	30AF 이하	0.38	0.48	0.6
50AF 이하	0.43	0.58	0.74	60AF 이하	0.48	0.65	0.82
100AF 이하	0.58	0.74	1.04	100AF 이하	0.65	0.93	1.16
225AF 이하	0.74	1.01	1.35	200AF 이하	0.82	1.20	1.50

[해설] ① 차단기 및 스위치를 조립, 결선하고, 매입 설치하는 기준
　　　② 차단기 및 스위치가 조립된 완제품 설치 시는 65[%]
　　　③ 외함은 철제 또는 PVC제를 기준
　　　④ 4P 개폐기는 3P 개폐기의 130[%]

■표 4 ■ 콘센트류 배선기구 설치 (단위 : 개, 적용직종 : 내선전공)

종 류	2P	3P	4P
콘센트 15[A]	0.065	0.095	0.10
콘센트(접지극부) 15[A]	0.08	–	–
콘센트(접지극부) 20[A]	0.085	–	–
콘센트(접지극부) 30[A]	0.11	0.145	0.15
플로어 콘센트 15[A]	0.096	–	–
플로어 콘센트 20[A]	0.096	–	–

[해설] ① 매입 1구 설치기준, 노출 설치 120[%]
② 1구를 초과할 경우 매 1구 증가마다 20[%] 가산

■표 5 ■ 스위치류 배선기구 설치 (단위 : 개)

종 류	내선전공
텀플러 스위치 단로용	0.085
텀플러 스위치 3로용	0.085
텀플러 스위치 4로용	0.10
풀스위치	0.10
푸시버튼	0.065
리모컨 스위치	0.07

[해설] 매입 설치기준, 노출 설치 시 120[%]

(1) 도면을 보고 ①부터 ⑤까지 접지선을 포함하여 최소 전선(가닥)수를 표시하시오.
(표시 예 : 접지선을 포함하여 3가닥인 경우 → ─//─)
(2) 아래 표의 총수량(①, ②)에 대하여 답하시오.
(소수점 넷째 자리에서 반올림하여 소수점 셋째 자리까지 표시하시오.)

자재명	규 격	단 위	수 량	할증수량	총수량 (수량 + 할증수량)
CD 전선관	16[mm]	[m]			①
CD 전선관	22[mm]	[m]			②
이하 생략					

(3) 아래 표의 내선전공 공량계(①, ②, ③, ④)에 대하여 답하시오.
(소수점 넷째 자리에서 반올림하여 소수점 셋째 자리까지 표시하시오.)

자재명	규격	단위	수량	할증수량	총수량 (수량 + 할증수량)
CD 전선관	16[mm]	[m]			①
스위치	250[V], 15[A]	개			②
매입콘센트	250[V], 15[A], 2P	개			③
분전반	MCCB 3P 60AF(60AT) 1개 MCCB 2P 30AF(20AT) 3개	면			④
이하 생략					

답안 (1) ① ―////― ② ―//― ③ ―////― ④ ―///+― ⑤ ―//―

(2) ① 45.87[m]
② 6.6[m]

(3) ① 1.668[인]
② 0.34[인]
③ 0.16[인]
④ 1.515[인]

해설 (2) ① • 수량
- 전등 16C : $1.2+1.5\times3+3\times5+1.8\times2=24.3\,[m]$
- 콘센트 16C : $0.5+3+0.7\times2+12+0.5=17.4\,[m]$
- 합계 $=24.3+17.4=41.7\,[m]$
• 할증수량 $=41.7\times0.1=4.17\,[m]$
• 총수량 $=41.7+4.17=45.87\,[m]$

② • 수량
- 전등 22C : $3+3=6\,[m]$
• 할증수량 $=6\times0.1=0.6\,[m]$
• 총수량 $=6+0.6=6.6\,[m]$

(3) ① $41.7\times0.05\times0.8=1.668\,[인]$
② $4\times0.085=0.34\,[인]$
③ $2\times0.08=0.16\,[인]$
④ $(1.04\times1+0.43\times3)\times0.65=1.5145=1.515\,[인]$

1990년~최근 출제된 기출문제

문제 76 공사기사 20년 출제 | 배점 : 20점

다음 도면은 전등 및 콘센트의 평면 배선도이다. 각 항의 조건을 읽고 질문에 답하시오.

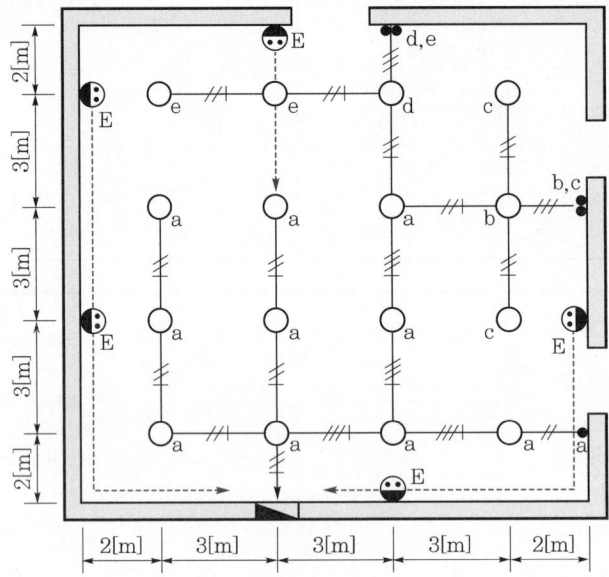

│범례 및 주기│

○	LED 15[W]	----------	HFIX 4sq×2, (E) 4sq(22C)
ⓔ	매입 콘센트(2P 15[A] 250[V])	—///—	HFIX 2.5sq×3, (E) 2.5sq(16C)
		—//—	HFIX 2.5sq×2, (E) 2.5sq(16C)
•	매입 텀블러 스위치(15[A] 250[V])	—///—	HFIX 2.5sq×3(16C)
		—//—	HFIX 2.5sq×2(16C)

1. 시설조건
   ① 4조 이상의 배관과 접속되는 박스는 4각 박스를 사용한다.
   ② 스위치 설치높이는 1.2[m](바닥에서 중심까지)로 한다.
   ③ 콘센트 설치높이는 0.3[m](바닥에서 중심까지)로 한다.
   ④ 분전함 설치높이는 1.8[m](바닥에서 상단까지)로 한다. (단, 바닥에서 하단까지는 0.5[m]를 기준한다.)
   ⑤ 바닥에서 천장 슬래브까지의 높이는 3[m]로 한다.
   ⑥ 분전반의 규격은 다음에 의한다.
      • 주차단기 CB 3P 60AF(60AT) : 1개
      • 분기차단기 CB 2P 30AF(20AT) : 4개
      • 철제 매입 설치 완제품 기준
2. 재료 산출조건
   ① 분전함 내부에서 배선 여유는 전선 1본당 0.5[m]로 한다.
   ② 자재산출 시 산출수량과 할증수량은 소수점 이하도 기록하고, 자재별 총수량(산출수량 + 할증수량)의 소수점 이하는 반올림한다.

③ 배관 및 배선 이외의 자재는 할증을 보지 않는다.
  (단, 배관 및 배선의 할증은 10[%]로 한다.)
④ 바닥면에서의 전선 매설깊이까지와 천장 슬래브에서 천장 슬래브 내의 전선 설치높이까지는 자재산출에 포함시키지 않는다.
⑤ 콘센트용 박스는 4각 박스로 본다.
⑥ 콘센트용 및 등기구 내 배선 여유는 무시한다.
⑦ 콘센트용 전선은 분전반 하단기준, 전등용 전선은 분전반 상단을 기준한다.
⑧ 접지선은 HFIX선을 사용한다.

3. 인건비 산출조건
  ① 재료의 할증분에 대해서는 품셈을 적용하지 않는다.
  ② 소수점 이하도 계산한다.
  ③ 품셈은 아래 표의 품셈을 적용한다. 주어진 품셈 이외의 것은 임의로 생각하지 말 것
  ④ 분전반 품셈은 품셈표를 적용한다.

4. 품셈표

┃박스(BOX) 설치┃

(단위 : 개)

종 별	내선전공
Concrete Box	0.12
Outlet Box	0.20
Switch Box(2개용 이하)	0.20
Switch Box(3개용 이하)	0.25
노출형 Box(콘크리트 노출기준)	0.29
플로어 박스	0.20
연결용 박스	0.04

[해설] 콘크리트 매입 기준

┃배선기구 설치┃

1. 콘센트류

(단위 : 개, 적용직종 : 내선전공)

종 류	2P	3P	4P
콘센트 15[A]	0.065	0.095	0.10
콘센트(접지극부) 15[A]	0.08	–	–
콘센트(접지극부) 20[A]	0.085	–	–
콘센트(접지극부) 30[A]	0.11	0.145	0.15
플로어 콘센트 15[A]	0.096	–	–
플로어 콘센트 20[A]	0.096	–	–
하이텐션(로우텐션)	0.096	–	–

[해설] 매입 설치기준, 노출 설치 120[%]

2. 스위치류

종 류	내선전공
텀플러 스위치 단로용	0.085
텀플러 스위치 3로용	0.085
텀플러 스위치 4로용	0.10
풀스위치	0.10
푸시버튼	0.065
리모컨 스위치	0.07

[해설] 매입 설치기준, 노출 설치 120[%]

┃ 분전반 조립 및 설치 ┃

(단위 : 개, 적용직종 : 내선전공)

배선용 차단기				나이프 스위치			
용량	2P	3P	4P	용량	2P	3P	4P
30AF 이하	0.34	0.43	0.54	30AF 이하	0.38	0.48	0.6
50AF 이하	0.43	0.58	0.74	60AF 이하	0.48	0.65	0.82
100AF 이하	0.58	0.74	1.04	100AF 이하	0.65	0.93	1.16
225AF 이하	0.74	1.04	1.35	200AF 이하	0.82	1.20	1.50
				300AF 이하	1.20	1.47	1.84
400AF 이하		1.65	1.95	400AF 이하		1.74	2.20
600AF 이하		1.94	2.24	600AF 이하		2.40	2.54
600AF 이하		2.24	2.55	600AF 이하			

[해설] ① 차단기 및 스위치를 조립, 결선하고, 매입 설치하는 기준
② 차단기 및 스위치가 조립된 완제품(내부배선 포함) 설치 시는 차단기 및 스위치를 각각 개별 적용하여 합산한 품의 35[%]

(1) 도면에 의하여 다음 재료표의 ①부터 ⑥까지 빈칸을 기입하시오.

자재명	규 격	단 위	산출수량	할증수량	총수량 (산출수량 + 할증수량)
후강전선관	16[mm]	[m]			①
후강전선관	22[mm]	[m]			②
HFIX	2.5sq	[m]			③
HFIX	4sq	[m]			④
4각 박스		개			⑤
8각 박스		개			⑥

(2) 다음 표의 각 재료별 전공수를 ①부터 ④까지 기입하시오.

자재명	규 격	단 위	산출수량	할증수량	내선전공
스위치	15[A], 250[V]	개			①
매입콘센트	2P, 15[A], 250[V]	개			②
스위치박스	1개용, 2개용	개			③
분전반	1-CB 3P 60AF(60AT) 4-CB 2P 30AF(20AT)	면			④

답안 (1) ① 66[m]

② 50[m]

③ 207[m]

④ 155[m]

⑤ 7개

⑥ 14개

(2) ① 0.425[인]

② 0.4[인]

③ 0.6[인]

④ 0.735[인]

해설 (1) ① • 산출수량

- a회로 : $1.2+2+3+6+6+3+6+3+2+1.8 = 34$[m]

- b, c회로 : $3+3+3+2+1.8 = 12.8$[m]

- d, e회로 : $3+6+2+1.8 = 12.8$[m]

계 : $34+12.8+12.8 = 59.6$[m]

• 할증수량 : $59.6 \times 0.1 = 5.96$[m]

• 총수량 $= 59.6+5.96 = 65.56$[m]

② • 산출수량

- a회로 : $0.5+5+5+0.3 \times 2+6+0.3 = 17.4$[m]

- b, c회로 : $0.5+13+0.3 = 13.8$[m]

- d, e회로 : $0.5+3+0.3 \times 2+5+5+0.3 = 14.4$[m]

계 : $17.4+13.8+14.4 = 45.6$[m]

• 할증수량 : $45.6 \times 0.1 = 4.56$[m]

• 총수량 $= 45.6+4.56 = 50.16$[m]

③ • 산출수량

- a회로 : $(0.5+1.2+2+9+6) \times 3+(3+6+3) \times 4+(2+1.8) \times 2 = 111.7$[m]

- b, c회로 : $(3+6+2+1.8) \times 3 = 38.4$[m]

- d, e회로 : $(3+6+2+1.8) \times 3 = 38.4$[m]

계 : $111.7+38.4+38.4 = 188.5$[m]

• 할증수량 : $188.5 \times 0.1 = 18.85$[m]

• 총수량 $= 188.5+18.85 = 207.35$[m]

④ • 산출수량
- a회로 : $(17.4+0.5) \times 3 = 53.7[m]$
- b, c회로 : $(13.8+0.5) \times 3 = 42.9[m]$
- d, e회로 : $(14.4+0.5) \times 3 = 44.7[m]$
계 : $53.7+42.9+44.7 = 141.3[m]$
• 할증수량 : $141.3 \times 0.1 = 14.13[m]$
• 총수량 $= 141.3 + 14.13 = 155.43[m]$

(2) ① 스위치(단로용) : $5 \times 0.085 = 0.425[인]$
② 매입콘센트 : $5 \times 0.08 = 0.4[인]$
③ 스위치박스(2개용 이하) : $3 \times 0.2 = 0.6[인]$
④ • 3P 60AF : $1 \times 0.74 = 0.74[인]$
• 2P 30AF : $4 \times 0.34 = 1.36[인]$
계 : $(0.74+1.36) \times 0.35 = 0.735[인]$

문제 77 공사기사 19년 출제 | 배점 : 30점

다음 도면은 사무실의 전등 및 콘센트 배선 평면도이다. 주어진 조건을 읽고 답란의 빈칸을 채우시오.

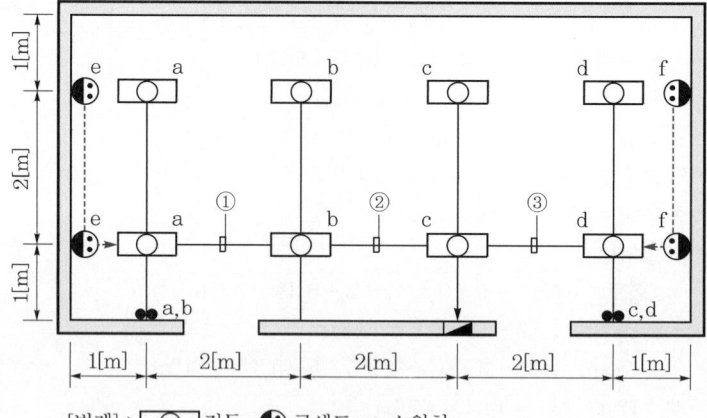

[범례] : ▭ 전등, ● 콘센트, ● 스위치

1. 시설조건
   ① 전등회로는 1회로로 전선은 HFIX 2.5$[mm^2]$를 사용하며, 전열회로는 1회로로 전선은 HFIX 4$[mm^2]$를 사용하고, 접지는 스위치 회로를 제외하고 전등, 전열회로에 회로선과 동일한 굵기로 시설한다.
   ② 벽과 등기구 간의 간격은 1[m], 등기구와 등기구 간격은 2[m]로 시설한다.
   ③ 전선관은 후강전선관을 사용하고 16[mm] 전선관 내 전선 수는 접지선 포함 4가닥까지이며, 전선 수 5가닥 이상은 22[mm] 전선관을 사용하여 시설한다.
   ④ 4방출 이상의 배관과 접속되는 박스는 4각 박스를 사용한다.

⑤ 각각의 등기구마다 1대 1로 아웃렛 박스를 사용하며 천장에서 등기구까지는 금속가요전선관을 이용하여 등기구에 연결한다. 금속가요전선관 길이는 1[m]로 시설한다.
⑥ 천장은 이중 천장으로 바닥에서 등기구까지 높이 3[m], 전등배관은 바닥에서 3.5[m]에 후강전선관을 이용하여 시설한다.
⑦ 스위치 설치높이 1.2[m](바닥에서 중심까지)로 한다.
⑧ 콘센트 설치높이는 0.3[m](바닥에서 중심까지)로 한다.
⑨ 분전함 설치높이 1.8[m](바닥에서 상단까지)로 한다. (단, 바닥에서 하단까지는 0.5[m]를 기준으로 한다.)
⑩ 전등은 천장으로 배관하며, 전열은 바닥으로 배관하여 구분하여 시설한다.

2. 재료의 산출조건
① 분전함 내부에서 배선 여유는 전선 1본당 0.5[m]로 한다.
② 전등회로용 TB는 분전함 내부 상단에 설치되어 있고, 콘센트용 TB는 분전함 내부 하단에 설치되어 있다.
③ 자재산출 시 산출수량과 할증수량은 소수점 셋째 자리에서 반올림하고 자재별 총수량은 (산출수량 + 할증수량) 소수점 이하 올림한다.
④ 배관 및 배선 이외의 자재는 할증을 보지 않는다. (단, 배관 및 배선의 할증은 10[%]로 한다.)

3. 인건비 산출조건
① 재료의 할증에 대해서는 공량을 적용하지 않는다.
② 소수점 이하 두 자리까지 계산한다. (소수점 셋째 자리 반올림)
③ 품셈은 다음 표의 품셈을 적용한다.

┃전선관 배관┃

(단위 : [m])

후강전선관		금속가요전선관	
규격	내선전공	규격	내선전공
16[mm] 이하	0.08	16[mm] 이하	0.044
22[mm] 이하	0.11	22[mm] 이하	0.059
28[mm] 이하	0.14	28[mm] 이하	0.072
36[mm] 이하	0.20	36[mm] 이하	0.087
42[mm] 이하	0.25	42[mm] 이하	0.104
54[mm] 이하	0.34	54[mm] 이하	0.136

[해설] 콘크리트 매입 기준

┃박스(BOX) 설치┃

(단위 : 개)

종 별	내선전공
Concrete Box	0.12
Outlet Box	0.20
Switch Box(2개용 이하)	0.20
Switch Box(3개용 이하)	0.25
노출형 Box(콘크리트 노출기준)	0.29
플로어 박스	0.20
연결용 박스	0.04

[해설] 콘크리트 매입 기준

옥내 배선(관내 배선)

(단위 : [m])

규 격	내선전공
6[mm²] 이하	0.010
16[mm²] 이하	0.023
38[mm²] 이하	0.031
50[mm²] 이하	0.043
60[mm²] 이하	0.052
70[mm²] 이하	0.061
100[mm²] 이하	0.064
120[mm²] 이하	0.077

[해설] 관내 배선 기준, 애자 배선 은폐공사는 150[%], 노출 및 그리드애자공사는 200[%], 직선 및 분기접속 포함

배선기구 설치

1. 콘센트류

(단위 : 개, 적용직종 : 내선전공)

종 류	2P	3P	4P
콘센트 15[A]	0.065	0.095	0.10
콘센트(접지극부) 15[A]	0.08	-	-
콘센트(접지극부) 20[A]	0.085	-	-
콘센트(접지극부) 30[A]	0.11	0.145	0.15
플로어 콘센트 15[A]	0.096	-	-
플로어 콘센트 20[A]	0.096	-	-
하이텐션(로우텐션)	0.096	-	-

[해설] 매입 설치기준, 노출 설치 120[%]

2. 스위치류

(단위 : 개)

종 류	내선전공
텀플러 스위치 단로용	0.085
텀플러 스위치 3로용	0.085
텀플러 스위치 4로용	0.10
풀스위치	0.10
푸시버튼	0.065
리모컨 스위치	0.07

[해설] 매입 설치기준, 노출 설치 120[%]

(1) 도면에 표시된 ①, ②, ③ 전선관 배관에 접지선을 포함 전선 가닥수를 순서대로 쓰시오.
(2) 콘센트 배관기호 및 전등 배관기호의 명칭을 쓰시오.
 ① 콘센트 배관기호
 ② 전등 배관기호

(3) 도면을 보고 아래 표의 ①부터 ⑩까지 빈칸에 산출량 및 총수량을 기입하시오.

자재명 및 규격	규 격	단 위	산출수량	할증수량	총수량 (산출수량 + 할증수량)
후강전선관	16[mm]	[m]	①		⑤
금속가요전선관	16[mm]	[m]	②		⑥
HFIX	2.5[mm²]	[m]	③		⑦
HFIX	4[mm²]	[m]	④		⑧
매입 스위치 2구	250[V], 15[A]	개			⑨
매입 콘센트 2P, 15[A]	250[V], 15[A] 접지극부	개			⑩
아웃렛 박스 4각	54[mm]	개			
아웃렛 박스 8각	54[mm]	개			
스위치 박스 1개용	54[mm]	개			

(4) 아래 표의 각 자재별 내선전공수를 ①부터 ⑥까지 기입하시오.

자재명 및 규격	규 격	단 위	수 량	인공수 (재료 단위별)	내선전공
후강전선관	16[mm]	[m]			①
금속가요전선관	16[mm]	[m]			②
HFIX	2.5[mm²]	[m]			③
HFIX	4[mm²]	[m]			④
매입스위치 2구	250[V], 15[A]	개			⑤
매입콘센트 2P, 15[A]	250[V], 15[A] 접지극부	개			⑥
아웃렛 박스 4각	54[mm]	개			
아웃렛 박스 8각	54[mm]	개			
스위치 박스 1개용	54[mm]	개			

(5) 인건비 계산 시 할증에 대한 중복 할증 가산방법을 주어진 [조건]을 이용하여 식으로 쓰시오.

[조건]
W : 할증이 포함된 품, P : 기본품
α : 첫 번째 할증요소, β : 두 번째 할증요소

답안 (1) ① 4가닥
② 3가닥
③ 4가닥
(2) ① 바닥은폐배선
② 천장은폐배선
(3) ① 40.1[m]
② 8[m]
③ 99.4[m]

④ 53.4[m]
⑤ 45[m]
⑥ 9[m]
⑦ 110[m]
⑧ 59[m]
⑨ 2개
⑩ 4개
(4) ① 3.21[인]
② 0.35[인]
③ 0.99[인]
④ 0.53[인]
⑤ 0.34[인]
⑥ 0.32[인]
(5) $W = P \times (1 + \alpha + \beta)$

해설 (3) ① 전등회로 23.3 + 전열회로 16.8 = 40.1[m]
② $1 \times 8 = 8[m]$
③ $1 \times 3 \times 8 + 2 \times (3 \times 4 + 3 \times 1 + 4 \times 2) + 3.3 \times 3 \times 2 + 3.2 \times 3 \times 1 = 99.4[m]$
④ $0.3 \times 3 \times 6 + 2 \times 3 \times 2 + (7 + 5) \times 3 = 53.4[m]$
⑤ $40.1 \times 1.1 = 44.11[m]$
⑥ $8 \times 1.1 = 8.8[m]$
⑦ $99.4 \times 1.1 = 109.34[m]$
⑧ $53.4 \times 1.1 = 58.74[m]$
(4) ① $40.1 \times 0.08 = 3.21[인]$
② $8 \times 0.044 = 0.35[인]$
③ $99.4 \times 0.010 = 0.99[인]$
④ $53 \times 0.010 = 0.53[인]$
⑤ $2 \times 0.085 \times 2 = 0.34[인]$
⑥ $4 \times 0.08 = 0.32[인]$

문제 78 공사기사 20년 출제   배점 : 20점

다음 도면은 횡단보도 안전을 위하여 기존 가로등주에서 분기하여 신호등주에 투광기를 설치한 장소 중 일부 개소에 해당하는 평면 배치도이다. 각 항의 조건을 읽고 질문에 답하시오.

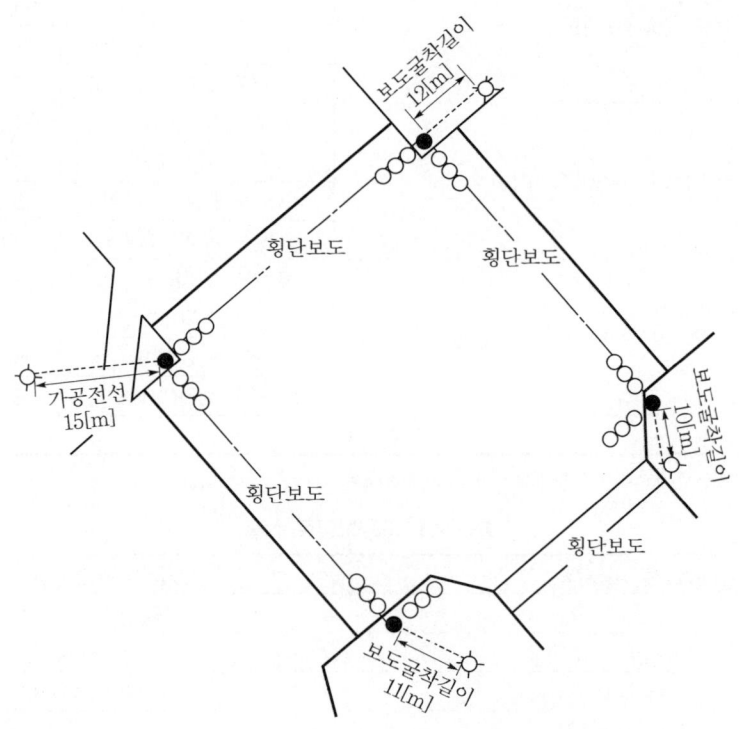

터파기 상세도(단위 : [mm])

* 괄호 내의 치수는 하중을 받는 장소인 차도에만 적용

전기 범례

기 호	배선 및 배관
⊢∞	LED 투광등 2구 (80[W])
⊢∞∞	LED 투광등 3구 (120[W])
●	신호등주
¤	가로등주
——·——	지중전선로, 0.6/1[kV] F-CV 4sq/3C
----------	가공전선로, 0.6/1[kV] F-CV 4sq/3C

[주] 1. 금액산정 시 단위는 원단위이고, 소수점 이하는 절사한다.
  2. 도면 및 조건에 따라 산정하고, 그 외에는 무시하도록 한다.
  3. 〈재료비 + 직접노무비 + 산출경비〉의 합계액 기준은 일억원 이하이다.
  4. 총 공사기간은 3개월이다.
  5. 고용보험료는 7등급 이하를 적용한다.
  6. 연금보험료는 〈직접노무비〉×4.5[%]를 적용힌다.
  7. 건강보험료는 〈직접노무비〉×3.335[%]를 적용힌다.
  8. 노인장기요양보험료는 〈건강보험료〉×10.25[%]를 적용힌다.
  9. 산재보험료는 〈노무비〉×3.75[%]를 적용힌다.
  10. 산업안전보건관리비는 〈재료비 + 직접노무비〉×1.2×2.93[%]를 적용힌다.
  11. 누전차단기(W.P)는 분기한 가로등주 1개소마다 1개씩만 시설한다.
  12. 철판구멍따기는 투광등이 설치되는 신호등주 1개소마다 2개씩만 적용한다.

표 1 공사규모, 공사기간별 기타 경비 산출

공사규모 〈재료비 + 직접노무비 + 산출경비〉의 합계액 기준	공시가긴	비율[%] 건축	비율[%] 기타
50억 미만	6개월 이하(183일)	5.6	5.6
	7~12개월(365일)	5.8	5.8
	13~36개월(1,095일)	7.0	7.0
	36개월 초과(1,096일)	7.3	7.3
50억 이상~300억 미만	6개월 이하(183일)	6.8	6.8
	7~12개월(365일)	7.0	7.0
	13~36개월(1,095일)	8.2	8.2
	36개월 초과(1,096일)	8.5	8.5
300억 이상~1,000억 미만	6개월 이하(183일)	7.1	7.1
	7~12개월(365일)	7.2	7.2
	13~36개월(1,095일)	8.4	8.4
	36개월 초과(1,096일)	8.7	8.7
이하 생략			

[해설] 기타 경비는 〈재료비 + 노무비〉×비율로 산출한다.

표 2 고용보험료 산출

등급별 비율[%]	등급별 비율[%]
1등급 : 1.39	5등급 : 0.89
2등급 : 1.17	6등급 : 0.88
3등급 : 0.97	7등급 이하 : 0.87
4등급 : 0.92	

[해설] 고용보험료는 〈노무비〉×비율로 산출한다.

표 3 단가조사서

명 칭	규 격	단 위	적용 단가	조사가격 1 단가[원]	조사가격 1 PAGE	조사가격 2 단가[원]	조사가격 2 PAGE
누전차단기(W.P)	2P 30AF/20AT	개	①	27,500	405	27,700	1,117
F-CV CABLE	0.6/1[kV] F-CV 3C×4sq	[m]		1,678	266	1,793	993
이하 생략							

[해설] 조사가격 중에서 가장 적은 금액으로 단가를 적용한다.

표 4 도급 수량 내역

명 칭	규 격	단 위	수 량	호표적용
보도굴착구간	기계 + 인력	[m]		제1호
F-CV CABLE	0.6/1[kV] F-CV 3C×4sq	[m]	20	제2호
누전차단기(W.P)	2P 30AF/20AT	개		제3호
이하 생략				

┃표 5┃ 일위대가 재료비

명 칭	규 격	단 위	수 량	재료비 단가[원]	재료비 금액[원]
[제1호] 보도굴착구간 기계·인력					
보판 걷기		[m²]	1	335	335
보도블록 포장		[m²]	1	596	596
터파기		[m²]	②	430	
되메우기 및 다짐		[m²]			97
위험표시테이프	저압	[m]	1	184	184
공구손료		식	1	273	273
(합계)		[m]	1		
[제2호] F-CV CABLE 0.6/1[kV] F-CV 3C×4sq					
(합계)		[m]	1		1,863
[제3호] 누전차단기(W.P) 2P 30AF/20AT					
(합계)		개	1		28,456
이하 생략					

[해설] [제2호], [제3호]의 일위대가 재료비는 합계값을 표시함

┃표 6┃ 일위대가 노무비

코 드	명 칭	규 격	단 위	노무비[원]
제1호	보도굴착구간	기계 + 인력	[m]	9,846
제2호	F-CV CABLE	0.6/1[kV] F-CV 3C×4sq	[m]	4,465
제3호	누전차단기(W.P)	2P 30AF/20AT	개	1,325
제4호	철판구멍따기		개	28,765
이하 생략				

(1) 위 표 안에 ①, ②에 대하여 답하시오. (단, 소수점 셋째 자리에서 반올림하여 소수점 둘째 자리까지 표시하시오.)
(2) 아래 표는 도급내역서의 일부이다. ①부터 ④까지 금액에 대하여 답하시오. (단, 소수점 이하는 절사한다.)

자재명	규 격	단 위	합 계 수량	합 계 재료비[원]	합 계 노무비[원]
보도굴착구간	기계 + 인력	[m]			①
F-CV CABLE	0.6/1[kV] F-CV 3C×asq	[m]	50	②	
누전차단기(W.P)	2P 30AF/20AT	개		③	
철판구멍따기		개			④
이하 생략					

(3) 아래 표는 총괄 원가계산서의 일부이다. ①부터 ④까지 금액에 대하여 답하시오.
(단, 소수점 이하는 절사한다.)

구 분		금액[원]
재료비	직접재료비	2,000,523
	간접재료비	160,042
	소계	2,160,565
노무비	직접노무비	7,903,956
	간접노무비	632,316
	소계	8,536,272
경비	경비	172,768
	건강보험료	
	연금보험료	
	노인장기요양보험료	①
	산재보험료	
	고용보험료	②
	산업안전보건관리비	③
	기타 경비	④
	소계	
이하 생략		

답안 (1) ① 27,500[원]
② 0.18[m²]
(2) ① 51,546[원]
② 93,150[원]
③ 113,824[원]
④ 230,120[원]
(3) ① 27,018
② 74,265
③ 353,868
④ 599,022

해설 (1) ① 조사가격 중 가장 적은 금액으로 단가를 적용하므로 조사가격 1의 27,500[원] 적용
② 폭×깊이×길이(1[m]) = 0.3×0.6×1 = 0.18[m²]
(2) ① • 1[m]당 터파기 재료비 : 0.18[m³]×430 = 77[원]
 • [제1호] 재료비 : 335+596+77+97+184+273 = 1,562[원]
 • 보도굴착구간 재료비 : (11+10+12)×1,562 = 51,546[원]
② [표 5] 일위대가 재료비에서 F-CV 3C 1[m]가 1,863[원]이므로
50×1,863 = 93,150[원]
③ 4×28,456 = 113,824[원]
④ 8×28,765 = 230,120[원]

(3) ① • 건강보험료 : $7,903,956 \times 0.03335 = 263,596$[원]
　　　• 노인장기요양보험료 : $263,596 \times 0.1025 = 27,018$[원]
　② $8,536,272 \times 0.0087 = 74,265$[원]
　③ $(2,160,565 + 7,903,956) \times 1.2 \times 0.0293 = 353,868$[원]
　④ $(2,160,565 + 8,536,272) \times 0.056 = 599,022$[원]

문제 79 ＼ 공사기사 21년 출제　　　　　　　　　　　　　　　　　　　　배점 : 20점

다음 그림은 22.9[kV] 배전선로의 내장주 건주공사도이다. 주어진 [조건]과 품셈을 이용하여 물음에 답하시오.

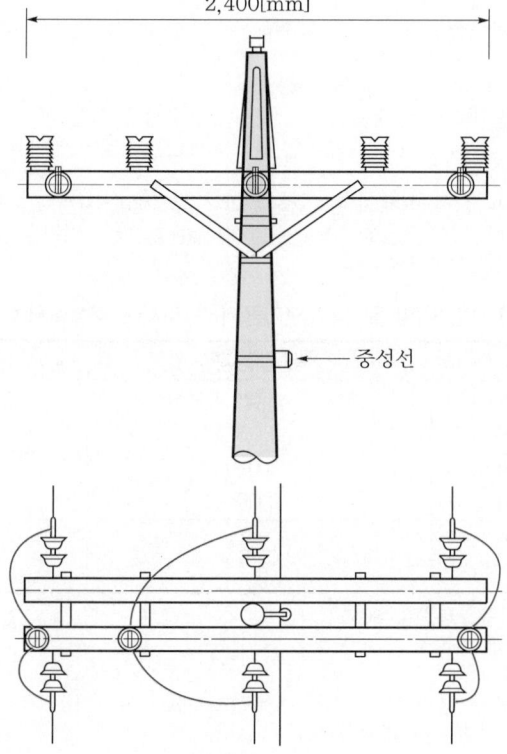

[조건]
• 전주는 CP 16[m]이며, 전주용 근가는 1개 설치한다.
• 중성선용 랙 및 지선밴드 설치는 고려하지 않는다.
• 완철, 가공지선지지대, 애자는 주상설치 기준이며 지상조립이 불가능한 경우이다.
• 공구손료는 노무비의 3[%]로 계산한다.
• 직접노무비는 노무비 + 공구손료로 계산한다.
• 간접노무비는 직접노무비의 15[%]로 계산한다.
• 노임단가는 배전전공 336,973원, 보통인부 125,427원이다.

- 인공은 소수점 넷째 자리까지 구한다.
- 각 금액 계산 시 소수점 이하는 버린다.
- 기타 조건은 무시한다.

┃콘크리트전주 인력 건주┃

(단위 : 본)

규 격	배전전공	보통인부
8[m] 이하	0.89	1.01
10[m] 이하	1.10	1.39
12[m] 이하	1.52	1.60
14[m] 이하	1.95	2.29
16[m] 이하	2.70	2.76

[해설] ① 전주 길이의 1/6을 묻는 기준이며, 계단식 터파기, 되메우기 포함, 암반 터파기는 별도 계상
② 근가 1본 포함, 1본 추가마다 10[%] 가산
③ 지주공사는 건주공사 적용
④ 주입목주는 콘크리트전주의 50[%], 불주입목주는 콘크리트전주의 40[%]
⑤ H주 건주 200[%], A주 건주 160[%]
⑥ 3각주 건주 300[%], 4각주 건주 400[%]
⑦ 단계주 및 인자형 계주의 건주는 각각의 단주 건주품을 합한 품 적용
⑧ 주의표 및 번호표 설치 시 1매당 보통인부 0.068[인], 기입만 할 때는 전기공사산업기사 0.043[인] 계상
⑨ 조립식 강관주도 본 품을 적용하며, 조립 후의 전장길이를 기준으로 한다. 단, 16[m] 초과시 [m]당 배전전공 0.56[인], 보통인부 0.59[인]을 가산하며, 1[m] 미만은 사사오입한다.
⑩ 철거 50[%], 재사용 철거 80[%]

┃ㄱ형 완철 및 피뢰선(가공지선) 지지대 주상설치┃

규 격	배전전공	보통인부
ㄱ형 완철 1[m] 이하	0.05	0.05
ㄱ형 완철 2[m] 이하	0.06	0.06
ㄱ형 완철 3[m] 이하	0.07	0.07
ㄱ형 완철 3[m] 초과	0.09	0.09
가공지선지지대 (내장용 및 직선용)	0.10	0.05

[해설] ① ㄱ형 완철 설치기준, 경완철 80[%]
② Arm Tie 설치 포함
③ 편출공사 120[%]
④ 지상조립 75[%](공동 설치 과다 개소, 수목접촉 개소, 공간협소 개소 등 지장물 및 안전위해요소로 지상조립이 불가능한 경우 제외)
⑤ 피뢰선 지지대 철거 50[%], 재사용 철거 80[%]
⑥ 철거 30[%], 재사용 철거 50[%]
⑦ 단일형 내장완철의 경우 ㄱ형 완철에 준함

┃배전용 애자 설치┃ (단위 : 개)

종 별	배전전공	보통인부
라인포스트애자	0.046	0.046
현수애자	0.032	0.032
내오손 결합애자	0.025	0.025
저압용 인류애자	0.020	–

[해설] ① 애자 교체 150[%]
② 특고압 핀애자는 라인포스트애자에 준함
③ 철거 50[%], 재사용 철거 80[%]
④ 동일 장소에 추가 1개마다 기본품의 45[%] 적용
⑤ 저압용 인류애자 지상조립 75[%](공동설치 과다 개소, 수목접촉 개소, 공간협소 개소 등 지장물 및 안전위해요소로 지상조립이 불가능한 경우 제외)

(1) 재료의 수량을 답란에 채우시오.

품 명	규 격	단 위	수 량	비 고
전주	CP 16[m]	본	1	
라인포스트애자		개	①	
특고압 현수애자		개	②	
완철	경완철	개	③	
가공지선지지대		개	④	

(2) "(1)"항 재료들의 배전전공 및 보통인부의 총공량[인]을 계산하시오.
① 배전전공
② 보통인부
(3) 노무비를 산출하시오.
① 노무비
② 공구손료
③ 간접노무비

답안 (1)

①	3	②	12
③	2	④	1

(2) ① 3.1898[인]
② 3.1998[인]
(3) ① 1,476,217[원]
② 44,286[원]
③ 228,075[원]

해설 (2) ① $2.7 \times 1 + 0.046(1 + 0.45 \times 2) + 0.032(1 + 0.45 \times 11) + 0.07 \times 2 \times 0.8 + 1 \times 0.10$
$= 3.1898$[인]

② $2.76 \times 1 + 0.046(1 + 0.45 \times 2) + 0.032(1 + 0.45 \times 11) + 0.07 \times 2 \times 0.8 + 1 \times 0.05$
$= 3.1998$[인]

(3) ① 배전전공 = 3.1898 × 336,973 = 1,074,876[원]
　　　보통인부 = 3.1998 × 125,427 = 401,341[원]
　　　따라서 노무비 = 1,074,876 + 401,341 = 1,476,217[원]
　② 1,476,217 × 0.03 = 44,286[원]
　③ (1,476,217 + 44,286) × 0.15 = 228,075[원]

문제 80 공사산업 20년 출제　　　　　　　　　　　　　　배점 : 20점

다음 도면은 어느 수용가의 22.9[kV-Y] 전용 배전선로이다. 주어진 조건을 읽고 답하시오.

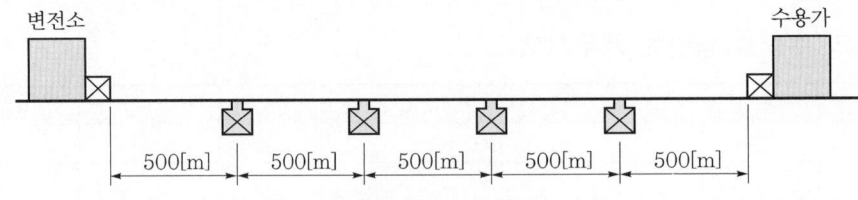

∥ 지중 매입 관로 도면 ∥

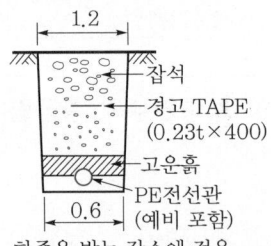

∥ 관로 포설 및 터파기 상세도(단위 : [m]) ∥

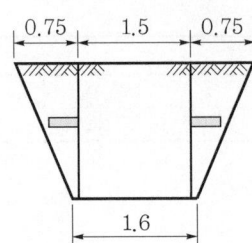

∥ 신설 맨홀 기초 상세도(단위 : [m]) ∥

[조건 1] 시설조건
- 지중매설은 중량물의 압력을 받는 장소로 파상형 폴리에틸렌 전선관(ELP) 100[mm]에 지중매입 배관공사를 한다.
- 한전변전소 맨홀에서 수용가 맨홀까지 22.9[kV] 인입관로에 CNCV-W 케이블 1심 95[mm^2] × 3조로 배선한다.

- 변전소 인출구 맨홀부터 수용가 인입구 맨홀까지 4개의 맨홀을 신설하며 맨홀은 조립식 맨홀 (MS TYPE)로 크레인 사용 기준이다. 또한, 맨홀의 규격은 1.5[m]×1.5[m]×1.5[m]이다. 단, 변류기 인출구 맨홀과 수용가 인입구 맨홀은 설치되어 있다.
- 줄기초 터파기와 맨홀 터파기 치수는 도면의 치수로 한다.
- 관로 매입공사는 중량물의 압력을 받는 장소로써 시설 시 최소한의 깊이로 시설하며 기타 조건을 무시한다.

[조건 2] 재료의 산출조건
- 관로는 변전소 인출구 맨홀부터 수용가 인입구 맨홀까지만 산출한다. (단, 맨홀 내 배관은 설치하지 않는다.)
- 케이블은 변전소 인출구 맨홀과 수용가 인입구 맨홀 내 수량은 산출하지 않는다. 신설 맨홀 내 케이블의 길이는 여유를 고려하여 3[m]로 계산한다.
- 자재산출 시 자재할증은 없이 도면의 물량만 계산하고 소수점 이하는 절상한다.
- 터파기는 도면기준으로 관로 및 맨홀 도면의 물량만 계산하고 소수점 이하는 절상한다. (단, 관로 및 맨홀 터파기 물량는 각각 계산하여 겹치는 터파기 물량 부분은 무시한다.)
- 접지선은 개별 접지방식으로 산출하지 않는다.

[조건 3] 공량 산출조건
- 재료 할증은 공량산정 시 적용하지 않는다.
- 소수점 이하 둘째 자리까지 계산한다.
- 주어진 품셈표의 조건으로만 적용한다.

|조립식 맨홀 및 기기 기초대 설치|

(단위 : 조당)

종 별	비계공	특별인부	작업반장	줄눈공	장비사용시간[hr]			
					5[ton]	10[ton]	30[ton]	50[ton]
핸드홀	0.53	0.80	0.28	0.03		2.28		
맨홀(MS-4, MS-6)	0.64	0.99	0.34	0.05			2.80	
맨홀(MB-6, MC-5, MC-6)	0.93	1.42	0.49	0.07				4.04

[해설] ① 본 품은 바닥 정지, 거치 및 관로구 설치품 포함
② 터파기, 기초 잡석 및 콘크리트 되메우기, 잔토처리 및 접지공사품은 별도 계상
③ 장비는 크레인 사용기준

(1) 파상형 폴리에틸렌 전선관 물량을 계산하시오.
(2) 매입관로와 맨홀의 터파기 물량을 각각 계산하시오.
 ① 매입관로
 ② 맨홀
(3) 케이블(CNCV-W) 수량을 계산하시오.
(4) 신설 맨홀 설치 인공을 산출하시오.
 ① 특별인부
 ② 작업반장

답안 (1) 2,494[m]
(2) ① 2,245[m³]
② 33[m³]
(3) 7,518[m]
(4) ① 3.96[인]
② 1.36[인]

해설 (1) 폴리에틸렌 전선관 = 전체길이 − 맨홀 폭 × 맨홀 수
$= 500 \times 5 - 1.5 \times 4 = 2,494 \text{[m]}$

(2) ① 매입관로 : $\dfrac{0.6+1.2}{2} \times 1 \times 2,494 = 2,245 \text{[m}^3\text{]}$

② 맨홀 : $\dfrac{1.5}{6}[(2 \times 3 + 1.6) \times 3 + (2 \times 1.6 + 3) \times 1.6] \times 4 = 33 \text{[m}^3\text{]}$

지중전선로의 시설(KEC 334.1)
지중전선로를 관로식에 의하여 시설하는 경우에는 매설깊이를 1.0[m] 이상으로 하되, 매설깊이가 충분하지 못한 장소에는 견고하고 차량 기타 중량물의 압력에 견디는 것을 사용할 것. 다만, 중량물의 압력을 받을 우려가 없는 곳은 0.6[m] 이상으로 한다.

- 독립기초파기
  터파기량[A] $= \dfrac{h}{6}\{(2a+a')b + (2a'+a)b'\}$

- 줄기초파기
  터파기량[A] $= \left(\dfrac{a+b}{2}\right)h \times$ 줄기초길이

---

(3) $(2,494 + 3 \times 4) \times 3 = 7,518 \text{[m]}$
(4) ① $0.99 \times 4 = 3.96 \text{[인]}$
② $0.34 \times 4 = 1.36 \text{[인]}$

문제 81 공사산업 20년 출제   배점 : 20점

다음 도면은 어느 수용가의 배수지 가압펌프장의 22.9[kV-Y] 전용 배전선로이다. 도면과 주어진 조건을 읽고 답하시오.

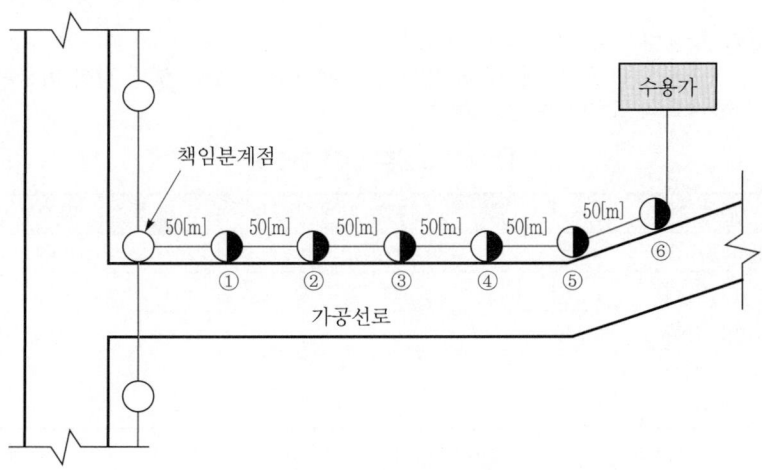

│가공선로 평면도│

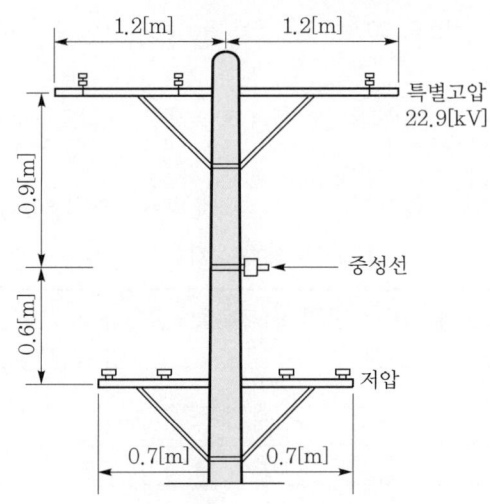

│특고압 및 저압선 병가│

1. 시설조건
   ① 도면에 표시된 수치는 [m]이다.
   ② 책임분계점 전신주는 제외한다.
   ③ 전주는 12[m], 설계하중 6.8[kN]인 콘크리트 전주이며 전주 1개당 근가 1.2[m] 1개가 설치된다.
   ④ 애자는 22.9[kV] 핀애자, 저압용 핀애자를 사용한다.
   ⑤ 지선은 시설하지 않는다.
   ⑥ 배전선용 케이블은 ACSR 58[mm^2] 1C×3이며 중성선을 포함하지 않는다.
   ⑦ 단완철을 기준한다.

2. 재료의 산출조건
   ① 중성선 케이블은 제외한다.
   ② 신설되는 배전선로는 책임분계점에서 전주 ⑥까지 산출한다.
   ③ 자재산출 시 자재할증은 없는 것으로 도면의 물량만 계산하고 소수점 이하는 절상한다.
3. 공량 산출조건
   ① 재료할증은 공량산정 시 적용하지 않는다.
   ② 계산 시 소수점 이하 모두 계산하고 합계 인공계산 시 소수점 셋째 자리 이하는 절사한다.
   ③ 주어진 품셈표의 조건으로만 적용한다.

┃콘크리트전주 인력 건주┃

(단위 : 본)

규 격	배전전공	보통인부
8[m] 이하	0.89	1.01
10[m] 이하	1.10	1.39
12[m] 이하	1.52	1.60
14[m] 이하	1.95	2.29
16[m] 이하	2.70	2.76

[해설] ① 전주 길이의 1/6을 묻는 기준이며, 계단식 터파기, 되메우기 포함, 암반터파기는 별도 계상
② 근가 1본 포함, 1본 추가마다 10[%] 가산
③ 지주공사는 건주공사 적용
④ 주입목주는 콘크리트전주의 50[%], 불주입목주는 콘크리트전주의 40[%]
⑤ H주 건주 200[%], A주 건주 160[%]
⑥ 3각주 건주 300[%], 4각주 건주 400[%]
⑦ 불량품 파괴처리 시 규격별 보통인부 품의 60[%](현장 정리품 포함)
⑧ 기설 전주에 전주를 높이는데 사용되는 계주용 강판주는 본당 배전전공 0.12[인], 보통인부 0.12[인] 계상, 강판주 철거 50[%], 이설 150[%]
⑨ 경사전주 건기 30[%], 이설 180[%], 철거 50[%], 재사용 철거 80[%]

┃배전용 애자 설치┃

(단위 : 본)

종 별	배전전공	보통인부
라인포스트애자	0.046	0.046
현수애자	0.032	0.032
내오손 결합애자	0.025	0.025
저압용 인류애자	0.02	-

[해설] ① 애자 교체 150[%]
② 애자 닦기
  • 주상(탑상) 손닦기 : 애자품의 50[%]
  • 주상(탑상) 기계닦기 : 기계손료만 계상(인건비 포함)
  • 발췌 손닦기는 애자품의 170[%]
③ 특고압 핀애자는 라인포스트애자에 준함
④ 철거 50[%], 제사용 철거 80[%]
⑤ 동일 장소에 추가 1개마다 기본품의 45[%] 적용
⑥ 저압용 인류애자 지상조립 75[%](공가과다 개소, 수목접촉 개소, 공간협소 개소 등 지장물 및 안전위해요소로 지상조립이 불가능한 경우 제외)

(1) 다음 물량을 계산하시오. (단, 케이블 물량 계산 시 중성선 케이블은 제외한다.)

품 명	규 격	단 위	수 량
배전선용 케이블(ACSR)	ACSR 58[mm^2]	[m]	①
저압 핀애자	–	개	②
완금	90×90×2,400[mm]	개	③
암타이	900[mm]	개	④

(2) 신설되는 전주의 건주공사 인공(배전전공, 보통인부)을 계산하시오.
  • 배전전공
  • 보통인부
(3) 특고압 애자의 인공(배전전공, 보통인부)을 계산하시오. (단, 중성선 애자는 제외한다.)
  • 배전전공
  • 보통인부
(4) 도면의 전신주에서 발판못의 지표상 최소높이와 한국전기설비규정에 의한 일반장소에서 전신주의 땅에 묻히는 최소 깊이를 쓰시오.
  ① 발판못의 최소 높이
  ② 전신주 근입 깊이

답안 (1) ① 900[m]
       ② 24개
       ③ 6개
       ④ 12개
  (2) • 배전전공 : 9.12[인]
      • 보통인부 : 9.6[인]
  (3) • 배전전공 : 0.5244[인]
      • 보통인부 : 0.5244[인]
  (4) ① 1.8[m]
      ② 2[m]

해설 (1) ① $50 \times 3 \times 6 = 900$[m]
       ② $4 \times 6 = 24$개
       ③ $1 \times 6 = 6$개
       ④ $2 \times 6 = 12$개
  (2) • 배전전공 : $1.52 \times 6 = 9.12$[인]
      • 보통인부 : $1.60 \times 6 = 9.6$[인]
  (3) • 배전전공 : $0.046 \times (1 + 0.45 \times 2) \times 6 = 0.5244$[인]
      • 보통인부 : $0.046 \times (1 + 0.45 \times 2) \times 6 = 0.5244$[인]
  (4) ② $12 \times \dfrac{1}{6} = 2$[m]

1990년~최근 출제된 기출문제

문제 82 공사산업 17년 출제   배점 : 30점

다음 그림은 어느 건축물 옥외 수변전설비 단선 결선도이다. 수변전설비를 신설하고자 할 경우 물음에 답하시오.

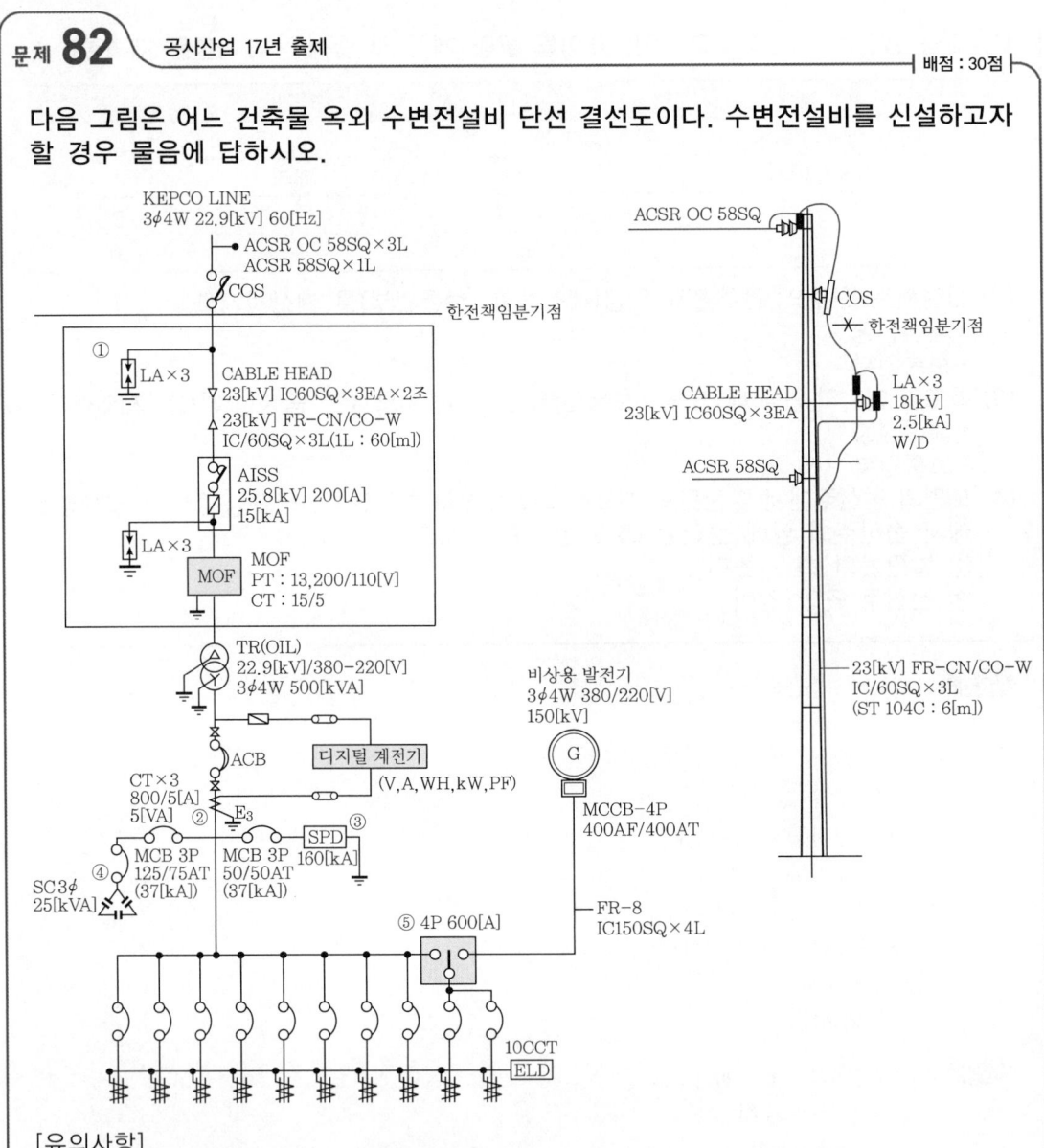

[유의사항]
- 참고자료가 필요할 경우 참고자료를 이용하시오.
- 공량산출에는 할증을 적용하지 않는다.
- 계산은 소수점 셋째 자리에서 반올림하여 둘째 자리까지 산출한다.
- 질문 외의 것은 모두 무시하시오.

표 1 전력 케이블의 설치

(단위 : [km])

PVC 고무 절연 외장케이블류	케이블전공	보통인부
저압 6[mm²] 이하 단심	4.62	4.62
10[mm²] 이하 단심	4.84	4.84
16[mm²] 이하 단심	5.28	5.28
25[mm²] 이하 단심	6.09	6.09
35[mm²] 이하 단심	6.58	6.58
50[mm²] 이하 단심	7.32	7.32
70[mm²] 이하 단심	8.46	8.46
120[mm²] 이하 단심	11.58	11.58
185[mm²] 이하 단심	15.33	15.33
240[mm²] 이하 단심	18.50	18.50
300[mm²] 이하 단심	21.55	21.55

[해설] ① 600[V] 케이블 기준, 드럼 다시감기 소운반품 포함
② 지하관내 부설기준 Cu, Al 도체 공용
③ 트라프 내 설치 110[%], 2심 140[%], 3심 200[%], 4심 260[%], 직매(장애물이 없을 때) 80[%]
④ 가공케이블(조가선 및 Hanger품 불포함) 130[%], 가로수 또는 수목과 접촉하여 설치 시 120[%]
⑤ 단말처리, 직선접속 및 접지공사 불포함(600[V] 10[mm²] 이하의 단말처리 및 직선 접속 포함)
⑥ 관내 가설케이블 정리가 필요할 때는 10[%] 가산
⑦ 8자 포설은 본 품의 115[%] 적용
⑧ 케이블만의 임시부설 30[%] 적용
⑨ 터파기, 되메우기, 트라프관 설치는 별도 계상
⑩ 2열 동시 180[%], 3열 260[%], 4열 340[%], 4열 초과 시 1열당 80[%] 가산, 수저부설 200[%] 각각 적용
⑪ 관로식에서 단심케이블을 동일 공내에서 2조 이상 포설 시 1조 추가마다 80[%] 가산
⑫ 배전 전력 케이블 포설 시 구내부설부문 전력 케이블은 150[%]
⑬ 적용 전압에 대한 가산율
 • 3.3[kV]~6.6[kV] : 15[%] 가산
 • 22.9[kV] 이하 : 30[%] 가산
 • 66[kV] 이하 : 80[%] 가산
⑭ 사용케이블의 공칭전압에 따라 케이블전공 직종을 구분 적용
⑮ 철거 50[%], 재사용 드럼감기 철거 100[%]

표 2 전력 케이블의 단말처리

(단위 : 개소, 적용직종 : 케이블전공)

규격	600[V] 이하			700[V] 이하			25,000[V] 이하		66[kV] 이하	
	1C	2C	3C	1C	2C	3C	1C	3C	1C	3C
10[mm²] 이하	–	–	–	0.35	0.47	0.58	–	–	–	–
16[mm²] 이하	0.27	0.36	0.45	0.39	0.53	0.65	–	–	–	–
25[mm²] 이하	0.33	0.46	0.56	0.48	0.65	0.81	–	–	–	–

규격	600[V] 이하			700[V] 이하			25,000[V] 이하		66[kV] 이하	
	1C	2C	3C	1C	2C	3C	1C	3C	1C	3C
35[mm²] 이하	0.36	0.48	0.60	0.55	0.73	0.91	0.67	1.12	—	—
50[mm²] 이하	0.40	0.53	0.67	0.61	0.85	10.7	0.76	1.26	—	—
70[mm²] 이하	0.47	0.61	0.76	0.71	0.98	1.22	0.86	1.43	3.13	5.25
95[mm²] 이하	0.50	0.67	0.84	0.76	—	1.27	0.93	1.55	—	—
120[mm²] 이하	0.57	0.76	0.95	0.83	—	1.38	1.00	1.68	—	—
185[mm²] 이하	0.68	0.91	1.13	1.06	—	1.76	1.21	1.90	—	—

[해설] ① 케이블 헤드를 포함한 단말처리 기준
② 압착단자만으로 단말처리 시는 30[%]
③ 제어, 신호용 케이블의 단말처리는 제외
④ 4C는 3C의 120[%]
⑤ 케이블 재사용 해체 철거 70[%]
⑥ 구내 설치 시 20[%] 가산

| 표 3 | 전기재료의 할증률 및 철거손실률

종 류	할증률[%]	철거손실률[%]
옥외전선	5	2.5
옥내전선	10	—
cable(옥외)	3	1.5
cable(옥내)	5	—
전선관(옥외)	5	—
전선관(옥내)	10	—

[해설] 철거손실률이란 전기설비공사에서 철거작업 시 발생하는 폐자재를 환입할 때 재료의 파손, 손실, 망실 및 일부 부식 등에 의한 손실률을 말함

(1) 도면에서 ①의 물량 및 공량을 산출하시오.

품 명	규 격	단위	자재소계	할증량	자재총계	특고압 케이블공		내선전공	
						단위공량	공량계	단위공량	공량계
강제전선관	아연도(ST) 104C	[m]	㉠						
22.9 동심중성선 수밀형 저독성 난연 전력 케이블	FR-CN/CO-W 1C 60[mm²]	[m]	㉡	㉢	㉣	㉤	㉥		
케이블단말처리제	23[kV] 1C 60[mm²]	[EA]	㉦					㉧	㉨
LA(W/DISCONN.)	18[kV] 2.5[kA]	[EA]	㉩						

(2) 도면에서 ②는 변류기이다. 변류기의 사양에서 5[VA]는 무엇인지 쓰시오.
(3) 도면에서 ③의 영어 약호는 SPD(Surge Protective Device)이다. 명칭을 우리나라 말로 쓰시오.
(4) 도면에서 ④의 전력용 콘덴서의 설치목적은 무엇인지 쓰시오.
(5) 도면에서 ⑤의 영어 약호와 역할을 쓰시오.
  • 영어 약호
  • 역할

답안 (1)

㉠	6	㉡	180	㉢	5.4	㉣	185.4	㉤	11
㉥	1.98	㉦	6	㉧	0.86	㉨	5.16	㉩	6

(2) 정격부담
(3) 서지보호장치
(4) 부하설비의 역률 개선
(5) • 영어 약호 : ATS
  • 역할 : 상용전원의 정전으로 비상용 전원이 대체되는 경우에는 상용전원과 병렬운전이 되지 않도록 하는 역할을 한다.

해설 (1) ㉠ 전주 그림 참고 : ST 104C : 6[m]
  ㉡ 60[m/Line]×3[Line]=180[m]
  ㉢ 180[m]×0.03(옥외케이블 할증률)=5.4[m]
  ㉣ ㉡+㉢=180+5.4
         =185.4[m]
  ㉤ [표 1]에서 70[mm^2] 이하 단심의 케이블 전공
    8.46×1.3(22.9[kV] 이하 30[%] 가산)=11[인]
  ㉥ ㉡×단위공량=180× $\frac{11}{1,000}$ =1.98[인]
  ㉦ 3×2=6[EA]
  ㉧ [표 2]에서 70[mm^2] 이하와 25,000[V] 이하 1C의 케이블 전공 : 0.86
  ㉨ ㉦×단위공량=6×0.86
           =5.16[인]
  ㉩ 3[EA]×2개소=6[EA]

문제 83 공사기사 20년 출제 [배점: 20점]

다음 도면은 옥외 보안등설비 평면도 및 상세도 일부분이다. 각 항의 조건을 읽고 다음 물음에 답하시오.

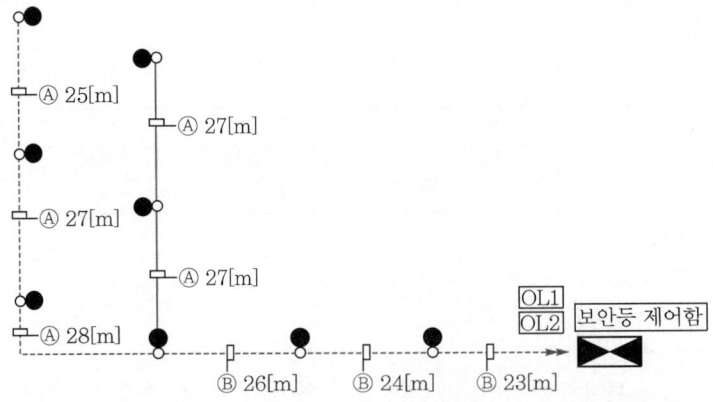

TYPE	POLE(M)	ARM(M)	LAMP	EA	비 고
○●	5.0	0.8	LED 65[W]	8	상시등

보안등 : 접지봉 φ14×1,000–1[EA], 접지선 F–GV 6sq

CABLE SCHDULE

기 호	배선 및 배관	비 고
Ⓐ	F–CV 6sq–2C, F–GV 6sq(PE 36C)	
Ⓑ	F–CV 6sq–2C×2, F–GV 6sq(PE 42C)	

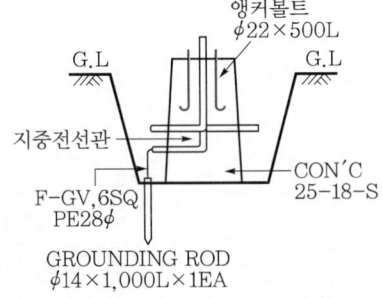

보안등 기초 상세도(단위 : [mm]) * 일부 치수 생략

터파기 상세도(단위 : [m])

[주] 1. Ⓐ부분의 터파기는 하중을 받는 장소에 적용하고, Ⓑ부분의 터파기는 하중을 받지 않는 장소에 작용한다.
2. 도면 및 조건에 따라 산정하고, 그 외에는 무시하도록 한다.
3. 보안등은 LED 65[W] 상시등으로 시설한다.

1. 시설조건
   ① 전선은 F-CV 6sq-2C, F-GV 6sq를 사용한다.
   ② 전선관은 PE전선관을 사용하며, 범례 및 주기사항을 참조한다.
2. 재료 산출조건
   ① 보안등 배관길이는 보안등 기초, LED함 및 보안등 제어반의 수직 높이를 고려하여 각각 1.5[m]를 수평배관길이에 가산하며, 케이블은 배관길이에 각각 0.5[m]를 가산한다.
   ② 자재산출 시 산출수량과 할증수량은 소수점 이하도 계산한다.
   ③ 배관, 배선, 케이블 표지시트(경고 TAPE) 이외의 자재는 할증을 고려하지 않는다.
      – 배관, 배선의 할증은 3[%]로 한다.
   ④ Ⓐ부분과 Ⓑ부분의 터파기(토사) 수량산출 시 보안등 기초 터파기 부분은 포함하여 산출하지 않는다.
3. 인건비 산출조건
   ① 재료의 할증부에 대해서는 품셈을 적용하지 않는다.
   ② 소수점 이하도 계산한다.
   ③ 품셈은 표준품셈을 적용한다.

‖합성수지 파형관 설치‖ (단위 : [m])

규 격	배전전공	보통인부
16[mm] 이하	0.005	0.012
30[mm] 이하	0.006	0.014
50[mm] 이하	0.007	0.018
80[mm] 이하	0.009	0.022
100[mm] 이하	0.012	0.036

[해설] ① 합성수지 파형관의 지중포설 기준
② 2열 동시 180[%], 3열 260[%], 4열 340[%] 적용
③ 접합품 포함, 접합부의 콘크리트 타설품 및 지세별 할증은 별도 계상
④ 가로등공사. 신호등공사, 보안등공사 또는 구내 설치 시 50[%] 가산

‖전력 케이블 설치‖ (단위 : [km])

P.V.C 고무 절연 외장케이블류	케이블전공	보통인부
저압 6[mm²] 이하 단심	4.62	4.62
10[mm²] 이하 단심	4.84	4.84
16[mm²] 이하 단심	5.28	5.28
25[mm²] 이하 단심	6.09	6.09
35[mm²] 이하 단심	6.58	6.58
50[mm²] 이하 단심	7.32	7.32
70[mm²] 이하 단심	8.46	8.46

[해설] ① 600[V] 케이블 기준, 드럼 다시감기 소운반품 포함
② 지하관내 부설기준 CU, Al 도체 공용
③ 2심 140[%], 3심 200[%] 적용
④ 2열 동시 180[%], 3열 260[%], 4열 340[%] 적용
⑤ 가로등공사. 신호등공사, 보안등공사 시 50[%] 가산

(1) 아래 표를 보고, ①부터 ⑥까지 자재별 총수량을 산출하시오. (단, 소수점 넷째 자리에서 반올림하여 소수점 셋째 자리까지 표시하시오.)

〈Ⓐ. F-CV 2C/6sq×1 (E) F-GV 6sq (PE 36C)〉			자재별 총수량 (산출수량 + 할증수량)
품명	규격	단위	
0.6/1[kV] CABLE(보안등)	F-CV 2C/6sq×1	[m]	①
폴리에틸렌전선관	PE 36C	[m]	②
터파기(토사)	인력 10[%] + 기계 90[%]	[m³]	③
이하 생략			

〈Ⓑ. F-CV 2C/6sq×2 (E) F-GV 6sq (PE 42C)〉			자재별 총수량 (산출수량 + 할증수량)
품명	규격	단위	
0.6/1[kV] CABLE(보안등)	F-CV 2C/6sq×2열 동시	[m]	④
폴리에틸렌전선관	PE 42C	[m]	⑤
터파기(토사)	인력 10[%] + 기계 90[%]	[m³]	⑥
이하 생략			

(2) 아래 표를 보고, ①부터 ④까지 공량계를 산출하시오. (단, 소수점 넷째 자리에서 반올림하여 소수점 셋째 자리까지 표시하시오.)

품 명	규 격	단 위	자재수량	전 공	단위공량	공량계
폴리에틸렌전선관	PE 36C	[m]		배전전공		①
				보통인부		
폴리에틸렌전선관	PE 42C	[m]		배전전공		②
				보통인부		
0.6/1[kV] CABLE (보안등)	F-CV 2C/6sq×1	[m]		저압케이블전공		③
				보통인부		
0.6/1[kV] CABLE (보안등)	F-CV 2C/6sq×2열 동시	[m]		저압케이블전공		④
				보통인부		
이하 생략						

답안 (1) ① 158.62[m]
　　　② 153.47[m]
　　　③ 121.94[m³]
　　　④ 175.1[m]
　　　⑤ 84.46[m]
　　　⑥ 23.725[m³]
(2) ① 1.565[인]
　　② 0.861[인]
　　③ 1.494[인]
　　④ 1.484[인]

해설 (1) ① • 산출수량 = 배관 직선길이 + 케이블
　　　　　　가산길이 = $134 + 2 \times 10 = 154$ [m]
　　　　• 할증 = $154 \times 0.03 = 4.62$ [m]
　　　　• 총수량 = $154 + 4.62 = 158.62$ [m]
　　② • 산출수량 = 배관 직선길이 + 배관
　　　　　　가산길이 = $134 + 1.5 \times 10 = 149$ [m]
　　　　• 할증 = $149 \times 0.03 = 4.47$ [m]
　　　　• 총수량 = $149 + 4.47 = 153.47$ [m]
　　③ $\left(\dfrac{0.6 + 0.8}{2}\right) \times 1.3 \times 134 = 121.94$ [m³]
　　④ • 산출수량 = (배관 직선길이 + 케이블 가산길이) × 2
　　　　　　　　= $(73 + 2 \times 6) \times 2 = 170$ [m]
　　　　• 할증 = $170 \times 0.03 = 5.1$ [m]
　　　　• 총수량 = $170 + 5.1 = 175.1$ [m]
　　⑤ • 산출수량 = 배관 직선길이 + 배관 가산길이
　　　　　　　　= $73 + 1.5 \times 6 = 82$ [m]
　　　　• 할증 = $82 \times 0.03 = 2.46$ [m]
　　　　• 총수량 = $82 + 2.46 = 84.46$ [m]
　　⑥ $\left(\dfrac{0.4 + 0.6}{2}\right) \times 0.65 \times 73 = 23.725$ [m³]

(2) ① $149 \times 0.007 \times 1.5 = 1.565$ [인]
　　② $82 \times 0.007 \times 1.5 = 0.861$ [인]
　　③ $154 \times \dfrac{4.62}{1,000} \times 1.4 \times 1.5 = 1.494$ [인]
　　④ $85 \times \dfrac{4.62}{1,000} \times 1.4 \times 1.8 \times 1.5 = 1.484$ [인]

문제 84 공사기사 19년 출제
배점 : 30점

다음 그림과 같이 H변대를 이용하여 22.9[kV] 특고압 수전설비를 설치하고자 한다. 물음에 답하시오.

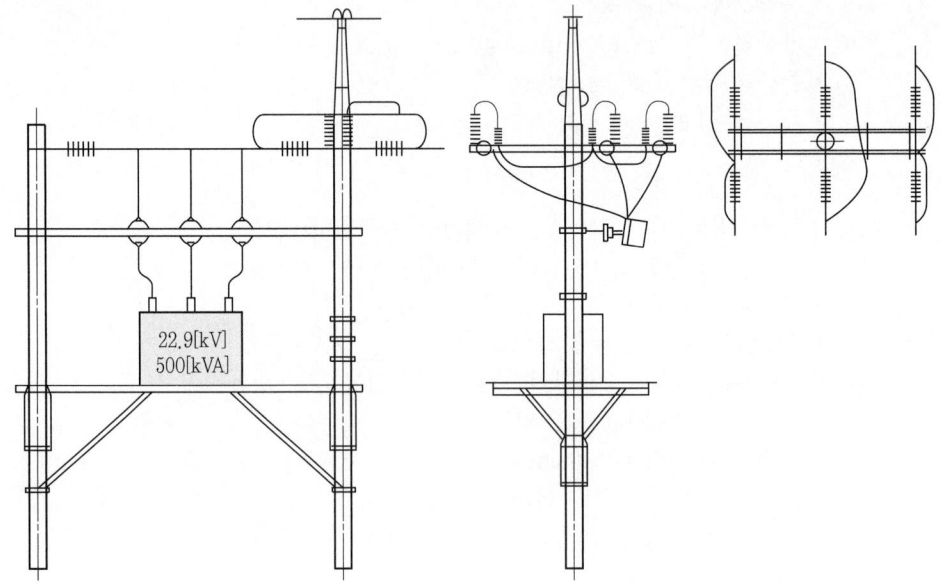

[유의사항]
- 필요할 경우 참고자료를 이용하시오.
- 전주의 길이는 14[m], 묻히는 깊이는 전체 길이의 $\frac{1}{6}$이며 인력으로 설치한다.
- 근가는 전주 1본당 2개로 하며 전주 공량계에 포함시킨다.
- 지질은 보통토로 하며 잔토의 처리는 무시한다.
- 폴리머현수애자는 내오손 결합애자로 본다.
- 작업은 동일 장소, 동일 조건으로 본다.
- 변압기는 절연변압기를 사용하고 인력으로 설치한다.
- 배전전공 인건비 300,000원, 보통인부 인건비 100,000원을 적용한다.
- 간접노무비는 직접노무비의 9[%]를 적용한다.
- 직접재료비는 45,000,000원으로 하여 원가 계산한다.
- 산재보험료는 노무비의 3.8[%]를 적용한다.
- 안전관리비는 재료비 + 직접노무비의 2.9[%]를 적용한다.
- 국민건강보험료는 직접노무비의 1.7[%]를 적용한다.
- 일반관리비는 순공사비의 6[%]를 적용한다.
- 이윤은 노무비 + 경비 + 일반관리비의 15[%]를 적용한다.
- 부가가치세는 총원가의 10[%]를 적용한다.
- 공량계산은 소수점 넷째 자리에서 반올림하여 셋째 자리까지 산출한다.
- 원가계산서는 소수점 첫째 자리에서 반올림한다.
- 유의사항과 질문 이외의 것은 모두 무시한다.

콘크리트전주 인력 건주

(단위 : 본)

규 격	배전전공	보통인부
8[m] 이하	0.89	1.01
10[m] 이하	1.10	1.39
12[m] 이하	1.52	1.60
14[m] 이하	1.95	2.29
16[m] 이하	2.70	2.76

[해설] ① 전주 길이의 $\frac{1}{6}$을 묻는 기준이며, 계단식 터파기, 되메우기 포함, 암반 터파기는 별도 계상
② 현장 내에서 잔토처리 시 [m³]당 보통인부 0.17[인] 별도 계상, 현장 밖으로 잔토처리 시는 적상, 적하비용 및 운반비 별도 계상
③ 전주 철거 후 되메우기에 따른 토사를 외부에서 반입 시 토사비용과 적상, 적하 및 운반비 별도 계상
④ 근가 1개 포함, 1개 추가마다 10[%] 가산
⑤ 지주공사는 건주공사 적용
⑥ 주입목주는 콘크리트전주의 50[%], 불주입목주는 콘크리트전주의 40[%]
⑦ 3각주 건주 300[%], 4각주 건주 400[%]

배전용 애자 설치

(단위 : 개)

종 별	배전전공	보통인부
라인포스트애자	0.046	0.046
현수애자	0.032	0.032
내오손 결합애자	0.025	0.025
저압용 인류애자	0.020	-

[해설] ① 애자 교체 150[%]
② 애자 닦기
 • 주상(탑상) 손닦기 : 애자품의 50[%]
 • 주상(탑상) 기계닦기 : 기계손료만 계상(인건비 포함)
 • 발췌 손닦기는 애자품의 170[%]
③ 고압용 핀애자는 라인포스트애자에 준함
④ 철거 50[%], 재사용 철거 80[%]
⑤ 동일 장소에 추가 1개마다 기본품의 45[%] 적용

절연변압기 인력 설치

(단위 : 대)

규 격	배전전공	보통인부
주상 200[kVA]	2.88	2.88
주상 300[kVA]	3.57	3.57
주상 500[kVA]	4.40	4.40
주상 700[kVA]	6.17	6.17

[해설] ① 절연변압기를 H형 주상에 인력으로 설치하는 기준
② 지상 설치 80[%]

컷아웃 스위치(COS) 설치
(단위 : 개)

종 별	배전전공	보통인부
고압 COS	0.05	0.05
특고압 COS	0.12	0.06
퓨즈링크 교체	0.04	—

[해설] ① COS 1개 주상 설치기준
② 퓨즈링크, 접속, 시험품 포함
③ 전력퓨즈(P.F)는 COS의 120[%]
④ 수전설비용 설치 시 30[%] 가산
⑤ 철거 50[%], 재사용 철거 80[%]

피뢰기 설치
(단위 : 개)

종 별	배전전공	보통인부
피뢰기 직류 1,500[kV]용	0.18	—
피뢰기 교류 22.9[kV]용	0.11	—
퓨즈링크 교체	0.04	—

[해설] ① 베선 포함, 접지 불포함
② 피뢰기는 상부배선 포함, 접지완철 및 하부베선 불포함, 리드선 압축접속 시는 별도 계상
③ 구내 설치 시 30[%] 가산
④ 철거 30[%]
⑤ 리드선 부착형 피뢰기인 경우, 피뢰기 설치품의 95[%] 적용
⑥ 동일 장소에 추가 1개마다 기본품의 60[%] 적용

(1) 자재 총계, 단위공량을 산출하여 공량 산출서를 작성하시오.

품 명	규 격	단 위	자재 총계	배전전공		보통인부	
				단위 공량	공량계	단위 공량	공량계
경완금	75×75×2.3t×2,400[mm]	개	2	0.07	0.112	0.07	0.112
라인포스트애자	23[kV] 152×304[mm]	개	3	0.046	0.087	0.046	0.087
폴리머현수애자	510[mm]	개			①		①
절연커버	데드엔드클램프형	개	9	0.018	0.061	0.018	0.061
전주	14[m]	본		1.95	4.29		②
COS	24[kV] 100[A]	개			③	0.06	0.234
LA	18[kV] 2.5[kA]	개			④	—	—
변대	H 변대	식	1		1.61		0.61
절연변압기	3상 500[kVA]	대			⑤		⑤
공량계					⑥		⑦

(2) 원가계산서

비 목			금 액
순공사원가	재료비	직접재료비	45,000,000
		간접재료비	–
		소계	
	노무비	직접노무비	①
		간접노무비	②
		소계	
	경비	산재보험료	③
		안전관리비	④
		국민건강보험료	⑤
		소계	
	계		
일반관리비			⑥
이윤			⑦
총원가			
부가가치세			
합계			⑧

답안 (1) ① 0.115[인]
② 5.038[인]
③ 0.468[인]
④ 0.242[인]
⑤ 4.40[인]
⑥ 11.385[인]
⑦ 10.657[인]
(2) ① 4,481,200[원]
② 403,308[원]
③ 185,611[원]
④ 1,434,955[원]
⑤ 76,180[원]
⑥ 3,094,875[원]
⑦ 1,451,419[원]
⑧ 61,740,303[원]

1990년~최근 출제된 기출문제

해설 (1)

품 명	규 격	단위	자재 총계	배전전공 단위공량	배전전공 공량계	보통인부 단위공량	보통인부 공량계
경완금	75×75×2.3t×2,400[mm]	개	2	0.07	0.112	0.07	0.112
라인포스트애자	23[kV] 152×304[mm]	개	3	0.046	0.087	0.046	0.087
폴리머현수애자	510[mm]	개	9	0.025	① 0.115	0.025	① 0.115
절연커버	데드엔드클램프형	개	9	0.018	0.061	0.018	0.061
전주	14[m]	본	2	1.95	4.29	2.29	② 5.038
COS	24[kV] 100[A]	개	3	0.12	③ 0.468	0.06	0.234
LA	18[kV] 2.5[kA]	개	3	0.11	④ 0.242	–	–
변대	H 변대	식	1		1.61		0.61
절연변압기	3상 500[kVA]	대	1	4.40	⑤ 4.40	4.40	⑤ 4.40
공량계					⑥ 11.385		⑦ 10.657

① • 폴리머현수애자 수량 : 9개
  • 폴리머현수애자는 내오손 결합애자 공량적용
  • 동일 장소에 추가 1개마다 기본품의 45[%] 적용
  $0.025 \times (1 + 0.45 \times 8) = 0.115$[인]

② 근가는 전주 1본당 2개 설치, 근가 1개 추가마다 10[%] 가산
  $2.29 \times 1.1 \times 2 = 5.038$[인]

③ COS는 수전설비용 설치 시 30[%] 가산
  $0.12 \times 1.3 \times 3 = 0.468$[인]

④ 동일 장소에 추가 1개마다 기본품의 60[%] 적용
  $0.11 \times (1 + 0.6 \times 2) = 0.242$[인]

⑤ $4.40 \times 1 = 4.40$[인]

⑥ $0.112 + 0.087 + 0.115 + 0.061 + 4.29 + 0.468 + 0.242 + 1.61 + 4.40 = 11.385$[인]

⑦ $0.112 + 0.087 + 0.115 + 0.061 + 5.038 + 0.234 + 0.61 + 4.40 = 10.657$[인]

(2)

비 목			금 액	기 준
순공사원가	재료비	직접재료비	45,000,000	
		간접재료비	–	
		소계	45,000,000	
	노무비	직접노무비	① 4,481,200	
		간접노무비	② 403,308	직접노무비의 9[%]
		소계	4,884,508	
	경비	산재보험료	③ 185,611	노무비의 3.8[%]
		안전관리비	④ 1,434,955	(재료비 + 직접노무비)×2.9[%]
		국민건강보험료	⑤ 76,180	직접노무비×1.7[%]
		소계	1,696,746	
	계		51,581,254	
일반관리비			⑥ 3,094,875	순공사비의 6[%]
이윤			⑦ 1,451,419	(노무비 + 경비 + 일반관리비)×15[%]
총원가			56,127,548	
부가가치세			5,612,755	총원가의 10[%]
합계			⑧ 61,740,303	

* 원가계산서는 소수점 첫째 자리에서 반올림한다.

① • 배전전공 : 11.385×300,000 = 3,415,500[원]
   • 보통인부 : 10.657×100,000 = 1,065,700[원]
   • 계 : 3,415,500+1,065,700 = 4,481,200[원]
② 4,481,200×0.09 = 403,308[원]
③ 4,884,508×0.038 = 185,611[원]
④ (45,000,000+4,481,200)×0.029 = 1,434,955[원]
⑤ 4,481,200×0.017 = 76,180[원]
⑥ 51,581,254×0.06 = 3,094,875[원]
⑦ (4,884,508+1,696,746+3,094,875)×0.15 = 1,451,419[원]
⑧ 56,127,548+5,612,755 = 61,740,303[원]

문제 85 공사기사 17년 출제 | 배점 : 30점

시가지 도로 폭 9[m] 도로에 다음과 같이 가로등을 설치하려고 한다. 물음에 답하시오.

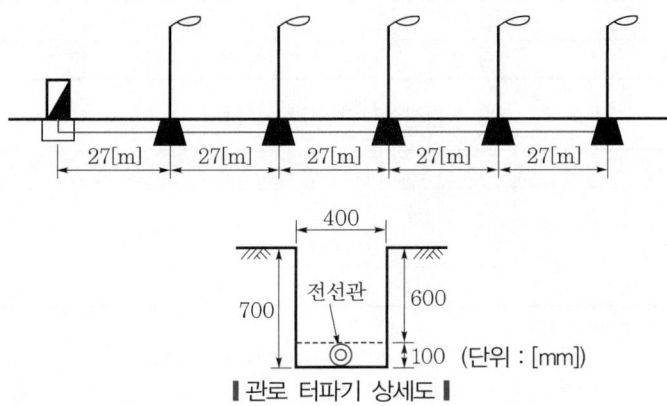

▎관로 터파기 상세도 ▎

[조건]
• 등주 높이는 9[m]이고, 인력 설치한다.
• 광원은 LED 200[W] 1등용이다.
• 등주 간격은 27[m], 한쪽 배열로 설치한다.
• 케이블은 CV 6[mm^2]/IC×2, E 6[mm^2]/IC(HFIX : 연접 접지, 녹색)를 적용한다.
• 배관은 합성수지 파형관 30[mm]를 사용하며, 터파기와 되메우기는 [m^3]당 각각 보통인부 0.28[인], 0.1[인]을 적용한다.
• 가로등 기초 터파기는 개당 0.75[m^3]이고, 콘크리트 타설량은 0.55[m^3]이다.
• 접지는 연접 접지를 적용한다.
• 재료의 할증에 대해서는 공량을 적용하지 않는다.
• 아래의 품셈과 문제에 주어진 사항 이외는 고려하지 않는다.

[표준품셈]

┃제어용 케이블 설치┃

(단위 : [m] 설치, 적용직종 : 저압케이블전공)

선심수	4[mm²] 이하	6[mm²] 이하	8[mm²] 이하
1C	0.011	0.013	0.014
2C	0.016	0.018	0.020

[해설] ① 연접 접지선도 이에 준한다.
② 옥외 케이블의 할증률은 3[%] 적용

┃LED 가로등기구 설치┃

(단위 : 개)

종 별	내선전공	종 별	내선전공
100[W] 이하	0.204	200[W] 이하	0.221
150[W] 이하	0.231	250[W] 이하	0.229

[해설] LED 등기구 일체형 기준(컨버터 내장형)

┃POLE LIGHT 인력 설치┃

(단위 : 본)

규 격	내선전공	규 격	내선전공
8[m] 이하(1등용)	2.76	10[m] 이하(1등용)	3.49
9[m] 이하(1등용)	3.13	12[m] 이하(1등용)	4.19

┃합성수지 파형관 설치┃

(단위 : [m])

규 격	배전전공	보통인부
16[mm] 이하	0.005	0.012
30[mm] 이하	0.006	0.014
50[mm] 이하	0.007	0.018

[해설] ① 합성수지 파형관의 지중포설 기준
② 가로등공사, 신호등공사, 보안등공사 또는 구내설치 시 50[%] 가산
③ 옥외전선관의 할증률은 5[%] 적용

(1) 가로등 기초를 포함한 전체 터파기량과 공량을 구하시오. (단, 전원함의 기초, 그리고 가로등 기초와 관로 중첩부분은 무시한다.)
① 터파기량
② 공량(보통인부)
(2) 가로등 기초를 포함한 전체 되메우기량과 공량을 구하시오. (단, 전원함의 기초, 그리고 가로등 기초와 관로 중첩부분 및 배관의 체적은 무시한다.)
① 되메우기량
② 공량(보통인부)
(3) 전선관 물량과 공량을 산출하시오. (단, 지중에서 전원함, 그리고 가로등 기초에서 가로등주까지의 배관은 무시한다.)
① 물량
② 공량(배전전공, 보통인부)

(4) 케이블과 접지선의 물량과 공량(저압케이블전공)을 산출하시오. (단, 케이블의 길이는 가로등 기초에서 안정기 박스까지의 거리를 고려하여 경간당 2[m]를 추가 적용한다. 그리고 안정기 박스에서 등기구까지의 배선은 무시한다.)
 ① 물량(CV, HFIX)
 ② 공량(저압케이블전공)
(5) 등기구를 포함한 가로등 설치 공량(내선전공)을 산출하시오.

답안
(1) ① 41.55[m³]
   ② 11.634[인]
(2) ① 38.8[m³]
   ② 3.88[인]
(3) ① 141.75[m]
   ② 배전전공 1.215[인], 보통인부 2.835[인]
(4) ① • CV 298.7[m]
      • HFIX 149.35[m]
   ② 5.655[인]
(5) 16.755[인]

해설
(1) ① • 관로 터파기 $= 0.4 \times 0.7 \times 27 \times 5 = 37.8[m^3]$
   • 외등 기초 터파기 $= 0.75 \times 5 = 3.75[m^3]$
   ∴ 전체 터파기량 $= 37.8 + 3.75 = 41.55[m^3]$
   ② 공량(보통인부) $= 41.55 \times 0.28 = 11.634[인]$
(2) ① 되메우기량 = 전체 터파기량 – 콘크리트 타설량
   $= 41.55 - 0.55 \times 5 = 38.8[m^3]$
   ② 공량(보통인부) $= 38.8 \times 0.1 = 3.88[인]$
(3) ① 물량 $= 27 \times 5 \times (1 + 0.05) = 141.75[m]$
   ② • 배전전공 $= 27 \times 5 \times 0.006 \times (1 + 0.5) = 1.215[인]$
      • 보통인부 $= 27 \times 5 \times 0.014 \times (1 + 0.5) = 2.835[인]$
(4) ① • CV $= (27 + 2) \times 5 \times 2 \times 1.03 = 298.7[m]$
      • HFIX $= (27 + 2) \times 5 \times 1.03 = 149.35[m]$
   ② • CV $= (27 + 2) \times 5 \times 2 \times 0.013 = 3.77[인]$
      • HFIX $= (27 + 2) \times 5 \times 0.013 = 1.885[인]$
      ∴ 공량 합계 $= 3.77 + 1.885 = 5.655[인]$
(5) 공량(내선전공) $= (3.13 + 0.221) \times 5 = 16.755[인]$

문제 86 공사기사 16년 출제 [배점 : 30점]

다음 그림은 어느 공장 옥내 수변전설비에 대한 단선 결선도이다. 수변전설비가 노후로 인하여 교체를 하려고 할 경우 물음에 답하시오.

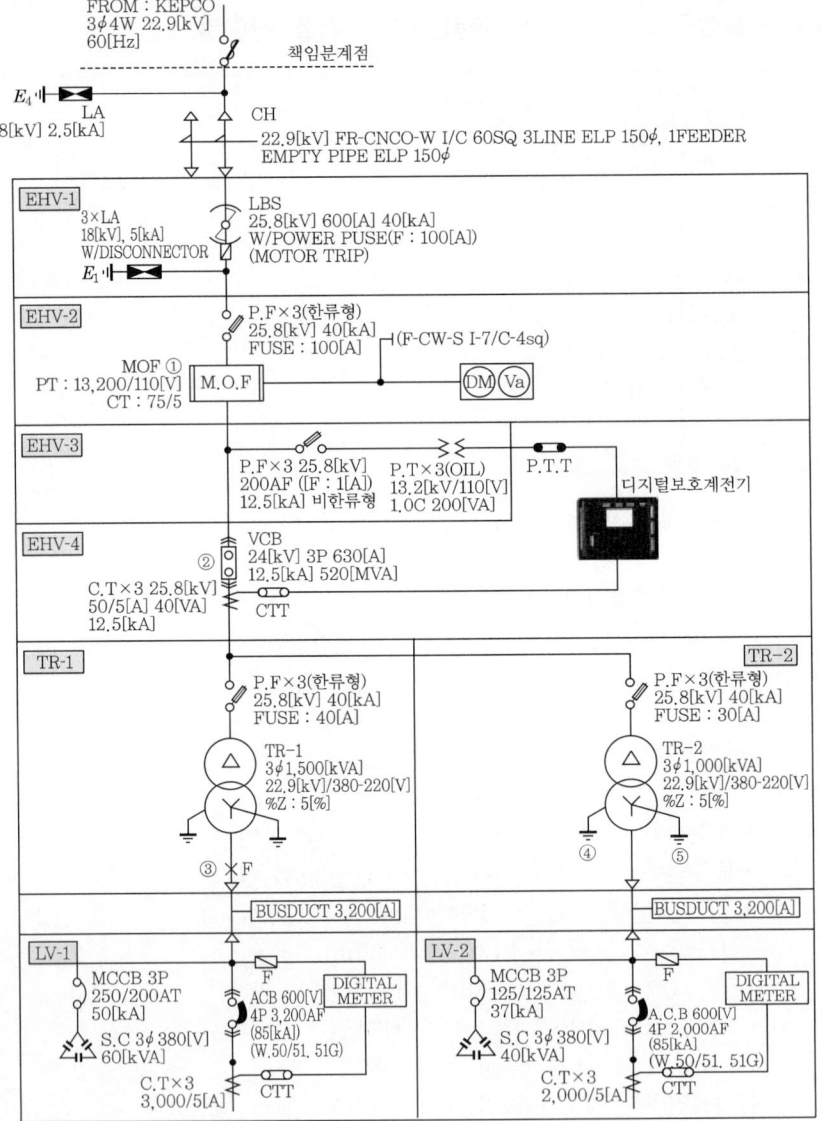

[주의사항]
- 참고자료가 필요할 경우 참고자료를 이용하시오.
- 큐비클의 무게는 1면당 500[kg] 이하로 하시오.
- 특고압 큐비클 1면(面) 사이즈[mm] : 2,200×2,500×2,500
- 철거에는 할증을 주지 않는다. (단, 철거품만 적용한다.)
- 단일 수전설비공사로 보지 않는다.
- MOF는 거치용으로 한다.
- 질문 이외의 것은 모두 무시하시오.

(1) 공량 산출서를 작성하시오.

품 명	규 격	단위	자재 총계	내선전공 단위공량	내선전공 공량계	변전전공 단위공량	변전전공 공량계	비계공 단위공량	비계공 공량계	특별인부 단위공량	특별인부 공량계
변압기	3상 1,500[kVA](철거)	대	1			①					
	3상 1,500[kVA](설치)	대	1			②				③	
VCB	24[kV] 3P 630[A](철거)	대	1			④					
	24[kV] 3P 630[A](설치)	대	1			⑤					
MOF	거치용(철거)	대	1	⑥							
	거치용(신설)	대	1	⑦							
특고압 CUBICLE	2,200×2,500×2,500 설치	면	⑧					⑨	⑩		

(2) 단선 결선도에서 ①의 MOF 과전류강도는 얼마인지 구하시오.
(3) 단선 결선도에서 ②의 VCB의 규격에서 520[MVA], 12.5[kA]는 무엇을 의미하는지 쓰시오.
  ① 520[MVA]
  ② 12.5[kA]
(4) 단선 결선도에서 ③의 1,500[kVA] 변압기 2차 F점에서 3상 단락사고가 발생할 경우 고장전류의 크기는 정격전류의 몇 배인지 구하시오. (단, %Z는 변압기만 적용한다.)
(5) 단선 결선도에서 ④의 접지시스템의 종류를 쓰시오.
(6) 단선 결선도에서 ⑤의 접지시스템의 종류를 쓰시오.

┃22[kV] 변압기 설치┃

(단위 : 대)

용 량	공 종	반전전공	비계공	특별인부	기계설비공	인력운반공
1,000[kVA] 이하	소운반설치	1.8	0.9	2.6	–	1.5
	OT 처리	1.8	–	2.6	–	–
	부속품설치	1.9	–	1.9	–	–
	점검	0.9	–	0.9	–	–
	계	6.4	0.9	8.0	–	1.5
2,000[kVA] 이하	소운반설치	2.0	1.0	3.1	–	1.8
	OT 처리	2.0	–	3.1	–	–
	부속품설치	2.7	–	2.7	–	–
	점검	1.1	–	1.1	–	–
	계	7.8	1.0	10.0	–	1.8

[해설] ① 단상 기준으로 소운반, 점검, 결선 및 Megger test 포함
② 옥외, 지상 인력작업 기준
③ 옥내 설치는 120[%], 3상은 130[%]
④ 15,000[kVA]는 10,000[kVA]의 120[%]
⑤ 20,000[kVA]는 10,000[kVA]의 150[%]
⑥ 몰드변압기 및 분로리액터도 이 품을 적용(다만, 몰드변압기는 OT처리, 라디에이터, 콘서베이터 조립품 제외)
⑦ 3.3~6.6[kV] 건식 또는 거치형은 해당 공종의 60[%] 적용(기설 변압기 OT처리품은 이 품 적용)
⑧ 구내 이설은 150[%]
⑨ SFRA(Sweep Frequency Response Analysis) 측정 시 시험 및 조정품에 변전전공 1.75[인] 별도가산(Bank 단위)
⑩ 철거 50[%], 1,000[kVA] 이상의 재사용 철거 80[%](철거 해당품에 한함)

22[kV] 진공차단기 설치
(단위 : 대)

용량	공종	변전전공	비계공	특별인부	보통인부
520~1,000[kVA] 12.5~25[kA] (60~2,000[A])	포장해체, 소운반 및 설치준비	0.4	0.4	0.5	0.5
	본체 설치	4.0	1.0	5.0	1.1
	제어케이블 결선	0.8	-	-	-
	시험 및 조정	0.5	-	0.5	-
	기타 작업	0.2	-	0.2	-
	계	5.9	1.4	6.2	1.6

[해설] ① 구내 이설은 150[%]
② 3.3~6.6[kV] 진공차단기는 60[%] 적용
③ 제어케이블 분리는 변전전공 단독작업으로 결선의 50[%] 적용
④ 철거는 50[%](철거 해당분 품에 한함)

전력량계 및 부속장치 설치
(단위 : 대)

종별	내선전공
현수용 MOF(고압, 특고압)	3.00
거치용 MOF(고압, 특고압)	2.00
계기함	0.30
특수 계기함	0.45
변성기함(저압, 고압)	0.60

[해설] ① 방폭 200[%]
② 아파트 등 공동주택 및 기타 이와 유사한 동일 장소 내에서 10대를 초과하는 전력량계 설치 시 추가 1대당 해당품의 70[%]
③ 특수계기함은 3종 계기함, 농사용 계기함, 집합 계기함 및 저압 변류기용 계기함 등임
④ 고압변성기함, 현수용 MOF 및 거치용 MOF(설치대 조립품 포함)를 주상설치 시 배전전공 적용
⑤ 전력량계 본체커버 분리작업 시 단상은 내선전공 0.003[인], 3상은 0.004[인] 적용
⑥ 철거 30[%], 재사용 철거 50[%]

Cubicle 설치
(단위 : 대)

규격	중량 500[kg] 이하			
체적[m³] ($W \times D \times H$)	변전전공	비계공	기계설비공	보통인부
1.0 이하	1.50	0.65	0.32	1.20
1.5 이하	1.70	0.70	0.35	1.35
2.5 이하	2.10	0.80	0.40	1.50
3.5 이하	2.25	0.95	0.45	1.70
6.0 이하	2.45	1.20	0.50	2.10
10.0 이하	3.00	1.70	0.60	2.65
10.0 초과	3.60	2.50	0.70	3.20

[해설] ① 소운반, 청소, 시험, 조정 내부결선 등을 포함
② 계기, 계전기, 내부기기와 완전히 취부된 상태에 있는 설치기준

③ 조작 Cable 포설결선은 불포함
④ 기계설비공은 공기식 제어장치 설치에만 계상
⑤ Thyrister는 본품 준용
⑥ 이설 140[%]
⑦ 철거 30[%], 재사용 철거 40[%]
⑧ 단일 수전설비공사 시 20[A] 가산

변류기의 정격 과전류강도

정격 1차 전압[kV] 정격 1차 전류[A]	6.6/3.3	22.9/13.2
60[A] 이하	75배	75배
60[A] 초과 500[A] 미만	40배	40배
500[A] 이상	40배	40배

계기용 변성기의 전류비에 따른 과전류강도[한국전기안전공사 전력수급용 변성기(MOF)의 점검지침]

계기용 변성기(MOF)		과전류강도
전류비[A]	거리[km]	
5/5	~1[km] 이내	300배
	1~7[km] 이내	150배
	7~20[km] 이내	75배
10/5	~3[km] 이내	150배
	3~20[km] 이내	75배
15/5	~1[km] 이내	150배
	1~20[km] 이내	75배
20/5~60/5		75배
75/5~750/5		40배

답안

(1) ① 3.9[인]
    ② 12.17[인]
    ③ 15.6[인]
    ④ 2.95[인]
    ⑤ 5.9[인]
    ⑥ 0.6[인]
    ⑦ 2[인]
    ⑧ 6[인]
    ⑨ 2.5[인]
    ⑩ 15[인]
(2) 40배
(3) ① 정격차단용량
    ② 정격차단전류
(4) 20배
(5) 보호접지공사
(6) 계통접지공사

해설 (1) ① $7.8 \times 0.5 = 3.9\,[\text{인}]$
② $7.8 \times 1.3 \times 1.2 = 12.17\,[\text{인}]$
③ $10 \times 1.3 \times 1.2 = 15.6\,[\text{인}]$
④ $5.9 \times 0.5 = 2.95\,[\text{인}]$
⑥ $2 \times 0.3 = 0.6\,[\text{인}]$
⑩ $2.5 \times 6 = 15\,[\text{인}]$

(4) $I_s = \dfrac{100}{\%Z} I_n = \dfrac{100}{5} I_n = 20 I_n$

부 록
최근 과년도 출제문제

"할 수 있다고 믿는 사람은 그렇게 되고,
할 수 없다고 믿는 사람 역시 그렇게 된다."

- 샤를 드골 -

2023년도 기사 제1회 필답형 실기시험

종 목	시험시간	배 점	문제수	형 별
전 기 공 사 기 사	2시간 30분	100	20	A

문제 01
배점 : 6점

활선작업과 관련하여 다음 각 물음에 답하시오.

(1) 활선 장구의 종류 5가지만 쓰시오.
(2) 충전되어 있는 활선을 움직이거나 작업권 밖으로 밀어낼 때 사용되는 절연봉을 무엇이라 하는지 쓰시오.

답안 (1) • 고무블랭킷
 • 고무소매
 • 절연고무장화
 • 애자덮개
 • 전선덮개
(2) 와이어통(Wire tong)

해설 활선 장구의 종류
 • 고무블랭킷
 • 고무소매
 • 절연고무장화
 • 애자덮개
 • 전선덮개
 • 데드엔드커버(덮개)
 • 그립올 클램프 스틱(Grip-all clamp stick)
 • 나선형 링크 스틱(Spiral Link stick)
 • 로울러 링크 스틱(Roller link stick)

문제 02 · 배점 : 5점

송배전선로에서 전선의 장력을 2배로 하고 또 경간을 2배로 하면 전선의 이도는 처음의 몇 배가 되는지 구하시오.

- 계산과정 :
- 답 :

답안
- 계산과정 : 이도 $D = \dfrac{WS^2}{8T}$ 이므로

$$D \propto \dfrac{S^2}{T} \rightarrow \dfrac{(2\text{배})^2}{2\text{배}} = 2\text{배}$$

- 답 : 2배

문제 03 · 배점 : 6점

그림과 같은 계통에서 단로기 DS_3을 통하여 부하를 공급하고 차단기 CB를 점검하고자 한다. 다음 각 물음에 답하시오. (단, 평상시에 DS_3은 열려있는 상태이다.)

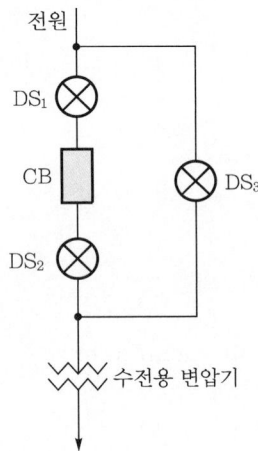

(1) CB를 점검하기 위한 조작순서를 쓰시오.
(2) CB를 점검한 후 원상 복귀시킬 때의 조작순서를 쓰시오.

답안 (1) DS_3-ON, CB-OFF, DS_2-OFF, DS_1-OFF
(2) DS_2-ON, DS_1-ON, CB-ON, DS_3-OFF

문제 04
배점 : 6점

지중전선로공사를 하기 위하여 그림과 같이 줄기초 터파기를 하려고 한다. 터파기량과 보통인부의 인공수와 노임을 구하시오. (단, 지중전선로 길이는 80[m]이며, 되메우기 및 잔토처리는 계산하지 않으며, 보통인부는 1[m³]당 0.2[인]으로 하고 노임은 80,000[원/인]을 기준으로 한다.)

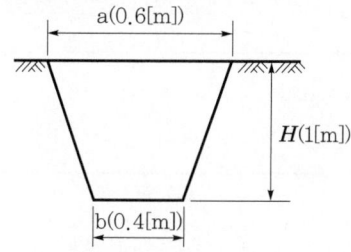

(1) 터파기량[m³]
 • 계산과정 :
 • 답 :
(2) 인공수[인]
 • 계산과정 :
 • 답 :
(3) 노임[원]
 • 계산과정 :
 • 답 :

답안

(1) • 계산과정 : $V = \dfrac{0.6+0.4}{2} \times 1 \times 80 = 40\,[\mathrm{m^3}]$
 • 답 : 40[m³]
(2) • 계산과정 : 인공 = 40×0.2 = 8[인]
 • 답 : 8[인]
(3) • 계산과정 : 노임 = 8×80,000 = 640,000[원]
 • 답 : 640,000[원]

문제 05

배점 : 5점

3상 3선식 380[V]로 수전하는 수용가의 부하 전력이 75[kW], 부하 역률이 85[%], 구내 배전선의 길이는 200[m]이며, 배선에서 전압강하를 6[V]까지 허용하는 경우 구내 배선의 굵기를 공칭단면적 표에서 선정하시오. (단, 배선의 굵기는 공칭단면적으로 표시하시오.)

전선의 도체 공칭단면적[mm²]				
95	120	150	185	240

- 계산과정 :
- 답 :

답안

- 계산과정 : $I = \dfrac{75 \times 10^3}{\sqrt{3} \times 380 \times 0.85} = 134.06\,[\mathrm{A}]$

$A = \dfrac{30.8LI}{1,000e}$

$= \dfrac{30.8 \times 200 \times 134.06}{1,000 \times 6} = 137.63\,[\mathrm{mm}^2]$

- 답 : 150[mm²]

문제 06

배점 : 5점

[접지공사 작업량]과 [참고사항] 및 [표준품셈]을 참조하여 다음을 구하시오.

[참고사항]
- 공구손료는 3[%], 간접노무비 15[%]로 계산한다.
- 노임단가는 전공 : 145,901원, 보통인부 : 84,166원을 기준으로 한다.
- 인공을 산출한 후 이를 합계하여 노임단가 적용 시 원단위의 소수점 이하는 버린다.

[접지공사 작업량]
- 접지봉 2[m], 15개(1개소에 1개씩 설치)
- 접지선 매설 38[mm²], 300[m]
- 후강전선관 28[mm], 250[m](콘크리트 매입)

┃ 표준품셈 ┃

종 별	단 위	전 공	보통인부
접지봉(지하 0.75[m] 기준) 길이 1~2[m]×1본	개소	0.11	0.08
×2본 연결	개소	0.16	0.13
×3본 연결	개소	0.24	0.20
접지선 매설 14[mm^2] 이하	[m]	0.006	—
38[mm^2] 이하	[m]	0.007	
80[mm^2] 이하	[m]	0.008	
150[mm^2] 이하	[m]	0.011	
150[mm^2] 초과	[m]	0.014	

합성수지전선관		후강전선관	
규격	전공	규격	전공
16[mm] 이하	0.05	16[mm] 이하	0.08
22[mm] 이하	0.06	22[mm] 이하	0.11
28[mm] 이하	0.08	28[mm] 이하	0.14
36[mm] 이하	0.10	36[mm] 이하	0.20

[해설]
- 콘크리트 매입 기준
- 천장속, 마루밑 공사 130[%]
- 나사없는 전선관 및 박강전선관은 합성수지전선관 품 적용
- 철거 30[%], 재사용 철거 40[%]

[해설]
- 접지선 연결, 접지저항 측정 포함
- 철거 50[%], 동판을 버리는 경우는 전공품의 10[%]
- 지세별 할증률 적용

(1) 전공 노무비
  - 계산과정 :
  - 답 :
(2) 보통인부 노무비
  - 계산과정 :
  - 답 :
(3) 직접노무비
  - 계산과정 :
  - 답 :
(4) 간접노무비
  - 계산과정 :
  - 답 :
(5) 공구손료
  - 계산과정 :
  - 답 :

답안 (1) • 계산과정 : 인공 : $0.11 \times 15 + 0.007 \times 300 + 0.14 \times 250 = 38.75$[인]
        노무비 : $38.75 \times 145,901 = 5,653,663.75$[원]
   • 답 : $5,653,663$[원]
(2) • 계산과정 : 인공 : $0.08 \times 15 = 1.2$[인]
        노무비 : $1.2 \times 84,166 = 100,999.2$[원]
   • 답 : $100,999$[원]
(3) • 계산과정 : $5,653,663 + 100,999 = 5,754,662$[원]
   • 답 : $5,754,662$[원]
(4) • 계산과정 : $5,754,663 \times 0.15 = 863,199.45$[원]
   • 답 : $863,199$[원]
(5) • 계산과정 : $5,754,663 \times 0.03 = 172,639.89$[원]
   • 답 : $172,639$[원]

문제 07 배점 : 4점

서지흡수기(Surge Absorbor)의 용도와 설치위치에 대해 쓰시오.
(1) 서지흡수기의 용도
(2) 서지흡수기의 설치위치

답안 (1) 구내선로의 개폐서지 및 순간 과도전압으로부터 기기 보호
(2) 개폐서지를 발생하는 차단기 후단과 부하 전단 사이에 설치한다.

문제 08 배점 : 3점

피뢰기가 구비하여야 할 조건을 3가지만 쓰시오.

답안
- 상용주파방전 개시전압이 높을 것
- 충격방전개시전압이 낮을 것
- 제한전압이 낮을 것

문제 09 배점 : 7점

단상 변압기의 병렬운전조건 4가지를 쓰고, 이들 조건이 맞지 않는 변압기를 병렬운전하였을 때 변압기에 미치는 영향에 대하여 설명하시오.
(1) 병렬운전조건(4가지)
(2) 조건이 맞지 않는 변압기를 병렬운전하였을 경우 변압기에 미치는 영향

답안 (1)
- 극성이 같을 것
- 정격전압과 권수비가 같을 것
- 퍼센트 임피던스가 같을 것
- 변압기의 저항과 리액턴스비가 같을 것

(2) 순환전류가 흘러 과열 및 소손의 위험이 있으며 부하분담용량이 감소한다.

문제 10 | 배점 : 4점

계전기별 기구번호의 제어약호 중 87T의 명칭을 쓰시오.

답안 주변압기 보호용 비율차동계전기

문제 11 | 배점 : 3점

한국전기설비규정에 의한 금속관공사의 시설조건과 금속관 및 부속품의 선정에 대한 설명이다. ( ) 안에 알맞은 내용을 답란에 쓰시오.

1. 전선은 연선일 것. 다만, 다음의 것은 적용하지 않는다.
   가. 짧고 가는 금속관에 넣은 것
   나. 단면적 (①)[mm²](알루미늄선은 단면적 16[mm²]) 이하의 것
2. 관의 두께는 다음에 의할 것
   가. 콘크리트에 매입하는 것은 (②)[mm] 이상
   나. "가"항 이외의 것은 (③)[mm] 이상. 다만, 이음매가 없는 길이 4[m] 이하인 것을 건조하고 전개된 곳에 시설하는 경우에는 0.5[mm]까지로 감할 수 있다.

• 답란

①	②	③

답안

①	10	②	1.2	③	1.0

문제 12 | 배점 : 4점

345[kV] 철탑 송전선로에서 룰링스펜(Rulling Span)을 간단히 설명하시오.

답안 기하학적 등가 경간장 또는 내장주와 내장주 사이

문제 13 | 배점 : 5점

다음 그림은 장주를 배열에 따라 구분한 것이다. 각 장주의 명칭을 쓰시오.

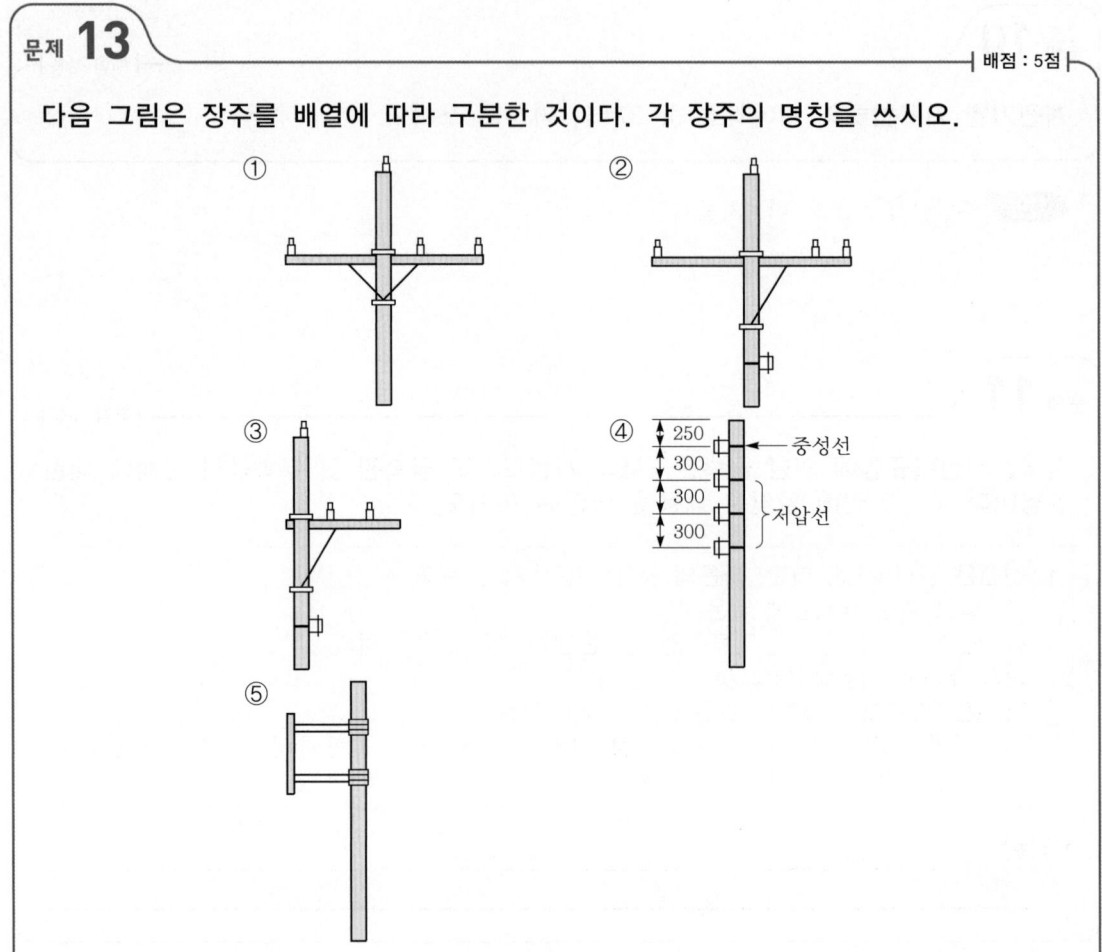

답안
① 보통장주
② 창출장주
③ 편출장주
④ 랙크장주
⑤ 편출용 D형 랙크장주

문제 14
배점: 10점

3상 4선식 중성점 다중접지방식의 22.9[kV-Y] 배전선로에서 수전하기 위한 단선 결선도이다. 도면을 보고 다음 물음에 답하시오.

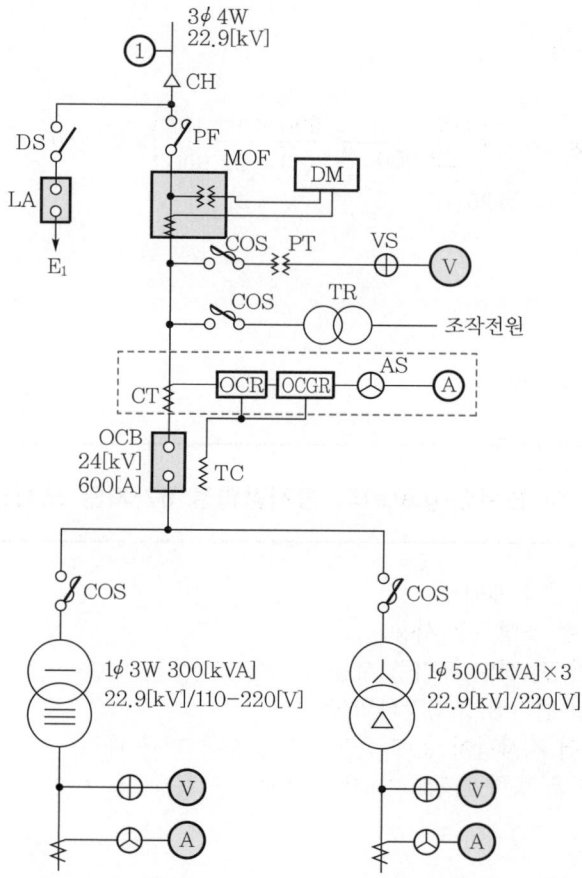

(1) 지중인입선의 경우 그림에 ①은 22.9[kV-Y] 계통에서 어떤 케이블을 사용하는지 쓰시오.
(2) MOF에서 규격이 13.2[kV]/110[V], 75/5[A]일 때 0.2급, 0.5급, 1.2급 중 어떤 급을 사용하는지 쓰시오.
(3) OCB의 명칭을 쓰시오.
(4) OCGR의 명칭을 쓰시오.
(5) DS의 명칭을 쓰시오.
(6) COS의 명칭을 쓰시오.
(7) TC의 명칭을 쓰시오.
(8) PF(전력퓨즈)의 용량을 변압기 전부하 전류의 2배로 고려한다면 퓨즈의 용량을 표에서 선정하시오.

전력퓨즈의 용량[A]				
40	125	150	200	250

• 계산과정 :
• 답 :

답안 (1) CNCV-W(수밀형) 또는 TR-CNCV-W(트리억제형)
(2) 0.5급
(3) 유입차단기
(4) 지락 과전류계전기
(5) 단로기
(6) 컷아웃 스위치
(7) 트립코일
(8) • 계산과정 : $I_f = \left(\dfrac{300 \times 10^3}{22,900} + \dfrac{500 \times 3 \times 10^3}{\sqrt{3} \times 22,900}\right) \times 2 = 101.84[\text{A}]$
∴ 125[A]
• 답 : 125[A]

문제 15 |배점 : 6점|

건축물의 조명설계 시 눈부심(glare)의 방지방법을 6가지만 쓰시오.

답안
- 건축화 조명방식 채택
- glare 방지형 조명기구 사용
- 아크릴 루버 및 젖빛 유리구 사용
- 간접조명 및 반간접 조명방식 채택
- 광원으로부터 직사광이 눈에 들어오지 않도록 기구 배치
- 수평에 가까운 방향에 광도가 작은 배광기구 사용

문제 16 |배점 : 3점|

동일 변전소로부터 인출되는 2회선 이상의 고압 배전선에 접속되는 변압기 2차측을 모두 동일 저압선에 연계하는 공급방식으로 1차측 배전선 또는 변압기에 고장이 발생해도 다른 건전설비에 의하여 무정전 전원공급이 가능하고 공급신뢰도가 높은 배전방식의 명칭을 쓰시오.

답안 스폿 네트워크 방식

문제 17   배점 : 6점

다음 옥내 배선용 그림 기호(KS C 0301)의 명칭을 쓰시오.

그림 기호	명 칭	그림 기호	명 칭
⊝G	(①)	S	(④)
▣	(②)	⊘	(⑤)
TS	(③)	↗	(⑥)

답안
① 누전경보기
② 누름버튼
③ 타임스위치
④ 연기식 감지기
⑤ 스피커
⑥ 조광기

문제 18   배점 : 3점

그림은 벽부등의 설치에 관한 내용이다. 다음 물음에 답하시오.

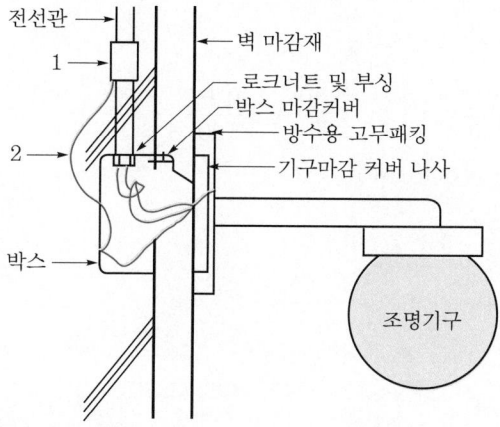

(1) 그림에서 1의 명칭을 쓰시오.
(2) 그림에서 2의 명칭을 쓰시오.
(3) 박스로의 배관은 상부와 하부 중 어디서부터 배관을 하는지 쓰시오.

답안
(1) 접지 클램프
(2) 본딩선(본딩도체, 접지본딩)
(3) 상부

문제 19 | 배점 : 5점 |

비상용 조명부하 40[W] 120등, 60[W] 50등이 있다. 방전시간 30분, 축전지 HS형 54셀, 허용 최저전압 92[V], 최저 축전지 온도 5[℃]일 때 주어진 표를 이용하여 축전지 용량을 계산하시오. (단, 전압은 100[V], 경년용량저하율은 0.8이다.)

연축전지의 용량환산시간계수 K(900[Ah] 이하)

형 식	온도[℃]	10분			30분		
		1.6[V]	1.7[V]	1.8[V]	1.6[V]	1.7[V]	1.8[V]
HS	25	0.58	0.7	0.93	1.03	1.14	1.38
	5	0.62	0.74	1.05	1.11	1.22	1.54
	−5	0.68	0.82	1.15	1.2	1.35	1.68

• 계산과정 :
• 답 :

답안 • 계산과정 : 용량환산시간계수 K

1셀의 전압 $V = \dfrac{92}{54} = 1.7[V]$ 이므로 1.22이다.

$$C = \dfrac{1}{L}KI$$
$$= \dfrac{1}{0.8} \times 1.22 \times \dfrac{40 \times 120 + 60 \times 50}{100}$$
$$= 118.95[Ah]$$

• 답 : 118.95[Ah]

문제 20 [배점 : 4점]

피뢰기의 저항성 누설전류 측정법에 관한 설명이다. ( ) 안에 알맞은 기기의 명칭을 답란에 쓰시오.

피뢰기의 저항성 누설전류 측정방법에는 저항성 전류의 직접 측정법과 누설전류의 고조파 측정법이 있다. 누설전류의 직접 측정을 위해서는 피뢰기 양단전압을 용량성 (①)로 측정하고 누설전류는 방전계수기 내의 (②)로 측정한다.

• 답란

①	②

답안

| ① | 분압기 | ② | 영상변류기 |

2023년도 산업기사 제1회 필답형 실기시험

종 목	시험시간	배점	문제수	형별
전 기 공 사 산 업 기 사	2시간	100	20	A

문제 01 배점 : 10점

그림은 3상 4선식 중성점 다중 접지방식으로 22.9[KV-Y] 배전선로에서 수전하기 위한 단선 결선도이다. 단선 결선도를 보고 각 물음에 답하시오.

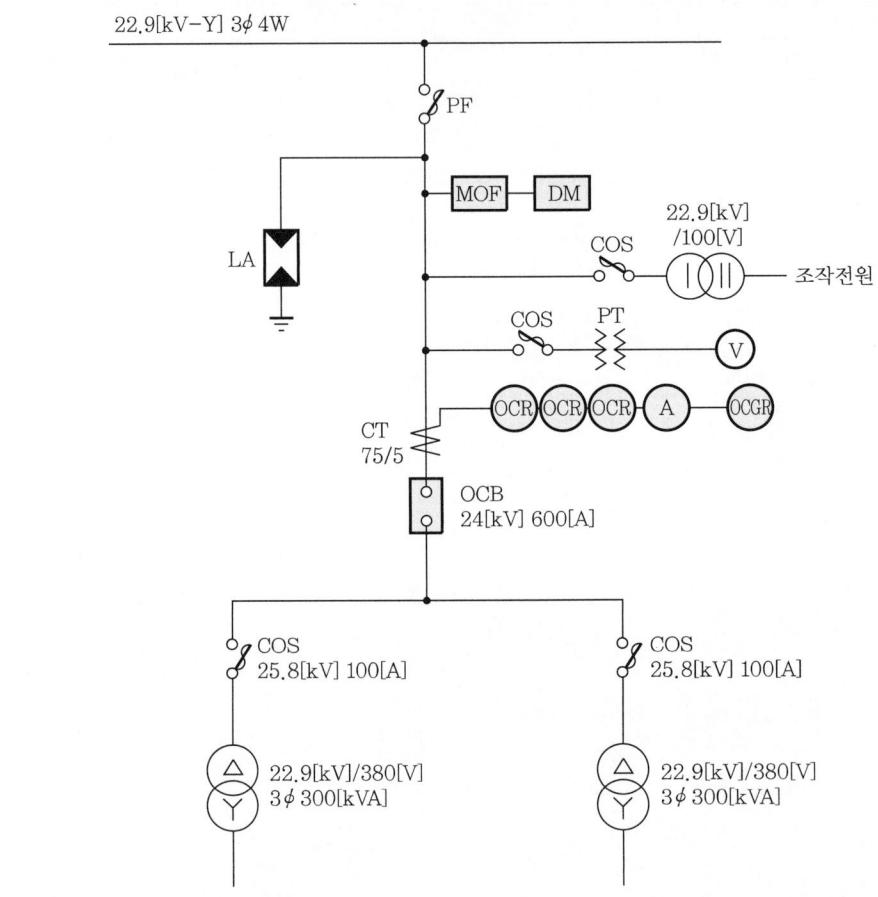

(1) OCGR의 명칭 및 LA의 정격전압[kV]을 쓰시오.

OCGR의 명칭	LA의 정격전압[kV]

(2) 계기용 변압변류기(MOF)의 변류비를 다음 표를 이용하여 선정하시오. (단, 평균 역률은 80[%]로 가정하며 전류의 과전류를 150[%]로 하고 전압변동은 고려하지 않는다.)

변류비 1차 정격전류표[A]					
15	20	30	40	50	75

- 계산과정 :
- 답 :

(3) 계기용 변압변류기(MOF)의 복선도를 그리시오.

L1 L2 L3 N

답안

(1)
OCGR의 명칭	LA의 정격전압[kV]
지락 과전류계전기	18[kV]

(2) • 계산과정 : $I_i = \dfrac{300+300}{\sqrt{3} \times 22.9} \times 1.5 = 22.69[A]$

• 답 : 30/5

(3)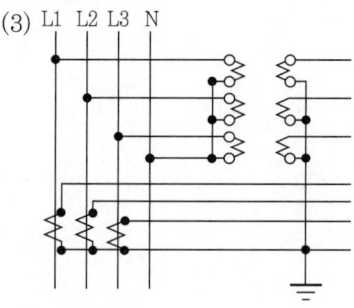

문제 02 | 배점: 5점

배전선로의 긍장이 50[m], 부하의 최대사용전류 150[A], 배전설계의 전압강하를 6[V] 이내로 할 때, 3상 3선식 저압회로 사용전선의 공칭단면적을 계산하고, 다음의 전선규격에서 선정하시오. (단, 전선규격[mm^2]은 16, 25, 35, 50, 70, 95, 120에서 선정한다.)

- 계산과정 :
- 답 :

답안

- 계산과정 : 전선의 굵기 $A = \dfrac{30.8LI}{1,000e}$

$$= \dfrac{30.8 \times 50 \times 150}{1,000 \times 6} = 38.5 [\text{mm}^2]$$

- 답 : 50[mm^2]

문제 03 | 배점: 5점

다음의 시퀀스회로에서 A, B, C, D는 보조 릴레이 접점이고, X는 릴레이, L은 부하이다. 물음에 답하시오.

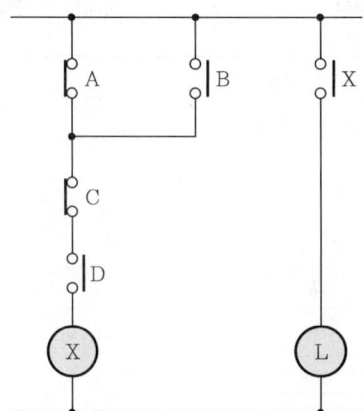

(1) 출력 X의 논리식을 쓰시오.
   - 답 :
(2) 1입력 NOT 기호와 2입력 AND 기호, 2입력 OR 기호만을 사용하여 그림의 시퀀스회로를 무접점 논리회로로 그리시오.

```
A ——
B ——

C ——                          —— X
D ——                          —— L
```

답안 (1) $X = (\overline{A} + B) \cdot \overline{C} \cdot D$

(2)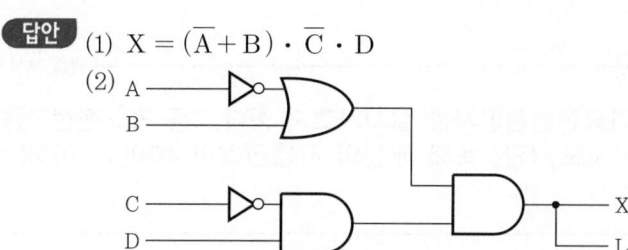

문제 04

| 배점 : 5점 |

논리식 $X = \overline{A}BC + A\overline{B}C + AB\overline{C}$ 에 대한 논리회로를 그리시오. (단, 3입력 OR, 2입력 AND와 1입력 NOT기호만을 사용한다.)

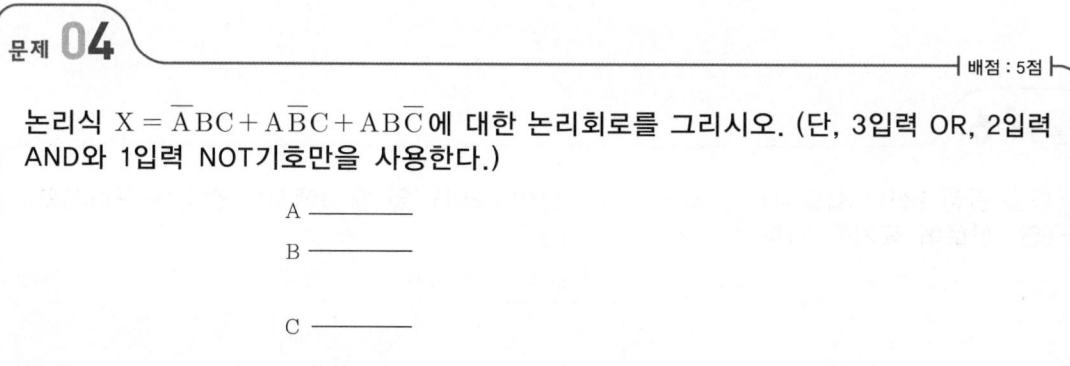

답안
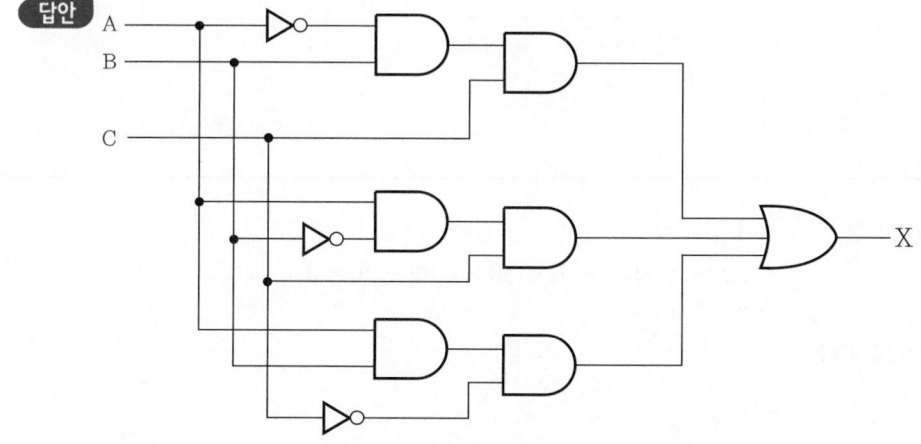

문제 05 | 배점 : 4점 |

한국전기설비규정에 따라 금속제 가요전선관공사를 실시하고자 한다. 1종 가요전선관을 사용할 수 있는 조건을 2가지만 쓰시오. (단, 옥내 배선의 사용전압이 400[V] 이하인 경우이다.)

답안
- 전개된 장소이거나 점검할 수 있는 은폐장소
- 점검 불가능한 장소에 기계적 충격을 받을 우려가 없는 조건일 경우

문제 06 | 배점 : 5점 |

다음 단상 2선식 회로에서 인입구 A의 전압이 220[V]일 때 B에서의 전압을 구하시오. (단, 선로에 표기된 저항값은 2선 값이다.)

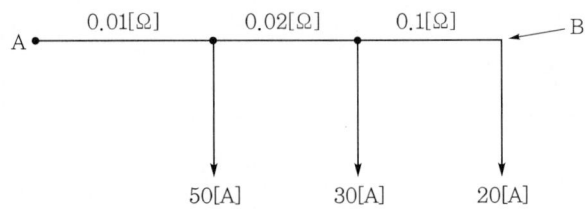

- 계산과정 :
- 답 :

답안
- 계산과정 : $V_B = V_A - IR$
  $= 220 - (100 \times 0.01 + 50 \times 0.02 + 20 \times 0.1)$
  $= 216 [V]$
- 답 : 216[V]

문제 07

배점 : 4점

한국전기설비규정에 따른 태양광설비의 시설기준 중 태양전지 모듈의 시설에 관한 내용이다. (   ) 안에 알맞은 내용을 답란에 쓰시오.

> 태양광설비에 시설하는 태양전지 모듈(이하 "모듈"이라 한다.)은 다음에 따라 시설하여야 한다.
> - 모듈의 각 직렬군은 동일한 단락전류를 가진 모듈로 구성하여야 하며 1대의 인버터(멀티스트링 인버터의 경우 1대의 MPPT 제어기)에 연결된 모듈 직렬군이 (①) 이상일 경우에는 각 직렬군의 출력전압 및 (②)이/가 동일하게 형성되도록 배열할 것

- 답란

①	②

답안 ① 2병렬 ② 출력전류

문제 08

배점 : 3점

다음 그림과 같이 4개의 전극을 일직선 상에 동일한 간격으로 설치하여 C_1, C_2에 교류전류를 공급하고 P_1, P_2 간의 전압을 측정하는 대지고유저항 측정법을 쓰시오. (단, C_1, C_2, P_1, P_2은 각 전극을 나타낸다.)

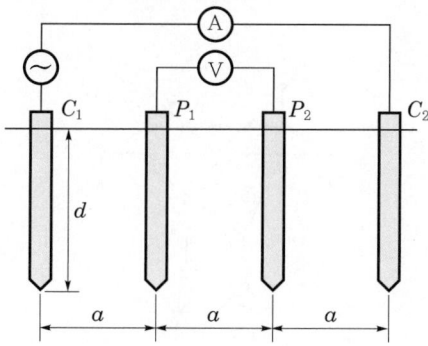

- 대지고유저항 측정법 :

답안 위너의 4전극법

문제 09   배점 : 4점

한국전기설비규정에 따른 저압 전기설비의 도체와 과부하 보호장치 사이의 협조를 위해 충족하여야 하는 "과부하에 대한 전선 또는 케이블을 보호하는 장치의 동작특성 조건식" 2가지는 (1)~(2)와 같다. (   ) 안에 알맞은 내용을 다음 기호를 이용하여 쓰시오.

- I_B : 회로의 설계전류
- I_Z : 케이블의 허용전류
- I_n : 보호장치의 정격전류
- I_2 : 보호장치가 규약시간 이내에 유효하게 동작하는 것을 보장하는 전류

[과부하에 대한 전선 또는 케이블을 보호하는 장치의 동작특성 조건식]
(1) (①) ≤ I_n ≤ (②)
(2) I_2 ≤ 1.45×(③)

답안 ① I_B
② I_Z
③ I_Z

문제 10   배점 : 3점

다음 철탑의 명칭을 쓰시오.

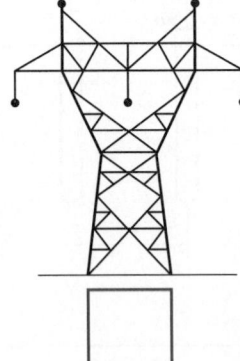

답안 우두형 철탑

문제 11 (배점: 5점)

배전용 주상변압기의 보호를 위해 고압 및 저압측에 설치되는 것을 각각 쓰시오.
(1) 고압측
(2) 저압측

답안
(1) 컷아웃 스위치(COS)
(2) 캐치 홀더

문제 12 (배점: 6점)

전주외등 배선 시 단면적 2.5[mm²] 이상의 절연전선 또는 이와 동등 이상의 절연성능이 있는 것을 사용하여 시설해야 한다. 이때 사용되는 공사방법 3가지를 쓰시오. (단, 대지전압 300[V] 이하의 형광등, 고압방전등, LED등 등을 배전선로의 지지물 등에 시설하는 경우로 한국전기설비규정에 따른 공사방법을 쓰시오.)

답안
- 케이블공사
- 금속관공사
- 합성수지관공사

문제 13 (배점: 4점)

자가용 전기설비의 보호계전기에 관한 다음 물음에 답하시오.
(1) 2개 이상의 벡터량의 관계위치에서 동작하며, 전류가 어느 방향으로 흐르고 있는가를 판정하는 계전기를 쓰시오.
(2) 보호구간으로 유입하는 전류와 보호구간에서 유출되는 전류의 벡터차와 출입하는 전류와의 관계비로 동작하는 계전기를 쓰시오.

답안
(1) 방향계전기
(2) 비율차동계전기

문제 14 [배점 : 5점]

가로 20[m], 세로 30[m], 층고 2.5[m]인 실내의 조도를 계산하기 위한 실지수를 구하시오. (단, 작업면의 높이는 1[m]이며 실지수 값은 숫자로 나타낸다.)

- 계산과정 :
- 답 :

답안
- 계산과정 : 실지수 $= \dfrac{X \cdot Y}{H(X+Y)} = \dfrac{20 \times 30}{(2.5-1) \times (20+30)} = 8$
- 답 : 8

문제 15 [배점 : 6점]

형광램프의 기호 "FL 20 W" 의미를 쓰시오.

(1) FL의 의미
(2) 20의 의미
(3) W의 의미

답안
(1) 형광등
(2) 소비전력
(3) 백색(white)

문제 16 [배점 : 6점]

조명설비에서 배광에 따른 분류이다. 각각의 내용에 맞는 조명방식을 쓰시오.

(1) 발산광속 중 90~100[%]가 작업면을 직접 조명하는 방식으로 공장의 일반조명에 널리 사용된다.
(2) 발산광속 중 하향 광속이 60~90[%]가 되므로 하향 광속으로 작업면에 직사시키고 상향 광속으로 천장, 벽면 등에 반사되고 있는 반사광으로 작업면의 조도를 증가시키는 조명방식이다.
(3) 상향 광속과 하향 광속이 거의 동일하므로 하향 광속으로 직접 작업면에 직사시키고 상향 광속의 반사광으로 작업면의 조도를 증가시키는 조명방식이다.

답안 (1) 직접 조명방식
(2) 반직접 조명방식
(3) 전반확산 조명방식

문제 17 | 배점 : 5점

전기부문 표준품셈에 따른 구내 입환별 할증률에 관한 표이다. ( ) 안에 알맞은 내용을 [보기]에서 골라 쓰시오.

[보기]
0[%], 5[%], 10[%], 15[%], 20[%], 25[%], 30[%], 35[%]
1, 2, 3, 4, 5, 6, 7, 8, 9, 10(선)

구내 입환별 할증률

구 분	할증률	비 고
입환작업이 특히 비번한 구내	(①)[%]	구내배선이 (③)선 이상
기타 역구내	(②)[%]	구내배선이 5선 이상

답안 ① 20
② 10
③ 6

문제 18 | 배점 : 4점

다음의 공사원가에 관한 설명 중 ( ) 안에 알맞은 용어를 답란에 쓰시오.

공사원가는 순공사원가, (①), (②), 부가가치세로 구성되며 이 중 순공사원가는 재료비, (③), (④)의 합계이다.

• 답란

번 호	용 어	번 호	용 어
①		②	
③		④	

답안

번호	용 어	번호	용 어
①	일반관리비	②	이윤
③	노무비	④	경비

문제 19 [배점: 5점]

다음 [보기]는 송전선로공사의 단위 작업 내용이다. [보기]를 작업순서에 맞게 번호로 나열하시오.

[보기]
① 긴선   ② 각입   ③ 타설
④ 연선   ⑤ 조립   ⑥ 굴착

• 작업순서 :

답안 ⑥ → ② → ③ → ⑤ → ④ → ①

문제 20 [배점: 6점]

배전선로의 배전방식 중 저압 네크워크 방식의 장점을 3가지만 쓰시오.

답안
- 무정전 공급이 가능하고 공급신뢰도가 높다.
- 전력손실이 적다.
- 전압변동이 적고 플리커 현상이 적다.

2023년도 기사 제2회 필답형 실기시험

종 목	시험시간	배 점	문제수	형 별
전 기 공 사 기 사	2시간 30분	100	18	A

문제 01 | 배점 : 4점

한국전기설비규정에 따른 변전소(전기철도용 변전소 제외)에 설치하는 계측장치에 대한 설명이다. ( ) 안에 알맞은 내용을 쓰시오.

변전소 또는 이에 준하는 곳에는 다음의 사항을 계측하는 장치를 시설하여야 한다.
가. 주요 변압기의 (①) 및 (②) 또는 (③)
나. 특고압용 변압기의 (④)

답안
① 전압
② 전류
③ 전력
④ 온도

문제 02 | 배점 : 5점

다음은 송전선로공사의 단위작업 내용이다. 올바른 작업순서를 번호로 나열하시오.

① 연선　　　② 타설　　　③ 굴착
④ 각입　　　⑤ 긴선　　　⑥ 조립

• 작업순서

답안 ③ → ④ → ② → ⑥ → ① → ⑤

문제 03 배점 : 3점

KS C 4621에 따른 주택용 누전차단기의 정격감도전류를 3가지만 쓰시오. (단, 단위를 반드시 쓰시오.)

답안
- 15[mA]
- 30[mA]
- 50[mA]

해설 누전차단기의 정격감도전류[mA]
6, 10, 15, 30, 50, 100, 200, 300, 500

문제 04 배점 : 6점

옥내 배선용 그림 기호(KS C 0301)에 따른 다음 그림 기호의 명칭을 쓰시오.

그림 기호	 ■●	 ◺	 ●:●EL
명 칭	(①)	(②)	(③)

답안
① 벽붙이 누름버튼
② 분전반
③ 누전차단기붙이 콘센트

문제 05 배점 : 6점

아스팔트로 포장된 자동차 도로(폭 25[m])의 양쪽에 광속 25,000[lm]의 저압나트륨등(250[W])을 설치하여 노면휘도 1.2[nt]가 되도록 하려고 한다. 설치하는 등의 간격을 구하시오. (단, 평균조도는 노면휘도의 10배로 하며, 감광보상률 1.4, 조명률 25[%]이다.)

- 계산과정 :
- 답 :

답안
- 계산과정 : 조도 $E = \dfrac{FUN}{AD} = \dfrac{FUN}{\dfrac{B}{2}SD}$

  등간격 $S = \dfrac{FUN}{\dfrac{B}{2}DE} = \dfrac{25{,}000 \times 0.25 \times 1}{\dfrac{25}{2} \times 1.4 \times 1.2 \times 10} = 29.761\,[\text{m}]$

- 답 : 29.76[m]

문제 06 | 배점 : 5점

어떤 건물에서 총 설비부하용량이 950[kW], 수용률이 60[%]일 때 변압기 용량을 구하시오. (단, 설비부하의 종합 역률은 0.85이고, 변압기 용량표에서 선정하시오.)

변압기 용량표[kVA]						
200	300	500	750	1,000	1,500	2,000

- 계산과정 :
- 답 :

답안
- 계산과정 : $P_T = \dfrac{\text{부하설비용량} \times \text{수용률}}{\text{부등률} \times \text{역률}}$

  $= \dfrac{950 \times 0.6}{1 \times 0.85} = 670.588\,[\text{kVA}]$

- 답 : 750[kVA]

문제 07 | 배점 : 6점

다음은 한국전기설비규정에서 정하는 조가선 시설기준을 나타낸 것이다. ( ) 안에 알맞은 내용을 쓰시오.

가. 조가선 간의 이격거리는 조가선 2개가 시설될 경우에 (①)[m]를 유지하여야 한다.
나. 조가선 시설방향은 특고압주의 경우 특고압 중성도체와 같은 방향, 저압주의 경우 (②)와(과) 같은 방향으로 시설한다.
다. +자형 공중교차는 불가피한 경우에 한하여 제한적으로 시공할 수 있다. 다만, (③)형 공중교차시공은 할 수 없다.

답안 ① 0.3
② 저압선
③ T자

해설 **조가선 시설기준(KEC 362.3)**
조가선 시설기준은 다음에 따른다.
(1) 조가선은 단면적 38[mm^2] 이상의 아연도강연선을 사용할 것
(2) 조가선의 시설높이, 시설방향 및 시설기준
　① 조가선의 시설높이는 전력보안통신선의 시설높이와 간격 규정에 따른다.
　② 조가선 시설방향은 다음과 같다.
　　㉠ 특고압주 : 특고압 중성도체와 같은 방향
　　㉡ 저압주 : 저압선과 같은 방향
　③ 조가선은 다음과 같이 시설한다.
　　㉠ 조가선은 설비 안전을 위하여 전주와 전주 사이에서 접속하지 말 것
　　㉡ 조가선은 부식되지 않는 별도의 금속 부속품을 사용하고 조가선 끝부분은 날카롭지 않게 할 것
　　㉢ 끝부분의 배전주와 끝부분에서 첫 번째 지지물 전에 있는 배전주에 시설하는 조가선은 장력에 견디는 형태로 시설할 것
　　㉣ 조가선은 2조까지만 시설할 것
　　㉤ 과도한 장력에 의한 전주손상을 방지하기 위하여 전주 간 거리 50[m] 기준 0.4[m] 정도의 처짐정도를 반드시 유지하고, 지표상 시설높이 기준을 준수하여 시공할 것
　　㉥ +자형 공중교차는 불가피한 경우에 한하여 제한적으로 시공할 수 있다. 다만, T자형 공중교차시공은 할 수 없다.
(3) 조가선 간의 간격은 조가선 2개가 시설될 경우에 간격은 0.3[m]를 유지하여야 한다.
(4) 조가선은 다음에 따라 접지할 것
　① 조가선은 매 500[m]마다 또는 증폭기, 옥외형 광송수신기 및 전력공급기 등이 시설된 위치에서 연선의 경우 단면적 16[mm^2](단선의 경우 지름 4[mm]) 이상의 연동선(KS C 3101)과 접지선 서비스 접속기 등을 이용하여 접지할 것
　② 접지는 전력용 접지와 별도의 독립접지 시공을 원칙으로 할 것
　③ 접지선 몰딩은 육안식별이 가능하도록 몰딩표면에 쉽게 지워지지 않는 방법으로 "통신용 접지선"임을 표시하고, 전력선용 집지선 몰드와는 반대 방향으로 전주의 외관을 따라 수직방향으로 미려하게 시설하며 2[m] 간격으로 밴딩 처리할 것
　④ 접지극은 지표면에서 0.75[m] 이상의 깊이에 타 접지극과 1[m] 이상 이격하여 시설하여야 하며, 접지극 시설, 접지저항값 유지 등 조가선 및 공가설비의 접지에 관한 사항은 접지시스템 규정에 따를 것

문제 08

배점 : 4점

다음은 한국전기설비규정에 따른 태양광설비에 시설하는 태양전지 모듈에 대한 설명이다. ( ) 안에 알맞은 내용을 쓰시오.

> 모듈의 각 직렬군은 동일한 (①)전류를 가진 모듈로 구성하여야 하며 1대의 인버터(멀티스트링 인버터의 경우 1대의 MPPT 제어기)에 연결된 모듈 직렬군이 (②)병렬 이상일 경우에는 각 직렬군의 출력전압 및 출력전류가 동일하게 형성되도록 배열할 것

답안
① 단락
② 2

문제 09

배점 : 5점

특고압 전로에서 보호장치를 통해 흐를 수 있는 예상 지락전류의 실효값이 11[kA]일 때, 이 계통의 보호도체 단면적[mm²]을 보호도체 규격표에서 구하시오. (단, 자동차단을 위한 보호장치의 동작시간이 1.1초이고 보호도체, 절연, 기타 부위의 재질 및 초기온도와 최종온도 등에 따라 정해지는 계수를 143으로 적용한다.)

보호도체 규격표[mm²]							
10	16	25	35	50	95	120	150

- 계산과정 :
- 답 :

답안

- 계산과정 : 단면적 $A = \sqrt{\dfrac{I^2 \cdot t}{k}}$

  $= \dfrac{\sqrt{11,000^2 \times 1.1}}{143}$

  $= 80.677 [\text{mm}^2]$

- 답 : 95[mm²]

문제 10 | 배점 : 6점

배전 계통의 수전방식 중 그림과 같이 전력회사 변전소에서 나온 2~4회선의 네트워크 배전선에 수전용 차단기를 통해서 네트워크 변압기를 접속하여 고층빌딩 등의 집중된 부하에 전력을 공급하는 방식의 명칭과 장점을 4가지만 쓰시오.

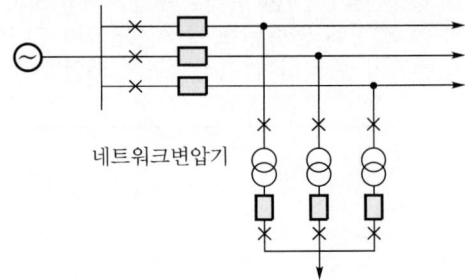

(1) 명칭
(2) 장점

답안 (1) 스폿 네트워크 방식
(2) • 무정전 전원공급이 가능하다.
  • 전압변동률 및 전력손실이 적다.
  • 부하 증가에 대한 적응성이 우수하다.
  • 기기의 이용률이 좋고, 2차 변전소 수를 줄일 수 있다.

문제 11 | 배점 : 5점

공구손료에 대한 다음 물음에 답하시오.

(1) 공구손료를 설명하시오.
(2) 공구손료는 직접노무비(노임할증과 작업시간 증가에 의하지 않은 품할증 제외)의 몇 [%]까지 계상하는지 쓰시오.

답안 (1) 일반공구 및 시험용 계측기구류의 손료로서 공사 중 상시 일반적으로 적용한다.
(2) 3[%]

문제 12   배점 : 6점

한국전기설비규정에 따른 사람이 상시 통행하는 터널 안 배선의 시설에 대한 설명이다. ( ) 안에 알맞은 내용을 쓰시오. (단, 사용전압이 저압인 경우이다.)

1. 전선은 애자공사에 의하여 시설할 경우 공칭단면적 (①)[mm^2]의 연동선과 동등 이상의 세기 및 굵기의 절연전선(옥외용 비닐 절연전선 및 인입용 비닐 절연전선을 제외한다.)을 사용하여 시설하고 또한 이를 노면상 (②)[m] 이상의 높이로 할 것
2. 전로에는 터널의 입구에 가까운 곳에 전용 (③)를 시설할 것

답안
① 2.5
② 2.5
③ 개폐기

해설 사람이 상시 통행하는 터널 안의 배선의 시설(KEC 242.7.1)
사람이 상시 통행하는 터널 안의 배선은 그 사용전압이 저압의 것에 한하고 또한 다음에 따라 시설하여야 한다.
(1) 전선은 다음 중 하나에 의하여 시설할 것
  ① 터널 안 전선로의 시설(케이블공사에 의한 시설 제외) 규정에 의하여 시설할 것
  ② 공칭단면적 2.5[mm^2]의 연동선과 동등 이상의 세기 및 굵기의 절연전선(옥외용 비닐 절연전선 및 인입용 비닐 절연전선을 제외한다.)을 사용하여 시설조건 및 애자의 선정 규정에 준하는 애자공사에 의하여 시설하고 또한 이를 노면상 2.5[m] 이상의 높이로 할 것
(2) 전로에는 터널의 입구에 가까운 곳에 전용 개폐기를 시설할 것

문제 13

그림은 3상 4선식 중성점 다중접지방식의 22.9[kV-Y] 배전선로에서 수전하기 위한 단선 결선도이다. 다음 각 물음에 답하시오. (단, 평균 역률은 95[%]로 가정한다.)

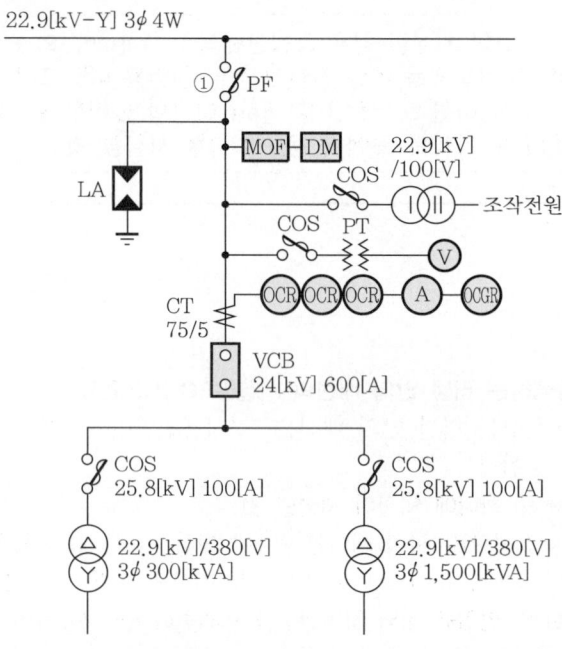

(1) 도면에 표시된 ①의 PF(전력퓨즈)를 변압기 전부하 전류의 2배로 선정하고자 할 때 퓨즈의 용량을 다음 표에서 선정하시오.

전력퓨즈 용량표[A]				
50	65	80	100	200

• 계산과정 :
• 답 :

(2) 계기용 변성기(MOF)의 변압비와 변류비를 구하시오. (단, 변류비는 1차측 정격전류의 150[%]로 하고, 아래 표에서 선정한다. 또한 전압변동은 고려하지 않는다.)

변류비표[A]				
20/5	30/5	40/5	75/5	100/5

• 계산과정 :
• 답 :

(3) 부하전류 1.25배의 전류에서 차단기를 동작시키려면 과전류계전기의 탭전류는 몇 [A]인지 다음 표에서 선정하시오.

과전류계전기 탭전류표[A]					
2	4	5	6	7	8

• 계산과정 :
• 답 :

답안

(1) • 계산과정 : $I_f = \left(\dfrac{300}{\sqrt{3} \times 22.9} + \dfrac{1,500}{\sqrt{3} \times 22.9}\right) \times 2$
$= 90.762 [A]$
• 답 : 100[A]

(2) • 계산과정 : $I = \left(\dfrac{300}{\sqrt{3} \times 22.9} + \dfrac{1,500}{\sqrt{3} \times 22.9}\right) \times 1.5$
$= 68.071 [A]$
• 답 : – 변압비 : $\dfrac{22,900/\sqrt{3}}{190/\sqrt{3}} [V]$
– 변류비 : 75/5[A]

(3) • 계산과정 : 탭전류 $I_T = \left(\dfrac{300}{\sqrt{3} \times 22.9} + \dfrac{1,500}{\sqrt{3} \times 22.9}\right) \times \dfrac{5}{75} \times 1.25$
$= 3.781 [A]$
• 답 : 4[A]

문제 14

배점 : 5점

다음 그림은 전기방식(電氣防蝕)을 나타내고 있다. 어떤 방식(方式)인지 쓰시오.

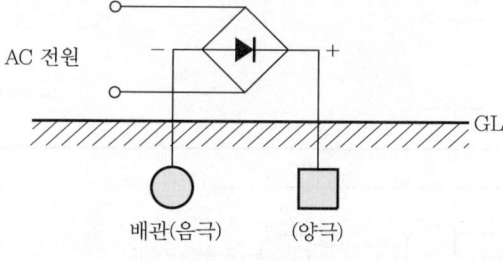

답안 외부전원방식

문제 15

| 배점 : 5점 |

다음 유접점회로를 무접점 논리회로로 바꾸시오. (단, 2입력 AND 게이트 4개, 2입력 OR 게이트 2개, NOT 게이트 3개만을 사용하며, 선의 접속과 미접속에 대한 예시를 참고하여 작성하시오.)

▮ 선의 접속과 미접속에 대한 예시 ▮

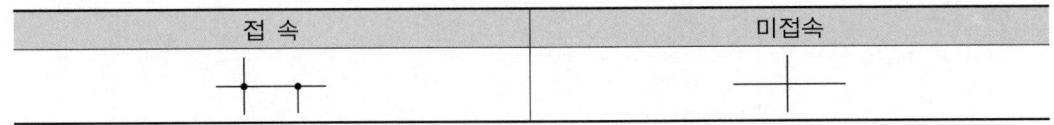

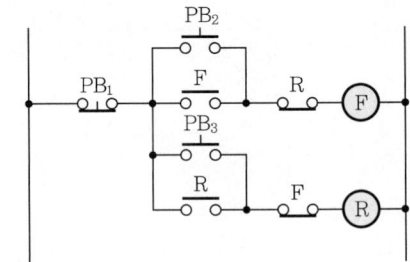

• 무접점 논리회로

```
PB₂ ──────                    ────── F

PB₁ ──────

PB₃ ──────                    ────── R
```

답안

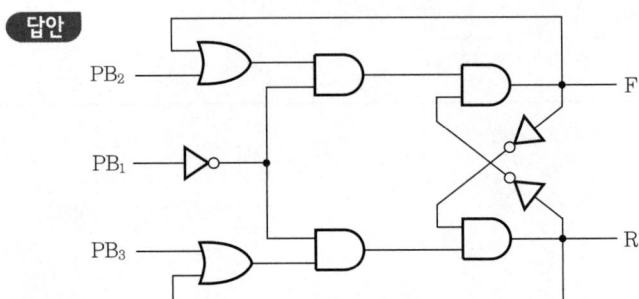

해설 논리식

$$F = \overline{PB_1}(PB_2 + F)\overline{R}$$
$$R = \overline{PB_1}(PB_3 + R)\overline{F}$$

문제 16

다음 수변전설비 결선도를 보고 물음에 답하시오.

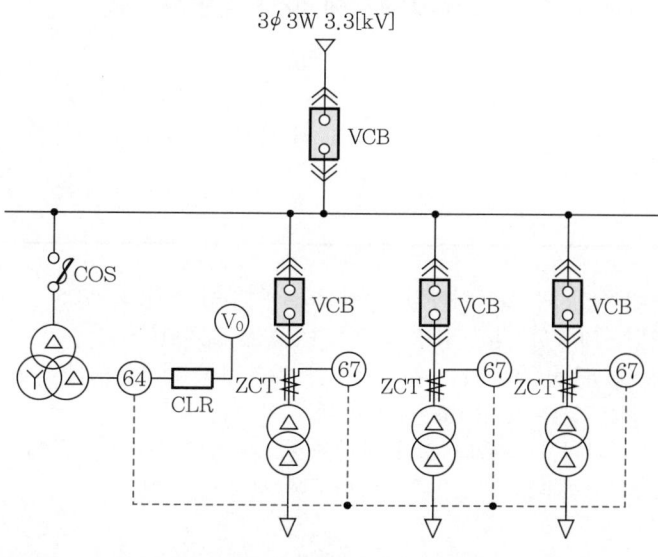

(1) 도면에서 표시된 CLR의 명칭을 쓰시오.
(2) 상기 계통의 접지방식을 쓰시오.
(3) 도면에서 변압기 △-△ 단선도를 복선도로 그리시오. (단, 접지는 표시하지 않으며, 선의 접속과 미접속에 대한 예시를 참고하여 작성하시오.)

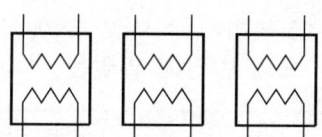

접 속	미접속
•—•—	—┼—

(4) 전압계(V_0)에서 검출되는 전압이 무엇인지 쓰시오.
(5) 지락 과전압계전기(64)의 설치목적을 쓰시오.

답안
(1) 한류저항기
(2) 비접지방식
(3)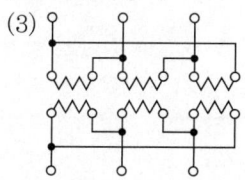
(4) 영상전압
(5) 지락사고 시 영상전압에 의해 동작하여 전기회로(선로) 보호

문제 17   배점 : 5점

아래는 특고압 가공전선로의 지지물로 사용하는 B종 철근 · B종 콘크리트주 또는 철탑의 종류이다. 각각에 대해 한국전기설비규정에 따라 설명하시오.

(1) 직선형 :
(2) 각도형 :
(3) 인류형 :
(4) 내장형 :
(5) 보강형 :

답안 (1) 전선로의 직선부분(3° 이하인 수평각도를 이루는 곳을 포함한다. 이하 같다)에 사용하는 것. 다만, 내장형 및 보강형에 속하는 것을 제외한다.
(2) 전선로 중 3°를 초과하는 수평각도를 이루는 곳에 사용하는 것
(3) 전가섭선을 인류된(잡아당기는) 곳에 사용하는 것
(4) 전선로의 지지물 양쪽의 경간(지지물 간 거리)의 차가 큰 곳에 사용하는 것
(5) 전선로의 직선부분에 그 보강을 위하여 사용하는 것

문제 18   배점 : 5점

KS C IEC 62305-3(피뢰시스템-제3부 : 구조물의 물리적 손상 및 인명위험)에 따른 접지극의 재료, 형상과 최소치수에 관한 표이다. 표의 빈칸에 알맞은 수치를 쓰시오.

재 료	형 상	치수(접지도체, [mm^2])
구리	테이프형 단선	(①)
구리피복강	원형 단선	(②)
	테이프형 단선	(③)
스테인리스강	원형 단선	(④)
	테이프형 단선	(⑤)

답안 ① 50
② 50
③ 90
④ 78
⑤ 100

해설 KS C IEC 62305-3(피뢰시스템-제3부 : 구조물의 물리적 손상 및 인명위험)에 따른 접지극의 재료, 형상과 최소치수에 관한 표

재 료	형 상	치 수		
		접지봉 지름[mm]	접지도체[mm²]	접지괴[mm]
구리, 주석도금한 구리	연선		50	
	원형 단선	15	50	
	테이프형 단선		50	
	파이프	20		
	판상 단선			500×500
	격자판			600×600
용융아연도금강	원형 단선	14	78	
	파이프	256		
	테이프형 단선		90	
	판상 단선			500×500
	격자판			600×600
나강	연선		70	
	원형 단선		78	
	테이프형 단선		75	
구리피복강	원형 단선	14	50	
	테이프형 단선		90	
스테인리스강	원형 단선	15	78	
	테이프형 단선		100	

2023년도 산업기사 제2회 필답형 실기시험

종 목	시험시간	배 점	문제수	형 별
전 기 공 사 산 업 기 사	2시간	100	20	A

문제 01
배점 : 5점

10[kVA]의 단상 변압기 3대를 △결선으로 급전하던 중 변압기 1대의 고장으로 나머지 2대로 V결선해서 급전하고 있다. 이 경우 부하가 27.5[kVA]라면 나머지 2대의 변압기는 몇 [%]의 과부하가 되는지 구하시오. (단, 소수점 이하는 버리시오.)

- 계산과정 :
- 답 :

답안
- 계산과정 : 과부하율 $= \dfrac{\text{부하용량}}{\text{변압기 용량}} \times 100$

  $= \dfrac{27.5}{\sqrt{3} \times 10} \times 100$

  $= 158.77[\%]$
- 답 : 158[%]

문제 02
배점 : 5점

공칭방전전류의 의미를 설명하고, 22.9[kV-Y] 이하(22[kV] 비접지 제외)의 배전선로에 수전하는 설비에 설치된 피뢰기의 공칭방전전류[A]를 쓰시오.

(1) 의미
(2) 공칭방전전류[A]

답안
(1) 피뢰기가 방전할 수 있는 최대전류
(2) 18[kV]

문제 03 　배점 : 3점

가공전선로에서 특고압선 2조를 수평으로 배열하고자 할 때, 완철 사용 표준길이[mm]를 쓰시오.

답안 1,800[mm]

해설 완철 표준길이[mm]

구 분	저 압	고 압	특고압
2조	900	1,400	1,800
3조 이상	1,400	1,800	2,400

문제 04 　배점 : 5점

경간 200[m]인 가공 송전선로가 있다. 전선 1[m]당 무게는 2.0[kgf]이고 풍압하중은 없다고 한다. 인장강도 4,000[kgf]의 전선을 사용할 때 이도[m]와 전선의 실제 길이[m]를 구하시오.

(1) 이도[m]
 • 계산과정 :
 • 답 :
(2) 전선의 실제 길이[m]
 • 계산과정 :
 • 답 :

답안

(1) • 계산과정 : $D = \dfrac{WS^2}{8T} = \dfrac{2 \times 200^2}{8 \times \dfrac{4,000}{2.2}} = 5.5\,[\text{m}]$

 • 답 : 5.5[m]

(2) • 계산과정 : $L = S + \dfrac{8D^2}{3S} = 200 + \dfrac{8 \times 5.5^2}{3 \times 200} = 200.4\,[\text{m}]$

 • 답 : 200.4[m]

문제 05 | 배점 : 6점

다음은 한국전기설비규정에 따른 용어의 정의이다. 정의에 알맞은 용어를 빈칸에 쓰시오.

용 어	정 의
(①)	가공전선로의 지지물로부터 다른 지지물을 거치지 아니하고 수용장소의 붙임점에 이르는 가공전선을 말한다.
(②)	지중전선로·지중약전류전선로·지중광섬유케이블선로·지중에 시설하는 수관 및 가스관과 이와 유사한 것 및 이들에 부속하는 지중함 등을 말한다.
(③)	둘 이상의 전력계통 사이를 전력이 상호 융통될 수 있도록 선로를 통하여 연결하는 것으로 전력계통 상호 간을 송전선, 변압기 또는 직류-교류변환설비 등에 연결하는 것을 말한다. 계통연락이라고도 한다.

답안 ① 가공인입선
② 지중관로
③ 계통연계

문제 06 | 배점 : 7점

전등을 3개소에서 점멸 가능한 복도조명의 배선도이다. 다음 물음에 답하시오.

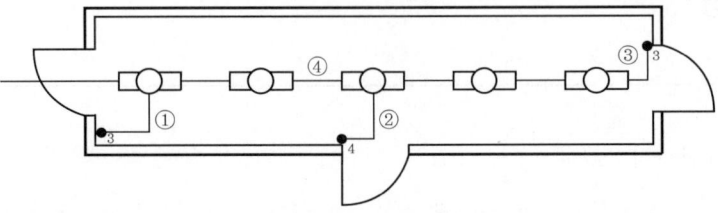

(1) 위 배선도에 표시된 ①, ②, ③, ④의 최소 배선수는 몇 가닥인지 쓰시오. (단, 접지선은 제외한다.)

①	②	③	④

(2) KSC 0301에 따라 배선도에 사용된 다음 그림 기호의 명칭을 쓰시오.

기 호	명 칭
⎯◯⎯	(①)
●3	(②)
⎯⎯⎯	(③)

답안 (1)

①	②	③	④
3가닥	4가닥	3가닥	4가닥

(2) ① 형광등
② 3로 스위치
③ 천장은폐배선

문제 07

배점 : 5점

부하 100[kVA]에서 역률 60[%]를 90[%]로 개선하는 데 필요한 전력용 콘덴서의 용량 [kVA]을 구하시오.

• 계산과정 :
• 답 :

답안
• 계산과정 : $Q_c = P(\tan\theta_1 - \tan\theta_2)$

$$= 100 \times 0.6 \times \left(\frac{\sqrt{1-0.6^2}}{0.6} - \frac{\sqrt{1-0.9^2}}{0.9} \right)$$

$$= 50.94[\text{kVA}]$$

• 답 : 50.94[kVA]

문제 08

배점 : 5점

주어진 [동작 설명]과 같이 동작될 수 있도록 시퀀스 제어회로를 완성하시오. (단, 회로 작성 시 선의 접속 및 미접속에 대한 예시를 참고하여 작성하시오.)

┃선의 접속과 미접속에 대한 예시┃

접 속	미접속
─┼─	─┼─

[동작 설명]
• 3로 스위치 S_{3-1}, S_{3-2}를 모두 ON했을 때 램프 R_1, R_2가 직렬 점등되고, S_{3-1}, S_{3-2}를 모두 OFF했을 때 램프 R_1, R_2가 병렬로 점등된다.
• 누름버튼스위치 PB를 누르고 있는 동안에는 램프 R_3와 부저 BZ가 병렬로 동작한다.

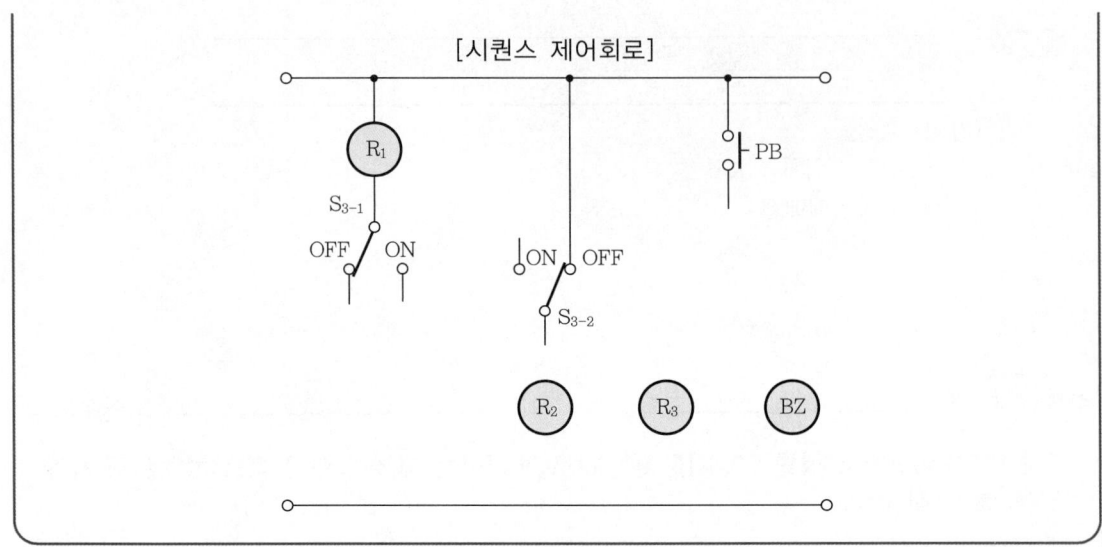

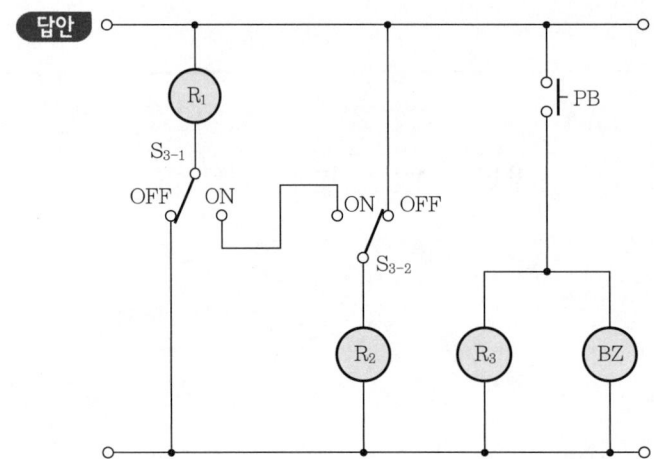

문제 09 | 배점 : 5점 |

용량(P)이 800[W]의 전열기에 동일 전압을 인가하고 전열선의 길이를 5[%] 작게 할 경우의 소비전력 P_a[W]를 구하시오.

- 계산과정 :
- 답 :

답안
- 계산과정 : 전열선의 저항 $R = \rho \dfrac{l}{B} \propto l$ 이므로 저항이 5[%] 감소한다.

$$용량 \ P = \dfrac{V^2}{R} = 800[W]$$

$$소비전력 \ P_a = \dfrac{V^2}{R'} = \dfrac{V^2}{0.95R} = \dfrac{1}{0.95} \times 800 = 842.105[W]$$

- 답 : 842.11[W]

문제 10 (배점 : 6점)

다음과 같이 단상 변압기 3대가 있다. Y-Y결선, △-△결선을 그리시오. (단, 회로 작성 시 선의 접속 및 미접속에 대한 예시를 참고하여 작성하시오.)

▮선의 접속과 미접속에 대한 예시▮

접 속	미접속

Y-Y결선	△-△결선

답안

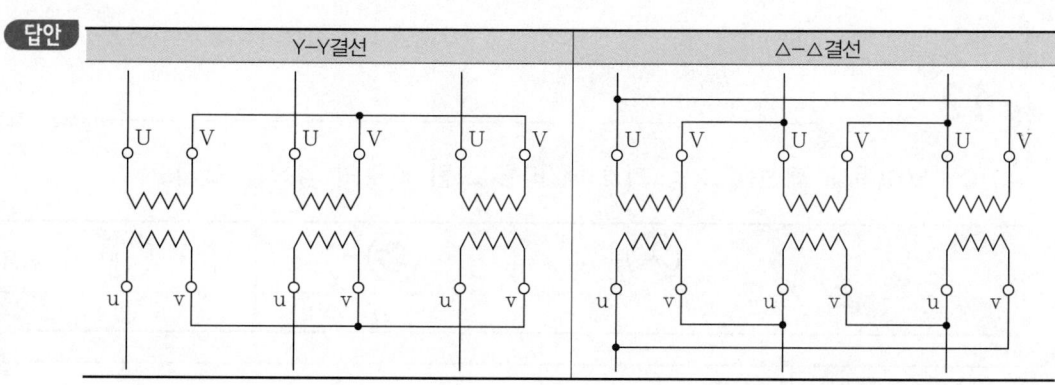

문제 11 | 배점: 5점

가로등용 기초를 설치하기 위하여 아래 그림과 같이 굴착을 해야 한다. 이때의 터파기 양[m³]을 구하시오.

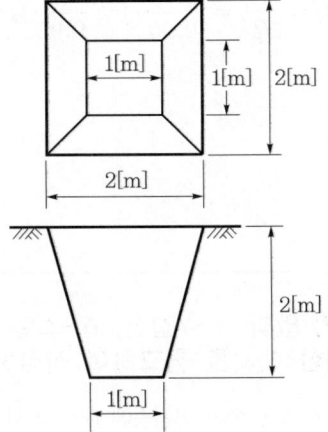

- 계산과정 :
- 답 :

답안
- 계산과정 : $V = \dfrac{h}{6}\{(2a+a')b+(2a'+a)b'\}$

$= \dfrac{2}{6}\{(2\times 2+1)\times 2+(2\times 1+2)\times 1\} = 4.67[\text{m}^3]$

- 답 : $4.67[\text{m}^3]$

해설
$V = \dfrac{h}{3}(A_1 + A_2 + \sqrt{A_1 A_2})$

$= \dfrac{2}{3}(4+1+\sqrt{4\times 1}) = 4.67[\text{m}^3]$

문제 12 | 배점: 6점

KS C 0301(옥내 배선용 그림 기호)에 따른 그림 기호의 명칭을 쓰시오.

기 호	⊘G	●P	◁
명 칭	(①)	(②)	(③)

답안 ① 누전경보기
② 압력스위치
③ 스피커

문제 13

배점 : 6점

22.9[kV] 배전선로에서 노후로 인하여 애자를 교체하고자 한다. 다음 그림 및 표, [해설], [조건]을 이용하여 각 물음에 답하시오.

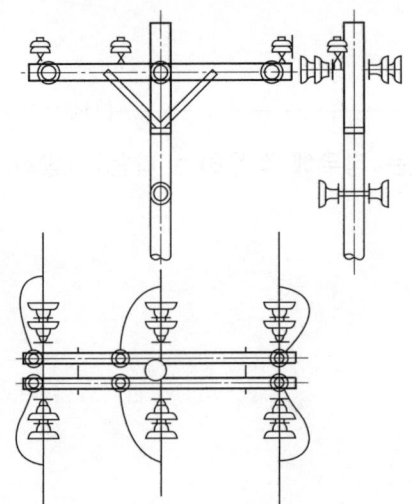

배전용 애자 설치

(단위 : 개)

종 별	배전전공	보통인부
라인포스트애자	0.046	0.046
현수애자	0.032	0.032
내오손 결합애자	0.025	0.025
저압용 인류애자	0.020	–

[해설]
• 애자 교체 150[%]
• 특고압용 핀애자는 라인포스트애자에 준함
• 철거 50[%], 재사용 철거 80[%]
• 동일장소 추가 1개마다 기본품의 45[%] 적용
• 기타 할증은 제외한다.

[조건]
• 교체 수량 : 현수애자 14개, 특고압용 핀애자 6개
• 간접노무비는 15[%]로 계산한다.
• 노임단가는 배전전공 361,209원, 보통인부는 141,096원이다.
• 인공 산출 시 소수점 넷째 자리에서 반올림한다.
• 인공에 노임단가를 적용하여 금액 산출 시 원단위 미만의 값은 절사한다.
• 총 인건비 금액 산출 시 원단위 미만의 값은 절사한다.

(1) 배전전공 노임을 구하시오.
   • 계산과정 :
   • 답 :
(2) 보통인부 노임을 구하시오.
   • 계산과정 :
   • 답 :
(3) 총 인건비(직접노무비와 간접노무비의 합계)를 구하시오.
   • 계산과정 :
   • 답 :

답안 (1) • 계산과정 : 배전전공 = $0.032 \times (1+0.45 \times 13) \times 1.5 + 0.046 \times (1+0.45 \times 5)$
　　　　　　　　　　　$\times 1.5 = 0.55305 = 0.553$[인]
　　　　　　노임 = $0.553 \times 361,209 = 199,748$[원]
　• 답 : 199,748[원]
(2) • 계산과정 : 보통인부 = $0.032 \times (1+0.45 \times 13) \times 1.5 + 0.046 \times (1+0.45 \times 5)$
　　　　　　　　　　　$\times 1.5 = 0.553$[인]
　　　　　　노임 = $0.553 \times 141,096 = 78,026$[원]
　• 답 : 78,026[원]
(3) • 계산과정 : $(199,748 + 78,026) \times (1+0.15) = 319,440$[원]
　• 답 : 319,440[원]

문제 14　　　　　　　　　　　　　　　　　　　　　　　　　　　　　　　　배점 : 3점

비교적 장력이 작고 타 종류의 지선을 시설할 수 없는 경우에 적용하는 다음 그림과 같은 형태를 갖는 지선 명칭을 쓰시오.

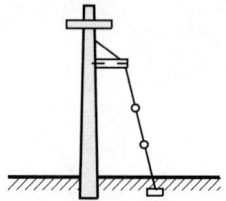

• 지선명칭 :

답안 궁지선

문제 15 　배점 : 6점

다음은 KS C IEC 60364-5-54에 관련된 접지설비의 예이다. ①~③의 명칭을 답란에 쓰시오.

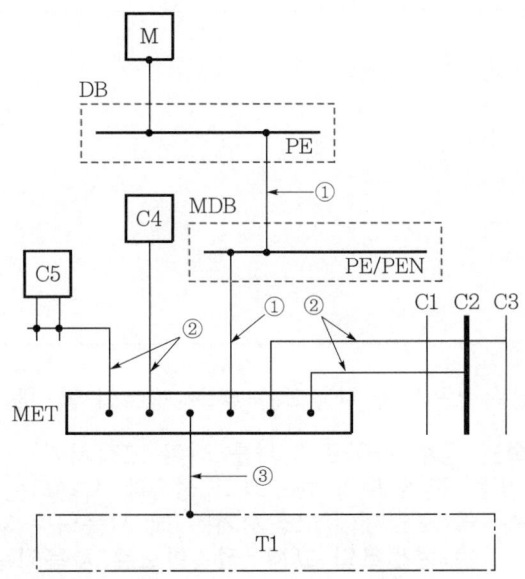

- M : 노출도전부
- DB : 분전반
- MDB : 주배전반
- MET : 주접지단자
- C1 : 수도관, 외부로부터의 금속부
- C2 : 배수관, 외부로부터의 금속부
- C3 : 절연이음새를 삽입한 가스관, 외부로부터의 금속부
- C4 : 공조설비
- C5 : 난방설비
- T1 : 콘크리트매입 기초접지극 또는 토양매설 기초접지극

• 답란

번호	명칭
①	
②	
③	

답안

번호	명칭
①	보호도체
②	보호등전위본딩
③	접지도체

문제 16
배점 : 6점

자가용 전기설비에서 역률 향상을 위하여 설치하는 전력용(진상용) 콘덴서의 설치효과를 3가지만 쓰시오.

답안
- 전압강하 감소
- 전력손실 감소
- 변압기 등 설비여유 증가

문제 17
배점 : 5점

다음 설명에 알맞은 금속관공사에 사용되는 부속 재료의 명칭을 쓰시오.
(1) 관과 박스를 접속하는 경우 파이프 나사를 죄어 고정시키는 데 사용되는 재료
(2) 금속관 상호 접속 또는 관과 노멀 밴드와의 접속에 사용되는 재료
(3) 노출 배관에서 금속관을 조영재에 고정시키는 데 사용되는 재료
(4) 전등기구나 점멸기 또는 콘센트의 고정, 접속함으로 사용되는 재료
(5) 아웃렛 박스에 조명기구를 부착시킬 때 기구 중량의 장력을 보강하기 위하여 사용되는 재료

답안
(1) 로크 너트
(2) 커플링
(3) 새들
(4) 아웃렛 박스
(5) 픽스처 스터드와 히키

문제 18
배점 : 4점

어떤 건물에서 22.9[kV]로 수전해서 저압으로 옥내 배선을 하고자 한다. 이 건물의 총 설비용량은 850[kW]이고, 수용률은 70[%]라고 할 때, 이 건물의 변압기용량을 표준용량에서 선정하시오. (단, 건물의 설비부하의 종합 역률은 0.9이며, 표준변압기 용량[kVA]은 500, 750, 1,000, 1,500이다.)

- 계산과정 :
- 답 :

답안
- 계산과정 : 변압기 용량 $P = \dfrac{\text{부하설비용량} \times \text{수용률}}{\text{부등률} \times \text{역률}}$

  $= \dfrac{850 \times 0.7}{1 \times 0.9} = 661.111 \text{[kVA]}$
- 답 : 750[kVA]

문제 19
배점 : 4점

다음은 전기설비기술기준에서 정하는 저압전로에서의 사용전압별 절연저항값을 나타낸 표이다. ( ) 안에 알맞은 값을 쓰시오. (단, 측정 시 영향을 주거나 손상을 받을 수 있는 SPD 또는 기타 기기 등은 측정 전에 분리가 가능한 경우이다.)

전로의 사용전압[V]	DC시험전압[V]	절연저항[MΩ]
SELV 및 PELV	250	(②) 이상
FELV, 500[V] 이하	(①)	(③) 이상
500[V] 초과	1,000	(④) 이상

[주] 특별저압(extra voltage : 2차 전압이 AC 50[V], DC 120[V] 이하)으로 SELV(비접지회로 구성) 및 PELV(접지회로 구성)은 1차와 2차가 전기적으로 절연된 회로, FELV는 1차와 2차가 전기적으로 절연되지 않은 회로

답안
① 500
② 0.5
③ 1.0
④ 1.0

문제 20
배점 : 3점

아날로그 멀티 테스터로 교류(AC)전압을 측정하려면 부하설비와 어떻게 연결하여 측정하는지 쓰시오.

답안 병렬로 연결한다.

2023년도 기사 제3회 필답형 실기시험

종 목	시험시간	배 점	문제수	형 별
전 기 공 사 기 사	2시간 30분	100	20	A

문제 01 | 배점 : 4점

다음 전선의 약호를 보고 그 명칭을 쓰시오.

(1) OC
(2) ACSR

답안
(1) 옥외용 가교 폴리에틸렌 절연전선
(2) 강심 알루미늄 연선

문제 02 | 배점 : 5점

그림과 같은 송전계통에서 3상 단락사고가 발생하였다. 주어진 도면과 조건을 참고하여 단락점을 통과하는 단락전류 I_s[A]와 단락용량 P_a[kVA]를 구하시오.

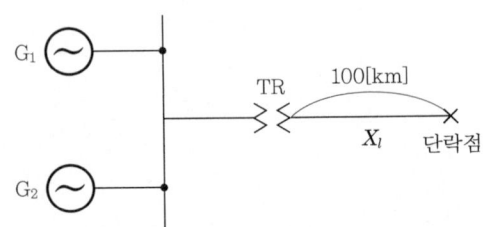

번 호	기기명	용량 및 전압	임피던스 및 리액턴스
1	G_1 및 G_2	30[MVA], 22[kV]	%X_g(리액턴스) = 30[%]
2	TR	60[MVA], 22/154[kV]	%X_T(리액턴스) = 11[%]
3	X_l		$Z_l = 0 + j0.5$[Ω]

(1) 단락전류
  • 계산과정 :
  • 답 :
(2) 단락용량
  • 계산과정 :
  • 답 :

답안 (1) • 계산과정 : 60[MVA]를 기준용량으로 하면

발전기 G_1 및 G_2의 $\%X_g$(리액턴스)는 60[%]

선로 $\%X_l = \dfrac{PX}{10V^2}$

$= \dfrac{60 \times 10^3 \times 0.5 \times 100}{10 \times 154^2} = 12.65[\%]$

합성 $\%Z = \dfrac{60}{2} + 11 + 12.65 = 53.65[\%]$

$I_s = \dfrac{100}{\%Z}I_n$

$= \dfrac{100}{53.65} \times \dfrac{60 \times 10^3}{\sqrt{3} \times 154} = 419.28[A]$

• 답 : 419.28[A]

(2) • 계산과정 : $P_s = \dfrac{100}{\%Z}P_n$

$= \dfrac{100}{53.65} \times 60 = 111.84[MVA]$

• 답 : 111.84[MVA]

문제 03   배점 : 5점

한국전기설비규정에 의한 지중전선로의 케이블 시설방법 3가지를 쓰시오.

답안
- 관로식
- 암거식
- 직접 매설식

문제 04   배점 : 4점

철골 콘크리트 구조물의 바닥구조재로 사용되는 파형 데크 플레이트의 홈을 막아 사용하는 배선방식은 무엇인가?

답안 셀룰러덕트공사

문제 05 배점 : 3점

다음은 한국전기설비규정의 보조 보호등전위본딩 도체에 대한 설명 중 일부이다. 설명을 읽고 아래 빈칸에 알맞은 내용을 쓰시오. (단, 케이블의 일부가 아닌 경우 또는 선로도체와 함께 수납되지 않은 본딩도체는 다음 값 이상이어야 한다.)

(1) 기계적 보호가 된 것은 구리도체 (①)[mm^2], 알루미늄도체(②)[mm^2]
(2) 기계적 보호가 없는 것은 구리도체 (③)[mm^2], 알루미늄도체(②)[mm^2]

답안

①	②	③
2.5	16	4

문제 06 배점 : 5점

다음 심벌의 명칭을 쓰시오.

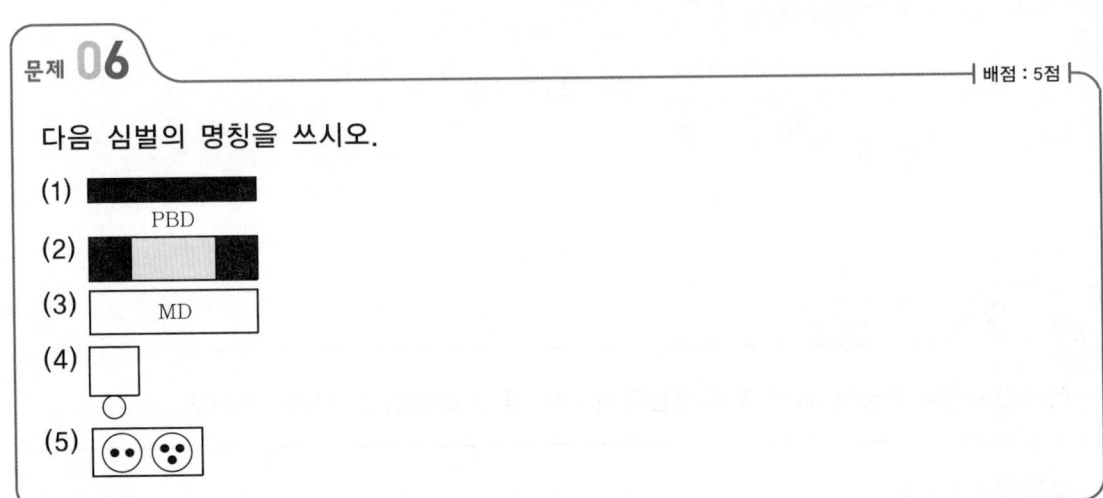

답안
(1) 플러그인 버스덕트
(2) 익스팬션 버스덕트
(3) 금속덕트
(4) 벨
(5) 비상콘센트

문제 07 [배점 : 4점]

KS C IEC 62305-3에 따른 피뢰시스템의 등급별 병렬 인하도선 사이의 최대 간격에 대한 표이다. 빈칸에 알맞은 답을 쓰시오.

보호등급	평균거리[m]
I	(①)
II	(②)
III	(③)
IV	(④)

답안

보호등급	평균거리[m]
I	10
II	10
III	15
IV	20

문제 08 [배점 : 5점]

3상 3선식이 60[km], 단상 2선식이 20[km]의 6.6[kV] 중성점 비접지식 가공 배전선로에 접속된 주상변압기의 1선 지락전류[A]와 변압기 중성점 접지저항[Ω]을 구하시오.

- 계산과정 :
- 답 :

답안

- 계산과정 : 1선 지락전류 $I_1 = 1 + \dfrac{\dfrac{V}{3}L - 100}{150}$

$$I_1 = 1 + \dfrac{\dfrac{6.6/1.1}{3} \times (60 \times 3 + 20 \times 2) - 100}{150} = 3.26 = 4[A]$$

∴ 중성점 접지저항 $R = \dfrac{150}{I} = \dfrac{150}{4} = 37.5[\Omega]$

- 답 : - 1선 지락전류 4[A]
  - 변압기 중성점 접지저항 37.5[Ω]

문제 09

다음 그림과 같은 방전특성을 갖는 부하에 필요한 축전지 용량[Ah]을 구하시오. (단, 부하방전 특성에 따라 각각 계산하여 구하시오.)

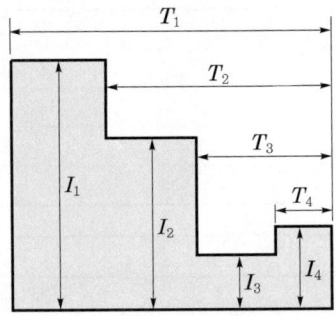

㉠ 방전전류[A] : $I_1 = 500$, $I_2 = 300$, $I_3 = 100$, $I_4 = 200$
㉡ 방전시간[분] : $T_1 = 120$, $T_2 = 119$, $T_3 = 60$, $T_4 = 1$
㉢ 용량환산시간 : $K_1 = 2.49$, $K_2 = 2.49$, $K_3 = 1.46$, $K_4 = 0.57$
㉣ 보수율 : 0.8

• 계산과정 :
• 답 :

답안
• 계산과정 : $C = \dfrac{1}{L}\left[(K_1 I_1 + K_2(I_2 - I_1) + K_3(I_3 - I_2) + K_4(I_4 - I_3)\right]$

$= \dfrac{1}{0.8}\left[2.49 \times 500 + 2.49(300 - 500) + 1.46(100 - 300) \right.$
$\left. + 0.57(200 - 100)\right]$

$= 640[\text{Ah}]$

• 답 : 640[Ah]

문제 10

다음은 SPD의 시설 기준이다. 표의 빈칸에 들어갈 알맞은 내용을 채우시오.

(1) (①) SPD용 보호장치의 정격은 일반적으로 대용량을 시설할 것
(2) SPD를 RCD(누전차단기) 부하측에 설치 시 (②) 누전차단기를 시설할 것

답안 ① 1등급
② 임펄스 부동작형

문제 11

배점 : 5점

다음은 과전류계전기의 동작시간에 따른 분류이다. 다음 설명을 읽고 빈칸에 알맞은 내용을 쓰시오.

(①) 계전기	정정된 최소 동작전류 이상의 전류가 흐르면 즉시 동작하는 것으로써 0.5~2초 정도의 짧은 시간에 동작하는 것을 고속도 계전기라고 한다.
(②) 계전기	정정된 값 이상의 전류가 흘렀을 때 동작전류의 크기와 관계없이 항상 정해진 시간이 경과한 후에 동작하는 것
(③) 계전기	정정된 값 이상의 전류가 흘러 동작할 때 전류가 클수록 빨리 동작하고, 전류가 작을수록 느리게 동작하는 것

답안
① 순한시성
② 정한시성
③ 반한시성

문제 12

배점 : 4점

가스차단기(GCB : Gas Circuit Breaker)의 특징을 5가지만 쓰시오.

답안
- 밀폐구조이므로 소음이 적다.
- 절연거리를 적게 할 수 있어 차단기 전체를 소형화 및 경량화 할 수 있다.
- 근거리 고장 등 가혹한 재기전압에 대해서도 성능이 우수하다.
- 소호시 아크가 안정되어 있어 차단저항이 필요없고 접촉자의 소모가 극히 적다.
- SF_6 가스 중에 수분이 존재하면 내전압 성능이 저하하고 저온에서 가스가 액화되므로 겨울철에는 보온장치 등이 필요하다.

문제 **13** ┤ 배점 : 4점 ├

CT 2대를 V결선하여 OCR 3대를 그림과 같이 연결하였다. 3번 OCR에 흐르는 전류는 어떤 상의 전류인가?

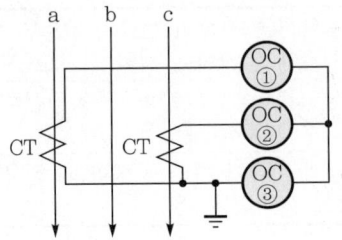

답안 b상

해설 $\dot{I}_a + \dot{I}_b + \dot{I}_c = 0$에서 $\dot{I}_a + \dot{I}_c = -\dot{I}_b$

즉 OC_3에는 $\dot{I}_a + \dot{I}_c$ 가 흐르므로 b상의 전류가 된다.

문제 **14** ┤ 배점 : 7점 ├

다음 그림에 표시된 ①~⑦ 명칭을 정확하게 답안지에 답하시오. (단, 그림은 2련 내장 애자장치이다.)

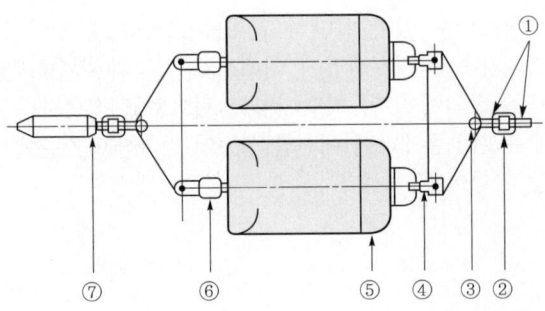

답안 ① 앵커쇄클
② 체인링크
③ 삼각요크
④ 볼크레비스
⑤ 현수애자
⑥ 소켓크레비스
⑦ 압축형 인류클램프

문제 15

배점 : 5점

납축전지의 정격용량 200[Ah], 상시부하 12[kW], 표준전압 100[V]인 부동충전방식의 2차 충전전류는 몇 [A]인지 구하시오. (단, 납축전지의 방전율은 10시간율로 한다.)

- 계산과정 :
- 답 :

답안
- 계산과정 : 2차 충전전류 $I = \dfrac{200}{10} + \dfrac{12,000}{100} = 140[A]$
- 답 : 140[A]

문제 16

배점 : 5점

아래 그림과 같이 전선 지지점에 고저차가 없는 곳에 경간의 이도가 각각 1[m], 4[m]로 동일한 장력으로 전선이 가설되어 있다. 사고가 발생해 중앙의 지지점에서 전선이 떨어졌다면 전선의 지표상 최저 높이[m]를 구하시오.

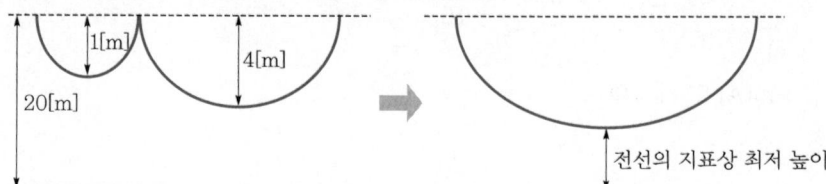

- 계산과정 :
- 답 :

답안
- 계산과정
  - 1[m]의 이도와 경간을 D_1, S_1, 4[m]의 이도와 경간을 D_2, S_2라고 하면, 동일한 장력의 전선이므로 $D \propto S^2$이다.
  $$\frac{S_1}{S_2} = \sqrt{\frac{D_2}{D_1}} = \sqrt{\frac{4}{1}} = 2[m]$$
  $$\therefore S_2 = 2S_1$$
  - 중간 지지점에서 전선이 떨어진 경우의 이도를 D_x라고 하면(전선 실제길이 불변)
  $$L = \left(S_1 + \frac{8D_1^2}{3S_1}\right) + \left(S_2 + \frac{8D_2^2}{3S_2}\right) = (S_1 + S_2) + \frac{8D_x^2}{3 \cdot (S_1 + S_2)} \text{ 에서}$$
  $$\frac{D_1^2}{S_1} + \frac{D_2^2}{S_2} = \frac{D_x^2}{S_1 + S_2} \text{ 이므로}$$
  $$\frac{1^2}{S_1} + \frac{4^2}{2S_1} = \frac{D_x^2}{S_1 + 2S_1} \text{ 으로 되어}$$

$D_x = \sqrt{27}\,[\text{m}]$

따라서 전선의 지표상 최저 높이 H

$H = 20 - \sqrt{27} = 14.80\,[\text{m}]$

- 답 : 14.80[m]

문제 17 | 배점 : 5점

12[m]×18[m]인 사무실의 조도를 400[lx]로 하고자 한다. 램프의 전광속 4,500[lm], 램프전류 0.87[A]의 40[W] LED 형광등으로 시설할 경우에 조명률 50[%], 감광보상률 1.3으로 가정하였을 때 이 사무실의 분기회로 수를 구하시오. (단, 전기방식은 220[V] 단상 2선식, 16[A] 분기회로로 한다.)

답안

- 계산과정 : 등수 $N = \dfrac{AED}{FU}$

$$= \dfrac{12 \times 18 \times 1.3 \times 400}{4,500 \times 0.5} = 49.92 = 50\,[\text{등}]$$

분기회로 수 $n = \dfrac{50 \times 0.87}{16} = 2.72$

∴ 3회로

- 답 : 16[A] 분기 3회로

해설

문제 18 | 배점 : 5점

지선(stay)의 시설 목적 4가지만 쓰시오.

답안
- 지지물의 강도를 보강
- 전선로의 안전성을 증대
- 불평형 하중에 대한 평형유지
- 전선로가 건조물 등과 접근할 때 보안상 시설

문제 19 | 배점 : 5점

금속제 케이블트레이 종류 4가지를 쓰시오.

답안
- 사다리형
- 펀칭형
- 메시형
- 바닥 밀폐형

문제 20 | 배점 : 10점

어느 건물 내의 접지공사용 용량이 다음과 같다. 이때 전공 노임, 보통인부 노임, 직접노무비 소계, 간접노무비, 공구손료, 계를 구하시오.
[단, • 공구손료는 3[%], 간접노무비 15[%]로 보고 계산한다.
 • 노임단가, 내선전공은 12,410원, 보통인부 6,520원이다.
 • 인공을 산출한 후 이를 합계하여 노임단가를 적용하여 원 이하(소수점 이하)는 버린다.]

[접지공사용 용량]
- 접지봉(2M), 15개(1개소에 1개씩 설치)
- 접지선 매설 60□, 300[m]
- 후강전선관 28∅, 250[m](콘크리트 매입)

(1) 직접노무비
 • 계산과정 :
 • 답 :
(2) 간접노무비
 • 계산과정 :
 • 답 :
(3) 공구손료
 • 계산과정 :
 • 답 :
(4) 계
 • 계산과정 :
 • 답 :

접지공사

구 분	단 위	내선전공	보통인부
접지봉(지하 0.75[m] 기준) 길이 1~2[m]×1본 길이 1~2[m]×2본 연결 길이 1~2[m]×3본 연결	개소	0.20 0.30 0.45	0.10 0.15 0.23
동판매설(지하 1.5[m] 기준) 0.3[m]×0.3[m] 1.0[m]×1.5[m] 1.0[m]×2.5[m]	매	0.30 0.50 0.80	0.30 0.50 0.80
접지 동판 가공	매	0.16	−
접지선 부설 600[V] 비닐전선 완철접지 22.9(11.4[kV-Y]) D/L	개소	0.05 0.05	0.025 −
접지선 매설 14[mm²] 이하 38[mm²] 이하 80[mm²] 이하 150[mm²] 이하 200[mm²] 이상	m	0.010 0.012 0.015 0.020 0.025	− − − − −
접속 및 단자 설치 압축 압축 평형 납땜 또는 용접 압축단자 체부형	개	0.15 0.13 0.19 0.03 0.05	− − − − −

전선관 배관

([m]당)

박강 및 PVC전선관			후강전선관	
규격		내선전공	규격[mm]	내선전공
박강	PVC			
−	14[mm]	0.01	−	−
15[mm]	16[mm]	0.06	16[mm](1/2″)	0.08
19[mm]	22[mm]	0.06	22[mm](3/4″)	0.11
25[mm]	28[mm]	0.08	28[mm](1″)	0.14
31[mm]	36[mm]	0.10	36[mm](1 1/4″)	0.20
39[mm]	42[mm]	0.13	42[mm](1 1/2″)	0.25
51[mm]	54[mm]	0.19	54[mm](2″)	0.31
63[mm]	70[mm]	0.28	70[mm](2 1/2″)	0.41
75[mm]	82[mm]	0.37	82[mm](3″)	0.51
−	100[mm]	0.45	90[mm](3 1/2″)	0.60
−	104[mm]	0.46	104[mm](1″)	0.71

[해설] ① 콘크리트 매입 기준임
② 철근콘크리트 노출 및 블록 칸막이 벽내는 120[%], 목조 건물은 110[%], 철강조 노출은 120[%]
③ 기설콘크리트 노출공사 시 앵커볼트 매입깊이가 10[cm] 이상인 경우는 앵커볼트 매입품을 별도 계상하고 전선관 설치품은 매입품으로 계상한다.

④ 천장 속, 마루 밑 공사 130[%]
⑤ 이 품에는 관의 절단, 나사내기, 구부리기, 나사조임, 관내 청소점검, 도입선 넣기품 포함
⑥ 계장 및 통신용 배관공사도 이에 준함
⑦ 방폭설비 시는 120[%]
⑧ 폴리에틸렌 전선관(CD관) 및 합성수지제 가요전선관은 합성수지전선관품의 80[%] 적용
⑨ 나사없는 전선관은 박강품의 75[%] 적용
⑩ 철거 30[%](재사용 40[%])
⑪ 후강전선관 및 합성수지전선관을 지중 매설 시는 해당품의 70[%] 적용. 이 경우 굴착, 되메우기, 잔토처리는 별도 계산한다.

답안

(1) • 계산과정 : − 내선전공 : $0.2 \times 15 + 0.015 \times 300 + 0.14 \times 250 = 42.5$ [인]
　　　　　　노임 : $42.5 \times 12{,}410 = 527{,}425$ [원]
　　　　　− 보통인부 : $0.1 \times 15 = 1.5$ [인]
　　　　　　노임 : $1.5 \times 6{,}520 = 9{,}780$ [원]
　　　　　∴ 직접노무비 : $527{,}425 + 9{,}780 = 537{,}205$ [원]
• 답 : $537{,}205$ [원]

(2) • 계산과정 : $537{,}205 \times 15[\%] = 80{,}580$ [원]
• 답 : $80{,}580$ [원]

(3) • 계산과정 : $537{,}205 \times 3[\%] = 16{,}116$ [원]
• 답 : $16{,}116$ [원]

(4) • 계산과정 : $537{,}205 + 80{,}580 + 16{,}116 = 633{,}901$ [원]
• 답 : $633{,}901$ [원]

2023년도 산업기사 제3회 필답형 실기시험

종 목	시험시간	배 점	문제수	형 별
전 기 공 사 산 업 기 사	2시간	100	20	A

문제 01 ┤배점 : 4점├

다음의 작업구분에 맞는 각각의 직종명을 쓰시오.

(1) 발전설비 및 중공업설비의 시공 및 보수
(2) 변전설비의 시공 및 보수
(3) 철탑(배전철탑 포함) 및 송전설비의 시공 및 보수
(4) 플랜트 프로세스의 자동제어장치, 공업제어장치 등의 시공 및 보수

답안 (1) 플랜트전공
  (2) 변전전공
  (3) 송전전공
  (4) 계장공

문제 02 ┤배점 : 5점├

다음 전선의 약호를 보고 그 명칭을 한글로 쓰시오.

약 호	명 칭
ACSR	(①)
OW	(②)
HFIX	(③)
DV	(④)
MI	(⑤)

답안 ① 강심 알루미늄 연선
  ② 옥외용 비닐 절연전선
  ③ 450/750[V] 저독성 난연 폴리올레핀 절연전선
  ④ 인입용 비닐 절연전선
  ⑤ 미네랄 인슈레이션 케이블

문제 03

배점 : 4점

다음 설명에 알맞은 애자를 아래 [보기]에서 고르시오.

(①)	고압용 애자는 갓 모양의 자기편 또는 유리편을 2~3층으로 하여 시멘트로 접착하고, 철제 베이스로써 자기를 지지한 후 아연도금한 핀을 박아서 원추형의 주철제 베이스를 통하여 완목 위에 고정시키고 있다. 저압용 애자는 자기편에서 유리편 내측에 핀을 직접 시멘트 접합한 것이 있다.
(②)	66[kV] 이상의 선로에 사용되며 경질 자기제의 위아래에 연결 금구를 시멘트로 접착시켜 만든 것으로, 연결 금구의 모양에 따라 클레비스형과 볼소켓형으로 구분된다.
(③)	발·변전소나 개폐소의 모선, 단로기, 기타의 기기를 지지하거나 연가용 철탑 등에서 점퍼선을 지지하기 위해서 쓰이고 있는데 그 중 전선로용으로서는 라인포스트(LP) 애자가 그 대표적인 것이다.
(④)	많은 갓을 가지고 있는 원통형의 긴 애자로, 구조의 특성상 열화 현상이 거의 없고 애자의 점검 및 보수가 용이하여 경비가 절감되며, 비에 의한 세척 효과가 좋고 오손 특성이 양호하여 염진 피해에 대한 대책으로 사용된다.

[보기]
장간애자, 지지애자, 현수애자, 핀애자, 놉애자

답안
① 핀애자
② 현수애자
③ 지지애자
④ 장간애자

문제 04

배점 : 4점

선로전압이 22.9[kV]인 피뢰기의 정격전압을 작성하시오. (단, 3상 4선식 다중접지이다.)

변전소	배전선로
(①)	(②)

답안
① 21[kV]
② 18[kV]

문제 05 — 배점: 5점

한국전기설비규정(KEC)에 의거하여 케이블덕팅시스템의 종류 3가지를 쓰시오.

답안
- 플로어덕트공사
- 셀룰러덕트공사
- 금속덕트공사

문제 06 — 배점: 5점

다음은 계통연계에 대한 설명이다. 빈칸에 알맞은 말을 작성하시오.

> 둘 이상의 전력계통 사이를 전력이 상호 융통될 수 있도록 선로를 통하여 연결하는 것으로 전력계통 상호 간을 (①), (②) 또는 직류-교류 변환설비 등에 연결한 것을 말하고, 계통연락이라고도 한다.

답안
① 송전선
② 변압기

문제 07 — 배점: 5점

다음과 같이 CT 3대를 결선하여 전류계로 3상 평형회로의 전류를 측정하였다. 전류계 1대가 측정한 전류값을 구하시오.

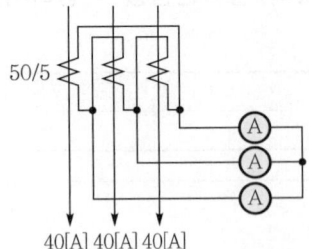

- 계산과정 :
- 답 :

답안
- 계산과정 : $I_A = 40 \times \dfrac{5}{50} \times \sqrt{3}$
  $= 4\sqrt{3}$
  $= 6.93[\text{A}]$
- 답 : 6.93[A]

문제 08 | 배점 : 5점 |

분전반에서 40[m] 떨어진 회로의 끝에서 단상 2선식 220[V] 전열기 10,000[W] 2대 사용 시 HFIX 전선의 굵기를 선정하시오. (단, 전압강하는 2[%] 이내로 하고 전류감소계수는 없는 것으로 한다.)

HFIX 전선 공칭단면적[mm²]							
2.4	4	6	10	16	25	35	50

- 계산과정 :
- 답 :

답안
- 계산과정 : $A = \dfrac{35.6LI}{1,000e}$

  $= \dfrac{35.6 \times 40 \times \dfrac{10,000 \times 2}{220}}{1,000 \times 220 \times 0.02}$

  $= 29.42[\text{mm}^2]$

  $\therefore 35[\text{mm}^2]$
- 답 : 35[mm²]

문제 09 | 배점 : 4점 |

다음은 한국전기설비규정에 의한 기계기구의 철대 및 외함의 접지에 대한 내용이다. 아래 빈칸에 알맞은 것을 골라 완성하시오.

[보기]
60[V], 110[V], 150[V], 220[V], 300[V], 1.5[kVA], 3[kVA], 5[kVA], 7.5[kVA], 10[kVA], 절연대, 단일벽, 이중벽, 피뢰기, 서지보호장치

- 사용전압이 직류 (①) 또는 교류 대지전압이 (②) 이하인 기계기구를 건조한 곳에 시설하는 경우
- 철대 또는 외함의 주위에 적당한 (③)를 설치한 경우
- 전압용 기계기구에 전기를 공급하는 전로의 전원측에 절연변압기(2차 전압이 300[V] 이하이며, 정격용량이 (④) 이하인 것에 한한다.)를 시설하고 또한 그 절연변압기의 무부하측 전로를 접지하지 않는 경우

답안
① 300[V]
② 150[V]
③ 절연대
④ 3[kVA]

문제 10 | 배점 : 8점 |

다음은 KS C 0301에 따른 콘센트의 종류를 표시한 것이다. 알맞은 명칭을 쓰시오.

(1) ⊙T   (2) ⊙EL
(3) ⊙H   (4) ⊙⊙

답안
(1) 걸림형 콘센트
(2) 누전차단기붙이 콘센트
(3) 의료용 콘센트
(4) 비상용 콘센트

문제 11
배점 : 5점

다음은 한국전기설비규정에 따른 지중전선로 시설에 관한 내용이다. 다음 각 물음에 답하시오.

(1) 지중전선로를 관로식 또는 암거식에 의하여 시설하는 경우, 다음 괄호 안에 알맞은 내용을 쓰시오.

> 가. 관로식에 의하여 시설하는 경우에는 매설깊이를 (①)으로 하되, 매설깊이를 충족하지 못한 장소에는 견고하고 차량 기타 중량물의 압력에 견디는 것을 사용할 것. 다만 중량물의 압력을 받을 우려가 없는 곳은 (②)으로 한다.
> 나. 암거식에 의하여 시설하는 경우에는 견고하고 차량 기타 중량물의 압력에 견디는 것을 사용할 것

(2) 지중전선로를 사용하는 전선을 쓰시오.
(3) 지중전선로를 직접 매설식에 의하여 시설하는 경우, 다음 매설깊이[m] 이상이어야 한다.

구 분	매설깊이[m]
차량 기타 중량물의 압력을 받을 우려가 있는 장소	(①)
기타 장소	(②)

답안
(1) ① 1.0[m] 이상
    ② 0.6[m] 이상
(2) 케이블
(3) ① 1.0
    ② 0.6

문제 12
배점 : 5점

50[mm²]의 경동연선을 사용해서 높이가 같고 경간이 330[m]인 철탑에 가선하는 경우 이도는 얼마인가? (단, 이 경동연선의 인장하중은 1,430[kgf], 안전율은 2.2이고 전선 자체의 무게는 0.348[kgf/m]라고 한다.)

- 계산과정 :
- 답 :

답안
- 계산과정 : $D = \dfrac{WS^2}{8T} = \dfrac{0.348 \times 330^2}{8 \times \dfrac{1,430}{2.2}} = 7.29 [\text{m}]$

- 답 : 7.29[m]

문제 13 (배점: 5점)

극판형식에 의한 축전지의 분류표이다. 빈칸에 알맞은 내용을 쓰시오.

종 별	연축전지	알칼리 축전지	니켈수소전지
형식명	크래드식(PS) 페이스드식(HS)	포켓식 소결식	GMH형
기전력[V]	2.05~2.08	(③)	1.34
공칭전압[V]	(①)	(④)	1.2
시간율[Ah]	(②)	5	(⑤)

답안
① 2.0
② 10
③ 1.33
④ 1.2
⑤ 5

해설 축전지의 분류표

종 별	연축전지	알칼리 축전지	니켈수소전지
형식명	크래드식(PS) 페이스트식(HS)	포켓식 소결식	GMH형
기전력[V]	2.05~2.08	1.33	1.34
공칭전압[V]	2.0	1.2	1.2
시간율[Ah]	10	5	5

문제 14 (배점: 5점)

그림과 같은 분기회로 전선의 단면적을 산출하여 굵기를 산정하시오.
(단, • 배전방식은 단상 2선식, 교류 100[V]로 한다.
 • 사용전선은 HFIX이고, 공칭단면적[mm^2]은 1.5, 4, 6, 10, 16, 25, 35라고 한다.
 • 전선관은 후강전선관이며, 전압강하는 최원단에서 2[%]로 한다.)

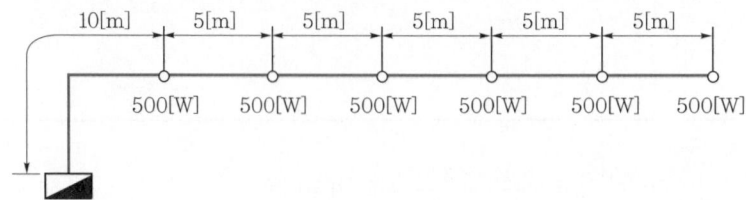

- 계산과정 :
- 답 :

답안

- 계산과정 : 부하 중심점 $L = \dfrac{i_1 l_1 + i_2 l_2 + i_3 l_3 + \cdots + i_n l_n}{i_1 + i_2 + i_3 + \cdots + i_n}$

  $= \dfrac{5 \times 10 + 5 \times 15 + 5 \times 20 + 5 \times 25 + 5 \times 30 + 5 \times 35}{5+5+5+5+5+5} = 22.5 \, [\text{m}]$

  부하전류 $I = \dfrac{500 \times 6}{100} = 30 \, [\text{A}]$

  ∴ 전선의 굵기 $A = \dfrac{35.6 LI}{1,000 e} = \dfrac{35.6 \times 22.5 \times 30}{1,000 \times 2} = 12.02 \, [\text{mm}^2]$

- 답 : $16 \, [\text{mm}^2]$

문제 15 | 배점 : 5점

그림과 같이 저항 4[Ω]을 Y결선한 부하와 △결선한 부하가 있다. 이 회로에 교류 3상 평형전압 200[V]를 가하였을 때, 양 부하에 대한 소비전력[kW]의 합을 구하시오. (단, 배선을 고려하지 않는다.)

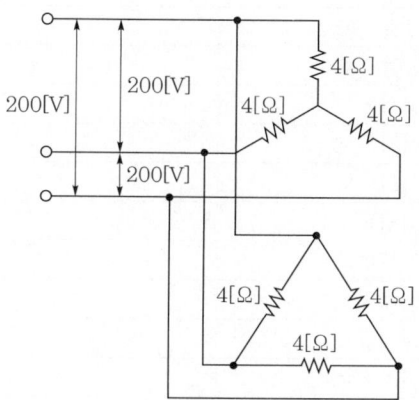

- 계산과정 :
- 답 :

답안

- 계산과정 : $P_Y = 3 \dfrac{E_Y^2}{R} = 3 \times \dfrac{\left(\dfrac{200}{\sqrt{3}}\right)^2}{4} \times 10^{-3} = 10 \, [\text{kW}]$

  $P_\triangle = 3 \dfrac{E_\triangle^2}{R} = 3 \times \dfrac{200^2}{4} \times 10^{-3} = 30 \, [\text{kW}]$

  따라서, $P = P_Y + P_\triangle = 10 + 30 = 40 \, [\text{kW}]$

- 답 : $40 \, [\text{kW}]$

문제 16 (배점: 6점)

6.6[kV] 325[mm²] 3C 가교 폴리에틸렌 케이블 100[m]를 구내(옥외)의 기존 전선관 내에 포설하려고 한다. 케이블에 대한 재료비와 인공과 공구손료를 구하시오. (단, 케이블의 재료비는 52,540[원/m]이고, 해당되는 노임 단가는 50,000[원]이다.)

전력 케이블 구내설치 (단위 : [m])

P.V.C 및 고무절연 시스 케이블	케이블 전공
600[V] 16[mm²] 이하×1C	0.023
600[V] 25[mm²] 이하×1C	0.030
600[V] 38[mm²] 이하×1C	0.036
600[V] 50[mm²] 이하×1C	0.043
600[V] 60[mm²] 이하×1C	0.049
600[V] 70[mm²] 이하×1C	0.057
600[V] 80[mm²] 이하×1C	0.060
600[V] 100[mm²] 이하×1C	0.071
600[V] 125[mm²] 이하×1C	0.084
600[V] 150[mm²] 이하×1C	0.097
600[V] 185[mm²] 이하×1C	0.108
600[V] 200[mm²] 이하×1C	0.117
600[V] 240[mm²] 이하×1C	0.136
600[V] 250[mm²] 이하×1C	0.142
600[V] 300[mm²] 이하×1C	0.159
600[V] 325[mm²] 이하×1C	0.172
600[V] 400[mm²] 이하×1C	0.205
600[V] 500[mm²] 이하×1C	0.240
600[V] 630[mm²] 이하×1C	0.285
600[V] 1,000[mm²] 이하×1C	0.415

[해설] ① 부하에 직접 공급하는 변압기 2차측에 포설되는 케이블로서 전선관, Rack, Duct, 케이블트레이, Pit, 공동구, Saddle 부설 기준, Cu, Al 도체 공용
② 600[V] 10[mm²] 이하는 제어용 케이블 신설 준용
③ 직매시 80[%]
④ 2심은 140[%], 3심은 200[%], 4심은 260[%]
⑤ 연피벨트지 케이블 120[%], 강대개장 케이블은 150[%]
⑥ 가요성 금속피(알루미늄, 스틸) 케이블은 150[%](앵커볼트 설치품은 별도 계상)
⑦ 관내 포설 시 도입선 넣기 포함
⑧ 2열 동시 180[%], 3열 260[%], 4열 340[%], 4열 초과시 초과 1열당 80[%] 가산
⑨ 전압에 대한 할증률
  • 3.3~6.6[kV] : 15[%] 가산
  • 22.9[kV] 이하 : 30[%] 가산
⑩ 철거 50[%], 재사용 철거는 드럼감기품 포함 90[%]
⑪ 8자 포설은 본품의 120[%] 적용

(1) 재료비
- 계산과정 :
- 답 :

(2) 인공
- 계산과정 :
- 답 :

(3) 공구손료
- 계산과정 :
- 답 :

답안 (1) • 계산과정 : 재료의 할증률 및 철거손실률

종 류	할증률[%]	철거손실률[%]
옥외전선	5	2.5
옥내전선	10	–
Cable(옥외)	3	1.5
Cable(옥내)	5	–
전선관(옥외)	5	–
전선관(옥내)	10	–
Trolley선	1	–
동대, 동봉	3	1.5

[해설] 철거손실률이란 전기설비공사에서 철거작업 시 발생하는 폐자재를 환입할 때 재료의 파손, 손실, 망실 및 일부 부식 등에 의한 손실률을 말함

$100 \times (1+0.03) \times 52{,}540 = 5{,}411{,}620[원]$

- 답 : 5,411,620[원]

(2) • 계산과정 : – 3C(3심)은 200[%]
  – 전압에 대한 할증률은 6.6[kV]이므로 15[%]
  $0.172 \times 2 \times (1+0.15) \times 100 = 39.56[인]$
- 답 : 39.56[인]

(3) • 계산과정 : 공구손료 = 직접노무비 × 3[%]
  $= 39.56 \times 50{,}000 \times 0.03 = 59{,}340[원]$
- 답 : 59,340[원]

문제 17 배점 : 5점

일반적으로 전력용 변압기의 절연유에 요구되는 성질을 5가지만 쓰시오.

답안
- 절연저항과 절연내력이 클 것
- 인화점이 높을 것
- 응고점이 낮을 것
- 점도가 낮고, 비열이 클 것
- 열전도율이 클 것

해설 변압기의 기름으로서 갖추어야 할 조건
- 절연저항 및 절연내력이 클 것(30[kV]/2.5[mm] 이상)
- 절연재료 및 금속에 화학작용을 일으키지 않을 것
- 인화점이 높고(130[℃] 이상), 응고점이 낮을 것(-30[℃] 이하)
- 점도가 낮고(유동성이 풍부), 비열이 커서 냉각효과가 클 것
- 고온에서도 석출물이 생기거나 산화하지 않을 것
- 열전도율이 클 것
- 열팽창계수가 작고 증발로 인한 감소량이 적을 것

문제 18 배점 : 3점

물체가 보인다는 것은 그 물체가 방사되는 광속이 눈에 들어온다는 것이다. 이와 같이 보이는 물체에서 눈의 방향으로 방사되는 단위면적당의 광속을 무엇이라 하는지 쓰시오.

답안 광속발산도

문제 19

|배점 : 6점|

다음 [동작 사항]을 보고 [보기]에 주어진 접점만을 사용하여 미완성도면을 완성하시오.

▎보기▎

콘센트	3로 스위치	단로 스위치
●	ON / OFF	/
C	S_3	S_1

▎접속점 표기방식▎

접 속	미접속
┼	┼

[동작 사항]
- S_1, S_3 가 모두 OFF 시 R_1, R_2 모두 소등된다.
- S_1이 ON이고 S_3가 OFF이면 R_1, R_2가 병렬 점등된다.
- S_1이 OFF이고 S_3가 ON이면 R_1, R_2가 직렬 점등된다.
- S_1이 On이고 S_3가 ON이면 R_2만 점등된다.
- 콘센트(C)에는 항상 전원이 인가된다.
- R_1, R_2는 램프이다.

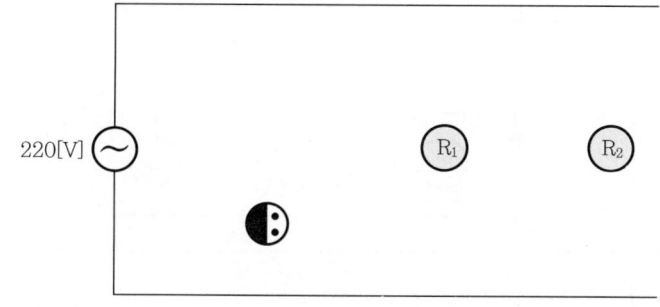

답안

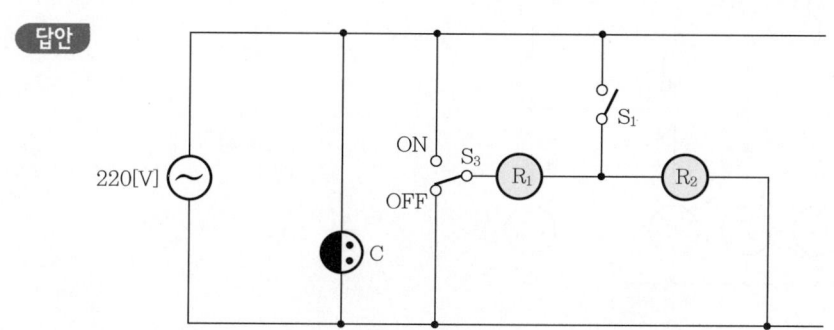

문제 20 | 배점 : 6점

다음 로직 시퀀스를 이해하고 미완성된 릴레이 시퀀스도를 완성하시오. (단, [보기]에 주어진 접점만을 사용하시오.)

▍접속점 표기방식▍

▍보기▍

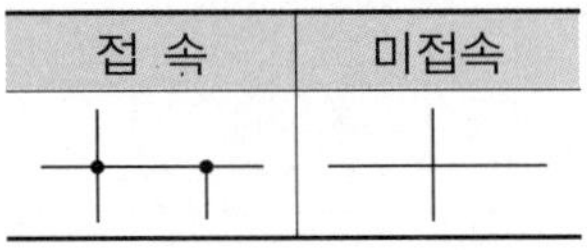

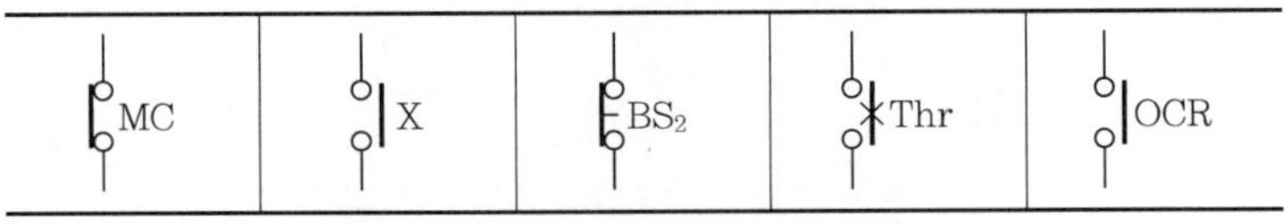

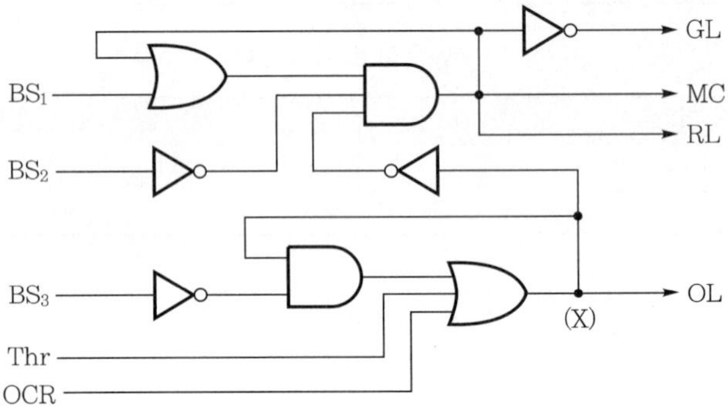

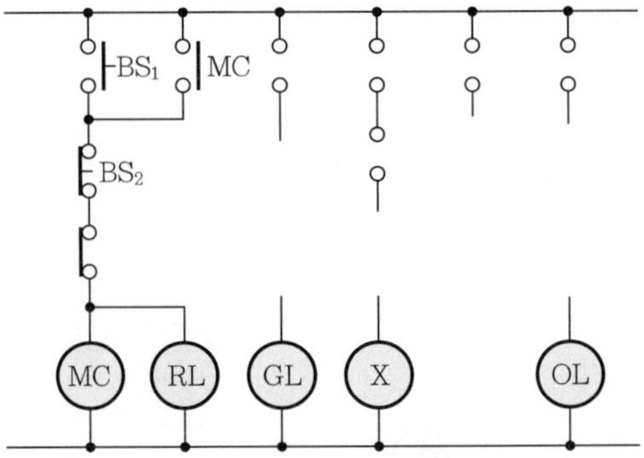

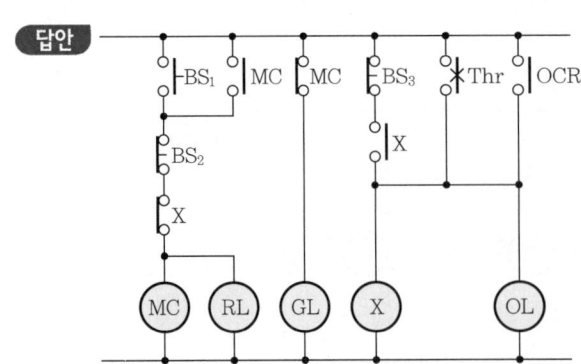

답안

2024년도 기사 제1회 필답형 실기시험

종 목	시험시간	배 점	문제수	형 별
전 기 공 사 기 사	2시간 30분	100	19	A

문제 01　　　　　　　　　　　　　　　　　　　　　　　　배점 : 5점

345[kV] 옥외변전소시설에 있어서 울타리의 높이와 울타리에서 충전부분까지의 거리의 최소값[m]을 구하시오.

• 계산과정 :
• 답 :

답안 • 계산과정 : - 160[kV]를 넘는 경우 : 6[m]에 160[kV]를 넘는 10[kV] 또는 그 단수마다 12[cm]를 가한 값으로 한다.

- 10[kV] 단수 = $\dfrac{345-160}{10}$ = 18.5이므로 19단이다.

- 충전부분까지의 거리[m] = 6 + 19 × 0.12 = 8.28[m]

• 답 : 8.28[m]

문제 02　　　　　　　　　　　　　　　　　　　　　　　　배점 : 5점

다음 철탑의 명칭을 쓰시오.

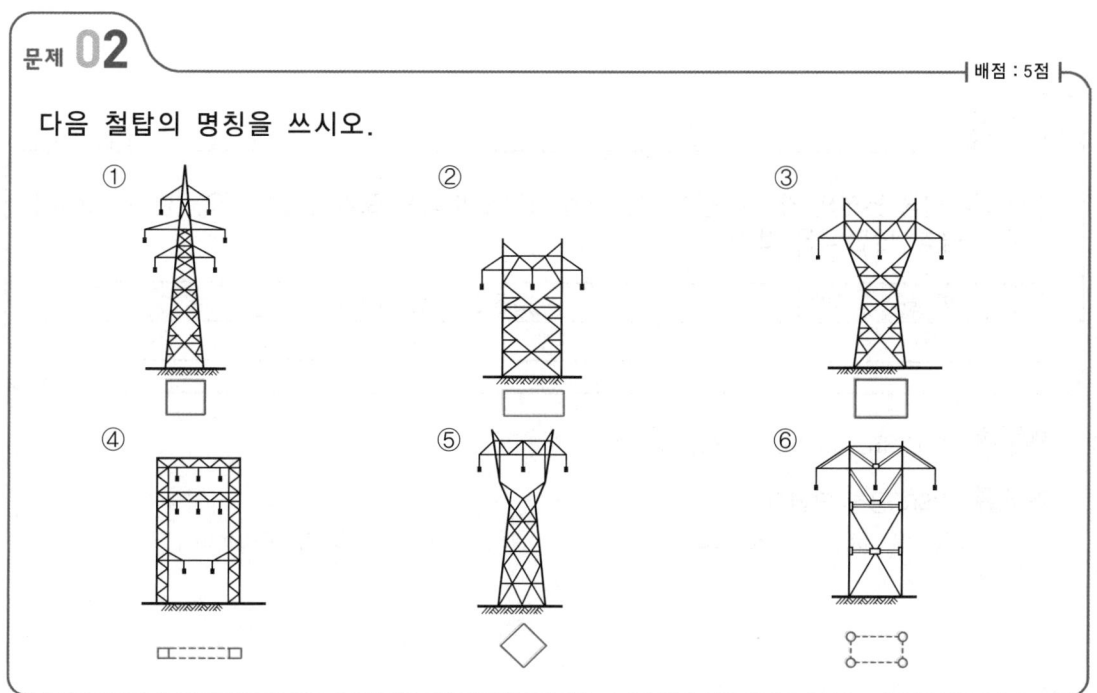

답안
① 사각철탑
② 방형 철탑
③ 우두형 철탑
④ 문형 철탑
⑤ 회전형 철탑
⑥ MC철탑

문제 03 | 배점 : 4점

전기설비가 폭연성 먼지 또는 화약류의 분말이 발화원이 되어 폭발할 우려가 있는 곳의 저압 옥내 전기설비 시설에 가능한 배관공사 2가지를 쓰시오.

답안
- 금속관공사
- 케이블공사(캡타이어 케이블을 사용하는 것은 제외)

해설 폭연성 먼지 위험장소(KEC 242.2.1)
폭연성 먼지 또는 화약류의 분말이 전기설비가 발화원이 되어 폭발할 우려가 있는 곳에 시설하는 저압 옥내 전기설비(사용전압이 400[V] 초과인 방전등을 제외)는 저압 옥내배선, 저압 관등회로 배선, 소세력 회로의 전선인 경우 금속관공사 또는 케이블공사(캡타이어 케이블을 사용하는 것을 제외)에 따르고 또한 위험의 우려가 없도록 시설하여야 한다.

문제 04 | 배점 : 4점

강심 알루미늄 연선의 약호와 공칭 단면적을 기입하여 다음 표를 완성하시오. (단, 60[mm^2] 이하의 공칭 단면적을 쓰시오.)

약 호	공칭 단면적[mm^2]		
①	②	③	④

답안 ① ACSR, ② 19, ③ 32, ④ 58

해설 ACSR 공칭 단면적
19, 32, 58, 80, 95, 120, 160, 200, 240, 330, 410, 520, 610[mm^2]

문제 05

배점 : 5점

공사원가라 함은 공사시공 과정에서 발생한 무엇의 합계액을 말하는가?

답안
- 재료비
- 노무비
- 경비

문제 06

배점 : 5점

ACSR 58[mm^2] 전선으로 전력을 공급하는 긍장 1[km]인 3상 2회선의 배전선로가 있다. 전선의 노후로 ACSR 전선을 모두 철거하고 동일 규격의 ACSR-OC로 교체하는 경우 인공을 각각 구하시오.

배전선 가선

(단위 : 100[m]당)

규 격	보통인부	배전전공
[나경동선]	–	–
14[mm^2] 이하	0.20	0.10
22[mm^2] 이하	0.32	0.16
30[mm^2] 이하	0.40	0.20
38[mm^2] 이하	0.52	0.26
60[mm^2] 이하	0.76	0.38
100[mm^2] 이하	1.08	0.54
150[mm^2] 이하	1.32	0.66
200[mm^2] 이하	1.44	0.72
200[mm^2] 초과	1.52	0.76
[ACSR, ASC]	–	–
38[mm^2] 이하	0.60	0.30
58[mm^2] 이하	0.88	0.44
95[mm^2] 이하	1.28	0.64
160[mm^2] 이하	1.56	0.78
240[mm^2] 이하	1.8	0.9

[해설]
① 이 품은 1선당 수작업으로 연선, 긴선, 처짐 정도 조정품 포함
② 애자에 묶는 품 포함
③ 피복선 120[%]
④ 기존 선로 상부 가설 120[%]
⑤ 장력 조정만 할 경우 20[%]
⑥ 철거 50[%], 재사용 80[%]
⑦ 가공지선 80[%]
⑧ 재사용 전선 110[%]
⑨ [m]당으로 환산 시 본품을 100으로 나누어 산출
⑩ 22[kV], 66[kV], HDCC 1회선 가선품은 본품의 300[%]
⑪ 66[kV], HDCC 가선은 송전전공이 시공

(1) 기존 선로철거
　① 배전전공 인공
　　• 계산과정 :
　　• 답 :
　② 보통인부 인공
　　• 계산과정 :
　　• 답 :

(2) ACSR-OC 신설
　① 배전전공 인공
　　• 계산과정 :
　　• 답 :
　② 보통인부 인공
　　• 계산과정 :
　　• 답 :
(3) 인공계
　• 계산과정 :
　• 답 :

답안 (1) ① 배전전공 인공
　　　　• 계산과정 : $0.44 \times \dfrac{1,000}{100} \times 3 \times 2 \times 0.5 = 13.2$[인]
　　　　• 답 : 13.2[인]
　　② 보통인부 인공
　　　　• 계산과정 : $0.88 \times \dfrac{1,000}{100} \times 3 \times 2 \times 0.5 = 26.4$[인]
　　　　• 답 : 26.4[인]
(2) ① 배전전공 인공
　　　　• 계산과정 : $0.44 \times \dfrac{1,000}{100} \times 3 \times 2 \times 1.2 = 31.68$[인]
　　　　• 답 : 31.68[인]
　　② 보통인부 인공
　　　　• 계산과정 : $0.88 \times \dfrac{1,000}{100} \times 3 \times 2 \times 1.2 = 63.36$[인]
　　　　• 답 : 63.36[인]
(3) • 계산과정 : 배전전공 = 13.2 + 31.68 = 44.88[인]
　　　　　　　　보통인부 = 26.4 + 63.36 = 89.76[인]
　　• 답 : 배전전공 44.88[인]
　　　　　보통인부 89.76[인]

문제 07 | 배점 : 6점

전기공사표준작업절차서 중 가공 배전선로에서 전선 접속 작업흐름도이다. 흐름도가 옳도록 (1), (2), (3)에 들어갈 알맞은 용어를 답란에 쓰시오.

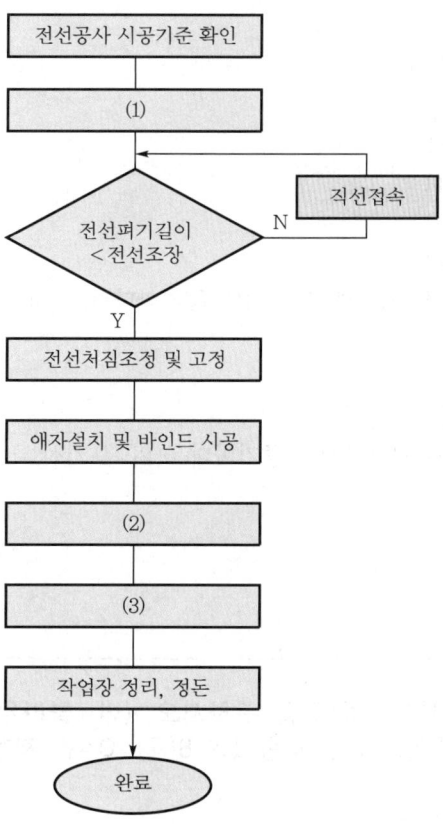

답안 (1) 전선펴기
(2) 전선 접속
(3) 충전부 절연처리

문제 08 | 배점 : 3점

전기공사에서 건물(지상층) 층수별 물량산출 시 건물 층수에 따라 할증률이 규정 적용된다. 이때의 할증률[%]은 각각 얼마인지 쓰시오.

(1) 10층 이하
(2) 20층 이하
(3) 30층 이하

답안
(1) 3[%]
(2) 5[%]
(3) 7[%]

해설 건물의 층수별 할증률
- 지상층
  - 2~5층 이하 : 1[%]
  - 10층 이하 : 3[%]
  - 15층 이하 : 4[%]
  - 20층 이하 : 5[%]
  - 25층 이하 : 6[%]
  - 30층 이하 : 7[%]
  - 30층 초과에 대하여는 매 5층 이내 증가마다 1.0[%] 가산
- 지하층
  - 지하 1층 이하 : 1[%]
  - 지하 2~5층 이하 : 2[%]
  - 지하 6층 이하는 지하 1개층 증가마다 0.2[%] 가산

문제 09 배점 : 5점

아래 그림에서 A점의 접지저항값[Ω]을 구하시오. (단, 콜라우시 브리지법으로 측정한 결과, AB간 저항값은 10[Ω], BC간 저항값은 8[Ω], CA간 저항값은 6[Ω] 측정되었다.)

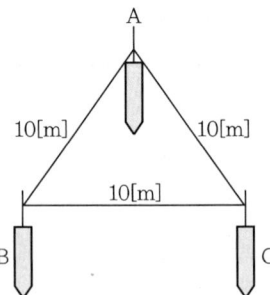

- 계산과정 :
- 답 :

답안
- 계산과정 : $R_A = \dfrac{1}{2}(R_{AB} + R_{AC} - R_{BC})$

  $= \dfrac{1}{2}(10 + 6 - 8) = 4[\Omega]$

- 답 : 4[Ω]

문제 10 [배점 : 5점]

한국전기설비규정에서 정하는 다음 표를 이용하여 보호도체의 최소 단면적을 선정하고자 한다. 빈칸에 알맞은 내용을 쓰시오.

선도체의 단면적(S)([mm²], 구리)	보호도체의 최소 단면적([mm²], 구리)
$S \leq 16$	(①)
$16 < S \leq 35$	(②)
$S > 35$	(③)

※ 보호도체의 재질은 선도체와 같은 경우이다.

답안 ① S, ② 16, ③ $\dfrac{S}{2}$

문제 11 [배점 : 3점]

가공 배전선로의 장력이 걸리지 않는 장소에서 분기고리와 기기 리드선을 결선하는 데 적용되는 다음 기기의 명칭을 쓰시오.

기기 그림	기기 명칭
(그림)	

답안 활선 클램프

문제 12 [배점 : 6점]

다음 옥내 배선의 그림 기호를 보고 각각의 명칭을 쓰시오.

(1) ⊠　　(2) ◨
(3) ▣　　(4) E
(5) B　　(6) S

답안
(1) 배전반　　(2) 분전반
(3) 제어반　　(4) 누전차단기
(5) 배선용 차단기　　(6) 개폐기

문제 13 — 배점 : 4점

다음은 차단기의 종류이다. 그 명칭을 쓰시오.
(1) MCCB (2) VCB
(3) ACB   (4) ABB
(5) MBB

답안
(1) 배선용 차단기 (2) 진공차단기
(3) 기중차단기   (4) 공기차단기
(5) 자기차단기

문제 14 — 배점 : 8점

단상 변압기의 병렬운전조건을 4가지만 쓰시오.

답안
- 극성이 일치할 것
- 정격전압(권수비)이 같은 것
- %임피던스 강하(임피던스 전압)가 같을 것
- 내부 저항과 누설 리액턴스의 비 $\left(\text{즉 } \dfrac{r_a}{x_a} = \dfrac{r_b}{x_b}\right)$가 같을 것

문제 15 — 배점 : 6점

3상 유도전동기의 슬립측정 방법을 3가지 쓰시오.

답안
- 직류 밀리볼트계법
- 스트로보스코프법
- 수화기법

해설 슬립의 측정 방법
① 직류 밀리볼트계법 : 두 개의 슬립링 사이에 직류 가동코일형 밀리볼트계를 넣으면 2차 주파수의 1[Hz]마다 한 번씩 좌우로 흔들리므로, 1분 동안 지침이 흔들린 횟수 f_2'를 구하고, 이를 1분 동안의 1차 주파수에 대해 나누면 슬립을 구할 수 있다.

② 스트로보스코프법 : 스트로보스코프판을 이용하여 슬립을 구하는 방법이다.
③ 수화기법 : 밀리볼트계 대신 수화기를 슬립링 사이에 대어 슬립을 구하는 방법으로 2차 주파수의 1[Hz] 동안 2회 정도로 소리가 들리므로 1분 동안의 소리에 횟수를 세고 이것을 1분 동안의 1차 주파수에 대해 2로 나누면 슬립을 구할 수 있다.
④ 회전계법 : 회전계로 직접 회전수를 측정해서 슬립을 구하는 방법이다.

문제 16 | 배점 : 5점 |

바닥면적 1,000[m²]의 회의실에 광속 5,000[lm]의 40[W] LED 형광등을 시설하여 평균 조도를 300[lx]로 하고자 할 때 필요한 40[W] LED 형광등 수량을 구하시오. (단, 조명률 50[%], 감광보상률 1.25로 한다.)

- 계산과정 :
- 답 :

답안
- 계산과정 : 전등수 $N = \dfrac{AED}{FU} = \dfrac{1{,}000 \times 300 \times 1.25}{5{,}000 \times 0.5} = 150$ [등]
- 답 : 150[등]

문제 17 | 배점 : 5점 |

단상 2선식 분전반에서 30[m] 떨어진 거리에 4[kW], 200[V] 전열기를 설치해 전압강하를 2[%] 이내가 되도록 적합한 전선의 굵기를 계산하고, 전선 규격에 맞는 단면적[mm²]을 아래 표에서 선정하시오.

도체의 공칭 단면적[mm²]						
2.5	4	6	10	16	25	35

- 계산과정 :
- 답 :

답안
- 계산과정 : 부하전류 $I = \dfrac{P}{V} = \dfrac{4 \times 10^3}{200} = 20$ [A]

    전압강하 $e = 200 \times 0.02 = 4$ [V]

    단면적 $A = \dfrac{35.6LI}{1{,}000e} = \dfrac{35.6 \times 30 \times 20}{1{,}000 \times 4} = 5.34$ [mm²]
- 답 : 6[mm²]

해설 • 전압강하 및 전선 단면적

전기 방식	전압강하		전선 단면적
단상 3선식, 3상 4선식	$e_1 = IR$	$e_1 = \dfrac{17.8LI}{1,000A}$	$A = \dfrac{17.8LI}{1,000e_1}$
단상 2선식 및 직류 2선식	$e_2 = 2IR = 2e_1$	$e_2 = \dfrac{35.6LI}{1,000A}$	$A = \dfrac{35.6LI}{1,000e_2}$
3상 3선식	$e_3 = \sqrt{3}\,IR = \sqrt{3}\,e_1$	$e_3 = \dfrac{30.8LI}{1,000A}$	$A = \dfrac{30.8LI}{1,000e_3}$

• KS C IEC 전선 규격

전선의 공칭 단면적[mm²]		
1.5	2.5	4
6	10	16
25	35	50
70	95	120
150	185	240
300	400	500

문제 18 | 배점 : 8점 |

전동기 Y-△기동 운전 제어회로도이다. 다음 물음에 답하시오.

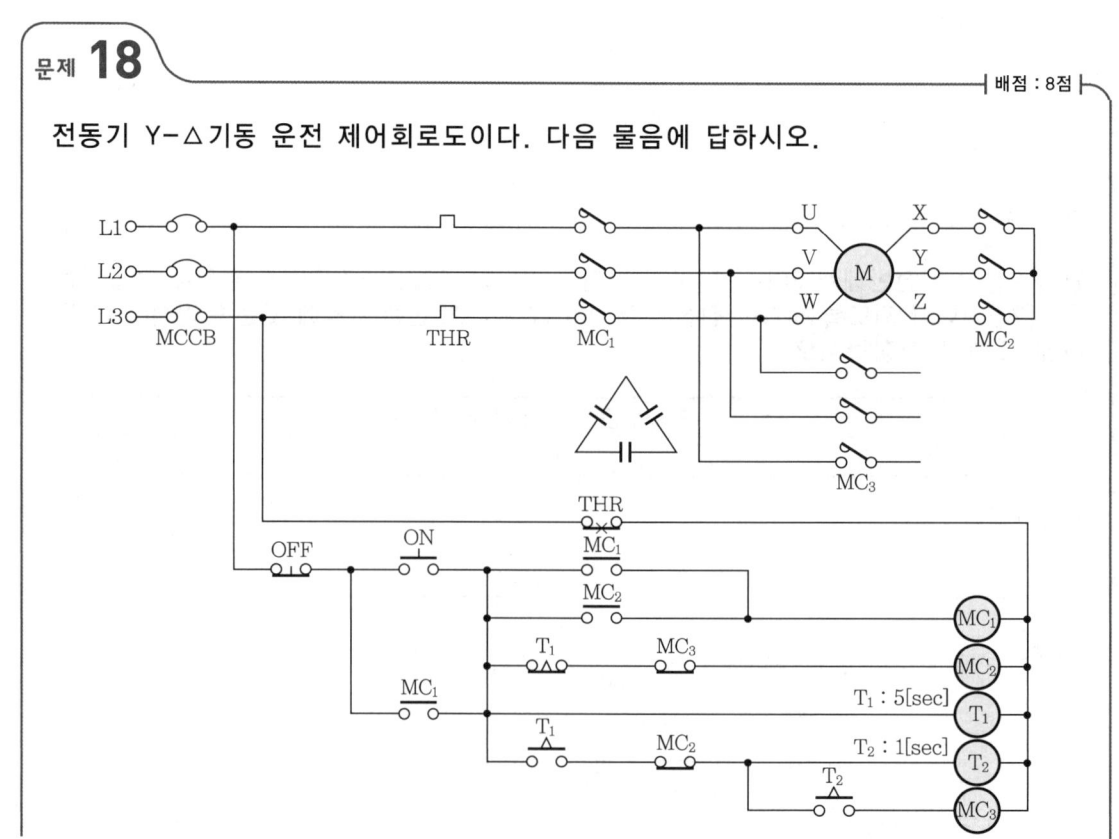

(1) Y-△기동 운전이 가능하고, 역률이 개선될 수 있도록 위의 회로도를 완성하시오.
(2) 회로도를 보고 아래의 타임차트를 완성하시오. (단, 누름버튼 스위치 PB의 신호는 PB를 누르는 동작을 의미하며 보조접점의 시간은 무시한다.)

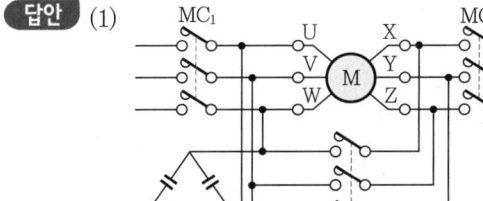

답안 (1)

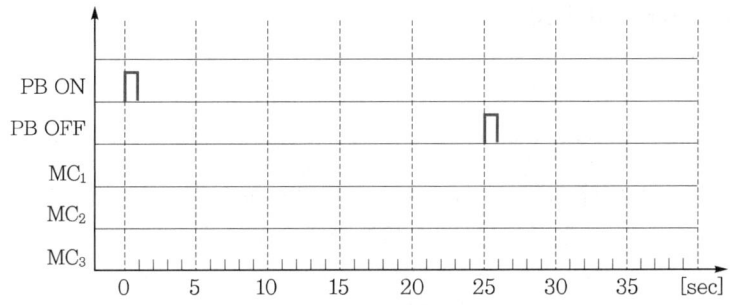

(2)

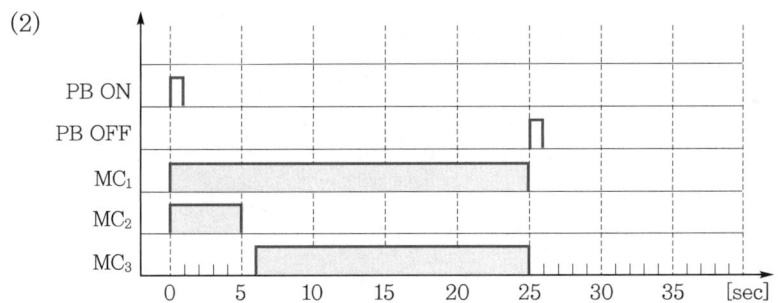

문제 19   배점 : 8점

3상 3선식 배전선에 부하전류 50[A], 부하역률 80[%](지상), 선로저항 3[Ω], 선로 리액턴스 4[Ω], 송전단 전압이 6,600[V]일 경우 물음에 답하시오.

(1) 이 선로의 전압강하[V]를 구하시오.
- 계산과정 :
- 답 :

(2) 이 선로의 전압강하율[%]을 구하시오.
- 계산과정 :
- 답 :

(3) 부하전력[kW]을 구하시오.
  • 계산과정 :
  • 답 :
(4) 선로손실[kW]을 구하시오.
  • 계산과정 :
  • 답 :

답안 (1) • 계산과정 : 전압강하 $e = \sqrt{3}\,I(R\cos\theta + X\sin\theta)$
$= \sqrt{3} \times 50 \times (3 \times 0.8 + 4 \times 0.6)$
$= 415.692$
$= 415.69\,[V]$
  • 답 : 415.69[V]

(2) • 계산과정 : 전압강하율 $\varepsilon = \dfrac{e}{V_r} \times 100\,[\%]$
$= \dfrac{415.69}{6{,}600 - 415.69} \times 100$
$= 6.721$
$= 6.72\,[\%]$
  • 답 : 6.72[%]

(3) • 계산과정 : 부하전력 $P = \sqrt{3}\,V_r I\cos\theta$
$= \sqrt{3} \times (6{,}600 - 415.69) \times 50 \times 0.8$
$= 428{,}461.565\,[W]$
$= 428.46\,[kW]$
  • 답 : 428.46[kW]

(4) • 계산과정 : 선로손실 $P_l = 3I^2 \cdot R$
$= 3 \times 50^2 \times 3$
$= 22{,}500\,[W]$
$= 22.50\,[kW]$
  • 답 : 22.50[kW]

2024년도 산업기사 제1회 필답형 실기시험

종 목	시험시간	배 점	문제수	형 별
전 기 공 사 산 업 기 사	2시간	100	20	A

문제 01 | 배점 : 3점 |

노출 배관공사 시 관을 직각으로 굽히는 곳에 사용하는 재료의 명칭을 쓰시오.

답안 유니버셜 엘보(universal elbow)

문제 02 | 배점 : 6점 |

다음은 물가자료를 정리한 것이다. 이를 참고하여 다음 물음에 답하시오.

〈물가자료〉

참고 1 전기용 나동선

전기용 연동선

지름 [mm]	무게 [kg/km]	전기저항 20[℃] [Ω/km]	가격 [원/m]
2.0	27.93	5.487	195
4.0	111.7	1.372	226
6.0	251.3	0.609	308
8.0	246.9	0.343	415
10.0	698.2	0.219	505

전기용 경동선

지름 [mm]	무게 [kg/km]	전기저항 20[℃] [Ω/km]	가격 [원/m]
2.0	27.93	5.657	195
4.0	111.7	1.414	226
6.0	251.3	0.628	308
8.0	246.9	0.353	415
10.0	698.2	0.226	505

참고 2 케이블

가교폴리에틸렌 절연 비닐시스 케이블(단심)

공칭단면적 [mm²]	완성품 바깥지름 [mm]	도체저항 20[℃] [Ω/km]	가격 [원/m]
16	20	1.15	985
25	21	0.727	1,012
35	22	0.524	1,222
50	23	0.387	1,980
70	25	0.268	2,054

가교폴리에틸렌 트리플렉스형 케이블(단심)

공칭단면적 [mm²]	완성품 바깥지름 [mm]	도체저항 20[℃] [Ω/km]	가격 [원/m]
16	44	1.15	1,005
25	46	0.727	1,112
35	48	0.524	1,758
50	50	0.387	2,005
70	54	0.268	2,405

(1) 전기용 경동선 4.0[mm], 2[km]와 연동선 4.0[mm], 3[km]의 구입비 합계(원)를 구하시오.
 • 계산과정 :
 • 답 :

(2) AC 440[V] 3상 3선식 동력배선에 25[mm²] 케이블 150[m]를 구입하려고 한다. 가교폴리에틸렌 절연 비닐시스 케이블과 가교폴리에틸렌 트리플렉스형 케이블의 구입비(원)를 구하시오.
 • 각 케이블의 구입비

구 분	계산과정	구입비(원)
가교폴리에틸렌 절연 비닐시스 케이블		
가교폴리에틸렌 트리플렉스형 케이블		

(3) "(2)"에서 각 케이블 구입비를 이용하여 경감액(원)을 구하고, 그 결과로 둘 중 더 저렴한 케이블을 선정하시오.
 • 케이블 선정 및 경감액

계산과정	경감액(원)	구입비(원)

답안 (1) • 계산과정
 − 경동선 구입비 $= 226 \times 2 \times 10^3 = 452{,}000$[원]
 − 연동선 구입비 $= 226 \times 3 \times 10^3 = 678{,}000$[원]
 • 답 : 1,130,000[원]

(2)

구 분	계산과정	구입비(원)
가교폴리에틸렌 절연 비닐시스 케이블	$1{,}012 \times 3 \times 150 = 455{,}400$	455,400
가교폴리에틸렌 트리플렉스형 케이블	$1{,}112 \times 3 \times 150 = 500{,}400$	500,400

(3)

계산과정	경감액(원)	구입비(원)
$500{,}400 - 455{,}400 = 45{,}000$	45,000	가교폴리에틸렌 절연 비닐시스케이블

문제 03 ┤ 배점 : 4점 ├

한국전기설비규정에서 전로의 중성점의 접지에 따라 중성점 접지의 시설목적을 2가지 쓰시오.

답안
- 이상전압의 억제
- 대지전압의 저하

해설 전로의 중성점의 접지(KEC 322.5)
전로의 보호장치의 확실한 동작의 확보, 이상전압의 억제 및 대지전압의 저하를 위하여 특히 필요한 경우에 전로의 중성점 접지공사를 한다.
- 전로의 보호장치의 확실한 동작의 확보 : 지락고장 시 접지계전기의 확실한 동작
- 이상전압의 억제 : 뇌, 아크 지락, 기타에 의한 이상전압의 경감 및 발생 억제
- 대지전압의 저하 : 지락고장 시 건전상의 대지 전위상승을 억제, 전선로 및 기기의 절연레벨을 경감

문제 04 | 배점 : 5점

한국전기설비규정에 의한 용어의 정의 중 다음 내용이 뜻하는 용어를 쓰시오.

> 가공전선로의 지지물로부터 다른 지지물을 거치지 아니하고 수용장소의 붙임점에 이르는 가공전선

답안 가공인입선

문제 05 | 배점 : 4점

한국전기설비규정에서의 지중전선 상호 간의 접근 또는 교차에 대한 설명이다. ( ) 안에 들어갈 내용을 쓰시오. (단, 예외사항은 적용하지 않음)

> 지중전선이 다른 지중전선과 접근하거나 교차하는 경우에 지중함 내 이외의 곳에서 상호 간의 간격이 저압 지중전선과 고압 지중전선에 있어서는 (①)[m] 이상, 저압이나 고압의 지중전선과 특고압 지중전선에 있어서는 (②)[m] 이상이 되도록 시설하여야 한다.

답안 ① 0.15
② 0.3

문제 06
배점 : 3점

가로등 공사의 줄터파기 등에서 현장여건상 불가피하게 정규버킷 대신 세미버킷을 사용할 때 버킷용량[m³]은 굴삭기 규격[m³]의 몇 [%]를 적용하는지 쓰시오.

답안 50%

해설 가로등 공사의 줄터파기 등 현장여건상 불가피하게 정규버킷 대신 세미버킷을 사용하는 경우 버킷용량[m³]은 굴삭기 규격[m³]의 50[%]를 적용한다.

문제 07
배점 : 5점

다음은 특고압 가공전선로 일부의 평면도로 ①~⑤의 명칭을 쓰시오.

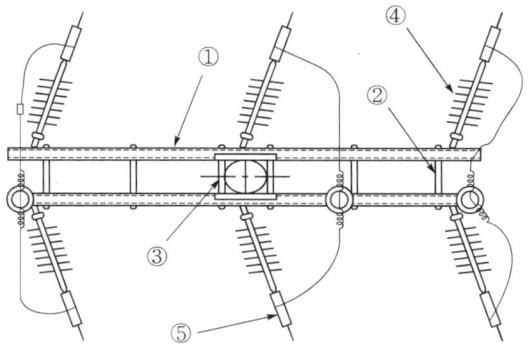

답안
① 완철
③ 완철 밴드
⑤ 압축형 인류클램프
② 6각 볼트 너트(M 볼트)
④ 폴리머 현수애자

문제 08
배점 : 8점

다음 애자의 명칭에 대한 알맞은 설명을 [보기]에서 골라 빈칸에 각각 쓰시오.

(①) : 전선의 직선 부분에 쓰이며, 애자의 꼭지 홈이나 옆 홈에 바인드선으로 전선을 잡아 맨다.

(②) : 특고압 배전선로의 지지물에서 내장이나 인류개소에 장력이 걸리는 전선을 고정하는데 사용하는 애자이고, 클레비스형과 볼소켓형이 있다.

(③) : 저압 가공 배전선로의 내장개소 및 인류개소에서 저압전선과 인입선을 고정 및 지지하는 데 사용된다.

(④) : 특고압 가공 배전선로의 지지물에서 전선을 지지 및 고정하는 데 사용되는 원통형의 긴 애자이다.

[보기]
LP애자, 현수애자, 인류애자, 핀애자

답안
① 핀애자
② 현수애자
③ 인류애자
④ LP애자

문제 09 | 배점 : 5점

거리가 1,000[m]인 배전선로공사 시 단면적 22[mm²]의 알루미늄선과 저항이 같은 경동선으로 교체하려고 할 경우 그 전선의 공칭 단면적[mm]을 다음 표에서 산정하시오.

[조건]
- 알루미늄선의 저항률 : $\frac{1}{35}$[Ω·mm²/m]
- 경동선의 저항률 : $\frac{1}{55}$[Ω·mm²/m]

전선의 규격[mm²]					
4	6	10	16	25	35

- 계산과정 :
- 답 :

답안
- 계산과정 : - 알루미늄선의 저항 $R = \frac{1}{35} \times \frac{1{,}000}{22} = 1.3[\Omega]$

    - 저항이 같은 경동선으로 대치하면, $R = \frac{1}{55} \times \frac{1{,}000}{A} = 1.3[\Omega]$

$$A = \frac{1}{55} \times \frac{1{,}000}{1.3} = 14[\text{mm}^2]$$

- 답 : 16[mm²]

문제 10 ┤ 배점 : 4점 ├

접지의 분류에서 아래 그림과 같은 접지공사 방법의 명칭을 쓰시오.

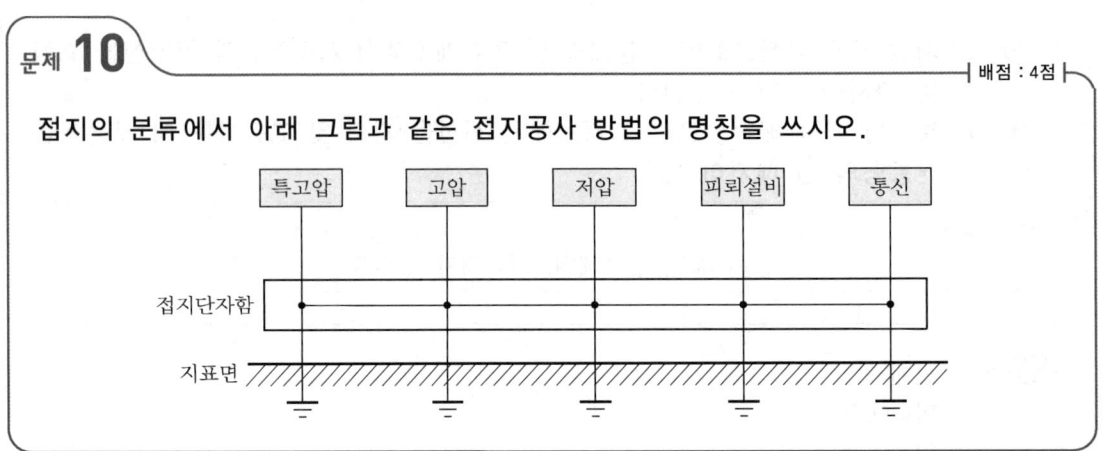

답안 통합접지

문제 11 ┤ 배점 : 4점 ├

다음 KS 규격에 따라 그림 기호에 맞는 배관의 종류(명칭)를 쓰시오.

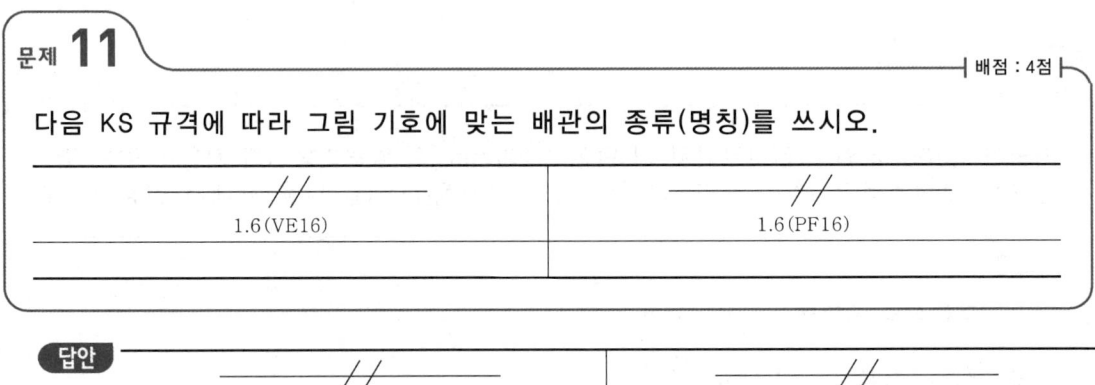

답안

1.6(VE16)	1.6(PF16)
경질 비닐 전선관	합성수지제 가요관

문제 12 ┤ 배점 : 6점 ├

사람의 접촉 우려가 있는 장소에서 철주에 절연전선을 사용하여 접지공사를 그림과 같이 노출 시공하고자 한다. 각각의 물음에 답하시오.

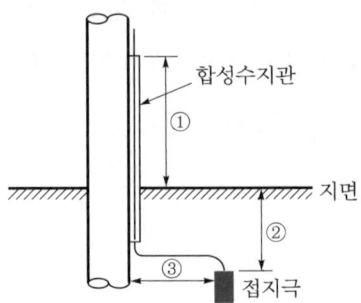

(1) 지표상 합성수지관의 최소 높이(①)는 몇 [m]인지 쓰시오.
(2) 접지극의 지하 매설깊이(②)는 몇 [m] 이상인지 쓰시오.
(3) 철주와 접지극의 견격(③)은 몇 [m] 이상인지 쓰시오.

답안 ① 2[m], ② 0.75[m], ③ 1[m]

문제 13 | 배점 : 5점

어느 빌딩의 수전설비를 계획하고자 한다. 이 빌딩에 예측되는 부하밀도는 조명전용 20[VA/m²], 일반동력 35[VA/m²], 냉방동력 40[VA/m²]이다. 이 빌딩의 건평이 60,000[m²]일 경우 부하설비의 용량[kVA]을 구하시오.

• 계산과정 :
• 답 :

답안
• 계산과정 : 조명전용 $= 20 \times 60,000 \times 10^{-3} = 1,200$[kVA]
  일반동력 $= 35 \times 60,000 \times 10^{-3} = 2,100$[kVA]
  냉방동력 $= 40 \times 60,000 \times 10^{-3} = 2,400$[kVA]
  따라서 부하설비 $= 1,200 + 2,100 + 2,400 = 5,700$[VA]
• 답 : 5,700[kVA]

문제 14 | 배점 : 5점

단상 전압 210[V] 전동기의 전압측 리드선과 전동기 외함 사이가 완전히 지락되었다. 변압기의 저압측은 중성점 접지로 저항이 30[Ω], 전동기의 저항은 보호접지로 40[Ω]이라 하고, 변압기 및 선로의 임피던스를 무시한 경우에 접촉한 사람에게 위험을 줄 대지전압은 얼마인지 구하시오.

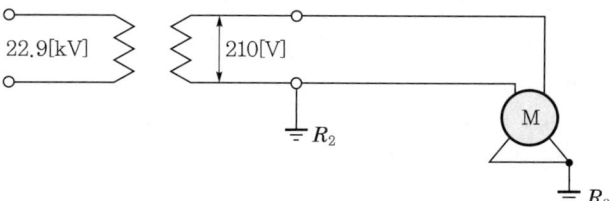

• 계산과정 :
• 답 :

답안
- 계산과정 : $V_g = \dfrac{210}{30+40} \times 40 = 120[\text{V}]$
- 답 : 120[V]

해설

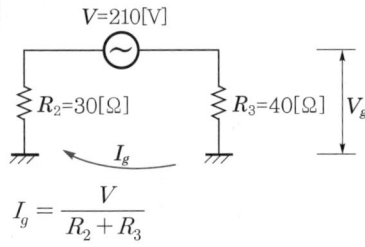

$$I_g = \dfrac{V}{R_2 + R_3}$$

$$\therefore V_g = I_g \times R_3 = \dfrac{V}{R_2+R_3} \times R_3$$

문제 15 ··· 배점 : 5점

어떤 전기설비에서 6,600[V]의 3상 회로에 변압비 33의 계기용 변압기 2대를 그림과 같이 설치하였다면 그때의 전압계 V_1, V_2, V_3의 지시값은 얼마인지 각각 구하시오.

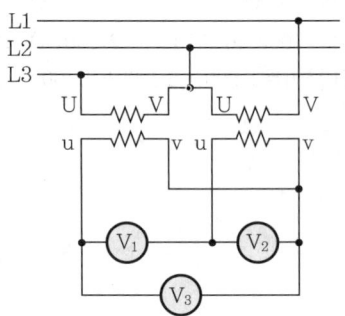

(1) V_1
- 계산과정 :
- 답 :

(2) V_2
- 계산과정 :
- 답 :

(3) V_3
- 계산과정 :
- 답 :

답안 (1) · 계산과정 : $V_1 = \dfrac{6,600}{33} \times \sqrt{3} = 346.41[\text{V}]$
- 답 : 346.41[V]

(2) • 계산과정 : $V_2 = \dfrac{6,600}{33} = 200[\text{V}]$

　　• 답 : 200[V]

(3) • 계산과정 : $V_3 = \dfrac{6,600}{33} = 200[\text{V}]$

　　• 답 : 200[V]

문제 16

배점 : 4점

매입방법에 따른 건축화 조명방식의 종류를 5가지만 쓰시오.

답안
- 매입 형광등
- 다운 라이트
- 핀 홀 라이트
- 코퍼 라이트
- 라인 라이트

해설 건축화 조명

건축화 조명이란 건축물의 천장, 벽 등의 일부가 조명기구로 이용되거나 광원화되어 건축물의 마감재료의 일부로서 간주되는 조명설비이다. 이에 대한 종류는 천장면 이용방법과 벽면 이용방법으로 대별된다.

(1) 천장 매입방법
- 매입 형광등 : 하면 개방형, 하면 확산판 설치형, 반매입형 등이 있다.
- 다운 라이트(down light) : 천장에 작은 구멍을 뚫고 조명기구를 매입하여 빛의 빔방향을 아래로 유효하게 조명하는 방법이다.
- 핀 홀 라이트(pin hole light) : 다운 라이트의 일종으로 아래로 조사되는 구멍을 작게 하거나 렌즈를 달아 복도에 집중 조사되도록 한다.
- 코퍼 라이트(coffer light) : 대형의 다운 라이트라고도 볼 수 있으며 천장면을 둥글게 또는 사각으로 파내어 내부에 조명기구를 배치하여 조명하는 방법이다.
- 라인 라이트(line light) : 매입 형광등방식의 일종으로 형광등을 연속으로 배치하는 조명방식이다.

(2) 천정면 이용방법
- 광천장 조명 : 실의 천장 전체를 조명기구화하는 방식으로 천장 조명 확산 판넬로서 유백색의 플라스틱판이 사용된다.
- 루버 조명 : 실의 천장면을 조명기구화하는 방식으로 천장면 재료로 루버를 사용하여 보호각을 증가시킨다.
- 코브(cove) 조명 : 광원으로 천장이나 벽면 상부를 조명함으로서 천장면이나 벽에서 반사되는 반사광을 이용하는 간접 조명방식으로 효율은 대단히 나쁘지만 부드럽고 안정된 조명을 시행할 수 있다.

(3) 벽면 이용방법
- 코너(coner) 조명 : 천장과 벽면 사이에 조명기구를 배치하여 천장과 벽면에 동시에 조명하는 방법이다.
- 코니스(conice) 조명 : 코너를 이용하여 코니스를 15~20[cm] 정도 내려서 아래쪽의 벽 또는 커튼을 조명하도록 하는 방법이다.
- 밸런스(valance) 조명 : 광원의 전면에 밸런스판을 설치하여 천장면이나 벽면으로 반사시켜 조명하는 방법이다.
- 광창 조명 : 지하실이나 무창실에 창문이 있는 효과를 내는 방법으로 인공창의 뒷면에 형광등을 배치하는 방법이다.

문제 17 | 배점 : 6점 |

송전전력이 100[MW], 송전거리가 80[km]인 경우의 가장 경제적인 송전전압[kV]을 구하시오. (단, Still식에 의하여 구한다.)
- 계산과정 :
- 답 :

답안
- 계산과정 : 송전전압[kV] $= 5.5\sqrt{0.6l + \dfrac{P}{100}}$

  $= 5.5\sqrt{0.6 \times 80 + \dfrac{100 \times 10^3}{100}}$

  $= 178.050$

  $= 178.05[\text{kV}]$
- 답 : 178.05[kV]

문제 18 | 배점 : 5점 |

전등설비 200[W], 전열설비 400[W], 전동기설비 300[W]인 수용가가 있다. 이 수용가의 최대수용전력이 780[W]라면 수용률은 얼마인가?
- 계산과정 :
- 답 :

답안
- 계산과정 : 수용률 $= \dfrac{\text{최대수용전력}}{\text{설비용량(접속부하)}} \times 100 = \dfrac{780}{200+400+300} \times 100 = 86.67[\%]$
- 답 : 86.67[%]

문제 19 | 배점 : 5점 |

154[kV] 3상 3선식 전선로에서 각 선의 정전용량이 각각 $C_a = 0.031[\mu F]$, $C_b = 0.03[\mu F]$, $C_c = 0.032[\mu F]$일 때 변압기의 중성점 잔류전압은 몇 [V]인지 계산하시오.

• 계산과정 :
• 답 :

답안
• 계산과정 : 잔류전압 $E = \dfrac{\sqrt{C_a(C_a-C_b) + C_b(C_b-C_c) + C_c(C_c-C_a)}}{C_a+C_b+C_c} \times \dfrac{V}{\sqrt{3}}$

$= \dfrac{\sqrt{0.031(0.031-0.03) + 0.03(0.03-0.032) + 0.032(0.032-0.031)}}{0.031+0.03+0.032}$

$\times \dfrac{154{,}000}{\sqrt{3}}$

$= 1{,}655.91[V]$

• 답 : 1,655.91[V]

문제 20 | 배점 : 8점 |

다음은 유접점 시퀀스제어 회로에 대한 내용이다. 각 물음에 답하시오.

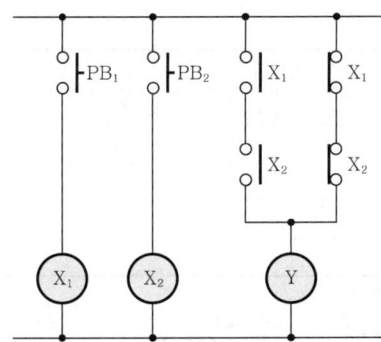

(1) 출력 Y를 입력 X_1, X_2에 대한 가장 간략한 논리식으로 쓰시오.
(2) "(1)"의 논리식에 대한 진리표를 '0' 또는 '1'을 사용하여 완성하시오. (단, 모든 값이 맞아야 정답 인정)

입 력		출 력
X_1	X_2	Y
0	0	
1	0	
0	1	
1	1	

(3) "(1)"의 논리식을 논리소자를 이용하여 무접점회로(논리회로)로 그리시오. (단, AND 2개와 OR 1개, NOT 2개만을 이용하며, 선의 접속과 미접속에 대한 예시를 참고하여 그리시오.)

(4) 아래의 타임차트를 완성하시오. (단, 누름버튼 스위치 PB₁, PB₂와 신호는 누르는 동작을 의미하고, 보조접점의 시간지연은 무시한다. 또한, 모두 맞아야 정답 인정)

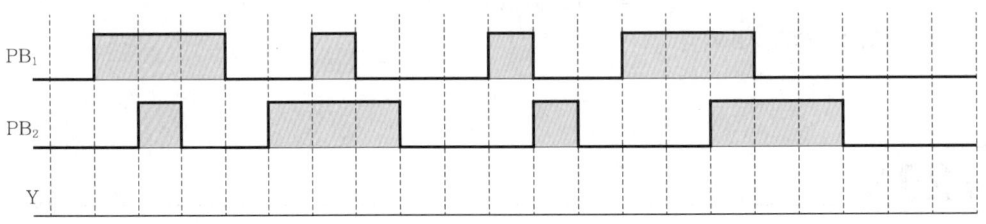

답안 (1) $Y = X_1 X_2 + \overline{X_1}\,\overline{X_2}$

(2)

입력		출력
X_1	X_2	Y
0	0	1
1	0	0
0	1	0
1	1	1

(3)

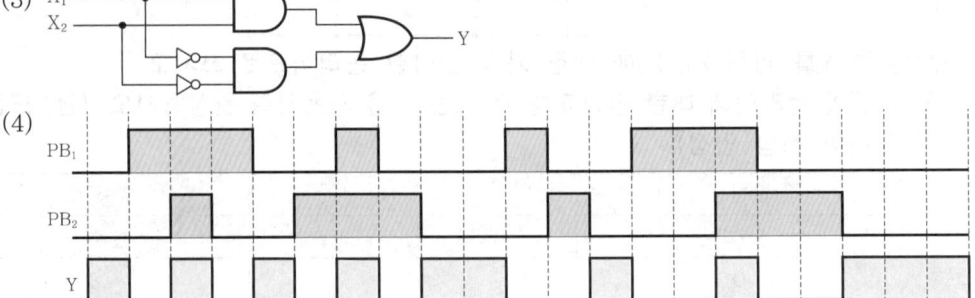

(4)

2024년도 기사 제2회 필답형 실기시험

종 목	시험시간	배 점	문제수	형 별
전 기 공 사 기 사	2시간 30분	100	19	A

문제 01
배점 : 4점

다음은 한국전기설비규정에 의한 계통 연계용 보호장치의 시설에 대한 내용으로 다음 ( )에 알맞은 내용을 쓰시오.

계통 연계하는 분산형 전원설비를 설치하는 경우 다음에 해당하는 이상 또는 고장 발생 시 자동적으로 분산형 전원설비를 전력계통으로부터 분리하기 위한 장치 시설 및 해당 계통과의 보호협조를 실시하여야 한다.

(1) 분산형 전원설비의 이상 또는 고장
(2) (①   )의 이상 또는 고장
(3) (②   )

답안
① 연계한 전력계통
② 단독운전 상태

문제 02
배점 : 5점

전기설비에 따른 감전예방체계에서 직접접촉에 대한 감전예방을 [보기]에서 5가지를 고르시오.

[보기]
a. 격벽 또는 외함에 의한 보호
b. 전원의 자동차단에 의한 보호
c. Ⅱ급 기기 사용에 의한 보호
d. 손의 접근 한계 외측 시설에 의한 보호
e. 비접지 국부적 접속에 의한 보호
f. 전기적 분리에 의한 보호
g. 누전차단기에 의한 보호
h. 장애물에 의한 보호
i. 비도전성 장소에 의한 보호
j. 충전부의 절연에 의한 보호

답안 a, d, g, h, i

문제 03 배점 : 8점

그림을 참고하여 ①, ②, ③, ④의 명칭을 답하시오.

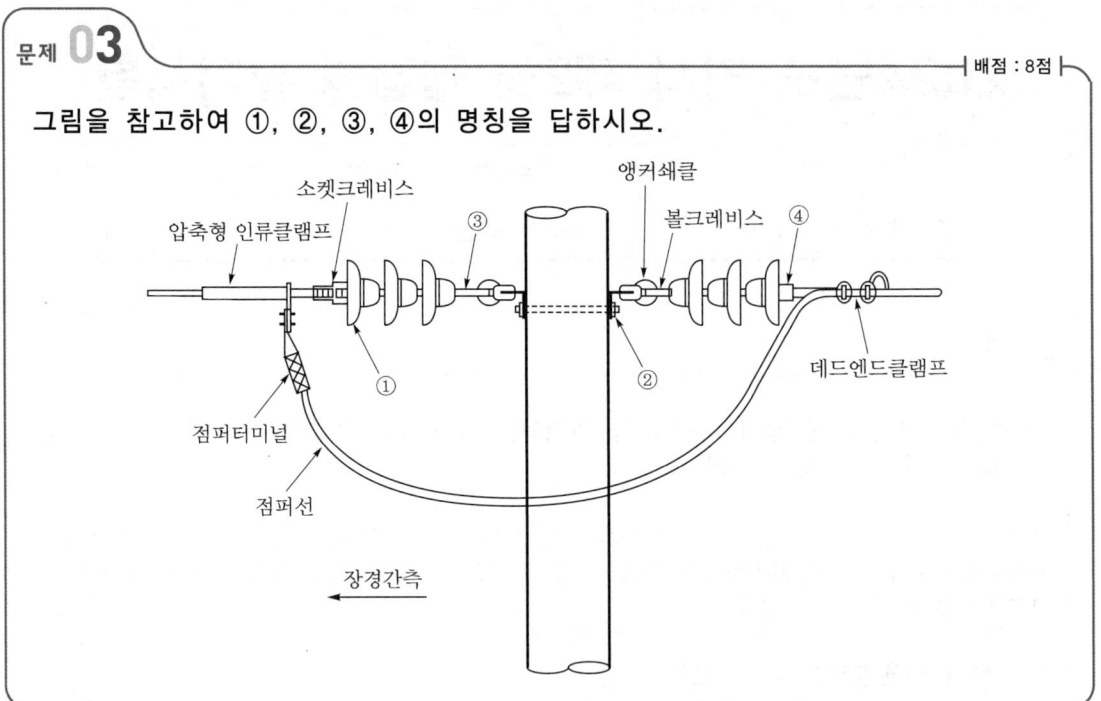

답안
① 현수애자
② ㄱ형 완철
③ 볼아이
④ 소켓아이

문제 04 배점 : 5점

사용전압이 415[V]인 3상 3선식 전로(최대공급전류 500[A])의 1선과 대지 간에 필요한 절연저항값의 최소값은?

• 계산과정 :
• 답 :

답안
• 계산과정 : 누설전류 $I_g = 500 \times \dfrac{1}{2,000} = 0.25[A]$ 이므로

$$R = \frac{E}{I_g} = \frac{415}{0.25} = 1,660[\Omega]$$

∴ 절연저항의 최소값은 1,660[Ω]

• 답 : 1,660[Ω]

문제 05

배점 : 6점

그림을 보고 물음에 답하시오.

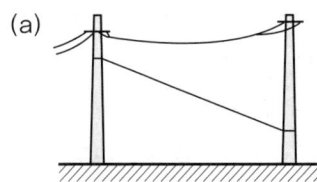
(a)

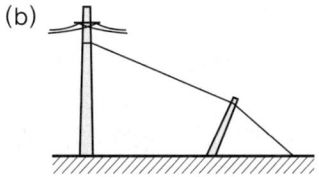
(b)

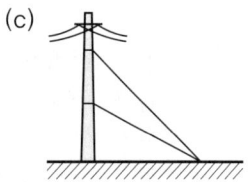
(c)

(1) (a)는 어떤 지선이며, 그 용도를 간단하게 쓰시오.
(2) (b)는 어떤 지선이며, 그 용도를 간단하게 쓰시오.
(3) (c)는 어떤 지선이며, 그 용도를 간단하게 쓰시오.

답안
(1) 공동지선 : 두 개 지지물에 공동으로 시설하는 지선으로 지지물 상호거리가 비교적 접근해 있을 때 사용
(2) 수평지선 : 토지의 상황이나 그 이외의 사유로 보통지선을 시설할 수 없을 때 사용
(3) Y지선 : 다단의 완철이 설치되고 또한 장력이 클 때 설치

문제 06

배점 : 5점

총 공사비가 29억원이고, 공사기간이 11개월인 전기공사의 간접 노무비율[%]을 아래 자료에 의거하여 계산하시오.

구 분		간접 노무비율[%]
공사종류별	건축공사	14.5
	토목공사	15
	기타(전기, 통신 등)	15
공사규모별 * 품셈에 의하여 산출되는 공사원가 기준	50억원 미만	14
	50~300억원 미만	15
	300억원 이상	16
공사기간별	6개월 미만	13
	6~12개월 미만	15
	12개월 이상	17

- 계산과정 :
- 답 :

답안
- 계산과정 : 간접 노무비율 $= (15 + 14 + 15) \times \dfrac{1}{3} = 14.67 [\%]$
- 답 : 14.67[%]

문제 07   배점 : 5점

피뢰기를 시설해야 하는 곳을 4개소로 요약하여 열거하시오.

답안
- 발전소, 변전소 또는 이에 준하는 장소의 가공전선 인입구 및 인출구
- 고압 및 특고압 가공전선로로부터 공급받는 수용장소의 인입구
- 특고압 가공전선로의 배전용 변압기 특고압측과 고압측
- 가공전선로와 지중전선로가 접속되는 곳

문제 08   배점 : 5점

다음 변류기에 관한 내용으로 맞으면 ○, 틀리면 ×를 표기하시오.

내 용	○, ×
(1) 저압 변류기 2차 배선은 케이블에 직접 장력이 걸릴 우려가 있는 경우에는 적당한 방법으로 케이블을 고정하여야 한다.	
(2) 저압 변류기 2차 배선의 도중에는 접속점을 만들어서는 안 된다.	
(3) 저압 변류기의 2차 배선은 공사상 지장이 없는 한 최단 거리로 배선하여야 한다.	
(4) 계기용 저압 변류기에는 전력거래에 관련되는 계기 및 부속기구 이외의 것을 접속하여서는 안 된다.	
(5) 변류기 2차 회로는 개방되지 않도록 특별히 유의하여야 한다.	

답안

내 용	○, ×
(1) 저압 변류기 2차 배선은 케이블에 직접 장력이 걸릴 우려가 있는 경우에는 적당한 방법으로 케이블을 고정하여야 한다.	×
(2) 저압 변류기 2차 배선의 도중에는 접속점을 만들어서는 안 된다.	○
(3) 저압 변류기의 2차 배선은 공사상 지장이 없는 한 최단 거리로 배선하여야 한다.	○
(4) 계기용 저압 변류기에는 전력거래에 관련되는 계기 및 부속기구 이외의 것을 접속하여서는 안 된다.	○
(5) 변류기 2차 회로는 개방되지 않도록 특별히 유의하여야 한다.	○

문제 **09**   배점 : 5점

다음은 한국전기설비규정에 따른 접지시스템에 대한 내용이다. 각 물음에 답하시오.
(1) 접지시스템 중 등전위가 형성되도록 고압·특고압 접지계통과 저압계통을 함께 접지하는 방식이 무엇인지 그 명칭을 쓰시오.
(2) 통합접지 방식에서 사람이 동시에 접촉할 수 있는 범위 내의 모든 도전부는 항상 같은 등전위를 형성하기 위해 등전위본딩을 해야 한다. 사람이 동시에 접촉할 수 있는 범위의 최대거리[m]는 얼마인지 쓰시오.

답안 (1) 공통접지
(2) 2.5[m]

문제 **10**   배점 : 5점

전기공사의 물량산출 시 일반적으로 다음과 같은 재료는 몇 [%]의 할증률을 계상하는지 그 할증률을 빈칸에 써 넣으시오.

종 류	할증률[%]
옥외전선	
옥내전선	
케이블(옥외)	
케이블(옥내)	
전선관(옥내)	

답안

종 류	할증률[%]
옥외전선	5
옥내전선	10
케이블(옥외)	3
케이블(옥내)	5
전선관(옥내)	10

문제 11

배점 : 5점

다음은 한국전기설비규정의 전선을 접속하는 경우에서 두 개 이상의 전선을 병렬로 사용 시 시설방법이다. ( ) 안에 알맞은 내용을 쓰시오.

- 병렬로 사용하는 각 전선의 굵기는 구리선 (①)[mm²] 이상 또는 알루미늄 70[mm²] 이상으로 하고, 전선은 같은 도체, 같은 재료, 같은 길이 및 같은 굵기의 것을 사용할 것
- 같은 극의 각 전선은 동일한 (②)에 완전히 접속할 것
- 같은 극인 각 전선의 (②)은(는) 동일한 도체에 (③)개 이상의 리벳 또는 (③)개 이상의 나사로 접속할 것
- 병렬로 사용하는 전선에는 각각에 (④)을(를) 설치하지 말 것
- 교류회로에서 병렬로 사용하는 전선은 금속관 안에 (⑤)이(가) 생기지 않도록 시설할 것

답안 ① 50, ② 터미널러그, ③ 2, ④ 퓨즈, ⑤ 전자적 불평형

문제 12

배점 : 5점

다음 축전지에 대한 설명 중 각 물음에 답하시오.

(1) 축전지를 방전상태에서 오랫동안 방치하면 극판의 황산납이 회백색으로 변하고 내부저항이 증가하여 충전 시 전해액의 온도가 상승하고 전지의 수명이 단축되는 현상을 쓰시오.
(2) 부동충전방식에 대하여 설명하시오.

답안 (1) 설페이션 현상
(2) 축전지의 자기 방전을 보충함과 동시에 상용부하에 대한 전력공급은 충전기가 부담하고 하되 충전기가 부담하기 어려운 일시적인 대전류 부하는 축전지로 하여금 부담하게 하는 방식

해설 부동충전

축전지의 자기 방전을 보충함과 동시에 상용부하에 대한 전력공급은 충전기가 부담하고 충전기가 부담하기 어려운 일시적인 대전류 부하는 축전지로 하여금 부담하게 하는 충전방식

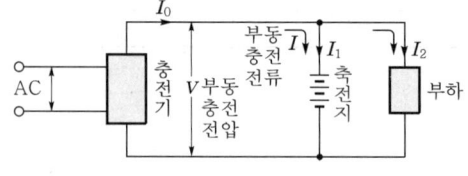

▮부동충전방식 회로▮

※ 충전기 2차 전류 : I_0

$$I_0 = \frac{축전지\ 정격용량[Ah]}{정격방전율[h]} + \frac{상시\ 부하용량[W]}{정격전압[V]}[A]$$

문제 **13** ┤ 배점 : 6점 ├

계기용 변성기(MOF)의 단선도을 보고 접지를 포함한 미완성 복선도를 완성하시오. (단, 결선은 3상 3선식이고, 선의 접속과 미접속에 대한 예시를 참고하시오.)

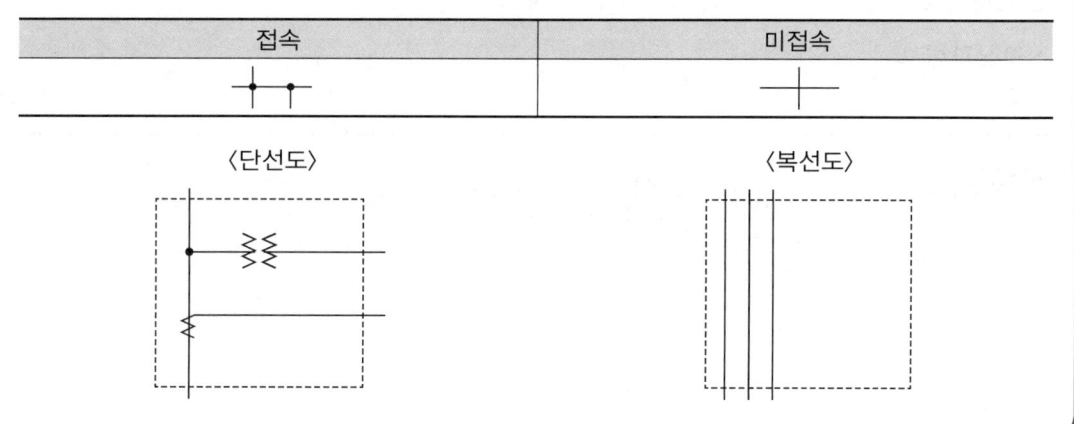

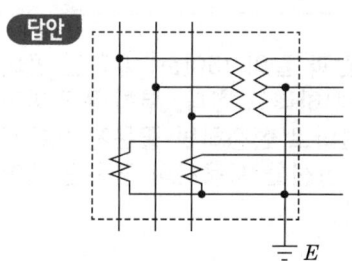

문제 **14** ┤ 배점 : 5점 ├

변압기의 병렬운전과 결선 조합에서 병렬운전 가능, 병렬운전 불가능한 결선을 구분하여 모두 쓰시오.

답안

병렬운전 가능	병렬운전 불가능
△-△와 △-△	△-△와 △-Y
Y-△와 Y-△	△-Y와 Y-Y
Y-Y와 Y-Y	△-△와 Y-△
△-Y와 △-Y	Y-Y와 Y-△
△-△와 Y-Y	
△-Y와 Y-△	

문제 15 | 배점 : 5점

수전전압 22.9[kV], 설비용량 2,000[kVA], 수용가의 수전단에 설치한 CT의 변류비는 75/5[A]이다. 이때 CT에서 검출된 2차 전류가 과부하계전기로 흐르도록 하였다. 150[%] 부하에서 차단기를 동작시키고자 할 때 트립(Trip) 전류값은 얼마로 선정해야 하는지 산정하시오.

- 계산과정 :
- 답 :

[답안]
- 계산과정 : 트립전류 $= \dfrac{2,000}{\sqrt{3} \times 22.9} \times \dfrac{5}{75} \times 1.5 = 5.04[\text{A}]$
- 답 : 5[A]

문제 16 | 배점 : 5점

전원측 전압이 380[V]인 3상 3선식 옥내 배선이 있다. 그림과 같이 150[m] 떨어진 곳에서부터 10[m] 간격으로 용량 5[kVA]의 3상 동력을 3대 설치하려고 한다. 부하 말단까지의 전압강하를 5[%] 이하로 유지하려면 동력선의 굵기를 얼마로 선정하면 좋은지 표에서 산정하시오. (단, 전선으로는 도전율이 97[%]인 비닐 절연 동선을 사용하여 금속관 내에 설치하여 부하 말단까지 동일한 굵기의 전선을 사용한다.)

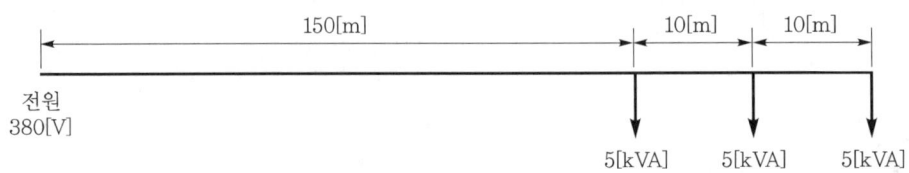

| 표 | 전선의 굵기 및 허용전류

전선의 굵기[mm²]	6	10	16	25	35
전선의 허용전류[A]	49	61	88	115	162

- 계산과정 :
- 답 :

[답안]
- 계산과정 : 부하 중심까지의 거리 $L = \dfrac{5 \times 150 + 5 \times 160 + 5 \times 170}{5+5+5} = 160[\text{m}]$

전부하 전류 $I = \dfrac{5 \times 10^3 \times 3}{\sqrt{3} \times 380} \fallingdotseq 22.79[\text{A}]$

전압강하 $e = 380 \times 0.05 = 19[\text{V}]$

전선 $l[\text{m}]$의 저항을 $r[\Omega/\text{m}]$라 하면 선로의 전 저항 $R = 160 \times r$

$e = 19 = \sqrt{3}\,IR = \sqrt{3} \times 22.79 \times 160 \times r[\text{V}]$

$r = \dfrac{19}{\sqrt{3} \times 22.79 \times 160} = \dfrac{1}{58} \times \dfrac{100}{97} \times \dfrac{1}{A}[\Omega]$

$A = \dfrac{\sqrt{3} \times 22.79 \times 160 \times 100}{19 \times 58 \times 97} = 5.91[\text{mm}^2]$이므로 표에 의하여 $6[\text{mm}^2]$가 된다.

- 답 : $6[\text{mm}^2]$

문제 17 | 배점 : 5점

변압기의 냉각방식 5가지를 쓰시오.

답안
- 건식 자냉식
- 건식 풍냉식
- 유입 자냉식
- 유입 풍냉식
- 유입 수냉식

문제 18 | 배점 : 6점

건물의 종류에 대응한 표준 부하값을 주어진 답안지에 답하시오.

건축물의 종류	표준 부하[VA/m²]
공장, 공회당, 사원, 교회, 극장, 영화관 등	(①)
기숙사, 여관, 호텔, 병원, 학교, 음식점, 다방, 대중목욕탕	(②)
사무실, 은행, 상점, 이발소	(③)
주택, 아파트	(④)

답안
① 10
② 20
③ 30
④ 40

문제 19

배점 : 5점

1[m]의 하중 0.35[kg]인 전선을 지지점에 수평인 경간(지지물 간 거리) 60[m]에서 가설하여 이도(처짐 정도)를 0.7[m]로 하려면 장력[kg]은 얼마가 필요한지 구하시오.

- 계산과정 :
- 답 :

답안

- 계산과정 : 이도(처짐 정도) $D = \dfrac{WS^2}{8T}$ [m]에서

  장력 $T = \dfrac{WS^2}{8D}$ [kg]

  $= \dfrac{0.35 \times 60^2}{8 \times 0.7} = 225$ [kg]

- 답 : 225[kg]

2024년도 산업기사 제2회 필답형 실기시험

종 목	시험시간	배 점	문제수	형 별
전 기 공 사 산 업 기 사	2시간	100	20	A

문제 01 | 배점 : 6점

전기공사의 공사원가 비목이 다음과 같이 구성되었을 경우 일반관리비와 이윤을 산출하시오.

- 재료비 소계 : 80,000,000원
- 노무비 소계 : 40,000,000원
- 경비 소계 : 25,000,000원

(1) 일반관리비
  - 계산과정 :
  - 답 :
(2) 이윤
  - 계산과정 :
  - 답 :

답안
(1) • 계산과정 : $(80,000,000 + 40,000,000 + 25,000,000) \times 0.06 = 8,700,000$[원]
    • 답 : $8,700,000$[원]
(2) • 계산과정 : $(40,000,000 + 25,000,000 + 8,700,000) \times 0.15 = 11,055,000$[원]
    • 답 : $11,055,000$[원]
이윤 계산 시 재료비는 제외한다.

문제 02 | 배점 : 5점

다음은 비상조명등의 화재안전기술기준(NFTC 304)에 대한 설명으로 ( ) 안에 알맞은 내용을 쓰시오.

(1) 조도는 비상조명등이 설치된 장소의 각 부분의 바닥에서 (①)[lx] 이상이 되도록 할 것
(2) 예비전원을 내장하는 비상조명등에는 평상시 점등 여부를 확인할 수 있는 (②)을(를) 설치하고 해당 조명등을 유효하게 작동시킬 수 있는 용량의 (③)와(과) (④)을(를) 내장할 것
(3) 예비전원과 비상전원은 비상조명등을 (⑤)분 이상 유효하게 작동시킬 수 있는 용량으로 할 것

답안 ① 1, ② 점검스위치, ③ 축전지, ④ 예비전원 충전장치, ⑤ 20

문제 03 | 배점 : 4점

피뢰기를 시설해야 하는 곳을 4개소로 요약하여 열거하시오.

답안
- 발전소, 변전소 또는 이에 준하는 장소의 가공전선 인입구 및 인출구
- 고압 및 특고압 가공전선로로부터 공급받는 수용장소의 인입구
- 특고압 가공전선로의 배전용 변압기 특고압측과 고압측
- 가공전선로와 지중전선로가 접속되는 곳

문제 04 | 배점 : 9점

아래의 표에서 금속관 부품의 특징에 해당하는 부품명을 쓰시오.

부품명	특 징
(①)	관과 박스를 접속할 경우 파이프 나사를 죄어 고정시키는 데 사용되며 6각형과 기어형이 있다.
(②)	전선 관단에 끼우고 전선을 넣거나 빼는 데 있어서 전선의 피복을 보호하여 전선이 손상되지 않게 하는 것으로 금속제와 합성수지제의 2종류가 있다.
(③)	금속관 상호 접속 또는 관과 노멀 밴드와의 접속에 사용되며 내면에 나사가 나있으며 관의 양측을 돌리어 사용할 수 없는 경우 유니온 커플링을 사용한다.
(④)	노출 배관에서 금속관을 조영재에 고정시키는데 사용되며 합성수지 전선관, 가요 전선관, 케이블 공사에도 사용된다.
(⑤)	배관의 직각 굴곡에 사용하며 양단에 나사가 나있어 관과의 접속에는 커플링을 사용한다.
(⑥)	금속관을 아웃렛 박스의 노크아웃에 취부할 때 노크아웃의 구멍이 관의 구멍보다 클 때 사용한다.
(⑦)	매입형의 스위치나 콘센트를 고정하는 데 사용되며 1개용, 2개용, 3개용 등이 있다.
(⑧)	전선관 공사에 있어 전등 기구나 점멸기 또는 콘센트의 고정, 접속함으로 사용되며 4각 및 8각이 있다.

답안
① 로크 너트(lock nut)
② 부싱(bushing)
③ 커플링(coupling)
④ 새들(saddle)
⑤ 노멀 밴드(normal band)
⑥ 링 리듀서(ring reducer)
⑦ 스위치 박스(switch box)
⑧ 아웃렛 박스(outlet box)

문제 05
배점 : 5점

저압 접촉전선을 절연 트롤리 공사에 의하여 옥내에 시설하는 경우에는 다음 표에 따라 시설하여야 한다. (   )에 들어갈 내용을 쓰시오. (단, 지지점 간격 표에 관한 예외 조건은 무시한다.)

절연 트롤리선의 지지점 간격

도체 단면적의 구분	지지점 간격
(①)[mm²] 미만	(②)[m] (굽은 부분 반지름이 (④)[m] 이하의 곡선 부분에서는 (⑤)[m])
(①)[mm²] 이상	(③)[m] (굽은 부분 반지름이 (④)[m] 이하의 곡선 부분에서는 (⑤)[m])

답안 ① 500, ② 2, ③ 3, ④ 3, ⑤ 1

문제 06
배점 : 4점

"연접(이웃연결) 인입선"의 정의를 설명하시오.

답안 한 수용장소 인입구 접속점에서 분기하여 다른 지지물을 거치지 아니하고 다른 수용장소 인입구에 이르는 전선을 말함

문제 07
배점 : 5점

건축물 전기설비에서 저압 간선 케이블의 굵기 산정 시 고려할 요소 3가지를 쓰시오.

답안
- 허용전류
- 전압강하
- 기계적 강도

문제 08 배점: 5점

그림과 같이 영상 변류기를 당해 케이블의 전원측에 설치하는 경우, 케이블 차폐층의 접지선은 어떻게 시설하는 것이 옳은지 접지선을 그리시오. (단, 케이블의 거리는 100[m]이다.)

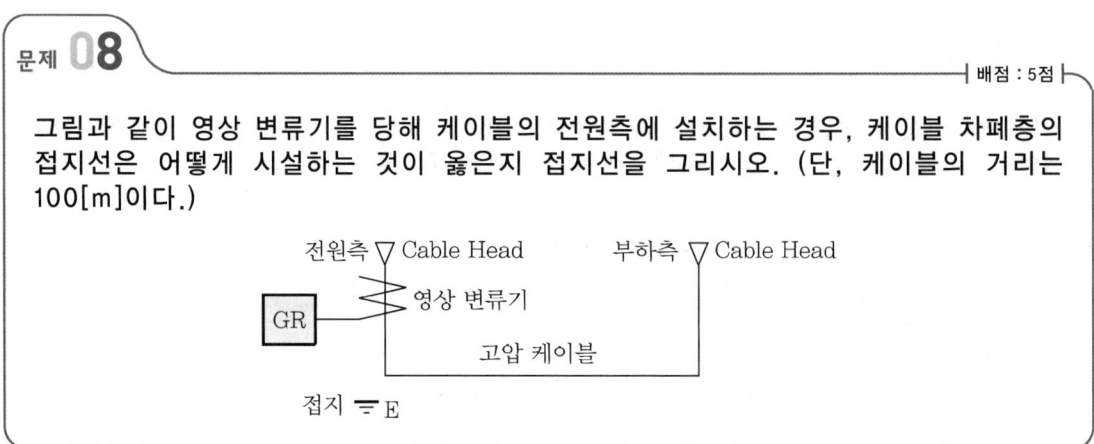

답안

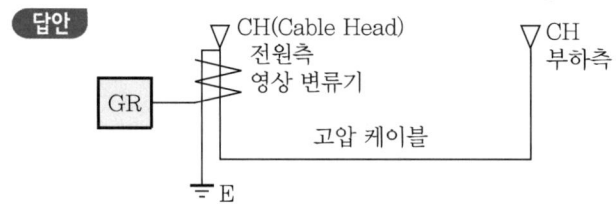

문제 09 배점: 5점

다음은 건축화 조명방식에 대한 설명이다. 빈칸에 알맞은 명칭을 쓰시오.

(①)	① 조명방식 : 벽면을 밝은 광원으로 조명하는 방식으로 숨겨진 램프의 직접 광이 아래쪽 벽, 커튼, 위쪽 천장면에 쪼이도록 조명하는 방식이다. ② 특징 : 실내면을 황색으로 마감하고, 밸런스 판으로 목재, 금속판 등 투과율이 낮은 재료를 사용하고 램프로는 형광램프가 적정하다. ③ 용도 : 분위기 조명에 이용된다.
(②)	① 조명방식 : 천장과 벽면의 경계구석에 등기구를 설치하여 조명하는 방식이다. ② 특징 : 천장과 벽면을 동시에 투사하는 조명방식이다. ③ 용도 : 지하도, 터널에 이용된다.

답안 ① 밸런스 조명(valance light)
② 코너 조명

문제 10 [배점: 5점]

가로 20[m], 세로 30[m], 천장 높이 4.5[m]인 사무실에 그림과 같이 전등설비를 하고자 한다. 실지수를 구하시오.

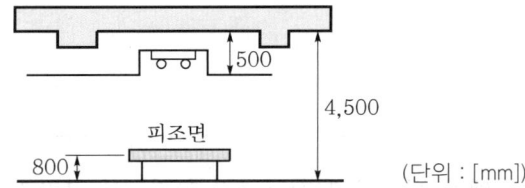
(단위 : [mm])

- 계산과정 :
- 답 :

답안
- 계산과정 : 실지수$(R \cdot I) = \dfrac{XY}{H(X+Y)} = \dfrac{20 \times 30}{(4.5-0.5-0.8) \times (20+30)} = 3.75$
- 답 : 3.75

문제 11 [배점: 6점]

다음 그림은 변전설비의 단선 결선도이다. 물음에 답하시오.

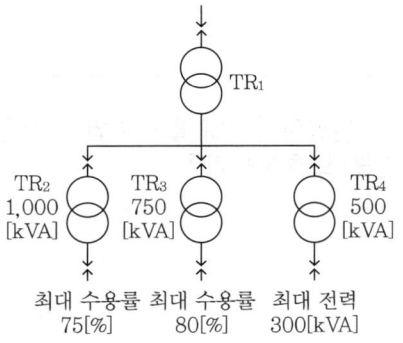

(1) 부등률이란? (식으로 나타내시오.)
(2) 부등률 적용 변압기는?
(3) TR₁의 부등률은 얼마인가? (단, 최대합성전력은 1,320[kVA])
- 계산과정 :
- 답 :
(4) TR₁의 표준용량은 몇 [kVA]인가?

답안
(1) 부등률 $= \dfrac{\text{각 개 최대수용전력의 합}}{\text{합성 최대수용전력}}$

(2) TR₁

(3) • 계산과정 : 부등률 = $\dfrac{1{,}000 \times 0.75 + 750 \times 0.8 + 300}{1{,}320}$ = 1.25

　　• 답 : 1.25

(4) 최대 전력이 1,320[kVA]이므로 1,500[kVA]로 선정한다.

문제 12 | 배점 : 4점 |

그림과 같은 회로에서 전원을 개폐하고자 한다. 이 경우 단로기와 차단기의 조작순서를 쓰시오.

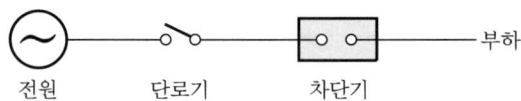

(1) 전원 투입순서
(2) 전원 차단순서

답안 (1) 단로기 → 차단기
　　　(2) 차단기 → 단로기

문제 13 | 배점 : 5점 |

수전전압 13.2/22.9[kV-Y]에 진공차단기와 몰드변압기 사용 시 어떤 흡수기를 사용하여 이상전압으로부터 변압기를 보호하는가?

답안 서지흡수기

문제 14 | 배점 : 5점 |

변압기의 보호를 위해 사용하는 기계적 보호장치 3가지를 쓰시오.

답안 • 부흐홀츠 계전기
　　　• 충격압력계전기
　　　• 방압 안전장치

문제 15 | 배점 : 4점

알칼리 축전지 종류에 대한 각각의 형식명을 쓰시오.

(1) 포켓식
(2) 소결식

답안 (1) AL형, AM형, AMH형, AH-P형
(2) AH-S형, AHH형

문제 16 | 배점 : 5점

전원 공급점에서 40[m]의 지점에 60[A], 45[m]의 지점에 50[A], 60[m] 지점에 30[A]의 부하가 걸려 있을 때 부하 중심까지의 거리는 몇 [m]인가?

• 계산과정 :
• 답 :

답안 • 계산과정 : 직선 부하에서의 부하 중심점까지의 거리

$$L = \frac{40 \times 60 + 45 \times 50 + 60 \times 30}{60 + 50 + 30} = 46.07[m]$$

• 답 : 46.07[m]

문제 17 | 배점 : 5점

다음 논리회로를 보고 최소 접점이 되도록 간략화 한 Y의 논리식을 쓰시오.

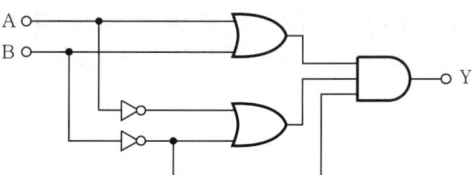

(1) 간략화 과정 :
(2) Y =

답안 (1) 간략화 과정 : $Y = (A+B)(\overline{A}+\overline{B})\overline{B}$
$= (A\overline{A} + A\overline{B} + \overline{A}B + B\overline{B})\overline{B}$ ($A\overline{A}=0$, $B\overline{B}=0$)
$= (A\overline{B} + \overline{A}B)\overline{B}$
$= A\overline{B}\,\overline{B} + \overline{A}B\overline{B}$ ($\overline{B}\,\overline{B} = \overline{B}$, $B\overline{B}=0$)
$= A\overline{B}$

(2) $Y = A\overline{B}$

문제 18 | 배점 : 4점

다음은 복도조명의 배선도이다. ①, ②, ③, ④의 최소 배선수는 얼마인지 순서대로 쓰시오. (단, 접지선은 제외한다.)

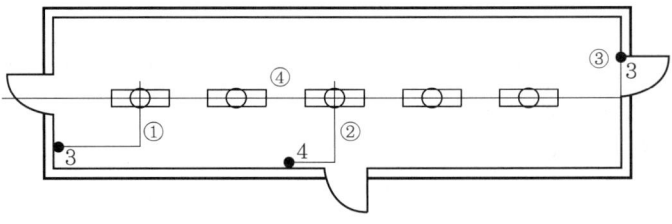

답안 ① 3가닥, ② 4가닥, ③ 3가닥, ④ 4가닥

문제 19 | 배점 : 5점

송전선로에서 페란티 현상을 설명하시오.

답안 무부하 시 선로의 정전용량에 의한 진상전류에 의해 수전단의 전압이 송전단의 전압보다 높아지는 현상

문제 20 | 배점 : 4점

경간(지지물 간 거리)이 60[m]인 전주에 이도(처짐 정도)를 1[m]로 하여 가공전선을 가설하고자 한다. 무게가 1[kg/m]인 가공전선에 요구되는 수평장력[kg]을 구하시오. (단, 안전율은 1로 한다.)

- 계산과정 :
- 답 :

답안
- 계산과정 : 이도(처짐 정도) $D = \dfrac{WS^2}{8T}$ 에서

$$T = \dfrac{WS^2}{8D} = \dfrac{1 \times 60^2}{8 \times 1} = 450[\text{kg}]$$

- 답 : 450[kg]

2024년도 기사 제3회 필답형 실기시험

종 목	시험시간	배 점	문제수	형 별
전 기 공 사 기 사	2시간 30분	100	19	A

문제 01 | 배점 : 5점

접지(계통접지 및 보호접지) 목적에 대하여 3가지만 쓰시오.

답안
- 고장전류(지락전류, 단락전류)나 뇌격전류의 유입에 대한 기기를 보호할 목적
- 지표면의 국부적인 전위경도에서 감전사고에 대한 인체를 보호할 목적
- 계통회로전압과 보호계전기의 동작의 안정과 정전차폐효과를 유지할 목적

문제 02 | 배점 : 6점

다음 그림은 고압 수전설비 진상 콘덴서 접속 뱅크 결선도이다. 물음에 답하시오.

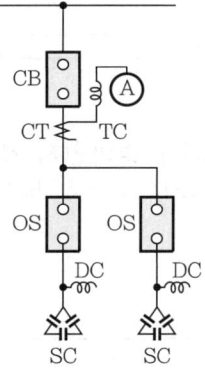

(1) 콘덴서용량이 100[kVA] 이하인 경우 CB 대신 사용 가능한 개폐기를 쓰시오.
(2) 콘덴서용량이 50[kVA] 미만인 경우 OS 대신 사용 가능한 개폐기를 쓰시오.

답안
(1) OS(유입개폐기)
(2) COS(직결로 함)

문제 03 | 배점 : 4점 |

수전설비공사 시 순공사비의 원가합계가 200,000,000원일 경우 일반관리비를 구하시오.
• 계산과정 :
• 답 :

답안
• 계산과정 : 일반관리비 = 200,000,000 × 0.06 = 12,000,000[원]
• 답 : 12,000,000[원]

문제 04 | 배점 : 6점 |

통합접지공사를 한 건축물 내에 시설되는 저압 전기설비에는 과전압으로 인한 보호를 위해 SPD를 시설하여야 한다. 다음을 보고 SPD 연결도체에 관한 물음에 답하시오.

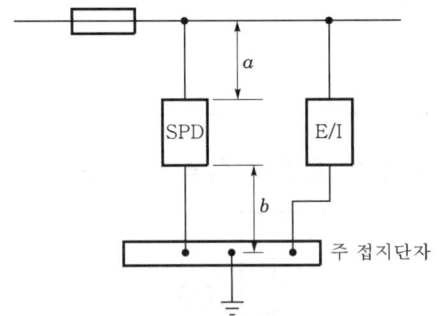

(1) 연결도체($a+b$)의 최대 길이[m]가 얼마인지 쓰시오.
(2) 주접지단자(또는 보호도체)와 SPD 사이의 도체가 구리인 경우 각각의 최소 굵기 [mm^2]를 쓰시오.
  • I 등급 SPD :
  • II 등급 SPD :

답안
(1) 0.5[m]
(2) • I 등급 SPD : 16[mm^2]
    • II 등급 SPD : 6[mm^2]

문제 05

배점 : 7점

다음 도면은 전등 및 콘센트의 평면 배선도이다. ①~⑦까지 접지선을 포함하여 최소 전선(가닥)수를 표시하시오. (단, 표시 예 : 접지선을 포함하여 3가닥인 경우 → ──//──)

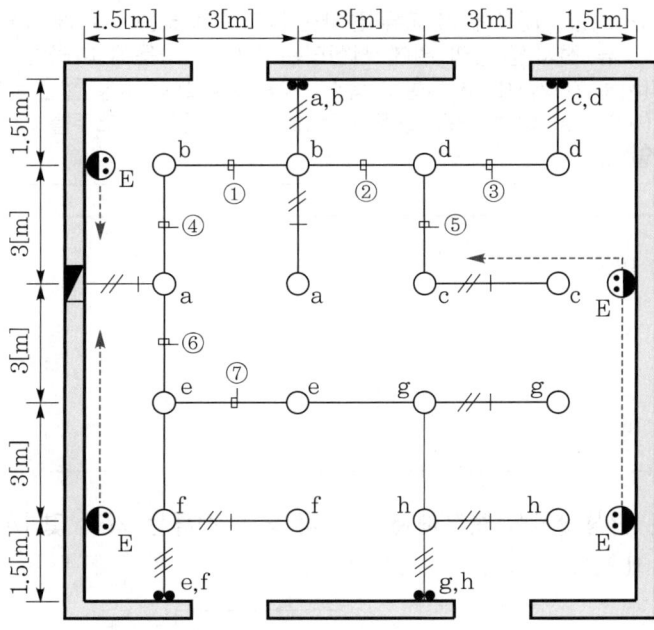

답안
① ──///──
② ──//──
③ ──///──
④ ──///──
⑤ ──//──
⑥ ──//──
⑦ ──///──

문제 06 | 배점 : 4점 |

한국전기설비규정에 의한 고압 가공전선과 교류 전차선 등의 접근 또는 교차에 대한 내용이다. ( ) 안에 들어갈 알맞은 내용을 쓰시오.

> 저압 가공전선 또는 고압 가공전선이 교류 전차선 등과 교차하는 경우에 저압 가공전선 또는 고압 가공전선이 교류 전차선 등의 위에 시설되는 때에는 다음에 따라야 한다.
> - 가공전선로의 지지물 간 거리는 지지물로 목주·A종 철주 또는 A종 철근 콘크리트주를 사용하는 경우에는 (①)[m] 이하, B종 철주 또는 B종 철근 콘크리트주를 사용하는 경우에는 (②)[m] 이하일 것

답안 ① 60, ② 120

문제 07 | 배점 : 5점 |

다음 그림과 같은 단상 3선식 회로에서 I_0 전류와 I_1 전류는 각각 몇 [A]인지 구하시오.
(단, 지락전류는 1[A])

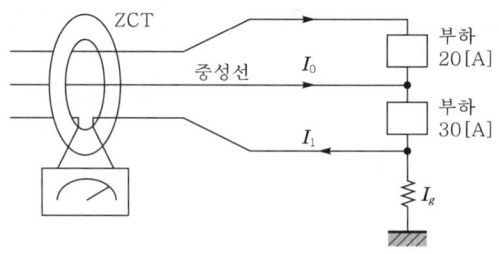

(1) I_0 전류
- 계산과정 :
- 답 :

(2) I_1 전류
- 계산과정 :
- 답 :

답안 (1) I_0 전류
- 계산과정 : $I_0 = 30 - 20 = 10\,[\text{A}]$
- 답 : 10[A]

(2) I_1 전류
- 계산과정 : $I_0 = 30 - 1 = 29\,[\text{A}]$
- 답 : 29[A]

문제 08
|배점 : 10점|

배선설비의 병렬접속에서 병렬도체 간에 부하전류가 균등 배분될 수 있도록 조치하여야 한다. 다음 각 물음에 답하시오.

(1) 적절한 전류분배를 할 수 없거나 4가닥 이상의 도체를 병렬로 접속하는 경우에는 무엇의 사용을 고려하여야 하는지 쓰시오.
(2) 금속관 내에 사용하는 전선의 시설 예이다. 바른 방법을 ①~③에서 골라 쓰시오.

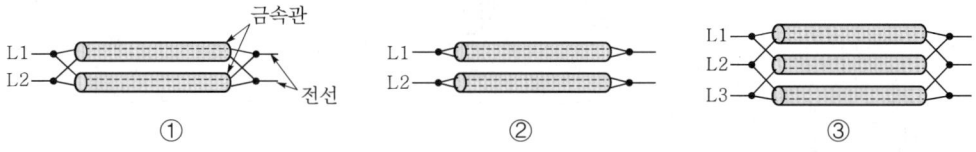

(3) 3상 3선식 2회선 병렬 단심 케이블의 Tray 내 수평배열 시공할 때 전선의 상순을 그림에 표기하시오. (단, 각 상은 원 안에 L1, L2, L3로 표기하시오.)

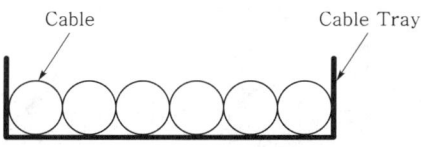

답안
(1) 버스바트렁킹시스템
(2) ①
(3)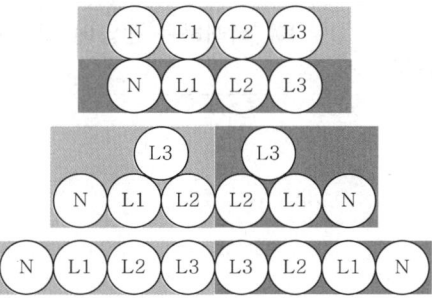

해설 동상다조포설의 방법(2개조)
L1, L2, L3는 각 상전압선이고, N은 중성선이다.

문제 09
배점 : 6점

아래 그림은 경완철에서 현수애자를 설치하는 순서를 나타낸 것이다. 각 부품의 명칭을 [보기]에서 찾아 그 번호를 ( ) 안에 쓰시오.

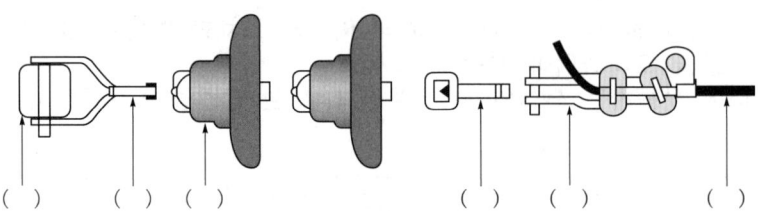

[보기]
① 경완철　　② 현수애자　　③ 소켓아이
④ 볼쇄클　　⑤ 데드엔드클램프　　⑥ 전선

답안

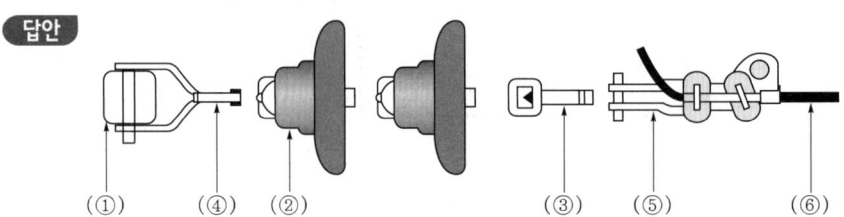

(①)　(④)　(②)　(③)　(⑤)　(⑥)

문제 10
배점 : 4점

오실로스코프상의 B-H곡선에 관한 설명이다. ( ) 안에 알맞은 내용을 쓰시오.

오실로스코프상의 B-H곡선은 수평 편향판에는 (①)에 비례하는 전압이 걸리며, 수직 편향판에는 (②)에 비례하는 전압이 걸린다.

답안
① 자계의 세기
② 자속밀도

문제 11 [배점: 5점]

다음은 한국전기설비규정에 따른 접지시스템의 구성요소이다. ①, ②, ③, ④에 알맞은 용어를 쓰시오.

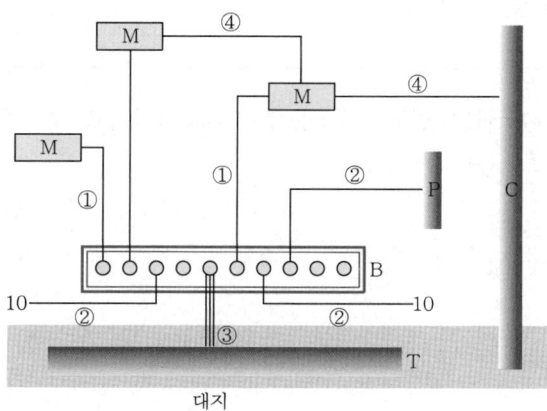

10 : 기타 기기(예 통신기기)
B : 주접지단자
M : 전기기구의 노출 도전성 부분
C : 철골, 금속 덕트 계통의 도전성 부분
P : 수도관, 가스관 등 금속배관
T : 접지극

답안
① : 보호도체(PE) ② : 보호 등전위 본딩용 도체
③ : 접지도체   ④ : 보조 보호 등전위 본딩용 도체

문제 12 [배점: 5점]

변압기의 1차측 사용탭이 6,300[V]의 경우 2차측 전압이 110[V]이었다. 2차측 전압을 약 100[V]로 하기 위해서는 1차측 사용탭을 얼마로 하여야 되는지 실제변압기의 사용탭 중에서 선정하시오. (단, 탭전압은 5,700[V], 6,000[V], 6,300[V], 6,600[V], 6,900[V]이다.)

- 계산과정 :
- 답 :

답안
- 계산과정 : $\dfrac{110}{100} \times 6{,}300 = 6{,}930\,[\text{V}]$
- 답 : 6,900[V]

문제 13 [배점: 4점]

변압기 보호를 위해 사용하는 보호장치를 4가지만 쓰시오.

답안
- 비율차동계전기
- 과전류계전기
- 충격압력계전기
- 부흐홀츠 계전기

문제 14 [배점 : 5점]

대지저항률이 $\rho[\Omega \cdot m]$인 균질한 지표면에 반지름 $r[m]$인 반구형 접지전극을 매설할 경우 접지저항 $R = \dfrac{\rho}{2\pi r}[\Omega]$임을 유도하시오.

답안 반지름 $r[m]$인 구의 정전용량 $C = 4\pi\varepsilon r[F]$, 반구의 정전용량 $C = 2\pi\varepsilon r[F]$이고, $RC = \rho\varepsilon$이므로
∴ 접지저항 $R = \dfrac{\rho\varepsilon}{C} = \dfrac{\rho\varepsilon}{2\pi\varepsilon r} = \dfrac{\rho}{2\pi r}[\Omega]$

해설 반구형 접지전극의 저항 R

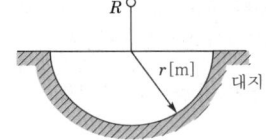

문제 15 [배점 : 4점]

다음은 피뢰기의 특성에 대한 설명이다. 빈칸에 알맞은 용어를 쓰시오.

> 피뢰기의 구비조건에서 이상전압 침입 시 신속하게 (①)하는 특성이 있어야 하고 또한 이상전류 통전 시 피뢰기의 단자전압을 나타내는 (②)은(는) 일정전압 이하로 억제할 수 있어야 한다.

답안 ① 방전, ② 제한전압

문제 16 [배점 : 5점]

비상용 조명부하 110[V]용 100[W] 58등, 60[W] 50등이 있다. 방전시간 30분, 축전지 HS 54[cell], 허용최저전압 100[V], 최저축전지온도 5[℃]일 때의 축전지 용량[Ah]을 구하시오. (단, 보수율 0.8, 용량환산시간 $K = 1.2$이다.)

- 계산과정 :
- 답 :

답안
- 계산과정 : 부하전류 $I = \dfrac{P}{V} = \dfrac{100 \times 58 + 60 \times 50}{110} = 80[A]$

  ∴ 축전지 용량 $C = \dfrac{1}{L}KI = \dfrac{1}{0.8} \times 1.2 \times 80 = 120[Ah]$

- 답 : 120[Ah]

문제 17

배점 : 5점

3상 4선식, 22.9[kV], 수전용량이 700[kVA]인 수용가가 있다. 이 수용가의 인입구에 MOF를 시설하고자 할 경우 MOF의 변류비를 아래 표에서 산정하시오. (단, 변류비는 정격 1차 전류의 1.5배 값으로 결정)

변류비					
10/5	15/5	20/5	30/5	40/5	50/5

- 계산과정 :
- 답 :

답안
- 계산과정 : $I_1 = \dfrac{700}{\sqrt{3} \times 22.9} \times 1.5 = 26.47[A]$
- 답 : 변류비 30/5

문제 18

배점 : 5점

설비용량 50[kW], 30[kW], 25[kW], 25[kW]의 부하설비에 수용률이 각각 50[%], 65[%], 75[%], 60[%]인 경우 변압기 용량[kVA]을 표준 용량표를 참고하여 선정하시오. (단, 부등률은 1.2, 종합부하역률은 90[%])

변압기 표준 용량표[kVA]						
20	30	50	75	100	150	200

- 계산과정 :
- 답 :

답안
- 계산과정 : 변압기용량 $= \dfrac{\text{수용률} \times \text{설비용량[kW]}}{\text{부등률} \times \text{역률}}[kVA]$

$= \dfrac{0.5 \times 50 + 0.65 \times 30 + 0.75 \times 25 + 0.6 \times 25}{1.2 \times 0.9}$

$= 72.453$

$= 72.45[kVA]$

- 답 : 75[kVA]

문제 19 | 배점 : 5점

도면은 옥내배선의 배치도(가상)이다. [범례]와 [동작사항]을 참고하여 결선도를 그리시오.
(단, 선의 접속과 미접속에 대한 예시를 참고하여 도면을 그리시오.)

[동작사항]
가. 스위치 S를 ON하면 L_3가 점등되고, L_1, L_2, L_4는 소등상태가 된다.
나. 스위치 S를 ON하고 PB를 누르면 릴레이(Ry)와 타이머(T)가 여자됨과 동시에 L_3는 소등되고 L_1, L_2는 점등된다.
  시간 경과 t초 후 L_2는 소등되고 L_3, L_4는 점등되며 L_1은 계속 점등된다.
  스위치 S를 OFF하면 모든 동작이 정지된다.

[범례]
T : 타이머, Ry : 릴레이, S : 스위치,
PB : 누름버튼스위치, L_1~L_4 : 램프,
ELB : 누전차단기, J : 정션박스,
기타는 생략한다.

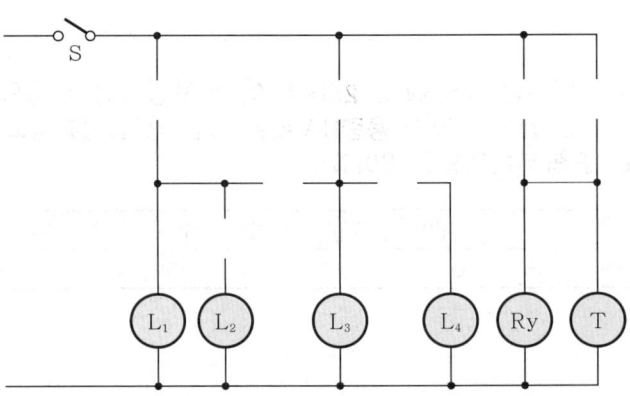

┃ 결선도(시퀀스) ┃

답안

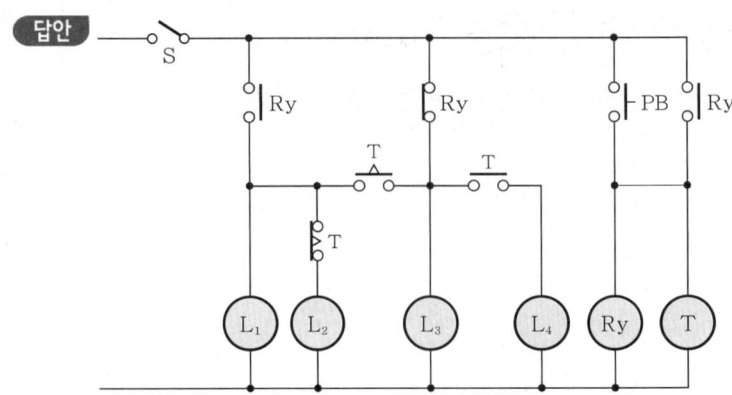

2024년도 산업기사 제3회 필답형 실기시험

종 목	시험시간	배 점	문제수	형 별
전 기 공 사 산 업 기 사	2시간	100	19	A

문제 01

배점 : 6점

전기설비를 방폭화한 방폭기기의 기호에 맞는 방폭구조를 쓰시오.

기 호	방폭구조의 명칭
d	(①)
o	(②)
p	(③)
e	(④)
i	(⑤)
m	(⑥)

답안
① 내압 방폭구조
② 유입 방폭구조
③ 압력 방폭구조
④ 안전증 방폭구조
⑤ 본질안전 방폭구조
⑥ 몰드 방폭구조

해설

구 분		기 호
방폭구조의 종류	내압 방폭구조	d
	유입 방폭구조	o
	압력 방폭구조	p
	충전 방폭구조	q
	안전증 방폭구조	e
	본질안전 방폭구조	i
	비점화 방폭구조	n
	몰드 방폭구조	m

문제 02 | 배점 : 5점

단상 3선식 220/110[V] 전력을 공급받는 어느 수용가의 부하연결이 아래 그림과 같은 경우 설비불평형률을 계산하시오. (단, 소수점 이하 첫째 자리에서 반올림할 것)

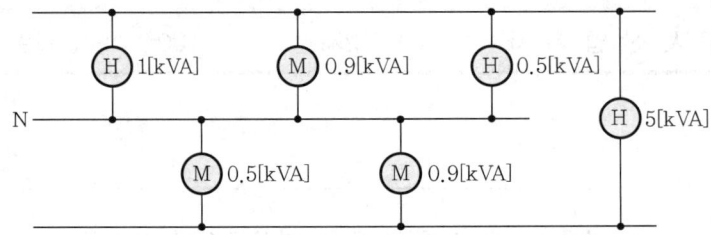

• 계산과정 :
• 답 :

답안
• 계산과정 : 설비불평형률 $= \dfrac{(1+0.9+0.5)-(0.5+0.9)}{\dfrac{1}{2}(1+0.9+0.5+0.5+0.9+5)} \times 100 = 23[\%]$

• 답 : 23[%]

문제 03 | 배점 : 6점

한류저항기(CLR)의 설치목적 3가지를 쓰시오.

답안
- 계전기를 동작시키는 데 필요한 유효전류를 발생
- 오픈 델타회로의 각 상전압 중의 제3고조파 억제
- 중성점 불안정 등 비접지 회로의 이상현상 억제

문제 04 | 배점 : 5점

다음은 네온방전등을 옥내에 시설하는 경우이다. 다음 각 물음에 답하시오.

(1) 관등회로의 배선은 어떤 공사로 하는지 쓰시오.
(2) 관등회로의 배선에서 전선 지지점 간의 최대 거리[m]를 쓰시오.
(3) 네온방전등에 공급하는 전로의 대지전압은 몇 [V] 이하로 하여야 하는지 쓰시오.
(4) 네온변압기는 어떤 관리법의 적용을 받는 것이어야 하는지 쓰시오.
(5) 관등회로의 배선에서 전선 상호 간의 간격은 몇 [mm] 이상이어야 하는지 쓰시오.

답안 (1) 애자공사
(2) 1[m]
(3) 300[V]
(4) 전기용품 및 생활용품 안전관리법
(5) 60[mm]

문제 05 | 배점 : 10점

콘크리트 전주(14[m]) 설치에 지형상 소운반(인력운반)이 필요하며 이를 산출하고자 한다. 다음 [조건]을 참고하여 다음 물음에 답하여라.

[조건]
- 소운반거리 : 950[m]
- 운반도로 : 도로상태 불량
- 전주 무게 : 1,500[kg]
- 1일 실작업시간(목도) : 360분
- 인력운반공 노임은 10,350원이고, 인력운반공은 1일 6시간 기준으로 한다.

[참고자료]
인력운반 및 적상하 시간기준 – 인력운반비 산출공식
- 기본공식

$$운반비 = \frac{A}{T} \times M \times \left(\frac{60 \times 2 \times L}{V} + t\right)$$

여기서, A : 공사특성에 따른 직종 노임

M : 필요한 인력의 수 $\left(M = \dfrac{\text{총 운반량[kg]}}{\text{1인당 1회 운반량[kg]}}\right)$

L : 운반거리[km]
V : 왕복 평균속도[km/hr]
T : 1일 실작업시간[분]
t : 준비작업시간[2분] (단, 1회 운반량 25[kg/인])

- 왕복 평균속도

구 분	장대물, 중량물 등 목도 운반, 왕복 평균속도[km/hr]	인부(지게)운반 왕복 평균속도[km/hr]
도로상태 양호	2	3
도로상태 보통	1.5	2.5
도로상태 불량	1.0	2.0
물논, 도로가 없는 산림지 및 숲이 우거진 지역	0.5	1.5

(1) 필요한 운반인원수[인]를 구하시오.
- 계산과정 :
- 답 :

(2) 전주운반에 따른 총 인력운반비[원]를 구하시오.
- 계산과정 :
- 답 :

답안 (1) • 계산과정 : $M = \dfrac{총\ 운반량}{1인당\ 1회\ 운반량}$

$= \dfrac{1,500}{25} = 60\,[인]$

• 답 : 60[인]

(2) • 계산과정 : $W = \dfrac{A}{T} \times M \times \left(\dfrac{60 \times 2 \times L}{V} + t\right)$

$= \dfrac{10,350}{360} \times 60 \times \left(\dfrac{60 \times 2 \times 0.95}{1.0} + 2\right)$

$= 200,100\,[원]$

• 답 : 200,100[원]

문제 06

배점 : 5점

그림과 같이 전선 1조마다 50[kgf]의 장력을 받는 전선 3조와 인류지선을 시설하고자 한다. 이 경우 지선이 받는 장력[kgf]을 구하시오.

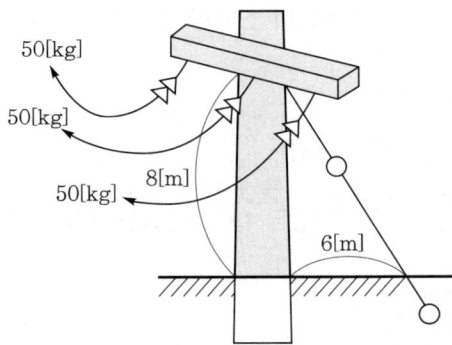

• 계산과정 :
• 답 :

답안 • 계산과정 : $T = T_0 \cos\theta$ 에서

$T_0 = \dfrac{T}{\cos\theta} = \dfrac{50 \times 3}{\dfrac{6}{\sqrt{8^2 + 6^2}}} = 250\,[\text{kg}]$

• 답 : 250[kg]

문제 07 ┤배점 : 3점├

송전계통에 발생한 고장 때문에 일부 계통의 위상각이 커져서 동기를 벗어나려고 할 때, 이것을 검출하고 그 계통을 분리하기 위해서 차단하지 않으면 안 될 경우에 사용하는 계전기의 명칭을 쓰시오.

답안 탈조 보호계전기(Step-Out Protective Relay, SOR)

문제 08 ┤배점 : 5점├

직경 2.6[mm] 단선을 동등한 허용전류의 연선으로 교체할 경우 연선의 공칭 단면적[mm]을 구하시오.

• 계산과정 :
• 답 :

답안
• 계산과정 : 직경 2.6[mm]의 단면적 $A = \dfrac{\pi}{4}d^2 = \dfrac{\pi}{4} \times 2.6^2 = 5.31\,[\text{mm}^2]$

　　　　　따라서, 공칭 단면적은 6[mm²]이다.
• 답 : 6[mm²]

문제 09 ┤배점 : 5점├

송전선로에 매설지선을 설치하는 주 목적이 무엇인지 쓰시오.

답안 철탑의 탑각 접지저항을 낮추어 역섬락을 방지하기 위해서이다.

해설 매설지선의 설치방법

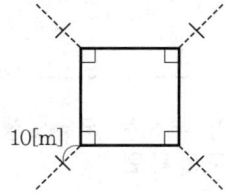

분포접지 ----------
집중접지 ──────

• 분포접지 : 탑각에서 방사형으로 매설지선을 포설하여 접지하는 방식
• 집중접지 : 탑각에서 10[m] 떨어진 지점에서 분포접지에 직각 방향으로 접지하는 방식

문제 10
배점 : 5점

수전단에 부하가 요구하는 무효전력과 원선도상에서 정해지는 무효전력과의 차에 해당하는 무효전력을 별도로 공급해 주기 위하여 사용하는 조상설비의 종류를 3가지만 쓰시오.

답안
- 동기조상기(무효전력 보상장치)
- 전력용 콘덴서
- 분로 리액터

문제 11
배점 : 5점

사용전압이 220[V]인 옥내 배선에서 소비전력 40[W], 역률 60[%]인 형광등 30개와 소비전력 100[W]인 백열등 50개를 설치한다고 할 때 최소 분기회로 수를 구하시오. (단, 16[A] 분기회로로 하며, 수용률은 100[%]로 한다.)

- 계산과정 :
- 답 :

답안
- 계산과정 : − 형광등(역률 60[%])

  유효전력 $P = 40 \times 30 = 1,200[W]$

  무효전력 $P_r = \dfrac{40}{0.6} \times 0.8 \times 30 = 1,600[Var]$

  − 백열등(역률 100[%])

  유효전력 $P = 100 \times 50 = 5,000[W]$

  따라서, 이 분기회로의 설비부하용량 P_a는
  $P_a = \sqrt{(1,200 + 5,000)^2 + 1,600^2} = 6,403.12[VA]$

  − 분기회로 수 $n = \dfrac{6,403.12}{220 \times 16} = 1.82$

  ∴ 2회로

- 답 : 16[A] 분기 2회로

문제 12
배점 : 5점

단상 2선식의 교류 배전선이 있다. 전선 1가닥의 저항이 0.25[Ω], 부하는 무유도성으로써 220[V], 8.8[kW]이고, 역률이 1일 때 급전점의 전압[V]을 구하시오.

- 계산과정 :
- 답 :

답안
- 계산과정 : 부하전류 $I = \dfrac{P}{V} = \dfrac{8.8 \times 10^3}{220}$ [V]

$V_s = V_r + 2I(R\cos\theta + X\sin\theta)$ 에서
$V_s = V_r + 2IR$ (무유도성이므로 $\cos\theta = 1$)
$= 220 + 2 \times \dfrac{8.8 \times 10^3}{220} \times 0.25$
$= 240 [V]$

- 답 : 240[V]

문제 13 배점 : 5점

20[℃]의 물 6[L]를 용기에 넣고 1[kW]의 전열기로 가열해 물의 온도를 70[℃]로 높이는 데 30분 정도가 소요될 경우 효율[%]을 구하시오. (단, 비열은 1[kcal/kg · ℃]이며, 온도 변화에 관계없이 일정)

- 계산과정 :
- 답 :

답안
- 계산과정 : 전열기 효율 $\eta = \dfrac{mCT}{860 \cdot h \cdot P} \times 100$

$= \dfrac{6 \times 1 \times (70-20)}{860 \times \dfrac{30}{60} \times 1} \times 100$

$= 69.77 [\%]$

- 답 : 69.77[%]

문제 14 배점 : 5점

대형 방전램프(HID)의 종류 5가지를 쓰시오.

답안
- 고압 나트륨등
- 메탈핼라이드등
- 고압 수은등
- 초고압 수은등
- 크세논등

문제 15 ┤배점 : 5점├

평균 구면 광도 100[cd]의 전구 5개를 직경 10[m]의 원형의 사무실에 점등할 때 조명률 0.4, 감광보상률이 1.6이라 할 경우 사무실의 평균조도[lx]를 구하여라.

- 계산과정 :
- 답 :

답안
- 계산과정 : 평균조도 $E = \dfrac{FUN}{AD} = \dfrac{4\pi \times 100 \times 0.4 \times 5}{\left(\dfrac{10}{2}\right)^2 \pi \times 1.6} = 20[\text{lx}]$

$$F = 4\pi I, \quad A = \left(\dfrac{d}{2}\right)^2 \pi$$

- 답 : 20[lx]

문제 16 ┤배점 : 5점├

다음 그림의 유접점회로를 보고 물음에 답하시오.

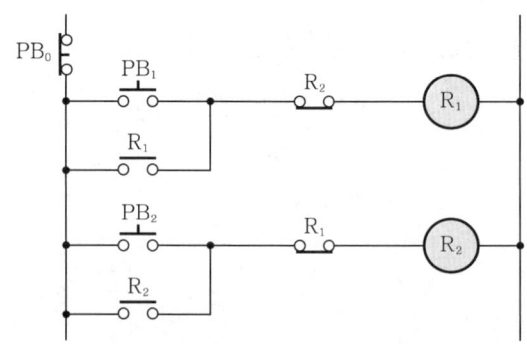

(1) R_1, R_2의 타임차트를 완성하시오. (단, PB_0은 평상시 도통상태이다.)

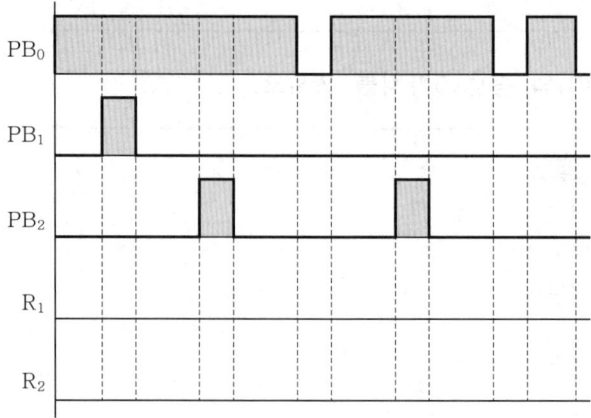

(2) R_1, R_2의 논리식을 쓰시오. (단, 최소 접점이 되도록 한다.)
- $R_1=$
- $R_2=$

답안 (1)

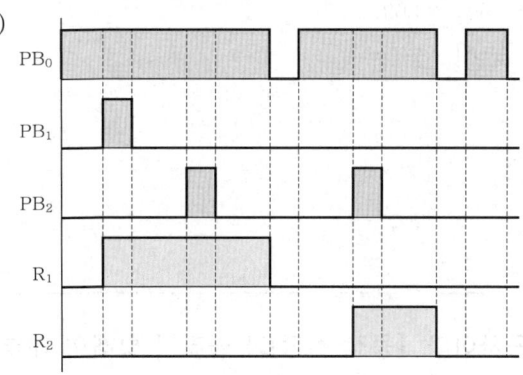

(2) • $R_1 = \overline{PB}_0 (PB_1 + R_1) \overline{R_2}$
    • $R_2 = \overline{PB}_0 (PB_2 + R_2) \overline{R_1}$

문제 17 | 배점 : 5점

경간(지지물 간 거리)이 200[m]인 가공전선로가 있다. 사용전선의 길이는 경간(지지물 간 거리)보다 몇 [m] 더 길게 하면 되는지 구하시오. (단, 사용전선의 1[m]당 무게는 2.0[kg], 인장하중은 4,000[kg]이고 전선의 안전율은 2로 하며 풍압하중은 무시한다.)

- 계산과정 :
- 답 :

답안
- 계산과정 : $D = \dfrac{WS^2}{8T} = \dfrac{2 \times 200^2}{8 \times \dfrac{4,000}{2}} = 5[m]$

$\therefore \triangle L = L - S = \dfrac{8D^2}{3S} = \dfrac{8 \times 5^2}{3 \times 200} = 0.33[m]$

- 답 : 0.33[m]

문제 18 | 배점 : 5점

어떤 콘덴서 3개를 선간전압 3,300[V], 주파수 60[Hz]의 선로에 △로 접속하여 60[kVA]가 되도록 하려면 콘덴서 1개의 정전용량[μF]은 약 얼마로 하여야 하는가?

- 계산과정 :
- 답 :

답안
- 계산과정 : $Q = 3EI_c = 3 \times 2\pi f C E^2$

  정전용량 $C = \dfrac{Q}{6\pi f E^2}$

  $= \dfrac{60 \times 10^3}{6\pi \times 60 \times 3,300^2} \times 10^6$

  $= 4.87 [\mu\text{F}]$

- 답 : $4.87 [\mu\text{F}]$

문제 19   배점 : 5점

플리커 릴레이를 사용한 신호회로공사이다. [동작 설명]과 플리커 릴레이 내부접점번호를 이용하여 동작회로를 그리시오.

[동작 설명]
① 배선용 차단기를 투입하고 S_1 스위치를 ON하면 FR 여자 FR 설정시간 간격으로 R_1, R_2 교대 점멸
② 배선용 차단기를 투입하고 S_{3-1}, S_{3-2} OFF 시 PB를 누르고 있는 동안 R_3, R_4 병렬 점등, S_{3-1} ON하면 R_3 점등, S_{3-2} ON하면 R_4 점등
③ 전원은 단상 2선식 220[V]이다.

[플리커 릴레이 내부 결선도]

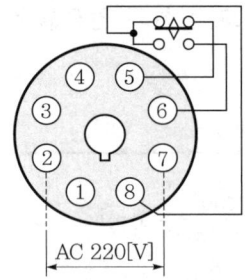

답안

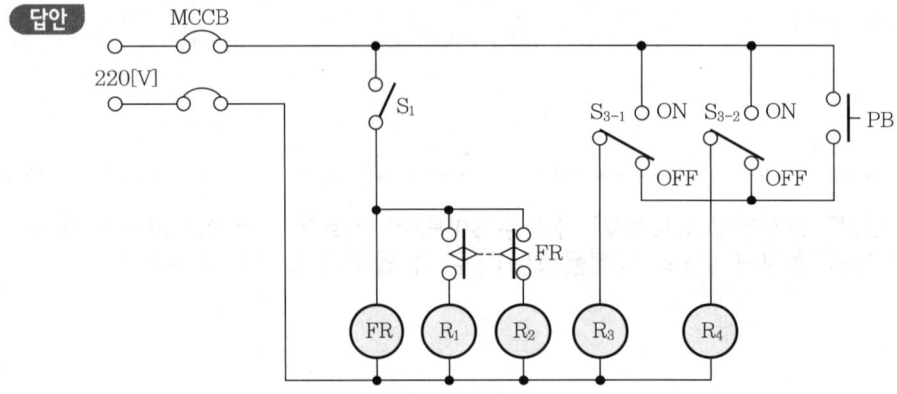

전기공사기사·산업기사 실기
핵심 출제유형별 기출문제집

2024. 2. 13. 초 판 1쇄 발행
2025. 5. 14. 1차 개정증보 1판 1쇄 발행

검인

지은이 | 전수기, 임한규, 정종연
펴낸이 | 이종춘
펴낸곳 | BM (주)도서출판 성안당

주소 | 04032 서울시 마포구 양화로 127 첨단빌딩 3층(출판기획 R&D 센터)
     | 10881 경기도 파주시 문발로 112 파주 출판 문화도시(제작 및 물류)
전화 | 02) 3142-0036
     | 031) 950-6300
팩스 | 031) 955-0510
등록 | 1973. 2. 1. 제406-2005-000046호
출판사 홈페이지 | www.cyber.co.kr
ISBN | 978-89-315-1342-4 (13560)
정가 | 45,000원

이 책을 만든 사람들
기획 | 최옥현
진행 | 박경희
교정·교열 | 김원갑
전산편집 | 이지연
표지 디자인 | 박현정
홍보 | 김계향, 임진성, 김주승, 최정민
국제부 | 이선민, 조혜란
마케팅 | 구본철, 차정욱, 오영일, 나진호, 강호묵
마케팅 지원 | 장상범
제작 | 김유석

이 책의 어느 부분도 저작권자나 BM (주)도서출판 성안당 발행인의 승인 문서 없이 일부 또는 전부를 사진 복사나 디스크 복사 및 기타 정보 재생 시스템을 비롯하여 현재 알려지거나 향후 발명될 어떤 전기적, 기계적 또는 다른 수단을 통해 복사하거나 재생하거나 이용할 수 없음.

※ 잘못된 책은 바꾸어 드립니다.